Frick/Knöll
Neumann/Weinbrenner
Baukonstruktionslehre

Inhalt des Gesamtwerkes

Teil 1

30., neubearbeitete und erweiterte Auflage. 1992.
688 Seiten mit 683 Bildern, 109 Tabellen und 26 Beispielen. DM 78,–

Einführung und Grundbegriffe • Maße und Maßtoleranzen • Erdarbeiten • Fundamente • Beton- und Stahlbetonbau • Wände • Skelettbau • Außenwandbekleidungen • Geschoßdecken und Balkone • Fußbodenkonstruktionen und Bodenbeläge • Installationsböden •
Leichte Deckenbekleidungen und Unterdecken • Um-
setzbare Trennwände und vorgefertigte Schrankwände
• Besondere bauliche Schutzmaßnahmen

Teil 2

29., neubearbeitete und erweiterte Auflage. 1993.
672 Seiten mit 738 Bildern, 87 Tabellen und 13 Beispielen. DM 78,–

Geneigte Dächer • Flachdächer • Schornsteine (Kamine)
und Lüftungsschächte • Treppen • Fenster • Türen • Horizontal verschiebbare Tür- und Wandelemente • Mineralputze, Kunstharzputze und Wärmedämmsysteme •
Beschichtungen (Anstriche) und Wandbekleidungen
(Tapeten) auf Putzgrund

Preisänderungen vorbehalten

Frick/Knöll/Neumann/Weinbrenner

Baukonstruktionslehre
Teil 2

Von Professor Dipl.-Ing. Dietrich Neumann
Fachhochschule Erfurt und Darmstadt
und Professor Ulrich Weinbrenner
Fachhochschule Darmstadt

29., neubearbeitete und erweiterte Auflage
Mit 738 Bildern, 87 Tabellen und 13 Beispielen

 B. G. Teubner Stuttgart 1993

Die Deutsche Bibliothek – CIP-Einheitsaufnahme

Baukonstruktionslehre / Frick ... Von Dietrich Neumann und
Ulrich Weinbrenner. – [Ausg.
Frick/Knöll/Neumann/Weinbrenner]. – Stuttgart : Teubner.
   Früher u. d. T.: Neumann, Friedrich: Baukonstruktionslehre
NE: Frick, Otto [Begr.]; Neumann, Dietrich [Bearb.]
[Ausg. Frick/Knöll/Neumann/Weinbrenner]
Teil 2. Mit 87 Tabellen. – 29., neubearb. und erw. Aufl. – 1993
   ISBN 978-3-663-05787-1   ISBN 978-3-663-05786-4 (eBook)
   DOI 10.1007/978-3-663-05786-4

Gesamtherstellung: Passavia Druckerei GmbH Passau

Vorwort

Im Juni 1909 erschien bei Teubner in Leipzig und Berlin die erste Auflage der Baukonstruktionslehre von Frick und Knöll als Leitfaden und als „Hilfsmittel für den Vortragsunterricht und die Wiederholungen im Baukonstruktionsunterricht" der Königlich Preußischen Baugewerkschulen. Aus dem Leitfaden wurde im Laufe der Jahre ein aus zwei Teilen bestehendes Standardwerk für Architekten und Ingenieure.

Mit der 27. Auflage von Teil 1 und der 26. Auflage von Teil 2 haben die jetzigen Verfasser die weitere Bearbeitung übernommen. Dabei ist bis heute der „Frick-Knöll" die mit Abstand am weitesten verbreitete Baukonstruktionslehre für Studierende und auch ein von vielen Fachleuten geschätztes Nachschlagewerk geblieben.

Nach wie vor wird von einer Baukonstruktionslehre erwartet, daß sie die wichtigsten Aufgabengebiete des Bauens erfaßt, die unterschiedlichen Konstruktionsprinzipien in den Bereichen des Rohbaues, Innenausbaues und teilweise auch des Technischen Ausbaues berücksichtigt und dabei die sich ständig weiterentwickelnden Herstellungsverfahren aufzeigt. Schließlich muß deutlich gemacht werden, daß alle Baukonstruktionen abhängig sind von statischen Bedingungen, bauphysikalischen Einflüssen, Baustoffeigenschaften, den Baukosten, von der Bauabwicklung sowie von behördlichen Bestimmungen und Normen.

Auch bei der vorliegenden Überarbeitung erschien es nötig, das Werk an einigen Stellen zu ergänzen, um dadurch bautechnischen Weiterentwicklungen und der ständigen Fortschreibung der Normung gerecht zu werden.

Der wachsende Umfang des für den Baupraktiker nötigen Grundlagenwissens erforderte eine etwas geänderte Stoffverteilung.

In Teil 2 wurde bei der nun vorliegenden 29. Auflage das umfangreiche Sachgebiet für Dächer unterteilt. Im weitgehend überarbeiteten, neu gegliederten und durch zahlreiche neue Abbildungen ergänzten Abschnitt 1 sind jetzt geneigte Dächer und alle dazugehörigen Konstruktionsgebiete behandelt. Besondere Berücksichtigung fanden dabei die neuen Bestimmungen und Normungen im Ingenieur-Holzbau. Für die vielfältigen konstruktiven und gestalterischen Möglichkeiten des Bauens mit Holz werden durch zahlreiche neue Abbildungen Anregungen gegeben.

Flachdächer sind jetzt einem eigenen neuen und erweiterten Abschnitt 2 zugeordnet. Neu aufgenommen wurden für beide Gebiete ausführlichere Abhandlungen über begrünte Dächer.

Der Abschnitt über Schornsteine wurde entsprechend der Fortentwicklung auf diesem Gebiet überarbeitet.

Weiterentwicklungen auf dem Gebiet des Fensterbaues wurden durch Änderungen und viele Ergänzungen verdeutlicht.

Die Abschnitte über Türen und verschiebbare Wandelemente wurden in wesentlichen Teilen aktualisiert.

Der zunehmenden Bedeutung des Bautenschutzes und der Energieeinsparung tragen die völlig neu bearbeiteten Abschnitte über Mineralputze, Kunstharzputze, Wärmedämmsysteme (Wärmedämm-Putzsysteme, Wärmedämm-Verbundsysteme) sowie über Beschichtungen (Anstriche) auf Putzgrund Rechnung.

Schließlich sind im nunmehr an das Ende des Werkes gestellten Abschnitt über Gerüste und Abstützungen neue Normung und Technik berücksichtigt.

Bei der Auswahl der Bildbeispiele blieben die Bearbeiter weiterhin bemüht, nur Konstruktionen zu erwähnen, die einen kritisch beobachteten Reifeprozeß aufweisen können.

Allen, die durch Bereitstellung von Informationen oder ihre Mitarbeit wertvolle Hilfe geleistet haben, danken wir. Unser besonderer Dank gilt Herrn Prof. Dipl.-Ing. H. Bendfeld für die Beratung bei der Bearbeitung des Abschnittes über Ingenieur-Holzbau.

Vor allem aber verdienen Frau Dipl.-Ing. Syrta-Rena Krüger und Frau Dipl.-Ing. Beate Bendfeld mit ihren Mitarbeitern Frau cand. ing. Birgit Bendfeld, Frau cand. arch. Pia Döring und cand. arch. Javier Esteban für die Bearbeitung der zahlreichen neuen Abbildungen unseren Dank.

Möge diese Neuauflage sich wieder beim Studium und in der Baupraxis als brauchbare und zuverlässige Hilfe erweisen.

Darmstadt, im Herbst 1992   D. Neumann   U. Weinbrenner

Inhalt

5 Fenster

6 Türen

7 Horizontal verschiebbare Tür- und Wandelemente

8 Mineralputze, Kunstharzputze und Wärmedämmsysteme

1 Geneigte Dächer

1.1 Allgemeines

Dächer sollen Bauwerke vor Witterungseinflüssen und meistens auch vor Wärmeverlust schützen. Die Dachflächen mit der Dachdeckung können dabei auf die verschiedenste Weise hergestellt werden.

Dachdeckungen (Abschn. 1.5) erfordern deutlich geneigte Dachflächen, die in der Regel von einem Dachtragwerk getragen werden.

Dachabdichtungen (Abschn. 2) können ohne oder mit geringer Neigung auf entsprechenden Tragwerken oder direkt auf Bauwerken oder Bauteilen aufliegen.

Zur eindeutigen Kennzeichnung eines Daches gehören Angaben über

— Dachform

— Dachgrundriß

— Dachtragwerk

— Dachneigung

— Dachdeckungsmaterial

— Dachdeckungsart.

1.1.1 Dachformen

Dachform, Dachneigung, Dachdeckung und Dachüberstände mit Ortgang- und Traufenausbildung haben entscheidenden Einfluß auf die äußere Gesamtwirkung eines Bauwerks. Sie sollen im Einklang stehen mit dessen Funktion und sind damit weitgehend abhängig von Grundriß, Konstruktionsart und Höhe eines Gebäudes. Herstellungs- und Unterhaltungskosten eines Daches können von der Gestaltung stark beeinflußt werden. Komplizierte Dachformen erfordern meistens aufwendige Detaillösungen, bei denen oft schon geringfügige Planungs- oder Ausführungsfehler zu schwerwiegenden Bauschäden führen können. So sollten allein aus diesen Gründen großzügige, zusammenhängende Dachflächen bei der Planung bevorzugt werden, bei denen Dachaufbauten und Unterbrechungen der Dachhaut durch Belichtungsöffnungen, Dachaufbauten, Installationen und ähnliches auf das unbedingt Notwendige beschränkt bleiben.

Bei Verschneidungen verschiedener Dachformen untereinander oder mit Dachaufbauten muß unbedingt darauf geachtet werden, daß der Regenwasserlauf nicht auf schwer abzudichtende Wandanschlüsse, schräg verlaufende Ortgänge usw. trifft. Bei manchen Fassaden- und Dachentwürfen mit Erkern oder Gebäudevor- oder -rücksprüngen wird vielfach übersehen, daß in solchen Fällen für oft nur kurze Traufenabschnitte gesonderte Regenfallrohre notwendig werden.

1.1.1.1 Bezeichnung der Dachformen

Die Grundformen von Dächern zeigt Bild **1.1**. Varianten, Misch- und Sonderformen dieser Grundformen sind möglich. Sie entstehen z. B. auch, wenn geneigte Dachflächen auf nicht rechtwinkligen Baukörpern vorgesehen werden. Dabei können zwar sehr reizvolle Dachformen mit vorspringenden und geneigten Traufen- und Firstlinien entstehen, die jedoch besondere Aufmerksamkeit hinsichtlich aller Detailpunkte und der Wasserableitung erfordern.

Spezielle Dachformen ergeben sich durch neuere Konstruktionstechniken wie Hänge-konstruktionen, pneumatische Konstruktionen, Faltwerke und andere mehr (s. Bild **1**.14 und **1**.19 in Teil 1 dieses Werkes), die in diesem Zusammenhang nicht behandelt werden können und für die auf Spezialliteratur verwiesen werden muß.

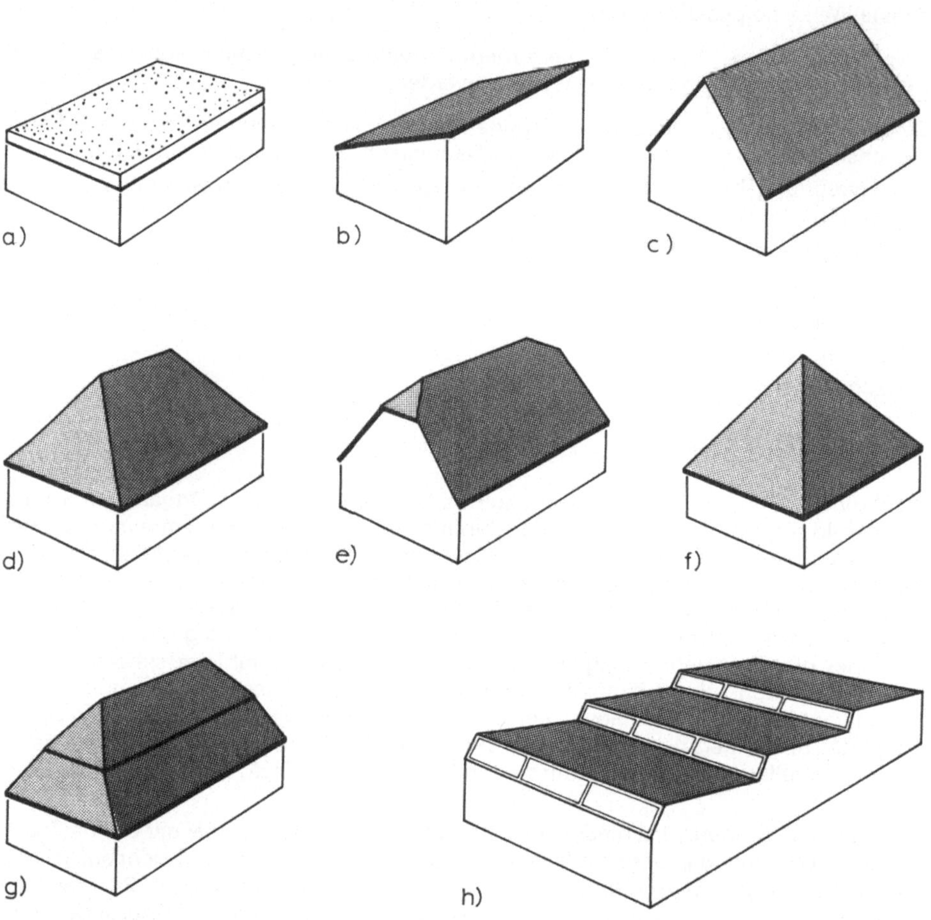

1.1   Dachformen
   a) Flachdach (s. Abschn. 2)
   b) Pultdach
   c) Satteldach
   d) Walmdach
   e) Satteldach mit Krüppelwalm
   f) Zeltdach
   g) Mansarddach
   h) Sheddach

1.1.2 Bezeichnung von Dachteilen (Bild 1.2)

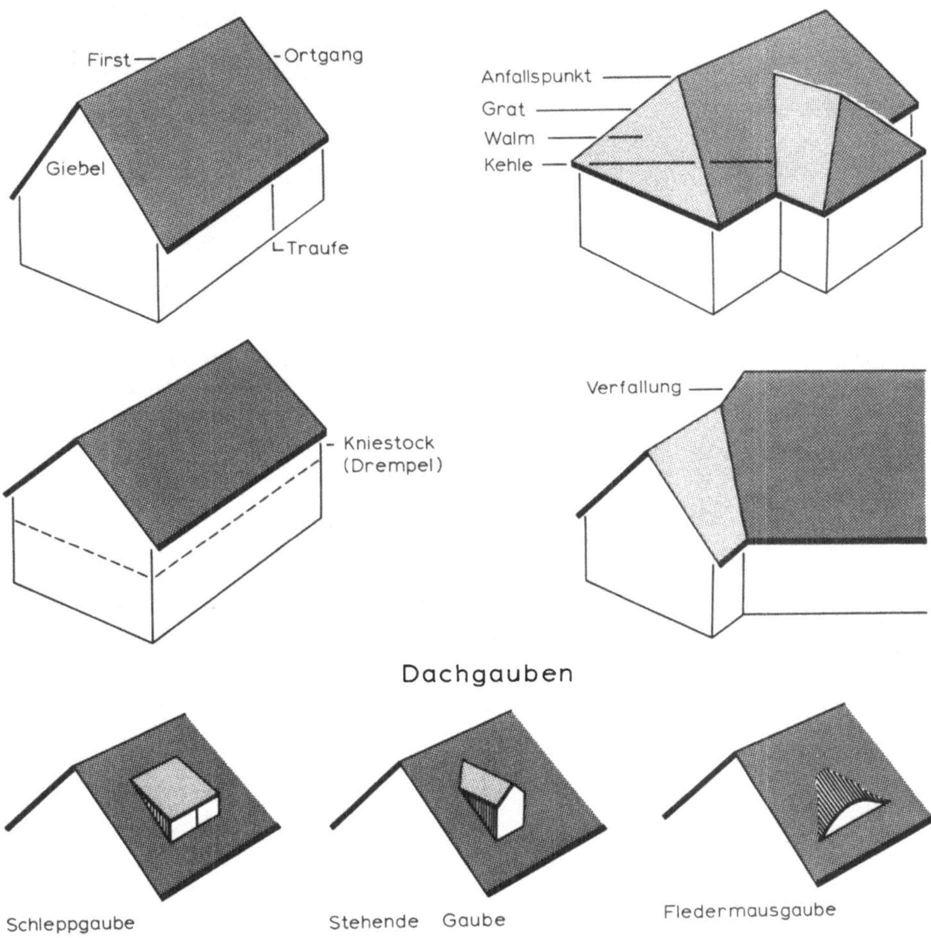

1.2 Bezeichnung von Dachteilen

1.1.3 Konstruktionsgrundregeln

Dachflächen können auf Bauwerken so aufliegen, daß sie bei senkrechter Belastung nur Belastungen mit vertikalen Auflagerkräften bewirken (Bild 1.3 a und b). Sie können sich jedoch auch so gegeneinander abstützen, daß an den Auflagern vertikale und horizontale Kräfte auftreten (Bild 1.3 c).

Die Grundformen für Dachkonstruktionen, die sich seit ältester Zeit herausgebildet haben, werden bezeichnet als

— Sparrendächer (Bild 1.3 c und Abschn. 1.2.3.1),

— Pfettendächer (Bild 1.3 b, 1.4 b und Abschn. 1.2.3.2).

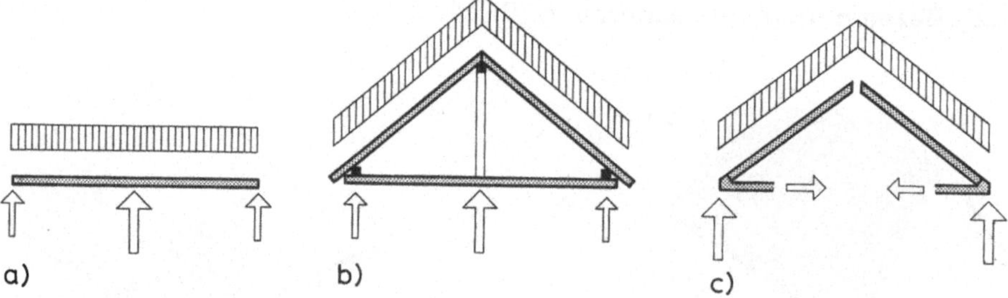

1.3 Auflagerkräfte von Dachkonstruktionen
  a) Flachdächer
  b) vertikale Auflagerkräfte bei Pfettendächern
  c) vertikale und horizontale Auflagerkräfte bei Sparrendächern

Die aus dem Eigengewicht der Dachkonstruktionen, aus Wind- und Schneelasten und
aus Nutzlast resultierenden Gesamtlasten können abgetragen werden auf Außenwände, Außen- und Innenwände bzw. -stützen und punktweise auf Stützen (Bild 1.4).

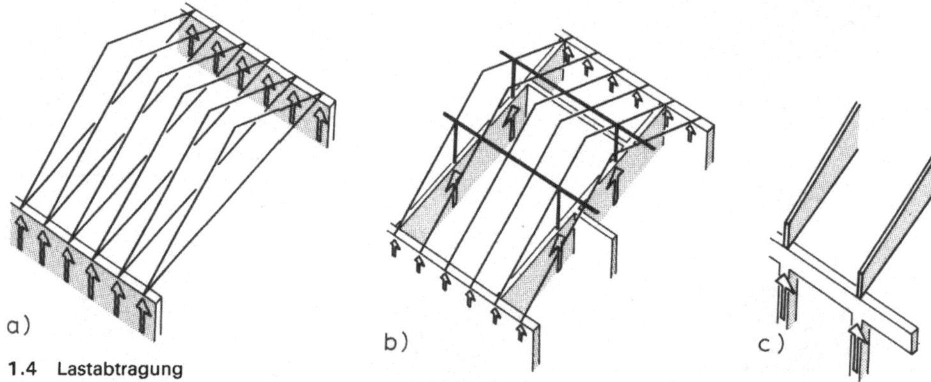

1.4 Lastabtragung
  a) Abtragung der Dachlast auf die Außenwände
  b) Lastabtragung auf Außen- und Innenwände
  c) Lastabtragung punktweise

Gegen die Auswirkung horizontal angreifender Kräfte – (das sind besonders Windkräfte) – müssen Dachkonstruktionen für sich allein oder in Verbindung mit dem übrigen Bauwerk unverschiebbar ausgebildet sein. Das kann erreicht werden durch die
Wirkung scheibenartiger Konstruktionsteile (z. B. durch Schalungsflächen oder Fuß-

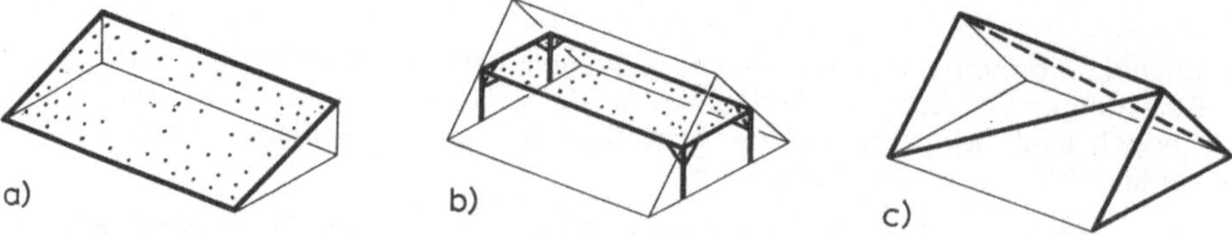

1.5 Aussteifung
  a) durch Scheibenwirkung der Dachschale
  b) durch biegesteifen Eckverband der Kopfbänder und Scheibenwirkung der Zwischendecke
  c) durch Dreieckverbände, z. B. Windrispen (s. Bild 1.13 u. 1.16)

bodenflächen) oder durch Dreiecksverbände (z. B. durch Kopfbänder oder Windrispen, Bild **1**.5). Alle Dachkonstruktionen müssen gegen Abheben oder Kippen infolge Winddruck oder -sog durch entsprechendes Eigengewicht oder durch Verankerung mit dem übrigen Bauwerk gesichert sein (Bild **1**.19 und **1**.34).

1.1.4 Zeichnerische Darstellung

Dachkonstruktionen sind in Quer- und Längsschnitten, Grundrissen und Detailzeichnungen darzustellen. Sie dienen zur
— Klarstellung der Konstruktion
— Grundlage der statischen Berechnung
— Preisermittlung
— Bauausführung.

Grundrißzeichnungen sollen zeigen
— Lage aller tragenden Bauteile wie Tragwände, Unterzüge, Stützen, Pfosten
— Lage der Binder, Pfetten, Zangen, Sparren
— Lage von Dachaufbauten, Schornsteinen, Dachfenstern oder Lichtöffnungen, Dachausstiegen und sonstigen Aussparungen mit den evtl. erforderlichen Auswechslungen
— Lage von Firstlinien, Graten und Kehlen mit Darstellung des geplanten Regenwasserablaufes
— Dachüberstände und Dachrandausbildungen.

Querschnitte sollen insbesondere den Dachbinder zeigen, d. h. den Teil des Dachtragwerkes, in dem alle Glieder der Konstruktion in ihrem Zusammenwirken erkennbar werden. Das sind z. B. beim
— Sparrendach: Sparren, Kehlbalken, Deckenbalken oder Deckenkonstruktion
— Pfettendach: Stuhlsäulen (Stiele, Pfosten), Pfetten, Streben, Sparren und ggf. Zangen, Streben, Kopfbänder.

Bei ingenieurmäßig konstruierten und berechneten Tragwerken sollen neben dem Überblick über die Gesamtkonstruktion mit allen Verbänden die Ausbildung der Knotenpunkte mit allen Maßen und Verbindungselementen in großem Maßstab deutlich gemacht werden.

In Detailzeichnungen sind Ortgang – und Traufenabschlüsse an aufgehende Wände, Lichtöffnungen, Regenrohre usw. im Zusammenhang mit Dachdeckung und Wärmeschutz darzustellen.

1.2 Dachtragwerke aus Holz

1.2.1 Allgemeines

Holz gilt nach wie vor als hervorragend geeigneter Baustoff für Dachkonstruktionen. Die hergebrachten, handwerklich hergestellten Dachtragwerke sind ständig weiterentwickelt worden, so daß es heute möglich ist, auch statisch-konstruktiv sehr anspruchsvolle Bauaufgaben gerade mit Holzkonstruktionen wirtschaftlich und formal ansprechend zu lösen. Moderne Holzschutzmittel haben die ohnehin große Lebensdauer von Holzkonstruktionen noch bedeutend verbessert, die Gestaltungsmöglichkeiten ausgeweitet und die Unterhaltung wesentlich vereinfacht. Als Konstruktionsregel ist jedoch auch heute noch zu beachten, daß Hölzer, die Feuchtigkeitseinwirkungen ausgesetzt sind, leicht wieder trocknen können müssen. Vor ständiger Einwirkung von wechselnder Erdfeuchtigkeit, vor Spritzwasser (z. B. in Geländenähe) oder vor Tauwasser (z. B. bei unmittelbarer Berührung mit Mauerwerk, Beton oder größeren Metallflächen) muß Holz durch konstruktive Maßnahmen geschützt sein.

Die Widerstandsfähigkeit von Holzkonstruktionen gegen Feuer kann durch Anstrich, Imprägnierungen oder Ummantelungen erheblich verbessert werden. Verleimte Konstruktionen (z. B. Brettschichtträger, s. Bild 1.110), Sperrholz und Spanplatten sind gegen Entflammung besonders widerstandsfähig.

Für kleinere und konstruktiv einfache Dächer werden auch heute noch Konstruktionen nach handwerklichen Erfahrungsgrundsätzen ausgeführt. In der Regel ist aber eine statische Berechnung für das Baugenehmigungsverfahren notwendig, wobei Mindestabmessungen der einzelnen Bauteile und ihre konstruktive Verbindung untereinander untersucht und festgelegt werden. Für einfachere Konstruktionen werden diese Ermittlungen nach Bemessungstabellen auf Grund von Mustertypen vorgenommen.

1.2.2   Baustoff Holz

1.2.2.1   Allgemeines

Für Zimmerarbeiten werden hauptsächlich Nadelhölzer verwendet:
— Kiefer (sehr harzreich, daher dauerhaft)
— Fichte (Rottanne)
— Weißtanne (Edeltanne)
— Lärche.

Hölzer mit größeren Querschnitten (Balken, Dachverband) bestehen meist aus Kiefern- oder Fichtenholz.

Durch Anwenden der Gütevorschriften, volles Ausnutzen der Tragfähigkeit, sachgemäßen Einbau und geeigneten Holzschutz kann Holz gespart werden; ferner dadurch, daß alle Balken- und Dachverbandhölzer nach der DIN 1052 „Holzbauwerke, Berechnung und Ausführung" berechnet werden und die DIN 18334 „Zimmerarbeiten" beachtet wird.

1.2.2.2   Gütebedingungen[1])

Die Beurteilung des Schnittholzes wird durch Einteilung in 3 Güteklassen erleichtert (DIN 4074 T1): Es besitzt Bauschnittholz der
— Güteklasse I   besonders hohe Tragfähigkeit
— Güteklasse II   gewöhnliche Tragfähigkeit
— Güteklasse III geringe Tragfähigkeit

Beurteilt werden nach DIN 4074 allgemeine Beschaffenheit (Risse, Verfärbungen, Schädlingsbefall usw.), Schnittklasse, Maßhaltigkeit, Feuchtigkeitsgehalt, Mindestdichte, Jahrringbreite, Äste nach Durchmesser, Lage und Größenverhältnis zu Schnitt-

---

[1]) Die Normung für die Prüfung des Holzes wird z. Z. überarbeitet.

holzabmessungen, Drehwuchs, Faserabweichungen und Krümmung des Schnittholzes. Bauschnittholz der Güteklasse I ist an sichtbar bleibender Stelle deutlich und einheitlich zu kennzeichnen.

Der Feuchtigkeitsgehalt des Holzes ist von besonderem Einfluß auf das Volumen und auf die Festigkeit. Es wird nach dem Feuchtigkeitsgehalt unterschieden:

— frisches Holz   mit > 35%   Feuchtigkeit

— halbtrockenes (verladetrockenes Holz)
   bei Querschnitten $\geq$ 200 cm^2 mit   35%   Feuchtigkeit
   bei Querschnitten $\leq$ 200 cm^2 mit   30%   Feuchtigkeit

— lufttrockenes Holz (trockenes Holz)   mit   10 bis 20% Feuchtigkeit
   (Prozentsätze bezogen auf das Darrgewicht, d. h. auf das Gewicht völlig ausgetrockneten Holzes).

Die Dichte in kg/dm^3 des Holzes in lufttrockenem Zustand (s. DIN 52182) beträgt bei

— weichen Hölzern (Fichte, Tanne)   0,55

— halbharten Hölzern (Kiefer, Lärche)   0,60

— harten Hölzern (Buche, Eiche)   0,75 bis 0,80

1.2.2.3 Mängel und Fehler des Holzes

Nachteilig ist die Neigung des Holzes zum Quellen und Schwinden (bei Wasseraufnahme bzw. -abgabe), zum Reißen (bei ungleichmäßigem Austrocknen von Kern- und Splintholz) und zum Werfen (ungleichmäßiges Quellen oder Schwinden von Schnittholz mit einer Kernholz- und einer Splintholzseite).

Trocken- und Schwindrisse, von außen nach innen verlaufend und kaum zu vermeiden, beeinträchtigen die Holzfestigkeit nur wenig. Dagegen wird die Tragfähigkeit durch Kernrisse, von innen nach außen gehend, bedeutend vermindert. Auch Ringschäle, in der Richtung der Jahresringe verlaufende Risse, sowie Blitzrisse und Frostrisse sind für Holz der Güteklasse I nicht zulässig.

Gesunde, festverwachsene Äste sind kein Fehler, beeinträchtigen jedoch die Tragfähigkeit des Bauholzes, und zwar bei Zugbeanspruchung mehr als bei Druckbeanspruchung. Drehwüchsiges Holz, das ist solches, mit schraubenförmig verlaufenden Fasern, läßt sich schlecht bearbeiten und wirft sich leicht. Faserverlauf schräg zu den Längskanten vermindert die Festigkeit.

Bläue und harte rote Streifen sind bei Verwendung im Trockenen zulässig, nicht aber, wenn das Holz getränkt werden soll.

Rot- und Weißfäule, die den lebenden Baum befallen, beeinträchtigen die Güte des Holzes wenig. Befallenes trockenes Holz ist nur im Trockenen verwendbar. Das gleiche gilt für Holz mit Wurmfraß, falls die Bohrgänge der Käfer und Holzwespen sich nur an der Oberfläche befinden und das Holz sorgfältig mit Holzschutzmitteln imprägniert wird.

1.2.2.4 Holzschutz

Eingebautes Holz muß vor Fäulnis (Pilzwucherungen, besonders Hausschwamm), tierischen Schädlingen (Holzwurm, Hausbock, Meerwasserschädlingen usw.) und vor Entflammen geschützt werden (s. auch Abschn. „Besondere bauliche Schutzmaßnahmen" in Teil 1 des Werkes). Holzschutz ist für tragende Holzbauteile bauaufsichtlich vorgeschrieben und unentbehrlich geworden, weil aus wirtschaftlichen Gründen die Hölzer in statisch errechneten Mindestabmessungen verwendet werden und verkürzte Bauzeiten hölzerne Bauteile besonderen Beanspruchungen unterwerfen. Die Güte des eingebauten Holzes darf während der gesamten Lebensdauer des Bauwerks nicht herabgemindert werden.

Beim Holzschutz (s. DIN 68800 und 52175) unterscheidet man Vorbeugung und Bekämpfung. Die insbesondere für Neubauten in Betracht kommenden vorbeugenden Maßnahmen sind baulicher und chemischer Art.

Baulicher (konstruktiver) Holzschutz

Bauholz ist am meisten durch Pilze gefährdet, wenn für diese geeignete Wachstumsbedingungen vorhanden sind. Das ist überall dort der Fall, wo längere Zeit Feuchtigkeit herrscht, die über dem Wert von 20% für luftfeuchtes Holz liegt (s. Abschn. 1.2.2.2).

Zu den baulichen Holzschutzmaßnahmen ist daher schon die Wahl geeigneter Holzarten und die Einhaltung der richtigen Holzfeuchte bei der Bearbeitung und beim Einbau zu rechnen.

Bereits bei der Planung von Holzkonstruktionen ist darauf zu achten, daß diese nicht durch exponierte Lage übermäßiger Bewitterung ausgesetzt sind. Wenn das nicht zu vermeiden ist, müssen komplizierte Profilierungen und Bauteilanschlüsse vermieden werden, damit keine Feuchtigkeitsnester entstehen können. Freiliegende Holzflächen, insbesondere Hirnholzflächen müssen durch Abdeckungen aus Metall geschützt werden oder – wenn das aus gestalterischen Gründen nicht gewünscht wird – durch zusätzliche Holzbauteile, die wie eine „Verschleißschicht" ggf. leicht zu erneuern sind. Im übrigen ist durch entsprechende Profilierungen, insbesondere durch Gefällebildung, für eine rasche Ableitung von Niederschlagswasser zu sorgen.

Der Bewitterung ausgesetzte Holzteile sollen möglichst senkrecht eingebaut werden, damit Niederschlagwasser in der Faserrichtung ablaufen kann. Insbesondere bei ungehobelten Oberflächen ist dabei auch die Schnittrichtung des Holzes entsprechend zu beachten.

An Auflagern und Berührungspunkten sind die Holzbauteile durch Zwischenlagen (z. B. durch Bitumenbahnen) gegen die aus angrenzenden Bauteilen herrührende Feuchtigkeit zu schützen. Bei eingebauten Bauteilen wie z. B. Balkenköpfen von Holzbalkendecken ist durch Hinterlüftung und zusätzlichen Wärmeschutz der Tauwasserbildung entgegenzuwirken (s. Abschn. 9.3 in Teil 1 des Werkes).

Während der Bauzeit sind Holzbauteile nötigenfalls durch geeignete provisorische Abdeckungen gegen Feuchtigkeit zu schützen.

Chemischer Holzschutz[1])

Holz, das nicht durch Schädlinge gefährdet ist wie z. B. Treppen, Verkleidungen im Innenbereich, Einbaumöbel usw., wird lediglich mit Holzveredlungsmitteln behandelt, die das Holz in natürlicher Farbe belassen und einen Oberflächenschutz gegen Verschmutzung bilden.

Hölzer, die der Bewitterung ausgesetzt sind, müssen zusätzlich zu baulichen Schutzmaßnahmen vor allem gegen zerstörende und verfärbende Pilze geschützt werden.

---

[1]) Unterschieden werden nach DIN 68800 „vorbeugender Holzschutz" gegen Insekten und/oder Gefährdung durch Pilze und „Bekämpfungsmaßnahmen gegen Pilz- und Insektenbefall"

Durch Anstriche, die lichtechte Pigmente enthalten, ist ein Schutz gegen ultraviolette Strahlung des Sonnenlichtes möglich. Für die Herstellung wasserabweisender Oberflächen kommen biozidfreie Grundierungs- und Anstrichmittel in Frage.

Für tragende und aussteifende Holzbauteile ist in der Regel bauaufsichtlich vorbeugender chemischer Holzschutz gefordert.

Chemische Holzschutzmittel müssen nach dem bisherigen Stand der Forschung biozide Wirkstoffe enthalten. (Die sogenannten „biologischen" Holzschutzmittel haben sich bisher zumindest auf Dauer als nicht ausreichend erwiesen. Bauaufsichtliche Zulassungen wurden bisher nicht erteilt.) Zwar sind früher verwendete, inzwischen als außerordentlich gefährlich erkannte Wirkstoffe wie PCP, Lindan, Dioxin usw. durch andere Stoffe ersetzt, doch ist die Entwicklung wegen der erforderlichen Langzeitbeobachtungen ständig im Fluß. Aus begründeter Vorsicht sollten daher chemische Holzschutzmaßnahmen nur dort ausgeführt werden, wo sie wirklich unvermeidbar sind.

Nach den Festlegungen von DIN 68800 T3 ist daher für den vorbeugenden Holzschutz zunächst zu prüfen, ob die Notwendigkeit des Schutzes gegen Insekten und Pilze besteht. Die Notwendigkeit wird durch Vergleich mit der Gefährdungsklasse festgestellt (Tabelle 1.7).

Tabelle 1.6   Gefährdungsklassen (DIN 68800 T3, Tab. 1, Auszug)

Gefährdungs-klasse	Beanspruchung	Gefährdung durch			
		Insekten	Pilze	Auswaschung	Moderfäule
0	Innen verbautes Holz, ständig trocken	nein	nein	nein	nein
1		ja	nein	nein	nein
2	Holz, das weder dem Erdkontakt noch direkt der Witterung oder Auswaschung ausgesetzt ist, vorübergehende Befeuchtung möglich	ja	ja	nein	nein
3	Holz der Witterung oder Kondensation ausgesetzt, aber nicht in Erdkontakt	ja	ja	ja	nein
4	Holz in dauerndem Erdkontakt oder ständiger starker Befeuchtung ausgesetzt	ja	ja	ja	ja

Chemische Holzschutzmaßnahmen sind nicht erforderlich im Bereich der Gefährdungsklasse 0 und im Bereich der Gefährdungsklasse 1, wenn das Holz

— in Räumen mit üblichem Wohnklima verbaut ist,

— gegen Insektenbefall allseitig durch geschlossene Bekleidungen abgedeckt ist,

— zum Raum hin so offen eingebaut ist, daß es kontrollierbar bleibt

sowie in allen Gefährdungsklassen, wenn splintfreie Farbkernhölzer nach DIN 68364 verwendet werden (Restizenzklassen s. DIN 68800 T3, Abschn. 2.2.1).

Ein Überblick über die Anwendungsbereiche für vorbeugenden chemischen Holzschutz in Abhängigkeit von der Beanspruchung ist für die verschiedenen Gefährdungsklassen in Tabelle 1.7 gegeben.

Tabelle 1.7   Gefährdungsklassen und Anwendungsgebiete[1])

Gefährdungsklasse	Auswaschbeanspruchung	Anwendungsbereiche	Anforderungen an Holzschutzmittel
0	Keine Beanspruchung durch Niederschlag, Spritzwasser o. ä.	Räume mit üblichem Wohnklima: Holzbauteile durch Bekleidung abgedeckt oder zum Raum hin kontrollierbar	Keine
1	Keine Beanspruchung durch Niederschlag, Spritzwasser o. ä.	Innenbauteile (Dachkonstruktionen, Geschoßdecken, Innenwände) und gleichartig beanspruchte Bauteile, relative Luftfeuchte < 70%	Insektenvorbeugend
2	Keine Beanspruchung durch Niederschlag, Spritzwasser o. ä.	Innenbauteile, mittlere relative Luftfeuchte > 70%; im Bereich von Duschen, wasserabweisend abgedeckt; Außenbauteile ohne unmittelbare Wetterbeanspruchung	Insektenvorbeugend, pilzwidrig
3	Beanspruchung durch Niederschlag, Spritzwasser o. ä.	Außenbauteile ohne Erd- und/oder Wasserkontakt Innenbauteile in Naßräumen	Insektenvorbeugend, pilzwidrig, witterungsbeständig
4	Ständiger Erd- und/oder Wasserkontakt	Außenbauteile mit und ohne Ummantelung	Insektenvorbeugend, pilzwidrig, witterungsbeständig, moderfäulewidrig

[1]) Fa. Desowag-Bayer Holzschutz GmbH

Die **chemischen** Schutzmittel bestehen in der Hauptsache aus wasserlöslichen und öligen Mitteln, Öl-Salz-Gemischen und Emulsionen. Das Holz kann mit den Schutzmitteln behandelt werden u. a. durch

— **Streichen, Sprühen** (Spritzen)
— **Kurztauchen** (Sek. und Min.)
— **Tauchen** (30 Min. bis mehrere Std.)
— **Trogtränkung** (mehrere Std. bis Tage)
— **Kesseldrucktränkung** (Schutzflüssigkeit wird in die Hohlräume des Holzes gedrückt)
— **Diffusionstränkung** (Schutzpaste wandert durch monatelange Diffusion in saftfrisches Holz ein).

Je nach Schutzmittelverteilung entsteht

— **Deckenschutz** (an der Oberfläche)
— **Randschutz** (Eindringtiefe < 1 cm)
— **Tiefschutz** (Eindringtiefe > 1 cm)
— **Vollschutz** (völlige Durchsetzung)
— **Teilschutz** (Behandlung besonders gefährdeter Teile).

Einbringverfahren und Wirksamkeit der Mittel sind in DIN 68 800 näher erläutert.

Es gibt folgende Kennzeichnungen:

P   = wirksam gegen **P**ilze
Iv = vorbeugend wirksam gegen **I**nsekten
Ib = wirksam bei **I**nsektenbekämpfung
S   = geeignet zum **S**treichen, **S**prühen, Spritzen und Tauchen
(S) = zum Spritzen sowie Tauchen von Bauholz in stationären Anlagen geeignet, nicht zum Streichen
W   = auch für Holz, das der **W**itterung ausgesetzt ist, jedoch nicht in Erdkontakt oder Gewässern
E   = auch für Holz, das extremer Beanspruchung ausgesetzt ist (Erdkontakt, fließendes Wasser o. ä.)

M   = geeignet zur Bekämpfung von Schwamm im **M**auerwerk
F   = Holzschutz gegen **F**euer (durch Verkieselung der Holzfasern, Entwicklung einer Schutzzone aus sauerstoffabsperrenden Gasen oder Bildung von Schmelz- bzw. Schaumschichten auf der Holzoberfläche kann Holz schwerentflammbar gemacht werden)
KL = behandeltes Holz führt bei Chrom-Nickel-Stählen nicht zu Lochkorrosion
L   = Verträglichkeit mit bestimmten Klebstoffen (Leimen) entsprechend den Angaben im Prüfbescheid nachgewiesen.

In jedem Falle müssen alle Holzschutzmittel auf Grund strenger Prüfungen vom Institut für Bautechnik in Berlin zugelassen sein und das amtliche Prüfzeichen, das Überwachungszeichen (Bild **1**.8), den Prüfbescheid und Anwendungsbereich sowie Hinweise zur Verarbeitung (S = Sicherheitsratschläge bzw. R = Risikohinweise) auf den Gebinden tragen.

1.8
Kennzeichnung von Holzschutzmitteln

a) Überwachungszeichen
b) Gütezeichen

Hölzer für Dachkonstruktionen werden in der Regel mit Salzimprägnierungen im Tauch- oder Tränkverfahren behandelt. Wichtig ist, daß durch lange Tränkzeiten eine ausreichende Eindringtiefe der Schutzsalze erreicht wird. An der Baustelle dürfen die Imprägnierungen nicht durch Regenwasser ausgewaschen werden. Die fixierenden, meistens grün gekennzeichneten Schutzmitteln sind den vielfach üblichen einfacheren rot oder orange gekennzeichneten ggf. vorzuziehen. Beim Einbau etwa entstehende frische Schnitt- oder Bearbeitungsstellen ggf. auch größere Schwindrisse sind nachzuimprägnieren. Mit schaumbildenden, einen Oberflächenfilm bildenden Feuerschutzmitteln behandelte Hölzer müssen gegen mechanische Beschädigungen und gegen Feuchtigkeit besonders geschützt werden.

Verarbeitungshinweise sind genau zu beachten. Bei der Anwendung dürfen Holzschutzmittel nicht in das Erdreich, Gewässer oder die Kanalisation gelangen.

Die **Beseitigung** von leeren Gebinden ist je nach Art und Menge der Mittel auf üblichen Mülldeponien bzw. gemäß vorgeschriebenem Hinweis der Hersteller ggf. nur über die Sondermüll-Beseitigung durchzuführen.

Beispiel   IvSW bedeutet: Mittel ist geeignet zum vorbeugenden Schutz gegen Insekten für Streich-, Sprüh-, Kurztauch- und Tauchverfahren und für der Witterung ausgesetztes Holz.

1.2.2.5   Zurichten des Bauholzes

Nach dem Fällen sollte das Holz zwei bis drei Jahre lang austrocknen. Leider erzwingt die Marktlage oft viel kürzere Fristen. Deshalb wird häufig Holz verarbeitet, das nach dem Einbau durch Austrocknen stark schwindet. Dabei entstehen u. a. klaffende Fugen, Putzrisse und häufig Pilzbefall. Holz darf nur dann halbtrocken eingebaut werden, wenn es in Kürze für dauernd austrocknen kann. Hochwertiges Holz wird künstlich getrocknet.

Durch Schneiden des Stammes im Sägegatter entsteht Schnittholz verschiedener Abmessungen. Kanthölzer sind besonders günstig geschnitten, wenn das Kernholz im Schnittpunkt der Querschnittachsen liegt. Ebenso sind Bretter mit stehenden Jahresringen (Kernbretter, Herzdielen) wertvoller als Seitenbretter (Bild 1.9).

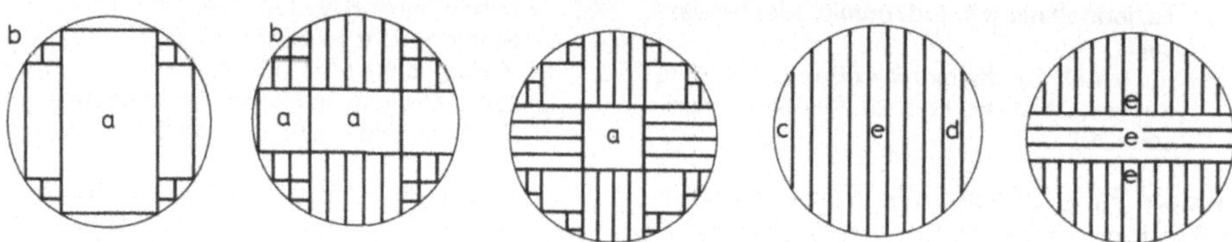

1.9 Sägeschnitte
  a Kanthölzer
  b Latten
  c Schwarten
  d Seitenbretter
  e Kernbretter (Herzdielen)

günstigstes Widerstandsmoment für Vollbalken bei Seitenverhältnis $\approx 5:7$
günstigstes Trägheitsmoment für Vollbalken bei Seitenverhältnis $\approx 4:7$

Unterschieden wird das Bauholz hinsichtlich der Lieferform nach Schnittklassen (Bild 1.10).

Im gewöhnlichen Hoch- und Tiefbau genügt fehlkantiges Bauholz (Bild 1.10 B), vollkantiges soll nur für besondere Ingenieurbauten verlangt werden. Für einfache Bauten (Schuppen, Scheunen u. ä.) sind Rund- und Halbrundhölzer ohne weiteres verwendbar.

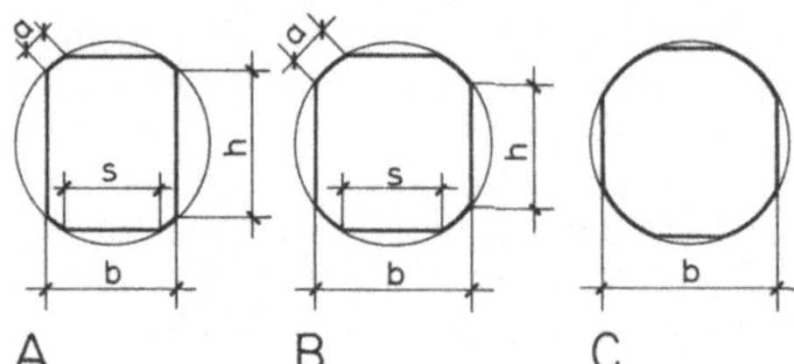

Schnittklassen
S scharfkantig; Baumkanten nicht zulässig
A vollkantig; $a \leq h/8$ $s \geq \tfrac{2}{3}b$
B fehlkantig; $a \leq h/3$ $s \geq \tfrac{1}{3}b$
C sägegestreift; an allen Seiten durchlaufend gestreift

1.10   Bauschnittholz

1.2.2.6 Holzabmessungen

In DIN 4070 bis 4073 sind die Schnittholzabmessungen festgelegt.

Tabelle 1.11   Holzabmessungen für Nadelschnittholz nach DIN 4070 T1 (die Maße gelten für halbtrockenes [verladetrockenes] Holz in rauhem Zustande)

Kantholz in cm/cm					Balken in cm/cm				Latten in mm/mm			
8/8	6/10	6/12	6/14	8/16	8/18	8/20	10/22	12/24	12/26	24/48	30/50	40/60	50/80
	8/10	8/12	8/14	10/16	10/18	10/20	16/22	16/24	20/26				
	10/10	10/12	10/14	12/16	14/18	12/20	18/22	18/24					
		12/12	12/14	14/16	18/18	14/20		20/24					
			14/14	16/16		16/20							
						20/20							

Längenstufung innerhalb eines Meters   0,0   0,25   0,50   0,75   1,00 m

Bretterdicken

rauhe Bretter (besäumt und unbesäumt) nach DIN 4071:

Dicke 10 12 15 18 20 22 24 26 28 30 35 und 40 mm;
Längenstufung innerhalb eines Meters für Nadelholz wie vor, für Laubholz von
10 zu 10 cm

gehobelte Bretter (besäumt/unbesäumt) nach DIN 4073 für lufttrockenes Nadelholz:

Dicke 7 9 12 15 17 21 23 27 32 und 36 mm (Brett- und Bohlenbreiten ≧ 8 cm).

Bohlen

rauhe Bohlen (besäumt und unbesäumt) nach DIN 4071:

Dicke 45 50 55 60 65 70 80 90 und 100 mm; Längenstufung wie vor
gehobelte Bohlen (besäumt/unbesäumt) nach DIN 4073 für lufttrockenes Nadelholz:

Dicke 40 45 50 55 60 65 und 75 mm.

Wegen der Dicke der künstlich getrockneten gehobelten Bretter und Bohlen (Nadelholz und Laubholz) s. DIN 4073.

1.2.2.7 Zulässige Spannungen

In Bauwerken aus Bauholz nach DIN 4074 sind die zulässigen Spannungen nach DIN 1052 zu berücksichtigen. Die zulässige Spannung richtet sich nach der Güteklasse des Holzes. Nadelholz ist nach DIN 4074 auszuwählen und zu beurteilen. Für Zugglieder darf Holz der Güteklasse III nicht verwendet werden.

1.2.3 Dachtragwerke als Zimmermannskonstruktionen

Nachfolgend werden herkömmliche, nach Erfahrungsregeln gestaltete und bemessene Dachkonstruktionen besprochen, wie sie noch ausgeführt werden. Die aufwendigeren in diesem Zusammenhang dargestellten Zimmermannskonstruktionen werden heute jedoch vielfach ersetzt durch Tragwerke, in denen vorgefertigte Holzbauelemente mit weitaus günstigeren statischen Eigenschaften als das übliche Bauholz wirtschaftlichere Lösungen ermöglichen. Im Hinblick aber auf die immer wichtiger werdenden Gebiete der Bauerhaltung und -sanierung sowie der Denkmalspflege erscheinen auch Kenntnis und Beurteilungsvermögen älterer Konstruktionen nötig.

1.2.3.1 Sparrendächer

Sparrendächer bilden einen stützenfreien Dachraum und erleichtern die Nutzung von Dachgeschossen (Bild **1.12**). Beim Sparrendach bilden zwei Sparren mit einem Dek-

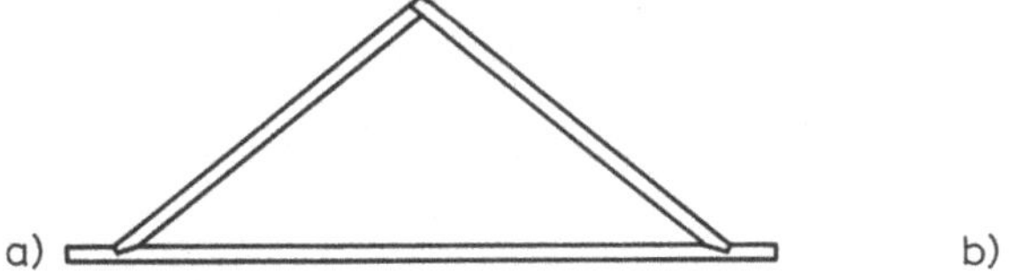

1.12 Prinzip des Sparrendaches
     a) Sparrendach in Verbindung mit Holzbalkendecke
     b) Sparrendach in Verbindung mit Stahlbetondecke

kenbalken oder dem dazugehörigen Streifen einer Massivdecke ein unverschiebliches Dreieck („Gespärre"). Die gesamte Dachlast wird – ohne die Decke zu belasten – auf die Außenwände übertragen. Decke oder Deckenbalken werden auf Zug beansprucht. Größere Öffnungen in Decken erfordern daher besondere konstruktive Aufwendungen. Ebenso sind größere Öffnungen in der Dachfläche für Dachfenster oder Gauben zu vermeiden. Dabei sollte möglichst nur ein Gespärre „ausgewechselt" werden (Bild 1.13).

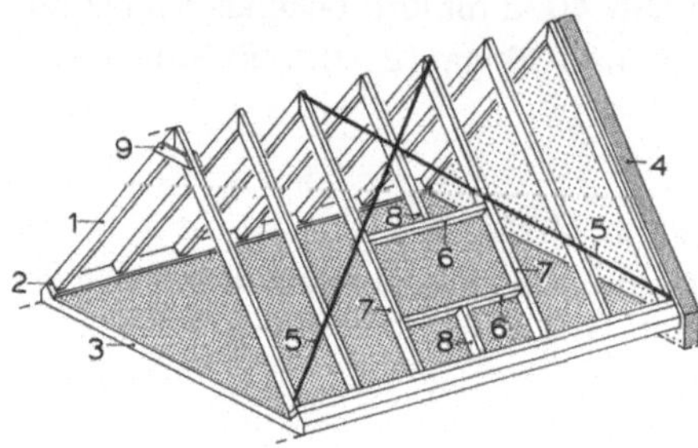

1.13
Sparrendach; Begriffe
1 Sparren
2 Schwelle
3 Deckenplatte (oder Holzbalkendecke)
4 Giebelscheibe
5 Windrispen (Gegenseite nicht eingezeichnet)
6 Wechsel
7 Wechselsparren
8 ausgewechselter Sparren
9 Firstlasche (vgl. Bild 1.14, hier nur im 1. Gespärre eingezeichnet)

Dabei müssen die „Wechselsparren" die Belastungen aus den Feldern der ausgewechselten Sparren übernehmen und sind daher in der Regel gegenüber den normalen „Feldsparren" gemäß statischem Nachweis zu verstärken.

Der Sparrenabstand beträgt mit Rücksicht auf die Dachlattenabmessung je nach Gewicht der Dachdeckung 70 bis 80 cm.

Über kleineren Bauwerken, bei denen sich je nach Dachneigung Sparrenlängen bis etwa 5,00 m ergeben, können einfache Sparrendächer wie in Bild 1.14 bzw. 1.18 geplant werden. Bei größeren Dachabmessungen werden die erforderlichen Abmessungen der Sparren unwirtschaftlich. In der Regel werden die Sparren eines Gespärres deshalb gegeneinander zur Abminderung der Durchbiegung durch K e h l b a l k e n als Druckstäbe abgestützt. Sparrendächer in derartiger Form werden deshalb auch als „Kehlbalkendächer" bezeichnet (Bild 1.15).

In Längsrichtung müssen die Gespärre von Sparrendächern durch „Windrispen" ausgesteift werden. In herkömmlicher Ausführung waren das diagonal in der Dachfläche unter die Sparren genagelte Bretter. Durch diese Ausführungsart wird jedoch ein Dachausbau zu sehr behindert.

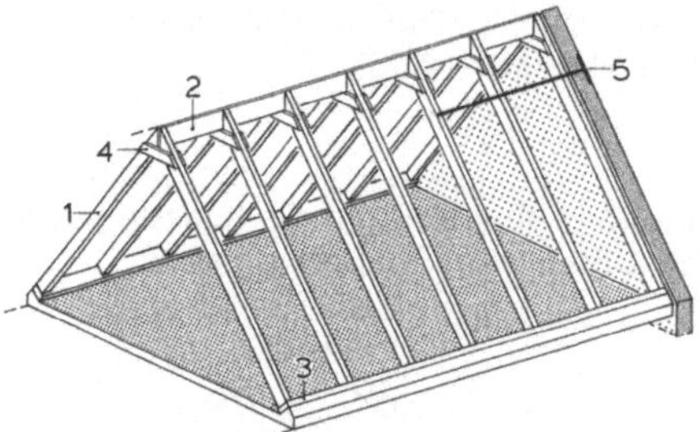

1.14   Einfaches Sparrendach ohne Kehlbalken; Sparrenlänge < ca. 5,00 m (schematisch; Windrispen, Laschen usw. nicht eingezeichnet)

1 Sparren	3 Schwelle
2 Firstbohle (nicht tragend)	4 Firstlaschen
	5 Giebelanker

1.15   Sparrendach mit Kehlbalken (schematisch; Windrispen, Laschen usw. nicht eingezeichnet)
1 Kehlbalken
2 Sparren
3 Hahnenbalken (vgl. Bild 1.21 b)

Daher ist die Aussteifung mit Rispenbändern aus verzinkten, gelochten etwa 4 cm breiten Stahlbändern heute meistens üblich. Sie werden auf die Oberseite der Sparren (d. h. unterhalb der Dachlattung) angebracht, damit möglichst nur geringe außermittig Kraftanschlüsse entstehen. Da solche Stahlbänder nur Zugkräfte übertragen können, müssen sie auf jeder Dachseite über Kreuz angeordnet werden (Bild 1.16). Bei größeren Dachflächen sind mehrere derartige Aussteifungsverbände vorzusehen.

Statt durch Windrispen können die Dachflächen auch durch im Verband verlegte und verschraubte großformatige Holzspanplatten oder vorgefertigte entsprechend belastbare Wärmedämm-Elemente ausgesteift werden (Bild 1.17).

Bei dieser Form der Aussteifung werden die Dachlatten oder die Schalung eines evtl. vorhandenen „Unterdaches" (s. Abschn. 1.8.1) statisch zur Koppelung der einzelnen Sparren bzw. Gespärre herangezogen. Stöße der Dachlatten bzw. Schalbretter müssen daher auf den Sparren vernagelt sein.

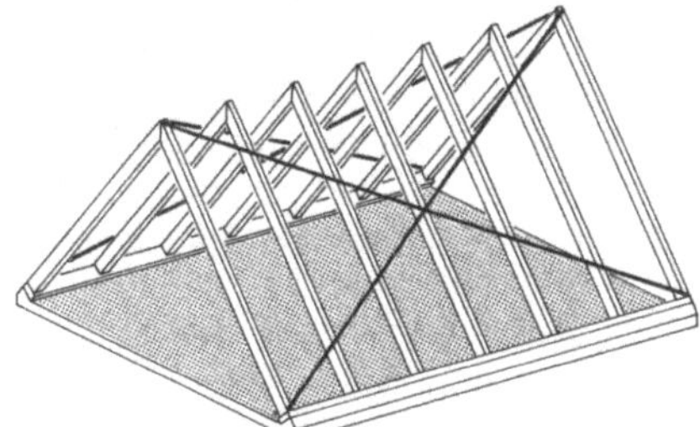

1.16 Aussteifung durch Rispenbänder

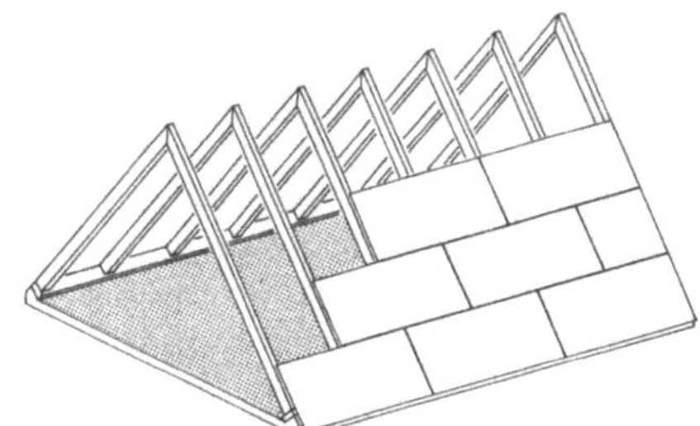

1.17 Aussteifung durch großformatige Bauelemente

Die Giebelscheiben bilden beim Sparrendach lediglich den Abschluß des Dachraums und sind nicht Bestandteile der Dachkonstruktion. Sie müssen daher mit den ersten Gespärren durch Anker verbunden und damit gegen Kippen gesichert werden (Bild 1.14).

Die gesamte Dachkonstruktion muß mit dem darunter liegenden Bauwerk so verbunden werden, daß alle auftretenden Horizontal- und Vertikalbeanspruchungen sowie Kippmomente aus Winddruck und -sog sicher übertragen werden. Bei Sparrendachkonstruktionen in Verbindung mit Holzbalkendecken sind die Deckenbalken mit dem Mauerwerk oder den in der Regel notwendigen Ringbalken zu verankern (vgl. Bild 1.18). Wenn Massivdecken Bestandteil von Sparrendachkonstruktionen sind, werden die dabei notwendigen Schwellen oder Sparrenschuhe fest mit dem Bauwerk verankert (Bilder 1.19).

Einfache Sparrendächer

Ein einfaches Sparrendach in alter handwerklicher Ausführung über einem kleineren Bauwerk zeigt Bild 1.18.

Am First wurden die Sparren nach alter, handwerklicher Art durch „Scherzapfen" mit Hartholznagel von quadratischem Querschnitt in entsprechender Bohrung gesichert (Bild 1.18, Punkt A1). Heute bildet man die Firstverbindung jedoch meist mit einer Firstbohle und mit doppelten, genagelten Brettlaschen aus (Punkte A2 und A3). Dadurch wird nicht nur der arbeitsaufwendige Scherzapfen vermieden, sondern auch ein einfacheres Ausrichten des gesamten Daches ermöglicht. Die Firstbohle hat keine tragende Funktion im Dachverband, ist jedoch ein Bauteil zur Stabilisierung des Daches in Längsrichtung.

Die am Fußpunkt des Sparrens auftretenden Schubkräfte werden bei Holzbalkendecken durch „Versatz" in die Deckenbalken übertragen. Der Sparrenanschluß muß gegen das Balkenende zurückgesetzt werden, damit eine ausreichend große Scherfläche („Vorholz") entsteht, die errechnet werden muß und keinesfalls weniger als 20 cm lang sein soll. Die handwerkliche Ausführung mit „Stirnversatz" und Zapfen (Bild **1**.18 A1) wird wegen des hohen Arbeitsaufwandes in dieser Form nicht mehr ausgeführt. Auch die Ausführung ohne Zapfen erfordert aber eine relativ große Vorholzlänge. Diese kann reduziert werden, wenn der „Fersenversatz" oder „Doppelversatz" angewendet wird (Bild **1**.18 A2). Eine einfachere Lösung ergibt sich, wenn eine längs auf die Balkenenden aufgenagelte Bohle die Horizontalkräfte der Sparren aufnimmt und diese durch Laschen angeschlossen werden (Bild **1**.18 A3). Bei diesen Ausführungsarten ergibt sich der für derartige Sparrendächer typische Knick in der Dachebene, der durch einen „Aufschiebling" gemildert wird. Aufschieblinge, die meist aus einer dicken Bohle geschnitten und durch Nägel auf Balken und Sparren befestigt werden, sind eine besondere Eigenart des Sparrendaches in Verbindung mit Holzbalkendecken.

Stahlblech-Sparrenhalter (Bild **1**.18 A4) ermöglichen es, einen versatzähnlichen Sparrenanschluß so weit nach außen zu verlegen, daß keine Aufschieblinge erforderlich sind und die Sparrenenden sogar überstehen können.

In jedem Fall ist die Einleitung der Horizontalkräfte am Auflager der Sparren statisch nachzuweisen.

In der Regel liegen die Balken auf Ringankern (s. Abschn. 6.2.1 in Teil 1 des Werkes) der Außenwände auf (vgl. Bild **1**.18 A1 bis A3). Durch geeignete Verankerung ist die gesamte Dachkonstruktion gegen Winddruck bzw. -sog zu sichern.

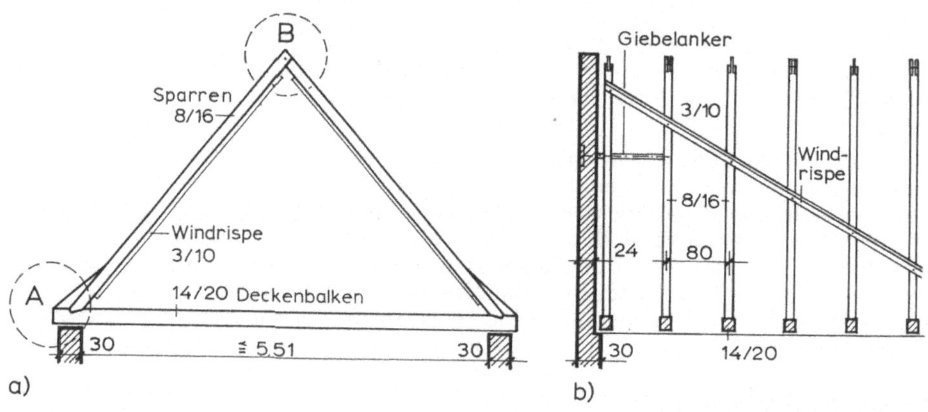

1.18   Einfaches Sparrendach auf Holzbalkendecke (Fortsetzung s. S. 27)
(Fortsetzung s. S. 27)
      a) Querschnitt
      b) Längsschnitt

A Fußpunkt	B First
A 1 Sparrenanschluß mit Stirnversatz und Aufschiebling	B 1 Sparrenverbindung mit Scherzapfen
A 2 Sparrenanschluß mit Doppelversatz und Aufschiebling	B 2 Sparrenverbindung mit Laschen und Firstbohle
A 3 Sparrenanschluß mit aufgenagelter Längsknagge und Brettlaschen	B 3 Sparrenverbindung mit Sperrholzlaschen und innenliegenden Firstbohlen
A 4 Sparrenanschluß mit Stahl-Sparrenschuh	

Bild 1.18, Fortsetzung

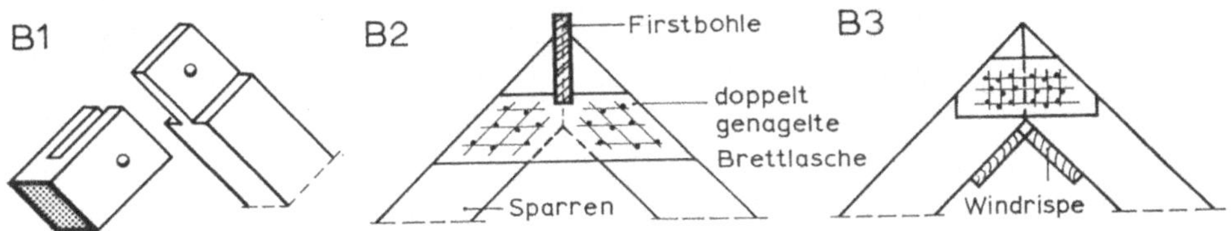

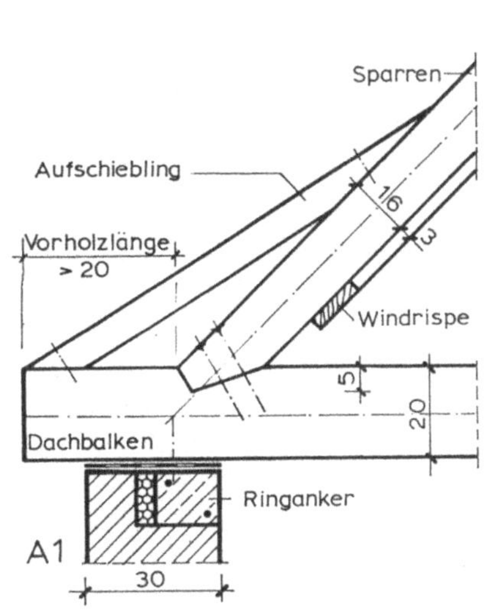

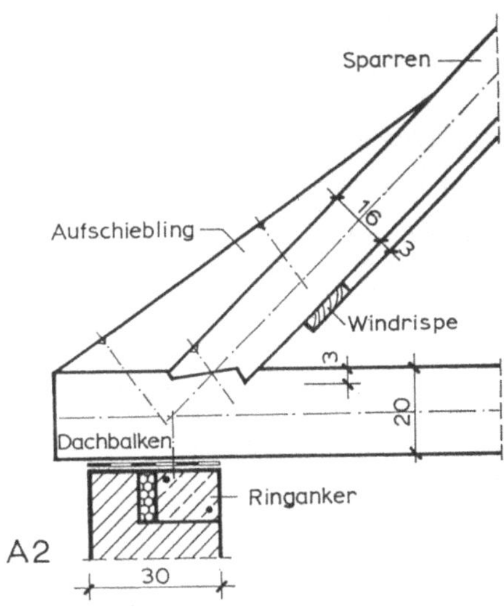

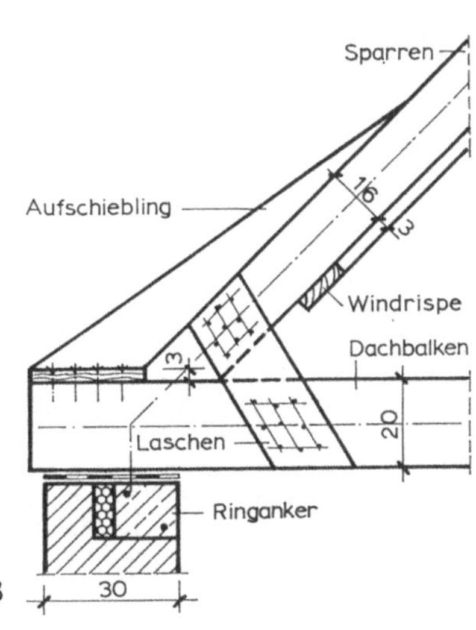

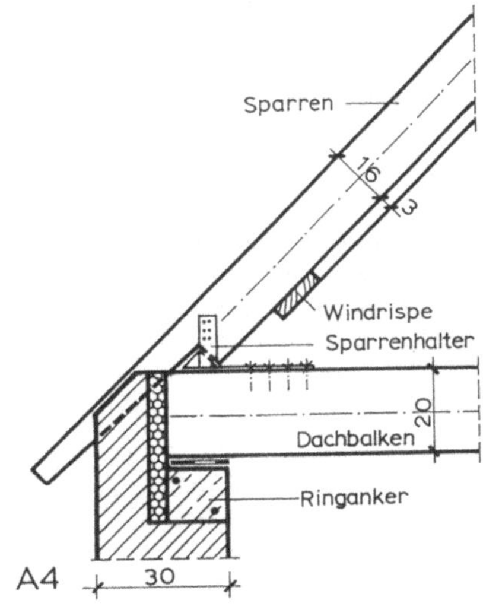

Die am Sparrenfuß auftretenden Horizontalkräfte können natürlich auch von Massivdecken – am einfachsten von Stahlbetonplatten – aufgenommen werden. Die Sparren werden entweder mit einer Fußschwelle auf eine Deckenaufkantung gesetzt
(Bild **1.19**a) oder mit Stahlblech-Sparrenschuhen in Verbindung mit einbetonierten
Ankerschienen am Deckenrand angeschlossen (Bild **1.19**b).

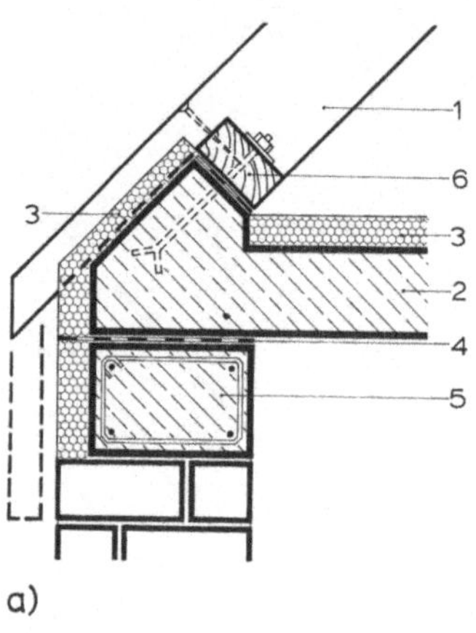
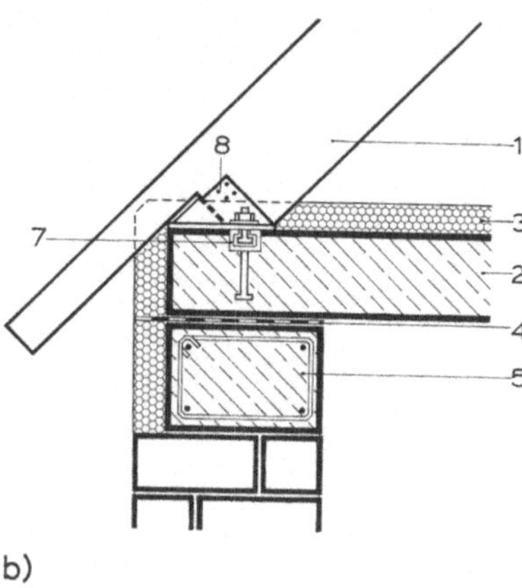
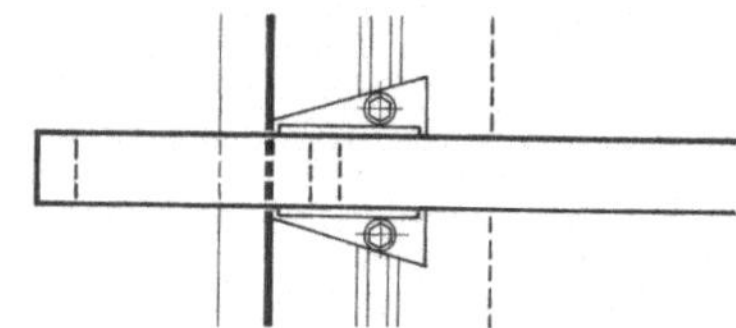

1.19 Fußpunkt für Sparrendächer über Stahlbetondecken
  a) Stahlbetondecke auf Aufkantung
  b) Sparrenanschluß mit Ankerschiene, Schnitt und Grundriß

  1 Sparren
  2 Stahlbetondecke
  3 Wärmedämmung
  4 Gleitlager
  5 Ringanker

  6 Fußschwelle mit Verankerung an der Decken-
    aufkantung, Sparren genagelt
  7 Ankerschiene, einbetoniert
  8 Stahlblech-Sparrenschuh (BTM) auf Anker-
    schiene verschraubt, Sparren seitlich genagelt

Traufenüberstände sind bei Sparrendächern in Verbindung mit Holzbalkendecken
statisch ungünstig, weil in den Deckenbalken bei einem größeren Überstand zusätzliche
Biegemomente entstehen (Bild **1.20**b). Wenn aus gestalterischen Gründen überstehende Traufengesimse vorgesehen werden sollen, sind bei der traditionellen Konstruktion lange Aufschieblinge unvermeidlich (Bild **1.20**c). Werden die Fußpunkte jedoch
im Zusammenhang mit Stahlbetondecken ausgebildet (Bild **1.19**), können die Sparren
problemlos Überstände haben (Bild **1.20**d).

Ortgangüberstände sind bei Sparrendächern konstruktiv nicht zu begründen, da ja
an den Gebäudeabschlüssen die letzten Gespärre auf der Innenseite der Giebelscheiben
stehen. In der Regel wird daher hier lediglich die Dachdeckung über die Giebelscheiben
hinweggezogen.

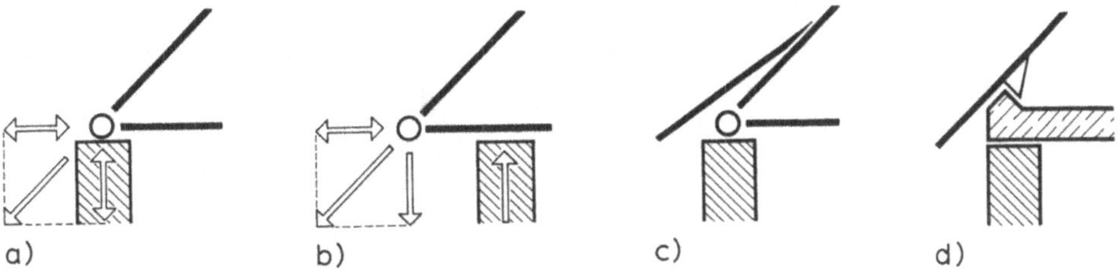

1.20 Konstruktive Überlegungen für Dachüberstände bei Sparrendächern
   a) Sparrenanschluß mit Versatz auf Holzbalkendecke
   b) Gesimsbildung durch Balken- oder Deckenüberstand (stat. ungünstige Lösung)
   c) Gesimsform durch Aufschiebling
   d) Gesimsbildung bei Sparrenanschlüssen auf Stahlbetondecken

Sparrendächer mit Kehlbalken

Bei größeren Gebäudetiefen, d. h. bei Sparrenlängen über etwa 4,50 m, sind die Sparren gegen Durchbiegen zu sichern. Das geschieht durch Einfügen eines Kehlbalkens, der je zwei Sparren gegeneinander abstützt. Der Kehlbalken läge statisch am günstigsten in der Mitte des Sparrens, wo die Durchbiegung am größten ist (Bild **1.**21 a). Bei ausgebautem Dachgeschoß wird die Lage der Kehlbalken aber durch die Höhe der Dachgeschoßräume bestimmt. Das über dem Kehlbalken liegende Sparrenende kann bis etwa 3,50 m lang werden, da die gegenüberliegenden Sparren sich im First gegenseitig stützen.

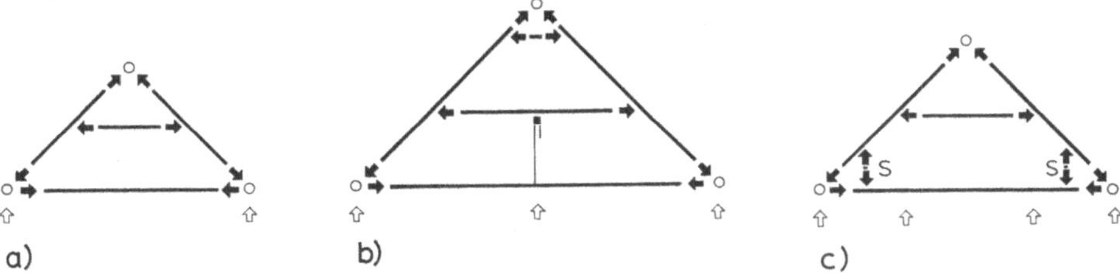

1.21 Kehlbalken-Dachtragwerke
   a) Sparrendach mit Kehlbalken etwa in Sparrenmitte
   b) Sparrendach mit 2 Kehlbalken (oberster Kehlbalken = „Hahnenbalken"), Abstützung des unteren Kehlbalkens durch Schwelle auf Stielen mit Kopfbändern (vgl. Bild **1.**30)
   c) dreifach ausgesteiftes holzsparendes Kehlbalkendach (vgl. Bild **1.**24) mit Stielen unter den Sparren

Wenn das obere Sparrenende zu lang ist oder bei großen Dächern kann eine zweite Kehlbalkenlage mit „Hahnenbalken" in Frage kommen (Bild **1.**21 b).

Unbelastete Kehlbalken erhalten nur Druck in der Faserrichtung. Wird das Dachgeschoß ausgebaut und der Raum über den Kehlbalken als Dachbodenraum ausgenutzt, wie es bei ausgebauten Dächern meist der Fall ist, so wird der Kehlbalken durch Deckengewicht und Nutzlast auch auf Biegung beansprucht.

Müssen belastete, lange Kehlbalken durch Stiele gegen Durchhängen gesichert werden, entstehen statisch unklare Verhältnisse, weil die durch die Stiele auf die Geschoßdecke mit übertragenen Dach- und Windlasten schlecht erfaßbar sind.

Ein Sparrendach mit freiem, für den Ausbau geeignetem Dachraum über einer Massivdecke ist in Bild **1.**22 dargestellt. Der stützen- und strebenlose Verband besteht aus Hölzern mit verhältnismäßig schmalem, hohem Querschnitt. Die Verbindungen sind

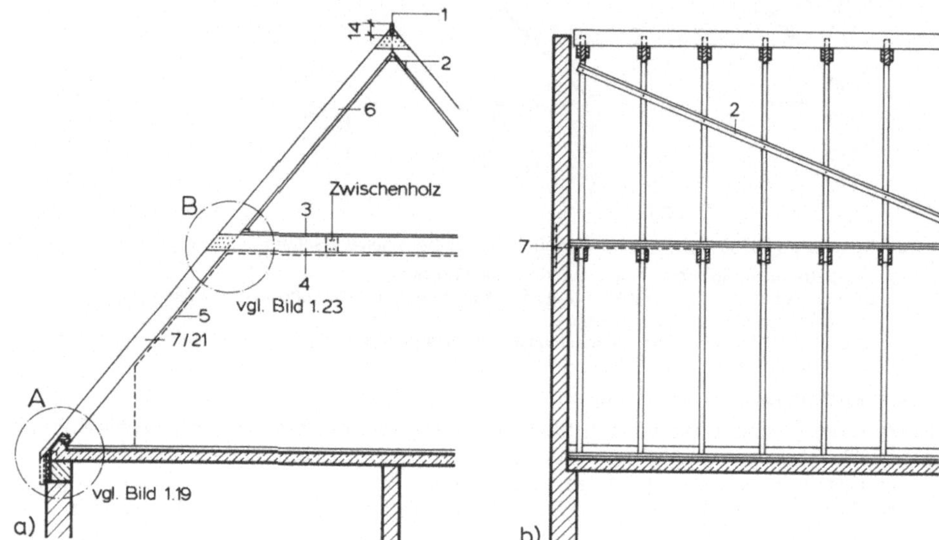

1.22 Sparrendach mit Kehlbalken bei ausgebautem Dachgeschoß. Massivdecke. Dachneigung 50°.
a) Querschnitt
b) Längsschnitt

1 Firstbohle 3/14
2 Windrispe 3/14
3 Längsverband
4 Kehlbalken aus 2 × 3,5/21

5 Grenze des Dachausbaues
6 Sparren 7/21
7 Giebelanker

genagelt. Die Sparren stehen auf einer Fußschwelle, die auf der Aufkantung der Stahlbetondecke verankert ist. Der Sparrenfuß ist gegen Abheben durch Nagelung gesichert (vgl. Bild **1**.19a).

Der Längsverband ist in diesem Beispiel oberhalb der Kehlbalkenlage durch eine Windrispe hergestellt.

Kehlbalkenanschlüsse wurden früher mit Versatz und Zapfen ausgeführt. Diese Verbindung ist nicht nur handwerklich aufwendig herzustellen, sie ist auch statisch betrachtet falsch, weil sie den Sparren an der am stärksten beanspruchten Stelle schwächt. Kehlbalkenanschlüsse werden daher heute mit Hilfe von Knaggen hergestellt, die an die Sparren genagelt werden und so eine Versatzfläche bilden; seitlich werden Brettlaschen angenagelt (Bild **1**.23a). Bei größeren Spannweiten der Kehlbalken, bei Belastung durch Ausbau oder Nutzung des Dachraumes oberhalb des Kehlbalkens wird die Kehlbalkenkonstruktion vielfach durch zwei zangenartige, gegeneinander mit Futterklötzen ausgesteifte Holzprofile gebildet, die mit dem Sparren durch Nagelung oder Dübelung verbunden werden (Bild **1**.23b).

Bild **1**.24 zeigt ein dreifach ausgesteiftes Kehlbalkendach, dessen unterer langer Kehlbalken gewissermaßen durch kurze Stiele ersetzt worden ist (s. auch Bild **1**.21d). Der Holzbedarf für dieses Dachtragwerk ist gering, die Verbindung der Hölzer einfach. Die Kehlriegel können hier keine senkrechten Lasten aufnehmen.

Nachteilig ist die Belastung der Decke durch die Stiele, die auch zugfest mit der Decke verbunden werden müssen.

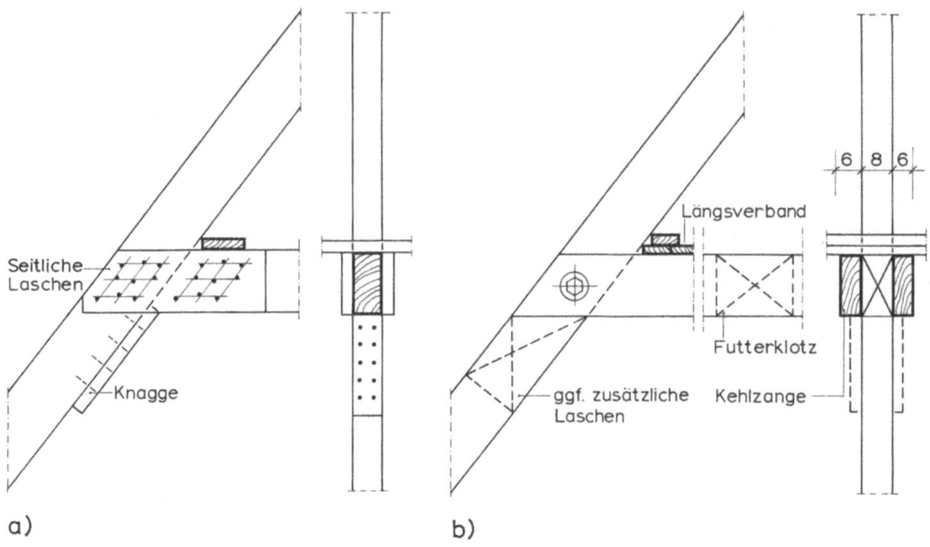

1.23   Kehlbalkenanschlüsse
   a) Kehlbalkenanschluß mit genagelter Knagge und Laschen
   b) Kehlbalkenkonstruktion für große Spannweiten und Belastungen

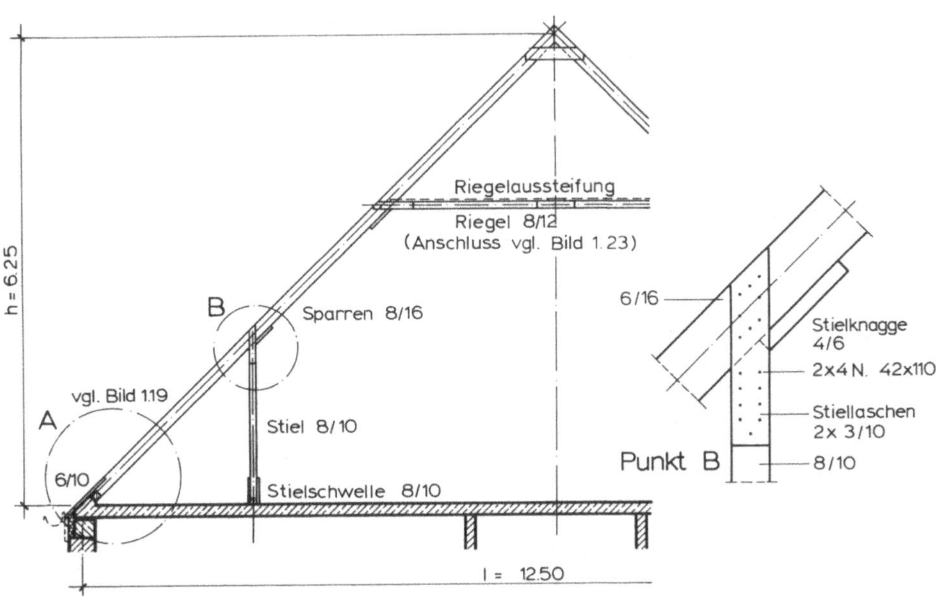

1.24   Dreifach ausgesteiftes Kehlbalkendach

1.2.3.2 Pfettendächer

Die konstruktiv einfachste Form eines Daches ergibt sich, wenn die die Dachdeckung tragenden Sparren auf Lagerhölzern aufliegen, welche unmittelbar auf tragenden Wänden ruhen. Abstand und Lage der Sparren ist dann allein von der Art bzw. dem Gewicht der Dachdeckung und dem Gebäudegrundriß bestimmt. Lediglich die Durchbiegung der Sparren begrenzt hinsichtlich der Spannweiten die Ausführungsmöglichkeiten (Bild 1.25).

Wenn keine tragenden Längswände zur Verfügung stehen, werden die Sparrenauflager durch tragende „Pfetten" gebildet. Sie können bei kleineren Gebäuden mit einfachen Grundrißformen frei zwischen Giebelwände oder sonstige hochgeführte Querwände gespannt werden (Bild 1.26).

Für Dachdeckungen mit kleinformatigem Material auf Dachlatten bilden die Pfetten in der Regel das Tragwerk für die erforderlichen Sparren. Bei Spannweiten über etwa 4,50 m muß dabei die Durchbiegung Sparren aus üblichem Bauholz durch zusätzliche Auflagerung auf „Mittelpfetten" begrenzt werden.

Mit derartigen Pfettendachkonstruktionen können einfache Satteldächer, aber auch Dächer über komplizierten Grundrißformen gebildet werden.

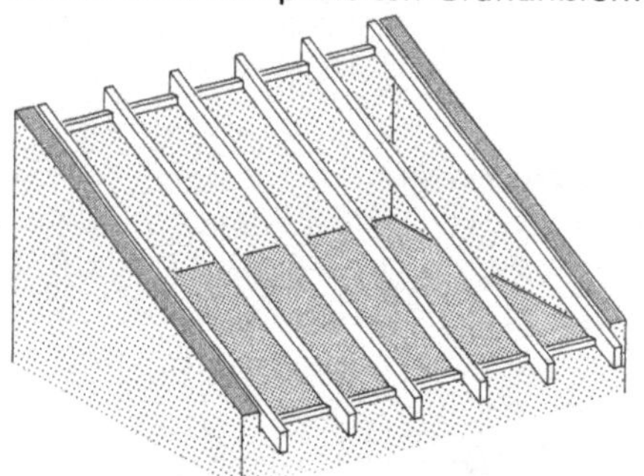

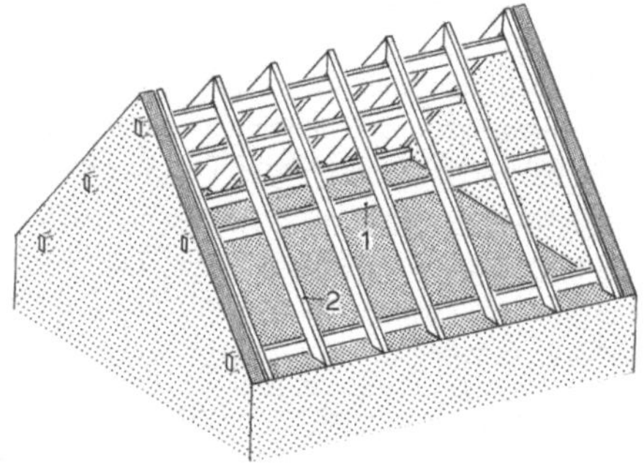

1.25 Ausgangsform des Pfettendaches: Pultdach mit Sparren, die auf Mauern aufliegen (kleinformatige Dachdeckung)

1.26 Pfetten auf ausgesteiften Giebelwänden. Sparrenlage für kleinformatige Deckungen
1 Pfette   2 Sparren

Dachdeckungen aus großformatigen Bedachungsmaterialien können direkt auf den Pfetten aufliegen, die ihr Auflager auf ausgesteiften Giebelscheiben (Bild 1.27) oder auf anderen Unterkonstruktionen wie z. B. unverschieblichen Dreiecksverbänden haben (Bild 1.28).

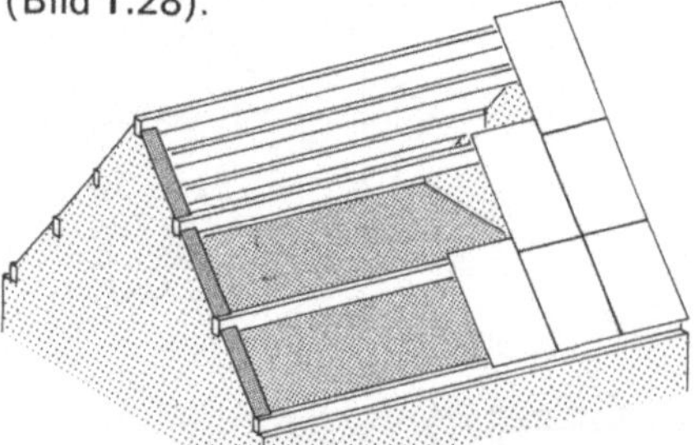

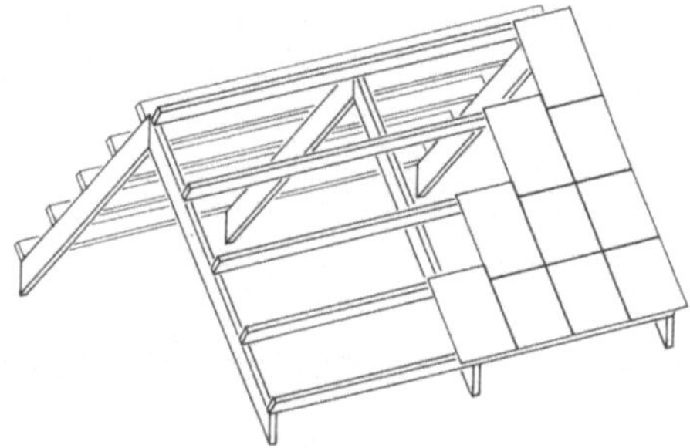

1.27 Pfettendach mit Pfetten auf ausgesteiften Giebelwänden in Verbindung mit großformatiger Eindeckung ohne Lattung (z. B. Faserzement-Wellplatten)

1.28 Pfetten auf Unterzügen, Bindern o. ä. in Verbindung mit großformatiger Deckung

Größere Spannweiten mit weitgespannten, freitragenden Pfetten führen meistens zu unwirtschaftlichen Dimensionierungen. Längere „Pfettenstränge", die aus statischen Gründen auch mit Gelenken („Gerberpfetten") ausgeführt werden können (s. Abschn. 1.2.4), müssen daher Zwischenauflager erhalten. Sie können aus Stützreihen gebildet werden, die auf der obersten tragende Geschoßdecke stehen.

Die Pfetten können aus einfachen Balken bestehen, bei größeren Spannweiten und bei Konstruktionen nach Bild **1**.27 und **1**.28 sind aber andere Trägerarten (z. B. Brettschichtträger, Wellstegträger, Gitterträger usw., s. Abschn. 1.2.4) wirtschaftlicher.

Sind für Dachdeckungen mit kleinformatigen Materialien Lattungen erforderlich, kann auf eine zusätzliche Sparrenlage nicht verzichtet werden. Bei Sparrenlängen ab etwa 4,50 m sind für eine wirtschaftliche Dimensionierung Zwischenauflager auf „Mittelpfetten" nötig (vgl. Bild **1**.28).

Bei der herkömmlichen handwerklichen Ausführung von Pfettendächern werden die Sparrenauflager durch den „Dachstuhl" gebildet (s. Bild **1**.30 und **1**.31).

Im Laufe der historischen Entwicklung sind zahlreiche Formen von Dachkonstruktionen nach dem Pfettendachprinzip entstanden, die ergänzt werden durch Sprengewerke und Hängewerke zur Überbrückung größerer Spannweiten.

Ein schematischer Überblick ist in Bild **1**.29 gegeben.

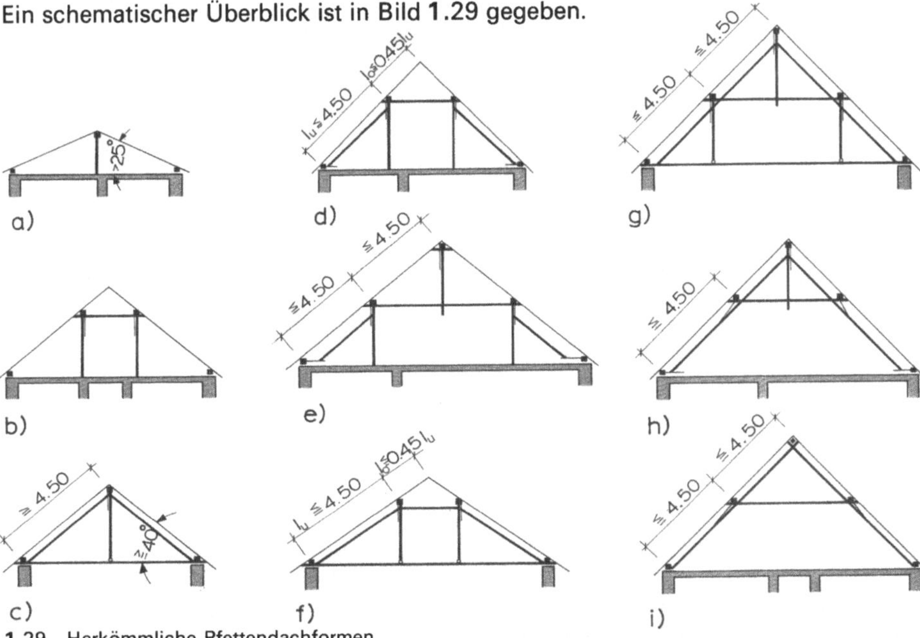

1.29 Herkömmliche Pfettendachformen

a) Einfach stehender Stuhl, Stiel unter Firstpfette. Bei Neigung > 25° Zange erforderlich

b) Doppelt stehender Dachstuhl auf unterstützter Dachbalkenlage. Zange erforderlich bei Neigungen > 25°

c) Einfaches Sprengwerk. Hängesäule mit Schwebezapfen

d) Doppelt stehender Stuhl mit Windstreben auf Massivdecke

e) Dreifach stehender Stuhl mit First- und Mittelpfetten und Windstreben auf Massivdecke

f) Doppeltes Sprengwerk (Decke wird nicht belastet). Bei steilen Dächern zusätzlich Zange unter den Mittelpfetten erforderlich

g) Sprengwerk für Mittel- und Firstpfette

h) Sprengwerk, bei dem die Stiele unter den Mittelpfetten gleichzeitig die Sprengwerkstreben sind. („Liegende" Kopfbänder)

i) Stuhlsäulen (Streben) kreuzen sich im First

Übliche einfache Konstruktionen mit abgestützten Pfetten zeigt Bild **1**.29a und b.

In der zweiten Gruppe (Bild **1**.29c bis e) sind Pfettendächer mit Dachneigungen > 40° oder Sparrenlängen > 7 m schematisch dargestellt. Sie sind mit S t r e b e n gegen Windkräfte gesichert.

Wenn Decken die durch Pfosten übertragenen Dachlasten nicht aufnehmen können, werden mit Hilfe von Streben Sprengewerke gebildet (Bild **1**.29e, f, g).

In Bild **1**.29i und j schließlich sind Pfettendächer mit „Liegendem Stuhl" gezeigt. In ihnen übernehmen schrägliegende Stuhlsäulen (Pfosten) – mit schrägliegenden Kopfbänder – gleichzeitig die Aufgaben der Streben. Dadurch werden stützenfreie Dachräume bzw. unbelastete Decken ermöglicht.

Die einfachste Form eines Dachstuhles stellt der „einfach stehende Stuhl" dar (Bild **1**.30). Standardausführung ist der „zweifach stehende Stuhl" (Bild **1**.31).

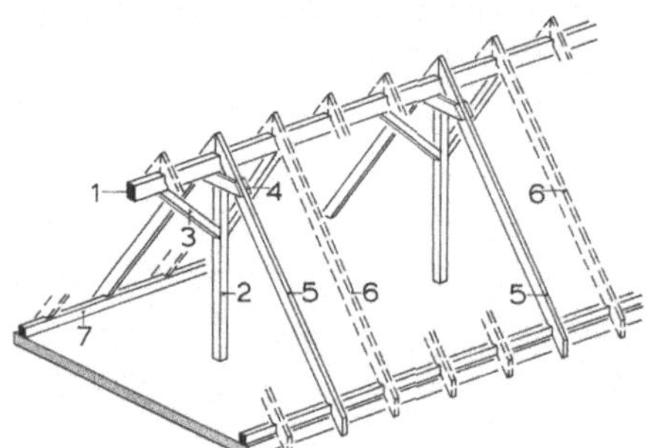
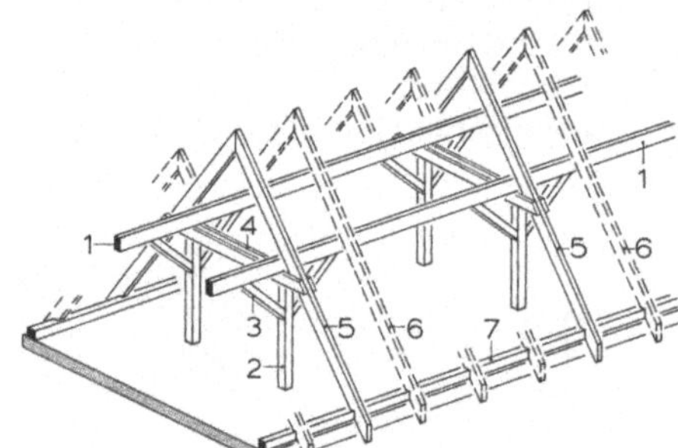

1.30 Pfettendach mit einfach stehendem Stuhl
  1 Firstpfette
  2 Pfosten (Stiel)
  3 Kopfbänder
  4 Laschen
  5 Bindersparren
  6 Feldsparren
  7 Fußpfette (Schwelle)

1.31 Pfettendach mit zweifach (doppelt) stehendem Stuhl, schematische Übersicht
  1 Mittelpfette
  2 Pfosten (Stiel)
  3 Kopfbänder
  4 Zangen
  5 Bindersparren
  6 Feldsparren
  7 Fußpfette (Schwelle)

In der Regel besteht der Dachstuhl aus den S t u h l s ä u l e n oder S t i e l e n von quadratischem Querschnitt und den Pfetten, die auf die Stuhlsäulen aufgezapft sind. Quer zur Firstlinie werden je zwei Stiele unterhalb der Pfetten durch D o p p e l z a n g e n miteinander verbunden. Die Doppelzangen fassen außer den Stielen und den aufgekämmten Pfetten ein Sparrenpaar (Bindersparren). Die Längsaussteifung wird von den K o p f b ä n d e r n übernommen, die Queraussteifung von den Zangen und den auf die Pfetten aufgeklauten und aufgenagelten Sparren, die im Binder mit den Zangen verbolzt sind. Die jeweils in derselben Ebene quer zum First stehenden Stiele mit Doppelzange und Sparrenpaar bilden den B i n d e r. Ein Dachbalken gehört beim Pfettendach über Holzbalkendecken nur dann zum Binder, wenn der Balken als Zugstab für ein Sprengwerk dienen muß. Die Entfernung der Binder voneinander beträgt ≈ 4,00 bis 4,50 m. Zwischen den Bindern liegen die L e e r g e b i n d e. Die Sparren der Leergebinde brauchen (Gegensatz zum Sparrendach!) n i c h t paarweise einander gegenüberzuliegen, auch nicht von der Fußpfette bis zum First in einem Stück durchzulaufen, vorausgesetzt, daß außer der Mittelpfette eine Firstpfette vorhanden ist. Ebenso ist das Leergebinde unabhängig von Balkenlagen in Geschoßdecken, da die unterste Unterstützung des Pfettendachsparrens die Fußpfette ist. Die Leergebinde sind je nach Art der Dachdeckung und nach Lattendicke 65 bis 125 cm voneinander entfernt.

Jeder S p a r r e n ist auf die Pfetten aufgeklaut und durch Sparrennägel gegen Abheben gesichert. Über einer Firstpfette werden die Sparren stumpf gestoßen. Sind die Sparren nicht länger als 4,50 m, genügen Fußpfette und Firstpfette (Pfettendach mit einfach stehendem Stuhl, Bild **1**.30), werden sie länger als 4,50 m, werden sie durch eine Mittelpfette unterstützt (doppelt stehender Stuhl, Bild **1**.31). Auch die Sparrenlänge vom Fußpunkt bis zur Mittelpfette soll nicht größer sein als 4,50 m.

Ist die Länge von der Mittelpfette bis zum First nicht größer als 0,45mal der Sparrenlänge zwischen den Pfetten, so stützen sich die Sparren auf die Fuß- und Mittelpfette und kragen bis zum First frei aus (Berechnung erforderlich!). Dabei ist, um die Sparren an der Mittelpfette nicht zu schwächen, ein Sparrenauflager nach Bild **1**.33 der Aufklauung vorzuziehen.

Die nach oben auskragenden Sparren bedürfen aus s t a t i s c h e n Gründen keiner Verbindung im First. Um jedoch Schäden in der Dachdeckung zu vermeiden, die durch ungleichmäßige Bewegungen in den oben auskragenden Sparrenenden auftreten können, ist eine Verbindung durch A n l e h n e n an eine Firstbohle (insbesondere bei nicht gegenüberliegenden Sparren) zweckmäßig (vgl. Bild **1**.18 B2).

Die T r a u f e n können von überhängenden Sparren gebildet werden.

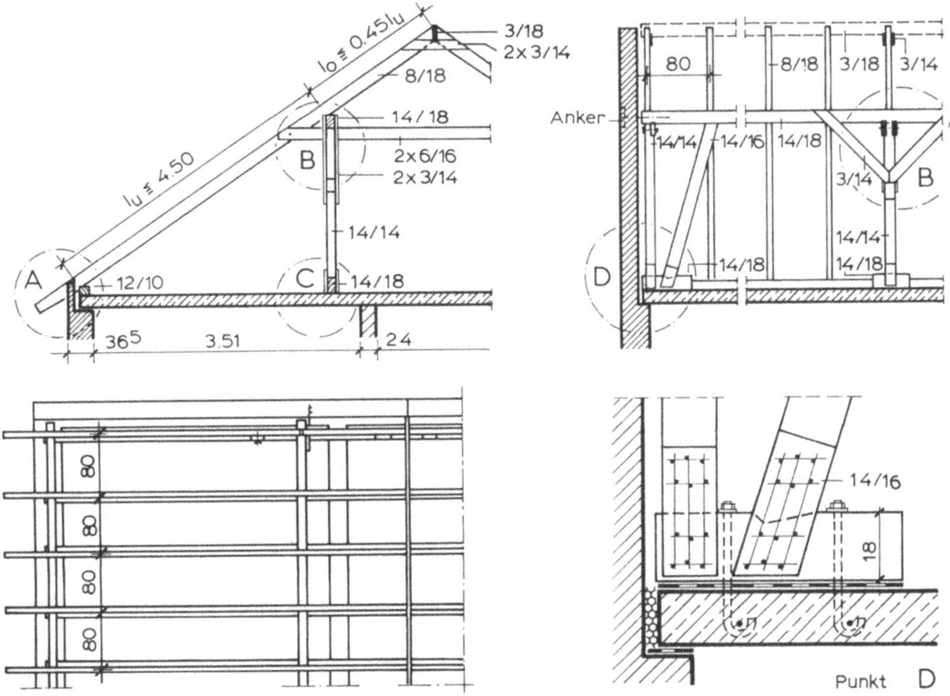

1.32 Pfettendach mit doppelt stehendem Stuhl, Dachneigung < 35°

Fortsetzung s. nächste Seite

Bild **1**.32, Fortsetzung

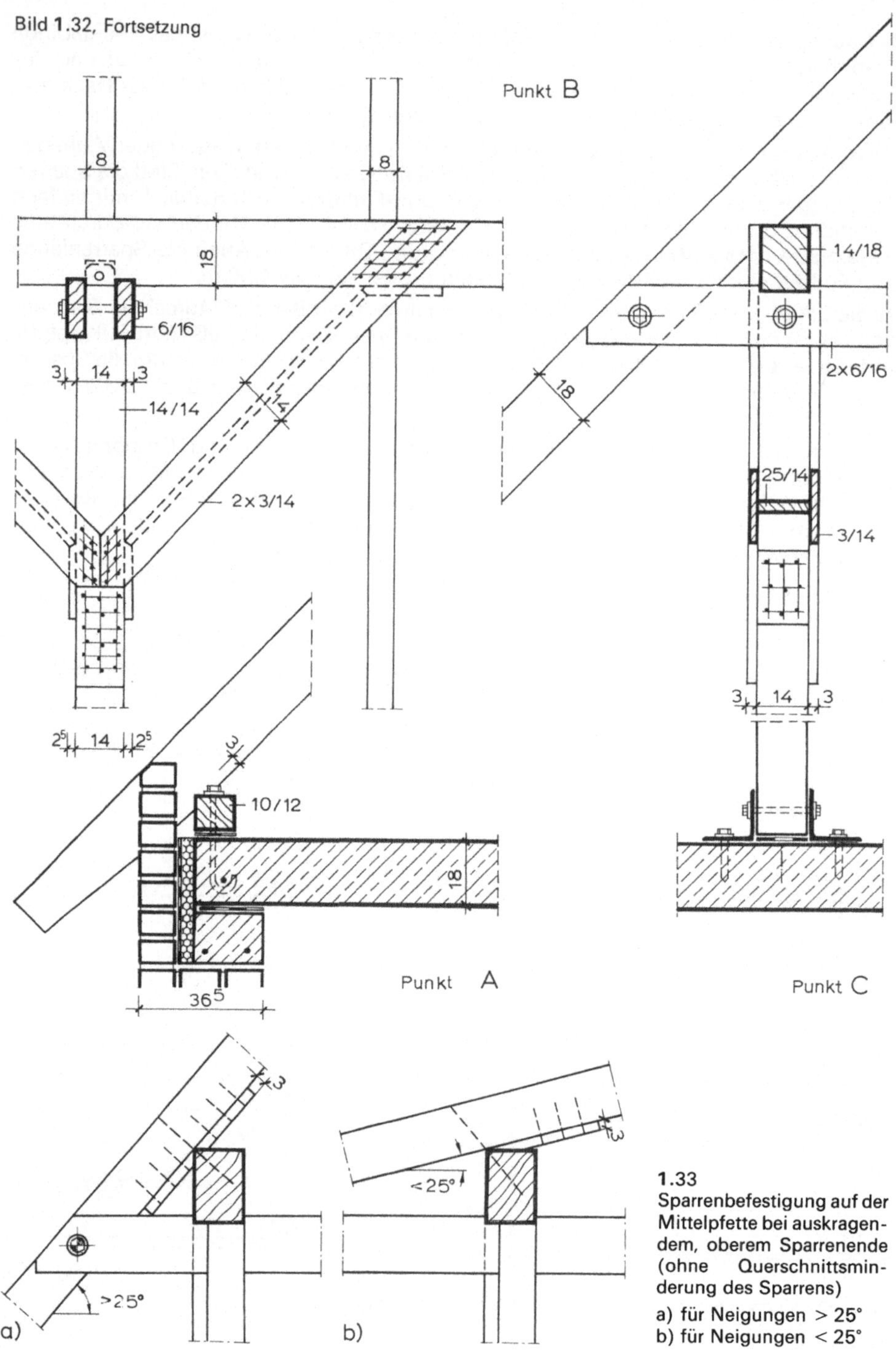

1.33
Sparrenbefestigung auf der Mittelpfette bei auskragendem, oberem Sparrenende (ohne Querschnittsminderung des Sparrens)

a) für Neigungen > 25°
b) für Neigungen < 25°

Wenn die die oberste Pfette überragenden Sparrenenden so lang sind ($\geq 0{,}45\,l_u$), daß sie sich gegenseitig abstützen müssen und zu diesem Zweck miteinander verbunden werden, stellen die Sparren Träger auf 3 Stützen dar. In den Pfetten können, insbesondere bei größeren Binderentfernungen, durch Verdrehungen Längsrisse entstehen, falls die verwendeten Hölzer für diese Beanspruchung nicht berechnet und hinreichend bemessen worden sind.

Die Fußpfette liegt mit ihrer Breitseite auf der Unterkonstruktion. Massivplatten oder Mauerwerk werden durch eine Trennlage geschützt. Auf Balkenlagen sind die Fußpfetten durch Nageln oder auf Massivkonstruktionen zu verankern.

Verschiedene Möglichkeiten für Auflagerung und Verankerung von Fußpfetten auf Mauerwerk und Massivdecken zeigt Bild **1.34**.

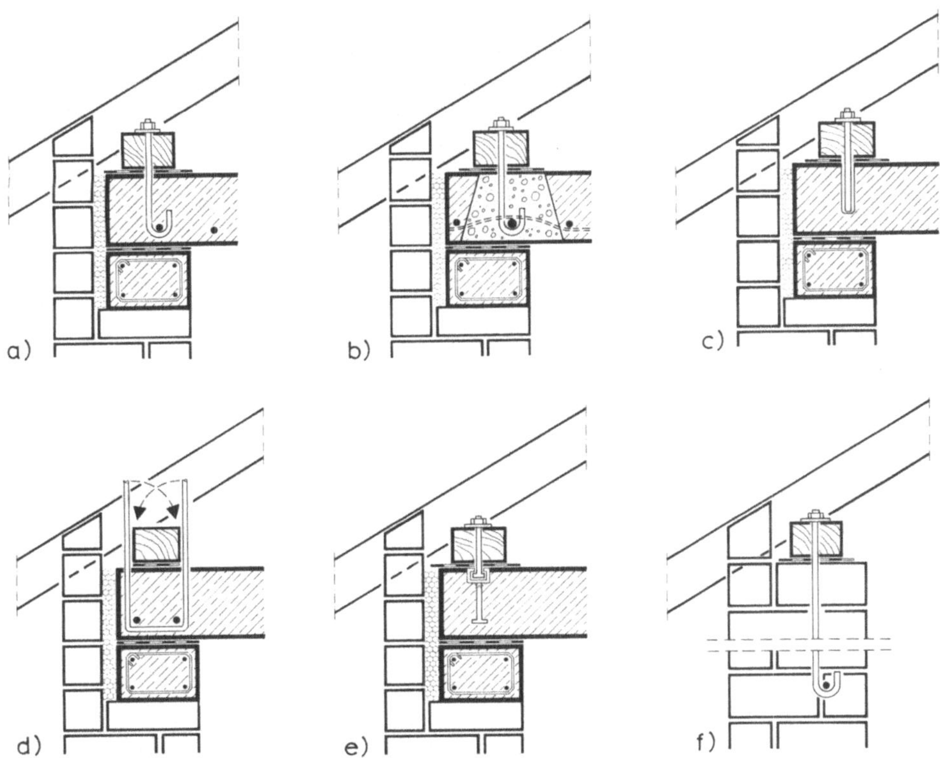

1.34 Verankerung von Fußpfetten
- a) Anker in Stahlbetondecke. Anker müssen Bewehrungsstab der Decke umfassen (Probleme für genauen Einbau!)
- b) Nachträglicher Einbau von Ankerschrauben (schlechte Lösung: Selbst, wenn die Ankerlöcher konisch ausgeführt sind, ist das spätere ordnungsgemäße Einbetonieren kaum zu gewährleisten!)
- c) Verankerung durch Schwerlastdübel in Durchsteckmontage
- d) Lochband einbetoniert; nach Pfettenmontage umgeschlagen und vernagelt
- e) Befestigung mit Hilfe kurzer längs oder besser quer zur Fußpfette einbetonierter Ankerschienenstücke (teure, aber einwandfreie Lösung)
- f) tief heruntergeführte eingemauerte Anker bei Mauerwerk ohne Ringanker

Zwischen Pfetten und Stielen werden Kopfbänder (Büge) angeordnet. Sie dienen der Längsaussteifung und verkürzen die Feldweite der Pfette (s. DIN 1052 T1). An Stiel und Pfette werden die Kopfbänder entweder durch Versatz mit Schraubenbolzen oder durch Nagelung (Bilder **1.32** Punkt B und **1.74**) angeschlossen. Wegen des Richtens liegen Pfettenstöße besser n e b e n der Stuhlsäule. An der Giebelwand werden statt einseitiger Kopfbänder, die den Endstiel auf Biegung beanspruchen würden, Streben unter jede Pfette gesetzt (Bild **1.32** Punkt D). Die Fußschwelle bzw. der Pfosten ist in der Decke zu verankern. Die Pfetten können auch ohne Stiel oder Strebe auf die Giebelwand aufgelegt werden, wenn die Pfettenlänge verkürzt oder die Pfette verstärkt wird. Bei Brandwänden können die Pfettenaufleger durch eingemauerte Betonkonsolen gebildet werden. Giebelanker sind so zu drehen, daß sie möglichst viel belastetes Mauerwerk fassen.

Im Giebelbinder werden statt der Doppelzangen einfache Zangen verwendet. Alle Zangen liegen so unter den Pfetten, daß die Oberkante der Zange um 2 cm höher als die Unterkante der Pfette liegt (Aufkämmung). Das Maß von Unterkante Zange bis zur Decke soll möglichst 2 m betragen (Durchgangshöhe). Die Zangen werden ohne Anblattung neben den Bindesparren gelegt und durch Schraubenbolzen und Holzverbinder verbunden (Bild **1.32** Punkt B).

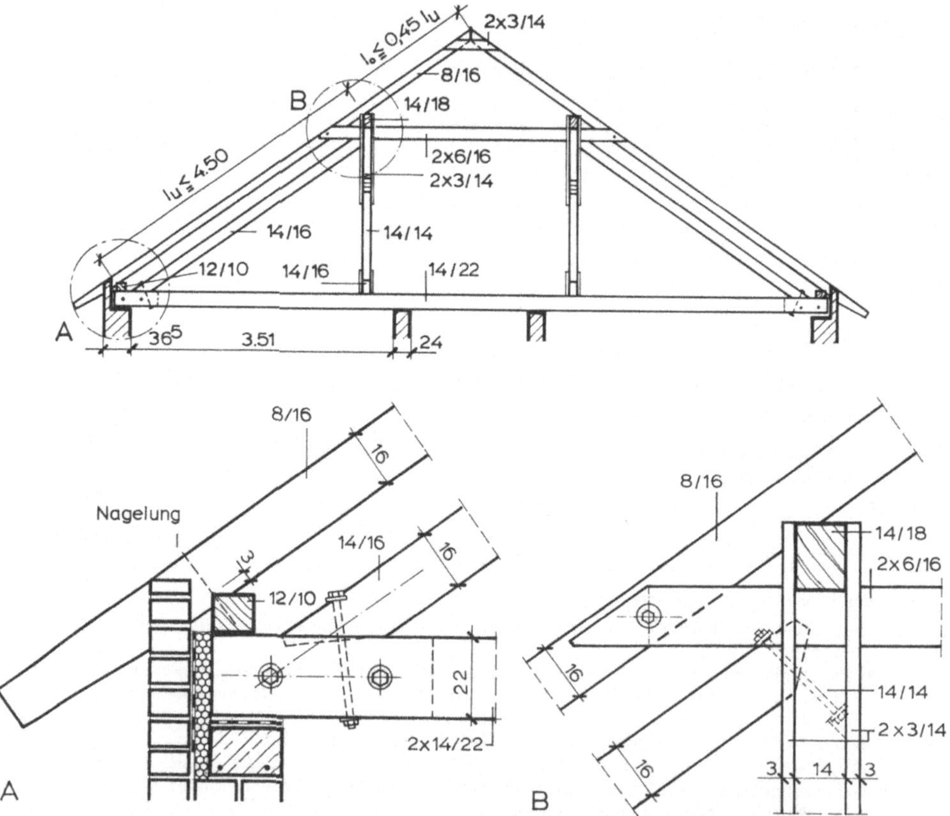

1.35   Pfettendach mit doppelt stehendem Stuhl und Windstreben (Dachneigung > 35°)

Immer muß aus wirtschaftlichen und konstruktiven Gründen angestrebt werden, die erheblich belasteten Stuhlsäulen eines Pfettendaches möglichst auf tragende Wände oder Wandpfeiler abzusetzen.

Bei Holzbalkendecken werden für den Binderbalken u. U. so große Querschnitte nötig, daß 2 bis 3 Balken unmittelbar nebeneinander verlegt werden müßten. Es muß daher die Stiellast über kräftige Schwellen auf mehrere Balken verteilt oder durch Streben ganz oder teilweise auf das Balkenende übertragen werden.

Bei Stahlbeton-Massivdecken ist eine Lastquerverteilung möglich. Die Stützen können somit ohne Bindung an Zwischenwände auf die Deckenplatte gestellt werden, wenn der entsprechende statische Nachweis geführt wird.

Streben dienen als Windstreben außerdem der Quer=aussteifung, wenn diese bei großen Pfettendächern mit über 35° Dachneigung nicht von den Binderzangen und Sparren übernommen werden kann. Die Windstreben werden auf der vom Wind abge=kehrten Dachseite auch von Zugkräften beansprucht; ihre Endpunkte sind daher gegen Zug zu sichern (Bild **1**.35).

Werden die Sparren länger als 7 m, so ist außer den beiden Mittelpfetten noch eine Firstpfette anzuordnen. Es ergibt sich so das Pfettendach mit dreifach stehen=dem Stuhl. Die mittlere Stuhlsäule wird entweder bis auf die Geschoßdecke geführt (Bild **1**.36) oder endigt unter den Zangen und wird gegen die beiden Seitenstiele durch Streben abgestützt (Bild **1**.37).

Streben und Zangen bilden ein Sprengwerk, das in statischer Hinsicht mit dem Gespärre eines Sparrendaches verglichen werden kann (Bilder **1**.3c und **1**.12), und entlasten so den Binderbalken. Die Streben sind mit doppeltem Versatz dicht unter den Zangen an die Stiele und dicht am Auflager an den Balken angeschlossen. Die Stiele stehen mit 3 cm Zwischenraum über dem Balken und erhalten kurzen Führungszapfen (Schwebezapfen). Die Doppelzangen sind durch 12 × 14 cm dicke Futterhölzer ausge=

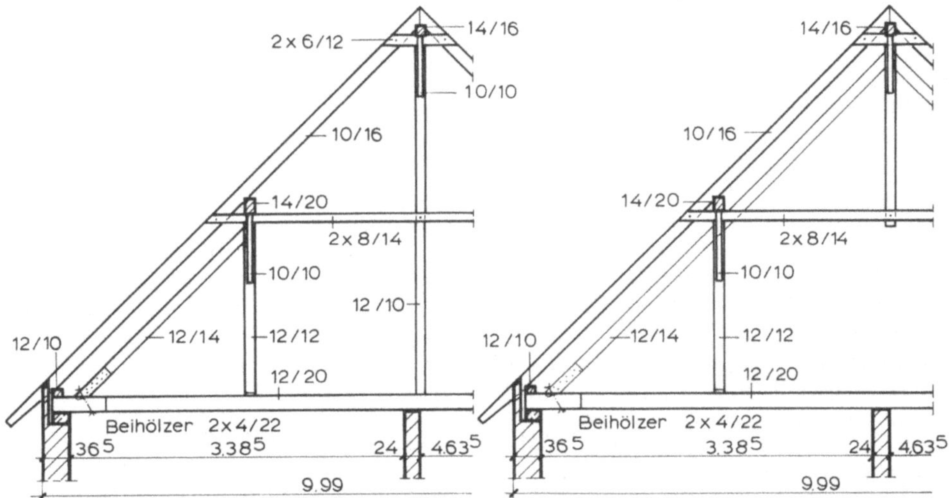

1.36   Pfettendach mit dreifach stehendem Stuhl. Streben und ausgesteifte Zangen bilden ein Sprengwerk zur Entlastung des Binderbal=kens. Mittlere Stuhlsäule durchlaufend

1.37   Pfettendach mit dreifach stehendem Stuhl. Mittlere Stuhlsäule abgestrebt

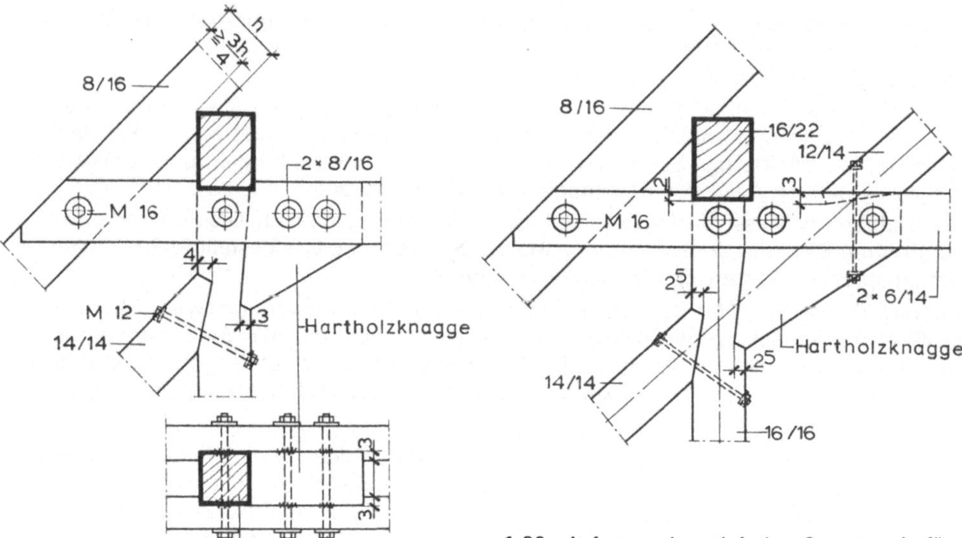

1.38 Strebenanschluß an ausgesteifte Doppelzange, die als Spannriegel benutzt wird

1.39 Aufsetzen eines einfachen Sprengwerks für
die Firstpfette auf ein doppeltes Sprengwerk
für die Mittelpfetten. Ausgesteifte Doppelzangen dienen als Spannriegel

steift und so gegen Ausknicken gesichert. Mit den Stielen sind die Doppelzangen durch
2 Einpreßdübel (s. Abschn. 1.2.4.3) mit Bolzen M16 verbunden (Bilder **1.38** und
1.39).

Pfettendächer mit liegendem Stuhl

Dächer mit liegendem Stuhl (Bild **1.29** h, i, j) wurden früher verwendet, wenn die
senkrechten Stiele zu große Abstände von den Unterstützungspunkten der Dachbalkenlage erhalten hätten oder wo große freie Dachräume benötigt wurden. Bei landwirt-
schaftlichen Gebäuden mußte vielfach das Aufhängen von Greiferaufzügen und deren
freier Bewegung in Firstnähe ermöglicht werden. Einen dafür geeigneten Binder zeigt
Bild **1.40** in Verbindung mit einem D r e m p e l oder K n i e s t o c k.

Die Höhe eines solchen Kniestockes[1]) kann von doppelter Pfettenhöhe (z. B. beim
alpenländischen Blockhaus) bis zu voller Geschoßhöhe (z. B. bei Heuböden über
Ställen) reichen. Ein Kniestock läßt es zu, den Fußpunkt von Streben selbst sehr
flacher Dächer in nächster Nähe der unterstützenden Außenwand auf den Dachbalken
aufzusetzen. Die Kniestockwand kann als massive Wand unmittelbar die Drempelpfette
tragen, aber auch als Fachwerkkonstruktion ausgebildet werden.

Drempelpfette, Sparren, Strebe und gegebenenfalls Stiel einer Fachwerkwand werden
in der Regel durch Doppelzangen miteinander verbunden. In einem liegenden Stuhl
liegen die Kopfbänder geneigt und werden mit den Pfetten durch schräge Zapfen, mit
den liegenden Stuhlsäulen durch Anblattung verbunden. Die Stuhlsäulen sind im
gezeigten Beispiel mit durch Bolzen gesichertem Versatz über eine Schwelle mit der
Massivdecke verbunden.

---

[1]) Als Drempelhöhe gilt in der Regel der senkrechte Abstand zwischen Oberkante Sparren (bzw. Dachkonstruktion) und Oberkante Fußboden, gemessen in der Ebene der Außenwandfläche. Die Regelungen sind jedoch nicht einheitlich.

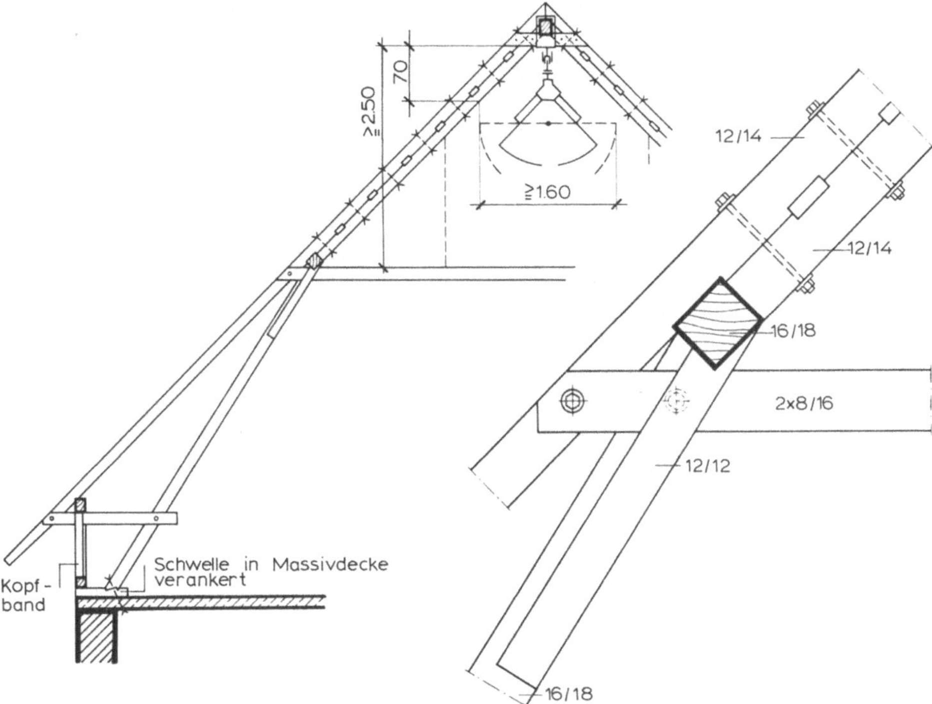

1.40 Pfettendach mit Drempel (Kniestock) und liegendem Stuhl (oberes Sparrenfeld durch Dübelung für Anbringen schwerer Einzellast verstärkt, vgl. Abschn. 1.2.4.3)

1.2.3.3 Hängewerkdächer

Stützenfreie Dachkonstruktionen über großen Räumen wurden früher mit teilweise recht großen Spannweiten als „Hängewerke" errichtet. Dabei ist es möglich, Zwischendecken oder Einzellasten an der Dachkonstruktion aufzuhängen. Derartige Dachtragwerke sind statisch mit dem Sparrendachprinzip vergleichbar (s. Bilder **1**.3 und **1**.41).

Ähnlich sind „Sprengewerke", bei denen die Dachkonstruktion durch Streben unterstützt wird. Sie übertragen die Dachlasten auf die Auflager, wenn Decken oder Binderbalken hierfür nicht zur Verfügung stehen. Hängewerke können als reine Holzkonstruktionen, ingenieurmäßig in Kombinationen von Holz- und zugbeanspruchten Stahlbau-

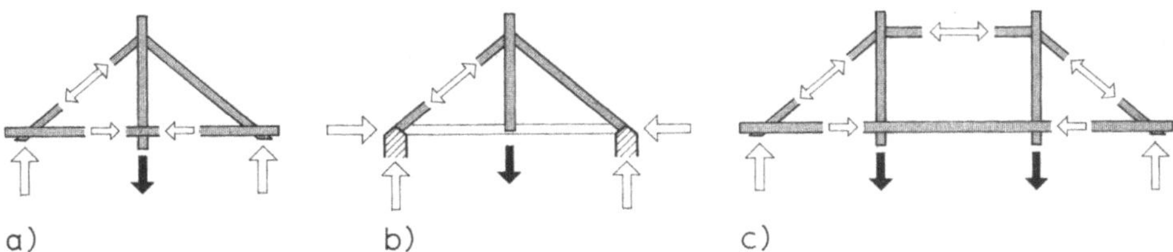

1.41 Hängewerk-Prinzip
   a) einfaches Hängewerk mit unterem Zuggurt
   b) Einfaches Hänge-Sprengewerk mit festen Widerlagern
   c) Doppeltes Hängewerk

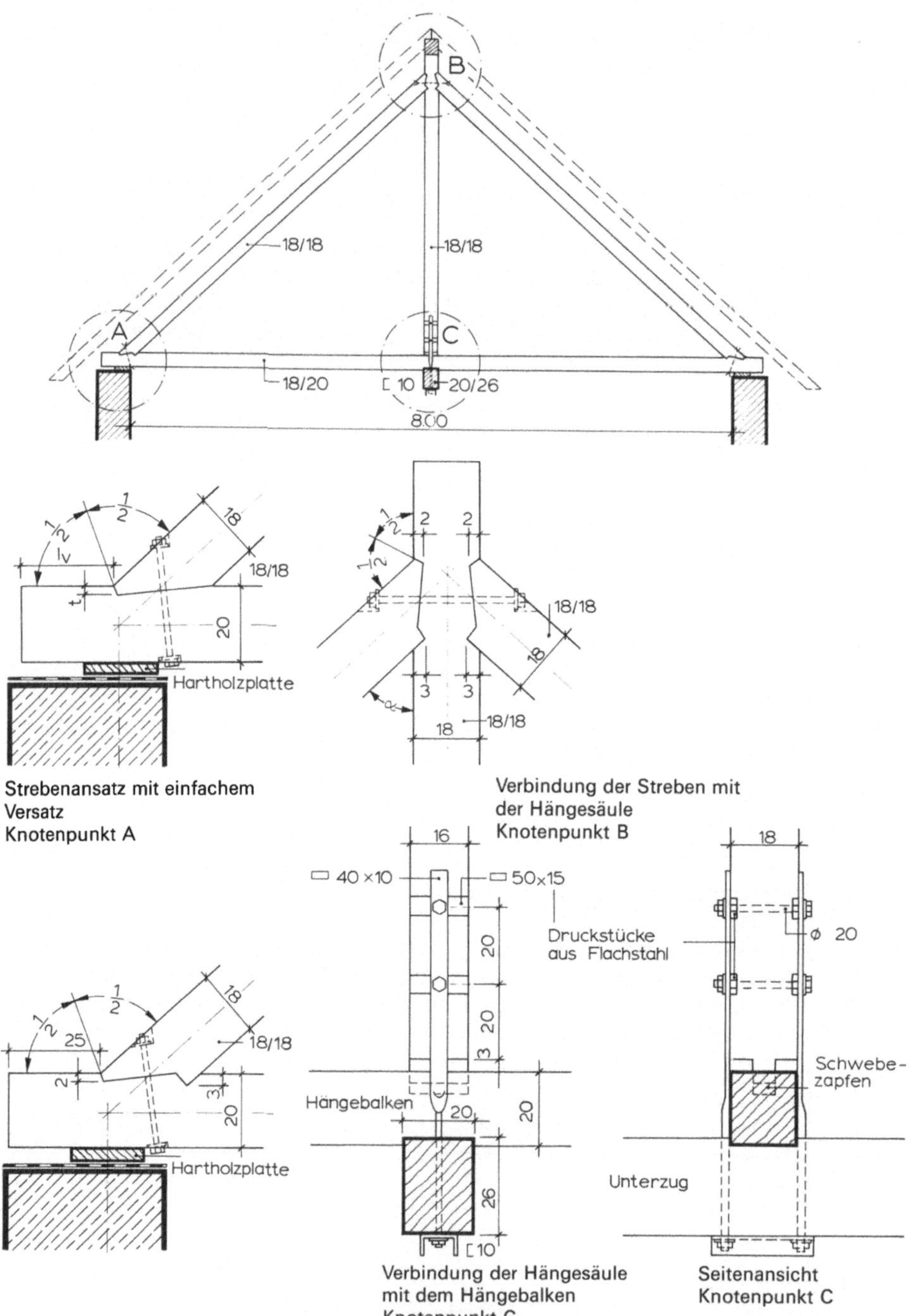

1.42   Einfaches Hängewerk, herkömmliche Ausführung

teilen (z. B. Stahlseilen) oder als Stahlkonstruktionen ausgeführt werden (vgl. Bilder 1.44 bis 1.46).

Das Prinzip derartiger Dachtragwerke kann gut an den nachstehend beschriebenen in herkömmlicher Zimmermannstechnik ausgeführten Hängewerkkonstruktionen erläutert werden.

Hängewerke bestehen im einfachsten Fall aus einem Zugstab oder -seil, aufgehängt im Knotenpunkt zweier Druckstäbe, die sich auf unverschiebliche Auflager abstützen oder durch einen zugbeanspruchten Bauteil (Massivdecke, Balken, Stahlprofil oder -seil) zusammengehalten werden (Bild 1.41). Die einzelnen Hänge- oder Sprengewerke bilden dabei Binder mit Abständen von ca. 5 m, abhängig von der Dimensionierung der Pfetten.

Die durchlaufenden Gurtbalken unter den Hängesäulen in den Bildern 1.42 und 1.43 dienen der Auflagerung von Holzbalkendecken in den Feldern zwischen den als Bindern angeordneten Hängewerken.

Hängewerkdächer werden als Pfettendächer nicht flacher als 30° ausgebildet. Die Pfetten werden im allgemeinen von den Hängesäulen getragen.

Nach der Anzahl der Hängesäulen unterscheidet man:
— einfache Hängewerke, für Spannweiten bis 8 m
— doppelte Hängewerke, für Spannweiten bis 12 m
— dreifache Hängewerke, für Spannweiten über 12 m.

Das einfache Hängewerk (Bild 1.42) hat nur eine Hängesäule. Die Knotenpunkte an den Strebenenden sind bei allen Hängewerken auf das sorgfältigste auszuführen; die Verbindungen sind durch Bolzen, Stahllaschen usw. zu sichern. In den Knotenpunkten sind die Hölzer so anzuordnen, daß sich die Stabachsen (Schwerelinien) in einem Punkt schneiden. Der Schnittpunkt der Streben- und Balkenschwerelinien muß über dem Auflagerschwerpunkt liegen, wenn der Balken auf Biegung nicht beansprucht werden soll. Dazu sind Auflagerplatten aus Hartholz einzubauen, die einige Zentimeter gegen die Mauervorderkante zurückliegen. Unter der Hartholzplatte ist ein Ringanker auszuführen. Die Strebe ist mit dem Hängebalken durch einfachen oder doppelten Versatz verbunden. Die Hölzer werden durch Schraubenbolzen in Verbindung mit Dübeln zusammengehalten.

In Bild 1.42 ist ein einfacher Versatz und alternativ ein doppelter Versatz mit Bolzensicherung dargestellt. Der Bolzen soll rechtwinklig zur langen Versatzfläche stehen. Der doppelte Versatz muß sehr genau gearbeitet werden, damit die volle Versatzfläche belastet wird.

Die Streben sind mit der Hängesäule durch einfachen oder doppelten Versatz verbunden. Die Vorholzlänge ist wie beim Strebenfuß zu berechnen. Die Hölzer werden durch Schraubenbolzen zusammengehalten.

Die Hängesäule ist mit dem Hängebalken durch Hängeeisen verbunden (Flachstähle von 40 mm × 10 mm Querschnitt, die an der Hängesäule durch Bolzen befestigt werden). Die Anzahl und der Durchmesser der Bolzen sind zu berechnen.

Die unteren bogenförmig ausgeschmiedeten Flachstahlenden werden durch eine Unterlegplatte oder einen kurzen ⊏-Stahl und Schraubenmuttern verbunden, damit ein Nachziehen der Verbindung möglich bleibt. Die Hängesäule darf nicht auf dem Hängebalken stehen; es muß ein Zwischenraum von 3 bis 4 cm verbleiben. Zur Führung ist ein Zapfen mit 3 bis 4 cm Spielraum anzuordnen (Schwebezapfen). Überzüge liegen neben der Hängesäule auf dem Hängebalken und sind mit diesem durch Schraubenbolzen verbunden. Unterzüge liegen unter den Hängesäulen und dem Hängebalken. Sie werden durch Hängeeisen am Hängebalken befestigt.

Das **doppelte Hängewerk** besteht aus dem Hängebalken, 2 Hängesäulen, 2 Streben und dem Spannriegel. Die Knotenpunkte A und C werden wie beim einfachen Hängewerk ausgeführt. Im Punkt A schließt die Strebe mit einfachem oder doppeltem Versatz an die Hängesäule an; der Spannriegel erhält einfachen Versatz. Die drei Hölzer werden durch dreiteilige Flachstahllaschen und Bolzen miteinander verbunden (Bild **1.43**).

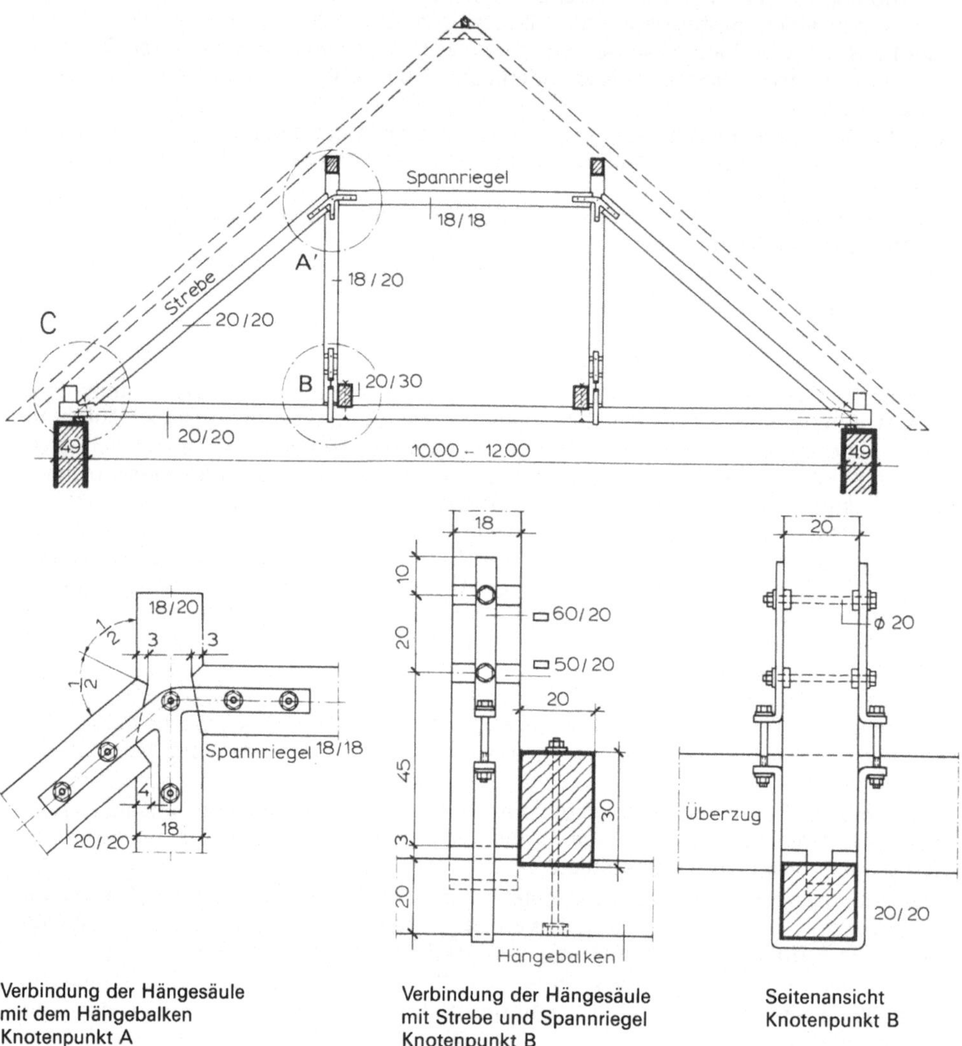

Verbindung der Hängesäule
mit dem Hängebalken
Knotenpunkt A

Verbindung der Hängesäule
mit Strebe und Spannriegel
Knotenpunkt B

Seitenansicht
Knotenpunkt B

1.43 Doppeltes Hängewerk, herkömmliche Ausführung

Die Holzquerschnitte, Versatze und Stahlquerschnitte für das dargestellte doppelte Hängewerk sind für ein Dach von 12 m Spannweite und 4 m Bindeentfernung ermittelt worden. (Dachlast einschließlich Pfetten und Binder 3,0 kN/m^2 Grundfläche; Dachboden 1,0 kN/m^2 Eigengewicht und 2,0 kN/m^2 Verkehrslast)

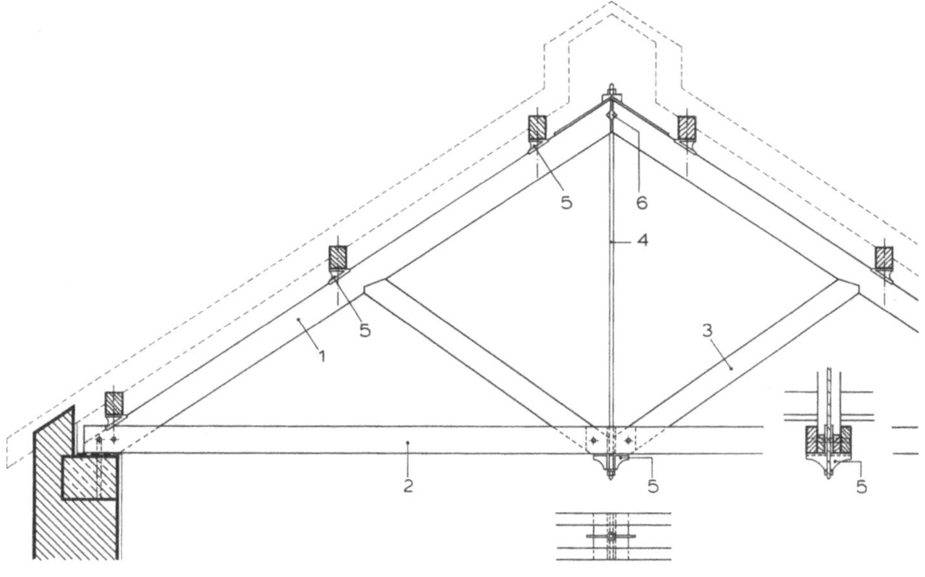

1.44   Moderne Hängewerkkonstruktion (Arch.: H. Caspari)

1 Obergurt
2 Untergurt (Doppelprofil, Anschlüsse mit
   Bolzenverbindungen)
3 Strebe (Anschluß mit Versatz)

4 Hängesäule (Stahl-Rundprofil)
5 Pfetten auf Stahlguß-Konsolen
6 Gelenk

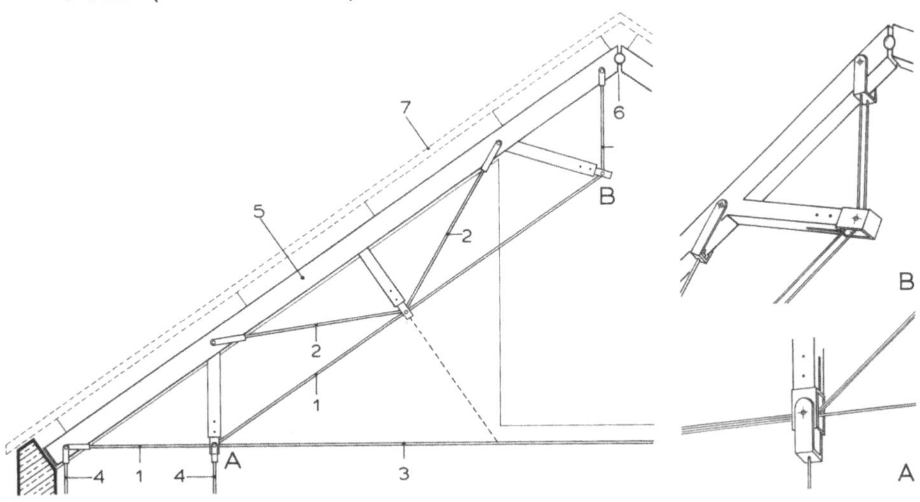

1.45   Hängewerk mit untergespanntem Obergurt (Arch.: J. und M. Schürmann)

A Detail Aufhängungspunkt
B Detail Unterspannung

1 Stahlrohr ∅ 26
2 Stahlrohr ∅ 30
3 Stahlrohr ∅ 26
4 Aufhängung Galerie

5 Obergurt Brettschichtholz
6 Gelenk
7 verglaste Dachfläche auf Stahlpfetten

Dachtragwerke nach dem Hängewerksprinzip kommen in vielfach abgewandelten modernen Formen vor. Dabei sind die früher reinen Holzkonstruktionen oft durch Stahlseile oder -profile ergänzt. Insbesondere aber werden die Knotenpunkte mit Hilfe moderner Verbindungsmittel wie z.B. Stahlblech- oder Stahlgußteilen, Stabdübeln mit Stahl-Knotenplatten usw. gebildet (vgl. Abschn. 1.2.4.3).

Der Versuch, einen Überblick über die Fülle der konstruktiven Gestaltungsmöglichkeiten zu geben, würde den Rahmen dieses Werkes sprengen. Die Bilder **1**.44 und **1**.45 können daher lediglich als Anregungen auch für viele auch ganz andersartige Möglichkeiten dienen.

Moderne Hängewerkskonstruktionen können in mehreren Ebenen kombiniert werden und Bestandteil von räumlichen Tragwerken werden (Bild **1**.46).

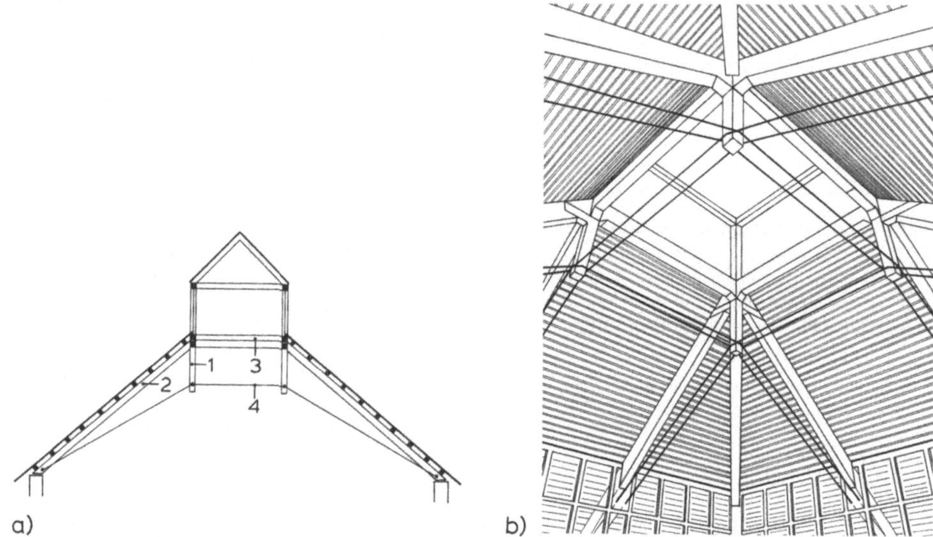

a)   b)

1.46 Räumliche Hängewerkskonstruktion (Arch.: H. und C. Nickl)
   a) Schnittskizze
   b) Innenraum
   1 Hängesäule
   2 Obergurt   3 Rahmen (Anschlüsse mit verschweißten Knotenblechen)
                            4 Zugbänder (Rundstahl)

1.2.3.4 Besondere Ausführungsformen

Walmdächer

Walmdächer (Bild **1**.1 d) können für freistehende, niedrige Gebäude in Frage kommen, wenn das Hauptgesims um alle Gebäudeseiten herumgeführt werden soll.

Der Material- und Arbeitsaufwand ist jedoch höher als bei vergleichbaren Satteldächern. Der Dachraum läßt sich schlechter nutzen.

Für die Ausführung von Walmdächern sind Pfettenkonstruktionen in der Regel am besten geeignet. Die Lage der Binder ist vom Grundriß (Gebäudetiefe, unterstützende Wände) und der Dachneigung (Sparrenlänge) bzw. der Binderform (Anzahl und Lage

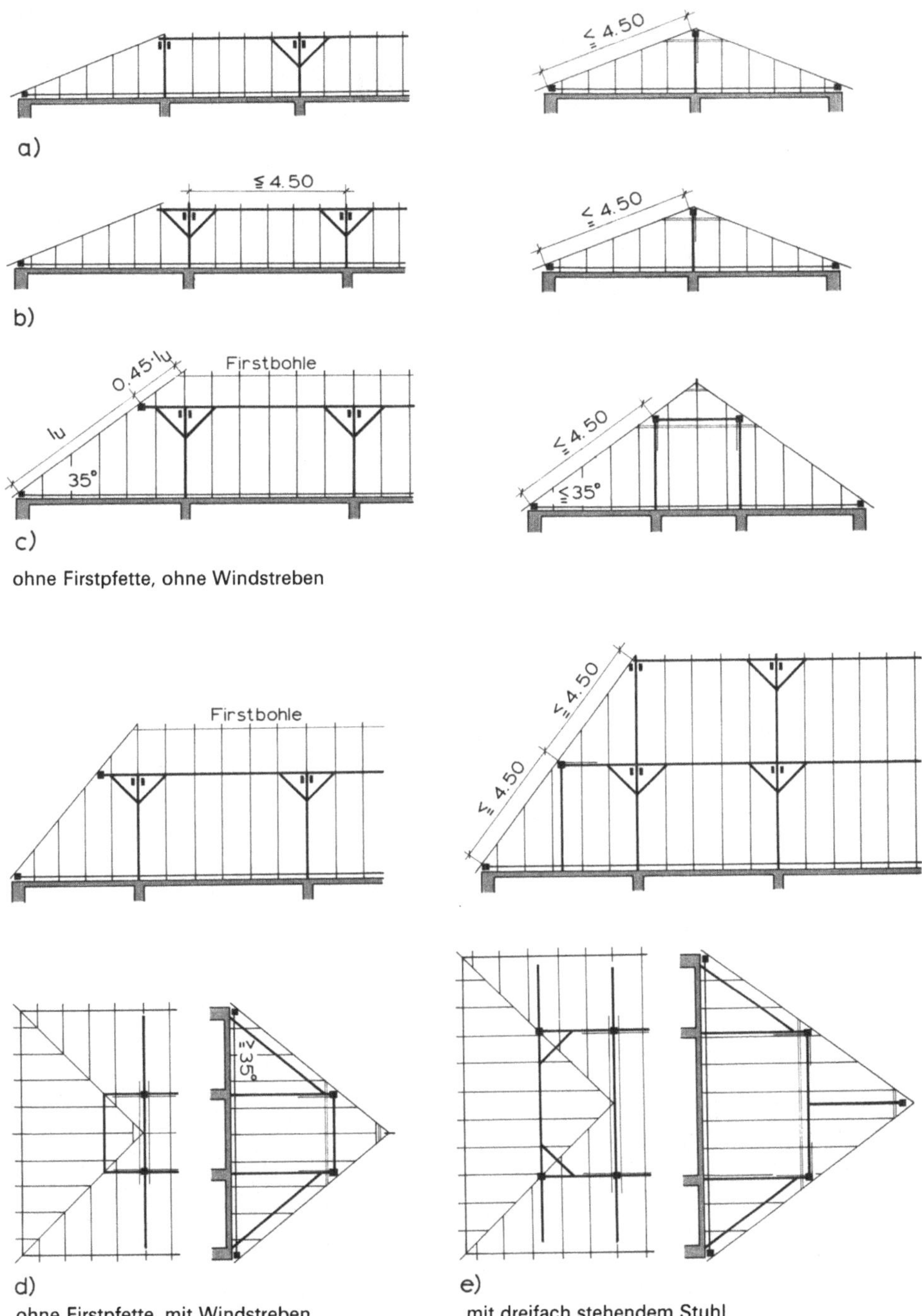

a)

b)

c)

ohne Firstpfette, ohne Windstreben

d)

ohne Firstpfette, mit Windstreben

e)

mit dreifach stehendem Stuhl

1.47 Walmdächer, Ausführung nach dem Pfettendach-Prinzip

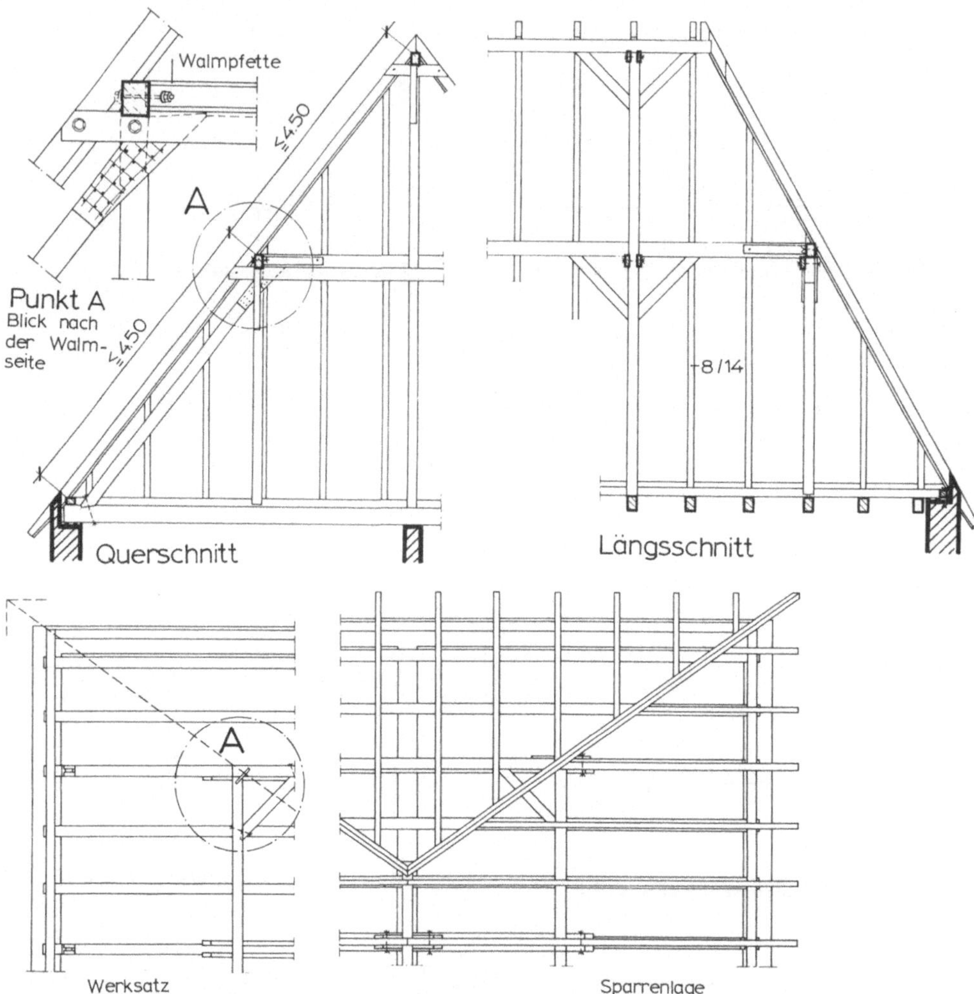

1.48 Pfetten-Walmdach mit dreifach stehendem Stuhl (Firstsäule steht auf Tragwand, Stiele der Mittelpfetten abgestrebt)

der Pfetten) abhängig. Die Binderstiele müssen bei Holzbalkendecken auf Wänden stehen oder abgesprengt werden. Wird eine Firstpfette im Anfallspunkt von einem Binder unterstützt (Bild **1**.47 a und e), entfällt dort das einseitige Kopfband (Längsaussteifung durch Walmfläche). Wirtschaftlicher ist es oft, den Binder so aufzustellen, daß das auskragende Pfettenende vom Kopfband unterstützt wird (Bild **1**.47 b, c, d). Dabei wird eine etwaige Walmpfette auf das Kragende aufgeblattet (Bild **1**.47 d) oder aufgekämmt. Wird der auskragende Teil der Mittelpfette zu lang, muß er durch Eckstiele unterstützt werden (Bild **1**.47 e). Guter Eckverband entsteht durch auf den Pfettenkranz aufgebolzte oder mit Versatz eingesetzte Diagonalhölzer, die Längs- und Walmpfetten horizontal miteinander verbinden (Bild **1**.48 Punkt A).

Die Hauptkonstruktionshölzer der beiden Seitenteile sind die Gratsparren, die im Anfallspunkt stumpf zusammentreffen. Ist keine Firstpfette vorhanden, so muß im Anfallspunkt ein Sparrengebinde (Anfallsgebinde) angeordnet werden. Gegen dieses
Anfallsgebinde legen sich die Gratsparren mit ihren Schmiegen stumpf an (Bild **1**.49
Punkt C, Verbindung durch Sparrennägel). Ist eine Firstpfette vorhanden, so werden
die Gratsparren auf diese Pfette aufgeklaut. Durch den Anfallspunkt braucht dann
kein Sparrengebinde zu gehen. Die Gratsparren haben fünfeckigen, der Dachneigung
entsprechend abgedachten Querschnitt. Die Gratsparren sind im allgemeinen 2 bis
4 cm breiter als die übrigen Sparren. Die Höhe soll so bemessen werden, daß die
Schiftsparren (das sind die Sparren, die am Gratsparren enden) sich mit ihrer vollen

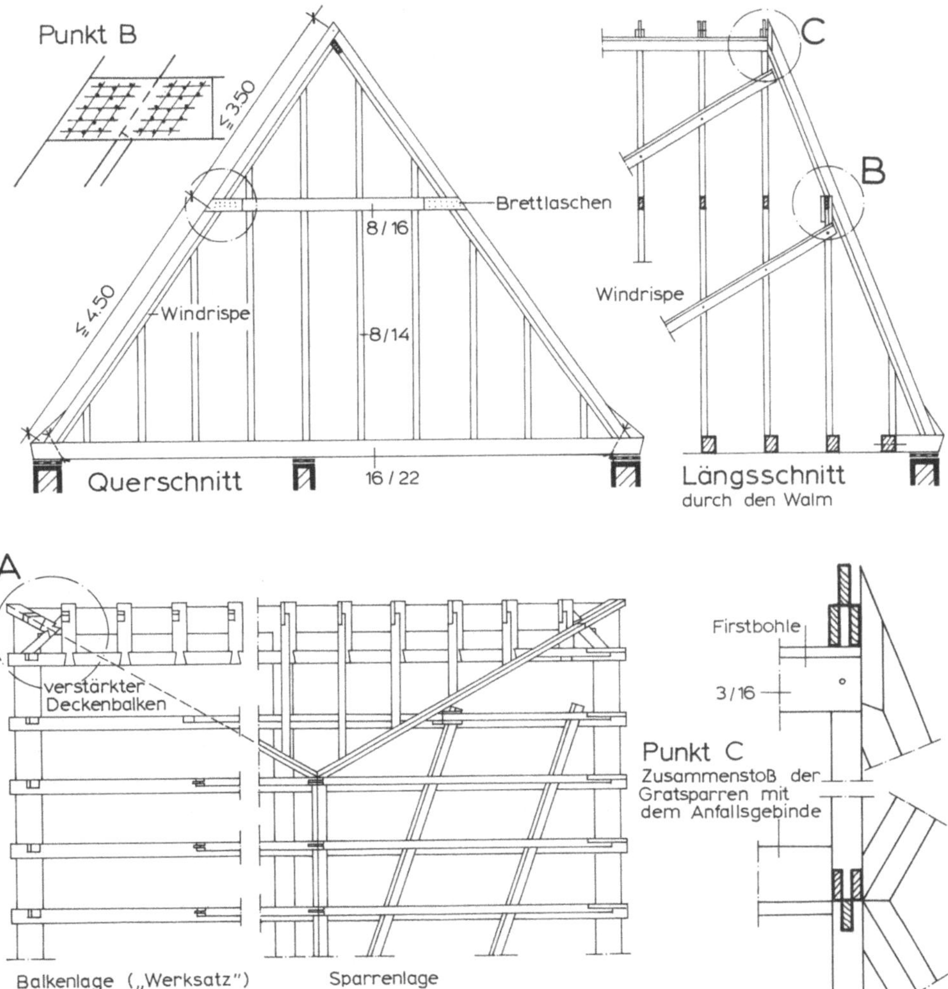

1.49 Kehlbalken-Walmdach

oberen Endfläche, der Schmiege, an die Seitenflächen des Gratsparrens anlegen können. Gratsparren dürfen nicht ausgewechselt werden.

Kehlbalkenkonstruktionen können für Walmdächer über Massivdecken eine konstruktiv
einfache Lösung darstellen. Über Holzbalkendecken ergeben sich jedoch aufwendige
Zimmerarbeiten. Nach der Walmseite muß ein Stichgebälk angeordnet werden, das die
horizontalen Kräfte der in der Walmfläche liegenden Sparren auf einen verstärkten
Randbalken der Decke überträgt. Die Stichbalken werden mit dem letzten durchgehenden Balken der Decke durch schwalbenschwanzförmiges Blatt verbunden (Bild **1**.49
Punkt A).

Beim Krüppelwalmdach (Bild **1**.1 e und **1**.50), einer besonders im norddeutschen
Küstengebiet verbreiteten Dachform, wird nur der obere Teil des Giebels abgewalmt.
Bei Kehlbalkendächern liegt die Traufe der Walmfläche dann meist in Höhe der Kehl-
balkenlage.

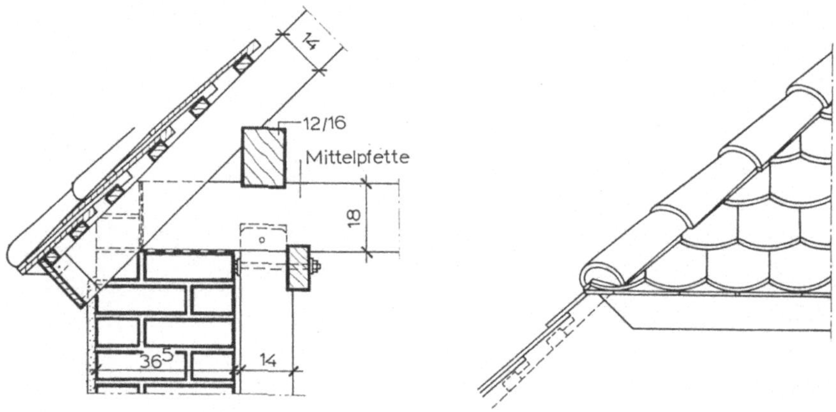

1.50   Traufe am Krüppelwalm eines Pfettendaches

Kleine Krüppelwalmflächen werden meistens ohne Entwässerung ausgeführt. Bei größeren Flächen sind Dachrinnen unvermeidlich. Die erforderlichen Fallrohre sind jedoch
formal schwierig einzuordnen. Schräg entlang dem Ortgang geführte Ableitungen
dürften wohl immer die gestalterisch und auch technisch schlechteste Lösung darstellen. Meistens wird daher das Rinnenwasser über gebogene Rohrstutzen auf die Hauptdachfläche geleitet.

Dächer über zusammengesetztem Grundriß

Treffen zwei gleich breite Gebäudeflügel mit gleicher Dachneigung zusammen, so
schneiden sich die beiden äußeren Dachflächen in einer Gratlinie, die beiden inneren
Dachflächen in einer Kehllinie, die beide bis zum First durchgehen. Wenn keine Firstpfette vorhanden ist, werden Grat- und Kehlsparren durch Scherzapfen miteinander
verbunden. Kehlsparren sind 14/20 bis 16/22 cm dick; sie werden oben der Neigung
der beiden Dachflächen entsprechend ausgekehlt (Bild **1**.51 Punkt A) oder behalten
rechteckigen Querschnitt (Bild **1**.51 Punkt B). Im ersteren Falle legen sich die Schiftsparren seitlich an den Kehlsparren und werden durch Nagelung befestigt; im zweiten
Falle stützen sich die Schiftsparren mit einer Klaue auf den Kehlsparren. Die letztere
Ausführung ist umständlicher, aber fester. Der Kehlsparren wird durch die Schifter
belastet und muß daher bei größerer Länge durch eine Strebe unterstützt werden.

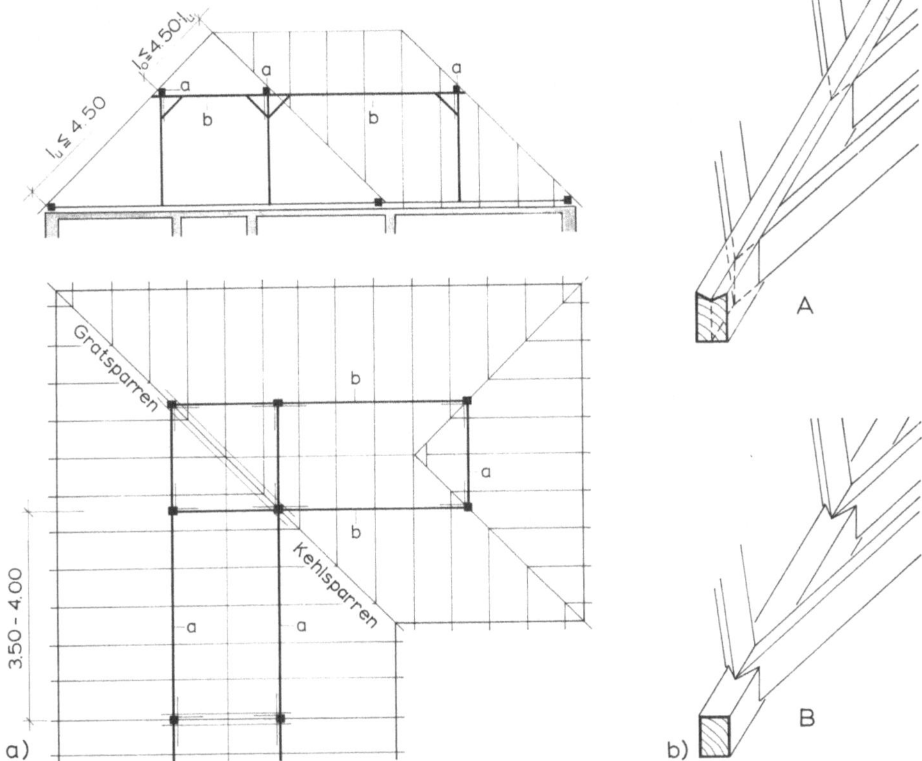

1.51 Dächer über zusammengesetztem Grundriß
    a) Pfettendach über zusammengesetztem Grundriß. Die Pfetten a liegen auf den Pfetten b. Beide Gebäudeteile sind gleich tief
    b) Anschluß der Schifter an den Kehlsparren

Die Mittelpfetten werden entweder in gleicher Höhe herumgeführt oder besser dort, wo sie zusammentreffen, übereinandergelegt. Die Pfette des einen Daches kann als Spannriegel für den Binder des anderen Daches benutzt werden. Die Gebäudeteile werden auf diese Weise fest miteinander verbunden. Sind die Gebäudeteile ungleich breit, so kann man versuchen, die Binder so anzuordnen, daß die Verlängerung der Walmpfette des großen Daches die Firstpfette für das kleine Dach ergibt (Bild **1.52**).

Geneigte Dächer lassen sich auch über komplizierten, auch nicht rechtwinklig orientierten Grundrissen – u. U. mit verschieden geneigten Teilflächen – errichten. Dabei können sehr reizvolle gestalterische Lösungen entstehen. In jedem Fall aber müssen alle dabei entstehenden Anschnitte an Traufen, Ortgänge, aufgehende Bauteile sowie alle Kehlen, Grate und Verfallungen für die Planung geometrisch genau erfaßt werden. Die sich daraus ergebenden Dachkonstruktionen sind immer im Zusammenhang mit der Dachdeckung zu entwerfen. Nur mit kleinformatigen Deckungsarten (Schiefer, Biberschwänze u. ä.) können die sich oft ergebenden komplizierten Anschlüsse und Übergänge formal befriedigend gelöst werden.

Bei der Planung der Kehlen in zusammengesetzten Dachformen muß auf die einwandfreie Ableitung von Niederschlagwasser besonders geachtet werden. Vor allem, wenn Niederschlagwasser aus verschiedenen höher gelegenen Dachflächenteilen anfällt,

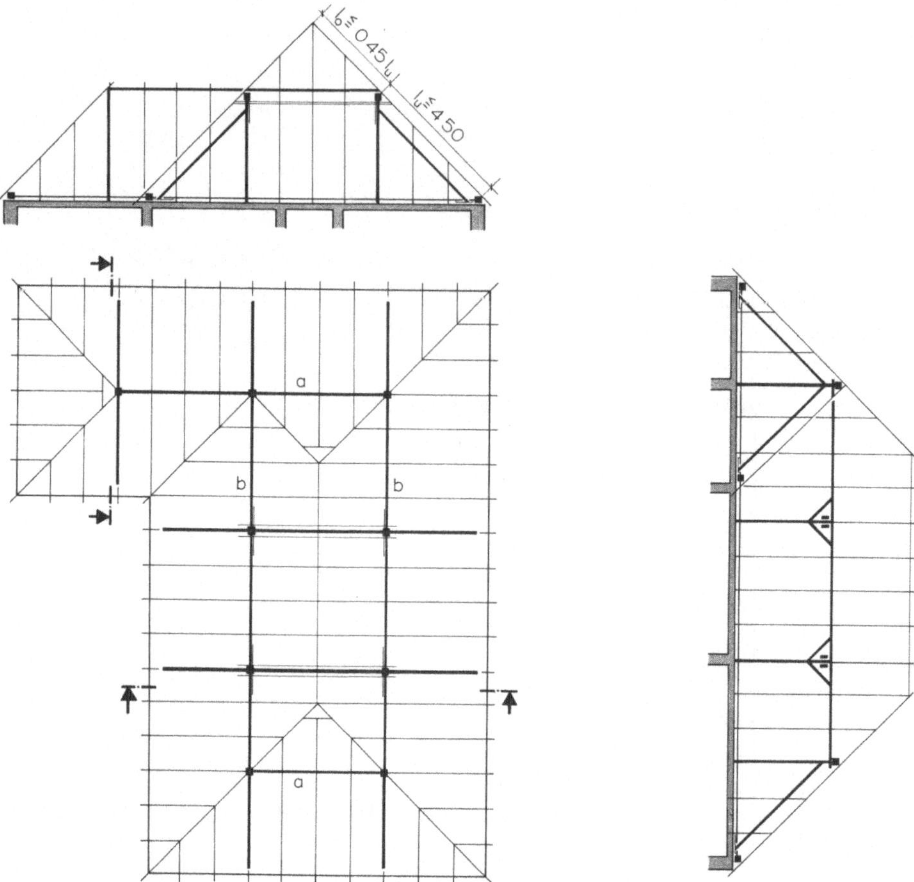

1.52 Pfettendach über zusammengesetztem Grundriß. Die Gebäudeteile sind verschieden breit, Pfetten a liegen auf Pfetten b

müssen die Querschnitte erforderlicher Kehlrinnen (s. Abschn. 1.6.2) bereits bei der Dimensionierung der Kehlsparren und bei der Planung der Schifteranschlüsse (Bild **1.51** A und B) berücksichtigt werden.

Zeltdächer

Zeltdächer sind Walmdächer ohne Firstlinie. Die Gratlinien treffen sich in einem Punkt, der Spitze des Daches. Zeltdächer über regelmäßig vieleckigem Grundriß haben gleich geneigte Dachflächen; bei rechteckigem oder unregelmäßigem Grundriß ergeben sich verschieden geneigte Dachflächen. Die Binder können in den Diagonalen des Grundrisses liegen; die Gratsparren sind dann Bindersparren, alle anderen Sparren Schiftsparren. Die Gratsparren legen sich in diesem Falle oben mit Zapfen und Versatz gegen einen Stiel (Kaiserstiel), der meistens nicht bis zur Dachbalkenlage heruntergeführt wird, sondern unter den mittleren Querzangen endigt.

Doppelzangen am Kaiserstiel ordnet man übereinander an. Bild **1.53** zeigt ein Zeltdach über quadratischem Grundriß mit Kniestock und diagonal liegenden Bindern.

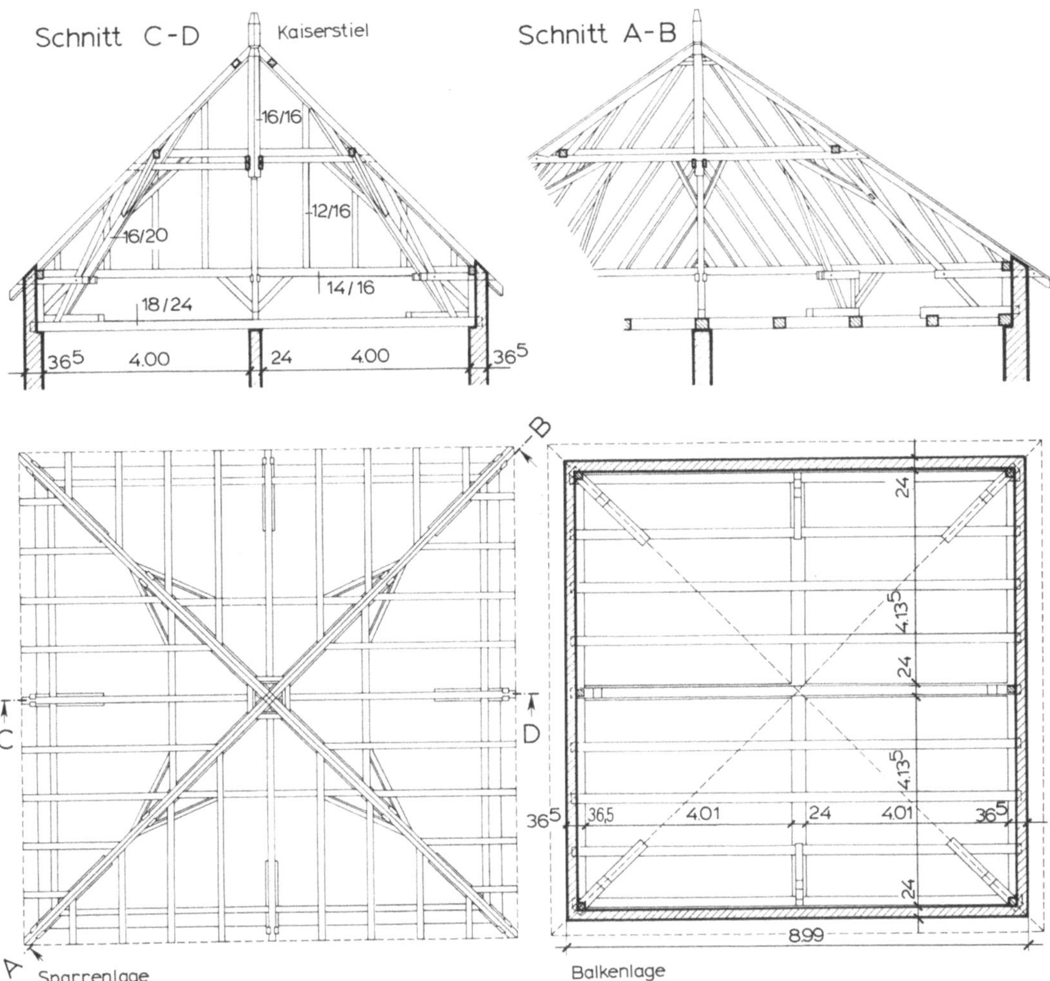

1.53   Zeltdach mit Kaiserstiel und Kniestock über quadratischem Grundriß

Zeltdächer mit sehr steilen Dachflächen werden als Turmdächer bezeichnet. Bei alten Turmdächern standen die Gratsparren mit Zapfen auf einer Balkenlage und legten sich oben gegen den Kaiserstiel, mit dem sie durch Stahlringe und Bolzen fest verbunden waren. Alle 4 bis 5 m wurden die Gratsparren durch Zangen zusammengehalten und ebenso wie die Zwischensparren durch liegende Stühle aus Schwelle, Rähm und gekreuzten Streben unterstützt, denn Zugkräfte konnten vom Turmmauerwerk kaum übernommen werden. Das Eigengewicht der sogenannten „Mollerschen Konstruktion" war jedoch so groß, daß der Turmhelm dem Winddruck ohne zu kippen widerstehen konnte (Bild 1.54).

Neuere Turmdachkonstruktionen bestehen nur aus den Hölzern, die als Traggerüst für die Dachhaut dienen und die Standfestigkeit der Konstruktion unter der Voraussetzung gewährleisten, daß die bei Wind anfallenden Zugkräfte über Zugstöße der Hölzer und

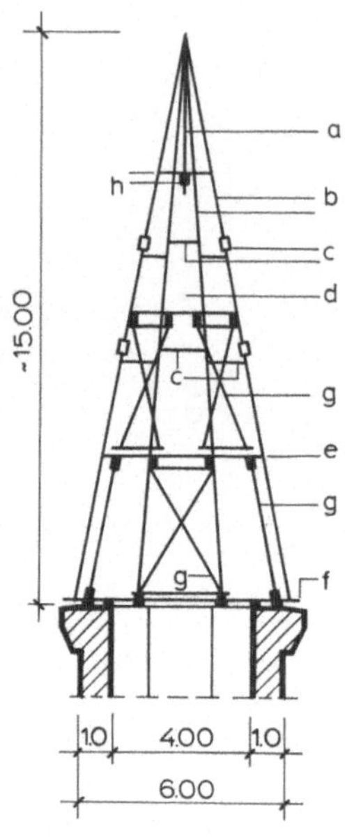

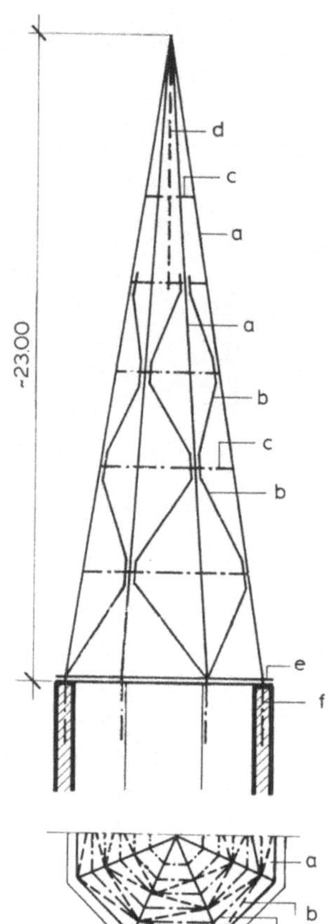

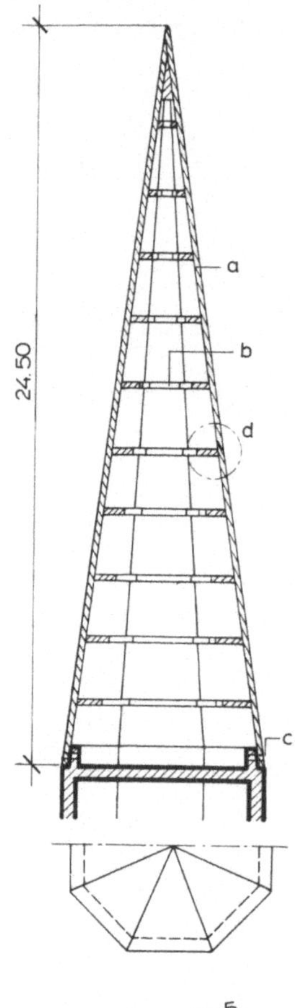

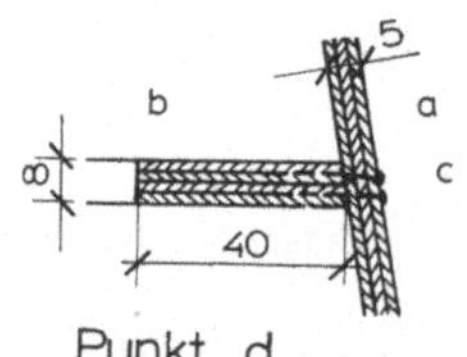

Punkt d

1.54 Mollersche Konstruktion (schematisch)
a Kaiserstiel 20/20
b Gratsparren 20/24
c Wechsel
d Balkenlage 16/20
e Balkenlage 18/22
f Balkenlage 24/30
g liegende Stuhlwände
  (Strebenquerschnitt
  16/18)

1.55 Pyramidenförmiges Raumfachwerk (schematische Darstellung)
a Gratsparren 16/26
b Streben 21/14
c ausgesteifter
  Pfettenkranz 14/16
d Kaiserstiel 20/20
e Schwellenkranz
  (Eiche 10/14)
f Zuganker M24
  (1,50 m tief
  im Mauerwerk)

1.56 Turmdachschale aus geleimten Holztafeln (Kämpftafeln)
a Brettschale (5 cm dick)
b Aussteifungsringe
  (5 bis 13 cm dick)
c Befestigung der Holz-
  schale am Beton des
  Turmschaftes durch
  Geka-Dübel ∅115 mm

Stahlanker auf die Wände des Turmschaftes übertragen werden. Den Turmhelm bildet ein pyramidenförmiges Raumfachwerk mit den Gratsparren als Tragpfosten, die unten von einem Schwellenkranz zusammengefaßt werden. Untereinander sind die Gratsparren durch Streben zu steifen Flächen verbunden. Der horizontale Aussteifung dienen Pfettenkränze, die durch Zangen gegen Verschieben gesichert sind (Bild **1.55**).

Sehr vereinfachte Turmdachkonstruktionen werden durch Verwendung von geleimten Holzschalen z. B. aus sog. Kämpfplatten möglich, die durch mehrschichtige, geleimte, horizontal liegende Rahmen ausgesteift werden. Diese Turmhelme sind so leicht, daß sie auch auf dem Werkplatz fertig montiert, teilweise gedeckt und dann mit Kränen auf den massiven Turm gehoben werden können (Bild **1.56**).

1.2.3.5 Handwerkliche Ausführung

Abmessungen

Auch bei einfachen Kehlbalken- und Pfettendächern in zimmermannsmäßiger Konstruktion sind in der Regel alle Hölzer statisch zu berechnen. Für Dächer mittlerer Spannweite werden sich etwa folgende Holzabmessungen ergeben:

Sparren	8/12 bis 10/16 cm	Kniestockpfetten	12/14 bis 12/16 cm
Kehlbalken	8/14 bis 10/20 cm	Kniestockstiele	12/12 cm
Zangen	6/14 bis 8/16 cm	Stiele unter den	
Rähme	14/18 bis 14/22 cm	Rähmen und Pfetten	12/12 bis 14/14 cm
Mittelpfetten	12/20 bis 14/20 cm	Streben	14/16 cm
Firstpfetten	14/16 bis 14/18 cm	Kopfbänder	10/10 bis 10/12 cm

Wenn zwischen den Sparren hinterlüftete Wärmedämmungen einzubauen sind, werden Sparrenhöhen von 18 bis 20 cm erforderlich.

Faustregel zur überschlägigen Ermittlung der Holzdicken in cm:

Sparrenhöhe	$= 5 + 2L$	
Stiel	$= 7 + 2L$	$L = $ freie Länge des Holzes in m
Pfettenhöhe	$= 9 + 2L$	
Breite: Höhe	$= 5:7$	(bei Pfetten und Sparren)

Das Zurichten der Grat-, Kehl- und Schiftsparren (Schiftungen)

Die Abmessungen, Querschnittsformen, Schmiegeflächen und Klauen können bei Grat- und Kehlsparren und z. T. auch bei den Schiftsparren nicht unmittelbar aus den Querschnittszeichnungen des Daches entnommen werden. Das Ermitteln und Herstellen der vorgenannten Einzelabmessungen usw. nennt man das „Schiften".

Lohnkosten werden durch Verwendung von S c h i f t a p p a r a t e n gespart. Sparrrenlängen sowie Lage und Größe von Klauen und Schmiegen werden mechanisch an zu verschieblichen rechtwinkligen Dreiecken zusammengesetzten Metallmaßstäben ermittelt und auf den Hölzern angerissen.

Insbesondere für das Zurichten großer Holzquerschnitte aus Brettschichtträgern (vgl. Abschn. 1.2.4) werden rechnergestützte Maschinen eingesetzt, mit denen die erforderlichen Abmessungen der Hölzer und die Schnittwinkel direkt aus Zeichnungen ermittelt werden können.

Für das auch heute noch übliche zeichnerische Arbeiten auf dem Schnürboden des Zimmerplatzes ist in Bild **1.57** ein Beispiel in vereinfachter Form dargestellt.

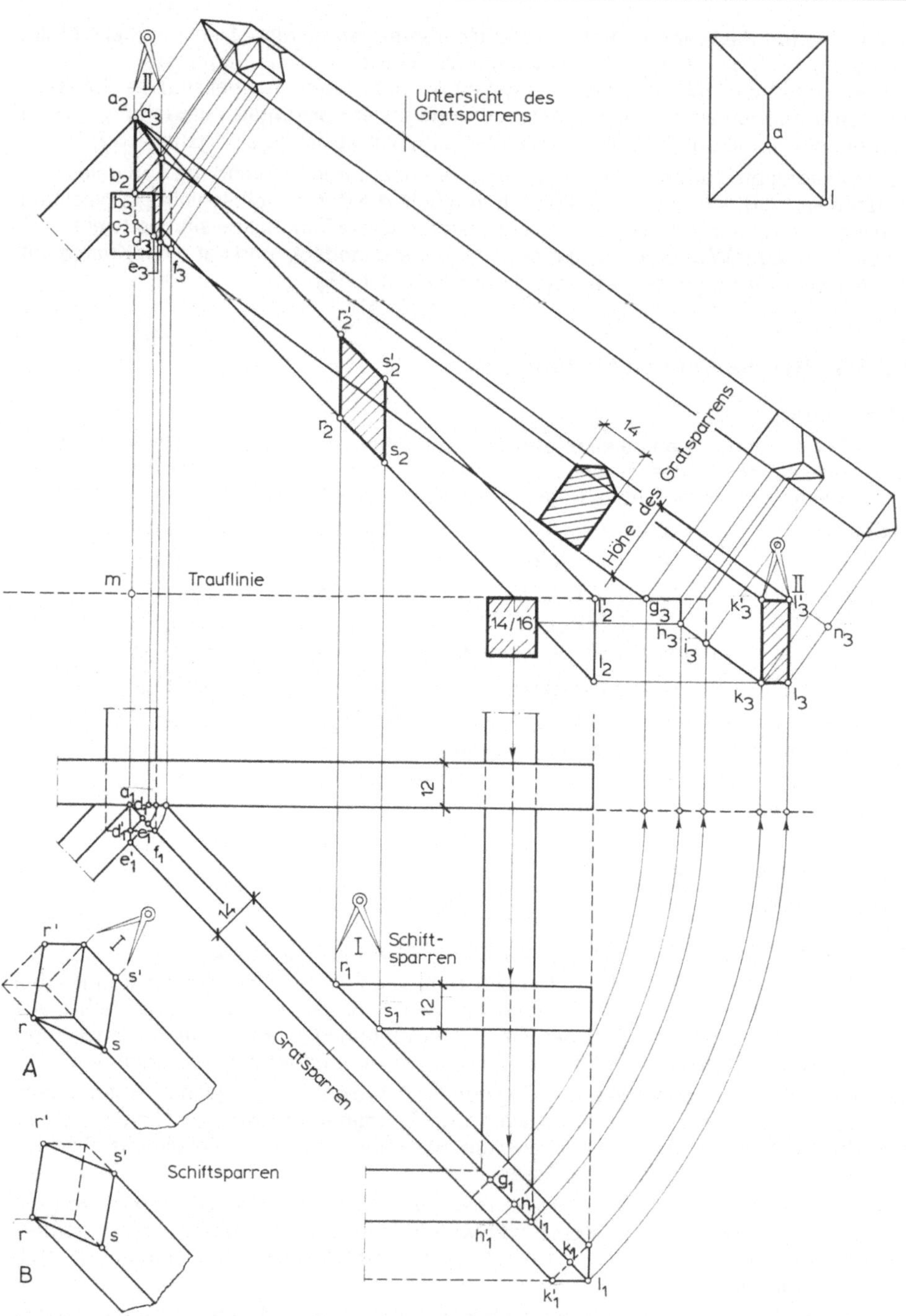

1.57 Austragen der Grat- und Schiftsparren bei gleicher Dachneigung

Austragen von Grat- und Schiftsparren

In Bild **1**.57 ist die Sparrenlage für ein Walmdach und darüber das Leergespärre ausschnittsweise gezeichnet. Die Dachflächen haben hier g l e i c h e Neigung. Es sollen die wahre Länge, die Querschnittsform, die Schmiegen und Klauen für die Gratsparren ermittelt werden.

Die Breite des Gratsparrens wird dem Grundriß entnommen (14 cm). Die wahre Länge der Gratlinie findet man durch Paralleldrehen zur Aufrißebene:

Im Leergespärre sind die senkrechte Mittellinie a_2m und die Trauflinie ml'_2 aufzureißen. Dann wird die Länge der Gratlinie im Grundriß a_1l_1 von m aus mit der Maßlatte auf der Trauflinie abgetragen, bis l'_3. Die Strecke $a_3l'_3$ ist die wahre Länge der Gratlinie. In den nachfolgenden Schiftungsfiguren ist wegen einer deutlicheren Darstellung das Übertragen mit der Maßlatte durch Kreisbögen ersetzt worden. Die Verwendung der Maßlatten ist aus Bild **1**.58 ersichtlich.

Um den Querschnitt des Gratsparrens zu ermitteln, muß zunächst die Abgratung festgelegt werden. Aus dem Grundriß wird das Maß k_1l_1 (Zirkelöffnung II) von Punkt l'_3 auf der Trauflinie oder von irgendeinem Punkt der Gratlinie parallel zur Trauflinie aufgetragen. Bei gleicher Dachneigung und rechtwinkligem Zusammenstoß der Traufkanten ist dieses Maß gleich der halben Gratsparrenbreite. Die durch Schnurschlag durch Punkt k'_3 zur Gratlinie gezogene Parallele ergibt die Abgratungslinie. Der Lotriß des Gratsparrens $k_3k'_3$ ist gleich dem Lotriß $l_2l'_2$ des Leergespärres. Durch Punkt k_3 wird die Parallele zur Gratlinie gezogen. Der Abstand der Parallelen $a_3l'_3$ und b_3k_3 ergibt die Gratsparrenhöhe. Die Länge des Gratsparrenholzes ist durch die Länge a_3n_3 bestimmt.

Für die Ausführung der Klauen und der Sparrenenden (Schmiegen) sind noch die erforderlichen Lot- und Querrisse einzutragen. Zu diesem Zwecke werden im Grundriß die betreffenden Anschnitt- und Eckpunkte auf die Gratlinie gewinkelt und mit der Maßlatte oder dem Maßstab von Punkt m aus auf die Trauflinie des Leergespärres übertragen. Die Punkte werden hochgelotet und ergeben die Lotrisse d_3, e_3, f_3, h_3 und i_3. Hiermit sind die zeichnerischen Arbeiten auf dem Schnürboden beendet.

Der fertige Gratsparren ist in Bild **1**.59 C isometrisch dargestellt. Das Austragen des in Bild **1**.57 angegebenen S c h i f t s p a r r e n s geschieht in folgender Weise. Beide Anschnittspunkte r_1 und s_1 im Grundriß werden in den Aufriß hochgelotet und ergeben im Leergespärre die beiden Lotrisse $r_2r'_2$ und $s_2s'_2$. Dadurch ist auch die wahre Größe des Schiftsparrens gefunden.

Der Abstand der Lotrisse r und s (Zirkelöffnung I) ist bei gleicher Dachneigung gleich der Schiftsparrenbreite.

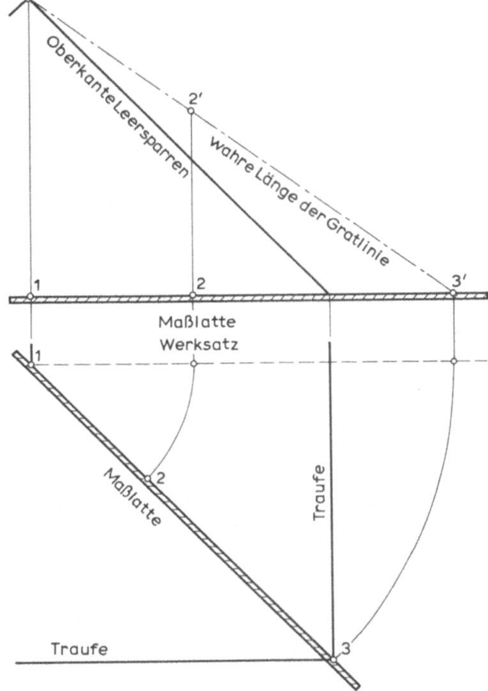

1.58 Anwendung der Maßlatte auf der Zulage

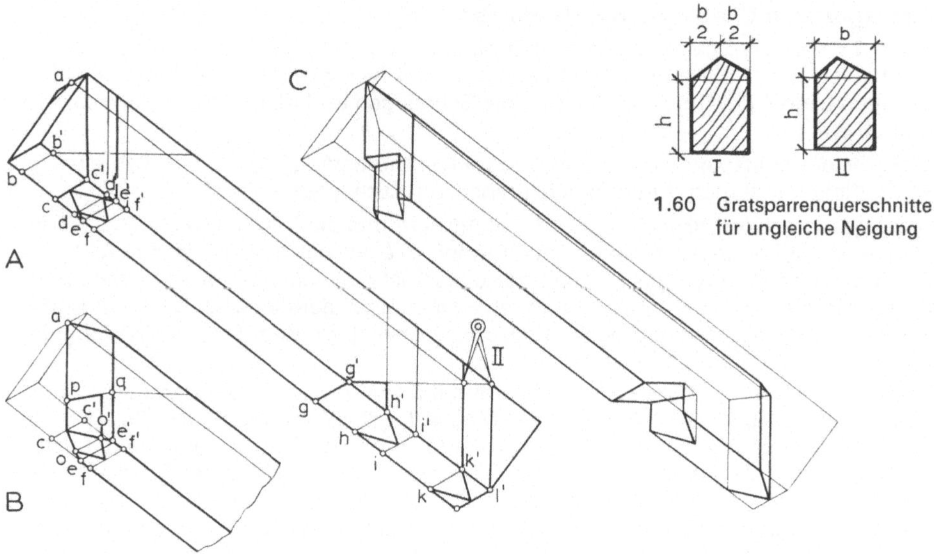

1.60 Gratsparrenquerschnitte
für ungleiche Neigung

1.59 Zurichtung der Gratsparren

Ein durch den Lotriß rr' geführter Sägeschnitt ergibt die Lotschmiege (Bild **1.57** A);
ein weiterer Sägeschnitt durch die Lotrisse rr' und ss' ergibt die Backenschmiege
(Bild **1.57** B). Haben die Dachflächen u n g l e i c h e Neigung, so erhält der Gratsparren unsymmetrischen Querschnitt. Entweder liegt die Gratlinie in der Mitte des Gratsparrenholzes oder seitlich verschoben (Bild **1.60**). Bei Anordnung I werden die Lotrisse auf den beiden Seitenflächen verschieden lang, bei Anordnung II gleich lang.
Anordnung I ist wegen der einfacheren Austragung gebräuchlicher.

Bohlenschiftung

Kleine Satteldächer, deren Dachraum nicht genutzt wird, können an größere Dachflächen auch ohne Kehlsparren angeschlossen werden. Die Schiftsparren des Neben-
daches setzen sich mit ihren Schmiegeflächen auf entsprechend zugerichtete Bohlen,
die auf die durchgehenden Sparren des Hauptdaches aufgelegt und durch Nägel
befestigt werden. Die Bohlen werden 6 bis 8 cm dick.

Bild **1.61** zeigt das Austragen einer solchen Bohle. Es wird der betreffende Teil der
Sparrenlage mit der Kehllinie und darüber der Leersparren des Hauptdaches auf dem
Schnürboden (Werksatz) aufgerissen. Winkelrecht zur Sparrenoberkante wird die Boh-
lendicke angetragen. Das teilweise daneben gezeichnete Leergespärre des anschließenden Daches ergibt die in der Firstlinie liegende Bohlenkante $c_2 b_2$. Die Bohle muß so
breit sein, daß die Schiftsparrren sich mit der vollen Schmiegefläche aufsetzen können.
Daher liegt Punkt d_2 so hoch wie Punkt d'_2. Das Trapez $e_2 b_2 c_2 d_2$ ist die Stirnfläche,
mit der die beiden Bohlen zusammenstoßen.

Die wahre Größe der Bohle wird durch Umklappen in die Ebene des Werksatzes
gefunden. Gedreht wird um Punkt a_2. Zuerst wird die wahre Länge der Kehllinie $a_1 b_1$
bestimmt. Die durch Punkt c_1 gezogene Parallele ergibt die Abkantungslinie, die durch
d_1 gezogene Parallele die Breite der Bohle. Die Bestimmung der Schmiegeflächen für die Schiftsparren ist aus Bild **1.61** A ersichtlich.

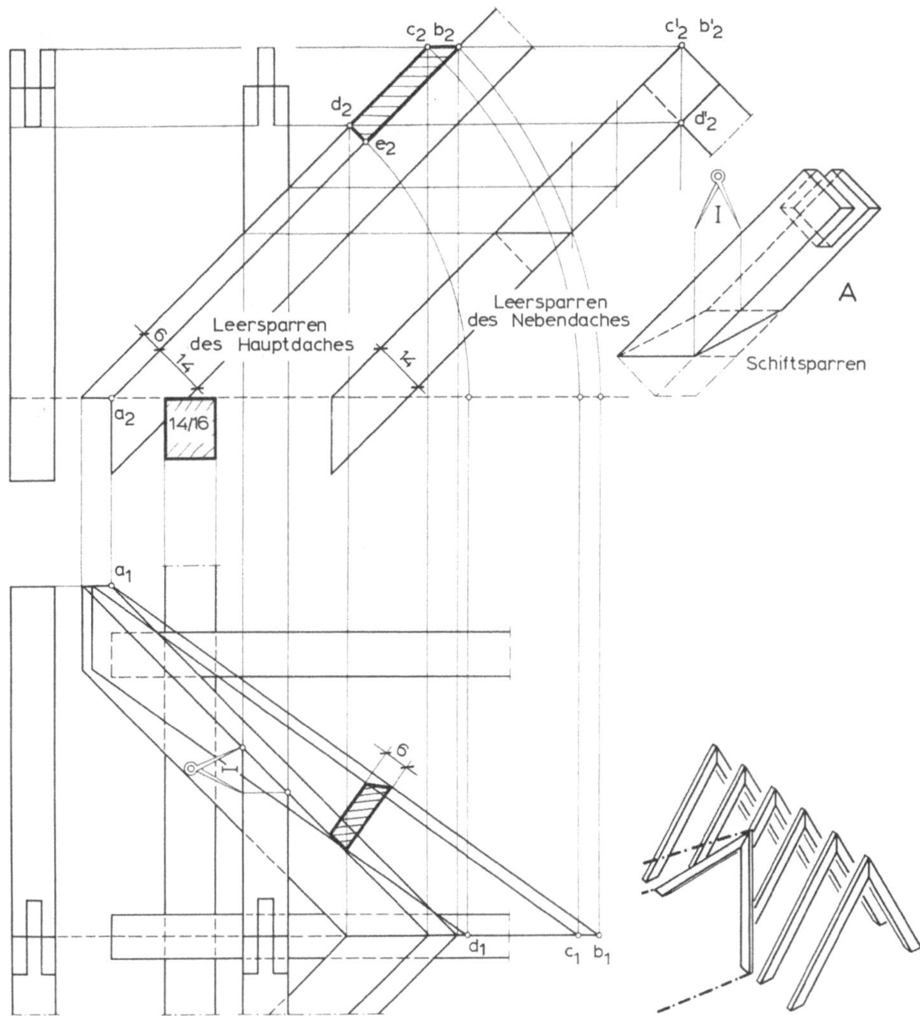

1.61 Bohlenschiftung

1.2.4 Ingenieurmäßige Holzdachkonstruktionen

1.2.4.1 Allgemeines

Die in Abschn. 1.2.3 behandelten Konstruktionen aus Kanthölzern mit einfachen handwerksmäßig hergestellten Verbindungen erlauben bei noch wirtschaftlichen Holzdimensionen freie Einzellängen bis etwa 5,00 m. Damit ist es möglich, Stützweiten bis etwa 12,00 m zu überspannen.

Holztragwerke können jedoch auch für wesentlich größere Spannweiten und über größeren Flächen sehr wirtschaftlich und vor allem auch gestalterisch sehr reizvoll gestaltet werden.

Begrenzungen ergeben sich dabei meistens nur aus Brandschutzforderungen (s. Abschn. 14 in Teil 1 des Werkes). Holzkonstruktionen sind jedoch – ausreichende Dimensionierungen dafür vorausgesetzt – im allgemeinen wesentlich weniger empfindlich gegen Brandeinwirkung als ungeschützte Stahlkonstruktionen.

Neuzeitliche Holzkonstruktionen sind gekennzeichnet durch:

— Einsatz vorgefertigter, hochbelasteter Tragelemente anstelle oder in Ergänzung von Vollholzquerschnitten (Abschn. 1.2.4.2),

— spezielle Verbindungstechniken, die hoch belastbare Anschlüsse – auch in mehreren Ebenen – ermöglichen (Abschn. 1.2.4.3),

— Kombination von Holz- und Stahlbauteilen,

— hochentwickelte, auch räumliche Tragwerkssysteme (Abschn. 1.2.4.5 und 1.2.4.6) (Bild **1.62**).

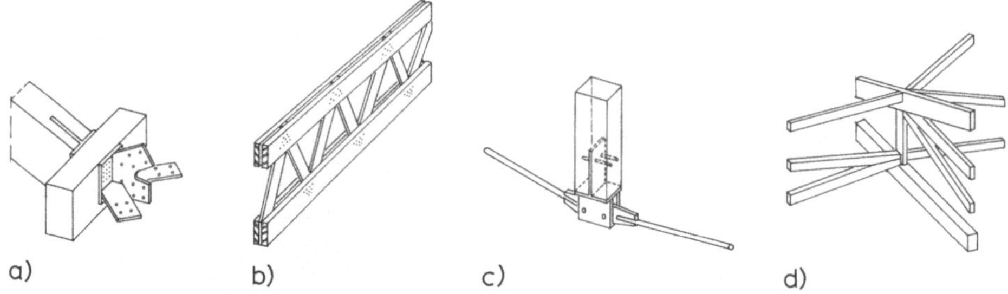

a)   b)   c)   d)

1.62 Ingenieurmäßige Holzkonstruktionen
    a) Stabanschlüsse mit verschweißten Knotenblechen und Stabdübeln
    b) genagelter Gitterträger
    c) Stahluntergurt; Anschluß an Vollholzstab
    d) räumliches Tragwerk

1.2.4.2 Konstruktionselemente

Brettschichtholz

Vollkantige Konstruktionshölzer mit großen Querschnitten sind heute nicht nur schwierig zu beschaffen, sie neigen wegen der verfügbaren Holzqualitäten auch besonders zum Reißen, Schwinden und Verdrehen.

Sie werden daher heute fast immer durch Brettschichtholz ersetzt. Brettschichtholz (Brettschicht- oder „Hetzer"-Träger, benannt nach dem Erfinder, Zimmermeister Hetzer, Weimar) besteht aus lamellenartig zu Vollprofil verleimten, mit Keilzinkung gestoßenen Brettern. Rechteckquerschnitte werden ab ca. 8 cm Breite und in Höhen bis über 2,00 m hergestellt. Dabei sind auch gebogene Trägerformen, Trapezformen u. ä. möglich. Rahmenbauteile können durch Keilzinkung oder Stabdübel zusammengefügt werden (Bild **1.63**).

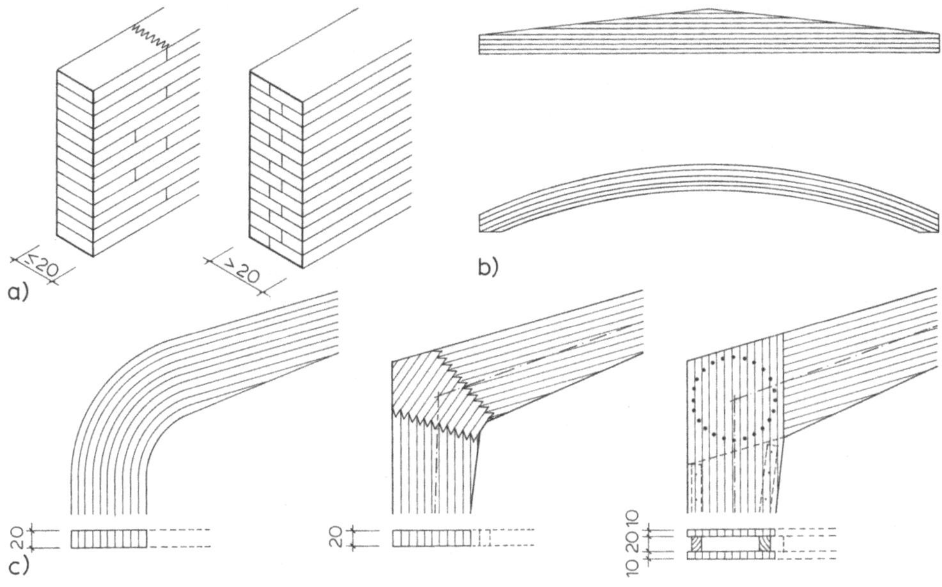

1.63 Brettschichtträger
  a) Rechteckprofil
  b) mögliche Trägerformen
  c) Brettschichtträger mit Eckausbildungen für Hallenbinder: Gebogen geleimter Binder, Eckverbindung durch Keilzinkung (vgl. S. 82)
  Eckausbildung Trägern zwischen Doppelstützen durch Stabdübelkreis

Kastenträger

Aus brettschichtverleimten Gurten in Verbindung mit Bausperrplatten entstehen verleimte **Kastenträger**, die bei geringerem Gewicht und Holzverbrauch ähnlich eingesetzt werden können wie Hetzerträger. Als Kombination des Kastenträger- und Hetzerträgerprinzips vorgefertigte Flachdachelemente werden für große, freie Spannweiten eingesetzt (Bild **1.**64).

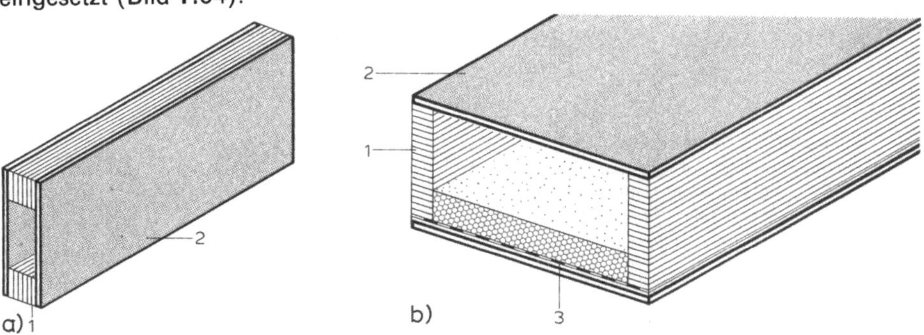

1.64 Kastenträger
  a) Kastenträger
  b) vorgefertigtes Flachdachelement
  1 Brettschichtträger
  2 Sperrholz
  3 Wärmedämmung auf Dampfsperre

Vollwandträger

Mit Querschnittsformen, die denen von Stahlprofilen vergleichbar sind, werden genagelte oder geleimte Vollwandträger aus rauhen Brettern und Bohlen sowie Kanthölzern
der Güteklassen I und II hergestellt (Bild **1.65**).

Bei Hohlkastenprofilen fallen die Brettfugen von beiden Seiten nach der Balkenmitte
zu; übliche Brettdicke 24 mm. Jedes Brett soll mit mindestens 4 Nägeln an das Gurtholz
angeschlossen werden. Auch die Kreuzungsstellen mit den Druckpfosten (Stegausstei-
fungen) sind zu nageln.

Die Gurthölzer sind Bohlen oder schwache Kanthölzer; sie sollen so angeordnet werden, daß die Splintholzschichten am Steg liegen. Jedenfalls ist zu vermeiden, daß das
eine Gurtholz mit dem Splint, das andere mit dem Kernholz am Steg liegt, weil sonst
die Gefahr des Verziehens besteht. Der Gurtquerschnitt kann durch Gurtbretter verstärkt
werden (**1.65**c bis g). Gurtholzstöße werden durch verleimte Keilzinkung hergestellt.
Zwischen den Gurthölzern sind sowohl bei den I- als auch bei Hohlkastenquerschnitten
Versteifungspfosten anzuordnen; ihre Abstände sind etwa gleich der Trägerhöhe.

Berechnungs- und Bemessungsvorschriften für Vollwandträger sind in DIN 1052 enthalten. Im übrigen sind die Bestimmungen für Nagelverbindungen zu beachten.

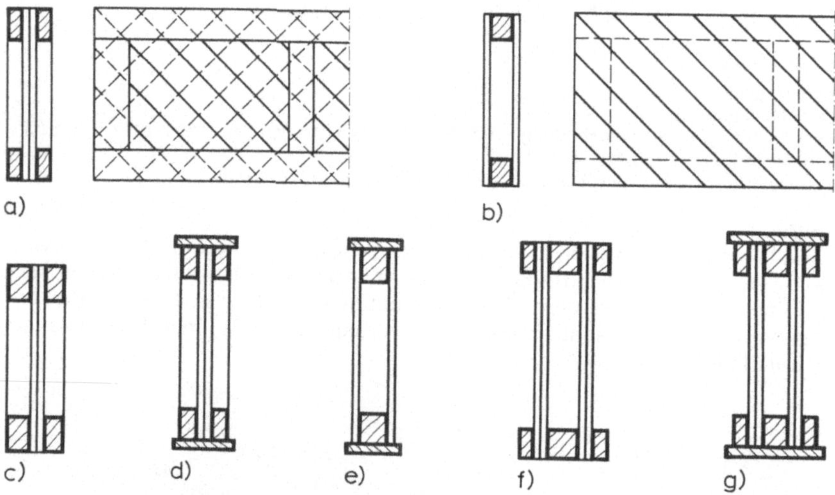

1.65   Genagelter Vollwandbinder

    a) I-Form mit außenliegenden Gurten
    b) Hohlkastenform mit innenliegenden Gurten
    c) bis g) verschiedene Möglichkeiten von Stegbrettern und Gurthölzern

Wegen des hohen Lohnkostenanteils sind genagelte Vollwandträger weitgehend durch
geleimte Konstruktionen verdrängt worden (Bild **1.66**). Zu ihnen gehören als geleimte
Vollwandträger der Kämpfstegträger (Bild **1.67**) oder Vollwandträger mit Sperrholzstegen, insbesondere die fabrikmäßig in beliebigen Längen herstellbaren Wellstegträger (Bild **1.68**). Bei ihnen wird der aus 4 bis 7 mm dickem, verleimtem Sperrholz
hergestellte Steg maschinell in die wellenförmig ausgefräste Nute der Gurthölzer eingepreßt und verleimt. Wellstegträger werden in Dachtragwerken ähnlich wie übliche
Vollholzquerschnitte eingebaut. An Knotenpunkten, in denen Druckkräfte übertragen

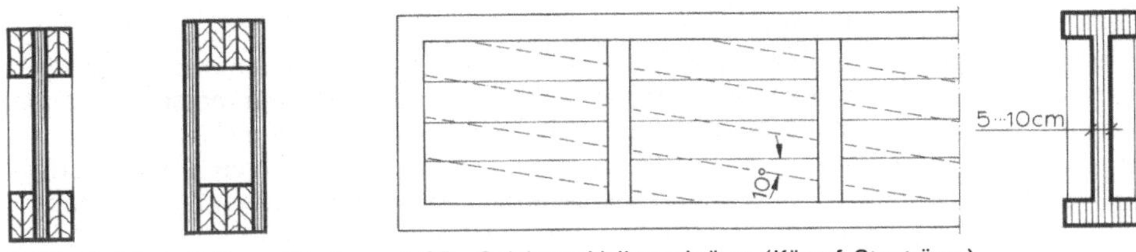

1.66 Geleimte Vollwandbinder mit Sperrholzstegen

1.67 Geleimter Vollwandträger (Kämpf-Stegträger)

werden müssen, werden Pfetten oder entsprechende Anschlußteile so ausgeschnitten, daß die Krafteinleitung über die Gurte der Wellstegträger möglich ist (s. Bild **1.69**). Auskragende Gesimse u. ä. werden in Form von Zangen angebracht, die sich unter Verwendung von Füllhölzern, an beide Seiten des Wellstegs anlegen.

1.68 Wellstegträger (Stegdicke 4 bis 7 mm)

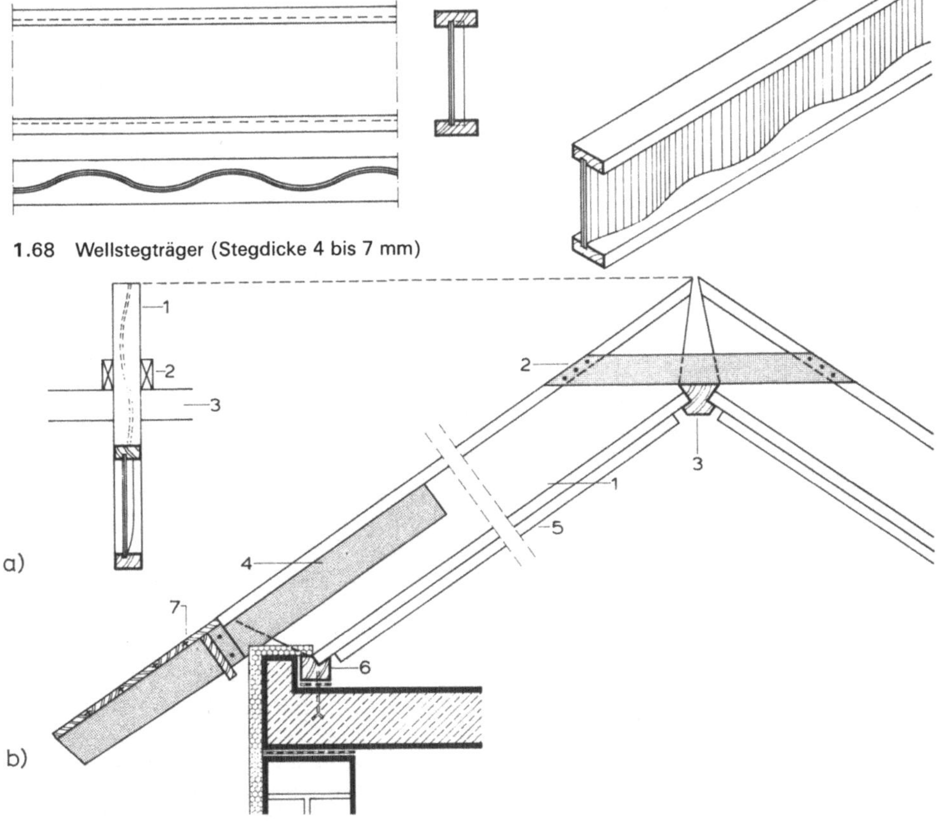

1.69 Wellstegträger in Sparrendach

    a) Querschnitt durch Sparren
    b) Schnitt

    1 Wellstegträger   5 Windverband
    2 Laschen   6 Schwelle
    3 Firstprofil („Gelenkpfette") 7 Traufschalung
    4 Zangen für Gesims auf Füllhölzern

Vorgefertigte Gitterträger

Der den Fachwerken zugrunde liegende Gedanke, durch Aneinanderreihen einer Vielzahl von aus Stäben gebildeten Dreiecken sehr leistungsfähige und materialsparende ebene Tragwerke zu konstruieren, führt schließlich zum vorgefertigten **Gitterstegträger**, bei dem der Steg zwischen Obergurt und Untergurt in kurze Diagonalstäbe aufgelöst ist, die durch Zinkung und Leimung praktisch starr miteinander verbunden sind.

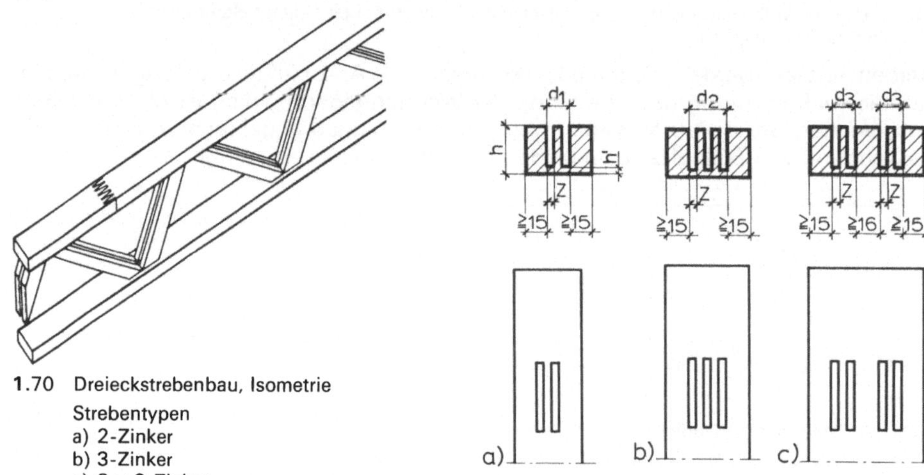

1.70   Dreieckstrebenbau, Isometrie
Strebentypen
a) 2-Zinker
b) 3-Zinker
c) 2 × 2-Zinker

Mit Hilfe der hochentwickelten Verfahren der Leimverbindungen ist es möglich, Träger dieser Art maschinell und auch als komplette Bau-Elemente herzustellen, aus denen Dachtragwerke nach Bedarf zusammengesetzt werden können.

Die **DSB-Träger**[1]) sind als Sparren und Pfetten bis zu Längen bzw. Stützweiten von 12 und 15 m zugelassen[2]). Die Gitterstreben sind hier mit Zinken in die parallel oder geneigt zueinander verlaufenden Gurte geleimt. Mit verschieden breiten Ober- und Untergurten werden je nach Beanspruchungsmöglichkeit Träger mit Doppel-, Dreifach- und Vierfachstreben hergestellt (Bild **1**.70).

Beim **Trigonit-Träger** sind nur die Diagonalstäbe durch Keilzinkung miteinander verleimt. Ober- und Untergurt werden durch genagelte Doppelprofile gebildet.

Bei Anschlüssen anderer Bauteile (z. B. Kehlbalkenanschluß in Bild **1**.72) werden Futterhölzer zwischen die Gurte eingefügt. Als Beispiel für das Konstruieren mit DSB-Trägern sind in Bild **1**.71 verschiedene Konstruktionsmöglichkeiten und Detailpunkte für ein Kehlbalkendach dargestellt. Eine Dachkonstruktion mit Trigonit-Trägern zeigt Bild **1**.72.

---

[1]) **Handel**, P.: Konstruktionsgrundsätze und Bemessungstabellen für den Dreieck-Streben-Bau. Berlin–München–Düsseldorf 1970.

[2]) Die Zulassungsbedingungen enthalten u. a. Hinweise auf mögliche Ausnahmen durch Sondergenehmigungen sowie Auflagen über die Werkstoffgüte. Umfangreiche Bemessungstabellen ermöglichen die Auswahl von Stäben mit optimalen Leistungen für den jeweiligen Zweck.

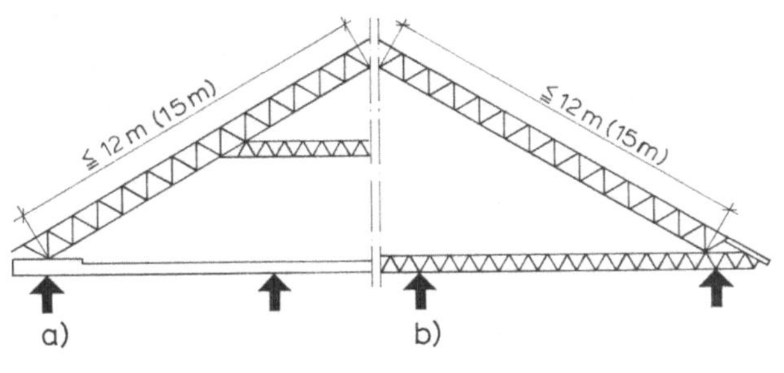

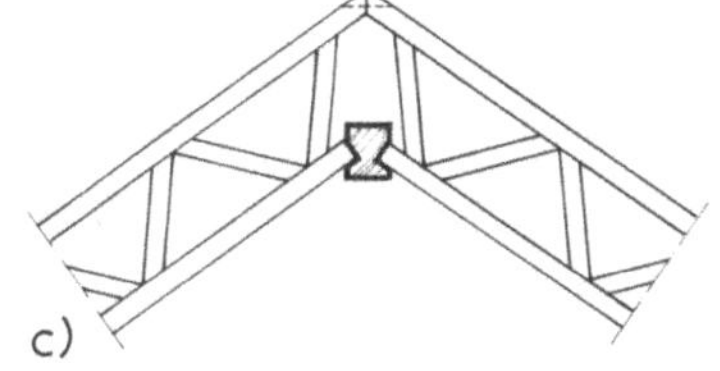

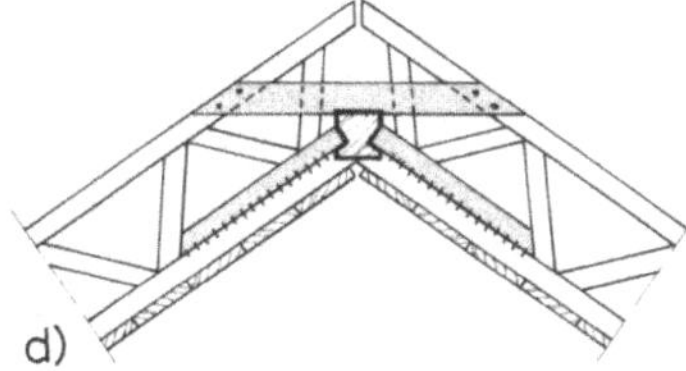

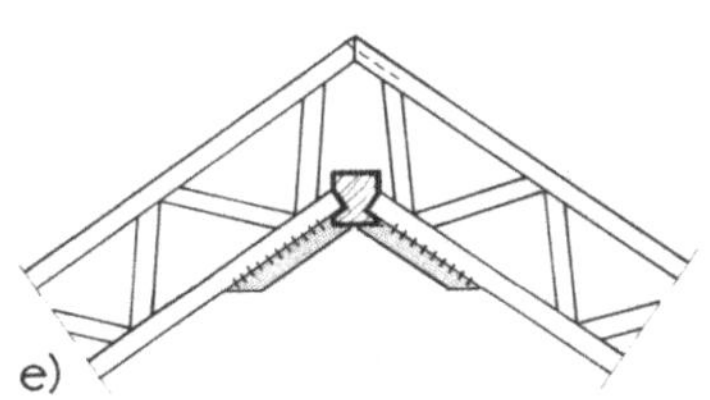

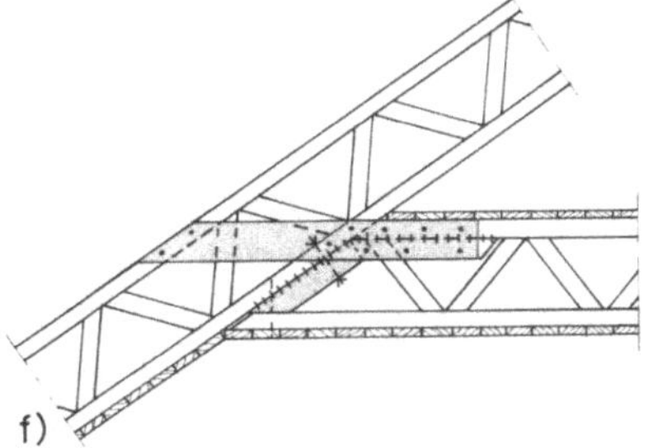

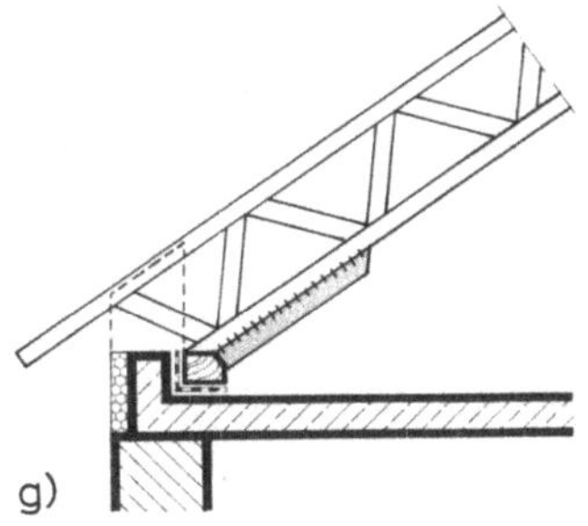

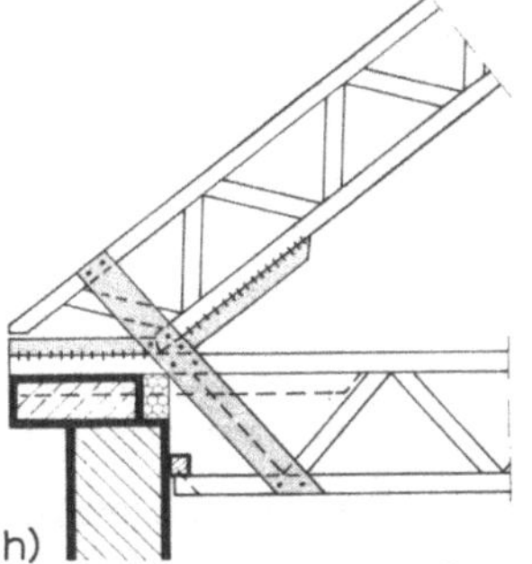

1.71 Dreieckstrebenbau

a) Schema: Kehlbalkendach über Massivdecke
b) Schema: Sparrendach mit Sparren und Balken aus DSB-Trägern
c) Firstpunkt, einfache Ausführung
d) Firstpunkt, mit verdeckter Gelenkpfette (bei Dachausbau)
e) Firstpunkt mit Untergurtverstärkung bei höherem Gelenkdruck
f) Kehlbalkenanschluß bei Dachausbau mit größeren Kehlbalkenbelastungen
g) Traufpunkt bei Massivdecke; Auflagerung über Längsschwelle (Hartholz); Sparrenzwischenräume ausgemauert
h) Traufpunkt an Massivgesims mit Verstärkung des Dachbalkenobergurts und des Sparrenuntergurts

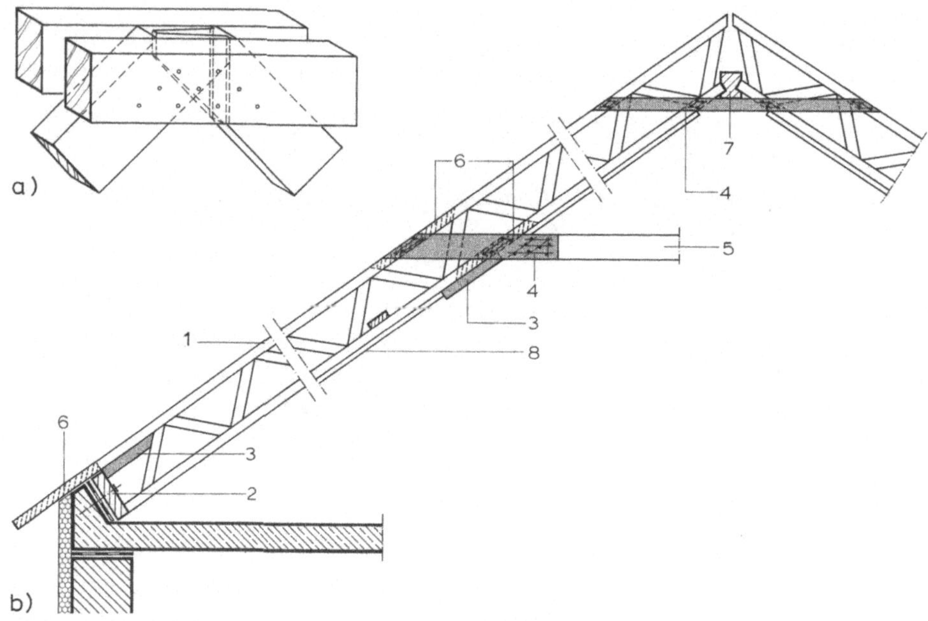

1.72 Gittersparren-Dach (Trigonit); Trägerlängen ca. 7,00 m

    a) Strebenanschluß, Isometrie
    b) Schnitt Kehlbalkendach

1 Trigonit-Träger	5 Kehlriegel
2 Sattelschwelle auf Trennlage, verankert	6 Futterholz zwischen den Gurten
3 Knagge	7 Firstprofil (vgl. Bild **1.69**)
4 Laschen	8 Windverband

1.2.4.3 Holzverbindungen

Bei ingenieurmäßig konstruierten Holzbauwerken werden die herkömmlichen handwerklichen Holzverbindungen hinsichtlich einfacherer und maschineller Herstellungsmöglichkeiten sowie höherer Belastbarkeit durch ähnliche, jedoch vereinfachte Anschlüsse ersetzt. In der Regel wird die Tragfähigkeit derartige Versatzanschlüsse außerdem durch Nagelungen, Dübel und Bolzenverbindungen verbessert.

Außerdem werden moderne Verbindungstechniken (z. B. Verleimungen) und Verbindungselemente wie Stahlbleche und spezielle Knotenverbindungen eingesetzt.

Weiterentwickelte Zimmermannsverbindungen

Beim Anschluß von Druckstäben durch Versatz wird die Tragfähigkeit durch Verbreiterungen der anzuschließenden Hölzer und zusätzlichen Einsatz von Dübeln (Bild **1.73**a) verbessert oder die herkömmlichen Versätze werden durch aufgedübelte Laschen gebildet (Bild **1.73**b, Dübel, Bolzen- und Nagelverbindungen s. S. 68f.).

Zur einfacheren Herstellung der Knotenpunkte werden Versätze aber auch durch aufgenagelte oder aufgedübelte Laschen ersetzt, kombiniert mit Bolzenverbindungen oder genagelten Verbindungslaschen (Bild **1.74**).

Vielfach werden die Anschlußknoten für Druck- und Zugstäbe durch Doppelprofile in Verbindung mit verbolzten Dübeln vereinfacht (Bild **1.75**).

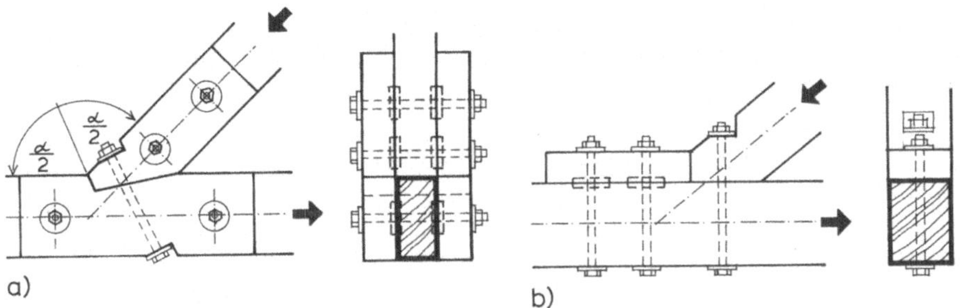

1.73 Druckstabanschlüsse mit Versatz

a) Versatzflächen vergrößert durch angedübelte Verbreiterungslaschen
b) Versatz gebildet durch aufgedübelte Lasche (vgl. „Vorholz"), Druckstab durch Bolzen gesichert

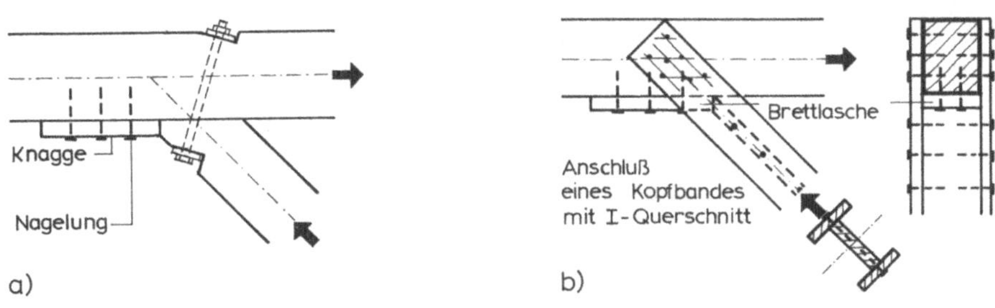

1.74 Druckstabanschlüsse („Kopfbänder" zur Verminderung der Stützweiten der Pfetten)

a) Anschluß mit Stirnversatz, gebildet durch genagelte Knagge, Bolzensicherung
b) Kopfband mit I-Querschnitt aus Einzelbrettern

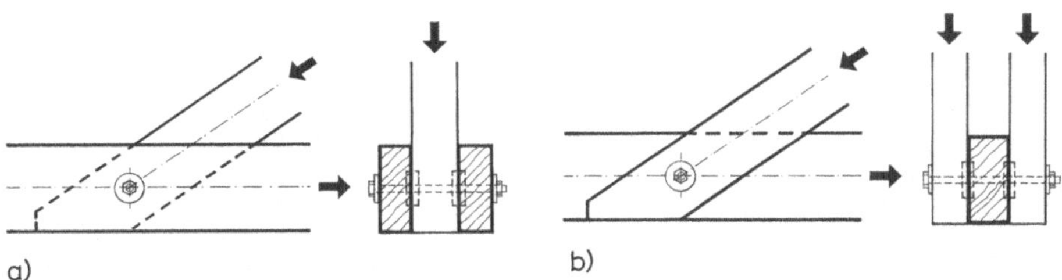

1.75 Knotenpunkte durch Doppelprofile gebildet (Verbindung durch Bolzen in Verbindung mit Dübeln, s. Bilder **1**.81 bis **1**.87)

a) Zugstab als Doppelprofil
b) Druckstab als Doppelprofil

Anschlüsse von Zugstäben sind in der gleichen Weise oder mit Stabdübeln möglich (Bild 1.76 a und b) oder werden bei Verbindung von Einfachprofilen mit Nagellaschen ausgeführt (Bild 1.76 c).

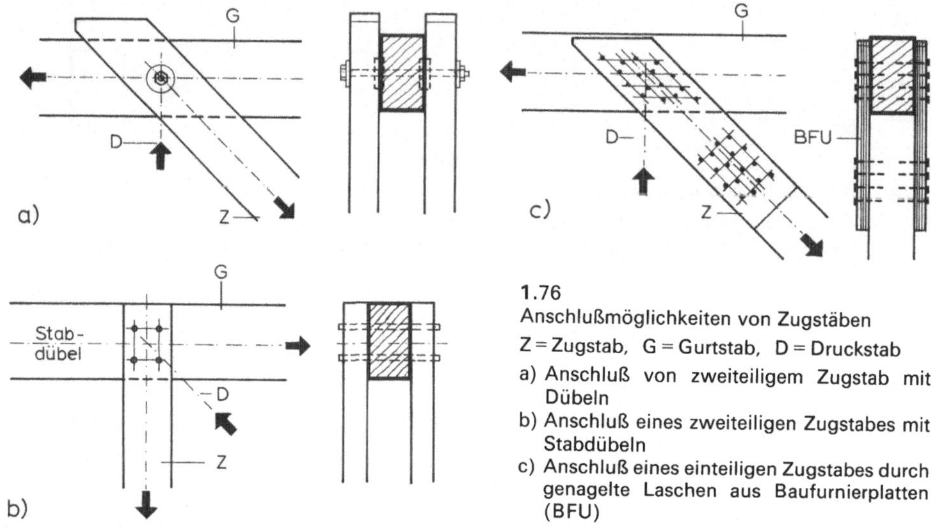

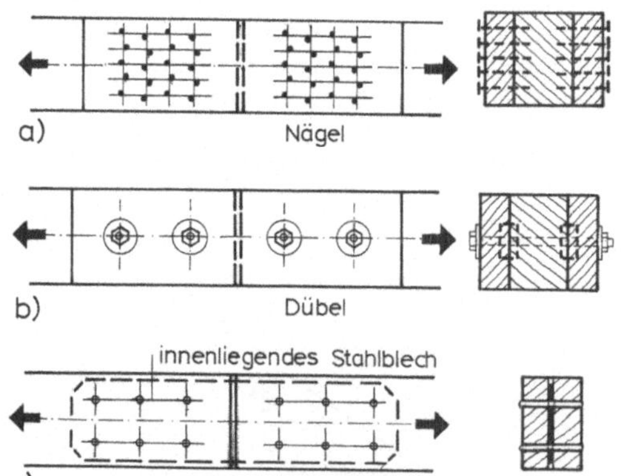

1.76
Anschlußmöglichkeiten von Zugstäben

Z = Zugstab, G = Gurtstab, D = Druckstab

a) Anschluß von zweiteiligem Zugstab mit Dübeln
b) Anschluß eines zweiteiligen Zugstabes mit Stabdübeln
c) Anschluß eines einteiligen Zugstabes durch genagelte Laschen aus Baufurnierplatten (BFU)

Stoßverbindungen werden mit Hilfe genagelter oder verbolzter Laschen hergestellt oder durch Stabdübel in Verbindung mit Knotenblechen aus Stahl (Bild 1.77).

1.77
Stoßverbindungen

a) genagelter Zugstoß mit außenliegenden Laschen
b) Zugstoß mit Dübeln und außenliegenden Laschen
c) Zugstoß mit Stabdübeln (s. Bild 1.90 f.) und innenliegendem Stahlblech

Gelenke durchlaufender Pfettenstränge („Gerberpfetten"[1])) werden mit Stahlblech-formteilen oder durch Überplattungen mit Bolzenverbindungen gebildet. Die Stöße sind so auszuführen, daß die Bolzen auf Zug beansprucht werden, oder die Hölzer müssen durch **Klemmbolzen** gegen Aufreißen gesichert werden (Bild 1.78).

---

[1]) „Gerberpfetten": In langen Pfetten dienen über die Stützen hinauskragende Pfettenenden als Auflager für gelenkig eingehängte zwischengehängte Pfettenabschnitte. Dadurch sind erheblich günstigere statische Dimensionierungen möglich.

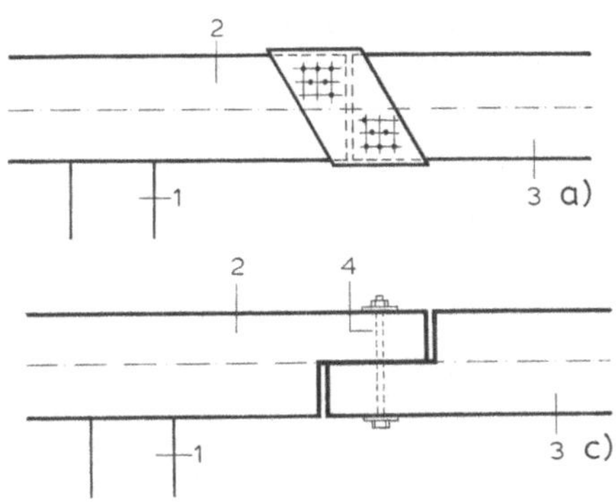

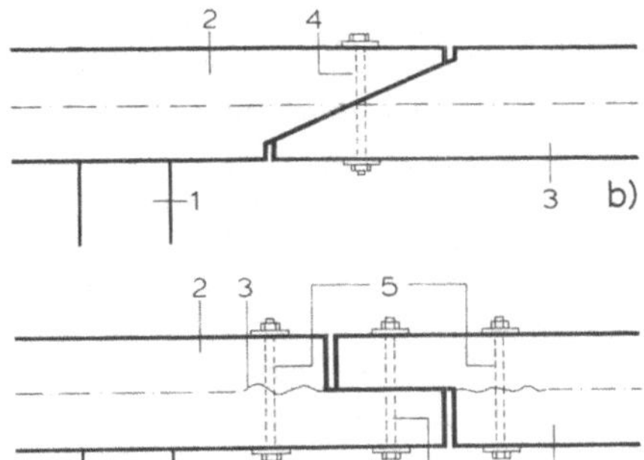

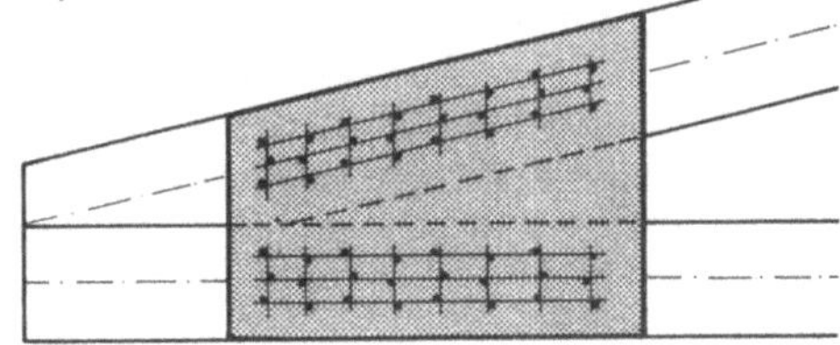

1.78 Gelenkausführungen bei Gerberträgern
  a) Gerber-Verbinder (Stahlblech-Formteil)
  b) und c) untergehängte Einhängträger
  d) aufgelegter Einhängträger mit Rißsicherung

  1 Auflager (Innenstütze)
  2 Kragträger
  3 Einhängträger
  4 Zugbolzen
  5 Klemmbolzen
  6 nichttragender Verbindungsbolzen

Spitzwinklig zusammenlaufende Gurthölzer werden durch beidseitig aufgenagelte Platten aus Sperrholzplatten verbunden (Bild 1.79).

1.79
Verbindung von flachgeneigtem Obergurt mit Untergurt durch beidseitig genagelte Sperrplatten

Dübelverbindungen

Dübelverbindungen ermöglichen das Übertragen großer Kräfte mit kleinen Anschlußflächen. Unter die Festlegungen für Dübelverbindungen fallen alle überwiegend auf Druck und Abscheren beanspruchten Verbindungsmittel, wie

rechteckige Dübel aus Hartholz (Bild **1**.80)
Dübel aus Stahl („Dübel besonderer Bauart"), Bild **1**.81 und Bilder **1**.82 bis **1**.87

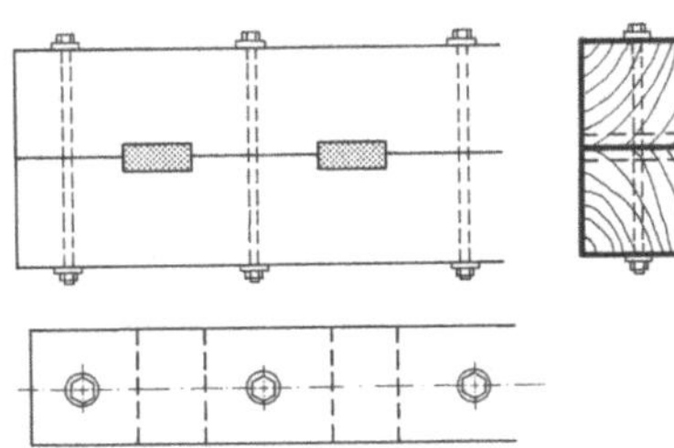

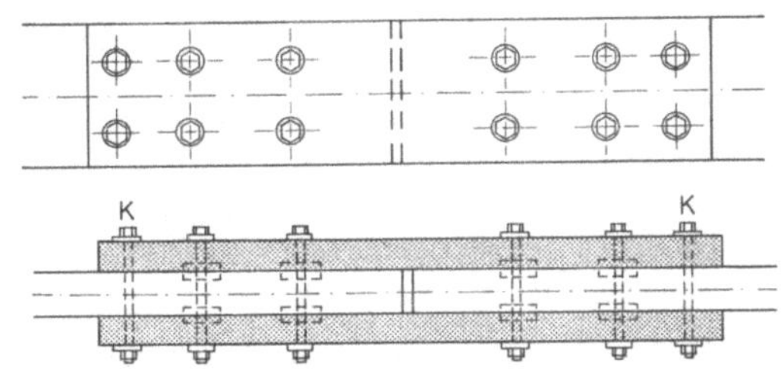

1.80 Verdübelter Balken. Rechteckdübel aus Hartholz der Güteklassen I und II nach DIN 4074; Faserrichtung in Dübeln und Balken muß übereinstimmen

1.81 Bolzenanordnung bei Dübelverbindungen (links und rechts außen zusätzliche Klemmbolzen (K) bei großen Dübeln)

Dübel dürfen nur in Holz mindestens der Güteklasse II nach DIN 4074 T1, Einpreßdübel nur in Nadelholz verwendet werden. Die Grundplatten von Einpreßdübeln müssen, wenn sie mehr als 2 mm dick sind, eingelassen werden.

Alle Dübelverbindungen müssen durch in der Regel nachspannbare Schraubenbolzen
zusammengehalten werden, wobei jeder Dübel durch einen Bolzen gesichert sein muß.
Bei Verbindungen mit Dübeldurchmessern bzw. -seitenlängen $\geq$ 120 mm sind an den
Enden der Außenhölzer oder -laschen Klemmbolzen anzuordnen (Bild **1**.80). Die Bolzen sind so anzuziehen, daß die Unterlegscheiben geringfügig, jedoch höchstens 1 mm
tief in das Holz eingedrückt werden.

Die Abstände von Dübeln untereinander und vom Rand sind – wegen der großen
Tragfähigkeit – entsprechend groß, so daß Anschlüsse mit mehreren Dübeln hintereinander eine große Länge erfordern.

Rechteckige Dübel nach Bild **1**.80 dürfen nur aus trockenem Hartholz oder aus
Metall hergestellt werden. Ihre zulässige Belastung ist rechnerisch zu ermitteln.

Es dürfen in einem Anschluß höchstens 4 hintereinanderliegende Rechteck- oder
Flachstahldübel in Rechnung gestellt werden (das gilt nicht für Rechteckdübel in
verdübelten Balken), DIN 1052 T2 Tab. 2.

Rechteckige Holzdübel sind so einzulegen, daß ihre Fasern und die der zu verbindenden
Hölzer gleichgerichtet sind. (Gerade, aufrechtstehende Dübel aus Flachstahl dürfen
zur Kraftübertragung nicht verwendet werden.)

Dübel besonderer Bauart

Diese nach Form, Durchmesser und Materialdicke in der DIN 1052 T2 festgelegten
Dübel (keine Stabdübel, s. S. 73) zeichnen sich durch große übertragbare Kräfte aus.
Die Metalldübel (Typ A, C, D und E, Bilder **1**.82 bis **1**.87) werden in zweiseitiger und
einseitiger Form hergestellt; dabei dienen die zweiseitigen Dübel zum Verbinden von
Holz mit Holz, die einseitigen zum Verbinden von Holz mit Stahlteilen (Bild **1**.88).

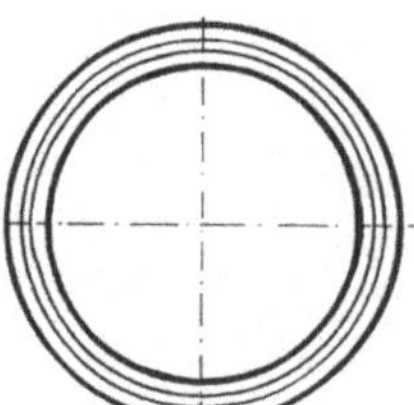

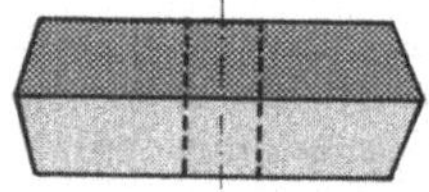

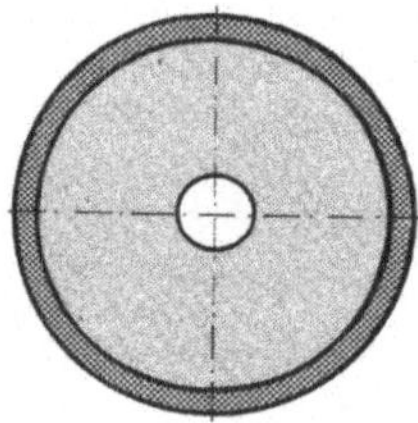

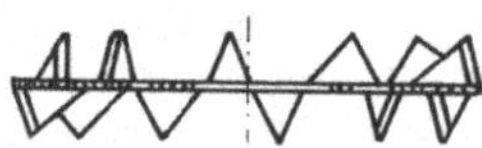

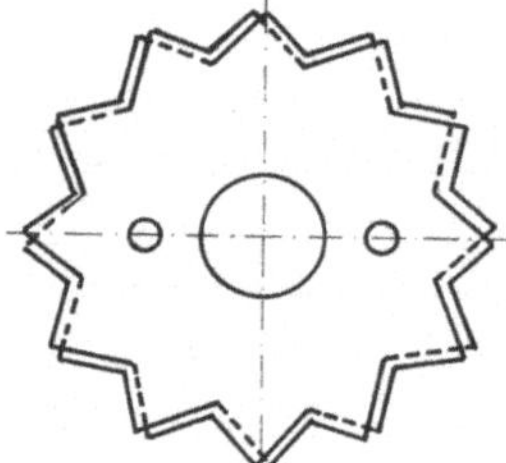

1.82 Dübeltyp A (Einlaßdübel)   **1**.83 Dübeltyp B (Einlaßdübel)   **1**.84 Dübeltyp C
       zweiseitiger Ringkeildübel   Hartholzdübel   zweiseitiger, runder
       System Appel   System Kübler   Einpreßdübel
                                                          System Bulldog

Der Dübeltyp A (Ringkeildübel) darf auch zur Kraftübertragung in der Hirnholzfläche bei Brettschichtträgern herangezogen werden (Bild **1**.89). Damit ist es möglich, den Anschluß von Neben- an Hauptträger mit nicht sichtbaren Verbindungsmitteln herzustellen.

Man unterscheidet Einlaßdübel, die in vorbereitete passende Vertiefungen des Holzes eingelegt, und Einpreßdübel, die ohne Benutzung von Bohr-, Nut- oder Fräswerkzeugen in das Holz eingepreßt werden, ferner Dübel, die teils eingelassen, teils eingepreßt werden (Einlaß-/Einpreßdübel). Sie werden hergestellt als

— Ringkeildübel aus Metall (Dübeltyp A) (Bild **1**.82)

— Rundholzdübel aus Eichenholz (Dübeltyp B) (Bild **1**.83)

— Krallen- und Zahnkranzdübel aus Metall (Dübeltyp C bis E) (Bild **1**.84 bis **1**.87)

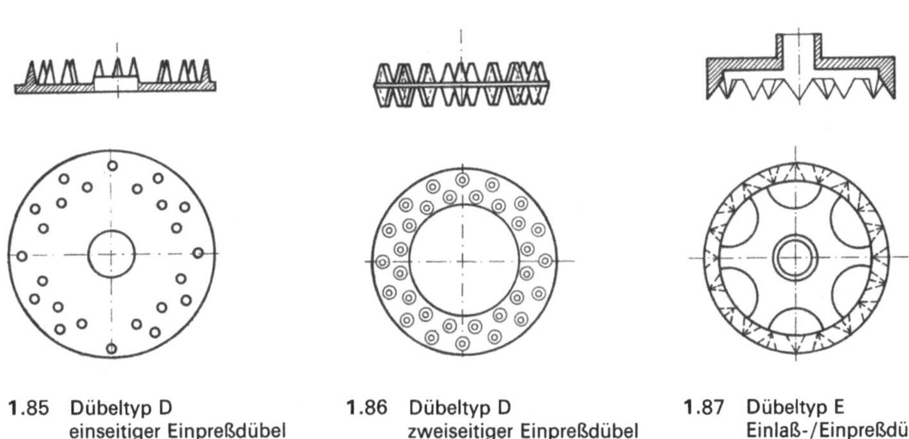

1.85 Dübeltyp D
      einseitiger Einpreßdübel
      System GEKA

1.86 Dübeltyp D
      zweiseitiger Einpreßdübel
      System GEKA

1.87 Dübeltyp E
      Einlaß-/Einpreßdübel
      einseitiger Dübel

Einpreßdübel sind so einzubauen, daß die Hölzer außerhalb der eigentlichen Dübelfläche nicht beschädigt oder überbeansprucht werden. Im allgemeinen sind daher besondere Vorrichtungen (Pressen, Schraubenspindeln oder dgl.) zum Einpressen der Einpreßdübel zu verwenden.

Dübel aus Metall müssen ausreichend korrosionsbeständig sein.

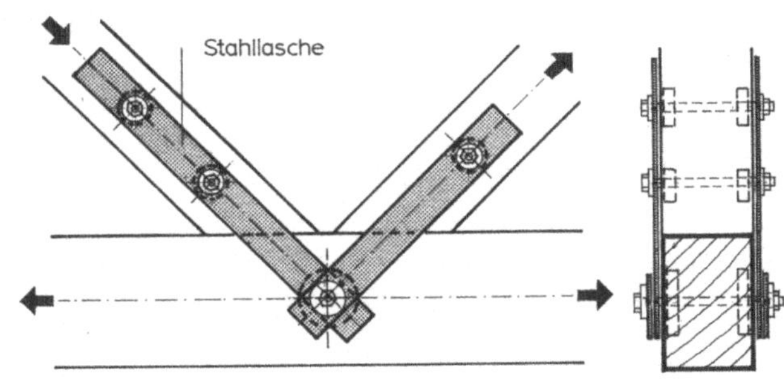

1.88
Fachwerkknoten mit außenliegenden Stahllaschen und einseitigen Dübeln

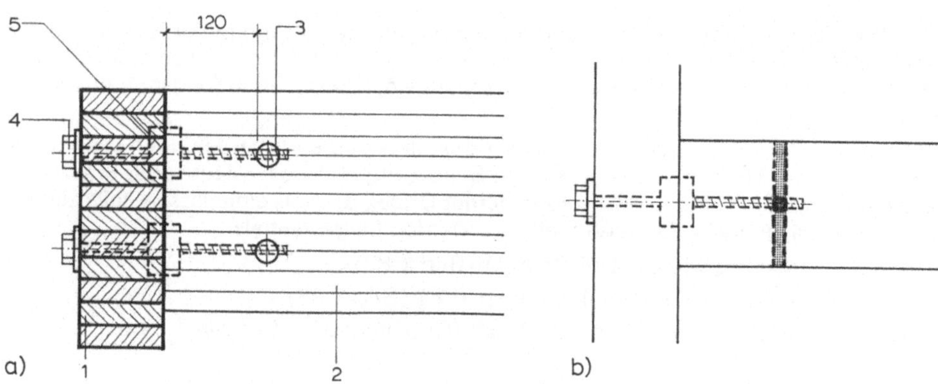

1.89 Hirnholzanschlüsse bei Brettschichtholz mit Dübeln Typ A

    a) Schnitt
    b) Draufsicht

    1 Hauptträger   4 Bolzen M 12
    2 Nebenträger   5 Dübel Typ A
    3 Stabanker 30 mm mit Quergewinde

Bolzen

Bolzen sind lange Stahlschrauben mit Schaft und metrischem Gewinde zum Zusammenspannen von Holzteilen (Bild **1**.90). Da die Bohrlöcher ca. 1 mm größer hergestellt werden müssen als der Bolzendurchmesser, sind Bolzen a l l e i n zur Übertragung von Kräften senkrecht zur Bolzenachse nicht geeignet. Der Schlupf von ca. 1 mm bedeutet für Dauerbauwerke und hochbelastete Bauteile eine zu große Anfangsverschiebung.

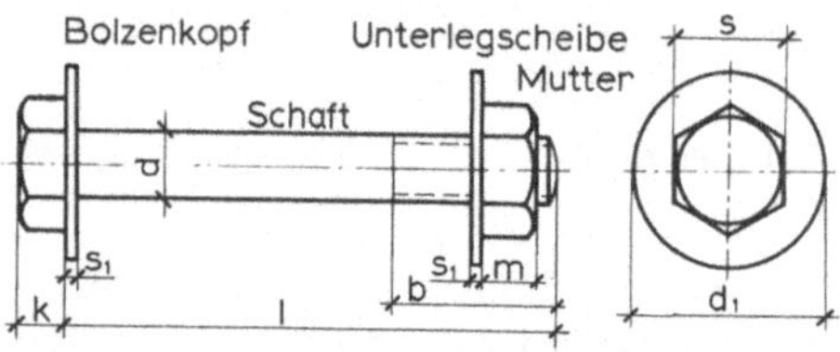

1.90 Schraubenbolzen

Aus diesem Grund können tragende Bolzenverbindungen nur bei untergeordneten Bauten mit geringen Lasten angewendet werden. Dagegen sind Bolzen ein hervorragendes Verbindungsmittel zur Montage **1**.91, Verankerung, Bauteilsi-

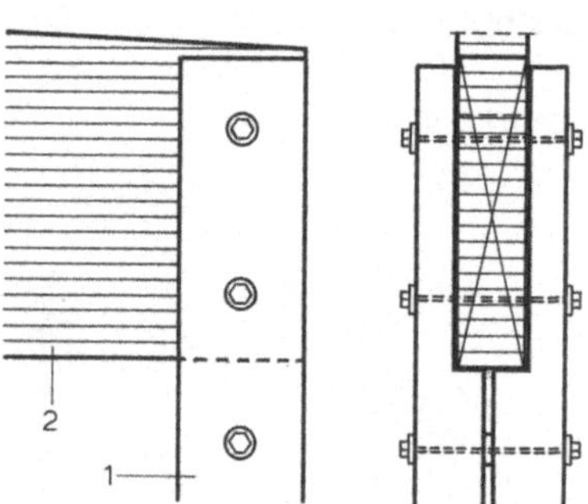

1.91 Stützenanschluß durch Bolzen

    1 eingespannte und ausgesteifte Doppelstütze
    2 Brettschichtträger

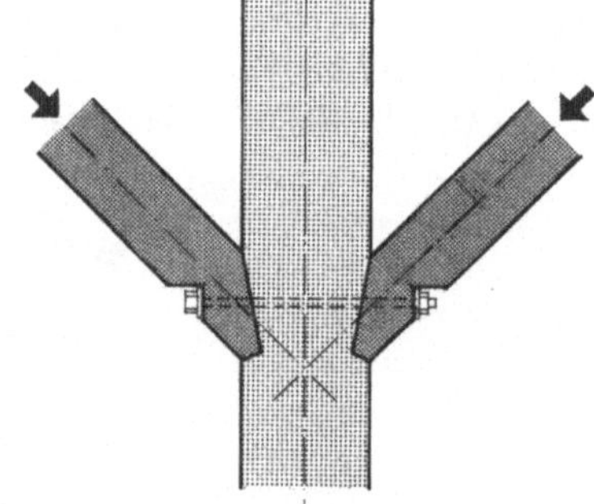

1.92 Anschluß von Kopfbändern mit Stirnversatz an einen Pfosten mit Sicherung durch einen Bolzen

cherung (Bild **1**.92) und für vorübergehende Baumaßnahmen (Gerüste, Hilfsbauwerke, fliegende Bauten). Wegen des Austrocknens des Holzes und des damit verbundenen Schwindens sollen die Bolzen nach einiger Zeit nachgespannt werden.

Die Mindestdicke von Bolzen beträgt 12 mm, der größte Durchmesser 30 mm; die üblichen Abmessungen und die jeweils dazugehörigen Unterlegscheiben sind in der Tabelle **1**.93 aufgeführt.

Tabelle **1**.93   Maße der gebräuchlichsten Sechskantschrauben, Sechskantmuttern und Scheiben (für den Holzbau) in mm

Gewinde	Schaft-$\varnothing$ d	b für l			k	m	s	d_1	$d_2{}^1)$	s_1
		$\leqq 80$	>80 bis 200	>200						
M 12	12	22	28	40	8	9,5	19	58	50	6
M 16	16	28	35	50	10,5	13	24	68	60	6
M 20	20	32	40	55	13	16	30	80	70	8
M 24	24	38	50	65	15	18	36	105	95	8

[1]) Seitenlänge bei quadratischer Scheibe

Werden Bolzen durch Zugkraft beansprucht (Zugstangen), so beträgt die zulässige Spannung für den Kernquerschnitt 10 kN/cm^2, wenn nicht eine nachgewiesene höhere Stahlqualität verwendet wird.

Stabdübel

Durch die Möglichkeit, Abbundarbeiten und damit auch die Herstellung von hochbelastbaren Holzverbindungen mit Hilfe rechnergestützter Maschinen außerordentlich präzise auszuführen, haben im ingenieurmäßigen Bauen mit Holz Stabdübelanschlüsse eine große Verbreitung gefunden.

Stabdübel sind glatte, zylindrische Stahlstäbe, die in Bohrlöcher mit gleichem Durchmesser eingetrieben werden (Bild **1**.94). Die Kraftübertragung erfolgt stets rechtwinklig zur Stabachse und wird durch Lochleibungspressung auf die zu verbindenden Hölzer übertragen. Stabdübel müssen aus Stahl St37 bestehen und werden in den Durchmessern 8 bis 24 mm verwendet.

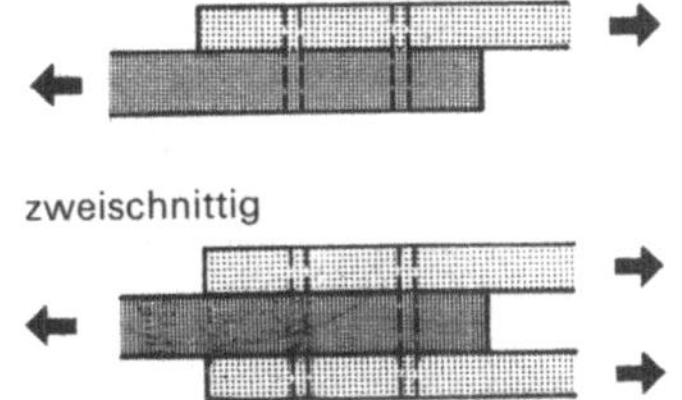

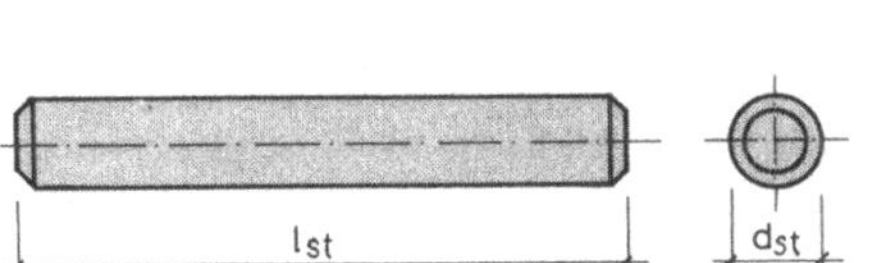

1.94   Stabdübel mit angefasten Enden   **1**.95   Verbindungsarten bei Stabdübeln

Stabdübelverbindungen können ein-, zwei- oder mehrschnittig sein. Sie müssen mindestens 4 Scherflächen aufweisen (Bild **1**.95).

Die Mindestabstände von Stabdübeln sind DIN 1052 zu entnehmen. Beträgt der Abstand der Stabdübel untereinander weniger als $8 \times d_{st}$, so sind die Bohrlöcher um den Durchmesser d_{st} zu versetzen (Bild **1**.96).

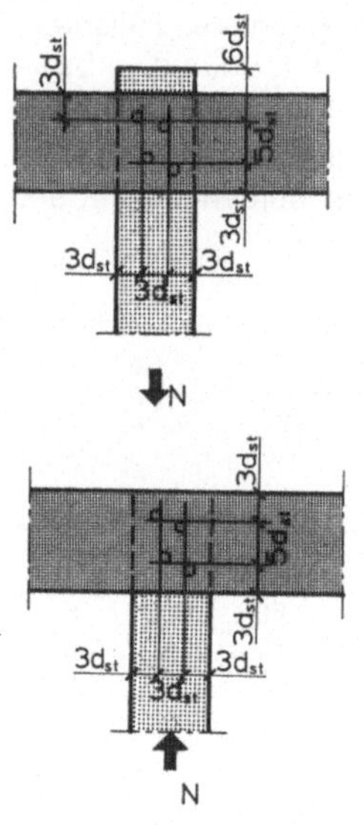

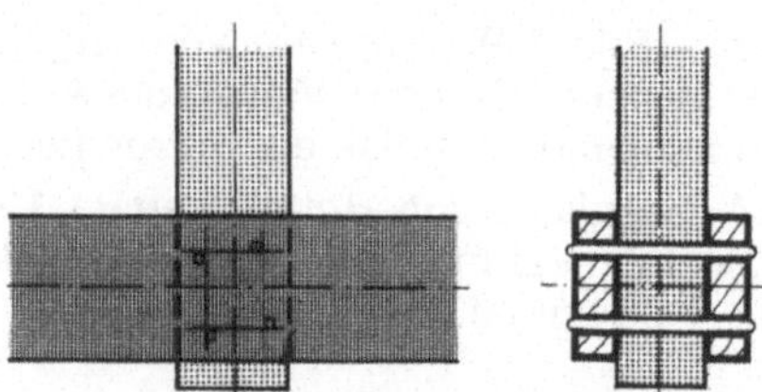

1.97 Anordnung von Stabdübeln: Länge des Stabdübels wie die Gesamtdicke der Hölzer

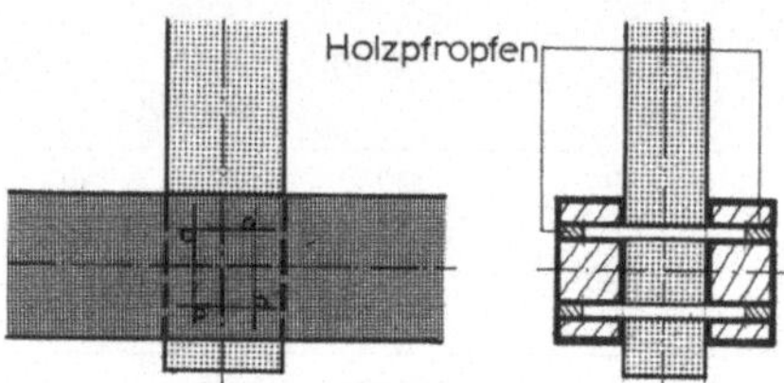

1.98 Anordnung von Stabdübeln: Länge des Stabdübels kleiner als die Gesamtdicke der Hölzer (Brandschutz)

1.96 Mindestabstände von Stabdübeln

In der Regel entsprechen die Stabdübellängen der Gesamtdicke der gebildeten Holzverbindung (Bild **1.97**). Soll eine Stabdübelverbindung höhere Anforderungen an den Brandschutz erfüllen, ist die Stabdübellänge kürzer als die Holzgesamtdicke zu wählen. Die verbleibenden Bohrlochenden werden mit Holzpropfen verschlossen. Die Dicken der außen liegenden Hölzer sind entsprechend größer auszuführen (Bild **1.98**).

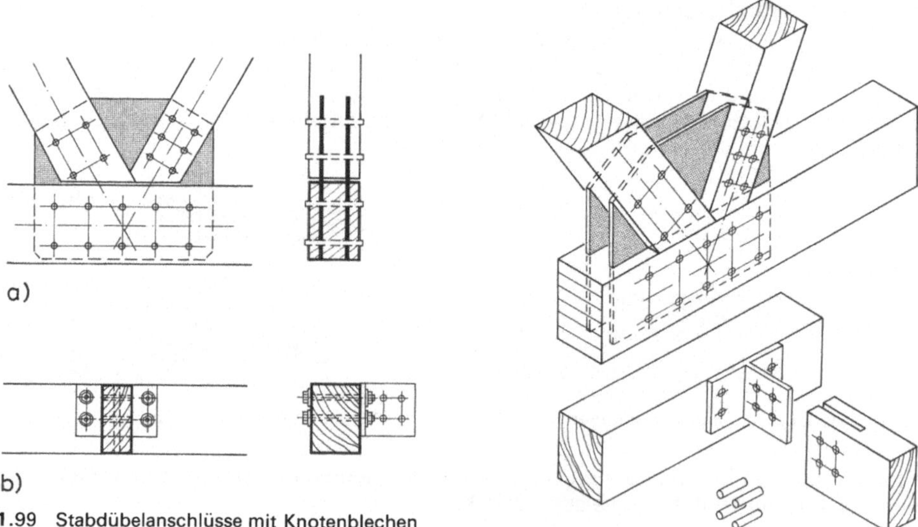

1.99 Stabdübelanschlüsse mit Knotenblechen
    a) 2 innenliegende Knotenbleche, 4-schnittige Stabdübel
    b) geschweißtes Knotenblech mit Bolzen am Durchlaufträger, Nebenträger mit Stabdübeln angeschlossen

Stabdübelanschlüsse werden in sehr vielen Fällen mit Hilfe von ebenen oder räumlich zusammengeschweißten Knotenblechen aus Stahlblech ausgeführt (Bild **1**.99 und **1**.117).

Mit Hilfe von speziell geformten Knotenblechen werden auch Anschlüsse mit Stabdübeln zwischen Holz- und Stahlstäben bzw. Gurten ermöglicht (Bild **1**.100).

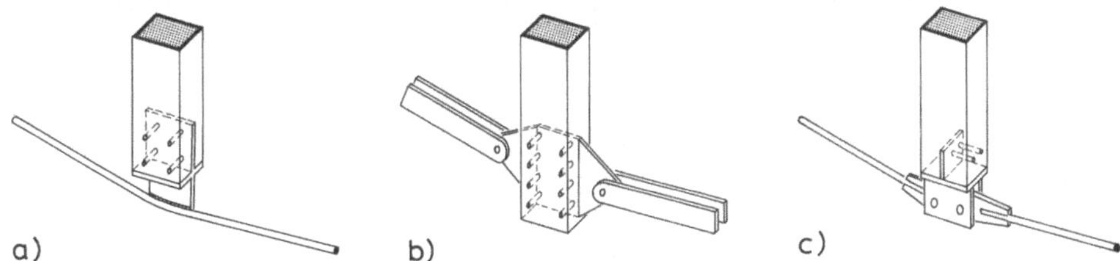

1.100 Anschlüsse von Holz-Druckstäben an Stahl-Untergurte

a) Knotenblech mit Zugstab verschweißt, Stabdübelanschluß ggf. auch zur Aufnahme eines Versatzmomentes

b) Knotenblech mit Stabdübelanschluß für den Druckstab, Zugstäbe mit Bolzen angeschlossen

c) Zugstäbe mit Bolzen gelenkig an doppelten Knotenblechlaschen

Soll bei Stabdübelverbindungen neben der Scherkraftübertragung eine Klemmwirkung auf die zu verbindenden Hölzer ausgeübt werden, können Stabdübel mit Kopf, Gewinde und Mutter verwendet werden. Diese werden als **P a ß d ü b e l** bezeichnet. Paßdübelverbindungen müssen mindestens 2 Scherflächen aufweisen.

Dübel für räumliche Tragwerke

Stabverbindungen der in Abschnitt 1.2.4.6 behandelten räumlichen Holztragwerke werden bei größeren Kantholz- oder Brettschichtholz-Profilen meistens mit Stabdübeln in Verbindung mit Stahlblechknoten ausgeführt. Für schlanke quadratische Holzquerschnitte sind jedoch spezielle Dübelformen erforderlich.

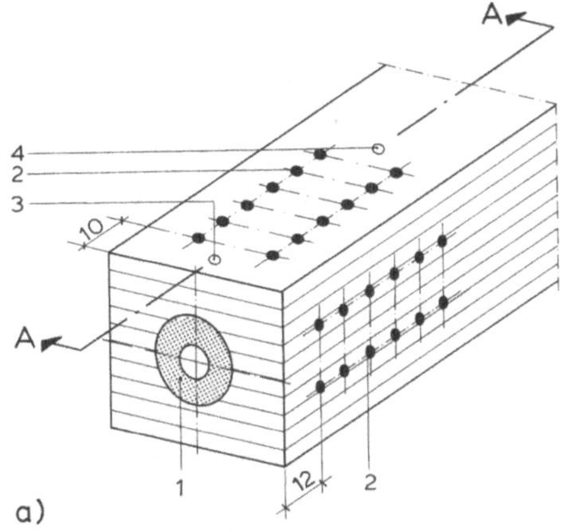

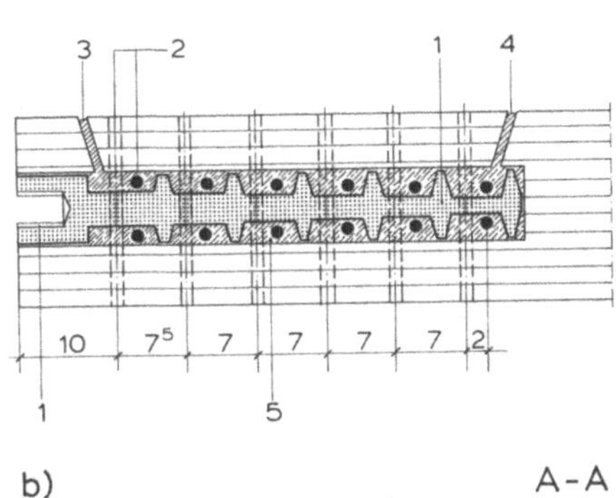

1.101 Verpreßdübel [4]

a) isometrische Ansicht
b) Schnitt

1 Ankerkörper mit Gewinde
2 Stabdübel 14 mm
3 Vergußbohrung

4 Entlüftungsbohrung
5 Restvolumen, ausgefüllt mit Vergußmasse

Die wohl neueste Entwicklung dafür stellen hochbelastete Verpreßdübel dar. Speziell geformte Ankerkörper aus Stahlguß werden dabei in entsprechende Bohrungen eingesetzt und mit Epoxidklebern verpreßt. Die Kraftübertragung nehmen überkreuz eingebaute Stabdübel (Bild **1**.101).

Ebenfalls mit überkreuz eingebauten Stabdübeln werden die Lasten bei den in Bild **1**.102 gezeigten Verbindungen übertragen.

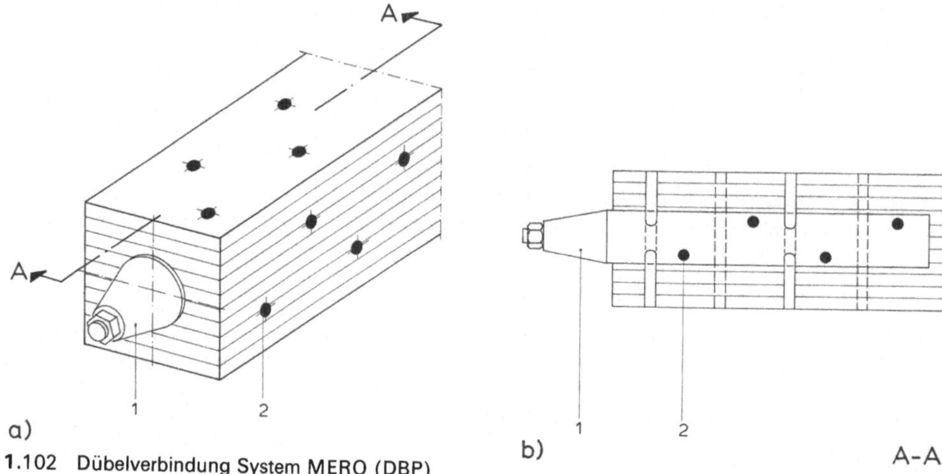

1.102   Dübelverbindung System MERO (DBP)
    a) isometrische Ansicht
    b) Schnitt
    1   MERO-Dübelstab mit Schraubanschluß (s. Bild **1**.103 a)
    2   Stabdübel

Die Knotenverbindungen werden lösbar über Verschraubungen mit Stahlkugeln oder unlösbar durch Verschweißen mit Stahlhohlkugeln oder Stahlringen gebildet (Bild **1**.103, s. auch Bild **1**.121 in Abschn. 1.2.4.6).

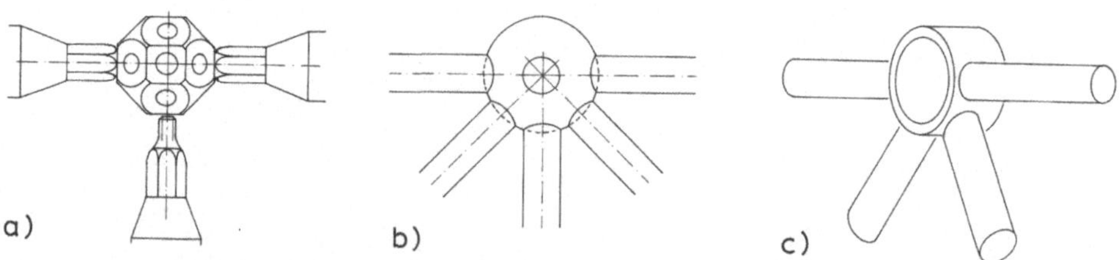

1.103   Räumliche Knotenverbindungen
    a) Schraubanschluß System MERO (max. 18 Stäbe)
    b) Schweißanschluß über Hohlkugel (Mannesmann)
    c) Schweißanschluß über Stahlring

Nagelverbindungen

Das Bestreben, aus wirtschaftlichen, baustofftechnischen und konstruktiven Gründen Vollhölzer durch zusammengesetzte Querschnitte zu ersetzen, hat zur Holznagelbauweise geführt. Nagelungen ergeben flächenhafte Verbindungen von großer Steifigkeit. Die Tragkraft einer Nagelverbindung hängt hauptsächlich von der Biegefestigkeit des Nagels und der Druckfestigkeit des Holzes ab. Erforderliche Anzahl der Nägel, Nagelabstände und Mindestholzdicken werden nach DIN 1052 errechnet. Da dünne und sehr schmale Bretter bei Transport und Verarbeitung leicht aufspalten, ist die Mindestbrettdicke mit 24 mm, die Mindestquerschnittsfläche mit 14 cm^2 festgesetzt.

Eine Nagelverbindung wird hergestellt durch Einschlagen in das Holz (nicht vorgebohrt) oder in vorgebohrte Nagellöcher. Das Vorbohren stellt zwar einen Mehraufwand dar, bedeutet jedoch für die Nagelverbindung eine erhebliche Qualitätsverbesserung hinsichtlich Tragfähigkeit, Nagelabstand, Rißgefahr usw. und sollte überall dort zur Anwendung kommen, wo hochwertige Verbindungen geschaffen werden müssen (Bohrlochdurchmesser $\approx 0{,}85 \cdot d_n$, Bohrlochtiefe mindestens gleich der Einschlagtiefe s).

Verwendung finden Standardnägel (Drahtstifte) und Sondernägel (Schraub- und Rillennägel) (Bild **1**.80). Schraubnägel werden überwiegend dort verwendet, wo auch Zugkräfte in Schaftrichtung zu übertragen sind, Rillen- oder Ankernägel für die Befestigung von Stahlblech-Formteilen an Holzträgern.

Unterschieden werden 1-, 2- und mehrschnittige Nagelverbindungen (Bild **1**.105).

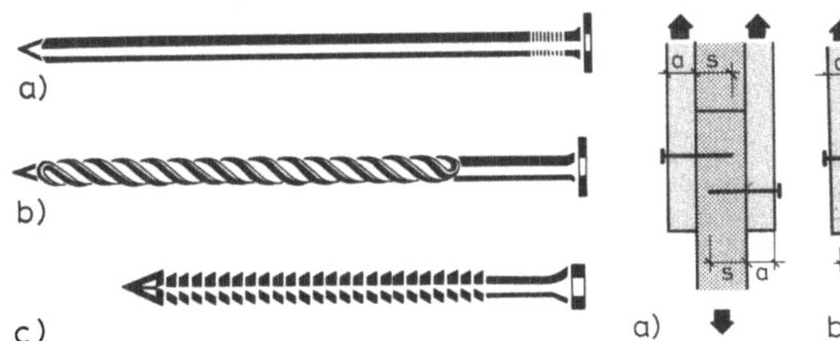

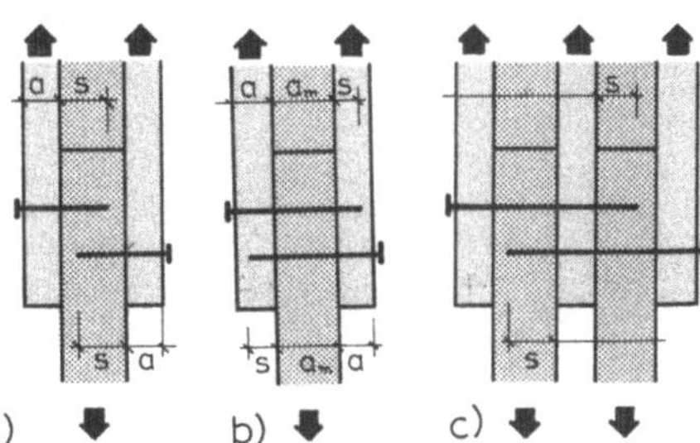

1.104   Nagelformen
    a) Standardnagel (Drahtstift)
    b) Schraubnagel (Sondernagel Typ S)
    c) Rillen- oder Ankernagel (Sondernagel Typ R)

1.105   Holzdicken und Einschlagtiefen bei Nagelverbindungen
    a) einschnittig
    b) zweischnittig
    c) dreischnittig

Die Mindestholzdicken betragen bei:

Baufurniersperrholz $\min a = 3 \cdot d_n$ für $d_n \leqq 4{,}2$ mm

     $\min a = 4 \cdot d_n$ für $d_n > 4{,}2$ mm

Flachpreßplatten und
mittelharte Holzfaserplatten $\min a = 4{,}5 \cdot d_n$

harte Holzfaserplatten $\min a = 2{,}0 \cdot d_n$

Die kleinsten Nagelabstände bei versetzt angeordneten Nägeln sind in DIN 1052 T2 Tab. 12 festgelegt (Bild **1**.106).

Rechtwinklig zur Kraftrichtung muß der Nagelabstand sowohl untereinander als auch vom Rand mindestens $5 \cdot d_n$ bei nicht vorgebohrten und $3 \cdot d_n$ bei vorgebohrten Nagellöchern betragen.

Schalbretter sind mit mindestens 2 Nägeln an jedem Sparren, Binder oder Stiel zu befestigen. In Hirnholz eingeschlagene Nägel dürfen auf Herausziehen nicht in Rechnung gestellt werden.

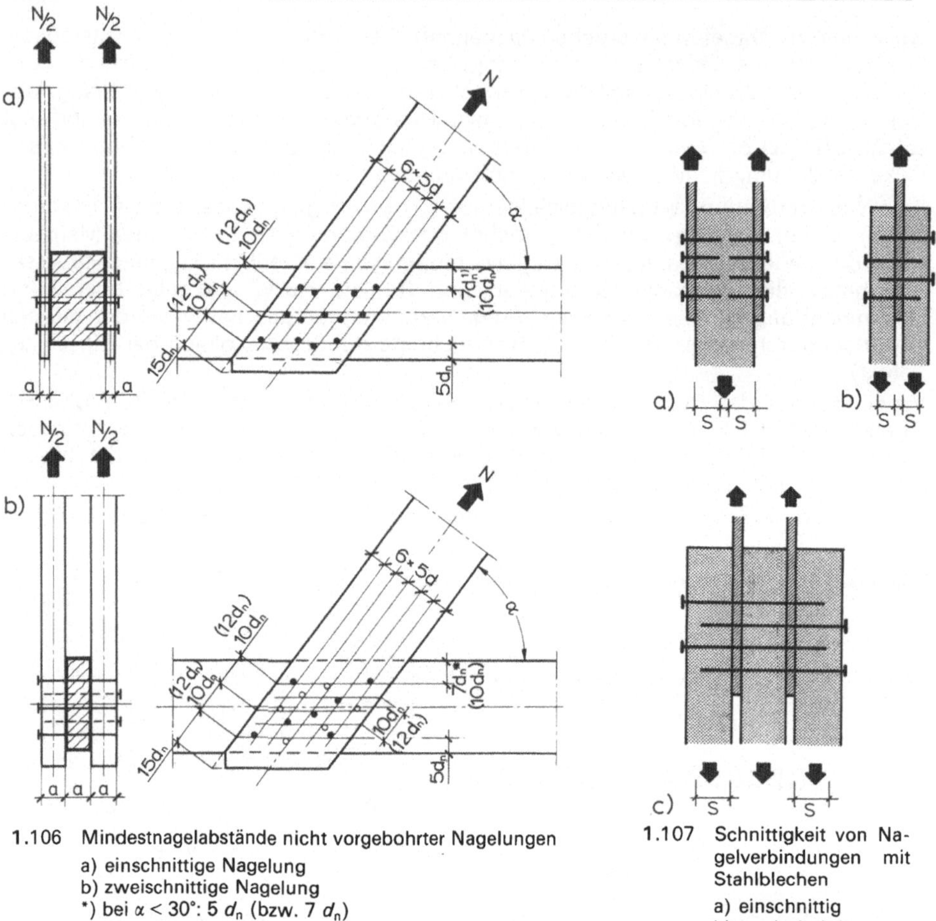

1.106 Mindestnagelabstände nicht vorgebohrter Nagelungen
  a) einschnittige Nagelung
  b) zweischnittige Nagelung
  *) bei $\alpha < 30°$: 5 d_n (bzw. 7 d_n)
  ● Nagel Vorderseite
  ○ Nagel Rückseite

1.107 Schnittigkeit von Na-
       gelverbindungen mit
       Stahlblechen
  a) einschnittig
  b) zweischnittig
  c) vierschnittig

Nagelverbindungen von Vollholz- mit Stahlblechteilen oder Baufurnierplatten ermöglichen eine erhebliche Verminderung der Querschnittsmaße an den Anschlußpunkten und damit oft überhaupt erst eine Nagelkonstruktion. In DIN 1052 T2 Abschn. 7.1 ist festgelegt, daß bei Stahlblech-Holz-Nagelverbindungen (Bild 1.107) die Blechdicke mindestens 2,0 mm betragen muß. Die Nagellöcher sind in der Regel gleichzeitig in Holz- und Blechteilen auf die erforderliche Nagellänge vorzubohren (Bohrlochdurchmesser = Nageldurchmesser).

Bei Blechdicken unter 5 mm ist Korrosionsschutz I nach DIN 55928 T5 stets erforderlich. Bei druckbeanspruchten Blechen ist auf eine ausreichende Beulsicherheit zu achten.

Bei Verbindung von Furnierplatten mit Vollholz haben in der Regel die Furnierplatten den Anforderungen nach DIN 68705 T3 zu entsprechen.

Die in diesem Abschnitt behandelten Möglichkeiten für die Herstellung von Nagelverbindungen mit glatten Nägeln gemäß DIN 1151 werden erheblich erweitert, wenn

Spezialnägel (Bild **1**.104) verwendet werden, die auf Grund von Sonderzulassungen geringere Nagelabstände sowie höhere Scher- und Ausziehbeanspruchungen erlauben.

Stahlblech-Holz-(Lochplatten-)Verbindungen

In Verbindung mit Lochplatten und den verschiedensten Spezial-Nagelverbindungen kann die Herstellung sowohl konstruktiver wie auch statisch beanspruchter Holzverbindungen erheblich rationalisiert werden. Im Rahmen dieses Abschnittes können stellvertretend für eine Vielzahl von Möglichkeiten nur einige Beispiele gezeigt werden (Bild **1**.108 und **1**.109).

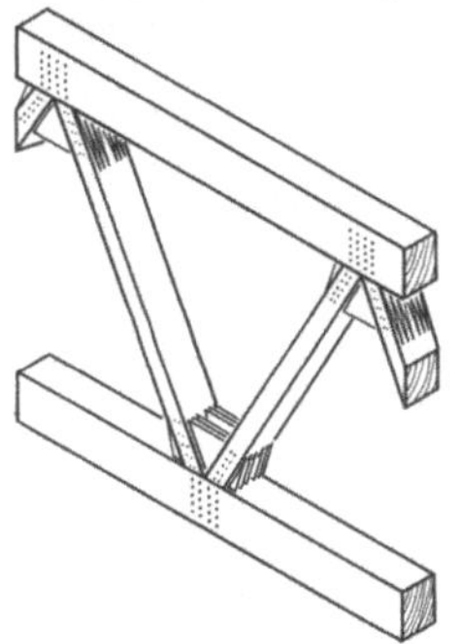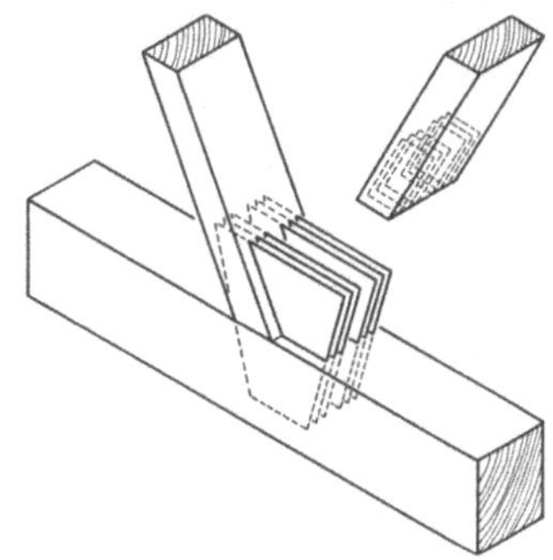

1.108   Fachwerkträger in „Greim"-Bauweise: eingeschlitzte dünne Stahl-Knotenbleche, Anschluß mit Nägeln

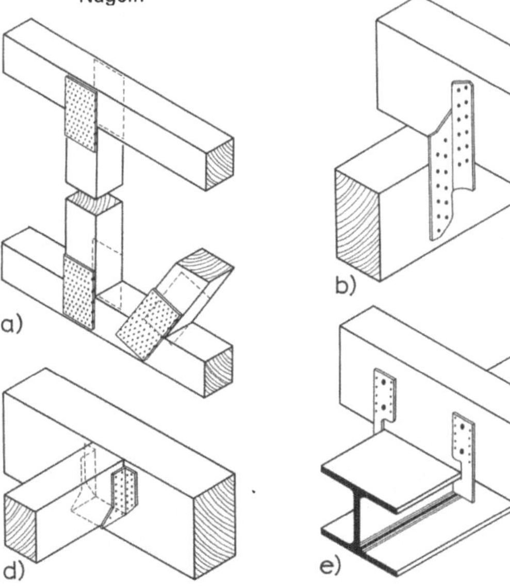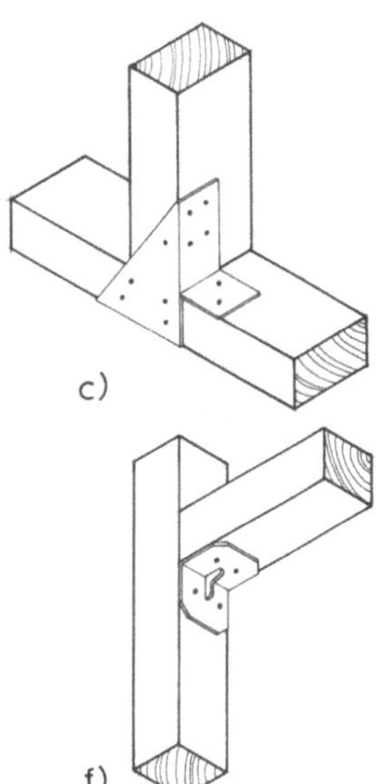

1.109   Stahlblechformteile als Verbindungsmittel
a) Nagelplatten-Verbindung
b) Sparren-Pfetten-Anker
c) Pfosten-Schwelle-Verbindung
d) Balkenschuh
e) Pfettenanker für Stahlträger
f) Konsolwinkel

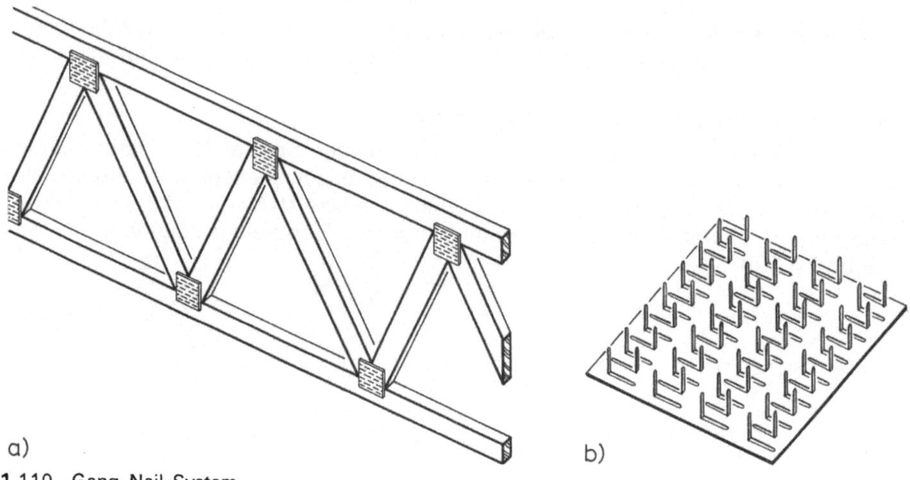

a)

b)

1.110   Gang-Nail-System
a) Fachwerkbinder, b) Gang-Nail-Platte

Im Rahmen moderner Nagelverbindungen müssen schließlich Spezial-Nagelplatten erwähnt werden, die – ebenfalls auf Grund besonderer behördlicher Zulassungen – vorwiegend zur maschinellen Herstellung genagelter Holzverbindungen z. B. in leichten Tragewerken eingesetzt werden („Gang-Nail"-System, Bild **1.110**).

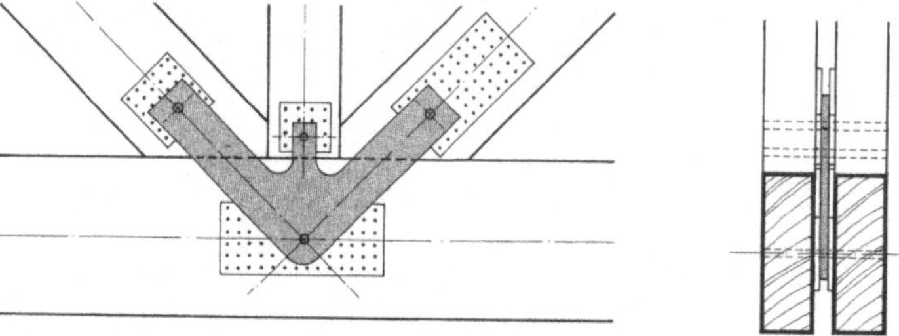

1.111   Nagelbleche in Verbindung mit Gelenkbolzen

Nagelplatten können ferner zur Verbesserung der Kraftübertragung in Holzkonstruktionen dienen, wenn sie Knotenanschlüsse kombiniert mit Bolzen bilden (Bild **1.111**).

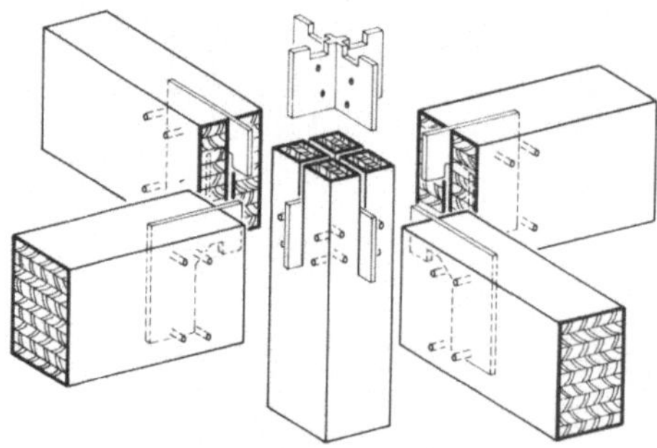

1.112   Anschlüsse mit Hakenplatten
(System Bulldog)

Für rechtwinklige Stabanschlüsse können auch Hakenplatten-Verbindungen in Frage kommen (Bild **1.112**).

Schließlich sind die vielfältigen konstruktiven und gestalterischen Möglichkeiten zu erwähnen, die sich aus der Verwendung speziell hergestellter Stahlgußteile – auch in der Ausführung als gegossene Preßdübelplatten – ergeben. Zwei Beispiele aus der großen Zahl von Ausführungsmöglichkeiten zeigt Bild **1.113**.

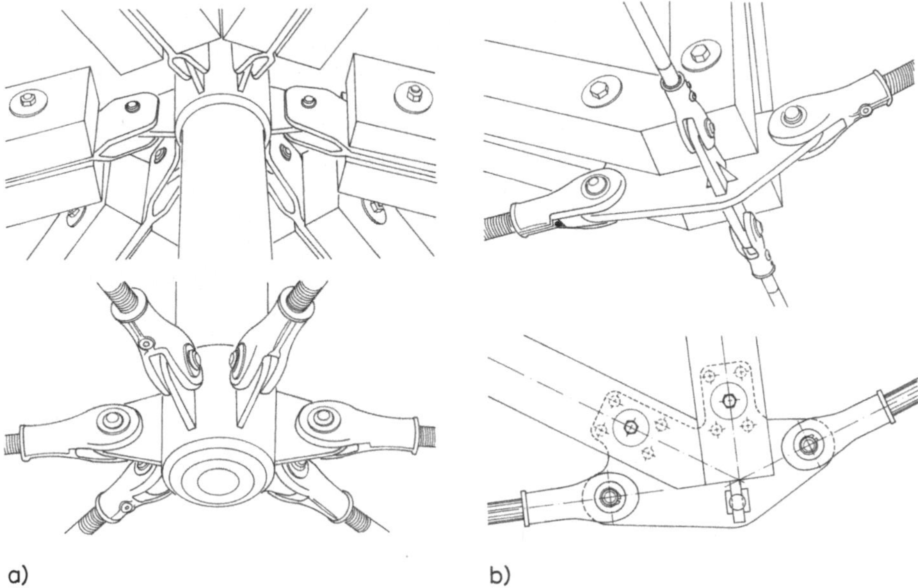

a)   b)

1.113   Kombinierte Holz-Stahl-Tragwerke; Knotenbildung mit Hilfe von Stahlgußteilen

      a) Stabanschluß mit sternförmigen Gußteilen; oben: Geschlitzte oder Doppelprofile, verbolzt mit Stahlanschlußteilen; Anschluß an Stahlrohrstütze, unten: Spannseilanschlüsse
      b) Knotenanschluß mit Hilfe gegossener Preßdübelplatten; oben: räumliche Darstellung; unten: Seitenansicht

Leimverbindungen

Der Leimbau ermöglicht flächenhafte Verbindungen von einer Steifigkeit, wie sie bei Dübel- oder Nagelverbindungen nicht erreicht wird. Die Entwicklung wasser- und schimmelfester härtbarer Kunstharzleime läßt Leimverbindungen auch bei hochbelasteten Konstruktionen des Ingenieurholzbaues zu.

Die Ausführung geleimter Bauteile dürfen nur solche Betriebe übernehmen, die über geeignete Fachleute, erfahrene Handwerker und zweckmäßige Werkstatteinrichtungen verfügen. Hierzu zählen Vorrichtungen zur Erzeugung eines ausreichend großen, auch genügend lange wirkenden Preßdruckes, Maschinen zur Bearbeitung der Leimflächen, zuverlässige Meßgeräte zur Ermittlung der Holzfeuchtigkeit, ferner eine Anlage zur künstlichen Holztrocknung und überdachte, heizbare Arbeitsräume. Die Leimbaubetriebe sind verpflichtet, den Nachweis zu erbringen, daß eine von der zuständigen obersten Bauaufsichtsbehörde dazu anerkannte Stelle ihre Werkeinrichtung und ihr Fachpersonal überprüft und als geeignet befunden hat. Jedes verleimte Bauteil ist vom Hersteller mit einer Kennzeichnung zu versehen, aus der Herstellerwerk und Herstellungstag entnommen werden können.

Für Leimverbindungen dürfen nur trockene Hölzer (mit weniger als 15% Feuchtigkeit) verwendet werden. Der Feuchtigkeitsgehalt ist in jedem Falle durch geeignete elektrische Feuchtigkeitsmesser zu ermitteln. Die zu verleimenden Flächen müssen vollständig trocken sein.

Aus der Gruppe härtbarer Kunstharzleime werden für den Ingenieurholzbau die sogenannten Montageleime bevorzugt. Das sind Leime, mit denen ohne sehr aufwendige

maschinelle Einrichtungen und sowohl bei Raumlufttemperatur als auch – zur Verkür-
zung der Preß- und Aushärtezeiten – im Warm- oder Heißverfahren gearbeitet werden
kann. Leime für tragende Bauteile müssen die Prüfungen nach DIN 68141 bestanden
haben.

Der Preßdruck wird durch Spindelpressen, hydraulische Pressen o. ä. erzeugt und muß
gleichmäßig wirken. Die Preßdauer hängt von der Wahl des Leimes und der Temperatur
ab. Die Lufttemperatur beim Pressen darf nicht unter 18 bis 20 °C liegen.

Leimfugen dürfen nicht durch wesentliche, quer zu ihnen wirkende Zugkräfte beansprucht werden. Wenn man zur Erhaltung des Preßdruckes Leimverbindungen nagelt,
darf die Tragkraft aus beiden Verbindungsmitteln nicht zusammengerechnet werden,
da die Nägel erst zu tragen beginnen, wenn die Leimfuge zerstört ist.

Bild 1.114 zeigt geleimte Längsstöße.

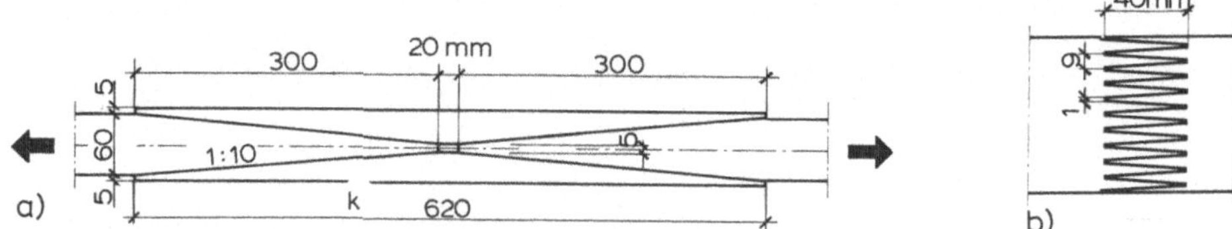

1.114   Keilzinkenverbindung für Leimbinder und Einzelbauteile

   a) Längsstoß durch Schäftung (Draufsicht) mit Leimflächenneigung nach DIN 1052 = 1 : 10
   b) Keilzinkenverbindung von Einzelbrettern (Längsstoß)

Die S c h ä f t u n g (Bild 1.114 a) wird durch auf die geschäfteten Stabenden aufgeleimte
Keillaschen (*k*) hergestellt, mit Abschrägungen im Verhältnis 1 : 10 oder flacher, um die
Leimflächen möglichst groß zu halten und ihr einwandfreies Aneinanderschmiegen zu
erreichen (nur noch selten angewandt).

Die K e i l z i n k e n v e r b i n d u n g (s. DIN 68140) für Gurthölzer oder Stegbohlen ist in
Bild 1.114 b dargestellt. Die Zinken werden mit beweglichen, auf Schlitten aufgesetzten
Fräsmaschinen hergestellt. Die Zinkendicke an der Spitze beträgt 1 bis höchstens
2,7 mm, um die Fasern auf möglichst große Länge in die Leimverbindung einzubezie-
hen; Zinkenlänge 40 bis 60 mm, Zinkenentfernung 9 bis 15 mm. Die Tragfähigkeit
wächst mit der Summe der Flächen der verleimten Zinkenflanken innerhalb des gleichen
Kantholzquerschnitts. Die Verleimung der Keilzinkenverbindungen muß unter Druck
(in Längsrichtung 250 N/cm^2, in Querrichtung 80 bis 100 N/cm^2) erhärten.

1.2.4.4   Binderkonstruktionen

Wenn keine besonderen gestalterischen Anforderungen bestehen, kommen für Bauwerke mit einfachen Rechteckgrundrissen bei großen Spannweiten Fachwerkbinder in
Frage, die nach den Methoden des Ingenieurholzbaues konstruiert sind (Bild 1.115
und 1.116).

Die Möglichkeit, gleichartige Tragkonstruktionen in größerer Zahl vorzufertigen, kann
dabei in erheblicher Weise kostenmindernd sein.

Fachwerkbinder unterscheiden sich, abgesehen von Form und Spannweite durch
die Art der Stabquerschnitte und die Art der Verbindungsmittel.

Im allgemeinen werden Fachwerkbinder aus Bauholz- oder Brettschicht-Vollprofilen
hergestellt. Daneben können auch zusammengesetzte Profile in Frage kommen. Tra-

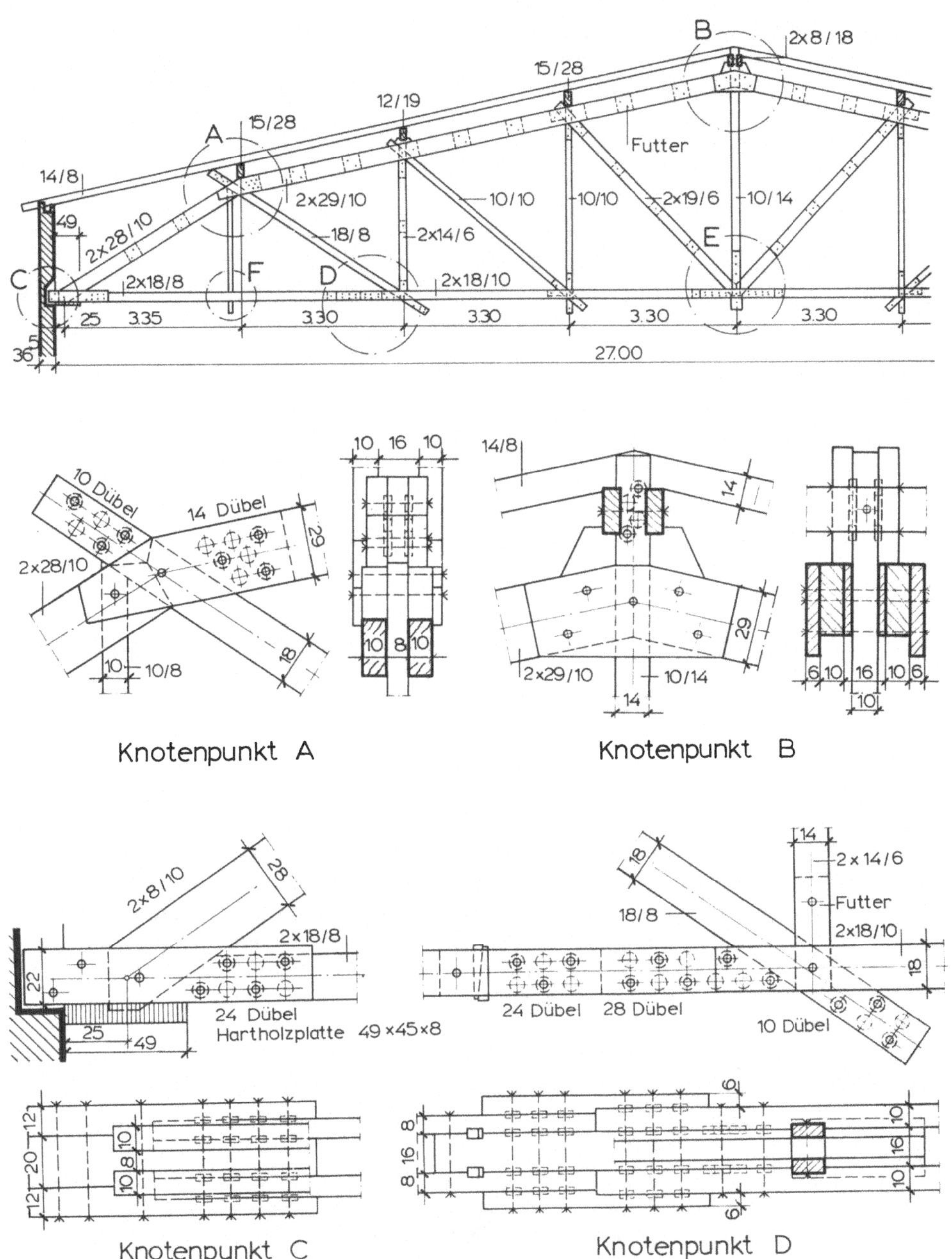

1.115 Fachwerkbinder (Fortsetzung s. nächste Seite)

⊕ = Bolzen

⊕ = Dübel

⊕ = Dübel mit Bolzen

Bild **1.115** Fortsetzung

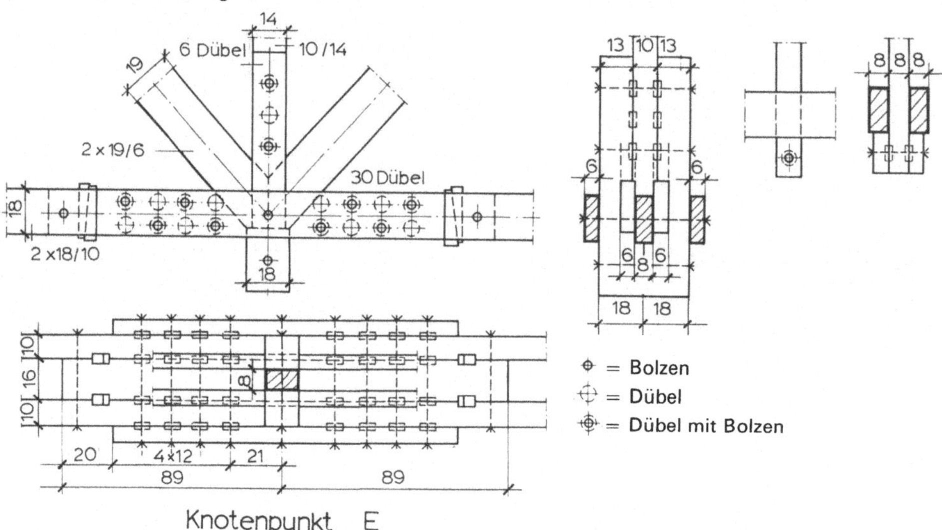

gende einteilige Einzelquerschnitte müssen eine Mindestdicke von 4 cm und mindestens 40 cm^2 Querschnittsfläche haben. Bei genagelten, geschraubten oder geleimten Bauteilen muß der Einzelquerschnitt mindestens 2,4 cm dick sein und 24 cm^2 Querschnittsfläche aufweisen (DIN 1052 T1).

Die Dimensionierung aller Fachwerkstäbe sowie die Art und Anzahl der Verbindungsmittel sind nach Statischer Berechnung unter Beachtung von DIN 1052 festzulegen.

Je nach ihrer Lage im Gesamtgefüge sind die Fachwerkstäbe entweder Zug- oder Druckstäbe. Sparrenpfetten als Trägerlagen für die Dachdeckung sollten möglichst in den oberen Knotenpunkten der Binder aufliegen. Wenn das nicht möglich ist, werden die Obergurte der Binder zusätzlich auf Biegung beansprucht.

Fachwerkbinder sind wie alle aus Einzelhölzern zusammengesetzte Tragkonstruktionen wegen des Schwindens des Bauholzes und für den Fall der Nachgiebigkeit von Verbindungsmittel bei der Ausführung um etwa $^1/_{200}$ der Spannweite zu überhöhen.

Als Verbindungsmittel kommen vor allem Bolzen mit Dübeln oder Nagelung in Frage.

Alle Verbindungsmittel sind möglichst symmetrisch zur Stabachse vorzusehen. Bolzenverbindungen sollen so angeordnet sein, daß ein späteres Nachziehen möglich ist.

In Bild **1.115** ist als Beispiel ein Fachwerkbinder in Dübeltechnik gezeigt.

Genagelte Binder können bei Abständen von 4,00 bis 5,00 m als Pfettenauflager bzw. als Auflager von Sparrenpfetten dienen.

Genagelte Bretterbinder – katalogmäßig verfügbar oder speziell werksmäßig hergestellt – bieten u. U. aber auch wirtschaftliche Lösungen, wenn sie in leichter Ausführung in üblichen Sparrenabständen von ca. 70 bis 80 cm direkt die Dachdeckungen tragen. Zu beachten ist die sorgfältige Längsaussteifung, wenn die Möglichkeit von Windeinwirkung senkrecht zur Binderachse besteht (Bild **1.116**).

Für die stützenlose Überspannung großer Räume werden Fachwerkbinder auch in Rahmenkonstruktionen eingesetzt. Sie können hier nicht behandelt werden, und es muß auf Spezialliteratur verwiesen werden.

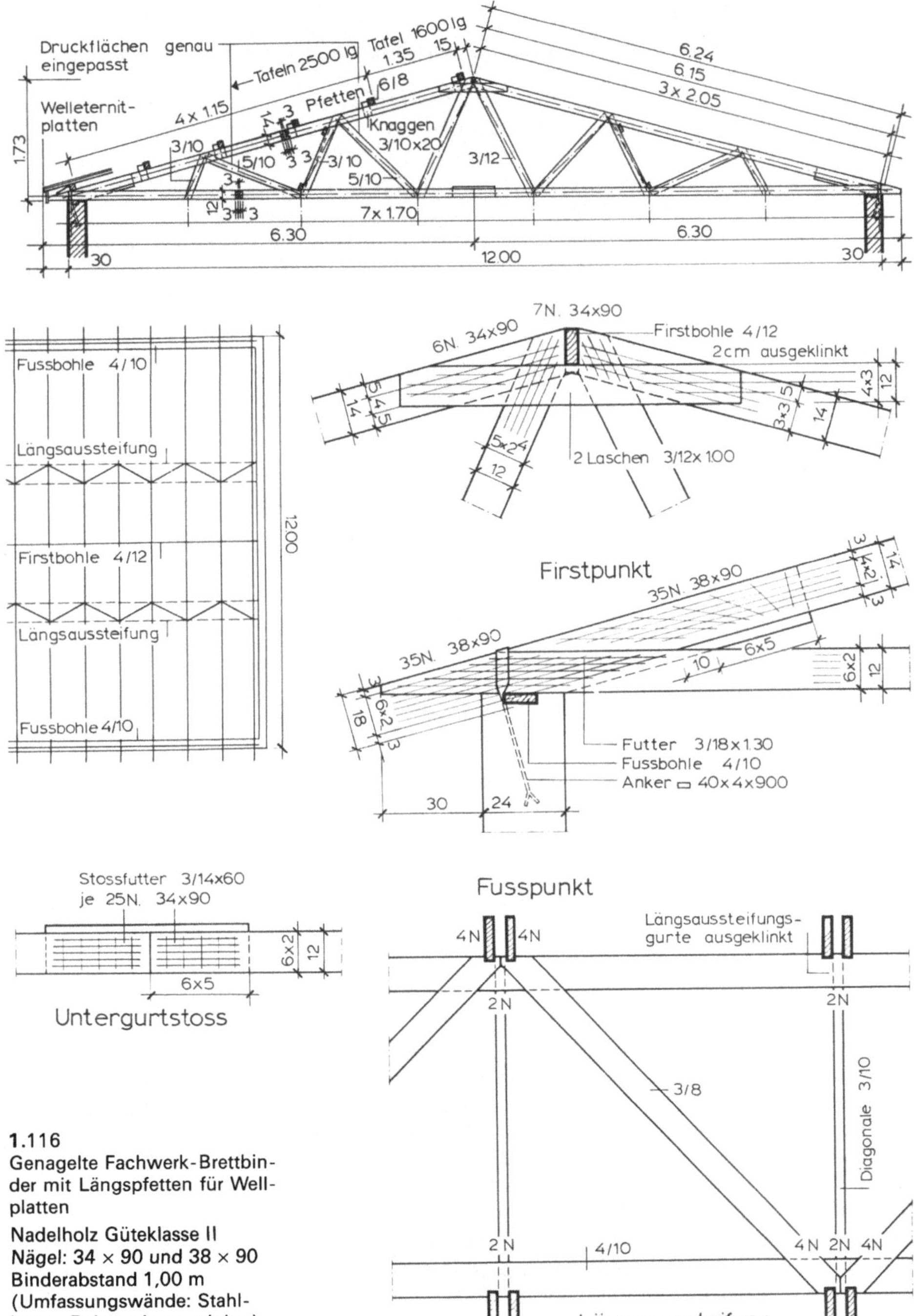

1.116
Genagelte Fachwerk-Brettbinder mit Längspfetten für Wellplatten

Nadelholz Güteklasse II
Nägel: 34 × 90 und 38 × 90
Binderabstand 1,00 m
(Umfassungswände: Stahlbeton-Rahmenkonstruktion)

1.2.4.5 Rosttragwerke

Aus Vollholzprofilen, Brettschichtträgern und auch aus vorgefertigten Gitterträgern können weitgespannte, ebene Tragwerke in Form von Rosten hergestellt werden, in denen sich die einzelnen Träger rechtwinklig oder sternförmig schneiden. Rosttragwerke können in Leimbauweise dadurch hergestellt werden, daß die Brettlagen von Brettschichtträgern abwechselnd überlappend an Kreuzungspunkten durchlaufen (Stapelbauweise). Bei einer derartigen Herstellung sind wegen der Transportprobleme jedoch nur begrenzte Abmessungen der Gesamtelemente möglich.

In den meisten Fällen werden die Rostträger aber durch Knotenblech-Kreuze oder -Sterne so untereinander verbunden, daß Rosttragwerke auf Quadrat-, Rechteck- oder Vieleckrastern entstehen. Die Feldgrößen werden so bemessen, daß für die Ausfachung übliche Vollholzquerschnitte bei Holzlängen von 4 bis 5 m verwendet werden. Diese Sekundärträger werden dabei meistens in wechselnden Spannrichtungen eingebaut, so daß die Hauptträger jeweils nur einseitig belastet werden (Bild **1.117**).

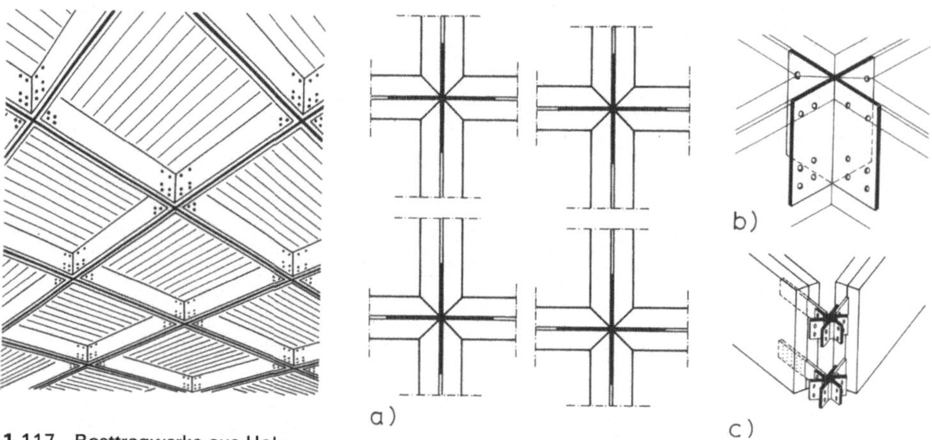

1.117 Rosttragwerke aus Holz
  a) Grundriß eines orthogonalen Systems
  b) Stahlkreuz für biegesteife Knotenverbindung
  c) verschweißte Knotenbleche für sternförmige Rosttragwerke

1.2.4.6 Räumliche Tragwerke

Als Weiterentwicklung der in den vorangegangenen Abschnitten dargestellten Tragwerksarten sind in Verbindung mit modernen Befestigungsmitteln in letzter Zeit eine Fülle auch gestalterisch oft sehr interessanter Tragwerke für große Spannweiten entwickelt worden. Die eindeutige Typisierung ist in den meisten Fällen nicht möglich, weil es sich vielfach um Mischformen statischer Systeme handelt. Aus der großen Fülle der nach den verschiedensten Bauprinzipien ausgeführter Projekte können im Rahmen dieses Werkes nur einige typische Beispiele gezeigt werden.

Bei der in Bild **1.118** schematisch dargestellten Tragwerkskonstruktion über einem Versammlungsraum ist der Hauptträger durch ein pyramidenartiges Sprengewerk unterstützt. Die Wiederlager werden durch benachbarte, durch angrenzende Flachdachscheiben ausgesteifte Bauteile gebildet.

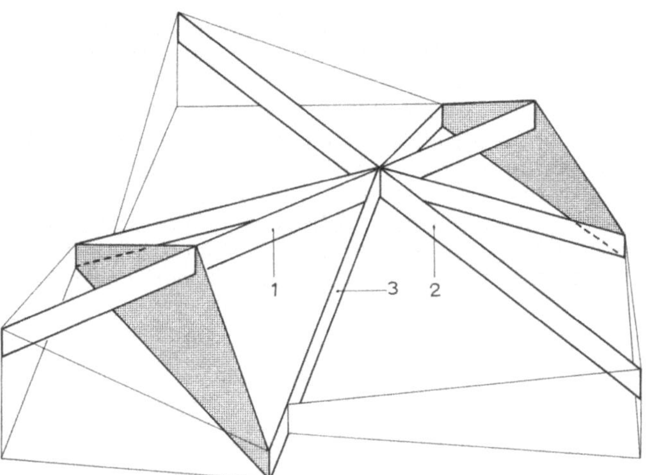

1.118
Räumliches Tragwerk mit abgestütztem Hauptträger, schematisch (Arch. D. Neumann, Darmstadt)

1 Durchlaufträger (ca. 27 m Spannweite), unterstützt durch Kehlträger
2 Nebenträger (im Schnittpunkt gestoßen)
3 Kehlträger, abgestützt auf unverschiebliche Auflager (angrenzende Bauteile)

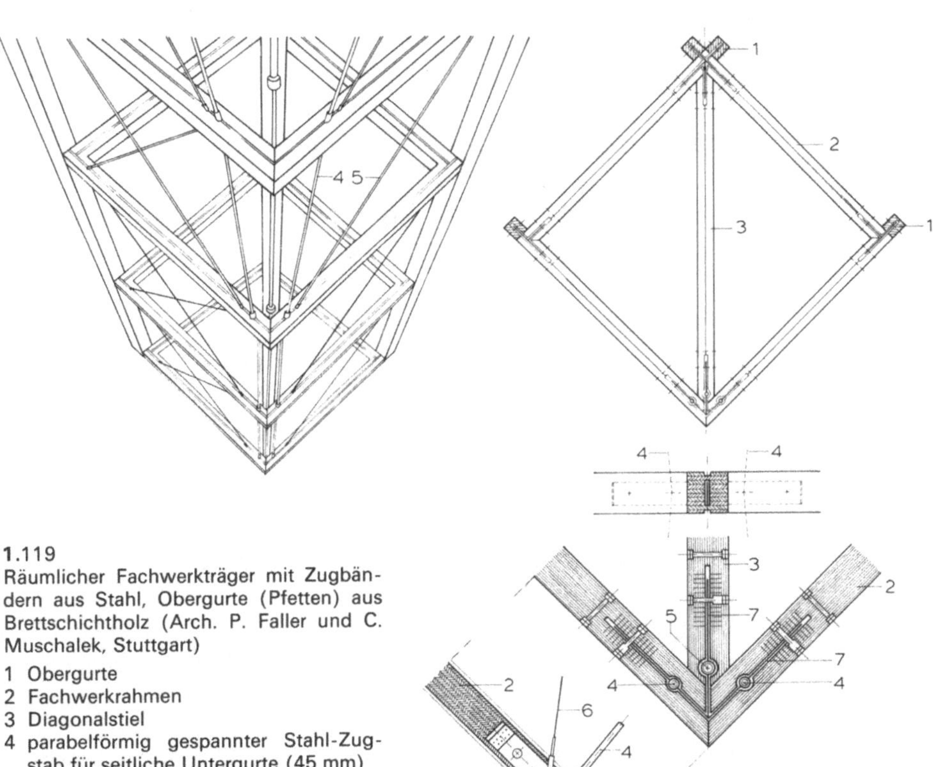

1.119
Räumlicher Fachwerkträger mit Zugbändern aus Stahl, Obergurte (Pfetten) aus Brettschichtholz (Arch. P. Faller und C. Muschalek, Stuttgart)

1 Obergurte
2 Fachwerkrahmen
3 Diagonalstiel
4 parabelförmig gespannter Stahl-Zugstab für seitliche Untergurte (45 mm)
5 parabelförmig gespannter Stahl-Zugstab für mittl. Untergurt (64 mm)
6 Diagonalverspannungen
7 Nagel- und Verbindungslaschen

Die Felder zwischen den Hauptträgern sind durch geschiftete Zwischenträger überbrückt. Alle Stabanschlüsse sind mit eingeschlitzten Knotenblechen und Stabdübeln ausgeführt. Trotz der Spannweite von über 27,00 m ist bei dem Hauptträger ein Brettschichtprofil von nur 0,25/1,20 m ausreichend.

Um die für die stützenfreie Überspannung eines anderen weiträumigen Versammlungsgebäudes in Betracht gekommenen großen Trägerquerschnitte bei Spannweiten bis 34,00 m zu vermeiden, wurden die Hauptträger in räumliche Fachwerke aufgelöst (Bild **1.119**). Bei den aus Einzelrahmen mit quadratischem Querschnitt gebildeten Fachwerkträgern werden die Zugkräfte durch parabelförmig gespannte Untergurte aus Stahlrohren aufgenommen. Die Längsaussteifung bewirken Diagonalverbände aus verspannten Stahlseilen.

Ein räumliches stützenfreies Tragwerk über einem quadratischen Grundriß mit ca. 16,00 m Seitenlänge ist in Bild **1.120** schematisch dargestellt. Hier können die auf die

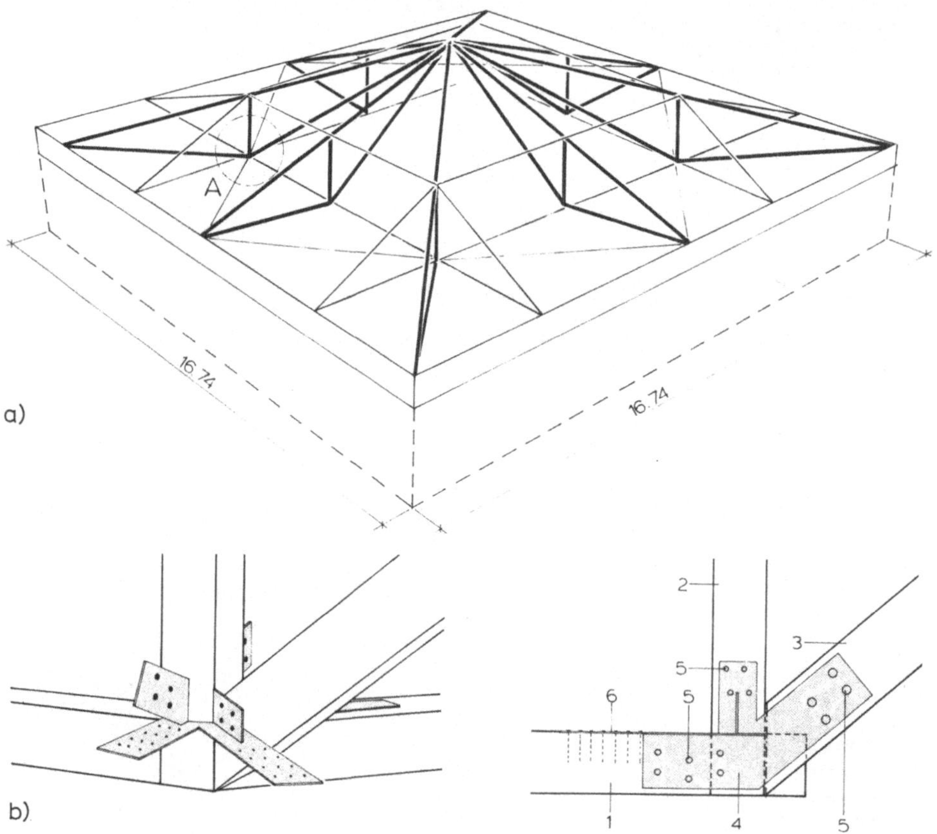

1.120 Aus unterspannten Trägern zusammengesetztes räumliches Tragwerk (Arch. E. Ritz, Viechtach)
a) Übersicht (vereinfacht)
b) Knotenpunkt A

1 Untergurt   4 räumliche Knotenbleche
2 Druckstreben   5 Stabdübel
3 Diagonalstab   6 Nagelung

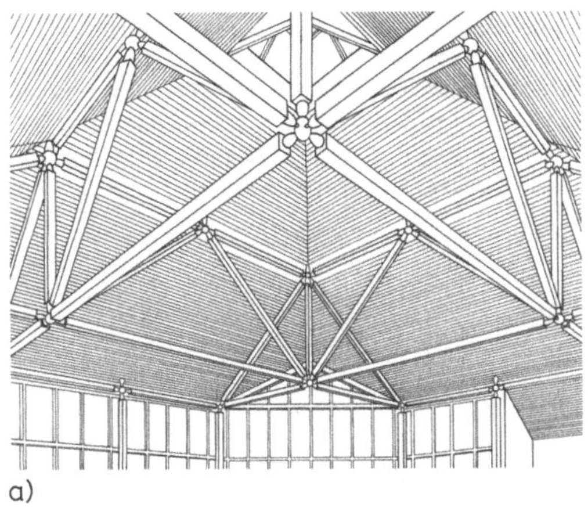

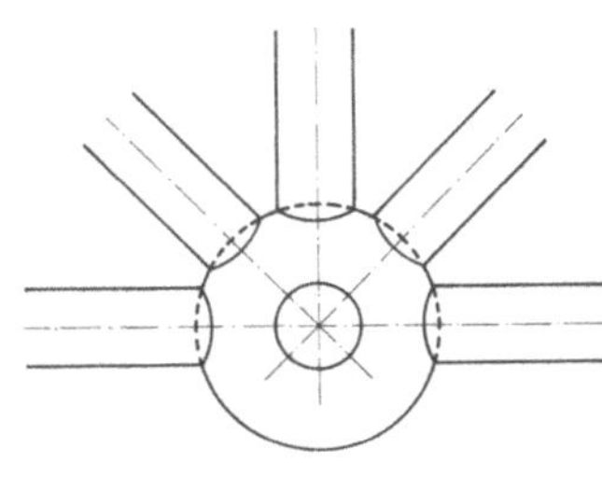

a)   b)

1.121 Räumliches Tragwerk mit Stabanschlüssen mit Schweißverbindung an Stahl-Hohlkugeln (Arch. W. Riehle, G. Loew, H. Goldbach, Reutlingen)

   a) Innenraum (vereinfacht)
   b) Anschlußpunkte

Dachspitze zulaufenden Verbände als „unterspannte Träger" (vgl. Bild **1.**126) betrachtet werden, die durch quadratische Horizontalrahmen und Diagonalstäbe ausgesteift sind. Auch in diesem Beispiel werden die Stabanschlüsse mit Hilfe räumlich zusammengefügter eingeschlitzter Knotenbleche mit Stabdübeln bzw. Nagelung hergestellt.

Ein ähnliches räumliches Tragwerk mit gitterartigen Strukturen zeigt Bild **1.**121. Hier sind die Einzelstäbe in den Knotenpunkten jedoch mit Hilfe von Verpreßdübeln an Stahlhohlkugeln zusammengeschweißt.

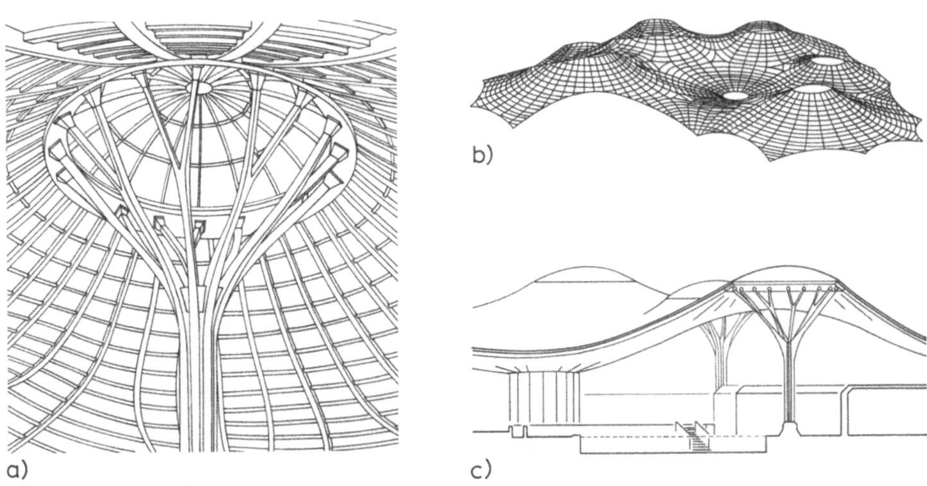

a)   c)

1.122 Schalenartiges Tragwerk mit mehrfach gekrümmten Brettschichtträgern; Zentralstützen aus zusammengesetzten Profilen (Arch. R. und I. Geier, Stuttgart)

   a) Innenraum mit Stütze
   b) Prinzipskizze der Dachkonstruktion
   c) Schnitt (Ausschnitt)

Aus der großen Zahl von räumlichen Tragwerkskonstruktionen, die mit gekrümmten Brettschichthölzern ausgeführt sind, zeigt Bild **1**.122 eine Schwimmbadüberdachung. Die Hauptstützen bestehen aus baumartig zusammengesetzten räumlich gekrümmten Trägerbündeln, die kreisförmige Auflagerrahmen abstützen. An diese sind die parabelförmigen zugbeanspruchten Träger der Hängeschalen angeschlossen. Ringförmige Pfettenkränze nehmen die Druckkräfte auf und tragen die Dachhaut.

1.3 Dachtragwerke aus Stahl

1.3.1 Allgemeines

Stahlkonstruktionen kommen besonders im Bereich des Industriebaues überall dort vor, wo der Einsatz von Holz zum Beispiel aus Gründen des Brandschutzes nicht möglich ist. Es sollte allerdings beachtet werden, daß zwar Stahlkonstruktionen nicht brennbare Bauteile darstellen, aber in ihrem Brandverhalten vielfach kritischer beurteilt werden müssen als etwa Holz-Leimbauteile. Sie erfordern in vielen Fällen aufwendige Brandschutzmaßnahmen (s. Abschn. 14.7 in Teil 1 dieses Werkes) und Korrosionsschutz.

Im Folgenden soll ein Überblick über die verwendeten Konstruktionselemente und -systeme aus Stahl gegeben werden. Für eine ausführliche Darstellung muß jedoch auf Spezialliteratur verwiesen werden.

1.3.2 Baustoff Stahl

Für Stahlbauwerke kommen Baustähle nach DIN 17100 als Stabstahl, Flachstahl, Formstahl oder in Hohlprofilen hauptsächlich in den Qualitäten St 37-2 oder St 52-3 in Frage (Zugfestigkeit 370 bzw. 520 N/mm^2).[1]

1.3.3 Schutzmaßnahmen

Korrosionsschutz[2]

Stahlbauteile, die einer Festigkeitsberechnung oder einer bauaufsichtlichen Zulassung bedürfen (d.h. praktisch alle tragenden Bauteile), müssen einen Korrosionsschutz gemäß DIN 55928 erhalten.

Er kann bestehen aus

— Beschichtungen (Anstrichen), 1- bis 4fach aufgetragen,

— Überzügen aus metallischen Schichten (im Stahlbau bevorzugt Feuerverzinkung),

— Korrosionsschutz-Systemen, die eine Kombination aus Beschichtungen und Überzügen bilden.

---

[1] Kurzbezeichnungen und Lieferformen s. Tab. **7.31** in Teil 1 des Werkes
[2] s. auch Abschn. 7.4 im Teil 1 des Werkes

Einen Überblick über Beschichtungsarten und erforderliche Schichtdicken gibt Tabelle **1**.123 [34].

Tabelle **1**.123 Korrosionsschutz, Aufgaben und Schichtdicken

Anzahl der Schichten	Beschichtung Überzug	Sollschichtdicke je Schicht in µm	Aufgaben
1	Fertigungsbeschichtung (FB)	15 bis 25	Schutz der Stahlbauteile während Lagerung, Fertigung und innerbetrieblichem Transport
1 bis 2	Grundbeschichtung (GB)	40 normal 80 DICK	Schutz der Stahloberfläche gegen Korrosion
1 bis 2	Deckbeschichtung (DB)	40 normal 80 DICK	Schutz der Grundbeschichtung bzw. in besonderen Fällen der Feuerverzinkung vor aggressiven Stoffen
1	Feuerverzinkung (Stückverzinkung)	50 bis 85 (360 bis 610 g/m²)	Schutz der Stahloberfläche vor Korrosion

Bemerkung: normal = normale Beschichtungsstoffe, DICK = dickschichtige Beschichtungsstoffe

Brandschutz

Stahlbauteile bzw. Bauwerke aus Stahl erfordern insbesondere bei Bauwerken über zwei Vollgeschossen im allgemeinen zusätzliche, in den Bauordnungen bzw. in DIN 4102 festgelegte Brandschutzmaßnahmen. Konstruktive Einzelheiten sind in Abschn. 14.7 in Teil 1 des Werkes behandelt.

1.3.4 Bauteile[1])

Profilträger

Als Tragelemente bei flachen Dächern kommen für Binder und Pfetten alle Walzprofile der genormten Reihen (z. B. IPE, IPB, IPBl, IPBv)[1]) insbesondere überall dort in Frage, wo nur geringe Bauhöhen zur Verfügung stehen. In vielen Fällen kann auch der Einsatz speziell angefertigter Träger wirtschaftlich sein, die als Kasten- oder als hohe I-Profile aus relativ dünnen Blechen mit entsprechenden Beulsicherungen maschinell hergestellt werden können (Bild **1**.124).

Bauteilverbindungen für Stahlkonstruktionen sind in Abschn. 7.4 in Teil 1 des Werkes näher behandelt.

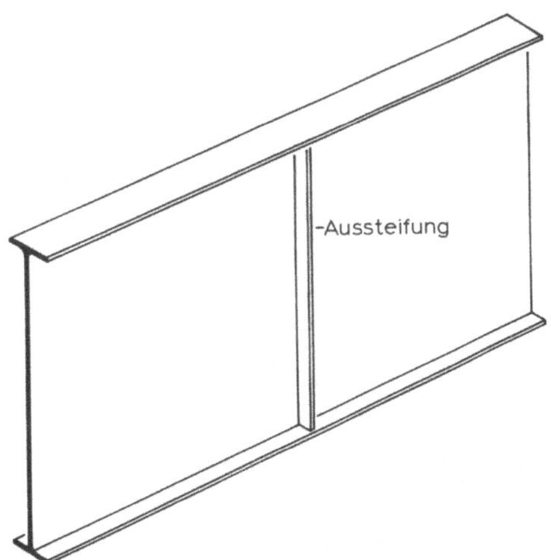

1.124 Leichter, aus Blech verschweißter Träger

---

[1]) Nach Euro-Norm 53 bis 62 lautet das Kurzzeichen für breite I-Träger HE ... B (z. B. IPB 300 entspricht HE 300 B).

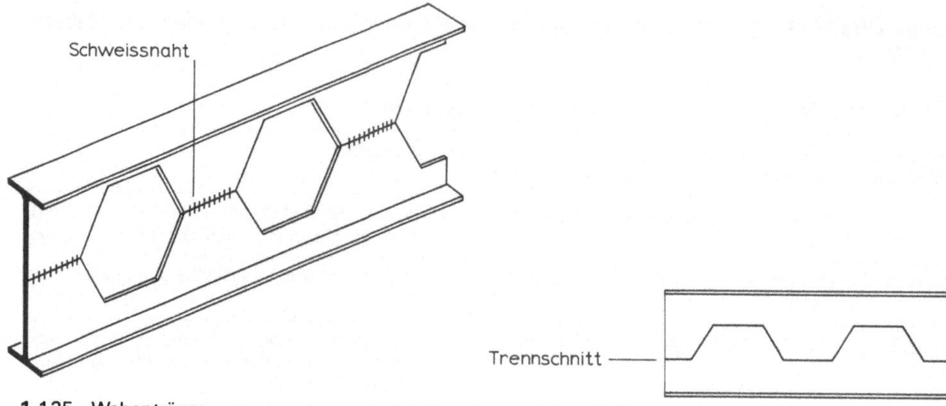

1.125 Wabenträger

Eine Sonderform der Profilträger stellen die **Wabenträger** dar, die aus sägezahnförmig aufgeschnittenen üblichen Walzprofilen verschweißt werden (Bild **1.125**).

Unterspannte Träger

Eine andere Möglichkeit, die Tragfähigkeit der handelsüblichen Profile zu erhöhen, besteht in der „**Unterspannung**". Unterspannte I-Profile werden vielfach dort verwendet, wo die zulässige Durchbiegung einzelner Tragprofile sonst überschritten würde (Bild **1.126**).

Dabei werden die ermittelten Druckbeanspruchungen durch einen Profilstahl als „Obergurt" aufgenommen, der außerdem das seitliche Ausknicken der Konstruktion zu verhindern hat. Die Zugkräfte nehmen leichte Profilstähle oder Spannseile auf. In Verbindung mit druckbeanspruchten Stäben kommen große, statisch günstige „Profilhöhen" der Gesamtkonstruktion des unterspannten Trägers zustande.

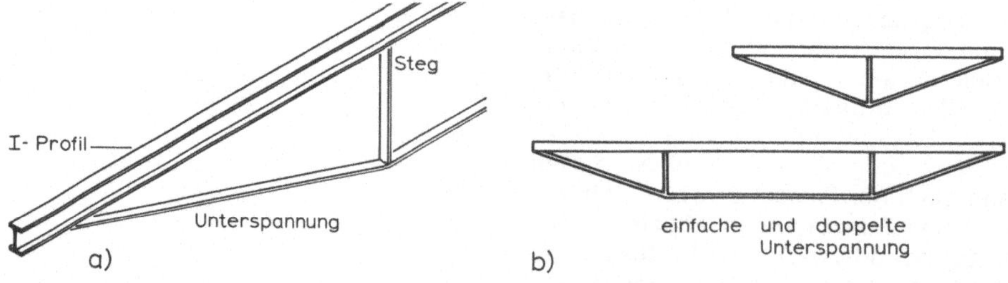

1.126 Unterspannter Profilträger
         a) Unterspannung, b) einfache und doppelte Unterspannung

Gitterträger

Anstelle von Profilträgern oder von unterspannten Trägern können leichte Stahl-Fachwerkträger bei größeren Spannweiten als Hauptträger oder als Trägerpfetten sehr wirtschaftlich sein.

Derartige Fachwerkträger können in vielfachen Dimensionierungen aus Winkel-, Vierkant- oder Rundstahlprofilen zusammengesetzt werden oder als sogenannte R-Träger (R = Rundstahl als Stabwerk) oder X-Träger (kalt verformte Bleche) vollautomatisch hergestellt werden (Bild **1.127**).

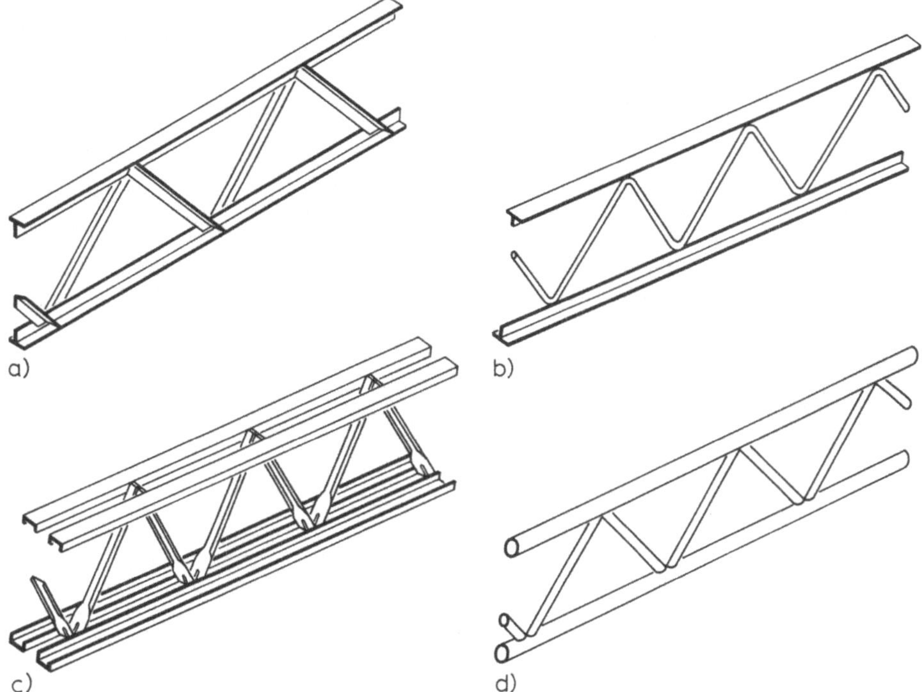

1.127 Leichte Stahlfachwerkträger
a) Stahlfachwerk aus T-Profilen und aus Winkeln
b) R-Träger aus gebogenen Rundstählen zwischen Gurten aus T-Profilen
c) Vollautomatisch hergestellte X-Träger aus kalt verformtem Stahlblech
d) Fachwerk aus Stahlrohren

Profilblechkonstruktionen[1])

Wenig geneigte oder flache Dachflächen können sehr wirtschaftlich durch trapezartig geformter Stahlblechelemente hergestellt werden. Trapezblechkonstruktionen stellen großflächige Leichtbauelemente dar, die sich durch ihre unterschiedliche Querschnittprofilierung und Materialdicke den jeweiligen statischen Anforderungen optimal anpassen. Sie überbrücken auch sehr große Spannweiten und sind unabhängig von der Art der Unterkonstruktion.

Trapezbleche in der in Bild **1.**128 als Beispiel gezeigten Form können als 1-, 2- oder 3-Feldträger mit Einzelspannweiten bis etwa 8,00 m eingesetzt werden.

Trapezblechelemente lassen sich ohne großen Montageaufwand auf praktisch allen Unterkonstruktionen leicht verlegen und können kraftschlüssig so miteinander und der Unterkonstruktion verbunden werden, daß Windverbände und Aussteifungen überflüssig werden. Die bis zu 18 m langen Elemente sind verzinkt und können zusätzlich lackiert oder beschichtet werden. In den Hohlräumen der Platten können Kabel verlegt werden. Jede Art von Abhängungen ist mit Hilfe von Kippdübeln oder seitlich aufgenieteten Abhängern leicht herzustellen.

---

[1]) Trapezblechkonstruktionen für Flachdächer s. Abschn. 2.3.3

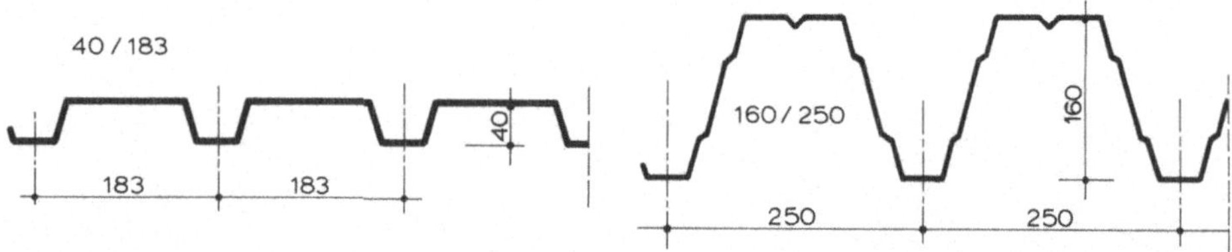

Mit Systemen, die aus Spezial-Trapezelementen von 75 cm Breite bestehen, können als Mehrfeldträger Spannweiten von etwa 10 m überbrückt werden (Bild **1.129**).

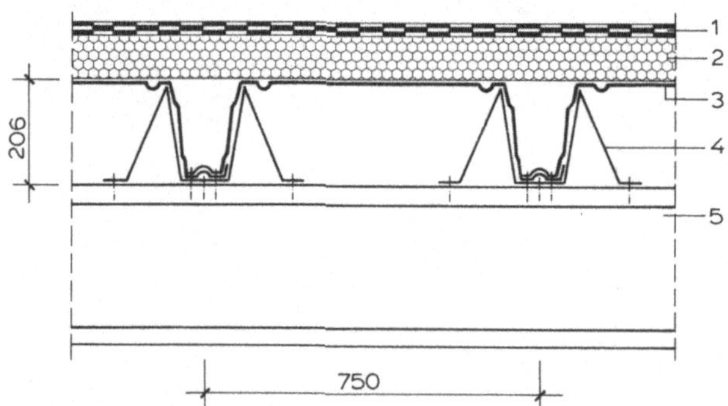

1.129
Trapezgroßprofile (HOESCH)
1 mehrlagige Abdichtung
2 Wärmedämmung
3 Trapezblech
4 Stützelemente
5 Unterkonstruktion

Trapezblechkonstruktionen sind ferner als vorgefertigte Flachdachelemente mit bereits aufgeschäumter Wärmedämmung auf dem Markt (Bild **1.130**). Bei allen derartigen Elementen muß der sorgfältigen Ausbildung von Längsstößen (Kältebrücken) und dem Anschluß von Zwischenwänden (Schallübertragung) besondere Aufmerksamkeit gewidmet werden.

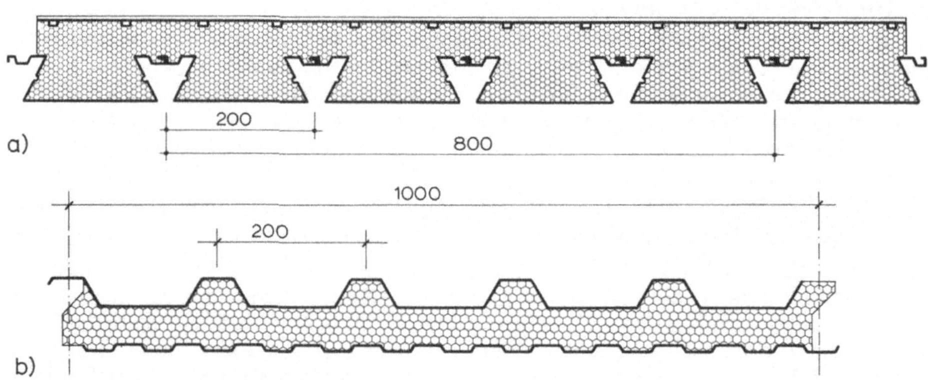

1.130 Flachdachelemente aus Trapezblech
a) DLW-Dachelement, Dachabdichtung nachträglich aufzubringen
b) HOESCH-Isodach TL. Trapezprofilierte Oberfläche (Wasserablauf berücksichtigen!). Keine weitere Flächenabdichtung erforderlich. Stöße mit Dichtungsbändern

1.3.5 Gittertragwerke

Für große Spannweiten, verbunden mit schweren Dachflächen, werden Gitterbinder als ingenieurmäßige Stahlkonstruktionen in den verschiedensten Formen eingesetzt. Gittertragwerke sind sehr oft im Zusammenhang mit Sheddachkonstruktionen (s. Bild 1.1h) anzutreffen (Bild 1.131).

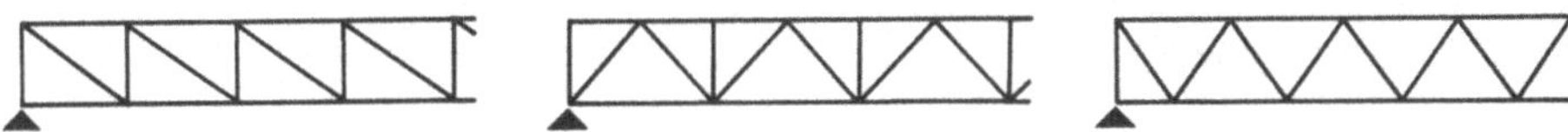

1.131   Formen von Gitterbindern (schematische Darstellung)

Gitterbinder aus Stahlprofilen sind konstruktiv ähnlich den in Abschn. 1.2.2.4, Bilder 1.115 und 1.116, gezeigten Holzkonstruktionen. Sie werden meistens in ingenieurmäßig geplanten hallenartigen Industriebauten oder als Dachtragwerke im Zusammenhang mit untergehängten Decken ausgeführt.

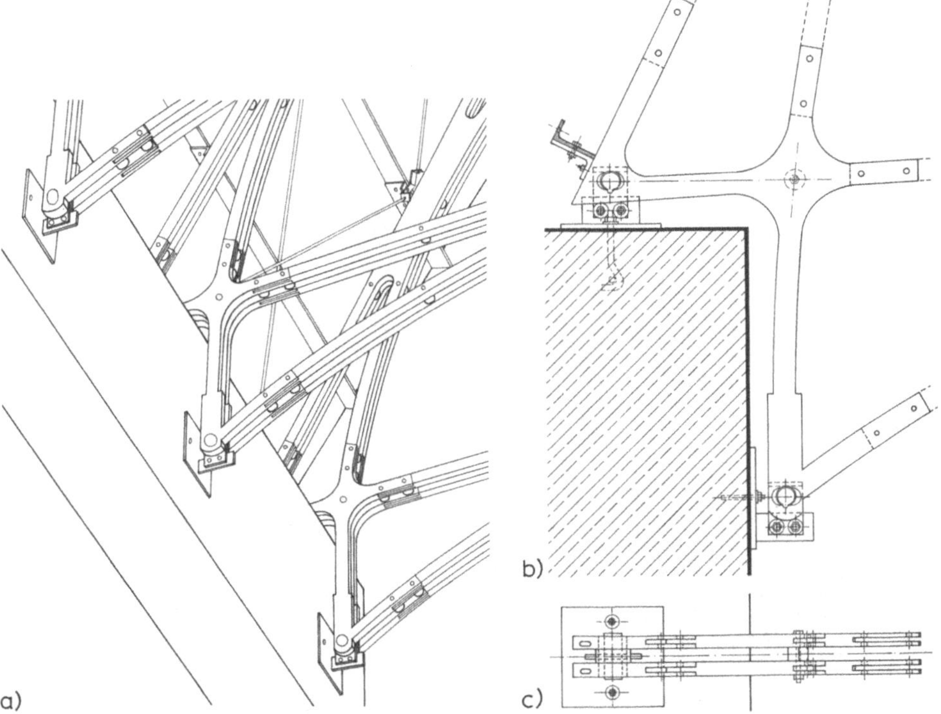

1.132   Dachtragwerk aus Flachstahlkombinationen (Arch. J. P. Kleihues, Dülmen)
    a) isometrische Darstellung (Ausschnitt)
    b) Detail Auflager: Schnitt/Ansicht
    c) Detail Auflager: Grundriß

Eine ausführliche Behandlung ist im Rahmen dieses Werkes nicht möglich, und es muß auf Spezialliteratur verwiesen werden.

Als Hinweis aber dafür, welche auch gestalterisch außerordentlich interessante Möglichkeiten das Bauen mit Stahl bei Dachtragwerken bietet, ist ein aus Flachstahlprofilen zusammengesetzter Dachbinder über einem historischen Bauwerk in Bild **1.132** gezeigt.

1.3.6   Raumtragwerke

Die konsequente Weiterentwicklung der nur in einer Ebene wirksamen, in den vorangegangenen Abschnitten beschriebenen Tragsysteme stellen die Raumtragwerke dar. In ihrem räumlichen Fachwerkgefüge entstehen in sich steife Bauteilsysteme, die keiner horizontalen Wind- bzw. Stabilisierungsverbände bedürfen. Sie können auf Stützen aus Stahl oder Stahlbeton oder direkt auf Gründungspunkte aufgesetzt werden.

Ein Stahlbausystem, bei dem Gitterträger baukastenartig mit Spannweiten bis zu 7,20 m durch verkeilte Spezialverbinder zusammengefügt werden, zeigt Bild **1.132**.

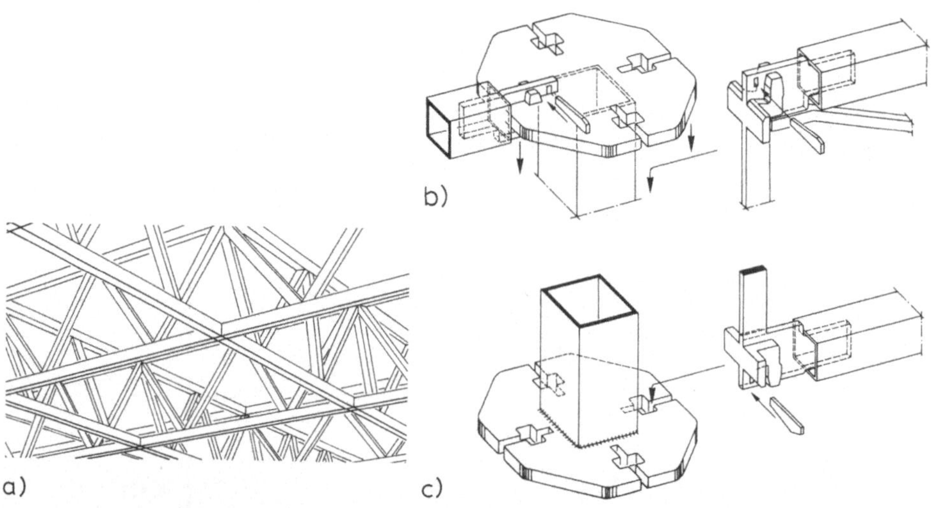

1.133   Stahlbausystem Rüter GmbH., Dortmund
   a) räumliche Darstellung
   b) oberer Anschlußknoten
   c) unterer Anschlußknoten

Bei dem verbreiteten System MERO werden Stahl-Rundstäbe unterschiedlicher Abmessungen je nach statischen und geometrischen Erfordernissen mit Hilfe von Kugelverbindern zu Tragwerken verschraubt. Dabei sind nicht nur ebene räumliche Flächen, sondern auch gekrümmte, kuppelartige Gebilde ausführbar (Bild **1.134**).

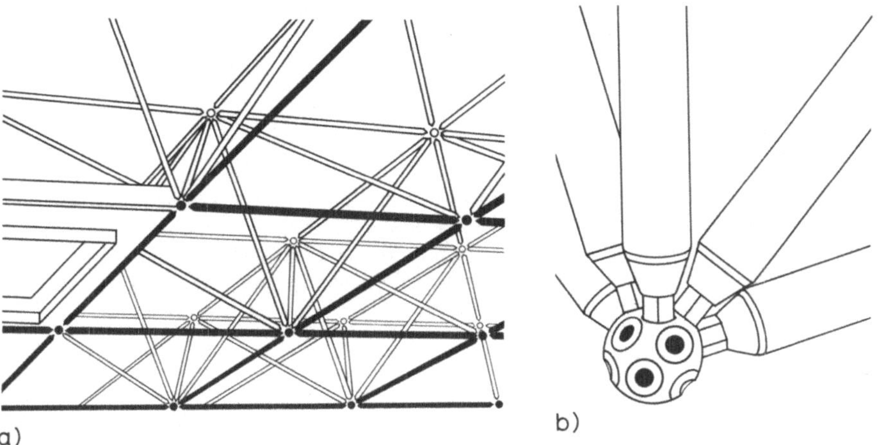

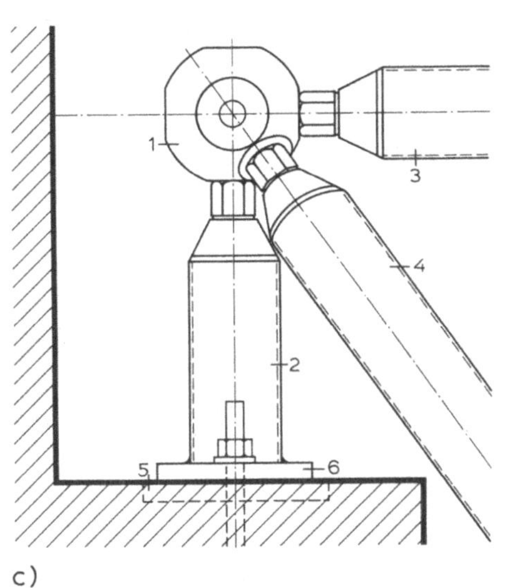

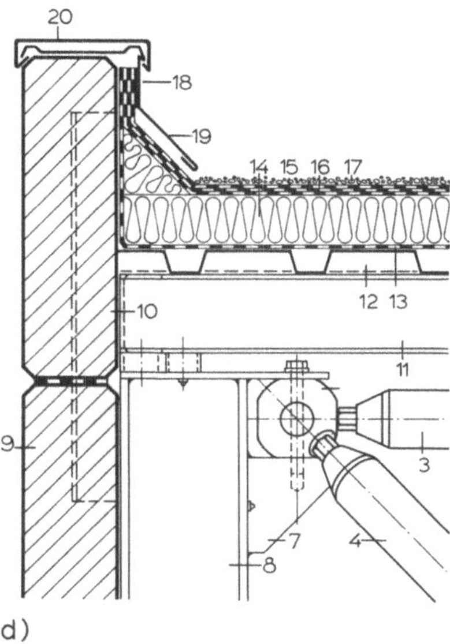

1.134 Raumtragwerk (System MERO)
a) Untersicht einer Dachkonstruktion, b) typischer Knoten von Raumtragwerken, c) Auflager z. B. für Dachtragwerke, d) Dachrand-Ausbildung

1 MERO-Knoten	8 Stütze
2 MERO-Stababschnitt	9 Gasbetonelemente
3 MERO-Obergurtstab	10 Stützenverlängerung
4 MERO-Diagonalstab	11 Pfetten
5 Konsole	12 Trapezblech
6 Fußplatte	13 Voranstrich und Dampfsperre
7 einbetonierte Anschweißplatte mit Verankerung	14 Wärmedämmung

15 Dampfdruckausgleichschicht
16 Dachabdichtung
17 Kiespressung
18 Anflanschung der Dachabdichtung
19 Blechverwahrung
20 Abdeckprofil

1.4 Massivdachkonstruktionen

1.4.1 Dachtragwerke aus Porenbeton-, Leichtbeton- und Ziegelelementen

Gasbeton- oder Leichtbetonmassivplatten oder Bauelemente aus Lochziegeln können bei Binderabständen bis etwa 6 m eingesetzt werden (Bild **1**.135). Sie stellen nicht nur ein tragendes, sondern auch begrenzt wärmedämmendes Dachelement dar. Wenn sie für nicht belüftete Flachdächer verwendet werden sollen, ist in jedem Fall ein Nachweis für die Lage der Taupunktgrenze erforderlich (s. Abschn. 14 in Teil 1 dieses Werkes).

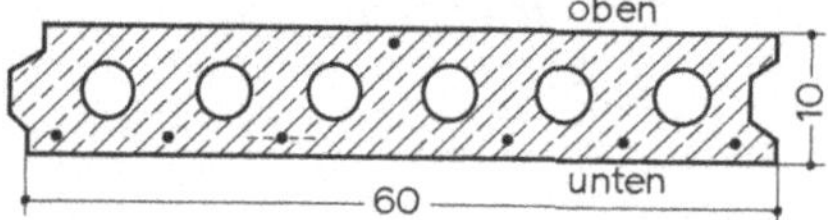

1.135   Leichtbeton-Hohldielen (Stegdielen)

Auch für geneigte Dächer können Tragwerke über kleineren Rechteckgrundrissen mit Hilfe vorgefertigter Porenbeton- oder Ziegelelemente hergestellt werden. Dabei sind Konstruktionen nach dem Pfettendachprinzip möglich, wenn Auflagerwände in Abständen von etwa 5 m zur Verfügung stehen. In Bild **1**.136a ist hierfür eine Ausführung mit Porenbeton-Dachplatten gezeigt. Nach dem Sparrendachprinzip ist das in Bild **1**.136b gezeigte Dach aus Ziegel-Dachelementen konstruiert.

Derartige Dachtragwerke sind wegen ihrer gegenüber anderen Konstruktionen großen Masse insbesondere dort interessant, wo hohe Schallschutzanforderungen zu berücksichtigen sind.

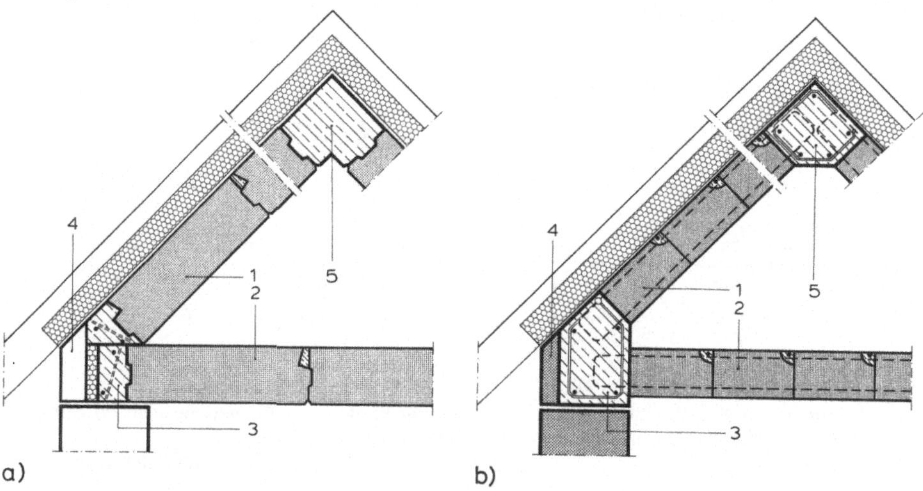

1.136   Massivdachkonstruktionen
a) Porenbetonplatten, liegend verlegt auf tragenden Zwischenwänden (Pfettendachprinzip)
b) Ziegelelemente, aufrecht verlegt nach dem Sparrendachprinzip

1 Dachplatten   4 Verblendstein
2 Deckenplatten   5 Betonanker (Firstbalken)
3 Ringanker mit Wärmedämmung

1.4.2 Dachtragwerke aus Stahlbeton

Betonkonstruktionen sind wenig empfindlich gegen Feuchtigkeitseinflüsse, erfordern kaum Unterhaltungskosten und eignen sich auch als Dachtragwerke. Für Flachdächer kommen dabei in entsprechend abgeänderter statischer Dimensionierung nahezu alle Stahlbeton-Deckensysteme in Frage. Die verschiedenen konstruktiven Möglichkeiten sind in Teil 1 Abschn. 7.5 dieses Werkes dargestellt. Im Folgenden soll daher nur ein Überblick gegeben werden über spezielle Stahlbetonelemente für Dachkonstruktionen.

Stahlbetonträger

Stahlbetonträger werden in der Regel als Spannbeton-Fertigteile in Verbindung mit entsprechenden Stützen innerhalb geschlossener Hallenbausysteme eingesetzt oder als Dachbinderelemente, wenn die Transportprobleme – auch an der Baustelle – lösbar sind. Für geringere Spannweiten sind Rechteck- oder Trapezprofile aus Beton B 45 oder B 55 üblich. Größere Träger werden meist als T- oder I-Spannbetonträger hergestellt. Sie können kombiniert werden mit Spannbeton-Pfetten als Unterkonstruktion für großformatige Dachelemente (Bild 1.137).

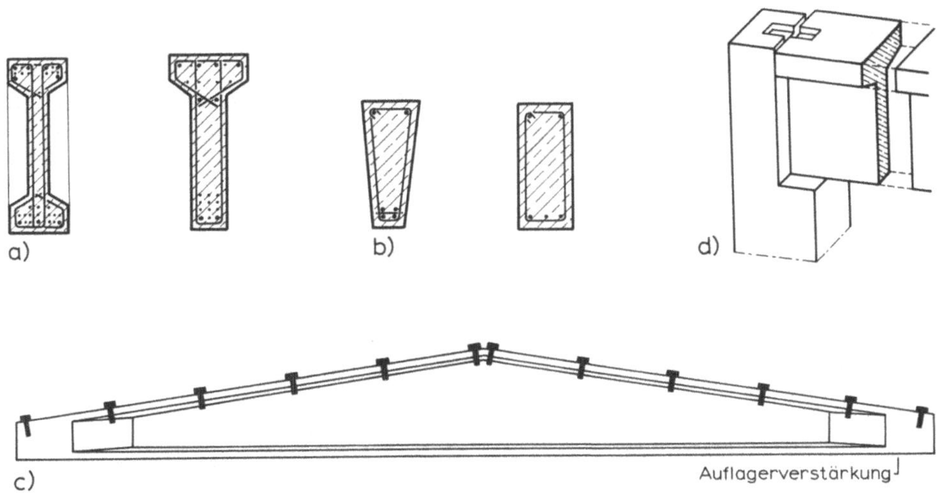

1.137 Spannbetonträger
   a) Querschnitte von Spannbetonträgern
   b) Querschnitt von Spannbetonpfetten
   c) Spannbeton-Binderträger mit eingehängten Spannbetonpfetten
   d) Stützenanschluß

Stahlbeton-Plattenkonstruktionen

Für Spannweiten bis zu etwa 12 m werden – in der Regel in Verbindung mit kompletten Stahlbeton-Hallenbausystemen – Stahlbeton- bzw. Spannbetonbauteile mit verschiedenen Querschnittsformen eingesetzt (Bild 1.138).

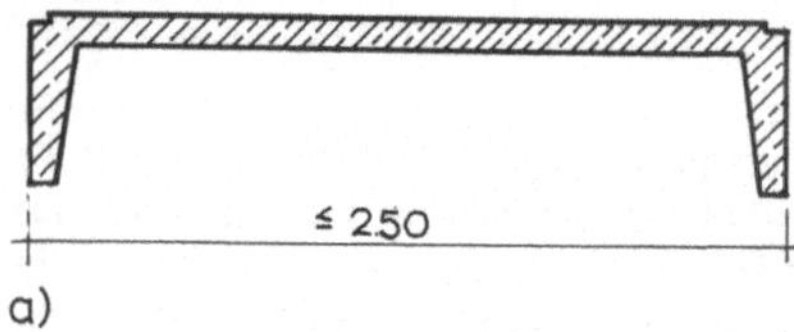

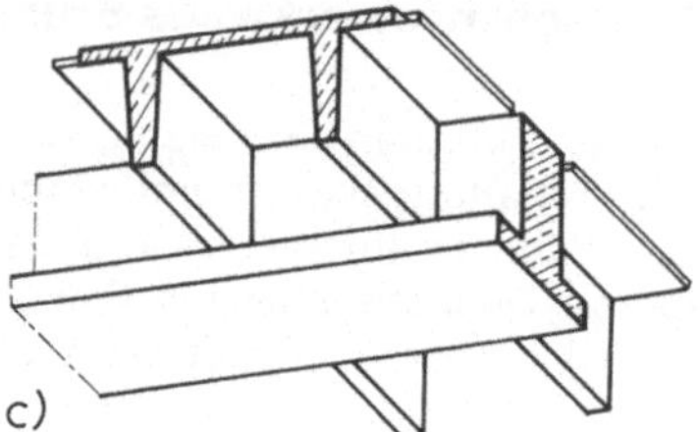

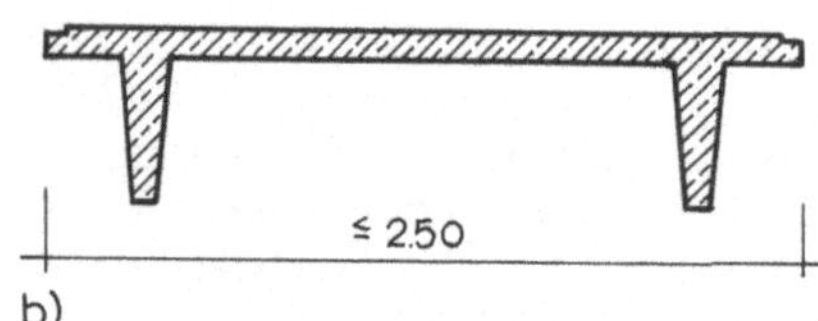

1.138 Stahlbeton-Plattentragwerke (Auflagerung und konstruktive Einzelheiten s. Abschn. 7.5 in Teil 1 dieses Werkes)

a) Trogplatte $d = 35$ cm, Stützweite $\sim 7{,}50$ m, $d = 50$ cm, Stützweite $\sim 12{,}50$ m
b) TT-Platte
c) Auflagerung einer TT-Platte

Faltwerke und Schalen

Theoretisch ist es möglich, Stahlbetonkonstruktionen in jeder aus formalen Gründen gewünschten und auf die gegebene Belastung abgestimmten Form herzustellen. Mit dünnwandigen Schalen- oder Faltwerkkonstruktionen sind Spannweiten von 150 m erreicht worden. Nach DIN 1045 sind Schalen einfach oder doppelt gekrümmte Flächentragwerke geringer Dicke mit oder ohne Randaussteifung. Faltwerke sind räumliche Flächentragwerke, die aus ebenen, kraftschlüssig miteinander verbundenen Scheiben bestehen (Bild 1.139).

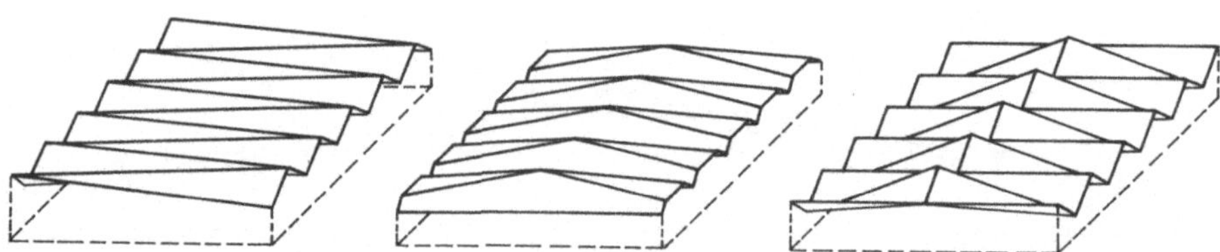

1.139 Formen von Faltwerken

Nur in Sonderfällen sind derartige individuelle Konstruktionen aus Ortbeton wegen des überaus großen Arbeitsaufwandes für Schalungen und Gerüste vertretbar. Dagegen lassen sich nach dem Faltwerk- oder Schalen-Prinzip hergestellte vorgefertigte Elemente mit Spannweiten bis zu 40,00 m wirtschaftlich einsetzen, insbesondere wenn die allgemeinen Vorteile von Stahlbetonkonstruktionen gegenüber Witterungs- und Feuchtigkeitseinflüssen sowie ihre relativ große Sicherheit gegen Feuer ins Gewicht fallen (Bilder 1.140 und 1.141).

Für eine ausführliche Darstellung der vielfachen Konstruktionsmöglichkeiten mit Faltwerk- und Schalenkonstruktionen muß auf Spezialliteratur verwiesen werden.

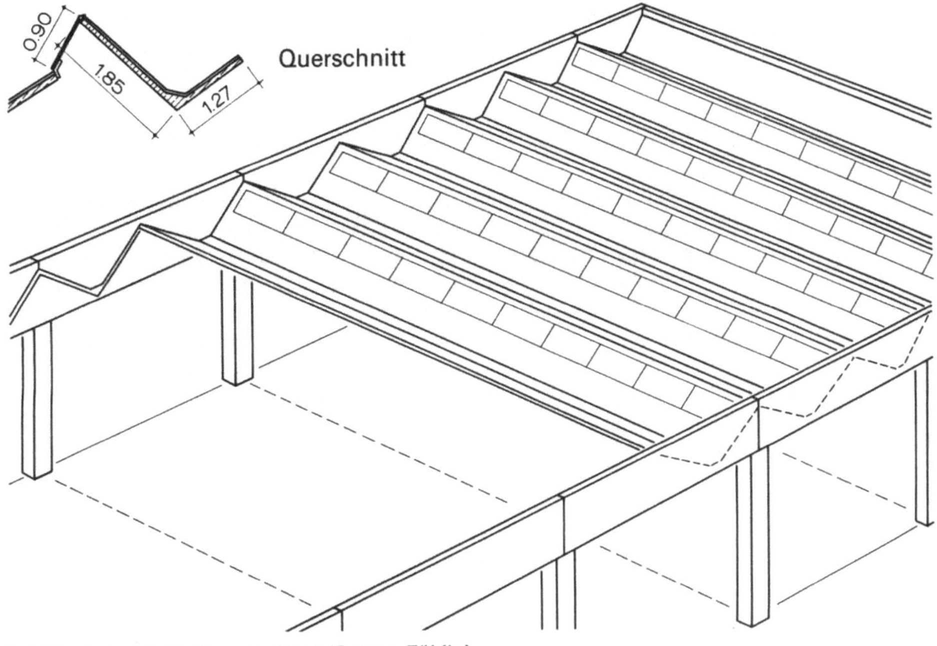

1.140 Faltwerk, V-Element-Shed (System Züblin)

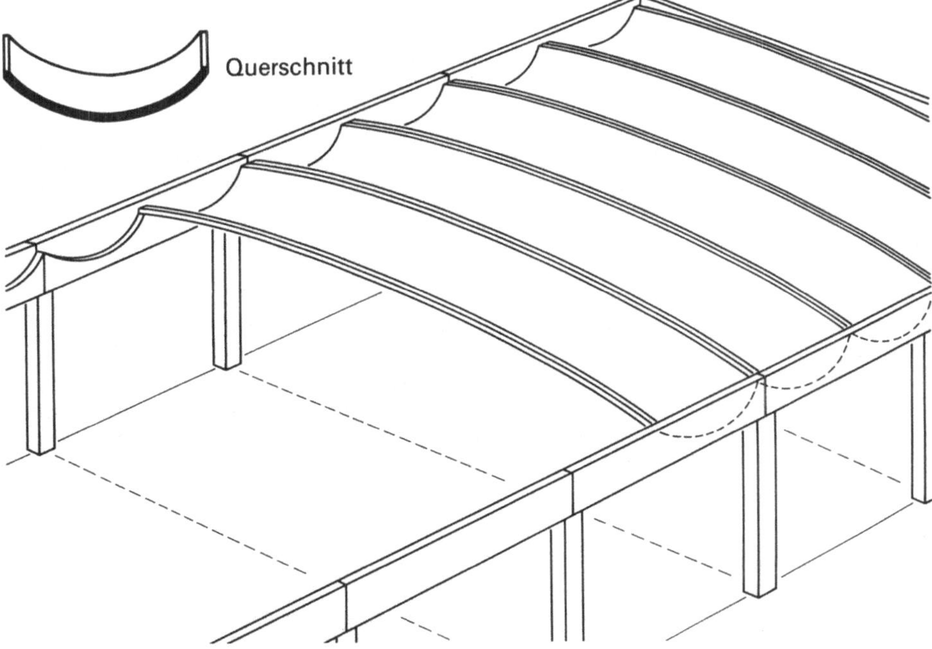

1.141 HP-Schale (System HOCHTIEF)

1.5 Dachdeckungen[1])

1.5.1 Allgemeines

Steildächer werden in der Regel als belüftete „Kaltdächer" (s. Abschn. 1.82 Bild 1.277) ausgeführt.

Die Dachhaut hat bei Steildächern vor allem die Aufgabe, Niederschlagwasser sicher abzuleiten und ausreichende Sicherheit gegen das Eindringen von Wasser durch Winddruck oder Flugschnee zu gewährleisten. Traditionelle Dachdeckungen erfüllten dabei außerdem ohne besondere Vorkehrungen die Forderung nach Durchlüftung des Dachraumes und damit nach Ableitung von Wasserdampf.

An die bauphysikalischen Eigenschaften geneigter Dächer werden jedoch zunehmend höhere Anforderungen gestellt, da Dachräume sehr oft intensiv genutzt werden und damit die Wärme- und Wasserdampfverhältnisse grundlegend verändert werden können. Wenn flachere Dachneigungen aus wirtschaftlichen und gestalterischen Gründen bevorzugt werden, ergeben sich zusätzliche Forderungen an die Dichtigkeit der Eindeckungen, die vielfach nur durch Einführung einer weiteren wasserableitenden Schicht unterhalb der Dachdeckung (Unterspannbahnen, Unterdach, s. Abschn. 1.8.1) erfüllt werden können.

Für die Ausführung von Dachdeckerarbeiten gelten die Vorschriften der Verdingungsordnung für Bauleistungen (VOB) Teil C: Allgemeine technische Vorschriften DIN 18338 sowie die Fachregeln des Dachdeckerhandwerkes.

Dachdeckungen mit Dachziegeln, Betondachsteinen u. ä. werden auf Lattungen ausgeführt. Der Dachlattenquerschnitt hängt vom Gewicht der Ziegeldeckung und vom Sparrenabstand ab. Bei einem Gewicht von z. B. 0,55 kN/m^2 [Berechnungsgewicht für Flachdachpfannen einschl. Lattung (lt. DIN 1055)] werden empfohlen bis:

    75 cm Sparrenabstand 24/48 mm Lattenquerschnitt

    90 cm Sparrenabstand 30/50 mm Lattenquerschnitt

    100 cm Sparrenabstand 40/60 mm Lattenquerschnitt.

Eindeckungen mit Schiefer, Blechbahnen oder Dichtungsbahnen erfordern in der Regel eine mindestens 24 mm dicke Vollschalung. Großformatige Wellplatten können auch direkt auf Pfetten verlegt werden (s. Bild **1.26** und **1.27**).

Eine gute Dachdeckung muß daher nicht nur regensicher, wetterbeständig, feuerbeständig und billig in Herstellung und Unterhaltung sein, sondern fast immer im Zusammenhang mit der Gesamtkonstruktion des Dachraumes betrachtet werden. Die Wahl des geeigneten Werkstoffes unter gestalterischen Aspekten sollte darüber hinaus in Abstimmung mit ortsüblichen Bauweisen erfolgen, weil diese meist Ausdruck langer Erfahrungen mit Klima und bodenbeständigen Baustoffen sind. Das Gesamtbild von Gebäudegruppen wird durch Neigung und Baustoff der Deckung sichtbarer Dachflächen weitgehend mitbestimmt. Nach Werkstoff und Decktechnik unterscheidet man:

— Ziegeldächer   — Stroh- und Rohr-(Reet-, Ried-)Dächer

— Betondachstein-Dächer   — Wellplattendächer

— Schieferdächer   — Pappdächer

— Schindeldächer   — Metalldächer

---

[1]) Die mit [40] gekennzeichneten Bilder wurden mit freundlicher Genehmigung des Zentralverbandes des Deutschen Dachdeckerhandwerkes den von ihm herausgegebenen Fachregeln entnommen (Verlagsgesellschaft Rudolf Müller, Köln-Braunsfeld).

Mindestdachneigungen sind in den Fachregeln des Dachdeckerhandwerkes festgelegt (Tabelle **1.**142):

Tabelle **1.**142   Mindestdachneigungen

Dachziegel und Dachsteine

— Biberschwanzziegeldeckung	
bei Doppeldeckung	≥ 30° (57,7%)
bei Kronendeckung	≥ 30° (57,7%)
bei Einfachdeckung mit Spließen	≥ 40° (83,9%)
— Hohlpfannendeckung	
bei Aufschnittdeckung – trocken, mit Strohdocken oder mit Mörtelverstrich	≥ 35° (70,0%)
— Mönch-Nonnen-Ziegeldeckung	≥ 40° (83,9%)
— Krempziegel- und Strangfalzziegeldeckung	≥ 35° (70,0%)
— Falzziegeldeckungen – z.B. Doppel-Muldenfalzziegel, Reformpfannen oder Falzpfannen	≥ 30° (57,7%)
— Flachdachpfannendeckung	≥ 22° (40,4%)
— Verschiebeziegeldeckung	≥ 35° (70,0%)

Zusätzliche Maßnahmen sind bei der Planung und Ausführung vorzusehen, wenn die Regeldachneigung unterschritten wird oder örtliche Gegebenheiten, klimatische Verhältnisse, Dachausbauten oder sehr steile oder flache Dachneigungen erhöhte Anforderungen durch Wind, Triebschnee, Feuchtigkeit oder ähnliches an das Dach stellen. Der Eintrieb von Flugschnee durch erforderliche Lüftungsöffnungen ist unvermeidbar.

Als zusätzliche Maßnahmen gelten in Abhängigkeit vom Werkstoff und von der Deckungsart

— Verklammerung

— Mörtelverstrich

— Papp- oder Strohdocken

— Unterspannbahnen

— Vordeckung auf Schalung

— Unterdächer

— Wärmedämmsysteme, die zusätzlich die Funktion einer Unterspannbahn oder eines Unterdaches erfüllen.

Schiefer

— Altdeutsche Doppeldeckung, Deutsche Schuppenschablonen, Rechteckschablonendeckung	≥ 22° (40%)
— Schablonendeckungen verschiedener Formen	≥ 30° (58%)

Dachplatten (Faserzementplatten)

— deutsche Deckung, Doppeldeckung	≥ 25° (47%)
— waagerechte Deckung	≥ 30° (58%)

Wellplatten (Faserzement)

— bei Plattenlängen von 1,25 bis 2,50 m je nach Dachtiefe (Entfernung Traufe-First)	≥ 7 bis 12° (12 bis 22%)
— Kurzwellplatten (Gesamtlänge 62,5 cm)	≥ 15° (27%)

Reet- und Strohdeckung

— Mindestdeckung	≥ 45° (100%)
— in windreichen Gegenden	≥ 50° (119%)

Holzschindeln

— je nach Deckungsart	etwa ≥ 30° (58%)

Metalldeckungen (Zink, Kupfer)   ≥ 3° (5%)

1.5.2 Ziegeldeckungen

1.5.2.1 Allgemeines

Dachziegel stellen eine der ältesten und bewährtesten Dachdeckungen dar. Wenn bei der Herstellung gute Tonerden richtig verarbeitet werden, können Dachziegel mehrere hundert Jahre überdauern. Als kleinformatiges Deckungsmaterial ermöglichen sie die Anpassung an praktisch alle Dachformen. Durch die Porosität des Ziegelmaterials wird unter normalen Umständen die Gefahr der Tauwasserbildung an der Unterseite der Dachhaut erheblich herabgesetzt.

Dachziegel aus gebranntem Ton (DIN 456) sollen keine die Verwendbarkeit einschränkenden Risse aufweisen, im Rahmen der Norm eben und maßhaltig, wasserundurchlässig und frostbeständig sein. Sie werden nach 3 Güteklassen unterschieden. Nur Dachziegel I. Wahl müssen die Gütebestimmungen der Norm in allen Teilen erfüllen. Dachziegel II. und III. Wahl sind nicht genormt. Dachziegel werden in natürlicher Brennfarbe, durchgehend gefärbt, engobiert (mit aufgespritzter oder durch Tauchen aufgebrachter, im Brand farbgebender Tonschicht versehen) oder gedämpft geliefert. Für First, Traufe, Kehle, Ortgang usw. werden Sonderziegel hergestellt; sie sind nicht genormt.

Nach der Art der Herstellung unterscheidet man Preß- und Strangdachziegel.

— Strangdachziegel werden aus dem Mundstück einer Schneckenpresse (als Strang) gepreßt. Rillen, Falze usw. sind nur parallel zur Längsrichtung möglich.

— Preßdachziegel werden einzeln aus Ton gepreßt, daher sind Längs- und Querfalze möglich.

Strangdachziegel sind:

— Biberschwanzziegel,

— Strangfalzziegel,

— Hohlpfannen

Preßdachziegel sind:

— Falzziegel und Reformpfannen,

— Falz- und Flachdachpfannen,

— Krempziegel

Eine Zusammenstellung über Abmessungen und Deckmaße von Dachziegeln enthält Tabelle **1.143**.

1.5.2.2 Biberschwanzdeckung (Flachziegeldeckung)

Biberschwanzziegel nach DIN 456 sind rechteckige Tafeln ohne Falz, deren untere Seite gerundet, geradlinig, auch mit gestutzten Ecken oder halbkreisförmig ist (Bild **1.144**). Am oberen Ende des Ziegels sitzt auf der Unterseite eine „Nase" zum Aufhängen auf die Dachlatten. Biberschwänze werden im Format 18/38 cm hergestellt mit mindestens 10 mm Dicke.

Kleinformatige Bedachungselemente wie auch Biberschwanzziegel gewinnen wieder zunehmend Bedeutung, seitdem immer mehr auch komplizierte Dachformen als Gestaltungsmittel verwendet werden. Mit Biberschwänzen lassen sich nach alten Handwerksregeln insbesondere Kehlen, Wand- und Gaubenanschlüsse gut lösen (Bild **1.148**).

Tabelle **1**.143 Angaben über die wichtigsten Dachziegelarten

Dachziegel			Länge Breite	Gewicht je Stück ≈ kg	Deckweise	Mindestsparrenneigung	Überdeckung bei 45° Neigung	Weite der Lattung bei 45°	Lattenbedarf je m² Deckfläche	Dachziegelbedarf je m² Deckfläche	Dachlast je m² Deckfläche
Art	Gruppe	Bezeichnung[1]	in cm	≈ kg		in Grad[2]	in cm	in cm	in m	in Stück	in kN/m²
Preßdachziegel	verfalzte Ziegel	Flachdach-Pfanne	42/26	3	in Reihen	20			3	15	0,55
		Flachkremper									
		Kronenkremper	43/26	3,3		30			2,4	12	0,50
		Reformpfanne	42/25	2,8					3	15	0,55
		Falzziegel									
	konische Kremper	Romano-Kremper	43/27	3,0		18			3	15	0,55
	Schalenziegel	Mönch-Nonne	40/11 40/21	2,0 2,5		40	5	35	3	2 × 13	0,70 ohne, 0,90 mit Mörtel
Strangdachziegel	falzlose Dachziegel	Hohl-Pfanne	40/ 23,5	2,5	mit Kurzschnitt Aufschnittdeckung	35	9[3]	31	3,3	16	0,50
					mit Langschnitt Vorschnittdeckung	40	7[3]	33	3	15	
		Biberschwanzziegel	38/18	1,8	in Pappdocken[4]	20 bis 25					
					Spließdeckung	40	16[3]	21,5	4,8	30	0,65
					Doppeldeckung	30	8[3]	15	6,25	35	0,80
					Kronendeckung		8[3]	30	3,4	37	0,80

[1]) s. „Regeln für Dachdeckungen mit Ziegeln" v. Zentralverband des Dachdeckerhandwerkes e. V.
[2]) Die Zahlen stellen Durchschnittswerte dar. Nicht nur die Ziegelform, sondern auch die Größe der Dachflächen sowie Regen- und Windanfall beeinflussen die Werte. Je ungünstiger die Verhältnisse, desto steiler die Dachneigung. Ziegeldeckungen können um 5° flacher verlegt werden, wenn durch Schalung, Unterspannung und Konterlattung dafür gesorgt wird, daß durch Wind eingetriebenes Wasser unter den Dachlatten abläuft.
[3]) S. a. DIN 18338. Die Überdeckung bei den Strangdachziegeln nimmt – von 45° Sparrenneigung ausgehend – zu, je flacher das Dach geneigt ist. Sie kann bei steilen Dächern in dem gleichen Maße, nämlich um 2% je Neigungsgrad, vermindert werden.
[4]) Pappdocken: Streifen aus Bitumenpappe unter den Längsstößen der Ziegel

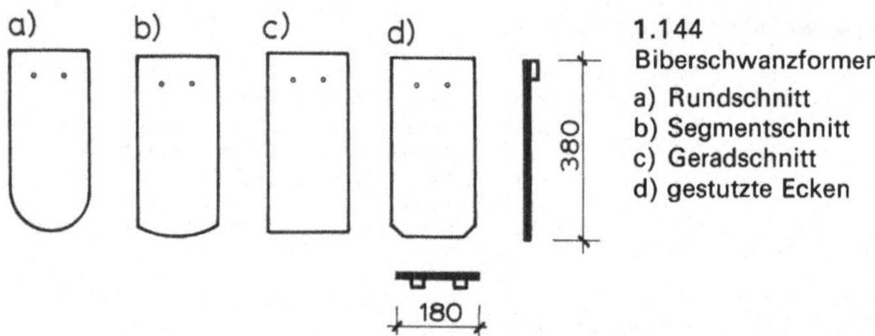

1.144
Biberschwanzformen
a) Rundschnitt
b) Segmentschnitt
c) Geradschnitt
d) gestutzte Ecken

Biberschwänze sind auch für komplizierte Eindeckungen von Turmdächern u. ä. gut geeignet. Bei stark gewölbten Dachflächen werden dafür entsprechend gekrümmte Formziegel hergestellt.

Mit Biberschwänzen werden hauptsächlich zwei Deckungsarten ausgeführt: D o p p e l - d a c h (Bild **1**.145) und K r o n e n d a c h (Bild **1**.146). Beim Kronendach liegen die Dachziegel in allen Deckreihen doppelt. Der Dachziegelbedarf ist annähernd der gleiche, das Kronendach erfordert jedoch weniger Latten. Biberschwanzziegel werden

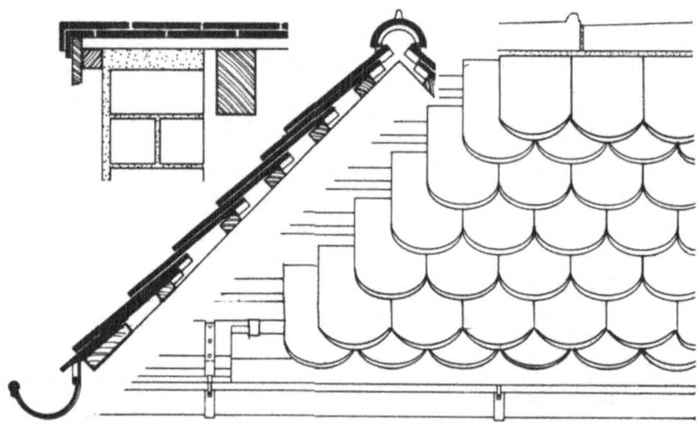

1.145
Biberschwanz-Doppeldach [40]
(Ort mit Abschluß-Formsteinen)

nicht besonders befestigt. Durch Fugenverstrich und mehrfache Überdeckung bildet sich ein sehr fester Verband. Die glatte Oberfläche bietet dem Wind kaum Angriffsmöglichkeiten. Nur in sturmgefährdeten Lagen werden am Ortgang die Ziegel mit Sturmhaken befestigt.

Die Mindest-Dachneigung beträgt 30°.

Doppeldachdeckung

Auf jeder Latte hängt e i n e Reihe Dachziegel in Verbanddeckung; nur die oberste Reihe am First und die unterste Reihe an der Traufe liegen als Doppelreihen (vgl. Bild **1**.146), oder es werden Schlußplatten bzw. Traufplatten verwendet (Bild **1**.145).

Dachziegelverbrauch je nach Dachneigung 35 bis 40 Biberschwänze je m²; Berechnungsgewicht $\approx$ 0,80 kN/m² Grundfläche.

Die (ständigen) Dachlasten gelten für 1 m² geneigte Dachfläche ohne Sparren Pfetten und Dachbinder einschl. der Latten. Bei einer etwaigen Vermörtelung sind 0,10 kN/m² zuzuschlagen.

Kronendachdeckung

Auf jeder Latte hängen 2 Reihen Dachziegel. Lattenweite bei 45° Dachneigung = Ziegellänge minus 8 cm, also 30 cm. Verbrauch 35 bis 40 Biberschwänze je m²; Berechnungsgewicht ≈ 0,80 kN/m² Grundfläche (Bild 1.146).

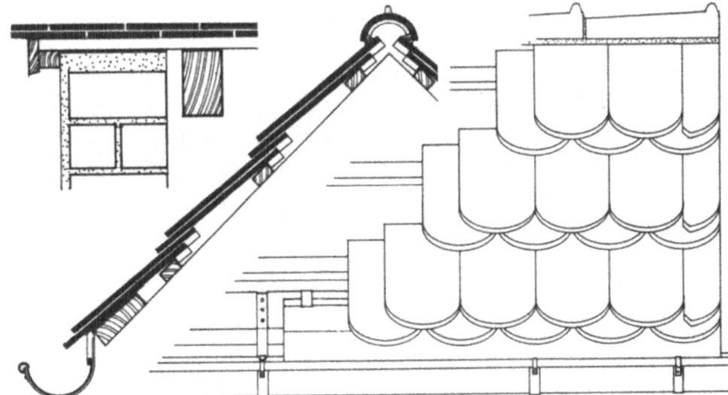

1.146
Biberschwanz-Kronendach [40]

Gedeckt wurde früher auch ganz in Mörtel, d. h. mit Längsfuge und Querschlag, oder es wurden nur die Querfugen über den Ziegelnasen der Deckschicht von innen verstrichen.

Spließdach

Eine alte Deckungsart ist das Spließdach, das zwar billig, aber wenig dauerhaft ist. Auf jeder Latte hängt nur eine Reihe Ziegel (wie beim Doppeldach, jedoch Fuge über Fuge). Die Lattenentfernung beträgt bei 45° 16 cm, so daß die Ziegel nicht überall doppelt liegen. Unter die Fugen werden „Spließe", das sind 5 cm breite, 24 bis 28 cm lange handgefertigte imprägnierte Späne aus Kiefern- oder Eichenholz gelegt.

Firste, Grate, Kehlen

Zur Deckung des Firstes (Bild 1.145 und 1.146) dienen konische oder zylindrische Hohlziegel (First- oder Gratziegel), die übereinandergreifen und auf dem First so anzuordnen sind, daß die Breitseite der Wetterseite abgekehrt ist. Firstziegel (Gratziegel) werden in verschiedenen Größen hergestellt. Die Hauptabmessungen sind aus Bild 1.147 ersichtlich. Die Firstziegel sind hohl in Mörtel, d. h. mit zwei Längsschlägen und einem Querschlag am hinteren Ende des davorliegenden Ziegels und mit Sturmhaken am Firstbrett oder Sparren verankert.

1.147
First- oder Gratziegel für Ziegeldächer
(nicht genormt)

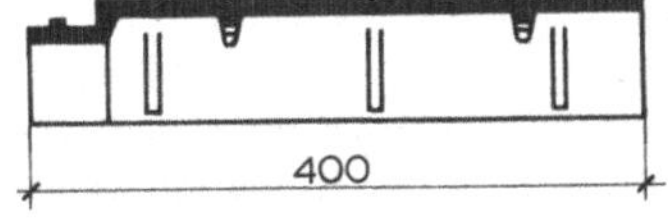

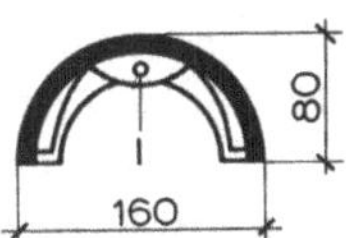

Für die Deckung der Grate werden ebenfalls die oben beschriebenen Gratziegel verwendet; am Grat werden sie mit der Breitseite nach unten verlegt; sie greifen seitlich unter die entsprechend schräg zugehauenen Dachziegel. Die Gratziegel werden durch Bindedraht auf dem Gratbrett, das hochkant auf dem Gratsparren genagelt ist, befestigt. Auch die Gratziegel werden hohl in Mörtel, d. h. mit 2 Längsschlägen und einem Querschlag am oberen Ende des darunterliegenden Ziegels, verlegt.

Kehlen der Flachziegeldächer sollten keinesfalls mit Hilfe von sichtbaren Blechstreifen gedichtet werden, sondern mit gewöhnlichen Biberschwänzen oder mit keilförmigen Kehlsteinen gedeckt werden. Diese Ausführung bezeichnet man als „Deutsch eingebundene Kehle". Die Kehle wird beim Kronendach als Doppeldach gedeckt, wobei der infolge der geringeren Neigung des Kehlsparrens entstehende Unterschied in den Schichtenbreiten regelmäßig wechselnd durch An- und Unterlaufen der Kehlschichten an und unter die Schichten der Dachfläche ausgeglichen wird. Geringste Kehlsparrenneigung 22°.

Bild 1.148 zeigt den Anfang einer „deutsch eingebundenen Kehle" im Doppeldach. Das mindestens 25 cm breite Kehlbrett beginnt über dem Zusammenstoß der Deckschicht des Traufgebindes. Die Aufteilung der Kehlschichten ergibt sich aus der Kehlbreite, die 2 oder 3 Ziegelbreiten entspricht. Es sind die Schnittpunkte der Fluchtlinien der Deckschichtunterkanten mit den die Kehlbreite begrenzenden Kehlfluchtlinien festzustellen und je 2 der entstehenden Zwischenräume in 3 gleiche Teile zu teilen.

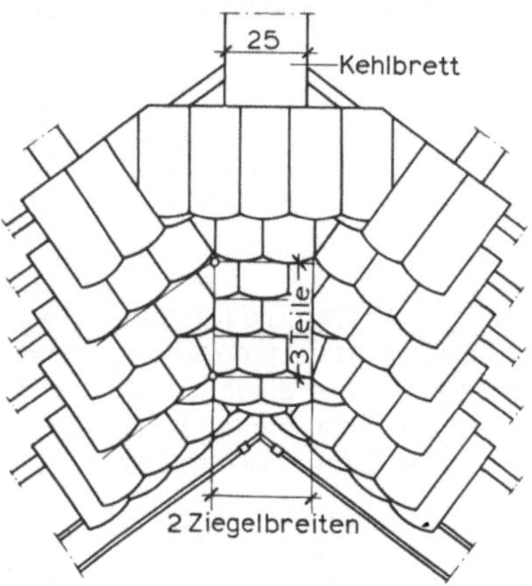

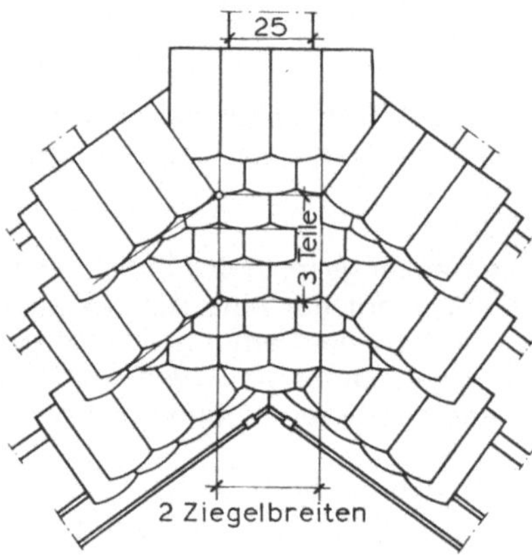

1.148   Deutsch eingebundene Ziegelkehle in Doppeldach (beide Dachflächen sind in eine Ebene geklappt)

1.149   Deutsch eingebundene Ziegelkehle im Kronendach

Bild 1.149 zeigt den Anfang einer „deutsch eingebundenen Kehle" im Kronendach. Die Kehlschichten werden wie beim Doppeldach aufgeteilt, jedoch ist jeder Zwischenraum, der sich aus dem Anschnitt der Deckschichtunterkanten an die Kehlfluchtlinien ergibt, in 3 gleiche Teile zu teilen.

Kehlen aus gewöhnlichen Biberschwänzen können auch als „Untergelegte Kehlen" ausgeführt werden, d. h., auf dem Kehlsparren liegt ein schwach muldenförmig gewölbtes Doppeldach (auf Schalung) von mindestens 4 Ziegeln Breite, auf das sich die schräg abgeschnittenen Dachsteine der anschließenden Dachflächen kunstlos auflegen.

Bei der Verwendung keilförmiger Kehlziegel, die auf muldenförmiger Kehlschalung mit der Schmalseite nach unten verlegt werden, ergibt sich die „Schwenksteinkehle". Sie sieht gut aus und eignet sich besonders für das Kronendach; beim Doppeldach ist sie mit Vorsicht anzuwenden.

1.5.2.3 Hohlziegeldeckungen

Zu den Hohlziegeldächern gehören außer den Dächern aus genormten Preßdachziegeln das Mönch-Nonnen-Dach und das Hohlpfannendach.

Bei allen Hohlziegeldächern überdecken sich die einzelnen Dachziegel nicht nur oben und unten, sondern auch seitlich.

Mönch-Nonnen-Dach-Deckung (Bild 1.150)

Geringste Dachneigung 40°. Dieses Dach wurde häufig bei mittelalterlichen Bauten verwendet. Es ist wegen des gleichmäßigen Wechsels von Licht und Schatten von guter architektonischer Wirkung. Der Mönch ist ein konisch geformter, 40 bis 42 cm langer Hohlziegel, dessen oberes schmales Ende geschlossen ist. Die Nonne hat ähnliche Form, ist jedoch breiter und auf der Unterseite mit einer Nase zum Aufhängen auf die Dachlatten versehen. Die Längskanten sind an der Breitseite gekerbt. Lattenweite = Nonnenziegellänge minus 8 bis 10 cm. Lattendicke 4/6 cm. Gewicht in voller Mörtelbettung 0,90 kN/m².

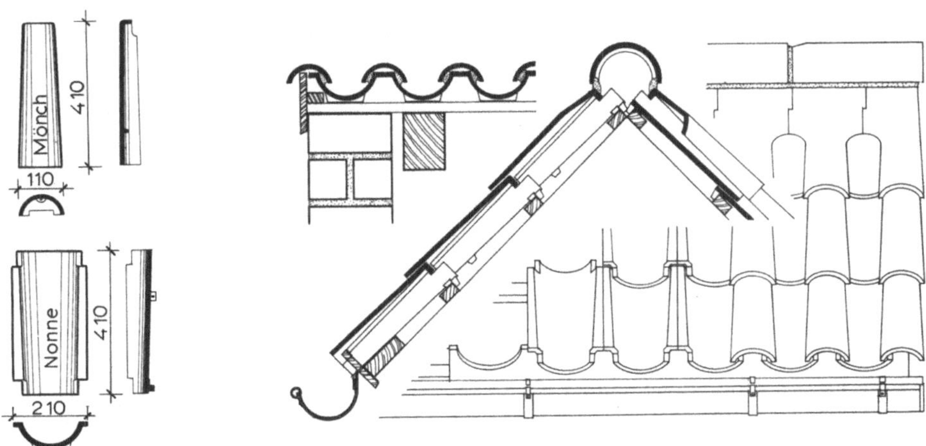

1.150 Mönch- und Nonnenziegeldeckung [40]

Die Nonnen müssen mit Querschlag über der Nase, die Mönche mit 2 Längsschlägen und Mörtelfüllung des Kopfes verlegt werden. Das Dach ist schwer und teuer. In neuerer Zeit werden deshalb statt dessen Krempziegel (Bild 1.151) oder „Romano-kremper" (eine Sonderform von Falzziegeln s. Abschn. 1.5.2.3) verwendet, die ähnlich wirken, aber leichter sind (Bild 1.152).

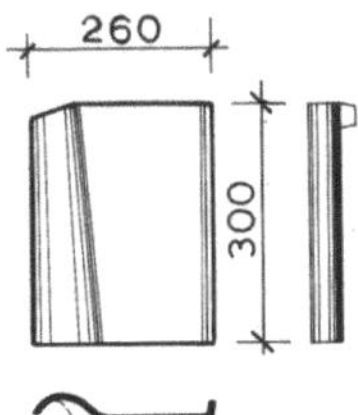

1.151 Krempziegel

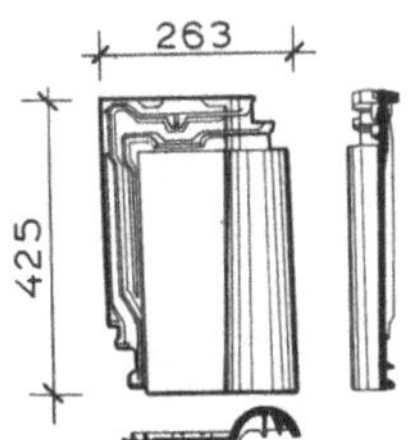

1.152 Romano-Kremper

Hohlpfannendeckung

Hohlpfannen (auch S-Pfannen oder Holländische Pfannen genannt) sind Strangdachziegel (Bild 1.153 und 1.154). Diese sind 40 cm lang und 23,5 cm breit (DIN 456). Es werden nur noch rechtsdeckende Pfannen und für den linken Ortgang Doppelwulstziegel (Doppelkremper) hergestellt (Bild 1.155).

Zwei gegenüberliegende Ecken der Pfannen sind abgeschrägt, um die doppelte Überdeckung (in der Quer- und Längsrichtung) zu ermöglichen. Hohlpfannen werden in Vorschnitt- oder in Aufschnittdeckung verlegt.

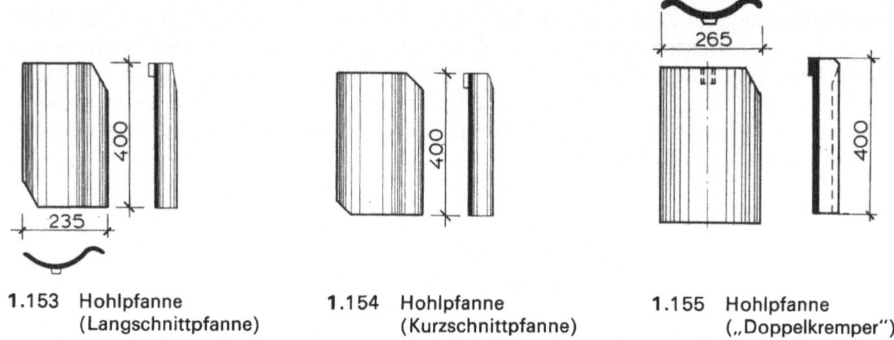

1.153 Hohlpfanne
       (Langschnittpfanne)

1.154 Hohlpfanne
       (Kurzschnittpfanne)

1.155 Hohlpfanne
       („Doppelkremper")

Bei der Vorschnittdeckung (Bild 1.156) liegt Ziegel C vor Ziegel B, bei der Aufschnittdeckung (Bild 1.158) liegt Ziegel C auf Ziegel B. Für Vorschnittdeckung wird die Langschnittpfanne, für Aufschnittdeckung die Kurzschnittpfanne verwendet (Bild 1.153 und 1.154).

Bei Sparrenlängen $\geqq$ 6 m (starker Wasseranfall in den unteren Schichten) wird Aufschnittdeckung bevorzugt.

Lattendicke 3/5 cm; Gewicht auf Latten ohne Vermörtelung 0,50 kN/m^2, bei Vermörtelung 0,60 kN/m^2. Die Pfannen können entweder trocken eingedeckt werden oder

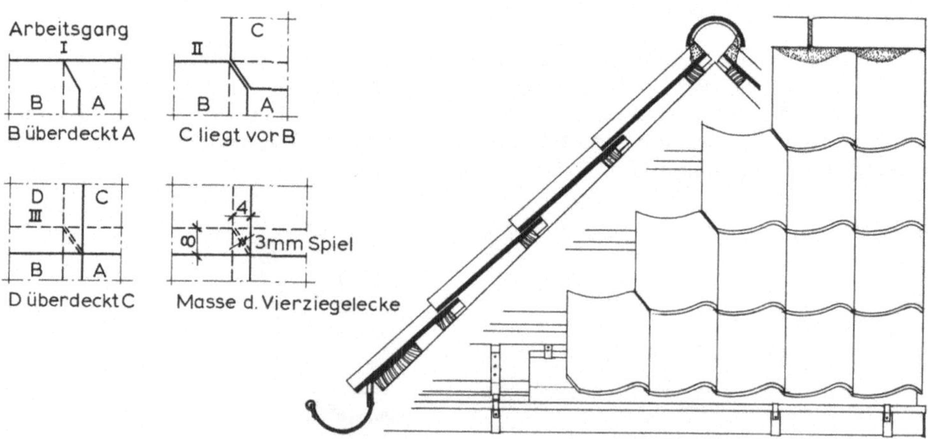

1.156   Hohlpfannen-Vorschnittdeckung [40]

trocken mit Innenverstrich oder mit Querschlag und Innenverstrich. An der Traufe, am First und an den Stellen, wo kein Innenverstrich möglich ist, werden die Pfannen in Kalkmörtel gelegt oder mit Glaswolle o.ä. gedichtet. Ohne Innenverstrich oder Querschlag verlegte Hohlpfannen sollen mit Sturmklammern gesichert werden. Die Dachpfannen dürfen nicht windschief sein. Flache Pfannendächer werden auch auf Stülpschalung oder über Pappdächern ausgeführt. Auf der Dachschalung liegen in der Richtung der Sparren erst Streck- oder Konterlatten (2/8 cm) und darauf parallel zur Traufe die eigentlichen Dachlatten (3/5 cm). An der Traufe wird eine sogenannte Bundlatte angeordnet, die mit Ausschnitten zur Lüftung der Hohlräume versehen ist. Die Pfannen werden bei dieser Ausführung nicht verstrichen.

First und Grate werden wie bei den Flachziegeldächern mit vermörtelten Gratziegeln gedeckt. Der Gratziegel für Pfannendächer ist 400 mm lang, hat flachbogigen Querschnitt und ist etwas breiter als der Gratziegel für Strangdachziegel (Bild 1.147). Die übrigen Abmessungen sind aus Bild 1.157 ersichtlich.

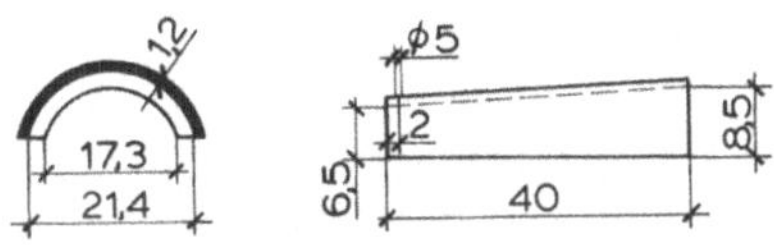

1.157   First- und Gratziegel

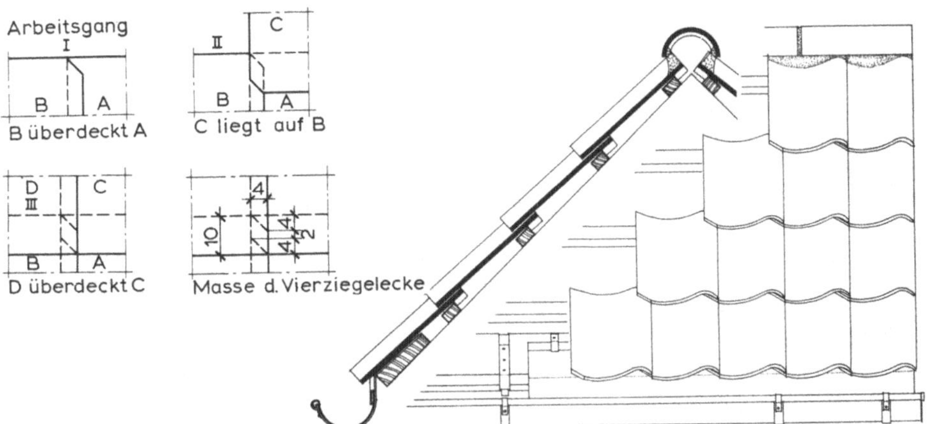

1.158   Hohlpfannendach in Aufschnittdeckung [40]

Die Kehlen werden aus Formziegeln oder als untergelegte Kehlen mit Zinkblech- oder als Ziegelkehlen („Herzkehlen") aus Biberschwänzen hergestellt. Die Breite muß mindestens 4 Ziegelbreiten betragen. Die Kehldeckung wird als Doppeldach ausgeführt.

Schornsteinanschlüsse und andere Einzelheiten der Dachdeckung sind wie bei den Flachziegeldächern auszubilden.

1.5.2.4 Falzziegeldeckung

Falzziegel, Falzpfannen und Flachdachpfannen sind Preßdachziegel mit Kopf- und Seitenverfalzung, d.h., sie greifen allseitig in- und übereinander und ergeben dadurch eine regensichere, luftdurchlässige Deckung; sie werden trocken ineinandergelegt.

Zur Sicherung gegen Sturmschäden muß mindestens jeder vierte Ziegel durch Verdrahten oder Verklammern befestigt werden. Falzziegel werden in vielen verschiedenen Formen hergestellt (s. auch Bild **1**.152, Romanokremper).

Preßdachziegel sind im Gegensatz zu Strangdachziegeln nicht in ihren Außenmaßen, sondern in ihrem Deckmaß genormt. Die Decklänge beträgt einheitlich 333 mm (± 10 mm), die Deckbreite 200 mm (± 6 mm). Damit ergibt sich ein Ziegelbedarf von 15 Stück für 1 m² Dachfläche. Innerhalb der Lieferung für ein Bauwerk dürfen sich die Deckmaße der größten und der kleinsten Ziegel höchstens um 2%, bezogen auf die Maße des kleinsten Ziegels, unterscheiden.

Falzpfannen können sowohl in der Decklänge als auch in der Deckbreite gegeneinander nur innerhalb geringer Toleranzen verschoben werden. Deshalb ist bei der Planung des Daches je nach Fabrikat der verwendeten Falzpfannen die Dachlänge (Sparrenlänge) und Dachbreite unter Berücksichtigung der Anschlüsse an Dachrinnen und First (Maße a und b in Bild **1**.160) genau zu ermitteln. Nötigenfalls müssen die erforderlichen Maße durch Änderungen der Dachüberstände oder der Dachneigung erreicht werden.

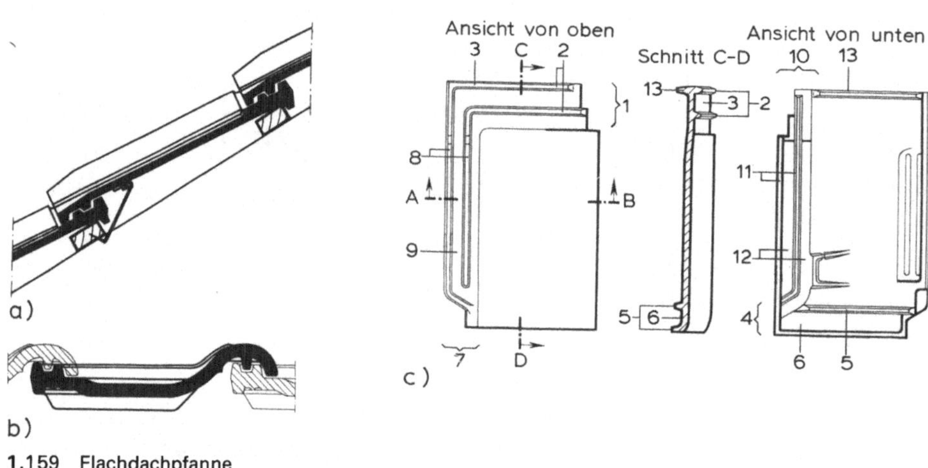

1.159 Flachdachpfanne

    a) Längsschnitt mit Sturmklammer
    b) Schnitt A–B (vergrößert)
    c) Einzelheiten

1 Kopffalzteil	6 Fußfalzrippen	11 Deckfalzrippen
2 Kopffalzrippen	7 Seitenfalzteil	12 Deckfalznute
3 Kopffalznut	8 Seitenfalzrippen	13 Aufhängenase
4 Fußfalzteil	9 Seitenfalznut	
5 Fußfalze	10 Deckfalzteil	

Die in Bild **1**.159 dargestellte weitverbreitete Flachdachpfanne[1]), die die wirtschaftlichen und konstruktiven Vorteile der Falzpfanne mit dem Aussehen der Hohlpfanne vereint, kann u. U. für Neigungen ab 22° verwendet werden (Bild **1**.160).

---

[1]) Flachdachpfannen sind für flach geneigte Dächer bis min. 22° geeignet (vgl. Tab. **1**.142), nicht etwa für abgedichtete Flachdächer (s. Abschn. 2).

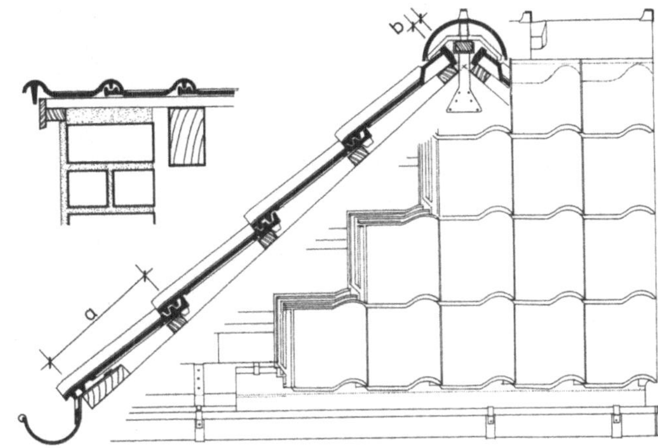

1.160
Flachdachpfannendeckung
[40]

Firste und Grate werden mit besonderen First- und Gratziegeln gedeckt, die in Mörtel
– der Dachfarbe entsprechend eingefärbt – verlegt werden (Bild **1.161**). Firstziegel
werden heute meistens mörtelfrei mit Klammern an den Sparrenspitzen (Bild **1.160**)
oder an Firstbohlen befestigt. Am Zusammenstoß verschiedener Grate bzw. von Graten

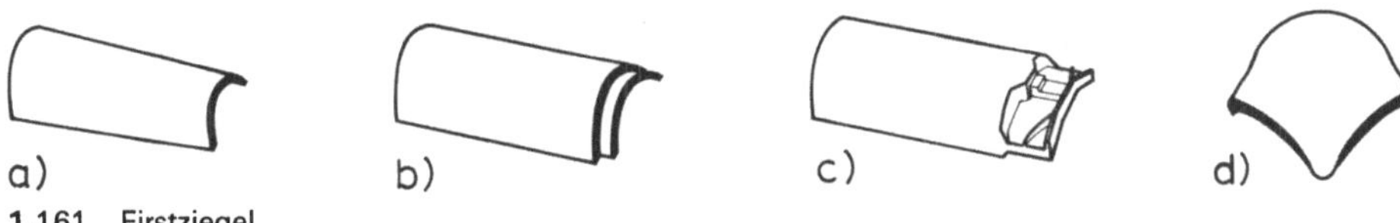

a)   b)   c)   d)

1.161 Firstziegel
   a) konischer First- und Gratziegel
   b) Firstziegel mit Überfalzung
   c) Lüfter-Firstziegel
   d) Gratkappe

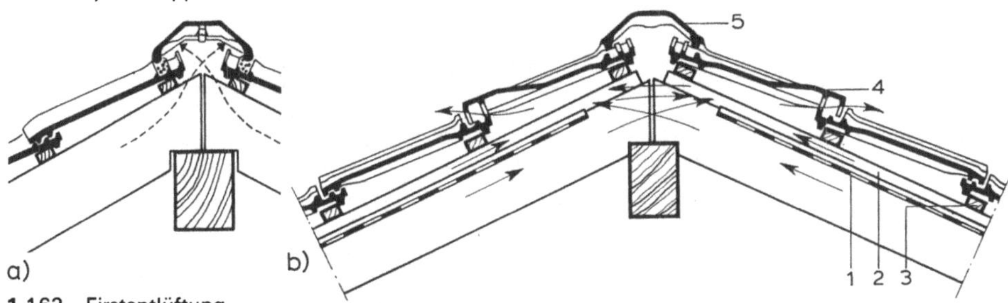

a)   b)

1.162 Firstentlüftung
   a) Lüfter-Firstziegel (vgl. Bild **1.161** c)
   b) Entlüftung mit Lüfter-Formsteinen (vgl. Bild **1.170** e)

   1 Spannbahn (z. B. DELTA-Folie)   3 Dachlatte
   2 Konterlattung, die die unterseitige   4 Lüftungspfanne
      Belüftung der Dachziegel ermöglicht   5 Firstziegel

und First müssen die Firstziegel passend geschnitten werden, oder es werden Gratkap-
pen verwendet (Bild **1.161** d). Zur Entlüftung des Dachraumes oder der Dachkonstruktion (vgl. Abschn. 1.8) werden Lüfter-Firstziegel verwendet (Bild **1.161** c und **1.162** a),
Lüfter-Formsteine in Firstnähe eingebaut (Bild **1.162** b) oder bei Pultdächern Abluftöffnungen im Gesims eingeplant (Bild **1.163**).

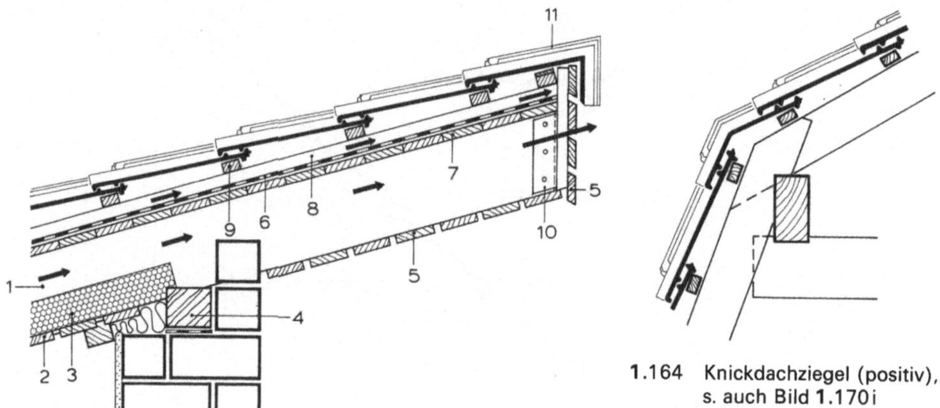

1.164 Knickdachziegel (positiv),
       s. auch Bild 1.170 i

1.163 Zweischaliges Pultdach, oberer Abschluß

1 Sparren
2 Deckenschalung
3 Wärmedämmung
4 Pfette (verankert)
5 Gesimsschalung
  mit Lüftungsfugen
6 Dachschalung (mit Fugen)

7 Spannbahn (Sicherung der
  Wärmedämmschicht vor
  Sprühwasser und Flugschnee)
8 Konterlattung
9 Dachlattung
10 Knagge zur Befestigung der
   Gesimsbrettstützen
11 Pultdachziegel
   (Schenkel 70° bis 90° lieferbar)

Übergänge zwischen verschieden geneigten Dachflächen können mit Formsteinen ausgeführt werden. Dafür stehen bei den gebräuchlichen Dachziegel- bzw. Dachstein-serien „positive" (Bild 1.164) oder „negative" Knickdachziegel einschließlich der erforderlichen Ortgangsteine zur Verfügung.

Auf diese Weise eröffnen sich reizvolle Gestaltungsmöglichkeiten für zusammengesetzte Dachflächen mit wechselnden Neigungen, und es können dabei komplizierte und schadensanfällige Hilfskonstruktionen mit Blechen vermieden werden.

Kehlen lassen sich bei Falzpfannen nicht, wie z. B. beim Biberschwanz- oder Schieferdach, einbinden. Sie werden als untergelegte Kehlen ausgebildet, wobei die Kehle selbst mit 40 bis 50 cm breiten gefalzten Blechen, die auf Kehlbrettern aufliegen, oder besser mit Formziegeln (Bild 1.165) gedeckt wird. Die Anschlußpfannen werden mit der Trennscheibe abgeschrägt und auf die Deckung der Kehle aufgelegt.

Ortgang. An den Ortgängen, den seitlichen Dachabschlüssen, können die letzten Deckreihen in Mörtel auf dem Giebelmauerwerk verlegt und durch Klammern, Haken o. ä. gegen Sturm gesichert werden. Der Abschluß zum Giebelmauerwerk kann durch den Außenputz gebildet werden (vgl. Bild 1.166 a). Der Putzanschluß ist jedoch nur schwierig sauber herzustellen. Auch wegen der Rißgefahr werden besser Zahnleiste und Windbrett als Übergang vorgesehen (Bild 1.166 b). Bei Hohlpfannen, Krempziegeln, Falzpfannen, Beton-Dachsteinen u. ä. bilden „Doppelkremper" die Abschlußreihe, oder es werden spezielle Ortgang-Formstücke verwendet (Bild 1.166 c und d). Sie bilden den Übergang zum Giebel oder dem Ortganggesims, das handwerklich – z. B. mit Profilbrettern, evtl. in Verbindung mit einer Ortgangrinne – ausgeführt wird (Bild 1.166 e) oder auch mit vorgefertigten Elementen gestaltet werden kann (Bild 1.166 f).

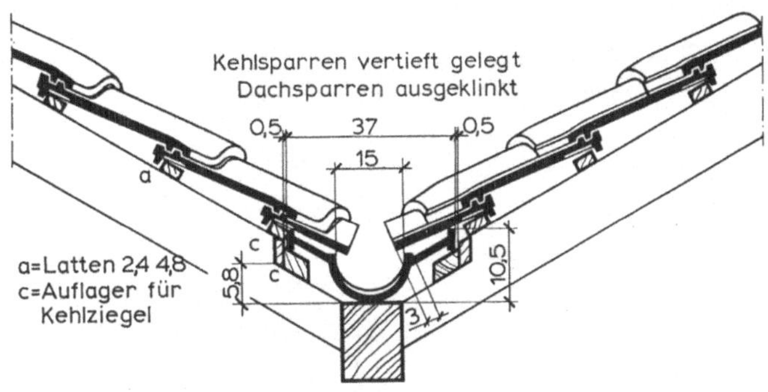

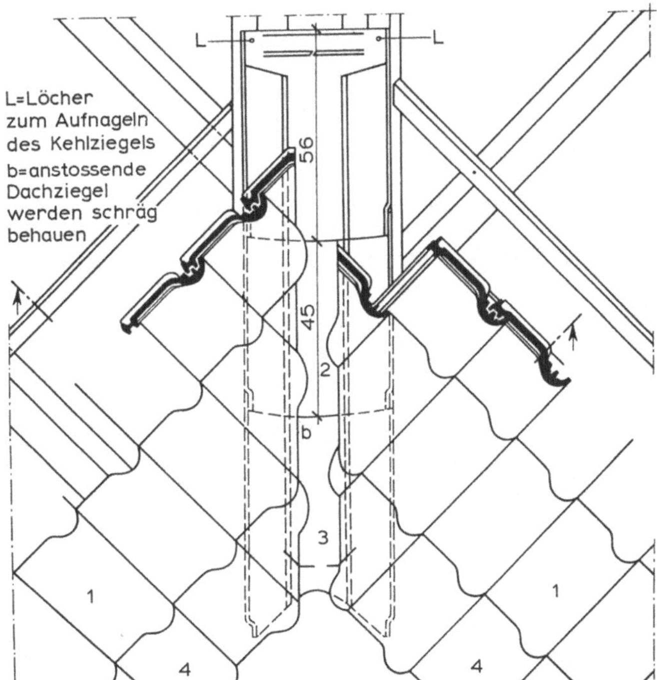

1.165
Kehldeckung eines
Flachdachpfannen-
daches mit Formziegeln

1 Dachpfanne
2 Rinnenkehlziegel
3 Rinnenkehlziegel,
  Traufanhänger
4 Traufziegel

Werden aus gestalterischen Gründen keine Formstücke am Dachrand gewünscht, kann der Übergang zwischen Ortganggesimsen und Dachfläche durch Ortgangrinnen gebildet werden, die mit Überhangstreifen an der Gesimsoberkante anschließen. Wenn bei trapezförmigen Dachflächen die letzten Deckreihen am Ortgang schräg anschließen, sich Ortgangrinnen unvermeidlich, um das anfallende Niederschlagwasser vom Gesims fernzuhalten und in die Dachrinnen abzuleiten (vgl. Bild **1.166** e).

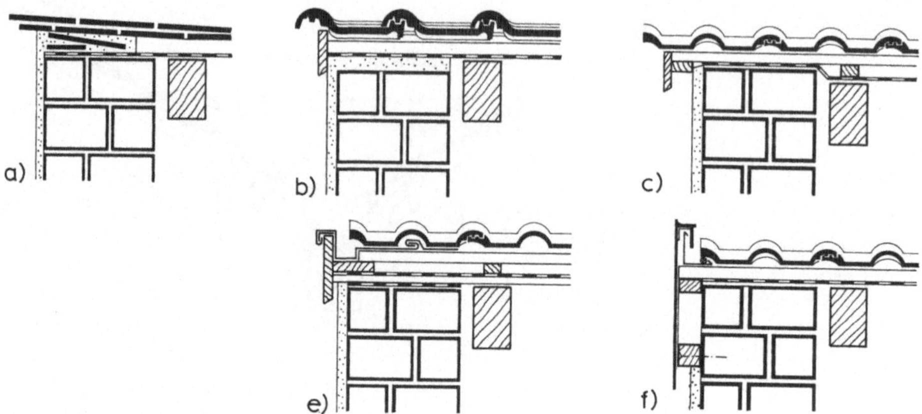

1.166 Ortgänge
   a) Biberschwanz-Kronendach: eingemörtelte Ortgangziegel
   b) Krempziegel: Ortgang mit Zahnleiste
   c) Dachsteine: Doppelkremper mit Zahnleiste und Windbrett
   d) Falzziegel: Ortgang-Formziegel
   e) Ortgangrinne
   f) Ortgangabschluß mit Formteil („Herforder Dachkante") und Ortgangrinne

Wandanschluß. Schließen Dachflächen seitlich an Wände an, wird der Übergang durch Überhangstreifen aus Walzblei gebildet, die mit Kappleisten abgedeckt werden (Bild **1.167**a). Gestalterisch ist die Ausführung mit Kehlrinnen zwar schöner, doch sind durch Verschmutzung (Laub) oder Eisbildung im Winter Undichtigkeit durch Rückstaubildung schwer zu vermeiden (Bild **1.167**b).

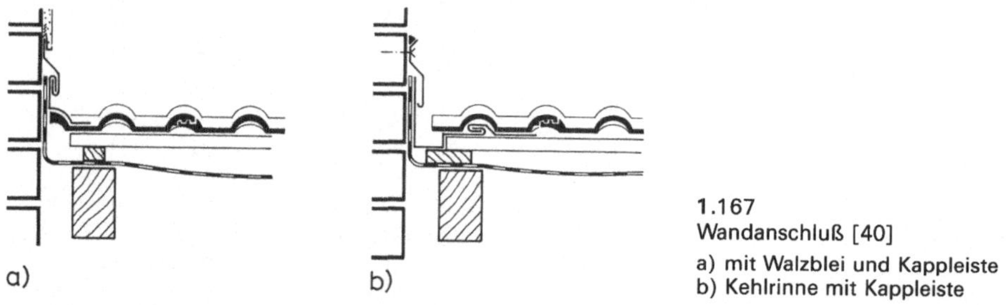

1.167
Wandanschluß [40]
a) mit Walzblei und Kappleiste
b) Kehlrinne mit Kappleiste

Traufseitige Wandanschlüsse sollten beim Entwurf eines Bauwerkes allein aus formalen Gründen wohl immer die Ausnahme darstellen. Konstruktiv ist nur bei kurzen Anschlußstellen mit ausreichendem Gefälle und einwandfreier Wasserableitung eine solche Lösung vertretbar, weil immer mit der Gefahr von Rückstau insbesondere bei winterlichen Verhältnissen zu rechnen ist. Eine Lösungsmöglichkeit zeigt Bild **1.168**.

Dachgräben können sich bei zusammengesetzten Satteldächern ergeben, die nicht mit innenliegenden Standrinnen (s. Bild **1.260**) entwässert werden sollen. Die Schalungsflächen des kehlenartigen Dachgrabens sind ähnlich wie bei Flachdächern abzudichten (vgl. Abschnitt 2). Am Auflager von Laufrosten muß durch elastische Zwischenschichten einer Beschädigung der Abdichtung vorgebeugt werden. Die Hölzer, die vorübergehend Nässe ausgesetzt sein können, sind durch hochwertige Imprägnie-

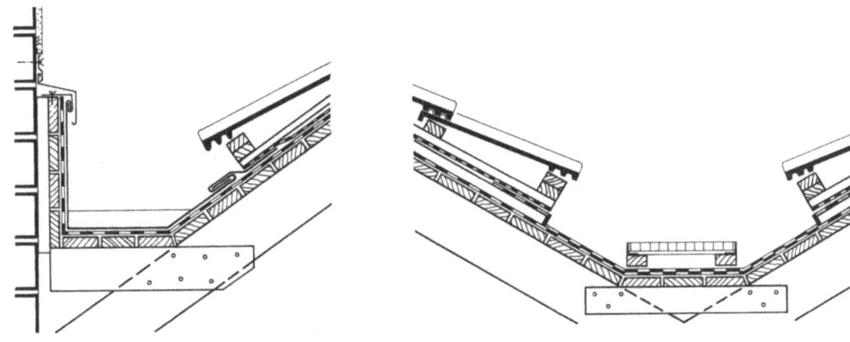

1.168   Traufseitiger Wandanschluß   **1.**169   Dachgraben [40]

rungen zu schützen. Durch Gitter ist das Eindringen von Vögeln und Ungeziefer in die Belüftungsschlitze zu verhindern (Bild **1.**169).

Formziegel (Formsteine)

Zu den geläufigsten Dachziegelformen werden Ergänzungs- und Sonderziegel angeboten, die nicht nur den Arbeitsvorgang beim Dachdecken wesentlich vereinfachen und beschleunigen, sondern bei Dachanschlüssen aller Art auch in Form und Farbe besser wirken als Blechverwahrungen, Deckleisten usw. So gibt es neben rechten und linken Ortgang- oder Windbordziegel z. B. Kehlziegel, Firstanschlußziegel oder Schlußplatten, Traufziegel oder Traufplatten, Wandanschlußziegel, Lüftungsziegel und Glasdachsteine in den Dachziegelformen.

Nach DIN 456 Ziffer 1.5 ist die Ausbildung von Formziegeln nicht genormt und den Herstellern überlassen. Formziegel müssen lediglich so gestaltet sein, daß sie zusammen mit den genormten Dachziegeln einwandfrei eingedeckt werden können.

Einige Beispiele sind in Bild **1.**170 gezeigt.

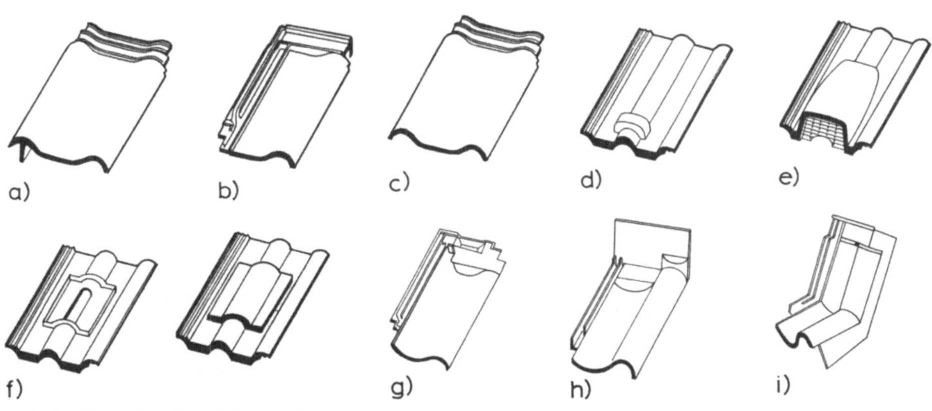

1.170   Formziegel und Formsteine

a) Ortgangziegel (links)
b) Firstanschlußziegel
c) Doppelwulstziegel
d) Schneestoppstein
e) Lüfterstein

f) Lüftergaube (PVC)
g) Firstanschlußziegel
h) Wandanschlußziegel
i) Knickdachziegel, negativ, Ortgang rechts

1.5.3 Betondachstein-Deckung

Ähnlich den in Abschn. 1.5.2.1 erwähnten Strangziegeln werden aus hochwertigem Beton Betondachsteine in verschiedenen Profilierungen (Beispiele in Bild **1.171**) oder als plattenförmige Dachsteine (Bild **1.172**) mit allen für die Eindeckung erforderlichen

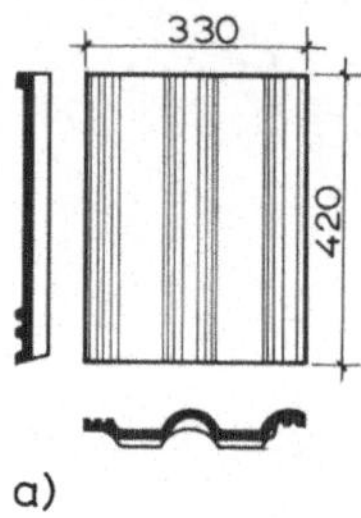

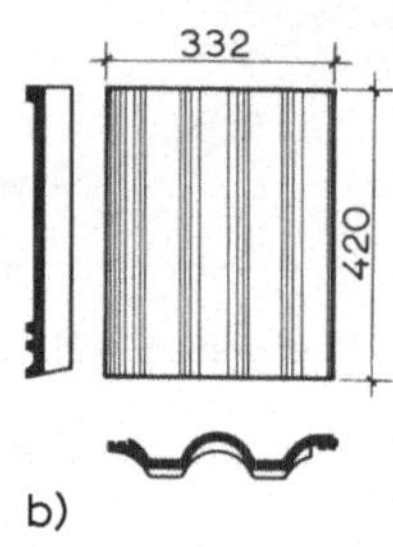

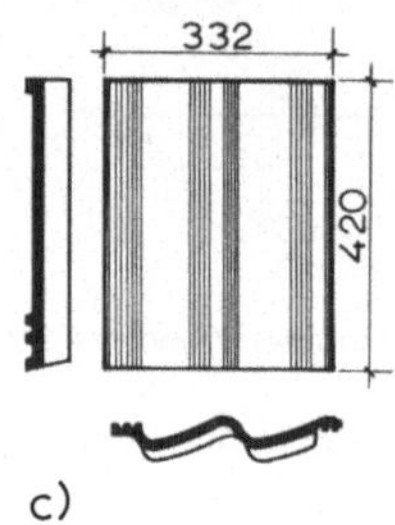

1.171 Betondachsteine mit Mittelwulst
  a) Frankfurter Pfanne
  b) Römerpfanne (ähnl. Zamis-, Tessinerpfanne)
  c) Doppel-S-Pfanne

Formsteinen hergestellt (DIN 1115). Betondachsteine erhalten in der Regel durch Aufbringen gebrannter Farbgranulate eine sehr dauerhafte Farboberfläche in ähnlichen Farbtönen wie engobierte Dachziegel.

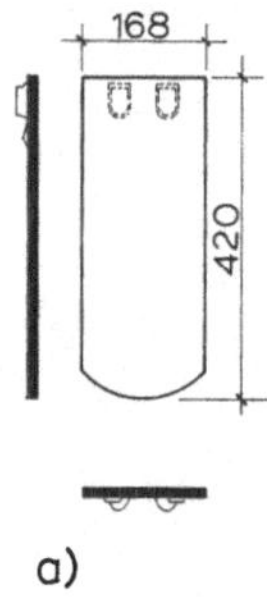

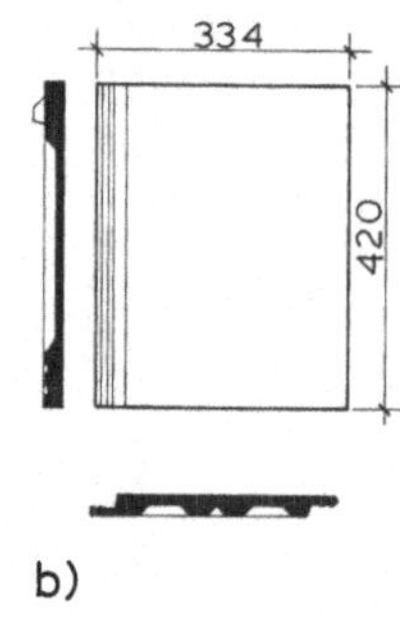

1.172
Plattenförmiger Beton-Dachstein
(BRAAS)
a) Biberstein
b) Tegalit

Wegen der guten Maßhaltigkeit der Betondachsteine gewähren einfache Längsfalze in Verbindung mit aerodynamisch wirksamen Rippen an den Querstößen eine gute Dichtigkeit von Betonsteineindeckungen, die durch Einlegen von Dichtungsstreifen noch verbessert werden kann. Selbstverständlich erfordern auch Betondachsteine bei der Planung die genaue Berücksichtigung der gegebenen Deckbreiten und der Lattenabstände, doch können wegen der fehlenden Querfalzung u. U. größere Toleranzen in der Längsüberdeckung in Anspruch genommen werden (vgl. Bild **1.173**). Im übrigen sind die handwerklichen Verlegeregeln sowie die zu beachtenden Details denen für Falzziegel-Deckungen (s. Abschn. 1.5.2.4) vergleichbar.

Auch für Betondachsteine ist für alle Typen eine große Zahl von Sonderformsteinen verfügbar (vgl. Bild **1.170**).

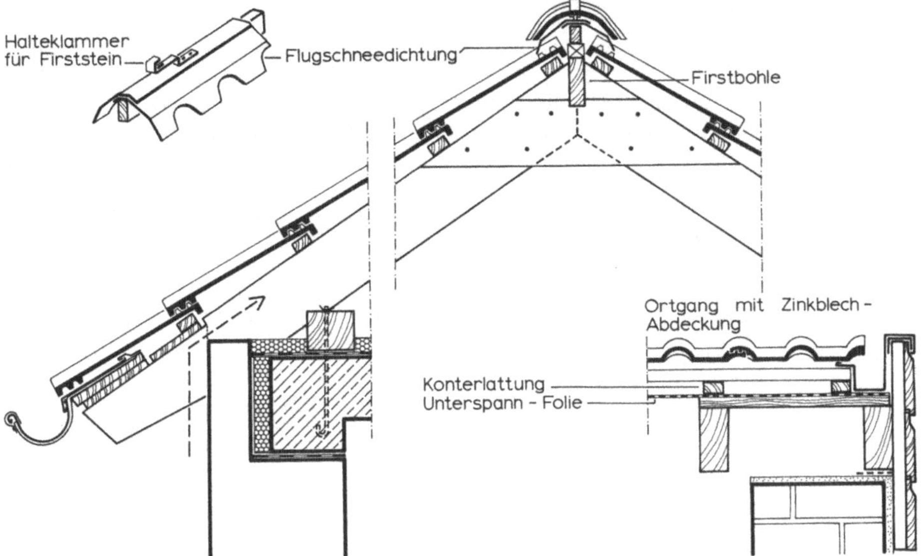

1.173 Eindeckung mit Beton-Dachsteinen (Trockenfirst)

1.5.4 Schieferdeckung

Dachschiefer sollen fluchtrechte Flächen haben, wetterbeständig und weder porig noch bituminös sein und dürfen keine Beimischungen von Schwefel oder Kupferkies, Eisenoxyd und Kalkerde enthalten; sie sollen gleichmäßige Farbe und beim Anschlagen mit einem Hammer hellen Klang haben.

Schieferplatten werden in verschiedenen Formen und Größen verwendet. Je größer die Platten, desto flacher kann die Dachneigung gewählt werden, desto härter muß aber auch der Schiefer sein, um der länger andauernden Durchfeuchtung Widerstand zu leisten. Nach der Schieferform werden u. a. folgende Deckungsarten unterschieden:

— Altdeutsche Deckung, altdeutsche Doppeldeckung,

— Deckung mit deutschen Schuppenschablonen (einfache oder Doppeldeckung),

— Deckung mit Rechteckschablonen,

— Deckung mit Fischschuppen- oder Spitzwinkelschablonen

Die Schieferplatten werden in der Regel auf eine Schalung aus 24 mm dicken und bis 20 cm breiten Brettern genagelt, die auf jedem Sparren mit mindestens 3 Nägeln befestigt werden.

Die Schalung muß vollkommen trocken sein, da nasse Schalung beim Zusammentrocknen der Bretter zum Zerspringen einzelner Schiefer führen kann. Die Schalung darf nicht federn; die Herzseite der Bretter liegt nach dem Dachraum zu. Großflächige Schieferplatten (z. B. bei der Englischen Deckung) werden auf Latten genagelt. Zum Schutze gegen Staub und Treibschnee wird die Schalung in der Regel mit einer leichten Dachpappe (Überdeckung 6 cm) abgedeckt.

1.5.4.1 Altdeutsche Deckung

Die Decksteine für Altdeutsche Deckung sind trapezförmig mit gerundetem Rücken zugehauen und nach der Höhe sortiert. Nach ihrer Größe werden sie als Ganze, Halbe, Viertel, Achtel, Zwölftel, Sechzehntel und Zweiunddreißigstel bezeichnet. Für Dachflächen mit mittlerer Größe werden hauptsächlich Achtel (ca. 30 cm × 23 cm) und Zwölftel (ca. 26 cm × 21 cm), für Dächer, die steiler als 45° sind, auch Sechzehntel (ca. 22 cm × 19 cm) verwendet.

Je nach Überdeckung im „Rücken" der Steine wird „normaler" und „scharfer Hieb" unterschieden (Bild 1.174).

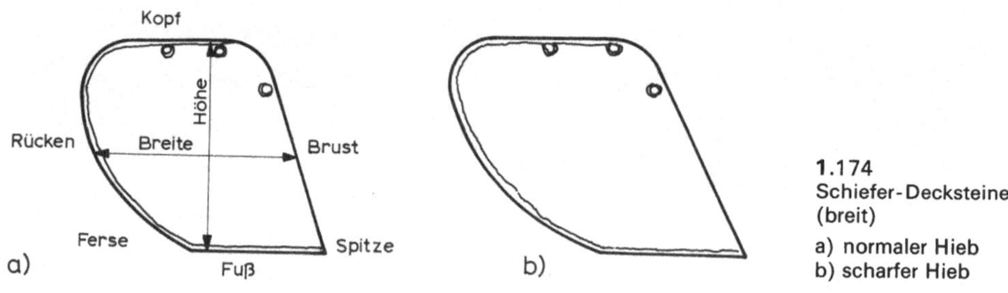

1.174
Schiefer-Decksteine (breit)

a) normaler Hieb
b) scharfer Hieb

Bild 1.175 stellt die Deckung einer rechteckigen Dachfläche dar. Die Decksteine werden, je nach der Windrichtung, in von links nach rechts oder umgekehrt ansteigenden Reihen (Deckgebinden) angeordnet. Je steiler das Dach ist, desto flacher kann die

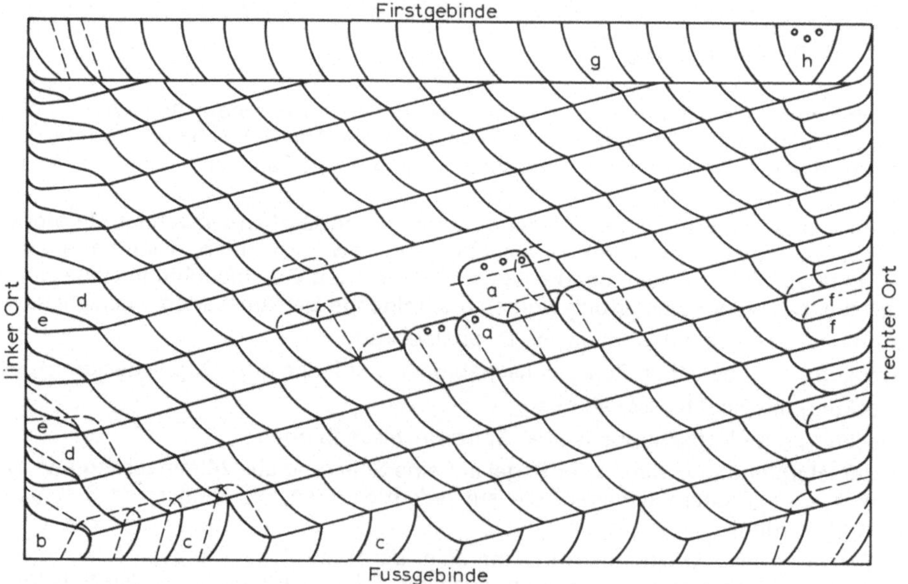

1.175 Altdeutsches Schieferdach

a Deckstein	d Anfangortstein	g Firststein
b Anfangfußstein	e Anfangortstichstein	h Schlußstein
c Fußstein	f Endortstein	

Steigung der Gebinde werden; sie beträgt bei 45° Dachneigung ca. 30 cm auf 1 m, bei 60° Dachneigung ca. 14 cm auf 1 m.

Die Gebindehöhen nehmen nach dem First zu allmählich ab. Die einzelnen Gebinde enthalten Steine gleicher Höhe, aber verschiedener Breite, wodurch die Dachfläche wirkungsvoll belebt wird.

Die Steine desselben Gebindes überdecken sich um 6 bis 7 cm. Die Überdeckung der aufeinanderfolgenden Gebinde beträgt 7 bis 8 cm.

Jeder Deckstein wird mit 2 bis 4 Nägeln auf der Schalung befestigt. Jeder Stein darf nur auf einem Brett genagelt werden, damit die Platten beim Werfen des Holzes nicht springen. Die Nagellöcher werden beim Decken mit der Spitze des Schieferhammers eingeschlagen. Die breitköpfigen Schiefernägel sind 4 cm lang und müssen aus verzinktem Schmiedeeisen bestehen.

Bei allen Schieferdächern sind für die Ausführung von Ausbesserungsarbeiten Leiterhaken in ca. 2,50 m Entfernung anzubringen, die mind. doppelt zu befestigen sind. Unter den aus verzinktem Stahl bestehenden Haken werden die Schieferplatten durch Bleiplatten ersetzt.

Deckung der Traufe. Das Fußgebinde wird aus verschieden hohen Steinen, wie es der Anschluß an die Deckgebinde erfordert, gebildet. Die Fußsteine erhalten runden (Bild **1.**175) oder geraden Rücken (Bild **1.**178).

Deckung der Orte. Bei der Altdeutschen Deckung müssen alle Orte eingebunden werden. Aufgelegte Orte (Strackorte) sind zu vermeiden. Am Anfangort werden besonders geformte Anfangortsteine mit untergelegten Stichsteinen angeordnet, damit das Wasser möglichst von der Ortlinie abgelenkt wird. Die Anfangortsteine können geschwungenen oder runden Rücken erhalten. Am Endort endet jedes Deckgebinde mit zwei übereinanderliegenden Endortsteinen, die mit mindestens 4 Nägeln befestigt werden (Bild **1.**175).

Deckung des Firstes. Das 30 bis 40 cm hohe Firstgebinde greift etwa 10 cm über die letzten Steine der Deckgebinde. Die Firststeine erhalten runden oder geraden Rücken. Das der Wetterseite zugekehrte Firstgebinde ragt 5 bis 7 cm über die andere Dachfläche hinaus (Bild **1.**176). Der dabei entstehende Winkel wird mit Schieferkitt (Asphalt und Kreide) ausgefüllt.

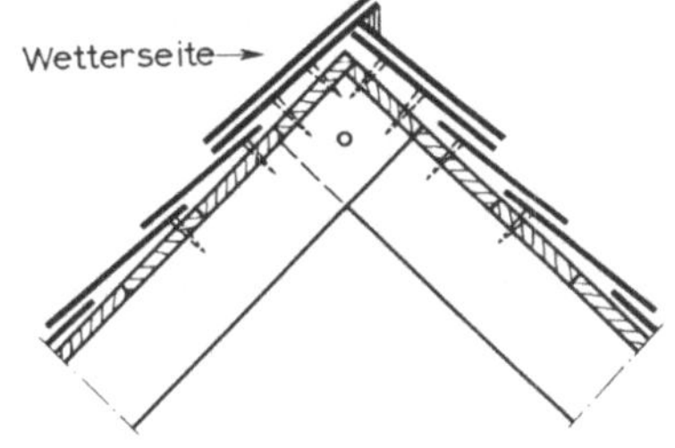

1.176 Deckung des Firstes

Deckung der Grate. Alle Grate sind einzubinden. Strackorte sind zu vermeiden.

Der Anfangort am Grat wird als Stichort mit geschwungenem oder rundem Rücken gebildet (Bild **1.**177). Der Endort am Grat erhält auf jedes Gebinde zwei übereinanderliegende Endortsteine (wie im Bild **1.**175, rechts).

Deckung der Kehlen. Alle Kehlen sind einheitlich mit Schiefer zu decken (kein Blech!). Die Kehlen werden muldenförmig ausgeschalt, mit Dachpappe ausgefüttert und mit schmalen, 14 cm breiten Schieferplatten (Kehlsteinen) als Herzkehlen oder in Rechts- bzw. Linksdeckung gedeckt.

Bei der Herzkehle (Bild **1.**179) wird von dem in der Mitte der Kehle liegenden Herzwasserstein nach beiden Dachflächen gedeckt (mindestens 4 Kehlsteine auf jeder Seite). Die Kehlgebinde überdecken sich um 8 bis 10 cm und schließen mit Wasserstein

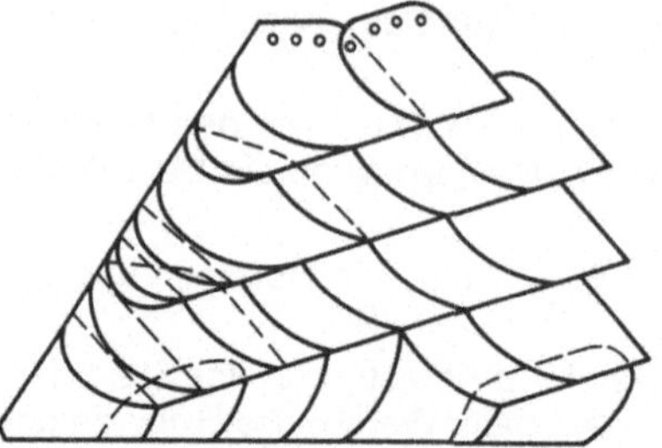

1.177 Eingebundener Grat als Stichort mit rundem Rücken (Altdeutsche Deckung)

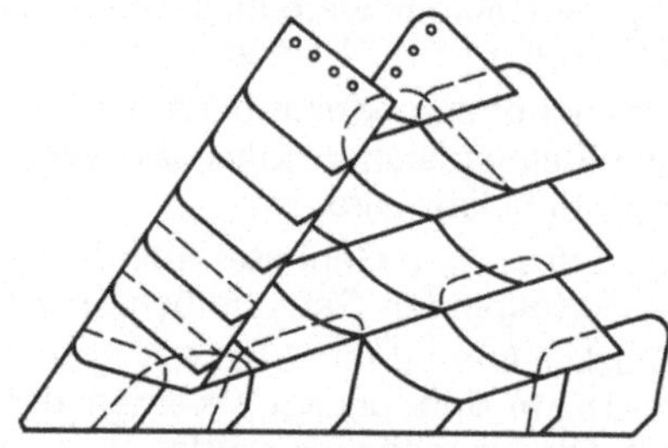

1.178 Gratdeckung mit Strackort (Deckung mit deutschem Schablonenschiefer)

bzw. Schwärmer an die Deckgebinde an. Bei der rechts oder links gedeckten Kehle (Bild **1.**180) erfolgt die Deckung vom Wasserstein aus. Die Breite der Kehle muß mindestens 7 Kehlsteine betragen.

Deckung der Dachfenster- und Maueranschlüsse. Da die Altdeutsche Deckung mit Hilfe eingehender und ausgehender Kehlen eine Deckung von der Dachfläche zur senkrechten Wand oder umgekehrt ermöglicht, sollen alle Anschlüsse an Dachfenster, Schornsteine und Mauern ohne Verwendung von Metallblechen einheitlich in Schiefer gedeckt werden.

Altdeutsche Doppeldeckung. Das Altdeutsche Schieferdach kann auch als Doppeldach ausgeführt werden. Dabei greifen die Gebinde so weit übereinander, daß jedes dritte Gebinde das erste noch um 3 cm überdeckt.

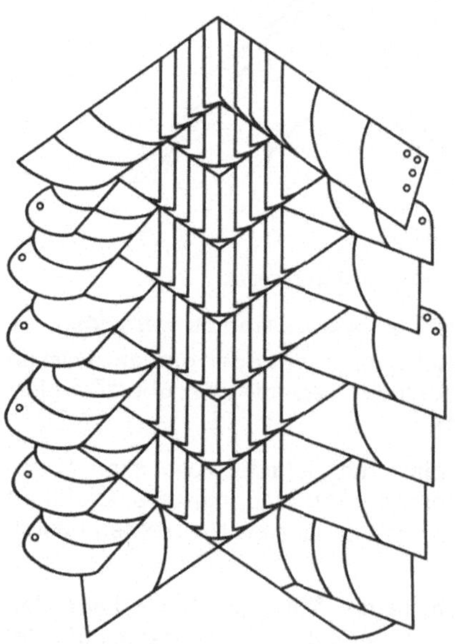

1.179 Herzkehle

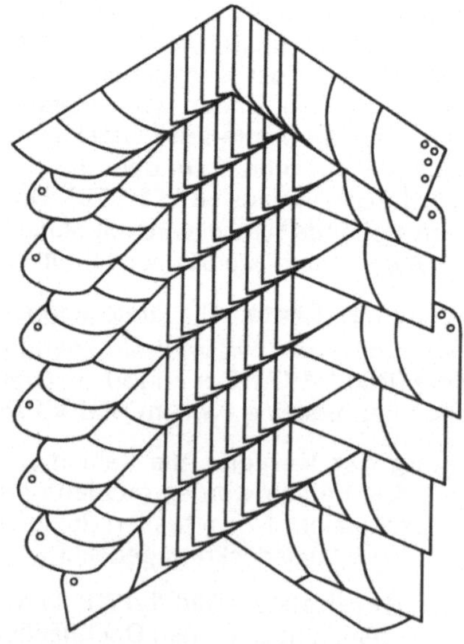

1.180 Rechts gedeckte Kehle

1.5.4.2 Deckung mit deutschen Schuppenschablonen

Sparrenneigung nicht unter 25°. Die Deckung entspricht der Altdeutschen Deckung; es werden jedoch Decksteine gleicher Größe verwendet. Alle Gebinde sind also gleich hoch, alle Schuppen gleich breit. Dadurch wird die Deckung einförmig und weniger wirkungsvoll als bei der Altdeutschen Deckung.

Die Deckung der Traufe, des Firstes, der Orte und der Kehlen geschieht genau wie bei der Altdeutschen Deckung. Die Grate können entweder eingebunden oder als aufgelegte Orte (Strackorte) gedeckt werden (Bild 1.178).

Das deutsche Schuppenschablonendach kann auch als Doppeldach ausgeführt werden. Dabei greifen die Gebinde so weit übereinander, daß jedes dritte Gebinde das erste noch um 3 cm überdeckt.

Die Litera-Schablonendeckung wird, wie die deutsche Schuppenschablonen-deckung, mit schräg ansteigenden Gebinden ausgeführt. Die Decksteine (Litera-Scha-blonen) sind geradlinig begrenzt und in der unteren Ecke gebrochen. Einzelheiten wie beim deutschen Schuppenschablonendach.

1.5.4.3 Deckung mit Rechteckschablonen

Sparrenneigung nicht unter 25°. Die Schiefer werden in waagerechten Reihen als Doppeldach im Verband gedeckt. Die Reihen greifen so weit übereinander, daß jede dritte Reihe die erste noch um 6 bis 8 cm überdeckt. Je flacher das Dach, desto größer müssen die Schiefer gewählt werden. Das Firstgebinde besteht aus Firststeinen mit geradem Rücken. Die Orte können als Strackorte oder Ausläuferorte gedeckt wer-den (wasserableitender Hieb bei Ausläuferorten).

Große Rechteckschiefer können auch auf Latten 40/60 gedeckt werden (Englisches Schieferdach; Bild 1.181). Lattenweite = Schieferlänge minus 8 cm, geteilt durch 2. Die Schiefer liegen dann überall doppelt, auf 8 cm sogar dreifach. Die nebeneinan-derliegenden Platten der einzelnen Reihen stoßen stumpf zusammen (vgl. Flachziegel-Doppeldach). Jede Platte wird in der Mitte durch 2 Nägel auf der Latte befestigt. Die Nagelstellen werden durch die folgende Reihe überdeckt. Die unterste Reihe an der Traufe besteht aus Steinen halber Länge, die im unteren Teil auf die erste Latte genagelt werden.

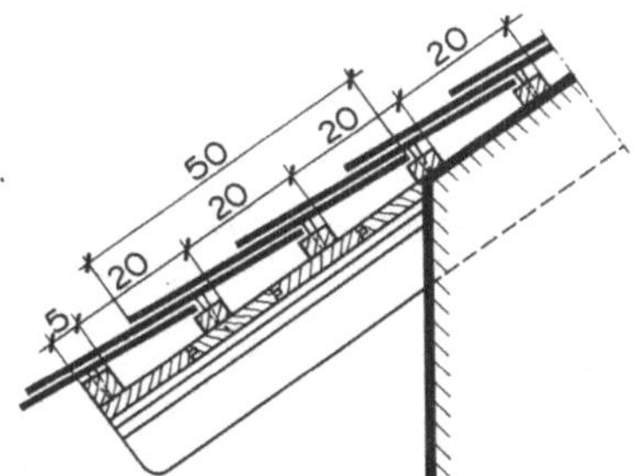

1.181   Doppeldach mit rechteckigem Schiefer (Englisches Schieferdach)

Die Kehlen müssen hier auf flach geneigten Dächern untergelegt, d. h. geschalt und mit Zink- oder Bleiblech ausgekleidet werden. Die der Kehllinie entsprechend zugehauenen Platten überdecken den gefalzten Blechrand um 8 bis 10 cm (Bild 1.182).

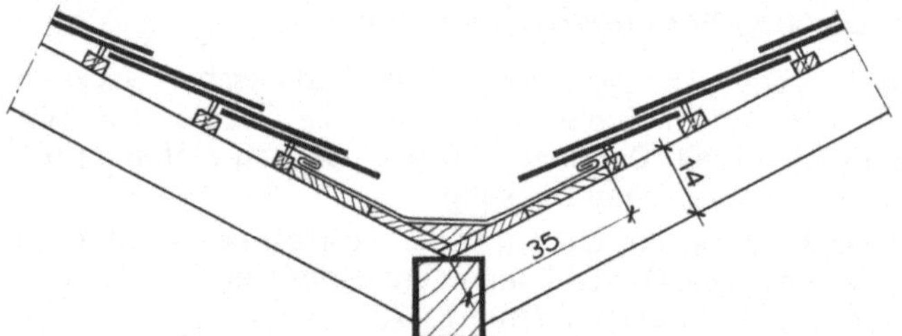

1.182
Deckung flacher Kehlen beim
Englischen Schieferdach

1.5.4.4 Deckung mit Sechseck-, Achteck- oder Halbkreisschablonen

Sechseckschablonen (Spitzwinkelschablonen, Sparrenneigung nicht unter 35°)
werden in waagerechten Reihen so gedeckt, daß sich ein rhombisches Schuppenmuster
ergibt (Bild **1.183**). An der Traufe ist ein Fußgebinde aus Fußsteinen gleicher Höhe,
am First ein Firstgebinde anzuordnen. Die Orte werden als Strackorte gedeckt.

Halbkreisschablonen (Fischschuppenschablonen) werden in waagerechten Reihen
so gedeckt, daß sich das in Bild **1.184** dargestellte Schuppenmuster ergibt. Deckung der
Traufe und des Firstes wie vor. Die Ortsteine der geraden Ortkante können eingebunden
werden, die Grate werden als Strackorte gedeckt.

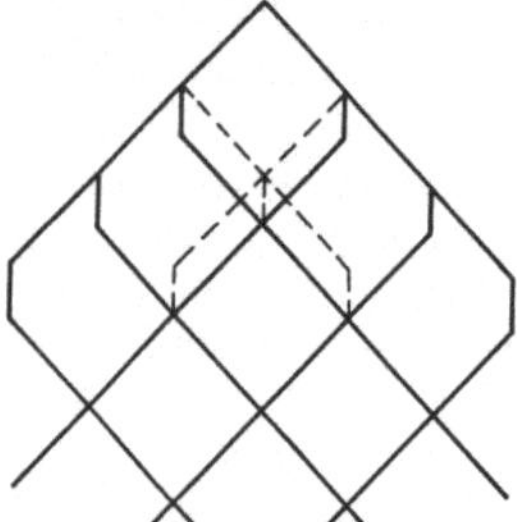

1.183 Deckung mit Sechseckschablonen
       (Spitzwinkelschablonen)

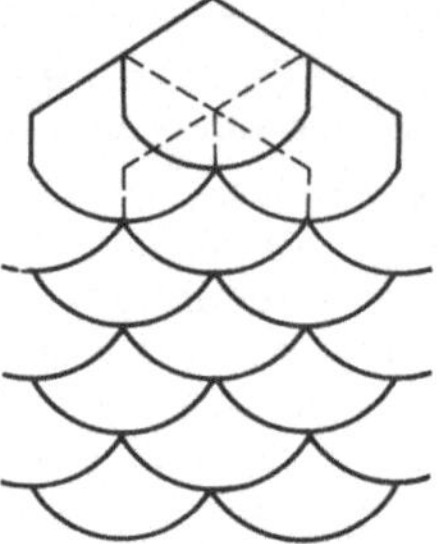

1.184 Deckung mit Halbkreisschablonen
       (Fischschuppenschablonen)

1.5.4.5 Deckung mit Faserzement-Dachplatten[1])

In ähnlicher Weise wie mit Naturschiefer können Dächer (Mindestneigung 25°) und
senkrechte Flächen mit Faserzement-Dachplatten gedeckt werden (Faserzement s.
Abschn. 1.5.5). Die Platten werden nach DIN 274 witterungs-, volumen-, korrosions-
sowie frost- und hitzebeständig hergestellt und sind unbrennbar (DIN 4102, Kl. A1).
Es werden verschiedene Quadrat- und Rechteckformate (Vorzugsgrößen 60/30, 40/
40, 40/20 cm) – auch mit gestutzten Ecken – sowie Schablonen für Deutsche Deckung
gefertigt in den Farben Dunkelgrau, Rostbraun und Rot.

Die Deckung erfolgt je nach Deckungsart, Plattengröße, Neigung und Witterungsbeanspruchung der gedeckten Flächen auf Lattung oder Vollschalung, wobei geschalte
Flächen eine Unterdeckung mit 333er Dachbahnen erhalten (Bild **1.185** und **1.186**).

---

[1]) Asbestzement s. S. 126

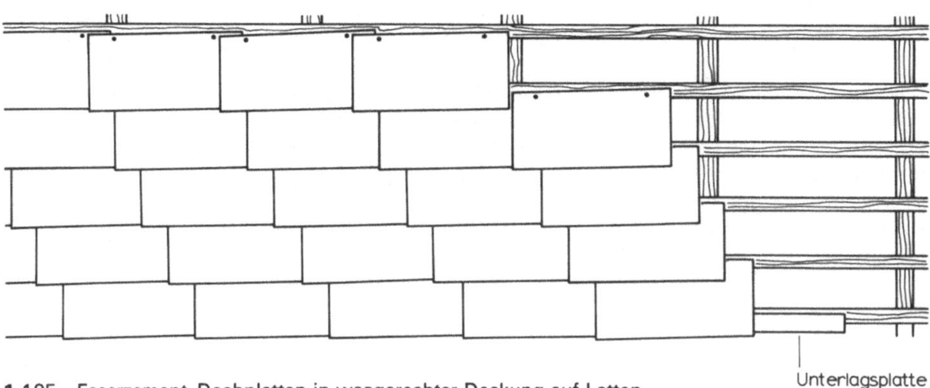

1.185 Faserzement-Dachplatten in waagerechter Deckung auf Latten   Unterlagsplatte

a)   Unterlagsplatte

1.186
Faserzement-Dachplatten in Doppeldeckung auf
Latten
a) Doppeldeckung mit Quadraten
b) Ortgang
1 Sparren
2 Faserzement-Dachplatten
3 Lattung
4 Pappe
5 Keil-Leiste
6 Zinkblech-Einfassung

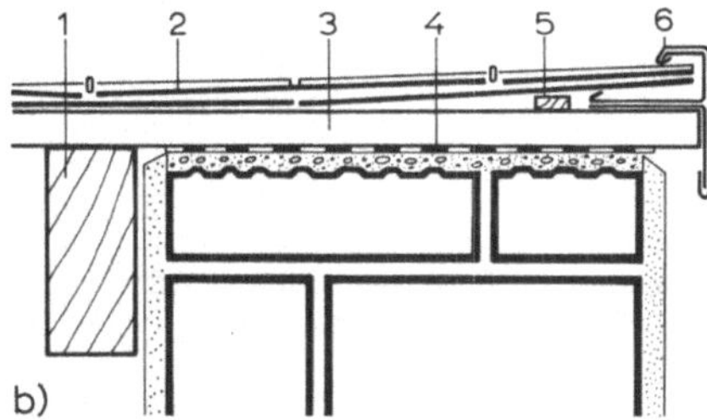

b)

Die Platten werden mit je 2 verzinkten oder kupfernen Schiefernägeln (Breitkopfnägel) genagelt und in verzinkte, kupferne oder aus rostfreiem Stahl hergestellte Sturmhaken eingehängt.

Die Deckung von Firsten, Graten, Kehlen und Traufen ähnelt der Naturschieferdeckung.

1.5.5 Faserzement-Wellplattendeckung[1])

Faserzementerzeugnisse werden hergestellt aus langfasrigem Mineral- oder Kunststoff-Fasern, Zement (Mischungsverhältnis etwa $\frac{1}{6}:\frac{5}{6}$) und kalkgesättigtem Wasser. Die einer feuchten Pappe ähnliche Rohmasse kann praktisch in alle Formen gepreßt werden, so daß neben Standarderzeugnissen (Wellplatten, ebene Platten und Rohre) alle dazugehörigen Formteile auch in Sonderanfertigungen leicht hergestellt werden können.

---

[1]) Die Verwendung von Asbestfasern für dünne zementgebundene Bauplatten ist eingestellt worden, nachdem gesundheitsschädigende Wirkungen von freiem Asbest beobachtet wurden. Es werden stattdessen Kunststoff-Fasern verwendet. Für alle Erzeugnisse ist daher die Bezeichnung „Faserzement" eingeführt.

Bei altersbedingten Erneuerungen oder als Vorsichtsmaßnahme werden alte Asbestzementbauteile heute vielfach durch neue Erzeugnisse ersetzt.

Bei funktionstüchtigen, eingebauten Asbestzement-Produkten, die für Dachdeckungen oder Fassadenverkleidungen verwendet werden, ergibt sich nach heutigen Erkenntnissen jedoch kein Sanierungsbedarf und keine Notwendigkeit, diese Produkte aus Gründen der Asbestfaserbindung zu beschichten oder gar auszutauschen. Dies gilt auch, wenn die Oberflächen durch Verwitterung beansprucht sind.

Das für bauaufsichtliche Fragen bundesweit zuständige Institut für Bautechnik stellt hierzu im Jahresbericht 1989 (2) fest: „Nach heutiger Auffassung gehen von genormten oder allgemein bauaufsichtlich zugelassenen Asbestzementprodukten für Dacheindeckungen und Fassadenbekleidungen im eingebauten Zustand keine konkreten Gesundheitsgefahren im Sinne der Landesbauordnung aus, wenn die Produkte bestimmungsgemäß hergestellt, verarbeitet und verwendet worden sind. Somit ist ein generelles bauaufsichtliches Sanierungsgebot – vergleichbar mit dem für schwach gebundene Asbestprodukte – nicht erforderlich."

Die vorstehenden Aussagen gelten auch für Asbestzement-Produkte, die in der früheren DDR gefertigt und verwendet wurden, da diese Erzeugnisse ebenfalls nach der Baustoffnorm DIN 274 bzw. der entsprechenden TGL hergestellt worden sind.

Nach den bisherigen Erkenntnissen ist eine Sanierung für Bauteile innerhalb von Gebäuden aber dann erforderlich, wenn festgestellt wird, daß Asbestfasern nur noch „schwach gebunden" sind und z. B. aus Asbestzement-Lüftungskanälen, asbesthaltigen Dichtungen, Brandschutzbeschichtungen o. ä. freigesetzt werden. Die Bauaufsichtsbehörden haben Richtlinien für die Sanierungs- und Entsorgungsmaßnahmen erlassen (z. B. Asbest-Richtlinien v. Mai 1989 als Technische Baubestimmungen zur Hess. Bauordnung, HBO). Die Sanierung kann durch Entfernen, Beschichten oder räumliche Trennung erfolgen. Asbesthaltige Abfälle sind nach besonderen Vorschriften zu entsorgen. Bei den Arbeiten sind Faserfreisetzungen z. B. durch Arbeiten mit Trennscheiben unbedingt zu vermeiden. Notfalls müssen die Arbeitsbereiche staubdicht abgeschottet werden. In allen Fällen ist bei den Arbeiten Atemschutz zu tragen.

Eine Neubeschichtung von Außenbauteilen aus Asbestzementerzeugnissen wie Dach- und Wandplatten ist nicht geboten und allenfalls als optische Oberflächenverbesserung zu betrachten.

Die bei unbeschichteten, naturgrauen Asbestzementplatten dafür in der Regel erforderliche Reinigung mit mechanischen Arbeitsgeräten, mit Hochdruck-Strahlgeräten und Kaltwasser-Druckstrahlgeräten, aber auch druckloses Abwaschen ist wegen der unvermeidlichen Freisetzung von Asbestfasern grundsätzlich untersagt.

Alle anderen farbigen oder beschichteten Asbestzementflächen dürfen mit drucklosem Wasserstrahl und Seifenlauge mit weichen Bürsten o. ä. gereinigt werden. Das anfallende Wasser ist aufzufangen und wie Abwasser zu entsorgen.

Im übrigen sind Hinweise der in Arbeit befindlichen Norm DIN 18520 zu entnehmen.

Faserzement-Wellplatten bieten infolge ihres großen Formates die Möglichkeit, große Sattel- und Pultdächer (Mindestneigung 7°) insbesondere in Verbindung mit Pfettenkonstruktionen gemäß Bild **1**.26 und **1**.27 sehr wirtschaftlich zu decken.

Folgende meist voneinander abhängige Daten sind bei Faserzement-Wellplatten-dächern zu beachten:

— Dachtiefe   — Zahl der Befestigungspunkte
— Dachneigung   — Höhenüberdeckung
— Plattenprofil   — Auflagerbreite
— Plattengröße   — Lochabstand vom Plattenrand
— Pfettenabstand

Die Standardplatte mit 5 Wellen für Dachdeckungen wird entsprechend den Hauptabmessungen mit 177/51 gekennzeichnet („Profil 5", von einzelnen Werken auch mit 6 Wellen als „Profil 6" hergestellt). Für kleinere Dachflächen, besonders aber für Wandbekleidungen, gibt es außerdem dünnwandige Wellplatten mit der Bezeichnung 130/30 – Profil 8 – (Bild **1**.187).

Die gängigen Plattengrößen sind Tabelle **1**.188 zu entnehmen.

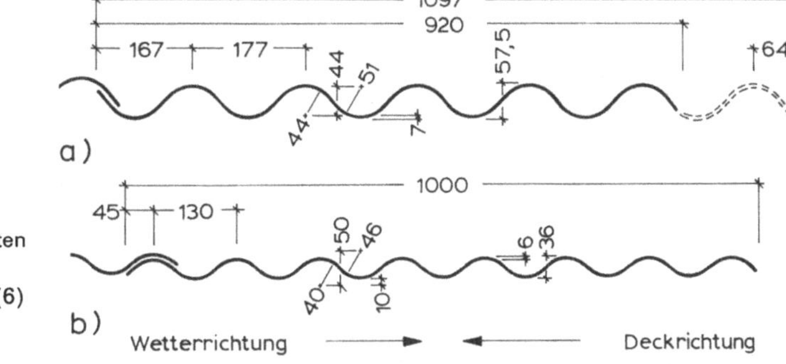

1.187
Dünnwandige Wellplatten
a) Faserzement-
   Wellplatten Profil 5 (6)
b) Faserzement-
   Wellplatten Profil 8

Für Eindeckung auf Dachlatten werden Wellplatten Profil 5 auch in Längen von 625 und 800 mm als Kurzwellplatten (auch als „Berliner Welle" bezeichnet) mit werkseitiger Lochung hergestellt.

Für alle üblichen Anschlußpunkte usw. steht eine große Zahl von Standardformteilen zur Verfügung. Für spezielle Probleme oder besondere gestalterische Absichten ist die Anfertigung von Sonderformteilen bei Faserzementplatten leicht möglich. Für Belichtungsfelder in einfachen Dächern sind den Wellplattenprofilen entsprechende Welldrahtglas- und Wellacrylplatten im Handel.

Tabelle **1**.188 Plattengrößen

Vorzugs-längen[1)	Vorzugsbreiten[2)]	
	Profil	
	177/51[3)]	130/30[4)]
in mm	in mm	
1250	920/1097	1000
1600		
2000		
2500		
3000[5)]		

[1)] zul. Maßabweichungen ±10 mm
[2)] zul. Maßabweichungen ± 5 mm
[3)] Plattendicke 6,5 mm ± 0,5 mm
[4)] Plattendicke 6 mm ± 0,5 mm
[5)] nur für Wandbekleidungen

Eindeckung

Bei der Eindeckung ist zunächst die Deckrichtung so festzulegen, daß die Überdeckungen der Wellplattenlängsstöße von der Hauptwindrichtung abgewendet liegen.

Tabelle 1.189   Neigungen

Dachtiefe in m	Dachneigung in Grad	in Prozent	Höhenüberdeckung in mm
≦6	> 7[1])	>12	200
> 6 bis 10	8[1])	14	200
>10 bis 15	9[1])	16	200
>15 bis 20	10	18	200
>20 bis 30	12	22	200
>30 bis 40	14	25	200
>40 bis 50	16	29	200
>50	≧17	≧31	150

[1]) Bei Deckungen mit Neigungen von weniger als 10° sind die Höhenüberdeckungen mit dauerplastischen Kittbändern zu dichten. Bei Neigungen unter 7° sind die besonderen Vorschriften der Hersteller für Maßnahmen zur Dachdichtung zu beachten.

Tabelle 1.191   Höchstzulässige Pfettenabstände

Dachneigungen in Grad	Profil	
	177/51	130/30
<20°	1150 mm	1150 mm
≧20°	1450 mm	1175 mm

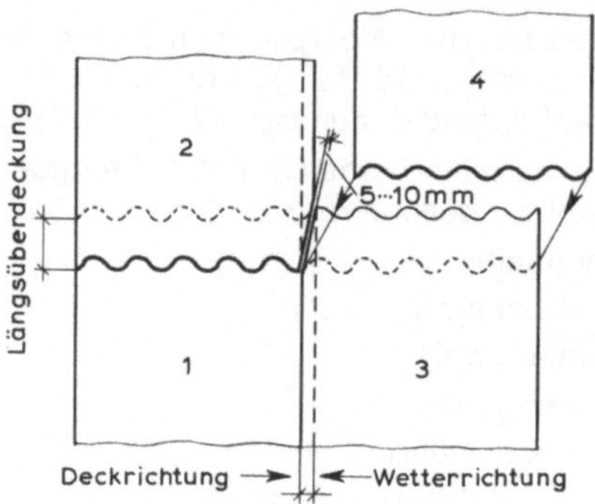

1.190   Eckenschnitt von Wellplatten

Die Höhenüberdeckung der einzelnen Platten ist von der Dachtiefe (= Entfernung zwischen First und Traufe) und der Dachneigung abhängig. Bei Neigungen < 10° sind die Fugen zu dichten. Die Richtwerte gemäß DIN 274 T2 zeigt Tabelle 1.189.

Die Seitenüberdeckung muß bei Profil

177/51 mindestens 47 mm ≙ ¼ Welle

130/30 mindestens 90 mm ≙ ⅔ Welle

betragen (s. Bild 1.187).

Am Kreuzungspunkt von vier Wellplatten ist ein Eckenschnitt an den sich diagonal gegenüberliegenden Wellenbergen erforderlich (Bild 1.190). Abstand zwischen den Eckenschnitten 5 bis 10 mm.

Höchstzulässige Pfettenabstände (bzw. Abstände der Unterstützungen der Wellplatten für selbsttragende Dachkonstruktionen) s. Tabelle 1.191.

Wellplatteneindeckungen sind am wirtschaftlichsten, wenn die Unterkonstruktion lediglich aus durchlaufenden Pfetten besteht (vgl. Bild 1.27). Auf Sparrenlagen – mit möglichst weitem Sparrenabstand – dienen kleine Sparrenpfetten als Trägerlage für die Wellplatten.

Die Auflagerbreite für Wellplatten soll ≧ 50 mm betragen (ausgenommen bei Stahlrohrpfetten o. ä. mit Durchmessern ≧ 40 mm und Stahlprofilträgern I80).

Bei Befestigung der Wellplatten ist zu beachten:

– Jede Wellplatte ist gemäß DIN 1055 T4 in 4 Verankerungspunkten zu befestigen. Bei Dachneigung < 35° sind Wellplatten der Profile 177/51 und 130/30, die auf 3 Pfetten aufliegen, an den Dachrändern im Bereich von 2 m auf der mittleren Pfette zusätzlich an 2 Punkten zu befestigen.

– Wellplatten des Profils 177/51 werden stets auf dem 2. und 5. Wellenberg (Bild 1.187), die des Profils 130/30 auf dem 2. und 6. Wellenberg befestigt. Der Abstand der Befestigung vom unteren bzw. oberen Plattenrand muß mindestens 50 mm betragen (Bild 1.192), Ausnahme s. Bild 1.193.

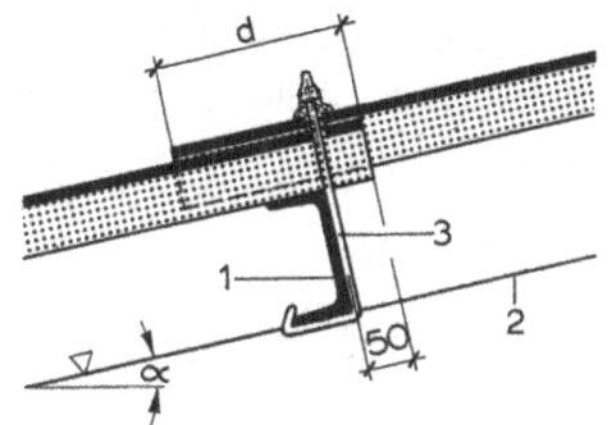

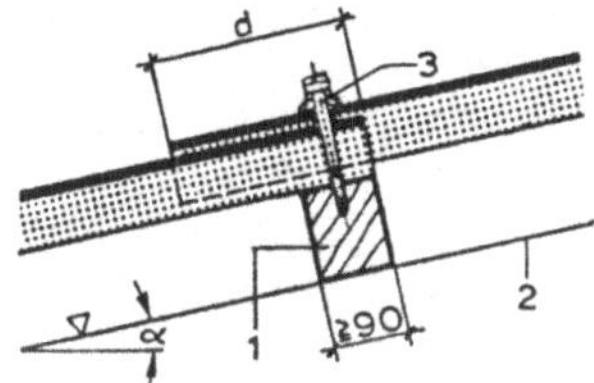

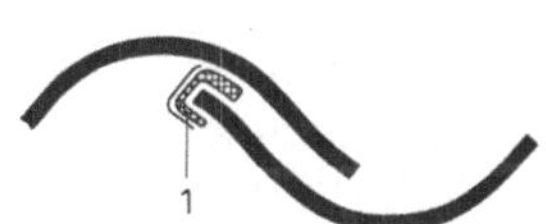

1.192 Plattenstoß auf Stahl-
pfette

1 Pfette
2 Sparrenoberkante
3 Stahlhaken mit
Kunststoff-Pilz-
Dichtung und
Korrosionsschutzhut
d Höhenüberdeckung

1.193 Plattenstoß auf Holzpfette

1 Holzpfette (hier sind
45 mm Mindest-
abstand zwischen
Lochmitte und Plat-
tenrand zulässig)
2 Sparrenoberkante
3 Holzschraube nach
DIN 571 $\varnothing = 7$ mm
(mit Pilzdichtung
und kleinem Korro-
sionsschutzhut)

Höhenüberdeckung d
nach Tab. **1.189**

1.194 Dichtung der Längsüberdeckung

1 selbstklebendes
umgeschlagenes
Dichtungsprofil

Bei sehr geringen Dachneigungen, bei besonderen Beanspruchungen durch Winddruck oder bei komplizierten Anschlüssen sind die Plattenstöße mit selbstklebenden
Dichtungsbändern zu sichern. Sie werden bei den Querstößen unterhalb der Befestigungsstellen in die Wellen eingelegt. Die Längsüberdeckungen werden mit selbstklebenden Spezial-Dichtungsbändern abgedichtet (Bild **1.194**).

Wellplattendeckungen auf Satteldächern können – auch mit Dichtungsbändern – wegen der erforderlichen Abluftöffnungen an den Firsten einwandfrei sprühwasser- und
flugschneesicher nur in Verbindung mit einer zweiten Entwässerungsebene (Spann-
bahnen, Unterdach, vgl. Abschn. 1.8.2) ausgeführt werden. Auch durch schroffe
Außentemperaturänderungen bedingtes, von den Wellplatten nicht aufsaugbares Kondenswasser, kann nur auf diese Weise abgeleitet werden (vgl. Bild **1.198**).

Befestigungsmittel

Als Befestigungsmittel dienen je nach Unterkonstruktion feuerverzinkte Sechskant-
Holzschrauben $\varnothing$ 7 (Einschraubtiefe > 36 mm) oder feuerverzinkte Hakenschrauben

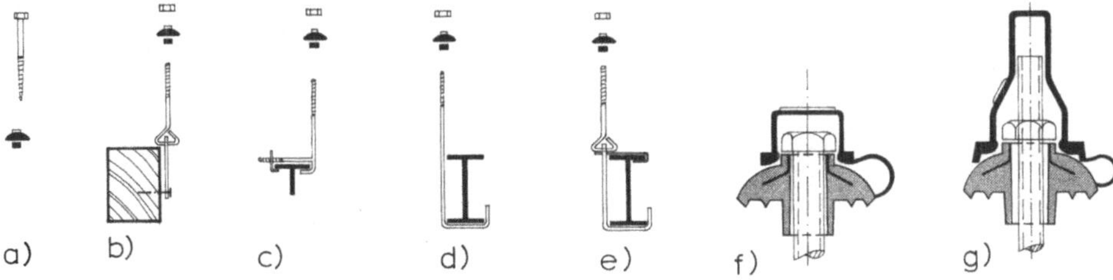

1.195 Befestigungsmittel für Wellplatten

a) Holzschraube $\varnothing$ 7/110, b) Gelenkschraube für Holzpfetten, c) Spezialschraube für Stahlpfetten, d) Hakenschraube für Stahlpfetten, e) Gelenkschraube für Stahlpfetten, f) Kunststoffdichtung
für Holzschrauben (Deckkappe anhängend, über Schraubenkopf gestülpt), g) Kunststoffdichtung
für Metallschrauben mit großer Deckkappe

in verschiedenen Ausführungen für Befestigungen auf Profilstahlpfetten. Für Fälle, in denen mit stärkeren Bewegungen in Unterkonstruktionen (z. B. durch Windbeanspruchung) zu rechnen ist, gibt es verschiedene Gelenkschrauben. Durch Kunststoff-Quetschdichtungen sind die Befestigungspunkte gesichert, und alle Schraubenköpfe werden mit Kunststoffkappen als Korrosionsschutz abgedeckt (Bild 1.195).

Alle Befestigungspunkte müssen vorgebohrt werden. Die Schrauben dürfen keinesfalls durch die Platten geschlagen werden!

Kurzwellplatten sind werkseitig vorgebohrt und werden mit sogenannten Glockennägeln (mit angeformten Kunststoffdichtungen) unter Beachtung besonderer Verlegevorschriften der Hersteller auf Dachlatten genagelt.

Bei allen Verlegearbeiten ist darauf zu achten, daß Wellplattenflächen nur auf Laufbohlen betreten werden dürfen, die über eine fest installierte Leiter oder andere sichere Zugänge zu erreichen sind.

Firste

Firste werden mit Wellfirsthauben eingedeckt. Sie werden als 1 teilige Wellfirsthauben für die wichtigsten Dachneigungen in Abstufungen von 5° hergestellt. Es dürfen sich bei der Verlegung an der Überdeckung keine klaffenden Fugen ergeben. Daher ist immer die der nächsten Dachneigung entsprechende Wellfirsthaube zu wählen. Die gegenüberliegenden Dachflächen müssen mit genau auf der Gegenseite fluchtenden Stößen und absolut winkelgerecht verlegt sein. Die Längsüberdeckungen liegen in diesem Fall auf beiden Seiten von der Wetterseite abgewendet, d. h. auf der einen Seite „rechtsdeckend" und auf der anderen Seite „linksdeckend". Die Gestaltung mit einteiligen Wellfirsthauben setzt also sehr genaue Verlegung auf genau hergestellter Unterkonstruktion voraus.

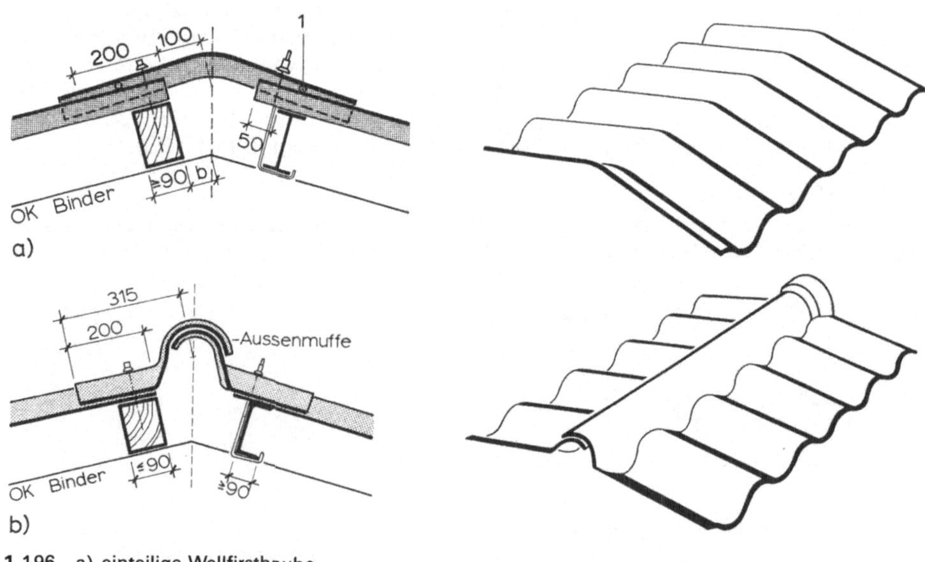

1.196   a) einteilige Wellfirsthaube
      1 Dichtungsband
      b) zweiteilige Wellfirsthaube

Bei zweiteiligen Firsthauben sind die Ansprüche an die Unterkonstruktion weniger hoch, auch können die Deckrichtungen auf gegenüberliegenden Dachseiten wechseln. Die Muffenstöße liegen von der Hauptwindrichtung abgewendet (Bild **1**.196).

Traufen

Traufen von Wellplattendächern sind so zu planen, daß Vögel, Marder usw. nicht unter den Wellenbergen in den Dachraum kommen können. Dichte Abschlüsse gewähren Traufenfußstücke und -zahnleisten (Bild **1**.197a und b), wenn Zuluftöffnungen anderweitig vorgesehen werden können (Bild **1**.197f). Sonst sind Traufenlüftungsgitter oder -fußstücke mit flachen Wellenbergen vorzuziehen (Bild **1**.197c, d und e).

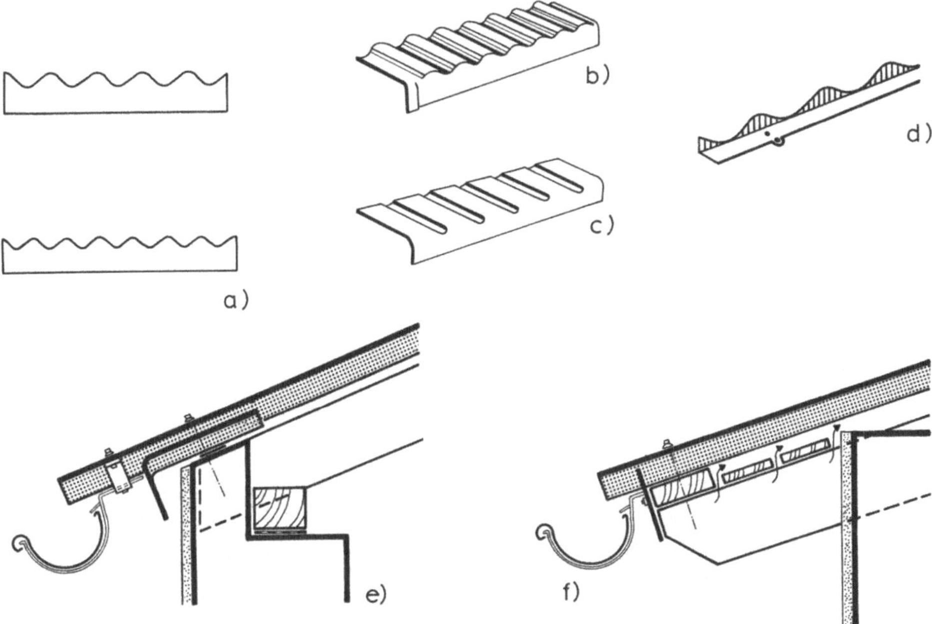

1.197   Traufen-Formteile für Wellplattendächer
   a) Zahnleisten
   b) Traufenfußstück, dicht schließend
   c) Traufenfußstück mit flachen Wellenbergen (Lüftung, vgl. e))
   d) Lüftungsgitter für Traufenabschluß
   e) Traufenausbildung mit angehängter Dachrinne (mit Traufenfußstück, vgl. c))
   f) Traufenausbildung bei Sparrenüberstand (Belüftung durch die Gesimsschalung)

Dachrinnen können bei einfachen Dächern ohne gestalterischen Anspruch wie in Bild **1**.197e gezeigt mit Hilfe spezieller Rinnenträger an Wellplattenüberstände angeschlossen werden. Bei Traufen mit Sparren ist die Ausführung nach Bild **1**.197f in Verbindung mit Traufenfußstücken oder Traufenzahnleisten möglich wie bei anderen Dachdeckungen. Besteht das Tragwerk jedoch lediglich aus Pfetten (vgl. Bild **1**.27), können die Rinnenhalter auf der Fußpfette befestigt werden (Bild **1**.198a). Ein formal interessantes Traufengesims ergibt sich durch Verwendung von 1teiligen Wellfirsthauben bzw. ähnlichen Formteilen (**1**.198b).

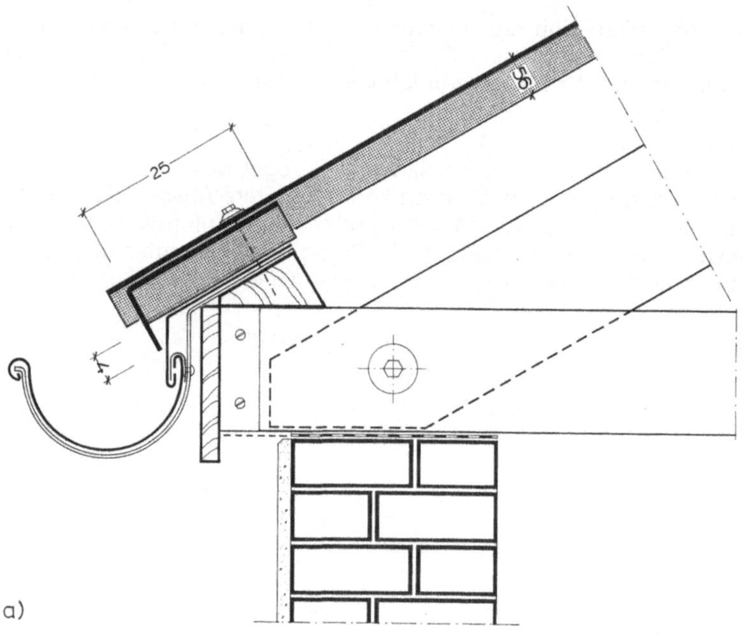

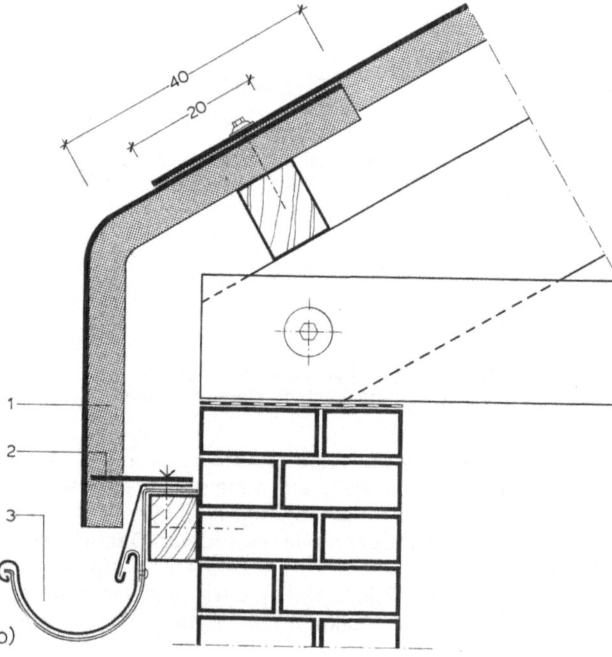

1.198
Traufen bei Tragwerken mit
Pfettenkonstruktionen

a) vorgehängte Rinne mit
   Traufenfußstück
b) untergehängte Rinne, Gesimsbildung durch einteilige
   Wellfirsthaube oder Well-
   übergangsstück

1 einteilige Wellfirsthaube
2 Traufenzahnleiste (Bild
   1.197 a oder d)
3 Dachrinne mit Einlaufblech

Grate und Kehlen

Eindeckungen für komplizierte Dachformen mit Graten und Kehlen sind für Wellplatten nicht materialgerecht. So wirken die erforderlichen Grat-Formteile bei kleineren Dachflächen sehr klobig. Insbesondere Kehlen sind nur mit recht großem handwerklichem Aufwand einwandfrei herzustellen. Grate und Kehlen sollten daher in der Planung vermieden werden. Ausführungsmöglichkeiten sind in Bild **1**.199 und **1**.200 gezeigt.

Ortgänge

Ortgänge von Wellplattendächern können mit Formteilen (Bild **1**.201) oder ähnlich wie bei anderen Dachdeckungen mit Ortganggesimsen, Ortgangrinnen usw. ausgeführt werden.

Für Pultdachabschlüsse, seitliche und obere Wandanschlüsse, Sanitärentlüftungen, Dachfenster usw. steht eine große Zahl von Sonderformteilen zur Verfügung (Bild **1**.202).

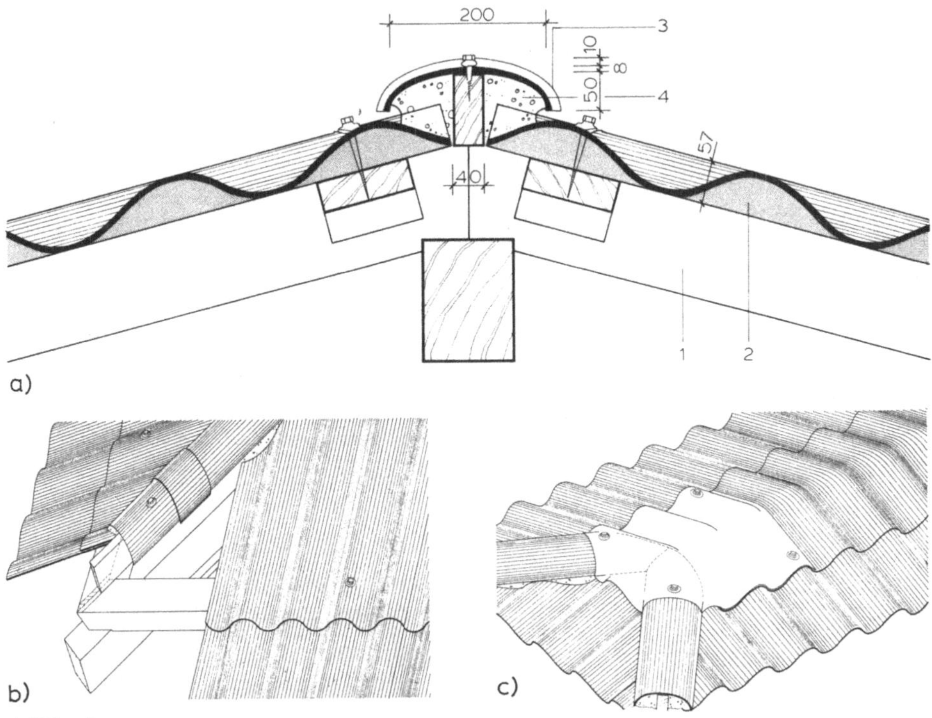

1.199 Grate

    a) Schnitt, senkrecht zum Gratsparren

       1 Pfette
       2 Wellplatte, Schräganschnitt
       3 Gratkappe
       4 Dichtung durch Mörtel auf verz. Drahtgewebe

    b) isometrische Darstellung
    c) Anschluß an First mit Walzblechüberdeckung

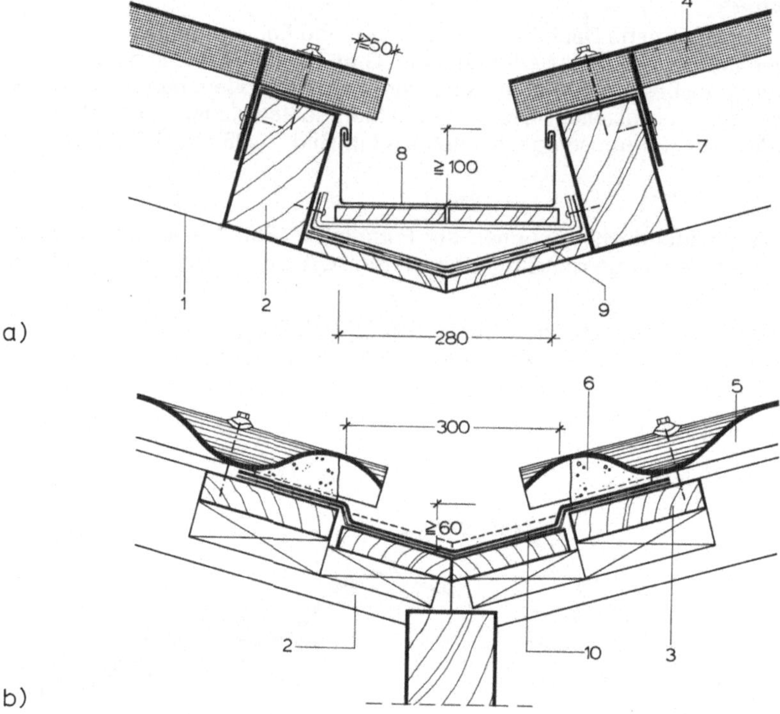

a)

b)

1.200 Kehlen

a) Dachgraben (gefällelose Kehle)
b) Kehle, Mindestgefälle 17°

1 OK Binder
2 Pfette
3 Auflagerbohlen auf Futterhölzern,
   Pfette ausgeklinkt
4 Wellplatte, gerader Abschluß
5 Wellplatte mit Schräganschnitt
6 Haarkalkmörtel auf verz. Drahtgewebe

7 Traufenzahnleiste (Bild **1**.197 a oder d)
8 Zinkblechrinne auf Trennlage und Laufbohlen
   in Hängeeisen
9 Sicherheitsrinne (z. B. Kunststoff-Dichtungsbahn auf Schalung)
10 Zinkblech-Kehlrinne auf Trennlage

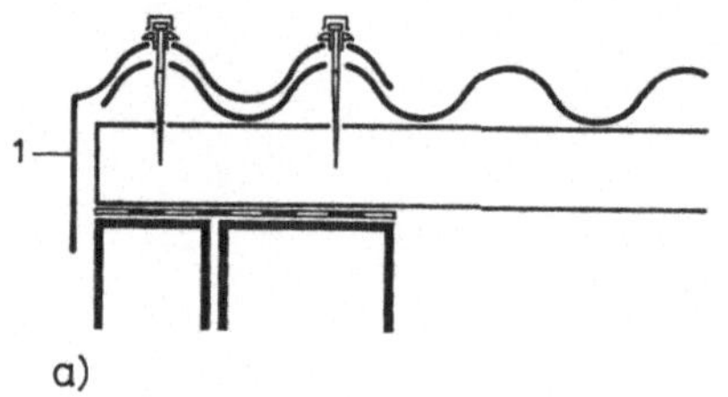

a)

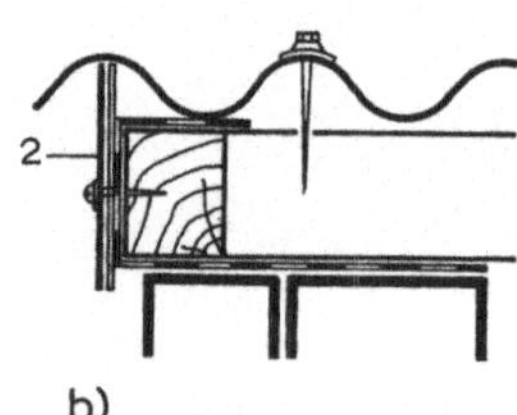

b)

1.201 Ortgänge

a) Ortgang mit Well-Ortgang-Formteilen

   1 Formteil, senkrechte Flächen mit Muffen

b) Ortgang mit konisch zugeschnittenen ebenen

   2 Faserzementstreifen (Stöße unterlegt)

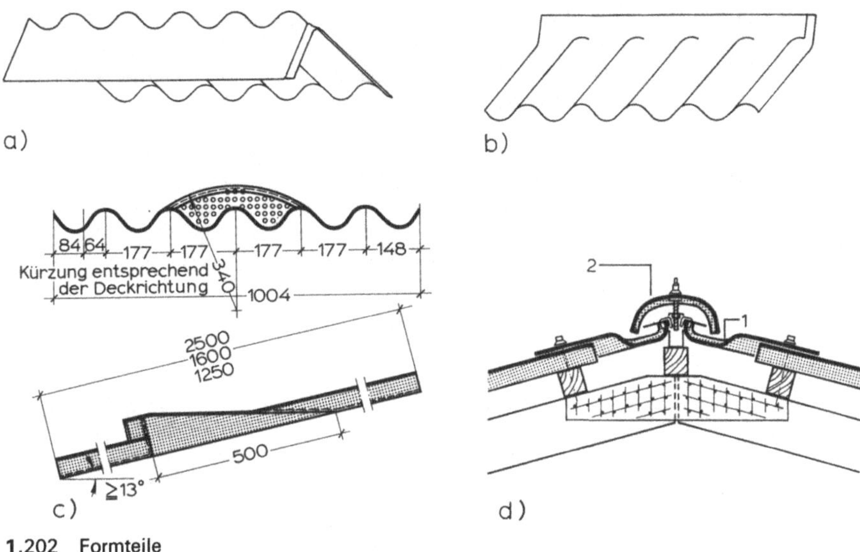

1.202 Formteile
  a) Wellpulthaube
  b) Wandanschluß
  c) Belüftungshaube, in Wellplatte eingeformt
  d) Lüftungsfirst (FULGURIT 400)
    1 Firstanschlußstück mit Flugschneeabweiser
    2 Firstkappe auf Stützschrauben

1.5.6 Schindeldeckung

Schindeln sind handgespaltene Brettchen aus Tannen-, Kiefern-, Lärchen- oder Eichenholz. Sie werden schuppenförmig verlegt. Imprägniert haben sie eine Lebensdauer von vielen Jahrzehnten. Sie bilden eine wärmedämmende leichte Dachhaut. Gesägte Schindeln sind weniger dauerhaft. Man unterscheidet Leg- und Scharschindeln.

1.203
Legschindeln. Die Rundstangen sind mit Holzpflöcken festgehalten, die lose aufgelegten Schindeln mit Steinen beschwert. Bei Dächern über 20° werden die Steine durch vorgelegte Rundholzstangen, die am Ortgang verkeilt sind, gesichert.

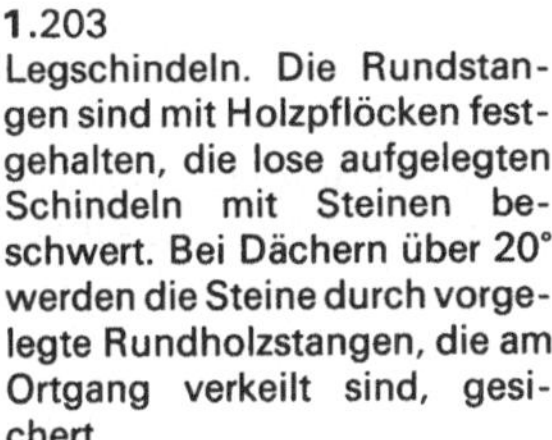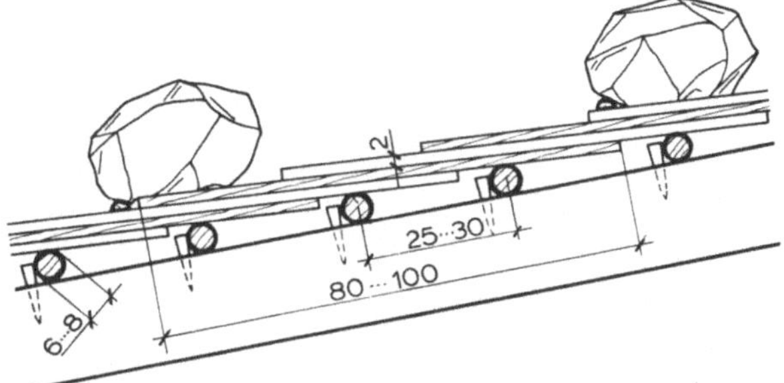

Legschindeln kommen praktisch nur noch im Rahmen der Denkmalspflege in Frage. Sie sind 10 bis 20 cm breit, 80 bis 100 cm lang, 20 mm dick und im Längsschnitt rechteckig oder schwach keilförmig. Legschindeln werden auf flach geneigten Dächern

(15 bis 25°) so auf Latten aufgelegt, daß sie sich dreifach überdecken. Festgehalten werden sie in der Hauptsache durch schwere Steine (Bild **1**.203). Der First wird ähnlich wie beim Schieferdach ausgebildet. Auf den flach geneigten Dächern alpenländischer Häuser werden Legschindeln heute noch verwendet.

Scharschindeln werden auf Lattung oder Schalung genagelt. Sie haben, je nach Landschaft, verschiedene Formen und Maße (Bild **1**.204). Gedeckt werden sie doppel- oder dreilagig (Bild **1**.205), aber auch vier- und fünflagig. Die Nagellöcher werden vorgebohrt. Oft werden ungenutete Langschindeln am unteren Ende mit Kupfernägeln s i c h t b a r (blank) genagelt, um das Aufwerfen zu verhindern. An der Traufe sind die einander überdeckenden Schindeln verschieden lang.

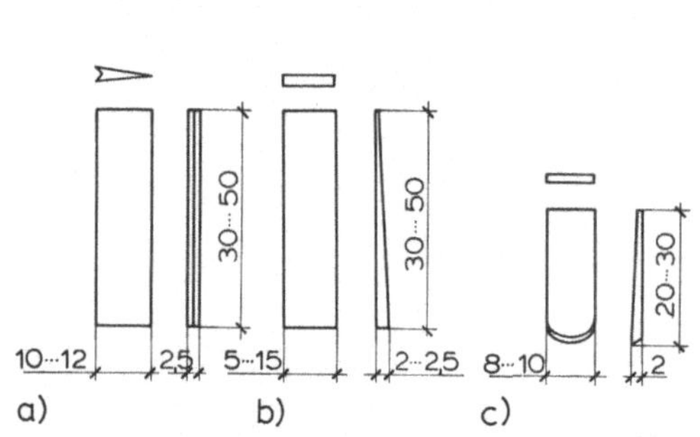

1.204 Schindelabmessungen

  a) Spund- oder Nutschindel
  b) Brettschindel
  c) Rundschindel

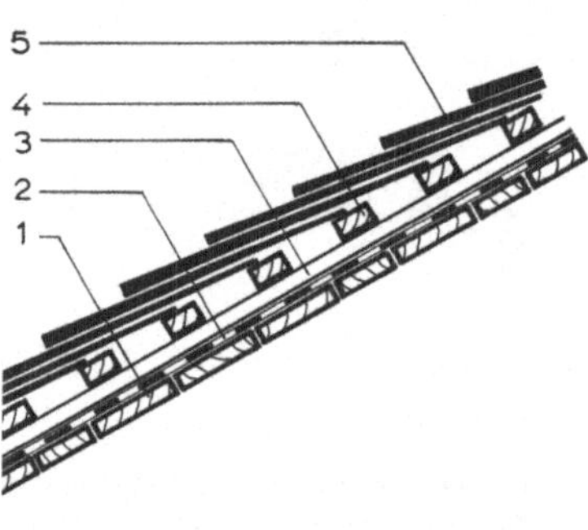

1.205 Deckung mit Scharschindeln

  1 Schalung
  2 Bitumendachbahn (V13)
  3 Konterlattung
  4 Lattung
  5 unbeh., gesägte WRC-Schindeln, 3lagig, DIN 68119 T1

Firste

Am First hat die der Wetterseite zugekehrte Firstschar > 3 cm Überstand (vgl. Bild **1**.176), oder es wird ein „aufgelegter First" ausgeführt (Bild **1**.206).

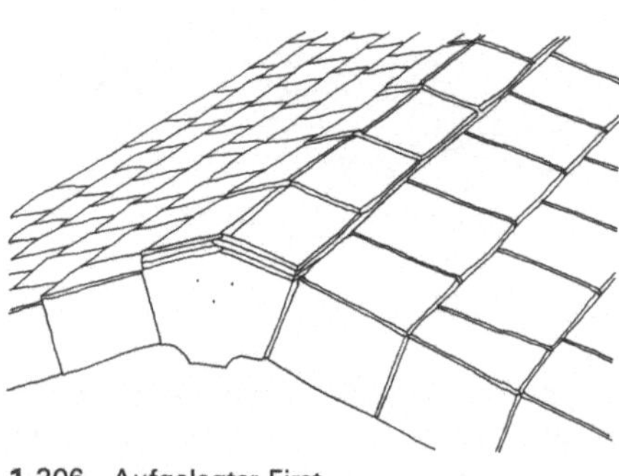

1.206 Aufgelegter First

Grate

Grate können ebenfalls „aufgelegt" ausgeführt werden. Aufwendiger, jedoch formal besser sind Schwenkgrate mit gerade oder rund herangeführten Schindelreihen (Bild **1**.207).

Kehlen

Kehlen werden auf untergelegter Kehlschalung mit Kehlblechen als „eingebundene" oder Schwenkkehlen ausgeführt (Bild **1**.208).

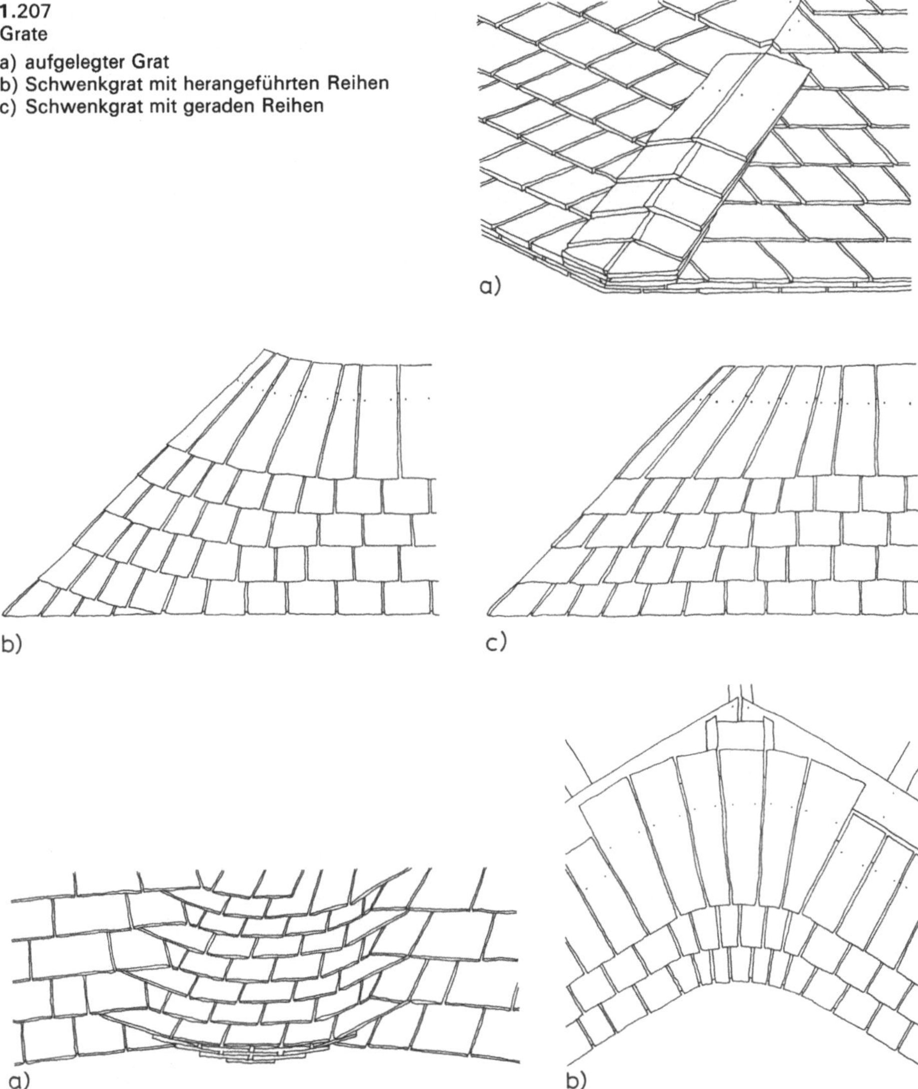

1.207
Grate

a) aufgelegter Grat
b) Schwenkgrat mit herangeführten Reihen
c) Schwenkgrat mit geraden Reihen

a)

b)　　　　　c)

a)　　　　　b)

1.208　Kehlen

　　a) eingebundene Kehle
　　b) Schwenkkehle (mit längeren Schindeln im Kehlbereich)

1.5.7　Bitumenschindeldeckung

Bitumenschindeln werden aus Bitumenbahnen mit Glasvlies- oder Kunstfaservlieseinlagen gestanzt (Bild **1.**209). Neben diesen Normalschindeln werden auch verschiedene Schablonenformen hergestellt (vgl. Bilder **1.**183 und **1.**184). Die Oberflächen werden in verschiedenen Farben durch eingewalzte Bestreuungen aus Schiefersplit oder anderen mineralischen Granulaten gebildet. Mit Bitumenschindeln lassen sich für Dachneigungen von 15° bis 85° auch komplizierte Dachformen gut eindecken, weil sich die flexiblen Schindeln – ggf. bei entsprechendem Zuschnitt – Wölbungen und Krümmungen selbst über Kehlen und flache Grate hinweg gut anpassen.

Bitumenschindeln werden in Doppeldeckung (vgl. Bild **1.**145) auf Nut-Feder-Vollschalung in der Regel auf einer Unterdeckung aus einer Lage Glasvlies-Bitumendachbahn V13 (DIN 52143) mit verzinkten Breitkopfnägeln genagelt oder mit Breitklammern geheftet.

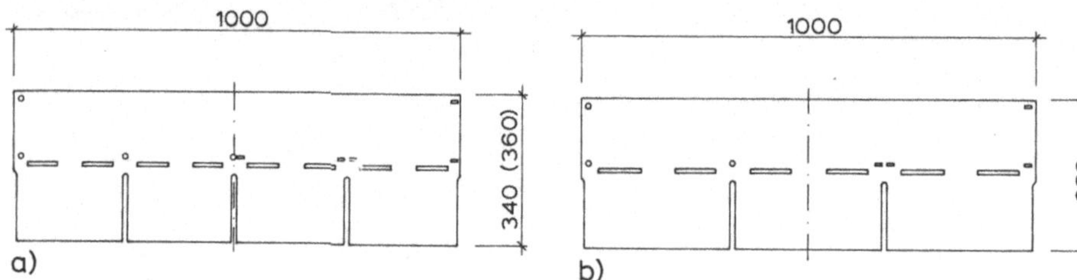

1.209 Bitumenschindeln (Maße; Normalschindeln)

    a) dreiblättrige Schindel

    Befestigung:
    < 60° 4 Nägel oder 6 Klammern
    > 60° 6 Nägel oder 8 Klammern

    b) vierblättrige Schindel

    Befestigung:
    < 60° 5 Nägel oder 8 Klammern
    > 60° 7 Nägel oder 10 Klammern

Firste und Grate

Sofern Firste und Grate nicht fortlaufend mit Zuschnittplatten überdeckt werden, sind sie mit speziellen Grat- oder Firstschindeln „aufgelegt" einzudecken (Bild **1.**210).

Im übrigen sind die Verlegeregeln für Standard-Bitumenschindeln denen für Biberschwanzdeckungen (s. Abschn. 1.5.2.2) und von Schablonenschindeln denen für Schiefer vergleichbar (s. Abschn. 1.5.4).

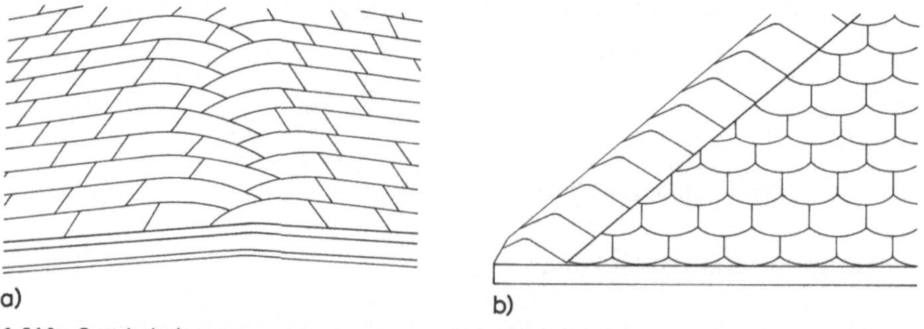

1.210 Grateindeckung

    a) fortlaufende Überdeckung bei flachen Gratwinkeln
    b) aufgelegter Grat (Eindeckung mit Schablonenschindeln)

Bei nicht durch Beschieferung o. ä. geschützten Bitumendachflächen bilden sich unter dem Einfluß der Bewitterung Carbonsäuren, die Metalle angreifen und in relativ kurzer Zeit bis zur Zerstörung korrodieren können („Bitumenkorrosion"). Bei einwandfreiem Bedachungsmaterial sind diese Schäden weniger zu befürchten. Im Zweifelsfall sollten alle erforderlichen Metalleinfassungen, -anschlüsse, -Dachrinnen usw. entweder bitumen-korrosionsfest ausgeführt (Kupfer oder V2A-Stahl), oder durch Bitumen- oder Kunststofflacke dauerhaft gegen Korrosion geschützt werden.

1.5.8 Stroh- und Rohr-(Reet-)Deckung

In vielen Gegenden Deutschlands werden Gebäude landwirtschaftlicher Betriebe und frei in der Landschaft stehende Wohnhäuser noch mit handgedroschenem Winterroggenstroh (Maschinendrusch zerdrückt den Halm) oder – in der Nähe von Gewässern – mit dünnhalmigem, mittellangem Rohr gedeckt. Diese sogenannten Weichdächer bieten eine sehr gute Wärmedämmung und sind dicht und sturmsicher, leicht, bei einfacher Pflege dauerhaft (Lebensdauer bis 50 und mehr Jahre), jedoch nicht mehr billig (importiertes Rohr, hohe Lohnkosten, Brandversicherung). Mindestdachneigung 45°. Nachteilig ist ihre Empfindlichkeit gegenüber Feuer und Funkenflug (bauaufsichtlich geforderte Mindestabstände beachten! Hauseingänge an Giebelseiten legen!). Abstände der Sparren (Rundholz) 1,00 bis 1,30 m. Abstand der Latten (Rundstangen $\approx$ 5 cm $\varnothing$) 25 cm $\approx$ $\frac{2}{10}$ der Halmlänge. Dicke der Dachhaut 35 bis 40 cm. Die Eindecktechnik ist je nach Deckmaterial (Stroh oder Rohr) und je nach Landschaft verschieden.

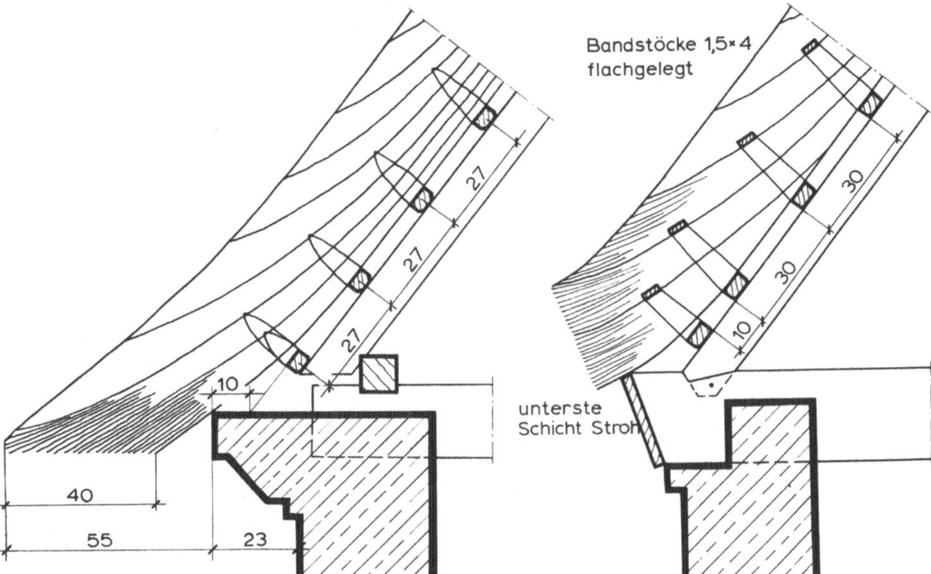

1.211 Das genähte Dach. Das Stroh wird an der Traufe waagerecht geklopft und abgerundet. Auf der ersten Latte wird zweimal genäht. Die Entfernung der Dachlatten beträgt 27 cm, Dicke der Dachhaut $\geqq$ 28, in den Kehlen $\geqq$ 42 cm.

1.212 Das gebundene Dach. Schnitt durch die Traufe. Lattenabstand 30 cm. Flache Bandstöcke drücken die Lagen fest. Latten 4 × 6 cm unten abgerundet, damit der Bindedraht nicht bricht.

Im allgemeinen werden die Strohbunde oder Rohr-(Reet-, Ried-, Reith-)Schoofe, die Rispenseite zum First, mit 1,5 mm dickem verzinktem Draht in mehreren 10 cm dicken Lagen unter Zuhilfenahme einer Rundnadel auf die Latten genäht, nachdem mit dem Klopfbrett die Wurzelenden schuppenartig hochgeklopft worden sind. Mit einem Messer werden am Schluß die Wurzelenden in der Dachebene und an den Kanten geradegeschnitten (Bild 1.211).

Eine andere Deckungsart ist das Binden. Dabei werden die Stroh- oder Rohrlagen mit „Bandstöcken" auf die Lattung gepreßt, danach die Bandstöcke an den Latten festgebunden (Bild 1.212).

Die Firste – beim Weichdach besonders wettergefährdet – werden auf die verschiedenste Art gedeckt: Mit gedrehten, dicht an dicht nebeneinandergebundenen Strohseilen, die 70 bis 80 cm vom First abwärts reichen, mit aufgelegten Heide- oder Rasensoden, die von kreuzweise zusammengepflockten, über den First gespreizten Knüppeln (Wahrhölzern) festgehalten werden, oder mit quer über den First gebundenen Langstrohbunden. Neuerdings werden auch vorgeformte Firsthauben aus Wellfaserzement verwendet. Eine baustoffgerechte Eindeckung ist jedoch vorzuziehen (s. auch DIN 18338).

Die Schornsteine sind nur am First $\geq$ 80 cm hoch aus der Dachfläche zu führen. Die Deckung greift unter das ½ Stein auskragende, bis mindestens 50 cm unterhalb der Deckungszone 1 Stein dicke Schornsteinmauerwerk. Ähnlich werden die Anschlüsse an Gauben (Fledermausgauben) durch Überkragen der Brüstungsbohle gebildet.

Weichdächer mit erheblich verminderter Brandgefahr werden in Form sogenannter Lehmschindeldächer hergestellt. Dazu wird das Reet mit verzinktem Draht zu 8 bis 10 cm dicken, ca. 75 cm breiten und 1 m langen Matten zusammengenäht, mit dünnem Lehmbrei getränkt und wie oben geschildert auf die Dachlatten gebunden (Lehmbedarf 5 bis 6 kg/m²). Die Lehmschindeln überdecken sich dreifach. Lattenentfernung 30 bis 40 cm, Sparrenentfernung 1,20 bis 1,50 m. Dachneigung $\geq$ 45°. Über den First werden lehmgetränkte Strohseile gelegt und festgepflockt.

1.5.9 Metalldeckungen

1.5.9.1 Allgemeines

Dächer oder Dachteile mit sehr geringer Neigung ($> 3°$) oder mit sehr komplizierten Formen sind in den meisten Fällen mit Metalldeckungen am dauerhaftesten. Blei- und Kupferdeckungen zählen zu den ältesten und beständigsten Dachdeckungsmaterialien, die es gibt, und ihre Lebensdauer auf historischen Gebäuden ist meist nur durch die Lebensdauer der Unterkonstruktion begrenzt. Metall-Deckungen sind leicht, dicht und nicht brennbar. Da Blech jedoch völlig dampfundurchlässig ist, muß auf einwandfreie Durchlüftung der Dachkonstruktion ganz besonders geachtet werden.

Die Verlegetechnik aller Metall-Deckungen ist weitgehend bestimmt durch die Forderung nach ungehinderter Bewegungsmöglichkeit für die Bleche bei Temperaturänderungen. Außerdem müssen die Bleche gegen Berührung mit korrosionsfördernden Chemikalien (z.B. Frostschutz- oder Holzschutzmittel), in Putz, Beton, Holzwolle-Leichtbauplatten oder Schalungsflächen gesperrt werden.

Für Metall-Deckungen verwendet man Stahl-, Zink-, Kupfer-, Blei- und Aluminiumbleche in Form von ebenen Tafeln, ebenen und profilierten Bändern und in Kombination mit Wärmedämmstoffen.

1.5.9.2 Metalldeckungen in handwerklicher Ausführung

Allgemeines

Die Mindestneigung für Metall-Deckungen beträgt 3° oder 5%. Metall-Deckungen erfordern vollflächige, nagelhaftende Unterkonstruktionen, in der Regel Holzschalungen (Spanplatten sind für die Unterkonstruktion nicht geeignet). Dachschalungen müssen glatt, eben und trocken, die Schalbretter (Güteklasse I) müssen mindestens 24 mm (für Bleideckungen mindestens 20 mm) dick sein und Breiten von 80 bis 140 mm haben. Beim Aufnageln der Schalung ist darauf zu achten, daß die Nägel gut versenkt werden, weil vorstehende Nagelköpfe das Blech beschädigen können. Als Trennschicht zwischen Holzschalung und Metall-Dachhaut ist in jedem Falle eine Zwischenlage aus talkumierter, leicht besandeter Bitumendachbahnen (DIN 52143) mit 8 cm Stoßüberdeckung vorzusehen. Sie verhindert den Kontakt mit aggressiven Holzschutzmitteln und dient gleichzeitig als zusätzliche Geräuschdämpfung. Die Lagen sind mit verzinkten Nägeln auf der Schalung zu befestigen.

Da es praktisch kaum möglich ist, in Verbindung mit Blechdeckungen funktionssichere Dampfsperren für einschalige Konstruktionen herzustellen, sollte auf alle Fälle durchlüfteten zweischaligen Dachkonstruktionen der Vorzug gegeben werden.

Werden Metalldeckungen oberhalb von Betondecken angeordnet, ist wegen des relativ hohen Wasserdampfdiffusionswiderstandes von Stahlbeton eine Dampfsperre im Zusammenhang mit der in der Regel vorhandenen Wärmedämmung nicht unbedingt erforderlich. In allen anderen Fällen ist raumseitig eine Dampfsperre auf der Wärmedämmung vorzusehen ($\mu \cdot s \geq 10$ m, vgl. Abschn. 2.2.4). Zwischen Wärmedämmung und Metalldachfläche muß eine einwandfreie Hinterlüftung gewährleistet sein. Dabei soll immer die maximale Höhendifferenz zwischen Be- und Entlüftungsöffnungen ausgenutzt werden. Die Belüftungsöffnungen werden daher möglichst unterhalb der Traufen, die Abluftöffnungen am First oder im Firstbereich angeordnet. Sie sind möglichst gleichmäßig über die ganze Dachfläche zu verteilen. Der Luftstrom innerhalb der Konstruktion darf durch keine Hindernisse (z. B. Wechsel, einbindende Überzüge, Dachfenster usw.) eingeschränkt oder unterbrochen werden. Werden zur Wärmedämmung mineralische Faserstoffe verwendet, sind die Anwendungstypen W oder WD vorzusehen. (Andere Faserdämmstoff-Typen quellen u. U. nachträglich um bis zu 30% auf!)

Für die Bemessung der Hinterlüftungsquerschnitte können die Werte in Tabelle 1.213 als Anhalt für den Normalfall gelten [27]. In Zweifelsfällen sind jedoch exakte bauphysikalische Ermittlungen zu Grunde zu legen.

Tabelle **1.**213 Belüftung von Dächern mit Metalldeckung

— Dachneigung unter 5% (3°)	**— Dachneigung 5% bis 9% (3° bis 5°)**
Dächer mit Innengefälle (innenliegende Rinne) sind in diese Gruppe einzuordnen.	**und 9% bis 36% (5° bis 20°)**
	Freie Zuluftöffnung 1/500 (2,0‰)
Freier Lüftungsquerschnitt 2 × 1/400 (2 × 2,5‰)	Freie Abluftöffnung 1/400 (2,5‰)
Mindesthöhe Belüftungsraum 20 cm	Mindesthöhe Belüftungsraum 10 cm
— Dachneigung über 36% (20°)	**— Wandbekleidung**
Freie Zuluftöffnung 1/500 (1,0‰)	Freie Zuluftöffnung 1/1000 (1,0‰)
Freie Abluftöffnung 1/400 (1,25‰)	Freie Abluftöffnung 1/800 (1,25‰)
Mindesthöhe Belüftungsraum 5 cm	Mindesthöhe Belüftungsraum 2 cm

Die vorgenannten Werte beziehen sich auf Dachflächen mit Wärmedämmung nach DIN 4108, einem normalen Raumklima von +20°C und einer relativen Luftfeuchtigkeit von 60%.

Beim Einbau von Belüftungssteinen oder Schutzgittern gilt nur der offene Querschnitt.

Bei allen Metalldeckungen ist die temperaturabhängige Wärmedehnung in Länge und Breite der Dachflächen bzw. der Bauteile zu berücksichtigen. Sie ist abhängig vom Ausdehnungskoeffizienten K^{-1} der Materialien. Er beträgt z. B. für

Zink	0,000036
Zinklegierungen mit Kupfer und Titan	0,000022
Aluminium	0,000024
Beton (zum Vergleich)	0,000012

Auf Dächern sind Temperaturdifferenzen von etwa $-20\,°C$ bis $+80\,°C$ möglich. Bei einer Verlegetemperatur von z. B. 15 °C errechnet sich dann die Ausdehnung l_A einer 5,00 m langen Kupferbahn dann wie folgt:

$$l_A = 5,00 \cdot 0,000017 \cdot (80\,°C - 15\,°C = 65\ K) = 0,005525\ m$$
$$\quad = 5,525\ mm$$

Die Zusammenziehung l_Z beträgt dann:

$$l_Z = 5,00 \cdot 0,000017 \cdot (+15\,°C - 20\,°C = 35\ K) = 0,002975\ m$$
$$\quad = 2,975\ mm$$

Die gesamte Längenänderung kann somit also 8,5 mm betragen. Sie muß durch entsprechende konstruktive Maßnahmen so ausgeglichen werden, daß keine unkontrollierten Verwerfungen oder Ausbeulungen auftreten.

Als Richtwerte für die Abstände von Dehnungsausgleichen können angenommen werden:

— Bei eingeklebten Winkelanschlüssen, Dachrandeinfassungen, eingeklebten
   innenliegende Dachrinnen: 6 m

— Bei Mauerabdeckungen; Dachrandabschlüssen außerhalb der Wasserebene;
   innenliegenden, nicht eingeklebten Dachrinnen
   Zuschnitt größer 500 mm   8 m

— Bei Scharen für Dachdeckungen und Wandbekleidungen; innenliegenden,
   nicht eingeklebten Dachrinnen Zuschnitt kleiner 500 mm
   Zuschnitt größer 500 mm   10 m

— Hängedachrinnen
   Zuschnitt bis 500 mm   15 m

Diese Richtwerte gelten für die gestreckte Länge; von Ecken oder Enden (Festpunkte) aus gemessen sind die halben Richtwerte einzuhalten.

Material

Zink. Für die Herstellung von Dachdeckungen und sonstigen Blecharbeiten an Dächern hat bandgewalztes Titan-Zinkblech (DIN 17770, D-Zn bd) das früher übliche, paketgewalzte Zinkblech abgelöst. Auf der zunächst walzblanken Oberfläche von Titan-Zinkblechen bilden sich an der Atmosphäre Deckschichten aus Zinkoxyd und basischem Zinkkarbonat, die einen natürlichen Langzeitschutz gegen Witterungseinflüsse ergeben. Nur in sehr aggressiver Industrieatmosphäre oder in unmittelbarer Nähe von Abgasen mit hohem SO_2-Gehalt bei gleichzeitiger hoher Luftfeuchtigkeit können Beschichtungen (Anstriche) zur Erhöhung der Lebensdauer notwendig werden.

Zink ist durch bituminöse Baustoffe in besonderer Weise korrosionsgefährdet. Abbauprodukte des Bitumens können in Verbindung mit UV-Strahlung und Feuchtigkeit aggressive Säurekonzentrationen bilden. Wenn daher Bitumenbaustoffe (ausgenommen Dachabdichtungen mit ausreichender Kiesschüttung) in Verbindung mit Zinkbauteilen kommen können, müssen besondere Schutzmaßnahmen getroffen werden.

Geeignet sind Anstriche mit Kaltbitumen (keine Bitumen-Emulsionen!), mit Heißbitumen auf Voranstrich und mit Chlorkautschukfarben.

Wegen der Gefahr von Kontaktkorrosion sollen Bauteile aus Titan-Zink niemals in Verbindung mit Bauteilen aus Kupfer oder Stahl verlegt werden, insbesondere nicht so, daß von Kupfer- oder Stahlteilen abfließendes Wasser auf Titan-Zinkflächen gelangen kann. Ein Zusammenbau von Titan-Zink und Aluminium ist unbedenklich.

Titan-Zinkbleche werden in folgenden Blechdicken hergestellt und durch Kontrollfarben gekennzeichnet: 0,6 mm (gelb); 0,65 mm (blau); 0,7 mm (rot) und 0,8 mm (grün). Die Fertigung erfolgt in Bändern (Coils) mit maximal 1000 mm Breite sowie in Tafeln von 1000 × 2000 mm und 1000 × 3000 mm.

Außerdem werden vorgefertigte Profilstreifen in Mindestdicken von 0,7 mm für Traufstreifen, Kehlen, Kappleisten, Abdeckungen usw. geliefert.

Kupfer ist noch immer das dauerhafteste, aber auch teuerste Deckmaterial. Auf der Kupferdeckung schlägt sich allmählich eine schützende, meist grüne Oxydschicht (Patina) nieder, die den Dächern ein eigenartig schönes Aussehen verleiht. Ein Kupferdach wird also in der Regel mit zunehmendem Alter schöner.

Kupferblech muß mindestens 99% reines Kupfer enthalten und sich gut falzen lassen, ohne Sprünge und Risse zu bekommen. Es muß eine glatte, von Poren, Zunder und Asche vollkommen freie Oberfläche haben.

Für Dachdeckungen wird Kupferblech in Tafeln von 1,00 × 2,00 m und 0,1 bis 2,0 mm Dicke (DIN 1751) sowie in Bändern von max. 1,00 m Breite und 0,2 bis 2,0 mm Dicke (DIN 1791) verwendet. Es wird die Qualität „weich" F22 (Zugfestigkeit 220 bis 250 N/mm²; Bruchdehnung > 45%) und „halbhart" F25 (Zugfestigkeit 250 bis 350 N/mm²; Bruchdehnung > 15%) geliefert. Die Buchstaben SF kennzeichnen sauerstofffreie, phosphordesoxidierte Kupfersorten mit einem Reinheitsgrad von 99,9 Gew.-% Kupfer.

Bezeichnungsbeispiel für Kupferband Bd (Tafeln bzw. Blech Bl):
Bd 0,6 × 600 DIN 1791 – SF – Cu F 22

Aluminium. Aluminiumbleche werden in verschiedenen Legierungen in ebenen Tafeln (1000/2000, 1250/2500, 1500/3000 sowie bei verschiedenen Breiten in Längen bis 6000 mm) oder in Bändern von 600, 800 und 1000 mm Breite geliefert. Für Dacharbeiten in handwerklicher Ausführung kommen hauptsächlich Dicken von 0,7 und 0,8 mm in Frage.

Walzblankes Aluminium bildet bei Bewitterung eine oberflächenschützende natürliche Korrosionsschicht. Sie bleibt unter dem Einfluß starker Luftverschmutzung jedoch nicht auf Dauer beständig. Einen verbesserten Oberflächenschutz bietet die Eloxierung, doch werden heute meistens farblich beschichtete oder einbrennlackierte Aluminiumbleche verwendet.

Nichtrostender Stahl. Für hochwertige oder stark beanspruchte Eindeckungen werden zunehmend Bleche aus nichtrostendem Stahl in verschiedenen Legierungen verwendet. Bei vorzugsweise 0,5 mm Dicke werden ebene Tafeln und Bänder in ähnlichen Abmessungen wie Aluminiumerzeugnisse (s. o.) geliefert. Sie bedürfen im allgemeinen keines besonderen Oberflächenschutzes. Bei sehr starker Beanspruchung (z. B. auch durch Meeresluft) sind spezielle Molybdän-, Chrom- und Nickel-Legierungen, Werkstoffnummern 1.4401 und 1.4571, DIN 17122) zu wählen.

Verzinkter Stahl. Bleche aus verzinktem Stahl kommen für handwerklich ausgeführte Metalldeckungen weniger in Frage, weil bei der Bearbeitung die korrosionsschützende Zinkschicht fast zwangsläufig beschädigt wird.

Blei. Vollständige Bleideckungen werden wegen der hohen Kosten selten ausgeführt. Sie eignen sich wegen der leichten Verformbarkeit von Walzbleitafeln oder -bändern aber ganz besonders für komplizierte oder mehrfach gekrümmte Dachflächen wie z. B. von Kuppeln u. ä. Blei wird daher auch für schwierige Anschlußstellen anderer Deckungen verwendet.

Deckblei muß mindestens 2 mm dick sein. Es wird in Rollen von 1,00 m Breite und bis zu 10 m Länge geliefert (DIN 59 610). Die erforderliche Vollschalung muß mindestens 30 mm dick sein.

Verarbeitung

Metalldeckungen werden aus senkrecht zur Traufe verlegten Blechbahnen oder -tafeln („Schare") gebildet. Die Art der Längsstoßausbildung kennzeichnet die Ausführungsarten. Metalldeckungen aus Zink- oder Kupferbahnen werden als D o p p e l s t e h f a l z - d e c k u n g bei Dachdeckungen >25° auch als Winkelstehfalzdeckung oder als L e i - s t e n d e c k u n g e n ausgeführt (Bild **1**.214).

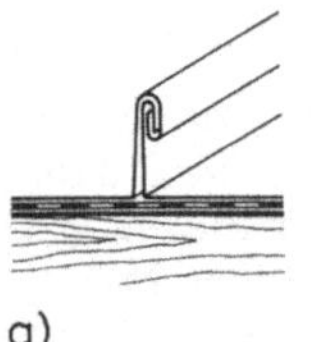 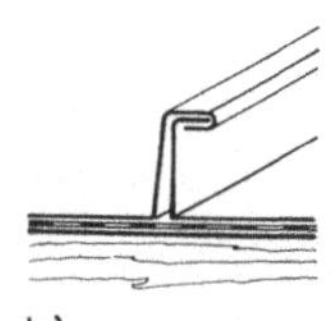 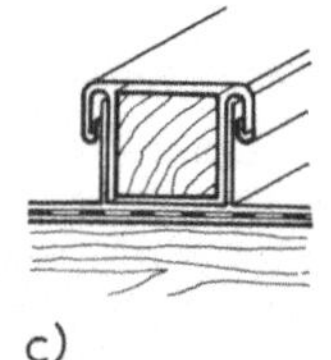

a)   b)   c)

1.214
Ausführungsarten von Zink- und Kupfereindeckungen

a) Doppelstehfalzdeckung
b) Winkelstehfalz
c) Leistendeckung

Für Bleideckungen sind Hohlwulst- und Holzwulstdeckung (diese besonders für flach geneigte, begehbare Dächer) üblich (Bild **1**.215).

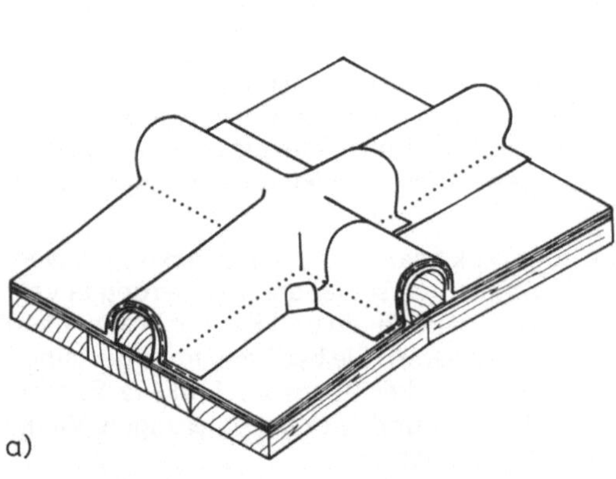
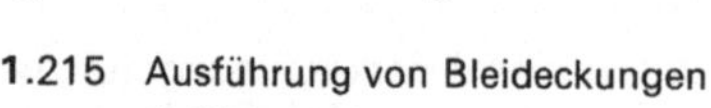
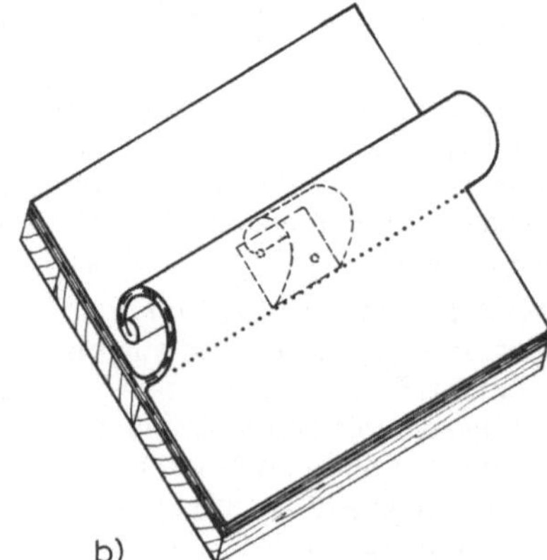

a)

b)

1.215 Ausführung von Bleideckungen
     a) Holzwulst
     b) Hohlwulst

Doppelstehfalzdeckung

Bei dieser Deckungsart werden die einzelnen bis ca. 60 cm breiten (Achsmaß) Metallbahnen durch Fest- oder Schiebehaften (Bild **1**.216) gehalten.

Jeder Hafter wird mit 3 Breitkopfstiften auf der Dachfläche befestigt. Hafterentfernung in der Regel 33 cm. Die drei letzten Reihen an der Traufe sind je 17 cm voneinander entfernt. Jedes Blechband wird bei einer Dachneigung von 7,5° zwischen oberem und mittlerem Drittel ihrer Länge im Bereich eines Meters Stehfalzlänge mit vier festen Haftern festgelegt. Je flacher das Dach, um so mehr verschiebt sich dieser Bereich nach der Bandmitte hin. Bei Dachneigungen über 22° liegen die 4 Reihen fester Hafter am o b e r e n Bandende („Schar"-Ende).

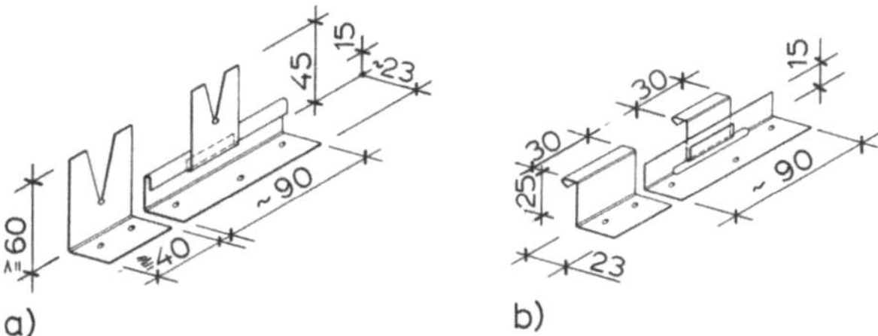

1.216
Formen von Haften

a) Hafte für Handverlegung
b) Hafte für Maschinenverlegung

Alle übrigen Hafter sind (als Schiebehafter) so angeordnet, daß sie die Wärmedehnungen der Bleche ermöglichen, ohne die Festigkeit der Dachhaut zu beeinträchtigen (Bild **1**.217).

1.217
Anordnung der Hafter bei
Doppelstehfalzdeckung

1 Gefällestufe (s. auch **1**.219 d)
2 ● = Schiebehafter
3 × = feste Hafter

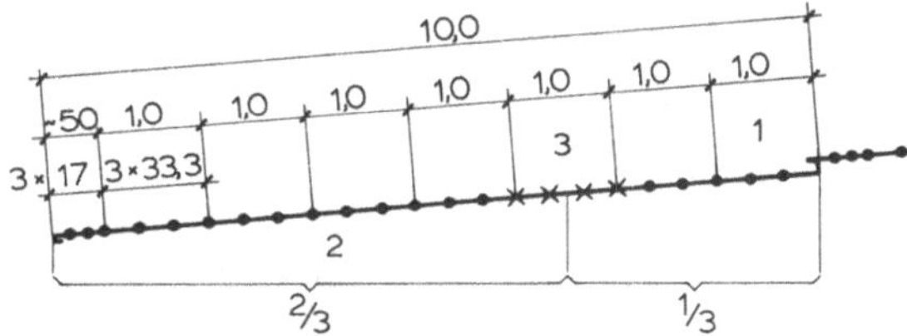

Die Hafter werden von Hand, mit der Falzzange oder – bei großen Dachflächen – maschinell beim Verfalzen mit eingearbeitet (Bild **1**.218).

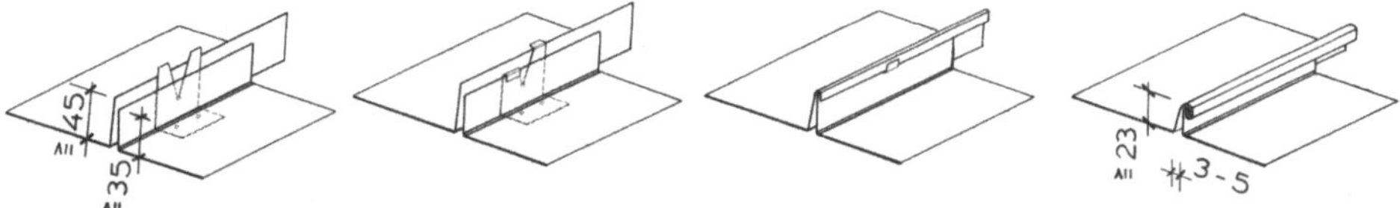

1.218 Doppelstehfalzdeckung [27]

Bei der maschinellen Deckung arbeitet man von der Rolle und kann somit Deckbahnen großer Länge ohne Querstöße aufbringen. Wegen der Wärmedehnung müssen jedoch mindestens alle 10 m Schiebestöße in den Scharen ausgebildet werden. Bei geringen Dachneigungen sollen die Scharen jedoch nur 5 m Länge haben. Die waagerechten Stöße werden bei Dächern mit Neigungen > 7° mit liegenden einfachen oder doppelten Falzen ausgebildet (Bild **1**.219 a bis d). Bei flachen Dächern (3 bis 7°) müssen Gefällestufen gebildet werden (Bild **1**.219 e).

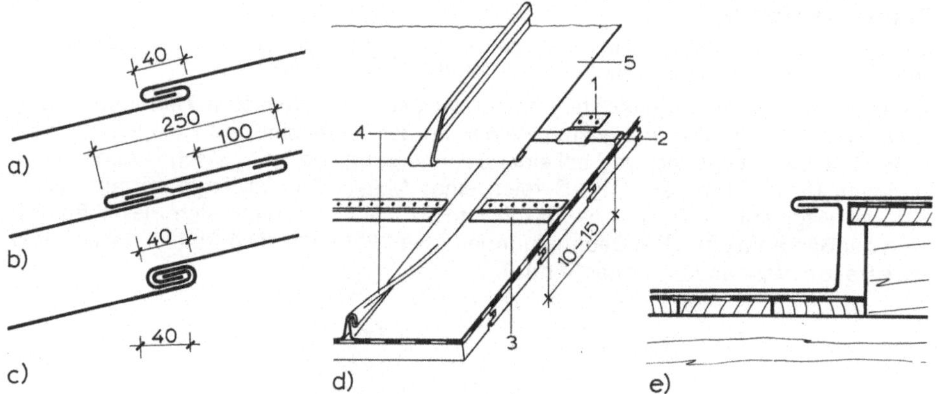

1.219 Querfalze in Metalldeckungen (Stehfalze nicht eingezeichnet)
   a) einfacher Querfalz, Dachneigung $\geq$ 47% (25°)
   b) einfacher Querfalz mit Zusatzfalz, Dachneigung $\geq$ 18% (10°)
   c) doppelter Querfalz, anwendbar bei Dachdurchbrüchen oder kleineren Dachflächen in Tafel-
      deckung $\geq$ 13% (7°)
   d) Schiebestoß gemäß Schnittskizze b)
   e) Gefällestufe, Dachneigung $\geq$ 5% (3°)

   1 Normalhafter   4 umgelegter Doppelstehfalz
   2 Wasserfalz   5 von oben kommendes Blechband
   3 aufgenieteter Zusatzhaftstreifen

An der Traufe werden die Schare um gerade oder profilierte Vorstoß- bzw. Traufstreifen
gefalzt (Bild **1**.220).

Abknickungen für Wandanschlüsse oder sonstige Aufkantungen in den Dachflächen
werden durch Quetschfalz (Bild **1**.221 a) oder mit umgelegtem Doppelstehfalz (Bild
1.221 b) gebildet. Die Wandanschlüsse werden mit Kappleisten (Bild **1**.222 a), besser
aber mit speziellen Anschlußprofilen hergestellt, die ggf. bauseits bereits einbetoniert werden (Bild **1**.222 b bis d).

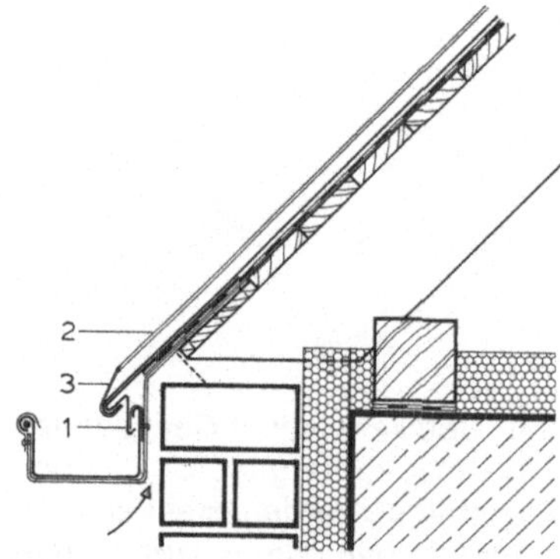

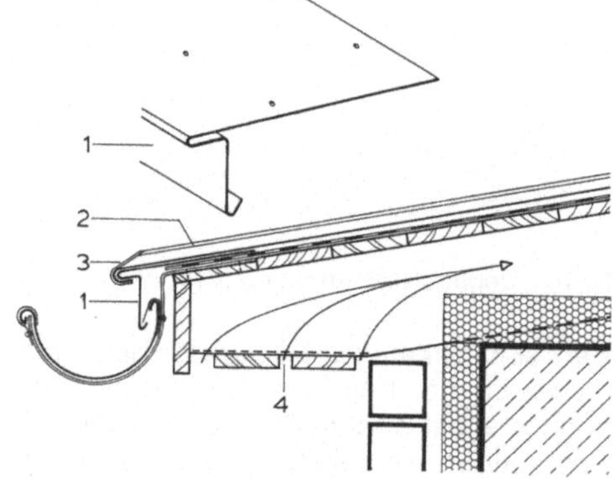

1.220 Traufenanschlüsse [27]
   1 Traufenstreifen („Vorstoß")   3 Falzlasche umgeschlagen
   2 Doppelstehfalz   4 Zuluftschlitze mit Insektengitter

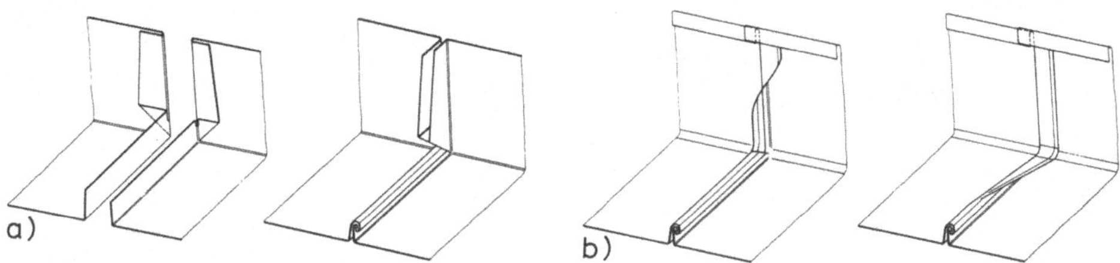

1.221 Abknickungen in Doppelstehfalzdeckungen [27]
a) Arbeitsablauf Quetschfalz
b) umgelegter Doppelstehfalz

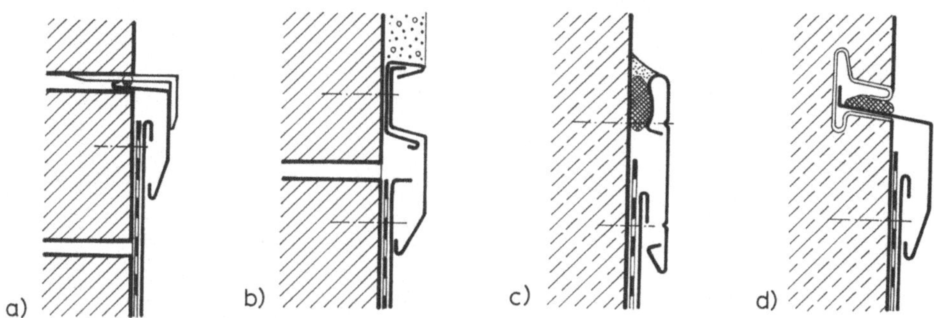

1.222 Wandanschluß
a) Kappleiste in Mauerfuge eingelassen, verzinkte Mauerhaken, dauerelastische Abdichtung
b) vorgefertigtes Putzanschlußprofil, Kappleiste nachträglich aufgeschraubt
c) Profil-Kappleiste mit Quetschdichtung (auf Stahlbeton oder Sichtmauerwerk)
d) einbetonierte Profilschiene; Kappleiste eingeschoben, mit Kunststoff-Klemmprofil gehalten

Eine übliche Ortgangausbildung zeigt Bild **1.223**.

Die Hinterlüftung von Metalldeckungen (vgl. Tab. **1.213**) ist durch Zuströmöffnungen in Traufengesimsen (vgl. Bild **1.220**) oder aufgesetzte kleine Zuluftgauben (Bild **1.224**) sowie durch Lüfterfirste (Bild **1.225**) ausreichend zu gewährleisten. Schließen Metall-dachflächen an aufgehende Wände an, läßt sich die Abluftführung wie in Bild **1.225** c, am besten aber in Verbindung mit einer hinterlüfteten Fassadenbekleidung lösen (Bild **1.226**).

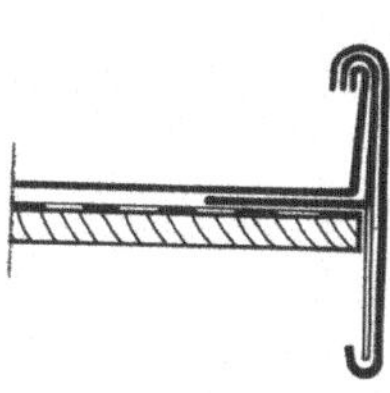

1.223 Ortgangabschluß

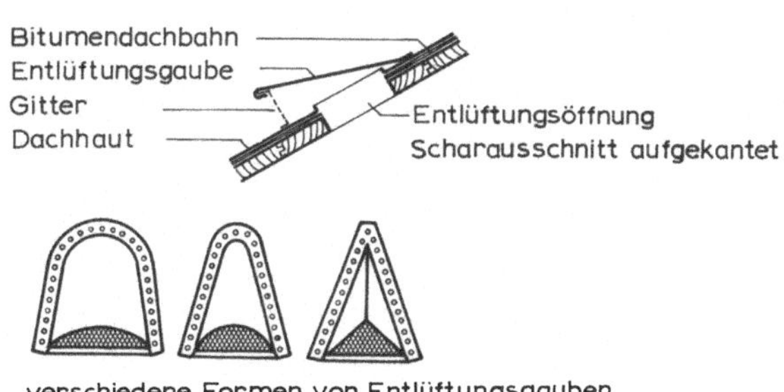

1.224 Lüftungsgauben

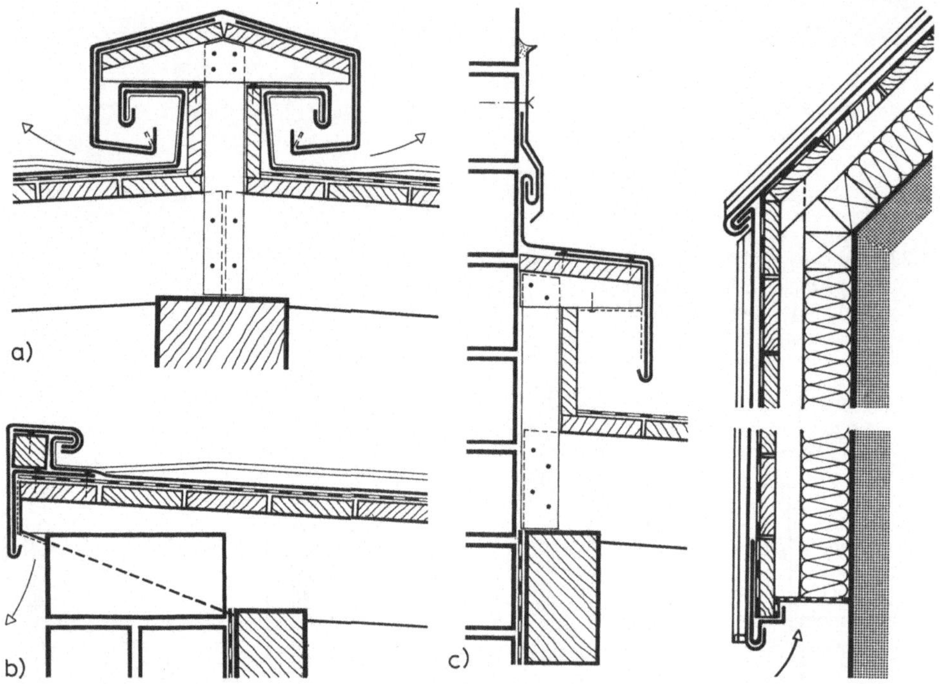

1.225 Firstentlüftung [27]

    a) Firstentlüftung für Satteldächer (mit Flugschneesicherung)
    b) Pultdachfirst mit Abluftschlitz
    c) Pultdachanschluß mit Entlüftung an aufgehender Wand

1.226 Fassadenknickpunkt mit Falzunterbrechung [27]

Bei langen Wandanschlüssen muß der Dehnungsausgleich berücksichtigt werden. Handwerkliche Ausführung mit „Schiebekasten" (Bild **1**.227 a) erfordern sehr sorgfältige, aufwendige Arbeitsgänge. Vorgefertigte Dehnungsausgleicher sind hier vielfach eine rationelle Alternative (Bild **1**.227 b).

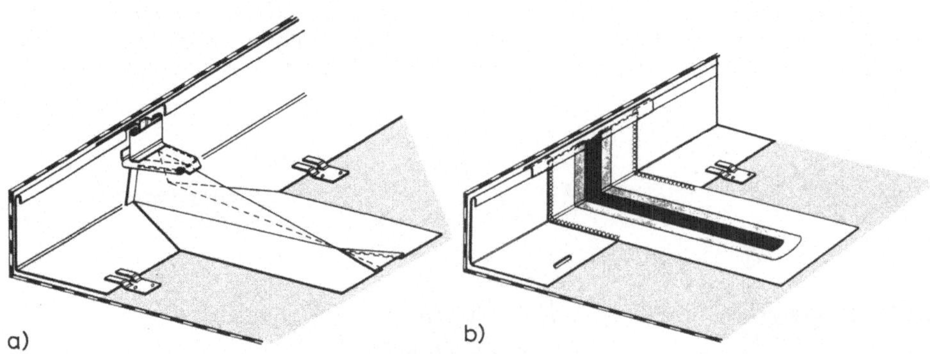

1.227 Wandanschluß mit Dehnungsausgleich [27]

    a) handwerklich hergestellter Dehnungsausgleich (Schiebekasten)
    b) RHEINZINK-1-Kopf-Dehnungsausgleicher für Wandanschluß

Leistendeckung

Leistendeckungen haben gegenüber den Stehfalzdeckungen den Vorzug, daß sich die einzelnen Blechbänder („Schare"), die durch Holzleisten getrennt sind, gänzlich unabhängig voneinander dehnen und zusammenziehen können.

Die Aufkantungen der Deckschare grenzen so an die Deckleisten (mind. 40/40 mm) an, daß der Dehnungsausgleich in der Querrichtung problemlos möglich ist. Die Stoßstelle wird durch die Deckkappen überbrückt. Unterschieden wird

— „Deutsche" Leistendeckung als Regelausführung (Bild **1**.228 a) und

— „Belgische" Leistendeckung (Bild **1**.228 b).

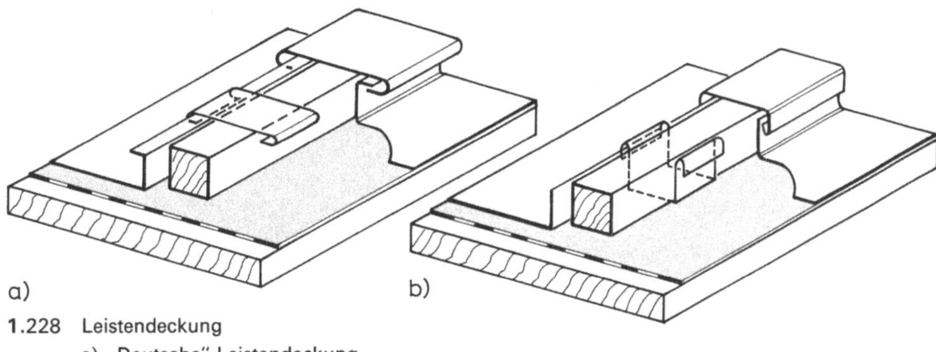

a)　　　　　　　　　　　　　　b)

1.228　Leistendeckung

　　a) „Deutsche" Leistendeckung
　　b) „Belgische" Leistendeckung

Zu beachten ist, daß die „Belgische" Leistendeckung wegen der hier fehlenden Verfalzung an den Leisten zwar einfacher herzustellen ist, jedoch nicht schlagregen- und rückstausicher ist, wenn die Dachneigung geringer als 25° ist.

Bei beiden Deckarten werden die Schare durch Hafte gehalten, müssen aber insbesondere bei steilen Dächern gegen Abrutschen gesichert werden (Bild **1**.229).

1.229
Sicherung der Schare gegen
Abrutschen [27]

a) „Deutsche" Leistendeckung
b) „Belgische" Leistendeckung

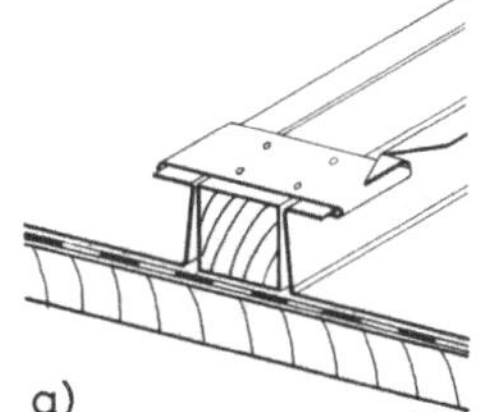

a)

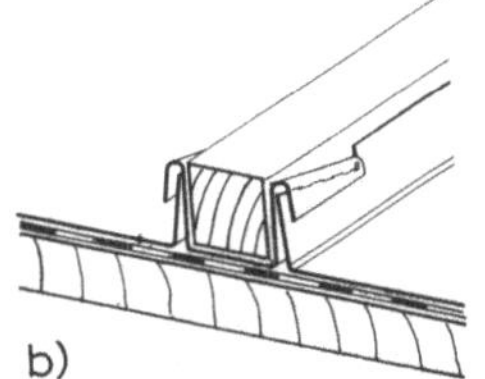

b)

Die Ausführung von Traufenkanten und Ortgängen zeigen die Bilder **1**.230 und **1**.231. Firste sind in der Regel mit Entlüftungen auszuführen (Bild **1**.225) oder durch längslaufende Leisten, die den normalen Deckungsstößen entsprechend ausgebildet sind.

Aus gestalterischen Gründen können Leistendeckungen mit Doppelstehfalzdeckungen kombiniert werden, so daß in den Dachflächen z. B. jede 2. Stoßstelle in der jeweils anderen Deckart ausgeführt wird.

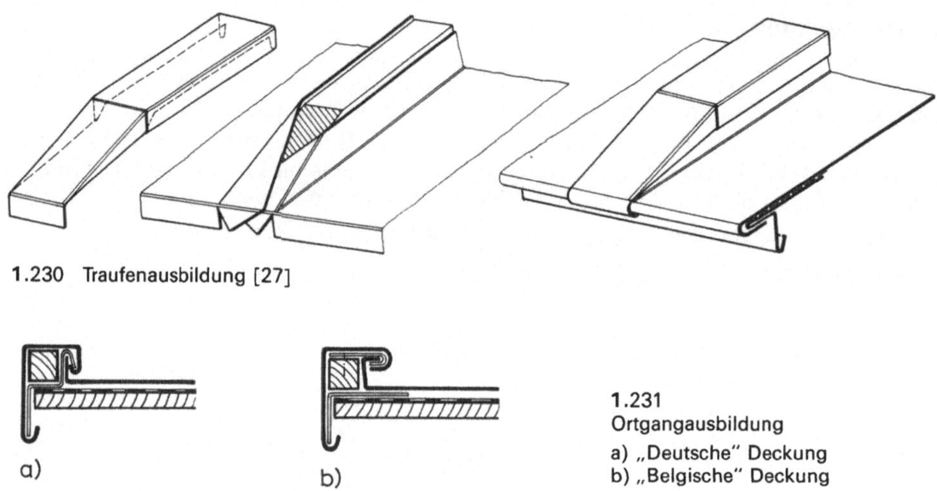

1.230 Traufenausbildung [27]

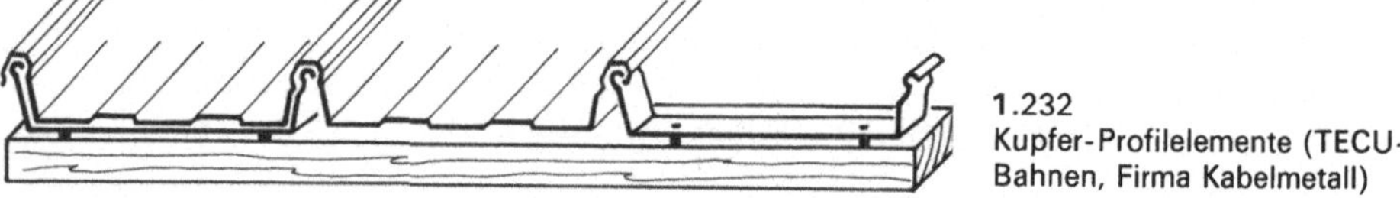

1.231
Ortgangausbildung
a) „Deutsche" Deckung
b) „Belgische" Deckung

a)

b)

1.5.9.3 Metalldeckungen mit industriell vorgefertigten Elementen

Metalldeckungen großer Dachflächen können mit vorgefertigten Profilblechelementen vielfach sehr wirtschaftlich ausgeführt werden.

Profilbahnen aus 0,6 mm dickem Kupferblech, die bei 0,46 m Breite in Längen bis 30 m lieferbar sind, zeigt Bild **1.232**. Sie werden auf Haltebügel (Abstand ca. 0,80 m) aufgeklemmt und ohne besonderes Werkzeug an den Verfalzungen ineinandergehängt.

1.232
Kupfer-Profilelemente (TECU-Bahnen, Firma Kabelmetall)

Für Dachdeckungen mit Aluminium wird in der Hauptsache die genormte Legierung AlMn verwendet, aus der profilierte Bleche oder Bänder vielfältiger Querschnittsformen (z. B. „Furral"-Bänder) in Längen bis zu 30 m hergestellt werden, so daß eine einzige Bahn von First bis Traufe vielfach genügt. Die Mindestdachneigung beträgt 6° bei 20 cm Überdeckung der Querstöße. Die dichte und harte Oxydhaut, die gut haftet und chemisch beständig ist, schützt die Leichtmetallbleche vor Korrosion. Meistens werden jedoch Elemente mit Kunststoffbeschichtungen oder Lackierungen verwendet.

Bild **1.233** zeigt einige Beispiele für Profilbleche, wie sie in vielen Formen von den verschiedensten Herstellern angeboten werden.

Die Befestigung dieser Profilbleche erfolgt je nach Unterkonstruktion gemäß Bild **1.234** mit Schlagschrauben bzw. Schraubnägeln, Schrauben oder Hakenschrauben. Alle Befestigungsmittel müssen aus Aluminium oder Chromnickelstahl, zumindest aber aus rostgeschütztem Stahl hergestellt werden. Befestigungsteile aus rostfreiem Stahl müssen oberhalb der Dachfläche mit witterungsbeständigen Kunststoffkappen geschützt werden.

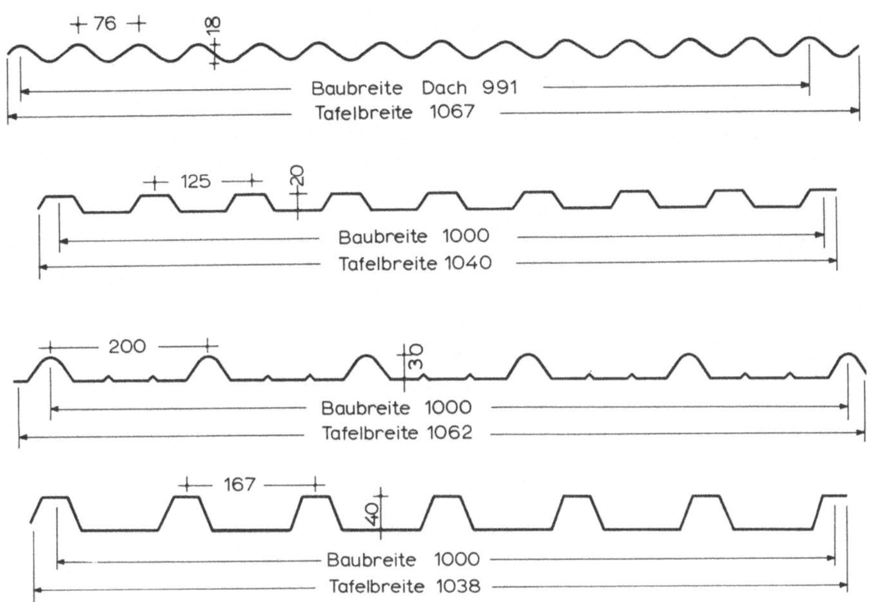

1.233 Aluminium-Profilbleche (ALCAN-Aluminiumwerke)

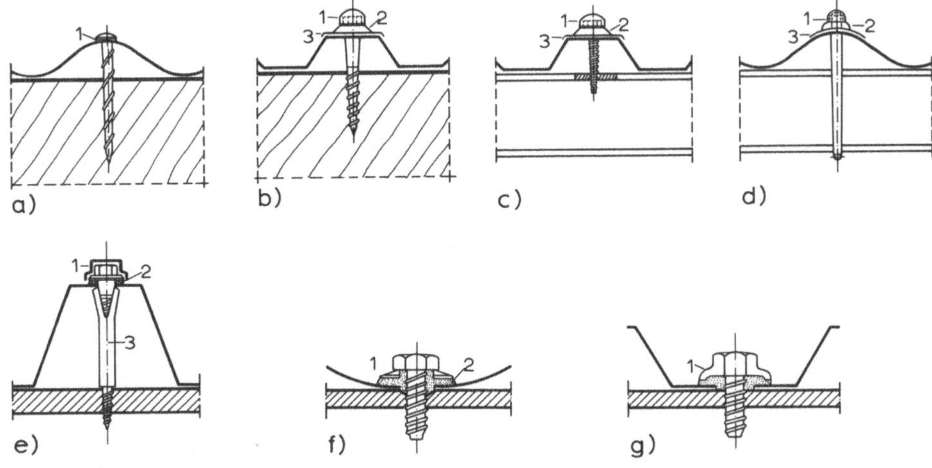

1.234 Befestigung von Aluminium-Profilblechen durch

a) Schlagschraube (Schraubnagel)
b) Holzschraube
c) selbstschneidende Schraube
d) Hakenschraube
e) selbstschneidende Schraube mit Spreizhülse
f) selbstschneidende Schraube
g) selbstschneidende Schraube mit angeformtem Dichtungsrand

Vorgefertigte kastenförmig profilierte Dachdeckungsbänder werden durch Ankerclips gehalten, die in die Falze eingerollt werden. Durch automatisch laufende Falzmaschinen werden die Falze geschlossen (Bild **1**.235).

Profilbleche mit hinterschnittenen Profilen werden auf Haltestreifen oder -profile eingerollt, so daß sich eine Klemmbefestigung ergibt. Eine derartige Befestigung ermöglicht besonders gut die Beweglichkeit der einzelnen Deckungselemente bei Temperaturänderungen, gegebenenfalls auch das Abnehmen und Wiedermontieren der Dachelemente (Bild **1**.236).

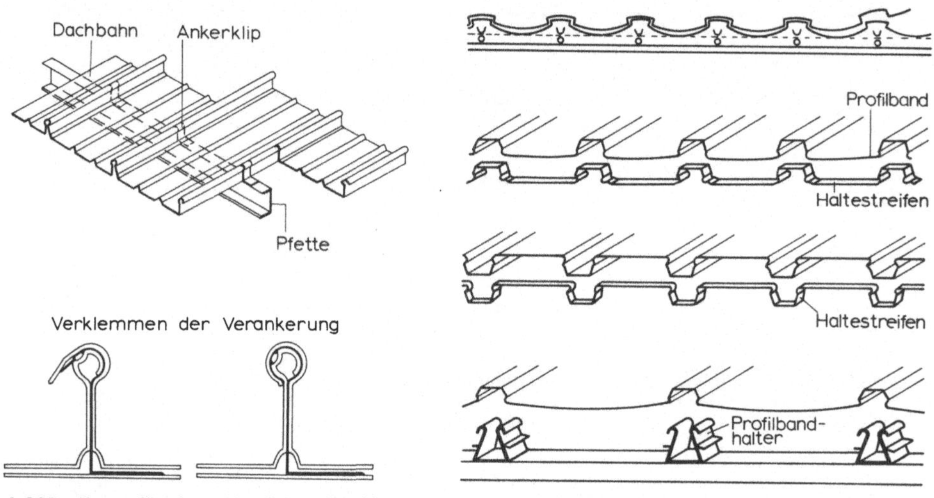

1.235   Kastenförmiges Aluminium-Deckband

1.236   Aluminium-Dachdeckungselemente mit Klemm-Befestigung

Wärmegedämmte Konstruktionen entstehen in Verbindung mit freitragenden Wärmedämmplatten (z. B. ISOVER SPW der Fa. Grünzweig & Hartmann) oder durch Verbundelemente (s. Abschn. 1.3.4, Bilder **1**.129 und **1**.130).

Grundsätzlich ist die Montage auf allen üblichen Unterkonstruktionen möglich. Aluminiumteile müssen jedoch durch eine Lage Bitumenbahn von imprägnierten Holzteilen oder Betonflächen getrennt werden. Ebenso ist die Berührung mit blankem Stahl, Kupfer, Messing, Bronze, Zinn und Blei zu vermeiden. Diese Metalle müssen gegen Aluminiumteile durch eine Zwischenlage von Bitumenpappe oder durch Anstriche mit Ölfarbe, Zinkchromat oder Aluminiumbronze abgesperrt werden (keine bleioxidhaltigen Mennige-Anstriche!).

Über Kupferflächen geflossenes Regenwasser darf wegen der Gefahr von Kontaktkorrosion nicht über Aluminiumbauteile abfließen.

Das beim Abbinden des Kalks und Zements entstehende Calciumhydroxid greift Aluminium an, Aluminiumbauteile sind während der Bauzeit also sorgfältig zu schützen. Zwischen frischen Beton- oder Mörtelflächen und Aluminium sind Schutzschichten vorzusehen.

Gips greift Aluminium nicht an.

Wie auch bei anderen Metalldeckungen ist bei den hier gezeigten, sehr dicht schließenden Aluminiumdeckungen auf sorgfältige Hinterlüftung besonders zu achten.

1.5.10 Dachpappedeckungen[1])

Dachpappedeckungen sind nicht zu verwechseln mit Dachabdichtungen, die ebenfalls auf Holzschalungen ausgeführt werden können (Abschn. 2.5.3). Sie kommen in Frage für leichte, mit Holz geschalte, geneigte Dachflächen. Dachpappedeckungen erfordern jedoch einen recht hohen Arbeitsaufwand bei der Herstellung und bei der Unterhaltung und sind daher heute weitgehend durch andere Konstruktionen (z. B. Wellplatten u. ä.) verdrängt.

Verwendete Materialien:

— Bitumen-Dachbahnen (DIN 52128) 500 g/m^2 oder 333 g/m^2.

— Glasvlies-Bitumen-Dachbahnen (DIN 51143) – V13

Benötigt werden ferner:

— Voranstrichmittel (kalt, vor punktförmiger oder vollflächiger Aufklebung der Dachhaut auf Beton anzuwenden)

— Bitumen-Klebemassen (für Kalt- bzw. Warmanstrich), z. B. geblasenes Bitumen 85/25

— Bitumen-Anstrichmasse (auch farbig)

— Deckaufstrichmittel kalt bzw. heiß zu verarbeiten.

Allgemein gelten DIN 18338 und folgende Regeln:

1. Die Mindestdachneigung nicht vollflächig aufgeklebter Dächer ist 5°. (Unter 5° geneigte Flächen werden nicht gedeckt, sondern abgedichtet, s. Abschn. 2)

   Bei Dachneigungen über 30° müssen für vollflächig aufgeklebte Dächer Klebemassen mit hohem Erweichungspunkt verwendet werden. Für nicht vollflächig aufgeklebte Dächer ist die Dachneigung nach oben unbegrenzt.

2. Deckungen sind mindestens zweilagig auszuführen.

3. Die Überdeckung der Bahnen jeder Lage an den Nähten und Stößen muß versetzt angeordnet werden und beträgt $\geq$ 8 cm.

   Die Lagen sind versetzt bei zweilagiger Deckung 50 cm, dreilagiger Deckung 33⅓ cm, vierlagiger Deckung 25 cm.

4. Holzschalung unter Pappdächern muß gesund, trocken, trittfest, fugendicht und ohne vorstehende Fugenkanten sein. Gespundete Schalung ist vorzuziehen. Kehlen sind durch Dreikantleisten auszufüllen.

   Betondielen müssen nach dem Verlegen eine ebene Oberfläche ohne scharfe Kanten bilden, unterschiedliche Plattendicken sind mit Mörtel auszugleichen. Die Fugen zwischen den Dielen müssen voll vermörtelt sein.

5. Die Nagelung der Bahnen muß folgendermaßen vorgenommen werden:

   Bei Deckung auf Holzschalung parallel zur Traufe (Dachneigung < 8°) wird die erste Lage der Dachbahnen am oberen Rand nur geheftet, am unteren Rand mit Nagelabständen von 15 cm genagelt. Die weiteren Lagen werden vollflächig geklebt und am oberen Rand alle 25 cm genagelt.

   Bei Deckung senkrecht zur Traufe (Dachneigung > 8°) wird die erste Lage am oberen Rand durch versetzte Nagelung mit etwa 50 mm Nagelabstand gegen Abgleiten gesichert.

---

[1]) Die Bezeichnung „Dachpappe" ist ersetzt durch die Benennung „Dachbahn", findet sich aber immer noch im Sprachgebrauch.

Die weiteren Lagen werden vollflächig geklebt und am oberen Rand alle 10 cm, an der überdeckten Längskante alle 30 cm genagelt.

Die Nagelabstände an Traufen und Giebelkanten betragen in jedem Falle 4 cm.

Beim Verlegen der Dachhaut auf Holzschalung sind mindestens die ersten beiden Lagen unmittelbar nacheinander aufzubringen. Falls das nicht möglich ist, wird auf die erste Lage ein heißflüssiger Deckaufstrich aufgebracht. Als erste Lage ist eine einseitig grobbestreute Dachbahn zu verwenden und mit der grobbestreuten Seite nach unten zu verlegen, um ein Festkleben der ersten Lage auf der Schalung zu verhindern.

6. Klebe- und Deckaufstriche müssen überall satt die Fläche bedecken. Loses Bestreuungsmaterial muß dort, wo geklebt wird, sauber entfernt werden.

7. Bei Verlegen mehrlagiger Deckungen mit verschieden schweren Rohfilzpappeeinlagen wird in der Regel die Dachpappe mit der leichtesten Rohfilzpappeeinlage als untere Lage verarbeitet.

8. Schutz von Sonnenbestrahlung der Dächer und damit höhere Lebensdauer bietet die Bekiesung. Bei Dachneigungen bis zu 10° kann Perlkies ($\varnothing$ 3 bis 5 mm) in Warm- oder Kalt-Klebeaufstriche, dicht und gleichmäßig deckend, auf die Dachflächen aufgewalzt werden. Bei steilen Dächern empfiehlt sich die Verwendung von fabrikfertigen naturbestreuten Dachbahnen.

9. Unbedingt zu verhindern ist, daß Handwerker (z. B. bei Anlage von Dachaufbauten, Antennen usw.) auf der fertig gedeckten Dachfläche schwere Lasten transportieren oder Handwerkszeuge und Geräte unachtsam handhaben. Das fertige Dach sollte der Dachdecker als letzter Handwerker verlassen.

In Bild **1.**237 ist die Ausführung von Detailpunkten schematisch dargestellt.

Schwach geneigte oder flache Dächer brauchen 15 bis 20 Jahre lang keine besondere Pflege, wenn sie als sogenanntes Kiespreßdach ausgeführt werden (d. h. mit dünner, aber dichtliegender reiner Perlkiesschicht auf sattdeckend aufgebrachter bituminöser Kieseinbettmasse).

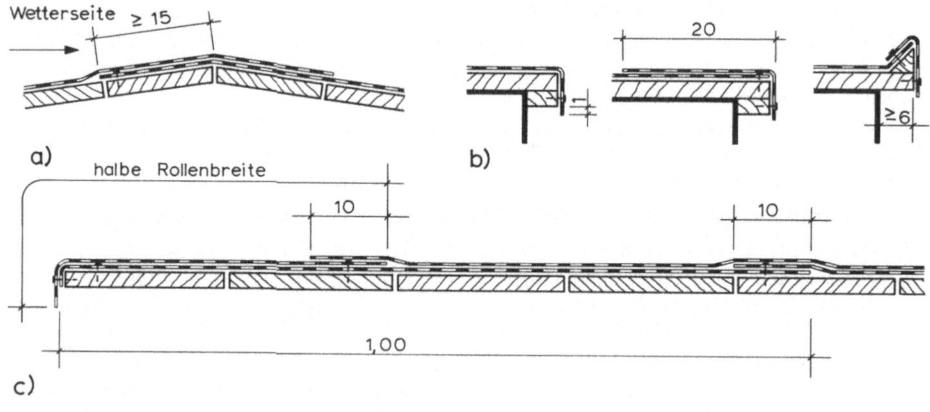

1.237 Pappdächer
   a) First
   b) Ortgangausführungen
   c) Traufe

Im übrigen sind die Dächer je nach Lage und Beanspruchung nach etwa 5 Jahren mit Anstrichen auf Bitumenbasis nachzubehandeln.

Falls Pappdächer durch Neuanstriche nicht mehr instandzusetzen sind, lohnt sich meist noch das Überkleben der ganzen Dachfläche mit einer weiteren Lage. Mehr als zweimaliges Instandsetzen dieser Art ist nicht zu empfehlen.

1.5.11 Geneigte Dächer mit Begrünung

Begrünungen werden vor allem aus ökologischen aber aus gestalterischen Gründen auch bei geneigten Dächern ausgeführt. Sie gelten im allgemeinen bauaufsichtlich zwar als „harte Bedachung" im Sinne des Brandschutzes, doch müssen die teilweise unterschiedlichen Vorschriften der jeweiligen Landesbauordnungen beachtet werden.

Begrünungen werden vor allem auf nicht belüfteten Flachdächern in Massivkonstruktion (s. Abschn. 2.4.4) ausgeführt. Auf geneigten Dächern kommt allein wegen der begrenzten Tragfähigkeit der oberen Schale nur ein relativ leichter Schichtenaufbau mit 5 bis 10 cm dicken Erdschichten in Frage. Als Bepflanzung geeignet sind dafür naturnahe Vegetationen aus Gräsern, Moosen, Sedum-Arten (Dachwurz) oder geeigneten flachwurzelnden Kräutern (sog. „extensive Begrünungen"). Diese können sich auch den extremen Standortbedingungen auf geneigten Dächern anpassen und unter einem minimalen Pflegeaufwand gedeihen bzw. sich regenerieren.

Begrünungen sind grundsätzlich für alle Dachformen (Bild **1**.1) möglich. Es sind zwar schon Dächer bis zu 45° Neigung mit besonderen Sicherungen gegen Abrutschen der Vegetationsschicht begrünt worden [9], doch sollten im allgemeinen Neigungen von etwa 30° nicht überschritten werden. Neben anderen Problemen ergibt sich bei größeren Dachneigungen eine zu schnelle Ableitung von Oberflächenwasser und eine oft nicht ausreichende Speicherung von Niederschlagswasser.

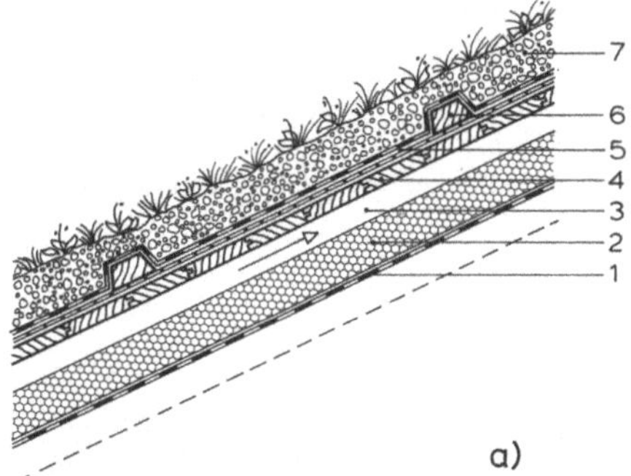

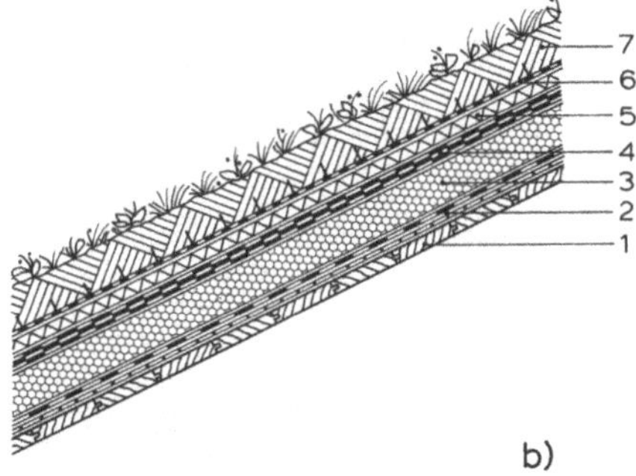

1.238 Gründach, Abrutschsicherungen

a) mit Schubschwellen

1 Dampfsperre
2 Wärmedämmung
3 Hinterlüftung
4 NF-Schalung
5 Kunststoffabdichtung (wurzelfest) auf Trennlage
6 Schubschwelle
7 extensive Begrünung (einschichtiger Aufbau)

b) mit Krallenmatte

1 NF-Schalung
2 Dampfsperre auf Trennlage
3 Wärmedämmung
4 Dachabdichtung, wurzelfest
5 Filtermatte
6 geotextile Krallenmatte kombiniert mit Filtervlies
7 extensive Begrünung (zweischichtiger Aufbau)

Die Begrünung mit dem gesamten dafür erforderlichen Schichtenaufbau bildet innerhalb der gesamten Dachkonstruktion eine zusätzliche Wärmedämmung. Bei einem Dachaufbau mit hinterlüfteter Wärmedämmung (Bild **1**.238 a) wird dieser Effekt abgemindert. Für ein einwandfreies Funktionieren der Hinterlüftung ist außerdem ein hoher konstruktiver Aufwand (Lüftungsfrist usw.) erforderlich. So werden begrünte Dächer meistens im Zusammenhang mit nicht hinterlüfteten Wärmedämmungen (s. auch Abschn. 1.8.2) ausgeführt, wie in den Bildern **1**.238 b bis **1**.240 gezeigt. Dabei können sowohl mehrlagig geklebte konventionelle Abdichtungssysteme mit Dampfsperre (Bild **1**.239) als auch Abdichtungen mit lose verlegten Kunststoffdichtungsbahnen nach dem Prinzip des „Umkehrdaches" wie bei Flachdächern (s. Abschn. 2.3.2) ausgeführt werden (Bild **1**.240).

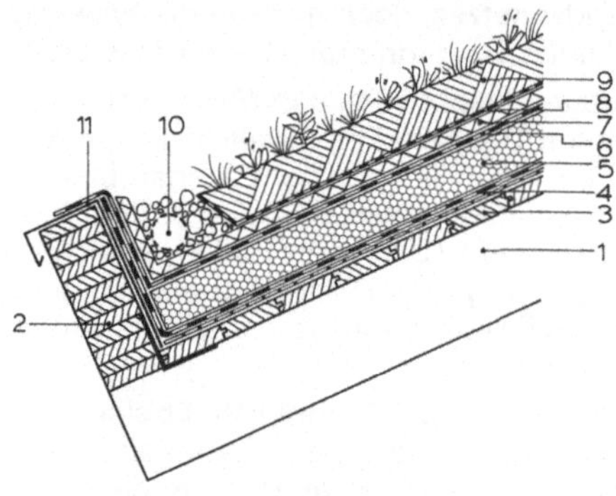

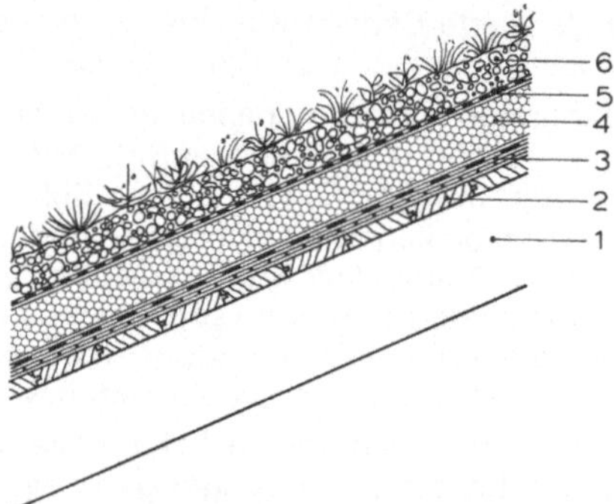

1.239 Gründach, Aufbau nach dem Warmdachprinzip; Traufe mit Entwässerung

  1 Sparren
  2 Rand-(Abfang-)träger, gehalten durch Stahlwinkel
  3 NF-Schalung
  4 Dampfsperre auf Trennlage
  5 Wärmedämmung
  6 Kunststoffabdichtung, wurzelfest
  7 Filterschicht
  8 Filtervlies
  9 extensive Begrünung
10 Dränrohr ⌀ 50 in Kiesbett
11 kunststoffbeschichtetes Abdeckblech, Dachabdichtung aufgeschweißt

1.240 Gründach, Aufbau nach dem Umkehrdachprinzip

1 Sparren
2 NF-Schalung
3 Kunststoffabdichtung (wurzelfest) auf Trennlage
4 Wärmedämmung (extrud. PS-Hartschaum; Roofmate o.ä.)
5 Filtervlies
6 extensive Begrünung (einschichtiger Aufbau)

Grundsätzlich sind Begrünungen nur auf wurzelfest **abgedichteten** Dachflächen möglich (Abdichtung ähnlich wie bei Flachdächern nach Abschnitt 2, nicht zu verwechseln mit Dachdeckung nach Abschn. 1.5.10!).

Für Begrünungen ist allgemein folgender Schichtenaufbau (von unten nach oben) üblich:

— Abdichtung (wurzelfeste Dach- und Dichtungsbahnen, wasserundurchlässiger Beton),

— Schutzlage (Schutzvliese, -platten und -bahnen, ggf. auch Dränelemente),

— Dränung (Schüttstoffe, Dränmatten und -platten),

— Filterschicht (Vliese),

— Vegetationsschicht (Boden- und Schüttstoffgemische, Substratplatten).

Die Zusammensetzung der Vegetationsschicht ist abhängig von der gewählten Bepflanzung. Sie kann aus einer Mischung von Nährboden mit Schüttstoffen bestehen, die Niederschlagwasser gleichzeitig ausreichend speichern und ggf. ableiten kann (1schichtiger Aufbau, s. Bilder 1.238a und 1.240). Wenn aus dem Nährbodengemisch Feinstoffe ausgeschwemmt werden können, ist ein mehrschichtiger Aufbau erforderlich mit einer gesonderten Filterschicht (Bild 1.238b und 1.239).

Für geneigte Dächer ist besonders zu beachten:

Bei Dachneigungen bis ca. 20° sind bei geeigneter Zusammensetzung der Vegetationsschicht und der übrigen Schichten keine besonderen Maßnahmen gegen Abrutschen der Schichten notwendig.

Bei größeren Dachneigungen oder schweren Begrünungsschichten müssen Stützschwellen oder -profile ggf. mit besonderem statischen Nachweis vorgesehen werden. Sie sind mit der Unterkonstruktion kippsicher fest zu verankern und sehr sorgfältig einzudichten (Bild 1.238a). Einfacher ist die Anwendung von verrottungsfesten geotextilen Krall-Vliesmatten, die entweder beiderseits gleich weit über die Firste von Satteldächern hinweggeführt oder (z.B. bei Pultdächern u.ä.) oben auf der Dachhaut mit zusätzlichen Eindichtungen fixiert werden (Bild 1.238b).

An den Traufen wird Überschußwasser aus Niederschlägen in druckfesten Dränrohren gesammelt und abgeleitet. Die Dränrohre werden in Kiespackungen eingebettet, über die das Filtervlies bis zum Traufenabschluß hinweggeführt ist (Bild 1.240).

Die sonstigen allgemeinen Anforderungen an begrünte Dächer sind in Abschn. 2.4.4 näher behandelt.

1.6 Dachrinnen und Regenfallrohre

1.6.1 Allgemeines

An geneigten Dächern sind in der Regel Dachrinnen erforderlich. Nur bei sehr niedrigen Traufen und bei weiten Dachüberständen kann bei einfachen Gebäuden auf Dachrinnen verzichtet werden, wenn durch ablaufendes Niederschlagwasser keine Schäden im Sockelbereich zu befürchten sind.

Dachrinnen und die erforderlichen Regenfallrohre beeinflussen die formale Planung von Traufen und Fassaden erheblich und wurden an historischen Gebäuden daher vielfach bewußt als Gestaltungsmittel eingesetzt.

So sind bei langen Traufen mit freihängenden Dachrinnen bereits die sich aus dem erforderlichen Rinnengefälle ergebenden Höhenunterschiede bei der Gestaltung der Gesimse zu berücksichtigen. Eine Aufteilung in kürzere Rinnenabschnitte, bedingt andererseits eine größere Anzahl von Regenfallrohren (s. Abschn. 1.6.5).

Die angedeutete formale Problematik führt bei vielen Planungen zu Lösungen, bei denen die Dachrinnen verdeckt hinter Traufengesimsen eingebaut werden (Bilder 1.256 bis 1.258). Dabei ist aber zu bedenken, daß es – abgesehen vom erheblich teureren konstruktiven Aufwand – leicht zu folgenschweren Bauschäden an Gesimsen und im Fassadenbereich kommen kann, wenn durch Verschmutzungen (z.B. Laub) der Regenwasserablauf unterbunden wird. (Frei hängende Rinnen laufen in solchen Fällen einfach über. Dadurch können Störungen viel schneller erkannt und beseitigt werden!)

An Dachrinnen zur Entwässerung von Dachflächen, die mit Bitumenbaustoffen eingedeckt sind, wurden in den letzten Jahren oft starke Korrosionserscheinungen beobachtet. Als Ursache wurden in der Hauptsache chemische Umwandlungen auf nicht oder nicht ausreichend gegen Bewitterung geschützten Bitumenflächen erkannt.

Bei nicht durch Beschieferung o. ä. geschützten Bitumendachflächen bilden sich unter dem Einfluß der Bewitterung in Verbindung mit der Luftverschmutzung insbesondere durch Schwefeldioxid Polycarbonsäuren, die Metalle angreifen und in relativ kurzer Zeit bis zur Zerstörung korrodieren können. Bei einwandfreiem Bedachungsmaterial sind diese Schäden weniger zu befürchten. Im Zweifelsfall sollten alle erforderlichen Metalleinfassungen, -anschlüsse, -Dachrinnen usw. entweder bitumen-korrosionsfest ausgeführt (Kupfer oder V2A-Stahl), oder durch Bitumen- oder Kunststofflacke dauerhaft gegen Korrosion geschützt werden.

1.6.2 Bemessung

Die Dachrinnen und Regenfallrohre aller Art sind in DIN 18460, DIN 18461 und DIN 18469 in ihren Begriffen, Maßen und Eigenschaften genormt.

D a c h r i n n e n sind als halbrunde (Bild **1**.244) und kastenförmige (Bild **1**.245) Hängedachrinnen mit den dazugehörigen Rinnenhaltern genormt (s. Abschn. 1.6.3). Daneben gibt es Sonderformen wie z. B. verdeckte Dachrinnen, auch als „Standrinnen" bezeichnet (Bild **1**.256 bis **1**.258).

R e g e n f a l l r o h r e sind als kreisförmige und quadratische Regenfallrohre genormt (Tabelle **1**.263).

Die Bemessung der Regenfallrohrleitungen und die Zuordnung der entsprechenden Dachrinnengrößen ist nach DIN 18460 Abschn. 4 abhängig von der „Regenspende", der Dachgrundfläche und dem Abflußbeiwert.

Tabelle **1**.241 Abflußbeiwerte zur Ermittlung des Regenwasserabflusses Q_r

Art der angeschlossenen Fläche	Abflußbeiwert ψ
Dächer ($\geq 15°$ Neigung)	1
Dächer ($< 15°$ Neigung)	0,8
Kiesschüttdächer	0,5
Dachgärten	0,3

Q_r in l/s = (Fläche in ha) · (Regenspende in l/[s · ha]) · Abflußbeiwert ψ

Mit Regenspende (r) wird die Regenmenge (in l) bezeichnet, mit der maximal je Sekunde/Hektar gerechnet werden muß. Sie ist in der Regel mit $r = 300$ l/(s · ha) anzunehmen.

Zur Ermittlung des Regenwasserabflusses (Q_r) als Grundlage für die Dimensionierung der Regenwasserleitungen innerhalb und außerhalb von Gebäuden ist der Abflußbeiwert ψ gemäß der Tabelle **1**.241 (Auszug aus DIN 1986 T2) zu berücksichtigen. Bemessungsgrundlagen sind die Tabellen **1**.242 und **1**.243.

Für die rechnerische Bemessung der Regenfallrohre und der Dachrinnen wird zunächst der Regenwasserabfluß Q_r wie folgt ermittelt (DIN 18460 Abschn. 6):

Örtliche Regenspende $r = 300$ l/(s · ha)

Dachgrundfläche $A = 12,5$ m $\times$ 17,5 = 220 m^2

Dachneigung $= 15°$

Abflußbeiwert $\psi = 1,0$

Regenwasserabfluß $Q_r = 220/10\,000 \cdot 300 \cdot 1,0 = 6,6$ l/s

Nach Tabelle **1**.242 gewählt für $Q_r = 7,3$ l/s:

1 Regenfallrohr mit Nennmaß 120 mm oder wahlweise
2 Regenfallrohre mit Nennmaß 100 mm

Tabelle 1.242 Bemessung der Regenfalleitung mit kreisförmigem Querschnitt und Zuordnung der halbrunden und kastenförmigen Dachrinnen aus Metall (siehe DIN 18460 Tabelle 1) (Auszug aus Tab. 12 von DIN 1986 T 2, Ausgabe 1978)

anzuschließende Dachgrundfläche bei max. Regenspende $r = 300\ l/(s \cdot ha)$[1]	Regen-wasser-abfluß[2] $Q_{r\,zul}$	Regenfalleitung		zugeordnete Dachrinne			
				halbrund		kastenförmig	
		Nenn-größe	Quer-schnitt	Nenn-größe	Rinnen-quer-schnitt	Nenn-größe	Rinnen-quer-schnitt
in m²	in l/s	in mm	in cm²	in mm	in cm²	in mm	in cm²
37	1,1	60	28	200	25	200	28
57	1,7	70	38	–	–	–	–
83	2,5	80	50	250 / 285	43 / 63	250	42
150	4,5	100	79	333	92	333	90
243[3]	7,3	120	113	400	145	400	135
270	8,1	125	122	–	–	–	–
443	13,3	150	177	500	245	500	220

[1]) Ist die örtliche Regenspende größer als 300 l/(s · ha), muß mit den entsprechenden Werten gerechnet werden (s. Beispiel)
[2]) Die angegebenen Werte resultieren aus trichterförmigen Einläufen. Bei zylindrischen Einläufen sind die anzuschließenden Dachgrundflächen um etwa 30% zu reduzieren.
[3]) In DIN 1986 T 2 nicht enthalten

Tabelle 1.243 Bemessung der Regenfalleitung mit rundem Querschnitt und Zuordnung der halbrunden und kastenförmigen Dachrinnen aus PVC hart (DIN 18461, Tabelle 2, s. auch DIN 8062)

anzuschließende Dachgrundfläche bei max. Regenspende $r = 300\ l/(s \cdot ha)$[1]	Regen-wasser-abfluß[2] $Q_{r\,zul}$	Regenfalleitung			zugeordnete Dachrinne		
					halbrund		kastenförmig
		Außen-durch-messer	Nenn-maß	Quer-schnitt	Nenn-größe[3]	Rinnen-quer-schnitt	Rinnen-quer-schnitt
in m²	in l/s	in mm	in mm	in cm²		in cm²	in cm²
20	0,6	50	50	17	80	34	22
37	1,1	63	63	28	80	34	34
57	1,7	75	70	38	100	53	53
97	2,9	90	90	56	125	73	73
170	5,1	110	100	86	150	101	100
243	7,3	125	125	113	180	137	137
483	14,5	160	150	188	250	245	225

[1]) Ist die örtliche Regenspende größer als 300 l/(s · ha), muß mit den entsprechenden Werten gerechnet werden (s. Beispiel)
[2]) Die angegebenen Werte resultieren aus trichterförmigen Einläufen
[3]) Nenngröße entspricht der lichten Weite in mm

1.6.3 Hängedachrinnen

Hängedachrinnen von halbrundem oder kastenförmigem Querschnitt (Bild **1.**244 und **1.**245) aus Metall sind hinsichtlich Abmessungen und Material gemäß DIN 18 461 genormt. Die Abmessungen von Kunststoffdachrinnen aus PVC hart entsprechen dieser Normung, während die Materialanforderungen und -prüfungen durch DIN 18 469 geregelt sind.

Ferner sind Regenrinnen und -fallrohre aus Faserzement auf dem Markt, werden aber wegen ihrer gröberen Abmessungen überwiegend im Industriebau dort eingesetzt, wo hohe Korrosionsbeständigkeit und gleichzeitig höhere mechanische Beanspruchbarkeit als die von Kunststoffteilen notwendig sind.

Hängedachrinnen aus Metall oder Kunststoff haben an der vorderen Längsseite einen Wulst, an der hinteren Längsseite eine nach innen gerichtete Umkantung (Wasserfalz).

Die an der Gesimsseite liegende Rinnenoberkante liegt höher als die Oberkante des vorderen Rinnenwulstes, damit etwa überlaufendes Wasser nicht an der Wandseite herabläuft. Der hintere Rinnenrand kann auch mit einem auf der Dachschalung aufliegenden Vordeckstreifen (Rinneneinhang) verfalzt werden. Die Dachhaut darf nur so weit in die Rinne hineinragen, daß kein Wasser über den vorderen Rinnenrand hinwegschießt. Dagegen soll bei steilen Dächern abrutschender Schnee möglichst n i c h t in der Rinne hängen bleiben.

Die Abmessungen von Hängedachrinnen aus Metall sind in DIN 18 461 Tab. 1 (**1.**246) für halbrunde und in Tab. 4 (**1.**247) für kastenförmige Querschnitte festgelegt.

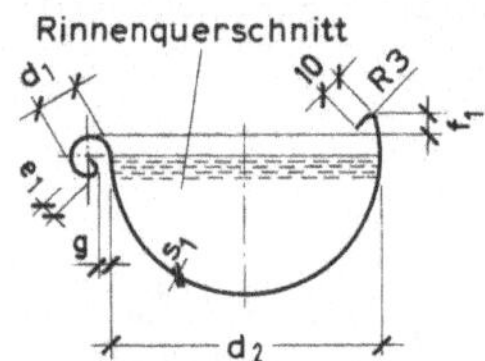

1.244 Halbrunde Hängedachrinne (H)

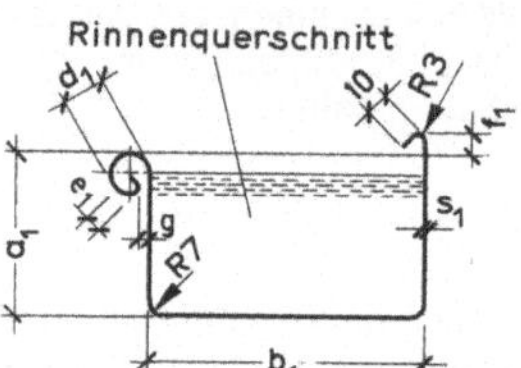

1.245 Kastenförmige Hängedachrinne (K)

Tabelle **1.**246 Abmessungen von **H**albrunden Hängedachrinnen (H) DIN 18 461

Nenngröße	Zuschnitt-breite[1]) +1 −2	d_1 ±1	d_2 +2 0	e_1 +2 −1	f_1 min.	g +1 0	Nenndicke s_1				
							Al	Cu	St	Zn	nr. St
200 (10teilig)	200	16	80	5	8	5	0,70	0,60	0,60	0,65	0,50
250 (8teilig)	250	18	105	7	10	5	0,70	0,60	0,60	0,65	0,50
280 (7teilig)	280	18	127	7	11	6	0,70	0,60	0,60	0,70	0,50
333 (6teilig)	333	20	153	9	11	6	0,70	0,60	0,60	0,70	0,50
400	400	22	192	9	11	6	0,80	0,70	0,70	0,70	0,60
500	500	22	250	9	21	6	0,80	0,70	0,70	0,80	0,60

[1]) Die Zuschnittbreiten sind auf eine Blechtafel von 1000 × 2000 mm bezogen. Dementsprechend sind in der Baupraxis statt der Nennmaße auch die Teilungsmaße des Zuschnittes als Kennzeichnung der Rinnenquerschnitte verbreitet (s. Zusätze in Spalte 1).

Beispiel für die Bezeichnung einer halbrunden Dachrinne (H) von 333 mm Zuschnittbreite aus Kupfer:
Dachrinne DIN 18 461 − H 333 − Cu

Werkstoff

Al = AlMn1 F14 oder AlMg1 F15 nach DIN 1745 Teil 1 (nach Wahl des Herstellers)
      Verwendbares Halbzeug: Bleche und Bänder nach DIN 1783
Cu = SF-Cu nach DIN 1787 und CuZn 0.5 nach DIN 17 666 in Festigkeit F24 nach DIN 17 670 Teil 1.
      Verwendbares Halbzeug: Bänder und Bleche nach DIN 17 650
St = St 02 Z 275 nach DIN 17 162 Teil 1
Zn = Legiertes Zink (Titanzink), bandgewalzt, D-Znbd nach DIN 17 770 Teil 1
      Verwendbares Halbzeug nach DIN 17 770 Teil 2
nr. St = Nichtrostender Stahl nach DIN 17 440 (z. Z. Entwurf); Werkstoffnummer 1.4301 oder 1.4401

Tabelle **1**.247   Abmessungen von **K**astenförmigen Hängedachrinnen (K) DIN 18 461

Nenn-größe	Zuschnitt-breite +1 −2	a_1 ±1	b_1 0 −1	d_1 ±1	e_1 +2 −1	f_1 min.	g +1 0	Nenndicke s_1				
								Al	Cu	St	Zn	nr. St
200	200	42	70	16	5	8	5	0,70	0,60	0,60	0,65	0,50
250	250	55	85	18	7	10	5	0,70	0,60	0,60	0,65	0,50
333	333	75	120	20	9	10	6	0,70	0,60	0,60	0,70	0,50
400	400	90	150	22	9	10	6	0,80	0,70	0,70	0,70	0,60
500	500	110	200	22	9	20	6	0,80	0,70	0,70	0,80	0,60

Werkstoffe wie in Tab. **1**.246

Beispiel für die Bezeichnung einer kastenförmigen Dachrinne (K) von 400 mm Zuschnittbreite aus
          St. 02 Z 275 (St): Dachrinne DIN 18 461 – K 400 – St

Dabei sind die Rinnenlängen bei Zuschnitten < 500 mm auf höchstens 15 m, bei
Zuschnitten > 500 mm auf höchstens 10 m zu begrenzen. Für Abstände zu Ecken oder
Festpunkten gelten die halben Längen. Sind größere Längen erforderlich, müssen
die Rinnen in einzelne Abschnitte aufgeteilt und mit Schiebestücken (Bild **1**.248)
ausgestattet werden. Die Rinnen sind mit einem Gefälle von mindestens 1 mm/m zu
verlegen.

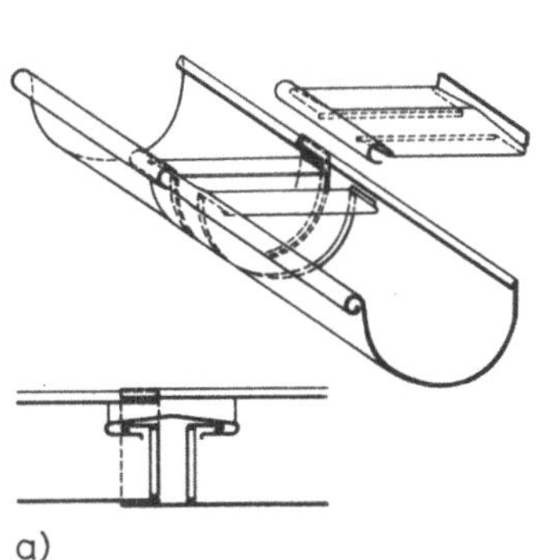
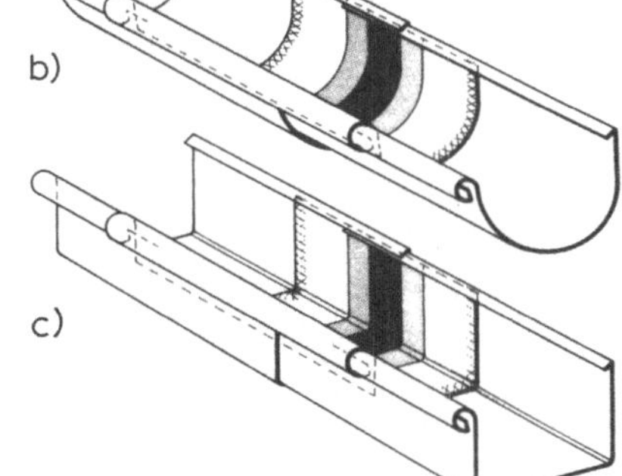

1.248 Hängedachrinnen, Dehnungsausgleich [27]
        a) Schiebestoß am oberen Gefällepunkt (jeder Rinnenteil hat am Zusammenstoß einen beson-
          deren Rinnenboden)
        b) RHEINZINK-Dilations-Dachrinne, halbrund
        c) RHEINZINK-Dilations-Dachrinne, kastenförmig

Hängedachrinnen werden von **Rinnenhaltern** getragen; das sind gebogene Bügel aus rostgeschütztem Material, die 4 bis 8 mm dick und 25 bis 40 mm breit sind und in Abständen von 80 bis 90 cm auf die Dachlatten bzw. auf die Schalung geschraubt werden. Die Rinne wird am Rinnenhalter durch Federn (25 mm breite, über die Rinnenwülste gebogene Blechstreifen) befestigt, ohne in ihrer Längs- oder Querbewegung behindert zu werden (s. Bild **1.249** und **1.250**).

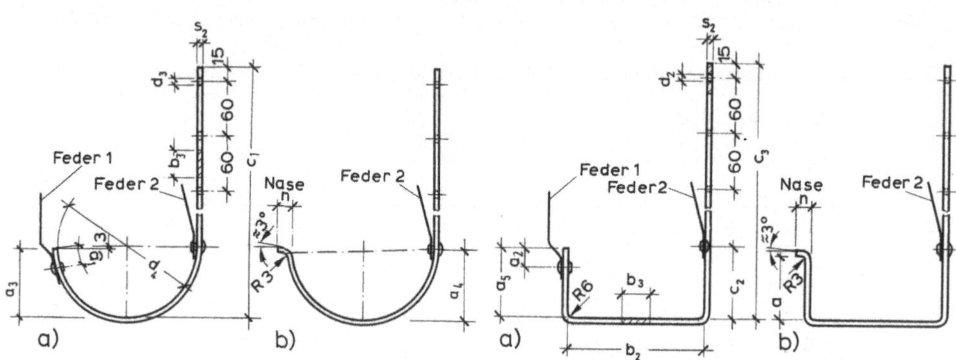

1.249 Rinnenhalter für halbrunde Hängedachrinnen
   a) Form FFH mit zwei Federn
   b) Form NFH mit Nase und Feder
      (Maße wie bei a)

1.250 Rinnenhalter für kastenförmige Hängedachrinnen
   a) Form FFH mit zwei Federn
   b) Form NFH mit Nase und Federn
      (Maße wie linkes Bild)

Tabelle **1.251** Rinnenhalter für halbrunde und kastenförmige Dachrinnen, Beanspruchung

Rinnenhalterabstand ± 40 mm	normale Beanspruchung Reihe	hohe Beanspruchung schneereiche Gebiete[1]) Reihe
700	1	3
800	2	4
900	3	–

[1]) Bei extremen Beanspruchungen sollte der Einsatz von Schneefanggittern und eine Verringerung der Rinnenhalterabstände vorgesehen werden. Zusätzlich können auch Spreizen angebracht werden. DIN 1055 Teil 5 ist zu beachten.

Die Bemessung der Rinnenhalter richtet sich nach klimatischen und örtlichen Anforderungen.

Die Rinnenhalter-Abstände sind nach Tabelle **1.251** zu wählen.

Abmessungen und die bei der Montage zu beachtenden Bestimmungen gemäß DIN 18461 sind aus den Tabellen **1.252** und **1.253** zu entnehmen.

Beispiel Bezeichnung eines Rinnenhalters Form FFH für kreisförmige Dachrinnen Nenngröße 333 mm von $c_1 = 300$ mm und $b_3 \times s_2 = 30$ mm $\times$ 5 mm aus USt 37-2 (St) oder StW22 (St); feuerverzinkt (V):

   Halter DIN 18461 ~ FFH 333 – 300 – 30 $\times$ 5 – StV

Beispiel Bezeichnung eines Rinnenhalters Form FFK für kastenförmige Dachrinnen Nenngröße 333 mm von $c_3 = 300$ mm und $b_3 \times s_2 = 30$ mm $\times$ 5 mm aus SF-Cu F24 (Cu):

   Halter DIN 18461 ~ FFK 333 – 300 – 30 $\times$ 5 – Cu

Tabelle **1.252** Rinnenhalter für halbrunde Dachrinnen, Maße

Halbrunde Dachrinnen Nenngröße	c_1 ±3	Maße für steigende Beanspruchung $b_3 \times s_2$ Reihe[1) 1	2	3	4	d_3 ±1	d_4 +2 0	a_1[3) ±1	a_3[4) ±1	a_4 ±1	n ±1
200	230 / 270	25 × 4	25 × 4	25 × 4	–	80	18	37	40	12
250	280 / 330	25 × 4	30 × 4	25 × 6	–	105	20	50	53	14
250	410 / 500	25 × 4	–	–	–	105	20	50	53	14
280	290 / 350	30 × 4	30 × 5	25 × 6	25 × 8	[2) 127	20	61	64	14
280	390 / 480	30 × 4	–	–	–	127	20	61	64	14
333	300 / 370	30 × 5	40 × 5	25 × 6	30 × 8	153	20	74	77	14
333	450	30 × 5	–	–	–	153	20	74	77	14
400	340 / 430	30 × 5	40 × 5	25 × 8	30 × 8	192	20	93	96	14
400	410	30 × 5	–	–	–	192	20	93	96	14
500	375 / 515	40 × 5	40 × 5	30 × 8	30 × 8	250	20	122	125	14

[1) s. Tabelle **1.253**
[2) $d_3 = 6$ mm bei $s_2 \leqq 5$ mm; $d_3 = 7$ mm bei $s_2 > 5$ mm
[3) 5 mm kürzer bei $s_2 = 6$ mm und 8 mm
[4) 8 mm kürzer bei $s_2 = 6$ mm und 8 mm

Tabelle **1.253** Rinnenhalter für kastenförmige Dachrinnen, Maße

Kastenförmige Dachrinnen Nenngröße	c_3 ±3	Maße für steigende Beanspruchung $b_3 \times s_2$ Reihe[1) 1	2	3	4	d_2 ±1	b_2 +2 0	a_2[3) ±1	a_5[4) ±1	a_6 ±1	c_2 ±1	n ±1
200	230 / 270	25 × 4	25 × 4	25 × 4	–	70	18	31	34	34	12
250	280 / 330	25 × 4	30 × 4	25 × 6	–	85	20	44	47	46	14
333	300 / 370	30 × 5	40 × 5	25 × 6	25 × 8	[2) 120	20	62	65	65	14
400	330 / 420	30 × 5	40 × 5	25 × 8	30 × 8	150	20	77	80	79	14
500	350 / 490	40 × 5	40 × 5	30 × 8	30 × 8	200	20	97	100	99	14

[1) s. Tabelle **1.251**
[2) $d_3 = 6$ mm bei $s_2 \leqq 5$ mm; $d_3 = 7$ mm bei $s_2 > 5$ mm
[3) 5 mm kürzer bei $s_2 = 6$ mm und 8 mm
[4) 8 mm kürzer bei $s_2 = 6$ mm und 8 mm

Für die Werkstoffe der Rinnenhalter ist zu beachten:

Für Dachrinnen aus legiertem Zink (Titanzink) und aus verzinktem Stahlblech sind Rinnenhalter aus feuerverzinktem Bandstahl, für Dachrinnen aus Kupfer sind Rinnenhalter aus Flachkupfer oder aus kupferummanteltem Bandstahl (feuerverzinkt), und für Dachrinnen aus Aluminium sind Rinnenhalter aus Aluminiumband oder feuerverzinktem Bandstahl zu verwenden.

Mit den Regenfallrohren werden die Hängerinnen durch angelötete Blechstutzen verbunden, die in das Fallrohr eingeschoben werden (s. Abschn. 1.6.5).

Bild **1.254** zeigt eine Hängedachrinne mit ihren Einzelheiten im Zusammenhang mit einem Dachgesims.

Die Rinnenhalter sind hier auf einer abschließenden Keilbohle befestigt.

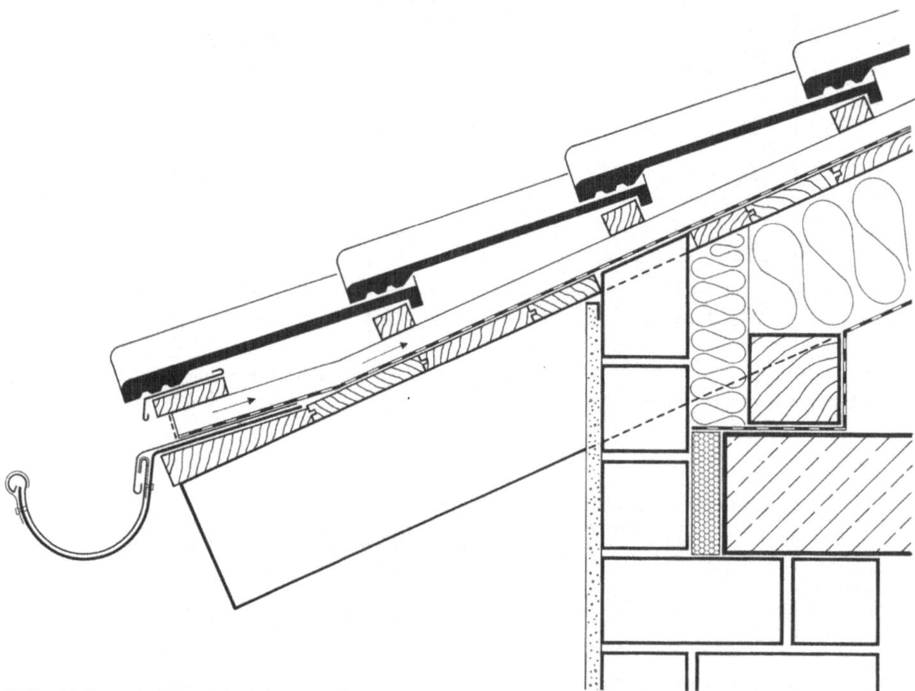

1.254   Halbrunde Hängedachrinne an Sparrengesims

In diesem Beispiel ist die Unterspannbahn nicht hinterlüftet (s. Abschn. 1.8.2). Sprühwasser und Schmelzwasser von Flugschnee wird mit in die Regenrinne abgeleitet. Der Übergang zur Dachrinne wird durch ein Einlaufblech gebildet. Die Lufteintrittsöffnungen für die Hinterlüftung der Dachdeckung oberhalb der Unterspannbahn werden vor der Konterlattung durch ein Gitterband oder durch Kunststoff-Stachelbänder gesichert (Vögel, Marder!).

Bei dem in Bild **1.255** gezeigten Gesims mit vorgehängter Dachrinne wird die dort vorhandene Unterdeckung nicht über die Rinne entwässert. Anfallendes Sprüh- oder Schmelzwasser tropft frei über einen Blechstreifen ab. Die Sparrenzwischenräume sind oberhalb der Wärmedämmung über Zuströmgitter belüftet.

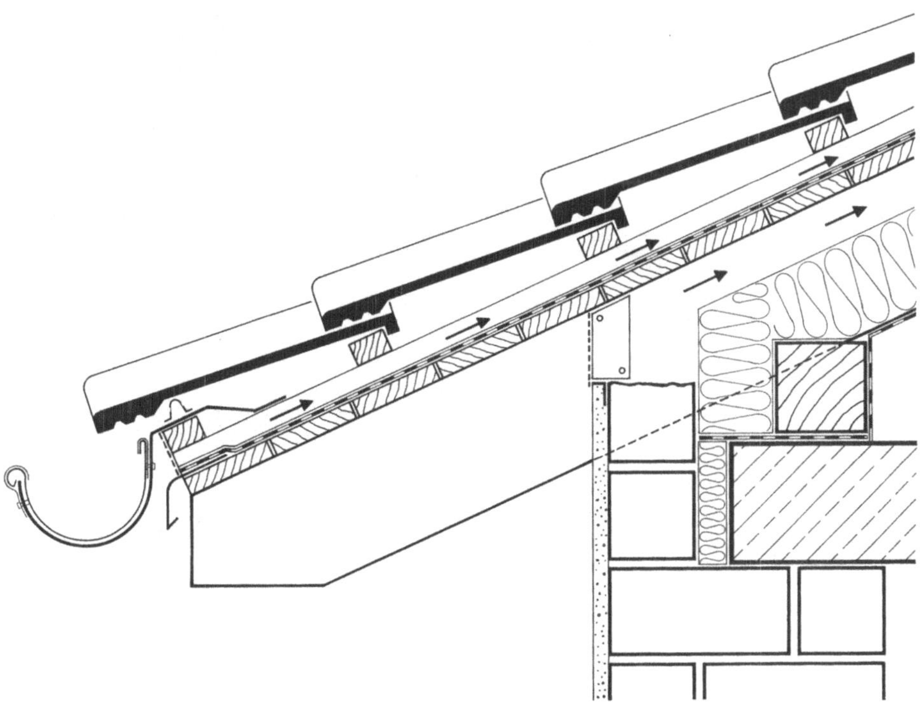

1.255   Halbrunde Hängedachrinne an Sparrengesims; Unterdeckung mit freiem Auslauf

1.6.4   Dachrinnen – Sonderformen

Verdeckt eingebaute Traufenrinnen

Aus formalen Gründen werden Dachrinnen oft verdeckt hinter Gesimsen eingebaut (s. Abschn. 1.6.1). Dies stellt immer eine sorgfältig zu planende kostenträchtige und schadensanfällige Lösung dar, weil bei Verstopfung der Abläufe oder der Rinnen durch Laub o. ä. oder bei Undichtigkeiten der Rinnen beträchtliche Bauschäden an Gesimsen oder im Fassadenbereich die Folge sein können.

Eine in dieser Hinsicht am ehesten vertretbare Lösung stellt die Ausführung in Bild **1**.256 dar. Sie ist jedoch nur möglich, wo hohe Sparrenprofile die erforderlichen Einschnitte für die Rinne erlauben, oder es müssen die Sparrenenden durch unten angefügte Hölzer in der Höhe ergänzt werden.

Bild **1**.257 zeigt eine Kastenrinne in Verbindung mit einer Faserzementplattendeckung und einem Traufengesims aus Faserzementplatten auf einer Holzunterkonstruktion. Die kastenartig geformte Rinne bildet gleichzeitig die obere Abdeckung des Traufengesimses. Die Rinnenoberkante unter der Dachhaut liegt höher als die Außenkante! Das Traufengesims ist so ausgebildet, daß gleichzeitig die Belüftung der Dachkonstruktion und die Hinterlüftung der Holzteile innerhalb des Traufengesimses möglich ist.

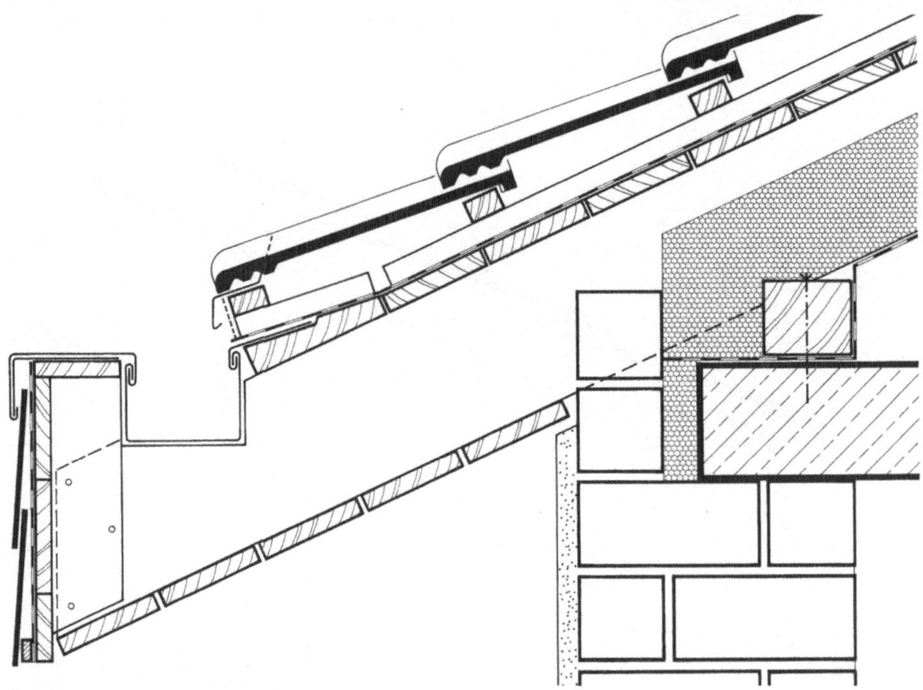

1.256 Verdeckte Rinne als Kastenrinne in Sparrenausschnitten

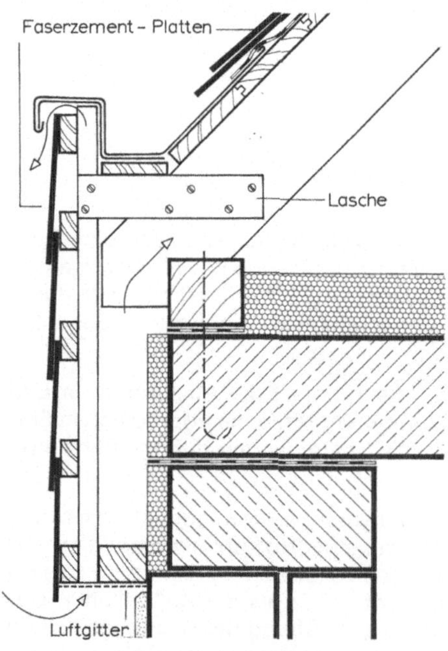

1.257 Standrinne (verdeckte Dachrinne)

Eine Ausführung wie in Bild **1**.258 mit einer speziell angefertigten kehlenförmigen Rinne ermöglicht an den Traufenenden freie Ausläufe als Wasserspeier, die im gezeigten Beispiel bei einem eingeschossigen Haus zur Einleitung des Regenwassers in Gartenteiche dienen.

Standrinnen

Standrinnen (als Halbrund- oder Kastenrinnen) werden bei Bauten ausgeführt, bei denen die Rinne vor dem Hauptgesims nicht in Erscheinung treten soll bzw. bei Grenzwänden nicht überstehen darf.

Standrinnen erfordern eine zweite Entwässerungsebene zum Schutz des Gebäuderandes und zur Ableitung von Rinnenwasser, das aus möglichen – meistens schwer zu beobachtenden – Undichtigkeiten herrührt (Bild **1**.259).

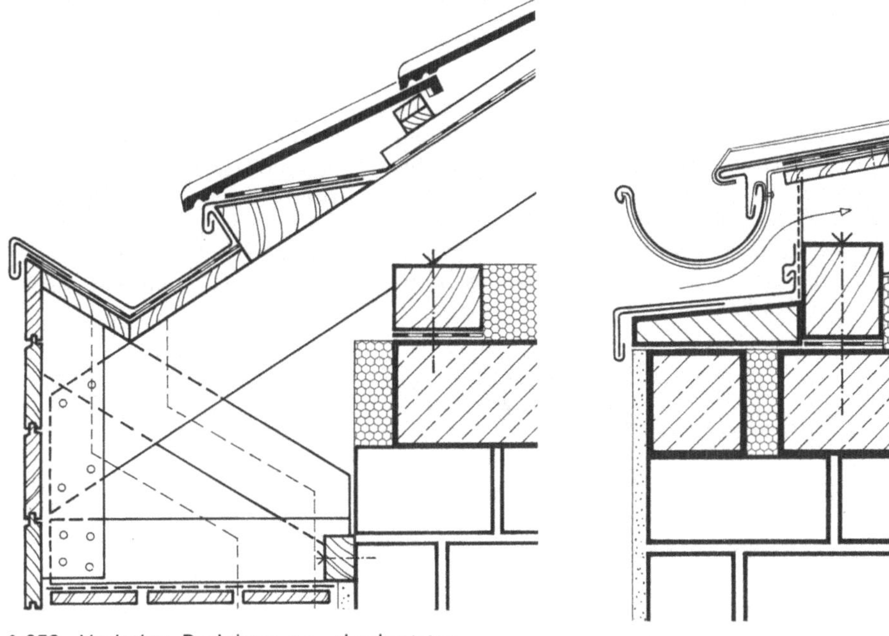

1.258 Verdeckte Dachrinne aus abgekanteten
       Blechprofilen

1.259 Standrinne

Innenliegende Dachrinnen

Satteldachflächen zwischen giebelständigen Reihenhäusern und sonstige zusammengesetzte Dachflächen erfordern innenliegende Dachrinnen mit oder ohne Gefälle.

Bei gefällelosen Rinnen sind die Querschnitte besonders groß zu wählen, so daß sich bei der Füllung automatisch ein natürliches Gefälle ergibt.

Das Gefälle sehr langer innenliegender Standrinnen wird nicht beim Zuschnitt berücksichtigt, sondern Rinnen dieser Art werden durch Gefällestufen (ähnlich wie bei Dächern, vgl. Bild **1**.219d) getrennt. Die einzelnen Rinnenteile werden durch Rinnenschiebenaht miteinander verbunden. Die jeweils untere Rinne wird durch einen eingelöteten Rinnenboden, der so hoch ist wie die Gefällestufe, abgeschlossen. Wenn Rinnengefällestufen wegen der fehlenden Konstruktionshöhen nicht möglich sind, kann auf innenliegende, frostgeschützte Sammelleitungen (in Industriebauten z. B. zwischen Dach und abgehängter Decke) ausgewichen werden, in die die Standrinnen in relativ kurzen Abständen entwässert werden.

Eine innenliegende Dachrinne in Verbindung mit einer Metalldeckung zeigt Bild **1**.260. Hier ist besonders darauf zu achten, daß die im zweischaligen Dach dringend erforderliche Querdurchlüftung durch die Rinnenkonstruktion nicht gestört wird und daß andererseits bei Metalldächern der Rinnenquerschnitt groß genug ist, um unter allen Umständen zu verhindern, daß Regen- oder Schmelzwasser über die Verfalzung von Rinne, Vorstoßblech und Dachhaut in das Dach eindringt. Da auch Notüberläufe nur begrenzte Sicherheiten bieten, sollte hier der Rinnenzuschnitt nicht kleiner als 1,00 m (Tafelbreite) sein bei einem Rinnenquerschnitt von Breite zu Höhe wie 2:1. Besonders in schneereichen Gebieten sollte eine elektrische Rinnenbeheizung vorgesehen werden.

Aus Sicherheitsgründen sollten für jede innenliegende Rinne immer mindestens zwei Regenfallrohre vorgesehen werden.

Zum Dehnungsausgleich sind mindestens alle 10 m Schiebestücke vorzusehen (Bild **1.**260b).

Undichtigkeiten werden bei innenliegenden Rinnen meistens erst dann bemerkt, wenn bereits Folgeschäden eintreten. Eine Ausführung mit „Sicherheitsrinne" (Bild **1.**261) ermöglicht ein frühzeitiges Erkennen von Undichtigkeiten, wenn der Auslauf der zusätzlichen unteren Wasserführung in Form eines Wasserspeiers an einer Außenwand so angeordnet wird, daß er oft im Blickfeld liegt.

Die untere Abdichtungsebene ist über zusätzliche Regenfallrohre bzw. mit Hilfe von Etageneinläufen (vgl. Flachdachentwässerungen Abschn. 2.6.2) zu entwässern (s. Abschn. 1.6.5).

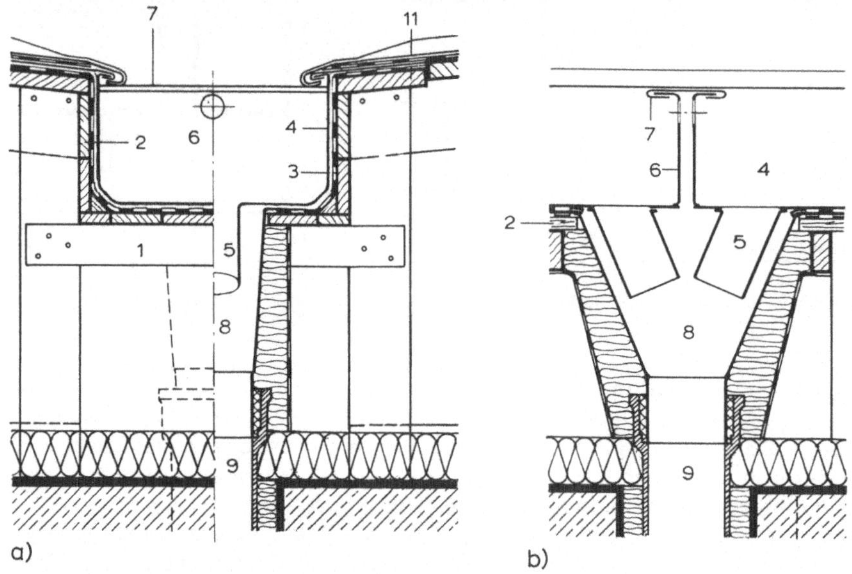

a)   b)

1.260   Innenliegende Rinne eines flachgeneigten zweischaligen Zinkblechdaches[1])

    a) Querschnitt durch Rinne und Dach
    b) Schnitt durch Rinnenschiebenaht, Überlauf in den Rinnenböden und Wasserfangtrichter
       (Laubfanggitter hier nicht eingezeichnet)

    1 Knagge, als Träger der Rinnenschalung   7 Schiebestoß
      mit Gefälle zum Fallrohr   8 Wasserfangtrichter
    2 Rinnenschalung   9 Fallrohre mit Wärmedämmung; im Dachraum
    3 Sicherheitsrinne, zwei Lagen Bitumen-   mit Alu-Folie als Dampfsperre
      dachbahn
    4 Rinne
    5 Rinnenstutzen
    6 Rinnenboden mit Überlauf, zur Siche-
      rung der Wasserabführung bei Zuset-
      zen der Laubfangkörbe; gegebenen-
      falls auch mit Anschluß an Wasser-
      speier nach außen

[1]) Nach Arbeitsblättern der Zinkberatung e.V., Düsseldorf

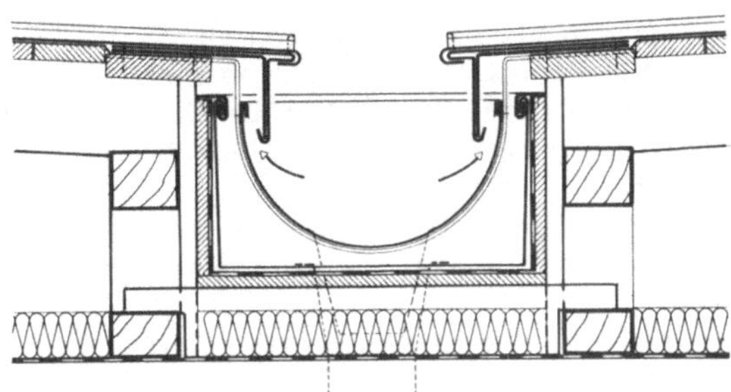

1.261
Innenliegende Dachrinne,
halbrund mit Sicherheitsrinne
[30]

Die Kontrolle innenliegender Rinnen wird sehr erleichtert, wenn sie als **begehbare Dachrinnen** ausgeführt werden. Eine solche Rinne mit Sicherheitsrinne in wärmegedämmter Ausführung zeigt Bild **1.262** in Verbindung mit verglasten Dachflächen. Die auf einer Stahl-Unterkonstruktion aufliegende Blechschale, in der die Sicherheitsrinne mit der Wärmedämmung aufliegt, wirkt in diesem Falle als Dampfsperre.

Für begehbare Rinnen (Innenbreite > 25 cm) sind Rinnenhalter mit mindestens 200 mm² Querschnitt vorzusehen.

Im übrigen sollten besonders bei Standrinnen und innenliegenden Rinnen Halbrund-Querschnitte bevorzugt werden. Durch die Krümmung der Rinnenfläche sind sie gegen Verformungen und damit auch gegen Undichtigkeiten wesentlich stabiler.

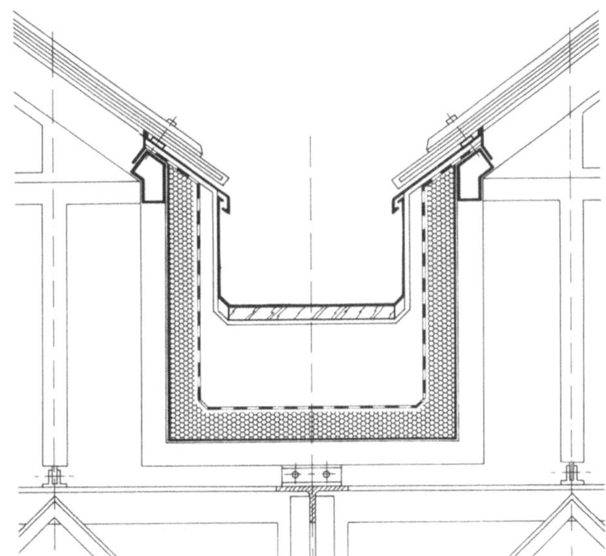

1.262
Innenliegende Dachrinne; begehbar

1.6.5 Regenfallrohre

Regenfallrohre sind je nach Dimension der Dachrinnen in Abständen von höchstens 12 m, mindestens aber für jeden einzelnen Rinnenabschnitt notwendig. Diese eigentlich selbstverständliche Forderung wird aber bei den heute weit verbreiteten komplizierten „Dachlandschaften" vielfach nicht schon bei der Entwurfsplanung beachtet, und es kommt dann später zu den oft abenteuerlichsten „Lösungen" für die Anordnung und Ausführung der Regenfallrohre. Die Lage und Anzahl der erforderlichen Regenfallrohre muß folglich bereits im Anfangsstadium jeder Dach- und Fassadenplanung berücksichtigt werden.

Regenfallrohre sind genormt nach DIN 18461 Abschn. 4. Die Abmessungen können der folgenden Tabelle 1.263 aus dieser Norm entnommen werden.

Tabelle 1.263 Maße kreisförmiger Regenfallrohre (KR)

Nenngröße nach DIN 18461	Durchmesser d_i ± 1	Al	Cu	Nenndicke s_1 St	Zn	nr. Stahl	Rohrquerschnitt in cm^2
60	60	0,70	0,60	0,60	0,60	0,50	28
80	80	0,70	0,60	0,60	0,65	0,50	50
100	100	0,70	0,60	0,60	0,65	0,50	79
120	120	0,70	0,70	0,70	0,70	0,60	113
150	150	0,70	0,70	0,70	0,70	0,60	177

Bei der Herstellung werden Regenfallrohre gelötet (L), geschweißt (S) oder gefalzt (F).

Für die Werkstoffe der Regenfallrohre gelten die gleichen Bestimmungen wie bei Tabelle 1.246 genannt.

Beispiel Bezeichnung eines kreisförmigen Regenfallrohres (KR) mit Nenngröße 100 mm aus Zn, gelötet (L):

Fallrohr DIN 18461 – KR 100 – Zn – L

Für quadratische Fallrohre gilt Tabelle 1.264 (Tabelle 9 in DIN 18461)

Tabelle 1.264 Quadratische Regenfallrohre, Maße

Nenngröße	Seitenlänge b_i ± 1	Al	Cu	Nenndicke s_1 St	Zn	nr.St
60	60	0,70	0,60	0,60	0,65	0,50
80	80	0,70	0,60	0,60	0,65	0,50
100	100	0,70	0,70	0,70	0,70	0,50
120	120	0,70	0,70	0,70	0,80	0,60

Rechteckige Regenfallrohe (RR) sind in den Abmessungen nicht genormt. Bei der Dimensionierung muß die kleinste Seite den Wert des Durchmessers der entsprechenden kreisförmigen Regenfallrohre nach DIN 18460 aufweisen.

An den Verbindungsstellen müssen die Fallrohre mind. 50 mm ineinandergreifen.

Regenfallrohre für außenliegende Rinnen werden in der Regel durch Rohrschellen nach DIN 18461 an der Hauswand befestigt. Der Abstand der Fallrohre von der Wand soll dabei mind. 2 cm betragen, der Abstand der Rohrschellen untereinander soll bei einem Rohrdurchmesser bis zu 100 mm nicht über 3 m, bei größeren Rohrdurchmessern nicht über 2 m sein (Bild **1.**265).

Rohrnähte sollten an der Vorderseite oder seitlich liegen, damit bei nicht rechtzeitig erkannten Undichtigkeiten keine Schäden am Bauwerk entstehen.

Zwischen Hängedachrinnen und Fallrohr muß bei ausladenden Gesimsen meist ein konisches Verbindungsstück eingeschaltet werden, das so wenig wie möglich auffallen sollte (Bild **1.**266). Bei Stand- oder Kastenrinnen kann das Wasser auch unmittelbar senkrecht aus der Rinne über Fallrohre in Wandschlitzen abgeleitet werden.

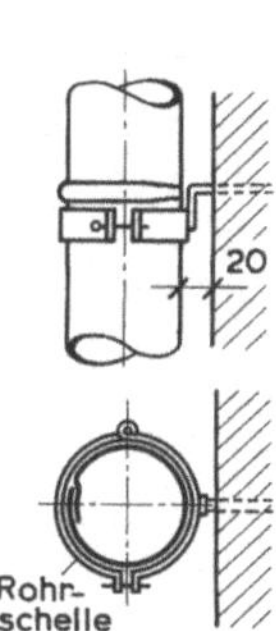
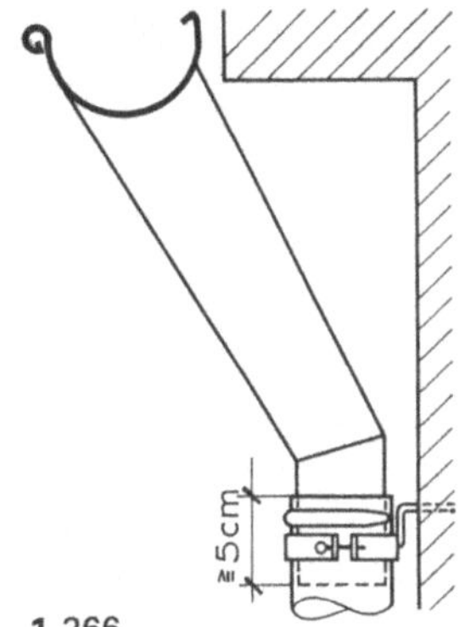
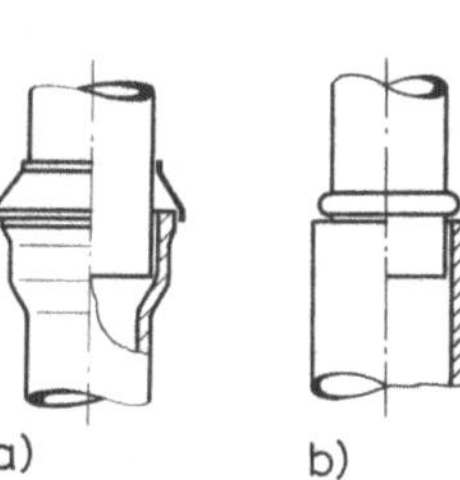

1.265
Befestigung des Fallrohrs
an der Hauswand.
Breite der Rohrschelle 30 mm;
Länge des Dorns mind. 120 mm
(DIN E18461 Abschn. 4.3)

1.266
Verbindungsstück zwischen
Dachrinne und Fallrohr, lose
in das Fallrohr eingesteckt,
das hier mit einem Rohrwulst
auf der Rohrschelle hängt

1.267
Standrohrübergang
a) Einführung in Gußrohr
   mit Muffe
b) Einführung in Gußrohr
   ohne Muffe

Es gibt jedoch auch nach DIN 18461 genormte Rinnenablaufstutzen, Schrägrohre für den Übergang von Dachrinnen und Fallrohren sowie Rohrbogen.

Bei gefällelosen Rinnen wird die Rinne am Übergang zwischen Rinne und Fallrohr zu einem Rinnenkasten verbreitert, um das Überlaufen des aus zwei entgegengesetzten Richtungen einfließenden Wassers bei Sturzregen zu vermeiden. Lage und Form des Rinnenkastens werden von der Architektur des Bauwerks bestimmt.

Anschluß der Fallrohre
In der Regel war bisher meistens in den Landesbauordnungen oder Bausatzungen der Gemeinden der A n s c h l u ß aller Regenfallrohre an das öffentliche Abwassernetz vorgeschrieben.

Heute wird dagegen vielfach gefordert, das anfallende Regenwasser in Grünflächen versickern zu lassen oder es über Versickerungsschächte in das Grundwasser einzuleiten. Das Regenwasser wird vielfach auch in Zisternen für die Gartenbewässerung oder aber für die „Grauwasser"-Versorgung (z. B. Toilettenspülung) gesammelt.

Die Fallrohre werden an Grundleitungen über gußeiserne „Standrohre" mit den Abwasserleitungen verbunden. Die Standrohre sollen mechanische Beschädigungen der dünnwandigen Regenfallrohre verhindern und werden daher je nach der zu erwartenden Beanspruchung 30 bis 100 cm über den Geländeanschnitt hochgeführt. Die obere Abschlußhöhe wird am besten mit dem Gebäudesockel abgestimmt.

Der Übergang zwischen Regenfallrohr und Standrohr kann durch einen angelöteten Übergangsring gebildet werden (Bild **1.**267a). Damit wird zwar der Austritt von Kanalgasen und die damit meistens verbundene Verschmutzung der Übergangsstelle unter-

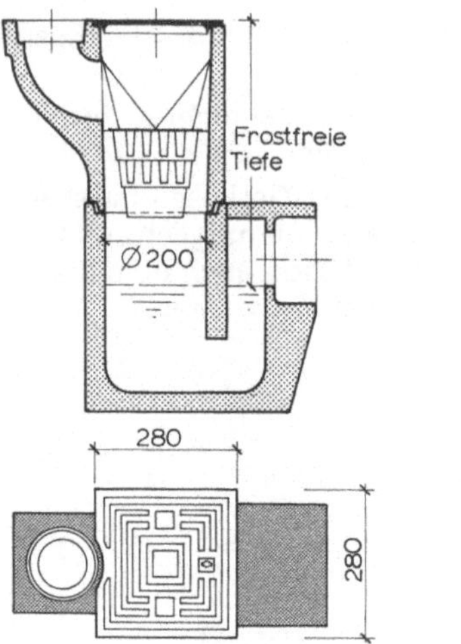

1.268   Regenrohrablauf aus Betonfertigteilen mit Geruchsverschluß

bunden, doch ist diese Lösung formal wenig befriedigend. Der in Bild **1**.267 b gezeigte muffenlose Übergang, bei dem die Anschlußstelle lediglich mit einem aufgelöteten Wulstring abgedeckt wird, ist deshalb besser in Verbindung mit einem Regenrohrsand- und Laubfang mit Geruchsverschluß auszuführen (Bild **1**.268).

Innenliegende Regenfallrohre. Innenliegende Dachräben und innenliegende Standrinnen (s. Bilder **1**.261 u. **1**.262) sollten am besten immer über außenliegende Regenfallrohre an den Gebäuderändern entwässert werden. Wo dies nicht möglich ist, müssen innenliegende Regenfallrohre vorgesehen werden, deren Lage natürlich die Grundrißplanung beeinflußt. Wegen der Gefahr der Kondensatbildung müssen die Fallrohre bis mind. 1 m unterhalb des Regenwasserzulaufes durch eine ausreichende Wärmedämmung mit äußerer Aluminiumfolienhülle als Dampfsperre geschützt werden. Auch die Rinnen sind wenn nötig durch Wärmedämmungen gegen Kondensatbildung an der Unterseite zu schützen (vgl. Bild **1**.262).

Vorhandene Sicherheitsrinnen oder -abdichtungen müssen durch Etagenabläufe mit an die Regenfallrohre angeschlossen werden (vgl. Bild **2**.61 in Abschn. 2.6.2). Wenn irgend möglich, sollte durch Notüberläufe einer Rückstaubildung infolge von Verunreinigungen – z. B. durch Laub – innerhalb der meistens völlig unbeaufsichtigten Dachräben wegen der oft beträchtlichen Folgeschäden vorgebeugt werden.

1.7 Dachzubehör und Anschlüsse an Dachdeckungen

1.7.1 Schornstein- und Wandanschlüsse

Schornsteine müssen durch Zinkblech- oder Bleikragen („Verwahrung") in die Dachhaut so eingebunden werden, daß Bewegungen zwischen Schornsteinmauerwerk und Dach möglich sind. Eine ordnungsgemäße Schornstein-„Einfassung" zeigt Bild **1**.269. Ein Walzbleikragen stellt den beweglichen Übergang zwischen Dachhaut und Kaminkopf her. Der obere Anschluß wird durch einen Zinkblech-Überhangstreifen („Kappleiste") gebildet (vgl. Bild **1**.222). Während früher die Einfassung oft stufenförmig in die Fugen der meistens verwendeten Kaminkopf-Verklinkerung eingelassen wurde, verwendet man jetzt meistens kostengünstigere gerade Kappleisten, die mit Klebebändern und dauerelastischem Fugenmaterial gegen das Mauerwerk abgedichtet werden.

Schornsteinköpfe wurden bisher meistens mit Klinker-Sichtmauerwerk ausgeführt. Durch Verarbeitungsfehler kommt es in vielen Fällen zu Bauschäden durch Schlagregenwasser, das hinter den Einfassungen durch das Mauerwerk der Schornsteinköpfe eindringt. Deshalb sind hinterlüftete Bekleidungen der Schornsteinköpfe aus Faserzementplatten, Schiefer, Metall oder durch vorgefertigte Komplettelemente nahezu zur Standardausführung geworden (s. Abschn. 3.1.4).

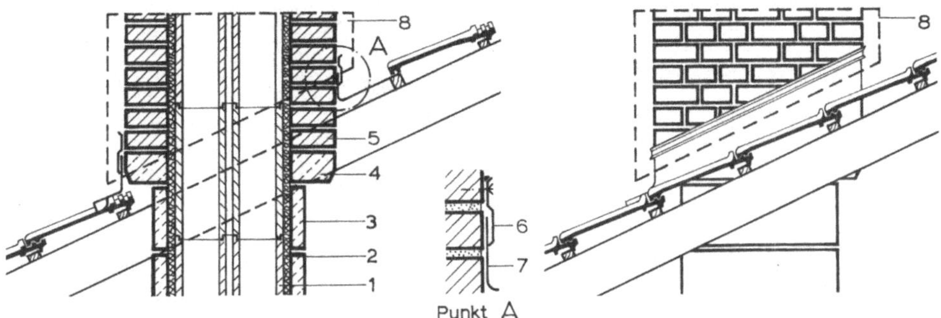

1.269 Einfassung eines mehrschaligen Montageschornsteines

1 Schamotte-Innenrohr
2 Wärmedämmung $\geq$ 25 mm
3 Ummantelung aus Formsteinen
4 Beton-Kragstein für Schornsteinkopf-mauerwerk
5 Schornsteinkopf, gemauert (oder Form-steine)
6 Kappleiste mit dauerelastischer Eindichtung
7 Walzblei-Einfassung (dem Fugenschnitt folgend oder in schräg eingeschnittenem Schlitz)
8 hinterlüftete Bekleidung

Sehr spitze Schornsteinkehlen oder besonders breite Schornsteine erfordern die Anordnung eines ableitenden Kehlsattels (Bild **1.270**).

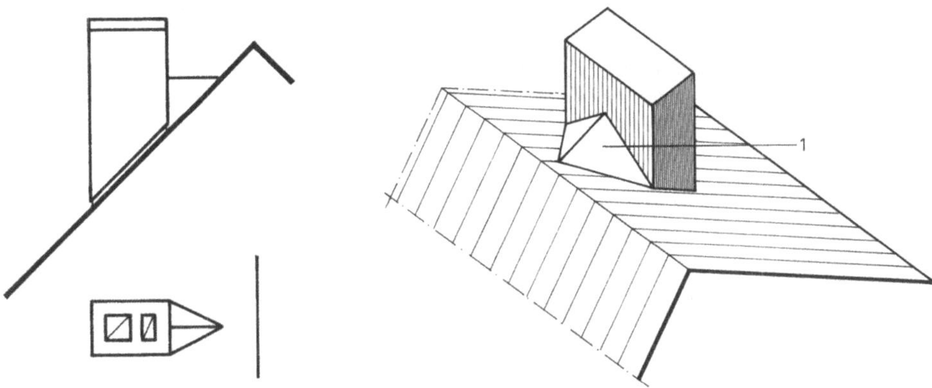

1.270 Schema der Überdachung einer spitzen Schornsteinkehle

1 Kehlsattel („Eselsrücken")

Dachanschlüsse an andere, senkrecht an die Dachfläche grenzende Wandflächen werden in gleicher Weise wie Schornsteineinfassungen hergestellt.

Unmittelbar hinter oder neben Schornsteinen sind für die Reinigungsarbeiten und ggf. auch als Laufweg des Schornsteinfegers Standroste anzuordnen. Diese Standroste bestehen aus feuerverzinkten Stahlrosten (die früher üblichen hölzernen Bohlen haben nur eine begrenzte Lebensdauer). Standroste werden auf verstellbaren, in die Dachdeckung eingehängten Konsolen oder auf Formsteinen montiert (Bild **1.271**).

Der Zugang zum Standrost am Schornstein führt – in der Regel aus Dachausstiegfenstern neben dem Schornstein – direkt oder über treppenartig angeordnete kurze Standroste bzw. Trittkonsolen (Bild **1.271** c).

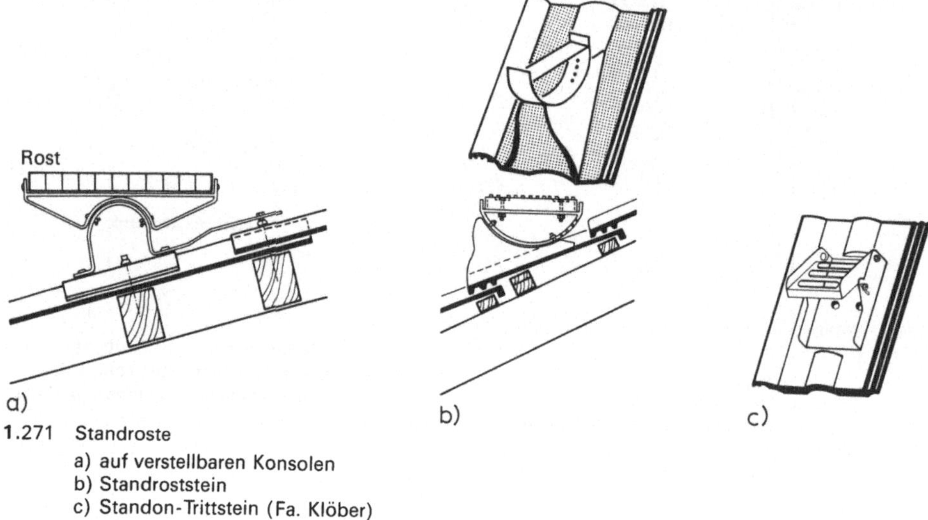

1.271   Standroste
        a) auf verstellbaren Konsolen
        b) Standroststein
        c) Standon-Trittstein (Fa. Klöber)

1.7.2 Schneefanggitter und Dachhaken

Bei sehr glatten Dachdeckungen wie Schiefer- oder Faserzement-Platteneindeckungen und auf steilen Dächern werden Dachhaken vorgesehen, die das Einhängen von Dachdeckerleitern, leichten Arbeitsgerüsten und Sicherheitsleinen für Reparaturarbeiten erleichtern, ohne daß teure Gesamteinrüstungen des Bauwerkes nötig werden (Bild 1.272 a).

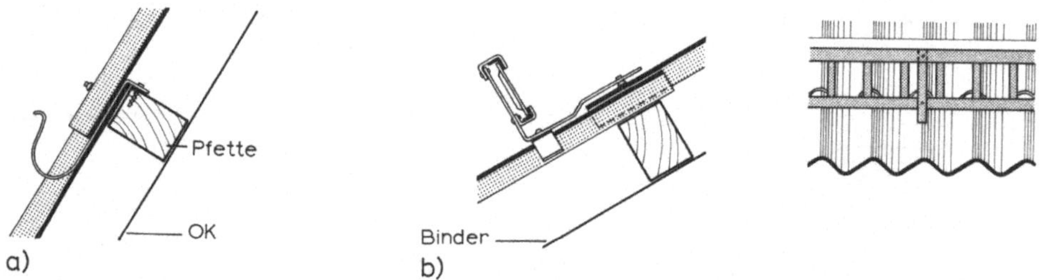

1.272   Dachhaken (a) und Schneefanggitter (b) auf Wellplatten-Eindeckung

Wenn Dachflächen mit größerer Neigung als etwa 30° Verkehrsflächen (Bürgersteige, Wege im Grundstück, Hauseingänge) zugewandt sind, werden Sicherungen gegen das Herabfallen von Schneemassen, Eis oder auch gelöstem Dachdeckungsmaterial verlangt. Dieser Forderung entspricht die Anordnung von Schneefanggittern (Bild 1.272 b) am Traufenrand (in sehr schneereichen Gegenden auch in mehreren Reihen hintereinander in der gesamten Dachfläche), um das Abgleiten der gefürchteten „Dachlawinen" zu verhindern.

Insbesondere bei großen Traufenüberständen kann an der Fassade aufsteigende Warmluft im Winter den Schnee am Dachrand vorzeitig zum Schmelzen bringen. Die mit Schnee oder Eis gefüllte Dachrinne läßt das Schmelzwasser überfließen, und es kann zur Bildung großer, beim Herabfallen sehr gefährlicher Eiszapfen kommen. Dazu kommt, daß die sich bildende Eisbarriere in Verbindung mit verharschtem Schnee oberhalb der Traufe zu Rückstau von Schmelzwasser führen kann, das schließlich in den Dachraum überfließt.

Diesen Gefahren kann durch Wärmedämmung der Gesimse meistens begegnet werden. Rückstauwasser kann über diffusionsoffene, gut hinterlüftete Spannfolien abgeleitet werden (Bild **1**.273).

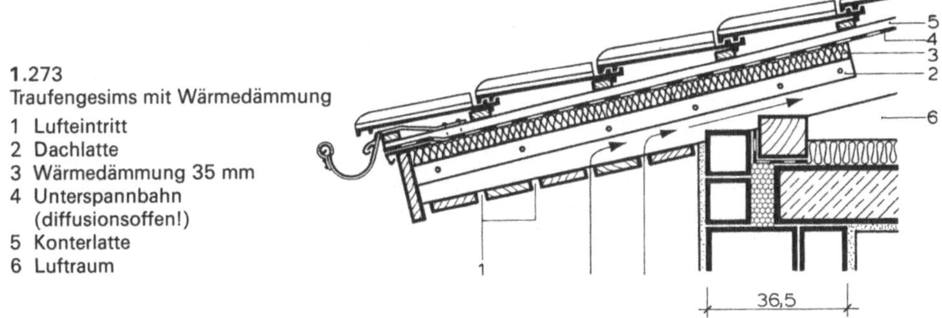

1.273
Traufengesims mit Wärmedämmung

1 Lufteintritt
2 Dachlatte
3 Wärmedämmung 35 mm
4 Unterspannbahn
   (diffusionsoffen!)
5 Konterlatte
6 Luftraum

1.7.3 Sanitärentlüftungen und Antennendurchgänge

Für das Einbinden von Durchgängen von Sanitär-Entlüftungen, Antennen und ähnlichen die Dachhaut durchdringenden Bauteilen werden anstelle der früher üblichen Blei- oder Zinkmanschetten-Eindichtungen heute fast durchweg Kunststoff-Formteile – passend zu allen gängigen Dachdeckungsarten – verwendet, deren schwenkbare Oberteile das Anpassen an jede Dachneigung ermöglichen (Bild **1**.274).

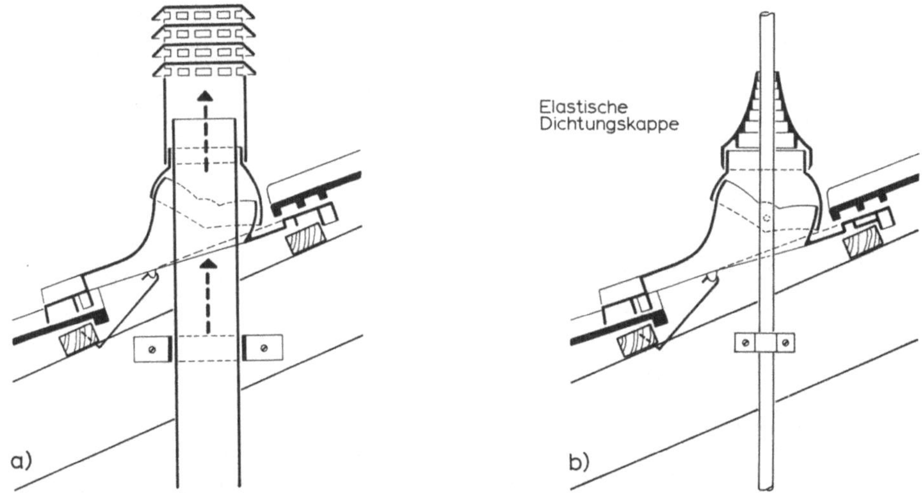

1.274 Kunststoff-Entlüfter-Formteil für Falzpfannen und Betondachsteine (a) und Kunststoff-Formteil für Antennendurchgang (b)

1.8 Ausbau von Dachräumen

1.8.1 Allgemeines

Dachräume unter geneigten Dachflächen werden heute zur besseren wirtschaftlichen Ausnutzung des umbauten Raumes, aber auch wegen des gestalterischen Reizes der sich aus der Dachform ergebenden Räume in der Regel zum Wohnen genutzt. Die Dachflächen werden damit – bis auf eventuelle geringe Restflächen im Traufen- und Firstbereich – zu Raum-Außenflächen und müssen dementsprechend allen Anforderungen an Wärme-, Feuchtigkeits-, Schall- und Brandschutz genügen.

Dachdeckungen geneigter Dächer sind in der Regel ohne zusätzliche Maßnahmen nicht absolut wasser- und winddicht. Insbesondere bei starker Windbelastung kann Sprühwasser und Flugschnee durch die Deckfugen der Dachdeckung eindringen. Auch durch Rückstau (z. B. durch Eisbarrieren im Traufenbereich) muß unter extremen Witterungsbedingungen vorübergehend mit Wasseranfall gerechnet werden, wenn nicht entsprechende zusätzliche Vorkehrungen getroffen wurden. Bei nicht ausgebauten Dächern führte das kaum zu größeren Schäden am Bauwerk. Höhere Ansprüche, insbesondere aber der beim Dachausbau erforderliche Einbau empfindlicher Wärmedämmungen in Verbindungen mit hochwertigen Ausbauelementen bedingen zusätzliche Sicherungen durch Unterspannbahnen oder Unterdächer.

Unterspannbahnen

Unterspannbahnen sind feinperforierte, wasserdampfdurchlässige, schwer entflammbare Kunststoff-Gitterfolien oder diffusionsoffene sonstige Kunststoffbahnen. Zur Verbesserung des sommerlichen Wärmeschutzes können sie auch zur Wärmereflektion mit Aluminiumbedampfung ausgestattet sein. Unterspannbahnen („Flatterfolien") werden mit 10 cm Stoßüberdeckung schlaff quer zur Sparrenrichtung gespannt und genagelt bzw. geheftet.

Unterspannbahnen dienen häufig bis zur Fertigstellung der Dachdeckung als vorläufige Dachhaut. Sie werden dann – entgegen der Verlegerichtlinien – oft straff über die Sparren gespannt. Fast alle Unterspannbahnen schrumpfen aber mit der Zeit, so daß sie auch bei sachgemäßem Einbau später straff gespannt sind. Wenn Sprüh- oder Schmelzwasser auf den Unterspannbahnen abläuft, staut es sich dann an den Dachlatten und insbesondere an den Befestigungspunkten auf den Sparren. Es kommt zu Fäulnis an Dachlatten und Sparren. Eine Ausführung nach Bild **1**.275a ist daher bedenklich. Unterspannbahnen sollten besser immer im Zusammenhang mit Konterlattung verlegt werden (Bild **1**.275b).

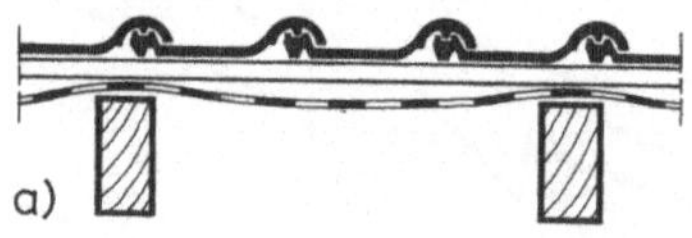
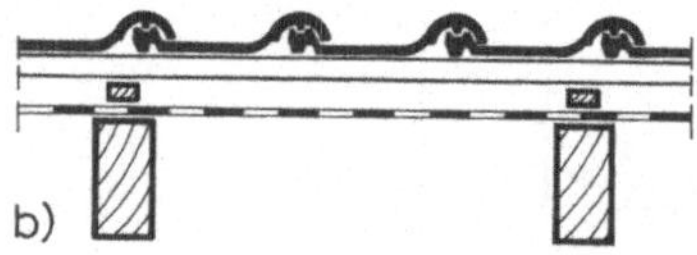

1.275   Einbau von Unterspannbahnen
     a) Einbau über den Sparren, einfache Lattung (bedenkliche Lösung!)
     b) Einbau mit Konterlattung

Oberhalb von Dachfenstern, Schornsteinen oder sonstigen Einbauteilen sind die Unterspannbahnen taschenförmig hochzuklappen, damit etwa ablaufendes Wasser seitlich an den Hindernissen vorbei geleitet wird (s. Bild **1**.280).

Unterdach

Muß – insbesondere bei wenig geneigten Dächern – mit starken Beanspruchungen durch Sprühwasser oder Flugschnee gerechnet werden, ist ein Unterdach (auch als „Unterdichtung" bezeichnet) vorzusehen (Bild 1.276). Dazu wird als Regelausführung auf einer 24 mm dicken Nut-Feder Schalung eine Abdichtung aufgebracht, die bestehen kann aus

— 2 Lagen Bitumendachbahnen V13 (1. Lage genagelt, 2. Lage vollflächig geklebt),

— 1 Lage Bitumenschweißbahn (Stöße verdeckt genagelt),

— 1 Lage Kunststoff-Dichtungsbahn auf Trennlage (verdeckt genagelt bzw. auf aufgenagelte Folienbleche geschweißt.

Im Prinzip stellen Unterdächer somit eine funktionsfähige Dachhaut dar. Die darüber liegenden Dachdeckung gewährleistet also vor allem den Bewitterungsschutz für das Unterdach und schützt zusätzlich gegen Wärmeeinstrahlung.

Die Dachdeckung über Unterdächern wird auf sorgfältig imprägnierten Konterlattungen ausgeführt (eine zusätzliche Einbindung der Konterlattung in die Abdichtung ist wegen der erhöhten Fäulnisgefahr durch eingeschlossene Restfeuchtigkeit nicht ratsam).

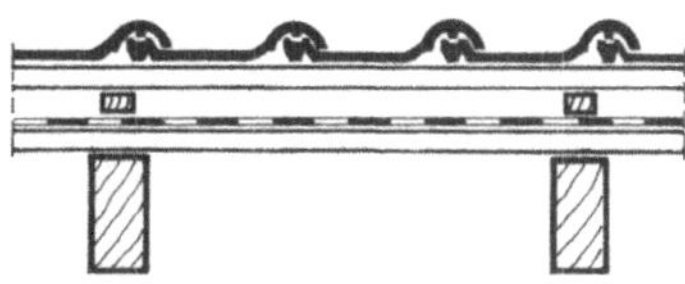

1.276   Unterdach

Bei Unterspannbahnen und insbesondere bei Unterdächern muß (z. B. durch ausreichende Hinterlüftung) sichergestellt sein, daß diese nicht innerhalb des gesamten Dachaufbaues wie falsch angeordnete Dampfsperren wirksam werden.

In hinterlüfteten Wärmedämmungen (s. Abschn. 1.8.2) sind daher unterhalb des Unterdaches ausreichende Zu- und Abluftöffnungen vorzusehen. Bei Satteldächern ist dafür am First ein ca. 10 cm breiter Streifen im Unterdach offen zu belassen.

Bei nicht hinterlüfteten („Warmdach"-)Konstruktionen ist grundsätzlich eine entsprechend der gewählten Unterdeckung berechnete und dimensionierte, überall dicht schließende Dampfsperre erforderlich. Technisch ist deren einwandfreie Ausführung besonders beim Anschluß an Giebel- und Zwischenwände usw. jedoch nicht einfach und schwierig zu überwachen.

1.8.2 Wärmeschutz

Bauphysikalisch unterscheidet man bei Dachkonstruktionen als Bauarten:
— Belüftetes Dach (Kaltdach); s. Bild 1.277a und b,
— Nicht belüftetes Dach (Warmdach); s. Bild 1.277c.

Die Wärmedämmung muß selbstverständlich den gesamten genutzten Dachquerschnitt umschließen (Bild 1.278). Schließen die Wärmedämmungen dabei an seitliche Abmauerungen von Dachzwickeln an, müssen auch die dahinter liegenden Deckenflächen einen geeigneten ausreichenden Wärmeschutz erhalten (Bild 1.278c).

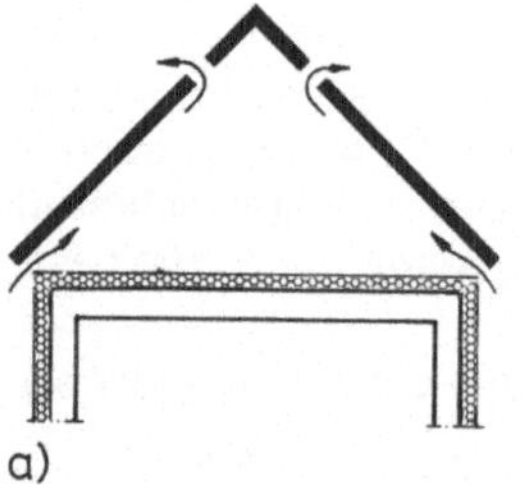 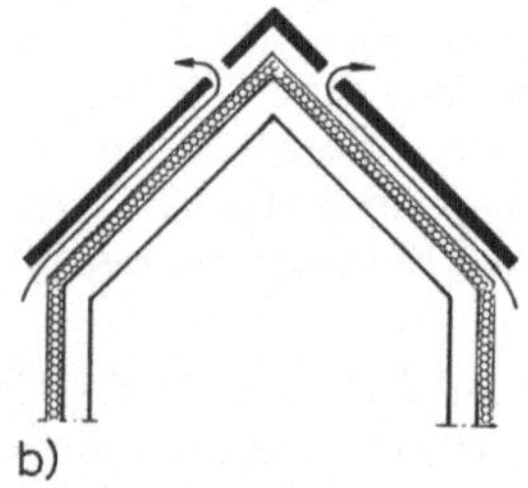 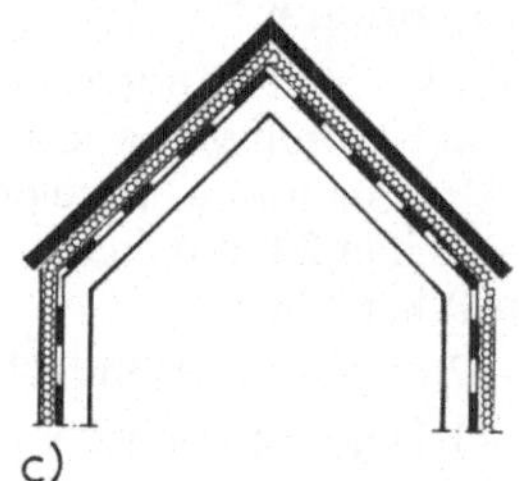

1.277 Dachbauarten unter bauphysikalischem Aspekt
a) belüfteter offener Dachraum
b) ausgebauter Dachraum, belüftet (zweischalig)
c) ausgebauter Dachraum, nicht belüftet (zweischalig)

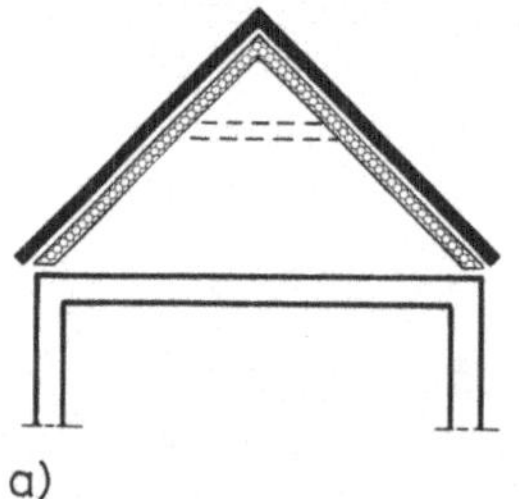 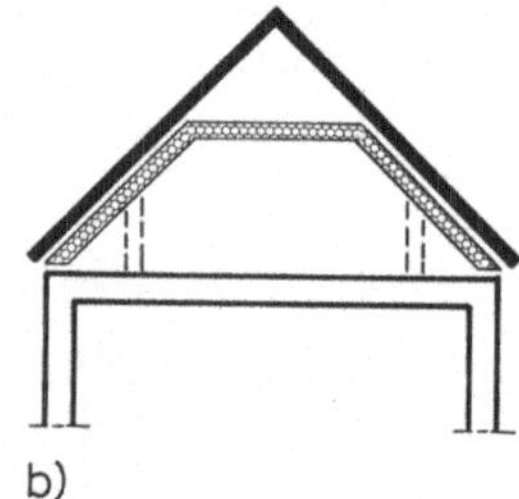 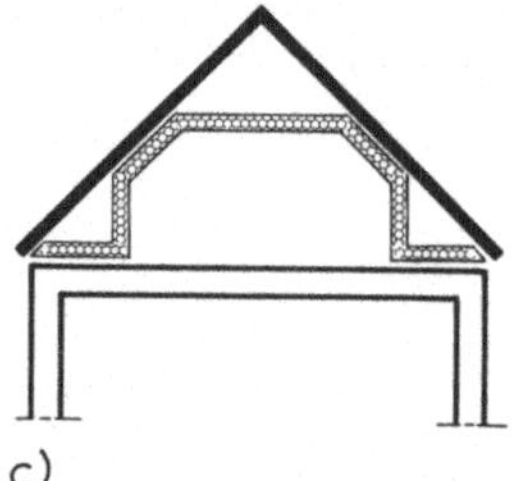

1.278 Wärmedämmung von Dachräumen
a) Dachraum voll wärmegedämmt
b) Dachraum bis Kehlbalken- oder Zangenhöhe wärmegedämmt
c) Wärmedämmung von seitlichen offenen Dachräumen

Belüftete Dachkonstruktionen

Bei den belüfteten Konstruktionen (Bild **1.277** a und b) ist die Dachhaut durch einen Luftraum von den wärmegedämmten Raumabschlußteilen (oberste Raumdecke) getrennt.

Belüftete Dachkonstruktionen („Kaltdächer") haben bei geneigten Dächern viele Vorteile:

— Abschirmung gegen unerwünschte Wärmeeinstrahlung mit Wärmeabfuhr durch Ventilation; damit verbunden geringere Temperaturbelastung der Dachhaut, wenig Gefahr von Spannungsschäden in Dachkonstruktion und tragenden Bauteilen.

— Wesentlich verminderte Problematik hinsichtlich Wasserdampfdiffusion (vgl. Abschn. 14 in Teil 1 dieses Werkes).

Voraussetzung für die Wirksamkeit des Kaltdachprinzips sind ausreichend bemessene Belüftungsquerschnitte mit hindernisfreien, möglichst glatten Belüftungswegen. Der erforderliche Luftaustausch wird bewirkt durch Staudruck des Windes auf die Zuluftöffnungen (an den Traufen), unterstützt durch Auftrieb und durch Sogwirkung an den Abluftöffnungen (am First). Dadurch wird Tauwasserbildung vermieden bzw. geringfügige Tauwassermengen werden abgetrocknet.

Lüftungsquerschnitte. Für die Dimensionierung der Lüftungsquerschnitte belüfteter Dachkonstruktionen enthält DIN 4108 T3 Vorschriften:

Dachneigung $\geq 10°$
— Lüftungsquerschnitt an den Traufen mind. 2‰ der zugehörigen geneigten Dachfläche, mindestens 200 cm² je Traufe.
— Lüftungsöffnung am First mind. 0,5‰ der gesamten geneigten Dachfläche.
— Lüftungsquerschnitt innerhalb des Dachbereiches mind. 200 cm² je m belüfteter Strecke senkrecht zur Strömungsrichtung.
— Freie Höhe des Lüftungsquerschnittes mindestens 2 cm.

Dachneigung $\leq 10°$
— Lüftungsquerschnitt an zwei gegenüberliegenden Traufen mindestens je 2‰ der gesamten Dachgrundrißfläche.
— Höhe des freien Lüftungsquerschnittes innerhalb des Dachbereiches über der Dämmschicht mindestens 5 cm.

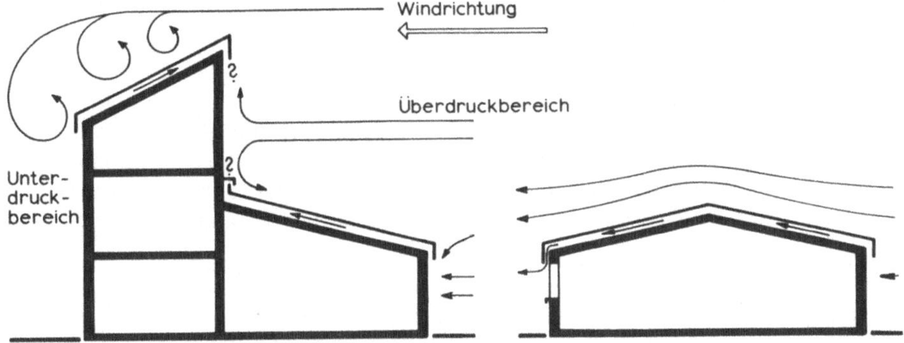

1.279   Einfluß der Windrichtung und der Dachform auf die Wirksamkeit von Belüftungen

Dachneigung, Dachform und Querschnittsform des Bauwerkes können die Durchlüftung der Dachkonstruktion wesentlich beeinflussen. Steilere Dachneigungen begünstigen die Luftströmung innerhalb der Konstruktion, während komplizierte Grundrißformen, Hindernisse im Luftstrom und insbesondere geringe Dachneigung in Verbindung mit windgeschützter Lage eines Gebäudes die Wirksamkeit einer Belüftung stark beeinträchtigen können (Bild **1.279**).

Es muß auch beachtet werden, daß Wärmedämmungen aus Faserdämmstoffen nachträglich um bis zu 30% aufquellen können und dadurch die geplanten Lüftungsquerschnitte eventuell kaum noch vorhanden sind (s. Tab. **1.281**). Es sollten daher nur die Anwendungstypen W und WD eingeplant werden.

Im übrigen muß in jedem Fall dafür gesorgt werden, daß der Luftstrom innerhalb der Dachkonstruktion nicht durch Wechsel, Dachfenster, Dachgauben, Schornsteine und ähnliche Hindernisse unterbrochen wird. Bei derartigen Durchdringungen der Lüftungsquerschnitte muß durch Konterlattungen oder vergleichbare Maßnahmen eine Umlenkung der Luftströmung ermöglicht werden (Bild **1.280**). Wenn Unterspannbahnen verwendet werden, sind sie so umzufalten, daß auf ihnen ablaufendes Sprüh- oder

Schmelzwasser auf die benachbarten Sparrenfelder umgelenkt wird. Vor oder hinter Hindernissen im Luftstrom können auch zusätzliche Ab- bzw. Zuluftöffnungen – z. B. mit Hilfe von Lüftersteinen – eingebaut werden. Der Anschluß an aufgehende Wände ist wie z. B. in Bild (**1.**225c) gezeigt auszuführen.

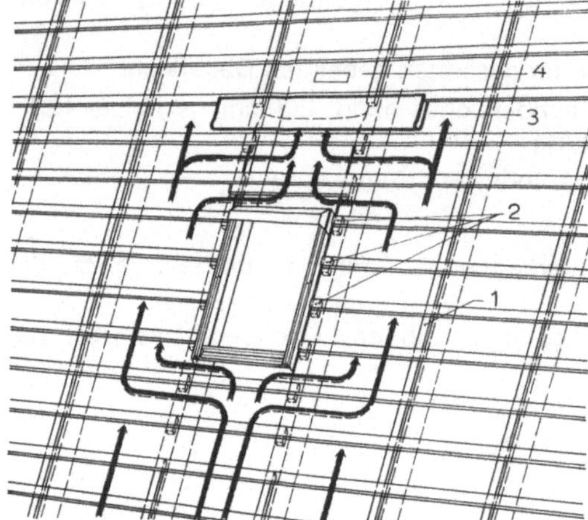

1.280
Umlenkung des Luftstromes an Hindernissen [20]

1 durchgehende Konterlatte
2 unterbrochene Konterlatte
3 Unterspannbahn, taschenartig umgelegt
  (Ablenkung von evtl. ablaufendem
  Sprühwasser)
4 Belüfter oberhalb der Tasche

Besondere Aufmerksamkeit ist bei der Planung zusammengesetzter Dächer erforderlich, damit auch an Wandanschlüssen, Graten, Pulten usw. ausreichende Abluftöffnungen und an Kehlen, Dachgräben o. ä. die erforderlichen Zuströmöffnungen vorhanden sind. Durch zweilagige Konstruktionen muß ggf. z. B. bei Schifteranschlüssen (Bild **1.**51) dafür gesorgt werden, daß keine Hindernisse für den Luftstrom entstehen.

Wärmeschutz. Der erforderliche Wärmeschutz ist nach DIN 4108 in Verbindung mit der Wärmeschutzverordnung (1984) zu dimensionieren (s. Abschnitt 14 in Teil 1 dieses Werkes). Danach ist als maximaler Wärmedurchlaßkoeffizient für Neubauten zugelassen $k_D \geq 0{,}30$ W/(m² K), für Altbauten bei erstmaligem Einbau und bei Erneuerung von Bauteilen $k_D \geq 0{,}45$ W/(m² K).

Damit sind Dämmstoffdicken je nach Wärmeleitfähigkeitsgruppe des Dämmstoffes (020 bis 045) von 65 bis 140 mm bei Neubauten und von 40 bis 90 mm bei Altbauten erforderlich.

Einen Anhalt für die erforderlichen Dämmstoffdicken gibt Tabelle **1.**281.

Es können alle Wärmedämmstoffe verwendet werden, die mindestens die Brandschutz-Anforderungen der Baustoffklasse B 2 (normal entflammbar) erfüllen. Sie können eingebaut werden:

— zwischen den Sparren (Bild **1.**282a)

— unter **u n d** zwischen den Sparren (Bild **1.**282b)

— über den Sparren (Bild **1.**284).

Wegen der unvermeidlichen Undichtigkeiten und Wärmebrücken sind beim Einbau nach Bild **1.**282a Zuschläge bei der Berechnung der erforderlichen Wärmedämmung erforderlich, die zu Dämmstoffdicken von 120 bzw. 140 mm bei Neubauten führen.

Der Einbau zwischen den Sparren erfordert somit sehr hohe Sparrenquerschnitte, um einen ausreichenden verbleibenden Belüftungsquerschnitt zu gewährleisten. Beim Einbau nach Bild **1.**282b werden Undichtigkeiten an den Anschlüssen am besten vermieden, es ist jedoch die Platzeinschränkung im Dachraum zu bedenken.

Tabelle **1**.281   Dämmstoffdicken

Dämmstoff	Wärmeleitfähig-keitsgruppen WLG	Wärmeleitfähig-keit W/(m² K)	Dicken der Dämmstoffe bei gefordertem K-Wert	
			0,45 W/(m² · K) (Neubauten)	0,30 W/(m² · K) (Altbauten)
Mineralfaser[1])	0,45	0,045	140 mm[2])	90 mm
Mineralfaser und PS-Hartschaum	040	0,040	125 mm[2])	80 mm
PS-Hartschaum	035	0,035	70 mm	110 mm
PUR-Hartschaum	030	0,030	95 mm	60 mm
PUR-Hartschaum	025	0,025	80 mm	50 mm
PUR-Hartschaum	020	0,020	65 mm	40 mm

Bei den Zuordnungen zu den K-Werten wurde nach DIN 4108 Teil 4 Tab. 5 Zeile 5:

$$\frac{i}{a_i} = 0,13\,\text{m}^2 \cdot \text{K/W und } \frac{i}{a_a} = 0,04\,\text{m}^2 \cdot \text{K/W berücksichtigt.}$$

[1]) Mineralwolle wird aus Glasrohstoffen oder Gesteinen unter Zusatz von Kunstharzen als Binder und Ölen hergestellt. In letzter Zeit werden Mineralfasererzeugnisse wegen möglicher gesundheitlicher Gefahren bei der Verarbeitung kritisch betrachtet. Nach bisherigen Untersuchungen gelten die in den Wärmedämmstoffen enthaltenen Mineralfasern (anders als Asbestfasern) wegen ihrer anderen Materialeigenschaften und Abmessungen als „nicht atembar". Eine besondere Krebsgefährdung sei bisher nicht eindeutig nachgewiesen. Der insbesondere beim Ausbau von Mineralfaserdämmungen entstehende Staub kann jedoch zu starken Reizungen der Augen, der Atemwege und der Haut führen, die allerdings in der Regel rasch abklingen. Es sollte daher für gute Lüftung an den Arbeitsplätzen gesorgt werden. Sinnvoll sind Feinstoff-Atemmasken, Schutzbrillen und evtl. das Auftragen von Schutzcremes (s. Broschüre: Umgang mit Mineralwolle-Dämmstoffen. Hrsg.: Fachvereinigung der Mineralfaserindustrie sowie Arbeitsgemeinschaft der Bau-Berufsgemeinschaften).

[2]) Bezüglich der Dickenangaben für Mineralfaser-Dämmstoffe ist zu beachten, daß die Angaben unter einem definierten Flächendruck gemäß DIN-Prüfanordnung festgelegt werden und das Material im Einbauzustand eine Dicke von +20% bis 30% annimmt.

1.282
Einbau von hinterlüfteten Wärmedämmungen

a) zwischen den Sparren
b) zwischen und unter den Sparren

1 Lattung   4 Wärmedämmung
2 Konterlattung   5 Dampfsperre
3 Unterspannbahn

Dampfsperre. Unterhalb der Wärmedämmung ist in jedem Fall eine Dampfsperre vorzusehen, die den nachstehenden Anforderungen entspricht:

Dachneigung $\geqq 10°$

Dampfsperrwert S_D (diffusionsäquivalente Luftschichtdicke) der unterhalb des belüfteten Raumes angeordneten Bauteilschichten:

$S_D \geqq$ 2 m bei Sparrenlänge $\leqq 10$ m

$S_D \geqq$ 5 m bei Sparrenlänge $\leqq 15$ m

$S_D \geqq 10$ m bei Sparrenlänge > 15 m.

Dachneigung $\leqq 10°$

Dampfsperrwert S_D der Bauteilschichten unterhalb des Lüftungsquerschnittes:

$S_D \geqq 10$ m unabhängig von der Sparrenlänge.

Nicht belüftete Dachkonstruktionen

Immer wieder kommt es bei belüfteten Dachkonstruktionen auch bei anscheinend einwandfreier Ausführung zu Bauschäden infolge durchfeuchteter Wärmedämmungen.

Dabei wurde beobachtet, daß mit der konstruktiv beabsichtigten Luftströmung auch beträchtliche Wasserdampfmengen in die hinterlüfteten Dachschichten gelangen, die bei kritischen Temperaturverhältnissen zu erheblichem Kondensatanfall führen können. Vor allem unter tagsüber im Schatten liegenden Dachflächen wird diese Feuchtigkeit dann nicht verdampft und abgeleitet.

Zusätzlich können unter winterlichen Verhältnissen selbst durch nur geringfügig undichte Stellen von Wind- bzw. Dampfsperren erhebliche Tauwassermengen in den Hinterlüftungsschichten der Dachkonstruktion entstehen.

Sparrenvolldämmung. Es werden in letzter Zeit Wärmedämmungen für Dächer empfohlen, die den Sparrenzwischenraum voll ausfüllen. Sie müssen raumseitig durch eine dicht schließende Dampfsperre ($s_d > 100$ m über Wohn- und Aufenthaltsräumen, s. Abschn. 2.2.4) gegen Wasserdampfdiffusion bzw. Tauwasserbildung abgedeckt sein. Über Feuchträumen ist für die Dampfsperren ein rechnerischer Nachweis zu führen (s. Abschn. 14 in Teil 1 des Werkes). Alle Stöße müssen einwandfrei winddicht sein. Bei Ausführungen unter Unterdeckungen sind die Stöße und alle Anschlüsse an andere Bauteile einwandfrei zu verkleben. Erfahrungsgemäß sind jedoch unter Baustellenbedingungen ausgeführte Verklebungen nur in Verbindung mit zusätzlichen mechanischen Befestigungen, z. B. durch aufgeschraubte Leisten, auf Dauer haltbar.

An der Oberseite wird die Wärmedämmung durch eine diffusionsoffene Unterspannbahn ($s_d < 1$ m) gegen Sprühwasser und Flugschnee geschützt (Bild **1**.283).

Nicht hinterlüftete Wärmedämmungen können besonders dadurch wirtschaftlich sein, daß bei der statischen Bemessung niedrige, der heute nötigen großen Dämmstoffdicke entsprechende Sparrenquerschnitte gewählt werden können. Derartige Ausführungen sind zwar in DIN 4108 noch nicht berücksichtigt, auf der Grundlage von Angaben des neuesten Merkblattes des Dachdeckerhandwerkes in der Praxis aber bereits stark verbreitet.

Neuere Untersuchungen für diffusionsoffene, unbelüftete Satteldächer zeigten, daß bei Dampf- bzw. Windsperren mit einem s_d-Wert von nur 1 m in Verbindung mit Unterspannbahnen $s_d = 0{,}15$ m feuchtes Bauholz sowie vorübergehend durchfeuchtete Wärmedämmungen besonders rasch und schadensfrei austrocknen.

Zusammenfassend ist festzuhalten, daß die Funktionsfähigkeit wärmegedämmter Dächer in jedem Falle zumindest eine einwandfreie dichte Windsperre erfordert. Diese muß zugleich als Dampfsperre wirksam sein und ist je nach Einbau der Wärmedämmung bzw. Hinterlüftung zu dimensionieren.

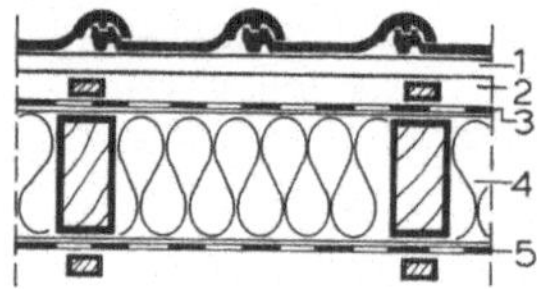

1.283 Nicht hinterlüftete Wärmedämmung

1 Lattung	4 Wärmedämmung
2 Konterlattung	5 Dampfsperre
3 Unterspannbahn	

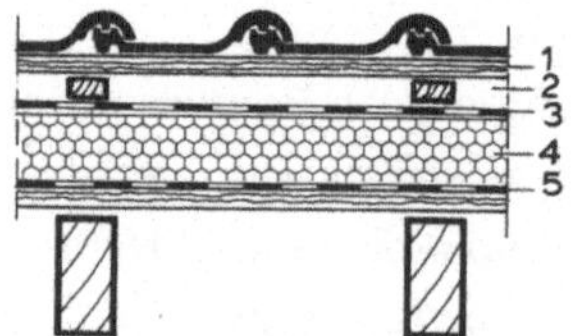

1.284 Aufliegende Wärmedämmung (auf Vollschalung)

1 Lattung	4 Wärmedämmung
2 Konterlattung	5 Dampfsperre
3 Unterspannbahn	

Aufliegende Wärmedämmung. Die Ausführung der Wärmedämmung über den Sparren (Bild **1**.284) ist für nachträgliche Wärmedämmungen bei Sanierung auch der Dachdeckung vorteilhaft oder dort, wo aus gestalterischen Gründen die Sparren im Raum sichtbar bleiben sollen. In diesem Fall werden vorgefertigte Wärmedämm-Elemente verwendet.

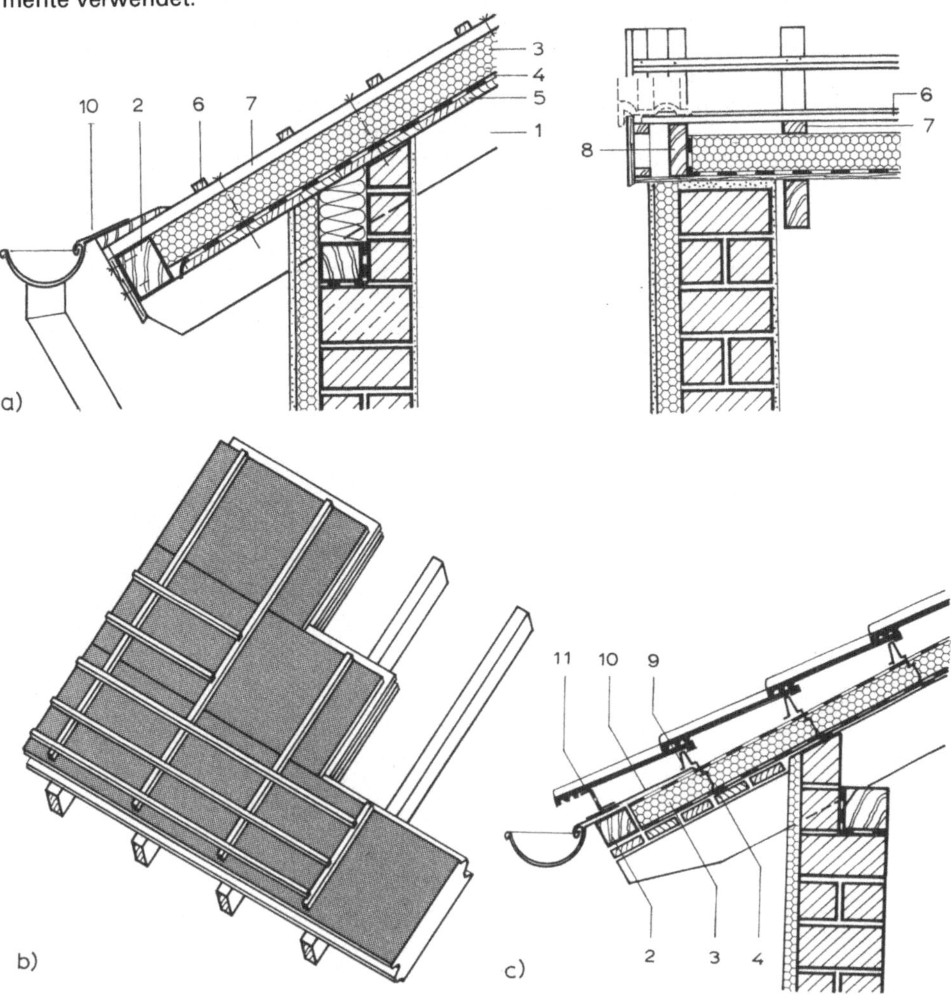

1.285 Aufliegende Wärmedämmungen
  a) Styropor-Dämmplatten auf Schalung (Quer- und Längsschnitt)
  b) freitragende NF-Elemente aus PU-Schaum
  c) freitragende Elemente mit verzinkten Verbindern und Lochprofilen als Dachlatten (DLW)

1	Sparren	7	Konterlattung
2	Abfangträger	8	Ortgang-Randbohle
3	Wärmedämmelement	9	verzinktes Lochprofil („Dachlatte")
4	Dampfsperre	10	Traufblech
5	Schalung	11	gelochtes Abschlußprofil
6	Lattung		

Kostensteigernd ist dabei, daß die Sparren und alle sichtbaren Konstruktionsteile dementsprechende Oberflächen aufweisen müssen (z. B. vollkantige Hölzer, gehobelt). Vorgefertigte aufliegende Dämmelemente werden in vielfältiger Form auf dem Markt angeboten. Sie haben in der Regel Nut-Feder-Verbindungen oder Überfalzungen, raumseitige Dampfsperren und vielfach sogar vormontierte Dachlattungen (Bild **1**.285).

Aufliegende Wärmedämm-Elemente werden meistens parallel zur Traufe verlegt. Die vielfach übliche Befestigung auf den Sparren durch Konterlattung bildet gleichzeitig die erforderlichen Belüftungsquerschnitte.

Die Ausführung erfolgt am günstigsten nach dem Schema von Bild **1**.278a, damit Durchdringungen der Sparren- bzw. Konstruktionsebene vermieden werden. Aufmerksamkeit erfordert aber der Übergang zur Außenwand bzw. Geschoßdecke im Traufenbereich. Die übliche Ausmauerung zwischen den Sparren genügt hier wärmetechnisch nicht und muß durch zusätzliche Dämmschichten ergänzt werden. Die günstigste Lösung ist für diese Anschlußstelle gegeben, wenn die Außenwände mit außenliegender Wärmedämmung („Thermohaut") ausgeführt werden (Bild **1**.285).

Auch Kombinationen aufliegender Wärmedämmelemente mit Sparren bzw. Pfetten sind auf dem Markt (Bild **1**.286). Bei allerdings relativ hohen Materialkosten der Elemente lassen sich erhebliche Lohnkosteneinsparungen bei der Verlegung erzielen. Zu beachten sind jedoch die zusätzlichen Aufwendungen für die erforderlichen Randbohlen an der Traufe und für höhere Ortganggesimse.

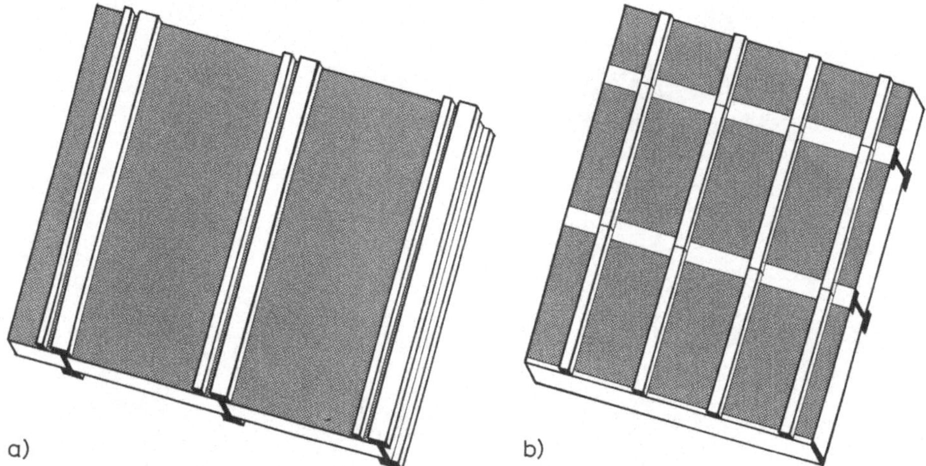

a)   b)

1.286   Aufliegendes Wärmedämm-Element (Kombination mit I-Träger als Sparren oder Pfetten, System UNIDEK SLS)

         a) Auflagerung auf bauseitigen Pfetten
         b) Auflagerung auf bauseitigen Bindern

1.8.3 Schallschutz

Art und Umfang erforderlicher Schallschutzmaßnahmen für die Außenflächen ausgebauter Dachgeschosse richten sich nach dem zu erwartenden Außenlärmpegel gemäß DIN 18005 (z. B. verkehrsreiche Straßen o. ä.). In DIN 4109 sind im Beiblatt 1 einige Beispiele von Dachkonstruktionen mit den erreichbaren Luftschall-Dämmwerten aufgeführt (Bild **1**.287).

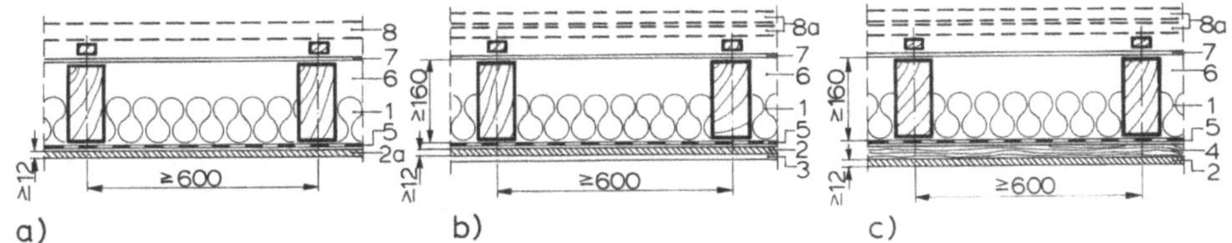

1.287 Luftschallschutz von Dachkonstruktionen (DIN 4109 Bbl. 1)

 a) Dach mit üblicher Dachdeckung, $R'_{w,R}$ 35 dB
 b) Dachdeckung auf Unterdeckung, $R'_{w,R}$ 40 dB
 c) Dachdeckung auf Unterdeckung, Unterdecke auf Konterlattung, $R'_{w,R}$ 45 dB 35 dB

1 Faserdämmstoff nach DIN 18165 T1, längenbezogener Strömungswiderstand $\varXi \geq 5$ kN · s/m⁴

2 Spanplatten oder Gipskartonplatten

2a Spanplatten oder Gipskartonplatten ohne/mit Zwischenlattung

2b Raumspundschalung mit Nut und Feder, 24 mm

3 Zusätzliche Bekleidung aus Holz, Spanplatten oder Gipskartonplatten mit $m' \geq 6$ kg/m²

4 Zwischenlattung

5 Dampfsperre, bei zweilagiger raumseitiger Bekleidung kann die Dampfsperre auch zwischen den Bekleidungen angeordnet werden

6 Hohlraum belüftet/nicht belüftet

7 Unterspannplatten oder ähnliches, z. B. harte Holzfaserplatten nach DIN 68754 T1 mit $d \geq 3$ mm

8 Dachdeckung auf Querlattung und erforderlichenfalls Konterlattung

8a Wie 8, jedoch mit Anforderungen an die Dichtheit (z. B. Faserzementplatten auf Rauhspund ≥ 20 mm, Falzdachziegel nach DIN 456 bzw. Betondachsteine nach DIN 1115, nicht verfalzte Dachziegel bzw. Dachsteine in Mörtelbettung)

Voraussetzung für guten Luftschallschutz sind bei Dachkonstruktionen

— möglichst dichte, schwere Dachdeckungen (z. B. Faserzementplatten auf Nutfeder-Schalung, Falzziegel, Betondachsteine o. ä.),

— die Verwendung weicher Dämmstoffe wie z. B. Mineralwolleerzeugnisse,

— dichte, mehrlagige Innenschalen z. B. aus Gipskartonplatten (Nut-Feder-Schalungen sind wesentlich weniger schallschützend),

— Vermeidung von Schallbrücken insbesondere durch schlechte Fugendichtungen,

Dachfenster sollten annähernd die gleichen Schalldämmwerte aufweisen wie die angrenzenden Dachflächen.

Mit den in Bild **1**.287 gezeigten Konstruktionen kann bei Außenlärmpegeln bis etwa 75 dB der erforderliche Schallschutz ohne Nachweis erreicht werden. Bei davon abweichenden Konstruktionen ist – ebenso wie für Decken unter nicht ausgebauten Dachgeschossen – ein entsprechender Nachweis zu führen. Der Schallschutz der Dachdeckung wird dabei mit 10 dB angesetzt.

1.8.4 Brandschutz

Die Anforderungen an den baulichen Brandschutz bei ausgebauten Dachgeschossen sind in den einzelnen Bundesländern unterschiedlich. Allgemein gilt:

— Für Wärmedämmungen dürfen nur die Baustoffe der Brennbarkeitsklasse B 2 (DIN 4102) verwendet werden.

— Wohnungstrennwände innerhalb ausgebauter Dachgeschosse müssen feuerbeständig hergestellt werden.

— Räume, ihre Zugänge und die dazugehörigen Nebenräume müssen durch mindestens feuerhemmende Bauteile gegen nicht ausgebaute Dachräume abgeschlossen sein.

1.8.5 Innenflächen

Beim Ausbau von Dachgeschossen sind nach heutigen Forderungen relativ hochwertige Dampfsperren unterhalb der Wärmedämmung unverzichtbar (s. Abschn. 1.8.2). Damit werden in höherem Umfang Raumbegrenzungsflächen nötig, die zur Gewährleistung eines angenehmen Wohnklimas vorübergehend Feuchtigkeit speichern können. Dafür sind Bekleidungen aus Gipskartonplatten sehr gut geeignet. Es ist aber zu berücksichtigen, daß die Balken des Dachstuhles durch das Schwinden des Holzes, durch Setzung, eventuell auch durch wechselnde Belastung (Winddruck und -sog, Schneelast) keine starren Ebenen bilden. Es muß vielmehr immer mit geringfügigen Bewegungen und Formänderungen gerechnet werden. Bei großflächigen Ausbauelementen (z. B. Gipskartonplatten) besteht daher besonders in Neubauten immer – auch bei sorgfältigem und vorschriftsmäßigem Einbau – die Gefahr der Rißbildung an den Plattenstößen und insbesondere an den Anschlüssen zu den Wandflächen.

Dieser Nachteil besteht nicht, wenn Schalungen aus Profilbrettern, Pannelen oder sonstigen kleinformatige Materialien verwendet werden. Um unvermeidliche Ungenauigkeiten gegenüber den Giebel- und sonstigen Umfassungswänden besser ausgleichen zu können, werden dabei Wandanschlüsse am besten mit mindestens 2 cm breiten Schattennuten ausgeführt (Bild **1.**288).

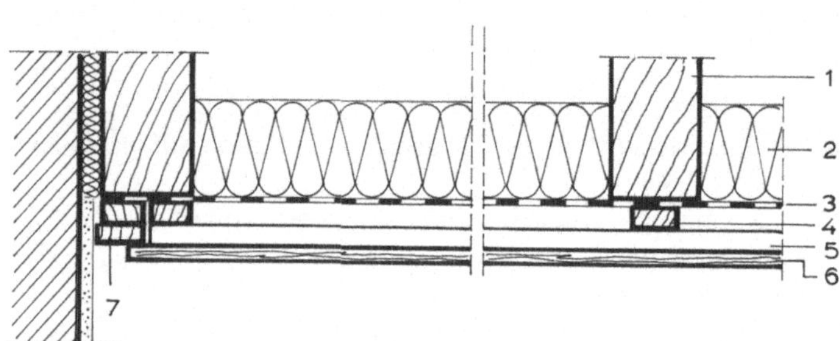

1.288
Schalungsanschluß mit Schattennut

1 Sparren (Spalt zum Mauerwerk dicht ausgestopft oder ausgeschäumt)
2 Wärmedämmung
3 Dammsperre
4 Konterlatte
5 Lattung
6 Profilbretter
7 gehobelte Randleiste (Schattennut)

1.9 Dachfenster und Dachgauben

1.9.1 Flächenverglasungen (verglaste Dachflächen)[1])

Belichtungsflächen können in einfacherer Weise mit durchscheinendem Deckungsmaterial geschaffen werden wie Falzpfannen aus Glas oder Acrylglas und Welldrahtglas- oder Wellkunststoffplatten.

Derartige Belichtungen kommen jedoch nur für nicht ausgebaute Dachräume oder untergeordnete Räume in Frage, da die Gefahr der Kondenswasserbildung besonders groß ist.

Lichtbänder („Atelierfenster") in Dachflächen, an die keine besonderen Ansprüche hinsichtlich Wärmeschutz gestellt werden und die nicht für Lüftung oder Reinigung geöffnet werden müssen, können mit fest verglasten Sprossensystemen ausgeführt werden (Bild **1.**289).

[1]) s. auch Abschn. 5.3.5

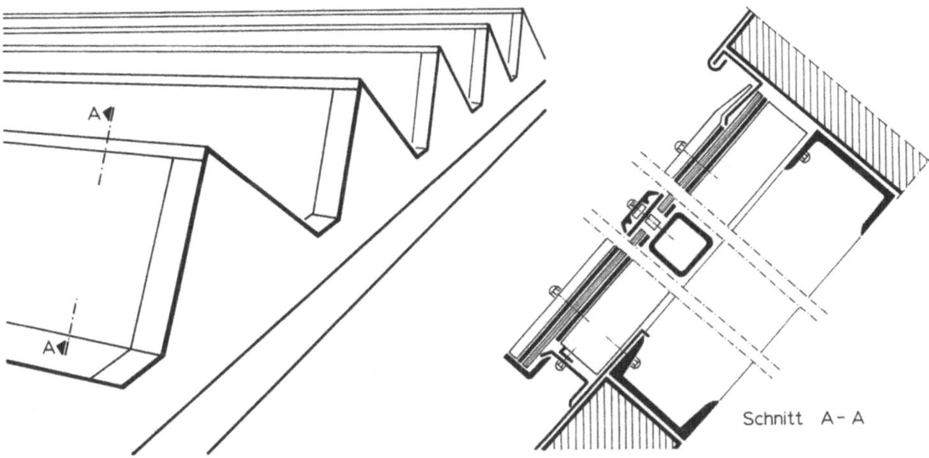

1.289 Verglasung von Fensterflächen einer Shedhalle

Derartige Glasbausysteme, die besonders auch im Industriebau eingesetzt werden, bestehen aus Sprossenprofilen (hergestellt aus verzinktem Stahlblech, Walzstahl oder Aluminium). Zwischen ihnen werden Sicherheits- oder Gußdrahtglasscheiben in Einfach- oder Doppelverglasung oder Isolierverglasung mit Quetschdichtungen, ferner auch Stegdoppelplatten durch Verschraubung montiert (Bild 1.290). Mit Hilfe zusätzlicher Übergangsprofile aus abgekanteten Blechen sind Übergänge und der Anschluß an alle anderen Bauteile möglich (Bild 1.291).

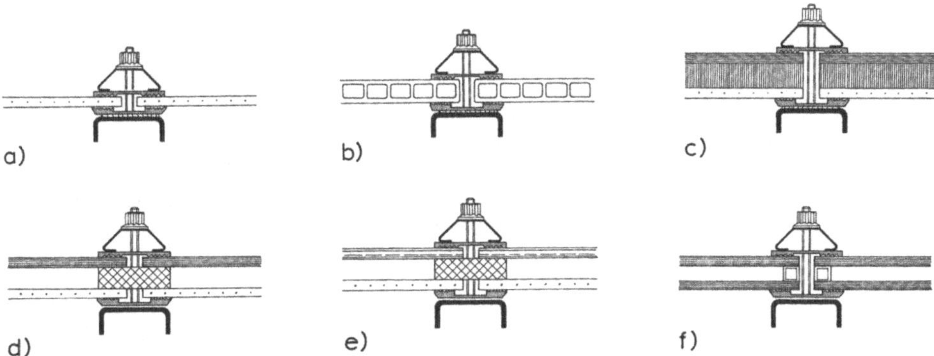

1.290 Industrieverglasungen (Eberspächer)
    a) Einfachverglasung (Drahtglas oder Sicherheitsglas)
    b) Verglasung mit Steg-Doppelplatte
    c) Lichtstreuende Doppelverglasung, bestehend aus Gußglas, lichtstreuender Kapillarplatte und
       Drahtglas („Ovalux")
    d) Doppelverglasung
    e) Wärmedämmende Doppelverglasung, bestehend aus Steg-Doppelplatte und Drahtglas
    f) Isolierverglasung (raumseitig Sicherheitsverglasung)

Übergänge zwischen verschiedenen Verglasungsflächen werden durch speziell geformte Dichtungsprofile, im übrigen durch Kombinationen mit abgekanteten Blechwinkeln oder Mehrschichtplatten gebildet (Bild 1.291).

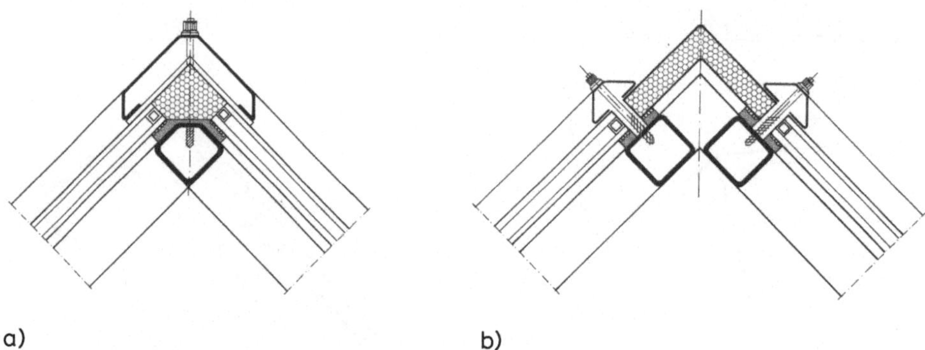

a)   b)

1.291 Übergänge zwischen verschiedenen Verglasungsflächen
   a) Übergang mit Spezial-Eckprofilen
   b) Übergang mit abgewinkeltem Verbundelement

Die Dachneigung verglaster Flächen sollte bei Flächen ohne Querstöße mindestens 10° betragen. Sind Querstöße mit Sprossenprofilen unvermeidlich, sollte zur Vermeidung von Stauwasser eine Mindestneigung von 30° vorgesehen werden.

Neben standardisierten Belichtungselementen wie z. B. Pyramidenkuppeln für verschiedene Größen von Deckenöffnungen sind für Belüftungen, Rauchabzüge, Sonnenschutzeinrichtungen usw. besondere Bauelemente auf dem Markt.

In den meisten Landesbauordnungen ist für Oberlichtverglasungen („Überkopfverglasung") raumseitig splitterbindendes Glas vorgeschrieben.

1.9.2 Dachflächenfenster

Dachflächenfenster werden für ausgebaute Dachgeschosse verwendet, wenn Dachgauben oder Dachaufbauten durch Bausatzungen nicht zulässig oder zu kostenaufwendig sind.

Dachflächenfenster werden in verschiedenen, auf die üblichen Sparrenabstände (vgl. Bild **1.297**) und Dachneigungen von Holzdächern abgestimmten Formaten und Öff-

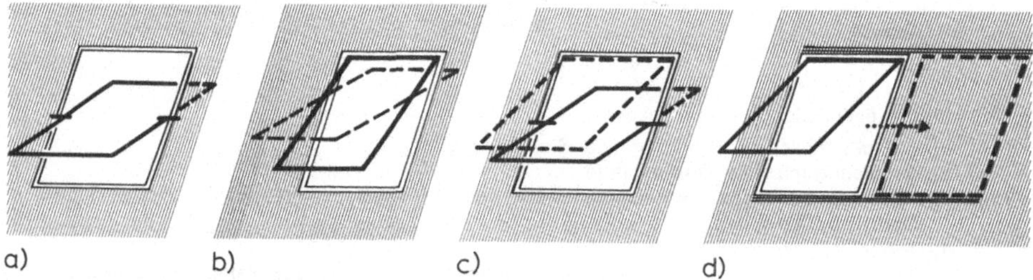

a)   b)   c)   d)

1.292 Öffnungsarten von Dachflächenfenstern
   a) Schwing-Fenster
   b) Klapp-Schwing-Fenster
   c) Schwing- und Klapp-Fenster
   d) Klapp-Schiebe-Fenster

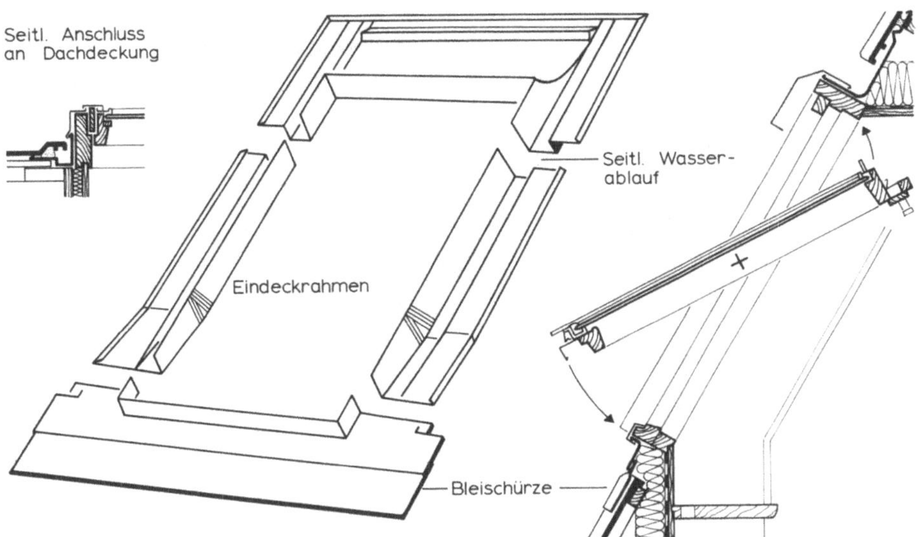

1.293 Dachflächenfenster (Schnitte und Eindeckrahmen System VELUX)

nungsarten geliefert (Bild **1.**292). Zu praktisch allen Dachdeckungsarten gibt es passende Eindeckrahmen, so daß Dachflächenfenster im Zuge der Dachdeckerarbeiten vom Dachdecker mit eingebaut werden können (Bild **1.**293). Fast alle Fabrikate bestehen aus Kombinationen von Holz und Aluminiumprofilen. Für die Reinigung der Dachflächenfenster sind Schwingflügel am günstigsten, die jedoch geöffnet störend im Innenraum sind und den Durchblick behindern. Dachflächenfenster weisen daher heute meist eine Kombination von Schwing- und Klappbeschlägen auf (**1.**292b).

Isolierverglasung, Dauerlüftungen, Sonnenschutz-Jalousetten oder -Markisen sowie Verdunklungsrollos als Zusatzausstattung machen aus Dachflächenfenstern nahezu perfekte Bauelemente.

Bei der Planung von Dachflächenfenstern muß in der Regel der freie Zugang zum Fenster berücksichtigt werden, d.h. daß die Oberkante des Fensters bei mindestens 1,90 m liegen muß. Wenn ein Ausblick auch im Sitzen gewünscht wird, ist eine Brüstungshöhe von etwa 85 cm erforderlich. Je nach Dachneigung ergeben sich daraus die Höhenmaße für die Dachflächenfenster (Bild **1.**294). Da aus technischen Gründen die Höhe von Dachfenstern auf etwa 1,60 m begrenzt ist, kann eine Anordnung von zwei Dachflächenfenstern übereinander oder eine Kombination mit senkrechten Fensterflächen in Frage kommen (Bild **1.**295). Mit Hilfe besonderer Kombinations-Eindeckrahmen können mehrere einzelne Dachflächenfenster auch ohne Auswechslung der Sparren nebeneinander eingebaut und zu Fensterbändern kombiniert werden.

Im übrigen sind auch für den Einbau von Dachflächenfenstern die Vorschriften der Landesbauordnungen zu beachten. So muß die Fensterfläche bei Wohnräumen mindestens ⅛ der Grundfläche betragen. Wenn die Fenster mehr als 4% der den Raum begrenzenden Dachfläche einnehmen, sind sie im Wärmeschutznachweis besonders zu berücksichtigen (s. Abschn. 14 in Teil 1 dieses Werkes). Sie müssen von Brandwänden einen Mindestabstand von 1,25 m haben. Bei giebelständigen Reihenhäusern muß der Abstand von der Grenzlinie an der Traufe mindestens 2,00 m betragen.

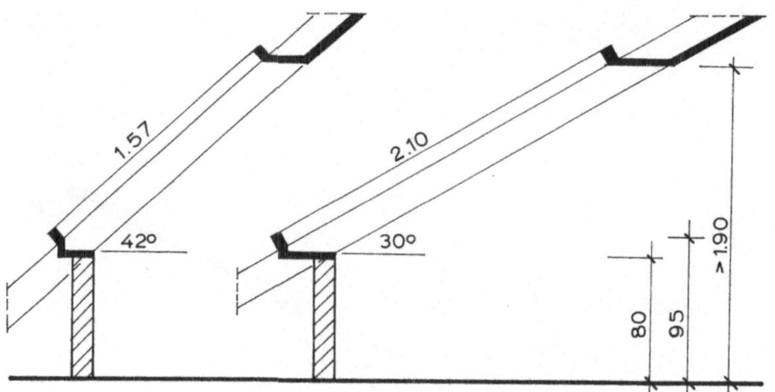

1.294 Einbauhöhen von Dachflächenfenstern bei unterschiedlicher Dachneigung

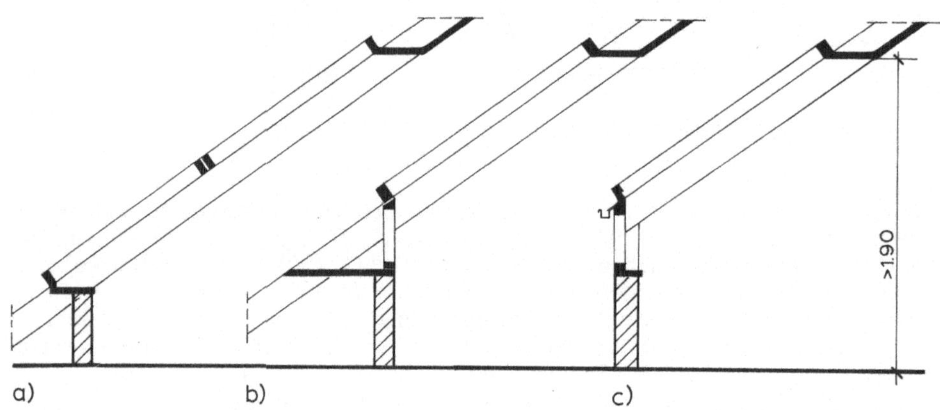

a)   b)   c)

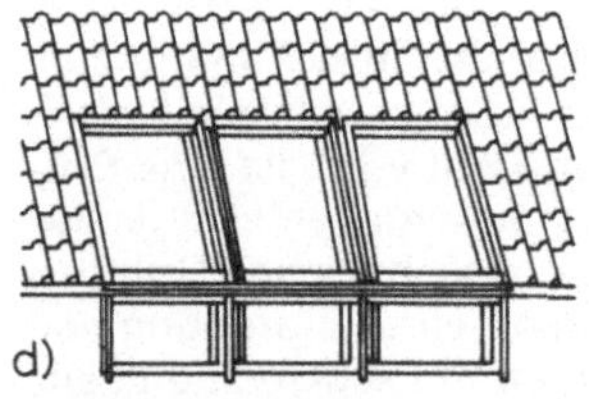

d)

1.295
Dachflächenfenster mit niedrigem
unterem Durchsichtpunkt

a) Einbau von 2 Dachflächenfenstern übereinander
b) Dachflächenfenster mit fest verglaster senkrechter Fläche
c) Dachflächenfenster mit senkrechtem Brüstungsanschluß
   (VELUX)
d) Ansicht zu c)
e) Schnitt zu c)

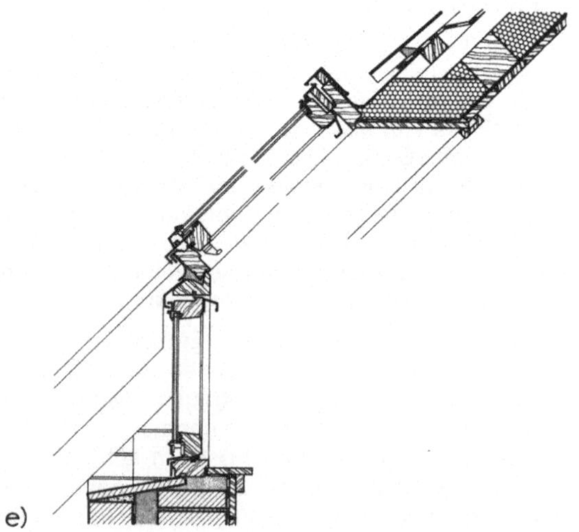

e)

Beim Einbau ist unbedingt darauf zu achten, daß die Belüftungsquerschnitte der Dachkonstruktion nicht unterbrochen werden. Unterspannbahnen sind oberhalb der Dachflächenfenster so umzuschlagen, daß ablaufendes Wasser an den Öffnungen vorbeigeleitet wird (vgl. Abschn. 1.8.2, Bild 1.280). Die raumseitige Dampfsperre muß sorgfältig an die Fensterrahmen angeschlossen werden, und alle Fugen in der Wärmedämmung sind voll auszustopfen oder auszuschäumen.

1.9.3 Dachgauben

Dachgauben (auch „Gaupen") und Dachaufbauten werden nicht nur zur Belichtung und Belüftung von Dachräumen eingesetzt, sondern sind darüber hinaus wieder als architektonisches Gestaltungsmittel sehr beliebt. Größe, Form und Anordnung müssen daher sowohl den Anforderungen der Innenräume als auch der Gliederung der Dachflächen und des ganzen Gebäudes genügen. Vielfach wird leider versucht, durch übergroße und schlecht gestaltete Gauben Dachgeschosse unter Umgehung einschränkender Bestimmungen fast wie Vollgeschosse zu nutzen. Oft sind daher in Bausatzungen bzw. Bebauungsplänen Verbote oder enge Bestimmungen für Gauben enthalten.

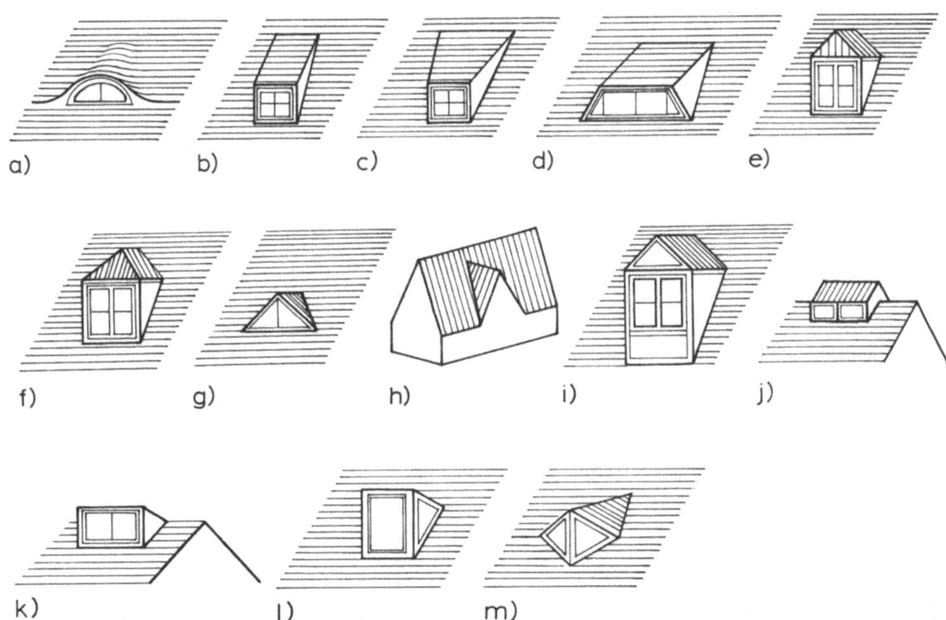

1.296 Gaubenformen

a) Fledermausgaube (Ochsenauge)
b) Schleppgaube mit geraden Wangen
c) Schleppgaube mit schrägen Wangen
d) Schleppgaube mit liegenden Wangen
e) Giebelgaube
f) Walmgaube
g) Dreieckgaube

h) Zwerchgiebel
i) Fenstererker
j) Dachreiter
k) Dachaufbau
l) Gaube mit verglasten Wangen
m) Dreieckgaube mit winkelförmiger Fensterfront

Für die gestalterische und konstruktive Ausführung von Gauben gibt es zahlreiche Möglichkeiten:

— **Fledermausgauben,** bei denen die Dachhaut nur leicht angehoben erscheint, im übrigen aber nicht unterbrochen wird (besonders für Reet-, Schindel-, Biberschwanz- und Schieferdeckung, Bild **1.296a**),
— **Schleppdachgauben,** über die das steilere Hauptdach mit geringerer Neigung „abgeschleppt" wird. Die dreieckförmigen Seitenflächen (Gaubenbacken bzw. Gaubenwangen) liegen parallel zu den Sparren (Bild **1.296b**) oder können schräg anlaufen (Bild **1.296c** und d),
— **Dachhäuschen** als Giebel- oder Walmgauben (Bild **1.296e** und f),
— **Dreieckgauben** (Bild **1.296g**).

In weiterem Sinn können auch Zwerchgiebel (Bild **1.296h**), Fenstererker (Bild **1.296i**), Dachreiter (Bild **1.296j**) und die vielfältigen Formen von Dachaufbauten, wie z. B. in Bild **1.296k** gezeigt, in diesem Rahmen genannt werden.

Zu diesen Grundtypen sind vielfache Varianten möglich. So können die Seitenflächen (Wangen) von Schleppgauben, Dachhäuschen und Dachaufbauten verglast ausgeführt werden. Die Fensterfronten können winkelförmige Grundrißformen haben, so daß sich reizvolle Anschnitte an die Dachhaut und an den Gaubenrändern ergeben usw. (Bild **1.296l** und m).

Während die Höhenlage der Gauben durch Brüstungsmaß und die mindestens nötige Innenhöhe von ca. 2,00 m vorgegeben ist, richtet sich die Breite technisch nach den Einbaumöglichkeiten innerhalb der Dachkonstruktion.

Kleinere Gauben können zwischen den Dachsparren eingebaut werden (Bild **1.297a**) und können somit etwa 70 bis 80 cm breit sein. Für breitere Gauben müssen die Sparren „ausgewechselt" werden (vgl. Abschn. 1.2.3.1; Bild **1.297b**). Während dies bei Pfettendachkonstruktionen in den Dachfeldern zwischen den Bindern technisch problemlos ist, kann bei Sparrendächern meistens nur ein Sparren ausgewechselt werden. Es können in beiden Fällen aber auch durchlaufende Sparren als Gestaltungselement des Innenraumes einbezogen werden (Bild **1.297c**).

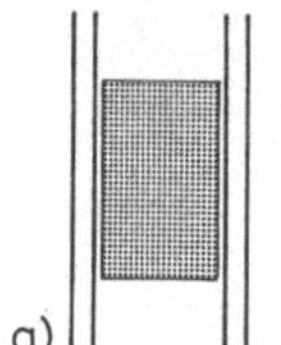 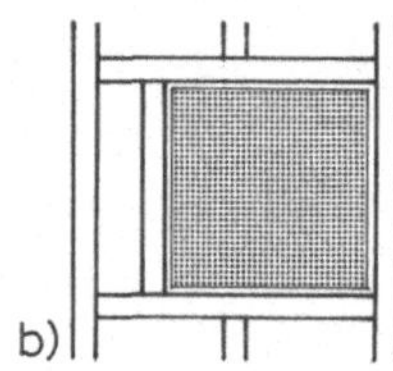 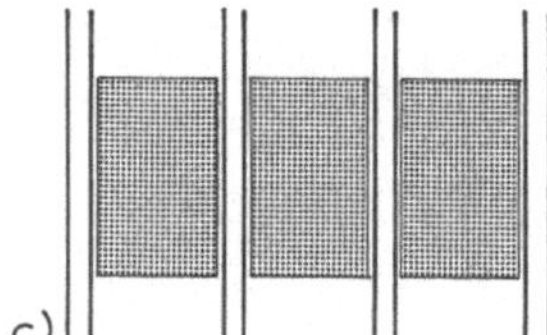

1.297   Einbau von Gauben

        a) Zwischen den Sparren, Einzelgaube
        b) Gaube in ausgewechseltem Sparrenfeld
        c) Gaubenreihung bei durchlaufenden Sparren

Die Schleppsparren von Schleppgauben liegen auf den Hauptsparren bzw. auf Wechseln – eventuell auch auf den Mittelpfetten – auf. Bei Fledermausgauben, Dachhäuschen u. ä. wird der Dachübergang durch Bohlenschiftung gebildet (s. Bild **1.61**).

Die Vorderseite aller Dachfensteraufbauten bildet ein Kantholz- oder Bohlenrahmen (Gaubenstock), der in Brüstungshöhe auf die Sparren oder unmittelbar auf die Geschoßdecke aufgesetzt wird. Das obere Rahmenholz trägt die Gaubensparren oder das Gaubendach. An den seitlichen Rahmenpfosten werden bei Schleppgaube und Dachhäuschen die Gaubenwangen befestigt (Bild **1.298**).

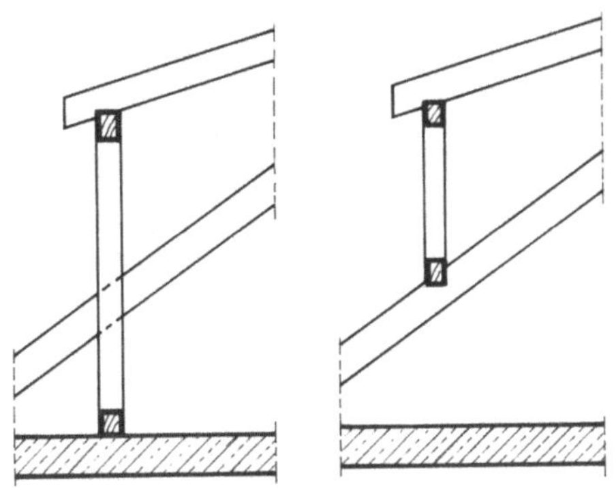

1.298 Ständer- und Rahmenkonstruktion für Gauben-Stirnseiten

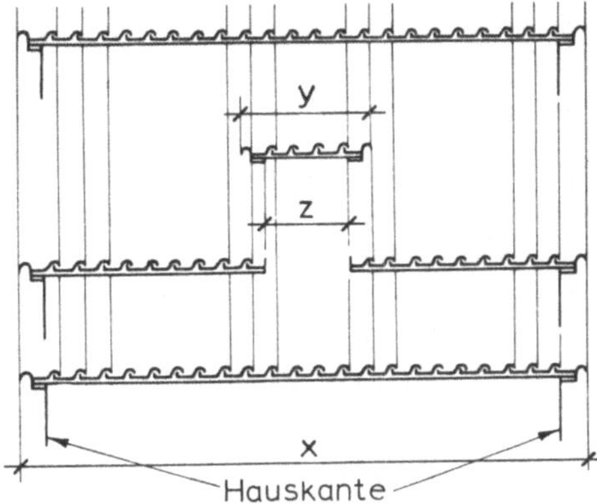

1.299 Ermittlung der Gaubenbreite aus den Dachziegelmaßen

x Länge der Firstlinie
y Gaubendachbreite
z Gaubenbreite
(s. auch Bild **1**.266 Vorderansicht)

Innerhalb einer Dachfläche sollte nur das gleiche Dachdeckungsmaterial verwendet werden. Das ist jedoch meistens nur bei kleinformatigen Materialien wie Schiefer oder Biberschwänzen möglich. Die Übergänge zwischen Dach- und Gaubenflächen werden dann am besten als gedeckte Kehlen ausgeführt (s. Bild **1**.179 und **1**.180). Möglich ist aber auch der Anschluß mit Hilfe von unterlegten Blechstreifen (vgl. Bild **1**.182).

Bei Deckungen mit Dachziegeln oder Dachsteinen wird die Gaubenbreite von der Deckbreite des verwendeten Dachdeckungsmaterials bestimmt. Die Gaubendachbreite *y* muß z. B. ein Vielfaches der Pfannendeckbreite zuzüglich der Breite der rechten und linken Ortgangziegel sein (Bild **1**.299). Für die Gesamttrauflänge *x* gilt das Entsprechende. Die Ziegelreihen laufen von der Schleppdachtraufe bis zum Dachfirst durch. Das Maß *z* zwischen den Außenkanten der Gaubenwangen ergibt sich unter Berücksichtigung der Maße der Seitenanschlußziegel. Beim Entwurf sind die Maßangaben des Lieferwerks zu beachten.

Bei Dachhäuschen, bei kleinen oder komplizierten Gaubendachflächen ist die Eindeckung – auch der Wangen – im übrigen meistens nur mit Metall ausführbar (s. Abschn. 1.5.9.2).

Für die Entwässerung von Gaubendächern insbesondere von Schleppgauben müssen dann Vorkehrungen getroffen werden, wenn oberhalb der Gauben größere Dachflächen liegen. In diesem Fall muß an der Stirnseite eine entsprechend dimensionierte Regenrinne vorgesehen werden, deren Ablauf meistens seitlich auf die Dachfläche geführt wird. In den anderen Fällen wird das Regenwasser – durch die Form des Gaubenanschlusses bedingt – seitlich an der Gaube vorbeigeleitet. Das kann jedoch – besonders bei Vereisung im Winter – leicht zu Rückstau in den Kehlanschlüssen führen. Diese müssen daher ausreichend unter die angrenzenden Dachflächen geführt sein und die erforderlichen Querschnitte haben (vgl. Bild **1**.301).

Bild **1**.300 zeigt eine kleine Schleppdachgaube, die mit Hohlpfannen in Vorschnittdeckung gedeckt ist. Der linke Rand des Gaubendaches ist mit Doppelkrempziegeln gedeckt. Die Gaubenwangen sind doppelt geschalt. Die Kehle zwischen Gaube und Dachflächen ist in alter Handwerkstechnik mit Nockenblechen (Schichtstücken) aus-

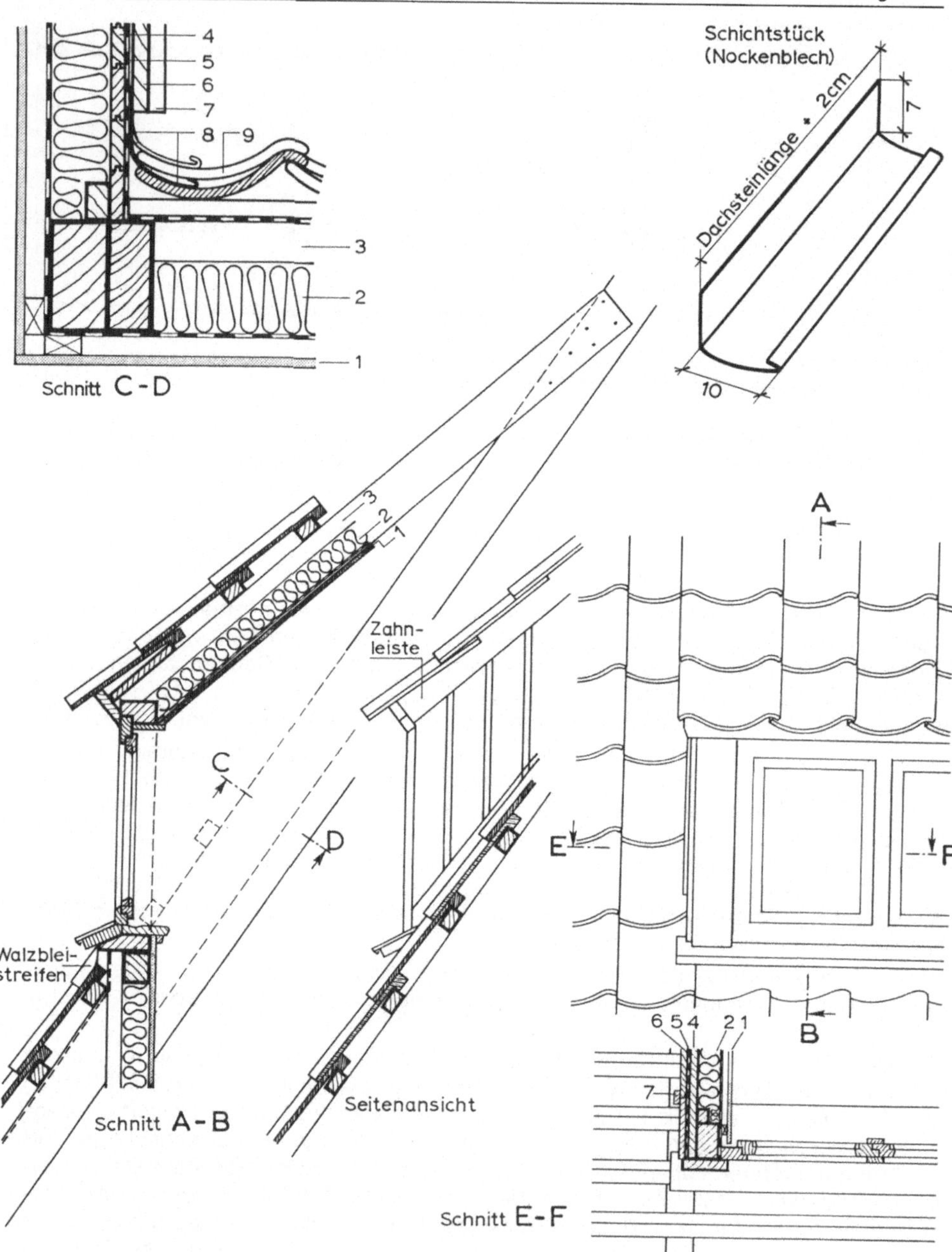

1.300   Schleppdachgaube mit Hohlpfannendeckung

1 Gipskartonplatte
2 Wärmedämmung mit raumseitiger
   Dampfsperre, 12 cm
3 Luftschicht
4 Schalung

5 Bitumen-Dachbahn V13
6 Außenschalung
7 Eckleiste
8 Schichtstück (Nockenblech)
9 Hohlpfanne

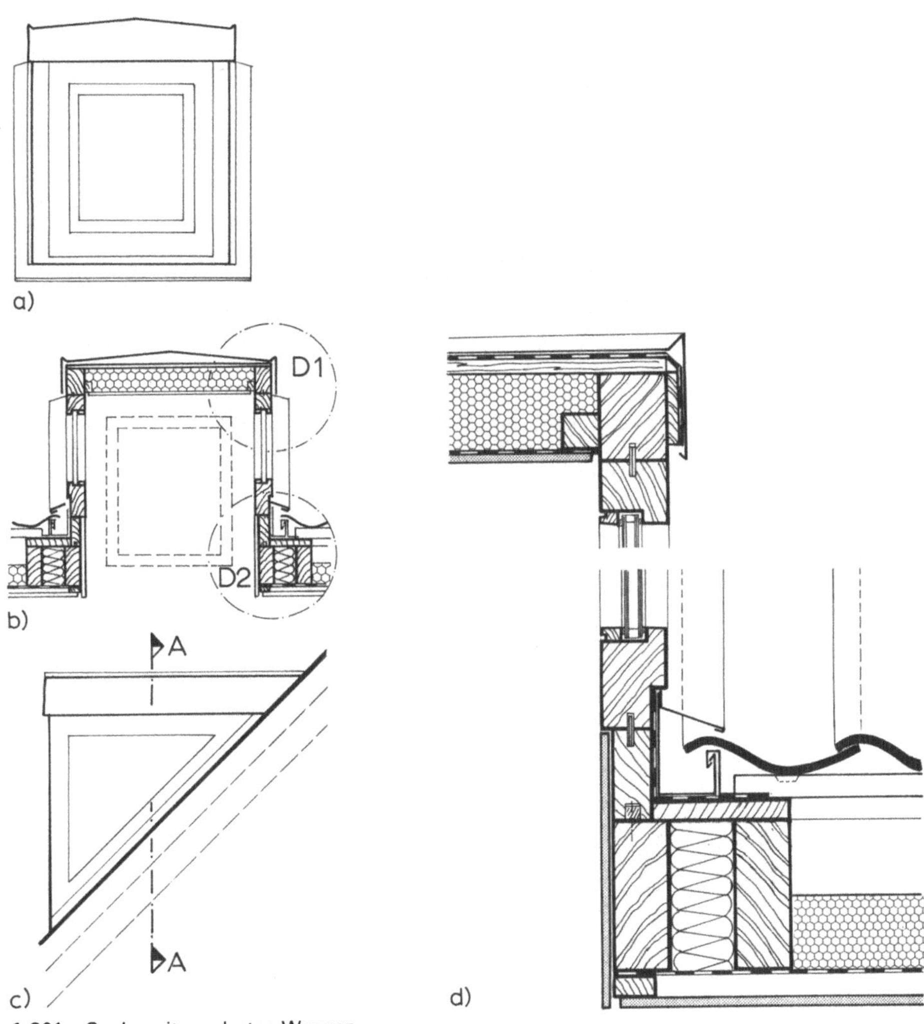

1.301 Gaube mit verglasten Wangen

gebildet, die schuppenartig in die Dachdeckung eingebunden und hinter die Schalung der Gaubenwangen hochgeführt werden.

Eine Gaube mit verglasten Wangen und Metalleindeckung zeigt Bild **1.301**.

Die **Fledermausgaube** ist um so schöner, je sanfter ihre Umrißlinie vom Scheitel des Dachfensters in die Waagerechte zurückschwingt. Sie wird daher verhältnismäßig breit und ist für kleinere Dächer kaum verwendbar. Die maximale Rahmenhöhe h ergibt sich aus der für die Deckung zulässigen Mindestneigung des Gaubendaches und der Gesamthöhe des Hauptdaches (zwischen oberem Gaubenansatz und Hauptdachfirst muß eine hinreichend breite Fläche verbleiben). Die halbe Gaubenbreite beträgt ca. 2,5 bis 3 h (Bild **1.302**). Die Radien der seitlichen Bögen können größer sein als der des mittleren Bogens (r). Der kleinste Radius sollte bei Dachziegeldeckung mindestens

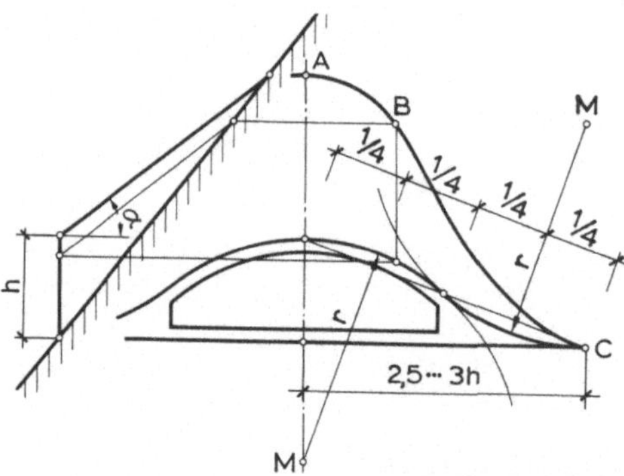

1.302   Form der Stirnseite einer Fledermausgaube

5 Dachziegelbreiten betragen. Die Spur des Gaubenkörpers auf der Hauptdachfläche ist leicht zu ermitteln (Kurve *ABC*).

Die Stirnseite der Fledermausgaube wird am besten durch eine aus zwei Brettern zusammengesetzte Stirnbohle gebildet, damit ein doppelter Anschlag für das Fenster entsteht. Auf die Stirnbohle können Bohlensparren aufgeklaut werden, die entweder auf den Hauptdachsparren bzw. Sparrenwechseln oder auf einer Kehlbohle endigen (Bild **1**.303). Die Dachlatten werden dann bügelförmig über die Gaubensparren gebogen. Meist werden die Fledermausgauben aber auch bei Ziegeldeckung ganz eingeschalt und die Latten auf die aus schmalen Brettern bestehende Schalung aufgenagelt. Die Dachlatten, die bei senkrecht stehender Stirnbohle in zwei Ebenen gekrümmt sind (der Abstand der Gaubenlatten ist kleiner als der der Hauptdachlatten), werden über der Gaube aus zwei übereinander zu nagelnden Leisten 1,5/5 cm gebildet. Die unterste Dachsteinschicht muß an den Flanken der Gaube mit Nägeln befestigt werden. Alle Vorderkanten der Dachsteine einer Schicht liegen über Hauptdach und Gaube in einer Ebene parallel zur Traufenwand.

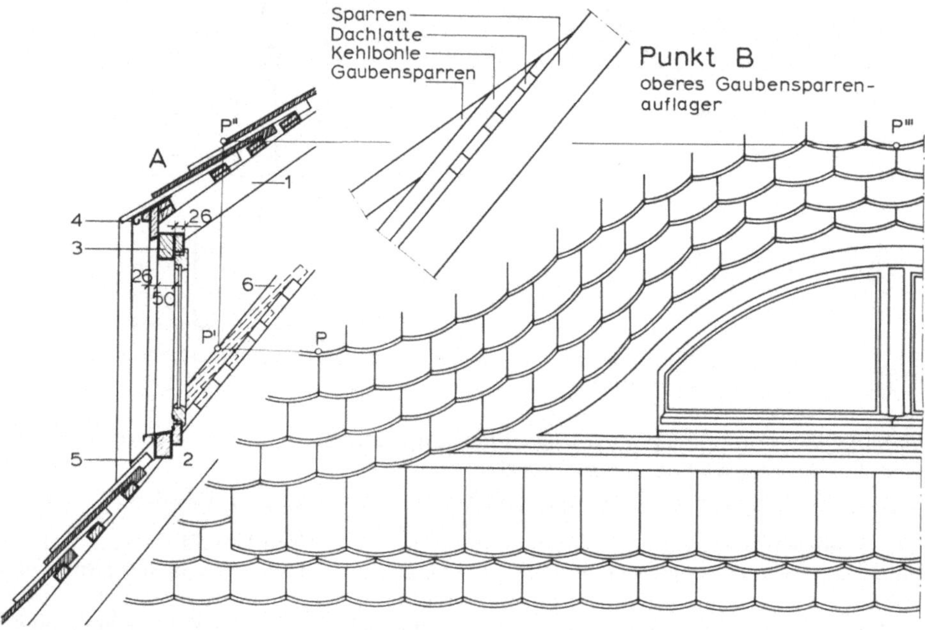

1.303   Fledermausgaube mit Bohlensparren und Kehlbohle. Deckung: Biberschwanz-Doppeldach

1 Gaubensparren
2 Hauptdachsparren
3 Stirnbohle
4 Zinkblechstreifen
5 Bleistreifen
6 Schift- oder Kehlbohle

Gauben erfordern in Planung und Bauausführung die sorgfältige Abstimmung aufwendiger Arbeiten mehrerer Gewerke. Es liegt daher nahe, diesen komplizierten Bauteil industriell vorgefertigt herzustellen. Die Gestaltung muß bei vorgefertigten Gauben nicht unbedingt zurückstehen, denn auch kleinere Serien können nach individuellen Entwürfen wirtschaftlich hergestellt werden. Beispiele für vollständig vorgefertigte Gauben, die komplett mit allen Anschlußteilen geliefert in die entsprechende Dachaussparung eingesetzt werden, zeigt Bild **1**.304.

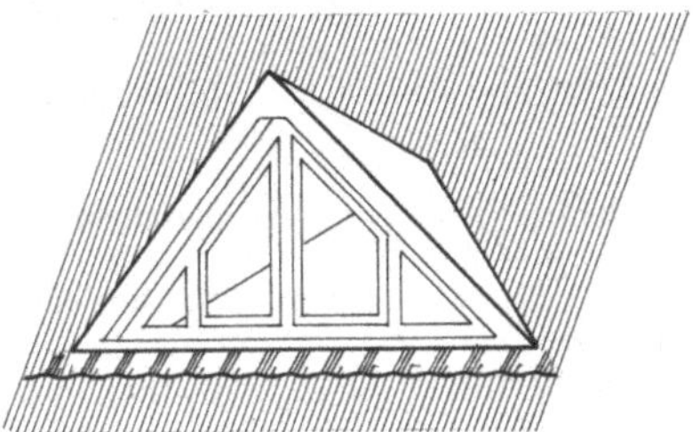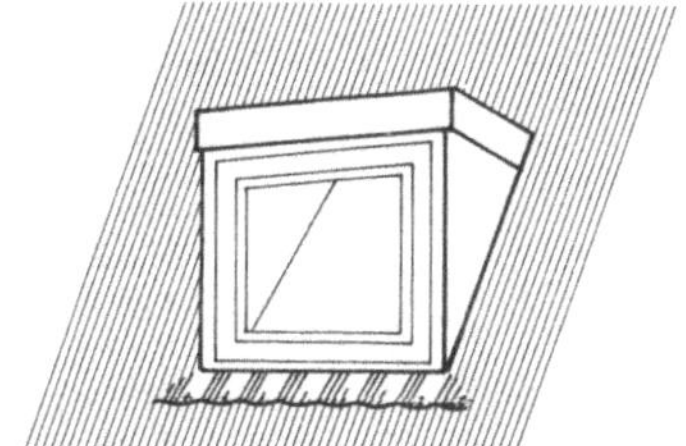

1.304   Vorgefertigte Dachgauben (WANIT)

1.10 DIN-Normen

DIN-Nr.		Ausgabe-datum	Titel
274	T1	4.72	Asbestzement-Wellplatten; Maße, Anforderungen, Prüfungen
	T2	4.72	–; Anwendung bei Dachdeckungen
	T3	12.76	Asbestzementplatten; Ebene Dachplatten, Maße, Anforderungen, Prüfungen
	T4	8.78	–; Ebene Tafeln, Maße, Anforderungen, Prüfungen
456		8.76	Dachziegel; Anforderungen, Prüfung, Überwachung
E	A1	12.89	
1052	T1	4.88	Holzbauwerke; Berechnung und Ausführung
	T2	4.88	–; mechanische Verbindungen
1055	T1	7.78	Lastannahmen für Bauten; Lagerstoffe, Baustoffe und Bauteile
	T3	6.71	–; Verkehrslasten
	T4	8.86	Lastannahmen für Bauten; Verkehrslasten
	A1	6.87	Windlasten nicht schwingungsanfälliger Bauteile
	T5	6.75	–; Verkehrslast, Schneelast und Eislast
1101		11.89	Holzwolle-Leichtbauplatten und Mehrschicht-Leichtbauplatten als Dämmstoffe für das Bauwesen; Anforderungen, Prüfung
1102		11.89	Holzwolle-Leichtbauplatten und Mehrschicht-Leichtbauplatten nach DIN 1101 als Dämmstoffe für das Bauwesen; Verwendung, Verarbeitung
1115		5.87	Dachsteine aus Beton; Anforderungen, Prüfung, Überwachung
1745	T1	2.83	Bänder und Bleche aus Aluminium und Aluminium-Knetlegierungen mit Dicken über 0,35 mm; Eigenschaften
	T2	2.83	–; Technische Lieferbedingungen
1751		6.73	Bleche und Blechstreifen aus Kupfer und Kupfer-Knetlegierungen, kaltgewalzt; Maße
1791		6.73	–; kaltgewalzt; Maße

Fortsetzung s. nächste Seiten

DIN-Normen, Fortsetzung

DIN-Nr.		Ausgabe-datum	Titel
1986	T1	6.88	Entwässerungsanlagen für Gebäude und Grundstücke; Technische Bestimmungen für den Bau
	T2	9.78	–; Bestimmungen für die Ermittlung der lichten Weiten und Nennweiten für Rohrleitungen
	T4	5.84	–; Verwendungsbereiche von Abwasserrohren und -formstücken verschiedener Werkstoffe
4108	Bbl.	4.82	Wärmeschutz im Hochbau; Inhaltsverzeichnisse, Stichwortverzeichnis
	T1	8.81	–; Größen und Einheiten
	T2	8.81	–; Wärmedämmung und Wärmespeicherung; Anforderungen und Hinweise für Planung und Ausführung
	T3	8.81	–; Klimabedingter Feuchteschutz; Anforderungen und Hinweise für Planung und Ausführung
	T4	11.91	–; Wärme- und feuchteschutztechnische Kennwerte
	T5	8.81	–; Berechnungsverfahren
17670	T1	12.83	Bleche und Bänder aus Kupfer und Kupfer-Knetlegierungen; Eigenschaften
	T2	6.69	–; Technische Lieferbedingungen
17770	T2	2.90	Bänder und Bleche aus legiertem Zink für das Bauwesen; Technische Lieferbedingungen
18159	T1	12.91	Schaumkunststoffe als Ortschäume im Bauwesen, Polyurethan-Ortschaum für die Wärme- und Kältedämmung, Anwendung
18161	T1	12.76	Korkerzeugnisse als Dämmstoffe für das Bauwesen; Dämmstoffe für die Wärmedämmung
18164	T1	12.91	Schaumkunststoffe als Dämmstoffe für das Bauwesen; Dämmstoffe für die Wärmedämmung
18165	T1	7.91	Faserdämmstoffe für das Bauwesen; Dämmstoffe für die Wärmedämmung
18174		1.81	Schaumglas als Dämmstoff für das Bauwesen; Dämmstoffe für die Wärmedämmung
18334		9.88	VOB Verdingungsordnung für Bauleistungen Teil C: Allg. techn. Vorschriften; Zimmerarbeiten
18338		9.88	–; Dachdeckungsarbeiten
18339		9.88	–; Klempnerarbeiten
18384		9.88	–; Blitzschutzanlagen
18460		5.89	Regenfalleitungen außerhalb von Gebäuden und Dachrinnen; Begriffe, Bemessungsgrundlagen
18461		2.89	Hängedachrinnen, Regenfallrohre außerhalb von Gebäuden und Zubehörteile aus Metall
18469		5.88	Hängedachrinnen aus weichmacherfreiem PVC; Anforderungen, Prüfungen
E 18520		7.91	Behandlung von eingebauten Asbestzementprodukten
18530		3.87	Massive Deckenkonstruktionen; Planung und Ausführung
18807	T1	6.87	Trapezprofile im Hochbau; Stahltrapezprofile; Allgemeine Anforderungen, Ermittlung der Tragfähigkeitswerte durch Berechnung
	T2	6.87	–; Stahltrapezprofile; Durchführung und Auswertung von Tragfähigkeitsversuchen
	T3	6.87	–; Stahltrapezprofile; Festigkeitsnachweis und konstruktive Ausbildung

DIN-Normen, Fortsetzung

DIN-Nr.		Ausgabe-datum	Titel
50976		5.89	Korrosionsschutz; Durch Feuerverzinken auf Einzelteile aufgebrachte Überzüge; Anforderungen und Prüfung
68120		8.68	Holzprofile; Grundformen
68140		10.71	Holzverbindungen; Keilzinkverbindungen als Längsverbindung
68365		11.57	Bauholz für Zimmerarbeiten; Gütebedingungen
68705	T2	7.81	Sperrholz; Begriffe, allgemeine Anforderungen, Prüfung
	T3	7.81	–; Bau-Furniersperrholz
68800	T1	5.74	Holzschutz; Allgemeines
	T2	1.84	–; Vorbeugende bauliche Maßnahmen
	T3	4.90	–; Vorbeugender chemischer Holzschutz
	T4	5.74	–; Bekämpfungsmaßnahmen gegen Pilz- und Insektenbefall
E		7.86	
	T5	5.78	–; Vorbeugender chemischer Schutz von Holzwerkstoffen
E		1.90	

1.11 Literatur

[1] Arbeitsgemeinschaft Holz e.V.: Informationsdienst Holz, Druckschriften. Düsseldorf 1986–1991

[2] B a l k o w s k i, F.D.: Das geneigte Dach. In DBZ 6/80

[3] B e c k e r, K.H.: Ziegeldeckungen auf Türmen. In: Das Bauhandwerk 9.91

[4] B e r t s c h e: Der Verpreßdübel. In: bauen mit holz 5/88

[5] B e t s c h a r t, A.P.: Neue Gußkonstruktionen in der Architektur. Stuttgart 1985

[6] Braas Dachsysteme GmbH (Hrsg.): Handbuch geneigte Dächer 1991/93

[7] D a n i s c h, W.: Was ist im Holzschutz heute Stand der Technik? In: bauen – Richtlinien für Dachbegrünung. Bonn 1990

[8] D o p p l e r, C.: Ausbau geneigter Dächer. In: DAB 2/85

[9] D r e f a h l, J.: Steildachbegrünung, Verfahren und Anwendung. In: DBZ

[10] D r e f a h l, J.: Begrünter Schutzaufbau. In: DBZ 4/91

[11] Entwicklungsinstitut für Gießerei- und Bautechnik: Informationsdienst Guß. Stuttgart 1989

[12] Fachschriften des Dachdeckerhandwerkes: Regeln für Deckungen mit Schiefer. Berlin 1982

[13] –: Richtlinien für die Planung und Ausführung von Dächern mit Abdichtungen (Flachdachrichtlinien). Köln 1991

[14] Forschungsgesellschaft Landschaftsentwicklung Landschaftsbau e.V.: Dachdeckungsbitumen. In Werkstoffe und Korrosion In: 31/1980

[15] G o c k e l, H.: Chemischer Holzschutz – Weltanschauung oder technische Notwendigkeit? In: DBZ 9/85

[16] G o e t z e, H.: Die Wärmeschutzverordnung und das geneigte Dach. In: Kunststoffe im Bau 1/84

[17] G r a s n i c k, A. (Hrsg.) u.a.: Der schadenfreie Hochbau, Bd. 1–4. Köln–Braunsfeld 1986

[18] v. H a l a s z, R.: Holzbautaschenbuch, Berlin-München-Düsseldorf 1986

[19] H ä u ß e r m a n n, P.: Verbindungen im Holzbau; Vergleich von Zimmermanns- und Ingenieurverbindungen. In: Das Bauhandwerk 7/88

[20] Informationsdienst für neuzeitliches Bauen: d-extrakt, Arbeitsblätter 1–9. 7/90

[21] J a b l o n k a, D.: Sperren in Bauphysik und Praxis des Schrägdaches. In: Bonn 1985–1990

[22] K e r n, A.: Steildach ohne Hinterlüftung. In: DBZ 1/91

[23] L e i ß e, B.: Holzschutzmittel im Einsatz; Nutzen, Risiken. Wiesbaden 1991

[24] Mannes, W.: Dachkonstruktionen in Holz. Stuttgart 1981

[25] Müller, K.: Holzschutzpraxis. Wiesbaden 1991

[26] Reimann, G.: Vorbeugender Holzschutz. In: DAB 9/86

[27] Rheinzink: Anwendung im Hochbau. Datteln 1988, Oberursel 1990

[28] Scharte, N.: Wärme- und Feuchteschutz von Dächern. In: BmK 1/91

[29] Scheidemantel, H.: Bauholz in der Ausschreibung. In: DAB 11/89

[30] Schmid, J. und Seewald, F.: Dachflächenfenster. In: DAB 10/86

[31] Schunk, E., Fink, T., Jenisch, R., Oster, H.J.: Dachatlas (Geneigte Dächer) München 1991

[32] Sieber, H.G.: Das Grüne Dach. In: DBZ 4/91 Dachgeschosse. In: BmK 3/90

[33] Stahlbauarbeitshilfen für Architekten und Ingenieure. Hrsg.: Deutscher Stahlbauverband, Köln
       1987–1992

[34] Technische Baubestimmungen Hessen: Asbest-Richtlinien 1989

[35] Weber, H.: Das Porenbeton Handbuch. Modernisierungspraxis 8/91, Wiesbaden 1991

[36] Westhoff, K.: Hallentragwerke in Holz. In: Das Bauhandwerk 8/91

[37] Wagner, H.: Luftdichtigkeit und Feuchteschutz beim Steildach mit Dämmung zwischen den
       Sparren. In: DBZ 12/89

[38] Westhoff, K.: Flächen- und Raumtragwerke. In: Das Bauhandwerk 8/87

[39] Westhoff, K.: Hallentragwerke in Holz. In: Das Bauhandwerk 6/88

[40] Zentralverband des Deutschen Dachdeckerhandwerkes: Regeln für Dachdeckungen mit Dachzie-
       geln und Dachsteinen. Köln-Braunsfeld 1985

[41] Zimmermann, G.: Dächer mit Dachdeckungen über ausgebautem Dachgeschoß; feuchte- und
       wärmetechnische Gesichtspunkte. In: DAB 12/82

[42] ZVSHK Fachregeln, Klempner: Richtlinien für die Ausführung von Metalldächern, Außenwandbe-
       kleidungen und Bauklempner-Arbeiten; Fachregeln des Klempner-Handwerkes 1991
       –: Unbelüftete wärmegedämmte Metalldächer in Klempner-Technik; Ausführung, Besonderheiten;
          Ergänzung der „Richtlinien für die Ausführung von Metalldächern, Außenwandbekleidungen und
          Bauklempner-Arbeiten", (E) 1992
       –: Belüftete und unbelüftete Metalldächer aus industriell vorgefertigten Klemmfalz-Profilen; Ergän-
          zung der „Richtlinien für die Ausführung von Metalldächern, Außenwandbekleidungen und Bau-
          klempner-Arbeiten", (E) 1992
       –: Unbelüftete wärmegedämmte Metalldächer in Klempner-Technik; Ausführung, Besonderheiten;
          Ergänzung der „Richtlinien für die Ausführung von Metalldächern, Außenwandbekleidungen und
          Bauklempner-Arbeiten", (E) 1992

2 Flachdächer

2.1 Allgemeines

Dachflächen mit einer geringeren Neigung als 5° werden als Flachdächer bezeichnet und erhalten anstelle einer Dachdeckung eine D a c h a b d i c h t u n g. Derartige Dachabdichtungen können jedoch auch für besonders beanspruchte Stellen flachgeneigter Dächer mit Neigungen zwischen 5 und 25° in Frage kommen. Dachabdichtungen sind grundsätzlich für alle Dachformen möglich und werden so besonders auch für Sonderformen wie Faltwerke, Hängedächer oder kuppelartige Dächer eingesetzt.

Stahlbetonmassivplatten, Profilbleche oder Stahlbetontragwerke sind in vielen Fällen gleichzeitig raumabschließende obere Decke und Bestandteil einer Flachdachkonstruktion. Abgedichtete Flachdachflächen können jedoch auch auf flachgeneigten Holzdachkonstruktionen aufliegen.

Da Flachdächer somit in der Regel unmittelbar über Wohn- und Nutzräumen liegen, hängt es in erster Linie vom bauphysikalisch richtigen Aufbau des Flachdaches ab, ob es auf die Dauer den erheblichen Beanspruchungen durch verschiedene Außen- und Innentemperaturen, sowie aus Niederschlägen und Wasserdampfdiffusion ausreichend Widerstand leisten und im Zusammenhang mit den übrigen Teilen des Bauwerkes das verlangte Raumklima gewährleisten kann.

Wegen ihrer engen gegenseitigen Abhängigkeit müssen Dachtragwerk und Aufbau der Dachabdichtung immer gemeinsam betrachtet werden.

Bei der Planung von Flachdächern sind die vielfachen besonderen Beanspruchungen zu berücksichtigen, denen die Oberfläche und die gesamte Flachdachkonstruktion zusätzlich zu den üblichen Witterungsbeanspruchungen ausgesetzt sind:

Feuchtigkeit
Feuchtigkeit, die in Baustoffe der Unterkonstruktion oder in die Schichten des Flachdachaufbaues z. B. während der Bauzeit oder infolge eines falschen Flachdachaufbaues eindringt.

Temperaturbelastungen
Thermisch h o c h b e a n s p r u c h t sind Dachabdichtungen, die der Witterungseinwirkung unmittelbar ausgesetzt sind, also ohne schwere Schutzschichten verlegt sind.

Thermisch m ä ß i g b e a n s p r u c h t sind Dachabdichtungen, die durch schweren Oberflächenschutz oder durch Nutzschichten keinen hohen Aufheizungen und keinen schnellen Temperaturveränderungen ausgesetzt sind [17].

Temperaturbelastungen entstehen durch

— Temperaturwechsel von -20 bis $+80\,°C$ zwischen Tag und Nacht bzw. Sommer und Winter,

— gleichzeitig mögliche Temperaturgegensätze zwischen besonnten und verschatteten, evtl. sogar vereisten Flächen,

— Temperaturschocks z. B. bei Hagel nach starker Sonneneinstrahlung,

— Hitzestau in ungeschützten Abdichtungsschichten auf der darunterliegenden Wärmedämmung (damit verbunden u. U. Materialschwund bzw. Verwerfungen in Schaumstoff-Wärmedämmungen).

— Temperaturbedingte Längenänderungen insbesondere der Unterkonstruktion.

Mechanische Einwirkungen

Mechanisch hoch beansprucht sind Dachabdichtungen, die flächigen Spannungen, Bewegungen, Schwingungen oder hohen Punktlasten ausgesetzt sind. Dies ist z. B. bei einer Anordnung über Dämmschichten, über beweglichen Unterlagen, unter begehbaren oder befahrbaren Belägen sowie unter Dachbegrünungen der Fall.

Mechanisch mäßig beansprucht sind Dachabdichtungen, die nicht genutzt werden und die auf einer flächig stabilen, festen Deckunterlage verlegt sind [17].

Mechanische Einwirkungen können sich ergeben aus

— Durchbiegung der Unterkonstruktion, die kritisch auch u. U. innerhalb der statisch zulässigen Grenzen sein kann,

— Schwingungen und Vibrationen insbesondere bei Leichtkonstruktionen (kritisch besonders an starren Dachanschlüssen und Durchdringungen wie z. B. Schächten und Schornsteinen),

— Gebäudebewegungen an Trennfugen, evtl. auch bei Rißbildung infolge nicht ausreichend vorgesehener Fugen,

— Verformungen der Unterkonstruktion infolge unterschiedlicher Setzungen, infolge von Schwind- oder Quellvorgängen u. ä.,

— Oberflächenbeschaffenheit der Unterkonstruktion,

— Durch Baustellen- und Reparaturbetrieb.

Umweltbelastungen

— Korrosionsgefährdung der Abdichtungen durch Schmutzablagerung infolge nicht ausreichender Dachentwässerung (fehlendes Gefälle oder falsche Anordnung der Dachabläufe), verbunden mit Mikroben-, Algen- und Pflanzenwuchs,

— Chemische Belastung durch auf der Baustelle verwendete Lösungsmittel, Weichmacher, Kleber, Farben, Lacke sowie chemisch verunreinigtes Niederschlagswasser,

— Fotochemische Einflüsse in Verbindung mit Immissionen, UV-Einstrahlung und Ozonbildung.

Bei der Planung muß auch die spätere einwandfreie Ausführung aller Arbeiten unter Baustellenbedingungen berücksichtigt werden. Kritische Anschlußpunkte müssen gut zugänglich sein. Durch genügend Abstand zu anderen Problempunkten müssen die Voraussetzungen für einwandfreie Arbeit geschaffen sein (z. B. muß zwischen Dachrändern bzw. Wandanschlüssen und Durchdringungen für Regenabläufe, Sanitärentlüftungen u. ä. ein Mindestabstand von 50 cm eingeplant sein).

2.1.1 Bauarten (Bauphysikalischer Aufbau)

Flachdächer können nach zwei bauphysikalisch unterschiedlichen Konstruktionsarten ausgebildet werden als:

— einschaliges, nicht belüftetes Flachdach oder „Warmdach" (Bild **2**.1),

— zweischaliges belüftetes Flachdach oder „Kaltdach" (Bild **2**.2).

Die Bezeichnungen „Warmdach" bzw. „Kaltdach" kennzeichnen den Unterschied der bauphysikalischen Systeme nur unzureichend, sind jedoch weit verbreitet. Sie können wie folgt erklärt werden:

— Beim Warmdach bildet die wärmegedämmte, tragende Konstruktion mit der Dachabdichtung ein Verbundelement, das – je nach äußeren Verhältnissen und Schichtenaufbau – als Ganzes mehr oder weniger stark gemeinsam erwärmt wird.

— Beim Kaltdach sind wärmegedämmter Raumabschluß und die Dachhaut mit ihrer Tragekonstruktion durch einen („kalten") Luftraum getrennt. Die Dachschale mit der Dachabdichtung liegt also bei niedrigen Außentemperaturen im kalten Bereich.

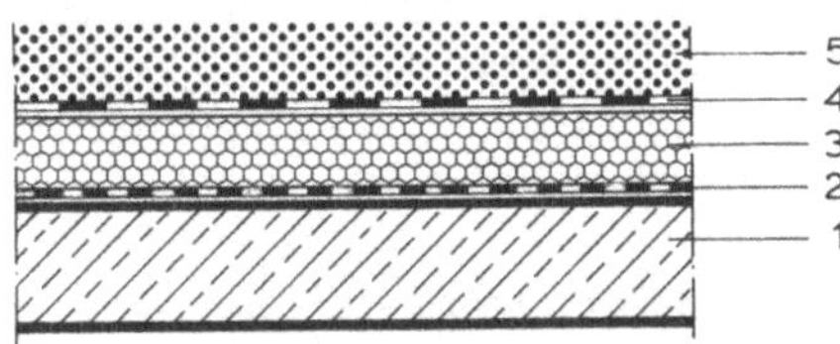

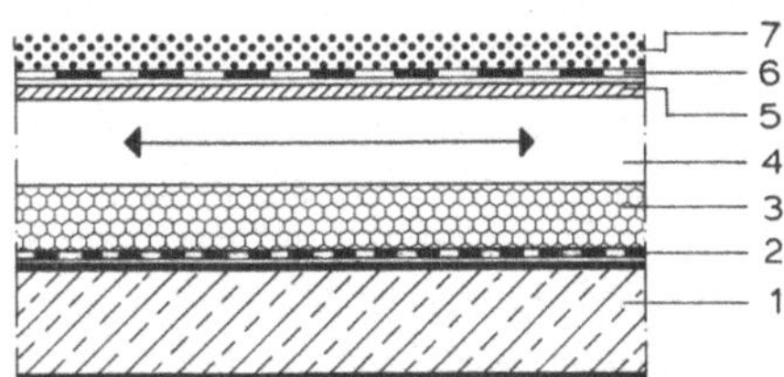

2.1   Einschaliges, nicht belüftetes Flachdach (Warmdach), schematische Darstellung

   1 Unterkonstruktion (Massivplatte)
   2 Dampfsperre
   3 Wärmedämmung
   4 Dachabdichtung
   5 Oberflächenschutz

2.2   Zweischaliges, belüftetes Flachdach (Kaltdach), schematische Darstellung

   1 Unterkonstruktion (Massivplatte) auch Leichtplattenkonstruktionen
   2 leichte Dampfsperre (vgl. Abschn. 2.2.4 und 2.3.1)
   3 Wärmedämmung
   4 Belüftungsraum
   5 Dachschale auf Unterkonstruktion
   6 Dachabdichtung
   7 Oberflächenschutz

2.1.2 Nutzung (s. Abschn. 2.4)

Bei den Oberflächen ist wenigstens mit Begehung zu Wartungsarbeiten, in vielen Fällen aber auch mit einer speziellen Nutzung zu rechnen.

Man unterscheidet:

— Nicht genutzte Flachdachflächen (nur zu Wartungsarbeiten begehbar),

— Genutzte Flachdachflächen (Aufenthalt von Personen, Fahrzeugverkehr),

— Begrünte Flachdachflächen.

2.1.3 Dachneigung

Flachdachflächen mit Abdichtung sollen ein Mindestgefälle von 2% haben. Dabei ist aber zu berücksichtigen, daß es infolge von zulässigen Ebenheitstoleranzen in der Unterkonstruktion und infolge von Überlappungen und Verstärkungen in den Abdichtungen zu Behinderungen des Wasserablaufes und zu Pfützenbildungen kommen kann, wenn nicht mindestens 5% (3°) als Mindestgefälle geplant werden.

Gefällelose Flachdächer (auch Teilbereiche von Flachdächern mit Gefälle) werden in den Flachdachrichtlinien [17] als „Sonderkonstruktionen" für Ausnahmefälle bezeichnet, bei denen besondere Maßnahmen zur Verminderung der Risiken durch stehendes Wasser zu treffen sind (z. B. Erhöhung der Bahnendicke, schwerer Oberflächenschutz durch Kies).

Für die Planung und die Konstruktion von Dachabdichtungen werden nach DIN 18531 folgende Dachneigungsgruppen unterschieden:

I: bis 3° (5%)   III: über 5° (9%) bis 20° (36%)
II: über 3° (5%) bis 5° (9%)   IV: über 20° (36%)

2.1.4 Wärmeschutz[1])

Wärmeschutzmaßnahmen bei Flachdächern müssen umfassen:

— Ausreichende Wärmedämmung des B a u w e r k e s gem. DIN 4108 (mit Ergänzungen durch Wärmeschutzverordnung) mit rechnerischem Nachweis.

— Wärmeschutz der K o n s t r u k t i o n zur Vermeidung von schädlichen temperaturbedingtem Spannungen und Bewegungen sowie von Wärmebrücken,

— Berücksichtigung der W ä r m e s p e i c h e r u n g.

Der erforderliche Wärmeschutz von Bauteilen ist in DIN 4108 T2 und in der Wärmeschutzverordnung festgelegt. Für Flachdächer wird ein Wärmedurchlaßwiderstand $1/\Lambda$ von mindestens 1,10 m² K/W (an der ungünstigsten Stelle 0,80 m² K/W) bzw. ein Wärmedurchgangskoeffizient k von höchstens 0,79 W/(m² K) bzw. 1,03 W/(m² K) gefordert. Mit Rücksicht auf das Wärmespeichervermögen ist der Wärmeschutz erheblich zu erhöhen, wenn die Konstruktionsteile von Flachdächern unterhalb der Wärmedämmung eine Masse von weniger als 300 kg/m² haben (s. DIN 4108 T2 Abschn. 5 Tab. 2). Im Hinblick auf Energieeinsparung sind die Anforderungen der Wärmeschutzverordnung teilweise erheblich höher als in DIN 4108. Danach muß bei Flachdächern mindestens von einer Dämmstoffdicke von 100 mm (Wärmeleitfähigkeit 0,04 W/(m K) ausgegangen werden.

In jedem Falle ist jedoch der r e c h n e r i s c h e   N a c h w e i s für ausreichenden Wärme- und Tauwasserschutz zu führen (s. Abschn. 14.5.7 in Teil 1 dieses Werkes).[2])

Bei mehr als 75% relativer Feuchtigkeit (und 20 °C Innentemperatur) sind besondere Lüftungs- und Heizungsmaßnahmen meist billiger und zuverlässiger als die Verstärkung der Wärmedämmung.

W ä r m e d ä m m s t o f f e (s. Abschn. 2.2.2) müssen in jedem Fall trocken eingebracht werden, weil sie, zwischen Dampfsperre und Dachhaut eingeschlossen, später kaum völlig austrocknen können.

Werden a b g e h ä n g t e   D e c k e n unter einschaligen Flachdächern vorgesehen, muß unbedingt dafür gesorgt werden, daß durch Hinterlüftung auch oberhalb der Abhängung die für die Dimensionierung der Wärmedämmung zu Grunde gelegten Raumtemperaturen herrschen. Eingeschlossene Luftschichten über abgehängte Decken wirken sonst als zusätzliche Wärmedämmung. Dadurch kann in der Gesamtkonstruktion die Taupunktgrenze so verlagert werden, daß es an der Unterseite der Dachschale zur Kondensatbildung kommt.

Auf keinen Fall darf – evtl. auch als spätere „Sanierung" – ein wärmedämmendes Material vollflächig an der Deckenunterseite aufgebracht werden. Diese zusätzliche Wärmedämmung kann die Lage der Taupunktgrenze so beeinflussen, daß Kondensatbildung innerhalb der Konstruktion möglich wird, wenn nicht auch gleichzeitig die Wärmedämmung oberhalb der Dampfsperre verstärkt wird. Ein rechnerischer Nachweis des ausreichenden Tauwasserschutzes ist in derartigen Fällen erforderlich.

---

[1]) s. auch Abschn. 14.5 in Teil 1 dieses Werkes
[2]) Dampfsperren s. Abschn. 2.2.4 und 2.3.1

2.1.5 Feuchtigkeitsschutz (Tauwasserschutz)

Richtig angeordnete und dimensionierte Dampfsperren und bei zweischaligen, belüfteten Flachdachkonstruktionen (Abschn. 2.5) ggf. ausreichende Durchlüftung müssen die Wasserdampfdiffusion so begrenzen, daß schädliche Tauwasserbildung verhindert wird (s. Abschn. 2.2.4 und 2.3.1).

2.1.6 Brandschutz

Flachdächer müssen widerstandsfähig gegen Flugfeuer sein. Sie müssen dazu den Bestimmungen von DIN 4102 T7 genügen bzw. entsprechend einer in DIN 4102 T4 zugelassenen Bauart ausgeführt sein. Die Forderung hinsichtlich Sicherheit gegen Flugfeuer gilt in jedem Fall als erbracht, wenn die Dachhaut mit einer mindestens 5 cm dicken Kiesschicht abgedeckt ist (Körnung 16/32). Besondere Brandschutzmaßnahmen sind für großflächige Flachdächer auf Trapezblechkonstruktionen (s. Abschn. 2.3.3) erforderlich.

2.1.7 Oberflächenschutz

Ständiger Wechsel von Feuchtigkeit und Trockenheit, Temperaturdifferenzen zwischen winterlichen Temperaturen bis zu etwa 80° bei Sonneneinstrahlung im Sommer, insbesondere auch die Einwirkung des ultravioletten Anteils der Sonneneinstrahlung beanspruchen ungeschützte Flachdachabdichtungen sehr stark. Ein Oberflächenschutz ist daher immer vorzusehen. Bereits eine helle Einfärbung von Kunststoff-Dachdichtungsbahnen, dauerhafter aber Beschichtungen mit Feinsplitt, Perlkies oder Aluminiumpulver bewirken eine erhebliche Reflektion des Sonnenlichtes und setzen damit die Erwärmung der Dachhaut herab. Es können ferner zusätzliche Schutzfolien auf die Dachhaut aufgebracht werden. Unterschieden wird:

Leichter Oberflächenschutz

Bei Abdichtungen mit Bitumenbahnen muß die oberste Lage aus Polymerbitumenbahnen bestehen. Elastomerbitumenbahnen (PYE) müssen, Plastomerbitumenbahnen (PYP) können mit Splitt, Granulat sonstigen Beschichtungen bedeckt sein (Kieseinpressung, Besandung oder Anstriche mit Heißbitumen sind ungeeignet).

Schwerer Oberflächenschutz

Er besteht in der Regel aus einer losen Kiesschüttung (Körnung 15 bis 30 mm, Mindest-Schütthöhe 5 cm), unter der sich meistens nur wenig schwankende Feuchtigkeitsverhältnisse einstellen.

Kiesschüttungen müssen in windreichen Gegenden und bei Gefahr von Wirbelbildung durch Dachaufbauten (z. B. größere Schornsteine, Aufzugsschächte) gesichert werden. Da die Verwendung von K i e s e i n b e t t m a s s e n nicht bei jeder Dachabdichtungsart möglich ist, kann die Schüttung durch aufgesprühte Kunstharze befestigt werden, die die obere Kiesschicht binden. Die Ausbildung einer Dachrandaufkantung (Attika), die die Dachoberfläche um mindestens 30 cm überragt, ist bei höheren Gebäuden zweckmäßig (s. jedoch Abschn. 2.1.11).

Übernimmt der Oberflächenschutz gleichzeitig die Sicherung gegen Wind- und Sogkräfte, ist die Dicke der Kiesschüttung entsprechend nachzuweisen.

Als Schwerer Oberflächenschutz kommen weiterhin begehbare Beläge aus Beton-
Gehwegplatten, Verbundsteinen u. ä., verlegt auf Schutzlagen, sowie Terrassenbeläge,
befahrbare Beläge und Begrünungen in Betracht.

Die UV-Beständigkeit neu entwickelter Kunststoff-Dachdichtungsbahnen ist in letzter
Zeit so verbessert worden, daß bei leichten Dachkonstruktionen auch eine Verlegung
ohne zusätzliche Schutzschichten von den Herstellern zugelassen wird.

2.1.8 Windbeanspruchung

Der gesamte Flachdachaufbau muß gegen Abheben durch Windbeanspruchung, dabei
insbesondere durch Sogwirkung, entsprechend DIN 1055 T4 gesichert werden.

Die Sicherung kann erfolgen durch

— Auflast,

— Verkleben,

— mechanische Befestigung.

Unterschieden werden Sicherungen im Innen-, Rand- und Eckbereich. Die Definition
der Bereiche für Bauwerke bis 20 m Höhe zeigt Bild **2.3** [17].

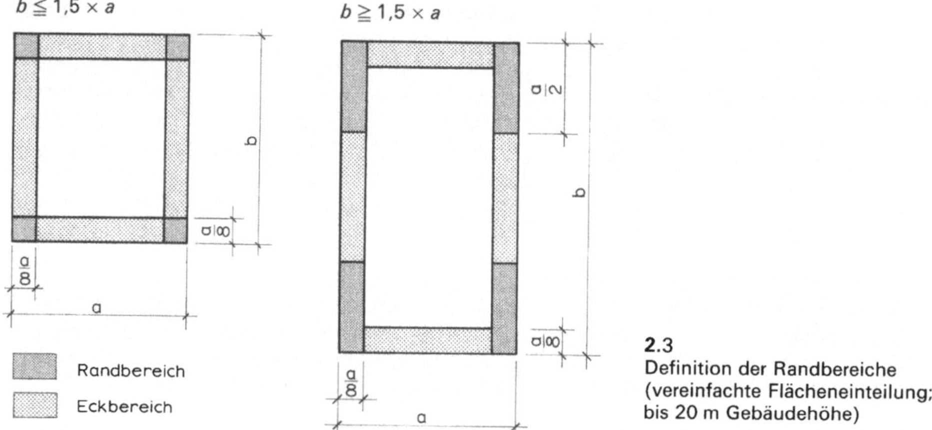

2.3
Definition der Randbereiche
(vereinfachte Flächeneinteilung;
bis 20 m Gebäudehöhe)

Einen Überblick über handwerkliche Ausführungen von Windsicherung bei geschlossenen Bauwerken[1] gibt Tabelle **2.4** [17].

Sicherung durch Auflast. Lose verlegte Dachabdichtungen werden durch Auflasten
(nur bei Dachneigungsgruppe I) gesichert. Sie besteht in der Regel aus ungebroche-
nem Kies, Körnung 16/32, Schütthöhe mindestens 5 cm. Auflasten können auch aus
Betonplatten, Beton-Verbundpflaster o. ä. bestehen. Bei Dachhöhen über 20 m müssen
im Rand- und Eckenbereich Platten, Pflaster o. ä. die Kiesschüttung zusätzlich gegen
Windeinwirkung schützen. Das Gewicht der Auflasten ist Tabelle **2.5** zu entnehmen:

---

[1] Baukörper mit offenen Deckunterlagen, die an einer oder mehreren Stellen offen sind oder geöffnet
werden können, gelten als nicht geschlossen. Ein Einzelnachweis nach DIN 1055 T4 ist erforderlich.

Tabelle **2.4** Wind-/Sog-Sicherung: Ausführungsbeispiele für geschlossene Gebäude bis 20 m

	Befestigungsart	Innenbereich	Randbereich	Eckbereich
ohne Auflast	Heißverklebung	10% der Fläche	20% der Fläche	40% der Fläche
	Kaltverklebung (Adhäsivkleber 4 cm breite Streifen)	2 Streifen/m^2	3 Streifen/m^2	4 Streifen/m^2
	Nagelung Reihenabstand Nagelabstand	90 cm 10 cm	30 cm 10 cm	30 cm 5 cm
	Befestigungselemente (Betriebsfestigkeit 0,4 kN/Stück)	3 Stück/m^2	6 Stück/m^2	9 Stück/m^2
mit Auflast	Kiesschüttung in Kombination mit	5 cm Kiesschüttung in Kombination mit		
	a) Heißverklebung	–	10% der Fläche	20% der Fläche
	b) Kaltverklebung (Adhäsivkleber 4 cm breite Streifen)	–	2 Streifen/m^2	3 Streifen/m^2
	c) Nageln Reihenabstand Nagelabstand	– –	45 cm 10 cm	45 cm 5 cm
	d) Befestigungselemente (Betriebsfestigkeit 0,4 kN/Stück)	–	4 Stück/m^2	7 Stück/m^2

Auf Stahltrapezprofilen soll der Abstand der Befestigungen auf gleichen Obergurten mindestens 20 cm betragen.

Auf Holz oder Holzwerkstoffen sind 1 m breite Dachbahnen an den Stößen mit verzinkten Breitkopfstiften mit Nagelabständen nach Tab. **2.4** zu nageln.

Tabelle **2.5** Sicherung durch Auflast

nach Flachdachrichtlinien [17]				nach DIN 18531			
Höhe der Dachtraufe über Gelände	Auflast			Höhe der Dachfläche über Gelände		Auflast Randbereich	
	Innen-bereich	Rand-bereich	Eck-bereich		Innen-bereich	mit Befe-stigung am Dach-rand	ohne Befe-stigung am Dach-rand
in m	in kg/m^2	in kg/m^2	in kg/m^2	in m	in kg/m^2	in kg/m^2	in kg/m^2
bis 8	45	130	225	bis 8	40	80	120
über 8 bis 20	75	210	360	über 8 bis 20	65	130	190
über 20	Einzelnachweis			über 20	80	160	260

Sicherung durch Verkleben. Dachabdichtungen mit Bitumenbahnen müssen (z. B. über Loch-Glasvlies-Bitumenbahnen) mindestens zu 10% in gleichmäßiger Verteilung mit der Unterlage verklebt sein. Bei punktförmiger Verklebung sind ca. 4 tellergroße Klebeflächen/m^2 erforderlich. Profilblechkonstruktionen müssen zusätzlich im Randbereich (Breite des Randbereiches = $b/8$ der Dachrandbreite) mit mindestens 3 mechanischen Befestigungselementen je m^2 gesichert werden.

Sicherung durch mechanische Befestigung. Bei geeignetem Untergrund (z. B. Profilblech, Holz) darf die Lagersicherheit durch Tellerdübel, Spreizdübel, Holzschrauben oder selbstbohrende Schrauben mit Haltetellern, auch mit Breitkopfnägeln punktweise mit mindestens 3 Befestigungen/m² hergestellt werden. Auch Linienbefestigungen (im Überdeckungsbereich) mit durchlaufenden Metallbändern sind möglich.

Randhölzer. Zur Befestigung von Randhölzern an Dachrändern und Deckenöffnungen, die als Auflager von Dachrandprofilen o. ä. dienen, sind in Tabelle **2.6** [17] bewährte Praxisbeispiele aufgeführt.

Tabelle **2.6**   Befestigung von Randhölzern

Befestigungsart	Gebäudehöhe über Gelände	bis 8 m	über 8 m bis 20 m	über 20 m
	Befestigungs-mittel	Abstand der Befestigung in m	Abstand der Befestigung in m	
Holz auf Beton	verzinkte Schrauben $\varnothing$ 7 mm mit Dübel	1,00	0,66	
Holz auf Gasbeton	verzinkte Schrauben $\varnothing$ 7 mm mit Spezialdübel	0,90	0,50	
Holz auf Profilblech	verzinkte Blechschrauben $\varnothing$ 4,2 mm	0,50	0,33	
Holz auf Vollholz	verzinkte Holzschrauben $\varnothing$ 6 mm	0,80	0,50	Einzel-nachweis

2.1.9 Entwässerung

Die konstruktiv immer aufwendigen Flachdachränder sollten durch das Einbinden außenliegender Entwässerungen nicht noch komplizierter und ausführungstechnisch schwieriger gestaltet werden. Flachdächer sind daher grundsätzlich mit innenliegender Entwässerung zu planen. Eine g e f ä l l e l o s e Flachdachausführung wäre nur dann

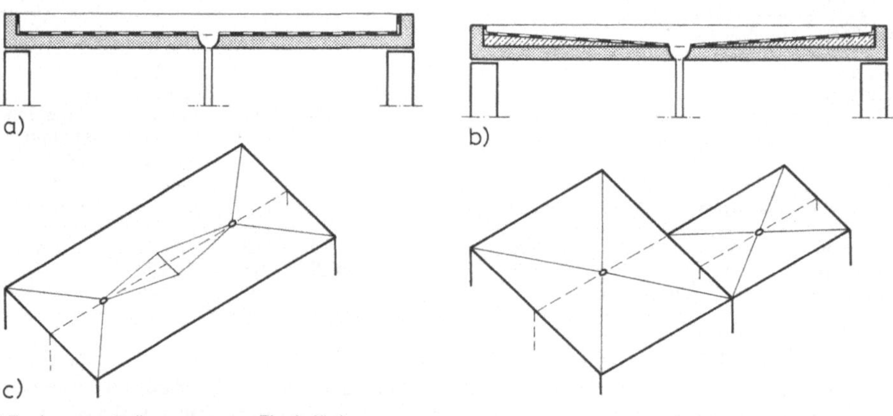

2.7   Innenentwässerung von Flachdächern
   a) gefällelos (Sonderkonstruktion!)
   b) mit Gefälle
   c) Grundrisse mit Lage der Entwässerungsstellen

problemlos, wenn wirklich ebene und absolut horizontale Flächen der Unterkonstruktion zur Verfügung ständen. Das ist jedoch in der Praxis durch unvermeidliche Ungenauigkeiten bei der Ausführung und wegen des Durchhängens der Flächen nicht zu gewährleisten (Bild **2.**7 a). Auf Massivplatten wird daher in der Regel ein Gefällebeton mit flachen Kehlen zu den Dachabläufen aufgebracht (Bild **2.**7 b und c).

Insbesondere bei Leichtkonstruktionen wird vielfach auf den Gefälleausgleich verzichtet und die gesamte Decke im Gefälle verlegt. Eine waagerechte Untersicht wird dabei nötigenfalls durch einwandfrei hinterlüftete, untergehängte Putzdecken o. ä. erreicht (s. auch Abschn. 2.2.5).

Jede Flachdachfläche sollte durch mindestens 2 Regenabläufe entwässert werden. Bei komplizierten Dachgrundrissen ergibt sich jedoch meistens eine größere Anzahl von Abläufen, deren Lage abhängig ist vom Grundriß der darunterliegenden Räume und den je nach Einzelfall gegebenen Möglichkeiten der Gefällebildung (vgl. Bild **2.**7 c).

Um das Überfließen von Regen- und Schmelzwasser auch unter ungünstigsten Verhältnissen auszuschließen, müssen die Dachabdichtungen an den Abschlüssen hochgezogen werden (s. Abschn. 2.10).

Innenliegende Regenabläufe müssen mindestens 50 cm von Dachrändern, Wandanschlüssen oder anderen Durchdringungen (Lichtkuppeln, Sanitärbelüftungen usw.) entfernt sein, um eine einwandfreie Ausführung der Eindichtung zu gewährleisten.

Im übrigen muß sichergestellt sein, daß auch im ungünstigsten Fall Wasser allenfalls über die Dachränder nach außen abfließt und nicht in angrenzende aufgehende Bauteile eindringt. Aus diesem Grund ist sehr zweckmäßig, Notüberläufe in Form von Wasserspeiern einzuplanen. Dadurch wird auch eine Überlastung der Dachflächen durch Stauwasser vermieden.

2.1.10 Anschlüsse an aufgehende Bauteile

Für Anschlüsse an aufgehende Bauteile (auch an Fenster- und Terrassentüren und an Attika-Anschlüsse) sind bei der Planung folgende Mindesthöhen zu beachten:
— Flachdachneigung bis   5° mindestens 15 cm
— Flachdachneigung über 5° mindestens 10 cm
    über Oberkante Oberflächenschutz bzw. Kiesschüttung oder von Nutzschichten. In schneereichen Gebieten sind diese Werte gegebenenfalls jedoch zu erhöhen.

Die Flächen, an denen die Abdichtungen hochzuführen sind, müssen eben und frei von Fugen, Betonnestern u. ä. sein. Falls erforderlich, ist ein Ausgleichsputz herzustellen.

Anschlüsse können **starr** (durch Klebung) oder **beweglich** (mit lose verlegten Kunststoff-Dichtungsbahnen) hergestellt werden. Starre Anschlüsse mit Klemmschienen u. ä. sollen nicht über Bauteile hinweggehen, die statisch voneinander – z. B. durch Bewegungsfugen – getrennt sind. Hier sind Fugenprofile zu verwenden, die Bewegungen zulassen und an den Trennstellen besonders abgedichtet sind.

Bei genutzten Flächen sind die hochgezogenen Abdichtungen durch entsprechende konstruktive Maßnahmen gegen mechanische Beschädigungen zu schützen.

Die Anschlüsse können ausgeführt werden mit Hilfe eingeklebter abgekanteter **Blechanschlüsse** aus Titanzink, Kupfer oder Aluminium, die in der Regel auf nagelbaren Untergründen bzw. auf Randbohlen aufgenagelt werden (Nagelabstand 5 cm; jedoch sind thermische Längenänderungen zu berücksichtigen). Klebeflächen müssen mindestens 12 cm breit sein. Kunststoff-Dichtungsbahnen können auf Verbundbleche (mit Kunststoffbeschichtungen) aufgeschweißt oder geklebt werden (Bild **2.**8 und **2.**30).

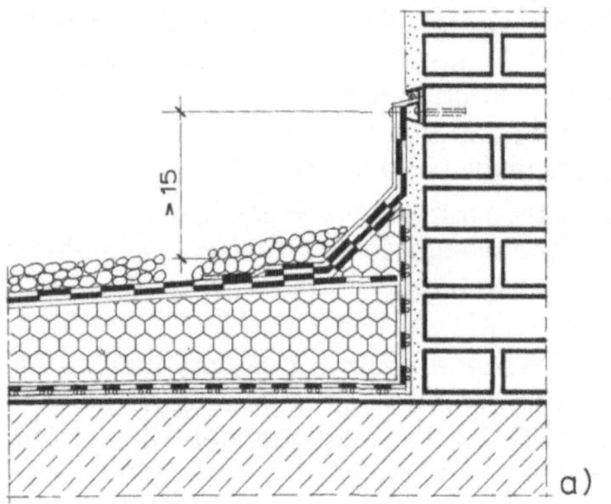

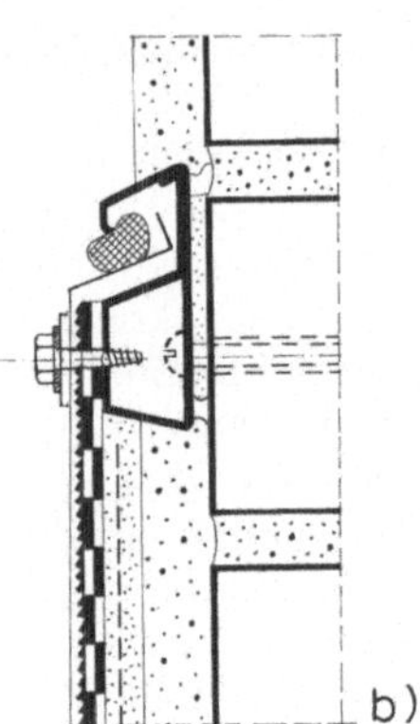

2.8 Wandanschluß
a) Schnitt, b) Detail oberer Abschluß

Anschlüsse an Türen. Besonders kritische Anschlußpunkte stellen die Übergänge von Abdichtungen zu Balkon- oder Terrassentüren dar.

Wenn die Abdichtungen den o. g. Forderungen gemäß mindestens 15 cm über die Entwässerungsebene (in der Regel die Oberfläche der äußeren Bodenbeläge) hochgezogen werden, ergeben sich zwischen Außen- und Innenbodenflächen so große Höhendifferenzen, daß entweder die Konstruktionsflächen auf unterschiedlichen Höhen liegen müssen oder Stufen (Bild **2.9**) unvermeidlich sind (Bild **2.10**). Dies kann aber wegen der Nutzung der außenliegenden Flächen (Kinderwagen, Rollstühle usw.) meistens nicht akzeptiert werden. Ausnahmsweise ist an diesen Stellen deshalb eine Anschlußhöhe von wenigstens 5 cm zwischen der Oberkante der Beläge und dem oberen Ende der Abdichtung vorzusehen und außerdem sicherzustellen, daß vor den

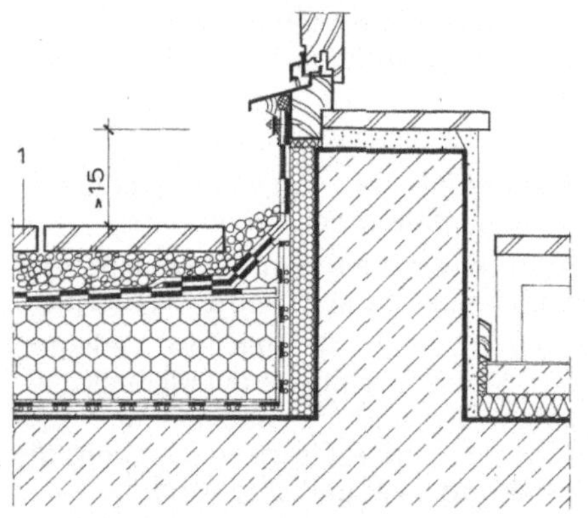

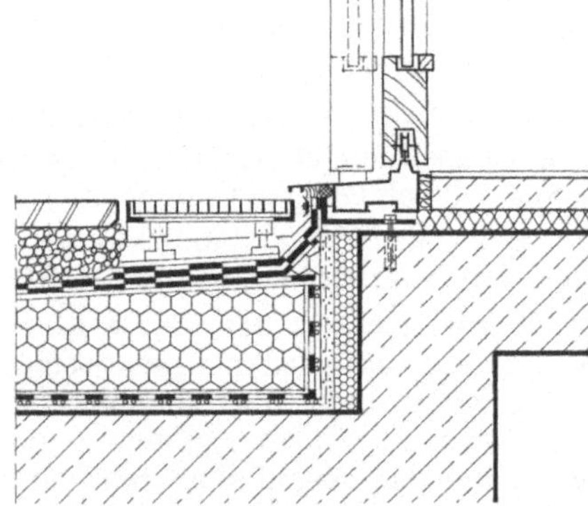

2.9 Abdichtungsanschluß an Terrassen- oder Balkontüren: Bei 15 cm Abdichtungsaufkantung Stufen innen unvermeidlich

2.10 Abdichtungsanschluß an Terrassen- oder Balkontür: Erforderliche Höhendifferenz des Abdichtungsanschlusses durch vorgelagerten Gitterrost abgemindert

1 großformatige Platten, lose in Kies verlegt
2 Gitterrost mit Aufständerung
3 L-Stahl als Abdichtungsauflage (Abdichtungsanschluß mit Lochband und Versiegelung)

Türen durch ständig wirksame Entwässerung der Außenflächen ein Wasserstau an den Abdichtungsanschlüssen – auch bei Schneematsch – ausgeschlossen werden kann (Bild 2.10; vgl. auch Abschn. 9.5.3 in Teil 1 des Werkes).

Die oberen Anschlüsse von Wetterschenkeln oder Anschlußprofilen der Türen sollen die Abdichtungsabschlüsse mindestens 3 cm in der Höhe überdecken. Außerdem ist durch konstante Maßnahmen eine mechanische Beschädigung der hochgezogenen Abdichtungen auszuschließen. Die Abdichtungen müssen sorgfältig hinter etwa vorhandenen Rolladenschienen oder Deckleisten hochgeführt werden und sind an den Türrahmen mit Klemmschienen o. ä. mechanisch zu befestigen (Bild 2.11).

Anschlüsse an geneigte Dachflächen sind mindestens bis über die Höhen der Flachdachränder zu führen, damit im Falle des Versagens der Dachentwässerung kein Stauwasser in die empfindliche Steildachkonstruktionen eindringen kann und allenfalls nach außen überfließen kann. Die nötigen Belüftungsöffnungen (vgl. Abschn. 1.8.2) sind zu berücksichtigen (Bild 2.12).

Anschlüsse an Durchdringungen z. B. von Dachabläufen Sanitärrohren, Antennendurchgängen u. ä. können zwar mit Hilfe von Klebeflanschen hergestellt werden, doch sind derartige Eindichtungen auch bei sorgfältiger Ausführung ziemlich schadensanfällig. Besser sind Anschlüsse mit Dichtungsmanschetten oder Klemmflanschen (s. Abschn. 2.6.3).

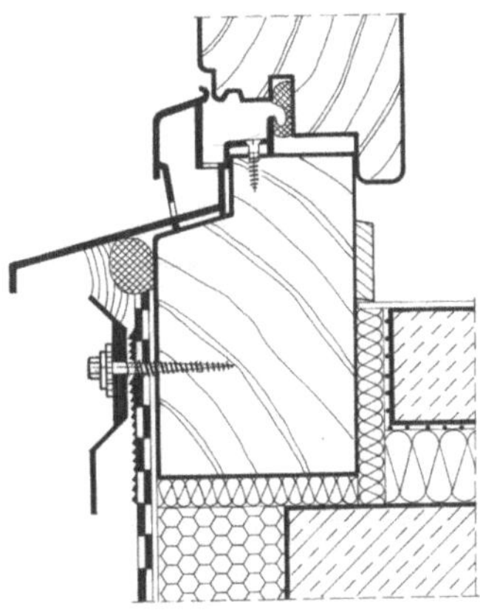

2.11   Abdichtungsanschluß an Fenstertür

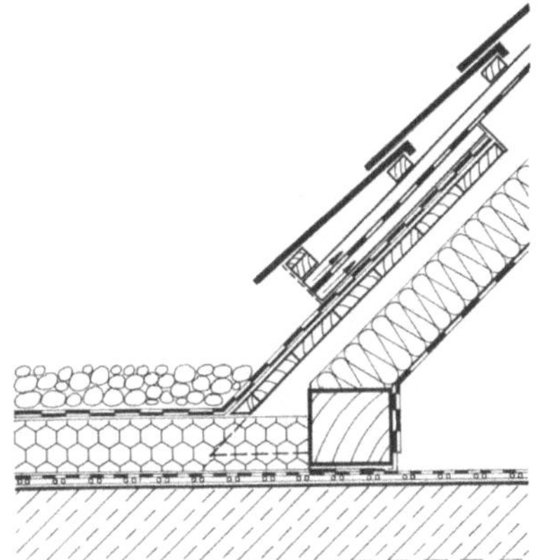

2.12   Flachdachanschluß an belüftetes Steildach

2.1.11   Flachdachränder

An den Rändern von Flachdächern enden außer der Unterkonstruktion alle Schichten der Abdichtung und Wärmedämmung mit völlig verschiedenartigen Materialien, die wiederum unterschiedlichen Beanspruchungen und Anforderungen ausgenutzt sind:

— Temperatureinflüsse. Unterkonstruktion, Dachabdichtung und Randabschlußteile haben verschiedene thermisch bedingte Form- und Längenänderungen.

— mechanische Beanspruchungen. Von allen Schichten des Dachaufbaus muß insbesondere die Dachabdichtung am Rand zuverlässig gegen Wasser- und Eisdruck, gegen den Druck von Kiesschüttungen und gegen Beschädigungen bei Bauund Wartungsarbeiten geschützt sein. Außerdem muß ausreichender Schutz gegen die Auswirkung von Windkräften gewährleistet sein.

— materialbedingte Beanspruchungen. Längenänderungen der Randprofile
müssen so ausgleichbar sein, daß weder am Übergang zur Abdichtung noch an
Innen- oder Außenecken des Dachrandes Undichtigkeiten oder Verformungen entstehen. Gewisse Kunststoff-Dichtungsbahnen neigen bei der Alterung zum Schwinden. Die daraus entstehenden Zugspannungen müssen von der Randkonstruktion
aufgenommen werden können.

— Bauwerkstoleranzen. Randkonstruktionen müssen die problemlose Anpassung
an unvermeidliche Bauwerksungenauigkeiten in der Fluchtrichtung, in Höhen und
ggf. auch Neigung ermöglichen.

— Belüftung. Flachdachränder von zweischaligen Dächern müssen ausreichende
Belüftungsquerschnitte haben, die genügend gegen Schlagregen sowie gegen Klein-
tiere, Vögel und Insekten gesichert sind.

Dachüberstände sind bei den meisten Flachdächern, insbesondere bei mehrgeschossigen Gebäuden konstruktiv nicht zu begründen und nur als Gestaltungsmittel zu
betrachten. Ausladende Gesimse von massiven Flachdächern erfordern zusätzliche
Wärmeschutzmaßnahmen. Zur Vermeidung von Wärmebrücken müssen auskragende
Stahlbetonplatten entweder ganz mit zusätzlichen Wärmedämmungen umhüllt werden
(Bild **2.13** a), oder es muß – bei Ausführung in Sichtbeton – die Wärmedämmung nach
innen an die Unterseite der Platten verlegt werden. Damit wird jedoch der bauphysikalisch richtige Schichtenaufbau des Flachdaches beeinträchtigt und der statische Querschnitt der Platten geschwächt. Außerdem sind besondere Vorkehrungen gegen Risse
im Stahlbetongesims infolge unterschiedlicher thermischer Beanspruchungen an Ober-
und Unterseite zu treffen (Bild **2.13** b). Flachdachränder werden daher in der Regel
ohne größere Gesimse gebildet.

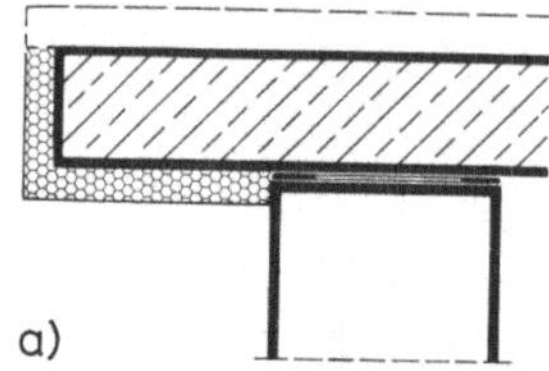
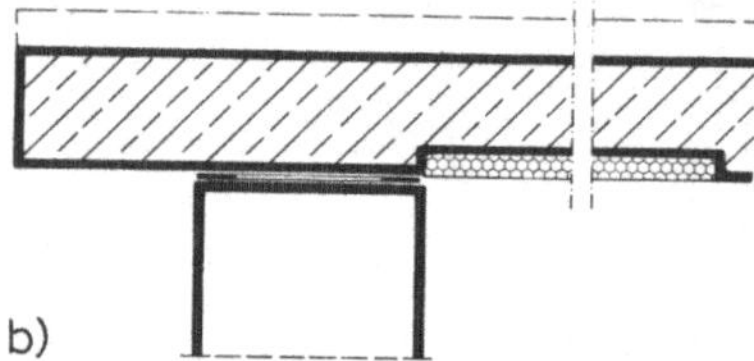

a)   b)

2.13 Wärmeschutz von auskragenden Flachdächern (Abdichtung usw. nicht eingezeichnet)
    a) Flachdachgesims mit Wärmeschutz außen
    b) Flachdachgesims mit Wärmeschutz innen

Bei allen Flachdachkonstruktionen bildet die Trennlinie zwischen Dachplatte und Auflager gleichzeitig eine Material- und Bewegungsfuge. Infolge Durchbiegung können
sich außerdem die Auflagerenden von weit gespannten Massivplatten insbesondere an
den Ecken hochbiegen (Bild **2.14**). Das kann durch Aufkantung der Deckenplatten zu
einer umlaufenden „Attika" weitgehend verhindert werden (Bild **2.15**). Wird die Attika
als statisch wirksamer Überzug ausgebildet, sind raumhohe Öffnungen in den Außenwänden möglich.

Vielfach werden Attika-Konstruktionen lediglich aus formalen Gründen gewählt, um
dahinterliegende Schräganschnitte von Gefälleschichten zu verbergen. Es ist aber zu
bedenken, daß Aufkantungen von Flachdachrändern mit hochgezogenen Abdichtungen meistens recht schadensanfällig sind. Insbesondere die an der Innenseite hochgezogenen Abdichtungen sind bei hohen Attiken schwierig gegen UV-Strahlung und
mechanische Beschädigungen zu schützen. Bei niedrigen Aufkantungen kann eine
Kiesschüttung an den Rändern verstärkt werden (Bild **2.16** b u. c), doch besteht dann

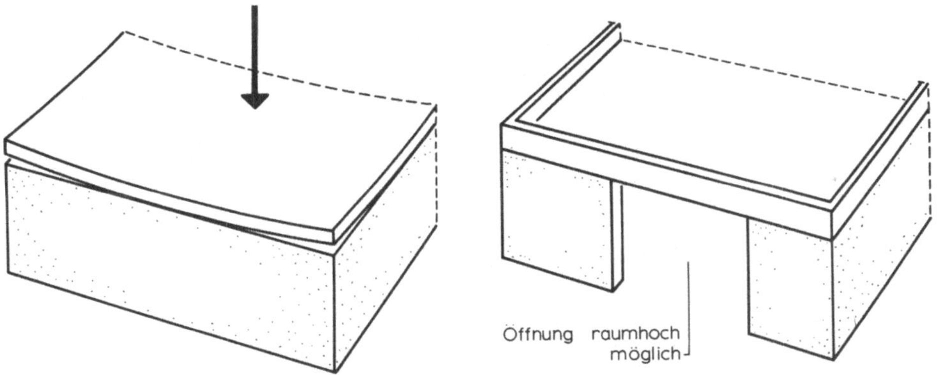

2.14 Hochbiegen von Plattenecken infolge Durchbiegung

2.15 Flachdach-Aufkantung („Attika")

leicht die Gefahr, daß bei Sturm Kieskörner über den Dachrand geweht werden. Eine Ausführung wie in Bild **2**.32 ist nur bei Verwendung von UV-beständigen Kunststoff-Dachdichtungsbahnen ratsam.

Auflager. Damit durch material- und temperaturbedingte Längenänderungen oder lastabhängige Formänderungen größerer Stahlbetonmassivplatten keine Beanspruchungen von Flachdächern auf die Auflagerwände übertragen werden, sind die Auflager mit Hilfe von Gleitlagern oder Gleit-Kipp-Lagern zu bilden (s. Abschn. 2.3.2). Je nach statischen Erfordernissen sind als Auflager Ringanker vorzusehen (vgl. Abschn. 6.2.1.1 in Teil 1 dieses Werkes). In jedem Fall sind die Auflagerfugen vor allem in den Außenwänden konstruktiv und gestalterisch zu berücksichtigen. Sie werden in der Regel durch entsprechende Gesims- oder Fassadenverblendungen abgedeckt (Bild **2**.16).

Dachrandabschlußprofile bilden den Übergang zwischen Dachabdichtungen und Dachrändern. Dabei sind direkt eingeklebte Blechverwahrungen als Flachdachabschlüsse ungeeignet. Es steht für diese Aufgabe eine große Zahl von Spezial-Profilsystemen aus Leichtmetall-Strangpreßprofilen sowie aus Blech- und Faserzement-Profilen in den verschiedensten Formen auf dem Markt zur Verfügung.

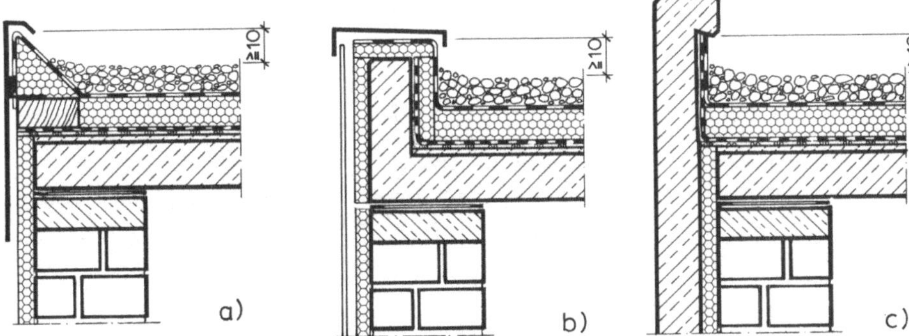

2.16 Flachdachränder (schematisch); Auflager s. Bild **2**.26
  a) Flachdach mit Randprofil
  b) Flachdach mit Attika
  c) Anschluß der Dichtungen mit Hinterschneidung

In den Flachdachrichtlinien ist für Dachrandabschlußprofile vorgeschrieben:

Die Oberflächen der Abdichtungen bzw. der Kiesschüttungen müssen bei Dachneigungen bis 5° mindestens 10 cm, bei größeren Dachneigungen um mindestens 5 cm überragt werden.

Die Überlappung der oberen Abschlüsse von Putz oder Bekleidungen muß mindestens betragen:

Bei Gebäudehöhen

— bis 8 m   > 5 cm

— über 8 bis 20 m > 8 cm

— über 20 m   > 10 cm.

Der Überstand der Tropfkanten vor den zu schützenden Bauteilen soll mindestens 2 cm betragen.

Die Halterungen der Abschlußprofile werden am besten auf aufgedübelten Randbohlen aus Holz montiert (Befestigung s. Abschn. 2.1.8, Tab. **2.6**). Die Montage wird sehr erleichtert, wenn die Profilkonstruktion ein möglichst einfaches Ausgleichen von unvermeidlichen Rohbauungenauigkeiten in der Höhe, in der Neigung und in der Fluchtrichtung erlaubt.

Den Übergang zu bituminösen Dachabdichtungen bilden Polymerbitumenbahnen oder Kunststoff-Anschlußbahnen, die je nach Profilsystem auf unterschiedliche Weise zugfest eingeklemmt werden bzw. in die Abdichtungsränder eingeklebt werden. Kunststoff-Dachabdichtungen können direkt an die meisten Profilsysteme angeschlossen werden. Die äußeren, den wechselnden Temperatureinflüssen ausgesetzten Teile der Dachrandabschlüsse müssen Längenänderungen zulassen, ohne daß diese sich auf die Anschlußbahnen übertragen können. Für Innen- und Außenecken stehen bei allen Herstellern entsprechende Formteile zur Verfügung. In Bild **2.17** sind 2 Beispiele für derartige Profile gezeigt.

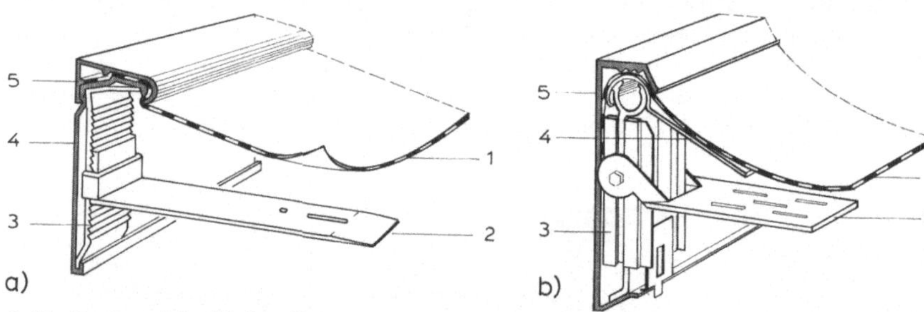

2.17 Dachrandabschlußprofile

a) In Fluchtrichtung und Höhe justierbar (ALWITRA)

1 Anschluß-Dichtungsbahn, zugfest eingespannt

2 Halteprofil, auf Unterkonstruktion aufgeschraubt, in Fluchtrichtung justierbar

3 Halteprofil, durch Zahnleiste mit Klemmring werkzeugfrei justierbar

4 Deckprofil, gleichzeitig Auflager für Anschlußbahn, längs verschiebbar

5 Oberes Deck- und Klemmprofil, längs verschiebbar

b) In Fluchtrichtung, Höhe und Neigung justierbar (JOBA)

1 Anschluß-Dichtungsbahn, zugfest eingespannt

2 Halteprofil, auf Unterkonstruktion aufgeschraubt, in Fluchtrichtung justierbar

3 Halteprofil, in Höhe und Neigung justierbar

4 Auflagerprofil für Anschlußbahn

5 Deckprofil, aufgeklemmt; längs verschiebbar

2.1.12 Arbeitsablauf an der Baustelle

Abdichtungsarbeiten mit Heißklebemassen dürfen bei Außentemperaturen unter +4°C und bei regnerischem Wetter nicht ausgeführt werden. Abdichtungen mit Kunststoffen erfordern in dieser Hinsicht zwar weniger Rücksicht, doch ist zu bedenken, daß bei ungünstiger Witterung die Qualität derartiger Arbeiten, die immer mit größter Sorgfalt ausgeführt werden müssen, beeinträchtigt wird. Daraus folgt für die Planung der Konstruktion und der Ausführung:

— Möglichst witterungsunabhängige Arbeitsabfolgen mit Einsatz entsprechender Materialien,

— Einplanung funktionstüchtiger Zwischenlösungen bei unvermeidbaren Arbeitsunterbrechungen.

2.1.13 Wartung und Pflege

Das bei Laien weit verbreitete Vorurteil, Flachdächer seien gegenüber geneigten Dächern auch bei einwandfreier Ausführung wesentlich schadensanfälliger, beruht fast immer auf Schäden, die durch völlige jahrelange Vernachlässigung bedingt sind. Weil sich bei den oft nicht einsehbaren Flachdachflächen Schäden erst wesentlich später und dann meistens sehr folgenschwer zeigen, muß gegenüber den Auftraggebern klargestellt sein:

Flachdächer erfordern zu ihrer Erhaltung und zur Verlängerung ihrer Lebensdauer – wie jedes andere Dach auch – regelmäßige Wartung und Pflege.

Dazu gehört je nach Lage des Objektes und den dadurch gegebenen Umweltbedingungen und je nach Oberflächenschutz der Flachdachflächen eine mehr oder weniger häufige Begehung und die Überprüfung insbesondere aller Bauwerksanschlüsse. Dachdurchdringungen und Entwässerungseinrichtungen. Vor allem aber ist das regelmäßige Entfernen von Laub, Verschmutzungen und Bewuchs erforderlich, um korrosionsfördernder Humusbildung und der Verstopfung von Abflüssen vorzubeugen.

Alle erkannten Schäden müssen unverzüglich fachmännisch beseitigt werden.

2.2 Baustoffe

2.2.1 Abdichtungen

Bitumen-Dachbahnen sind für Dachabdichtungen mit verschiedenen Trägereinlagen (u.a.: Polyestervlies, Glasgewebe, Glasvlies, Al- und Cu-Bänder) genormt als

— **Bitumenbahnen** (Trägereinlagen mit beidseitigen Bitumen-Deckschichten),

— **Polymerbitumenbahnen** (Elastomer- PYE und Plastomerbitumenbahnen PYP).

Vorteile von Elastomerbitumenbahnen PYE sind:

— geringe Temperaturempfindlichkeit,

— gute Standfestigkeit bei schroffen Temperaturwechseln,

— hohe Rückstellkraft nach kurzzeitiger punktförmiger Belastung (auch bei niedrigen Temperaturen),

— hohe Perforationssicherheit,

— lange Lebensdauer und Witterungsbeständigkeit,

— gute Verklebbarkeit.

Vorteile von Plastomerbitumenbahnen PYP (in der Regel als Schweißbahnen) sind:

— hohe Temperaturbeständigkeit,

— plastisches Verhalten mit hoher Flächenstabilität,

— Witterungsbeständigkeit in Verbindung mit Kälteflexibilität [8].

Die verschiedenen genormten Lieferformen zeigt Tabelle **2.18**.

Tabelle **2.18**   Genormte Bitumenbahnen [17]

Trägereinlage	Bitumen-Dachbahnen	Bitumen-Dachdichtungsbahnen	Bitumen-Schweißbahnen	Polymerbitumen-Dachdichtungsbahnen	Polymer-Bitumen-Schweißbahnen
	DIN 52143	DIN 52130	DIN 52131	DIN 52132	DIN 52133
Glasgewebe	–	G 200 DD	G 200 S4 G 200 S5	PYE-G 200 DD	PYE-G 200 S4 PYP-G 200 S4 PYE-G 200 S5 PYP-G 200 S5
Polyesterfaservlies	–	PV 200 DD	PV 200 S5	PYE-PV 200 DD	PYE-PV 200 S5 PYP-PV 200 S5
Glasvlies*	V13*	–	V60 S4*	–	–

* Nur als zusätzliche Lagen, als Dachabdichtung nicht geeignet.

Hinweis   Zur Bildung der Normbezeichnung werden in Normen für Bitumen- bzw. Polymerbitumen-Dachbahnen, Dachdichtungsbahnen oder Schweißbahnen folgende Kurzzeichen verwendet:

G	Glasgewebe	PYP	Polymerbitumen, modifiziert mit thermoplastischen Kunststoffen
PV	Polyestervlies		
V	Glasvlies	200	Flächengewicht der Trägereinlage, z. B. 200 g/m² (nicht V13)
PYE	Polymerbitumen, modifiziert mit thermoplastischen Elastomeren	DD	Dachdichtungsbahn
		S4/S5	Schweißbahn mit 4 bzw. 5 mm Dicke

In Bild **2.19** ist ein Beispiel für die Kennzeichnung einer Polymerbitumenschweißbahn von 5 mm Dicke mit Polyestervlies-Trägereinlage gegeben.

Bitumendichtungsbahnen werden mehrlagig mit 8 cm Stoßüberdeckung in parallelen Bahnen mit Versatz verlegt und vollflächig miteinander verklebt. Zur Verklebung sind zugelassen

— Gießverfahren,

— Schweißverfahren,

— Bürstenstreichverfahren,

— Kaltverklebung.

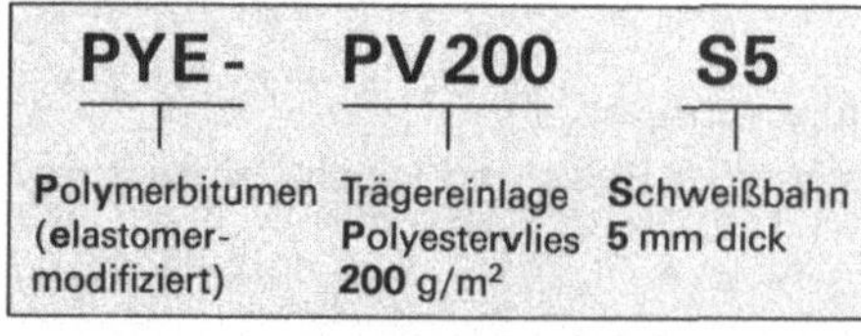

2.19   Beispiel: Kennzeichen einer Polymer-Bitumenschweißbahn, 5 mm dick

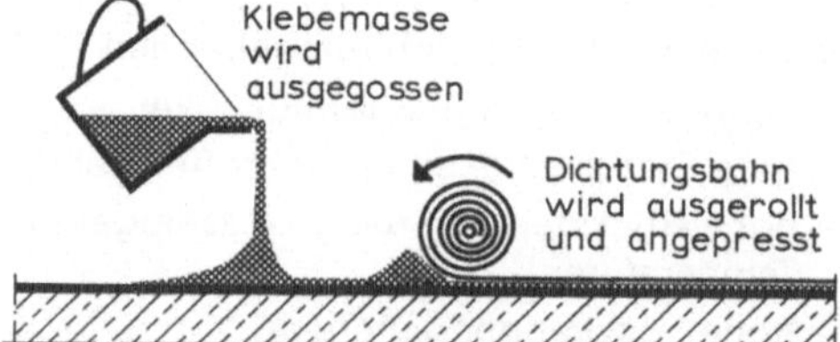

2.20   Gieß- und Einrollverfahren

Eine hohlraumfreie Verklebung ist unter Baustellenbedingungen am besten durch das Gieß- und Einrollverfahren erreichbar, bei dem die Dichtungsbahn in vorher reichlich aufgegossene ungefüllte Bitumenklebemasse so eingerollt wird, daß in ganzer Bahnenbreite ein Klebemassenwulst entsteht (Bild 2.20).

Beim Schweißverfahren werden die Bitumen-Schweißbahnen an der Unterseite mit dem Flächenbrenner erhitzt, die zu verklebenden Bitumenschichten angeschmolzen und die Bahnen unter leichtem Andruck eingerollt.

Kaltverklebung kommt für spezielle, werkseitig mit einer Kaltklebemasse versehene Bitumenbahnen nach Vorschrift der Hersteller in Frage.

Kunststoff- und Kautschuk-Dichtungsbahnen werden für Dachabdichtungen einlagig aus den verschiedensten Materialien ausgeführt. Einen Überblick gibt Tabelle **2.21** auf S. 218 [17].

Kunststoffdichtungsbahnen werden einlagig und in der Regel lose auf Schutzschichten aus Kunststoffvlies o. ä. verlegt. Eine Trennschicht z. B. aus Rohglasvlies von 120 g/m² ist überall dort vorzusehen, wo Dachabdichtungen aus Kunststoffbahnen mit anderen Schichten nicht verträglich sind.

Thermoplastische Kunststoffdachbahnen werden mit 4 cm Stoßüberdeckung miteinander je nach Herstellervorschrift verbunden durch

— Quellschweißen,

— Warmgasschweißen,

— Dichtungs-/bzw. Abdeckbänder,

— Hochfrequenzschweißung,

— Heizkeilschweißung.

Lose verlegte Dachbahnen können – auch mit allen erforderlichen Randausbildungen – werkseitig in großen Planen vorgefertigt werden, so daß in Verbindung mit geeigneten, geschlossen-porigen Hartschaum-Dämmplatten (z. Z. nur BASF-Styrodur oder DOW-Roofmate) Verlegearbeiten auf allen Unterkonstruktionen auch bei Witterungsverhältnissen erfolgen können, bei denen das Herstellen heißgeklebter bituminöser Dachdichtungen unmöglich wäre.

Lose verlegte Dachbahnen werden vielfach nur durch eine Kiesschüttung beschwert (Windsicherung s. Abschn. 2.1.8). Diese soll die Dachfolie gegen Abheben durch Windsog sichern und bildet gleichzeitig einen hervorragenden Schutz gegen ultraviolette Strahlung. Nach den ergänzenden Bestimmungen zu DIN 1055 T4 Abschn. 2.1.3 sind Abdichtungssysteme, bei denen die Abdichtungsfolie ohne Befestigung mit der darunterliegenden Unterkonstruktion und nur unter Berücksichtigung loser Kiesschüttung die anzusetzenden Sogkräfte aufnehmen soll, nicht zulässig.

In ergänzenden Richtlinien der Bauaufsichtsbehörden sind jedoch derartige Dachabdichtungen zugelassen, wenn besondere Bestimmungen für die Randbefestigung der lose verlegten Abdichtungsbahnen als Sicherung gegen Windsog beachtet werden. Außerdem bestehen Richtlinien für die Ausführung des Oberflächenschutzes gegen Windsog (lose Grobkiesschüttung, Kiesschüttung mit Verklebung, Beton-Plattenbelag), wobei die Größe der Dachfläche und ihre Höhe über Gelände zu berücksichtigen sind.

Wenn bei Leichtkonstruktionen eine Kiesschüttung nicht sinnvoll ist, werden lose verlegte Dachbahnen bahnenweise an den Längsstößen durch Tellerdübel auf der Tragschale fixiert.

Tabelle **2.21** Genormte Kunststoff- und Kautschukbahnen

DIN Norm	Titel		Bezeichnung	Nenndicke[2])
	Dachbahn	Dichtungsbahn[1])		mindestens
7864 T 1	Elastomer-Bahnen für Abdichtungen		z. B. EPDM, CR, IIR	1,2 mm
16729	Kunststoff-Dachbahnen und Kunststoff-Dichtungsbahnen aus Ethylencopolymerisat-Bitumen		ECB	1,5 mm
16730	Kunststoff-Dachbahnen aus weichmacherhaltigem Polyvinylchlorid, nicht bitumenverträglich	–	PVC-P-NB	1,2 mm
16731	Kunststoff-Dachbahnen aus Polyisobutylen, einseitig kaschiert	–	PIB	2,5 mm
16734	Kunststoff-Dachbahnen aus weichmacherhaltigem Polyvinylchlorid mit Verstärkung aus synthetischen Fasern, nicht bitumenverträglich	–	PVC-P-NB-V-PW	1,2 mm
16735	Kunststoff-Dachbahnen aus weichmacherhaltigem Polyvinylchlorid mit einer Glasvlieseinlage, nicht bitumenverträglich	–	PVC-P-NB-E-GV	1,2 mm
16736	Kunststoff-Dachbahnen und Kunststoff-Dichtungsbahnen aus chloriertem Polyethylen, einseitig kaschiert		PE-C-K-PV	1,2 mm
16737	Kunststoff-Dachbahnen und Kunststoff-Dichtungsbahnen aus chloriertem Polyethylen mit einer Gewebeeinlage		PE-C-E-PW	1,2 mm
16935	–	Kunststoff-Dichtungsbahnen aus Polyisobutylen	PIB	1,5 mm
16937	–	Kunststoff-Dichtungsbahnen aus weichmacherhaltigem Polyvinylchlorid, bitumenverträglich	PVC-P-BV	1,2 mm
16938	–	Kunststoff-Dichtungsbahnen aus weichmacherhaltigem Polyvinylchlorid, nicht bitumenverträglich	PVC-P-NB	1,2 mm

[1]) Genormt zum Einsatz bei Bauwerksabdichtungen (Dachabdichtungen unter genutzten Flächen)
[2]) Zum Teil einschließlich evtl. Kaschierung

Hinweis Zur Bildung der Normbezeichnung werden in Normen für Kunststoff-Dach- und/oder -Dichtungsbahnen folgende Kurzzeichen verwendet:

K kaschiert	E Einlage	NB nicht bitumenverträglich	PV Polyestervlies	GW Glasgewebe
V verstärkt	BV bitumenverträglich	GV Glasvlies	PPV Polypropylenvlies	PW Polyestergewebe

Dachabdichtungen mit Dachneigung < 2% sind Sonderkonstruktionen, die 2lagig mit Polymerbitumenbahnen nach DIN 52132 oder 52133 oder 3lagig auszubilden sind. Bei einer 3lagigen Dachabdichtung muß die Oberlage aus einer Polymerbitumenbahn nach DIN 52132 oder 52133 und einer weiteren Lage aus Bitumenbahnen nach DIN 52130 oder 52131 mit Trägereinlage aus Polyestervlies oder Glasgewebe bestehen.

Für die 3. Lage können auch Bahnen mit einer Glasvliesträgereinlage verwendet werden. Ein schwerer Oberflächenschutz (z. B. Kies, s. Abschn. 2.1.7) sollte vorgesehen werden.

Dachabdichtungen für genutzte Dachflächen müssen den erhöhten Anforderungen entsprechen, die bei Nutzung durch Personen- oder Fahrverkehr oder durch Begrünung entstehen.

Sie müssen mit mindestens 1,5% Gefälle unter Beachtung von DIN 18195 (Bauwerksabdichtungen) ausgeführt werden und dauernd wirksame Schutzschichten gegen mechanische Beschädigungen erhalten. Beim statischen Nachweis ist sicherzustellen, daß die Abdichtungen keine Kräfte parallel zur Abdichtungsebene übertragen können.

2.2.2 Wärmedämmstoffe

Für Wärmedämmungen zweischaliger Dächer können Wärmedämmstoffe der Anwendungstype W verwendet werden.

Für einschalige, nicht belüftete Flachdächer sind Dämmstoffe der Anwendungstype WD (druckbeansprucht) vorzusehen.

Eine Zusammenstellung der für die Wärmedämmung in Frage kommenden Baustoffe gibt Tabelle **2.**22 [17].

Hierin bedeuten:

Baustoffklasse	Bauaufsichtliche Benennung

A
  A1
  A2
	nichtbrennbare Baustoffe

B
  B1
  B2
  B3
	brennbare Baustoffe
	schwerentflammbare Baustoffe
	normalentflammbare Baustoffe
	leichtentflammbare Baustoffe

W   Wärmedämmstoffe, nicht druckbelastet, z. B. in Wänden und belüfteten Dächern

WL Wärmedämmstoffe, nicht druckbelastet, z. B. für Dämmungen zwischen Sparren- und Balkenlagen

WV Wärmedämmstoffe, beanspruchbar auf Abreiß- und Schwerbeanspruchung, z. B. für angesetzte Vorsatzschalen ohne Unterkonstruktion

WD Wärmedämmstoffe, druckbelastet, z. B. unter druckverteilenden Böden (ohne Trittschallanforderung) und in unbelüfteten Dächern unter den Dachhaut

WS Wärmedämmstoffe, mit erhöhter Belastbarkeit für Sondereinsatzgebiete, z. B. Parkdecks

WDS Wärmedämmstoffe, z. B. in Wänden und belüfteten Dächern, auch druckbelastbar, unter druckverteilenden Böden ohne Anforderungen an die Trittschalldämmung, in unbelüfteten Dächern unter der Dachhaut und Parkdecks

WDH Wärmedämmstoffe mit erhöhter Druckbelastbarkeit unter druckverteilenden Böden, z. B. Parkdecks für LKW, Feuerwehrfahrzeuge

Dämmstoffe, die nicht durch Normen erfaßt werden:

Dämmplatten aus expandierten Mineralien; gebundene Schüttungen aus expandierten bituminierten Mineralien.

Tabelle **2.22**   Wärmedämmstoffe für Dächer

Mögliche Anwendungstypen, Rohdichten und Baustoffklassen nach DIN 4102 „Brandverhalten von Baustoffen und Bauteilen" von Wärmedämmstoffen

Wärmedämmstoff nach DIN		Mögliche Baustoffklassen	Verwendung im Bauwerk					
			Nicht druckbelastet z. B. belüftete Dächer		Druckbelastet			
					z. B. unter druckverteilenden Böden (ohne Trittschallanforderung) und in unbelüfteten Dächern unter der Dachhaut		Erhöhte Druckbelastbarkeit für Sondereinsatzgebiete, z. B. Parkdecks	
			Typkurzzeichen	Mindestrohdichte in kg/m³	Typkurzzeichen	Mindestrohdichte in kg/m³	Typkurzzeichen	Mindestrohdichte in kg/m³
DIN 18161 „Korkerzeugnisse als Dämmstoffe für das Bauwesen"	Backkork BK	B 1, B 2	WD	80	WD	80	WDS	120
	Imprägnierter Kork IK	B 1, B 2	WD	120	WD	120	WDS	200
DIN 18164 „Schaumkunststoffe als Dämmstoff für das Bauwesen"	Phenolhartschaum PF	B 2	W WD WS	30 35 35	WD	35	WS	35
	PolystyrolPartikelschaum PS	B 1	W WD WS	15 20 30	WD	20	WS	30
	PolystyrolExtruderschaum PS	B 1	W WD WS	25 25 30	WD	25	WS	30
	Polyurethan-Hartschaum PUR	B 1, B 2	W WD WS	30 30 30	WD	30	WS	30
DIN 18165 „Faserdämmstoffe für das Bauwesen"	Min	A 1, A 2, B 1, B 2	W WL WD WV		WD			
DIN 18174 „Schaumglas als Dämmstoff für das Bauwesen"	SG	A 1, A 2, B 1, B 2	WDS WDH	100 bis 150 100 bis 150	WDS WDH	100 bis 150 100 bis 150	WDS WDH	100 bis 150 100 bis 150

Für Umkehrdächer (s. Abschn. 2.3.2) dürfen nur geschlossenporige Polystyrol-Extruder-Hartschaumplatten verwendet werden (z. B. DOW-Roofmate und BASF-Styrodur).

Wärmedämmplatten werden im allgemeinen einlagig dicht gestoßen oder mit Haken- oder Stufenfalz (s. Bild **2.32** und **2.33**) verlegt. Hartschaumplatten sollen bei verklebtem Schichtenaufbau nicht größer als 0,625 × 1,200 m sein.

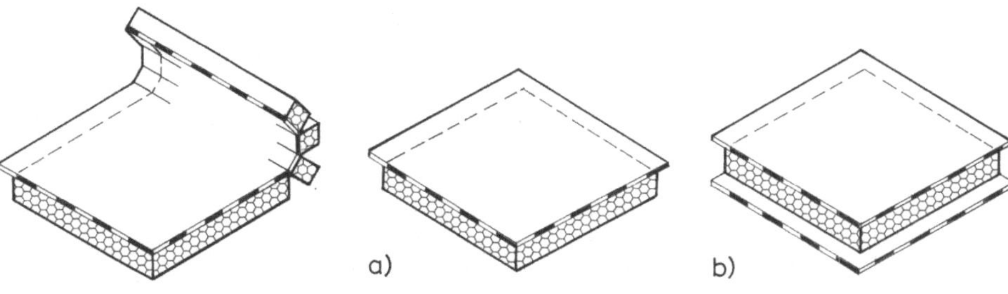

2.23 Rollbahn aus
kaschiertem PS-Schaum

2.24 Kaschierte PS-Schaumplatten (auch als Gefälleplatten)
a) oberseitig kaschiert
b) beidseitig kaschiert

Die aus den sehr hohen Wärmeschutzanforderungen an Flachdächer resultierenden
großen Dämmstoffdicken sind nicht für alle Materialarten problemlos. Es wurden z. B.
Schwindvorgänge und Verwerfungen beobachtet, die bei fest aufgeklebten Dachdichtungen zu schweren Schäden führten. Es empfiehlt sich daher, bei Schaumstoffplatten
eine 2lagige Verlegung, bei der die obere Schicht aus Rollbahnen besteht (Bild **2.23**).
Wärmedämmplatten aus PS-Schaum werden auch als Gefälleplatten hergestellt und
mit 1- oder 2seitiger Kaschierung aus Bitumenbahnen (Bild **2.24**). Wenn die Kaschierung aus mindestens 3 m langen Dachdichtungsbahnen besteht, kann sie als 1. Lage
einer mindestens 3lagigen Abdichtung verwendet werden. Dabei müssen die Nähte
sorgfältig verklebt werden.

2.2.3 Dampfdruckausgleichsschicht

Der Dampfdruckausgleich unter Dachabdichtungen bzw. Dampfsperren wird erreicht,
wenn die erste Lage der Dachabdichtung punkt- oder streifenförmig verklebt wird.
Dazu sind verschiedene Spezialbahnen auf dem Markt.

Meistens werden jedoch punktförmig verklebte unterseitig grob besandete Glasvlies-
Bitumen-Lochbahnen als Ausgleichsschicht verwendet (s. auch Abschn. 2.3.1).

2.2.4 Dampfsperren

Als Dampfsperren auf Bitumen-Basis sind geeignet:
— Bitumenschweißbahnen mindestens 4 mm dick, mit Glasvlies- und Metallbandein-
  lage 0,1 Typenbezeichnung V 60 S 4 + AL 01
— Dampfsperrbahnen mit Metallbandeinlage, Typenbezeichnung AL 01, CU 01
— Bitumenschweißbahnen nach DIN 52131, 5 oder 4 mm dick, Typenbezeichnung
  G 200 S 5, G 200 S 4, J 300 S 5, J 300 S 4, V 60 S 4
— Bitumendachdichtungsbahnen nach DIN 52130, Typenbezeichnung G 200 DD,
  J 300 DD
— Glasvlies-Bitumendachbahnen nach DIN 52143 Typenbezeichnung V 13

Außerdem können als Dampfsperren fast alle Kunststoff-Dichtungsbahnen (s. Abschn. 2.2.1) verwendet werden, doch ist der jeweilige materialspezifische Systemaufbau zu berücksichtigen.

Bei Schaumglas-Platten reicht im allgemeinen allein die vollflächig aufgetragene Bitumenklebemasse in Verbindung mit sorgfältigem Bitumen-Fugenverguß als Dampfsperre aus.

Der Sperrwert einer Dampfsperrschicht $s_d = \mu \cdot s$ ergibt sich aus der werkstoffspezifischen Wasserdampf-Diffusionswiderstandszahl μ mal der Dicke des Werkstoffes s (in m). An Ort und Stelle aufgebrachte Klebeschichten bleiben bei der Bemessung unberücksichtigt (s. DIN 4108 T3 „Wärmeschutz im Hochbau; Klimabedingter Feuchteschutz; Anforderungen und Hinweise für Planung und Ausführung").

Beim Einbau einer Dampfsperre mit einem Sperrwert („diffusionsäquivalente Luftschichtdicke") von mindestens 100 m in Verbindung mit einer nach DIN 4108 ausreichend bemessenen Dämmschicht ist die Dachkonstruktion von nicht klimatisierten Wohn- und Bürogebäuden ohne besonderen Nachweis ausreichend gegen Tauwasserbildung geschützt [17].

Bei raumklimatisch höher beanspruchten Räumen (z. B. bei Schwimmbädern und bei klimatisierten Räumen besteht die Dampfsperre in der Regel aus Dachdichtungsbahnen mit Metallbandeinlagen und ist nach DIN 4108 T5 bauphysikalisch zu dimensionieren.

2.2.5 Gefälleschichten

Gefälleschichten aus wärmedämmendem Material, die unterhalb der Dampfsperre angeordnet werden, können die Taupunktgrenze innerhalb der Gesamtkonstruktion erheblich beeinflussen. Für den Gefälleausgleich auf Massivdecken sind daher Leichtbetone auch wegen ihres hohen Wassergehalts ($> 200\,l/m^3$) und der langsamen Wasserabgabe ungeeignet. Außerdem bilden sie eine ungleichmäßig dicke, auf der warmen Seite der Dampfsperre unerwünschte Wärmedämmung.

Bewährt haben sich Gefälleausgleichsschichten aus Normalbeton, aber auch aus Bitumensplitt (Steinsplitt mit Bitumenemulsion), die auch nach Regenfällen während der Bauausführung schnell austrocknen. Den Porenverschluß dieser im Gefälle abgezogenen und gewalzten Schicht bildet bituminierter Sand.

Der Gefälleausgleich liegt richtig unmittelbar über der Stahlbetonplatte. Auch die Wärme-Dämmplatten selber können, keilförmig geschnitten und unmittelbar unter der Dachhaut liegend, den Gefälleausgleich bilden. Allerdings muß hierbei die dünnste Stelle vollen Wärmeschutz bieten.

2.2.6 Voranstrich

Auf Stahlbeton- und Porenbetonflächen ist bei geklebtem Dachabdichtungsaufbau zur Staubbindung und zum Porenverschluß ein Voranstrich auf Bitumenbasis erforderlich. Verzinkte Stahlprofilbleche benötigen einen Korrosionsschutzanstrich. Auf kunststoffbeschichteten Stahlprofilblechen ist nur bei Abdichtungen mit Bitumenschweißbahnen ein Voranstrich als Haftvermittler erforderlich.

2.3 Nicht belüftete Flachdächer (Warmdächer) mit nicht genutzter Oberfläche

2.3.1 Allgemeines

Wie aus der Prinzipskizze (Bild **2.1**) zu erkennen, haben Warmdächer in der dort gezeigten, noch weitverbreiteten herkömmlichen Bauart einen komplizierten, aus vielen Schichten bestehenden Aufbau mit entsprechend vielen, bei der Herstellung genau abzustimmenden Arbeitsabläufen. Ungenügende Kenntnis der bauphysikalischen Zusammenhänge, häufige Verarbeitungsfehler und daraus resultierende Bauschäden haben lange Zeit Vorurteile gegen den Einsatz einschaliger Flachdachkonstruktionen bewirkt. Die Weiterentwicklung von Dichtungs- und Wärmedämmaterial und neue Verlegetechniken haben jedoch zu so zuverlässigen Konstruktionen geführt, daß einschaligen Flachdächern in der Regel heute der Vorzug gegeben wird.

Für den Aufbau mehrschichtiger Bauteile, also auch von Flachdachkonstruktionen, gilt als bauphysikalische Grundregel:

— Der Wärmedurchlaßwiderstand der Gesamtkonstruktion soll von der warmen Seite zur kalten Seite hin zunehmen.

— Der Wasserdampf-Diffusionswiderstand soll von der warmen Seite zur kalten Seite hin abnehmen.

Flachdachkonstruktionen, bei denen die abdichtende Dachhaut über der Wärmedämmung liegt, haben somit einen bauphysikalisch kritischen Schichtaufbau, der die Wasserdampfdiffusion behindert. Wenn Wasserdampf bedingt durch das Dampfdruckgefälle zwischen erwärmter Innen- und kühlerer Außenluft in die Konstruktion eindringt, würde er bei Unterschreiten der Taupunktgrenze kondensieren. Die damit verbundene Durchfeuchtung der Wärmedämmung setzt dann deren Dämmeigenschaft ständig herab und beschleunigt damit den Vorgang der Tauwasserbildung. Auf der – warmen – Innenseite der Konstruktion muß daher eine Dampfsperre so angeordnet werden, daß das Eindringen von Wasserdampf unterbunden wird. Die durch Berechnung bestimmte Taupunktgrenze muß auf jeden Fall oberhalb (bzw. auf der kalten Seite) der Dampfsperre liegen. Der Diffusionswiderstand ergibt sich aus dem materialspezifischen Diffusionswiderstandsfaktor $\mu \times$ Materialdicke d als „diffusionsäquivalente Luftschichtdicke s_d", ausgedruckt in m.

In der Praxis muß jedoch immer mit geringfügigen Fehlern bei der Verarbeitung, Beschädigungen, unter Umständen auch Materialfehlern gerechnet werden, so daß besser von „Dampfbremsen" zu sprechen wäre. Da jedoch einschlägige DIN-Normen nicht vorliegen, sind die Bezeichnungen – auch in der wissenschaftlichen Literatur – nicht einheitlich.

Für den erforderlichen Diffusionswiderstand (bzw. die diffusionsäquivalente Luftschichtdicke) von Dampfsperren sind in DIN 4108 T3 Abschn. 3.2.3.2 Hinweise enthalten.

In den „Umkehrdächern" (s. S. 229 f., Bild **2.32** und **2.33**) ist die Dachabdichtung gleichzeitig auch Dampfsperre.

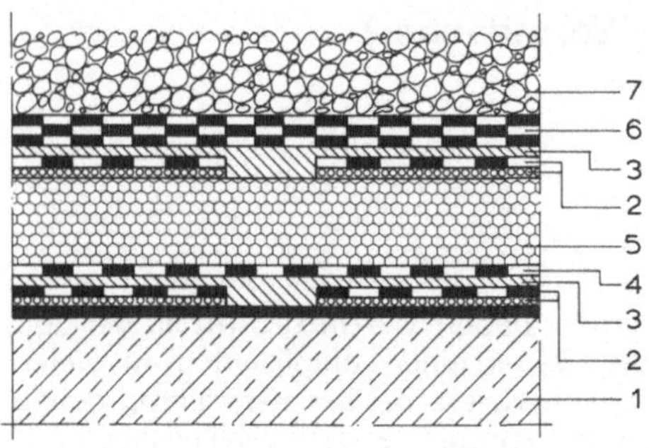

2.25
Dampfdruckausgleichsschicht (schematisch)
1 Massivdecke (mit Voranstrich)
2 Dampfdruckausgleichsschicht, Glasvliesloch-
  bahn, unterseitig grob besandet
3 Bitumenklebemasse
4 Dampfsperre
5 Wärmedämmung
6 3lagige bituminöse Abdichtung (Klebeschichten nicht besonders dargestellt)
7 Kiesschüttung (Körnung 16/32)

Bei einem Dachaufbau aus miteinander dicht verklebten Schichten besteht immer die Gefahr, daß zwischen massiven tragenden Schalen und Dampfsperre oder aber zwischen Dampfsperre und Dachhaut Restfeuchtigkeit eingeschlossen wird. Dampfdruck-Ausgleichsschichten sollen ein Entspannen entstehenden Dampfdruckes und langfristig auch ein Abführen von Restfeuchtigkeit ermöglichen.

Sie werden bei geklebten Dachabdichtungen angeordnet als Ausgleichs- und Trennschicht zwischen Unterkonstruktion (z. B. Massivdecke) und Dampfsperre und ggf. als obere Dampfdruckausgleichsschicht zwischen Wärmedämmung und Dachabdichtung (Bild **2.25**).

Bei großflächigen Flachdächern kann die Funktion von Dampfdruckausgleichsschichten durch Flachdach-Entlüfter unterstützt werden. Die damit verbundenen Unterbrechungen in der Dachhaut, auch Kondensatbildung an den Belüfterwandungen stellen jedoch oft Schadensquellen dar.

2.3.2 Nicht belüftete Flachdächer auf Stahlbetonplatten

Besonders bei mehrgeschossigen Gebäuden bildet vielfach eine Stahlbetondecke über dem obersten Geschoß den Raumabschluß mit ebener Untersicht und gleichzeitig das Tragwerk für ein Flachdach. Die gleiche stoffliche Beschaffenheit über den gesamten Querschnitt hinweg ermöglicht – besser als bei Decken z. B. mit Hohlkörpern – die Übersicht über die Vorgänge, die sich bei der Dampfdiffusion im Inneren der Massivdachkonstruktion abspielen. Der bei Stahlbetonplatten unvermeidlichen Längenände-

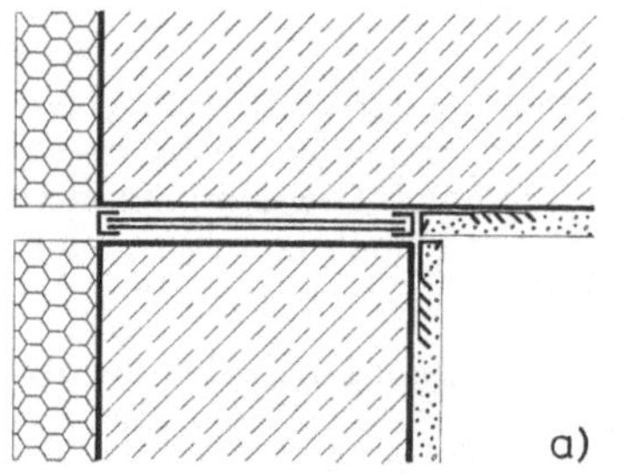

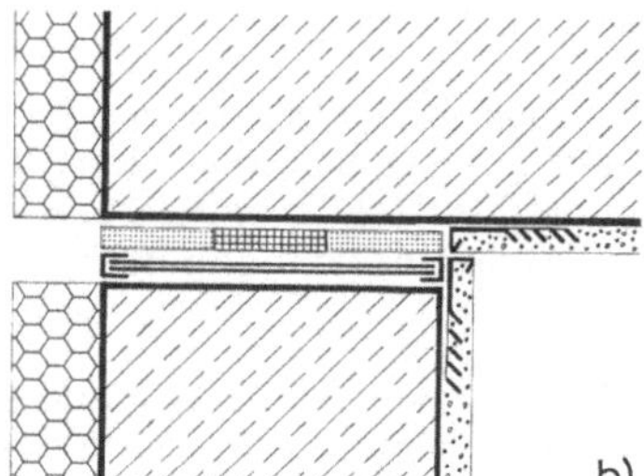

2.26 Auflagerung von Stahlbeton-Dachplatten
  a) Gleitlager
  b) Gleit-Kipp-Lager

rung durch Kriechen und Schwinden sowie durch Temperatureinflüsse und die Biege-verformung muß durch Ausbildung von Gleitlagern begegnet werden. Gemauerte Wände als Deckenplattenauflager müssen durch Ringanker gegen Abreißen der oberen Schichten bei Dehnungsbewegungen der Deckenplatte gesichert werden. Die Gleit-schichten sind so herzustellen, daß die Gleitflächen unter Druck nicht miteinander verkleben. Geeignet sind für geringere Lasten doppelte Lagen kräftiger Kunststoff-Folien, die lose auf die völlig eben hergestellte Oberfläche der Ringanker aufgelegt werden. Eine Randabklebung zwischen beiden Folien läßt Gleitbewegungen zu, ver-hindert aber das Eindringen von Betonschlämme während des Betonierens, wodurch die Reibung zwischen beiden Folien erhöht werden würde (Bild **2.26a**).

Bei Biegeverformung der Deckenplatten können durch die damit verbundene Verdre-hung am Auflager Zwängungen an den Wandkanten entstehen. Sie lassen sich vermin-dern, wenn man als Auflager der Decke nur das mittlere Wanddrittel berücksichtigt und durch Schaumstoffstreifen an den Rändern eine gewisse Verdrehbarkeit des Auflagers gewährleistet. Bei Spannweiten über etwa 6 m ist darüber hinaus die Auflagerung auf Butylkautschukstreifen ratsam („Gleit-Kipp-Lager", Bild **2.26b**). Die durch das Gleitlager gebildete Fuge wird bei geputzten Bauteilen innen durch Einputzprofile ausgebildet. Die äußere Abdeckung der Gleitfuge ist bei der Gesimsgestaltung zu berücksichtigen.

Wenn bei großen Stahlbetonflächen Bewegungsfugen erforderlich sind, müssen sie in allen Schichten des Flachdachaufbaues (s. u.) berücksichtigt werden. Die Fu-genbreite beträgt in der Regel 2 cm (bei Ausführung im Sommer 1,5 cm, im Winter 2,5 cm).

Bei Fugenbreiten bis 2 cm können lose verlegte Kunststoffbahnen einfach über die Fugen hinweggeführt werden. Größere Fugen müssen mit einem einseitig fixierten Schleppstreifen aus kunststoffbeschichtetem Blech, Faserzementplatten u. ä. überdeckt werden, wobei sorgfältig darauf geachtet werden muß, daß durch vorstehende Befesti-gungen oder scharfe Kanten keine Beschädigung der Dichtungsbahnen möglich ist.

An den Bewegungsfugen sind die Abdichtungen aus der wasserführenden Ebene herauszuheben. Durch Dämmstoffkeile sind Hochpunkte zu bilden. Die auf diese Weise durch die Bewegungsfugen gebildeten Dachflächen sind unabhängig voneinander zu entwässern.

Die Ausbildung von Fugen zeigt Bild **2.27**.

Abdichtung. Für die Abdichtung einschaliger Flachdächer auf Massivplatten haben sich als Bauarten herausgebildet:
— Flachdächer mit geklebter Bitumenabdichtung (Bild **2.28a**),
— Flachdächer mit lose verlegten Kunststoffbahnen (Bild **2.28b**),
— Umkehrdächer (Bild **2.28c**) mit der Abwandlung zum „Duo-Dach" (Bild **2.28d**).

Flachdächer mit geklebter bituminöser Abdichtung (Bild **2.27a** und c, **2.28a** und **2.29**) haben sich seit langem bewährt und werden an vielen Stellen immer noch neueren Ausführungen vorgezogen. Der wesentliche Vorteil besteht durch die bei mehrlagiger Ausführung größeren Sicherheit gegen Undichtigkeiten und mechanische Beschädigungen vor allem während der Bauzeit. Andererseits sind die zahlreichen, mit großer Sorgfalt und handwerklichem Können auszuführenden Arbeitsgänge, die außerdem nur bei trockener Witterung und bei Temperaturen über $+4\,°C$ ausgeführt werden dürfen, von Nachteil. Eventuelle Schadensstellen lassen sich in mehrlagigen verklebten Abdichtungen fast unmöglich lokalisieren, weil eindringendes Wasser in

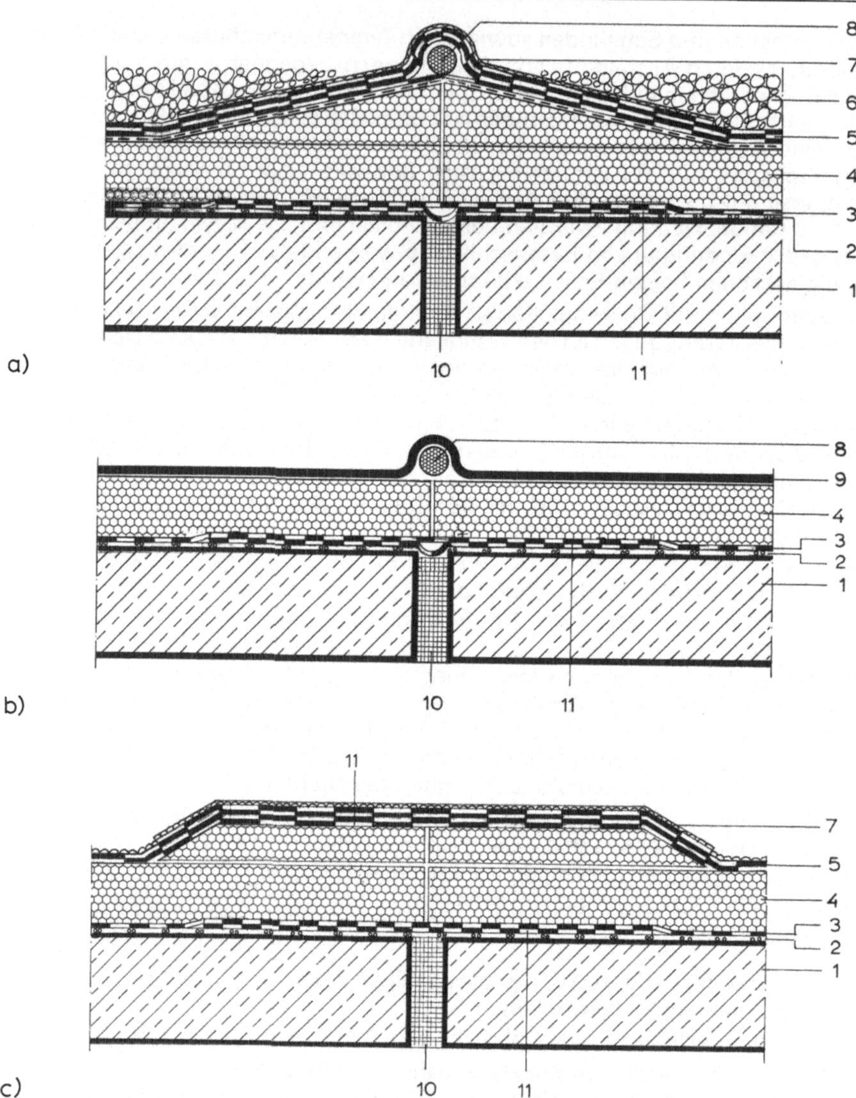

2.27 Bewegungsfugen

a) mehrlagige Abdichtung aus Polymerbahnen, mit Schlaufe durchlaufend; schwerer Oberflächenschutz (Kiesschüttung)
b) einlagige Abdichtung aus Kunststoff-Dichtungsbahn, mit Schlaufe durchlaufend
c) mehrlagige Abdichtung aus Polymerbahnen mit leichtem Oberflächenschutz (Besplittung)

1 Stahlbetondecke
2 Dampfdruckausgleichsschicht
3 Dampfsperre
4 Wärmedämmung
5 mehrlagige Abdichtung
6 schwerer Oberflächenschutz
  (Kiesschüttung 16/32)

7 Dehnungsschlaufe, Polymerbahnen mit hoher
  Reißfestigkeit, Flexibilität und Standfestigkeit
8 Schaumstoffwulst
9 Kunststoff-Dachdichtungsbahn
10 Fugenausfüllung
11 Fugenüberbrückung (Trennstreifen)

den verschiedenen Schichten vielfältige Wege nehmen kann. Eine Reparatur ist dann vielfach nur mit Abtragen des gesamten Abdichtungsaufbaues möglich, oder es muß über der schadhaften Abdichtung ein „Umkehrdach" (s. S. 229f.) ausgeführt werden.

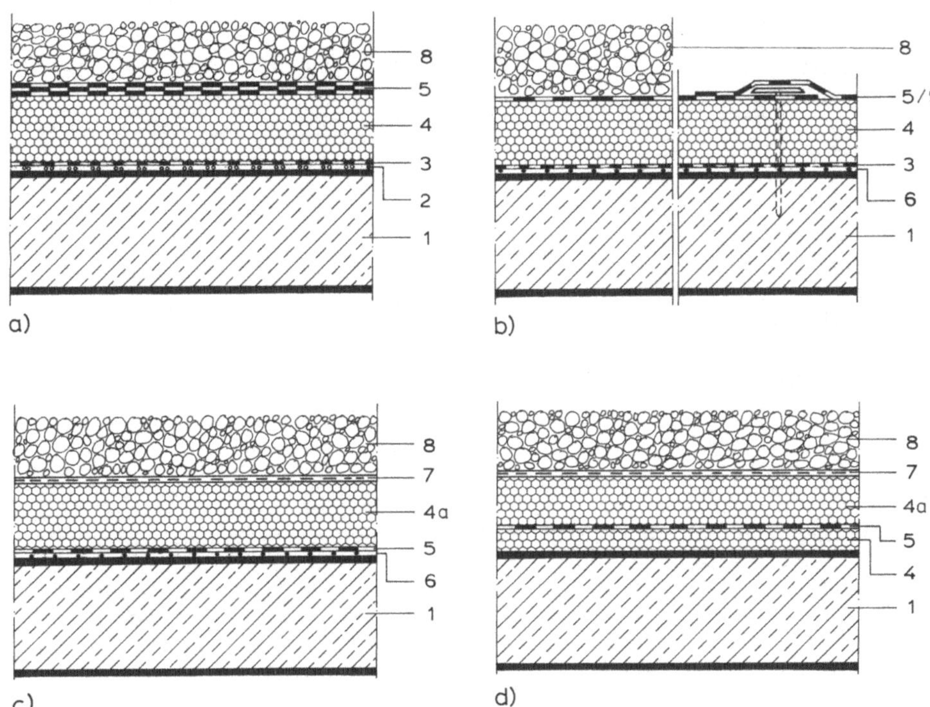

2.28 Bauarten für einschalige Flachdachabdichtungen
  a) geklebte 3lagige Abdichtung mit Bitumendachbahnen
  b) lose verlegte Kunststoff-Dachdichtungsbahnen
  c) Umkehrdach, Abdichtung auf lose verlegter Kunststoff-Dachdichtungsbahn
  d) DUO-Dach

1 Stahlbetonplatte	5 Flachdachabdichtung
2 Dampfdruckausgleichsschicht	6 Trennlage
3 Dampfsperre	7 Filtervlies
4 Wärmedämmung	8 Oberflächenschutz (Kiesschüttung)
4a Wärmedämmung aus geschlossen-	9 mechanische Fixierung
porigen extrudierten PS-Hartschaum-	
platten	

Lose verlegte Abdichtungen aus Kunststoffbahnen mit mechanischer Fixierung (Bild 2.28b) oder unter Kiesschüttungen können nahezu witterungsunabhängig verlegt werden, insbesondere wenn für kleinere Flachdachflächen komplett vorgefertigte Planen verwendet werden. Reparaturen und Umbauten können ohne Zerstörung des Abdichtungsaufbaues und meistens unter Wiederverwendung der Materialien ausgeführt werden.

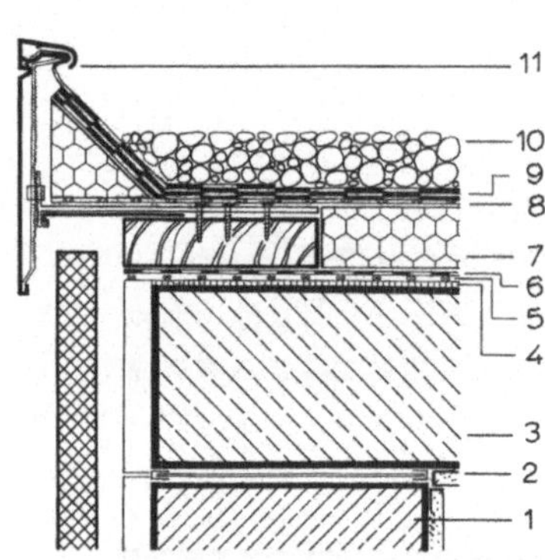
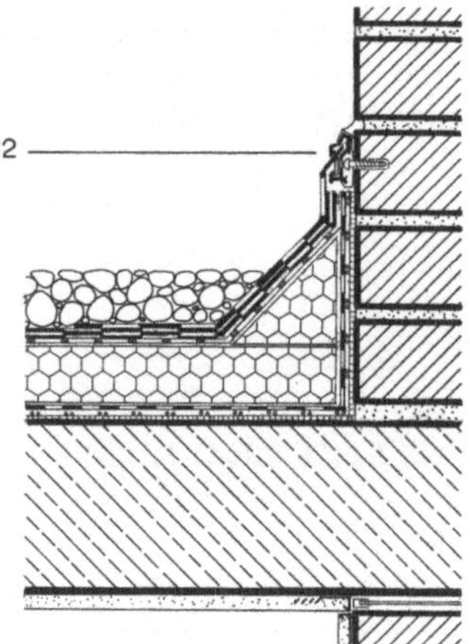

2.29 Flachdachränder bei mehrlagiger bituminöser Abdichtung

1 Ringbalken
2 Gleitlager
3 Stahlbetondecke
4 Voranstrich
5 untere Dampfdruck-Ausgleichschicht
6 Dampfsperre
7 Wärmedämmung

8 obere Dampfdruck-Ausgleichschicht
9 3lagige Bitumenabdichtung
10 Kiesschüttung
11 Flachdach-Abschlußprofil ALWITRA TA
12 Wandanschlußprofil ALWITRA WN mit
   Anschluß-Profilfolie

Bei PVC-Dachdichtungsbahnen muß mit alterungsabhängigem Schrumpfen gerechnet werden. Nach allen bisherigen Beobachtungen und Erfahrungen ist das – im Gegensatz zu früheren monomeren Materialien – bei den modernen hochpolymer vernetzten Kunststoffverbindungen nicht als kritisch zu betrachten, vorausgesetzt, daß die Dichtungsbahnen in den Randbereichen fixiert werden. Das kann wie in Bild **2.**30a bis c gezeigt mit Hilfe beschichteter Blechwinkel ausgeführt werden, die mechanisch fixiert werden und auf die die Dachbahnen aufgeschweißt werden. Die Dichtungsbahnen können aber auch auf einbetonierte Kunststoffprofile geschweißt werden (Bild **2.**30d).

Die Ausführung von Ecken ist in Bild **2.**31 dargestellt.

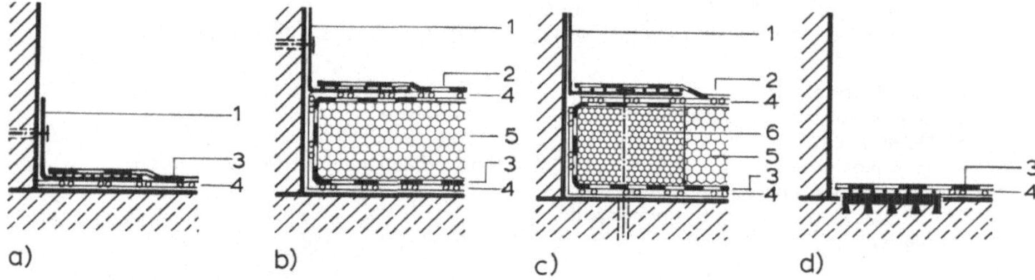

2.30 Randfixierung von Kunststoff-Dachbahnen (Prinzipskizzen)
   a) Fixierung einer Dampfsperre
   b) Fixierung von Dampfsperre und Dachbahn an senkrechter Fläche
   c) Fixierung von Dampfsperre und Dachbahn an waagerechter Fläche
   d) Fixierung einer Dampfsperre auf einbetoniertem Kunststoffprofil

1 Beschichtetes Anschlußblech
2 Dachbahn
3 Dampfsperre

4 Trennschicht
5 Wärmedämmung
6 extrudierter PS Hartschaum

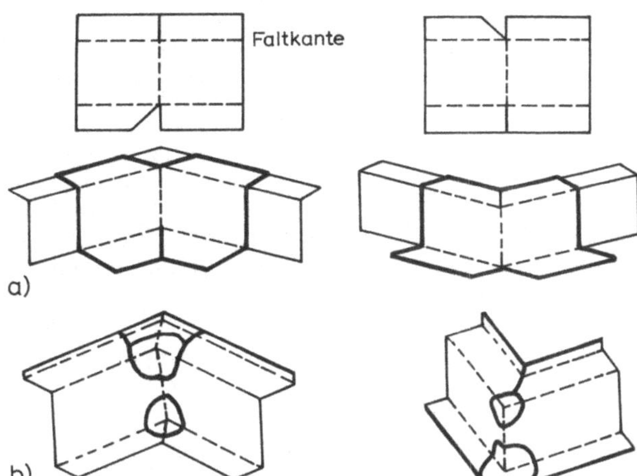

2.31
Eckausbildung von Abdichtungen

a) Zuschnitt der AnschlußDachbahnen (Innen- bzw. Außenecke)

b) Abschluß der Eckpunkte mit vorgefertigten Abdeckstükken Innen- bzw. Außenecken (BRAAS-Rhenofol)

Umkehrdächer entstanden aus der Überlegung, daß die Dampfsperre bereits eine hochwertige Dachabdichtung darstellt und beim üblichen Warmdachaufbau die obere Dichtungsschicht nur die Aufgabe hat, die Wärmedämmung zu schützen.

Nachdem in Form von extrudiertem, expandiertem Polystyrol-Hartschaum (z. Z. nur DOW-Roofmate und BASF-Styrodur) ein Dämmstoff mit gleichmäßigem, geschlossenem Porenaufbau zur Verfügung steht, der in keinem Falle Wasser aufnimmt, nicht quillt und schrumpft, ist es daher möglich, die Dachdichtung unter der Wärmedämmung unmittelbar auf der Unterkonstruktion aufzubringen.

Unter der Dachdichtung ist als Schutz gegen mechanische Beschädigungen während der Verlegungsarbeiten eine Trennschicht vorzusehen (z. B. geschäumte PE-Folie o. ä.).

Die dicht gestoßenen einlagig lose verlegten Wärmedämmplatten müssen gegen Verschieben noch während der Herstellungsarbeiten und der damit verbundenen Gefahr der Bildung von Wärmebrücken unbedingt gesichert werden. Das geschieht am zuverlässigsten durch Verwendung von Dämmplatten mit Stufenfalz, besser mit Hakenfalz (Bild **2.32** bzw. **2.33**). Gegen UV-Strahlung, mechanische Beschädigung und Aufschwimmen wird die Wärmedämmung durch eine Kiesschüttung geschützt, die etwa genauso dick sein sollte wie die Dämmplatten. Dieses Umkehrdach (auch IRMA-Dach,

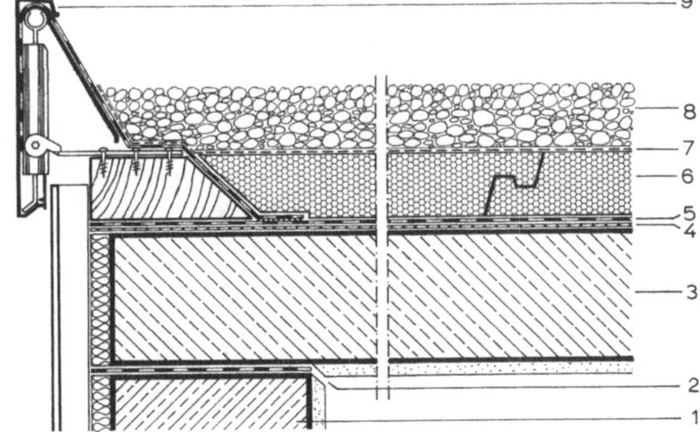

2.32
Flachdach mit einer einlagigen Kunststoff-Abdichtung („umgekehrtes Flachdach", IRMA-Dach)

1 Ringanker
2 Gleitlager
3 Stahlbeton
4 Trennlage (geschäumtes Polyäthylen)
5 Flachdachfolie
6 Wärmedämmung (ROOF-MATE-Hakenfalzplatten)
7 Filtervlies
8 Kiesschüttung
9 Flachdachrandprofil
  JOBA SC 150

aus „Insulated **R**oof **M**embrane **A**ssembly" sinngemäß übersetzt: „wärmegedämmte Dachhaut") zeigt Bild **2**.32.

Bei Umkehrdächern wird angenommen, daß die Wirkung der oberhalb der Abdichtung liegenden Wärmedämmung durch unterströmendes Niederschlagswasser beeinträchtigt wird. Bei langjähriger Beobachtung hat sich aber gezeigt, daß kleine Hohlräume unter der Wärmedämmung und an Stoßfugen der Platten derart mit Feinsand zugeschwemmt werden, daß ein Unterströmen und damit eine Minderung der Wärmedämmung praktisch nicht eintritt. In der allgemeinen bauaufsichtlichen Zulassung für Umkehrdächer (1978) ist jedoch festgelegt, daß der erforderliche Wärmedurchlaßwiderstand der Wärmedämmschichten oberhalb der Abdichtung bei Umkehrdächern um 10% gegenüber den Anforderungen der DIN 4108 erhöht werden muß.

Zum Schutz gegen Windsog sind – abhängig von der Gebäudehöhe – die in Tabelle **2**.5, Abschn. 2.1.8, genannten Auflasten, mindestens aber eine Kiesschüttung von 5 cm Dicke (Körnung 16/32), gefordert.

Entscheidende Vorteile des Umkehrdaches sind:

— Die Dacharbeiten lassen sich selbst bei Regen und leichtem Frost ausführen.

— Die Dampfsperre entfällt; bei Loseverlegung der Abdichtungsbahn werden die ohnehin umstrittenen Dampfdruck-Ausgleichsschichten überflüssig.

— Die Dachflächen können abschnittsweise fertiggestellt und unmittelbar darauf als Montage- oder Lagerflächen benutzt werden.

— Ausführungsfehler bzw. Schadensstellen lassen sich relativ leicht lokalisieren. Kiesschüttungen und Wärmedämmung lassen sich auf einfache Weise abtragen und nach der Reparatur wiederverwenden.

DUO-Dächer (Firma Rheinhold & Mahla) stellen eine Kombination von herkömmlichem und umgekehrtem Dachaufbau dar. Dabei werden die Vorteile beider Systeme ausgenutzt. So liegt die Dachabdichtung wie beim Umkehrdach im warmen Bereich unter der Wärmedämmung, ist aber zusätzlich noch durch die Einbettung zwischen der unteren und oberen Dämmschicht vor mechanischen Beschädigungen geschützt. Bei vorübergehenden Unterströmen der oberen Wärmedämmung durch Regenwasser bleibt der volle Dämmwert der unteren Dämmschicht erhalten. Dieser sollte einen Anhaltswert von 20% der gesamten Wärmedämmung nicht überschreiten. Bei dem in

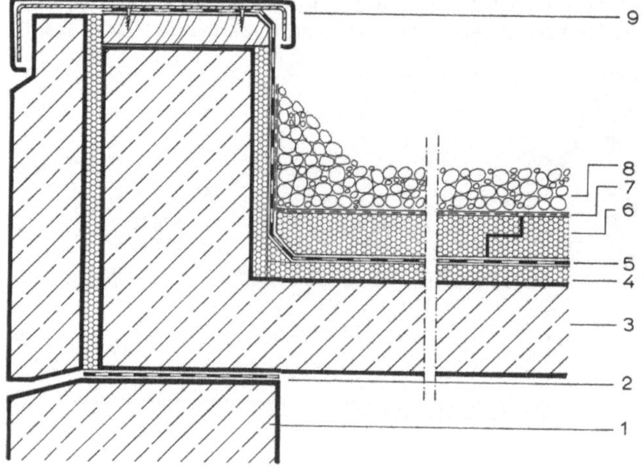

2.33
Flachdach mit einlagiger Folienabdichtung und mehrlagiger Wärmedämmung (DUO-Dach nach Vorschlag Rheinhold & Mahla)
1 Ringanker, Leichtbetonwand
2 Gleitlager
3 Stahlbeton
4 Polystyrol-Hartschaum
5 lose verlegte Abdichtungsbahn
6 extrudierte Polystyrol-Stufenfalz-Hartschaumplatten (ROOFMATE oder STYRODUR)
7 Filtervlies
8 Kiesschüttung
9 Abdeckprofil

Bild **2.**33 gezeigten Beispiel wird die äußere Schale der Dachrandaufkantung durch Stahlbeton-Fertigteile gebildet.

2.3.3 Nicht belüftete Flachdächer auf Trapezblechkonstruktionen

Flachdachkonstruktionen aus Trapezprofilen sind seit 1.1.91 allgemein bauaufsichtlich eingeführt. Sie müssen nach DIN 18807 und den „Richtlinien für die Montage von Stahlprofilblechen für Dach- und Deckenkonstruktionen" des Industrieverbandes zur Förderung des Bauens mit Stahlblech e.V. ausgeführt werden.

Die Mindestdicke der Trapezbleche ist mit 0,75 mm vorgeschrieben, doch sollten 0,88 mm dicke Bleche als Regelausführung betrachtet werden.

Die Trapezbleche müssen mindestens Korrosionsschutz durch Bandverzinkung nach DIN 17162 T2 haben. In DIN 18807 sind darüber hinaus entsprechend der zu erwartenden Beanspruchung besondere Korrosionsschutzklassen mit zusätzlichen Maßnahmen festgelegt.

Besonders zu beachten ist:

— Trapezblechdächer müssen im Gegensatz zu fast allen anderen Flachdachkonstruktionen als elastische Flächen betrachtet werden, die insbesondere durch Winddruck oder -sog, durch Druckwellen vorbeifliegender Flugzeuge usw. laufend wechselnden Biegebeanspruchungen ausgesetzt sind. Die Abdichtungen müssen diesen Beanspruchungen folgen können und dürfen daher nur mit dafür geeigneten flexiblen Materialien ausgeführt werden.

— Die Durchbiegung der Stahltrapezprofile sollte $^1/_{500}$ der Einzelspannweiten nicht überschreiten. Kritisch sind Dachneigungen unter 2°, weil dann immer mit Wassersackbildung gerechnet werden muß.

Besondere Aufmerksamkeit ist der Planung der Entwässerung zu widmen. Auch bei Trapezblechdächern sollten außenliegende Dachrinnen unbedingt vermieden werden. Innenliegende Regenwasserabläufe müssen aber selbstverständlich an den Tiefpunkten der Dachflächen liegen. Diese ergeben sich infolge der unvermeidlichen Durchbiegungen der Trapezblechflächen in der Regel in den Feldmitten. Dort sind jedoch die Abläufe wegen der unterhalb der Dachflächen erforderlichen Regenwasserleitungen in hallenartigen Bauwerken vielfach sehr störend. Die besten Lösungen müssen je nach Einzelfall gefunden werden, und es lassen sich hier keine allgemeinen Empfehlungen geben.

Beim Flachdachaufbau auf Trapezblechen stellt die tragende Schale bereits eine Dampfsperre dar, die allerdings an den Stößen der Platten nicht zuverlässig zu schließen ist.

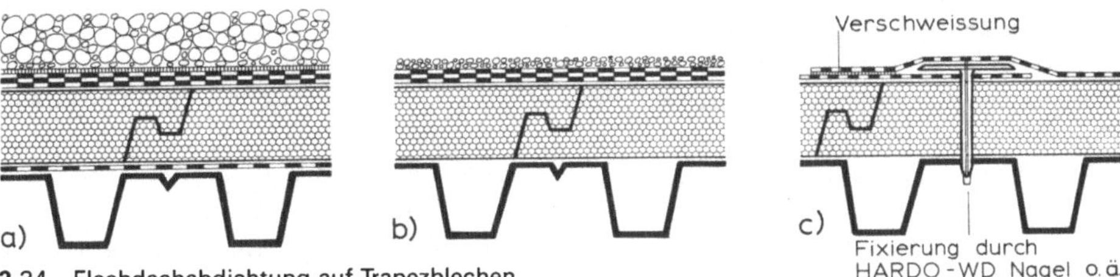

2.34 Flachdachabdichtung auf Trapezblechen
>   a) konventioneller Aufbau (bituminöse 3lagige Abdichtung) mit Dampfsperre, Kiesschüttung möglich, aber unwirtschaftlich
>   b) bituminöse Abdichtung mit Feinsplittbeschichtung o.ä. Oberflächenschutz. Wärmedämmplatten (mit Hakenfalz) aufgeklebt
>   c) Abdichtung mit Folie, lose verlegt, punktweise durch Tellerdübel fixiert

Eingehende Untersuchungen und Beobachtungen in der Praxis haben gezeigt, daß nur bei besonders hoher Beanspruchung eine zusätzliche Dampfsperre empfohlen werden muß (Bild **2**.34a).

Die Dachhaut kann in herkömmlichen Klebeverfahren aus Dachdichtungsbahnen mit Oberflächenschutz hergestellt werden (Bild **2**.34b). Jedoch setzt sich auch hier die lose Verlegung von Folien immer mehr durch. Lose verlegte Kunststoffdichtungsbahnen werden auf Trapezblechen an den Längsstößen durch Tellerdübel o. ä. punktweise mit mindestens 3 Befestigungen/m fixiert (Bild **2**.34c).

Tabelle **2**.35   Mindestdicke von Wärmedämmungen auf Stahltrapezprofilen

Größte lichte Weite zwischen den Obergurten in mm	Mindestdicke der Wärmedämmung in mm		
	PS/PUR	Mineral-faser	Schaum-glas
70	40	60	40
100	50	80	50
130	60	100	60
150	80	120	70

Die Anzahl der Befestigungen muß für die verschiedenen Bereiche der Dachfläche (s. Bild **2**.3) mindestens betragen:
— Innenbereich: 4 Stück/m^2
— Randbereich: 6 Stück/m^2
— Eckbereich: 8 Stück/m^2

Ebenso können die Dichtungsbahnen linear mit Metallprofilen oder -bändern befestigt werden. Die jeweils nachfolgend aufgeschweißte bzw. aufgeklebte Dichtungsbahn überdeckt die Fixierungen.

Im übrigen sind die Sicherungen gegen Windbeanspruchung nach Abschn. 2.1.8 auszuführen.

Bei der Wärmedämmung muß die Mindestdicke nach Tabelle **2**.35 [17] gewählt oder im Einzelfall nachgewiesen werden.

Die Wärmedämmung wird bei lose verlegten Dachabdichtungen gemeinsam mit diesen durch die punkt- oder linienförmige Fixierung gegen Abheben gesichert.

Bei Verklebungen sind heiße Bitumenklebemassen nur bedingt geeignet. In den Flachdachrichtlinien [17] wird für Wärmedämmungen die Verklebung mit Kaltklebemassen empfohlen, ggf. in Verbindung mit zusätzlichen mechanischen Befestigungen im Randbereich.

Dächer aus Trapezprofilen sind relativ brandempfindlich. Im Brandfall kommt es bei starker Erhitzung der Dachunterseite durch Hitzeübertragung oft zu rascher Brandausweitung auf die Wärmedämmung und die Abdichtungen. Die Trapezbleche verlieren durch Verformungen ihre Tragfähigkeit, und es kann zu schlagartigem Einsturz kommen. Für Trapezdächer kann durch Bekleidungen der Unterseiten mit Brandschutzplatten eine verbesserte Feuerwiderstandsfähigkeit erreicht werden (s. Abschn. 14 in Teil des Werkes und DIN 4102). Außerdem kann durch spezielle Brandschutzeinlagen in die Hohlräume der Trapezflächen eine Verbesserung des Brandverhaltens erreicht werden.

2.3.4 Flachdachabdichtung auf Gas- und Leichtbetonplatten

Gasbetonplatten als Tragwerk einschaliger Flachdachkonstruktionen sind hinsichtlich der wärmetechnischen Bemessung ein Sonderfall. Bei den aus statischen Gründen erforderlichen Dimensionen stellen Gasbetonplatten eine gute Wärmedämmung dar. Würde man ähnlich wie bei Stahlbetondecken eine obere Wärmedämmung anordnen und so bemessen, daß der Taupunkt oberhalb der Dampfsperre liegt, müßten überdimensional dicke Wärmedämmschichten verwendet werden.

Wissenschaftliche Untersuchungen haben ergeben, daß bei einschaligen Flachdachkonstruktionen mit Gasbetonplatten gemäß Bild **2**.36 unter der Voraussetzung mittlerer
Raumtemperaturen von 20° bei 65% relativer Luftfeuchtigkeit zwar innerhalb der Gasbetonplatten Wasserdampfkondensation auftritt, sich jedoch im Jahresmittel durch
kontinuierliche Rücktrocknung zum Innenraum hin keine bedenklichen Feuchtigkeits-
konzentrationen ergeben.

Da diese Voraussetzungen jedoch nicht immer gegeben sind und auch nur 24 cm dicke
Gasbetonplatten GB 3.3 den geforderten Mindestanforderungen an den Wärmeschutz
entsprechen, müssen ggf. mit bauphysikalischen, auf den Einzelfall abgestimmten Berechnungen evtl. eine zusätzliche Wärmedämmung und eine zweckmäßige Anordnung
einer Dampfsperre bestimmt werden, oder es ist eine belüftete Dachkonstruktion vorzuziehen.

2.36
Flachdachabdichtung
auf Gasbetonplatten

1 Glättputz und Anstrich
2 Gasbeton-Dachplatten
3 Bitumen-Voranstrich
4 Dampfdruck-Ausgleichs-
   schicht: Glasvlies-Loch-
   pappe
5 Dachhaut mit Schutzschicht:
   Kiesschüttung 15/30

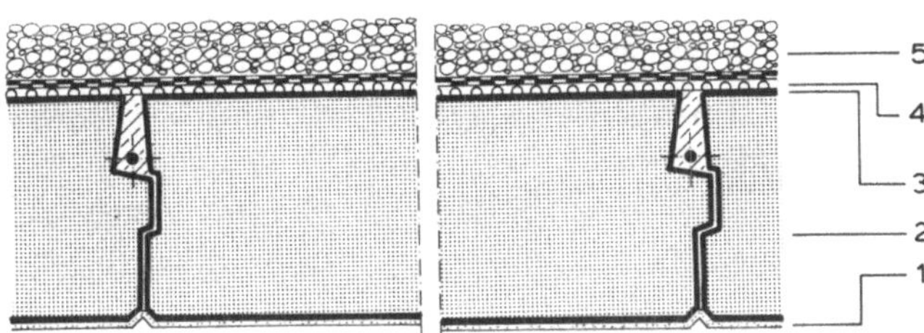

2.3.5 Sperrbetondächer[1])

Bei dem heutigen Stand der Betontechnologie ist es ohne große Schwierigkeiten
möglich, wasserundurchlässige Stahlbetonplatten herzustellen. Daher lag der Gedanke
nahe, derartige „Sperrbeton"-Platten als Tragkonstruktion und zugleich als Abdichtung
gegen Wasser auszubilden.

Die erforderliche Wärmedämmung liegt bei Sperrbetondächern an der Unterseite der
Platten. Da demzufolge die tragende Platte großen Temperaturänderungen ausgesetzt
ist und deshalb verhältnismäßig großen Längenänderungen unterworfen wird, können
Sperrbetondächer nur mit einwandfrei funktionierenden Gleitlagern (s. Abschn. 2.3.2)
ausgeführt werden. In der Regel werden bei diesen Konstruktionen die Temperaturein-
wirkungen auf die Sperrbeton-Platte durch eine Kiesschüttung herabgesetzt. Eingehende Untersuchungen der Hersteller verweisen darauf, daß bei Verwendung geeigneter Wärmedämm-Materialien (z. B. Styroporplatten, Hartschaumplatten) zwar unter
extremen Bedingungen besonders in der Randzone zwischen Dämmaterial und Stahlbetonplatte Kondensatbildung auftritt, bisher jedoch noch keine Bauschäden beobachtet seien. Nicht problemlos ist jedoch die einwandfreie Eindichtung unvermeidbarer
Durchbrüche durch die Dachkonstruktion wie z. B. von Entlüftungsrohren, Belichtungsöffnungen o. ä. (Bild **2**.37).

Nachdem neuartige Wärmedämm-Materialien zur Verfügung stehen (z. B. Roof-Mate,
Styrodur, vgl. Abschn. 2.3.2), werden Sperrbetondächer zunehmend mit obenliegender, kiesbeschwerter Wärmedämmung ausgeführt. Hierbei machen aber die nötigen
konstruktiven Aufwendungen zur Vermeidung von Wärmebrücken die sonst verblüf-
fend einfach aufgebauten Sperrbetondächer oft unwirtschaftlich (Bild **2**.38).

---

[1]) In der Betontechnologie wird die Bezeichnung „Sperrbeton" für wasserundurchlässigen Beton nicht
angewendet, ist aber im Zusammenhang mit Dächern verbreitet.

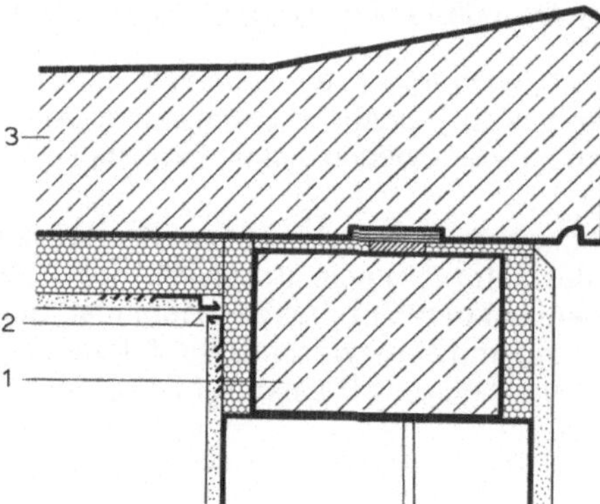

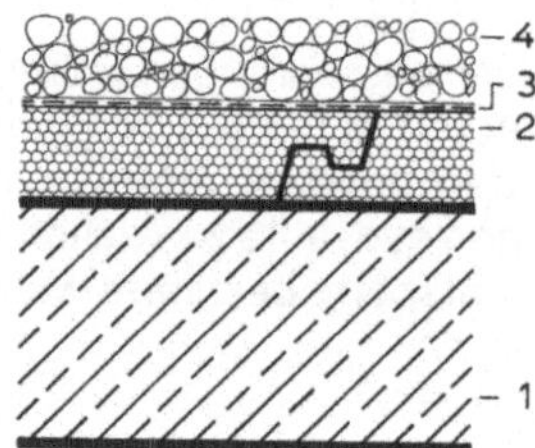

2.37 Flachdach aus wasserundurchlässigem Beton (System Woermann)

1 Ringbalken mit Gleitkipplager
2 Dehnfugenprofil
3 wasserundurchlässiger Beton

2.38 Flachdach aus wasserundurchlässigem Beton mit aufliegender Wärmedämmung

1 wasserundurchlässiger Beton
2 extrudierte Polystyrol-Hakenfalz-Hartschaumplatten (z. B. ROOFMATE)
3 Filtervlies
4 Kiesschüttung

2.3.6 Nicht belüftete Flachdächer auf Holzkonstruktionen

Flachdachabdichtungen können auch auf Unterkonstruktionen aus Holz oder Holzwerkstoffen ausgeführt werden. Für die Bemessung von Dachschalungen ist DIN 1052 T1 (Holzbauwerke; Berechnung und Ausführung) zu beachten. Grundsätzlich sollen jedoch Holzunterkonstruktionen eine Mindestdicke von 22 mm (bei Vollholz Nenndicke 24 mm) haben, wenn Nagelungen vorgesehen werden.

Als Unterkonstruktion kommen in Frage:

Schalungen aus gehobeltem Vollholz

Sortierklasse S 10 oder MS 10 (DIN 4074), Brettbreiten 80 bis 160 mm

Schalungen aus Holzwerkstoffen

— Spanplatten nach DIN 68 763, Typ V 100 G,

— Sperrholz nach DIN 68 705, Typ BF 100 G oder Typ BFU-BU 100 G.

Die Platten sollen eine max. Kantenlänge von 2,50 m haben. Die Platten werden im Verband verlegt (keine Kreuzstöße; keine freie, nicht unterstützte Tragstöße). Längenänderungen sind durch mindestens 2 mm breite Fugen (2 mm/lfd. m Plattenlänge) zu berücksichtigen, die durch Schleppstreifen oder Trennlagen abzudecken sind. An freien, nicht unterstützten Plattenrändern (Plattenränder quer zur Spannrichtung) müssen die Platten Nut-Feder-Verbindungen haben. Die Dachflächen müssen eine Mindestdachneigung von 2% aufweisen, um Wassersackbildungen zu vermeiden.

Falls schädigende Einflüsse von Holzschutzmitteln oder Bindemitteln der Holzwerkstoffe nicht mit Sicherheit ausgeschlossen werden können, sind Trennlagen vorzusehen.

Ein Ausführungsbeispiel mit lose verlegter Abdichtung aus Kunststoffbahnen zeigt Bild **2.39**.

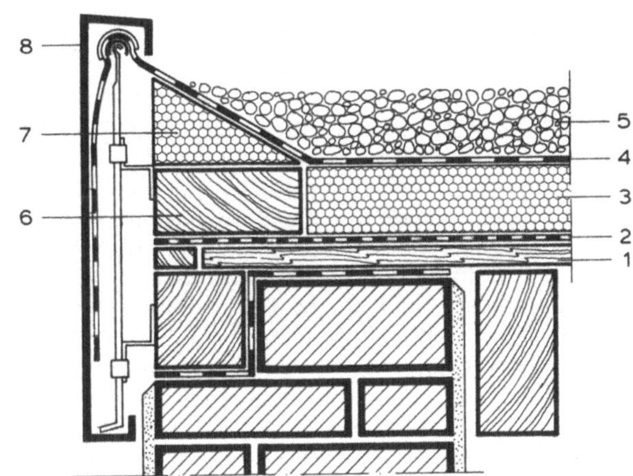

2.39
Flachdach mit lose verlegter Abdichtung auf Holz-Unter-konstruktion

1 Spanplatte
2 Dampfsperre
3 Wärmedämmung
4 Kunststoff-Dachbahn
5 Kiesschüttung
6 Randbohle (auch Fixierung der Dampfsperre)
7 Randkeil
8 Dachrandprofil mit Klemm-profil für Dachbahn (sche-matisch)

Bei geklebten, mehrlagigen Abdichtungen besteht die unterste Lage aus Bahnen mit hoher mechanischer Festigkeit (s. Abschn. 2.2.1), die mit verzinkten Breitkopfstiften auf die Unterlage genagelt wird (Nagelung und Reihenabstände s. Tab. **2**.4).

Im übrigen wird der Schichtenaufbau wie auf Massivplatten ausgeführt.

2.4 Nicht belüftete Flachdächer mit genutzter Oberfläche

2.4.1 Allgemeines

Vielfach besteht die Notwendigkeit, Flachdachflächen von ganzen Bauwerken oder Bauwerksteilen nutzbar zu machen.

Für die Abdichtungen ist dabei schwerer Oberflächenschutz erforderlich. Man unterscheidet:

— begehbare Flachdächer,

— befahrbare Flachdächer,

— begrünte Flachdächer.

Flachdächer mit genutzten Oberflächen werden fast ausschließlich als einschalige Konstruktionen ausgeführt. Ihr bauphysikalischer Aufbau gleicht den Flachdächern mit nichtgenutzter Oberfläche, doch muß – je nach Beanspruchung – für die Wärmedäm-mung entsprechend druckfestes Material verwendet werden, und es müssen besondere Vorkehrungen für den Schutz der Abdichtungen getroffen werden. Insbesondere muß dafür gesorgt werden, daß sich weder mechanische Beanspruchungen noch Spannun-gen aus thermischer Belastung der Nutzflächen auf die Abdichtungen übertragen können.

Bei der Ausführung sind neben den Flachdachrichtlinien und Normen für Flachdächer auch die Normen über Bauwerksabdichtung (DIN 4122 und 18195) zu beachten.

Wärmedämmstoffe müssen erhöhte Druckbelastbarkeit haben (Anwendungstyp WS-WDS, s. Tab. **2**.22).

2.4.2 Begehbare Flachdächer[1])

Bei Belägen von begehbaren Terrassenflächen u. ä. muß grundsätzlich die kraftschlüssige Verbindung mit der Abdichtung bzw. Wärmedämmung durch Trennlagen verhindert werden.

Gehbeläge von begehbaren Terrassenflächen werden vielfach aus frostfesten keramischen Platten ausgeführt. Kleinformatige Platten werden in bewehrtem, mindestens 4 cm dickem Mörtelbett auf einer wasserdurchlässigen Schicht aus Einkornbeton, Grobsand, Blähton o. ä. verlegt. Diese Schicht ist an die Entwässerung anzuschließen. Zwischen dieser Dränschicht und der Abdichtung sind zwei lose verlegte PE-Folien o. ä. als Trennschicht zu verlegen.

Da in Plattenbelägen jedoch erhebliche temperaturbedingte Längenänderungen vorkommen können, müssen in Abständen von höchstens 2 m Fugen angeordnet werden, die auch das Mörtelbett durchschneiden und mit einem elastischen Material (z. B. Bitumenverguß) verfüllt werden. Fugen müssen ebenso an allen Randanschlüssen vorhanden sein. Außerdem muß die Abdichtung bereits das notwendige Gefälle aufweisen. Der Gefälleausgleich darf nicht durch das Mörtelbett erfolgen. Außerdem ist zwischen Mörtelbett und Dachabdichtung eine Gleitschicht (z. B. PE-Folie) vorzusehen (Bild **2.40**).

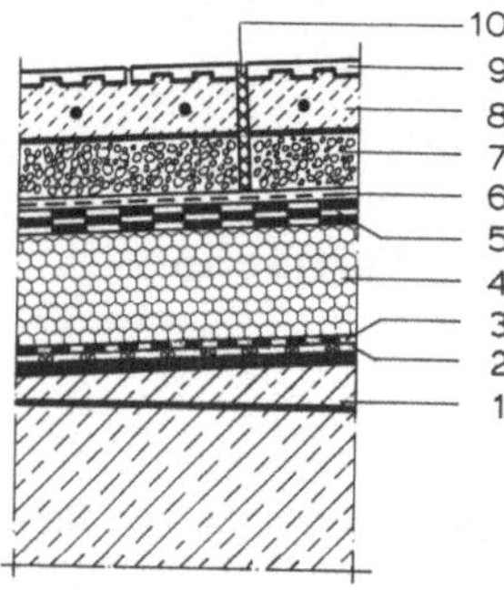

2.40
Begehbares Flachdach, Belag aus kleinformatigen frostfesten keramischen Platten in Mörtelbett

1 Massivdecke mit Gefälle
2 Dampfdruckausgleich (Lochbahn)
3 Dampfsperre
4 Wärmedämmung
5 3lagige bituminöse Abdichtung
6 Trennlage (PE-Folie, 2lagig)
7 Einkornbeton
8 bewehrter Verlegemörtel ≤ 4 cm
9 Spaltplatten
10 Fuge mit dauerelastischer Abdichtung
   (e ca. 2 m/ ≤ 4 m²)

Wenn auch bei kleineren Terrassenflächen eine Außenentwässerung mit vorgehängter Rinne oft nicht zu vermeiden ist, so bergen solche Konstruktionen derart viele Fehlerquellen, daß einer Innenentwässerung immer der Vorzug gegeben werden sollte. Dabei muß darauf geachtet werden, daß die Wandabschlüsse der Dachabdichtung 15 cm, in jedem Falle aber so hochgezogen werden, daß bei Rückstau infolge verstopfter Abflüsse allenfalls ein Überfließen des Wassers nach außen über einen Notüberlauf (Wasserspeier) möglich ist.

Bei größeren Terrassenflächen können die Schwierigkeiten eines kompakten Gehbelages in Mörtelbett vermieden werden, wenn mindestens 4 cm dicke großformatige Natur- oder Kunststeinplatten lose mit punktförmiger Auflagerung auf vorgefertigten „Stelzlagern" verlegt werden. Voraussetzung für die Anwendung eines derartigen Terrassenaufbaues ist, daß die aus Eigengewicht der Platten und Nutzlast (gem. DIN 1055 für Terrassen 5 kN/m²) bedingten Punktlasten durch entsprechend große Auflagerflächen der Stelzlager übertragen werden. Als Wärmedämmung ist ein nicht zusammendrückbares Material (Hartschaum, Foamglas) zu verwenden. Sonst können die Stelzlager die Abdichtung allmählich „durchstanzen".

---

[1]) s. auch Abschn. 9.5 in Teil 1 des Werkes

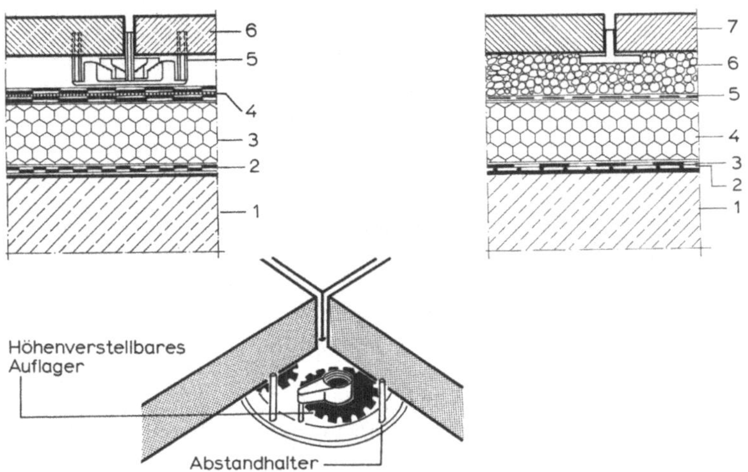

2.41 Begehbares Flachdach, Platten auf höhenverstellbaren Stelzlagern

1 Massivplatte
2 Dampfsperre
3 Wärmedämmung
4 Abdichtung mit Schutzlage
5 Stelzlager (ALWITRA)
6 5 cm Betonplatten

2.42 Begehbares Flachdach (Prinzip des „Umkehrdaches")

1 Stahlbeton
2 Trennlage
3 Abdichtung
4 extrudierter PS-Hartschaum
5 Filtervlies
6 Kiesschüttung, Körnung 6/9
7 Beton- oder Natursteinplatten mit
Fugenkreuzen

Stelzlager, die in der Höhe justierbar sind, sind zwar teuer, erleichtern aber die Verlegearbeiten und ermöglichen die bei derartigen Ausführungen fast immer nötigen Nacharbeiten, wenn einzelne Platten sich senken (Bild **2.41**).

Aufstelzungen können auch erreicht werden, wenn großformatige Platten auf Kunst-
stoffsäckchen, gefüllt mit feuchtem Zementmörtel, verlegt werden. Bei einem solchen
Verlegeverfahren ist nachträgliches Ausrichten der Platten ziemlich aufwendig.

Bei der Verwendung steifer Wärmedämmplatten in Verbindung mit Stelzlagern sind
ggf. besondere Maßnahmen zur Verhinderung von Trittschallübertragung erforderlich.

Der wohl einfachste Terrassenaufbau ergibt sich, wenn die Dachabdichtung nach dem
Prinzip des „umgekehrten Flachdaches" (vgl. Abschn. 2.3.2) ausgeführt wird und
großformatige Platten lose in mindestens 3 cm dicke Schüttungen aus Split oder Perlkies verlegt werden (Bild **2.42**).

2.4.3 Befahrbare Flachdächer

Auf befahrbaren Flachdachflächen ohne Wärmedämmung (z. B. für offene Parkdecks)
haben die Abdichtungen nur die Aufgabe, die tragende Konstruktion gegen Regen-
und Schmelzwasser (meistens auch in Verbindung mit Auftausalzen) zu schützen. Alle
Oberflächen sollen ein Mindestgefälle von 1% aufweisen. Die Fahrbahnbeläge können
z. B. aus großformatigen bewehrten Stahlbetonflächen von ca. 5 m^2 Einzelfläche bestehen. Die Abdichtungen müssen gegenüber der Fahrbahnkonstruktion durch mehrlagige
Gleit- bzw. Trennschichten geschützt werden.

Bei befahrbaren Flachdächern über genutzten Räumen dürfen nur druckfeste Wärmedämmstoffe der Anwendungstypen WD oder WDS (s. Tab. 2.22) verwendet werden.

Befahrbare Dächer nach dem Prinzip des Umkehrdaches (s. Abschn. 2.3.2) können mit Fahrbahnbelägen aus Pflasterungen oder Verbundpflaster ausgeführt werden. Dabei sollten mindestens 8 cm dicke Steine (bei Schwerverkehr 10 cm dick) verlegt werden (Bild 2.43). Durch ausreichende Filterschichten ist dafür zu sorgen, daß der Verlegesand oder der Sand der Verfugungen in die Dränschicht des Umkehrdaches ausgewaschen werden kann. Sonst besteht die Gefahr, daß sich Pflasterungen infolge von Walk- und Horizontalbeanspruchungen (durch Anfahren oder Abbremsen) verschieben [18].

Befahrbare Flachdächer werden daher – vor allem bei schwereren Beanspruchungen durch Befahren mit Lkw – mit oberer Abdichtung ausgeführt.

Die Fahrbahnen werden aus Stahlbetonplatten in Ortbeton mit Einzelfeldgrößen von etwa 0,80 × 0,80 m bis etwa 2,50 × 2,50 m gebildet. Sie liegen auf Filterschichten aus Einkornbeton oder Splitt- bzw. Kiesschichten (Bild 2.44) oder mit doppelten Trennlagen unmittelbar auf der Abdichtung (Bild 2.45). Die Fugen werden mit Spezialprofilen oder durch Vergußmassen geschlossen.

Bei schweren Belastungen durch Fahrzeuge bis etwa 30 t Gesamtgewicht werden die Abdichtungen bzw. die Wärmedämmungen durch Stahlbeton-Druckverteilungsplatten geschützt.

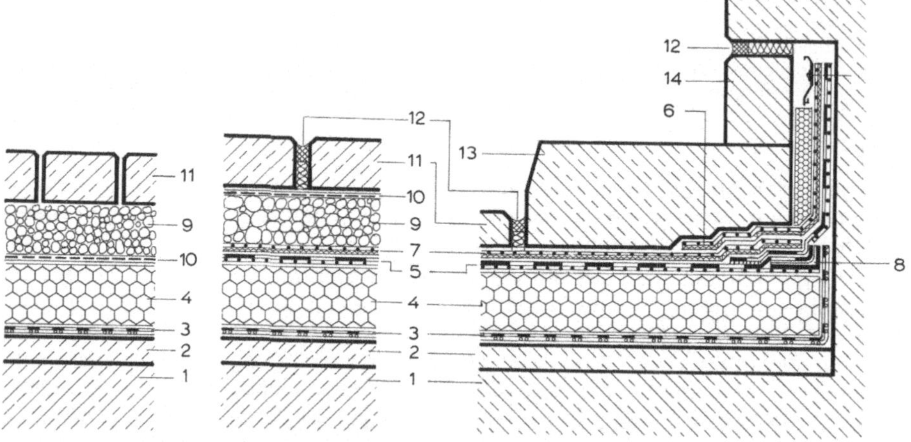

2.43
Befahrbare Flachdachabdichtung (Umkehrdach) für leichte Fahrzeuge, Verbundpflaster

2.44
Befahrbare Flachdachabdichtung, Fahrbahn aus bewehrten Betonplatten auf Filterschicht

2.45
Befahrbare Flachdachabdichtung, Fahrbahn aus Stahlbetonplatten; Abdichtung mit Kunststoff-Dichtungsbahnen

1 Stahlbeton
2 Gefällebeton
3 Dampfsperre auf Dampfdruckaus gleichsschicht
   bzw. Kunststoff-Dachabdichtung auf Trennlage
4 Wärmedämmung WD oder WDS
5 Flachdachabdichtung (mehrlagige Bitumenabdichtung oder 1lagige Kunststoff-Dichtungsbahn auf Trennlage)

6 Anschlußbahn
7 doppellagige Trenn- bzw. Gleitschicht
8 Fixierungswinkel
9 Kies- bzw. Splittschüttung
10 Filtervlies
11 Stahlbeton-Fahrbahn bzw. Pflaster
12 Trenn- und Dehnungsfuge mit Dichtung
13 Schrammbord
14 Vormauerung

Zu beachten ist, daß sich – je nach Konstruktionsart bzw. anzunehmender Belastung – erhebliche Aufbauhöhen bis insgesamt etwa 35 cm ergeben können, zusätzlich erhöht durch die erforderlichen Gefälleschichten.

In allen Fällen sind die Abdichtungen mindestens 15 cm an Wandanschlüssen o. ä. hochzuziehen und durch hochgezogene Schutzstreifen, Schrammborde usw. zu schützen (vgl. Bild **2.45**).

2.4.4 Begrünte Flachdächer

Flachdächer niedriger Gebäudeteile, die unterhalb von Aufenthaltsräumen benachbarter höherer Gebäude liegen, bilden einen wenig erfreulichen monotonen Anblick und werden neuerdings vielfach als bepflanzte Flächen gestaltet. Aber auch um innerhalb großflächiger Bebauungen zusätzliche, Stadtklima und Wasserhaushalt verbessernde Vegetationsflächen zu schaffen, gewinnen begrünte Flachdächer immer mehr Bedeutung.

Wenn auf künstlichen Vegetationsflächen Pflanzen auf Dauer gedeihen sollen, müssen dazu je nach Bepflanzungs- und Nutzungsart besondere Voraussetzungen geschaffen werden.

Bei der Begrünung von Flachdächern wird unterschieden:

— **Intensive Begrünung,**

in einfacher Form bestehend aus bodenbedeckenden Gräsern, Stauden und Gehölzen, die geringe Ansprüche an den den Aufbau der Vegetationsschicht, die Wasser- und Nährstoffversorgung und an den Pflegeaufwand stellen,

in aufwendiger Form mit Bepflanzungen, die nur durch ständige Pflege erhalten werden können, aus Stauden, Gehölzen, einzelnen Bäumen und Rasenflächen, eingebaut mit besonderer gärtnerischer Gestaltung, z. B. mit Höhendifferenzierungen, Wasserbecken, Rankgerüsten usw.

— **Extensive Begrünung**

mit naturnah angelegten Pflanzungen aus Moosen, Flechten, Sukkulenten, Gräsern, die für die extremen Standortbedingungen auf einer Dachfläche besonders geeignet sind. Extensiv begrünte Flächen haben eine natürliche Bestandsumbildung bei minimalem Pflegeaufwand und erfordern nur wenige Kontrollen innerhalb eines Jahres.

Hinsichtlich des Brandschutzes gelten intensiv begrünte Flachdächer als „Harte Bedachung", extensiv begrünte Flachdächer jedoch nur unter bestimmten Voraussetzungen (Substratschicht mind. 3 cm dick und mit höchstens 20% organischen Bestandteilen, Brandabschnitte < 40 m bei großen Flächen, Schutzstreifen 0,50 m breit aus Grobkies oder Platten vor Dachöffnungen oder Öffnungen).

Begrünungen sind vorwiegend auf schwach geneigten Flächen (Mindestneigung 2%) sinnvoll, weil mit zunehmendem Gefälle eine zu starke Ableitung des Oberflächenwassers nur durch aufwendigen Schichtenaufbau ausgeglichen werden kann (s. auch Abschn. 1.5.11, Begrünung geneigter Dächer). Begrünungen sollten daher auf Flächen – auch bei Teilflächen – mit einer Höchstneigung von allenfalls 30° ausgeführt werden.

Begrünbar sind vorwiegend nicht belüftete Dächer mit Wärmedämmung. Bei belüfteten Flachdächern (s. Abschn. 2.5) wird die Begrünung durch die in der Regel geringe Tragfähigkeit der oberen Schale stark eingeschränkt.

Die Vegetationsflächen können als „schwerer Oberflächenschutz" üblicher Flachdachkonstruktionen betrachtet werden. Im übrigen sind alle in Abschn. 2.1 genannten Bedingungen für den Aufbau von Flachdächern zu beachten. Darüber hinaus muß das Folgende berücksichtigt werden:

— Die verwendeten Dachabdichtungen müssen gegen mechanische Beschädigungen bei Pflanz- und Pflegearbeiten und gegen Durchwurzelung geschützt werden. Sie dürfen nicht durch biologische Einwirkungen, Mikroorganismen und im Wasser gelöste Stoffe geschädigt werden.

— Da Beschädigungen der Abdichtungen niemals völlig ausgeschlossen werden können, sollte der Flachdachaufbau (Dampfsperre, Wärmedämmung, Abdichtung) in voneinander abgeschotteten Teilabschnitten ausgeführt werden.

— Gegenüber Wandanschlüssen, Dachöffnungen und sonstigen Dachaufkantungen sind 0,50 m breite unbepflanzte Schutzstreifen zu belassen, die mit Kiesschüttungen oder Plattenbelägen abgedeckt werden.

— Für den gesamten Dachaufbau ist das für begrünte Dächer spezielle Wasserdampfdiffusionsverhalten bauphysikalisch zu überprüfen (s. Abschn. 14.5.6 in Teil 1 des Werkes).

— Neben den Lasten des Dachaufbaues, von schweren Einzelpflanzen, Wasserbecken usw. müssen ggf. die von hohen Pflanzen herrührenden besonderen Windlasten statisch erfaßt werden.

— Begehbare Dachflächen müssen Umwehrungen für Besucher bzw. Absturzsicherungen für Unterhaltungsarbeiten erhalten.

— Die Entwässerung von Vegetationsflächen (Ableitung von Oberflächen- und Überschußwasser in den Schichten) muß entsprechend DIN 1986 geplant werden. Dabei sind als Abflußbeiwerte anzunehmen:
   — für Intensivbegrünungen und Extensivbegrünungen ab 10 cm Aufbauhöhe $\psi = 0,3$,
   — für Extensivbegrünungen unter 10 cm Aufbauhöhe $\psi = 0,5$ (vgl. Abschn. 1.6.2).

— Zuleitungen für die fast immer erforderliche ggf. automatische Zusatzbewässerung sind einzuplanen.

— Wasserbecken innerhalb intensiver Begrünungen sind für sich gesondert abzudichten.

Der Schichtenaufbau begrünter Flachdächer ist in der Regel oberhalb der Abdichtung wie in Bild **2.46** gezeigt auszuführen:

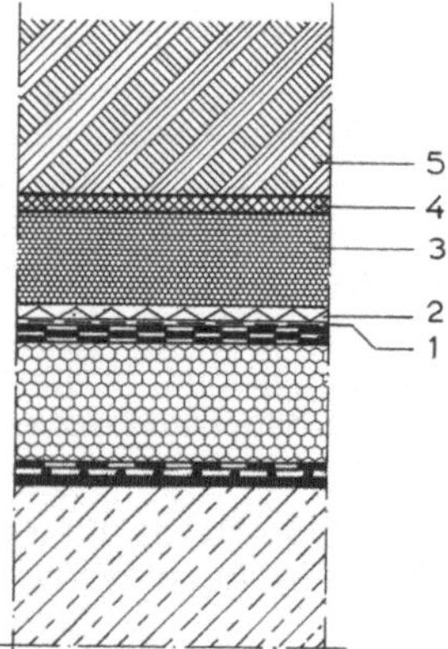

2.46
Flachdach mit Begrünung, Regelaufbau oberhalb der Abdichtung

1 Schutzschicht gegen mechanische Beschädigungen (Schutzvliese, Schutzplatten- oder Bahnen, Dränschichten des Bodenaufbaues)

2 Schutzschicht gegen Durchwurzelungen (bei geeignetem Material durch die Dachabdichtung selbst gebildet, sonst spezielle Wurzelschutzbahnen oder Beschichtungen)

3 Entwässerungs- und Dränageschicht (Schüttstoffe aus Kies, Splitt, Lava, Bims; Dränmatten und -platten aus Kunststoff- oder Schaumstofferzeugnissen; Dränelemente aus Kunststoff, Drän- und Substratplatten)

4 Filterschicht (Vliese aus Geotextilien)

5 Vegetationsschicht (Zusammensetzung und Dicke abhängig von der Art der Begrünung, s. Tabelle **2.47**)

Tabelle **2**.47 Regelschichtdicken bei verschiedenen Begrünungsarten [4], Auszug

Begrünungsart	Dicke der Vegetationsschicht in cm	Gesamtdicke des Begrünungsaufbaus in cm	
		bei 2 cm Dränmatte	bei 4 cm Schüttstoff*)
Extensivbegrünungen, geringer Pflegeaufwand, ohne zusätzliche Bewässerung			
bei Flachdächern:			
Moos-Sedum-Begrünung	2 bis 5	4 bis 7	6 bis 9
Sedum-Moos-Kraut-Begrünungen	5 bis 8	7 bis 10	9 bis 12
Sedum-Gras-Kraut-Begrünungen	8 bis 12	10 bis 14	12 bis 16
Gras-Kraut-Begrünungen (Trockenrasen)	≥ 15	≥ 17	≥ 19
Einfache Intensivbegrünungen, mittlerer Pflegeaufwand, periodische Bewässerung			
bei Flachdächern:			
Gras-Kraut-Begrünungen (Grasdach, Magerwiese)	≥ 8	≥ 10	≥ 12
Wildstauden-Gehölz-Begrünungen	≥ 8	≥ 10	≥ 12
Gehölz-Stauden-Begrünungen	≥ 10	≥ 12	≥ 14
Gehölz-Begrünungen	≥ 15	≥ 17	≥ 19

Begrünungsart	Dicke der Vegetationsschicht in cm	Dicke der Dränschicht in cm	Gesamtdicke des Begrünungsaufbaus in cm
Aufwendige Intensivbegrünungen, hoher Pflegeaufwand, regelmäßige Bewässerung			
Rasen	≥ 8	≥ 2	≥ 10
niedrige Stauden-Gehölz-Begrünungen	≥ 8	≥ 2	≥ 10
mittelhohe Stauden-Gehölz-Begrünungen	≥ 15	≥ 10	≥ 20
höhere Stauden-Gehölz-Begrünungen	≥ 25	≥ 10	≥ 35
Strauchpflanzungen	≥ 35	≥ 15	≥ 50
Baumpflanzungen	≥ 65	≥ 35	≥ 100

*) Bei 2 bis 3% Dachgefälle; ab 3% Dachgefälle kann die Schichtdicke auf 3 cm reduziert werden.

Aufbauend auf den beschriebenen Grundsätzen für die Ausführung begrünter Dachflächen wurden von darauf spezialisierten Fachunternehmen eine große Zahl von Sonderkonstruktionen für Dächer aller Begrünungsarten entwickelt. Dabei werden fast immer speziell auf die verschiedenen Bepflanzungsmöglichkeiten abgestimmte Bodensubstrate eingesetzt. Durch Kunststoff-Formteile werden Regenwasserspeicher gebildet, der Abfluß von überschüssigem Niederschlagwasser reguliert, die Verankerung der Pflanzenwurzeln in den der Vegetationsschicht verbessert, das Abrutschen der Begrünungen von geneigten Dachflächen verhindert usw.

Aus der großen Zahl derartiger Begrünungssysteme werden nachfolgend einige Beispiele gezeigt (Bilder **2**.48 bis **2**.51).

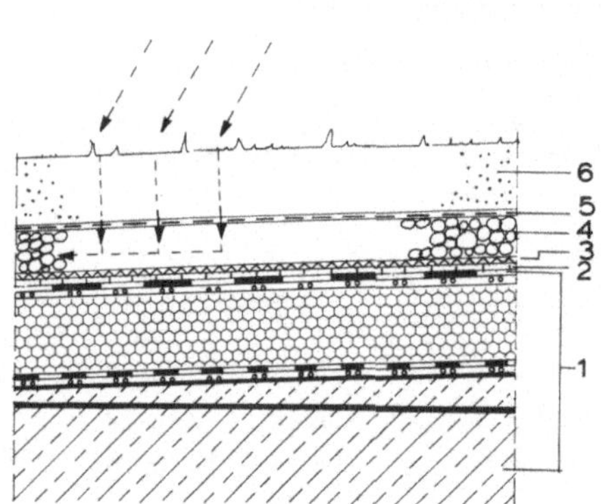

2.48 Begrüntes Flachdach für extensive, nicht wartungsbedürftige Begrünung mit niedrigem Schichtenaufbau; Dränschicht aus Kies oder Blähbeton

1 Stahlbetonplatte mit Flachdachaufbau auf Gefällebeton (vgl. Abschn. 2.3.2)
2 Wurzelschutzbahn (PVC weich)
3 Schutzmatte ($d = 10$ mm)
4 Dränschicht
5 Filtervlies
6 Vegetationsschicht (Humus oder Erdsubstrat)

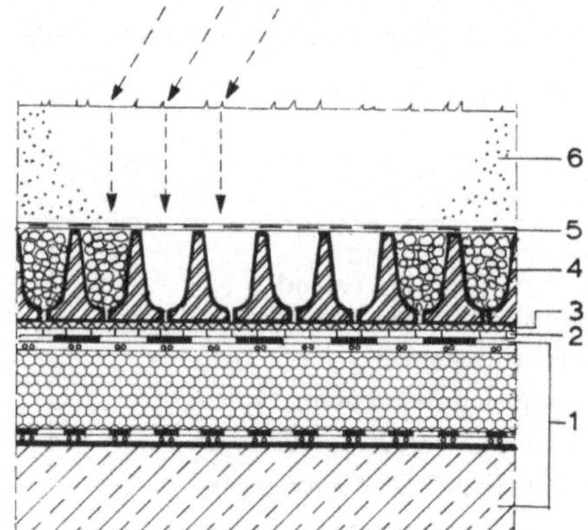

2.49 Begrüntes Flachdach für extensive Begrünung; Aufbau mit Kunststoff-Systemplatten (Novoflor X)

1 Stahlbeton mit Flachdachaufbau (vgl. Abschn. 2.3.2)
2 Wurzelschutzbahn
3 Sickerkanal
4 Schaumstoff-Tragkörper mit Wasserspeicher
5 Wurzelverankerungsgewebe
6 Bodensubstrat

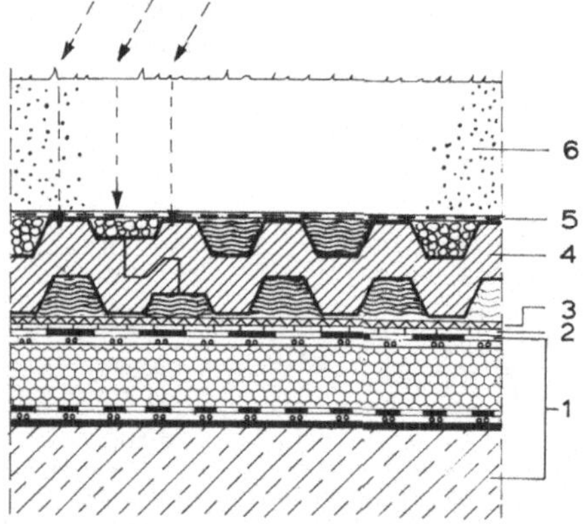

2.50 Begrüntes Flachdach für intensive Begrünung, Dränschicht aus Kies oder Blähton (ZinCo)

1 Stahlbetonplatte mit Flachdachaufbau (vgl. Abschn. 2.3.2)
2 Wurzelschutzmatte
3 Speichermatte
4 Schaumstoff-Dränkörper mit Filterschicht
5 Filtervlies
6 Vegetationsschicht (Gärtnererde)

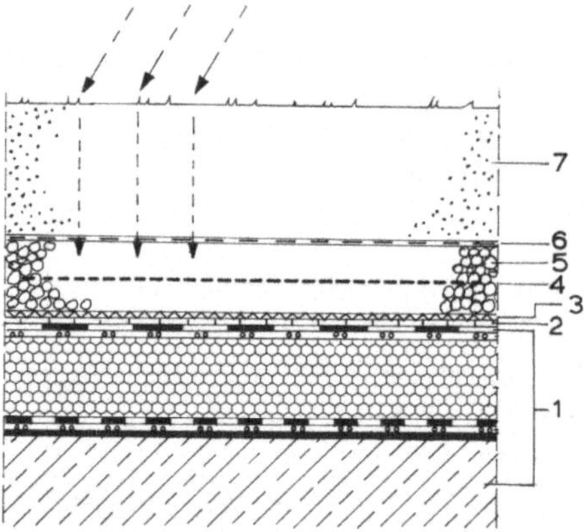

2.51 Begrüntes Flachdach für intensive Begrünung, Dränschicht aus Kies oder Blähton (Optima)

1 Stahlbetonplatte mit Flachdachaufbau (vgl. Abschn. 2.3.2)
2 Trennlage
3 Wurzelschutzbahn
4 Verwurzelungsgewebe
5 Optima-Dränschicht mit Regenwasserspeicher
6 Filtermatte
7 Dauererde

2.5 Zweischalige, belüftete Flachdachkonstruktionen (Kaltdächer)

2.5.1 Allgemeines

Ein Vorteil des „Kaltdaches" wird darin gesehen, daß auch bei fehlender oder fehlerhafter Dampfbremse weniger Schäden durch Wasserdampfkondensation innerhalb der Gesamtkonstruktion zu befürchten seien, wenn die Durchlüftung des Dachraumes einwandfrei ist. In der Praxis erweist es sich jedoch, daß mehrere Faktoren sehr oft die vorgesehene Durchlüftung der Konstruktion nicht ausreichend wirksam werden lassen (Bild **2**.52). Die häufigsten Schadensquellen sind:

1. Zu geringe Höhe des Luftraumes, daher zu wenig Strömungsgefälle (Bild **2**.52a).
2. Nicht ausreichend bemessene oder verstopfte Zu- und Abluftöffnungen (Bild **2**.52b).
3. Hindernisse im Luftraum, die durch Wirbelbildung den Luftstrom behindern oder ihn sogar in Teilbereichen wie bei Überzügen oder Wechseln völlig unterbinden (Bild **2**.52c).
4. Ungünstige Grundrißformen oder Gebäudequerschnitte (Bild **2**.52d und auch Bild **1**.279).
5. Windgeschützte Lage des Bauwerkes.

Kaltdachkonstruktionen sollten deshalb nur dann gewählt werden, wenn die genannten Probleme einwandfrei gelöst werden können.

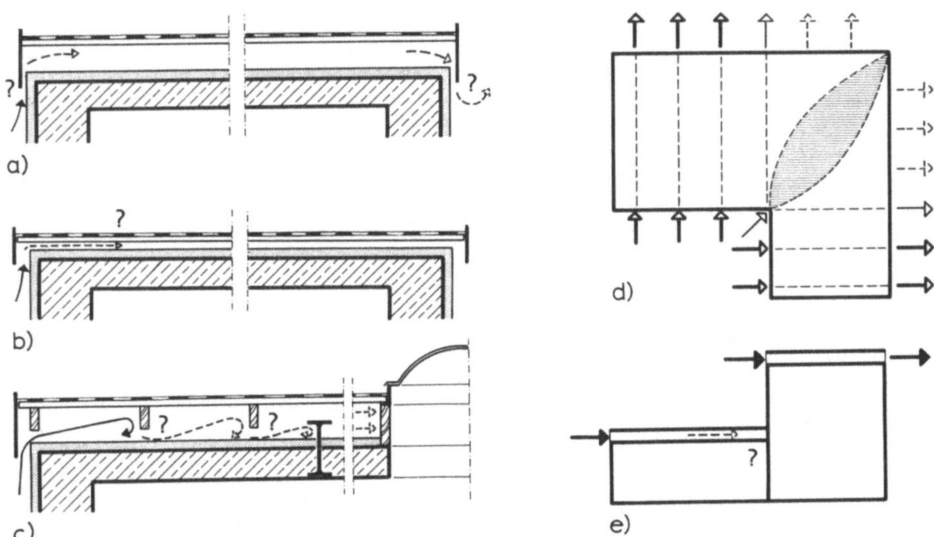

2.52 Schadensquellen an zweischaligen Flachdächern
    a) Belüftungsquerschnitt zu klein
    b) fehlendes Gefälle
    c) Hindernisse für die Durchlüftung
    d) ungünstige Grundrißform, nicht belüftete Bereiche
    e) problematischer Gebäudequerschnitt

Nach DIN 4108 T3 müssen bei durchlüfteten Flachdächern ($\geq 10°$) an mindestens zwei gegenüberliegenden Traufen Belüftungsöffnungen angeordnet sein, die mindestens 2‰ der gesamten Dachgrundrißfläche betragen. Die Luftschlitze müssen umlaufend mindestens 2 cm breit sein. Die Höhe des freien Lüftungsquerschnittes muß in jedem Fall (d. h. auch bei Berücksichtigung von Ungenauigkeiten beim Einbau oder nach eventuellem Aufquellen von Wärmedämmungen) mindestens 6 cm betragen (Tabelle **2.53**).

Tabelle **2.53**   Belüftete Dächer nach DIN 4108[1])

Dach-neigung	Sparren-länge	Dampfsperre (geforderte diffusionsäquivalente Luftschichtdicke)[3])	Mindestlüftungsquerschnitt[2])		
			Dachbereich (Lüftungshöhe)	Traufe	First/Grat
$<10°$	≤ 10 m[4])	≥ 10 m	≥ 5 cm[5])	$\geq 2‰$ der gesamten[6]) Dachgrundrißfläche an mindestens zwei gegenüberliegenden Traufen	
$\geq 10°$	≤ 10 m ≤ 10 m >15 m	≥ 2 m ≥ 5 m ≥ 10 m	≥ 200 cm^2/m und ≥ 2 cm	$\geq 2‰$ der zugeh. Dachfläche an zwei gegenüberl. Traufen und ≥ 200 cm^2/m	$\geq 0,5\%$ der gesamten geneigten Dachfläche

[1]) Bei nichtklimatisierten Wohn- und Bürogebäuden sowie vergleichbar genutzte Gebäuden.
[2]) Baustellenbedingte Ungenauigkeiten, Maßtoleranzen, Querschnittseinengungen, Lüftungsgitter u. ä. sind mit ihrem Einfluß auf die Lüftungsquerschnitte bei der Planung zu berücksichtigen.
[3]) Die diffusionsäquivalente Luftschichtdicke s_d läßt sich hierbei errechnen aus $s_d = \mu \cdot s$. μ ist die Wasserdampfdiffusions-Widerstandszahl, s ist die Schichtdicke in Meter. Angaben über den Wasserdampfdiffusions-Widerstand sind gegebenenfalls beim Hersteller zu erfragen.
[4]) Ist der Lüftungsweg länger als 10 m, sind besondere Maßnahmen erforderlich.
[5]) Mindestwert nach Norm. Insbesondere bei flachen Dächern werden mindestens 15 cm empfohlen.
[6]) Empfohlen wird ein freier Lüftungsquerschnitt von mindestens 200 cm^2/m.

Ist der Lüftungsweg (Abstand Zuluft- und Abluftöffnung) länger als 10 m, sind besondere Maßnahmen erforderlich (z. B. Erhöhung des freien Luftraumes, Zwangsentlüftung).

Wenn die Flachdachkonstruktion aus Trägern mit Vollquerschnitten besteht, sollten die Lufträume der einzelnen Felder durch Konterlattung oder querliegende Pfettenlagen unter der Dachschale miteinander verbunden werden.

Eine einwandfreie D u r c h l ü f t u n g von Dachkonstruktionen ist nur dann sicherzustellen, wenn die Dachflächen zwischen Lufteintritt und -austritt ein Gefälle aufweisen. In gefällelosen oder nur wenig geneigten Flachdächern wird jedoch auch bei einer empfohlenen Mindest-Luftraumhöhe von 20 cm bei Luftstille kaum gewährleistet werden können, daß in die Konstruktion diffundierter Wasserdampf vollständig abgeleitet wird.

Die frühere Auffassung, daß zweischalige, belüftete Flachdachkonstruktionen o h n e D a m p f s p e r r e ausgeführt werden können, kann daher nicht mehr vertreten werden. Auch in zweischaligen, durchlüfteten Flachdächern ist eine Dampfsperre mit einer diffusionsäquivalenten Luftschichtdicke von mindestens 10 m einzubauen. Sie kann gebildet werden aus PE-Folien, die mit 15 cm Stoßüberdeckung aufgeheftet werden oder aus Aluminiumkaschierungen der Wärmedämmung. Über Räumen mit hoher Luftfeuchtigkeit ist der ausreichende Tauwasserschutz rechnerisch nachzuweisen.

Rohrdurchführungen, Entlüftungsschächte u.ä. müssen im Luftraum zweischaliger Flachdachkonstruktionen sorgfältig wärmegeschützt werden, da sonst an ihnen Kondenswasser auftreten kann.

Für Dachhaut, Oberflächenschutz und Randausbildung kommen für zweischalige, belüftete Flachdachkonstruktionen die gleichen Materialien in Betracht, wie sie unter Abschn. 2.2 besprochen wurden. Als Wärmedämmung dienen hier auch alle Dämm-Matten und -Platten aus Mineralfasern. Wenn z.B. aus Kostengründen verschiedenartige Wärmedämm-Materialien eingesetzt werden, soll grundsätzlich festes, weniger wasserdampfdurchlässiges Material (z.B. Hartschaumplatten) an der Unterseite der Konstruktion angeordnet werden.

2.5.2 Zweischalige Flachdachkonstruktionen über Stahlbetondecken

Stahlbetondecken als Bestandteil zweischaliger Flachdachkonstruktionen bilden gleichzeitig statisches Tragwerk, ausgleichende Wärme-Speichermasse und auch eine für normale Beanspruchungen ausreichende Dampfbremse. Bild **2.54** zeigt eine übliche Konstruktion. Für größere Flachdachflächen können auch binderartige Holzkonstruktionen so ausgebildet werden, daß der Luftraum über der Wärmedämmung zur Kontrolle der Dachschale bekriechbar ist. Als tragende Schale für die Dachhaut werden Holzschalungen oder Spanplatten mit Nut-Feder-Verbindung verwendet, auf denen am besten lose verlegte, kiesbeschwerte verschweißte Dachfolien verlegt werden.

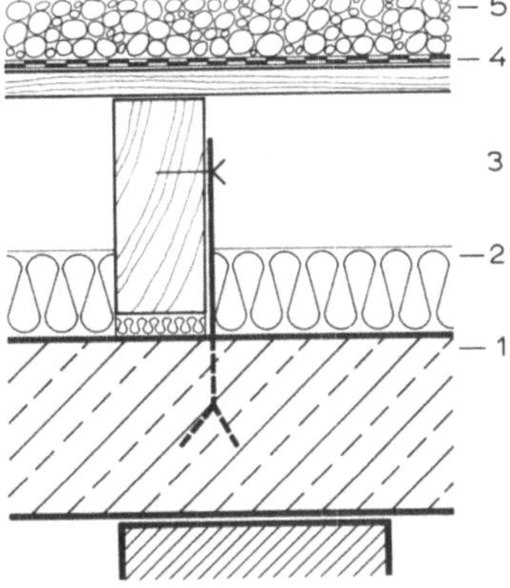

2.54
Zweischaliges belüftetes Flachdach in Verbindung mit Stahlbetondecke
(einlagige Ausführung der Unterkonstruktion nur bei freistehenden Bauwerken; sonst zweilagige Ausführung der Trägerlagen, vgl. Abschn. 2.5.1)

1 Stahlbetondecke
2 Wärmedämmung
3 Querlüftung
4 Dachhaut
5 Kiesschüttung

2.5.3 Zweischalige, belüftete Flachdach-Leichtkonstruktionen

Die Kombination zweier leichter Schalen – Abdichtung mit leichter Tragschicht und raumseitige Unterdecke – mit Holzbalken als Tragwerk stellt eine technisch einfache und billige Konstruktion für belüftete Flachdächer dar (Bild **2.55**).

Es muß aber auf die in Abschn. 2.5.1 dargelegte Problematik derartiger Konstruktionen verwiesen werden.

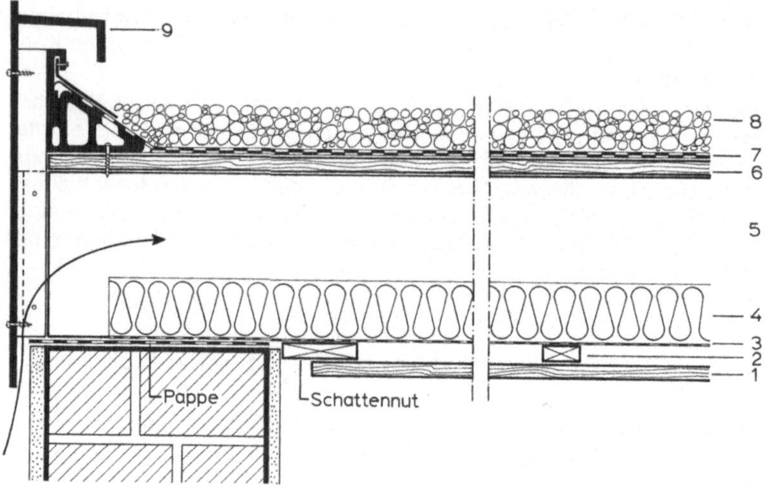

2.55 Zweischaliges belüftetes Flachdach in Verbindung mit Holzbalkendecke (Anmerkung s. Bild **2.54**)

1 Schalung
2 Konterlattung
3 Dampfsperre
4 Wärmedämmung
5 Durchlüftungsraum

6 Schalung
7 Dachabdichtung
8 Kiesschüttung
9 Herforder Dachkante

2.5.4 Vorgefertigte zweischalige, durchlüftete Flachdachkonstruktionen

Insbesondere über Stahlbetondecken erfordern zweischalige, belüftete Flachdachkonstruktionen bei handwerklicher Ausführung mehrere, oft von verschiedenen Unternehmern auszuführende witterungsabhängige Arbeitsgänge. Durch Vorfertigung von Dachschalen- und Auflagerelementen können diese Nachteile verringert werden (Bild **2.56** und **2.57**).

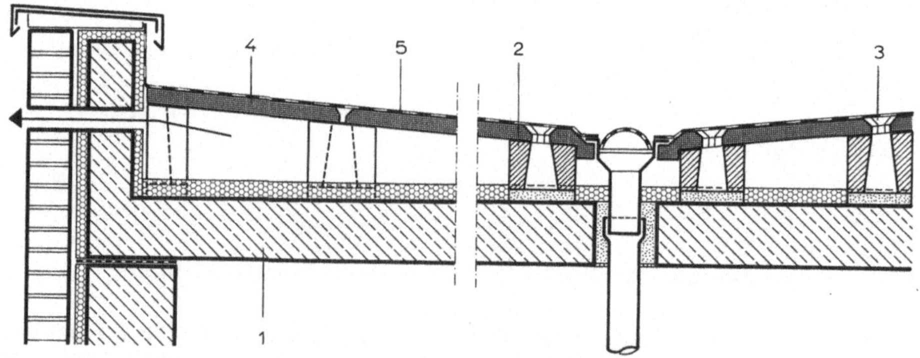

2.56 Vorgefertigtes zweischaliges Flachdach (System ERTEX)

1 Stahlbetonplatte mit Wärmedämmung
2 Dämmplatte auf Gefällestein
3 durchgehende Vergußöffnung

4 Leichtbetonplatte
5 Flachdachabdichtung

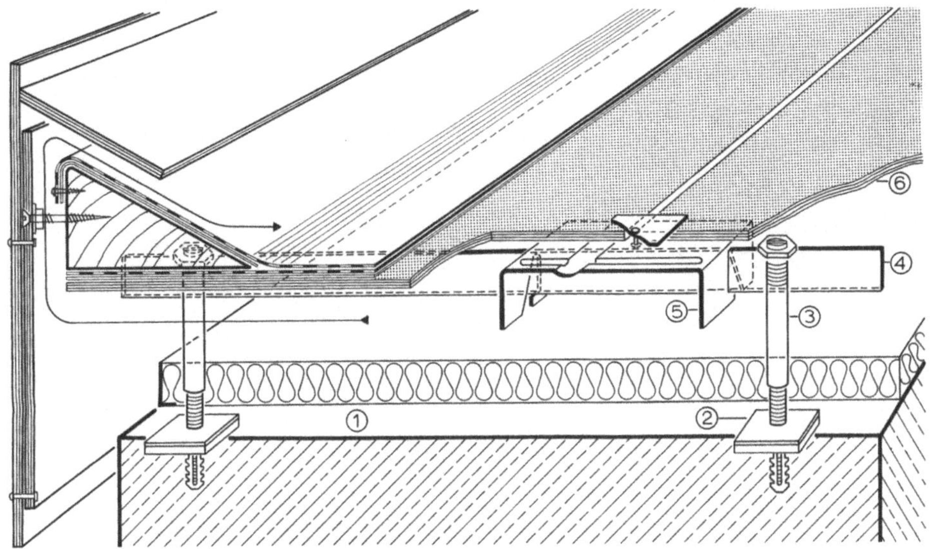

2.57 Vorgefertigtes zweischaliges Flachdach (System FUCHS)

1 Stahlbetonrohdecke mit Wärmedämmung	4 Flachstahlpfette
2 Druckplatte mit Korkunterlage	5 Auflagerschuh mit Vierfeldplatte
3 Teleskop-Stütze mit Nylondübel	6 Faserzement-Tafeln

2.6 Flachdachzubehör

2.6.1 Lichtkuppeln

Ein Vorteil von Gebäuden mit Flachdächern besteht darin, daß bei eingeschossigen Bauten bzw. in den Obergeschossen innenliegende oder sehr tiefe Räume durch Dachöffnungen leicht belüftet und belichtet werden können. Die dafür früher üblichen komplizierten Dachaufbauten sind heute fast völlig verdrängt durch vorgefertigte Bauelemente, für die sich die Bezeichnung „Lichtkuppel" durchgesetzt hat.

Lichtkuppeln werden von verschiedenen Herstellern, jedoch fast durchweg nach dem gleichen Konstruktionsprinzip, hergestellt.

Das Basiselement bildet ein wärmegedämmter „Aufsetzkranz", der mit breiten Aufstand- bzw. Klebeflanschen in die Dachhaut eingebunden werden kann. Die Montage erfolgt auf imprägnierten Holzrahmen, die bei einschaligen Flachdachkonstruktionen der Dicke der Wärmedämmung entsprechen, oder direkt auf dem Tragwerk. Vorteilhaft sind Aufsatzkränze, die so geformt sind, daß die Auflagerrahmen auf der Innenseite abgedeckt werden (Bild **2**.58). Im übrigen sind die Rohbauöffnungen so zu bemessen, daß ggf. Leibungsfutter montiert werden können.

Die eigentliche Belichtungsfläche besteht aus doppelschaligen Acrylglaskuppeln. Lichtkuppeln werden mit manuell oder elektrisch fernbedienten Öffnungseinrichtungen (auch mit Fernbedienung als Rauchabzug z. B. in Treppenhäusern), mit Gebläseentlüftungen, Verdunkelungseinrichtungen und als Dachausstieg geliefert (Bild **2**.58 links).

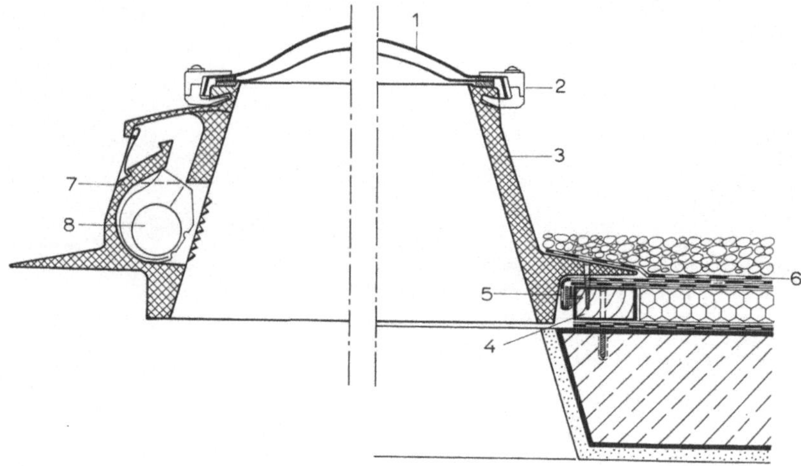

2.58 Lichtkuppel (System ALWITRA)

    1 zweischalige Acrylglas-Kuppel   5 Fixierung der Dachabdichtung
    2 Sicherungsklemme   6 Dachabdichtung
    3 wärmegedämmter Aufsetzkranz   7 Aufsetzkranz mit Lüftungsgebläse
    4 Randbohle   8 Gebläse

2.6.2 Entwässerung[1])

Die für Flachdächer grundsätzlich zu bevorzugende Innenentwässerung (vgl. Abschn. 2.1) erfordert Entwässerungselemente, die in die Dachhaut eingebunden werden und Niederschlagswasser auf möglichst kurzen Wegen ableiten. Die Herstellung ebener Dachflächen ist in der Praxis kaum zu verwirklichen. Muldenbildungen mit unvermeidlicher Schlammablagerung können zu Schäden besonders an freiliegenden Dachabdichtungen (ohne Kiesschüttung) führen. Ein leichtes Gefälle mit flacher Kehlenbildung zu den Ablaufstellen hin ist daher überall erforderlich. Das Gefälle wird durch Gefälle-Estrich auf der Rohdecke oder bei mehrschichtigem Dichtungsaufbau auch durch keilförmig geschnittene Wärmedämmplatten erreicht (vgl. Abschn. 2.2.5).

Die erforderlichen Querschnitte der Abflußleitungen sind gemäß DIN 1986 T2 zu ermitteln (vgl. Abschn. 1.6.2).

Entwässerungsleitungen sollen möglichst senkrecht geführt werden, doch können besondere örtliche Verhältnisse den Einbau abgewinkelter Entwässerungsgullys notwendig machen. Da alle Entwässerungsöffnungen Wärmebrücken in der Dachkonstruktion darstellen, sind Dachgullys grundsätzlich in wärmegedämmter Ausführung zu verwenden und an Fallrohre anzuschließen, die bis mindestens 1 m unterhalb der Wärmedämmung der Dachfläche wärmegedämmt werden. In schneereichen Gebieten kann eine eingebaute elektrische Beheizung der Gullys dafür sorgen, daß der Einlauf eisfrei bleibt. Je nach Ausbildung der Dachoberfläche werden Dachgullys mit Sieben oder Kiesfangkörben kombiniert (Bild **2.59** und **2.60**).

---

[1]) s. auch Abschn. 2.1.9

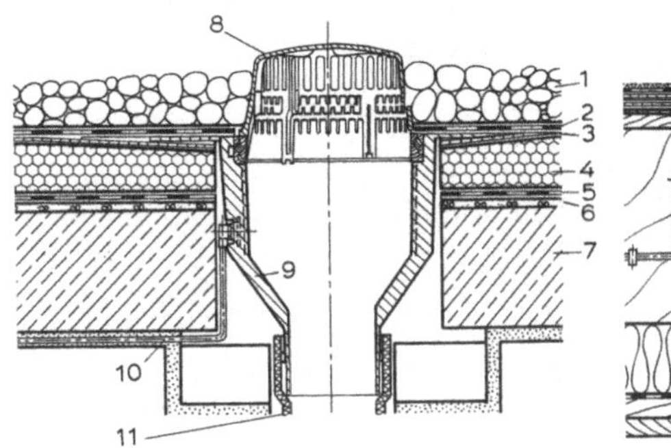

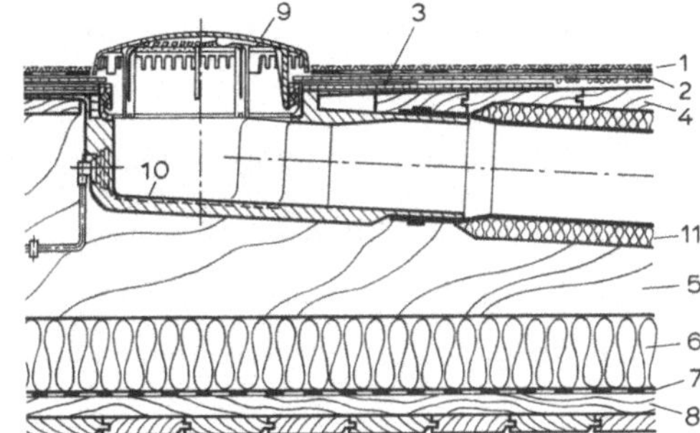

2.59 Flachdachgully mit senkrechtem Einlauf
1 Kiesschüttung
2 Dachabdichtung
3 Anschlußfolie
4 Wärmedämmung
5 Dampfsperre
6 Dampfdruckausgleichsschicht
7 Stahlbetondecke
8 Kiesfangkorb
9 wärmegedämmter und beheizbarer
  Einlauftrichter
10 Heizkabel (24 V)
11 wärmegedämmtes Abflußrohr

2.60 Flachdachgully in abgewinkelter Bauart für
zweischalige belüftete Flachdächer
1 Dachabdichtungen mit Reflektionsschicht
2 zweite Lage der Dachabdichtung
3 Anschlußfolie
4 Nut-Feder-Schalung
5 Dachbalkon
6 Wärmedämmung
7 Dampfbremse
8 Schalung auf Konterlattung
9 Laubfangkorb
10 wärmegedämmter und beheizter
   Einlauftrichter
11 wärmegedämmtes Abflußrohr

Kunststoffdachbahnen werden mit Klemmringen an die Abläufe angeschlossen (Bild
2.61 a). Die meisten Dachabläufe (auch sonstige Zubehörteile wie z. B. in Bild **2.62**
und **2.63**) werden mit werkseitig angebrachten Einbaumanschetten geliefert, die in
bituminöse Abdichtungen eingeklebt werden oder auf die Kunststoffabdichtungen
aufgeschweißt werden (Bild **2.61** b).

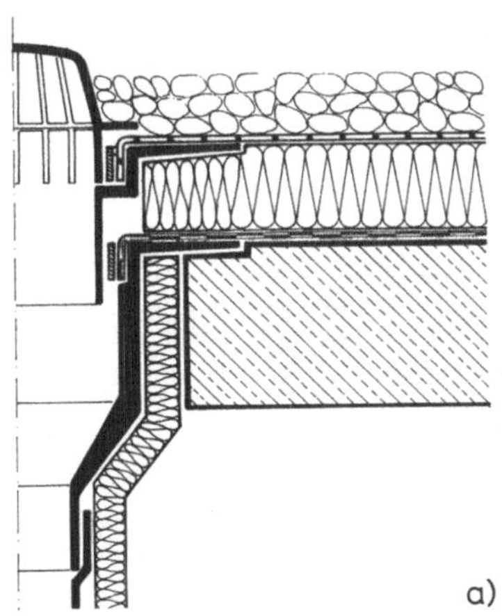

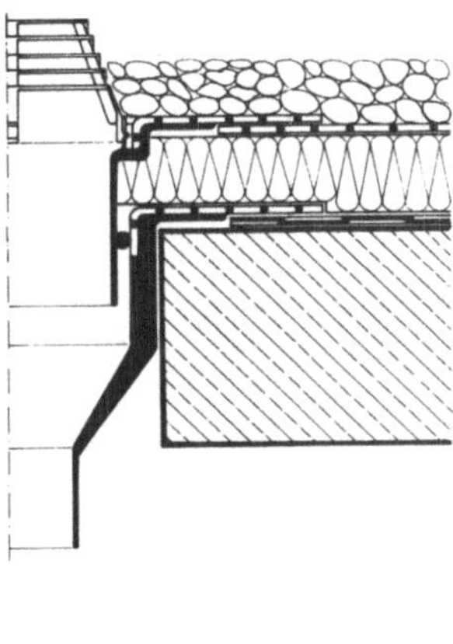

a)

b)

2.61 Eindichtung von Dachabläufen [17]
a) Anschluß mit Klemmring, hochpolymere Dachbahnen lose verlegt
b) Dachgully mit eingeschäumter Manschette, auf hochpolymere, lose verlegte Dachbahnen aufgeschweißt

2.6.3 Sanitärentlüftungen und Antennendurchgänge

Für das Hindurchführen von Sanitärentlüftungen, Luftschächten, Antennen u. ä. gelten die gleichen Einbauforderungen, wie sie in den beiden vorstehenden Abschnitten genannt wurden. Auch für diese Bauteile werden vorgefertigte Kunststoffelemente verwendet (Bild **2**.62 und **2**.63).

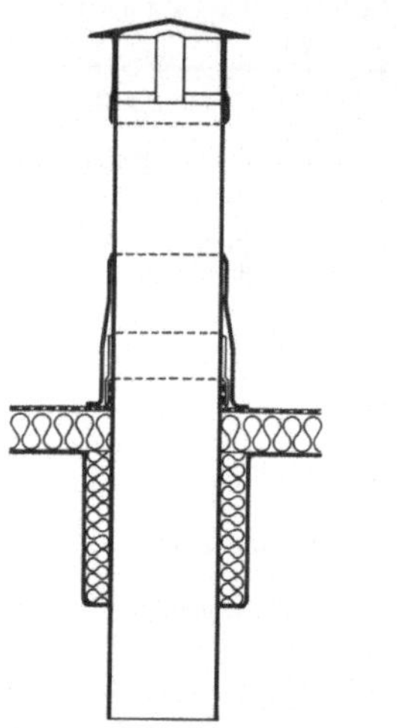

2.62 Kunststoff-Dachentlüfter

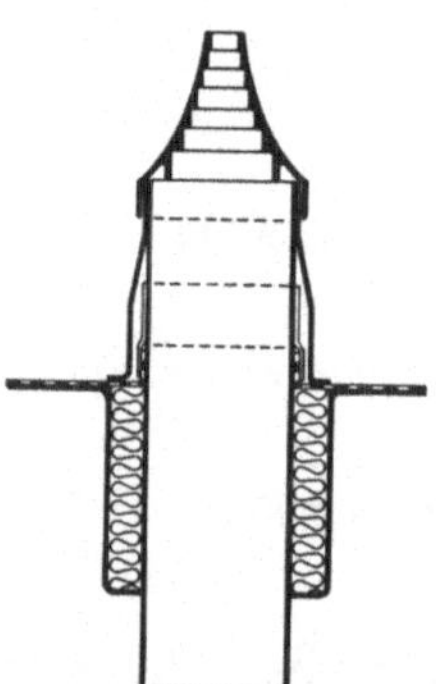

2.63 Kunststoff-Antennendurchführung (BRAAS)

2.7 DIN-Normen

DIN-Nr.		Ausgabe-datum	Titel
1 052	T1	4.88	Holzbauwerke; Berechnung und Ausführung
	T2	4.88	–; Bestimmungen für Dübelverbindungen besonderer Bauart
1 055	T1	7.78	Lastannahmen für Bauten; Lagerstoffe, Baustoffe und Bauteile
	T3	6.71	–; Verkehrslasten
	T4	8.86	Lastannahmen im Hochbau; Verkehrslasten
	T4 A1	6.87	Windlasten nicht schwingungsanfälliger Bauteile
	T5	6.75	
1 986	T1	6.88	Entwässerungsanlagen für Gebäude und Grundstücke; Technische Bestimmungen für den Bau
	T2	9.78	–; Bestimmungen für die Ermittlung der lichten Weiten und Nennweiten für Rohrleitungen
	T4	5.84	–; Verwendungsbereiche von Abwasserrohren und -formstücken verschiedener Werkstoffe

Fortsetzung s. nächste Seite

DIN-Normen, Fortsetzung

DIN-Nr.		Ausgabe-datum	Titel
4108	T1	8.81	Wärmeschutz im Hochbau; Größen und Einheiten
	T2	8.81	–; Wärmedämmung und Wärmespeicherung; Anforderungen und Hinweise für Planung und Ausführung
	T3	8.81	–; Klimabedingter Feuchteschutz; Anforderungen und Hinweise für Planung und Ausführung
	T4 (A1)	12.85 (12.89)	–; Wärme- und feuchteschutztechnische Kennwerte
	T5	8.81	–; Berechnungsverfahren
7864	T1	4.84	Elastomer-Bahnen für Abdichtungen; Anforderungen, Prüfung
16726		12.86	Kunststoff-Dachbahnen, Kunststoff-Dichtungsbahnen; Prüfungen
16729		9.84	Kunststoff-Dachbahnen und Kunststoff-Dichtungsbahnen aus Ethylencopolymerisat-Bitumen (ECB); Anforderungen
16730		12.86	Kunststoff-Dachbahnen aus weichmacherhaltigem Polyvinyl-chlorid (PVC-P), nicht bitumenverträglich; Anforderungen
16731		12.86	Kunststoff-Dachbahnen aus Polyisobuthylen (PIB), einseitig kaschiert; Anforderungen
16734		12.86	Kunststoff-Dachbahnen aus weichmacherhaltigem Polyvinyl-chlorid (PVC-P) mit Verstärkung aus synthetischen Fasern, nicht bitumenverträglich; Anforderungen
16735		12.86	Kunststoff-Dachbahnen aus weichmacherhaltigem Polyvinyl-chlorid (PVC-P) mit einer Glasvlieseinlage, nicht bitumen-verträglich; Anforderungen
16736		12.86	Kunststoff-Dachbahnen und Kunststoff-Dichtungsbahnen aus chloriertem Polyethylen (PE-C), einseitig kaschiert; Anforderungen
16737		12.86	Kunststoff-Dachbahnen und Kunststoff-Dichtungsbahnen aus chloriertem Polyethylen (PE-C), mit einer Gewebeeinlage; Anforderungen
16935		12.86	Kunststoff-Dichtungsbahnen aus Polyisobuthylen (PIB); Anforderungen
16937		12.86	Kunststoff-Dichtungsbahnen aus weichmacherhaltigem Poly-vinylchlorid (PVC-P), bitumenverträglich; Anforderungen
16938		12.86	Kunststoff-Dichtungsbahnen aus weichmacherhaltigem Poly-vinylchlorid (PVC-P), nicht bitumenverträglich; Anforderungen
17770	T2	2.90	Bänder und Bleche aus Zink für das Bauwesen; Maße
18161	T1	12.76	Korkerzeugnisse als Dämmstoffe für das Bauwesen; Dämmstoffe für die Wärmedämmung
18164	T1	12.91	Schaumkunststoffe als Dämmstoffe für das Bauwesen; Dämmstoffe für die Wärmedämmung
18165	T1	7.91	Faserdämmstoffe für das Bauwesen; Dämmstoffe für die Wärme-dämmung
18190	T1	7.75	Dichtungsbahnen für Bauwerksabdichtungen; Dichtungsbahnen mit Rohfilzeinlage; Begriff, Bezeichnung, Anforderungen
	T2	7.75	–; Dichtungsbahnen mit Jutegewebeeinlage; Begriff, Bezeich-nung, Anforderungen
	T3	7.75	–; Dichtungsbahnen mit Glasgewebeeinlage; Begriff, Bezeich-nung, Anforderungen
	T4	7.75	–; Dichtungsbahnen mit Metallbandeinlage; Begriff, Bezeichnung, Anforderungen
	T5	7.75	–; Dichtungsbahnen mit Polyäthylenterephthalat-Folien-Einlage; Begriff, Bezeichnung, Anforderungen

Fortsetzung s. nächste Seite

DIN-Normen, Fortsetzung

DIN-Nr.		Ausgabe-datum	Titel
18195	T1	8.83	Bauwerksabdichtungen; Allgemeines, Begriffe
	T2	8.83	–; Stoffe
	T3	8.83	–; Verarbeitung der Stoffe
	T4	8.83	–; Abdichtungen gegen Bodenfeuchtigkeit; Bemessung und Ausführung
	T5	2.84	–; Abdichtungen gegen nichtdrückendes Wasser; Bemessung und Ausführung
	T6	8.83	–; Abdichtungen gegen von außen drückendes Wasser; Bemessung und Ausführung
	T8	8.83	–; Abdichtungen über Bewegungsfugen
	T9	8.83	–; Durchdringungen, Übergänge, Abschlüsse
	T10	8.83	–; Schutzschichten und Schutzmaßnahmen
18334		9.88	VOB Verdingungsordnung für Bauleistungen Teil C: Allg. techn. Vertragsbedingungen für Bauleistungen (ATV); Zimmerarbeiten
18338		9.88	–; Dachdeckungs- und Dachabdichtungsarbeiten
18339		9.88	–; Klempnerarbeiten
18384		8.88	–; Blitzschutzanlagen
18460		5.89	Regenfalleitungen außerhalb von Gebäuden und Dachrinnen; Begriffe, Bemessungsgrundlagen
18530		3.87	Massive Deckenkonstruktionen; Planung und Ausführung
18531		9.91	Dachabdichtungen; Begriffe, Anforderungen, Planungsgrundsätze
18807	T1	6.87	Trapezprofile im Hochbau; Stahltrapezprofile; Allgemeine Anforderungen, Ermittlung der Tragfähigkeitswerte durch Berechnung
	T2	6.87	–; Stahltrapezprofile; Durchführung und Auswertung von Tragfähigkeitsversuchen
	T3	6.87	–; Stahltrapezprofile; Festigkeitsnachweis und konstruktive Ausbildung
50976		5.89	Korrosionsschutz; Feuerverzinken von Einzelteilen (Stückverzinken); Anforderungen und Prüfung
52117		3.77	Rohfilzpappe; Begriff, Bezeichnung, Anforderungen
52123		8.85	Prüfung von Bitumen- und Polymerbitumenbahnen
52130		8.85	Bitumen-Dachdichtungsbahnen; Begriffe, Bezeichnung, Anforderungen
52131		8.85	Bitumen-Schweißbahnen; Begriffe, Bezeichnung, Anforderungen
52132		8.85	Polymerbitumen-Dachdichtungsbahnen; Begriffe, Bezeichnung, Anforderungen
52133		8.85	Polymerbitumen-Schweißbahnen; Begriffe, Bezeichnung, Anforderungen
52141		12.80	Glasvlies als Einlage für Dach- und Dichtungsbahnen; Begriff, Bezeichnung, Anforderungen
52143		8.85	Glasvlies-Bitumendachbahnen; Begriffe, Bezeichnung, Anforderungen
68365		11.57	Bauholz für Zimmerarbeiten; Gütebedingungen
68705	T1	7.81	Sperrholz; Begriffe, allgemeine Anforderungen, Prüfung

2.8 Literatur

[1] Arbeitsgemeinschaft Holz e. V.: Informationsdienst Holz, Druckschriften 1988–1991

[2] Braas Flachdachhandbuch für Planung und Ausführung. Frankfurt/Main 1991

[3] Düsdieker, W.: Ökologische Dachnutzung, Planungsgrundlagen für begrünte Dächer. In: DBZ 11/1987

[4] Forschungsgesellschaft Landentwicklung Landschaftsbau. Richtlinien für die Planung, Ausführung und Pflege von Dachbegrünungen. Bonn 1990

[5] Grünau, GmbH: WOLFIN Ratgeber – Abdichtungen unter Beschädigungen auf Dachbegrünungen. In: Das Gartenamt 10/85

[6] Hoch, E.: Flachdächer; Konstruktions- und Funktionsschichten, Konstruktionsschwächen, Schadensverhütung. Köln 1981

[7] Hoffmann, O.: Handbuch für begrünte Dächer. Stuttgart 1987

[8] Industrieverband Bitumen-Dach- und Dichtungsbahnen e. V.: abc der Bitumenbahnen, Technische Regeln. Frankfurt/Main 1991

[9] Krolkiewicz, H.-J.: Planungskriterien zur Dachbegrünung. In: Dicht 4/91

[10] Liesecke, H. J.: Grundlagen der Dachbegrünung. Richtlinien für die Planung und Ausführung von Dächern mit Abdichtungen. Köln 1991

[11] Moritz, K.: Flachdachhandbuch. Wiesbaden 1975

[12] Muth, W.: Entwässerung erdüberschütteter Decken. In: DBZ 3/88

[13] Niemer, U.: Planung und Konstruktion von Terrassen und Balkonen. In: Fliesen und Platten 10/1980

[14] Schild, Oswald, Rogier, Schweikert: Bauschadenverhütung im Wohnungsbau; Schwachstellen; Flachdächer, Dachterrassen, Balkone. Wiesbaden 1987

[15] Technischer Arbeitskreis Kunststoff- und Kautschukbahnen für Dach- und Bauwerksabdichtungen: Werkstoffblätter. Darmstadt 1990

[16] Wirtschaftsverband der deutschen Kautschukindustrie e. V.: Leitfaden für Elastomerbahnen und -planen aus Synthesekautschuk. Frankfurt/Main 1984

[17] Zentralverband des Deutschen Dachdeckerhandwerkes: Richtlinien für die Planung und Ausführung von Dächern mit Abdichtungen (Flachdachrichtlinien). Köln 1991

[18] Zimmermann, G.: Betonverbundstein-Pflasterdecke auf Umkehrdach; Verformung des Pflasters. In: DAB 1/90

[19] Zimmermann, G.: Durchwurzelungsschutz und Schutz vor mechanischen Beschädigungen. In: DBZ 3/88

[20] Zimmermann, G.: Flachdächer mit genutzter Oberfläche. In: DAB 10/81

3 Schornsteine (Kamine) und Lüftungsschächte

3.1 Allgemeines

Hausschornsteine dienen dazu, Verbrennungsgase von Feuerstätten fester oder flüssiger Brennstoffe („Rauchschornsteine") oder gasförmiger Brennstoffe („Abgasschornsteine") so über Dach abzuführen, daß Luftverunreinigungen durch Schadstoffe wie Ruß, Kohlenmonoxyd oder Zersetzungsprodukte von Öl auf ein Mindestmaß beschränkt bleiben. Durch heiße Abgase dürfen weder die Schornsteine selbst noch angrenzende Bauteile gefährdet werden.

Die beim Verbrennungsvorgang entstehenden heißen Abgase haben ein geringeres spezifisches Gewicht als die umgebende Außenluft. Sie erhalten dadurch nach dem Archimedischen Prinzip einen Auftrieb mit einer Strömungsgeschwindigkeit, die abhängig ist von

— Temperaturdifferenz zwischen Abgas- und entsprechender Außenluftsäule,

— Höhe der Luftsäulen,

— Frischluftzustrom zur Feuerungsanlage,

— Strömungs- und Reibungswiderständen in Feuerungsraum und Schornstein,

— Abkühlung der Abgase innerhalb des Schornsteins.

Mit der Abgassäule muß eine entsprechende Zuluftsäule nach dem Prinzip der „kommunizierenden Röhren" einen Kreislauf bilden können (Bild **3.1**).

Richtig dimensionierte Schornsteine funktionieren („ziehen") nach diesem Prinzip bei Abgastemperaturen von 250 bis 300° und bleiben auch bei vorübergehender Kondensatbildung an den Innenwänden insbesondere des Schornsteinkopfes in der Regel schadensfrei.

Moderne Heizkessel haben jedoch bei besserer Energieausnutzung heute meistens Abgastemperaturen von nur etwa 150°, sogenannte „Brennwertkessel" sogar von nur 40 bis 60°. Bei modernen Heizungssteuerungen können außerdem Programmschaltungen die Wirtschaftlichkeit der Anlage durch längere Betriebspausen erhöhen.

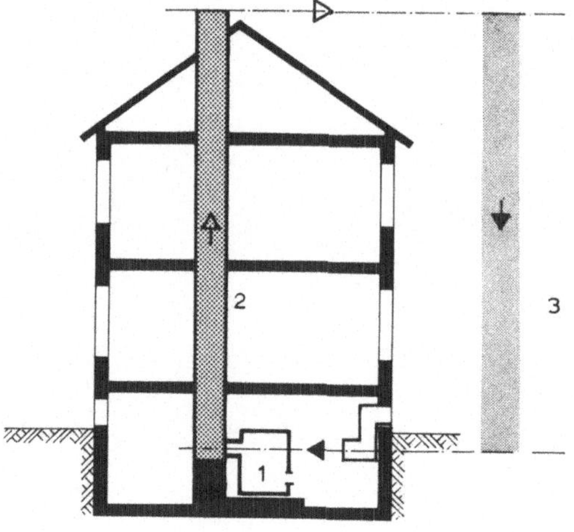

3.1
Funktionsschema eines Schornsteines
1 Feuerstätte
2 Abgassäule („warm, leicht") mit Auftrieb
3 äquivalente Außenluftsäule
  („kühler, schwerer")

Die Abkühlung der Kessel wird dabei vielfach auch durch Abgasklappen in den Verbindungsstücken zwischen Kessel und Schornstein begrenzt.

Daraus folgt, daß Schornsteine heute ein Bauelement darstellen, das besonders sorgfältig in Verbindung mit der gesamten Heizungsanlage zu planen ist. Zu beachten ist dabei:

— Abgasart (Art der Brennstoffe),

— Abgasmenge (abhängig von der Wärmeleistung der Heizungsanlage),

— Abgastemperatur (thermische Beanspruchung des Schornsteinmaterials),

— Betriebsart (z. B. gleichmäßiger Dauerbetrieb oder Intervallbetrieb),

— Lage (Beeinflussung der Abgasführung durch Dachform, benachbarte Gebäude u. ä.),

— Zuluft,

— Überwachung und Reinigung.

3.1.1 Allgemeine Bauvorschriften

Grundlage für die Bauvorschriften von Schornsteinen und Abgaseinrichtungen sind das Bundesimmissionsschutzgesetz und die Technischen Anleitungen zur Reinhaltung der Luft (TA Luft).

Einbau und Konstruktion von Schornsteinen sind in DIN 18160 und den Landesbauordnungen durch verschiedene Einzelvorschriften geregelt, die im Rahmen dieser Abhandlung nur in den wichtigsten Teilen erwähnt werden können.

Anschluß von Feuerstätten. An einen eigenen Schornstein ist anzuschließen (DIN 18160):

— jede Feuerstätte mit einer Nennwärmeleistung von mehr als 20 kW, bei Gasfeuerstätten von mehr als 30 kW,

— jede Feuerstätte in Gebäuden mit mehr als 5 Vollgeschossen,

— jeder offene Kamin oder andere offene Feuerstätte,

— jede Feuerstätte mit Brenner mit Gebläse,

— jede Feuerstätte, der die Verbrennungsluft durch dichte Leitungen so zugeführt wird, daß ihr Feuerraum gegenüber dem Aufstellraum dicht ist,

— jede Feuerstätte in Aufstellräumen mit ständig offener Verbindung zum Freien,

— Sonderfeuerstätten gemäß DIN 18160, Abschn. 5.3.6.

An einen gemeinsamen Schornstein dürfen angeschlossen werden:

— bis drei Feuerstätten für feste oder flüssige Brennstoffe mit einer Nennwärmeleistung von je höchstens 20 kW oder bis drei Gasfeuerstätten mit einer Nennwärmeleistung von je höchstens 30 kW (vgl. DIN 18160, Abschn. 5.3.2).

Gasfeuerstätten dürfen nicht an Schornsteine mit Feuerstätten für feste oder flüssige Brennstoffe angeschlossen werden.

Schornsteinhöhe. Die Schornsteinhöhe wird im allgemeinen von der Gebäudehöhe bestimmt, wenn nicht freistehende Schornsteinanlagen (s. Bilder **3.24** bis **3.**27) eine unabhängige Höhe ermöglichen. Die Mindesthöhe (Abstand Feuerungsebene-Schornsteinmündung) beträgt 4 m nach DIN 18160. Sie ist im übrigen abhängig von der Wärmeleistung der Heizanlage sowie der Querschnittsgröße und -form des Abgasrohres.

Die Schornsteinmündung ist für geneigte Dächer möglichst am First vorzusehen und muß die höchste Dachkante bei Dachneigungen von mehr als 20° um mindestens

40 cm, bei Weichdächern (mit Stroh- oder Reetdeckung) mindestens um 80 cm überragen.

Von Dachflächen, die weniger als 20° geneigt sind, müssen Schornsteinmündungen einen Abstand von mindestens 1 m haben. Wenn Dächer eine allseitig geschlossene Brüstung von mehr als 50 cm Höhe haben (z. B. Attika von Flachdächern), muß die Schornsteinmündung 1 m über der Oberkante der Brüstung liegen. Bei Flachdächern ist in derartigen Brüstungen durch Öffnungen o. ä. dafür zu sorgen, daß gefährliche Abgasansammlungen über der Dachfläche ausgeschlossen werden (Bild **3**.2).

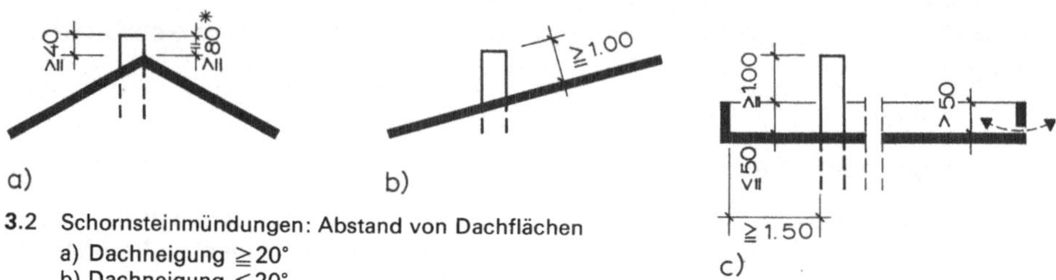

3.2 Schornsteinmündungen: Abstand von Dachflächen
  a) Dachneigung ≧ 20°
  b) Dachneigung ≦ 20°
  c) Flachdächer mit allseitig geschlossenen Aufkantungen

Von Fenstern und Balkonen müssen Schornsteinmündungen einen ausreichend großen Abstand haben, der Belästigungen durch Abgase ausschließt.

Häufige Sturmschäden an frei über Dachflächen stehenden Schornsteinen haben in letzter Zeit andererseits auch zu H ö h e n b e g r e n z u n g e n geführt. Diese sind abhängig von der Bauart und der Einbauhöhe über Gelände. Bei Schornsteinen aus Formsteinen werden sie zum Bestandteil der amtlichen Einzelzulassungen. Danach dürfen ummauerte Schornsteine – gemessen in der Schornsteinachse – geneigte Dachflächen oder Flachdachflächen etwa 1,40 bis 1,90 m und verputzte oder verschieferte Schornsteine teilweise nur etwa 0,60 m bis höchstens 1,50 m überragen.

Querschnitt. Der lichte Schornstein-Querschnitt ist rund, quadratisch oder – nicht so günstig – rechteckig. Der Mindestquerschnitt ist 100 cm^2 für Schornsteine aus Formsteinen und 140 cm^2 bei gemauerten Schornsteinen. Die kleinste Seitenlänge rechteckiger Querschnitte muß 10 cm (bei gemauerten Schornsteinen 13,5 cm) betragen.

Bei der Dimensionierung gilt als Grundregel, daß die Schornsteine möglichst immer voll ausgelastet sein sollen, da auf diese Weise am besten der Kondensatbildung entgegengewirkt wird.

Für Regelfälle kann der erforderliche Schornstein-Querschnitt bauaufsichtlich geprüften Tabellen oder Diagrammen der Hersteller von vorgefertigten Schornsteinen entnommen werden (Bild **3**.3). Im übrigen ist er nach DIN 4705 zu ermitteln.

Die Schornsteine sind ohne Querschnittsänderungen senkrecht hochzuführen. Ein „Z i e h e n" (bis zu 60° gegen die Waagerechte) ist ohne Querschnittsänderung nur e i n m a l zulässig (Bild **3**.4). Bei Schornsteinen aus Formstücken nach DIN 18150 dürfen für die Knickstellen nur besonders geformte Winkelstücke verwendet werden.

Bei geringfügigem Verziehen brauchen Schornsteine nicht besonders abgestützt zu werden (Bild **3**.5). Bei größeren Verziehungen muß eine Abstützung auf nicht brennbare tragende Bauteile vorgesehen werden (Bild **3**.6).

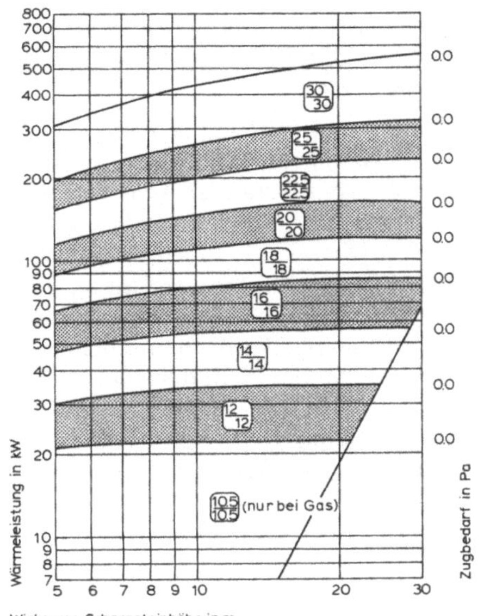

a)

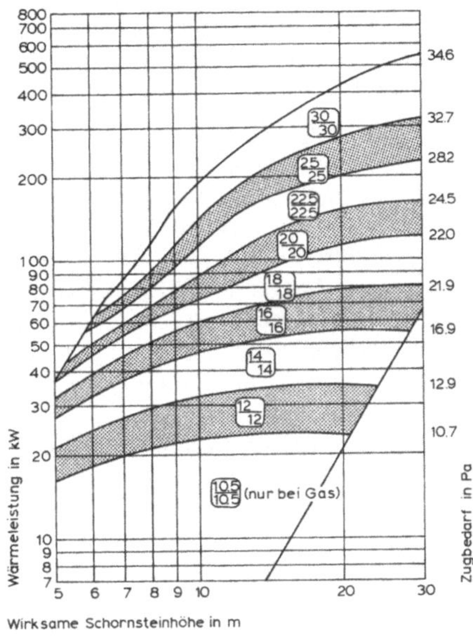

b)

3.3 Tabellen zur Ermittlung von Schornsteinquerschnitte (PLEWA Isomit 90)

a) Kessel ohne Zugbedarf (Überdruckfeuerung) für Heizöl EL oder Erdgas, Abgastemperatur 80°
b) Kessel mit Zugbedarf für Heizöl EL oder Erdgas, Abgastemperatur 160°

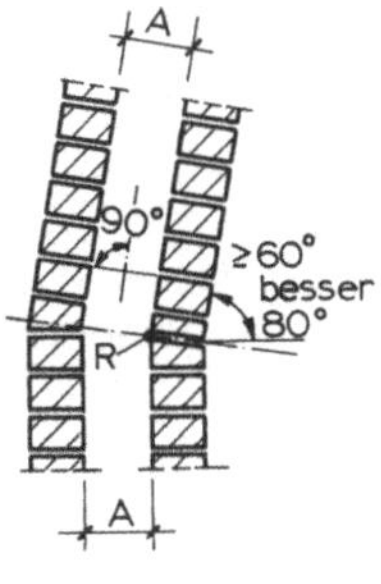

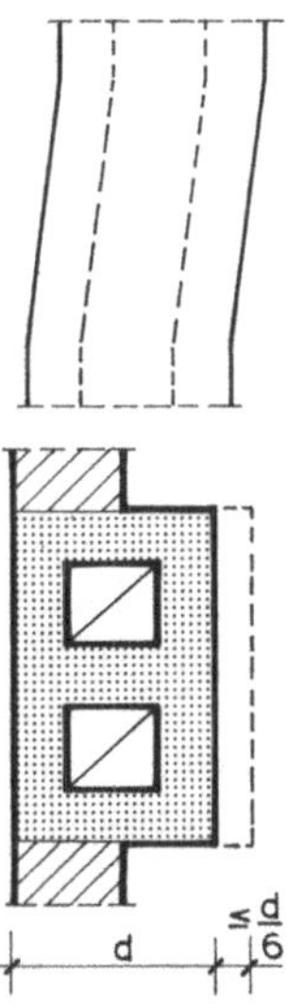
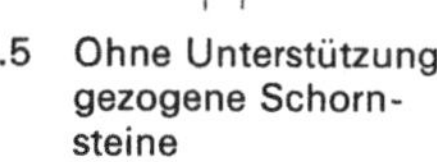

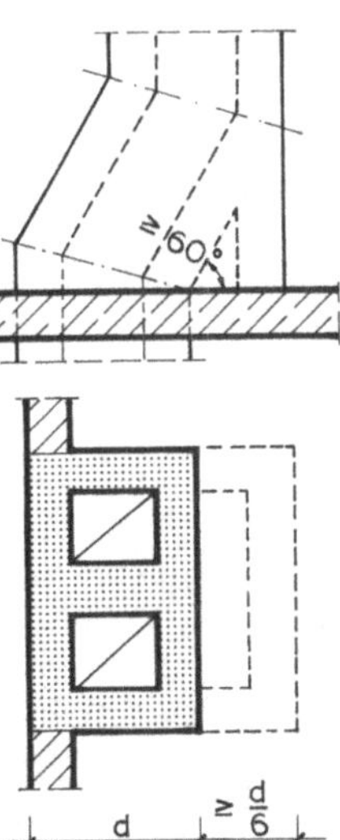

3.4 Gezogener gemauerter Schornstein mit gleichbleibendem Rohrquerschnitt

Rundstahl R verhindert das Einschneiden der Besenleine

3.5 Ohne Unterstützung gezogene Schornsteine

3.6 Unterstützung eines gezogenen Schornsteines durch „Schulterwange". Sie ruht auf der für die Last besonders berechneten Decke

Wenn irgend möglich, sollte das Verziehen von Schornsteinen jedoch vermieden werden, denn abgesehen vom baulichen Mehraufwand wird die Schornsteinleistung verringert, der Rußansatz begünstigt und die Brandgefahr erhöht.

Baustoffe. Schornsteine sind aus feuerbeständigen Baustoffen so herzustellen, daß die Oberflächentemperatur an den Außenflächen an keiner Stelle höher als 100° ist. Bei den für Hausheizungen in Betracht kommenden Abgastemperaturen ist in der Regel keine Erhitzung von Schornsteinbauteilen zu befürchten, die für angrenzende Bauteile kritisch werden könnte.

Wenn jedoch Abgasrückstände (z. B. Ruß) in Brand geraten oder wenn diese vom Schornsteinfeger beim „Ausbrennen" absichtlich in Brand gesetzt werden, können außerordentlich hohe Temperaturen an den Schornsteinaußenflächen entstehen. Brennbare Bauteile müssen daher bestimmte Abstände von den Schornsteinen haben (s. Abschn. 3.1.2).

Schornsteine müssen bereits ohne Oberflächenbehandlung (z. B. Putz) gasdicht sein. Das ist bei gemauerten Schornsteinen (s. Abschn. 3.2.5) mit Wangendicken von mindestens 11,5 cm zwar nicht völlig, in der Praxis aber für den Normalbetrieb ausreichend der Fall. Schornsteine aus Formsteinen (s. Abschn. 3.2.2 und 3.2.3) können diese Forderung weitaus besser erfüllen.

Bei großen Querschnitten insbesondere von hohen Schornsteinen kann es durch Unregelmäßigkeiten bei der Verbrennung zu Verpuffungen mit erheblichen Explosionsschlägen kommen. Schornsteinwandungen müssen daher so beschaffen sein, daß sie auch derartigen Beanspruchungen gewachsen sind.

Die über Dach oder unverputzt im Freien liegenden Schornsteinteile müssen frostbeständig sein.

Fundamente. Schornsteine müssen auf tragfähigem Baugrund mit entsprechenden Fundamenten gegründet oder auf feuerbeständigen Bauteilen aufgesetzt sein. Für dünnwandige Abgasschornsteine genügt eine Unterstützung aus nicht brennbaren Baustoffen. Müssen Schornsteine oder Feuerungsanlagen bei hohen zu erwartenden Temperaturbelastungen auf bindigen Böden gegründet werden, muß durch Wärmedämmung ein Austrocknen und die damit verbundene Volumenverringerung des Untergrundes verhindert werden, weil es sonst zu erheblichen Setzungen der Fundamente kommen kann.

Standsicherheit. Die Schornsteinwangen dürfen durch andere Bauteile, wie Decken und Unterzüge, nicht unterbrochen oder belastet werden. Bei Schornsteinen, die mit einer feuerbeständigen und feuerbeständig unterstützten Wand im Verband gemauert sind, dürfen Massivdecken mit Querversteifung aufgelagert werden, wenn die Wange mit ≧ 11,5 cm Dicke im Deckendurchbruch erhalten bleibt.

Schornsteine sind unter Dach in Abständen von ≦ 3 m Höhe auszusteifen, wenn sie nicht mit anschließenden Wänden aus denselben Baustoffen gleichzeitig im Verband hochgeführt werden. Gemauerte Schornsteine, die ohne Verband mit anschließenden Wänden errichtet und nicht mindestens alle 5 m ausgesteift sind, müssen 24 cm dicke Wangen erhalten.

Schornsteine dürfen in tragende oder aussteifende Wände nur dann eingreifen, wenn dadurch die statische Wirksamkeit dieser Wände nicht beeinträchtigt wird.

Verbindungsstücke. Anschlüsse von Feuerungsstellen sind mit möglichst kurzen (max. $\frac{1}{4}$ der wirksamen Schornsteinhöhe) Verbindungsstücken mit möglichst wenig Umlenkungen an den Schornstein anzuschließen. Im allgemeinen sind die Verbindungsstücke zum Schornstein hin steigend zu planen. Bei Feuerstätten mit Gebläse-brennern können sie aber auch fallend ausgeführt werden, wenn keine wesentlichen Druckverluste im Abgasstrom eintreten (Einzelheiten s. DIN 18160 T2, Abschn. 4.2.2f).

Die Verbindungsstücke sind – möglichst mit Hilfe besonderer Formstücke so in die Abgasrohre einzuführen, daß sie keinesfalls in diese hineinragen. Zwischenräume sind mit nicht brennbaren Materialien sorgfältig abzudichten. Dabei ist darauf zu achten, daß durch Zwischenräume die Übertragung von Körperschall (Brennergeräusche) auf den Schornstein vermieden wird. Für feuchteunempfindliche Schornsteine (s. Abschn. 3.2.3) sind spezielle, kondensatdichte Verbindungsstücke zu verwenden.

Stemmarbeiten. Stemmarbeiten aller Art sind an Schornsteinen nicht zulässig!

Müssen ausnahmsweise nachträglich Anschlußarbeiten ausgeführt werden, dürfen die erforderlichen Aussparungen nur durch Bohren oder mit Hilfe von Trennscheiben o. ä. hergestellt werden.

Reinigung. Zur Reinigung müssen Schornsteine an der Rauchrohrsohle mindestens 20 cm unter dem letzten Feuerstättenanschluß und – wenn eine Reinigung von der Mündung aus nicht vorgesehen werden kann – im Dachraum mindestens 10 cm × 18 cm große, dicht verschließbare, wärmegedämmte Reinigungsöffnungen mit bauaufsichtlichem Prüfzeichen haben (Bild **3.7**).

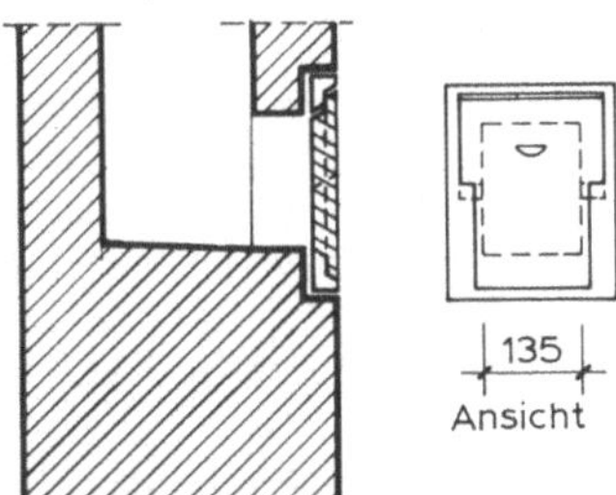

3.7
Schornstein-Reinigungsöffnung

Für die Reinigung vom Schornsteinkopf aus muß ein entsprechender, sicherer Zugang mit einer mindestens 42 cm × 52 cm großen, seitlich zu öffnenden Ausstiegsklappe in der Dachfläche vorhanden sein.

Auf Dächern mit Neigungen über 20° oder mit nicht begehbaren Dachdeckungen (z. B. auch Wellfaserzementplatten) sind sicher begehbare Standroste neben den Schornstei-nen (mindestens 25 × 40 cm) oder auch Laufstege gemäß DIN 18160 T5 notwendig (s. auch Bild **1.271**).

Sie müssen mindestens 25 cm breit sein und unterhalb des Firstes liegen. Auf Dächern mit einer Neigung von mehr als 60° oder wenn sie mehr als 2,00 m über Dach- oder sonstigen Flächen liegen, müssen sie auf mindestens einer Seite Geländer haben. Bei Höhenunterschieden von mehr als 80 cm sind Leitern oder Steigeisen vorzusehen (Steigeisen an Schornsteinen sind unzulässig).

Heizräume. Zusammen mit den Schornsteinen sind in der Regel auch die Heizräume zu planen.

Für Feuerungsanlagen mit Gesamtwärmeleistungen von mehr als 50 kW sind beson-dere Heizungsräume erforderlich, für die es in den verschiedenen Landesbauordnungen eine Reihe von untereinander abweichenden Bestimmungen gibt. Die nachfolgenden auszugsweisen Angaben aus der Hessischen Bauordnung können daher nur als Anhalt dienen.

— Heizräume müssen einen Rauminhalt von mindestens 8 m³ und eine lichte Höhe
  von mindestens 2 m haben. Allerdings ergibt sich die lichte Höhe von Heizräumen
  meistens aus der Notwendigkeit, unter erforderlichen oft in mehreren Lagen vorzu-
  sehenden Heizungsleitungen noch die notwendige Durchgangshöhe zu erreichen.

— Heizräume dürfen nicht unmittelbar mit Treppenräumen „notwendiger" Treppen
  (s. Abschn. 4) oder mit Aufenthaltsräumen in Verbindung stehen. Bei Feuerstätten
  für feste Brennstoffe dürfen Heizräume nicht oberhalb des Erdgeschosses liegen.
  Werden Heizräume für gas- oder ölgefeuerte Feuerstätten an anderer Stelle untergebracht, muß sichergestellt sein, daß Rauch oder Abgase nicht in den Heizraum
  dringen können.

— Bis zu einer Nennwärmeleistung von 350 kW ist mindestens ein, darüber hinaus sind
  zwei unmittelbar ins Freie oder in Rettungswege gehende Notausgänge bzw.
  -ausstiege einzuplanen.

— Alle Wände, Decken und Stützen von Heizräumen müssen feuerbeständig (Feuerwiderstandsklasse F 90; s. Abschn. 14.6 in Teil 1 dieses Werkes) ausgeführt werden.
  Türen müssen in Fluchtrichtung aufschlagen, selbstschließend sein und, sofern nicht
  höhere Auflagen seitens der Bauaufsicht gemacht werden, mindestens der Feuerwiderstandsklasse T 60 entsprechen.

— Leitungen aller Art (nur aus nicht brennbaren Baustoffen) dürfen durch Wände und
  Decken von Heizräumen nur mit besonderen Vorkehrungen gegen Brandübertragung
  hindurchgeführt werden.

— Heizräume müssen mit unverschließbaren Be- und Entlüftungsöffnungen ausgestattet sein. Deren freier Mindestquerschnitt muß 300 cm² (+2,5 cm²/1 kW der über
  50 kW hinausgehenden Gesamtnennwärmeleistung) betragen. Spezielle Bauvorschriften betreffen Lüftungseinrichtungen mit Ventilatoren. Gegen die Körperschallübertragung von Brennergeräuschen sind die Kessel auf Betonplatten zu montieren,
  die auf der Bodenplatte des Gebäudes bzw. die Fundamente weich federnd gelagert
  sind.

— Brenner und Brennstoff-Fördereinrichtungen müssen durch außerhalb des Heizraumes liegende Schalter oder Absperreinrichtungen im Gefahrenfall abschaltbar sein.

Auch für die Brennstofflagerung gelten besondere Vorschriften. Heizöl darf z. B. in
Mengen bis 5000 l innerhalb des Heizraumes, darüber hinaus (bis 100 000 l) nur in
besonderen Lagerräumen mit feuerfesten Decken, Wänden und Türen gelagert werden.

3.1.2 Brandschutz

Nach DIN 18160 T1, Abschn. 7.3 müssen die Außenflächen von Schornsteinen
≧ 5 cm von Bauteilen aus brennbaren oder schwer entflammbaren Baustoffen (z. B.
Konstruktionshölzern) entfernt bleiben (Bild **3.8**). Wenn der Zwischenraum belüftet
ist, genügt ein Abstand von 2 cm.

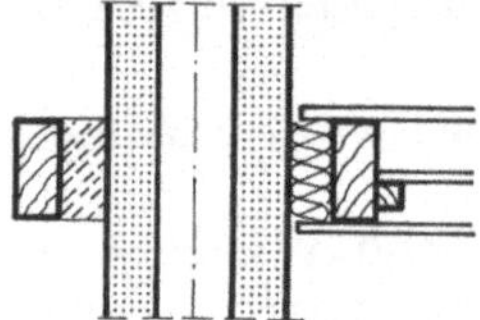

3.8 Schnitt durch Schornstein und Holzbalken-
     decke, Hinterfüllung mit nicht brennbarer Mi-
     neralwolle oder Beton

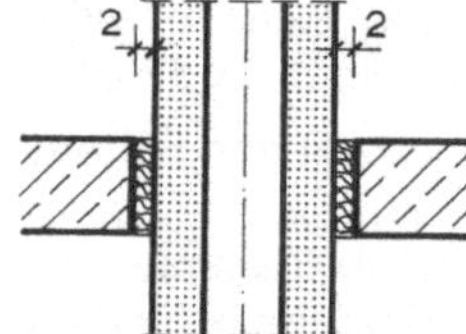

3.9 Schornsteinführung durch Stahlbetondecke;
     nicht brennbare Dämmplatte in senkrechter
     Fuge

Bei dünnwandigen Abgas-Schornsteinen, z. B. Stahl-Schornsteinen, und bei Verbindungsstücken ist der Abstand auf $\geq$ 40 cm ($\geq$ 20 cm bei Türfuttern u. ä. untergeordneten brennbaren Bauteilen) zu erhöhen, wenn nicht ein besonderer Schutz gegen strahlende Wärme vorgesehen wird.

Nichttragende Bauteile aus brennbaren oder schwer entflammbaren Baustoffen (z. B. Fußböden, Fußleisten, Dachlatten) können – ausgenommen bei dünnwandigen und Stahlschornsteinen – mit kleinen Flächen an frei zugänglichen Stellen unmittelbar an die Schornstein-Außenfläche herangeführt werden.

Bauteile aus nicht brennbaren Baustoffen dürfen an Schornstein-Außenflächen unmittelbar anstoßen. Von nicht im Verband gemauerten (Formteil-)Schornsteinen müssen sie $\geq$ 2 cm entfernt bleiben.

Zwischenräume bis zu 10 cm und Zwischenräume in den Deckendurchbrüchen sind dicht mit nicht brennbaren und ausreichend wärmedämmenden Baustoffen auszumauern oder auszufüllen (Bild **3.**9). Die Höhenänderung der Schornsteine darf dadurch aber nicht behindert werden. Die oben erwähnte Aussteifung muß wirksam bleiben.

Schornsteine in Hochhäusern müssen von Decken und Wänden durch mindestens 3 cm dicke Fugen getrennt sein, die mit elastischen, nicht brennbaren Baustoffen ausgefüllt sind.

3.1.3 Wärmeschutz

Moderne, energiesparende Heizungsanlagen mit hohem Wirkungsgrad der Kessel haben teilweise sehr niedrige Abgastemperaturen. In den Abgasen der üblichen Brennstoffe sind neben Stickstoff aus der Verbrennungsluft und Ruß aus unverbranntem Kohlenstoff vor allem Kohlendioxid (CO_2), Schwefeldioxid (SO_2) und Wasser (H_2O) enthalten. Die Abgase von 1 kg Heizöl enthalten etwa 1,5 kg Wasserdampf, von 1 m^3 Heizgas etwa 1,5 kg Wasserdampf.

Insbesondere wenn sich die Rauchgase auf ihrem Weg durch den Schornstein abkühlen, kommt es bei Temperaturen von 40 bis 45 °C zur Kondensatbildung, und das als Dampf im Rauchgas enthaltene Wasser schlägt sich vor allem im Bereich des Schornsteinkopfes nieder. Bei dem üblichen intermittierenden Betrieb der Heizungsanlagen kann der Schornstein nur bei ausreichender Durchlüftung austrocknen. Energiesparende Abgasklappen oder Luftabsperrklappen an den Öl- oder Gasbrennern behindern aber sehr oft diese notwendige Austrocknung (vgl. Abschn. 3.1).

Besonders bei Ölheizungen verbindet sich im Laufe der Zeit die sich ansammelnde Feuchtigkeit mit den SO_2-Anteilen der Abgase zu schwefliger Säure, die die Baustoffe des Schornsteines angreift und allmählich durchdringt. Es kommt zur „Versottung" des Schornsteines. Diese Gefahr besteht besonders auch bei falsch bemessenen – zu großen – Schornsteinquerschnitten (z. B. wird, wenn Heizungsanlagen von Öl auf Gasfeuerung umgestellt werden, vielfach die Überprüfung der Schornsteindimensionen vernachlässigt!).

Zur Planung von Schornsteinanlagen gehört daher insbesondere auch die Festlegung des Wärmeschutzes für Schornstein und Schornsteinkopf, damit die Abgastemperaturen möglichst nicht die kritischen Grenzen zur Kondensatbildung erreichen (etwa 50 °C für Wasserdampf, etwa 100 bis 130 °C für Säuren je nach Verbrennung und Brennstoffqualität).

Nach DIN 18160 müssen alle in Gebäuden verwendete Schornsteine in 3 Wärme-
dämmgruppen eingeordnet werden:

Gruppe I: Wärmedurchlaßwiderstand > 0,65 m² K/W (entsprechende Werte errei-
             chen die meisten mehrschaligen Schornsteinsysteme, s. Abschn. 3.2.3)

Gruppe II: Wärmedurchlaßwiderstand 0,22 bis 0,64 m² K/W (z. B. isolierte Edelstahl-
             schornsteine ohne Ummauerung)

Gruppe III: Wärmedurchlaßwiderstand < 0,21 m² K/W (gemauerte und einschalige
             Formsteinschornsteine s. Abschn. 3.2.2 und 3.2.4).

Vorgefertigte Schornsteinsysteme müssen durch amtliche Prüfgutachten entsprechend
beurteilt sein.

Bei der Auswahl des Schornsteines ist zu beachten, daß Schornsteine der Gruppe I
immer erforderlich sind

— bei dicht schließenden Abgas-Absperrvorrichtungen sowie bei Öl- und bei Gas-
  Gebläsefeuerungen,

— bei außen am Gebäude liegenden Schornsteinen,

— bei Schornsteinen für Sonderfeuerstätten wie z. B. Abfallverbrennungsanlagen,

— bei Schlankheiten des Schornsteines > 100 (z. B. Schornsteininnenmaß 14 cm,
  Schornsteinhöhe > 14 m).

Wangen von Schornsteinen für Feuerstätten, die regelmäßig ganzjährig betrieben werden, müssen gegenüber Aufenthaltsräumen einen Wärmedurchlaßwiderstand haben,
der mindestens der Wärmedurchlaßwiderstandsgruppe II entspricht. Dies gilt nicht,
wenn die angeschlossenen Feuerstätten ganzjährig nur zur Warmwasserbereitung für
nicht mehr als eine Wohnung betrieben werden.

Die Oberflächen tragender Wände, Pfeiler und Stützen aus Beton oder Stahlbeton
dürfen nicht auf mehr als 50 °C erwärmt werden können.

Im übrigen muß durch rechnerischen Nachweis gemäß DIN 4705 nachgewiesen werden, daß auf der Schornsteininnenseite die Oberflächentemperatur an der Mündung
unterhalb der Wasserdampf-Taupunkttemperatur liegt.

Die früher üblichen gemauerten einschaligen Schornsteine (Bild **3.10**) sowie ein- oder
zweischalige Schornsteine aus Formsteinen (Bild **3.11**) kommen somit nur noch für
Einzel-Ofenheizungen, offene Kamine o. ä. in Betracht. Im übrigen werden mehrschalige Systeme eingesetzt, die ganz oder teilweise vorgefertigt sind (Bild **3.12** bis **3.15**).

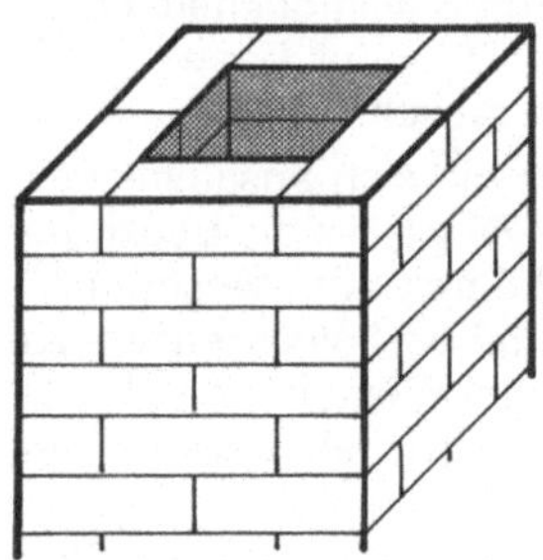

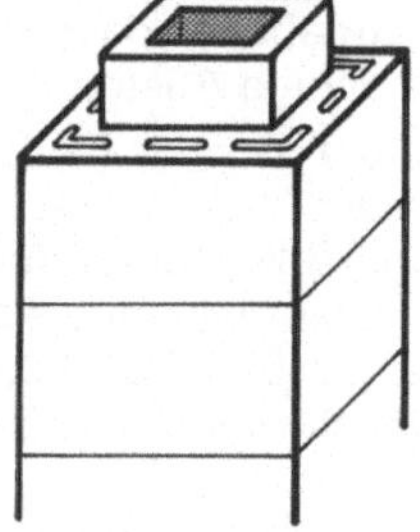

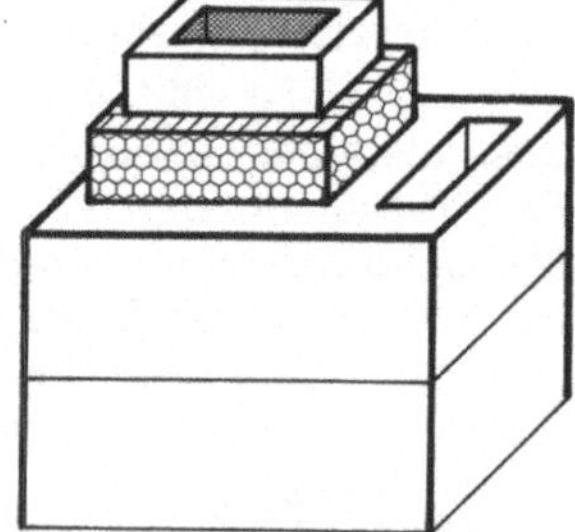

3.10 Einschaliger Schornstein, gemauert

3.11 Zweischaliger Schornstein, Formsteine mit
Hohlräumen

3.12 Dreischaliger Schornstein (Mantel-Form-
stein enthält Lüftungs-
kanäle für Entlüftung
des Heizraumes)

Sie bestehen in der Regel aus einem Schamotte-Innenrohr (auch mit Spezialbeschich-tungen und Innenglasur), Wärmedämmschichten aus nicht brennbaren Mineralwolle-platten (auch Vermiculite o. ä. als Dämmörtel oder Verfüllung) und aus Leichtbeton-Mantelsteinen, die gleichzeitig auch Lüftungskanäle enthalten können.

Schornsteine aus Formteilen für Heizungsanlagen mit niedrigen Abgastemperaturen werden mit hinterlüfteten Abgasrohren bzw. Wärmedämmungen ausgeführt (s. Abschn. 3.2.3).

3.1.4 Schornsteinkopf

Der Schornsteinkopf muß gegen Wärmeverlust, aber auch gegen Witterungsein-flüsse, insbesondere gegen Schlagregen, geschützt werden.

Bei handwerklicher Ausführung wird eine Vorsatzschale aus sorgfältig verfugten Vor-mauersteinen (VMz) oder Klinkern (KMz) auf einer unterhalb der Dachhaut eingebau-ten Formsteinplatte aufgemauert (s. Bild **3.13**).

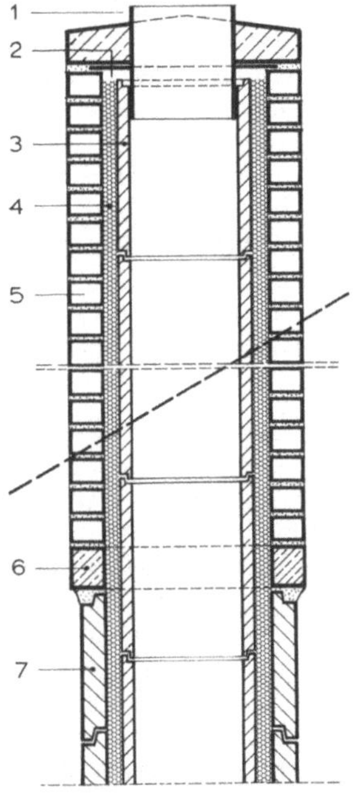

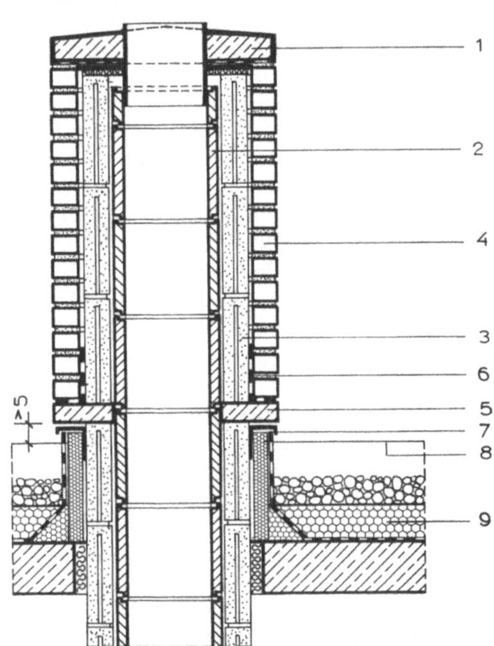

3.13 Ausführung von Kaminköpfen nach DIN
4705 (Dachanschluß nicht eingezeichnet)

1 Kaminkopfabdeckung mit Dehnfugenblech (Dehnfugenblech auch bündig mit
  OK-Abdeckung möglich)
2 Dehnfuge
3 Schamotte-Rauchrohr (auch mit Innenglasur)
4 Wärmedämmung
5 Ummantelung mit sorgfältig verfugtem
  Klinkermauerwerk (nur Vollsteine!)
6 Kragplatte
7 Mantel-Formsteine

3.14 Schornsteinkopf in Flachdachfläche

1 Kaminkopf-Abdeckung mit Dehnfugenblech und Dichtungsschicht
2 Schamotte-Rauchrohr
3 Mantelsteine, wärmedämmend
4 Ummantelung mit Vollsteinen
5 Kragplatte
6 Abdichtung
7 Flachdachabdichtung mit Wandanschlußprofil
8 OK-Randprofil
9 Flachdachaufbau (Umkehrdach)

Den Übergang zur Dachdeckung bildet eine „Einfassung" aus Zinkblech oder Walzblei, die mit einer dauerelastisch eingedichteten Übergangsleiste („Kappleiste") am Kaminkopf angeschlossen wird. Schornsteinköpfe in Flachdachflächen werden eingedichtet, indem die Dachhaut mindestens 5 cm über die Höhe der Dachränder hochgezogen und mit üblichen Wandanschlußprofilen mit Unterschnitt angeschlossen wird (Bild **3**.14).

Bei Schornsteinen in Flachdächern, aber auch bei geneigten Dächern über ausgebauten Dachgeschossen entstehen über die Schornsteinwangen leicht Wärmebrücken zwischen Außen- und Innenraum. Tauwasserbildung im angrenzenden Innenraum wird vermieden, wenn der Schornstein im Bereich der Dachdurchführung zusätzlich wärmegedämmt wird (7 in Bild **3**.14).

Der Kaminkopf wird oben abgedeckt mit einer mindestens 8 cm dicken Ortbeton- oder Fertigteilplatte, die bündig mit den Außenflächen abschließen soll. Überstände verursachen Luftwirbel und können zu Stauungen im Abgasstrom führen.

Die Innenrohre aus Schamotte o. ä. der heute fast ausschließlich verwendeten Schornsteine aus Formteilen haben infolge der Erwärmung durch die Abgase eine Längenänderung von etwa 1 mm/m. Bei Schornsteinen für relativ niedrige Abgastemperaturen werden diese Längenänderungen unterhalb der oberen Schornsteinabdeckung durch Dehnfugenbleche aus korrosionsfestem Stahl ausgeglichen (Bild **3**.13 und **3**.14).

Auch bei sorgfältiger Ausführung entsteht insbesondere zwischen großen betonierten Schornsteinabdeckungen und dem Mauerwerk des Schornsteinkopfes leicht ein Riß durch temperaturbedingte Längenänderungen und durch Schüsselung der Platte. Hier kann Schlagregenwasser eindringen und leicht seinen Weg bis zur Wärmedämmung des Schornsteinkopfes finden. Es empfiehlt sich daher, vor dem Betonieren den fertig gemauerten Schornsteinkopf oben zunächst mit einer Dichtungsschlämme zu behandeln. Auch eine abdichtende Zwischenlage mit einer Bitumen-Dachdichtungsbahn kann einen sicheren Übergang bis zum Dehnfugenblech bilden.

Die Fuge zwischen Kaminkopfmauerwerk und Abdeckplatte ist dauerelastisch abzudichten.

Schornsteine für niedrige Abgastemperaturen haben in der Regel hinterlüftete Abgasrohre bzw. Wärmedämmungen. Bei derartigen Schornsteinen werden die Innenrohre mit Endhauben, über die obere Schornsteinabdeckung hinausgezogen (Bild **3**.15 und **3**.22).

Gemauerte Schornsteinköpfe bilden wegen der vielen sorgfältig aufeinander abzustimmenden Arbeitsvorgänge, die auch noch meistens von verschiedenen Auftragnehmern auszuführen sind, und wegen der hohen Beanspruchungen andererseits bereits bei geringfügigen Ausführungsmängel (z. B. Mängel der Verfugung, Risse in den Klinkern oder Verwendung der meistens einfacher zu beschaffenden gelochten Steine, oder bei Fehlern am Anschluß und Übergang zur Dachdeckung bzw. Dachabdichtung, Mängeln bei der Eindichtung der Kappleisten u. a. m.) sehr oft ärgerliche Schadensquellen.

Sicherer wenn auch kostenaufwendiger ist es daher, die Schornsteinköpfe mit einer hinterlüfteten Bekleidung mit Kupferblech oder Verschieferung auszuführen (vgl. Bild **3**.15).

Dabei ist die Verwendung von Holz-Unterkonstruktionen kaum vermeidbar. Wegen der unterschiedlichen Vorschriften bzw. deren unterschiedlicher Bewertung ist eine Absprache mit den zuständigen Bezirksschornsteinfegermeistern sehr ratsam.

Die wohl beste Sicherung gegen Ausführungsmängel dürften jedoch vorgefertigte Schornsteinkopfhauben mit verklinkerter, verschieferter oder Betonoberfläche bieten (Bild **3**.16).

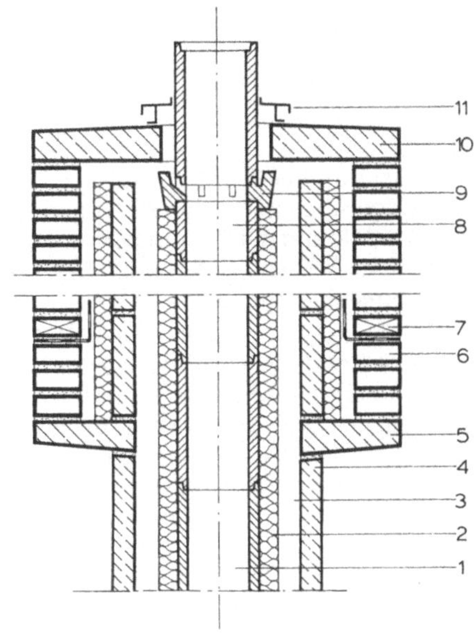

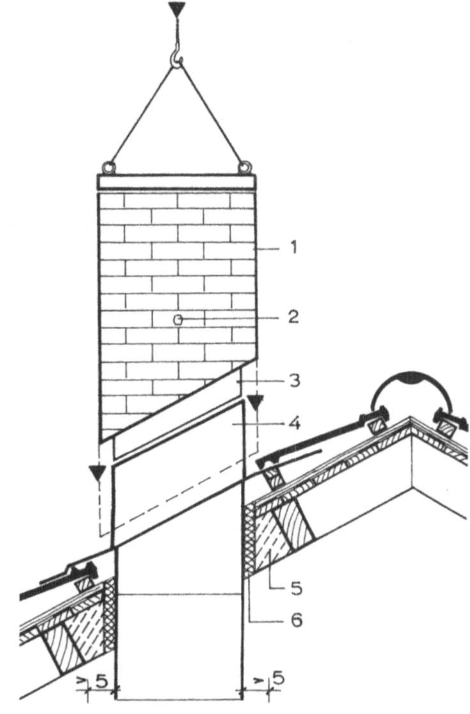

3.15 Schornsteinkopf für hinterlüftete Wärmedämmung (KA-BE), Dachanschluß nicht
eingezeichnet
1 Abgasrohr
2 Wärmedämmung mit Hinterlüftung
3 Formsteinmantel
4 Zusätzliche Wärmedämmung des
Schornsteinkopfes
5 Verschieferung o.ä. auf hinterlüfteter
Schalung
6 Beton-Abdeckplatte
7 Stahlblechkragen mit Abluftschlitz und
mit Führungsklammern
8 Abdeckhaube

3.16 Vorgefertigter Schornsteinkopf
(SCHIEDEL)
1 vorgefertigter Schornsteinkopf aus
Faserbeton mit Verklinkerung
2 Fixierschraube
3 Formteil-Schornstein
4 Zinkblech-Verwahrung
5 Sparrenfeld zwischen den Wechseln
ausbetoniert
6 Dämmplatte 2 cm

Bei größeren Rauchrohrquerschnitten muß Vorsorge gegen Niederschlagwasser getroffen werden, durch A b d e c k u n g e n aus korrosionsbeständigen Materialien in mindestens 20 cm Höhe über der Rauchrohrmündung. Sie müssen abklappbar oder so ausgeführt werden, daß sie die Arbeit des Schornsteinfegers nicht behindern. Derartige
Abdeckungen können durch die von ihnen bewirkte Querschnittsänderung des Abgas-
stromes zur Erhöhung der Strömungsgeschwindigkeit beitragen („Meidinger
Scheibe").

Derartige Scheiben stehen jedoch im Widerspruch zu den auch in DIN 18160 T1
enthaltenen Forderungen, Abgase aus Schornsteinen zur Verminderung der Immis-
sionsbelastung der Umgebung so hoch wie möglich ins Freie führen.

Den hohen strömungstechnischen Anforderungen bei Abgasen mit niedrigen Temperaturen kommen Dehnfugenhülsen entgegen, die etwas über die Abdeckplatte herausgezogen sind und dadurch eine scharfe Abrißkante bilden. Der Rauch löst sich dadurch
besser vom Schornstein, und der Auftrieb wird verbessert (Bild **3.**13 bis **3.**15).

3.2 Schornsteine aus Formteilen

3.2.1 Allgemeines

Aus Rationalisierungsgründen und weil die heute fast durchweg üblichen Zentralheizungsanlagen mit Öl- oder Gasfeuerung durch niedrige Abgastemperaturen, Intervallbetrieb und die damit meistens verbundene Kondensatbildung die Schornsteinanlagen wesentlich stärker belasten als die früheren Zimmeröfen, werden fast nur noch Schornsteine aus hochbeanspruchbaren, vorgefertigten Formsteinen gebaut.

Schornsteine aus Formsteinen werden ohne Verband neben tragenden oder nichttragenden Wänden errichtet und in der Regel durch die Geschoßdecken ausgesteift. Je nach Fabrikat sind Richtungsänderungen entweder überhaupt nicht oder nur für größere Querschnitte und in Gebäuden mit nicht mehr als 5 Geschossen zugelassen. Dabei sind besondere Formstücke zu verwenden, und die Schornsteine müssen von feuerbeständigen Bauteilen sicher unterstützt sein. In Fertigteilschornsteine dürfen keine Aussparungen für Feuerungsanschlüsse nachträglich gestemmt werden (allenfalls ist Bohren, Fräsen oder Einsatz von Trennscheiben zulässig). Es müssen für den Anschluß der Feuerstätten, für Reinigungsöffnungen u. ä. Formteile verwendet werden.

Formstein-Schornsteine werden hergestellt mit rundem, quadratischem oder rechteckigem Rauchrohrquerschnitt, letztere mit ausgerundeten Ecken.

3.2.2 Einschalige Schornsteine aus Formteilen

Einschalige Formsteine bestehen meistens aus Ziegelsplittbeton und werden in verschiedenen Kombinationen von Rauchrohren und Entlüftungsschächten mit muffenartigen Querfugen als Einzeltrommeln mit vermörtelten Stoßfugen (MG II) aufgebaut (Bild **3.17**).

Die Rauchgastemperatur muß bei einschaligen Schornsteinen zur Vermeidung unzulässiger Kondensatbildung und der damit verbundenen Versottungsgefahr mindestens 190 °C betragen und darf 400 °C nicht überschreiten. In offenen Dachräumen, in Kalträumen und im Freien über Dach ist eine zusätzliche Wärmedämmung erforderlich.

Einen besseren Wärmeschutz bieten einschalige Hausschornsteine aus Leichtbeton (DIN 18150 T1) mit zusätzlichen Luftkammern (Bild **3.18**).

Die relativ kostengünstigen einschaligen Schornsteine kommen heute fast nur noch für offene Kamine, Kachelofenheizungen o. ä. in Frage.

3.2.3 Mehrschalige Schornsteine aus Formteilen

Mehrschalige Schornsteine haben hochhitzebeständige und chemikalienfeste Abgasrohre aus Leichtbeton, Schamotte, glasierter Schamotte oder Edelstahl.

Die Wärmedämmung besteht aus hochtemperaturbeständigen, nicht brennbaren Mineralwolleplatten. Wegen der schwer kontrollierbaren Ausführungsmängel werden die früher verbreiteten Wärmedämmungen aus erdfeucht eingebrachten Mischungen aus Perlite, Vermiculite und Zement (Mischungsverhältnis 12 : 1) nur noch wenig ausgeführt.

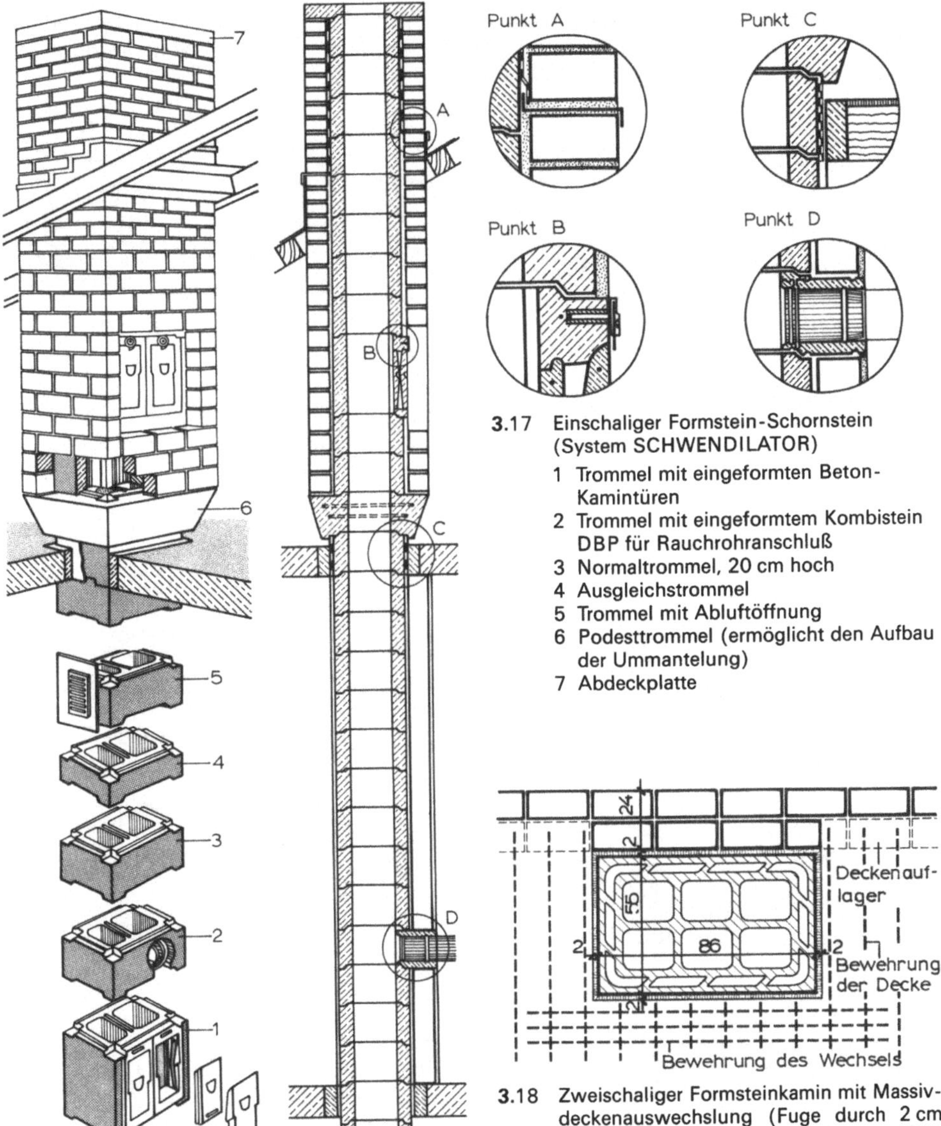

3.17 Einschaliger Formstein-Schornstein
(System SCHWENDILATOR)

1 Trommel mit eingeformten Beton-
  Kamintüren
2 Trommel mit eingeformtem Kombistein
  DBP für Rauchrohranschluß
3 Normaltrommel, 20 cm hoch
4 Ausgleichstrommel
5 Trommel mit Abluftöffnung
6 Podesttrommel (ermöglicht den Aufbau
  der Ummantelung)
7 Abdeckplatte

3.18 Zweischaliger Formsteinkamin mit Massiv-
deckenauswechslung (Fuge durch 2 cm
dicke, nicht brennbare Dämmplatte gefüllt)

Die Ummantelung kann aus Mauerwerk hergestellt werden, besteht aber meistens aus Leichtbeton-Formsteinen, in die auch Lüftungszüge für die Entlüftung der Heizungsräume mit eingeformt sein können. Die Mantelsteine müssen einen niedrigeren Wasserdampfdiffusionswiderstand haben als die Innenrohre, damit Kondensatausfall zwischen den Schichten vermieden wird.

Mehrschalige Schornsteine mit Leichtbeton-Innenrohrformstücken (DIN 18147 und DIN 18150) sind geeignet für Feuerstätten für feste und gasförmige Brennstoffe mit Abgastemperaturen von mindestens 190 °C.

Für die meisten modernen Heizungsanlagen kommen jedoch isolierte mehrschalige Schornsteine mit Schamotte-Innenrohren in Frage, die für Abgastemperaturen ab 140°C geeignet sind (Bild **3**.19 und **3**.20).

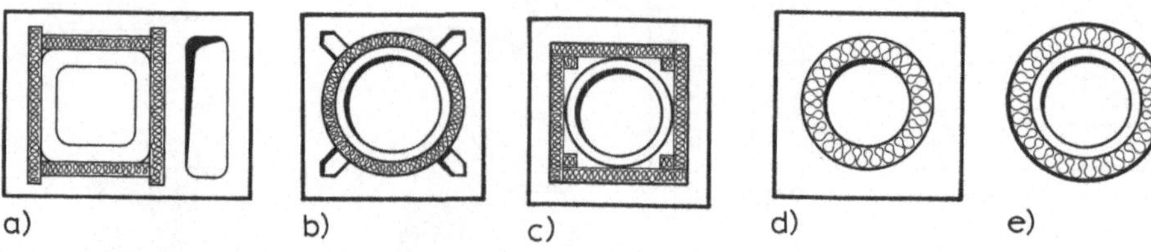

a)   b)   c)   d)   e)

3.19 Mehrschalige Schornsteine
    a) Isolierschornstein PLEWA-Isomit (vgl. Bild **2**.20)
    b) Isolierschornstein mit Hinterlüftung (SCHIEDEL)
    c) Isolierschornstein hinterlüftet, feuchtigkeitsunempfindlich
    d) Isolierschornstein mit Edelstahl-Innenrohr (SCHIEDEL) (vgl. Bild **2**.21)
    e) Isolierschornstein aus Stahl (KA-BE)

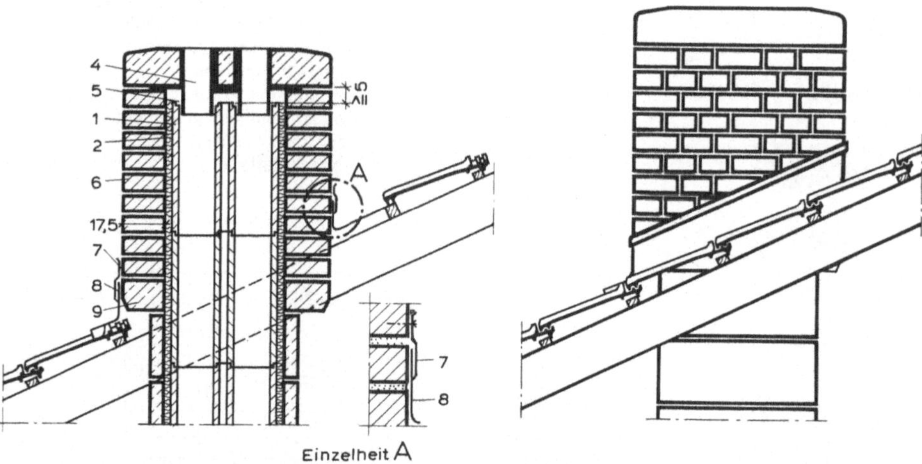

Einzelheit A

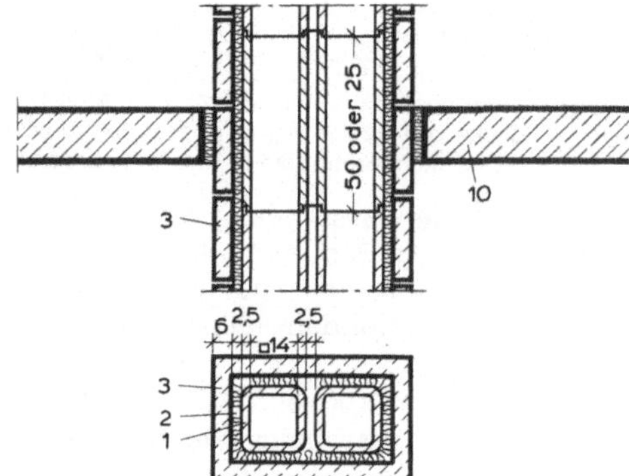

3.20
Mehrschaliger Montageschornstein (PLEWA)

  1 Schamotte-Innenrohr
  2 Wärmedämmschicht
  3 Ummantelung aus Formsteinen
  4 Dehnfugenmanschette aus Edelstahl
  5 Ausdehnungsraum für Schamotte-Innenrohr
  6 frostbeständige Ummantelung
  7 Kappleiste mit dauerelastischer Eindichtung
  8 Walzblei-Einfassung
  9 Beton-Kragstein für Ummantelungs-
     mauerwerk
10 Stahlbetondecke (Decke darf sich nicht auf
     Ummantelung abstützen, Anschlußfuge mit
     nicht brennbarem Wärmedämmstoff verfüllt)

Mehrschalige Schornsteine aus Fertigteilen werden in der Regel stufenweise aus Rauchrohr, Wärmedämmung und Schalenstein errichtet.

Die Formstücke sind mit Mörtel MG II gasdicht zu vermauern und so zu versetzen, daß die außenliegende Falzaufkantung nach oben weist, damit Kondensat oder Schlagregenwasser nicht in die Wärmedämmschicht eindringen kann.

Bei den Rauchrohren ist säurefester Fugenkitt zu verwenden.

In Schornsteingruppen müssen die Stoßfugen der Rauchrohre gegeneinander versetzt sein (Bild **3.**21).

3.21
Arbeitsablauf beim Aufbauen eines Montageschornsteines (nach Unterlagen der Fa. Schiedel)

 1 Sockelformstein in Mörtel versetzen
 2 Untersten Mantelstein bis zur Hälfte mit Beton ausfüllen
 3 Reinigungs-Formstein in Mörtel versetzen
 4 Dämmplatten biegen und einbringen
 5 Schamotterohr mit angeformtem Putztüranschluß versetzen
 6 Dämmplatten biegen und einbringen
 7 Mantelsteine in Mörtel versetzen
 8 Schamotterohr mit angeformtem Rauchrohranschluß in Höhe passend für Kesselanschluß einbauen
 9 Heizraumentlüftung ähnlich 8 unterhalb Heizraumdecke einbauen
10 Kragplatte
11 Schornsteinkopfverblendmauerwerk oder Fertigteil (vgl. Abschn. 3.1.4)
12 Bei oberstem Rauchrohr-Formteil Bewegungsfuge vorsehen
13 Dehnfugenmanschette einsetzen
14 Schornsteinkopfabdeckplatte betonieren oder als Fertigteil in Mörtel versetzen; ggf. abdichten

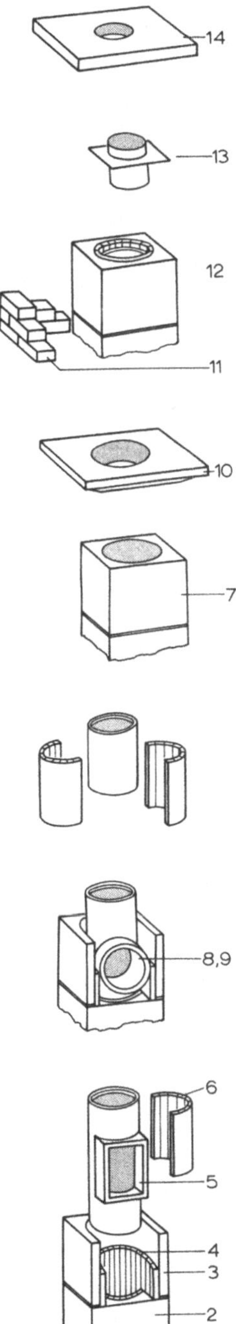

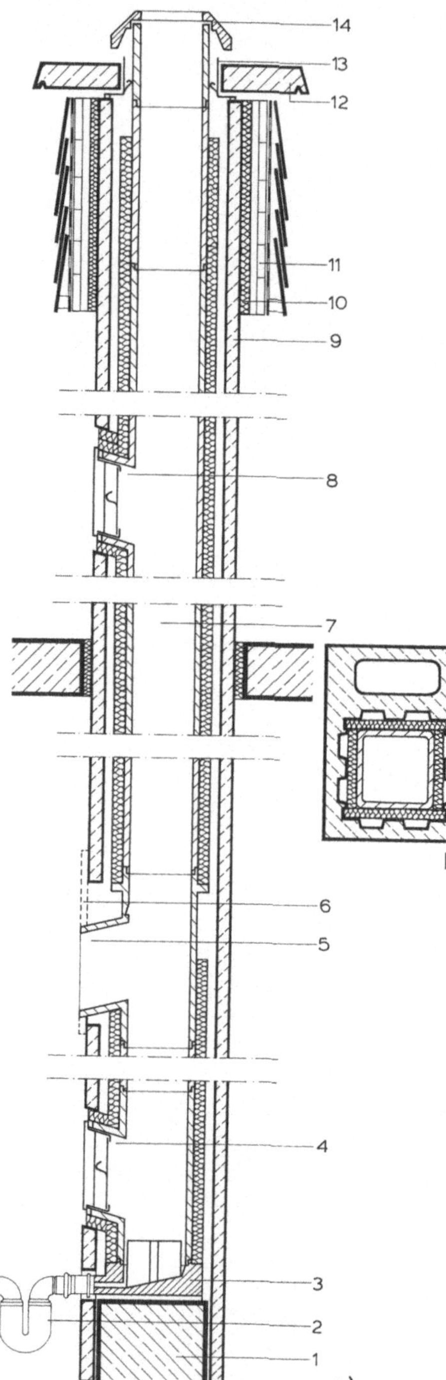

Bei extrem niedrigen Abgastemperaturen um ca. 40° ist auch bei ausreichender Wärmedämmung der Schornsteine Kondensatbildung in den Abgasrohren nahezu unvermeidlich. Damit keine Durchfeuchtungsschäden entstehen, sind feuchtigkeitsunempfindliche Schamotte-Innenrohre mit besonderer Zulassung oder glasierte Innenrohre zu verwenden. Die Glasur bildet zwar in der Regel eine ausreichende Dampfsperre, doch sind bei einigen Herstellern sicherheitshalber zusätzliche Hinterlüftungen der Rauchrohre vorgesehen (Bild **3**.22).

Kondensat wird in speziellen Sammlern am Boden des Schornsteines aufgefangen. Die anfallende Menge ist jedoch schwer vorherzubestimmen. Das Kondensat wird daher meistens probeweise lediglich in geschlossene Sammelbehälter aus Kunststoff geleitet und von Fall zu Fall entsorgt. Sonst kann der Kondensatfang über einen Geruchsverschluß an die Abwasserleitungen angeschlossen werden, sofern nicht örtliche Bestimmungen dem entgegenstehen. Es sollte in diesen Fällen z. B. durch unmittelbar in der Nähe liegende Strangentlüftung des Kanalnetzes

3.22
Mehrschaliger Schornstein mit hinterlüfteter Wärmedämmung (PLEWA isomit 90)

a) Schnitt
b) Grundriß

 1 Betonsockel
 2 Kondensatablauf mit Geruchsverschluß an Abwasserkanal angeschlossen
 3 Kondensatsammler
 4 Reinigungs-Formstück
 5 Formstück für Feuerstättenanschluß (innen Kondensat-Umlenkrille)
 6 Lufteintrittsöffnung mit Gitter
 7 Abgasrohr (glasierte Schamottenrohre) mit Wärmedämmung
 8 Revisions-Formstück (im Dachgeschoß; falls erforderlich)
 9 Mantel-Formstein
10 Zusätzliche Wärmedämmung des Schornsteinkopfes
11 Verschieferung o. ä. auf hinterlüfteter Schalung
12 Beton-Abdeckplatte
13 Edelstahlblech-Kragen mit Haltekrallen für das Abgas-Endrohr (Abluftauslaß)
14 Abschlußhaube

jedoch sichergestellt werden, daß über den Geruchsverschluß (Austrocknungsgefahr!) keine Kanalgase in den Schornstein gelangen.

Fällt Kondensat in größeren Mengen an und ist die Entsorgung über das Abwassernetz nicht zulässig, ist es in geschlossenen Behältern aufzufangen, regelmäßig zu neutralisieren und vorschriftsmäßig zu entsorgen.

Die Austrocknung von Schornsteinen, die durch Kondensatbildung besonders beansprucht werden, kann durch Zugregler (DIN 4795) unterstützt werden, die auch während der Stillstandzeiten der Heizung wirksam sind.

Insbesondere im Geschoßwohnungsbau werden zur Rationalisierung geschoßhohe Fertigelemente mit im übrigen gleichem konstruktivem Aufbau verwendet (Bild **3**.23).

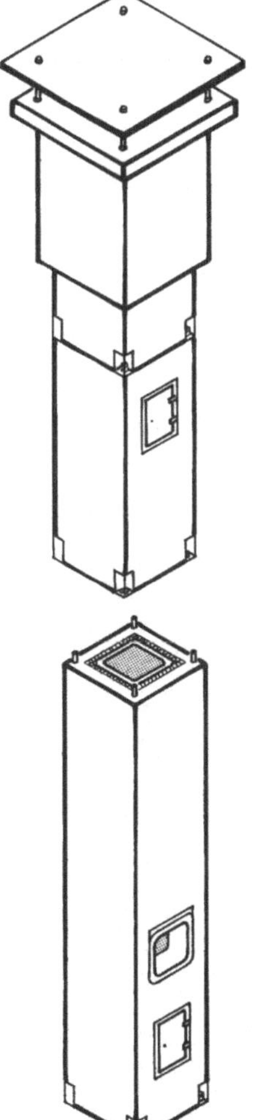

3.23 Geschoßhohe Schornsteinelemente

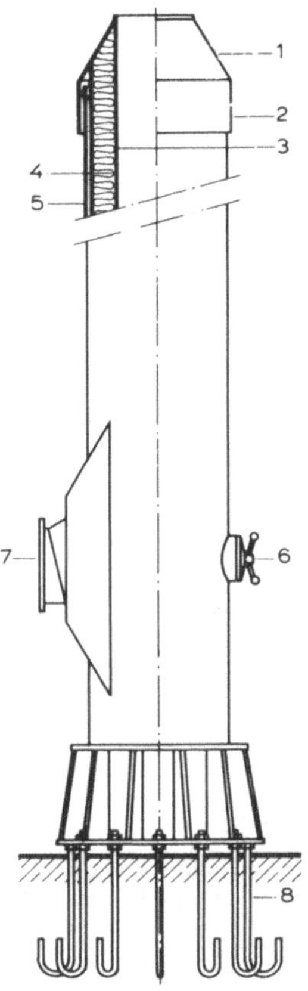

3.24 Freistehender Stahlschornstein (Sempar)

1 Schornsteinkopf (teilw. aufgeschnitten)
2 Abdeckhaube
3 Rauchrohr
4 Wärmedämmung
5 äußere Schale (Stahlrohr)
6 Reinigungsöffnung
7 Kesselanschluß
8 Verankerung im Fundament

3.2.4 Vorgefertigte freistehende Schornsteine

Vollständig vorgefertigte Schornsteine mit Höhen von 40 bis 120 m werden hauptsächlich aus Stahlrohren hergestellt. Bei ihnen besteht das Rauchrohr aus korrosions- und säurefestem Stahl, das äußere Mantelrohr aus korrosionsbeständigem oder beschichtetem Stahlrohr (Bild **3**.24).

Derartige Schornsteine können einzeln oder mit mehreren Abgasrohren auf verschiedene Weise frei stehend oder im Zusammenhang mit Gebäuden errichtet werden (Bild **3**.25 und **3**.26).

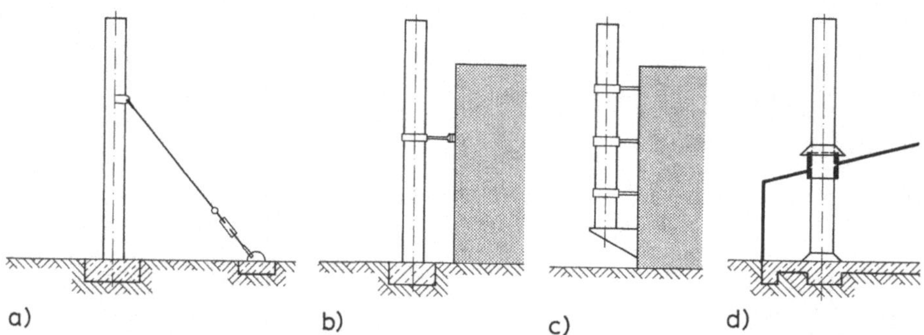

3.25 Statische Systeme für Stahlschornsteine
  a) Freistehend auf Stahlbetonfundament verschraubt (auch mit zusätzlicher Abspannung)
  b) Freistehend auf Fundament mit Verankerung an Gebäude
  c) Auf Konsole mit Verankerungen an Gebäude
  d) Auf Fundament oder Bodenplatte innerhalb eines Gebäudes, Aussteifung durch entsprechend
     dimensionierte Gebäudeteile

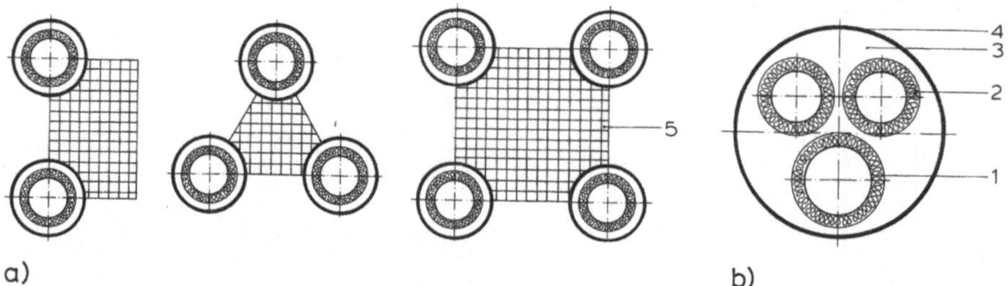

3.26 Kombinationsmöglichkeiten für freistehende Stahlschornsteine
  a) Kombinationen von Einzelschornsteinen
  b) Zusammenfassung verschiedener Abgasrohre zu einem Schornstein
  1 Edelstahl-Abgasrohr
  2 Wärmedämmung
  3 Luftraum
  4 Edelstahl-Außenhülle
  5 Aussteifungs- und Wartungsrost

Auch sehr große, sehr hohe oder hoch beanspruchte frei stehende Schornsteine können in Montagebauweise hergestellt werden. Bei derartigen Schornsteinen muß die besondere thermische Beanspruchung durch mehrlagige Wärmedämmung, durch Alufolien als zusätzlicher Abstrahlungsschutz und durch Leichtbetonmantelsteine mit zusätzlichem Wärmeschutz berücksichtigt werden (Bild **3.27**). Die Hohlräume der Mantelsteine nehmen bei frei stehenden Schornsteinen die erforderliche, bei der Montage fortlaufend einbetonierte Stahlbewehrung auf.

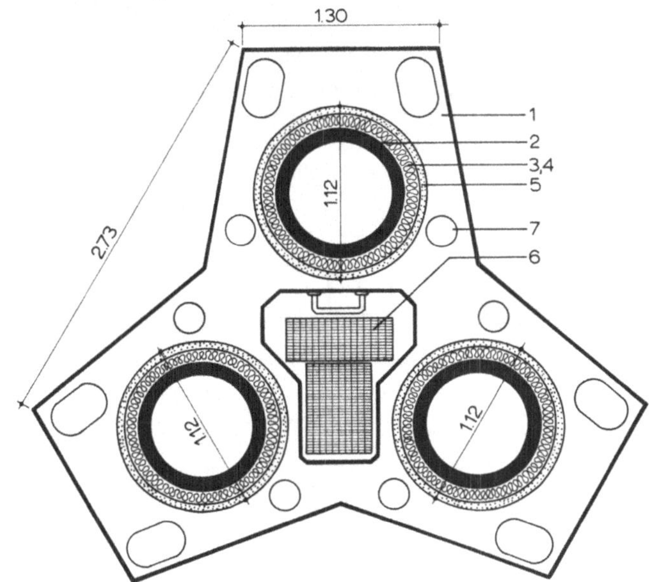

3.27
Frei stehender Hochleistungs-
schornstein (Schwendilator,
System Dr.-Ing. Richter).

Höhe der einzelnen
Formstücke: 1 m

1 Mantelformstück (Stahl-
  betonfertigteil)
2 hitzebeständige, innen-
  drucksichere Abgasrohre
3 Mineralwolle, bis 750°C
  temperaturbeständig auf
  Drahtgewebe
4 Mineralwolle, bis 250°C
  temperaturbeständig auf
  Alufolie
5 Leca-Einkorn-Isolierbeton
6 begehbarer Kontrollschacht
7 örtlicher Betonverguß mit
  Bewehrung

3.2.5 Gemauerte Schornsteine

Wegen des hohen Arbeitsaufwandes und wegen der für moderne Heizanlagen sehr viel höheren Anforderungen werden Hausschornsteine heute nur noch selten aus Mauerwerk ausgeführt.

Schornsteinmauerwerk ist unbedingt dicht auszuführen.

Die Mauersteine sind innen bündig zu vermauern, die Fugen sind im Inneren glatt zu verstreichen.

Putzauskleidungen von Rauchrohren sind nicht zulässig.

Die Wandungen gemauerter Schornsteine nennt man Wangen, die Zwischenwände Zungen. Wangen gemauerter Schornsteine müssen mindestens 11,5 cm, bei mehr als 400 cm² Querschnitt 24 cm dick sein. Stark beanspruchte Schornsteinwangen aus Mauersteinen, insbesondere freiliegende Wangen in Außenwänden müssen mindestens 24 cm dick sein. Sie sollten zusätzlich durch Dämmschichten vor Abkühlung geschützt werden. Wangen dürfen nicht durch Schlitze, Dübel, Anker, Mauerhaken usw. geschwächt oder sonst unzulässig beansprucht werden. Zungen müssen mindestens 11,5 cm dick sein.

Schornsteine aus Mauersteinen dürfen mit Wänden nur aus den gleichen Baustoffen gleichzeitig im Verband hochgeführt werden.

Für den **Mauerverband der Schornsteine** gelten folgende Regeln:

1. Alle Zungen müssen in die Wangen eingebunden werden.

2. Durchgehende Stoßfugen von einem Schornstein zum anderen und Gesamtstoßfugen eines Schornsteins sind auf die kleinste Anzahl zu beschränken.

3. Es sind möglichst viele ganze Steine zu verwenden; abfallende Viertelsteine sind
   außen in das Wangenmauerwerk einzufügen.

Bild **3.28** zeigt einen Schornsteinverband, bei dem die abfallenden Viertelsteine mit
verwendet worden sind. Liegen die Schornsteine in einem Mauerzusammenstoß, so
sind die Verbandregeln für den Maueranschluß zu beachten (Bild **3.29**).

Bei der Anordnung von Schornsteinrohren in den Ecken sich kreuzender Mauern dürfen
tragende Mauern nicht geschwächt werden; es ist zweckmäßig, die Schornsteinrohre
mind. ¼ Stein vor die durchgehende Wand zu setzen, um einfache, rechtwinklige
Rauchrohranschlüsse zu ermöglichen (Bild **3.30**).

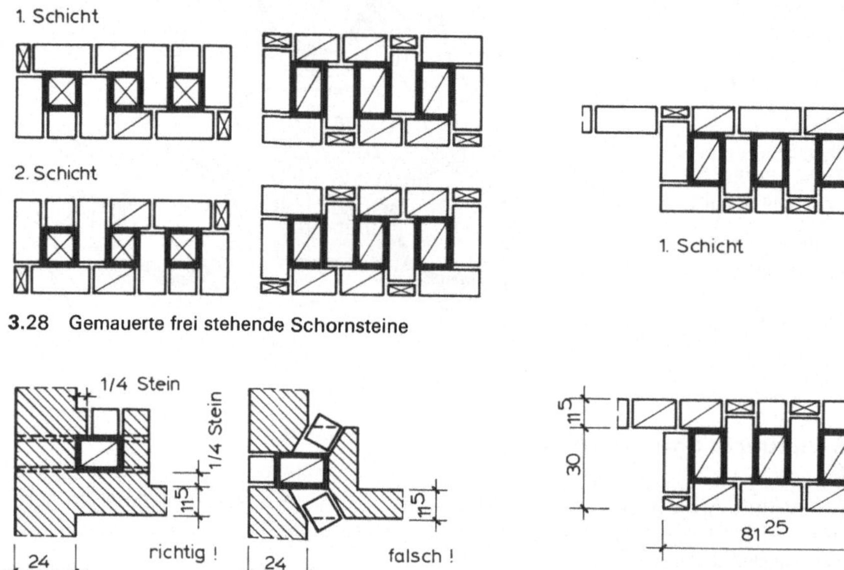

3.28 Gemauerte frei stehende Schornsteine

3.30 Schornsteinrohr in Mauerecke
    a) ungeschwächter Maueranschluß,
       bequeme Ofenanschlüsse
    b) Maueranschluß durch Rauchrohr geschwächt, schlecht sitzende Rohrfutter

3.29 Schornsteingruppe am Maueranschluß. Die
an der Ecke liegenden Viertelsteine sind besonders sorgfältig zu vermauern

3.2.6 Schornsteinsanierung

Ältere gemauerte Schornsteine, bei denen durch Abnutzung der inneren Wandungen
oder der Ausfugungen die Gasdichtigkeit nicht mehr ausreichend gegeben ist, oder
Schornsteine, deren Querschnitt geänderten Heizungsanlagen anzupassen ist, müssen
deshalb nicht unbedingt vollständig erneuert werden. Zur Sanierung bzw. zur Querschnittsverringerung kommen verschiedene Verfahren in Frage:

— **Auskleidung mit Spezialbeton.** Bei gleichzeitigem Einbringen des Betons in das vorhandene, vorher gereinigte Rauchrohr werden Rüttelflaschen, deren Durchmesser dem geplanten neuen Querschnitt entspricht, allmählich hochgezogen (Bild **3.**31 a),

— **Einbau neuer Abgas-Rohrsysteme.** Insbesondere bei der Modernisierung von Heizungsanlage bzw. Wechsel der Brennstoffart (z. B. auf Gas) müssen die Querschnitte der vorhandenen Schornsteine meistens erheblich verringert werden. Außerdem muß bei derartigen Umbauten der höhere Kondensatanfall berücksichtigt werden. In Frage kommen Rohrsysteme aus korrosionsfestem Stahl (Bild **3.**31 b), Schamotterohren oder neuerdings auch aus feuerfestem Glas mit Edelstahl-Verbindern,

— **Auskleidung mit neuen Formteilen.** Für gerade, allenfalls nur geringfügig gezogene Schornsteine kommen starre oder flexible Edelstahlrohre sowie Schamotterohre mit oder ohne Innenglasur in Frage (Bild **3.**31 c).

Ob eine Wärmedämmung nötig ist, muß im Einzelfall geklärt werden. Sie kann aus überschobenen Mineralwollehülsen, bei einigen Systemen auch aus Schüttungen von Dämmstoffen bestehen. Meistens werden die Rohre jedoch ohne zusätzliche Wärmedämmung eingebaut, und der verbleibende Hohlraum wird hinterlüftet.

Vielfach wird es bei Sanierungen erforderlich sein, die Schornsteinköpfe vollständig zu erneuern. Dann sollten Lösungen ähnlich wie in Bild **3.**22 gezeigt oder Fertigteil-Schornsteinköpfe (Bild **3.**16) vorgezogen werden.

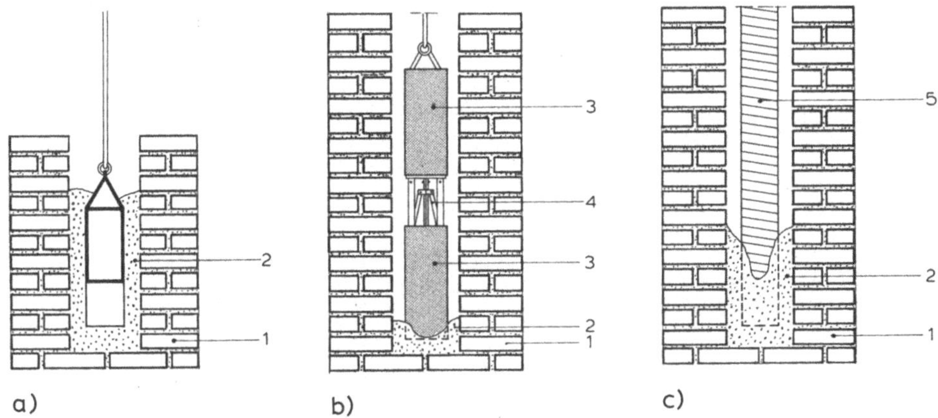

3.31 Sanierungssysteme

    a) Auskleidung mit Spezialmörtel
    b) Einbau von Schamotte-Formrohren
    c) Einbau von flexiblen Edelstahlrohren

    1 Vorhandenes Schornsteinmauerwerk
    2 Mörtel
    3 Schamotterohr

4 Hebe- und Ausrichtvorrichtung
5 flexibles Edelstahlrohr

3.2.7 Abgasschornsteine

Nach den „Technischen Vorschriften und Richtlinien für die Einrichtung und Unterhaltung von Niederdruckgasanlagen in Gebäuden und Grundstücken DVGW-TVR-Gas" sind für G a s g e r ä t e (z. B. Haushaltsgasherde, Kleinwasserheizer) keine besonderen Abgasanlagen erforderlich.

Größere Gasfeuerstätten wie z. B. Warmwasser-Durchlauferhitzer für Bäder oder „Thermen" als Heizgeräte für Etagen- oder Zentralheizungen müssen an Abgasschornsteine angeschlossen werden.

Abgasschornsteine sind nach DIN 18160 T1 in Abhängigkeit von der Nennwärmeleistung der angeschlossenen Geräte zu dimensionieren und zu planen (s. Abschn. 3.1).

Der lichte Querschnitt muß mindestens 100 cm² bei einer kleinsten Seitenlänge von 10 cm aufweisen.

An einen Abgasschornstein dürfen bis zu 3 Gasfeuerstätten mit einer Nennwärmeleistung von je 30 kW angeschlossen werden, wenn die Verbrennungsluft den Aufstellungsräumen entnommen wird.

Bei allen Gasfeuerstätten ist zwischen Gerät und Anschluß an den Abgasschornstein eine Strömungssicherung einzubauen, die bei Sauerstoffmangel oder Störungen bei der Gasverbrennung gefährliche Anreicherungen von unverbranntem Gas, Kohlenmonoxyd oder Kohlendioxydgas verhindert. Außerdem sind für innenliegende Räume und für Räume mit größeren Gasfeuerstätten Be- und Entlüftungsöffnungen mit mindestens 150 cm² freiem Querschnitt vorzusehen. Die obere Belüftungsöffnung muß möglichst dicht unterhalb der Decke, mindestens jedoch 1,80 m über dem Fußboden, die untere in Fußbodennähe liegen (Bild **3.32**). Belüftungsöffnungen dürfen nicht verschließbar sein. Die erforderliche Größe der Öffnungen richtet sich im übrigen nach den Landesbauordnungen und beträgt im allgemeinen für die untere Zuluftöffnung mindestens 50%, für die obere Belüftungsöffnung mindestens 25% des vorhandenen Schornsteinquerschnitts.

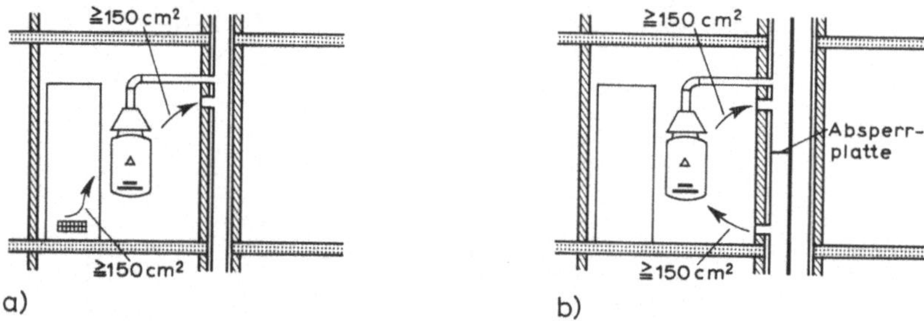

3.32 Belüftung von innenliegenden Räumen mit Gasfeuerstätten
a) Zuluft durch Türöffnung aus benachbartem Raum mit Außenfenster
b) Zuluft aus Belüftungsschacht

Bei der Verbrennung von Erd- oder Stadtgas fällt neben den übrigen Abgasen eine beträchtliche Menge von Wasserdampf an (ca. 800 g/m³ des verbrannten Gases). Auch bei gutem Wärmeschutz kommt es daher zu erheblicher Kondensatbildung. Die Abgasschornsteine müssen daher aus wasserundurchlässigen Materialien (z. B. Faserzementrohre, Edelstahlrohre, glasierte oder feuchtigkeitsunempfindliche Schamotterohre) bestehen. Am unteren Ende der Abgasschornsteine sind Kondensatsammler vorzusehen (Bild **3.33**).

An einen gemeinsamen Abgasschornstein dürfen nach DIN 3368 bis zu 10 raumluftunabhängige (d. h. zum Aufstellungsraum hin völlig dicht) gebläseunterstützte Gasgeräte angeschlossen werden, wenn die Verbrennungsluft besonderen Zuluftschächten entnommen wird (Bild **3.34** und **3.35**).

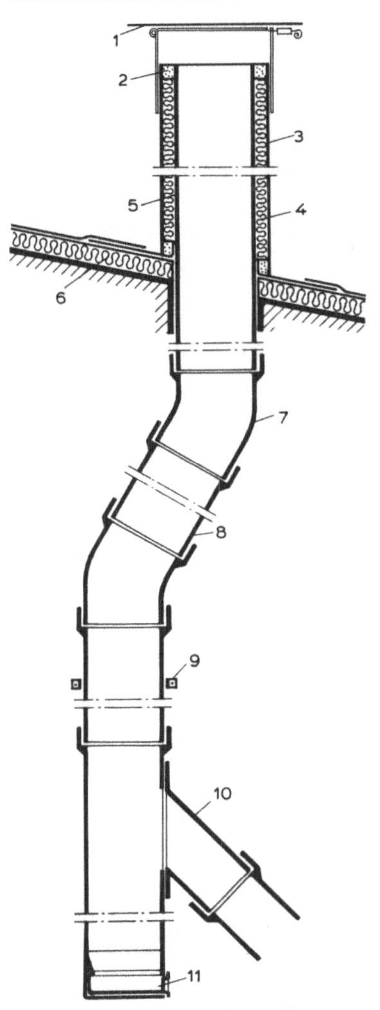

3.33 Abgasschornstein aus Faserzementrohr (Fulgurit)

 1 Meidinger Scheibe (aufklappbar)
 2 dauerelastische Abdichtung
 3 Stulprohr aus Faserzement
 4 Wärmedämmung
 5 Einfassung aus Zinkblech, in Dachhaut eingeklebt bzw. eingedichtet
 6 Wärmedämmung und Dampfsperre aus Stahlbetonplatte
 7 Bogen-Formstück
 8 gezogener Schacht, feuerfest zu unterstützen
 9 Rohrschelle
10 aufgeschraubter Anschlußstutzen (Formteil)
11 Schwitzwasserschale, herausziehbar

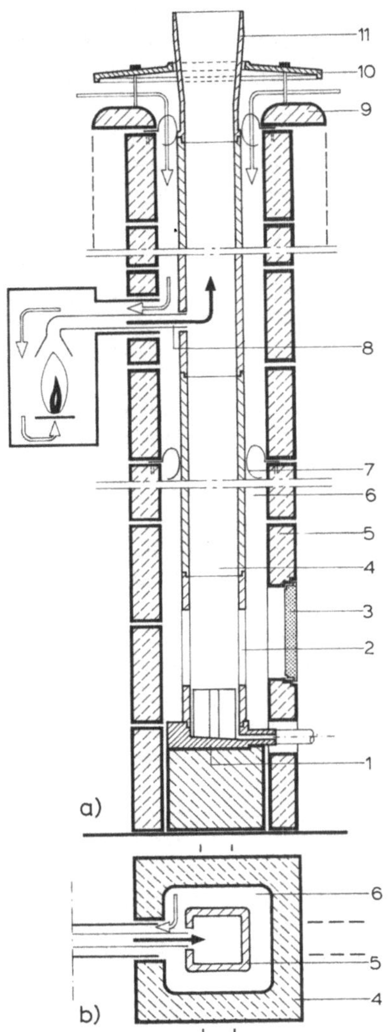

3.34 Abgas-Sammelschacht für raumluftunabhängige Gasfeuerstätten (PLEWA)

a) Schnitt, b) Grundriß

 1 Kondensatablauf
 2 Überströmöffnung
 3 Kontrolltür
 4 glasierte Schamotte-Innenschale
 5 Mantelstein
 6 Zuluftschacht
 7 Abstandhalter
 8 Feuerstättenanschluß mit Zuluftführung (schematisch)
 9 Betonabdeckung (Kaminkopfbekl.)
10 Abdeckplatte
11 Venturi-Aufsatz

3.3 Lüftungsschächte für innenliegende Bäder und Toilettenräume

Können innenliegende Bäder und Toilettenräume nicht durch Fenster ausreichend be- und entlüftet werden, muß Frisch- und Abluft durch Schächte und Kanäle in die Räume geleitet werden. Die notwendige Luftströmung wird durch thermischen Auftrieb in Verbindung mit Winddruck bzw. -sog oder mechanisch durch Ventilatoren bewirkt.

Lüftungseinrichtungen ohne Ventilatoren

Richtlinien zur Ausführung von Lüftungseinrichtungen für innenliegende Sanitärräume enthält DIN 18017 T1.

Danach müssen die erforderlichen Lüftungsschächte glattwandig sein (z. B. Faserzementrohr) und sollen einen Mindestquerschnitt von 140 cm^2 haben. Um Schallbelästigungen und Geruchsübertragungen von Geschoß zu Geschoß zu verhindern, ist für jeden Raum ein eigener Schacht vorzusehen, der über Dach zu führen ist (Bild **3.35**).

Wenn Bäder und WC derselben Wohnung nebeneinanderliegen, dürfen sie an einen gemeinsamen Zu- bzw. Abluftschacht angeschlossen werden. Die belüfteten Räume müssen gegenüber den übrigen Räumen der Wohnung durch dicht schließende Türen abgeschlossen werden.

Die Lüftungsschächte sind bei mehreren Geschossen so gegeneinander zu versetzen, daß zwei benachbarte Rohre nicht zu aufeinanderfolgenden Geschossen gehören.

Die Schächte dürfen einmal mit einem Winkel von max. 60° verzogen werden und müssen in Firstnähe geneigter Dächer mit mindestens 40 cm Dachüberstand münden. Bei Dachneigungen < 20° müssen die Schächte die Dachfläche um mindestens 1 m überragen. Sind an den Dachrändern Brüstungen vorhanden („Attika"), müssen diese mindestens 50 cm überragt werden. Alle Schächte müssen Revisionsöffnungen haben.

Am unteren Ende sind die Schächte mit einem ins Freie mündenden Zuluftkanal zu verbinden, der auch zwei einander gegenüberliegende Öffnungen haben kann. Auch andere dichte Zuluftleitungen zur Außenwand können zugelassen werden.

Der Querschnitt des Zuluftkanals muß mindestens 80% der Summe aller angeschlossenen Schachtquerschnitte betragen. Es sind runde und Rechteckquerschnitte (kleinste Kantenlänge > 90 mm) mit einem Mindestquerschnitt von 150 cm^2 zugelassen. Die Außenöffnungen sind so zu vergittern (Maschenweite > 10 × 10 mm), daß der erforderliche Mindestquerschnitt erhalten bleibt.

Zuluftöffnungen in den Räumen müssen einen freien Mindestquerschnitt von 150 cm^2 haben. Sie sind in Bodennähe anzuordnen und müssen mit regelbaren Verschlüssen ausgestattet sein, mit denen Zugerscheinungen ausgeschlossen werden können.

Abluftöffnungen müssen bei einem Mindestquerschnitt von 150 cm^2 möglichst nahe unter der Decke angeordnet sein.

Derartige Lüftungssysteme reichen unter normalen klimatischen Verhältnissen im allgemeinen zwar aus und sind praktisch wartungsfrei, sie erfordern jedoch bei mehrgeschossigen Bauten einen hohen Platzbedarf und sind nur schwer gegen Schallübertragung ausreichend zu sichern.

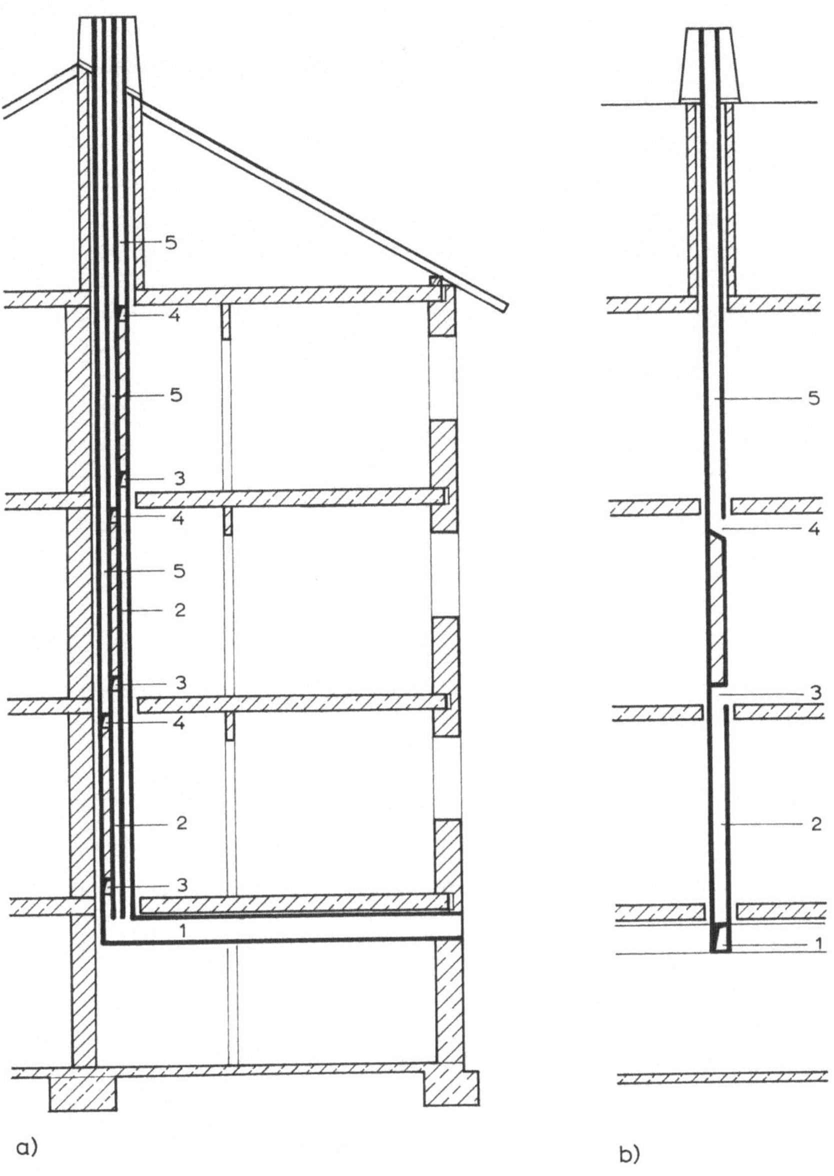

a)

b)

3.35 Einzelschachtanlage (DIN 18017 T1)
    a) Querschnitt
    b) Längsschnitt
    1 Zuluftkanal
    2 Zuluftschacht
    3 Zuluftöffnung
    4 Abluftöffnung
    5 Abluftschacht

Lüftungseinrichtungen mit Ventilatoren

Für Belüftungssysteme mit einzelnen oder zentralen Ventilatoren sind nähere Bestimmungen in DIN 18017 T3 enthalten, die nachstehend auszugsweise wiedergegeben werden.

Unterschieden werden

— Einzelentlüftungsanlagen mit eigenen Abluftschächten (Bild **3.36**a),

— Einzelentlüftungsanlagen mit gemeinsamer Abluftleitung (Bild **3.36**b),

— Zentralentlüftungsanlagen mit nur gemeinsam veränderlichem Gesamtvolumenstrom,

— Zentralentlüftungsanlagen mit wohnungsweise veränderlichen Volumenströmen,

— Zentralentlüftungsanlagen mit unveränderlichen Volumenströmen (Bild **3.36**c).

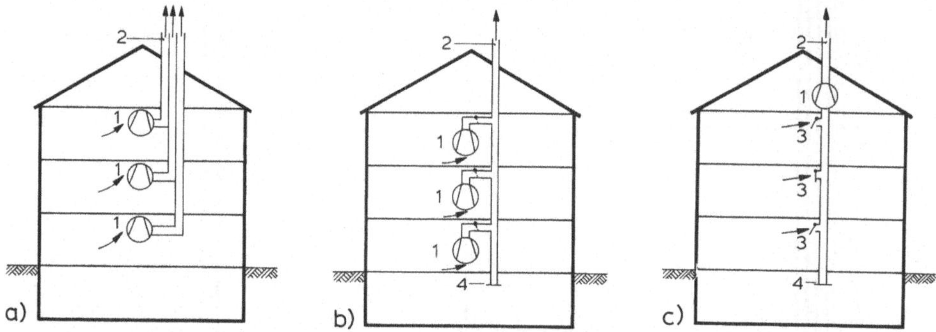

3.36 Lüftungsanlagen mit Ventilatoren

a) Einzelentlüftung mit eigenen Entlüftungsleitungen
b) Einzelentlüftung mit gemeinsamer Abluftleitung
c) Zentralentlüftung

1 Ventilator
2 Abluftleitung

3 Zustromöffnung (nicht regelbar) bzw. einstellbare Ventile
4 Reinigungsöffnung und Kondensatfang

Die Anlagen können wahlweise für folgende Mindestvolumenströme ausgelegt werden:

— 40 m/h: Dieser Volumenstrom muß über mindestens 12 Stunden je Tag abgeführt werden.

— 60 m/h: Wenn die Entlüftungen völlig abgestellt werden können, muß sichergestellt werden, daß nach jedem Ausschalten durch Nachlaufen des Gerätes mindestens 5 m^3 Luft aus dem zu lüftenden Raum abgeführt werden.

Jeder Raum muß eine unverschließbare Zustromöffnung von 150 cm^2 freiem Querschnitt haben. Die Abluftöffnungen müssen möglichst nahe unter der Decke liegen. Im Aufenthaltsbereich sollen keine größeren Luftgeschwindigkeiten als 0,2 m/s entstehen.

Zentralentlüftungsanlagen sind so zu bauen und zu betreiben, daß Gerüche oder Staub nicht von Wohnung zu Wohnung oder in andere Räume übertragen werden können.

Die Vermeidung von Schallübertragungen ist bei Sammelschachtanlagen problematisch, und DIN 18017 T3 enthält dazu auch keine Angaben. Die Hersteller von Sammelentlüftungsanlagen versuchen auf verschiedene Weise das Problem der Übertragung von Luftschall durch spezielle Schallschutzmaßnahmen an den Einströmöffnungen zu lösen. Körperschallübertragung ist durch Maßnahmen nach DIN 4109 zu verhindern.

Die benötigten Einzel- oder Sammel-Abluftschächte entsprechen im wesentlichen den Anforderungen, die für Anlagen ohne Ventilatoren gelten.

Der wichtigste Vorteil von Lüftungsanlagen mit Ventilatoren ist, daß sie mit flächensparenden Sammelschächten betrieben werden können, an die übereinanderliegende Bäder und WC gemeinsam angeschlossen werden dürfen.

Ein Beispiel für dafür entwickelte Anlagen mit vorgefertigten Schächten aus Faserzement zeigt Bild **3.37**.

3.37
Sammelentlüftungsanlage mit zentralem Ventilator
(Eterduct)

1 Auflager, Konsole oder Sockel
2 Reinigungsverschluß
3 Führungsrohr
4 Ventilrohr (Flexrohr)
5 Abluftventil
6 bauseitige Vorsatzschale
7 Ventilator mit Ausströmhaube

3.4 DIN-Normen

DIN-Nr.		Ausgabe-datum	Titel
4133		11.91	Schornsteine aus Stahl
4705	T1	9.79	Berechnung von Schornsteinabmessungen; Begriffe, ausführliches Berechnungsverfahren
	T2	9.79	–; Näherungsverfahren für einfach belegte Schornsteine
	T3	7.84	–; Näherungsverfahren für mehrfach belegte Schornsteine

Fortsetzung s. nächste Seite

DIN-Normen, Fortsetzung

DIN-Nr.		Ausgabe-datum	Titel
18017	T1	2.87	Lüftung von Bädern und Toilettenräumen ohne Außenfenster; Einzelschachtanlagen ohne Ventilatoren
	T3	8.90	Lüftung von Bädern und Toilettenräumen ohne Außenfenster mit Ventilatoren
18147	T1	2.87	Baustoffe und Bauteile für dreischalige Hausschornsteine; Beschreibung, Prüfung und Registrierung von Schornstein-systemen
	T2	11.82	–; Formstücke aus Leichtbeton für die Außenschale; Anforderun-gen und Prüfungen
	T3	11.82	–; Formstücke aus Leichtbeton für die Innenschale; Anforderungen und Prüfungen
	T4	11.82	–; Formstücke aus Schamotte für die Innenschale; Anforderungen und Prüfungen
	T5	2.87	–; Dämmstoffe; Anforderungen und Prüfungen
18150	T1	9.79	Baustoffe und Bauteile für Hausschornsteine; Formstücke aus Leichtbeton, Einschalige Schornsteine, Anforderungen
	T2	2.87	Baustoffe und Bauteile für Hausschornsteine; Formstücke aus Leichtbeton, Prüfung und Überwachung
18160	T1	2.87	Hausschornsteine; Anforderungen, Planung und Ausführung
	T2	5.89	Feuerungsanlagen; Verbindungsstücke; Anforderung, Planung, Ausführung
	T5	4.81	Hausschornsteine; Einrichtungen für Schornsteinfegerarbeiten
	T6	7.82	Hausschornsteine; Prüfbedingungen und Beurteilungskriterien für Prüfungen an Prüfschornsteinen
18379		9.88	VOB Verdingungsordnung für Bauleistungen; Teil C: Allgemeine Technische Vertragsbestimmungen (ATV) für Bauleistungen; Raumlufttechnische Anlagen
18380		9.88	Verdingungsordnung für Bauleistungen; Teil C: Allgemeine technische Vertragsbestimmungen (ATV) für Bauleistungen; Heizungs- und zentrale Wassererwärmungs-anlagen
			Ferner: Technische Vorschriften und Richtlinien für die Einrichtung und Unterhaltung von Niederdruckgasanlagen in Gebäuden und Grundstücken DVGW-TVR-Gas

4 Treppen

4.1 Allgemeines

4.1.1 Begriffe

Treppen verbinden Gebäudeebenen verschiedener Höhenlage als Geschoßtreppen oder als Ausgleichstreppen.

Unterschieden werden notwendige Treppen, d. h. Treppen, die nach behördlichen Vorschriften vorhanden sein müssen und an deren Dimensionierungen und Bauausführung in der Regel besondere Anforderungen gestellt werden. Nicht notwendige Treppen können zusätzlich vorhanden sein und gegebenenfalls auch der Hauptnutzung dienen.

In Gebäuden mit mehr als zwei Vollgeschossen müssen Geschoßtreppen in der Regel in einem abgeschlossenen Treppenhaus liegen.

Die Grundrisse und Ausführungsformen der Treppen sind mannigfaltig, da Treppen meistens nicht nur ihrem eigentlichen Zweck, sondern darüber hinaus auch der Gestaltung von Bauwerken und Räumen dienen.

Eine Folge von mehr als drei Stufen bildet einen Treppenlauf. Die Form einer Treppe wird durch die Anzahl der Treppenläufe nur annähernd gekennzeichnet. Zur genaueren Bestimmung gehören Angaben über die Lage der Läufe, Anzahl und Form der Stufen sowie Form, Lage und Anzahl von Podesten, die als Treppenabsätze Anfang oder Ende eines Treppenlaufes Teile der Geschoßdecken sind oder als Zwischenpodest zwischen zwei Treppenläufen liegen (Bild **4.1**).

Treppenstufen werden in der Regel mit einem Schritt begangen. Die Bezeichnung der Stufenteile zeigt Bild **4.2**.

Die erste Stufe eines Treppenlaufes wird als Antritt-, die letzte Stufe als Austrittstufe bezeichnet. Die Lauflinie kennzeichnet bei der Darstellung von Treppen im Grundriß den Weg eines Benutzers im üblichen Gehbereich. Bei Treppen mit geraden Läufen liegt die Lauflinie im allgemeinen in der Mitte der nutzbaren Treppenlaufbreite bzw. innerhalb des „Gehbereiches". Die Definition des Gehbereiches ist auch für gewendelte Treppen, für Treppen mit teilweise gewendelten Läufen und für Treppen mit verschiedenen nutzbaren Laufbreiten in DIN 18065 enthalten (Bilder **4.3** und **4.**19).

In Bauzeichnungen wird bei Treppen (auch bei Rampen) die Vorderkante der Antrittstufe mit einem Punkt (DIN 18064), einem Kreis oder einem Doppelstrich gekennzeichnet und die Vorderkante der Austrittstufe mit einem Pfeil. Dabei wird durch den Pfeil die Richtung angegeben, in der die Treppe ansteigt (Beachte: In Geländedarstellungen o. ä. weisen Pfeile in Gefällerichtung, d. h. nach unten!).

Die tragenden Teile der Treppe, die zugleich den Treppenlauf seitlich begrenzen, werden Treppenwangen genannt. Treppenholme tragen oder unterstützen die Stufen paarweise oder einzeln von unten. Als Treppenspindel wird der tragende Kern von Spindeltreppen bezeichnet (Bild **4.1**l).

Die Bezeichnung der Treppenteile zeigt Bild **4.3**.

Treppenstufen können ausgeführt werden als Blockstufen, Plattenstufen, Keilstufen oder Winkelstufen (Bild **4.4**). Sie werden im allgemeinen auf Unterkonstruktionen

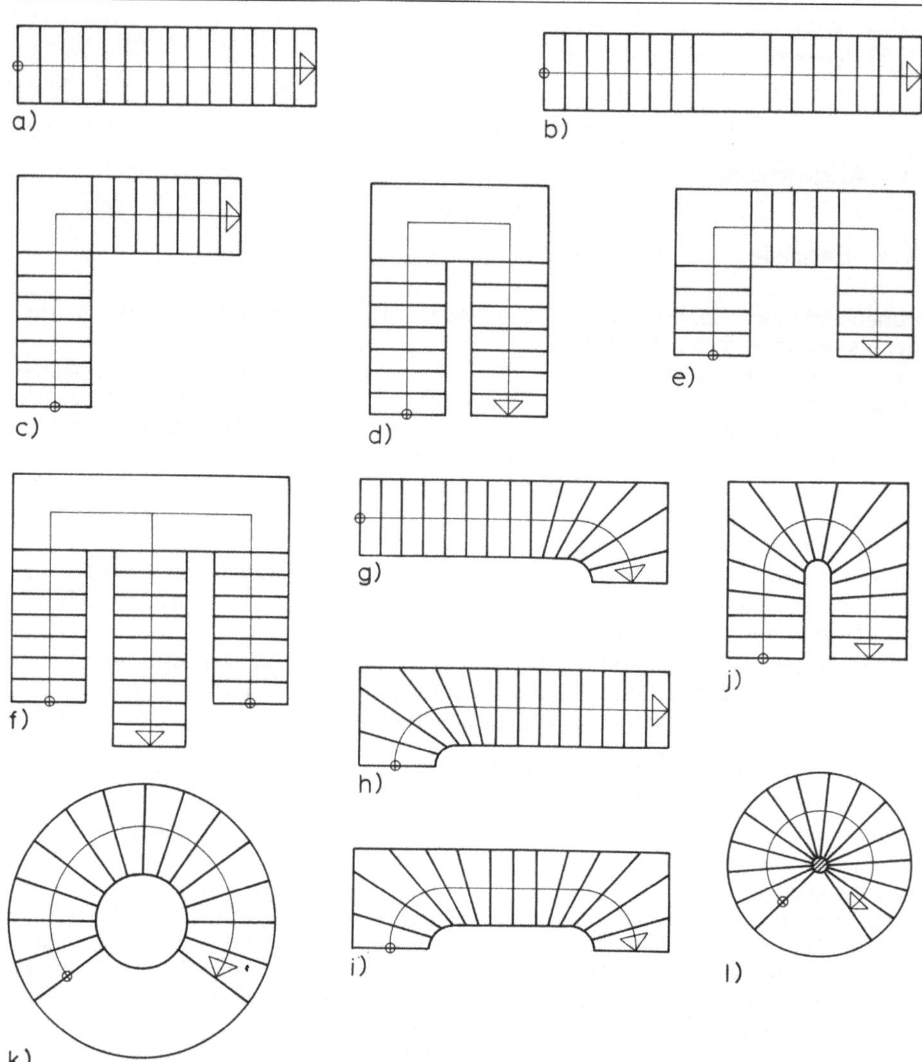

4.1 Treppengrundrisse (schematische Darstellung nach DIN 18 064)

    a) einläufige gerade Treppe
    b) zweiläufige gerade Treppe mit Zwischenpodest
    c) zweiläufige gewinkelte Treppe mit Zwischenpodest
    d) zweiläufige gegenläufige Treppe mit Zwischenpodest (dargestellt als „Rechtstreppe")
    e) dreiläufige zweimal abgewinkelte Treppe mit Zwischenpodesten
    f) dreiläufige gegenläufige Treppe mit Zwischenpodest
    g) einläufige, im Austritt viertelgewendelte Treppe
    h) einläufige, im Antritt viertelgewendelte Treppe
    i) einläufige, zweimal viertelgewendelte Treppe
    j) einläufige, halbgewendelte Treppe (dargestellt als „Rechtstreppe")
    k) Wendeltreppe (Treppe mit Treppenauge)
    l) Spindeltreppe (Treppe mit Treppenspindel)

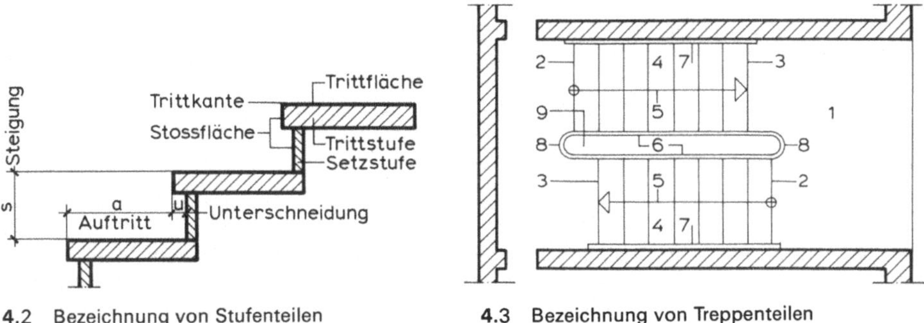

4.2 Bezeichnung von Stufenteilen

4.3 Bezeichnung von Treppenteilen

1 Podest	6 innere Treppenwange
2 Antrittstufe	7 äußere Treppenwange
3 Austrittstufe	8 Krümmling
4 Treppenlauf	9 Treppenauge
5 Lauflinie	

(Platten, Wangen, Holme) aufgelegt, auf verschiedene Weise aufgehängt oder in Seitenwänden auskragend eingespannt. Sie sollen eine Unterschneidung von mindestens 3 cm aufweisen (vgl. Bild **4.2**).

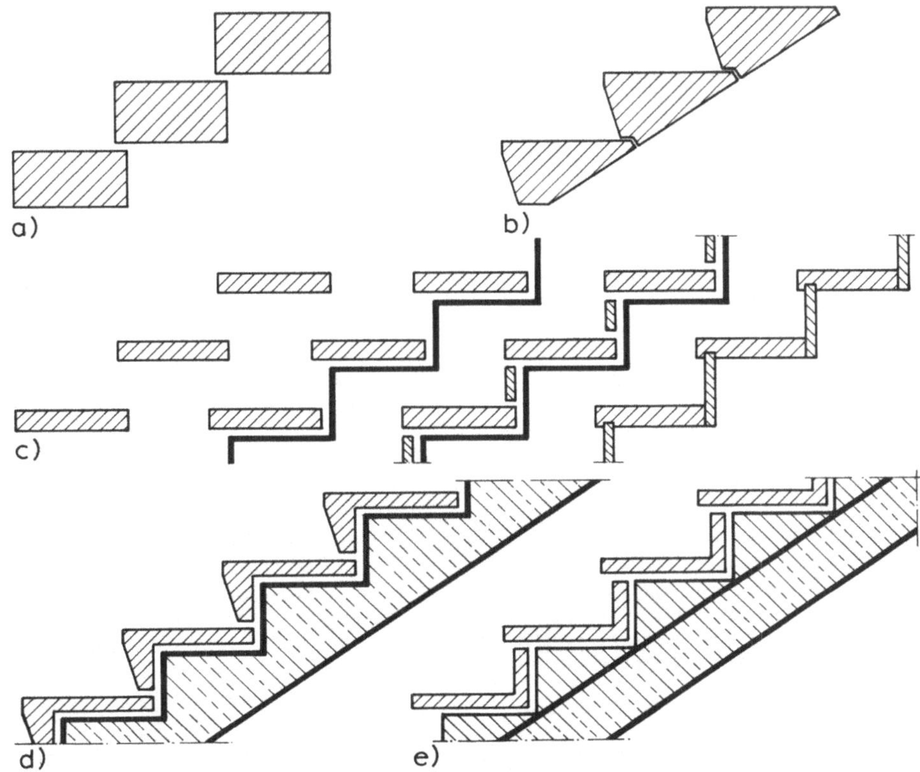

4.4 Stufenarten (DIN 18064)

a) Blockstufen, b) Keilstufen, c) Plattenstufen, d) Winkelstufen, e) L-Stufen

Wenn mit der Anwesenheit von Kindern gerechnet werden muß, wird in einigen Landesbauordnungen bei Ausführungen ohne Setzstufen eine lichte Weite von weniger als 12 cm zwischen den Trittstufen gefordert.

4.1.2 Vorschriften[1])

Maße

Für die Hauptmaße von Treppen sind in DIN 18065 allgemeine Regeln festgelegt[2]). Sie weichen jedoch teilweise von den – unterschiedlichen – Treppenbau-Vorschriften ab, die in den Durchführungsverordnungen der Landesbauordnungen enthalten sind[3]). Es ist also zu beachten, ob die DIN 18065 im jeweiligen Bundesland bauaufsichtlich eingeführt ist oder ob die Bestimmungen der Landesbauordnung beachtet werden müssen. Die maßlichen Mindestanforderungen an Treppen sind in Tabelle **4.5** enthalten bzw. aus den Bildern **4.6** und **4.7** ersichtlich.

Tabelle **4.5**   Maßliche Anforderungen (DIN 18065)

Gebäudeart	Treppenart		Nutzbare Treppen- laufbreite mindestens	Steigung s^2)	Auftritt a^3)
Wohngebäude mit nicht mehr als zwei Wohnungen[1])	Baurechtlich notwendige Treppen	Treppen, die zu Aufenthaltsräumen führen	80	17 ± 3	28^{+9}_{-5}
		Kellertreppen und Boden- treppen, die nicht zu Aufenthaltsräumen führen	80	≤ 21	≥ 21
	Baurechtlich nicht notwendige (zusätzliche) Treppen		50	≤ 21	≥ 21
Baurechtlich nicht notwendige (zusätzliche) Treppen innerhalb geschlossener Wohnungen			50	keine Festlegungen	
Sonstige Gebäude	Baurechtlich notwendige Treppen		100	17^{+2}_{-3}	28^{+9}_{-2}
	Baurechtlich nicht notwendige (zusätzliche) Treppen		50	≤ 21	≥ 21

[1]) schließt auch Maisonetten-Wohnungen in Gebäuden mit mehr als zwei Wohnungen ein.
[2]) aber nicht < 14 cm $\}$
[3]) aber nicht > 37 cm $\}$ Festlegung des Steigungsverhältnisses s/a.

[1]) Vorschriften für Geländer s. Abschn. 4.3.1
[2]) Sondervorschriften für Treppen sind enthalten in der bundeseinheitliche Arbeitsstättenverordnung sowie in den unterschiedlichen Landesrichtlinien für
— Versammlungsstätten (Versammlungsstättenverordnung)
— Geschäftshäuser (Geschäftshausverordnung)
— Krankenhäuser (Krankenhausbauverordnung)
— Gaststätten (Gaststättenbauverordnung)
— Garagen (Garagenverordnung)
— Schulbauten (Schulbaurichtlinien)
— Hochhäuser (Hochhausrichtlinien).
[3]) In der DVO zur Hess. Landesbauordnung ist z. B. eine Treppenmindestbreite von 80 cm gefordert und ein Steigungsverhältnis von mindestens 19/26 cm.

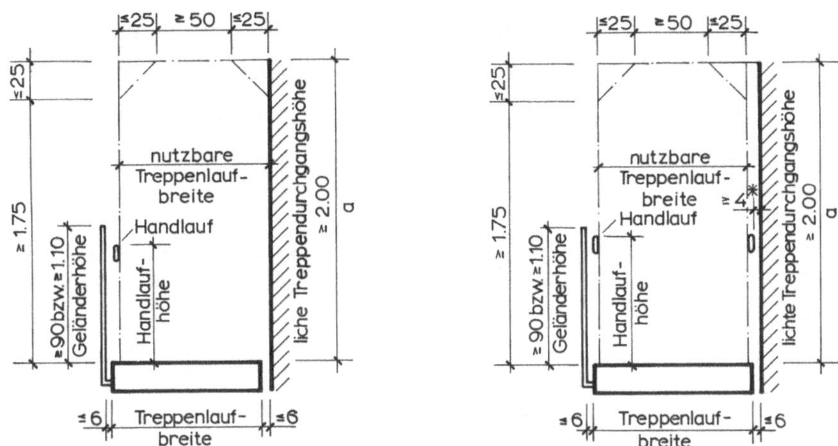

4.6 Treppen-Lichtraumprofil; Maße, Benennungen (DIN 18065)

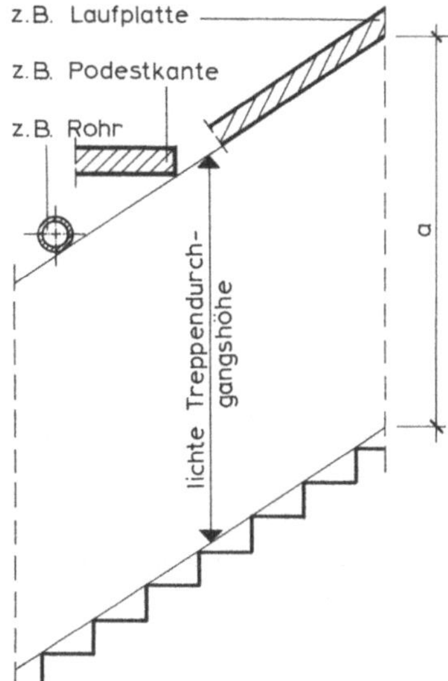

4.7 Durchgangshöhe („Kopfhöhe")

Die nach der Tabelle **4.5** möglichen Mindestmaße müssen jedoch bei der Planung besonders im Hinblick auf Sicherheitsanforderungen kritisch gewertet werden. Es ist z. B. nicht ohne weiteres einzusehen, daß an Kellertreppen oder Treppen, die nicht zu Aufenthaltsräumen führen, geringere Sicherheitsanforderungen (z. B. Stufenauftritt nur 21 cm!) gelten sollen. Der Abstand von Wandhandläufen mit nur 4 cm dürfte bei rauhen Wandoberflächen Verletzungsgefahr bedeuten!

Podestflächen sind am An- bzw. Austritt von Treppenläufen sowie bei längeren Treppenläufen nach mehr als 16 Steigungen (DIN 18065: 18 Steigungen) erforderlich.

Treppenpodeste sollen eine Tiefe haben, die mindestens der Laufbreite entspricht, besser jedoch mit einem Zuschlag von 10 bis 15% zur Laufbreite bemessen wird. Sie müssen so beschaffen sein, daß sie die Benutzung der Treppen auch in den üblicherweise zu erwartenden Ausnahmefällen gefahrlos ermöglichen (im Wohnungsbau z. B. Möbeltransport, Transport von Krankentragen usw.).

Podestflächen im Zuge von langen Treppenläufen (Zwischenpodeste) sind auf die Schrittlänge bzw. das Schrittmaß der Treppe abzustimmen (vgl. Abschn. 4.1.3).

Beispiel Steigungsverhältnis der Treppe $18^5/27$ cm

Schrittmaß $S = a + 2\,s = 27 + 2 \times 18,5 = 64$ cm

Podestlänge $= S + a = 64 + 27 = 91$ cm

In den Gehbereich von Podestflächen notwendiger Treppen dürfen keine Türen aufschlagen. Die Podestfläche ist nötigenfalls entsprechend zu vergrößern.

Brandschutz

Im Brandfall sind Treppen die einzigen Fluchtwege zum Verlassen oberer Geschosse. Es muß daher sichergestellt sein, daß Treppen je nach Menge der darauf voraussichtlich angewiesenen Benutzer in ausreichender Zahl und Abmessung vorhanden sind und aus nicht zu großer Entfernung sicher erreicht werden können.

Selbstverständlich dürfen die Fluchtwege über Treppenhäuser im Brandfall nicht durch Rauch oder Brandeinwirkung unpassierbar werden. Begrenzungswände und -decken, Zugänge und die Konstruktion der Treppen selbst müssen daher im Hinblick auf sichere Benutzbarkeit im Brandfall geplant und ausgeführt werden.

Als planerische und konstruktive Brandschutzmaßnahmen (vgl. auch Abschn. 14.6 in Teil 1 des Werkes) sind vor allem zu beachten:

— Jedes nicht zu ebener Erde liegende Geschoß muß über eine oder mehrere Treppen zugängig sein, von denen der Ausgang ins Freie jederzeit gesichert ist (notwendige Treppen).

— Von jedem zum dauernden Aufenthalt von Menschen bestimmten Raum muß eine Treppe auf höchstens 35 m[1]) Entfernung erreichbar sein (gemessen von Mitte Raum bis Treppenstufe).

[1]) Hessische Bauordnung

[2]) Der Feuerwiderstandsklasse F30 bzw. F60 entsprechen Treppen, wenn sie beim Brandversuch während einer Prüfzeit von 30 Min. bzw. 60 Min. den Durchgang des Feuers verhindern und ihre Standfestigkeit und Tragfähigkeit nicht verlieren (s. Abschn. 12.6 Brandschutz in Teil 1 dieses Werkes). Zulässig in Gebäuden bis zu 2 Vollgeschossen sowie in Gebäuden mit 3 bis 5 Vollgeschossen, wenn die tragenden Teile nicht brennbar sind.
Der Feuerwiderstandsklasse F30 entsprechen ohne besonderen Nachweis Treppen aus Sandstein, Mauerwerk, Beton, Stahlbeton (mind. 10 cm dick) oder Eichenholz oder Treppen, die als Stahlsteindekken konstruiert sind, wenn sie unterhalb mind. 1½ cm dick auf Putzträgern geputzt oder gleichwertig bekleidet sind.
Der Feuerwiderstandsklasse F90 bzw. F120 entsprechen Treppen, wenn sie nichtbrennbar sind, unter dem Einfluß des Brandes und Löschwassers ihre Tragfähigkeit oder ihr Gefüge nicht wesentlich ändern und den Durchgang des Feuers während einer Prüfzeit von 90 Min. bzw. 120 Min. verhindern (gefordert für Gebäude mit mehr als 5 Vollgeschossen und für Hochhäuser). Im besonderen gelten als feuerbeständig Treppen aus Mauerwerk (mind. 10 cm dick) oder aus mind. 10 cm dicken Stahlbetonfertigteilen mit 1,5 cm dickem Putz auf der Unterseite. Treppenstufen aus Natursteinen gelten nicht als feuerbeständig. In DIN 4102 sind die Begriffe erläutert. Es werden eingeteilt:

Die Baustoffe in **Brennbarkeitsklassen**	die Bauteile in **Feuerwiderstandsklassen**
A nicht brennbare Baustoffe	F 30 Feuerwiderstandsdauer 30 Min.
A1 – ohne organische Bestandteile	F 60 Feuerwiderstandsdauer 60 Min.
A2 – mit organischen Bestandteilen	F 90 Feuerwiderstandsdauer 90 Min.
B brennbare Baustoffe	F120 Feuerwiderstandsdauer 120 Min.
B1 – schwer entflammbare Baustoffe	F180 Feuerwiderstandsdauer 180 Min.
B2 – normal entflammbare Baustoffe	
B3 – leicht entflammbare Baustoffe	

— Alle notwendigen Treppen müssen in Gebäuden mit mehr als 2 Vollgeschossen aus Baustoffen der Brennbarkeitsklasse A bestehen und mindestens die Feuerwiderstandsklasse F30 aufweisen (in Gebäuden mit mehr als 5 Vollgeschossen müssen sie der Feuerwiderstandsklasse F90 entsprechen), vom Tageslicht genügend erhellt werden und in unmittelbarer Verbindung durch alle Vollgeschosse führen.

— Die Treppenräume notwendiger Treppen müssen Decken der Feuerwiderstandsklasse F60, Wände der Feuerwiderstandsklasse F90 und unmittelbaren Ausgang ins Freie erhalten. Bei Wohngebäuden mit mehr als 6 Wohnungen müssen sie außerdem vom Erdgeschoß aus bedienbare Rauchabzugsklappen haben und gegen Verqualmung aus dem Kellergeschoß ausreichend gesichert sein.

— Sind mehrere übereinanderliegende Kellergeschosse vorhanden, muß jedes einen gesonderten Ausgang ins Freie haben.

— In Hochhäusern müssen mindestens zwei voneinander getrennte Treppenhäuser (Mindest-Laufbreite 1,25 m) vorhanden sein, die über Dach miteinander als Fluchtwege verbunden werden können, oder es muß ein Sicherheitstreppenhaus vorhanden sein (Zugang nur über im Freien liegende Balkone, Laubengänge oder offene Podestflächen).

In notwendigen Treppen von Hochhäusern sind gewendelte Stufen nicht zulässig. Für die Treppenlaufbreiten in Sicherheitstreppenhäusern können folgende Werte als Anhalt dienen:

Für Fluchtwege von

bis zu 100 Personen	1,10 m
bis zu 250 Personen	1,65 m
über 250 Personen	2,10 m

— Die Laufbreite von Treppen für Verkaufs-, Ausstellungs-, Versammlungs- und ähnlichen Räumen soll betragen:

Bei Nutzflächen

bis 100 m²	1,10 m
bis 250 m²	1,30 m
bis 500 m²	1,65 m
bis 1000 m²	1,80 m
über 1000 m²	2,10 m

Schallschutz

Treppen und Treppenhäuser bilden innerhalb von Gebäuden fast immer lästige Schallquellen. Bereits in der Grundrißplanung sollten sie daher durch untergeordnete Räume von solchen Räumen (z. B. Schlafräume) getrennt sein, in denen besonderer Schallschutz erforderlich ist.

Allgemeine Anforderungen an die Schallschutzmaßnahmen von Treppen und Treppenpodesten sind in DIN 4109 festgelegt.

Mit den bisher üblichen Ausführungsarten von Treppen kann ein ausreichender Schallschutz meistens nicht erreicht werden. Zur Verbesserung des Trittschallschutzes ist die Treppenkonstruktion durch elastische Auflagerung von der übrigen Bauwerkskonstruktion zu trennen, oder es müssen weich federnde Treppenauflagen verwendet werden. In jedem Fall ergeben sich kostensteigernde Detailprobleme, und eine besonders sorgfältige Ausführung an der Baustelle ist unabdingbar.

Grundsätzlich kommen folgende Maßnahmen für den Schallschutz in Betracht:

— elastische Auflagerung der Treppenpodeste und -läufe bei gleichzeitiger Trennung
von den angrenzenden Wänden durch offene oder elastisch abgeschlossene Fugen,

— Einbau von schwimmendem Estrich auf den Podesten (mit Trennfugen an Woh-
nungsabschlüssen) sowie von schwimmend aufgelagerten Stufenelementen,

— Verwendung weichfedernder Podest- und Stufenbeläge, soweit im Rahmen brandschutztechnischer Vorschriften möglich.

Die grundsätzlich gegebenen Möglichkeiten für die elastische Auflagerung von Massivtreppen zeigt Bild **4.8**.

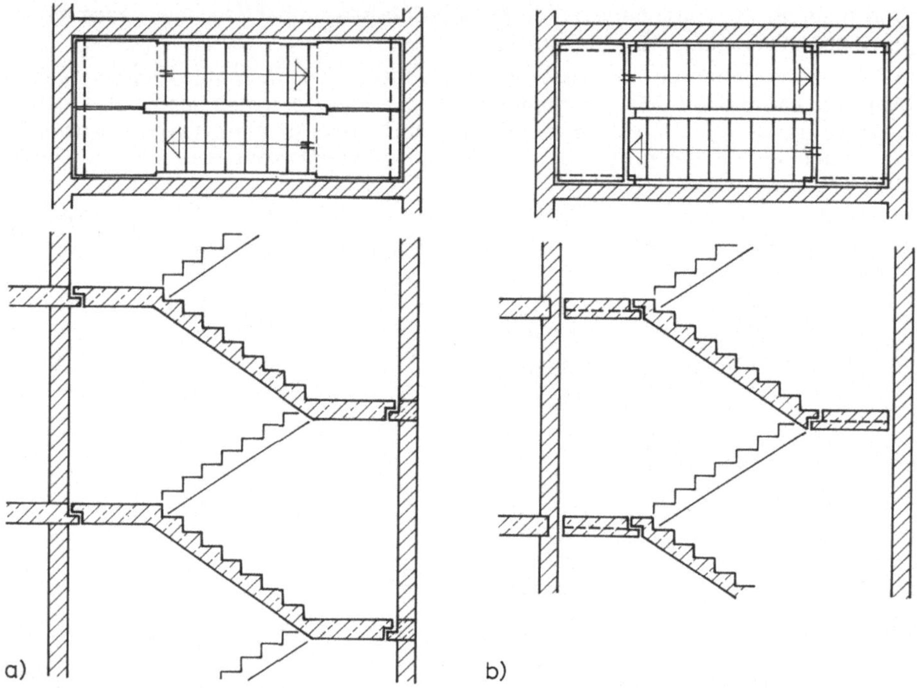

a)   b)

4.8 Elastische Auflagerung von Massivtreppen
   a) Längsgespannte Lauf- und Podestplatten, auf Konsolen elastisch aufgelagert
   b) Podeste quergespannt und elastisch aufgelagert (vgl. Bild **4.10**) oder mit schwimmendem Estrich;
      Laufplatten auf Podesten elastisch aufgelagert (vgl. Bild **4.9**)

Durchlaufende Auflager an den Rändern von Podest- oder Laufplatten sowie von
Treppenholmen sind wie in Bild **4.9** gezeigt möglich. Daneben ist die Ausbildung von
„Auflager-Klauen" mit Hilfe vorgefertigter zweischaliger etwa 50 cm breiter Auflager-
kästen möglich. Sie werden in die tragenden Treppenhauswände mit eingemauert oder
-betoniert und nehmen die klauenförmigen Treppenauflager auf (Bild **4.10**).

Schwimmend aufgelagerte Winkelstufen aus Werkstein zeigt Bild **4.11**. Bei einer solchen Stufenausbildung müssen die seitlichen Auflagerfugen durch Abdeckprofile geschlossen werden, die natürlich keine Schallbrücken bilden dürfen und elastisch angeschlossen werden (Bild **4.12**). Werden Tritt- und Setzstufen getrennt ausgeführt und
schwimmend verlegt, sind die Fugen zwischen den Werksteinen sorgfältig von über-

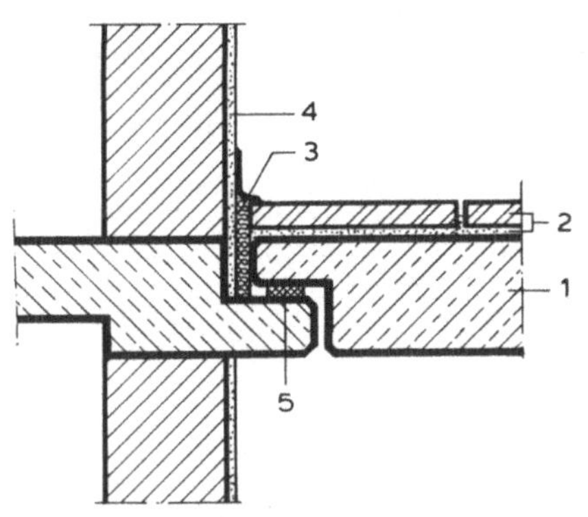
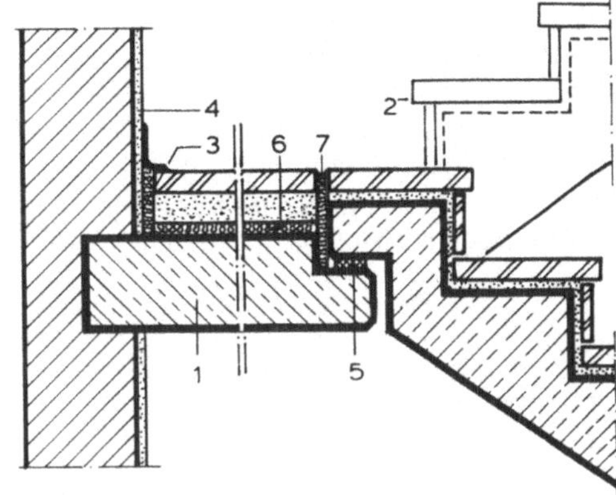

4.9 Schallgedämmte Auflagerung von Laufplatten oder Holmen

1 Podestplatte
2 Plattenbelag im Mörtelbett
3 Sockel
4 Putz

5 Neopren-Aufleger
6 Trittschalldämmung
7 elastische Fuge

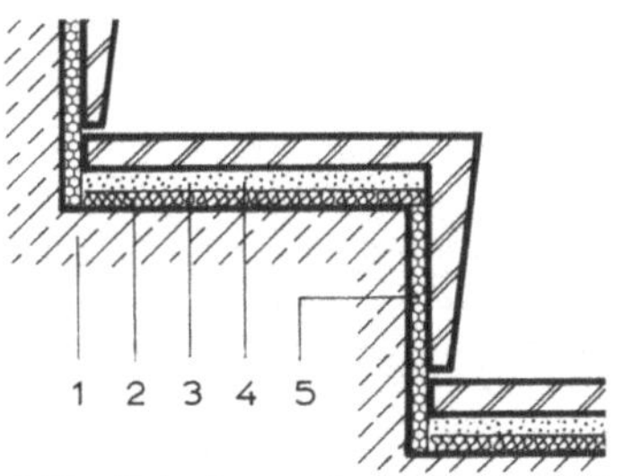

4.11 Schwimmend aufgelegte Winkelstufen

1 Treppenlauf massiv
2 Trittschalldämmung aus Hartgummiplatten
3 Mörtelbett
4 Winkelstufe aus Werkstein
5 Dämmschicht aus Polystyrol

a)

b)

4.10 Auflager-„Klaue" für Podest- und Laufplatten (Reson DG®)

a) senkrechter Schnitt
b) waagerechter Schnitt durch die Auflager-Klaue

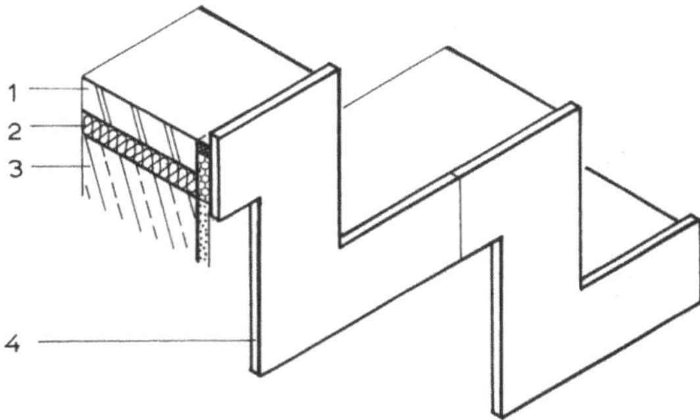

4.12 Seitliche Abdeckung schwimmend aufgelagerter Treppenstufen

1 Stufenbelag
2 Dämmschicht
3 Rohtreppe
4 Randprofil aus Stahlblech

quellendem Verlegemörtel und Verunreinigungen freizuhalten und durch Schaumstoff-
bänder (z. B. Compriband) oder elastische Abdichtungen zu schließen (Bild **4.13**).
Derartige Konstruktionen sollten nur für frei gespannte Treppenläufe ohne Wandanschlüsse ausgeführt werden. Sonst sind auch alle Wandanschlüsse elastisch abzudichten (Gefahr von Ausführungsfehlern!)

Aus den Wänden auskragende Stufen sind sowohl bei Massivtreppen als auch bei
Holztreppen im Hinblick auf Schallschutz zu vermeiden.

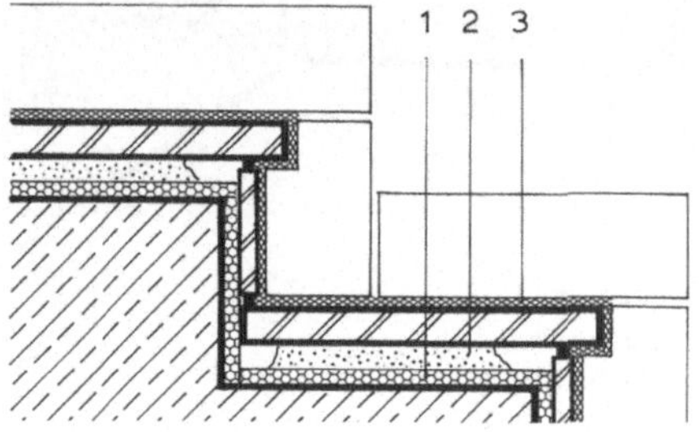

4.13
Schwimmende Verlegung getrennter Tritt- und
Setzstufen
1 Trittschalldämmung (z. B. Schaumstoff-Platten)
2 Verlegemörtel
3 Schaumstoffband

4.1.3 Planung

Ob eine Treppe bequem und unfallsicher ist, hängt hauptsächlich vom Steigungsverhältnis der Stufen (Neigungswinkel) und der Höhendifferenz aufeinanderfolgender Stufen
ab. Die Unfallgefahr auf Treppen wächst mit dem Neigungswinkel. Keller- und Dach-
treppen dürfen – da sie selten und nur von einem begrenzten Personenkreis benutzt
werden (Gewöhnung) – bis zu 45° geneigt sein. Ähnliches gilt für Geschoßtreppen in
Einfamilienhäusern (Steigungsverhältnis bis 19/25 und 20/25). Wohnhaustreppen
mit Neigungen von etwa 30° (bei Freitreppen etwa 20°) sind sicher und bequem
begehbar, vorausgesetzt, daß auch günstige Steigungen gewählt werden (Bild **4.14**).

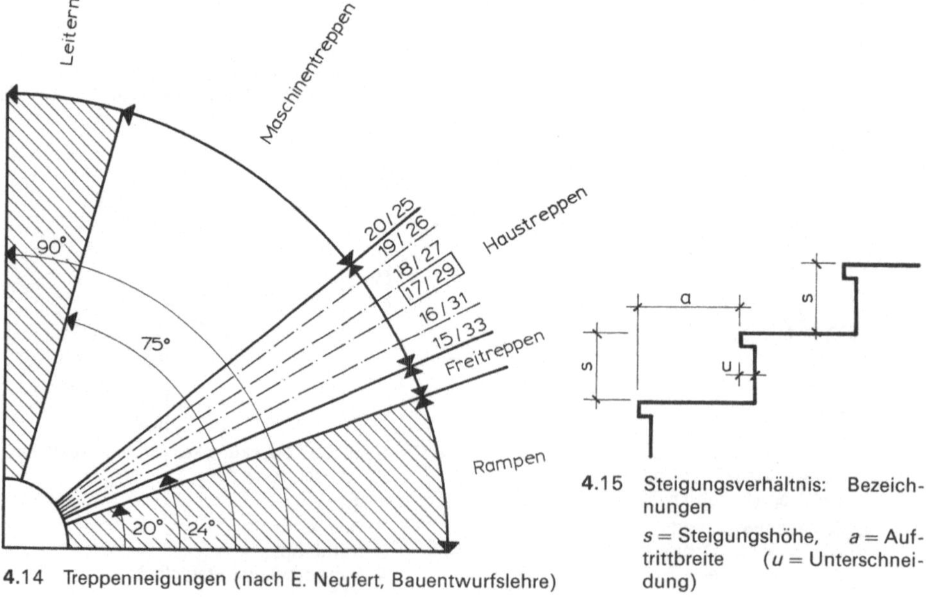

4.14 Treppenneigungen (nach E. Neufert, Bauentwurfslehre)

4.15 Steigungsverhältnis: Bezeichnungen

s = Steigungshöhe, a = Auftrittbreite   (u = Unterschneidung)

Die Festlegung des Steigungsverhältnisses von Treppen (Verhältnis von Auftritt a : Steigung s, Bild **4**.15) geht von der mittleren Schrittlänge des erwachsenen Menschen aus, die 59 bis 65 cm beträgt. Diese ist allerdings auch abhängig von der Neigung der begangenen Fläche.

Die angemessenen Steigungsmaße haben sich für Treppen der verschiedenen Beanspruchungen in langer Erfahrung ergeben und betragen für

— Treppen im Freien	etwa 14 cm
— Treppen in Versammlungsräumen, Theatern u. ä.	etwa 16 cm
— Treppen in Schulen und öffentlichen Gebäuden	16 bis 17 cm
— Treppen in Wohnhäusern	17 bis 19 cm
— Nebentreppen	bis 20 cm

Das Steigungsverhältnis wird bezogen auf die „Lauflinie" und darf sich im Verlauf einer Treppe – auch bei mehrläufigen Treppen (s. Bild **4**.1 b bis f) nicht ändern. Bei geraden Treppenläufen ist die Lauflinie die Lauf-Mittellinie. Bei gewendelten und Spindeltreppen soll die Lauflinie im „Gehbereich" (DIN 18065) liegen (DIN 18065, s. Bild **4**.19). Treppen ohne Setzstufen („offene Treppen") sowie Treppen mit Auftritten ≤ 26 cm – gemessen in der Lauflinie – sind um mindestens 3 cm zu unterschneiden (s. Bild **4**.15).

Zur Bestimmung des Steigungsverhältnisses werden verschiedene Formeln verwendet.

Die Schrittmaßformel ist die bekannteste Grundlage für Steigungsverhältnisse:

$$a + 2\,s = 63\ \text{cm} \quad \text{(nach DIN 18065: 59 bis 65 cm)}$$

Daraus ergibt sich z. B. für Wohnungstreppen das als sehr günstig empfundene Steigungsverhältnis von 17/29 cm.

Die Bequemlichkeitsformel

$$a - s = 12\ \text{cm}$$

ergibt Steigungsverhältnisse, die beim Treppensteigen den geringsten Kraftaufwand erfordern sollen, berücksichtigt jedoch nicht das Schrittmaß.

Die Sicherheitsformel

$$a + s = 46\ \text{cm} + 1\ \text{cm}$$

berücksichtigt besonders die Verhältnisse beim Herabsteigen auf einer Treppe, weil sich bei ihrer Anwendung immer ausreichend große Auftrittflächen ergeben.

Allen Formeln ist gemeinsam, daß sie nur zu Überprüfung ermittelter, aus Geschoß, oder Podesthöhen resultierender Steigungsverhältnisse dienen.

Die Abhängigkeit von Geschoßhöhen und Steigungen zeigt Tabelle **4**.16.

Tabelle **4**.16 Geschoßhöhen mit Steigungszahl und Steigungshöhen nach DIN 4174
(DIN 18065 T1 enthält die Hauptmaße für Wohnhaustreppen)

Geschoßhöhe	zweiläufige Treppen				einläufige und dreiläufige Treppen			
	gute Steigung		steile Steigung		gute Steigung		steile Steigung	
in m	Zahl	Höhe in cm	Zahl	Höhe in cm	Zahl	Höhe in cm	Zahl	Höhe in cm
2,25	–	–	12	18,75	13	17,30	–	–
2,50	14	17,85	–	–	15	16,66	13	19,23
2,625	–	–	14	18,72	15	17,47	–	–
2,75	16	17,20	14	19,64	–	–	15	18,33
3,00	18	16,66	16	18,75	17	17,64	–	–

Als Ausführungstoleranzen sind nach DIN 1065 ± 0,5 cm für Auftritts- bzw. Steigungsmaß zugelassen sowie ± 1,5 cm für die Antrittshöhe vorgefertigter Treppen. Insbesondere die letztere Toleranz ist wohl eindeutig zu groß und sollte bei der Auftragsvergabe ausdrücklich ausgeschlossen werden.

Aus der Wahl des Steigungsverhältnisses ergeben sich Stufenzahl und Lauflänge und damit der Platzbedarf einer Treppe mit den erforderlichen Podesten. Wenn einläufige Treppen über mehrere Geschosse führen, muß neben den Podestflächen auch der Flächenbedarf für den Weg jeweils zwischen Austritt- und Antrittpodest berücksichtigt werden (Bild **4.17**).

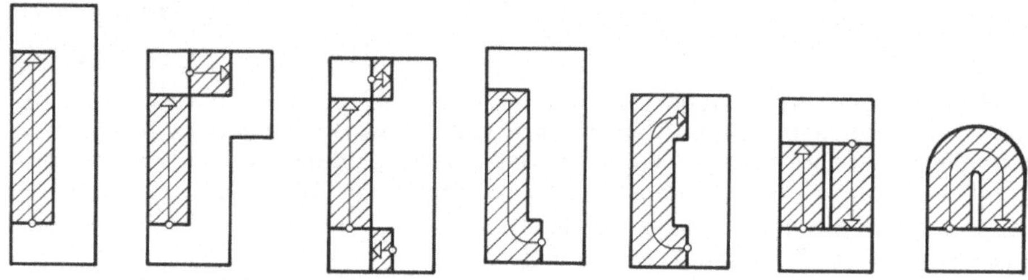

4.17   Vergleich des Flächenbedarfs verschiedener Treppenarten (vgl. Bild **4.1**)

Beispiel für die Ermittlung der Auftrittbreite und der Laufffläche einer Wohnhaustreppe

Die Geschoßhöhe (Entfernung von Oberfläche Fußboden bis Oberfläche Fußboden) wird durch die geschätzte Stufenzahl so geteilt, daß sich eine Steigung von etwa 18 cm ergibt:

2,75 (Geschoßhöhe) : 16 = 17,20 cm Steigung

Empfohlen wird für	Steigung s	Auftritt a
Schulen	14 bis 16	45 − s
Theater, Kinos, Saalbauten	15 bis 17	47 − s
Verwaltungsgebäude	16 bis 17	46 − s
Wohnhäuser	16 bis 18	46 − s
gewerbliche Bauten	17 bis 18	46 − s
Freitreppen	14 bis 16	47 − s
Bodentreppen	18 bis 20	45 − s
Kellertreppen	18 bis 19	45 − s

Nach der Schrittmaßformel (s. S. 255) ist die Auftrittbreite

$$a = 63 - 2 \cdot 17,2 = 28,6 \text{ cm}$$

gewählt 29 cm

Die Treppe soll zweiläufig angelegt werden. Jeder Lauf erhält dann 8 Steigungen. Da die Austrittstufe jeweils im Podest liegt, ist jeder Lauf nur 7 Auftritte lang; also:

Lauflänge = (Anzahl der Steigungen − 1) × Auftrittbreite = 7 · 29 cm = 2,03 m

Bei der G e s t a l t u n g von Treppen ist selbstverständlich auch die Abmessung der einzelnen Bauteile zu berücksichtigen, die von Belastung, Spannweite und Bauart abhängig ist. Insbesondere bei Podesttreppen muß dabei der Anschluß von Laufplatten, Wangen oder Holmen an die Podeste gestalterisch einwandfrei gelöst werden.

Die dabei auftretenden Probleme lassen sich am einfachsten am Beispiel einer Stahlbetontreppe erläutern:

Angestrebt wird in der Regel eine gestalterische Lösung so, daß die Unterseiten der Laufplatten am Podest in einer durchlaufenden Linie anschließen (Bild **4.18a**). Das ist zu erreichen, wenn die Dicke d der Podestplatte in Abhängigkeit vom Anschnitt der Laufplatte gewählt wird, d.h. in der Regel dicker als statisch erforderlich, andernfalls ergeben sich am Anschnitt häßliche Zwickel (Bild **4.18b**).

Wenn die Vorderkanten von Austritt- und Antrittstufen am Podest im Grundriß in einer Linie liegen, ergibt sich für den inneren Handlauf am Treppenauge ein Höhenversprung (Bild **4.18b**). Er kann bei entsprechend breitem Treppenauge mit einem Übergangs-

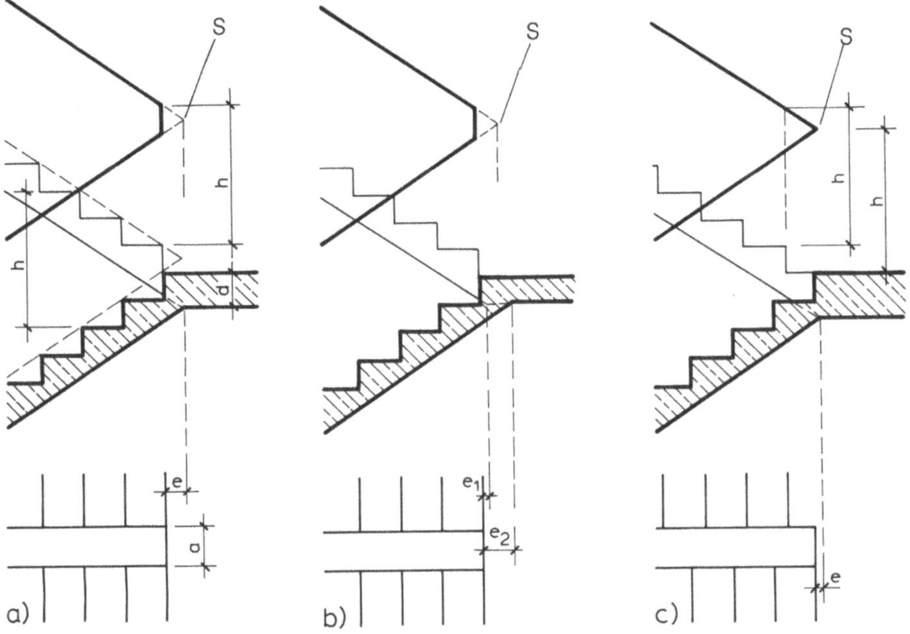

4.18 Beziehung zwischen Podestdicke, Handlaufführung und Podestanschluß

a) Laufplattenunterseiten schließen in einer Linie an Podest an: Höhenversprung im Handlauf

b) Stufenvorderkanten von Aus- und Antritt im Grundriß auf einer Linie: Bei einem Treppenlauf Knick in der Untersicht; Höhenversprung im Handlauf

c) Laufplattenunterseiten schließen in einer Linie an Podest an, jedoch Aus- und Antritt im Grundriß **nicht** auf einer Linie: Handlaufübergang ohne Höhenversprung

krümmling gestaltet werden, oder die Handläufe müssen – unter Einschränkung des Podestraumes – bis zum Schnittpunkt *S* (Bild **4.18**a und b) weitergeführt werden. Es ist daher günstiger, im G r u n d r i ß den Antritt bzw. Austritt n i c h t auf einer durchgehenden Linie, sondern unter Berücksichtigung der gezeigten Abhängigkeiten bei frühzeitiger Klärung aller Detailfragen festzulegen. Dabei ergibt sich allerdings durch die erforderliche Verschiebung bei gleich langen Treppenläufen eine entsprechend größere Gesamtlänge für zweiläufige Podesttreppen.

Diese Überlegungen gelten sinngemäß auch für alle anderen Treppenbauarten.

Treppen mit g e r a d e m Lauf sind zwar – ein günstiges Steigungsverhältnis vorausgesetzt – am bequemsten zu begehen; sie lassen sich jedoch nicht verwenden, wenn der Raum für Lauflänge einschließlich Podestlänge nicht vorhanden ist.

Durch W e n d e l u n g eines Teils der Stufen kann Raum gespart werden (vgl. Bild **4.17**). Die Treppe büßt dabei jedoch einen Teil der Bequemlichkeit und Sicherheit ein, den der gleichmäßig geformte Treppenlauf bietet. Die Nachteile teilweise (halb- oder viertel-)gewendelter Treppen können durch allmähliches Umformen der rechteckigen Stufen in keilförmige Stufen (V e r z i e h e n) vermindert werden. Die Stufen können einfach im Grundriß oder auch, genauer, in Grundriß u n d Aufriß verzogen werden. Beide Methoden werden hier am Beispiel der viertelgewendelten, die erste auch an der halbgewendelten Treppe gezeigt (Bilder **4.20** bis **4.22**).

Folgende Forderungen sind zu berücksichtigen:

— An keiner Stelle der Stufe soll die Auftrittbreite weniger als 10 cm betragen (die normale Auftrittbreite ist auf der Lauflinie abzutragen).

— Um ein allmähliches Überleiten des geraden in den gewendelten Laufteil zu gewährleisten, müssen möglichst viele Stufen verzogen werden.

— Die Lauflinie muß stetig und ohne Knickpunkte sowie mit einem Mindestradius von 30 cm innerhalb des Gehbereiches verlaufen (Bild **4.19**). Die Breite des Gehbereiches beträgt $^2/_{10}$ der Laufbreite bei einem Abstand von $^4/_{10}$ der Laufbreite vom Innenrand der Treppe.

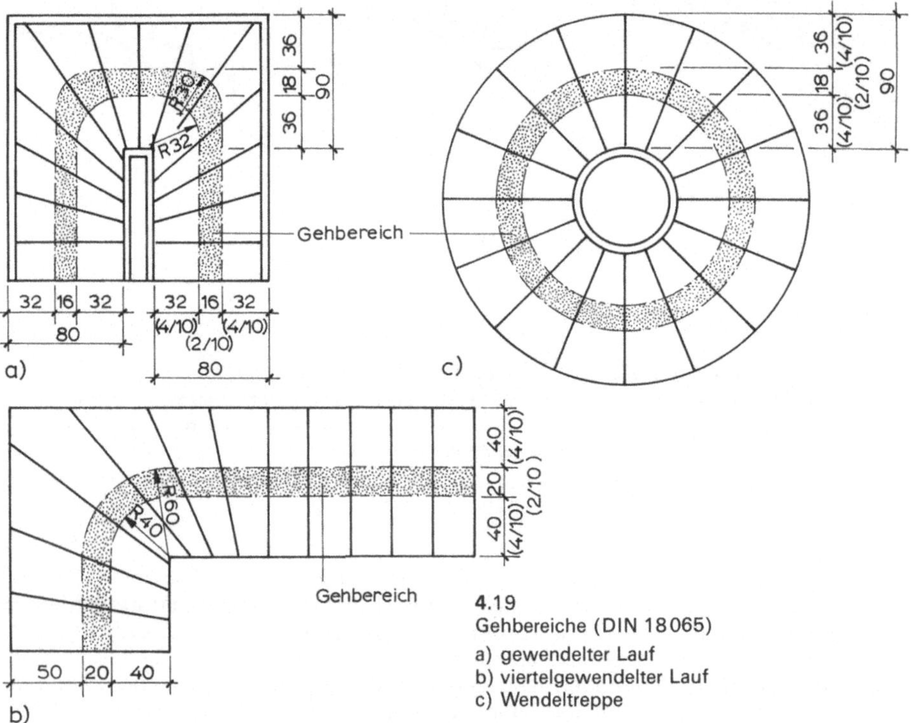

4.19
Gehbereiche (DIN 18065)
a) gewendelter Lauf
b) viertelgewendelter Lauf
c) Wendeltreppe

Verziehen der Stufen im Grundriß (Bild **4.20** und **4.21**)

Beispiel Laufbreite, Treppenhausbreite und Lauflänge (Steigungsverhältnis) liegen fest. Die mittlere Auftrittbreite wird für die geraden wie für die gewendelten Stufen auf der Lauflinie abgetragen.

Die Stufen 3 bis 16 sollen verzogen werden. Eine Stufenkante soll in der Achse des Wangenzwischenraums liegen. Die geringste Auftrittbreite von 10 cm sollen die Stufen 9 und 10 haben. Die Verlängerungen ihrer Stufenvorderkanten schneiden sich in A. Punkt B liegt auf der Linie der ersten bzw. letzten geraden Stufe.

Der Halbkreis um B mit A — B wird in 6 gleiche Teile geteilt, da zwischen Stufenkante 17 bzw. 3 und 9 sechs Stufen liegen. Die Fußpunkte der Lote von den Teilpunkten des Halbkreises auf A — B werden mit den Teilpunkten auf der Lauflinie verbunden.

In Bild **4.21** ist ein anderes Verfahren für eine viertelgewendelte Treppe dargestellt. Die Eckstufe wird an der schmalsten Stelle mind. 10 cm breit angenommen. Die letzte und erste gerade Stufe an der Ecke ergeben mit ihren Verlängerungen das Achsensystem, auf dem beide verlängerte Eckstufenkanten das Maß für die Stufenkantenfluchtpunkte abschneiden (x und y).

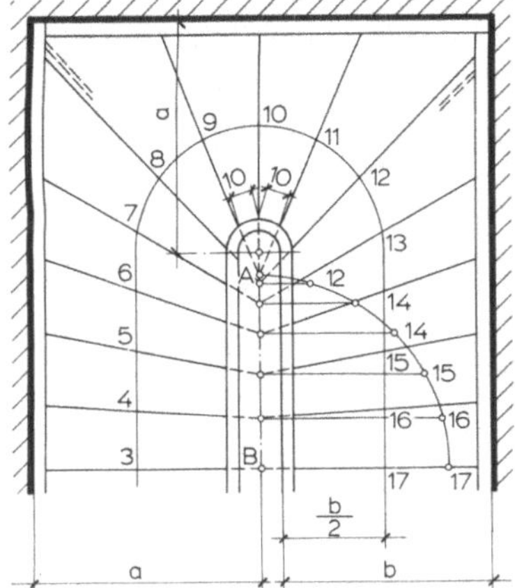

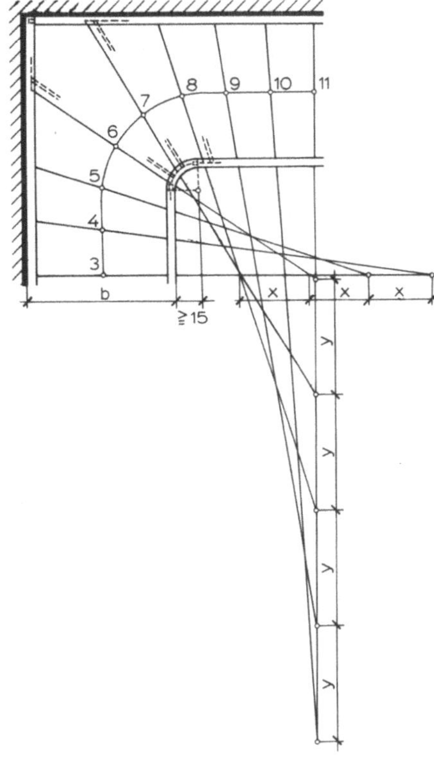

4.20 Verziehen im Grundriß. Halbgewendelte
Treppe. Dieselbe Konstruktion kann angewendet werden, wenn auf die Treppenachse
keine Stufenkante, sondern eine Stufen-
mitte trifft

4.21 Verziehen im Grundriß.
Viertelgewendelte Treppe

Verziehen der Stufen im Grundriß und Aufriß (Bild **4**.22)

Zwischen den Stufen 2 und 9 einer viertelgewendelten Treppe sollen 6 Wendelstufen
angeordnet werden. Man wickelt die Innenseite der Freiwange ab und zeichnet die
erste und letzte gerade Stufe (Kante 2 und 9) mit den Steigungslinien 1 bis 2 und 9
bis 12 usw. Dann verbindet man Punkt 2 und 9 und ersetzt diese gerade Linie durch
eine aus zwei Kreisbögen zusammengesetzte geschwungene Linie, in die die Steigungslinien 1 bis 2 und 9 bis 12 als Tangenten übergehen. Zu diesem Zwecke wird die
Linie 2 bis 9 halbiert. Für jede Hälfte wird die Mittelsenkrechte gezeichnet und zum
Schnitt mit den zu den Steigungslinien in den Punkten 2 und 9 errichteten Senkrechten
gebracht. Die Schnittpunkte m und m_1 sind die Mittelpunkte für die beiden von 2 nach
9 zu zeichnenden Bogenlinien. Diese doppelte Bogenlinie schneidet die Stufenhöhen
an der Vorderkante der Stufen. Dadurch ergeben sich die Auftrittsbreiten, die in den
Grundriß übertragen werden. Das Verfahren ist unverändert für halbgewendelte Treppen
anwendbar.

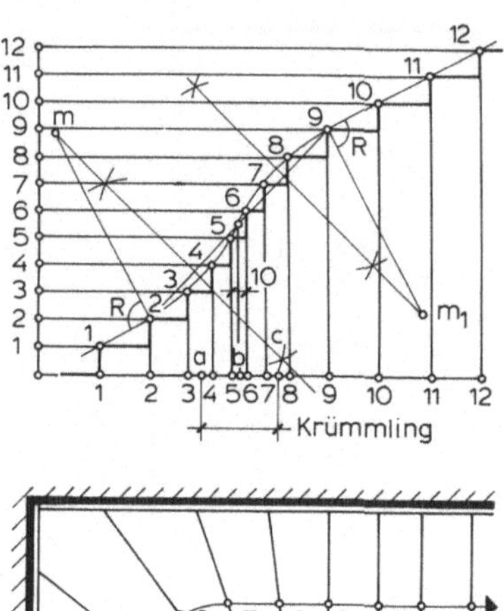

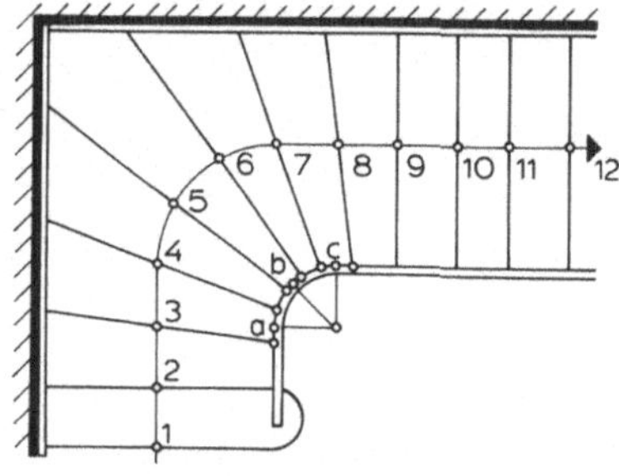

4.22
Verziehen im Aufriß und Grundriß
(Abwicklungsmethode)

4.2 Treppenbauarten

Die Bauarten moderner Treppen beruhen zu einem großen Teil auf den handwerklichen Techniken für die Ausführung von Holztreppen. Die folgenden Grundtypen des
Treppenbaues werden unterschieden (Bild **4.23**):

— Wangentreppen (a)

— aufgesattelte Treppen (b)

— Holmtreppen (c)

— Kragtreppen (d)

— Spindeltreppen (e)

— Bolzentreppen (f)

— wangenfreie Treppen mit aufgehängten Stufen (g) sowie

— Stahlbeton-Massivtreppen (h).

Der Baustoff kennzeichnet Treppenbauarten jedoch nur unvollkommen. Vielfach
bestehen in Mischkonstruktionen aus gestalterischen oder statischen Gründen tragende Bauteile, Stufen oder Geländer aus unterschiedlichem Material. Bei nicht notwendigen bzw. bei Treppen, an die keine Brandschutzanforderungen gestellt werden
müssen, eröffnet z. B. die Verwendung von Kunststoffen über die gezeigten Standard-
lösungen hinaus zahlreiche technische und gestalterische Möglichkeiten (vgl. auch
Abschn. 4.2.6).

Eine Einteilung nach Treppenbaustoffen versucht daher lediglich, den Überblick über
das sehr vielfältige und umfangreiche Sachgebiet zu erleichtern.

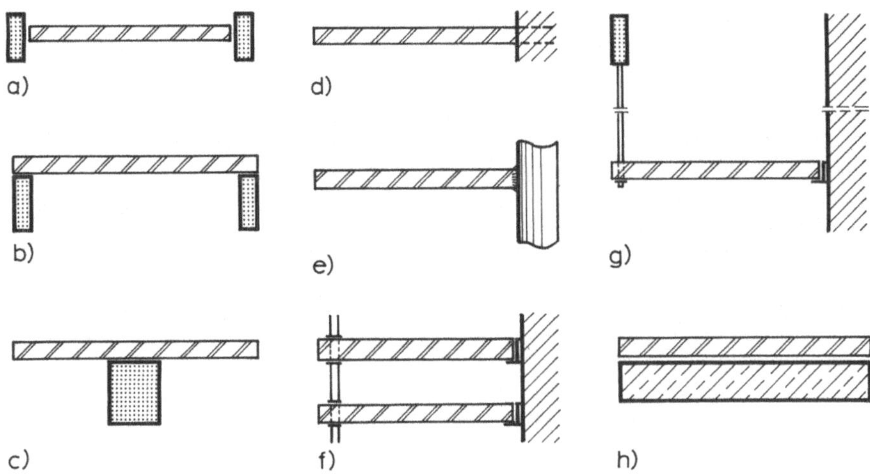

4.23 Treppenbauarten
    a) Wangentreppen
    b) aufgesattelte Treppen
    c) Holmtreppe
    d) Kragtreppe
    e) Spindeltreppe
    f) Bolzentreppe
    g) wangenfreie Treppe mit aufgehängten Stufen
    h) Stahlbeton-Massivtreppe

4.2.1 Gemauerte Treppen

Einfache Frei- und Innentreppen werden gelegentlich noch aus Mauerziegeln hergestellt. Die einzelnen Stufen werden als Rollschichten aus Vormauerziegeln oder Hoch-
bauklinkern (DIN 105) mit Kalkzementmörtel gemauert. Bei Freitreppen liegt die
unterste Stufe auf einem Fundament, dessen Sohle in frostfreie Tiefe reicht. Die übrigen
Stufen ruhen auf einer gestampften Magerbetonschicht (Bild **4.24**). Die Stufen haben
leichtes Gefälle nach vorn, damit das Wasser schnell abläuft. Außen liegende Kellertreppen können ähnlich ausgeführt werden.

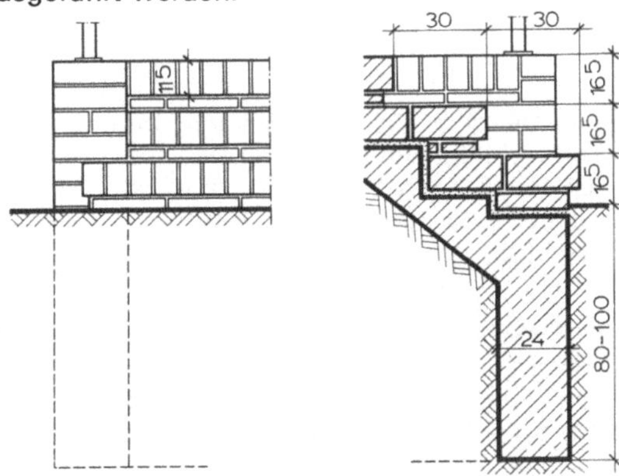

4.24 Gemauerte Freitreppe

4.2.2 Werksteintreppen

Für Freitreppen eignen sich besonders wetterbeständige Steine geringer Abnutzbarkeit: Granit, Basalt, harte Sandsteine. Die Stufen erhalten rechteckigen Querschnitt oder nur sparsame Profilierung der Vorderfläche. Freitreppen können entweder nach drei Seiten abgestuft oder seitlich durch Geländer oder Wangenmauern abgeschlossen werden. Bei den nach drei Seiten abgestuften Freitreppen stoßen die Längsstufen mit den kürzeren Seitenstufen so zusammen, daß die Stoßfugen nicht in der Vorderansicht erscheinen. Die Stufen sind frostsicher zu untermauern und sorgfältig miteinander zu verklammern bzw. zu verdübeln.

Bei Freitreppen mit seitlichem Geländerabschluß (Bild **4.**25) werden die Stufenenden durch Wangenmauern unterstützt. Die unterste Stufe ist außerdem in der gangen Länge frostsicher zu untermauern.

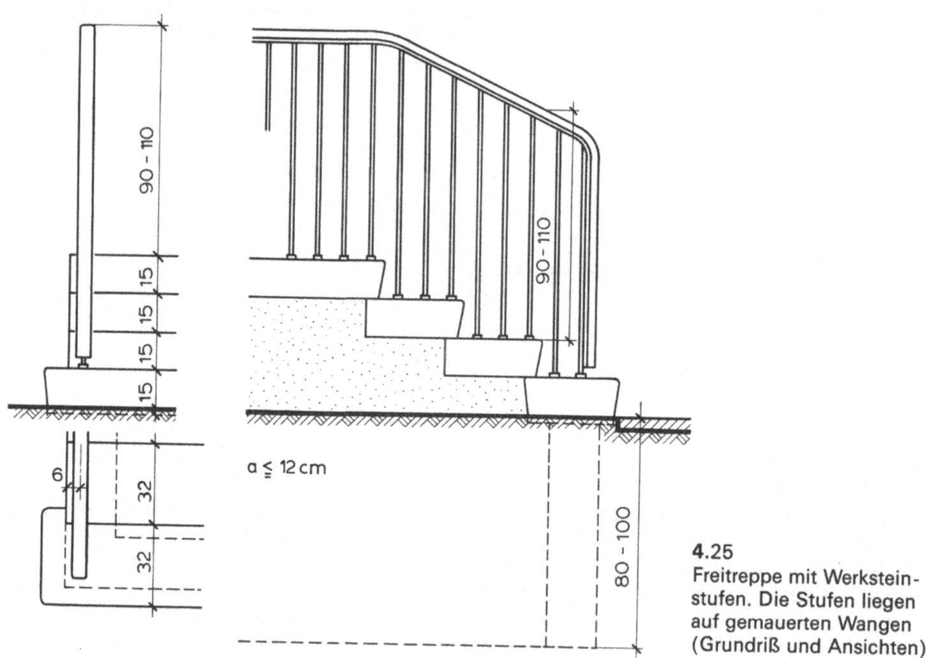

4.25
Freitreppe mit Werksteinstufen. Die Stufen liegen auf gemauerten Wangen (Grundriß und Ansichten)

Bei niedrigen Gebäudesockeln genügen eine bis drei Vorlegestufen mit Podestplatten. Ihr Einbau kann verbilligt werden, wenn man statt der Fundamente vorgefertigte Stahlbetonkonsolen oder Stahlbetonwangen verwendet, die beiderseits der Türöffnung einzumauern sind. Podestplatten mit Fußrostöffnungen sind jedoch billiger aus Stahlbeton herzustellen. Auch Stufen und Podestplatten können aus Stahlbeton vorgefertigt werden (Bild **4.**26).

Dabei sind einerseits eine geringe Anzahl verschiedener Einzelteile, andererseits ein handliches Gewicht der Fertigteile anzustreben.

Geschoßtreppen aus Werkstein, wie sie in älteren Gebäuden noch vorkommen, gelten als nicht feuerbeständig. Ihre Verwendung für notwendige Treppen ist daher heute nur eingeschränkt zulässig (vgl. Abschn. 4.1.2). Es ist aber möglich, Naturwerksteinstufen

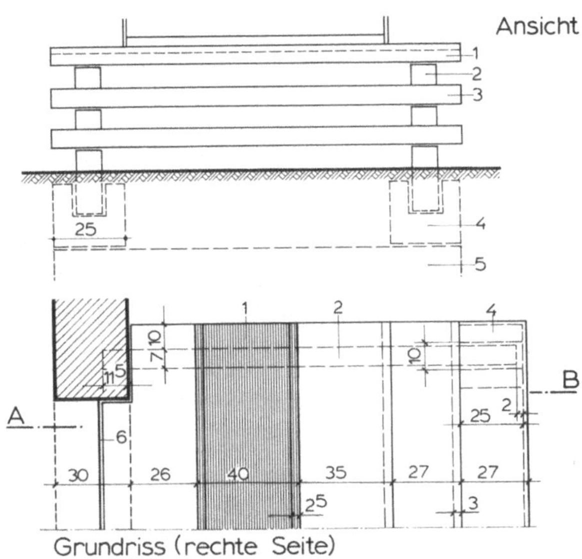

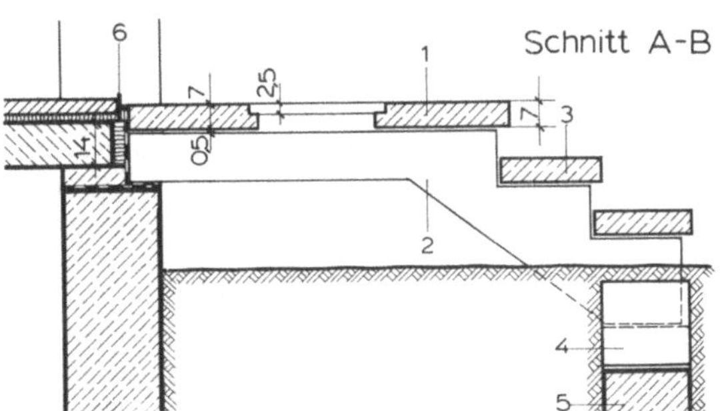

4.26
Vorgefertigte Hauseingangstreppe
1 Podestplatte mit Aussparung
  für durchlaufenden Fußrost
2 Stahlbetonwange
  (oben eingemauert, unten auf
  Sockelstück gelagert)
3 Betonwerksteinstufen
4 Sockelstück
5 Fundamentschwelle
6 Anschlagschiene mit dauerelastischer Abdichtung
  außen und innen

mit Bewehrungseinlagen zu versehen, die in Längsbohrungen eingebracht und verpreßt werden. Derartige Werksteinstufen sind dann ähnlich wie Stahlbeton-Werkstein zu betrachten.

Werksteinstufen können auf Stahlbetonwangen (vgl. Bild **4.26** und **4.**27) oder Stahlwangen bzw. -holme oder auf entsprechende Untermauerungen aufgelegt werden. Sie können auch in gemauerte oder betonierte Treppenhauswände eingespannt werden. In jedem Fall ist ein statischer Standsicherheitsnachweis erforderlich.

Bei auskragenden Stufen aus Werkstein beträgt bei Stufenlängen bis etwa 1,20 m die Einbindtiefe jeder dritten oder vierten Stufe 25 cm, bei den übrigen 12 cm. Alle Stufen größerer Freilänge binden mindestens 25 cm ein. Die Stufen werden erst nach Fertigstellung des Rohbaues versetzt, um Beschädigungen zu vermeiden; die erforderlichen Aussparungen müssen beim Aufmauern der Treppenhauswände angelegt werden. Beim Versetzen werden die Stufen mit dem freien Ende auf ein schräg liegendes, durch Stiele gestütztes Kantholz aufgelegt. Mit Rücksicht auf das Setzen der Stufen ist dieser Abstützung geringe Überhöhung zu geben. Die Auflagerflächen in der Wand müssen einwandfrei verkeilt und die Fugen restlos mit Zementmörtel verfüllt werden.

Wendeltreppen werden meist als Spindeltreppen ausgeführt. Die Spindel wird gemauert oder an die Stufen angearbeitet.

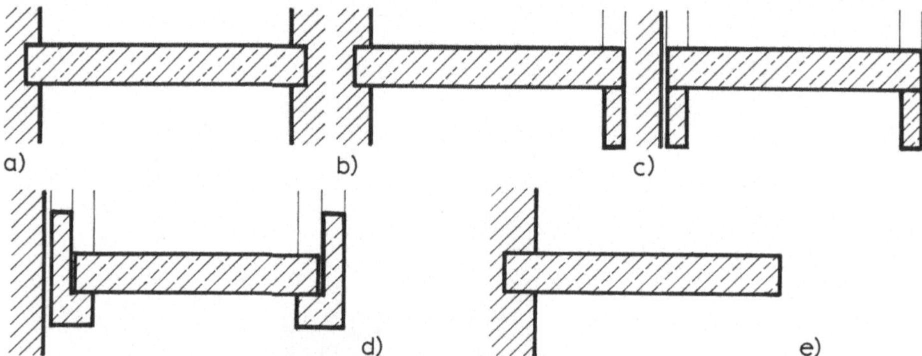

4.27 Stufen aus Stahlbetonfertigteilen oder aus Werkstein

a) beiderseits auf Treppenhauswände aufgelegt (Schachttreppe)
b) auf Treppenhauswand und Stahlbetonwange aufgelegt
c) beiderseits auf Stahlbetonwangen aufgelegt
d) beiderseits in Stahlbetonwangen aus Fertigteilen eingehängt
e) einseitig in Treppenhauswand eingespannt

Bei Spindeltreppen mit gemauerter Spindel wird die Spindel als Ziegelpfeiler voll oder bei größerem Durchmesser auch hohl gemauert. Der Stufenquerschnitt ist meist rechteckig. Die Auflagertiefe beträgt 12 cm (Bild **4.28**).

Bei Spindeltreppen aus Werkstein mit an die Stufen angearbeiteter Spindel legen sich die Stufen der ganzen Länge nach und außerdem mit dem zylindrischen Spindelansatz aufeinander (Spindeldurchmesser 15 bis 20 cm). In der Spindel werden die Stufen durch starke verzinkte Stahldübel verbunden. Die Stufenvorderfläche tritt gegen die Spindelfläche etwas zurück oder geht tangential in diese über. Im letzteren Falle wird meist ein kleiner Einschnitt angeordnet, damit die Spindelsäule schärfer heraustritt. In Bild **4.29** setzen sich die Stufen stumpf aufeinander. Die Stufen können auch mit Falz aufeinandergesetzt werden. Die Laufunterfläche wird dann eine glatte Schraubenfläche.

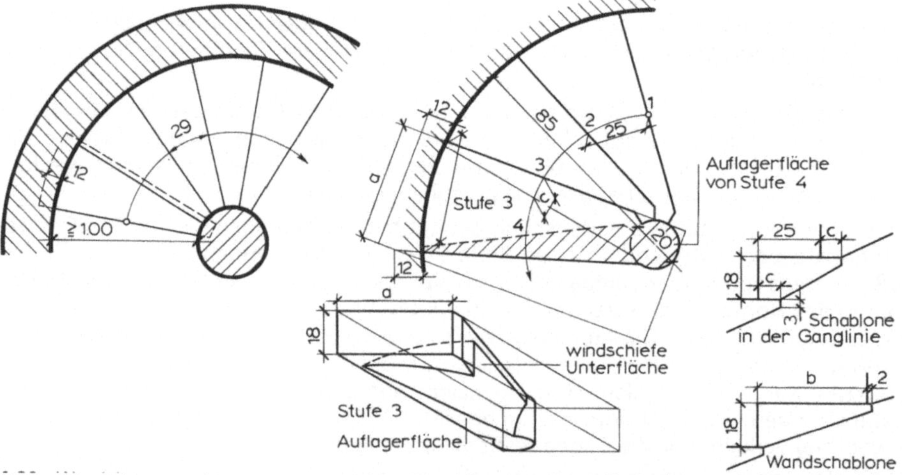

4.28 Wendeltreppe mit gemauerter Spindel

4.29 Wendeltreppe mit an die Stufen gearbeiteter Spindel

4.2.3 Stahlbetontreppen

Die weitaus meisten Geschoßtreppen werden aus Stahlbeton in Ortbeton hergestellt. Einläufige oder zweiläufige Treppen mit Podest werden am häufigsten ausgeführt, doch erlaubt das Konstruieren mit Stahlbeton auch die mannigfaltigsten Sonderformen.

In statischer Hinsicht sind die Laufplatten, Wangen oder Holme der meisten Stahlbetontreppen entweder als Einfeldträger, die auf den Podesträndern aufgelagert sind (Bild **4.**30 a) oder als geknickte Träger (Bild **4.**30 b) zu betrachten. Seltener sind Laufplatten oder Podeste aus Stahlbetonwänden ausgekragt (Bild **4.**30 c).

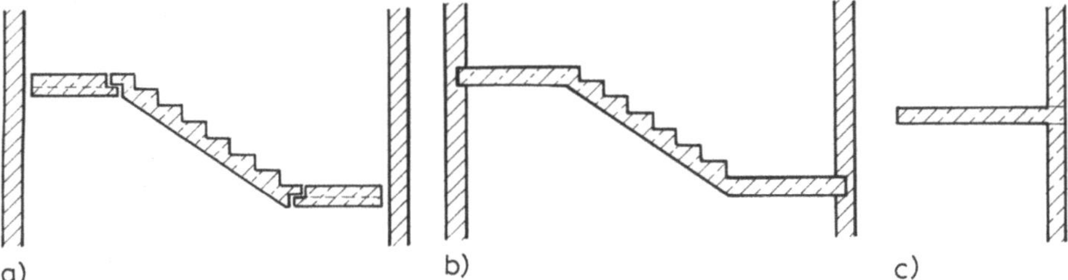

a)   b)   c)

4.30   Statische Systeme von Stahlbetontreppen

    a) Laufplatten bzw. Wangen auf tragende Podeste aufgelegt
    b) Laufplatte und Podestplatten als geknickter Träger ausgebildet
    c) Laufplatte oder Stufen seitlich eingespannt

Bei Podesttreppen sind nur bei sehr großen Abmessungen oder Belastungen gesonderte Auflagerträger am Podestrand erforderlich. In Form ggf. zusätzlicher Bewehrungen verschwinden die statisch erforderlichen Podestbalken meistens in der Podestplatte, so daß die Unterflächen von Laufplatten und Podesten ineinander übergehen (s. auch Abschn. 4.1.3 und Bild **4.**18).

In Bild **4.**31 ist eines von vielen möglichen Beispielen einer Stahlbetontreppe dargestellt, bei der sich die Laufplatten von Podestplatte zu Podestplatte spannen. Die Trittschallübertragung auf die Treppenwände kann hier vermindert werden, wenn zwischen der Laufplatte und der Wand ein Zwischenraum bleibt (s. Abschn. 4.1.2, Schallschutz).

In den meisten Fällen werden die Stufenbeläge aus Natur- oder Betonwerksteinplatten hergestellt, die satt in Mörtel verlegt werden. Dabei können getrennte Tritt- und Setzstufen (Bild **4.**32 a) oder Winkelstufen aus Betonwerkstein (Bild **4.**32 b und c) mit Kantenschutzprofilen (Bild **4.**33 c) verwendet werden.

Ferner können vorgefertigte Block- oder Hohlstufen auf glatte Stahlbetonlaufplatten ohne Rohstufen aufgelegt werden (Bild **4.**32 d).

Einfache Treppen erhalten als Gehbelag lediglich einen Glattstrich – am besten mit Randprofilen (Bild **4.**33 a).

Auf vorgefertigten Stufen oder auf Ortbetonstufen, die mit einem Glattstrich versehen werden, können Kunststoff- oder Textilbeläge verlegt werden. Damit kann eine erhebliche Verbesserung des Trittschallschutzes erreicht werden, wenn nicht Brandschutzbestimmungen entgegenstehen.

Die Beläge werden durchlaufend um die Stufenvorderkanten geklebt, oder es werden zur Minderung des Verschleißes und zur Verbesserung der Trittsicherheit Kantenschutzprofile verwendet (Bild **4.**33 b).

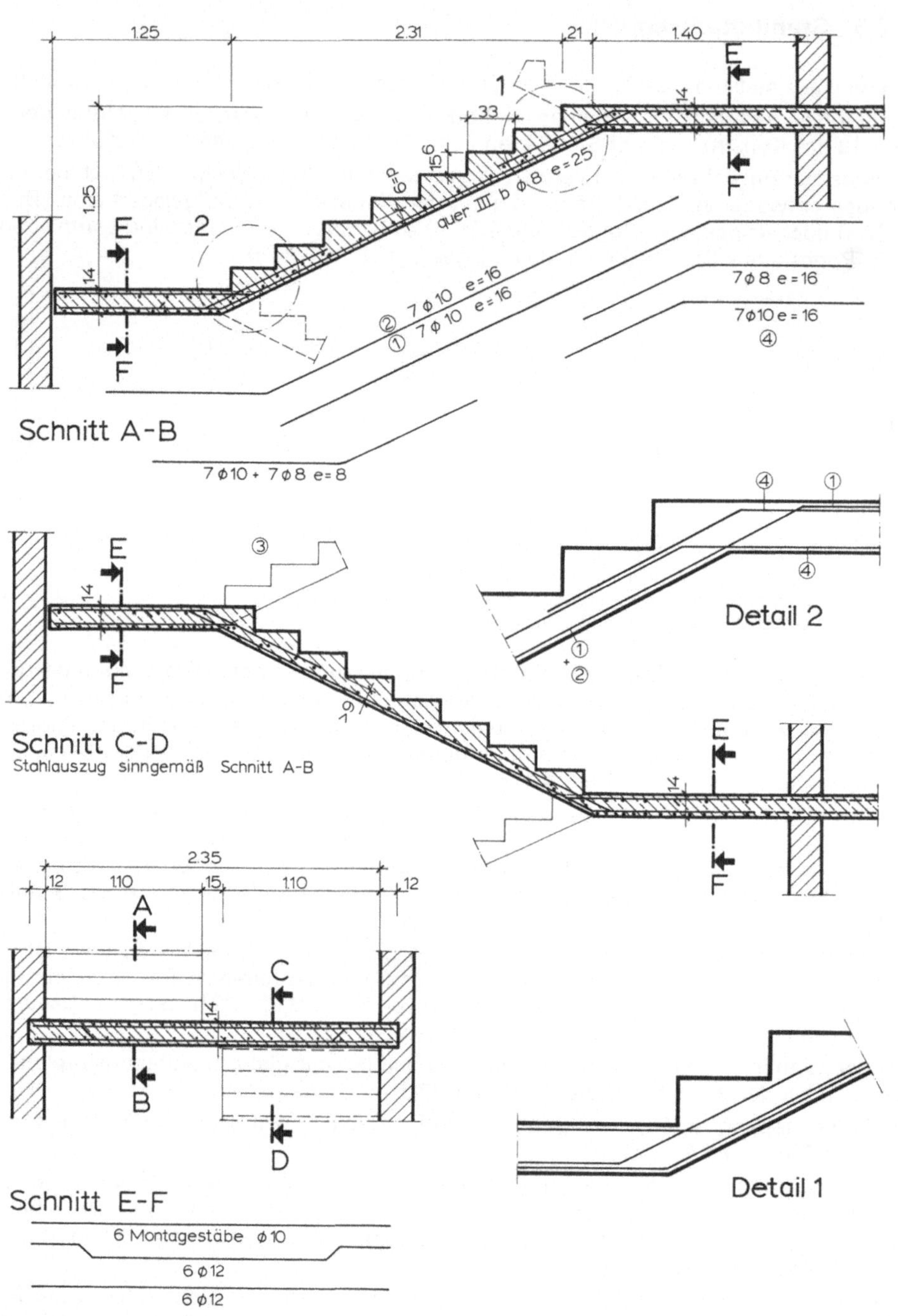

4.31 Zweiläufige Stahlbetontreppe (berechnet von Prüfingenieur Dr.-Ing. G. Raczat, Hagen)

Bei Stufenbelägen aus Betonwerkstein sind als Kantenschutz einbetonierte Kunststoff-Eckprofile (Bild **4.**33c) oder Trittschutzrippen (Bild **4.**33d) zweckmäßig.

Stufenbeläge aus keramischen Platten können ohne Formstücke, mit speziellen am vorderen Rand geriffelten Treppen-Auftrittplatten (Bild **4.**34a) oder mit Trittstufenwinkeln bzw. Schenkelplatten (Bild **4.**34b) hergestellt werden.

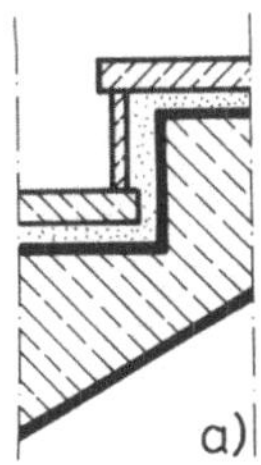
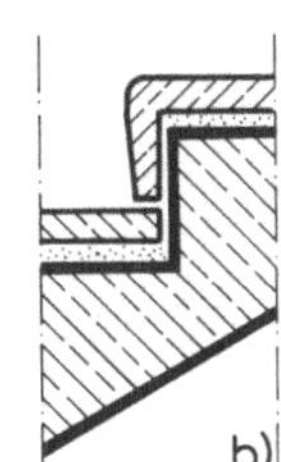
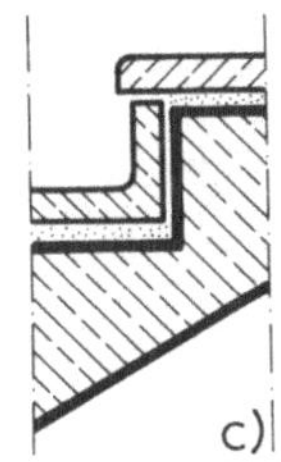
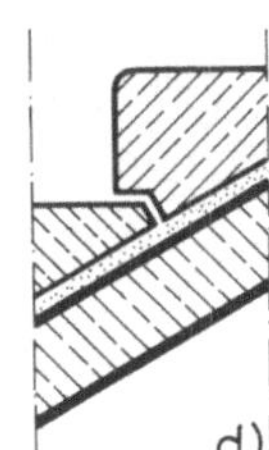

4.32 Stufenbeläge aus Beton- oder Naturwerkstein

    a) Plattenstufen mit Tritt- und Setzstufe
    b) Winkelstufen
    c) L-Stufen
    d) Keilstufen

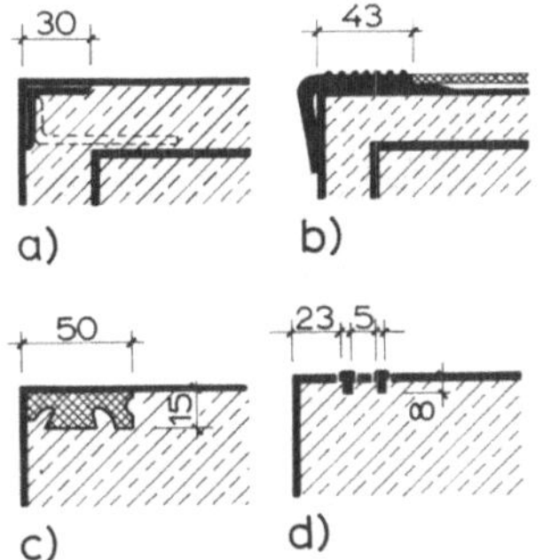

4.33 Kantenschutzprofile

    a) Vorstoßschiene aus Metall für Beton-Rohstufen mit Glattstrich
    b) Kunststoff-Stufenkanten mit Rippen (Mipolan) für Bahnenbeläge oder Textilbeläge
    c) Kantenschutz aus Kunststoff für vorgefertigte Stufen (bei Herstellung der Stufe eingesetzt)
    d) Rutschsicherung aus Kunststoffrippen (in gefräste Rillen geklebt)

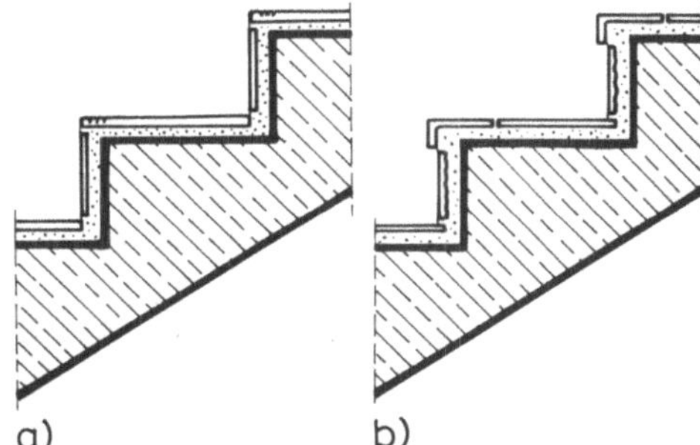

4.34 Stufenbeläge aus keramischen Platten

    a) Trittstufenplatten mit Sicherheitsrillen
    b) Trittstufenwinkel (Schenkelplatten)

Vorgefertigte Stahlbetontreppen können aus einzelnen Stufen bestehen, die wie Werksteinstufen verlegt bzw. eingespannt werden (Bild **4.**27). In Ortbeton hergestellte Laufplatten können ersetzt werden durch vorgefertigte schmale Stahlbetonbalken, die nebeneinandergelegt den Lauf ergeben (Bild **4.**35). Im Typenhausbau werden auch ganze Treppenläufe (Platte einschließlich Stufen) vorgefertigt und mit dem Baukran zwischen die Podeste gesetzt (Bild **4.**36).

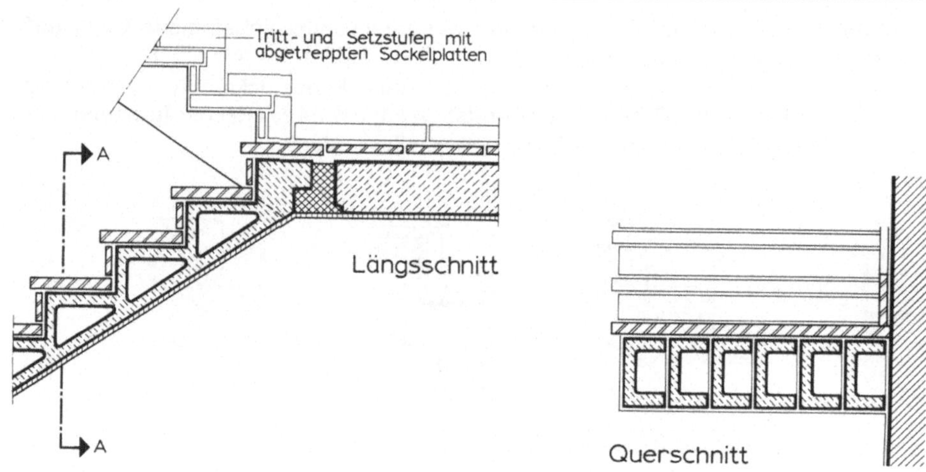

4.35 Lamellentreppe aus nebeneinander verlegten Stahlbetonbalken (Bürkler)

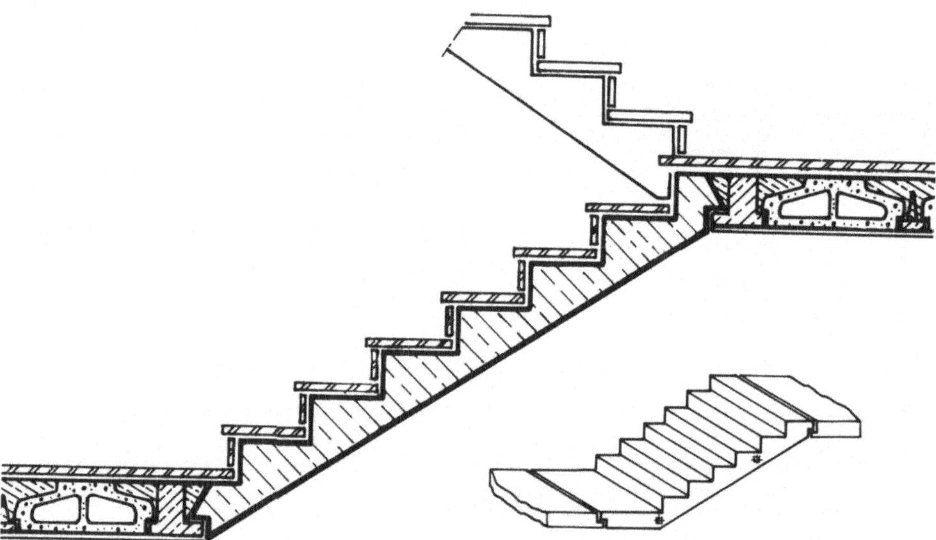

4.36 Vorgefertigte Stahlbetontreppen (MONTIG)

Nach dem gleichen Prinzip hergestellte vorgefertigte Stahlbetontreppenläufe in Verbindung mit vorgefertigten Podestplatten zeigt Bild **4**.37. Einem wesentlich höheren Schalungs- und damit Herstellungsaufwand stehen hier Gewichtseinsparung und elegantere Gestaltung gegenüber.

Besonders für Außentreppen (z. B. auch für Nottreppen) werden vielfach vorgefertigte freitragende Stahlbeton-Spindeltreppen verwendet (Bild **4**.38).

Wenn Außentreppen schnee- und eisfrei gehalten werden müssen, können vorgefertigte Stufenelemente mit unterseitiger Wärmedämmung und eingearbeiteten elektrischen Heizelementen eingebaut werden (Bild **4**.39).

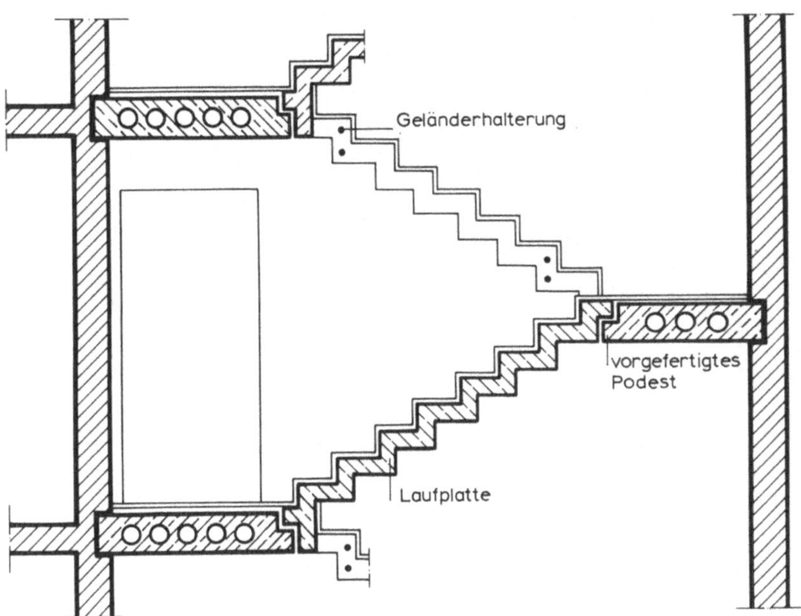

4.37 Vorgefertigte Treppenläufe aus Stahlbeton

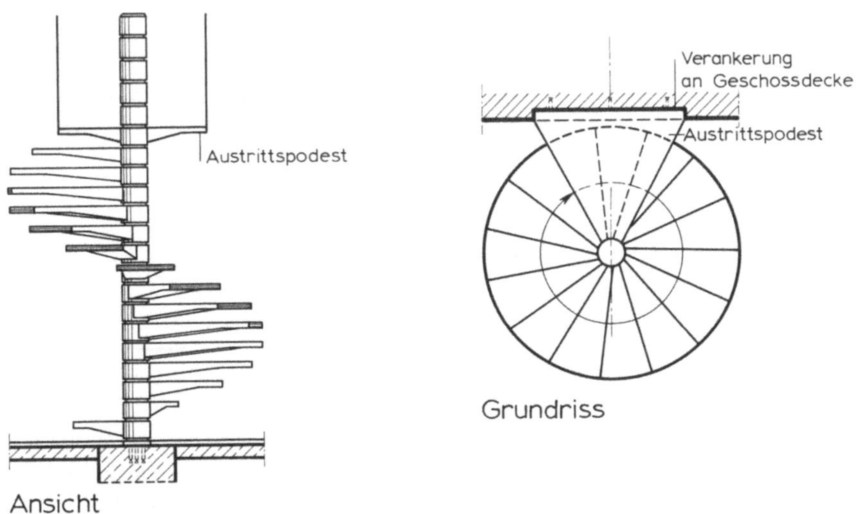

4.38 Spindeltreppe aus Stahlbeton (Gimmler)

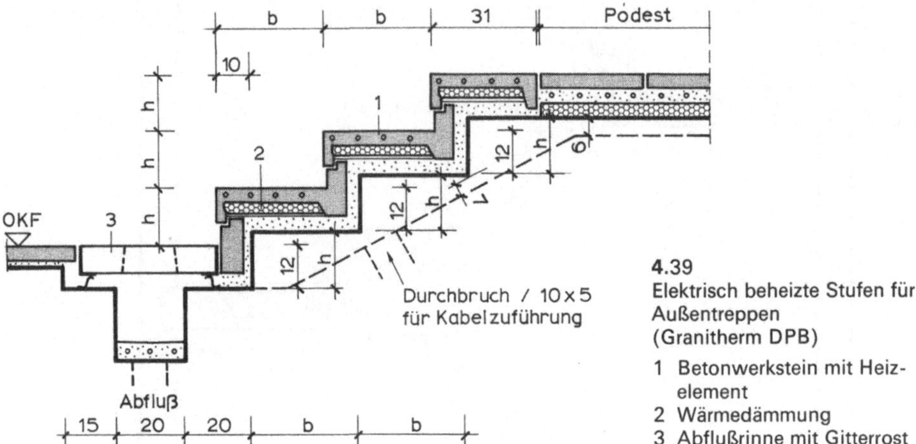

4.39
Elektrisch beheizte Stufen für
Außentreppen
(Granitherm DPB)

1 Betonwerkstein mit Heiz-
  element
2 Wärmedämmung
3 Abflußrinne mit Gitterrost

4.2.4 Holztreppen

Allgemeines

Holztreppen sind brennbar und daher nach den Bestimmungen der Bauordnungen in den meisten Bundesländern nur in Gebäuden mit bis zu zwei Vollgeschossen zugelassen. Die Feuerwiderstandsfähigkeit kann durch Bekleidungen oder durch Beachtung von Mindestquerschnitten gemäß DIN 4102 erhöht werden.

Als Material für Holztreppen wird vorzugsweise Massivholz verwendet, und zwar für tragende Teile Nadelhölzer und Eichenholz, für Trittstufen und Handläufe auch Rotbuche, Ahorn, Esche und ausländische Harthölzer. Für breitflächige Teile sind Kernbohlen zu verwenden. Im übrigen ist das Holz so einzubauen, daß mögliche Krümmungen der Belastung entgegenwirken (Bild **4.40**).

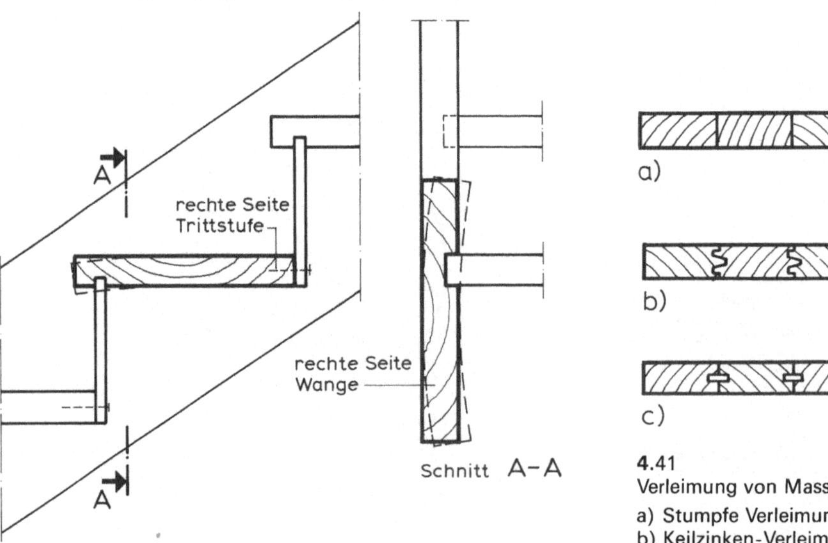

4.40 Einbau von Massivhölzern in Holztreppen

4.41
Verleimung von Massivhölzern
a) Stumpfe Verleimung
b) Keilzinken-Verleimung
c) Feder-Verleimung

Wangen, Blockstufen und dicke Trittstufen können auch aus verleimten Massivhölzern (Verleimung auch mit Keilzinken oder Sperrholzfeder, Bild **4.**41) hergestellt werden, aus Sperrholz (DIN 68 705) oder aus brettschichtverleimten Hölzern. Für Setzstufen kommen auch Spanplatten (DIN 68 763) in Frage.

Wangen und Holme sind bei gradläufigen Holz- oder auch Stahltreppen entweder unten beweglich aufgelagert und oben aufgehängt (Bild **4.**43 a) oder unten aufgestützt und gegen Horizontalschub gesichert und oben beweglich angelehnt (Bild **4.**43 b). Die Wangen bzw. Holme sind also ähnlich wie eine Leiter gegen den oberen Podestrand gesetzt.

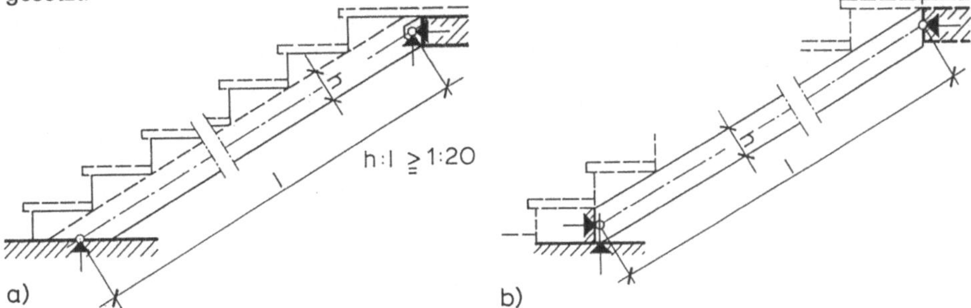

4.42 Auflagerung von Treppenwangen
   a) unten bewegliches Auflager; oben eingehängt an Podest- oder Deckenrand
   b) unten Widerlager (z. B. durch Blockstufe), oben angelehnt an Treppenpodest oder Deckenrand

Die Holme werden am Podestrand mit Stahllaschen befestigt. Wangen oder Holme können auf den fertigen Fußboden aufgesetzt werden. In der Lagerfuge ist ein Filzstreifen als Gleitschicht und zur Schalldämpfung einzulegen.

Bauarten

Hinsichtlich der Bauart unterscheidet man bei Holztreppen:

Blocktreppen

Blocktreppen mit Stufen aus Massivholz gehören zu den ältesten Treppenkonstruktionen. Bei ihnen werden Massivholzstufen auf Tragholme so aufgedübelt, daß unterbro-

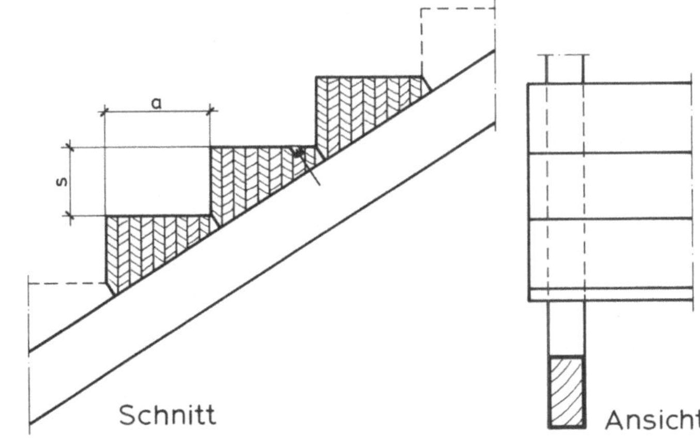

4.43
Blocktreppe
(Stufen in Brettschicht-
verleimung)

chene oder auch geschlossene Untersichtflächen entstehen. Derartige Stufen reißen jedoch leicht. Durch Verwendung von brettschichtverleimten Stufen werden aber Blocktreppen heute wieder für die Ausführung interessant (Bild **4.**43).

Aufgesattelte Treppen

Bei aufgesattelten Holztreppen werden die Wangenoberkanten abgestuft ausgeschnitten (Bild **4.**44a), oder die Trittstufen werden auf die Wangen mit Hilfe von Zwischenstücken aufgesetzt oder „aufgesattelt" (Bild **4.**44b). Bei einer Ausführung nach Bild **4.**44c kann die Höhe des Holmes optisch verringert werden.

Aufgesattelte Treppen bieten der Gestaltung weiten Spielraum. Daß die Wangen auf schmale Tragholme reduziert werden können, kommt der Absicht entgegen, die Treppenläufe so leicht wie möglich erscheinen zu lassen und die Schatten werfenden Teile des Treppenkörpers auf ein Mindestmaß zu beschränken. In der Regel wird daher auf Setzstufen verzichtet.

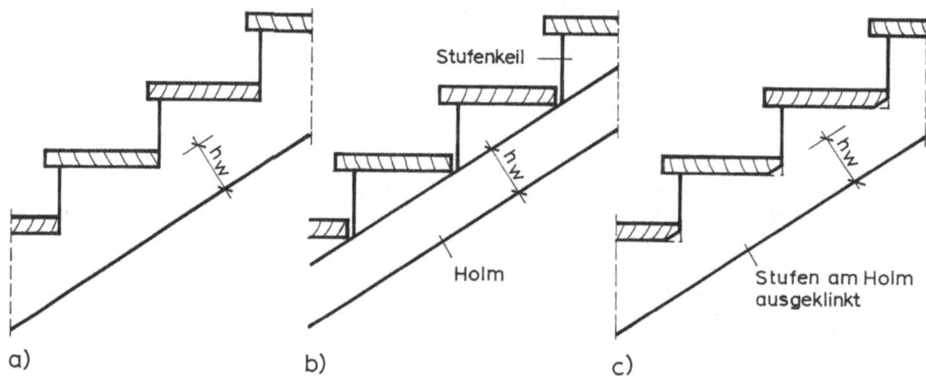

4.44　Aufgesattelte Treppe, Ausbildung der Tragholme

　　a) Stufenauflager aus dem Tragholm ausgeschnitten
　　b) Tragholm mit Rechteckprofil, Stufenkeile aufgesetzt
　　c) Tragholm für Stufenlager ausgeschnitten, Stufen am Holm ausgeklinkt

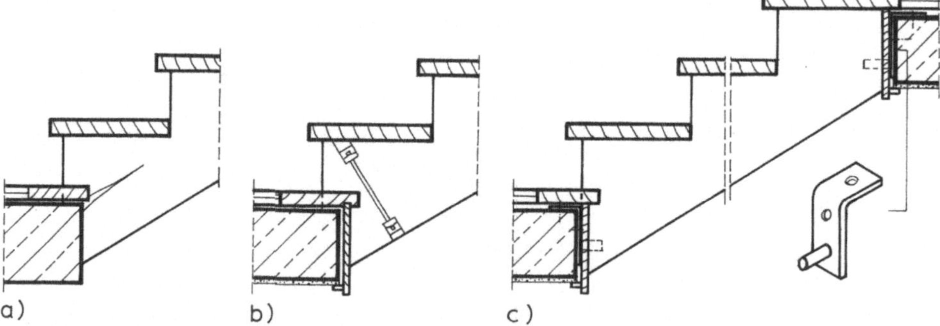

4.45　Auflager von Treppenwangen bzw. -holmen

　　a) Rißgefahr am Holmauflager
　　b) Bolzensicherung gegen Rißgefahr
　　c) Holmauflager mit Tragbolzen

Die Wangen oder Holme bestehen entweder aus einfachen gehobelten Bohlen oder aus Brettschichtträgern. Die Außenflächen der Träger können mit Edelhölzern furniert, gebeizt oder gestrichen werden. Für gebogene Treppen werden Holme aus Sperrholz verleimt.

Der Anschluß der Holme am Podestrand soll so erfolgen, daß die Aufklauung möglichst keine Kräfte übertragen muß, weil die Gefahr des Einreißens besteht (Bild **4.**45a). Durchgeschraubte Bolzen können als Abhilfe dienen (Bild **4.**45b). Besser ist der Anschluß durch Hängewinkel mit Tragbolzen (Bild **4.**45c).

Für die Bemessung von Tragholmen aufgesattelter Treppen geben die Tabellen **4.**46 und **4.**47 einen Anhalt.

Tabelle **4.**46 Tragholmhöhen h_w in cm für Tragholme aus Bauschnittholz [7]

Stütz-weite	Treppen-höhe	Treppenlaufbreite											
		$b = 0,80$ m				$b = 1,00$ m				$b = 1,20$ m			
		Breite b_w in cm				Breite b_w in cm				Breite b_w in cm			
l in m	h in m	5,5	8,5	10,5	12,5	5,5	8,5	10,5	12,5	5,5	8,5	10,5	12,5
1,50	≤ 1,50	10,5	9,5	8,5		10,5	9,5	8,5		11	10	9	
2,00	≤ 2,00	13,5	11,5	10,5		14	12	11		14,5	12,5	12	
2,50	≤ 2,50	17	14	13	12,5	17,5	15	14	13	18,5	16	14,5	14
3,00	≤ 3,00		16,5	15,5	15		18	16,5	15,5		19	17,5	16,5
3,50	≤ 3,00		19	18	17		20	19	18		21,5	20	19
4,00	≤ 3,00		21,5	20	19		22,5	21	20		24	22,5	21
4,50	≤ 3,00		24	22	21		25	23,5	22		26,5	25	23,5

Tabelle **4.**47 Tragholmhöhen h_w in cm für Tragholme aus Brettschichtholz [7]

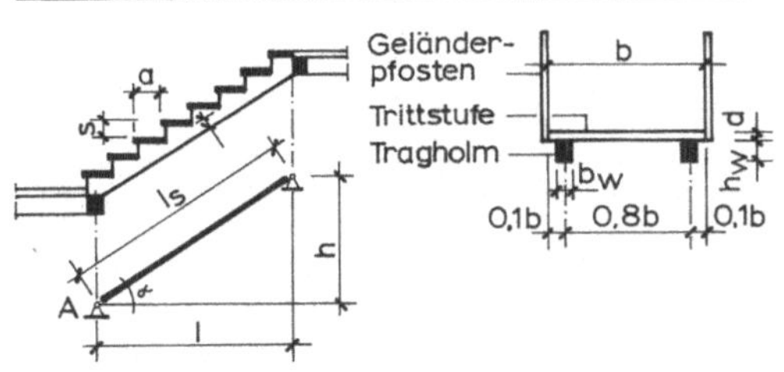

Stütz-weite	Treppen-höhe	Treppenlaufbreite											
		$b = 0,80$ m				$b = 1,00$ m				$b = 1,20$ m			
		Breite b_w in cm				Breite b_w in cm				Breite b_w in cm			
l in m	h in m	5,5	8,5	10,5	12,5	5,5	8,5	10,5	12,5	5,5	8,5	10,5	12,5
1,50	≤ 1,50	10,5	9,5	8,5		10,5	9,5	8,5		10,5	9,5	8,5	
2,00	≤ 2,00	13	11	10,5		13,5	11,5	11		14	12	11,5	
2,50	≤ 2,50	16	13,5	12,5	12	16,5	14,5	13,5	12,5	17,5	15	14	13,5
3,00	≤ 3,00		16	15	14,5		17	16	15		18	17	16
3,50	≤ 3,00		18,5	17,5	16,5		19,5	18,5	17,5		20,5	19,5	18,5
4,00	≤ 3,00		21	19,5	18,5		22	20,5	19,5		23	21,5	20,5
4,50	≤ 3,00		23	21,5	20,5		24,5	22,5	21,5		25,5	24	22,5

Die Lage der Holme unter den Stufen ist bei aufgesattelten Treppen von der Treppenbreite unabhängig. Die Trittstufen kragen in ihrer Längsrichtung mehr oder weniger weit aus.

Die Trittstufen sind 4 bis 7 cm dicke Bohlen oder verleimte Platten (stäbchenverleimte Platten mit Umleimern oder Furnierplatten mit sichtbaren Schnittflächen oder brettschichtverleimte Platten). Die Befestigung der Stufen auf den Holmen ist weitgehend eine Frage der Gestaltung. Im einfachsten Falle werden die Trittstufen auf die oben ausgeschnittenen Wangen aufgeschraubt oder aufgedübelt und verleimt. Werden keine ausgeschnittenen Wangen, sondern oberseitig glatte Holme verwendet, so werden dreieckige oder trapezförmige Bohlenstücke aufgesetzt oder angeblattet (geschraubt, verdübelt, geleimt), die die Trittstufen tragen.

Für die Dimensionierung von Trittstufen sind in Tabelle **4.48** auf der Grundlage von DIN 1055 Richtwerte gegeben [7].

Tabelle **4.48** Trittstufen für Wangentreppen und für aufgesattelte Treppen, empfohlene Dicken d [mm]

	Stützweite l	0,80 m		0,90 m		1,00 m		1,10 m		1,20 m	
	Stufenbreite b	240	300	240	300	240	300	240	300	240	300
Nadelholz Güteklasse II nach DIN 4074, z. B. Fichte, Kiefer, Lärche oder Tanne. Rohholzdicken = 45, 50, 55 u. 60 mm	empfohlene Dicke	40	40	45	45	45	45	50	50	55	55
Eiche oder Buche, mittlere Güte (Hartholz) Rohholzdicken = 45, 50, 55 u. 60 mm	empfohlene Dicke	40	40	45	45	45	45	50	50	55	55
Bau-Furnierplatten (BFU) nach DIN 68 705, Blatt 3	empfohlene Dicke	40	40	45	45	45	45	50	50	55	55
Verbundstufen BTI/BFU: Mittellage = Bau-Tischlerplatten Decklagen = Bau-Furnierplatten	Gesamtdicke	46	46	46	46	48	48	50	50	54	54
Verbundstufen BTI, furniert: Mittellage = Bau-Tischlerplatten Decklagen = Hartholzfurniere oder BFU	Gesamtdicke	48	44	50	48	52	50	54	52	56	54
Verbundstufen Spanpl./BFU: Mittellage = Holzspanplatten Decklagen = Bau-Furnierplatten	Gesamtdicke	46	46	48	46	50	48	54	50	58	54
Verbundstufen Spanpl./Spanpl.: Mittellage = Holzspanplatten Decklagen = Holzspanplatten	Gesamtdicke	58	54	64	58	70	64	70	70	76	70

Einholmtreppen sind eine Variante der aufgesattelten Treppen. Die Stufen werden auf dem in der Regel in der Mitte liegenden Holm versenkt aufgeschraubt oder aufgedübelt (Bild **4.**49) und bei großen Treppenbreiten auch durch Stützkonsolen bzw. Setzstufen gegen Durchbiegung und Abkippen gesichert. In Bild **4.**50 ist eine Einholmtreppe gezeigt, bei der die Stufen durch Geländerstäbe gehalten werden, die in diesem Falle am Randbalken des Treppenloches aufgehängt sind.

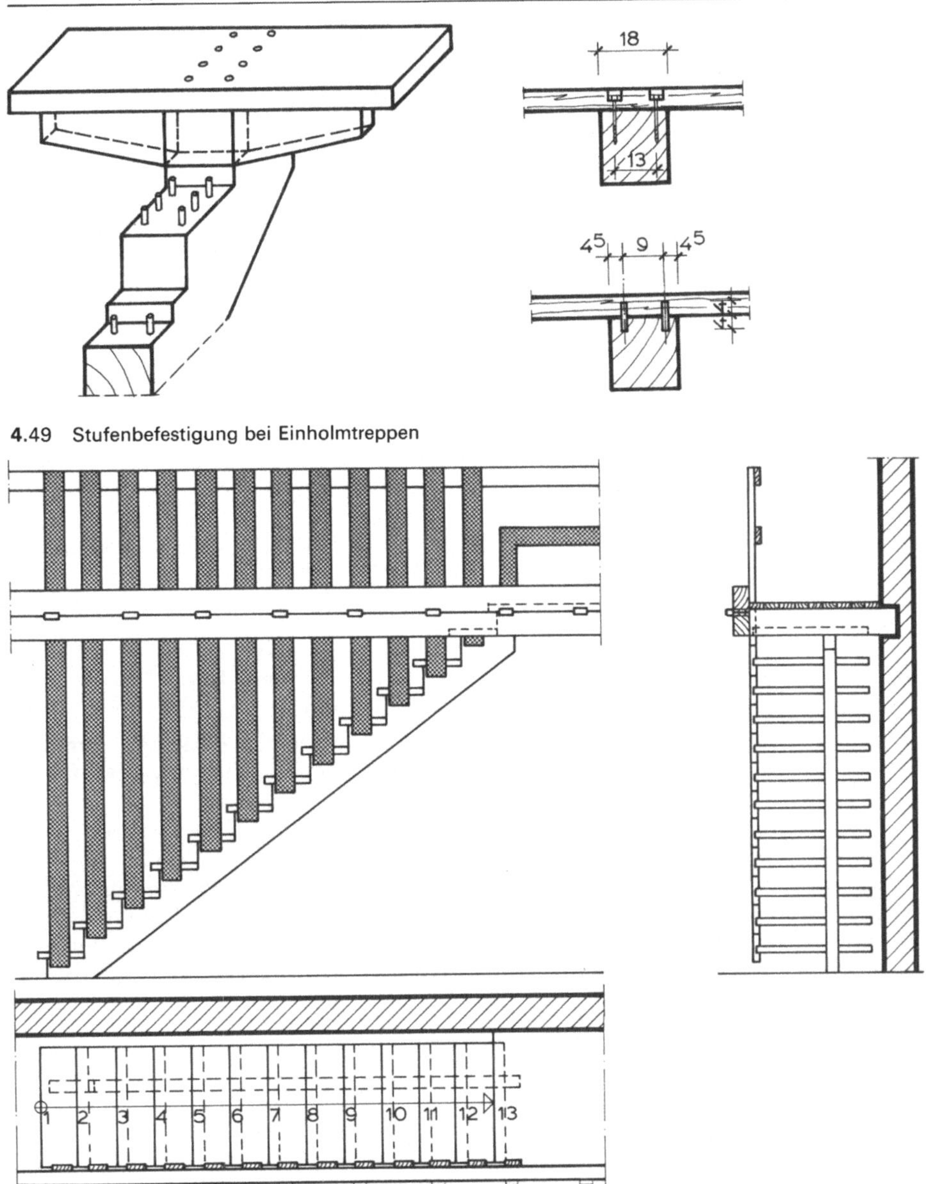

4.49 Stufenbefestigung bei Einholmtreppen

4.50 Aufgesattelte einläufige Treppe mit nur einem Tragholm (Prof. Gieselmann, Wien)

Eingeschobene Treppen

Bei dieser Konstruktion werden zwischen 5 bis 6 cm dicke, etwa 25 cm breite Wangen die 4 cm dicken Trittstufen „auf Grat" eingeschoben (Bild **4.**51). Die beiden Wangen werden durch 2 bis 3 lange Schraubenbolzen miteinander verbunden. Die Wangen werden mit Stahllaschen auf den Decken oder Podesten gehalten.

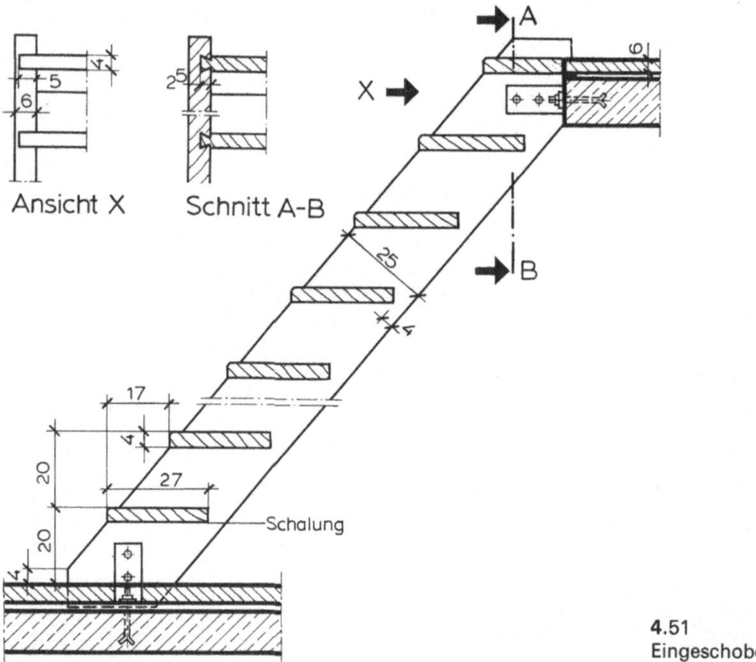

4.51
Eingeschobene Treppe

Die Trittbretter sind 25 bis 30 cm breit. Zwischen die einzelnen Trittstufen kommen keine senkrechten Zwischenbretter (Futterstufen, Setzstufen). Geländer werden außen auf den Wangen befestigt.

Gestemmte Treppen

Bei den gestemmten Treppen werden die einzelnen Stufen in 2 cm tiefe gestemmte bzw. gefräste Nutungen der Wangen so eingesetzt, daß die Stufenvorderkanten 3 bis 4 cm von der Wangenoberkante entfernt liegen (Bild **4.52**). Die Stufen bestehen aus dem 4 bis 5 cm dicken Trittbrett (Trittstufe) und dem 2 cm dicken Futterbrett (Setzstufe).

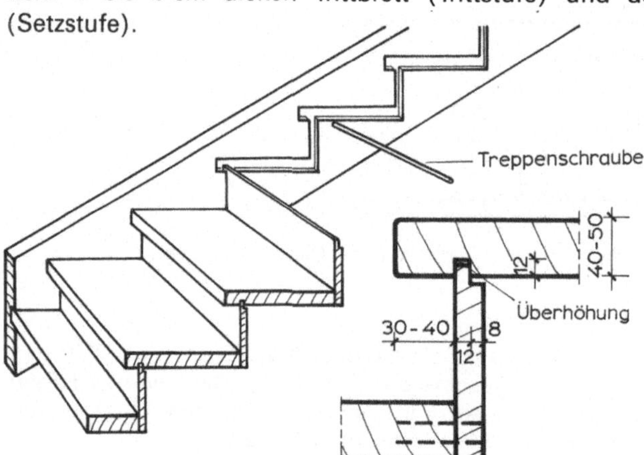

4.52
Gestemmte Treppe

Die Trittstufe (Kernseite nach oben), die etwa 4 cm über die Setzstufe vorsteht, wird einfach profiliert und kann mit einem Kantenschutz aus Kunststoff ausgestattet werden. Die Setzstufe wird mit dem oberen Ende in die obere Trittstufe eingenutet, das untere Ende wird an die Rückseite der unteren Trittstufe genagelt oder geschraubt. Gemeinsam mit den Wangen bilden sie ein räumliches Tragwerk.

Vor dem Befestigen der Futterstufe werden die obere und untere Trittstufe mit einem Hebel oder mit Keilen auseinandergespreizt, damit die Stufen unter Vorspannung stehen und beim Begehen weder in den Nutungen noch in der Nagelung knarren (Bild **4.53**). Noch sicherer wird das Knarren verhindert, wenn die gespannte, am oberen Randflachsegmentbogenförmig geschnittene Setzstufe nur mit dem Scheitelpunkt an die darüberliegende Trittstufe gepreßt ist.

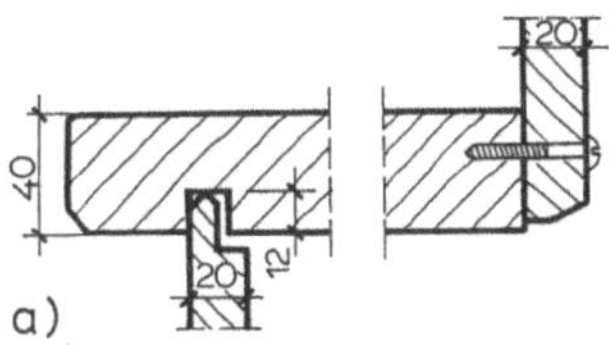
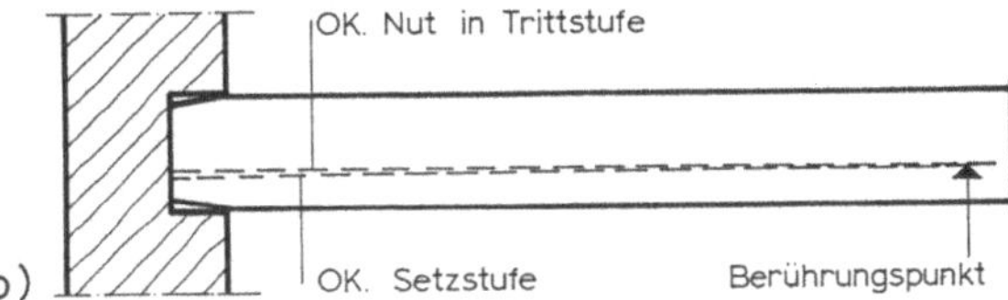

4.53
Gestemmte Treppe
a) Querschnitt durch Tritt- und Setzstufe
b) Längsschnitt durch Trittstufe und
   Wange, Einsetzen der segment-
   bogenförmig gehobelten Setzstufen
c) Längsschnitt durch Trittstufe
   mit Treppenschraube
1 Holzscheibe
2 Schraubenkopf bzw. Mutter
   mit Unterlegscheibe
3 Schraubenbolzen
4 Treppenwange
5 Trittstufe

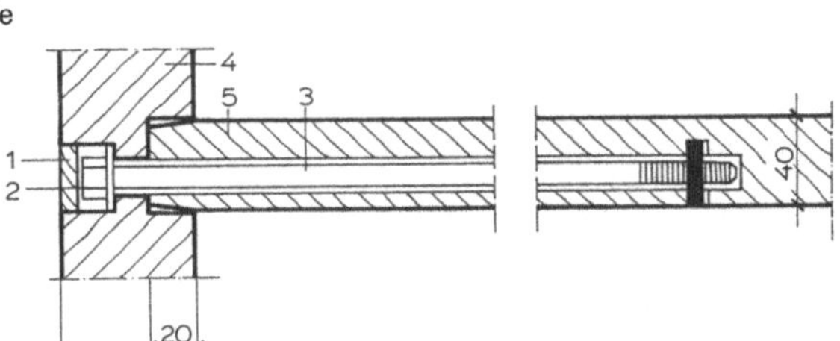

Die Wangen sind – je nach Lauflänge 4,2 bis 6,2 cm breit. Sowohl über der Vorderkante der Trittstufe als auch unter der Hinterkante soll, senkrecht zur Steigungslinie gemessen, 4 bis 5 cm Holz stehenbleiben. Daraus bestimmt sich die Wangenhöhe h_w. Für die Bemessung der Wangen gibt Tabelle **4.54** einen Anhaltspunkt. Beide Wangen werden in Abständen von 4 bis 5 Stufen durch lange Schraubenbolzen (∅ 12 bis 16 mm) zusammengehalten.

Die Schraubenbolzen liegen entweder unmittelbar unter einer Trittstufe, oder sie werden 25 bis 35 cm tief in Längsbohrungen der Trittstufe gesteckt und von den äußeren Wangenflächen her angezogen (Bild **4.53** c).

Tabelle **4.54** Treppenwangen für gestemmte und halbgestemmte Treppen [7]

Wangenhöhen h_w in cm
für gerade Treppen
bis 1,20 m Laufbreite

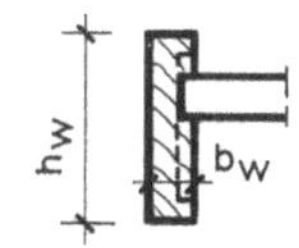

Stützweite	Wangenbreite b_w		
l in m	4,2 cm	5,2 cm	6,2 cm
bis 3,25	28	28	28
3,50	30	28	28
3,75	–	28	28
4,00	–	30	28
4,25	–	32	30
4,50	–	34	32

Die Antrittstufe (unterste Stufe), die im allgemeinen auf der Massivdecke aufruht, wird meist aus vollem Holz bzw. aus zum Block verleimten Bohlen als sogenannte Blockstufe hergestellt. Bei einfacherer Ausführung sind nur die Endstücke aus vollem Holz. Sie werden durch Tritt- und Setzstufe kastenartig miteinander verbunden. Die Blockstufe wird gegen Verschieben durch in den Fußboden eingelassene Bolzenanker gesichert. In die Wandwange wird die Blockstufe 2 cm tief eingelassen, die Innenwange faßt mit einer Klaue auf die Antrittstufe. Außerdem greift sie mit einem Zapfen (3 cm dick, 5 cm breit) in den auf der Blockstufe stehenden Antrittspfosten. Mit einer Pfostenschraube wird die Wange fest in den Pfosten hineingezogen (Bild **4.55**).

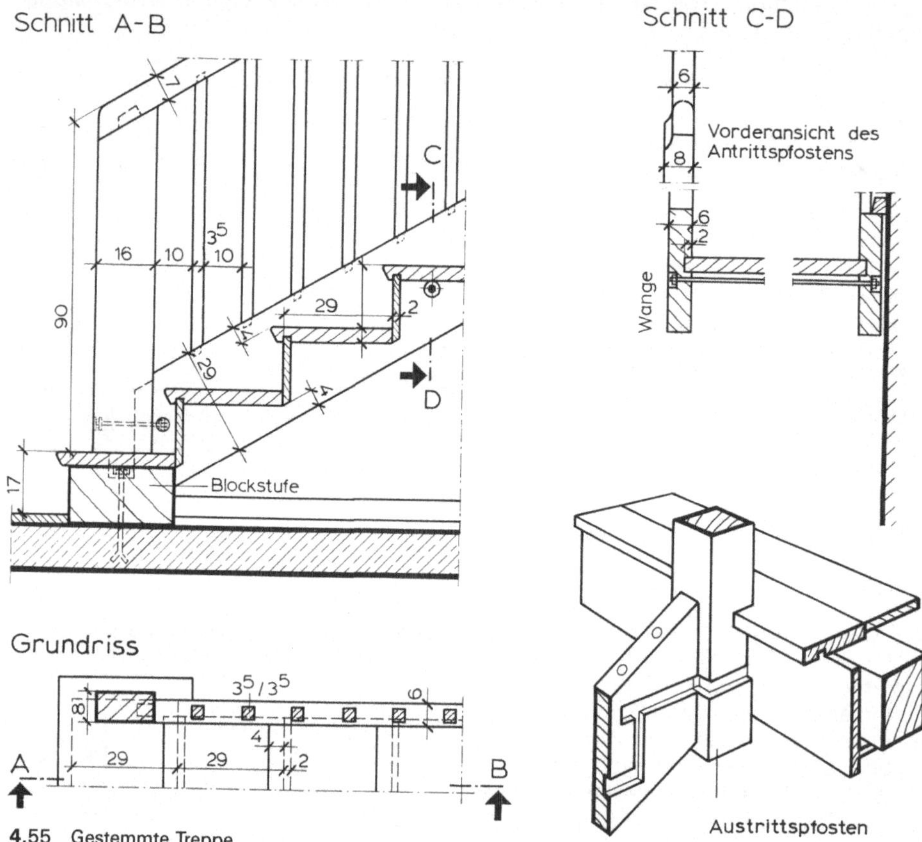

4.55 Gestemmte Treppe

Ein Antrittspfosten kann bei Holztreppen die Wange aufnehmen und gleichzeitig den Anfang des Geländers bilden. Er besteht aus einer 6 bis 8 cm dicken Bohle und ist an der Breitseite der Wange oder am Kopf der Blockstufe mit Dübeln oder Bolzen befestigt.

Die Wangen können am Podestrand frei enden oder wie in Bild **4.56** gezeigt durch ein Übergangsstück entsprechend der Geländerausführung miteinander verbunden werden.

Handwerklich aufwendig ist die früher allgemein übliche Ausführung mit „Krümmling",
einem spiralförmigen Übergangsstück zwischen den Treppenwangen und insbesondere dann auch zwischen den damit wesentlich benutzerfreundlicheren Handläufen
(Bild **4.57**).

Die Wangen werden in den Krümmling eingezapft. Das Krümmlingsstück wird gegen
den Podestrand gelehnt und durch Dübel oder Bolzenlaschen gesichert.

Die Zwischenpodeste zweiläufiger Holztreppen werden als Holzbalkenkonstruk-
tionen ausgeführt oder bestehen aus Stahlbeton. Die Wangen der Treppenläufe werden
auf den Podestrand aufgeklaut und durch einbetonierte Laschen oder Stahlwinkel mit
Dollen gesichert (Bilder **4.45**c, **4.51** und **4.56**), oder sie enden im Austrittspfosten
(Bild **4.55**).

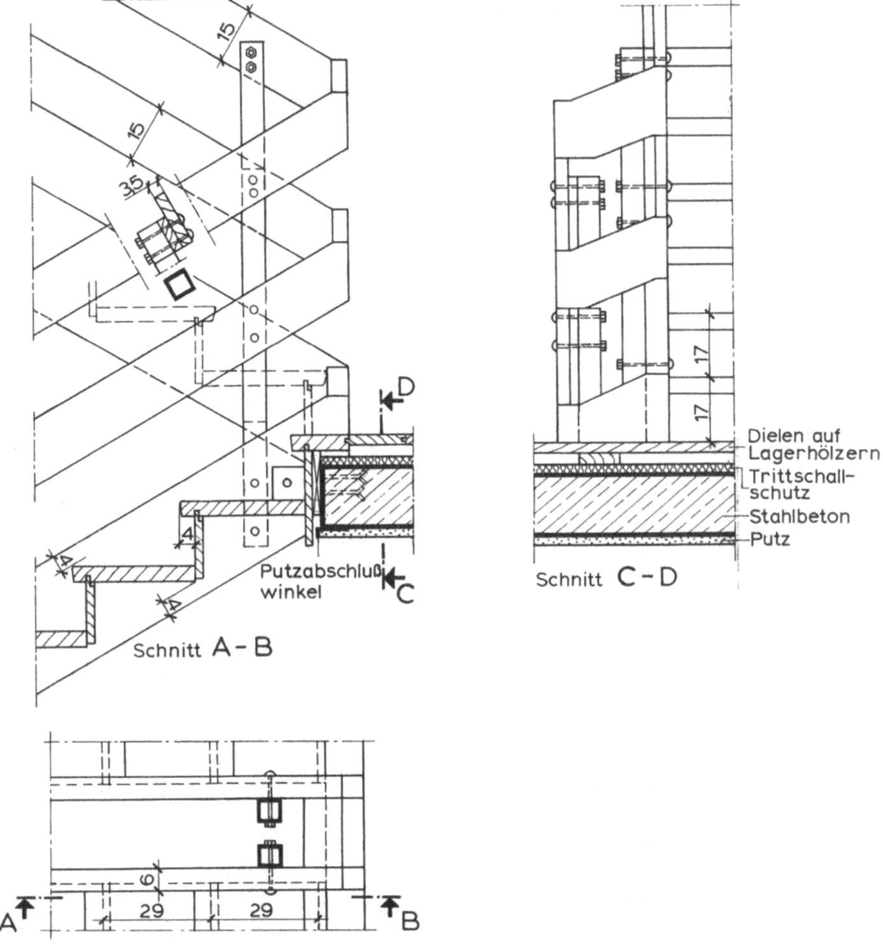

4.56 Wangenauflager am Zwischenpodest einer zweiläufigen Geschoßtreppe mit Stahllasche
(Geländer an Stahlrohrpfosten)

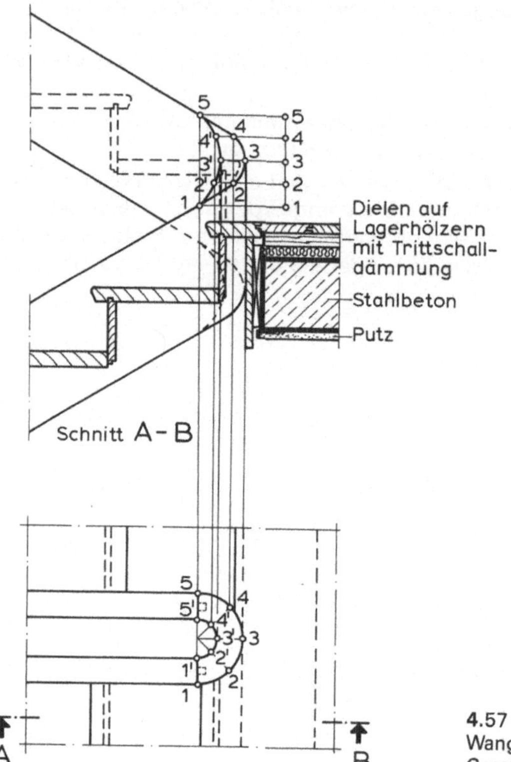

4.57
Wangenauflager einer zweiläufigen
Geschoßtreppe mit Wangenkrümmling

Ausführung gewendelter Holztreppen

Bei Wendeltreppen müssen, um überall Durchgangshöhe (1,85 bis 2,00 m) zu
behalten, in einem Umlauf 11 bis 12 Stufen bei 18 cm Steigungshöhe untergebracht
werden. Für größere Wendeltreppen werden die Wangen wie bei den gerundeten
Bogentreppen aus einzelnen Krümmlingsstücken zusammengesetzt oder als Sperrholz
verleimt. Bei kleineren Wendeltreppen wird (ähnlich Bild **4**.28 bzw. **4**.29) die innere
Wange durch eine Spindel ersetzt, in die die Trittstufen 5 cm, die Futterstufen 3 cm tief
eingestemmt werden.

Der Durchmesser der Spindel (oder des Treppenauges) hängt vom Steigungsverhältnis
ab, wenn die geringste Auftrittbreite festgelegt ist. Die Holzspindeln können aus langen
Bohlen verleimt und im ganzen abgedreht oder in einzelnen Teilen hergestellt werden,
die ausgebohrt und über ein Stahlrohr geschoben und in der Spindelachse durch eine
Schraube zusammengepreßt werden.

Mit Hilfe der Leimtechnik sind auch weitgeschwungene Holztreppen ausführbar.
Ein besonderes Problem ist hier – im Gegensatz zu Stahlbeton- oder Stahltreppen –
die notwendige Einspannung der verleimten Wangen in den Podesten. Abstützung der
ausschwingenden Wangen durch Stahlstützen auf den Podesten oder Aufhängung an
Stahlprofilen sind möglich.

Bei halb- oder viertelgewendelten Treppen werden die Wandwangen an den
Ecken verzinkt. Soweit Wendelstufen anschneiden, ist die Form der Wange besonders

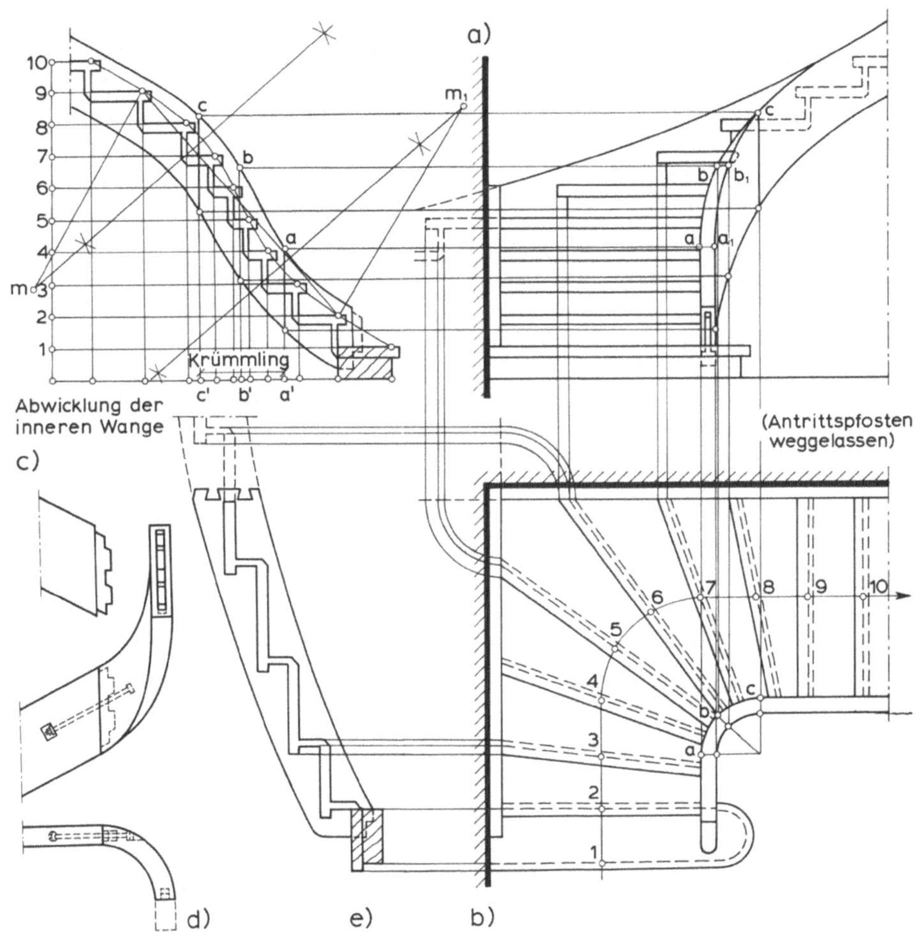

4.58 Viertelgewendelte Treppe

    a) Ansicht   d) Verbindung von Wange und Krümmling

    b) Grundriß   e) Wandwange

    c) Abwicklung der Innenwange

zu ermitteln (Bild **4.58** a und b). Die Wandwangen werden durch starke Flach- oder Profilstähle mit der Treppenhauswand verbunden.

Die Innenwange besteht aus geraden Wangenstücken und dem Krümmling. Die geraden Wangen werden mit dem Krümmling durch Doppelzapfen und Schraubenbolzen, die entweder senkrecht zur Wangenrichtung oder in der Wangenrichtung angeordnet werden, verbunden (Bild **4.58** c). Der Stoß darf nicht mit einer Setzstufe zusammenfallen.

Austragen des Krümmlings

Im Hinblick auf die immer stärkere Rückbesinnung auf alte handwerkliche Techniken wird nachfolgend die zeichnerische Vorbereitung zur Herstellung von Krümmlingen erläutert.

Krümmlinge werden durch zwei lotrechte Stirnflächen (mit den Zapfenlöchern), zwei Zylinderflächen und eine obere und untere Schraubenfläche begrenzt.

Bei Krümmlingen mit kleinem Radius können die Holzfasern lotrecht, bei größerem Radius sollen sie der besseren Tragfähigkeit wegen in der Richtung der Wangenneigung verlaufen. Das Holz für den Krümmling wird meist aus Bohlen zusammengeleimt.

Die Herstellung des Krümmlings kann auf verschiedene Weise erfolgen, erfordert immer aber eine sorgfältige Arbeit mit großem handwerklichem Geschick.

Krümmling mit lotrechter Faserrichtung

Die Abwicklung der äußeren Krümmlingsfläche mit den beim Verziehen ermittelten Stufenausschnitten ergibt die Höhe des Krümmlingsholzes (h in Bild **4**.59), das um den Grundriß des Krümmlings gezeichnete Rechteck die Querschnittsfläche.

Vor H e r s t e l l u n g des Krümmlings wird der Grundriß auf den Hirnflächen vorgerissen und der Hohlzylinder hergerichtet. Dann wird die Abwicklungsschablone auf die Außenfläche des Krümmlings gelegt, danach werden die obere und untere Begrenzungslinie und die Stufenausschnitte aufgezeichnet. Von den Begrenzungslinien aus wird das Holz winkelrecht zur äußeren Krümmlingsfläche weggestemmt. Alsdann sind die Stufen auszustemmen und die Zapfenlöcher herzustellen.

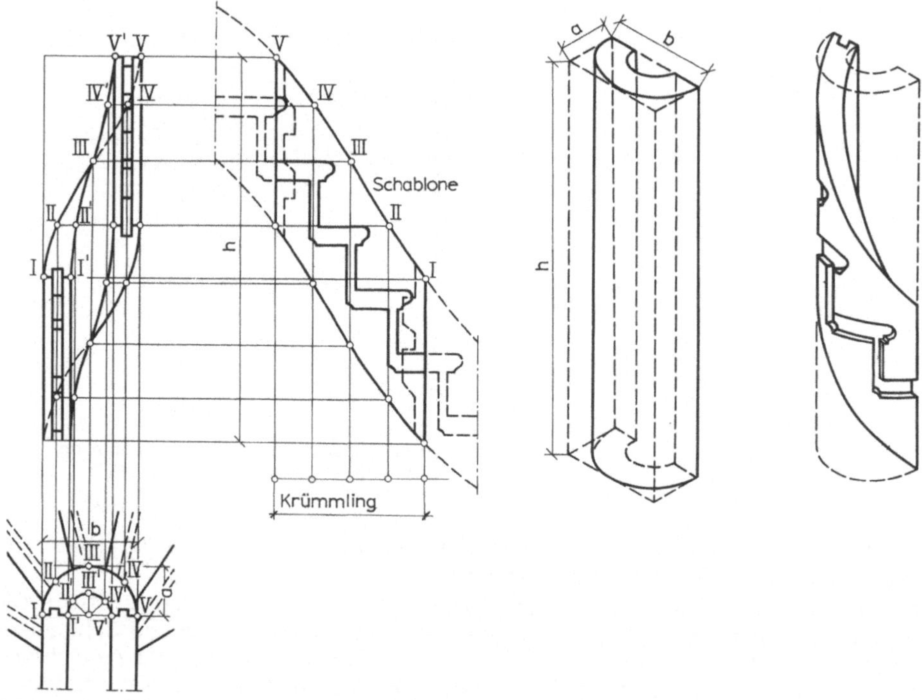

4.59   Krümmling mit Achse parallel zur Faserrichtung

Krümmling mit zur Wangenrichtung parallelen Holzfasern

Bild **4**.60 zeigt die Austragung des Krümmlings für die in Bild **4**.58 dargestellte Treppe. Durch Abwicklung der äußeren Krümmlingsfläche mit den Stufenausschnitten ist der Aufriß des Krümmlings zu entwickeln.

Um die Länge und Breite des Krümmlingsholzes zu finden, zeichnet man um den Aufriß ein Rechteck, dessen Langseiten durch die äußersten Punkte des Aufrisses gehen. Die oberen und unteren Eckpunkte *c* und *a* dieses Rechtecks liegen auf den Verlängerungen der senkrechten Begrenzungskanten der äußeren Krümmlingsfläche.

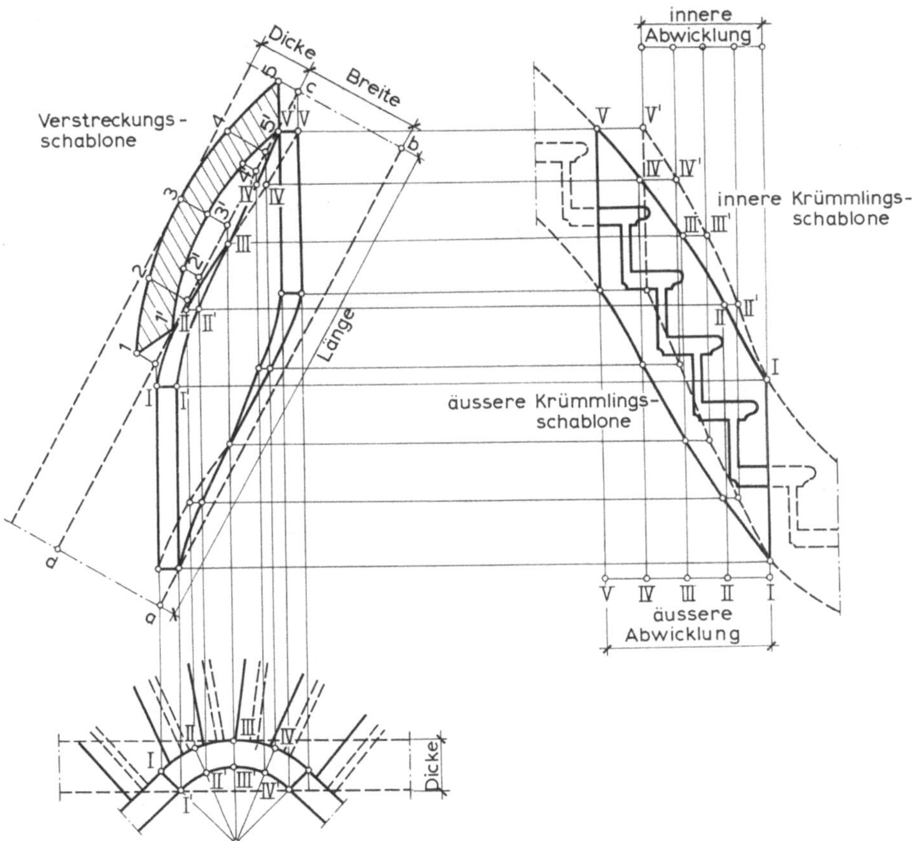

4.60   Krümmling mit zur Wangenrichtung parallelen Holzfasern

Die Länge des Krümmlingsholzes ist gleich der Rechteckseite *a b*

Die Breite des Krümmlingsholzes ist gleich der Rechteckseite *b c*

Die Dicke des Krümmlingsholzes ist gleich dem Abstand der im Grundriß durch Punkt I' und III gezogenen Parallelen.

Für die Herstellung des Krümmlings sind noch die Verstreckungsschablonen, das sind die Schnittflächen des Hohlzylinders mit der oberen und unteren Fläche des Krümmlingsholzes, erforderlich. Man denkt sich die obere Holzfläche in die Aufrißebene umgeklappt und bestimmt die Schablone mit Hilfe von Grund- und Aufriß. Die einzelnen Punkte werden bis zur Holzkante *c d* hochgeführt und in den gefundenen Punkten die entsprechenden Abstände aus dem Grundriß aufgetragen. Vor der Herstellung sind auf der oberen und unteren Fläche des Krümmlingsholzes die Verstreckungsschablonen aufzuzeichnen. Durch die „Lotrisse" der Punkte I' und V' werden Sägeschnitte geführt, die die Stirnflächen des Krümmlings ergeben. Dann wird der Hohlzylinder ausgearbeitet, die äußere und innere Schablone auf den Zylinderflächen aufgerissen und das überflüssige Holz nach den oberen und unteren Begrenzungslinien weggestemmt.

Diese älteren Arten, Krümmlinge aus dem vollen Holz herauszuarbeiten, werden ersetzt duch die Herstellung von Krümmlingen aus verleimten Furnierblättern. Dabei werden die einzelnen Furnierblätter nach der Abwicklung der inneren Krümmlingsfläche geschnitten, um einen als Modell herzustellenden Krümmlingskern aus senkrechten Latten gewickelt, dort Schicht auf Schicht miteinander verleimt und mit Schraubenzwingen, unter die entsprechend gerundete Zulagen gelegt werden, zusammengepreßt. Danach sind die Schraubenflächen der Krümmlingsober- und unterseite abzuschwingen und die Tritte einzufräsen. Auf diese Art können auch alle geschwungenen Handläufe oder Treppenwangen praktisch fugenlos hergestellt werden.

Form und Befestigung von Pfosten und Geländer sind im übrigen weitgehend Gestaltungsprobleme und nicht unbedingt abhängig von der Konstruktion der Treppen. Kombinationen aller Art (z. B. Holztreppen mit Metallgeländer, Holzwangen bei Stahlbetonpodesten usw.) sind möglich (s. Abschn. 4.3).

4.2.5 Stahltreppen

Stahl bietet als Konstruktionsmaterial für Treppen vielfältige Gestaltungsmöglichkeiten. Hohe Festigkeit bei relativ geringem Gewicht und einfache Verbindungsmöglichkeit durch Schweißen erlauben feingliedrige Konstruktionen.

Stahltreppen sind vielfach Bestandteil von Stahlskelettbauten, können aber auch mit allen anderen Baueisen kombiniert werden. In Geschoßbauten erfordern Stahltreppen besondere Vorkehrungen hinsichtlich des baulichen Brandschutzes. Tragende Wangen und Holme müssen durch Betonummantelung oder Feuerschutzplatten geschützt werden (vgl. Abschn. 14.6 in Teil 1 dieses Werkes).

Die Konstruktionsgrundsätze für Stahltreppen sind ähnlich denen für eingeschobene oder aufgesattelte Holztreppen.

Bei aufgesattelten Treppenbauarten aus Stahl bilden Profilstahl- oder Stahlhohlprofile die Tragholme. Die Stufen werden auf angeschweißten Konsolen oder Auflagerböcken montiert (Bild 4.61) oder bestehen aus entsprechend abgekanteten Stahlblechen (Bild 4.62). Bei Stahltreppen sind Ausführungen mit nur einem Tragholm leicht ausführbar, weil sich die Stufen selbst oder die erforderlichen Unterkonstruktionen leicht durch Schweißung befestigen lassen.

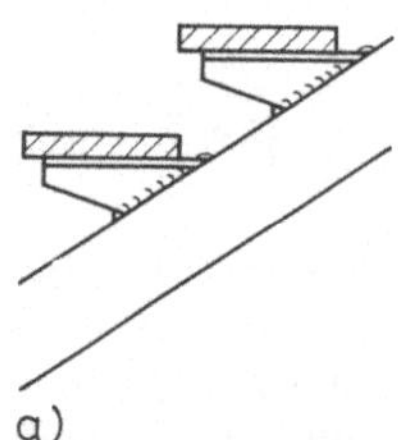

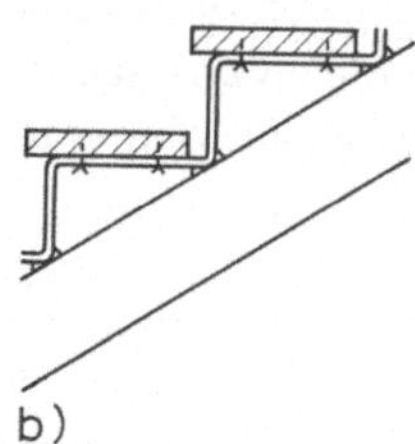

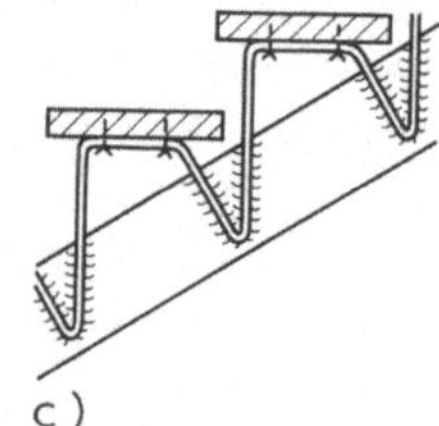

4.61   Konsolen für Trittstufen
     a) Konsolen aus abgekantetem Stahlblech
     b) Konsolen aus aufgeschweißtem Bandstahl
     c) Konsolen aus seitlich angeschweißtem Rundstahlband

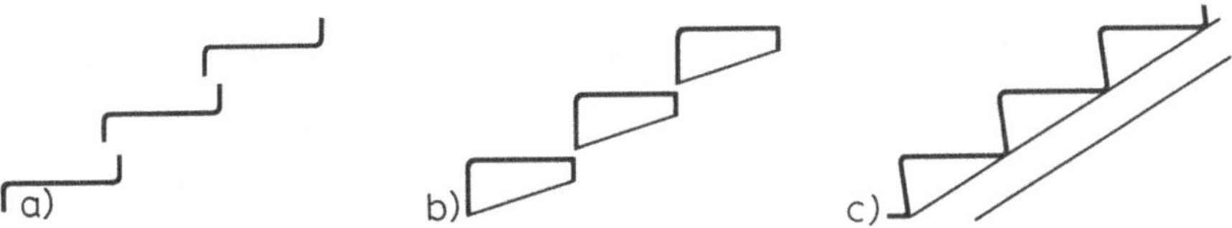

4.62 Formen von Stahlblechstufen
  a) abgekantete ebene Profile
  b) Hohlkastenprofile
  c) Stufenband

Eine Treppe mit nur einem seitlich verankerten Tragholm mit angeschweißten auskragenden Winkelstufen aus zusammengesetztem Hohlprofil zeigt Bild **4.63**.

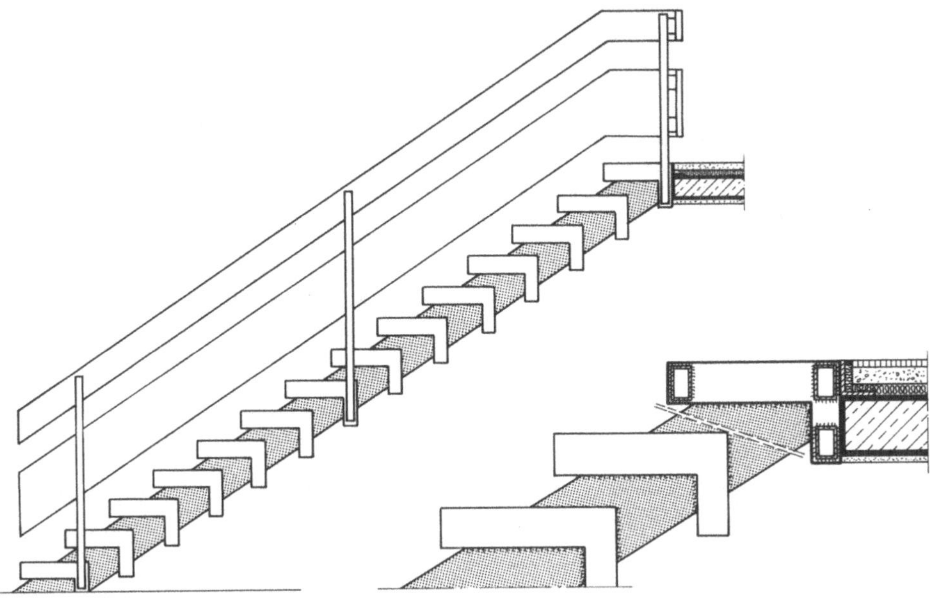

4.63 Einholmtreppe mit seitlich angeschweißten auskragenden Winkelstufen [3]

Den eingeschobenen Holztreppen entsprechen Stahltreppenkonstruktionen mit Wangen aus dickem Stahlblech, Profilstahl, Hohlprofilen oder Kombinationen daraus, zwischen denen Stufen auf Konsolen oder durchlaufenden Tragprofilen aufgelegt sind. Stufen aus abgekanteten Stahlblechen können auch selbsttragend zwischen die Wangen geschweißt werden (Bild **4.64**).

Aus Hohlprofilen können auch gewinkelte Tragholme zusammengeschweißt werden, die bei längeren Treppenläufen von durchgehenden Geländerstäben unterstützt oder an Stahlseilen bzw. Stahlprofilen aufgehängt werden (Bild **4.65**).

Treppenholme können mit den Geländern auch gemeinsam tragende Gitterträger bilden (Bild **4.66**).

Im Industriebau und für standardisierbare Treppen (z. B. für Nottreppen) werden Montagetreppen verwendet (Bild **4.67**).

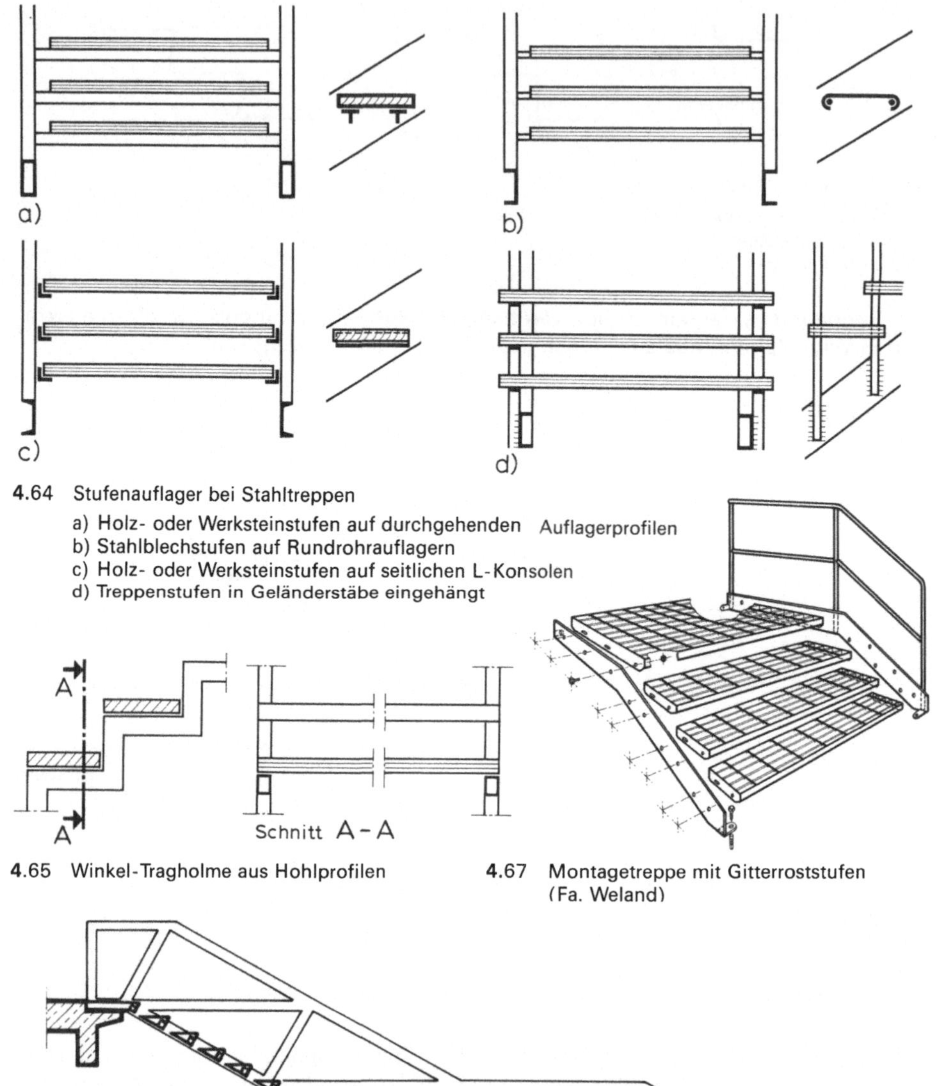

4.64 Stufenauflager bei Stahltreppen
a) Holz- oder Werksteinstufen auf durchgehenden Auflagerprofilen
b) Stahlblechstufen auf Rundrohrauflagern
c) Holz- oder Werksteinstufen auf seitlichen L-Konsolen
d) Treppenstufen in Geländerstäbe eingehängt

Schnitt A–A

4.65 Winkel-Tragholme aus Hohlprofilen

4.67 Montagetreppe mit Gitterroststufen (Fa. Weland)

4.66 Einläufige Treppe mit Gittertragwerk aus Vierkantstahlrohr, das gleichzeitig Stufenauflager und Geländer bildet [3]

Bei **Spindeltreppen** aus Stahl werden Stufen aus abgekanteten Stahlblechen oder Profilstahlkonsolen als Stufenauflager an die tragende Rundstahlspindel geschweißt (Bild **4.68**). Bei vorgefertigten Spindeltreppen aus Stahl werden die Stufen oder die Auflagerkonsolen oft an Stahlringe geschweißt, deren Höhe der Auftrittshöhe der Treppe entspricht und die dann paßgenau über die Tragspindel geschoben und fixiert werden (Bild **4.69**).

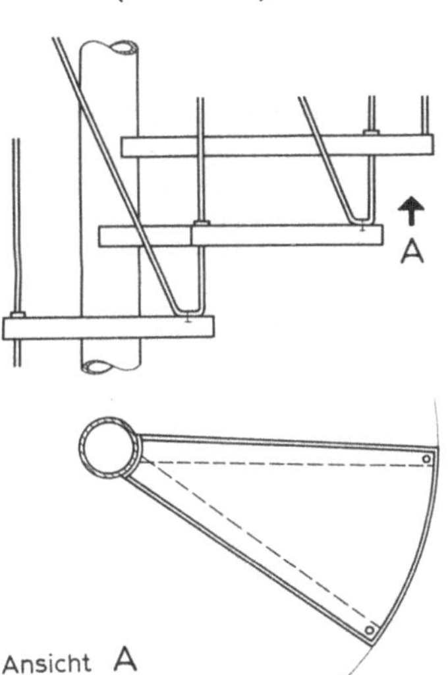
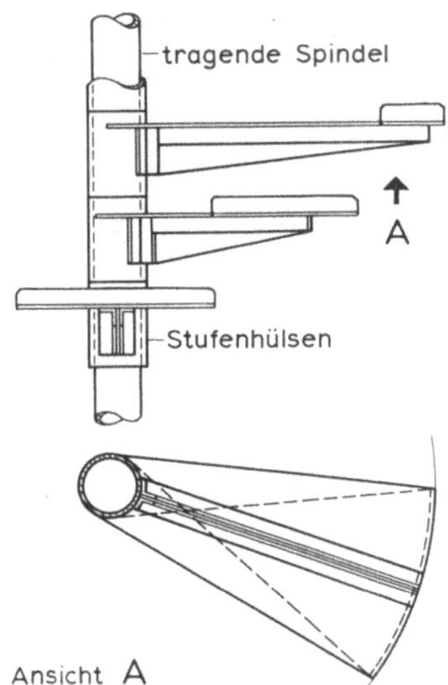

4.68 Stahlwendeltreppe. Die Blechstufen sind umgebördelt und mit der Stahlrohrspindel verschweißt

4.69 Stahlwendeltreppen mit Stahlrohrspindel und geschweißten Riffelblechstufen

Als **Trittstufen** für Stahltreppen kommen neben Stufen aus abgekanteten Stahlblechen (Bild **4.62** und **4.70**) oder Stahlhohlstufen (Bild **4.71**) Bohlen aus Massivholz oder Brettschichtholz, Betonwerkstein oder Naturwerkstein (mit Unterstützungskonstruktion oder voll aufliegend) und Gitterroste in Frage.

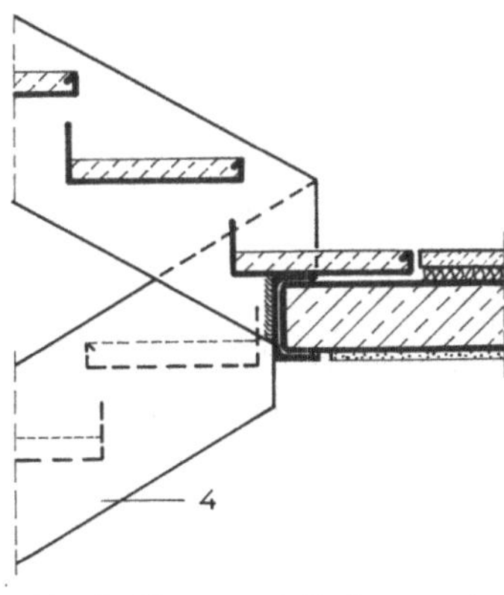
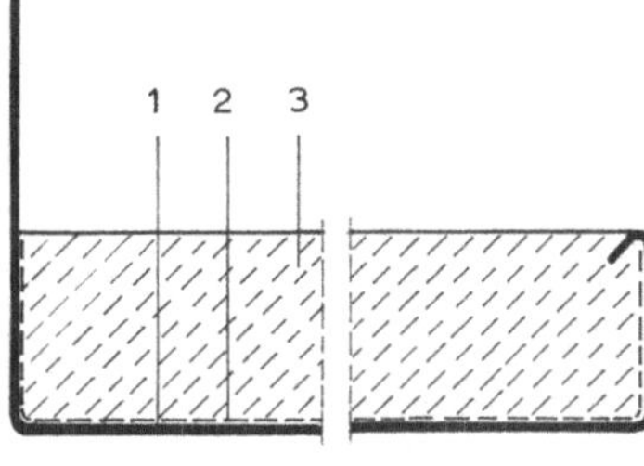

4.70 Stahltreppe mit Stufen aus abgekantetem Stahlblech mit Betonfüllung

1 Stahlblech abgekantet (2 mm)   3 Beton, geglättet
2 Bitumenanstrich   4 Stahlblech-Wange nach statischer Berechnung

Da Stahltreppen – abgesehen von Ausführungen etwa nach Bild **4.62 c** – in der Regel ohne Setzstufen ausgebildet werden, ist es üblich, die Trittstufen möglichst weit übereinanderzuschieben, um den Durchblick zu verringern und das Gefühl der Sicherheit beim Begehen zu erhöhen (Bild **4.71**).

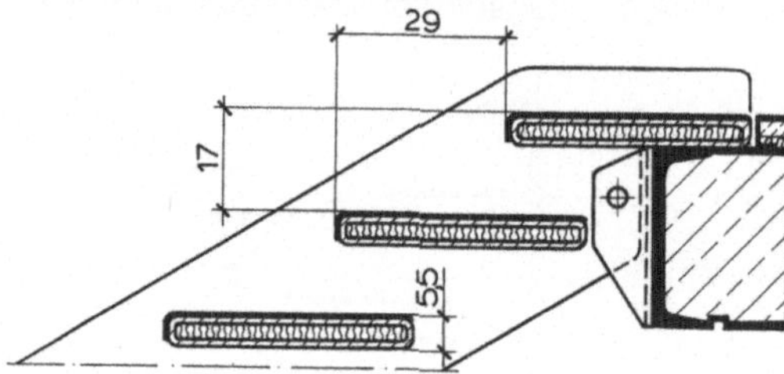

4.71
Stahltreppe mit geschweißten Hohlstufen
Der Hohlraum ist zur Schalldämpfung mit Mineralwolle dicht gefüllt. Wange als Stahlblech-Kastenträger,   Treppenbreite 1,50 m, Stufenbelag: Teppich oder Gummi

4.2.6 Sonderformen

Wie bereits einleitend erwähnt, ist eine Einteilung der Treppenbauarten nach verwendeten Baustoffen problematisch. Aber auch die in den vorangegangenen Abschnitten genannten Konstruktionsformen stellen nur die grundsätzlichen Möglichkeiten zur Gestaltung von Treppen dar. Während in historischen Bauwerken zahlreiche Varianten und Sonderformen von Treppen aus Naturwerkstein vorkommen, erlauben heute Stahl, Stahlbeton, Holzleimbau und Kunststoffe eine Vielfalt von Gestaltungsmöglichkeiten.

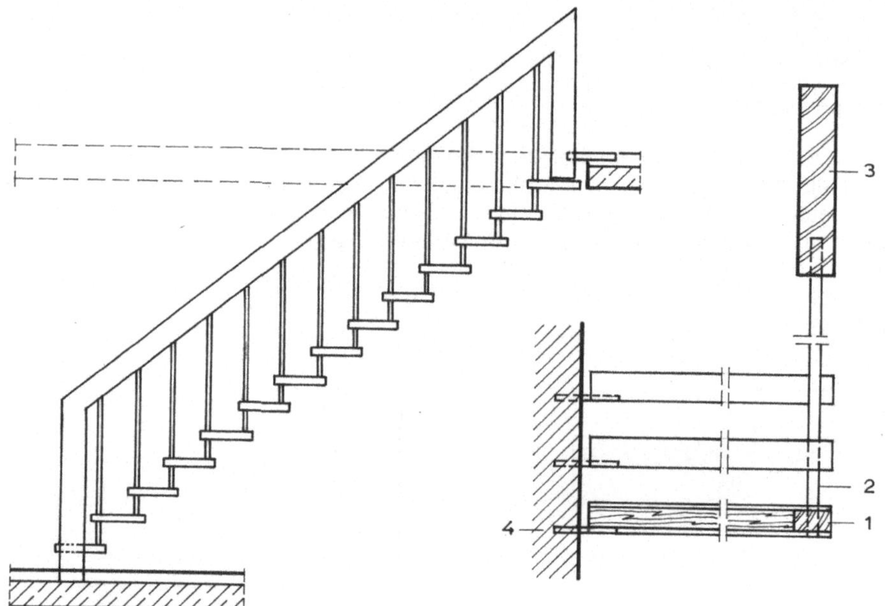

4.72 Wangenfreie Holztreppe (System Bucher)
   1 Stufe (Massivholz, verleimt)
   2 Tragstab
   3 Handlauf (Tragholm)
   4 Wandauflager

Es sind, wo Brandschutzbestimmungen dem nicht entgegenstehen, schon Treppen völlig aus Kunststoffen, z. B. aus Acrylglas, errichtet worden. Im Rahmen einer Baukonstruktionslehre können diese Möglichkeiten nur in wenigen typischen Beispielen gezeigt werden.

Wangenfreie Treppen. Die tragende Funktion der Treppenwangen kann bei Holz- und Stahltreppen durch entsprechend dimensionierte Handläufe übernommen werden (s. auch Bild **4.**66). Beim System Bucher werden die Stufen an den Geländerstäben aufgehängt und miteinander verbunden. Die hölzernen Geländerstäbe sind im Handlauf verleimt oder verschraubt und enthalten bei größeren Treppen durchgehende Stahl-Gewindestäbe. Es sind freistehende Konstruktionen möglich. In der Regel werden die Stufen jedoch an der Wandseite auf Traganker aufgelegt (Bild **4.**72).

In ähnlicher Weise werden die Stufen bei dem in Bild **4.**73 gezeigten Treppensystemen getragen. Hier sind Stahl- oder Holzstäbe einzeln oder meistens gitterartig zusammen-

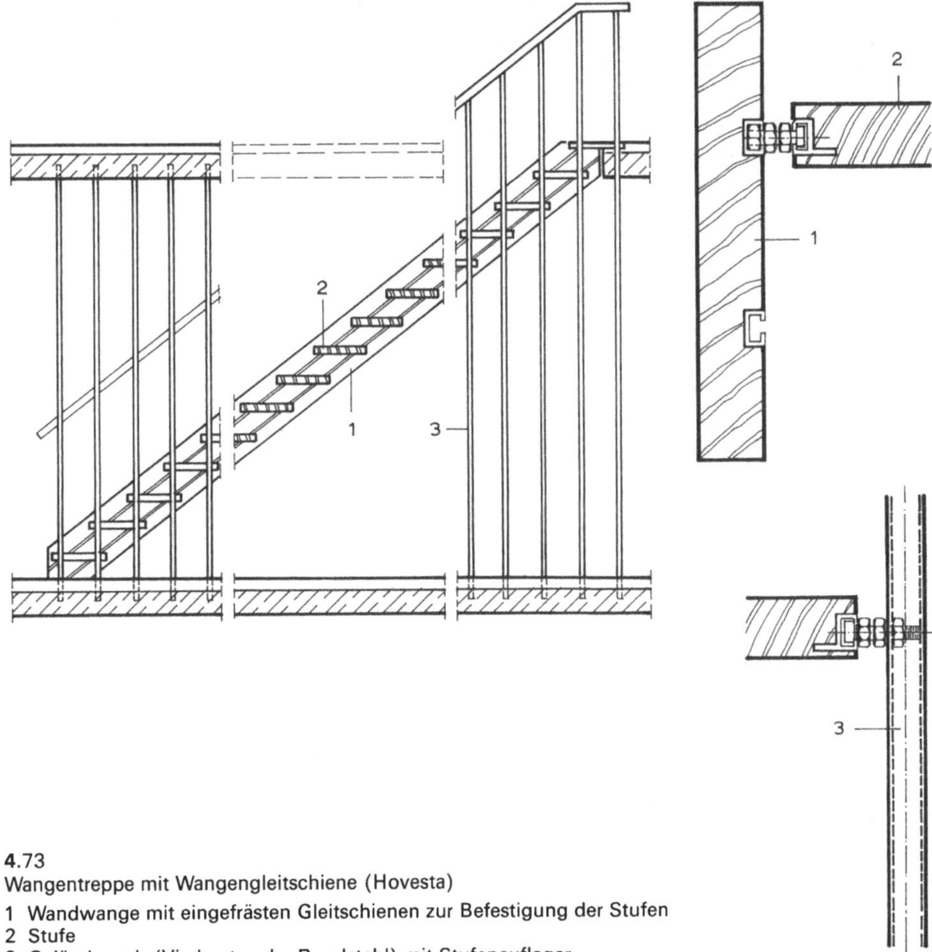

4.73
Wangentreppe mit Wangengleitschiene (Hovesta)

1 Wandwange mit eingefrästen Gleitschienen zur Befestigung der Stufen
2 Stufe
3 Geländerstab (Vierkant- oder Rundstahl) mit Stufenauflager

gefaßt am oberen Rand des Treppenloches befestigt und dienen als Stufenauflager und gleichzeitig zur Montage des Handlaufes. An der Wandseite liegen die Stufen auf Tragankern wie in Bild **4**.72 gezeigt oder auf Montagewangen, bei denen durch eingefräste Montageschienen das Ausrichten der Stufen auch bei komplizierten Treppengrundrissen und -formen sehr erleichtert wird.

Tragbolzentreppen wurden in verschiedenen Bauarten auf der Grundlage von Typzulassungen gebaut. Nunmehr wurde diese Konstruktionsart mit DIN 18069 genormt. Für alle Einzelheiten, Bauteile und Bauarten sind darin einheitliche Bezeichnungen vorgesehen. Es wird nicht nur weitgehend auf die ohnehin in diesem Bereich gültigen Normen hingewiesen, sondern z. B. auch gefordert, daß die Arbeiten „mit geeignetem Werkzeug auszuführen" sind (Abschn. 7.2.5)!

Unterschieden werden „Einbolzentreppen WE 1" und „Zweibolzentreppen WF 2" (Bild **4**.74 a).

Die Trittstufen bestehen aus Betonwerkstein mit Natursteinoberflächen oder aus Holz in Verbundkonstruktionen. Bei den Einbolzentreppen werden die Stufen auf der einen Seite in entsprechende Aussparungen der Treppenhauswand mindestens 7 cm tief fest mit Zementmörtel eingebaut. Sie können aber auch auf Tragankern aufliegen. Auf der freien Seite werden die Stufen mit den Tragbolzen untereinander verbunden.

Bei „Zweibolzentreppen WF 2" sind die Stufen beidseitig durch Tragbolzen verbunden. Außerdem muß jede dritte Stufe am Tragbolzen einen Wandanker haben.

Die Geländerstäbe werden bei den meisten Anbietern in Verlängerungen der Tragbolzen aufgeschraubt (Bild **4**.74).

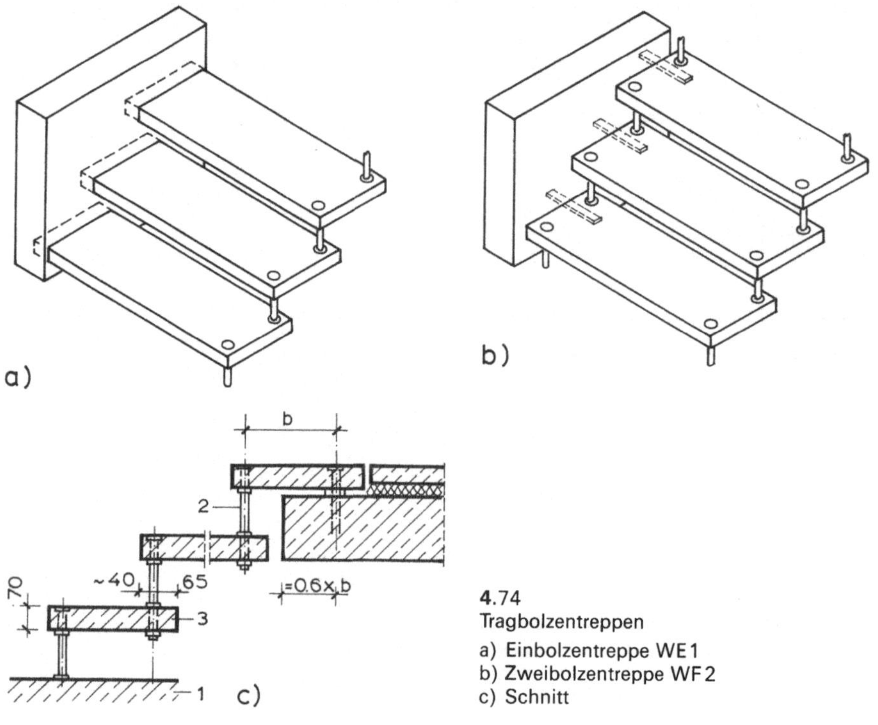

4.74
Tragbolzentreppen
a) Einbolzentreppe WE 1
b) Zweibolzentreppe WF 2
c) Schnitt

Steiltreppen. Eine Sonderform hinsichtlich der Funktion stellen die Steiltreppen (sog. „Sambatreppen") dar. Sie ermöglichen auf engstem Raum den Zugang zu allerdings nur untergeordneten Räumen und erfordern besondere Gewöhnung (Bild **4.**75).

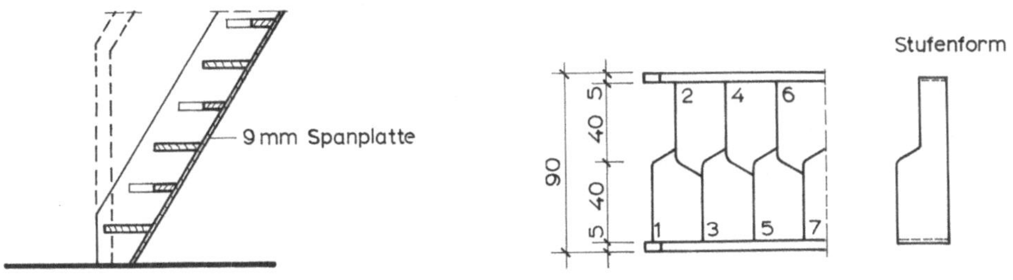

4.75 Steiltreppe

4.3 Geländer

4.3.1 Vorschriften

Alle Treppen mit mehr als 3 Stufen müssen mit Geländern versehen sein.

Treppengeländer müssen – über der Stufenvorderkante gemessen – mindestens 90 cm, bei Treppen mit mehr als 12 m Absturzhöhe und an der Innenseite von Wendeltreppen mindestens 1,10 m hoch sein.

An Podesträndern müssen Geländer bei Absturzhöhen bis zu 12 m eine Höhe von mindestens 0,90 m und bei Absturzhöhen über 12 m mindestens 1,10 m hoch sein.

In Gebäuden, in denen in der Regel mit der Anwesenheit von Kindern zu rechnen ist, dürfen Öffnungen in Geländern bei Absturzhöhen von mehr als 1,50 m nicht breiter als 12 cm sein. Durch offene Zwickel zwischen Stufen und Geländern darf sich ein Würfel von 12 cm Kantenlänge nicht hindurchschieben lassen. Ein waagerechter Zwischenraum zwischen Geländer und der zu sichernden Fläche darf nicht größer als 4 cm sein. Geländer sind so auszubilden, daß Kindern das Überklettern erschwert ist.

Treppen bis 1,50 m Breite müssen mindestens auf einer Seite, Treppen bis 2,50 m Breite auf beiden Seiten Geländer bzw. Handläufe aufweisen. Breitere Treppen sind durch in den Läufen frei stehende Geländer zu unterteilen.

Handläufe sollen so beschaffen sein, daß sie sich nach Form und Material gut umgreifen lassen. Eine Breite von 40 bis 60 mm wird als angenehm empfunden. Die heute aus formalen Gründen vielfach verwendeten Rechteckprofile und Handlaufbohlen lassen sich oft nicht ausreichend umfassen und bieten den Benutzern wenig Sicherheit.

Handläufe können an Wendelungen von Treppenläufen oder bei mehrläufigen Treppen mit Krümmlingen (vgl. Bild **4.**57) oder mit geraden Übergangsstücken (vgl. Bild **4.**56) miteinander verbunden werden, oder sie laufen am Austritt frei aus. An keiner Stelle soll der Benutzer durch irgendwelche Einengungen, Befestigungsteile u. ä. genötigt sein, den Handlauf loszulassen. Wandhandläufe sollen zur Wand einen lichten Abstand von mindestens 6 cm haben.

4.3.2 Ausführung

Handlauf, Stützen und Ausfachung der Geländerfelder bilden die Grundelemente von Geländern und sind ein wesentliches Gestaltungsmittel für die Treppen und für den Innenausbau.

Für Handläufe werden verwendet (Bild **4**.76)

— profilierte Vollhölzer, verleimte Bohlen, gepreßte Holzwerkstoffe u. ä.,

— Metallprofile und -rohre,

— Flachstahl mit Metall- oder Holzauflagen oder mit Kunststoffüberzügen,

— Kunststoffprofile.

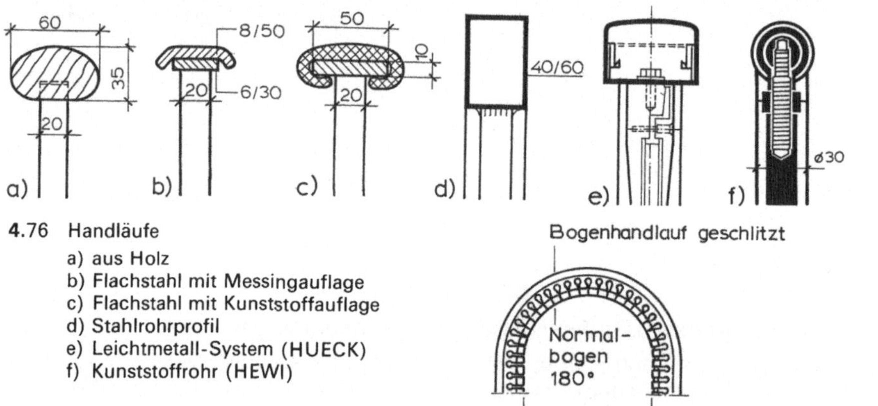

4.76 Handläufe
    a) aus Holz
    b) Flachstahl mit Messingauflage
    c) Flachstahl mit Kunststoffauflage
    d) Stahlrohrprofil
    e) Leichtmetall-System (HUECK)
    f) Kunststoffrohr (HEWI)

4.77 Bogenformteil für Flachstahl-Handläufe

Durch Handläufe mit unter- oder rückseitig angeordneten durchlaufenden Beleuchtungskörpern kann eine gleichmäßige, von störenden Schlagschatten freie Ausleuchtung der Treppenläufe erzielt werden.

Die verschiedenen Gestaltungsmöglichkeiten für Geländer sind im Zusammenhang mit den Treppenkonstruktionen gezeigt (Bilder **4**.18, **4**.50, **4**.55, **4**.56, **4**.66, **4**.73 und **4**.74).

Es gibt jedoch für Geländer eine solche Fülle von Konstruktions- und Gestaltungsmöglichkeiten, daß der Rahmen einer Baukonstruktionslehre zu deren Darstellung gesprengt würde.

Im folgenden sind daher lediglich schematisch oder zur Übersicht einige Lösungsmöglichkeiten gezeigt.

Rundungen von Flachstahlhandlaufkonstruktionen werden mit sägezahnartig ausgeschnittenen vorgefertigten Sonderprofilen ausgeführt, die sich auch kalt leicht verformen lassen (Bild **4**.77).

Für die Geländerfelder kommen in Frage:

— Holz- oder Metallstäbe oder -profile, Drähte, Rohre u. ä., senkrecht, horizontal oder parallel zum Handlauf (Bild **4**.78a),

— geschlossene oder transparente Tafeln aus Sperrholz, Spanplatten, Metall, Draht- oder Sicherheitsglas, Acrylglas o. ä. (Bild **4**.78b),

— Geflechte oder Verspannungen aus Draht, Baustahlgewebe, Seilen u. ä. (Bild **4**.78c).

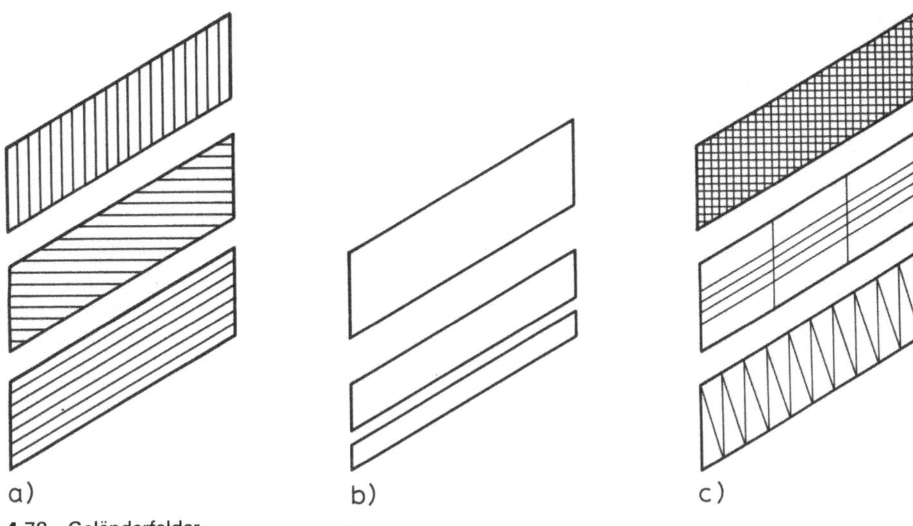

4.78 Geländerfelder
a) Felder mit Stäben, Rohren o. ä.
b) Felder aus transparenter oder geschlossenen Tafeln
c) Felder mit Verspannungen

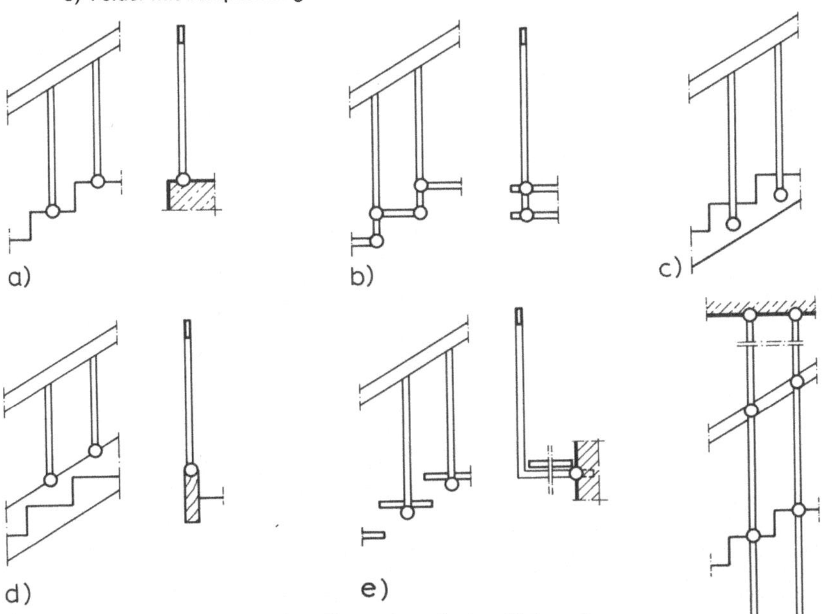

4.79 Befestigung von Geländerstäben oder -pfosten (Schema)
a) auf den Stufen
b) zwischen den Stufen
c) seitlich an der Laufplatte oder Wange
d) auf der Wange
e) an Kragarm
f) zwischen Geschoßdecken oder Podesten

Für die Befestigung der Geländerstäbe und Tragstäbe bestehen folgende grundsätzliche Möglichkeiten:

— auf oder zwischen den Stufen (Bild **4.**79 a und b),

— seitlich an den Laufplatten (Bild **4.**79 c),

— auf oder seitlich an den Wangen (Bild **4.**79 d),

— an Kragarmen (Bild **4.**79 e),

— zwischen Fußboden und Decke (Bild **4.**79 f).

Füll- oder Tragstäbe aus Holz werden meistens in entsprechende Bohrungen der Holzwangen eingelassen oder seitlich an die Wangen geschraubt.

Metallstützen oder -stäbe werden in entsprechende Bohrungen von fertig verlegten Werksteinstufen eingesetzt und mit Schnellbindern vergossen. Die Anschlußstelle wird mit einer Kunststoff- oder Metallrosette abgedeckt (Bild **4.**80 a).

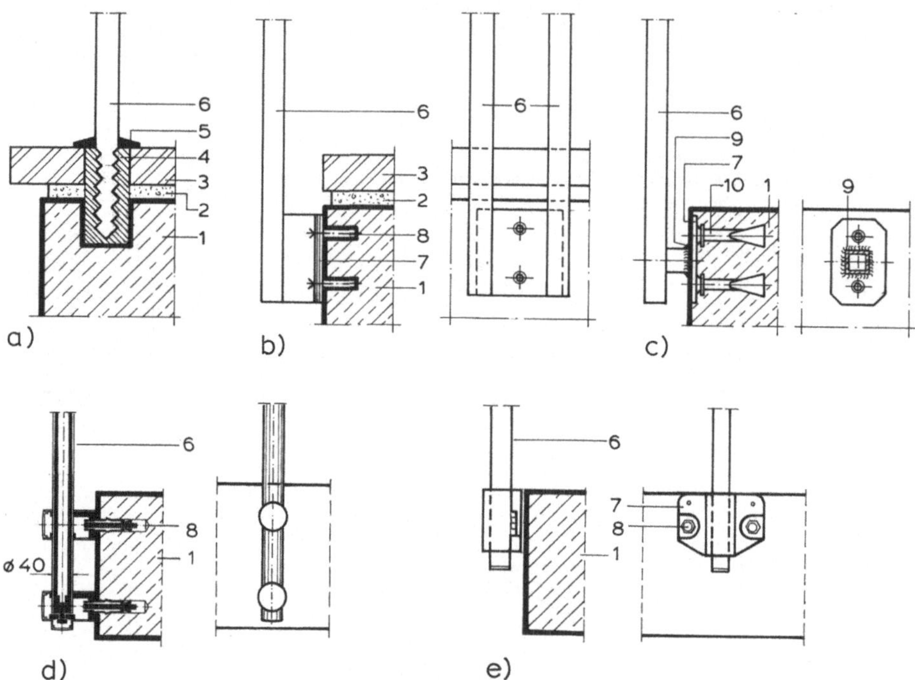

4.80 Befestigung von Geländerpfosten (Details)

    a) Befestigung in gebohrten Werksteinstufen
    b) Befestigung seitlich an Laufplatten oder Massivwangen
    c) Ankerplatte zum Einbetonieren (WH 70)
    d) eingedübelter Schraubbolzen, Kunststoffrohr mit Metall-Führungshülse und Sicherungsstift
       (HEWI)
    e) angedübeltes Aluminium-Formteil

1 Massivplatte	6 Geländerstab
2 Verlegemörtel	7 Ankerplatte
3 Werksteinstufe	8 Dübelverschraubung
4 Bohrung mit Verguß	9 Anschweißstelle
5 Deckrosette	10 einbetonierte Ankerplatte

An Stahlbetonlaufplatten oder -wangen werden Metallstützen mit Ankerplatten aufgedübelt oder auf vorher miteinbetonierte Ankerplatten geschweißt (Bild **4.**80 b).

Bei Stahltreppen werden im allgemeinen Metallstützen oder -stäbe verwendet, die
angeschweißt oder angeschraubt werden.

Bei aufgesattelten Treppen muß der Anschluß des Geländers sorgfältig überlegt werden.
Möglich ist es, Geländerstäbe in die Trittstufen einzusetzen, wenn diese nicht zu weit
auskragen. Wenn Setzstufen verwendet werden, können diese seitlich mit einem Überstand so gestaltet werden, daß Geländerstäbe bzw. -pfosten befestigt werden können.
Vielfach werden abgewinkelte Stahlprofile verwendet, die unterhalb der Trittstufen
seitlich am Holm montiert werden (Bild **4.**81).

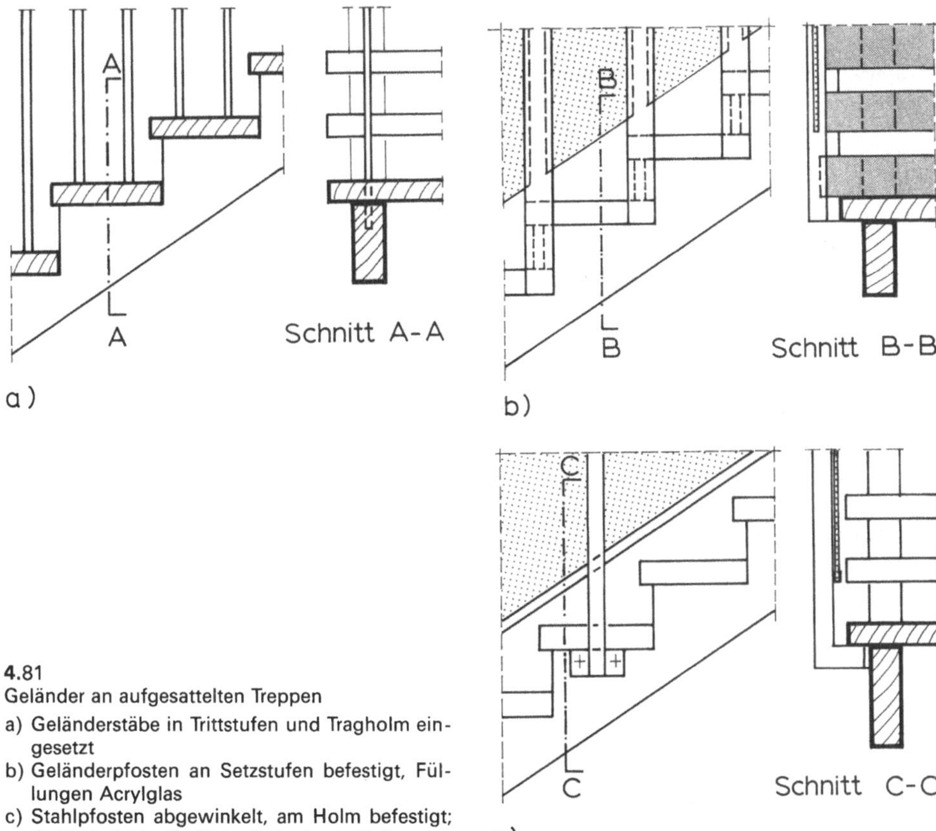

4.81
Geländer an aufgesattelten Treppen
a) Geländerstäbe in Trittstufen und Tragholm eingesetzt
b) Geländerpfosten an Setzstufen befestigt, Füllungen Acrylglas
c) Stahlpfosten abgewinkelt, am Holm befestigt;
   Geländerfeld z. B. Sicherheitsglas in Rahmen

Der Anfang und der obere Abschluß von Geländern kann durch Pfosten gebildet
werden (Bild **4.**55). In historischen Beispielen diente insbesondere der Anfangs- bzw.
Antrittpfosten neben seinem technischen Zweck vielfach als besonders gestaltetes
dekoratives Element.

4.4 DIN-Normen

DIN-Nr.		Ausgabe-datum	Titel
107		4.74	Bezeichnung mit links oder rechts im Bauwesen
1045		7.88	Beton- und Stahlbetonbau; Bemessung und Ausführung
4102	T1	5.81	Brandverhalten von Baustoffen und Bauteilen; –; Baustoffe; Begriffe, Anforderungen und Prüfungen
	T2	9.77	–; Bauteile; Begriffe, Anforderungen und Prüfungen
	T3	9.77	–; Brandwände und nichttragende Außenwände; Begriffe, Anforderungen und Prüfungen
	T4	3.81	–; Zusammenstellung und Anwendung klasssifizierter Baustoffe, Bauteile und Sonderbauteile
18064		11.79	Treppen; Begriffe
18065		7.84	Gebäudetreppen; Hauptmaße
18069		11.85	Tragbolzentreppen für Wohngebäude; Bemessung und Ausführung
18333		9.88	VOB Verdingungsordnung für Bauleistungen, Teil C: Allgemeine technische Vertragsbedingungen für Bauleistungen; Betonwerksteinarbeiten
18500		4.91	Betonwerkstein; Begriffe, Anforderungen, Prüfung, Überwachung –; Begriffe, Anforderungen, Prüfung, Überwachung

4.5 Literatur

[1] B a n g e r t, S.: Treppen in Holz. Karlsruhe 1986

[2] Beratungsstelle für Stahlverwendung: Merkblätter Treppenbau. Düsseldorf

[3] Deutscher Stahlbauverband: Stahlbau Arbeitshilfen. Köln 1982

[4] D o r f f, R.: Schallschutz im Wohnungsbau. Deutsche Bauzeitung Heft 2/1983

[5] –: Trittschallschutz bei Treppenpodesten. Bauhandwerk Nr. 2 April 1984

[6] G l a d i s c h e f s k i, H.; H a l m b u r g e r, K.: Treppen in Stahl. Wiesbaden–Berlin 1974

[7] Informationsdienst Holz; Merkblätter der Arbeitsgemeinschaft Holz e.V., Düsseldorf 1984 ff.

[8] M e y e r - B o h e, W.: Elemente des Bauens; Treppen. Stuttgart 1975

[9] M a n n e s, W.: Gestaltete Treppen. Stuttgart 1975

[10] –: Schöne Treppen. Stuttgart 1985

[11] P r a c h t, K.: Treppen. Stuttgart 1986

[12] R e i t m a y e r, U.: Holztreppen in handwerklicher Konstruktion. Stuttgart 1981

5 Fenster[1]）

5.1 Allgemeines

Fenster beeinflussen durch Form, Gliederung und Größe, durch Lage, Anordnung und Baustoff entscheidend Baukörper und Innenraum. Beim Fensterbau sind Fragen der Gestaltung, der Konstruktion, der Fertigungstechnik und der Wirtschaftlichkeit (bei Herstellung und Benutzung) besonders eng miteinander verflochten, so daß nicht absolute Bestformen, sondern nur die für den besonderen Fall günstigen Lösungen gefunden werden müssen.

Wesentlich ist neben der Belichtung aber auch die psychologische Bedeutung des Tageslichtes für das Wohlbefinden des Menschen in Wohn- und Arbeitsräumen. Der Wechsel von Helligkeit und Dunkel und der Witterung, Besonnung und Verschattung, insbesondere aber auch der Kontakt mit der Umwelt durch ausreichenden Ausblick sind wichtig. Von Nachteil ist es, wenn durch gegenüberliegende Verbauung oder wegen ungünstiger Lage der Fenster (z. B. in Raumecken, hohe Brüstungen) das Blickfeld und insbesondere der sichtbare Himmelsausschnitt eingeschränkt sind.

Aufenthaltsräume müssen durch Fensterflächen ausreichend mit Tageslicht versorgt werden (z. B. Hessische Bauordnung: Lichte Fensteröffnung von Aufenthaltsräumen > ⅛ der Raumgrundfläche; Ausnahmen für Räume, die nicht dem Wohnen dienen, s. Arbeitsstätten-Verordnung).

Die Fenstergröße richtet sich in der Hauptsache nach Raumbreite, -tiefe, -höhe, Lage des Raumes über Gelände, Höhe und Abstand von gegenüberliegenden Gebäuden. DIN 5034 Bbl. 2 enthält ein vereinfachtes Verfahren zur Bestimmung der Fenstergrößen:

— Oberkante des Fensters (einschl. Rahmenwerk) mindestens 2,20 m über Fußboden,

— Oberkante der Fensterbrüstung höchstens 0,90 m über Fußboden.

— Die Breite des durchsichtigen Teiles des Fensters bzw. die Summe dieser Breiten bei allen Fenstern im Raum sollen mindestens 55% der Breite des Raumes bzw. der Summe seiner Fensterwandbreiten betragen.

Ein gutes Fenster muß zugdicht und wasserdicht schließen, Schall- und Wärmeschutz bieten, leicht zu öffnen, zu schließen und zu reinigen sein und eine möglichst große Lichtfläche ergeben (schmale Rahmen).

Hauptziele der Entwicklung im Fensterbau sind Kostensenkung und Verbesserung der Konstruktion, so daß die an Fenster gestellten grundsätzlichen Forderungen, wie Grenzen der Fugendurchlässigkeit, Schlagregendichtheit (DIN 18055), Haltbarkeit, bequeme Handhabung, geringe Unterhaltungskosten einwandfrei erfüllt werden.

Eine Kostensenkung kann u. a. erreicht werden durch Vereinfachung der Maurerarbeiten (Verwenden von Mauerlehren oder von maßgenauen Fertigteilen, festeingebauten Montagezargen) und durch Vermeiden von Nachputz- und Nachbesserungsarbeiten (z. B. Einschrauben der in der Werkstatt fertig verglasten und gestrichenen Fenster in maßgenaue Bauwerksöffnungen).

Die Fensterkonstruktion kann verbessert werden durch möglichst einfache, aber zuverlässige Beschläge, Vereinfachung des Unterhaltungswandes, Erleichterung von Reparaturen (z. B. beim Ersatz von Scheiben), Justiermöglichkeiten usw.

---

[1]) Industrieverglasungen s. Abschn. 1.9.1

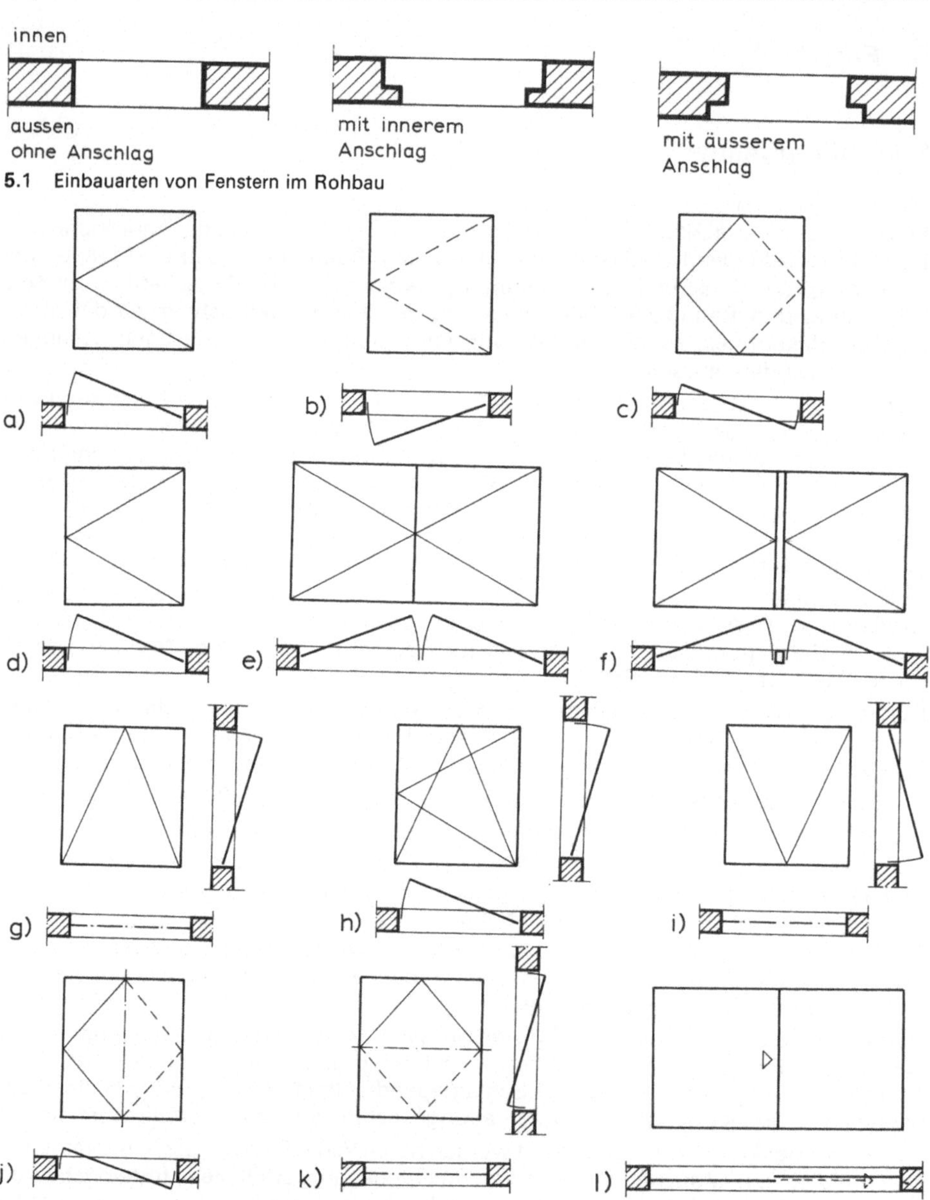

5.1 Einbauarten von Fenstern im Rohbau

5.2 Bezeichnung der Fenster nach Öffnungs- bzw. Flügelarten (Ansichten: Außenseite; Grundrisse: Außenseite unten; Schnitte: Außenseite links)

Drehflügel

a) nach innen öffnend, b) nach außen öffnend, c) nach innen und außen öffnend, d) einflügliges Fenster mit Drehflügel, e) zweiflügliges Fenster mit Drehflügeln, f) zweiflügliges Fenster mit festem Pfosten und Drehflügeln

g) **Kippflügel,** h) **Drehkippflügel,** i) **Klappflügel,** j) **Wendeflügelfenster,** k) **Schwingflügelfenster,** l) **Schiebefenster**

Fenster können in Form von Einzelfenstern, Fensterbändern, Fensterwänden und Fenster-Tür-Elementen hergestellt werden. Sie bestehen gewöhnlich aus dem verglasten Fensterflügel in einem fest eingesetzten Fensterrahmen (Blendrahmen oder Zarge).

Man unterscheidet nach:

— **Einbauart** im Rohbau:

   ohne Maueranschlag, mit innerem Anschlag, mit äußerem Anschlag (Bild **5.1**).

— **Öffnungsmöglichkeit**:

   Flügel zum Öffnen, feststehende Flügel, Festverglasungen (Verglasung direkt im Blendrahmen).

— **Öffnungs- bzw. Flügelarten**:

   (Bild **5.2**).

— **Bauart:** Einfachfenster, Doppelfenster, Verbundfenster, Kastenfenster (Bild **5.3**).

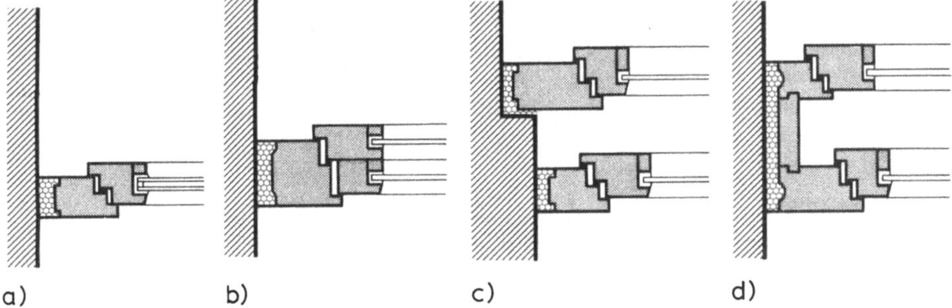

a)   b)   c)   d)

5.3   Fensterbauarten

   a) Einfachfenster
   b) Verbundfenster
   c) Doppelfenster
   d) Kastenfenster

— **Art der Verglasung:**

   Einscheibenverglasung (EV) ist nur noch für Bauwerke zugelassen, für die keine besonderen Vorschriften hinsichtlich Wärmedämmung bestehen,

   Mehrscheiben-Isolierverglasung (IV) als 2- oder 3-Scheiben-Isolierverglasung (Bild **5.4**),

   Doppelverglasung (DV),

   Verglasung mit Sondergläsern, z.B. Sonnenschutzgläser, Wärmeschutzgläser, Schallschutzgläser, Sicherheitsgläser.

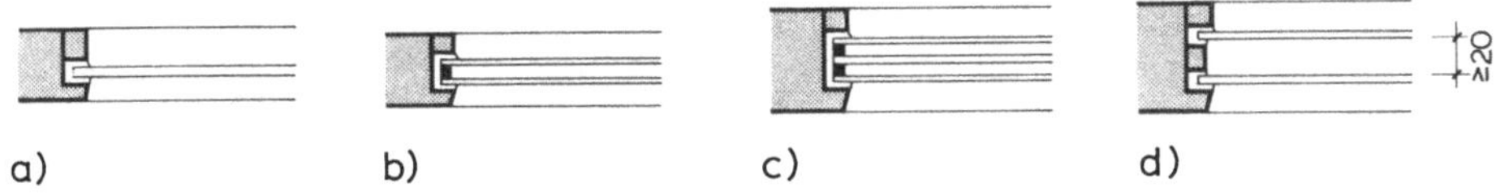

a)   b)   c)   d)

5.4   Verglasungsarten

   a) Einscheibenverglasung (EV)
   b) 2-Scheiben-Isolierverglasung (IV)
   c) 3-Scheiben-Isolierverglasung (IV)
   d) Doppelverglasung (DV)

— Art des Baustoffes:

Holzfenster vorwiegend aus Kiefernholz, Fichtenholz oder überseeischen Hölzern, z. B. Sipo-Mahagoni u. ä. (DIN 68360).

Aluminiumfenster,

Kunststoff-Fenster,

Stahlfenster

sowie Fenster aus Kombinationen dieser Stoffe,

z. B. Aluminium-Holz-Fenster.

Bei der Beschreibung von Fenstern muß für Dreh- und Drehkippflügel klargestellt sein, ob das Fenster „rechts" oder „links" angeschlagen ist.

Nach DIN 107 (Bezeichnung mit links oder rechts im Bauwesen) wird bezeichnet:

— „DIN rechts": Flügel zur Ansichtsseite öffnend mit Bändern auf der rechten Seite (nach DIN: „Man sieht auf das Band").

— „DIN links": ... mit Bändern auf der linken Seite.

Auf Zeichnungen ist ferner zur Vermeidung von Irrtümern deutlich klarzustellen, ob die Fenster von außen oder innen dargestellt sind (Bild **5.5**).

Die Bezeichnung von Grundelementen bei Fensterkonstruktionen zeigt Bild **5.6** am Beispiel einer Fensterwand.

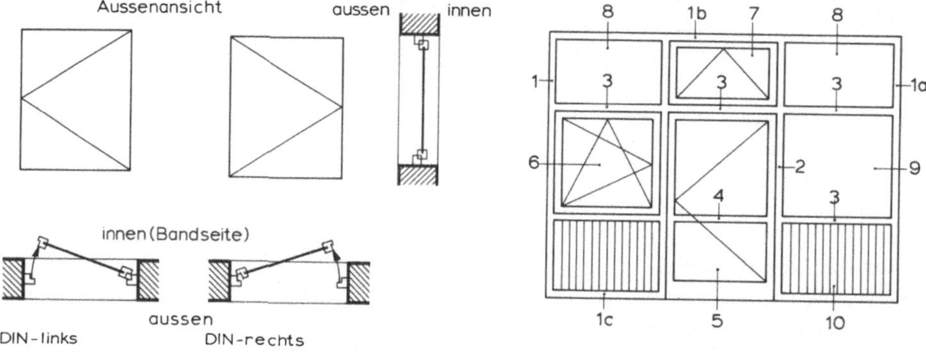

5.5 Bezeichnung der Fenster – Öffnungsart nach DIN 107

5.6 Elemente einer Fensterkonstruktion (Schema nach DIN 68121 T1)

1 Blendrahmen (ggf. mit Anschluß- oder Abdeckprofilen)
  a aufrechtes Blendrahmenholz
  b oberes Blendrahmenholz
  c unteres Blendrahmenholz
2 Pfosten (Setzholz)
3 Riegel (Kämpfer)
4 Sprosse
5 Drehflügelfenstertür
6 Drehkippflügelfenster
7 Kippflügel (Oberlicht)
8 festverglastes Oberlicht
9 festverglaste Fensterfläche
10 Fensterbrüstung mit nicht-transparenter Ausfachung

Außer den in Bild **5**.6 genannten Bauteilen kommen noch in Frage:

— Einbauzargen (in die Rohbauöffnung eingebaute Montagerahmen, in die das komplette Fenster nach Fertigstellung von Putzarbeiten eingesetzt wird),

— Glashalteleisten (leichte Profilleisten zur Befestigung von Verglasungen),

— Wetterschutzschienen (Zusatzprofile am unteren Blendrahmen, um das anfallende Wasser über die untere Fuge zwischen Flügel und Blendrahmen abzuleiten),

— Fensterbänke (äußere Abdeckung der Brüstung oder des Rohbauanschlusses, meistens aus Aluminium, Kunst- oder Naturstein; innen als Abdeckung über Heizkörpernischen u. ä., aus Natur- oder Kunststein, Holz oder kunststoffbeschichteten Holzspanplatten (z. B. Werzalit), ferner

— Zusatzprofile wie z. B. Rolladenführungen, Abdeck- und Anschlußprofile.

Die Entscheidung über die Fensterbauart beeinflussen:

— **formale Anforderungen** (z. B. Größe, Format, Flächenaufteilung, Farbe bzw. Oberflächenbehandlung)

— **funktionale Anforderungen** (z. B. Öffnungsart, Lüftungsbedarf, Sonnenschutz, Bedienungskomfort)

— **technisch-konstruktive Anforderungen** (allgemeine Sicherheit wie z. B. Brüstungs- und Absturzhöhen, Fehlbedienungssicherheit, Fugen- und Schlagregendichtigkeit, Wärmeschutz)

— **Sonderanforderungen** (z. B. Brandschutz, Schallschutz, Einbruchschutz).

Fenster sind heute fast überall hochentwickelte Bauelemente mit sehr hohen Ansprüchen an Materialien und Ausführungsqualität. Bei der Ausschreibung und der Vergabe sollten daher neben den Bestimmungen der Verdingungsordnung für Bauleistungen (VOB) auch die Zusätzlichen Technischen Vorschriften zur Ausschreibung des Institutes für Fenstertechnik, Rosenheim, sowie die Leistungsnachweise der Hersteller, hrsg. vom Verband der Fenster- und Fassadenhersteller [17] bis [21], beachtet werden.

5.2 Anforderungen an Fenster

5.2.1 Fugendurchlässigkeit

Während Rahmen und Verglasung kleinerer Fenster in niedrigen, einfachen Gebäuden nach Erfahrungsregeln dimensioniert werden können, müssen für die Bemessung größerer Fenster insbesondere in den oberen Geschossen von hohen Gebäuden genaue Berechnungen zugrunde gelegt werden. Dadurch muß gewährleistet werden, daß die Fugendurchlässigkeit innerhalb zulässiger Grenzen bleibt und die Verglasung durch Staudruck nicht zerstört werden kann. Unabhängig vom Rahmenmaterial werden in DIN 18055 für die Bemessung und die Anforderungen hinsichtlich Fugendurchlässigkeit und die Schlagregensicherheit vier Beanspruchungsgruppen festgelegt. Bestimmt wird die Einordnung in eine der Gruppen durch die Windbelastung in Abhängigkeit von Standort, Lage, Höhe und Form des Gebäudes, ferner von der Einbauart des Fensters und der Fassadenausbildung (s. Tabelle **5.7**).

Über Undichtigkeiten in den Fugen zwischen Flügel- und Blendrahmen eines Fensters erfolgt ein mehr oder weniger großer Luftaustausch, der in gewissen Grenzen zwar zur erforderlichen Lufterneuerung eines Raumes beitragen, andererseits aber zu erheblichen Wärmeverlusten führen kann. Außerdem besteht eine enge Abhängigkeit zwischen der Fugendurchlässigkeit und der Schalldurchlässigkeit eines Fensters (vgl. Abschn. 5.2.4). In der Wärmeschutzverordnung und in DIN 4108 T4 wird gefordert, daß der Fugendurchlaßkoeffizient für Fenster den Wert

$$2,0 \cdot \frac{m^3}{h \cdot m \, (da\,Pa)^{\frac{2}{3}}}$$

(Beanspruchungsgruppe A nach DIN 18055) nicht überschreitet.
Für Gebäude mit mehr als zwei Vollgeschossen darf der Wert von

$$1,0 \cdot \frac{m^3}{h \cdot m \, (da\,Pa)^{\frac{2}{3}}}$$

(Beanspruchungsgruppe B–D) nicht überschritten werden.

Tabelle **5.7** Beanspruchungsgruppen (DIN 18055 T2)

Beanspruchungsgruppen[1])	A	B	C	D[3])
Staudruck in kN/m²	bis 0,18	bis 0,37	bis 0,66	
Prüfdruck in Pa entspricht etwa einer				
Windgeschwindigkeit bei	bis 150	bis 300	bis 600	
Windstärke[2])	bis 7	bis 9	bis 11	Sonderregelung
Gebäudehöhe in m	bis 8	bis 20	bis 100	

[1]) Die Beanspruchungsgruppe ist im Leistungsverzeichnis anzugeben.
[2]) Nach der Beaufort-Skala.
[3]) A ohne, B–D mit Falzdichtung. In die Beanspruchungsgruppe D sind Fenster einzustufen, bei denen mit außergewöhnlicher Beanspruchung zu rechnen ist. Anforderungen sind im Einzelfall anzugeben.

Die Konstruktionsmerkmale für Fenster in Abhängigkeit von der Fugendurchlässigkeit sind aus Tabelle **5.8** (DIN 18055) ersichtlich.

Tabelle **5.8** Konstruktionsmerkmale für Fenster in Abhängigkeit von der Fugendurchlässigkeit (DIN 18055)

Fugendurchlaß-koeffizient *a* in $\frac{m^3}{h \cdot m \cdot (da\,Pa)^{\frac{2}{3}}}$	Konstruktionsmerkmale
$2,0 \geqq a > 1,0$	Holzfenster (auch Doppelfenster) mit Profilen nach DIN 68121 – Holzfenster-Profile – ohne Dichtung[1])
$\leqq 1,0$	alle Fensterkonstruktionen (bei Holzfenstern mit Profilen nach DIN 68121) mit alterungsbeständiger, weichfedernder, leicht auswechselbarer Dichtung[1])

[1]) Auf ausreichenden Luftwechsel aus Gründen der Hygiene, der Begrenzung der Luftfeuchte und der Zuführung von Verbrennungsluft ist zu achten! (DIN 4108 T2 Abschn. 5.2.4).

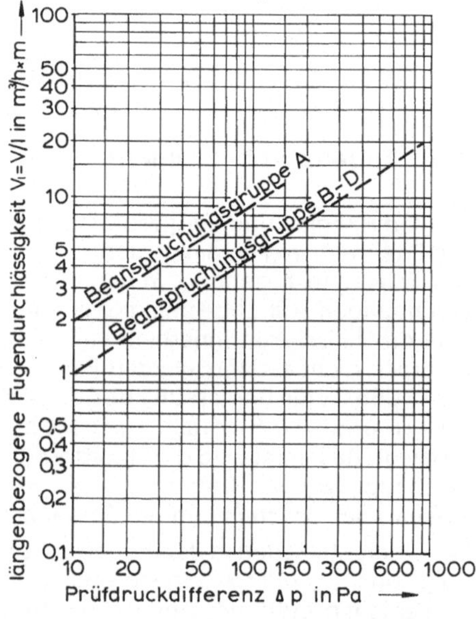

5.9 Längenbezogene Fugendurchlässigkeit

Für die Bewertung der Fugendurchlässigkeit eines Fensters gilt die **längenbezogene Fugendurchlässigkeit** V_l. Sie wird an Musterfenstern im Prüflabor gemessen und darf die im Bild **5.9** (DIN 18055) eingetragenen Bereiche nicht überschreiten.

V_l gibt den auf die Fugenlänge bezogenen Luftaustausch zwischen Flügel- und Blendrahmen je Zeiteinheit unter dem Einfluß der am Fenster vorhandenen Luftdruckdifferenz an.

Es ist jedoch nicht zweckmäßig, eine noch geringere Fugendurchlässigkeit anzustreben (außer bei Räumen mit Klimaanlagen).

Zu beachten ist, daß die bei der Prüfung festgestellten Mittelwerte für die Fugendurchlässigkeit lediglich für ein – meistens besonders sorgfältig hergestelltes – Musterfenster und für den Neuzustand gelten und allein nicht als Bewertungsmaßstab für alle anderen mit gleichen Konstruktionsmerkmalen gebauten Fenster ausreichen.

Allein durch laufende **Gütekontrolle** bei der Herstellung kann gewährleistet werden, daß Fenster auch den in Prüfzeugnissen belegten Eigenschaften entsprechen.

Weiterhin ist festzuhalten, daß für die Fugendichtigkeit und damit für den Schall- und Wärmeschutz eines Fensters auch die richtige Ausbildung der Anschlüsse an das Bauwerk entscheidend ist (s. Abschn. 5.2.5).

5.2.2 Schlagregendichtheit

Schlagregendichtheit ist (nach DIN 18055) der Schutz, den ein Fenster bei gegebener Windstärke, Regenmenge und Beanspruchungsdauer gegen das Eindringen von Wasser in das Innere des Gebäudes bietet. In die Rahmenkonstruktion eingedrungenes Wasser muß so abgeführt werden, daß keine Schäden am Fenster auftreten können und daß nirgends Wasser aus der Rahmenkonstruktion in den Baukörper eindringt. Die Einordnung der Fenster in die Beanspruchungsgruppe A bis D (s. Abschn. 5.2.1) hinsichtlich ihrer Schlagregensicherheit erfolgt auf Grund genormter Prüfungen an Musterfenstern.

Die Schlagregendichtheit ist abhängig von

— Ausbildung der Falze zwischen Blend- und Flügelrahmen,

— Art und Lage der Falzdichtungen,

— Entwässerung des Falzraumes (Entwässerungsöffnungen mind. 5 × 20 mm, Abstand < 30 cm),

— Druckausgleich zwischen Außenluft und Falzraum.

Bevorzugt werden Fensterbauarten, bei denen Schlagregen- und Winddichtung in verschiedenen Ebenen mit mindestens 15 mm Abstand liegen (2-stufige Systeme).

Dichtungen. Um die Anforderungen an Fugendichtigkeit und Schlagregendichtheit nach DIN 18055 zu erfüllen, müssen alle Fenster – ausgenommen solche der niedrigsten Beanspruchungsgruppe A – elastische Fugendichtungen haben. Fugendichtungen bestehen meistens aus EPDM oder speziell eingestellten PVC-Kunststoff-Profilen. Sie müssen ausreichende Rückstelleigenschaften haben, hochelastisch und alterungsbeständig sein. Alle Dichtungen müssen so eingebaut sein, daß sie leicht ausgewechselt werden können.

Dichtungsprofile müssen vor Anstrichmitteln, die Öl- oder Nitrobestandteile enthalten, geschützt werden, um eine vorzeitige Alterung zu vermeiden.

5.2.3 Wärmeschutz (s. auch Abschn. 14.5.7 in Teil 1 dieses Werkes)

Zur Gewährleistung des ausreichenden Wärmeschutzes eines Gebäudes müssen alle Bauteile, die Räume gegen die Außenluft abgrenzen – also auch Fenster –, den Wärmedurchgang wirksam einschränken. Bei der Berechnung und Dimensionierung des erforderlichen Wärmeschutzes wird nach DIN 4108 bzw. der Wärmeschutzverordnung vom mittleren Wärmedurchgangskoeffizienten k_m ausgegangen. Er wird unter Berücksichtigung der Flächenanteile von geschlossenen Wandflächen, Fenstern, Fenstertüren usw. ermittelt. Dabei darf der Wärmedurchgangskoeffizient k_F für Fenster den Wert von $3{,}1\ \mathrm{W/m^2 \cdot K}$ ($3{,}0\ \mathrm{kcal/m^2 \cdot h \cdot K}$) nicht überschreiten. Im übrigen sind die Werte der nachstehenden Tabelle 5.10 aus DIN 4108 T 4 zu entnehmen.

Tabelle 5.10 Rechenwerte der Wärmedurchgangskoeffizienten für Verglasungen (k_V) und für Fenster und Fenstertüren einschließlich Rahmen (k_F) nach DIN 4108 T 4

Spalte 1		2	3	4	5	6	7
	Beschreibung der Verglasung	Verglasung k_V	Fenster und Fenstertüren einschließlich Rahmen k_F für Rahmenmaterialgruppe in $\mathrm{W/(m^2 \cdot K)}$				
		in $\mathrm{W/(m^2 \cdot K)}$	1	2.1	2.2	2.3	3
1	**Unter Verwendung von Normalglas**						
1.1	Einfachverglasung	5.8	5.2				
1.2	Isolierglas mit ≥ 6 bis ≤ 8 mm Luftzwischenraum	3,4	2,9	3,2	3,3	3,6	4,1
1.3	Isolierglas mit > 8 bis ≤ 10 mm Luftzwischenraum	3,2	2,8	3,0	3,2	3,4	4,0
1.4	Isolierglas mit > 10 bis ≤ 16 mm Luftzwischenraum	3,0	2,6	2,9	3,1	3,3	3,8
1.5	Isolierglas mit zweimal ≥ 6 bis ≤ 8 mm Luftzwischenraum	2,4	2,2	2,5	2,6	2,9	3,4
1.6	Isolierglas mit zweimal > 8 bis ≤ 10 mm Luftzwischenraum	2,2	2,1	2,3	2,5	2,7	3,3
1.7	Isolierglas mit zweimal > 10 bis ≤ 16 mm Luftzwischenraum	2,1	2,0	2,3	2,4	2,7	3,2
1.8	Doppelverglasung mit 20 bis 100 mm Scheibenabstand	2,8	2,5	2,7	2,9	3,2	3,7
1.9	Doppelverglasung aus Einfachglas und Isolierglas (Luftzwischenraum 10 bis 16 mm) mit 20 bis 100 mm Scheibenabstand	2,0	1,9	2,2	2,4	2,6	3,1
1.10	Doppelverglasung aus zwei Isolierglaseinheiten (Luftzwischenraum 10 bis 16 mm) mit 20 bis 100 mm Scheibenabstand	1,4	1,5	1,8	1,9	2,2	2,7

Für Sondergläser (s. Abschn. 5.3) wird der Wärmedurchgangskoeffizient k_V auf Grund amtlicher Prüfungen festgelegt.

Rahmenmaterialgruppen

Gruppe 1: Fenster mit Rahmen aus Holz, Kunststoff und Holzkombinationen (z. B. Holzrahmen mit Aluminiumbekleidung) ohne besonderen Nachweis bzw. wenn der Wärmedurchgangskoeffizient des Rahmens mit $k_R \leq 2{,}0$ W/(m² · K) durch Prüfzeugnis nachgewiesen ist.

Gruppe 2.1: Fenster mit Rahmen aus wärmegedämmten Metallprofilen, wenn der Wärmedurchgangskoeffizient des Rahmens mit $2{,}0 < k_R \leq 2{,}8$ W/(m² · K) auf Grund von Prüfzeugnissen nachgewiesen ist.

Gruppe 2.2: Fenster mit Rahmen aus wärmegedämmten Metallprofilen, wenn der Wärmedurchgangskoeffizient des Rahmens mit $2{,}8 < k_R \leq 3{,}5$ W/(m² · K) auf Grund von Prüfzeugnissen nachgewiesen ist.

Gruppe 2.3: Fenster mit Rahmen aus wärmegedämmten Metallprofilen, wenn der Wärmedurchgangskoeffizient des Rahmens mit $< 3{,}5\, k_R \leq 4{,}5$ W/(cm² · K) auf Grund von Prüfzeugnissen nachgewiesen ist.

Gruppe 3: Fenster mit Rahmen aus Stahl und Aluminium sowie wärmegedämmten Metallprofilen, die nicht in die Rahmenmaterialgruppen 2.1 bis 2.3 eingestuft werden können, ohne besonderen Nachweis.

Bei Fenstern mit einem Rahmenanteil von nicht mehr als 5% kann für den Wärmedurchgangskoeffizienten k_F der Wärmedurchgangskoeffizient k_V der Verglasung eingesetzt werden.

Weiter ist zu beachten, daß Bauart und Größe der Fenster sehr wesentlichen Einfluß auf die Größe des gemäß DIN 4108 zu berechnenden mittleren Wärmedurchgangskoeffizienten haben, der für den Gesamtwärmeschutz aller Außenflächen als Grenzwert festgesetzt ist.

Nichttransparente Ausfachungen von Fensterwänden müssen den Anforderungen an leichte Bauteile nach DIN 4108 T2 entsprechen. Für Rahmen dürfen in diesen Bereichen nur Materialien der Gruppen 1, 2.1 oder 2.2 verwendet werden.

5.2.4 Schallschutz

Hinsichtlich des Schallschutzes erfordern Fenster im Vergleich zu anderen raumbildenden Bauteilen meistens die sorgfältigsten Maßnahmen. Diese haben als Grundlage die DIN 4109 mit Beiblättern sowie die VDI-Richtlinien 2719, Schalldämmung von Fenstern.

Gegen Geräuscheinwirkung von außen müssen Fenster eine ausreichende Luftschall-Dämmwirkung haben, für die die Fugendichtigkeit (vgl. Abschn. 5.2.1), Dicke, Abstand und Einbauart der Glasscheiben sowie die Anschlüsse der Fenster an das Bauwerk (vgl. Abschn. 5.2.5) neben dem Schall-Einfallwinkel von Einfluß sind. Während übliche Zweischeiben-Isolierverglasungen ohne zusätzliche Maßnahmen wegen des relativ dünnen eingeschlossenen Luftpolsters und der damit verbundenen Resonanzerscheinungen keine entscheidende Verbesserung der Schall-Dämmwirkung ergeben, kann bei größerem Scheibenabstand und verschieden dicken Scheiben von Isolier- oder Doppelverglasungen eine deutliche Verbesserung erzielt werden. Erheblichen Einfluß auf die Schalldämmung von Fenstern hat jedoch die Fugendichtigkeit, wenn auch bisher zwischen Fugendurchlaßkoeffizient (vgl. Abschn. 5.2.1) und erreichter Schalldämmung keine Relationen festgelegt sind.

Neben der Fugendichtigkeit zwischen Flügel- und Blendrahmen ist auch auf dichte, mit dauerelastischem Material ausgefüllte Fugen zwischen Blendrahmen und Bauwerk zu achten. Gute Verankerung am Bauwerk in Verbindung mit guten Verriegelungssystemen verbessert weiterhin den Schalldämmwert von Fenstern (s. Abschn. 5.2.5).

Die besten Ergebnisse können erzielt werden bei Doppelfenstern mit getrennten Blendrahmen, mit Kastenfenstern und besonders solchen Kastenfenstern, bei denen der Kastenrand mit schallschluckendem Material bekleidet ist. In jedem Fall ist jedoch die Gesamtdicke der verwendeten Scheiben (8 bis 12 mm) sowie der Scheibenabstand ($\geqq$ 150 mm bei Kastenfenstern) von Einfluß.

Die mit den verschiedenen Fensterbauarten erreichbaren Dämmwerte gegen Luftschall (bewertete Schalldämm-Maße) gelten ohne besonderen Nachweis als erfüllt, wenn die Ausführung den jeweiligen Angaben von Tabelle **5.**11 entspricht (nur für einflüglige Fenster oder mehrflüglige Fenster mit festen Pfosten sowie mit größten Einzelscheiben bis 3 m²; Dimensionierungen nach DIN 68121).

Für Fenster mit Einzelscheiben über 3 m² ist das bewertete Schalldämm-Maß um jeweils 2 dB zu erhöhen.

Für abweichende Bauarten ist die Eignung durch anerkannte amtliche Prüfzeugnisse zu belegen.

Tabelle **5.**11 Ausführungsbeispiele für Dreh-, Kipp- und Drehkipp-Fenster(-Türen) und Fensterverglasungen mit bewerteten Schalldämm-Maßen $R_{w,R}$ von 25 dB bis 45 dB (Rechenwerte) (Tab. 40 aus DIN 4109 Bl. 1)

Anforderungen an die Ausführung der Konstruktion verschiedener Fensterarten				
$R_{w,R}$ Konstruktions-merkmale	Einfach-fenster[1]) mit Isolierverglasung[2])	Verbundfenster[1]) mit 2 Einfach-scheiben	Verbundfenster[1]) mit 1 Einfachscheibe und 1 Isolierglasscheibe	Kasten-fenster[1])[3]) mit 2 Einfach- bzw. 1 Einfach- und 1 Isolierglasscheibe
25 Gesamtglasdicken	$\geqq$ 6 mm	$\geqq$ 6 mm	keine	–
Scheibenzwischenraum	$\geqq$ 8 mm	keine	keine	–
$R_{w,R}$ Verglasung	$\geqq$ 27 dB	–	–	–
Falzdichtung	nicht erforderlich	nicht erforderlich	nicht erforderlich	nicht erforderlich
30 Gesamtglasdicken	$\geqq$ 6 mm	$\geqq$ 6 mm	keine	–
Scheibenzwischenraum	$\geqq$ 12 mm	$\geqq$ 30 mm	$\geqq$ 30 mm	–
$R_{w,R}$ Verglasung	$\geqq$ 30 dB	–	–	–
Falzdichtung	① erforderlich	① erforderlich	① erforderlich	nicht erforderlich
32 Gesamtglasdicken	$\geqq$ 8 mm	$\geqq$ 8 mm	$\geqq$ 4 mm+4/12/4	–
Scheibenzwischenraum	$\geqq$ 12 mm	$\geqq$ 30 mm	$\geqq$ 30 mm	–
$R_{w,R}$ Verglasung	$\geqq$ 32 dB	–	–	–
Falzdichtung	① erforderlich	① erforderlich	① erforderlich	① erforderlich
35 Gesamtglasdicken	$\geqq$ 10 mm	$\geqq$ 8 mm	$\geqq$ 6 mm+4/12/4	–
Scheibenzwischenraum	$\geqq$ 16 mm	$\geqq$ 40 mm	$\geqq$ 40 mm	–
$R_{w,R}$ Verglasung	$\geqq$ 35 dB	–	–	–
Falzdichtung	① erforderlich	① erforderlich	① erforderlich	① erforderlich

Fortsetzung s. nächste Seite

Tabelle **5**.11, Fortsetzung

$R_{w,R}$	Konstruktions- merkmale	Einfach- fenster[1] mit Isolierver- glasung[2]	Verbundfenster[1]		Kasten- fenster[1][3] mit 2 Einfach- bzw. 1 Einfach- und 1 Isolierglasscheibe
			mit 2 Einfach- scheiben	mit 1 Einfachscheibe und 1 Isolierglasscheibe	
in dB					
37	Gesamtglasdicken	–	≥ 10 mm	≥ 6 mm $+6/12/4$	$\geq$ 8 mm bzw. $\geq$ 4 mm $+4/12/4$
	Scheibenzwischen- raum	–	≥ 40 mm	≥ 40 mm	≥ 100 mm
	$R_{w,R}$ Verglasung	≥ 37 dB	–	–	–
	Falzdichtung	① erforderlich	① erforderlich	① erforderlich	① erforderlich
40	Gesamtglasdicken	–	≥ 14 mm	≥ 8 mm $+6/12/4$[4]	$\geq$ 8 mm bzw. $\geq$ 6 mm $+4/12/4$
	Scheibenzwischen- raum	–	≥ 50 mm	≥ 50 mm	≥ 100 mm
	$R_{w,R}$ Verglasung	≥ 42 dB	–	–	–
	Falzdichtung	①+②[4] erforderlich	①+②[4] erforderlich	①+②[4] erforderlich	①+②[4] erforderlich
42	Gesamtglasdicken	–	≥ 16 mm	≥ 8 mm $+8/12/4$	$\geq$ 10 mm bzw. $\geq$ 8 mm $+4/12/4$
	Scheibenzwischen- raum	–	≥ 50 mm	≥ 50 mm	≥ 100 mm
	$R_{w,R}$ Verglasung	≥ 45 dB	–	–	–
	Falzdichtung	①+②[4] erforderlich	①+②[4] erforderlich	①+②[4] erforderlich	①+②[4] erforderlich
45	Gesamtglasdicken	–	≥ 18 mm	≥ 8 mm $+8/12/4$	$\geq$ 12 mm bzw. $\geq$ 8 mm $+6/12/4$
	Scheibenzwischen- raum	–	≥ 60 mm	≥ 60 mm	≥ 100 mm
	$R_{w,R}$ Verglasung	–	–	–	–
	Falzdichtung	–	①+②[4] erforderlich	①+②[4] erforderlich	①+②[4] erforderlich
≥ 48	Allgemein gültige Angaben sind nicht möglich; Nachweis nur über Eignungsprüfungen nach DIN 52210				

[1]) Sämtliche Flügel müssen bei Holzfenstern mindestens Doppelfalze, bei Metall- und Kunststoff-Fenstern mindestens zwei wirksame Anschläge haben. Erforderliche Falzdichtungen müssen umlaufend, ohne Unterbrechung angebracht sein; sie müssen weichfedernd, dauerelastisch, alterungsbeständig und leicht auswechselbar sein.

[2]) Das Isolierglas muß mit einer dauerhaften, im eingebauten Zustand erkennbaren Kennzeichnung versehen sein, aus der das bewertete Schalldämm-Maß $R_{w,R}$ und das Herstellwerk zu entnehmen sind. Jeder Lieferung muß eine Werksbescheinigung nach DIN 50049 beigefügt sein, der ein Zeugnis über eine Prüfung nach DIN 52210 Teil 3 zugrunde liegt, das nicht älter als 5 Jahre sein darf.

[3]) Eine schallabsorbierende Leibung ist sinnvoll, da sie durch Alterung der Falzdichtung entstehende Fugenundichtigkeiten teilweise ausgleichen kann.

[4]) Werte gelten nur, wenn keine zusätzlichen Maßnahmen zur Belüftung des Scheibenzwischenraumes getroffen werden.

Bei der Auswahl ist zunächst der vorhandene „maßgebliche Außenlärmpegel" zu definieren. Das kann erfolgen anhand von

— Lärmschutzkarten bzw. durch für den betreffenden Standort vorgegebene Verwaltungsvorschriften (Immissionswerte gemäß TA Lärm in den Bebauungsplänen),

— Messungen,

— Ermittlung aus Nomogrammen in DIN 4109 Abschn. 5.5.6 oder

— durch Berechnung nach DIN 18005 T1.

Im Gegensatz zu früheren Bestimmungen werden bei der Festlegung der erforderlichen Schallschutzmaßnahmen nicht nur die Anforderungen an die Fenster, sondern auch an die gesamte Außenwand – unter Berücksichtigung der Flankenübertragung – sowie die Proportionen der zu schützenden Räume mit einbezogen. Die geforderten Mindestanforderungen können dabei Mittelwerte aus hohen Schallschutzeigenschaften der Außenwände und den naturgemäß weniger guten Werten der Fenster sein.

Mindestanforderungen für Räume in Wohngebäuden mit Raumhöhen von etwa 2,50 m, Raumtiefen von etwa 4,50 m oder mehr und von einem Fensterflächenanteil von 10 bis 60% sind in Tabelle **5**.12 aufgeführt.

Tabelle **5**.12   Anforderungen an die Luftschalldämmung von Außenbaustellen (Tab. 8 DIN 4109)

Zeile	Lärmpegel-bereich	„Maßgeblicher Außenlärm-pegel"	Raumarten		
			Bettenräume in Krankenanstalten und Sanatorien	Aufenthaltsräume in Wohnungen, Übernachtungs-räume in Beherbergungsstätten, Unterrichtsräume und ähnliches	Büroräume[1]) und ähnliches
		in dB(A)	erf. $R'_{w,res}$ des Außenbauteils in dB		
1	I	bis 55	35	30	–
2	II	56 bis 60	35	30	30
3	III	61 bis 65	40	35	30
4	IV	66 bis 70	45	40	35
5	V	71 bis 75	50	45	40
6	VI	76 bis 80	[2])	50	45
7	VII	>80	[2])	[2])	50

[1]) An Außenbauteile von Räumen, bei denen der eindringende Außenlärm aufgrund der in den Räumen ausgeübten Tätigkeiten nur einen untergeordneten Beitrag zum Innenraumpegel leistet, werden keine Anforderungen gestellt.

[2]) Die Anforderungen sind hier aufgrund der örtlichen Gegebenheiten festzulegen.

Das „resultierende" Schalldämm-Maß" für Wand-Fenster-Kombinationen in Abhängigkeit der Flächenanteile pro Raum ist Tabelle **5**.13 zu entnehmen.

Vor der Festlegung sind jedoch noch Korrekturwerte von −3 bis +5 dB gemäß Tabelle **5**.14 bei Abweichungen z.B. von der o.g. Raumgeometrie zu berücksichtigen. Ein Rechenbeispiel enthält Bild **5**.15.

Tabelle 5.13 Erforderliche Schalldämm-Maße erf. $R'_{w,res}$ von Kombinationen von Außenwänden und Fenstern (Tab. 10 DIN 4109)

Zeile	erf. $R'_{W,res}$ in dB nach Tabelle 5.12	Schalldämm-Maße für Wand/Fenster in …dB/…dB bei folgenden Fensterflächenanteilen in %					
		10%	20%	30%	40%	50%	60%
1	30	30/25	30/25	35/25	35/25	50/25	30/30
2	35	35/30 40/25	35/30	35/32 40/30	40/30	40/32 50/30	45/32
3	40	40/32 45/30	40/35	45/35	45/35	40/37 60/35	40/37
4	45	45/37 50/35	45/40 50/37	50/40	50/40	50/42 60/40	60/42
5	50	55/40	55/42	55/45	55/45	60/45	–

Diese Tabelle gilt nur für Wohngebäude mit üblicher Raumhöhe von etwa 2,5 m und Raumtiefe von etwa 4,5 m oder mehr, unter Berücksichtigung der Anforderungen an das resultierende Schalldämm-Maß erf. $R'_{w,res}$ des Außenbauteiles nach Tabelle 5.12 und der Korrektur von -2 dB nach Tabelle 5.14, Zeile 2.

Tabelle 5.14 Korrekturwerte für das Gesamtschalldämmaß in Abhängigkeit vom Verhältnis $S_{(W+F)}/S_G$ (Tab. 9 DIN 4109)

$S_{(W+F)}/S_G$	Korrektur
2,5	+5
2,0	+4
1,6	+3
1,3	+2
1,0	+1
0,8	0
0,6	−1
0,5	−2
0,4	−3

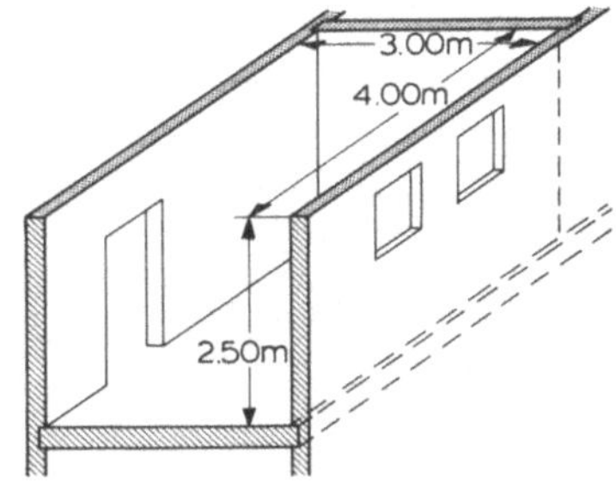

Bild 5.15 Korrektur des maßgeblichen Außenlärmpegels wegen Raumgeometrie. Beispiel: Aufenthaltsraum in einer Wohnung

Beispiel Gesucht wird das erforderliche resultierende Schalldämmaß einer Außenwand einschließlich Fenster für einen Wohnraum (maßgeblicher Außenlärmpegel: 72 dB(A); vgl. Tab. 5.12)

Raumbreite:	4,00 m
Raumtiefe:	3,00 m
Raumhöhe:	2,50 m
Grundfläche:	$S_G = 12$ m²
Gesamtfläche des Außenbauteils:	$S_{(W+F)} = 10$ m²

Die Ermittlung des Korrekturwertes gem. Bild 5.15 ergibt hier einen Wert von 0 dB.

Aus Tabelle 5.13 ergibt sich erf. $R_{w,res} = 45$ dB

Eine genaue Wiedergabe aller im übrigen vorgegebenen Berechnungsverfahren würde den Rahmen dieser Ausführungen sprengen (vgl. auch Abschn. 14.6.3.3 in Teil 1 des Werkes sowie [5]).

Der durch die Fenster erreichbare Schallschutz ist bei großen Beanspruchungen in der Regel durch sonstige bauliche Schallschutzmaßnahmen zu ergänzen. Das erreichte Ergebnis ist durch bauakustische Messungen zu überprüfen.

5.2.5 Bauwerkanschlüsse

Vom richtigen Einbau in der Wandöffnung hängt in großem Maße nicht nur die Funktionstüchtigkeit und Lebenserwartung der Fenster selbst ab, sondern auch die Vermeidung schwerwiegender Bauschäden an den seitlich, unten und oben angrenzenden Bauteilen.

Fenster stellen heute hochentwickelte und empfindliche Bauelemente dar, deren Einbau vom Architekten sorgfältig geplant und von der Montagefirma mit größter Sorgfalt ausgeführt werden muß.

Maßungenauigkeiten des Rohbaues (auch bei Einhaltung der nach DIN 18 202 zulässigen Toleranzen), nachträgliche Verformungen angrenzender Bauteile (Durchbiegung von Stürzen und Decken, Kriechen und Schwinden von Betonbauteilen usw.), insbesondere schließlich die zu berücksichtigenden temperatur- und materialbedingten Längenänderungen von Fensterteilen erschweren diese Aufgabe sehr.

Die Anschlußfugen werden äußerlich beansprucht durch Schlagregen und der damit auch verbundenen Durchfeuchtung angrenzender Bauteile sowie durch Winddruck und -sog mit den dadurch bewirkten Durchbiegungen der Fensterelemente. Schließlich können im Anschlußbereich Wärmebrücken entstehen, die zu Feuchtigkeitsschäden an den inneren Fensterleibungen führen können.

Auch das Gewicht schwerer Fensterflügel in geöffnetem Zustand muß beim Einbau der Fenster berücksichtigt werden.

Wandöffnungen können mit innerem Anschlag, mit äußerem Anschlag oder ohne Anschlag (DIN 18050, s. Bild 5.1) angelegt werden. Jede dieser Formen hat Vor- und Nachteile:

— **Leibungen mit innerem Anschlag** erfordern zusätzlichen Aufwand bei der Ausführung der Außenwände. Gemauerte Anschläge sind wegen der Steinformate entweder mit 12,5 cm Tiefe vorgegeben, oder es müssen besondere Anschlagsteine verwendet werden.

Die Fenster sind wegen der in jedem Fall gegebenen mehr oder weniger großen äußeren Leibungstiefe relativ gut gegen Witterungsbeanspruchung geschützt. Die erforderliche Verbreiterung der Zargen (Blendrahmen) ergibt entsprechend breite Innenansichtsflächen, doch sind hier besonders gute Voraussetzungen für den Einbau von Leibungsdämmungen (s. u.) und für dichte Bauwerksanschlüsse gegeben. Der Fenstereinbau ist in der Regel nur von innen her möglich.

— **Leibungen mit äußerem Anschlag** entstanden baugeschichtlich vor allem in den sturmreichen nordeuropäischen Küstengebieten. Der Winddruck preßt das gesamte Fenster – und auch die hier damals meistens nach außen aufschlagenden Fensterflügel – vorteilhaft auf die Dichtungen bzw. in die Falze. Heute werden Fenster mit äußerem Anschlag vorwiegend dort ausgeführt, wo große und schwere Fensterelemente mit Hebezeugen von außen eingebaut werden müssen.

— **Fensterleibungen ohne Anschlag** sind im Rohbau am einfachsten herzustellen. Schmale Zargenprofile sind möglich. Die Bauwerksanschlüsse und die Eindichtung erfordern hier aber besonders sorgfältige Arbeit. Bei größerer Beanspruchung durch Schlagregen und Winddruck bzw. -sog sind anschlaglose Fensterleibungen daher problematisch.

Wärmedämmung. Insbesondere bei Außenwänden, die aus Material mit relativ schlechten Wärmedämmeigenschaften bestehen, ergeben sich im Bereich des Fensteranschlusses Wärmebrücken (Bild **5.**16a).

Bei einer Raumtemperatur von 20°C; einer Außentemperatur von −15°C und einer relativen Raumluftfeuchte von 50% liegt die Taupunkttemperatur bei 9,3°C. Um Kondensatbildung zu vermeiden, muß also dafür gesorgt werden, daß an den Fenstern, insbesondere auch im Bereich der Bauwerksanschlüsse Oberflächentemperaturen von 10° nicht unterschritten werden.

Entsprechend den Anforderungen von DIN 4108 T2 müssen daher die Anschlußfugen winddicht sein, muß schädliche Kondensatbildung durch Dampfsperren ausgeschlossen werden, und etwa eingedrungene Feuchtigkeit muß bei bauphysikalisch richtigem Aufbau mehrschichtiger Konstruktionen schadensfrei nach außen abgeleitet werden können.

Je nach Bauart der Außenwände soll die Isothermenlinie für +10° („Redline") von Leibung zu Leibung ununterbrochen innerhalb der Wände bzw. der Fensterkonstruktion verlaufen (Bild **5.**16b).

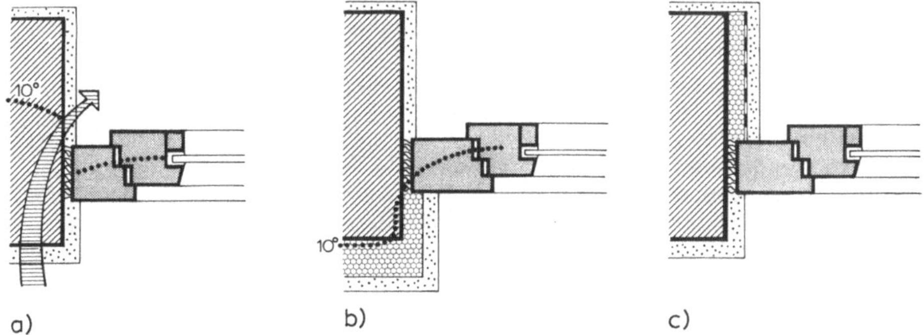

a)   b)   c)

5.16   Fensterleibungen
    a) Tauwassergefahr durch Wärmebrücke in der Leibung, insbesondere bei schlechter Wärmedämmung der Außenwand („Redline" unterbrochen)
    b) Fensterleibung bei Außendämmung („Redline" ununterbrochen)
    c) Leibungsdämmung mit Schaumstoff-Gipskartonplatten (ggf. mit Dampfsperre)

Die Gefahr versteckter Kondensatbildung besteht besonders bei Kastenfenstern (Bild **5.**3c) oder bei Fensterleibungen mit Bekleidungen.

Durch zusätzliche Wärmedämmschichten („Leibungsdämmung") von 1 bis 2 cm Dicke (z. B. aus Schaumstoff-Gipskartonplatten) ist hier der Tauwassergefahr zu begegnen. Bei sehr hoher Beanspruchung kann sogar eine Dampfsperre erforderlich werden, damit Kondensatbildung zwischen Leibungsdämmung und Außenwand verhindert wird.

Wenn Leibungsdämmungen vorgesehen werden, müssen selbstverständlich entsprechend breite Blendrahmen für die Fenster eingeplant werden.

Wenn Außendämmungen vorhanden sind oder wenn die Fenster bei mehrschaligem Mauerwerk im Bereich der Wärmedämmung eingebaut sind, sind zusätzliche Leibungsdämmungen nicht erforderlich.

An den Fensterbrüstungen sind Wärmedämmprobleme nicht gravierend, wenn in Heizkörpernischen ohnehin zusätzliche Wärmedämmungen vorhanden sind oder wenn durch Heizkörper kritische Abkühlungszonen erwärmt werden (Bild **5.**17).

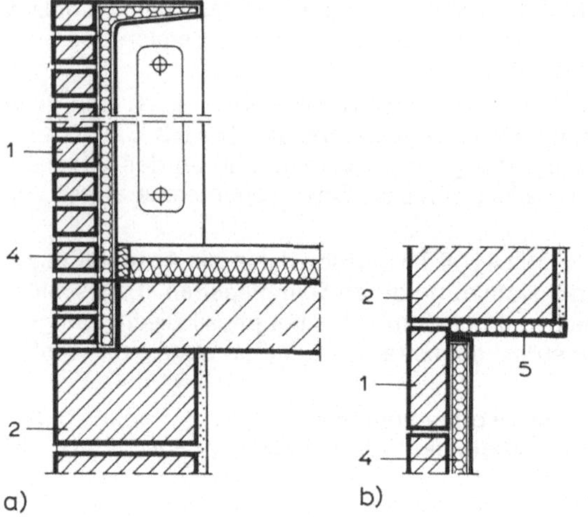

5.17
Heizkörpernische mit vorgefertigtem Wärmedämm-Element und Leibungsdämmung
a) Schnitt
b) Grundriß

1 Brüstungsmauerwerk
2 tragende Außenwand
3 Wärmedämmung
4 vorgefertigtes Wärmedämm-Element
5 Leibungsdämmung

Sind Rolladenkästen o. ä. einzuplanen, werden besondere Wärmeschutzmaßnahmen im Bereich des Fenstersturzes erforderlich (Abschn. 5.2.6.1).

Befestigung der Fenster. Die Blendrahmen der Fenster müssen spannungsfrei und so eingebaut werden, daß temperaturbedingte Bewegungen und Formänderungen benachbarter Bauteile zu keinen Zwängungen oder Belastungen führen können. Sonst sind Funktionsstörungen die Folge, und es kann sogar zu Aufwölbungen der Blendrahmen kommen. Die Verbindungen zum Bauwerk müssen also federnd oder verschiebbar sein. Bewegungen dürfen auch nicht durch Putz oder sonstige angrenzende Bauteile verhindert werden. Allenfalls sehr kleine Fenster dürfen starr eingebaut werden (Bild **5.18**).

Die Befestigungen sollen einen Mindestabstand von 10 cm von den Ecken, Pfosten und Riegeln haben und untereinander einen Höchstabstand von 70 cm. Für Kunststoff-Fenster wird von manchen Herstellern ein Abstand von höchstens 60 cm empfohlen.

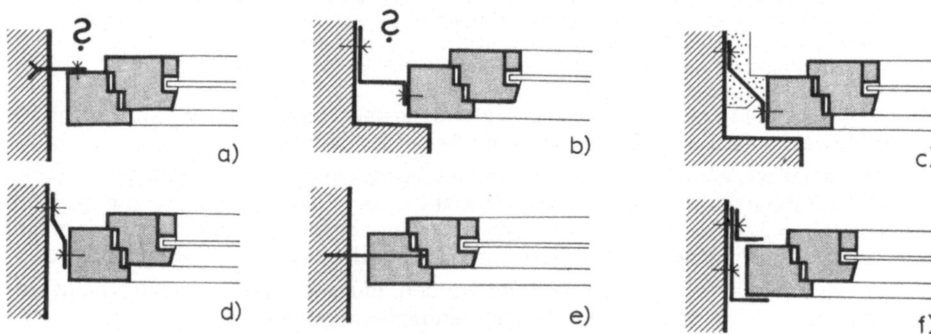

5.18   Befestigung von Blendrahmen (schematische Darstellung)
   a) starre Verbindung (Maueranker) – schlechte Ausführung!
   b) starre Verbindung durch Winkel – falsche Ausführung!
   c) Dehnungsbehinderung durch falschen Beiputz
   d) Befestigung mit Bandeisen, federndes Element
   e) verschiebbarer Anschluß mit Steckdübel als gleitende Verbindung
   f) verschiebbarer Anschluß durch U-förmige Zarge

Besonderes Augenmerk ist bei breiten Fenstern mit Rolladen der oberen Aussteifung zu widmen. Es empfiehlt sich hier, die Rolladen möglichst zu unterteilen, so daß an diesen Stellen auch eine Befestigung zwischen Blendrahmen und Rohbau möglich wird.

Wenn Aluminium- oder Kunststoff-Hohlprofile mit Durchsteckdübeln (Bild **5.**18e und **5.**20a und d) befestigt werden, ist unbedingt sicherzustellen, daß keine Feuchtigkeit über die Entwässerungsrillen in den Brüstungsbereich eindringen kann.

Alle Befestigungsteile müssen korrosionsgeschützt sein.

Die Ausführung von Fugenanschlüssen in Abhängigkeit von der Beanspruchung ist nach Tabelle **5.**19 (Institut für Fenstertechnik, Rosenheim) zu planen.

Tabelle **5.**19   Ausführung von Fugenanschlüssen

Beanspruchung	Beanspruchungsgrößen				
Zu erwartende Fugenbewegungen	≦1 mm	<4 mm	>4 mm		
Beanspruchungsgruppen nach DIN 18055 Bl.2 Schlagregensicherheit und Fugendurchlässigkeit	A	B, C			
Erschütterungen	Normale Verkehrsbelastung	Starke Verkehrsbelastung			
Beanspruchungsgruppen	1*)	2	3.1	3.2	3.3
Anschlußausbildung	Blendrahmen eingeputzt	Abdichtung mit Fugendichtungsmasse	Abdichtung mit Fugendichtungsmasse und Bewegungsausgleich in der Konstruktion	Anschluß mit Zarge	Anschluß mit Bauabdichtungsfolie
A Putzfassade mit stumpfem Anschlag					
B Putzfassade mit Innenanschlag					
C Fassade mit stumpfem Anschlag bei Sichtbeton, Naturstein, metallischen oder keramischen Baustoffen					
D Fassade mit Innenanschlag bei Sichtbeton, Naturstein, metallischen oder keramischen Baustoffen					

*) nur für Holzfenster

In Tabelle **5**.19 sind die Beanspruchungen von a u ß e n berücksichtigt. R a u m s e i t i g e
Beanspruchungen können zusätzliche Maßnahmen an der Innenseite erfordern.

Bauwerksanschluß

Die Fugendichtung zwischen den feststehenden Teilen des Fensters und der Wand
richtet sich nach Lage, Größe und Beanspruchung der Fuge. Außerdem muß die
sachgemäße Ausführung der Fugendichtung ohne ein übertriebenes Maß an Sorgfalt
auf der Baustelle möglich sein. Das verwendete D i c h t u n g s m a t e r i a l muß fäulnisbe-
ständig und unverrottbar sein, sich u. U. bei der Montage der Fenster vorübergehend
zusammenpressen lassen, muß Bewegungen zwischen Blendrahmen und Bauwerk

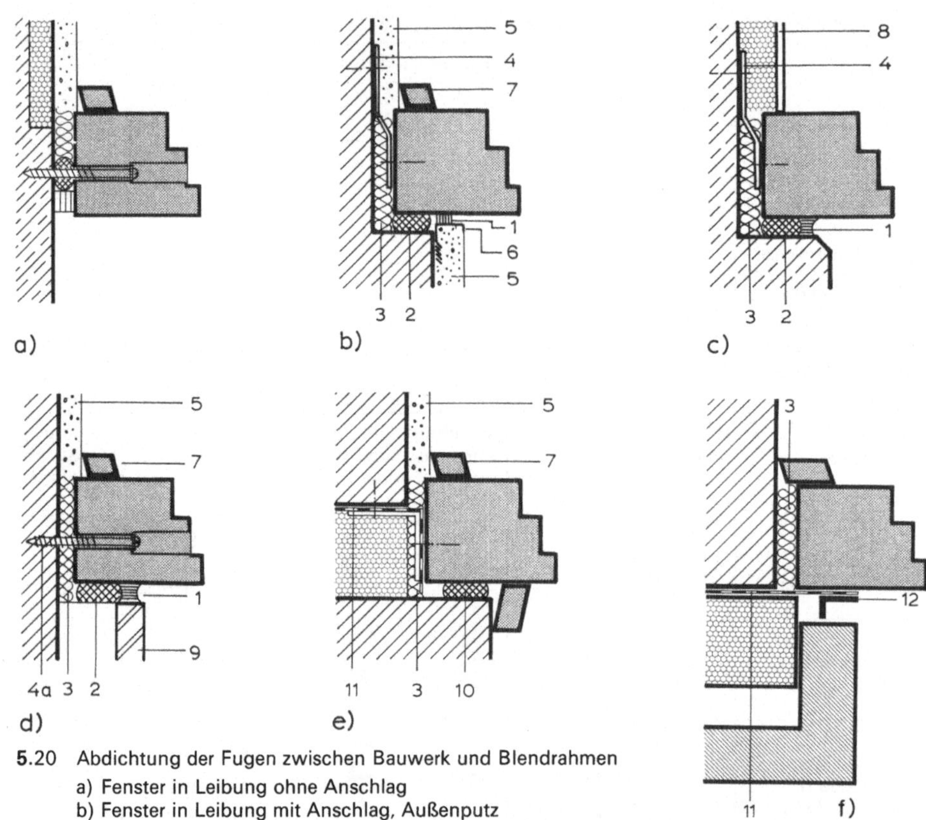

5.20   Abdichtung der Fugen zwischen Bauwerk und Blendrahmen
       a) Fenster in Leibung ohne Anschlag
       b) Fenster in Leibung mit Anschlag, Außenputz
       c) Fenster in Leibung mit Anschlag, Sichtbeton, innen Leibungsdämmung
       d) Fenster in Leibung ohne Anschlag, Fassade mit hinterlüfteter Werksteinbekleidung
       e) Fenster in Leibung mit Anschlag in Mauerwerk mit Kerndämmung
       f) Fenster in wärmegedämmter, hinterlüfteter Fassadenkonstruktion

1 dauerelastische Dichtung	7 Deckleiste
2 Fugenhinterfüllung (Schaumstoffband)	8 Gipskartonplatte mit Leibungsdämmung
3 Hinterfüllung (mit Mineralwolle ausgestopft oder Ausschäumung)	9 Werksteinbekleidung
4 Flachbankeisen	10 vorkomprimiertes Fugendichtband (z. B. ilmod®)
5 Innenputz	11 Bauwerksanschluß mit Dichtungsfolie
6 Putzanschlußprofil	12 Klemmprofil

auch auf Dauer ausgleichen können und muß sich im übrigen allen Unebenheiten in der Fuge dicht anschmiegen und alle Hohlräume zwischen Bauwerk und Fenster voll ausfüllen. Bewährt haben sich selbstklebende mit Dichtungsmitteln getränkte Schaumstoff-Dichtungsbänder, die nach dem Zusammenpressen wieder aufquellen und das – sorgfältig ausgeführte – Ausstopfen mit loser Mineralwolle. Sehr dichte Anschlüsse werden durch das Ausschäumen mit w e i c h eingestelltem speziellem Montageschaum erzielt. Bei unsachgemäßer Ausschäumung entstehen aber sehr feste Verbindungen zu den angrenzenden Bauteilen, durch die die erforderliche Ausdehnung von Kunststoff- und Aluminiumkonstruktionen fast unmöglich werden kann.

Bei der Ausführung der Bauwerksanschlüsse unterscheidet man

— e i n s t u f i g e A b d i c h t u n g. Die Dichtung ist hierbei unmittelbar Witterungseinflüssen ausgesetzt.

  Anschlüsse zwischen Blendrahmen und Putz sind nur bei geringer Beanspruchung ohne zusätzliche Maßnahmen möglich (Bild **5**.20 a). Am besten werden Putzanschlußprofile verwendet, die mit dauerelastischer Fugenmasse angedichtet werden (Bild **5**.20 b). Nur bei Betonflächen, Naturstein oder keramischem Material können dauerelastische Dichtstoffe direkt einwandfrei angeschlossen werden (Bild **5**.20 c bis d).

— z w e i s t u f i g e A b d i c h t u n g. Die Dichtungsfuge wird bei dieser Ausführung durch zusätzliche Abdeckprofile vor Witterungseinflüssen und damit vor zu rascher Alterung geschützt. Diese Ausführung sollte Regelausführung sein (Bild **5**.20 e).

— F o l i e n a n s c h l ü s s e. Bei Anschlüssen an zweischaliges Mauerwerk oder beim Einbau von Fenstern im Zusammenhang mit hinterlüfteten Fassadenbekleidungen sind Bauwerksanschlüsse durch bitumenverträgliche Kunststoff-Folien herzustellen. Sie müssen vielfach bereits im Rohbau mit eingebaut sein und werden beim Fenstereinbau angeklebt oder mit Klemmprofilen angeschlossen (Bild **5**.20 e und f; vgl. auch Abschn. 6.2.3 in Teil 1 dieses Werkes).

Die Auswahl der erforderlichen Anschlüsse erfolgt unter Berücksichtigung der zu erwartenden temperaturabhängigen Fugenbewegungen. Diese sind in erster Linie abhängig vom Rahmenmaterial der einzubauenden Fenster. Die temperaturbedingten Längenausdehnungen z. B. von Kunststoffprofilen betragen je nach Rahmenmaterial

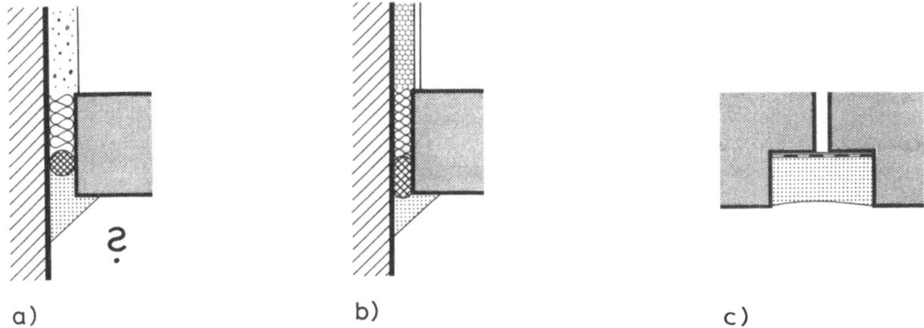

a) b) c)

5.21 Einbau elastischer Dichtstoffe bei Bauanschlußfugen
   1 unzulässige Fugenausbildung mit „Dreiflankenhaftung"
   2 Kehlfuge, Dreiflankenhaftung durch eingeschobenes Fugenband vermieden
   3 Abdichtung an Schiebestoß, Dreiflankenhaftung durch unterlegte Trennfolie vermieden

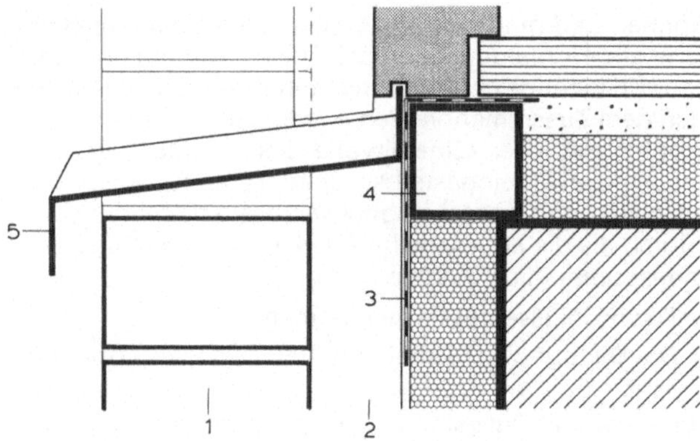

5.22
Unterer Fugenanschluß bei hinterlüftetem 2-schaligem Mauerwerk; Fenster mit Montagezarge eingebaut
1 Zweischaliges Mauerwerk, Außenschale
2 Luftraum
3 Anschlußdichtung
4 Montagerahmen
5 Alu-Fensterbank

0,8 bis 2,4 mm/m je Fuge. Diese Bewegungen werden innerhalb der Fensterkonstruktionen durch Gleitverbindungen ausgeglichen. Fugen an Bauwerksanschlüssen müssen bei der Verwendung elastischer Dichtstoffe mindestens 10 mm und höchstens 20 mm breit sein. Dabei muß die sogenannte nicht zulässige „Dreiflankenhaftungen" durch eingelegte Trennschnüre oder -folien verhindert werden (Bild **5.21**).

Die Überbrückung der Fugen zwischen Fenstern und Bauwerk mit Folien wird durch die Verwendung von Montagezargen erheblich erleichtert. Als Abdichtungsfolien kommen Dichtungsbahnen aus PIB (Polymerisobutylen) DIN 16 935 o. ä. mit einer Mindestdicke von 1 mm in Frage (Bild **5.22**).

Putzanschlüsse bilden an den Fensteranschlüssen immer wieder sowohl innen wie auch außen Ausführungsprobleme. Die Putzanschlüsse sollen selbstverständlich rechtwinklig zur Fensterebene und exakt parallel und gleichmäßig breit zu den Rahmenkan-

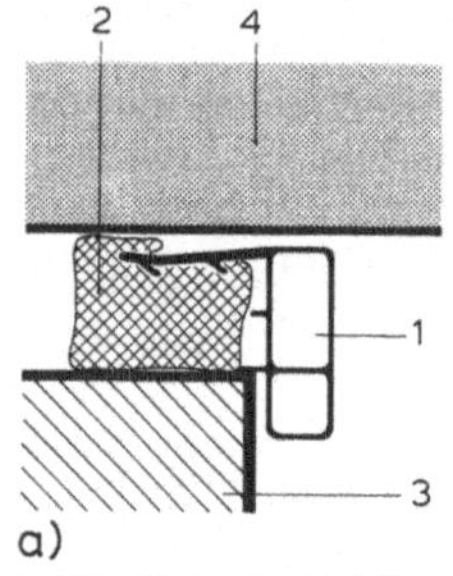
a)

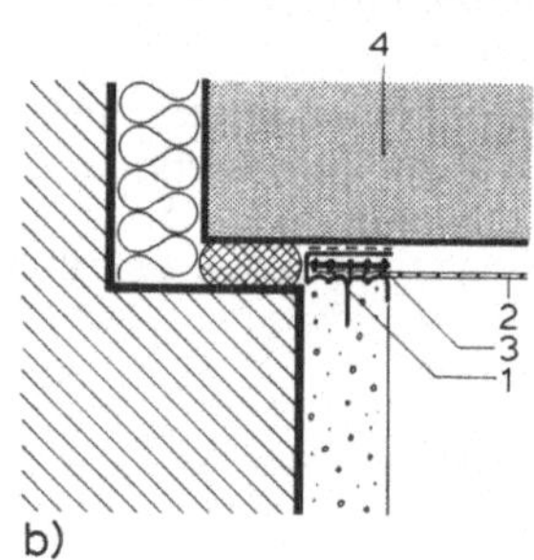
b)

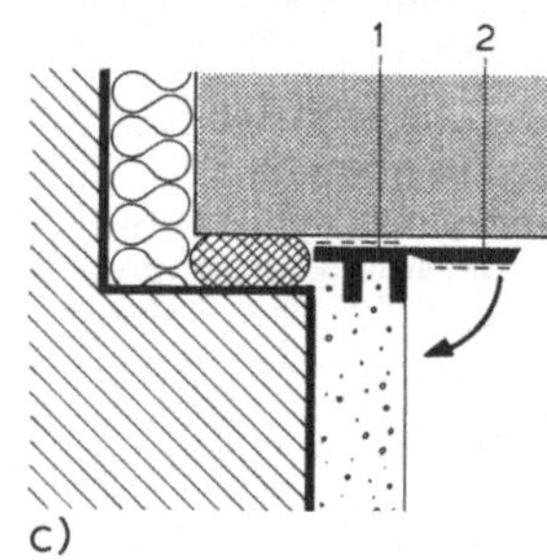
c)

5.23 Putz-Anschlußprofile

a) dichtendes Kunststoff-Fensteranschlußprofil für Sichtmauerwerk (HANNO)

1 Kunststoff-Profil
2 aufquellendes imprägniertes Schaumstoffprofil
3 Mauerwerk
4 Blendrahmen

b) Leibungsputzanschluß- und Abdeckprofil (Protektor)

1 LM-Einputzprofil, mit Selbstklebeband auf den Blendrahmen des Fenster aufgeklebt
2 Schutzfolie
3 eingeschobenes Klemmprofil für Schutzfolie
4 Blendrahmen

c) Kunststoff-Putzanschlußprofil (RIHO)

1 Kunststoffprofil mit Selbstklebeband auf den Blendrahmen des Fensters aufgeklebt
2 Schutzstreifen, wird nach Fertigstellung des Putzes umgelegt und durch Selbstklebeband fixiert

ten verlaufen. Ebenso selbstverständlich müssen die empfindlichen Fensterprofile und -scheiben sorgfältig gegen Verschmutzungen geschützt werden. Das kann eigentlich nur durch die Verwendung von Putzanschlußprofilen erreicht werden, die mit zusätzlichen Dichtungsstreifen oder mit besonderen Vorkehrungen für die Anbringung von Schutzfolien auf dem Markt sind (Bild **5.**23).

Brüstung. Wenn die Fenster nicht Bestandteil einer vorgehängten Fassade sind (Bild **5.**24a; vgl. auch Abschn. 6.7 in Teil 1 dieses Werkes), schließen sie unten an eine gemauerte (Bild **5.**24b) oder aus Fertigteilen (Bild **5.**24c) hergestellte B r ü s t u n g an. Bei Fensterelementen, die bis auf den Fußboden herabreichen, muß der Abschluß am Rand der Geschoßdecken und der Anschluß des Fußbodens innen berücksichtigt werden (Bild **5.**24d).

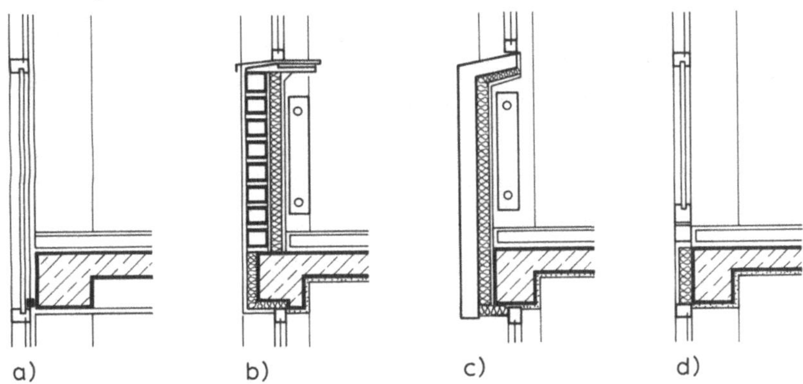

a)   b)   c)   d)

5.24   Brüstungsanschlüsse
    a) Vorhangfassade
    b) gemauerte Brüstung mit Heizkörpernische
    c) Fertigteil-Brüstung mit Heizkörpernische
    d) Fenstertür oder raumhohes Fensterelement

Fensterbrüstungen dienen nicht nur als Absturzsicherung, sondern werden meistens auch zur Anbringung von Heizflächen genutzt sowie bei Skelettbauten zur Querverteilung von Installationen. Die Anordnung von Heizflächen unter den Fenstern ist heizungstechnisch am günstigsten, weil Fenster innerhalb von Außenwänden die stärksten Abkühlungsflächen sind. Der durch Heizkörper an der Fensterbrüstung erzeugte Warmluftstrom wirkt der Kondensatbildung an Fensterscheiben und besonders an Metall-Rahmen entgegen und läßt Zugluft aus Undichtigkeiten oder beim Lüften eindringende Kaltluft erwärmt in den Raum strömen. Innere Fensterbänke, die als Ablageflächen erwünscht sind oder die Heizkörper optisch verkleiden sollen, dürfen daher den notwendigen Luftstrom nicht behindern (Bild **5.**25 und **5.**26).

Die i n n e r e   B r ü s t u n g s a b d e c k u n g oder die Abdeckung von Heizkörpernischen wird meistens mit Natur- oder Kunststeinfensterbänken ausgeführt, die im Mörtelbett oder auf Konsolen verlegt werden, oder aus kunststoffbeschichteten Holz-Preßstoffprofilen (z. B. Werzalit). Mit durchgehenden Luftschlitzen oder angesetzten, ausreichend bemessenen Gitterprofilen wird ggf. für den Warmluft-Durchlaß von Heizkörpern gesorgt. Der Anschluß an den unteren Blendrahmen der Fenster ist abhängig von dessen Materialart. Meistens werden die Fensterbänke in entsprechende Nutungen eingeschoben oder bei Holzfenstern unter Ausfälzungen gesetzt. Die verbleibenden Fugen werden ggf. dauerelastisch gedichtet (Bild **5.**26a).

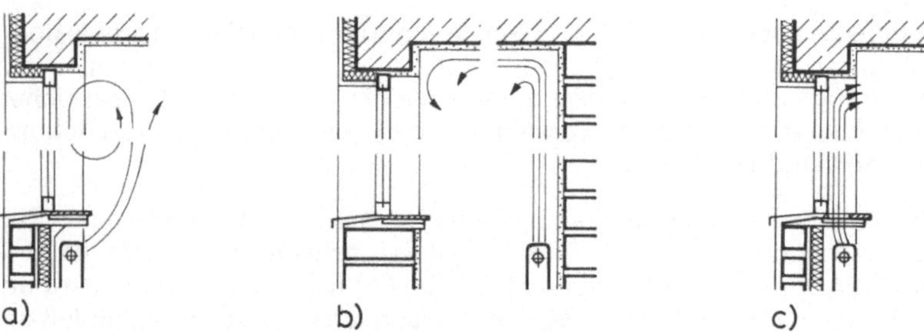

5.25 Fensterbrüstungen mit Heizkörpern

  a) **Ungünstige** Fensterbankausbildung: Warme Heizkörperluft erreicht nicht den unteren Fensterteil, Tauwassergefahr im unteren Fensterbereich
  b) **Falsche** Heizkörperstellung: Abgekühlte Raumluft erreicht nur den oberen Fensterbereich. Zugerscheinungen und Tauwassergefahr
  c) **Richtige** Heizkörperanordnung: Die vom Heizkörper erhitzte Luft streicht am Fenster vorbei und vermindert Kondensatbildung an Scheiben und Rahmen

Wenn durch **Heizkörpernischen** der Querschnitt der Außenwand geschwächt ist, muß der notwendige Wärmeschutz durch zusätzliche Wärmedämmungen gewährleistet sein. Sie werden bei gemauerten oder Fertigteilbrüstungen in der Regel innen angebracht, um die Aufheizung der Brüstungsschale nach Möglichkeit zu verhindern. Es muß gewährleistet sein, daß keine Wärmebrücken z. B. durch Heizkörperkonsolen, Auflagerkonsolen für Fensterbänke oder von innen nach außen durchgehende Fensterbänke entstehen. Der Wärmeschutz muß dem der übrigen Außenwände entsprechen (Bild **5.26 b**).

Wegen der Komplizierung der Bauarbeiten und wegen der gegebenen Fehlerquellen sollte auf Heizkörpernischen verzichtet werden, wenn Heizkörper wegen ihrer Bautiefe ohnehin nur teilweise in dem begrenzten Raum der Nischen Platz finden würden (s. auch Abschn. 6.2.5 in Teil 1 dieses Werkes).

Äußere Brüstungsabdeckungen (Fensterbänke) können in herkömmlichen Ausführungen aus Klinkerplatten, Spaltplatten oder gemauerten Rollschichten bestehen (Bild **5.27 a** und **b**), aus Faserzement- oder Leichtbeton-Formteilen oder aus Natur- bzw. Betonwerkstein (Bild **5.26 b** und **5.27 c**). Um für das Fenster sichere Aufstandsflächen und gute Abdichtung zu bilden, müssen derartige Fensterbänke mindestens 50 mm hinter die Fassadenebene (bei Rolladen bis 100 mm) entsprechend genauer Detaillierung geführt werden. Seitliche Aufkantungen oder Wasserrillen sowie ausreichender vorderer Überstand und Profilierungen mit Tropfkanten müssen für die einwandfreie Ableitung von Schlagregen sorgen. Der Überstand der äußeren Tropfkante muß mindestens 30 mm betragen.

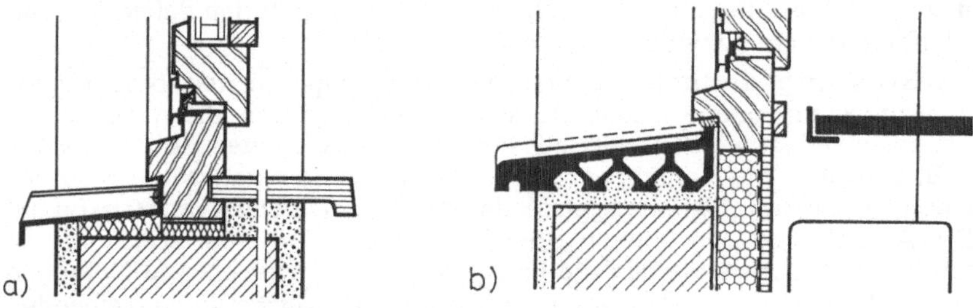

5.26 Brüstungsabdeckung a) ohne Heizkörper, b) mit Heizkörper

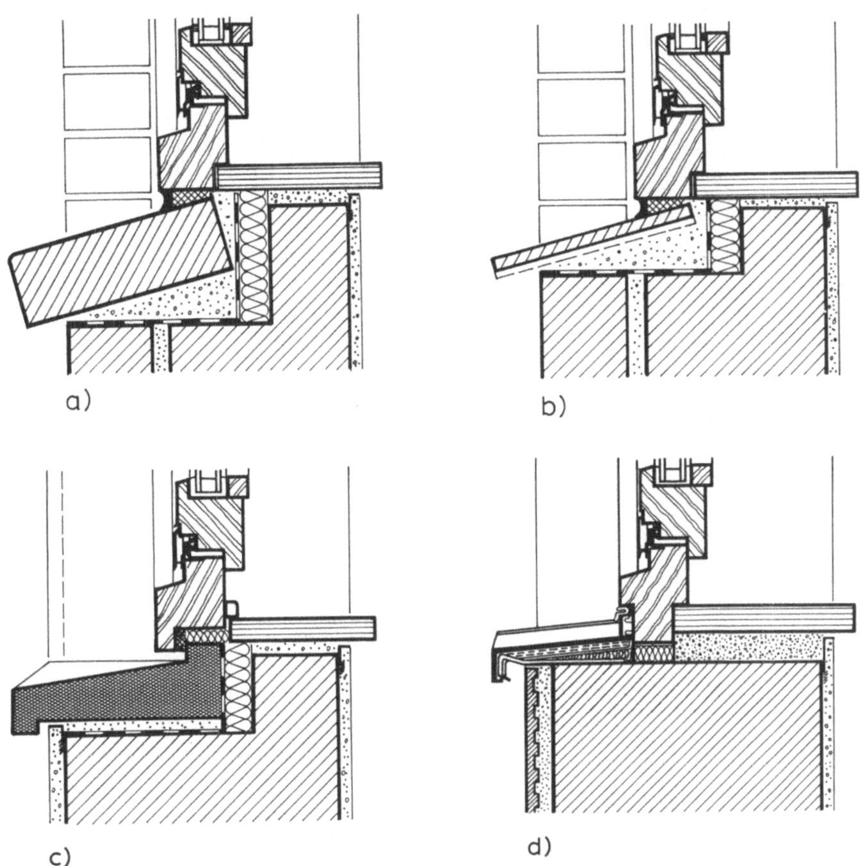

5.27 Brüstungsabdeckungen (Außenfensterbänke)
   a) gemauerte Rollschicht mit Abdichtung
   b) Spaltplatten oder Formplatten mit Abdichtung
   c) Natur- oder Betonwerkstein (Abdichtung bei Längsstößen und bei wasserdurchlässigem Material)
   d) Leichtmetall-Fensterbank; Mittelhalterung für nachträgliche Montage

Äußere Brüstungsabdeckungen werden oft mit Leichtmetallfensterbänken ausgeführt, die mit Dichtungsprofilen auf die unteren Blendrahmen aufgeschraubt werden (Bild 5.27 d und Bild 5.28). Temperaturbedingte Längenänderungen müssen bei Aluminiumfensterbänken besonders beachtet werden. Beim Anschluß an Außenputz werden besondere Putzanschlußprofile verwendet. Seitliche Aufkantungen greifen hinter Fassadenverkleidungen oder unter seitliche Aussparungen, oder es werden Putzanschluß-Randaufkantungen verwendet. Falsch ist es, wenn der erforderliche Zwischenraum zwischen Fensterbank und Baukörper nur durch dauerelastische Abdichtungen gesichert wird. Einzelheiten zeigt Bild 5.28.

Leichtmetallfensterbänke sind auf der Unterseite möglichst mit einem Antidröhnbelag zu versehen. Der Zwischenraum zum Brüstungsmauerwerk ist mit loser Mineralwolle auszustopfen oder auszuschäumen.

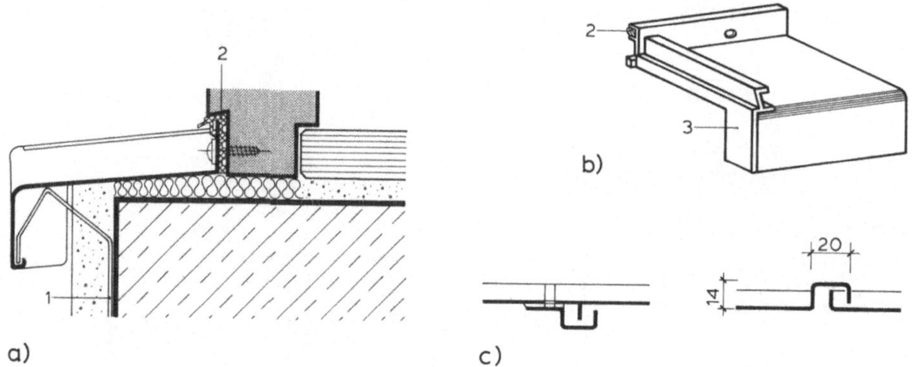

5.28 Leichtmetall-Außenfensterbänke, Einzelheiten
   a) Sicherung gegen Abheben durch Winddruck (für Putzfassaden)
   b) seitliche Randaufkantung für Putzanschluß
   c) Schiebestöße
   1 Halterung
   2 Dichtungsprofil, gleichzeitig Sicherung gegen Kondensatbildung hinter der Anschlußfläche
     (BUG)
   3 Randaufkantung, aufgepreßt oder angeformt

Bei mehr als 150 mm Ausladung müssen Metall-Außenfensterbänke im Abstand von
höchstens 90 cm Sicherungen gegen Abhebungen durch Windkräfte haben.

Es sind ferner äußere Brüstungsabdeckungen möglich mit handwerklich gefertigten
Zink- oder Kupferblechverwahrungen.

5.2.6 Sonnen-, Sicht- und Einbruchschutz

5.2.6.1 Rolläden

In vielen Gegenden zählen Rolladen zum üblichen Sonnen- und Sichtschutz. Sie
dienen zur Verbesserung des Wärmeschutzes während der Nacht, zur Verbesserung des
Schallschutzes und bedingt auch als Einbruchschutz.

Im Hinblick auf den sommerlichen Wärmeschutz werden in DIN 4108 T2
Abschn. 7 Empfehlungen für Gebäude ohne raumlufttechnische Anlagen gegeben.
Durch geeignete Sonnenschutzeinrichtungen kann die Aufheizung der Räume bei einer
Folge heißer Sommertage erheblich herabgesetzt werden.

Rolladen tragen auch erheblich zur Verminderung des Wärmeverlustes von
Fenstern bei. Die Wärmedämmwirkung ist am günstigsten bei einem Abstand von ca.
40 mm zwischen Rolladen und Fenster. Dicht schließende Rolladen mit ausgeschäumten Kunststoffprofilen und mit Führungsschienen, die weichfedernde PVC-Einlagen
haben (Bild **5.35**), können den Wärmeschutz von Fenstern um mehr als 50% verbessern. Bisher bestehen jedoch auf diesem Gebiet noch keine Festlegungen.

Der zeitweilige Schallschutz von Fenstern kann ebenfalls durch Rolladen verbessert
werden. Messungen haben bei einem Mindestabstand von 100 mm zwischen Rolladen
und Fenster eine Verbesserung des Schallschutzes von bis zu 10 dB ergeben, wenn
außer den für optimalen Wärmeschutz genannten Maßnahmen dafür gesorgt wird, daß
ein möglichst dichter oberer Abschluß entsteht.

Die technischen Anforderungen an Rolladen sind in DIN 18073 und DIN 18358 enthalten, ferner in den Technischen Richtlinien des Bundesverbandes Rolladen + Sonnenschutz e. V.

Beim Einbau von Rolläden (auch bei Rollgittern) müssen zur Aufnahme der hochgezogenen, aufgewickelten Rolladenballen („Panzer") in Rolladenkästen, für die seitlichen Führungen und die Bedienungseinrichtungen die erforderlichen Vorkehrungen bereits im Rohbau getroffen werden.

Grundsätzlich ist zu beachten:

1. In jedem Fall sind Rolladenanlagen bereits bei der Rohbauplanung zu berücksichtigen, weil die Rolladenkästen in der Regel unter dem Sturz liegen. Das ergibt u. U. einen großen Abstand zwischen Fensteroberkante und Deckenunterkante (Bild 5.29 a), oder der Sturz muß als Überzug ausgebildet werden (Bild 5.29 b). Bei Fensterbreiten bis etwa 1,25 m läßt sich der Rolladenkasten bei entsprechender Randbewehrung der Decke auch unmittelbar unter die Decke legen (Bild 5.29 c und g). Sonst können tragende Rolladenkästen eingebaut werden (Bild 5.29 d).

Rolladen mit Elektroantrieb können auch oberhalb der Geschoßdecke – etwa in einem nicht ausgebauten Bereich des Dachraumes untergebracht werden (Bild 5.29 e) oder in Vordächern eingeschossiger Bauten (Bild 5.29 f). Auch Fenster mit schräg verlaufenden Stürzen können mit Rolladen ausgestattet werden, wenn die

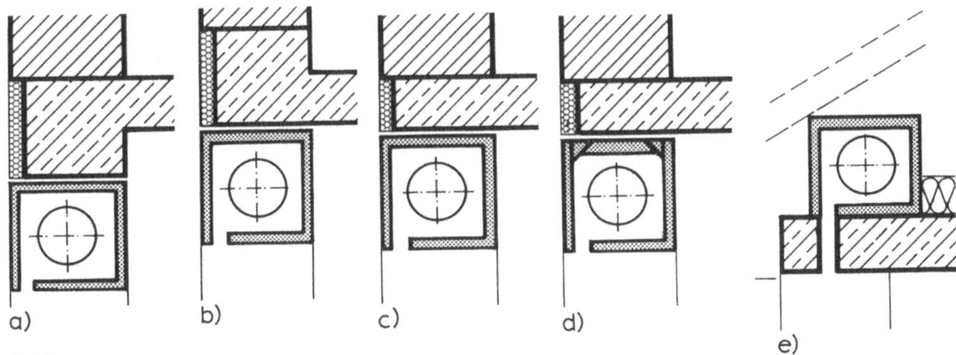

5.29
Konstruktive Anordnung von
Rolladenkästen (schematische
Darstellung)

a) unter dem Fenstersturz
b) unter der Decke, Sturz als
   Überzug
c) unter der Decke, Sturz durch
   Deckenverstärkung gebildet
d) unter der Decke, Rolladenkasten tragend
e) oberhalb der Decke in nicht
   ausgebautem Bereich eines
   Dachgeschosses
f) vor dem Sturz z. B. im Frei-
   raum eines Dachgesimses
g) Fassade mit durchgehender
   Wärmedämmung (Thermo-
   haut oder 2-schaliges Mauerwerk)

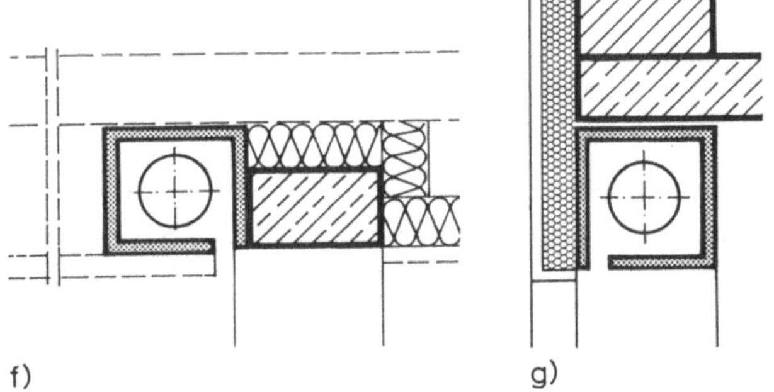

Rolladenkästen in der Brüstung untergebracht werden und der Panzer über Seilführungen mit Umlenkung hochgezogen wird, oder es werden Spezialprofile verwendet, die sich beim Aufrollen auf schräg liegende Walzen in den Führungen parallel zueinander verschieben.

2. Je höher das Fenster, um so größer ist der Rolladenballen. Nur in mindestens 30 cm dicken Wänden lassen sich Rolladenballen auch für hohe Fenster oder Fenstertüren vollständig einbauen. Bei dünnen Wänden ragt der erforderliche Rolladenkasten daher in den Innenraum hinein. Bei Platzmangel für den Rolladenkasten muß gegebenenfalls ein dünneres oder ein Spezialprofil für den Rolladen gewählt werden (s. Bild **5.34**).

3. Die Temperatur im Rolladenkasten unterscheidet sich nicht wesentlich von der Außentemperatur. Durch den Gurtauslaß strömt Raumluft in den Rolladenkasten; der mitgeführte Wasserdampf schlägt sich dort bei kaltem Wetter nieder. Es ist also deshalb darauf zu achten, daß alle Teile im Rolladenkasten rost- und ggf. fäulnisgeschützt sind und daß alle Kastenwände so gedämmt sind, daß sich an den Abschlüssen zum Innenraum hin kein Tauwasser bildet.

4. Rolladenkästen sind nach DIN 4108 T 2 hinsichtlich des Wärmeschutzes wie Außenwände zu behandeln. Um die damit erforderliche Begrenzung des Wärmedurchganges auf $k < 1{,}32\ \mathrm{W/m^2 K}$ zu erreichen, müssen Abschlüsse des Rolladenkastens, insbesondere Revisionsdeckel mit mindestens 20 mm Dämmstoff der Klasse 0,02 isoliert werden.

5. Für den Schallschutz von Rolladenkästen sind in DIN 4109 Bbl. 1 genaue Hinweise gegeben. Sie gelten für Rolladenkästen mit einem bewerteten Schallschutzmaß von 25 bis 40 dB. Zur Erfüllung der erforderlichen Schalldämmung sind dabei für die zu verwendenden Materialien, für die Ausbildung von Anschluß- und Elementfugen sowie für die äußeren Durchlaßschlitze (abzüglich Dicke des Panzers < 10 mm) genaue Vorschriften aufgestellt. So sind z. B. die Innenflächen ggf. mit schallschlukkendem Material auszukleiden, und die Schalldämmeigenschaften der Begrenzungsflächen sind ggf. durch Blech- oder sonstige gewichtsteigernde Auflagen zu verbessern.

6. Rolladenkästen stellen innerhalb der Außenwände bei den immer noch weitverbreiteten Ausführungen nach Bild **5.29** a bis d wärmetechnische Schwachpunkte im Gesamtgefüge der Außenwände dar (s. auch Abschn. 6.2.4.4 und 9.1.2 in Teil 1 des Werkes). Sie sollten daher möglichst immer in Verbindung mit durchlaufenden Fassadendämmungen geplant werden (Bild **5.29** g).

Es werden heute fast nur noch vorgefertigte R o l l a d e n k ä s t e n verwendet (Bild **5.30**). Sie können auch als tragende Elemente den erforderlichen Fenstersturz ersetzen (Bild **5.31**).

Die in der Regel erforderlichen üblichen R o l l a d e n k ä s t e n müssen für Wartung und Reparaturen ausreichend breite, über die gesamte Öffnungsweite gehende Montageklappen haben. Wenn diese auf der Innenseite liegen, müssen sie sorgfältig abgedichtet und wärme- und schalldämmend ausgeführt werden (z. B. Bild **5.30**). Wenn die Rolladen – z. B. bei erdgeschossigen Bauten – gut zugänglich sind und die erforderlichen größeren Leibungstiefen gestalterisch in Kauf genommen werden können, sind Konstruktionen mit außenliegenden Revisionsöffnungen vorzuziehen (z. B. Bild **5.31**).

Insbesondere für komplette Fensterelemente sind vorgefertigte Rolladenkästen auf dem Markt (z. B. Bild **5.32**). Sie werden vielfach auch für nachträglichen Einbau verwendet. Die gestalterischen Lösungen sind dabei allerdings oft fragwürdig.

Mit geringen Einbautiefen können bei entsprechend tiefen äußeren Leibungen auch F a l t r o l l a d e n vor der Fensterebene verwendet werden (Bild **5.33**).

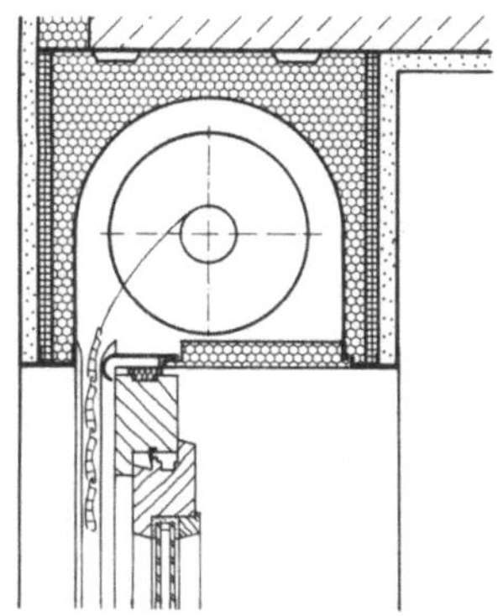

5.30 Vorgefertigter Rolladenkasten

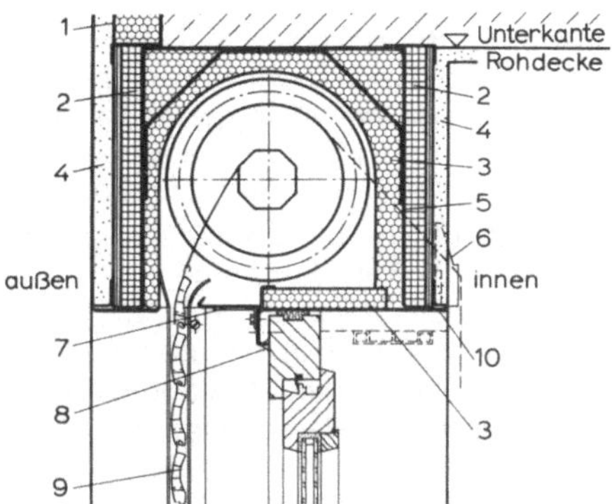

5.31 Tragender Rolladenkasten (STUROKA)
1 Betondecke mit Wärmedämmung
  am Rand
2 Wärmedämmung mit Putzträger
3 Wärmedämmung innen,
  Styropor hart, schwer entflammbar
4 Putz
5 tragender Stahlmantel, verzinkt
6 Gurtleiter
7 Montageklappe
8 Fensteranschlagprofil mit Dichtung
9 Kunststoffrolladen
10 Putzabzugleiste

Rolladen („Rolladenpanzer") werden heute überwiegend aus Kunststoffhohlprofilen in den verschiedensten Formen mit Deckbreiten von 25 bis 60 mm hergestellt. Die Profile haben eine Standarddicke von 14 mm für Öffnungen bis etwa 4 m^2 mit Breiten bis etwa 2,50 m. Die bei größeren Flächen gegebene Gefahr der Ausbeulung des geschlossenen Rolladens kann durch ausgeschäumte Profile gemindert werden. Für große Breiten werden sonst Leichtmetall-Verstärkungen in die Hohlstäbe eingeschoben. Wenn auch die Farbbeständigkeit von Kunststoffen ständig verbessert wurde, sollte hellen Einfärbungen der Vorzug gegeben werden (Bild **5.34 a**).

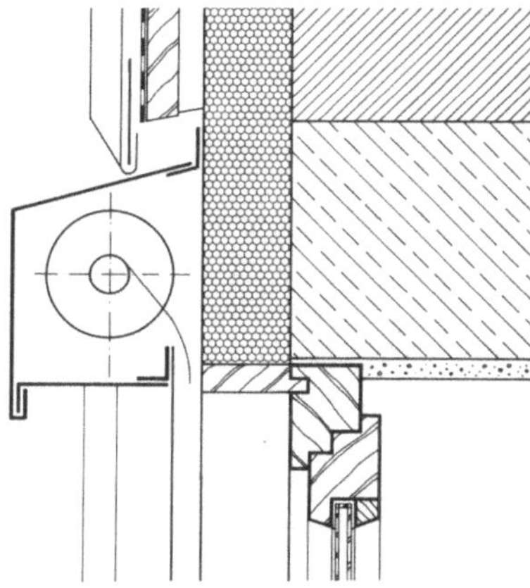

5.32 Außenliegender Rolladenkasten

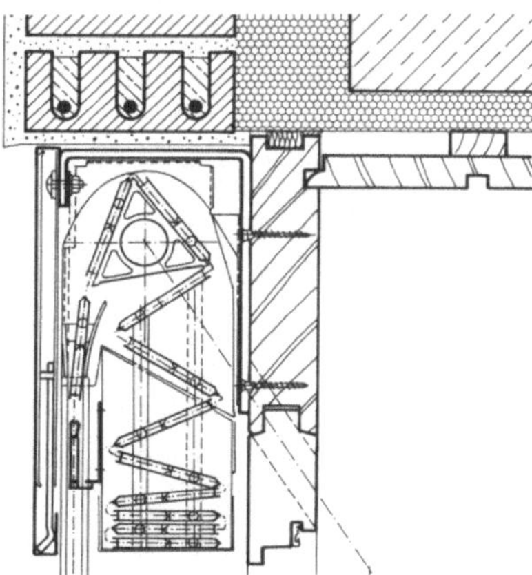

5.33 Faltrolladen

Für große Öffnungsbreiten werden Kunststoffprofile (Bild 5.34 a) verwendet, die zur Erhöhung der Stabilität ausgeschäumt sind. Bei höheren Sicherheits- und Stabilitätsanforderungen werden stranggepreßte Leichtmetallprofile verwendet, die ähnliche Querschnitte wie die in Bild 5.34 a gezeigten Kunststoffprofile haben. Leichtmetall-Profile werden lackiert, folienbeschichtet oder technisch eloxiert geliefert.

Bei Kunststoff- und Leichtmetallrolladen sind Steckprofile am meisten verbreitet (Bild 5.34 a und b). Rolladenprofile aus Holz werden durch gegeneinander verschiebliche, ineinandergreifende Draht- oder Blechkammern aus rostgeschütztem Stahl miteinander verbunden (Bild 5.34 c). Bei allen diesen Verbindungen sitzen die Stäbe dicht aufeinander, wenn der Rolladen vollständig herabgelassen ist. Wird der Aufzuggurt angezogen, so entstehen schmale Lichtschlitze. Wenn z. B. bei nachträglichem Einbau nur wenig Platz zur Verfügung steht, werden – ebenso wie für Rolltore – nicht ausziehbare Stabprofile verwendet, die bei geringeren Ballendurchmessern in herabgelassenem Zustand dicht geschlossene Rolladenflächen ergeben.

Holzrolladen werden zunehmend wieder eingesetzt, nachdem durch lasierende Anstriche das früher gegebene Problem des Oberflächenschutzes mit der bei Lackfarben sehr aufwendigen Erneuerung der Anstriche gelöst ist. Neben den genormten Stabprofilen wurden in letzter Zeit konkave, raumsparende Profile ähnlich den Kunststoffprofilen entwickelt (Bild 5.34 d).

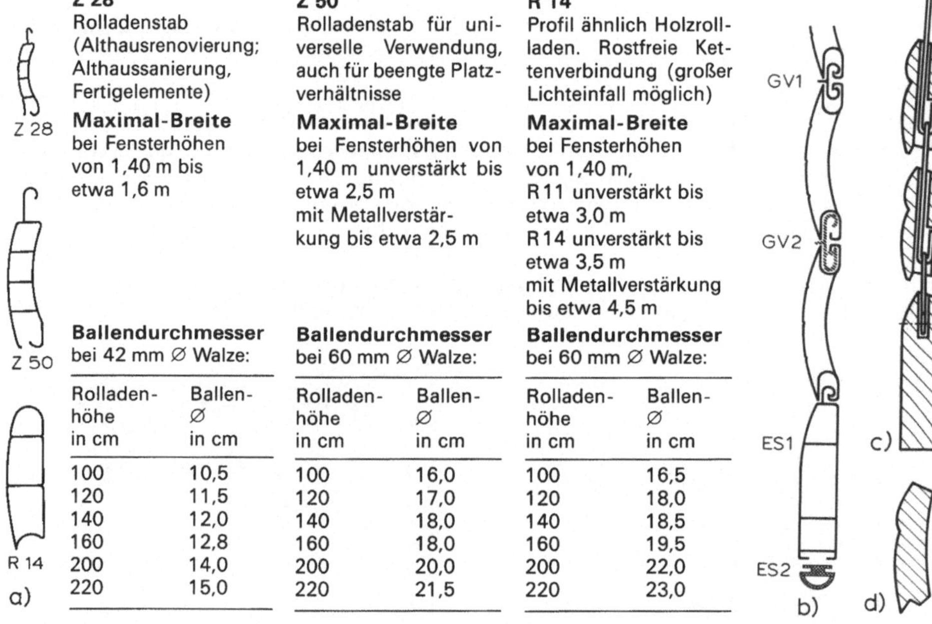

Z 28
Rolladenstab
(Althausrenovierung;
Althaussanierung,
Fertigelemente)

Maximal-Breite
bei Fensterhöhen
von 1,40 m bis
etwa 1,6 m

Z 50
Rolladenstab für universelle Verwendung,
auch für beengte Platzverhältnisse

Maximal-Breite
bei Fensterhöhen von
1,40 m unverstärkt bis
etwa 2,5 m
mit Metallverstärkung bis etwa 2,5 m

R 14
Profil ähnlich Holzrolladen. Rostfreie Kettenverbindung (großer Lichteinfall möglich)

Maximal-Breite
bei Fensterhöhen
von 1,40 m,
R 11 unverstärkt bis
etwa 3,0 m
R 14 unverstärkt bis
etwa 3,5 m
mit Metallverstärkung
bis etwa 4,5 m

Ballendurchmesser
bei 42 mm ∅ Walze:

Rolladen-höhe in cm	Ballen-∅ in cm
100	10,5
120	11,5
140	12,0
160	12,8
200	14,0
220	15,0

Ballendurchmesser
bei 60 mm ∅ Walze:

Rolladen-höhe in cm	Ballen-∅ in cm
100	16,0
120	17,0
140	18,0
160	18,0
200	20,0
220	21,5

Ballendurchmesser
bei 60 mm ∅ Walze:

Rolladen-höhe in cm	Ballen-∅ in cm
100	16,5
120	18,0
140	18,5
160	19,5
200	22,0
220	23,0

5.34 Rolladenprofile
   a) Kunststoff-Rolladenprofile (Kömmerling)
   b) Leichtmetall-Rolladenprofile (roco 61) mit enger Alu-Verbindung (GV 1), verstellbarer Kunststoff-Verbindung mit Lichtschlitzen (GV 2), Endschiene mit Anschlußleiste aus PVC (ES 1 und 2)
   c) Holzrolladen mit Drahtklammern (auseinandergezogenen), Schlußleisten aus Hartholz (herkömmliche Profile)
   d) modernes Profil für Holzrolladen

Die Tabellen im Bild **5.**34 geben einen Anhalt für die bei gegebener Fensterhöhe entstehenden „Ballen"-Durchmesser (vollständig aufgewickelter Rolladen) und die damit nötigen Abmessungen der Rolladenkästen.

Die R o l l a d e n w a l z e n müssen entsprechend dem Rolladengewicht so dimensioniert sein, daß die Durchbiegung $< \frac{1}{500}$ der Fensterbreite ist. Die früher üblichen einfachen Gabellager sind heute meistens durch Kugellager abgelöst.

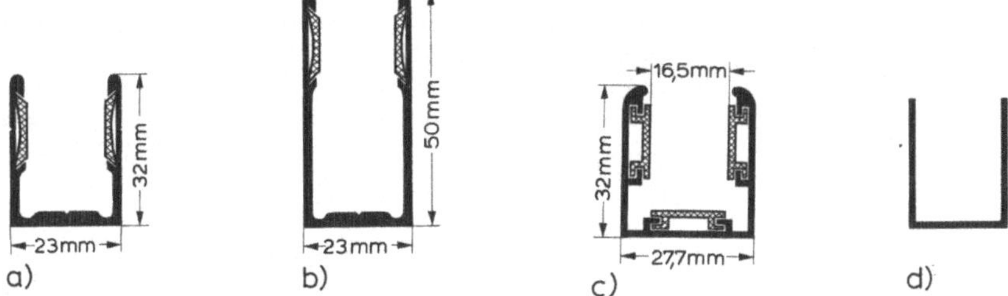

5.35   Rolladenführungsschienen

    a) und b) mit zweiseitiger PVC-Einlage und verstärktem Rücken, mit Bohrrille zur besseren Befestigung

    c) mit dreiseitiger PVC-Einlage für geräuscharmen und leichten Lauf

    d) einfache Leichtmetallschiene für Kunststoff- oder Holzprofile 14,5 mm: 20/20/20 × 1,5 mm. Bei Überbreiten: 27/18/27 × 1,5 mm, 30/20/30 × 1,5 mm oder ähnlich

Die Rolladen werden seitlich in L a u f s c h i e n e n aus Leichtmetallprofilen geführt – zur Geräuschdämmung bei Windanfall auch mit innenliegenden Kunststoff-Führungen –, die bei Holzfenstern auf ausgeschnittenen Beiholzleisten, bei Kunststoff- oder Metallfenstern auf entsprechenden Zusatzprofilen befestigt werden. Die Laufschienen müssen so weit vor der Fensterebene liegen, daß die Rolladen auch bei einer gewissen zu berücksichtigenden Durchbiegung an allen Teilen des Fensters einwandfrei vorbeigleiten können (Bild **5.**35).

Bewegt werden kleinere Rolladen mit Hilfe von 18 bis 23 mm breiten Flachgurten, die über die Gurtscheibe laufend die Rolladenwalze drehen. Der Zuggurt läuft von der Gurtscheibe, die auf der Achse der Rolladenwalze sitzt, durch einen Schlitz des Rolladenkastenbodens oder der Rückwand des Rolladenkastens auf einen Gurtroller, der durch Federkraft den Gurt einrollt und in einem Mauerkasten (Einlaßroller) in der Leibung oder in der Wand untergebracht ist. Mit Hilfe des Gurtrollers kann der Rolladen in jeder Stellung festgehalten werden (Bild **5.**36).

Statt der Zuggurte werden auch Stahldrahtseile verwendet, die in Kunststoffleitrohren unter Putz verlegt werden können. Das Seil – an allen Umlenkstellen (bis 30°) durch Nylontüllen geschützt – wird mit einer Handwinde in einem kleinen, neben der Fenster-

5.36
Gurtwickler mit Mauerkasten und Abdeckung

a) Kunststoff-Abdeckung
b) Gurtwickler
c) Mauerkasten aus Blech oder Kunststoff

brüstung eingeputzten Windenkasten aufgerollt (z. B. Arga-Sicherheitswinde). Zur Bedienungserleichterung können Rolladen – insbesondere bei großen Abmessungen – durch Elektromotoren bewegt werden. Derartige Elektroantriebe bestehen aus Rohrmotoren (eingebaut in die hohlen Gurtwalzen) oder bei schweren Rolltoren aus seitlich eingebauten Getriebemotoren.

Als Einbruchsicherung wirken Rolladen nur, wenn sie Sicherungen gegen gewaltsames Hochdrücken von außen aufweisen. Am wirksamsten sind Verriegelungsbolzen, die durch den Fensterrahmen hindurch in entsprechende Aussparungen der Rolladenstäbe eingreifen oder seitliche Einreiber an den Rolladenstäben, die in die Rolladenschienen greifen. Die – besonders für Rolladen mit Motorantrieb – verwendeten automatisch wirkenden Klemm- oder Scharniersicherungen sind meistens nicht besonders wirksam oder lassen sich verhältnismäßig leicht außer Funktion setzen (Bild **5**.37).

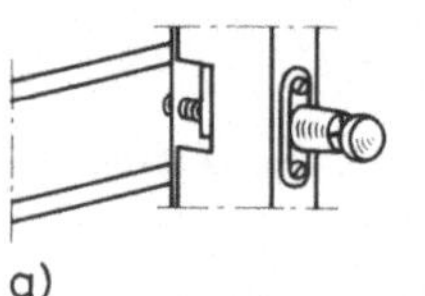
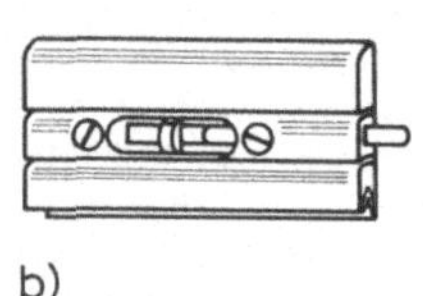
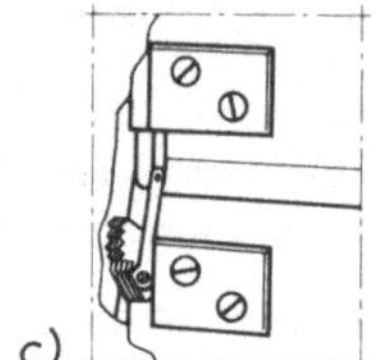

5.37   Rolladensicherungen (GAH)
   a) Stiftriegel (DBGM)
   b) Einlaßriegel GAH-Fix (DBGM)
   c) patentierter vollautomatischer Rolladenklemmverschluß

5.2.6.2 Zugjalousien (Jalousetten)

aus dünnen, hell lackierten Leichtmetallamellen dienen zum Schutz vor übermäßiger Sonnen- oder Lichteinstrahlung und – in Sonderausführungen – auch zur Abdunklung von Räumen. Jalousetten ermöglichen in herabgelassenem Zustand, bei waagerechter Stellung der im Querschnitt leicht gewölbten Lamellen, eine angenehme Raumbelichtung.

Sie werden mit Zugbändern aus Polyesterschnüren oder Seilen aus rostfreiem Stahl zu einem flachen Stapel zusammen- und hochgezogen.

Die Lamellen halten nur die unmittelbare Sonneneinstrahlung, kaum aber das Tageslicht ab und behindern nur wenig den Ausblick. Sie lassen sich auf ein geringes Maß (Pakethöhe 6 bis 10% der Jalousiehöhe) zusammenziehen, so daß sie bei 35 mm breiten Lamellen sogar zwischen den Scheiben eines Verbundfensters untergebracht werden können. Allerdings verdecken sie hier – hochgezogen – immer einen Streifen der Fensterfläche.

Jalousettenanlagen als Sonnenschutz sind außen vor den Fenstern anzubringen, weil nur so die auftreffende Wärmestrahlung wieder an die Außenluft abgestrahlt wird. Sie können mit Verkleidungsblenden vor den Fenstern, frei vor Fassaden oder hinter Fassadenschürzen eingebaut werden (Bild **5**.38).

Außenliegende Jalousetten müssen mit einer ausreichenden Windsicherung ausgestattet sein. Je nach Flächengröße und Windbeanspruchung sind Führungen in Form von kunststoffummantelten Spanndrähten (Bild **5**.39 a) oder Führungsschienen (Bild **5**.39 b) vorzusehen. Dadurch soll auch die Geräuschentwicklung bei Windeinwirkung nach Möglichkeit herabgesetzt werden.

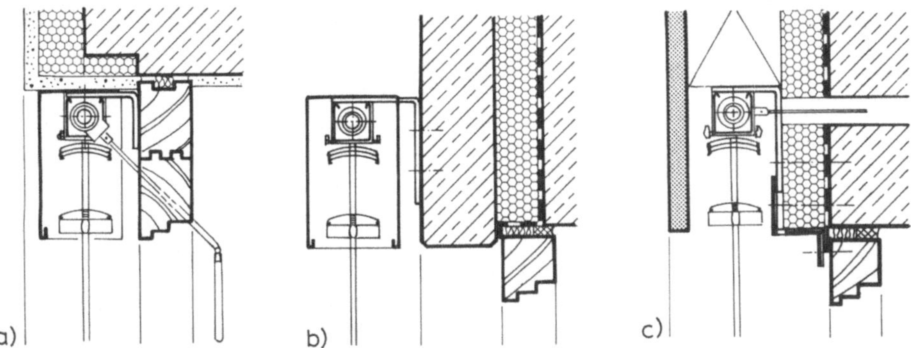

5.38 Einbau von Außenjalousetten

a) Anbringung am Fenster
b) Anbringung vor der Fassade
c) Anbringung hinter vorgehängter Fassade

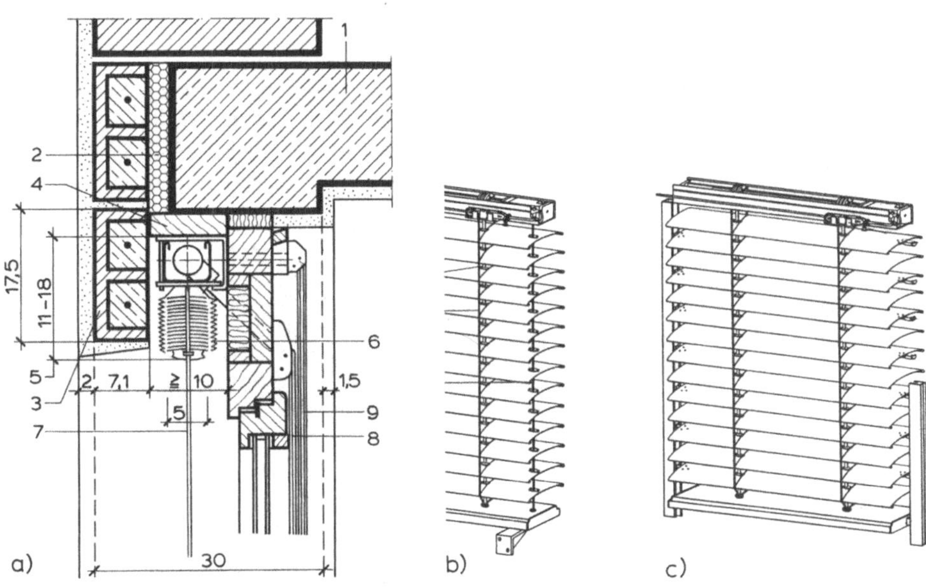

5.39 Außenjalousette

a) Schnitt
b) Windsicherung mit Spanndraht (WAREMA)
c) Windsicherung mit Führungsschiene

1 Stahlbetondecke
2 Wärmedämmung
3 vorgefertigter Flachziegelsturz als Jalousie-
  blende
4 angedübeltes Brett zur Jalousienbefestigung
5 Pakethöhe = 50 mm breiter Lamellenstapel
  mit Ober- und Unterschiene

6 Leitkordel (Terylene)
7 Windsicherung (Nylonspanndraht)
8 Zugband
9 Wendeschnüre zum Verstellen der Lamellen-
  neigung

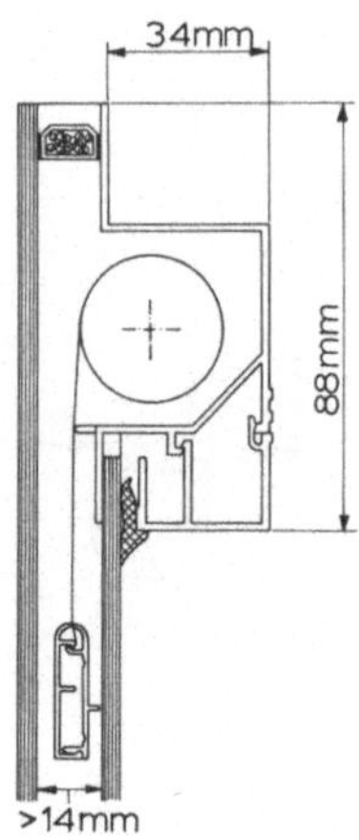

5.40 Sonnen-, Sicht- oder Wärmeschutz in Iso-
lierglasscheibe integriert (Consafis)

Im übrigen müssen größere Jalousetten-anlagen insbesondere an Gebäuden, bei denen eine dauernde Aufsicht nicht gewährleistet ist, durch Windüberwachungsanlagen gesichert werden, die bei aufkommendem Sturm die Jalousetten automatisch hochziehen.

Eine interessante Alternative für Sonnen- und Sichtschutz bei Fenstern mit Isolierverglasungen bietet ein System, bei dem transparente oder nicht durchsichtige beschichtete Folien im Luftzwischenraum der Scheiben mit Motorantrieb verfahren werden können (Bild **5.40**).

5.2.6.3 Fensterläden und Schiebeläden

Als Sonnenschutz, zum Schutz gegen Einblick und auch als Einbruchsicherung werden Klapp- oder Schiebefensterläden ausgeführt. Sie werden als Holz-, Kunststoff- oder Leichtmetall-Läden hergestellt und bestehen aus Rahmen mit Füllungen aus eingeschobenen, schräggestellten Leisten, die die Lüftung und einen gewissen Licht-

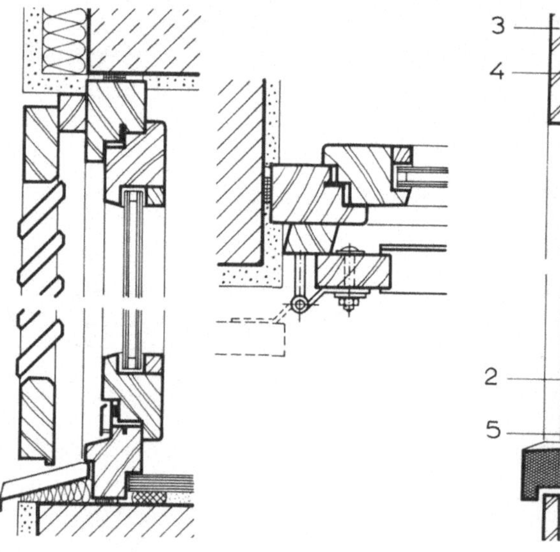

5.41 Klappladen

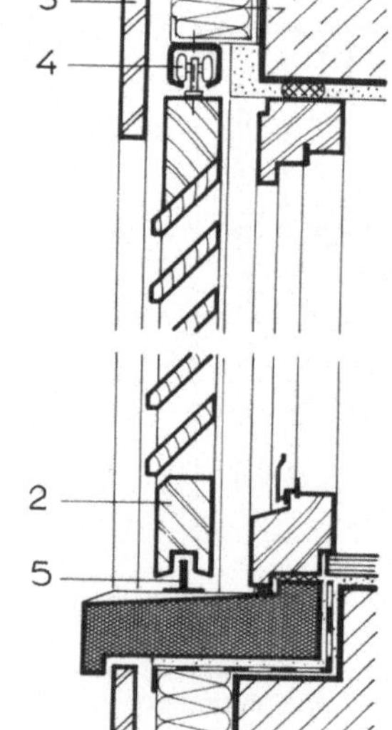

5.42 Schiebeladen
   1 Blendrahmen
   2 Schiebeladen
   3 Gesimsverbretterung
   4 Laufwerk
   5 Führungsschiene mit Verriegelung

durchfall erlauben. Sein Drehlager hat der Klappladen an Stützkloben (bzw. Plattenstützkloben) die am Fensterrahmen angeschraubt oder im Mauerwerk befestigt werden können. Im geschlossenen Zustand wird der Laden oben und unten durch Schubriegel festgestellt (Bild **5.41**).

S c h i e b e l ä d e n unterscheiden sich von äußeren Klappläden nur in der Art der Aufhängung. Sie eignen sich besonders als Einbruchsschutz für große Fensteröffnungen, wenn Klappläden wegen zu großer Flügelgewichte nicht in Frage kommen. Die obere Führung muß vor der Fassade durch Schutzkästen (vgl. Bild **5.38**) oder bei eingeschossigen Gebäuden am besten durch einen entsprechenden Dachvorsprung witterungsgeschützt sein (Bild **5.42**).

5.2.6.4 Einbruchsschutz

Zunehmende Bedeutung muß dem Einbruchsschutz bei Fenstern beigemessen werden. Einzelheiten für den dabei möglichen Schutz und die nötigen baulichen Maßnahmen enthält DIN V 18054. Darin werden die Widerstandsklassen EF0 bis EF3 unterschieden. Den Widerstandsklassen sind bestimmte Verglasungen zugeordnet (Tabelle **5.43** und Abschn. 5.3.1).

Die erforderlichen konstruktiven Maßnahmen erstrecken sich auf:

— durchbruchhemmendes Glas (DIN 52290),

— verstärkte, innenliegende Glashalteleisten,

— verstärkte Rahmenkonstruktionen, ggf. mit besonderen Falzausbildungen,

— abschließbare Betätigungsgriffe,

— verstärkte bzw. Spezialbeschläge.

Tabelle **5.43** Anforderungen an die Verglasung (DIN V 18054)

Fenster Widerstandsklasse	Widerstandsklasse der Verglasung nach DIN 52290 Teil 3 oder Teil 4
EF 0	A 3
EF 1	B 1
EF 2	B 2
EF 3	B 3

Außerdem sind für einbruchhemmende Fenster Bauwerksanschlüsse erforderlich, bei denen das Herausbrechen kompletter Fenster allenfalls unter größter Gewaltanwendung möglich wäre. Übliche Befestigungen der Blendrahmen mit Bankeisen in Verbindung mit loser Hinterfüllung aus Mineralwolle (Bild **5.20a**) reichen dafür nicht aus. Möglichst tief in das Bauwerk eingreifende Falzschrauben und Hinterfüllung mit Montageschaum bieten dagegen recht guten Schutz (Bild **5.20d**).

An kritischen Stellen sollten im Hinblick auf den Einbruchsschutz möglichst einflüglige Fenster oder Fenster mit festem Mittelpfosten (vgl. Bild **5.6**) bevorzugt werden. Kritisch ist z. Z. die Einbruchssicherung für mehrflüglige Fensterelemente, Oberlichter und Hebeflügelkonstruktionen. Letztere sind auch deshalb fast völlig vom Markt verschwunden, obwohl sie immer noch in vielen Publikationen in Verbindung mit Bauwerksanschlüssen, Abdichtungen usw. gezeigt werden.

Bei der Gebäudeplanung sollte bei besonders gefährdeten Fenster- und Türöffnungen darauf geachtet werden, daß in der Nähe keine den Fenstern gegenüberliegende Ansatzflächen vorhanden sind, die das Eindrücken, z. B. mit Hilfe von Wagenhebern, Hebeln u. ä. erleichtern.

Wenn besonders hohe Ansprüche an den Einbruchsschutz gestellt werden, ist der konstruktive und finanzielle Aufwand für entsprechende Fenster sehr hoch. Es sollten deshalb auch Rollgitter und feste Gitter als Schutzmaßnahmen in Erwägung gezogen werden. Sie bieten bei entsprechender Ausführung nicht nur sehr guten Schutz, sondern wirken auch abschreckend. Außerdem werden sehr oft Kosten für die Reparatur von meistens erheblichen Schäden an einbruchshemmenden Fenstern nach vergeblichen Einbruchsversuchen vermieden.

Immer müssen Sicherungen gegen Einbruch nicht nur für die Fenster allein, sondern im Zusammenhang mit allen anderen Außenbauteilen geplant werden. Besteht Unsicherheit über die am besten zu treffenden Maßnahmen, sollte sich der Planer der an vielen Orten vorhandenen Beratungsstellen der Kriminalpolizei bedienen.

5.3 Verglasungen

5.3.1 Glasarten und Lieferformen

Für die Verglasung von Fenstern wird Flachglas verwendet (Preßglas wird am Bau in Form von Glasbausteinen, Glasdachsteinen u. ä. verwendet).
Flachglas (DIN 1249 und 1259) wird geliefert als

— **Fensterglas** (die Qualität „Fensterglas" in Dicken von 3 bis 19 mm wird heute nur noch für untergeordnete Zwecke, z. B. Einfachverglasungen in Gewächshäusern, verwendet. Die früheren Dickenbezeichnungen ED, MD, DD und Dickglas sind entfallen).

— **Spiegelglas** stellt die übliche Glasqualität für Fensterverglasungen dar. Es wird hergestellt als Floatglas (auf Metallbad gegossen), mit und ohne Drahtnetzeinlagen (die frühere Qualität „Chauvelglas" mit parallelen Längsdrähten wird nicht mehr hergestellt).

Spiegelglas ohne Drahteinlage wird geliefert als:

Spiegelglas		Spiegelrohglas	
Dicken:		Dicken:	
3 mm ± 0,2 mm	10 mm ± 0,3 mm	6 mm ± 1,0 mm	10 mm ± 1,0 mm
4 mm ± 0,2 mm	12 mm ± 0,3 mm	8 mm ± 1,0 mm	12 mm ± 1,0 mm
5 mm ± 0,2 mm	15 mm ± 0,5 mm		
6 mm ± 0,2 mm	19 mm ± 1,0 mm		
8 mm ± 0,2 mm			

Spiegelglas mit Drahtnetzeinlage (Drahtspiegelglas) wird in ca. 6 mm Dicke geliefert. Die Maschenweite der quadratischen Drahteinlage ist 12,7 mm.

— **Gußglas**

Für die Verglasung von Fenstern kommen folgende Gußglasarten in Frage:

Gußglas ohne Drahteinlage, als Ornamentglas (Dicke 4, 6 oder 8 mm), eine oder beide Seiten ornamentiert,

Gußglas mit Drahtnetzeinlage (Maschenweite der quadratischen Einlage 12,7 mm) glatt gewalzt oder eine bzw. beide Oberflächen ornamentiert, als Drahtglas bzw. Drahtornamentglas (Dicke: 7 mm und 9 mm).

Sondergläser (Funktionsgläser)

Auf der Basis von Spiegelglasqualitäten werden für besondere Einsatzgebiete hergestellt:

— Gläser mit Sicherheitseigenschaften gegenüber mechanischen Belastungen (angriffhemmende Gläser)

Einscheiben-Sicherheitsglas (ESG) besteht aus Spiegelglas, Spiegelrohglas oder Sonnenschutzglas, das durch Wärmebehandlung vorgespannt wird, nachdem es in die benötigte Größe und Form geschnitten und an den erforderlichen Stellen gegebenenfalls durchbohrt worden ist. Das vorgespannte Glas kann nicht mehr bearbeitet werden. Bei gewaltsamer Zerstörung zerfällt es in kleine Krümel und nicht in gefährliche Glassplitter. Infolge der Vorspannung ist es 4- bis 6mal biegefester als Normalglas, außerdem besitzt es eine hohe Temperaturwechselbeständigkeit. Einscheiben-Sicherheitsgläser werden für besonders beanspruchte Verglasungen (z. B. Verglasung von Turnhallen und Sportstätten), insbesondere aber für Ganzglas-Türanlagen, Treppengeländer u. ä. verwendet.

Verbund-Sicherheitsgläser (VSG, auch Panzerglas) bestehen aus 2 oder mehreren Glasscheiben, die durch hochelastische Kunststoff-Zwischenschichten zusammengeklebt sind. Verbund-Sicherheitsgläser lassen sich durch Schneiden, Bohren usw. bearbeiten. Bei Zerstörung entstehen keine losen, scharfkantigen Glassplitter. Die Farbbeständigkeit hängt von der innenliegenden Kunststoff-Folie ab. In Verbund-Sicherheitsglas können Schleifen aus Feinsilberdraht eingelegt werden, die bei Beschädigung über elektrische Meldeanlagen Einbruchalarm auslösen.

Nach DIN 52 290 werden unterschieden:

— Widerstandsklasse A (Durchwurfhemmung, Tab. **5.44**)

— Widerstandsklasse B (Durchbruchhemmung, Tab. **5.45**)

— Widerstandsklasse C (Durchschußhemmung)

Die Prüfung durch Beschuß mit verschiedenen Waffen unter genormten Bedingungen führt zur Einordnung in Widerstandsklassen C1 bis C5.

(SF: kein Durchschuß, splitterfrei;

SA: kein Durchschuß, jedoch Splitterabgang)

— Widerstandsklasse D (Sprengwirkungshemmung)

Nach genormten Prüfverfahren Einordnung in die Widerstandsklasse D1 bis D3.

Tabelle **5.44** Durchwurfhemmende Verglasungen

Widerstands-klasse	Kugelfall-höhe[1]	Anwendungsbeispiele
A1	3,5 m	Ein- und Mehrfamilienhäuser in Wohnsiedlungen
A2	6,5 m	abseits gelegene Häuser
A3	9,5 m	exklusive Wohnhäuser, Ferien- und Wochenendhäuser

[1] Kugelfallprüfung: 4 kg schwere Metallkugel $\varnothing$ 100 mm darf aus der jeweiligen Entfernung die Scheibe nicht durchschlagen

[2] Prüfung mit Axtmaschine: 2 kg schwere, geschliffene Axt, 2 kg schwer, darf bei Schlagenergie von 300 Nm und Schlaggeschwindigkeit von 11 bis 12,5 m/s mit der jeweiligen Anzahl von Schlägen keine Öffnung von 400 × 400 mm herausschlagen

Tabelle **5.45** Durchbruchhemmende Verglasungen

Widerstands-klasse	Anzahl Axtschläge[2]	Anwendungsbeispiele
B1	30 bis 50	exklusive Wohnhäuser mit wertvollem Inventar, Teilbereiche von Kaufhäusern, Fotofachgeschäfte, Phono- und Videofachgeschäfte, Apotheken, EDV-Anlagen
B2	51 bis 70	Antiquitätengeschäfte, Museen, Kunsthallen, psychiatrische Anstalten
B3	>70	Pelzgeschäfte, Kürschner, Juweliere, Energiezentralen, Strafvollzugsanstalten

Sicherheitsgläser – auch in mehrschichtigen Ausführungen – können auch Bestandteil von Isolierverglasungen sein. Der Randverbund derartiger Gläser kann alarmauslösende Zusatzfunktionen haben.

Verbund-Sicherheitsgläser, besonders wenn sie aus Glasscheiben unterschiedlicher Dicke bestehen, werden auch für sehr wirksame Schallschutzverglasungen eingesetzt.

— Gläser mit Sicherheitseigenschaft gegenüber erhöhten thermischen Belastungen (Brandschutz)

Brandschutzgläser werden mit oder ohne Drahtnetzeinlagen, mit höher liegendem Schmelzpunkt oder als mehrscheibige Verglasungen mit Spezialzwischenlagen hergestellt. Sie können auf Grund besonderer Zulassungsbescheide im Zusammenhang mit entsprechenden Fenster- und Türkonstruktionen für Feuerwiderstandsklassen bis F 90 verwendet werden (s. Abschn. 14.6 in Teil 1 des Werkes).

— Gläser mit besonderen lichttechnischen Eigenschaften werden hergestellt z. B. als stark streuende, reflektierende, reflexarme, IR- und UV-absorbierende Gläser (Sonnenschutzglas).

— Wärmeschutzgläser.

Durch spezielle Beschichtungen oder Einfärbungen, z. B. Bronceglas) wird der Gesamtenergiedurchlaß, die Lichttransmission oder der Wärmedurchgangskoeffizient derartiger Gläser beeinflußt.

Für besondere Verglasungen kommt weiter in Frage

— mundgeblasenes Glas als Echtantikglas, Antikglas, Butzenglas usw.

— sonstige Gläser wie z. B. Farbglas, Opakglas usw.

Mehrscheiben-Isolierglas

Für die Verglasung von Fenstern in Aufenthaltsräumen kommen wegen der erhöhten Anforderungen an den Wärmeschutz heute nur noch Mehrscheiben-Isoliergläser in Frage.

Sie bestehen aus 2 oder 3 mit 8 bis 24 mm Abstand (Scheibenzwischenraum SZR) hintereinanderliegenden Scheiben, die luftdicht miteinander verbunden sind (Bild 5.46).

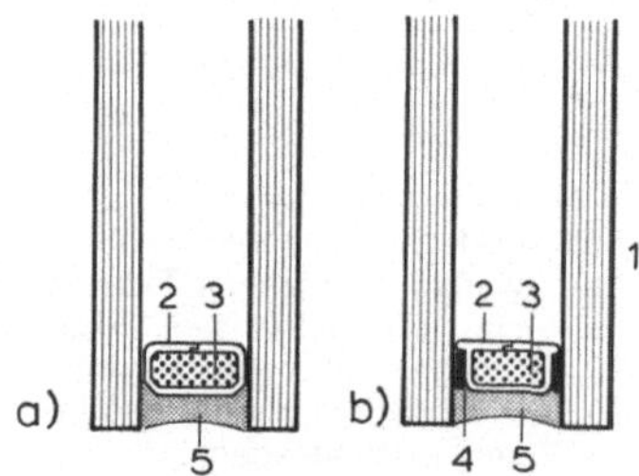

5.46 Zweischeiben-Isolierglas
   a) einfach gedichteter Randverbund
   b) doppelt gedichteter Randverbund
   1 Spiegelglas
   2 Abstandhalter (auch farbig lieferbar)
   3 Trockenmittel
   4 Dichtung
   5 Versiegelung

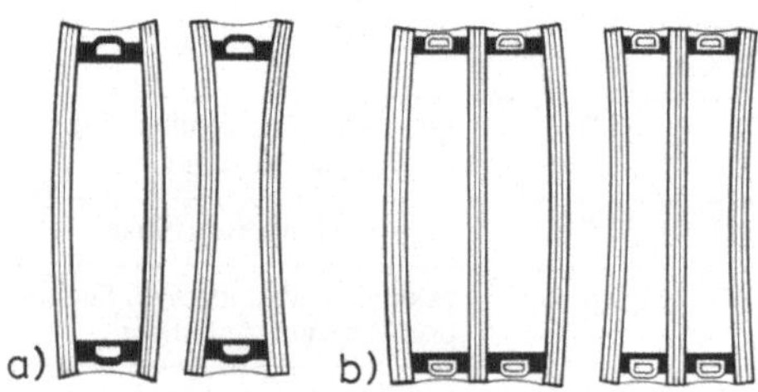

5.47 „Isolierglaseffekt" (schematisch)
   a) Zweischeiben-Isolierglas
   b) Dreischeiben-Isolierglas

Der Scheibenzwischenraum ist mit trockener Luft gefüllt, die unter dem Druck steht, der bei der Produktion herrschte (Schallschutz-Mehrscheibenisoliergläser haben spezielle Gasfüllungen). Werden Mehrscheibenisoliergläser nach dem Einbau anderen Temperaturen ausgesetzt, kommt es durch Ausdehnung oder Volumenminderung der eingeschlossenen Luft in Verbindung mit dem Außendruck zu Verformungen der Scheiben („Isolierglaseffekt", Bild **5.47**), der bei 3fach-Scheiben besonders ausgeprägt sein kann. Bei großen Scheibenformaten ist dieser Effekt – abgesehen von optischer Verzerrung der Durchsicht in extremen Fällen – unbedenklich und muß als normal betrachtet werden. Problematisch kann dieser Effekt jedoch bei kleinformatigen Isolierglasscheiben werden (z. B. für Sprossenfenster, s. Abschn. 5.3.4) oder bei schmalen, langen Formaten. Weil sich solche Scheiben den Druckschwankungen nur schlecht anpassen können, kommt es oft zu Glasbruch.

Neben den Standardausführungen mit 2 oder 3 Scheiben, Scheibendicken von 4 bis 8 mm, Scheibenzwischenraum 8 bis 12 mm, werden Mehrscheiben-Isoliergläser in verschiedenen Spezialausführungen hergestellt für

— **Wärmeschutzverglasungen.** Die Scheiben erhalten hierbei mehr oder weniger farbneutrale Edelmetallbeschichtungen, teilweise auch Einlagen aus Wärmedämmvliesen.

— **Schallschutzverglasungen.** Die Dicke der Scheiben wird im Massenverhältnis auf die jeweiligen Anforderungen abgestimmt; Scheibenzwischenraum 12 bis 24 mm, Schallschutzklassen 3 bis 5 (VDI 2719), 37 bis 45 dB. Dabei werden oft Scheiben unterschiedlicher Dicke (6 bis 12 mm) oder auch Kombinationen mit Verbundsicherheitsgläsern verwendet. Die Gläser können zusätzliche Gießharzzwischenschichten haben.

— **Sonnenschutzverglasungen.** Spezialgläser oder edelmetallbeschichtete Gläser mit besonderer Reflexionswirkung insbesondere gegen UV- und Infrarotstrahlung. Sonnenreflexionsgläser als wärme- und schallschützende Gläser haben oft besondere, gestalterisch effektive spiegelnde Oberflächen.

— **Lichtstreuverglasungen.** Hierbei werden die Scheibenzwischenräume mit lichtstreuenden Kapillareinlagen ausgefüllt.

— **Schaufensterverglasung** mit entspiegelten Gläsern.

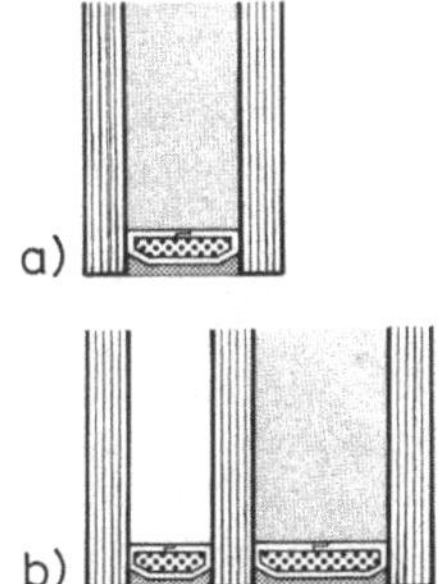

5.48 Isoliergläser für Brandschutzverglasungen mit Gelfüllungen

a) für Innenanwendung
b) für Außenanwendung

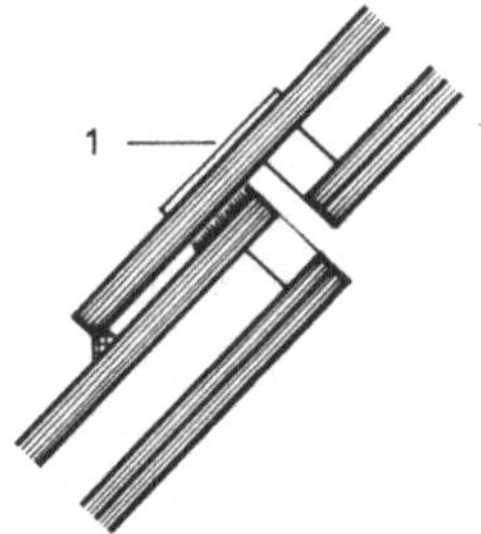

5.49 Stoßüberdeckung bei Mehrscheiben-Isoliergläsern in Schrägverglasungen

1 aufgeklebter UV-Schutz

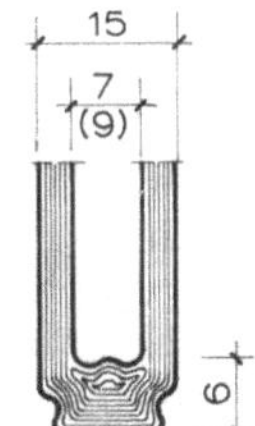

5.50 GADO-Doppelscheiben

Glasdicke 2mal 3 mm und 2mal 4 mm Scheibenzwischenraum 9 bzw. 7 mm

— Einbruchhemmende Verglasungen in den Widerstandsklassen A bis D sowie Sonder-Gläser für Bank- und Postschalter (DIN 52 290); s. Tab. **5.44** und **5.45**.

— Brandschutzverglasungen. Bei Brandschutz-Isoliergläsern ist der Scheibenzwischenraum je nach Ausführung mit speziellen Gelen gefüllt (Bild **5.48**).

Bei fast allen Ausführungen sind Kombinationen mit Drahtgläsern, Ornamentgläsern und Sicherheitsgläsern (z. B. für Überkopfverglasungen) möglich.

Für den Einbau in Schrägverglasungen u. ä. werden Mehrscheiben-Isoliergläser auch mit falzartiger Randausbildung geliefert (Stufengläser, Bild **5.49**). Beim Einbau müssen die Randverklebungen durch Metallfolien gegen Sonneneinwirkung geschützt werden.

Eine Sonderform der Zweischeiben-Isoliergläser stellen Gläser mit verschweißten Kanten dar, die unter Beachtung der Normen für Fenster- und Türöffnungen und für Fenster- und Türprofile mit den sich dabei ergebenden Falzmaßen für Objekte mit großen Stückzahlen kostengünstig eingesetzt werden können (Bild **5.50**).

Alle Isolierglasscheiben werden unter Berücksichtigung von Toleranzen, Falzmaßen der zu verglasenden Öffnungen und der erforderlichen Falztiefen auch in Sonderformen, z. B. mit trapezförmigen oder halbkreisförmigen Zuschnitten, geliefert. Sie können an der Baustelle auf keinen Fall in irgendwelcher Weise nachgearbeitet werden.

Für die Beurteilung der visuellen Qualität von Mehrscheiben-Isolierglas aus Spiegelglas bestehen ausführliche Richtlinien des Bundesinnungsverbandes des Glaserhandwerkes, Hadamar. Darin ist festgelegt, in welchem Umfang und in welchen Scheibenbereichen Glasfehler (kleine Einschüsse, Blasen, Kratzer) noch zugelassen sind.

Keine Reklamationsgründe bei Isolierglasscheiben sind

Interferenzerscheinungen (Streifen in den Spektralfarben, hervorgerufen durch Planparallelität von Scheiben),

Doppelscheibeneffekte (Spiegelungen und Verzerrungen durch prinzipbedingte Durchbiegungen der Scheiben infolge von Temperatur- oder Druckänderungen),

Anisotropien (Irisationserscheinungen wie leichte Wolken oder Ringe an Einscheibensicherheitsgläsern,

Kondensatbildung auf den Außenflächen.

Lagerung und Schutz vor dem Einbau. Isolierglasscheiben dürfen nur stehend auf Unterlagen gelagert werden, die gewährleisten, daß keine Beschädigungen entstehen. Beim Transport muß darauf geachtet werden, daß keine Verwindungen auftreten.

Müssen Glasscheiben auf der Baustelle gelagert werden, so sind sie in einem trockenen, regelmäßig belüfteten Raum hochkant und mit Luftzwischenraum aufzustellen. Staub mit Nässe schadet der Glasoberfläche. Auf dem Transport entstehen zuweilen „Scheuerflecken" durch Aneinanderreiben feuchter Glasflächen. Sie lassen sich durch zwischen die Scheiben gelegtes Papier vermeiden. Irisierende, bläulich beschlagene oder erblindete Scheiben sind auch dann nicht abzunehmen, wenn sich der Belag noch abwischen läßt.

Ist eine vorübergehende Lagerung im Freien unvermeidlich, sind die Scheiben gegen Wärmeeinstrahlung zu schützen. Insbesondere bei Glaspaketen kommt es oft zu starker Erwärmung, die zum Bruch insbesondere von Ornament- und Drahtglasscheiben führen kann.

Zu beachten ist auch, daß der Randverbund von Isolierglasscheiben sehr empfindlich gegen UV-Strahlung ist.

Bei Arbeiten mit Trennscheiben, Schweißbrennern und Sandstrahlgeräten müssen gelagerte und eingebaute Scheiben sorgfältig gegen nicht reparierbare Oberflächenschäden durch Funkenflug o. ä. geschützt werden.

5.3.2 Bemessung der Glasscheiben

Bei der Fenster- und Türverglasung ist die Scheibendicke von der Scheibengröße abhängig sowie von der Lage der verglasten Außenfläche über Gelände (Windlast s. DIN 1055 T4 und DIN 18056). Die Dicke von Scheiben läßt sich aus dem Diagramm (Bild **5**.51) bestimmen.

Die nachstehenden Berechnungsverfahren berücksichtigen die Windbelastung und gelten daher in der Regel für die Außenscheiben von Isolierverglasungen.

Dem Diagramm liegt eine maximale Windbelastung von 0,60 kN/m², eine zul. Biegespannung von 30 N/mm² und eine Verglasungshöhe von $\leq$ 8,00 m über Gelände zugrunde.

Da Scheibendicken nicht beliebig lieferbar sind, ist entsprechend dem Berechnungsergebnis jeweils die nächst höhere handelsübliche Glasdicke zu wählen.

Beispiel   Scheibengröße 190 × 140 cm, Mindestglasdicke aus dem Diagramm = 4,2 mm, Handelsdicke = 5 mm

Für Einbauhöhen > 8,00 m oder bei höheren Winddruckbelastungen an turmartigen Gebäuden sind die in der nachstehenden Tabelle enthaltenen Zuschlagfaktoren zu berücksichtigen.

Beispiel   Einbauhöhe 8 bis 20 m über Gelände, Scheibengröße 109 × 140 cm, Mindestglasdicke aus dem Diagramm = 4,2 mm, Umrechnungsfaktor aus Tabelle **5**.52 = 1,27; 4,2 × 1,27 = 5,33 mm, gewählt: Handelsdicke 6 mm

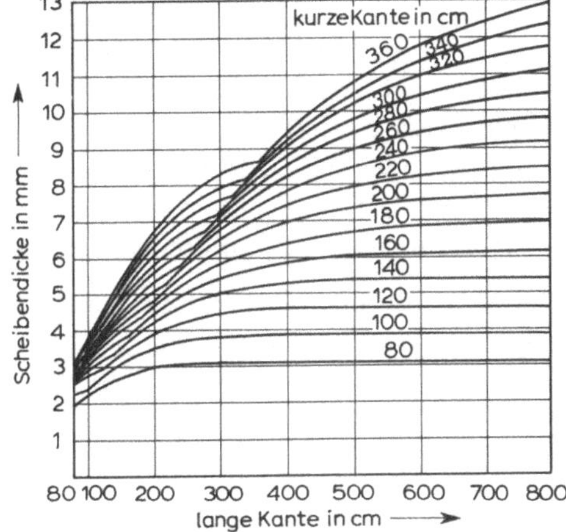

5.51
Glasdicken in Abhängigkeit von Scheibenflächen Gebäudehöhen bis 8,00 m, Winddruck nach DIN 1055 T1

Tabelle **5**.52   Faktoren zur Berücksichtigung der Verglasungshöhe (nach DIN 1055 T4)

Verglasungs- höhe über Gelände	Staudruck q	normales Bauwerk Beiwert $c = 1,2$ Windlast w	Faktor	turmartiges Bauwerk Beiwert $c = 1,6$ Windlast w	Faktor
in m	in kN/m²	in kN/m²		in kN/m²	
$\leq$ 8	0,50	0,60	1,00	0,80	1,16
8 bis 20	0,80	0,96	1,27	1,28	1,46
20 bis 100	1,10	1,32	1,48	1,76	1,72
> 100	1,30	1,56	1,61	2,08	1,87

(Als turmartig gilt ein Bauwerk, dessen Höhe für mindestens eine Ansicht größer als das Fünffache der durchschnittlichen Breite ist.)

Für die Innenscheiben kann angenommen werden, daß die äußere Scheibe die Windlast aufnimmt und auch bei Sogverhältnissen den Druck auf die innere Scheibe über den geschlossenen Luftzwischenraum überträgt. Wenn keine besonderen Verhältnisse vorliegen, kann die Dicke der Innenscheibe das 0,7fache der zuvor für die Außenscheibe bestimmten Dicke mittragen.

Bei hochbelasteten Scheiben, insbesondere auch für Überkopfverglasungen (s. Abschn. 5.3.5), kann eine besondere statische Berechnung der Scheibendicke nötig sein. Eine Behandlung der speziellen Dimensionarisierungsverfahren würde den Rahmen dieses Werkes sprengen, und es muß auf die von allen Glasherstellern gegebenen Berechnungshilfen verwiesen werden.

5.3.3 Einbau von Verglasungen

Über die Ausführung von Verglasungsarbeiten enthalten die Verdingungsordnung für Bauleistungen in Teil C (DIN 18361) und DIN 18545 besondere Bestimmungen.

Außerdem geben die ständig überarbeiteten Schriften der Beratungsstelle des Glaserhandwerks Richtlinien, z. B. über Glas-Abdichtungsmaterialien, Klotzungen, Ganzglaskonstruktionen mit Glaszementverbindungen usw.

Unterschieden werden

— Verglasungen mit Dichtstoffen

— Verglasungen mit Dichtprofilen

— Verglasungen mit Dichtprofilen und elastischen Dichtstoffen.

Anforderungen an die Glasfalze

Die Abmessungen der Glasfalze richten sich nach DIN 18545 T1 (Bild **5.53**).

Die Falzhöhe h muß mindestens betragen bei einer größten Scheibenseite

bis   100 cm: 18 mm

über 100 bis 250 cm: 18 mm

über 250 bis 400 cm: 20 mm

Bei kleinen Scheiben bis 50 cm Kantenlänge kann die Falztiefe auf 14 mm reduziert werden. In jedem Fall muß die Randverklebung der Isolierglasscheiben vor Sonneneinstrahlung geschützt bleiben.

Der Glaseinstand g soll ⅔ der Falztiefe, jedoch nicht mehr als 20 mm betragen.

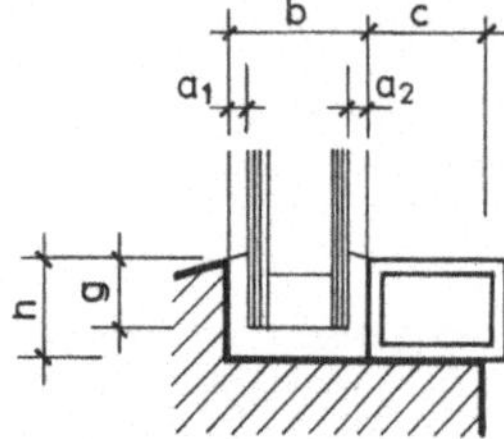

5.53 Maße von Glasfalzen
(s. auch Tab. **5.57**; $c \geq 14$ mm)

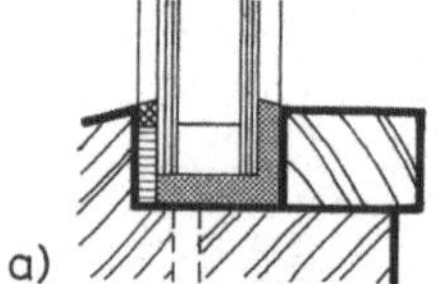
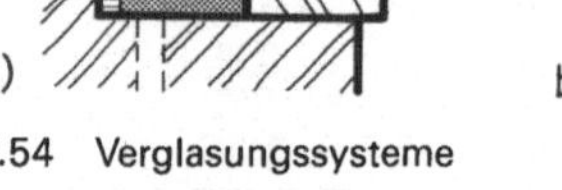
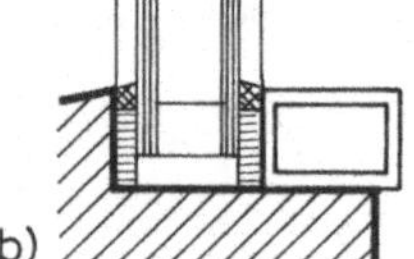

5.54 Verglasungssysteme
a) verfüllter Falzraum
b) dichtstofffreier Falzraum

Bei der Verglasung werden unterschieden:

— Verglasungen mit ausgefülltem Falzraum (Va). Diese frühere Standardausführung ist nur noch für Holzfenster zugelassen (Bild **5.54**a), wird aber von fast allen Isolierglasherstellern abgelehnt.

— Verglasungen mit dichtstofffreiem Falzraum (Vf) (Bild **5.54**b und **5.55**).

Lufteinschlüsse in Falzraumfüllungen führten in Verbindung mit Undichtigkeiten der Verglasung zu Feuchtigkeitsanreicherung im Falzraum und zu Bedingungen, die Ursache für Schäden am Randverbund von Isolierglasscheiben waren. Daher wird – auch bei Holzfenstern – jetzt die Verglasung mit dichtstofffreiem Falzraum vorgezogen.

Die Verglasung von Holzfenstern mit dichtstofffreiem Falzraum kann ausgeführt werden

— mit Vorlegebändern und Dichtstoff (Bild **5.55**a)

— mit Kombinationen aus Vorlegebändern und Dichtstoff mit Dichtprofilen (Bild **5.55**b)

— mit Dichtstoff ohne Vorlegebänder (Bild **5.55**c)

— mit Dichtprofilen (s. S. 380 und Abschn. 5.5.4.1).

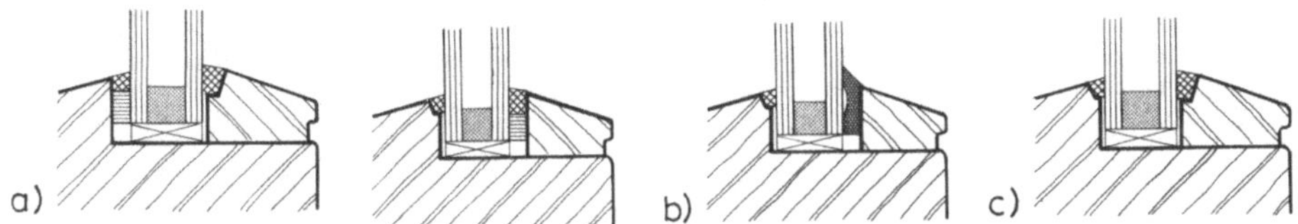

5.55 Verglasung von Holzfenstern mit dichtstofffreiem Falzraum (Falzentlüftung nicht dargestellt)
 a) mit Vorlegeband (außen oder innen) und Dichtstoff (Versiegelung)
 b) mit Versiegelung außen; innen mit Dichtungsprofil
 c) ohne Vorlegebänder mit Versiegelung (vergrößerte Nuten für Dichtstoff)

Die Abdichtung zwischen Scheibe und Rahmen bei Verglasungen mit oder ohne Vorlegebändern wird in der Praxis vielfach auch als „Versiegelung" bezeichnet.

Die Ausführung nach Bild **5.55**a ist zur Zeit immer noch die am weitesten verbreitete Verglasungsart von Holzfenstern.

Die verbesserten Fertigungstechniken der Fenster, durch die eine außerordentlich ebene Falzebene erreicht werden kann, erlauben es neuerdings, für Fenster nach DIN 50010 T1 bei der Verglasung mit normalen Isoliergläsern auf Vorlegebänder zu verzichten.

Diese Verglasungsart ist jedoch auf Scheibengrößen bis 6 m^2 und mit Kantenlängen bis zu 3 m beschränkt und nicht zugelassen für Schaufenster, Brandschutzverglasungen und ähnliche Sonderverglasungen.

Im übrigen müssen vor dem Verglasen alle Glasfalze, insbesondere in den Ecken, ganz eben und sauber sein, damit die Scheiben nicht durch Pressungen an den Ecken und Kanten beschädigt werden und die Scheiben fachgerecht verklotzt werden können.

Die Dicke der Dichtstoff-Vorlage variiert zwischen 3 und 6 mm.

Beim Einkleben der Vorlagebänder muß sorgfältig darauf geachtet werden, daß ein Versiegelungsquerschnitt von mindestens 3 × 5 mm verbleibt.

Das Maß *a* für die innere und äußere Dichtstoffvorlage ist Tabelle **5.56** zu entnehmen.

Durch Öffnungen zwischen Falzraum und Außenluft muß für Dampfdruckausgleich und für die Abführung von Tauwasser gesorgt werden (Bild **5.57**). Öffnungen zum Dampfdruckausgleich sind in Vorkammern zu führen und dürfen nicht direkt Winddruck ausgesetzt werden. Wenn das bei Festverglasungen nicht möglich ist, sind Abdeckkappen vor den Öffnungen anzubringen mit höchstens 60 cm Abstand. Auf keinen Fall soll der Dampfdruckausgleich zum Innenraum möglich sein, da sonst mit überhöhtem Schwitzwasseranfall im Falzraum gerechnet werden muß.

Tabelle **5.**56   Mindestdicken der Dichtstoffvorlagen a_1 und a_2 nach DIN 18545 Teil 1 (s. Bild 5.53)

Längste Seite der Verglasungseinheit	Werkstoff des Rahmens				
	Holz	Kunststoff, Oberfläche		Metall, Oberfläche	
		hell	dunkel	hell	dunkel
in cm	a_1 und a_2[1]) in mm				
bis 150	3	4	4	3	3
über 150 bis 200	3	5	5	4	4
über 200 bis 250	4	5	6	4	5
über 250 bis 275	4	–	–	5	5
über 275 bis 300	4	–	–	5	–
über 300 bis 400	5	–	–	–	–

[1]) Die Dicke der inneren Dichtstoffvorlage a_2 darf bis zu 1 mm kleiner sein. Nicht angegebene Werte sind im Einzelfall mit dem Dichtstoffhersteller zu vereinbaren.

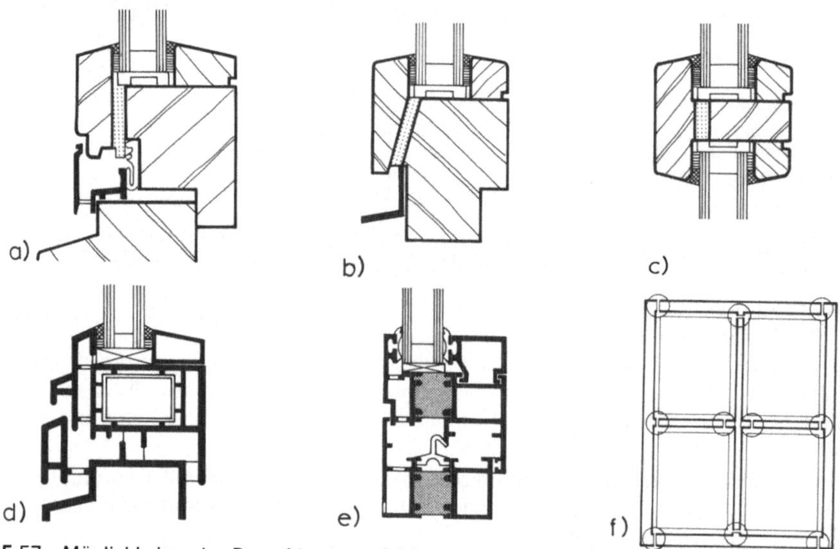

5.57   Möglichkeiten des Dampfdruckausgleiches

a) Fensterflügel aus Holz
b) Festverglasung, Holzfenster
c) Sprossenfenster aus Holz
d) Kunststoff-Fenster
e) Leichtmetallfenster
f) Lage der Ausgleichsöffnungen bei Sprossenfenstern

Beanspruchungsgruppen

Die Auswahl der geeigneten Verglasungsbauart erfolgt auf Grund der Beanspruchungen, denen die Fenster ausgesetzt sind, aus

— Winddruck und -sog, abhängig von der Gebäudehöhe (erforderliche Glasdicke s. Abschn. 5.3.2)

— Scheibengrößen (Kantenlänge, Rahmenmaterial, Dichtstoffvorlage)

— Einwirkung von der Raumseite (Feuchtigkeit, mechanische Beanspruchungen)

— Öffnungsart.

Für die Auswahl der geeigneten Konstruktion gibt die Tabelle **5.**58 des Instituts für Fenstertechnik e.V., Rosenheim, Empfehlungen.

Tabelle **5.58**   Beanspruchungsgruppen zur Verglasung von Fenstern

Beanspruchungsgruppen	1	2	3		4		5	
Verglasungssysteme nach DIN 18545 Teil 5 / Schematische Darstellung								
Kurzzeichen	Va 1	Va 2	Va 3	Vf 3	Va 4	Vf 4	Va 5	Vf 5

Beanspruchung aus

Bedienung	Zuordnung über die Öffnungsart				
	Festverglasung, Drehfenster, Drehkippfenster				
			Schwingfenster, Hebefenster und Fenster mit vergleichbarer Beanspruchung		

Umgebungseinwirkung	Zuordnung über Einwirkung von der Raumseite			
			Feuchtigkeit	
			Mechanische Beschädigung	

Scheibengröße — Zuordnung über Rahmenmaterial, Kantenlänge und Dichtstoffvorlage

Rahmenmaterial	Dichtstoffvorlage	Farbton	1	2	3	4	5
Aluminium / Aluminium-Holz / Stahl	3 mm	hell			Kantenlänge bis 0,80 m	bis 1,00 m	bis 1,50 m
		dunkel			bis 0,80 m	bis 1,00 m	bis 1,50 m
	4 mm	hell			bis 1,50 m	bis 2,00 m	bis 2,50 m
		dunkel			bis 1,25 m	bis 1,50 m	bis 2,00 m
	5 mm	hell			bis 1,75 m	bis 2,25 m	bis 3,00 m
		dunkel			bis 1,50 m	bis 2,00 m	bis 2,75 m
Holz	3 mm		Kantenlänge bis 0,80 m	bis 1,00 m	bis 1,50 m	bis 1,75 m	bis 2,00 m
	4 mm				bis 1,75 m	bis 2,50 m	bis 3,00 m
	5 mm				bis 2,00 m	bis 3,00 m	bis 4,00 m
Kunststoff	4 mm	hell			Kantenlänge bis 0,80 m	bis 1,00 m	bis 1,50 m
		dunkel			bis 0,80 m	bis 1,00 m	bis 1,50 m
	5 mm	hell			bis 1,50 m	bis 2,00 m	bis 2,50 m
		dunkel			bis 1,25 m	bis 1,50 m	bis 2,00 m
	6 mm	dunkel			bis 1,50 m	bis 2,00 m	bis 2,50 m

Scheibengröße — Belastung der Glasauflage in Abhängigkeit der Gebäudehöhe

Gebäudehöhe	Lastannahme	Scheibengröße bis 0,5 m²	bis 0,8 m²	bis 1,8 m²	bis 6,0 m²	bis 9,0 m²
8 m	0,60 kN/m²	Belastung bis 0,16 N/mm	bis 0,22 N/mm	bis 0,35 N/mm	bis 0,70 N/mm	bis 0,90 N/mm
20 m	0,96 kN/m²	bis 0,25 N/mm	bis 0,35 N/mm	bis 0,55 N/mm	bis 1,10 N/mm	bis 1,40 N/mm
100 m	1,32 kN/m²	bis 0,35 N/mm	bis 0,50 N/mm	bis 0,75 N/mm	bis 1,50 N/mm	bis 1,90 N/mm

Beispiel zur Anwendung von Tab. 5.58

Für einen 13 m hohen Verwaltungsbau sind dunkelgrüne Aluminiumfenster mit Mehrscheiben-isolierglas vorgesehen. Es handelt sich um Drehkippfenster. Die größte Flügelabmessung beträgt 1,20 m × 1,65 m.

1. Öffnungsart:	Drehkipp	→ BG 1
2. Belastung von der Raumseite (normal oder erhöht):	normal	→ BG 1
3. Beanspruchung aus		
— Rahmenmaterial:	Aluminium	
— Farbe:	dunkel	
— Dichtstoffvorlage (gewählt):	5 mm	→ BG 4
— Kantenlänge:	1,65 m	
Höchste ermittelte Beanspruchungsgruppe:		→ BG 4
Erforderliche BG: Verglasung entsprechend Verglasungstabelle IFT:		→ BG 4
Gewähltes Verglasungssystem: Verglasungssystem DIN 18545		→ Vf 4
Geeigneter Dichtstoff zur Versiegelung: Dichtstoff DIN 18545 gemäß Tabelle 5.59		→ D

Tabelle **5**.59   Verglasungssysteme (DIN 18 545 Teil 3)

Beanspruchungsgruppe		1	2	3	4	5
Verglasungssysteme mit ausgefülltem Falzraum[1]						
Kurzbezeichnung		Va 1	Va 2	Va 3	Va 4	Va 5
Schematische Darstellung						
Dichtstoffgruppe nach DIN 18545 Teil 2 für	Falzraum	A[1]	B	B	B	B
	Versiegelung	–	–	C	D	E
Verglasungssysteme mit dichtstofffreiem Falzraum						
Kurzbezeichnung				Vf 3	Vf 4	Vf 5
Schematische Darstellung						
Dichtstoffgruppe nach DIN 18545 Teil 2	für Falzraum			–	–	–
	für Versiegelung			C	D	E

Erläuterung: ▨ Dichtstoff des Falzraumes   ▨ Dichtstoff der Versiegelung   ▤ Vorlegeband

[1] Für das Verglasungssystem Va 1 dürfen auch Dichtstoffe der Gruppe 8 eingesetzt werden, wenn sie von den Herstellern dafür empfohlen werden.

V	Verglasungssystem
a	ausgefüllter Falzraum
f	dichtstofffreier Falzraum
1 bis 5	Beanspruchungsgruppen für die Verglasung von Fenstern

Dichtstoffe

Man unterscheidet nach DIN 18361

— erhärtende Dichtstoffe (Kitte)

— plastisch bleibende Dichtstoffe (Spezialkitte)

— elastisch bleibende Dichtstoffe (Versiegelungsmassen)

Die Hersteller von Dichtstoffen ordnen ihre Produkte eigenverantwortlich entsprechend DIN 18545 T2 je nach Beanspruchbarkeit in die Dichtstoffgruppen A–E ein (Tabelle **5**.59).

Alle Dichtstoffe und Dichtprofile müssen im Sinne der DIN 52460 (Prüfung von Materialien für Fugen im Hochbau; Begriffe) verträglich sein.

Unbehandeltes oder nur grundiertes Holz bietet keinen geeigneten Haftgrund für Versiegelungen. Holzfenster dürfen daher erst nach dem ersten Zwischenanstrich verglast werden, der alle Verglasungsfalze überall gut decken muß.

Je nach Untergrund muß zur Haftverbesserung ein Primer eingesetzt werden.

Die Dichtstoffoberfläche ist nach dem Einbringen mit einem Gleitmittel zu besprühen und mit einem Kunststoffspachtel so abzuziehen, daß eine hohlraumfreie gleichmäßige Verfüllung der Versiegelungsfuge gewährleistet ist. Der Dichtstoff darf dabei nicht auf das Rahmenholz verschmiert werden, weil sonst die einwandfreie Ausführung von Schluß- oder Erneuerungsanstrichen unmöglich werden kann.

Die Dichtstoffe werden insbesondere an der Außenseite durch Bewitterung, Temperaturänderung, Winddruck und – bei Holzfenstern – durch Quellen und Schwinden des Rahmenholzes beansprucht.

Besondere Beanspruchungen bestehen darüber hinaus bei Fenster in Räumen mit Klimaanlagen, Feuchträumen (Schwimmbäder), Blumenfenstern u. ä.

Die dauerhafte Funktion der Glasabdichtung ist daher nur dann gesichert, wenn innerhalb der nach Tabelle **5**.55 zu wählenden Dichtstofftypen der Verarbeiter aufgrund seiner Erfahrungen das am besten geeignete Produkt auswählt. Dabei ist insbesondere die Verarbeitbarkeit (abhängig besonders von der Temperatur während der Einbringung), die Verträglichkeit mit dem Rahmenwerkstoff und die Verträglichkeit mit vorhandenen Anstrichen zu berücksichtigen.

Für die Verglasung von Mehrscheiben-Isoliergläsern dürfen allenfalls n i c h t a u s h ä r t e n d e formbare Dichtstoffe verwendet werden. Sie müssen blasenfrei und unter den vom Hersteller festgelegten Temperaturbedingungen eingebracht werden. In den meisten Fällen wird jedoch die Verglasung mit dichtstofffreiem Falzraum empfohlen.

Bei der Verglasung mit formbaren e r h ä r t e n d e n D i c h t s t o f f e n kommt der jahrhundertelang bewährte billige Glaserkitt (15% Leinöl und 85% mineralische Füllstoffe, z. B. Kreide) heute nur noch für kleinere Holzfenster mit geringer Beanspruchung mit Einfachverglasung in untergeordneten Räumen in Frage.

Dichtprofile

Aluminium- und Kunststoff-Fenster werden in der Regel mit Dichtprofilen aus Neoprene (Polychloroprene), EPDM (früher APTK), PVC weich oder Silikon verglast. Sie werden in die Rahmenprofile eingerollt oder eingeschoben und beziehen den erforderlichen Anpreßdruck entweder aus dem Profil-Eigendruck, aus einstellbaren Druckelementen in den Glasleisten oder selbstnachstellenden Federelementen (Bild **5**.60).

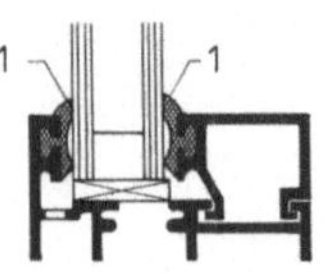

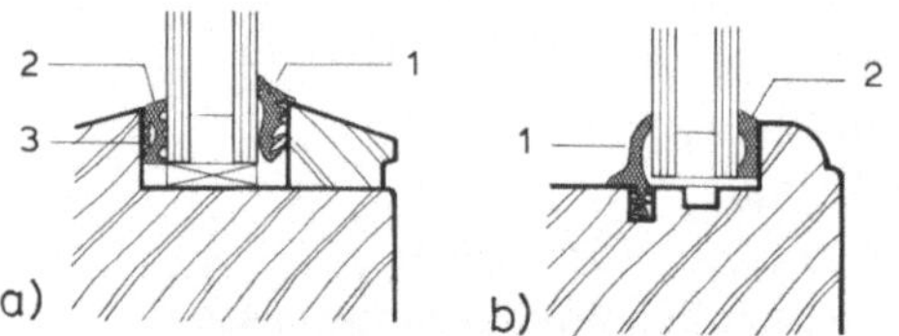

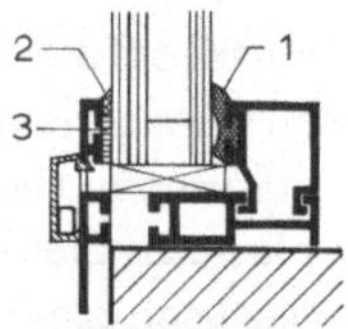

5.60 Verglasung
      mit Dichtprofil
      1 Dichtprofil

5.61 Verglasungssystem mit Dichtprofilen
      (Trockenverglasung) für Holzfenster
      1 Keilprofil
      2 Celloprofil
      3 Selbstklebeband auf den Dichtprofilen

      (Värnamo Gummifabrik AB)

5.62 Verglasung mit
      Dichtprofil und
      elastischen
      Dichtstoffen
      1 Dichtprofil
      2 Versiegelung
      3 Vorlegeband

Dichtprofile müssen auf das Fenstersystem abgestimmt sein und die Dickentoleranzen der Scheiben aufnehmen können. An den Ecken sind die Profile dicht auf Gehrung zu verbinden (z. B. durch Verklebung oder Vulkanisation). Vorgefertigte Eck-Formstücke erleichtern die Ausführung. Auch für Holzfenster sind verschiedene Systeme von Dichtprofilen auf den Markt gekommen (Bild **5.61**).

Es muß durch entsprechende Profilgestaltung dafür gesorgt werden, daß feuchtigkeits- und wuchsbedingte Verformungen der Rahmenhölzer, insbesondere Quell- und Schwindbewegungen senkrecht zur Scheibenebene, nicht zu Undichtigkeiten zwischen Rahmen und Dichtprofil führen können.

Die Dichtprofile müssen gegen Verschiebungen im Falz einwandfrei gesichert werden. Dazu werden ähnlich wie bei Leichtmetall- oder Kunststoff-Fenstern kleine Nutungen oder Hinterfräsungen in den Falzebenen hergestellt oder die Profile werden einseitig eingeklebt. In jedem Fall ist äußerst sorgfältige Arbeit erforderlich. Die Eckstöße der Dichtprofile müssen unbedingt dicht sein. Sie werden bei Elastomerprofilen durch Vulkanisierung verbunden. Bei anderen Materialien werden auch Keilschnitte ausgeführt, bei denen die Dichtlippen an den Knickstellen der Ecken nicht durchtrennt werden.

Im übrigen muß sichergestellt sein, daß die Dichtprofile ohne Überdehnung und mit dem erforderlichen Anpreßdruck eingebaut werden.

Wenn regelmäßige Wartungsanstriche unterbleiben oder wenn die Schichtdicke insbesondere bei lasierenden Anstrichen zu gering ist, werden Dichtungsprofile leicht von Feuchtigkeit unterwandert. Es kann dann zu folgenschweren Schäden in den Glasfalzen kommen.

Bei Holzfenstern, weniger bei Kunststoff- oder Leichtmetallfenstern, sind auch Verglasungen mit raumseitigen Dichtprofilen in Verbindung mit Versiegelung – mit oder ohne Vorlegebändern – nur an der Außenseite möglich (Bilder **5.55**b und **5.62**).

Glashalteleisten

Glashalteleisten sind in der Regel auf den Fenster i n n e n seiten anzuordnen. Nur bei Hallenbädern und bei Schaufenstern sind außenliegende Glashalteleisten zugelassen bzw. zweckmäßig. In diesen Fällen müssen sie außen zusätzlich zum Rahmen hin abgedichtet werden und mit korrosionsgeschützten Befestigungsmitteln montiert werden.

Im übrigen müssen Glashalteleisten mindestens 14 mm auf dem Glasfalz aufliegen (c in Bild **5.53**). Sie müssen leicht abnehmbar sein. Die Befestigungspunkte müssen mindestens 5 cm von den Rahmenecken entfernt sein und sollen Höchstabstände von

35 cm haben. Glashalteleisten müssen ebenso wie der Falzgrund vor dem Verglasen ausreichend korrosionsgeschützt sein bzw. bei Holzfenstern durch Voranstriche geschützt sein, die mit den Dichtstoffen verträglich sind.

Verklotzung

Fensterflügel erhalten ihre Steifigkeit (Diagonalaussteifung) erst in Verbindung mit der Verglasung. Auch zur einwandfreien Abtragung des Glasgewichtes auf den Rahmen müssen daher die Scheiben „verklotzt" werden: In den Zwischenraum zwischen Scheibe und Falzbett (vgl. Bild **5.**53, Maß h bis g) werden mindestens 100 mm lange Klötzchen aus Hartholz, Hartgummi oder Neoprene eingeschoben, die 2 mm breiter als die Dicke der Scheiben sein müssen. Bei besonders großflächigen bzw. schweren Isolierscheiben ist die Klotzlänge zu vergrößern.

Der Abstand der Klötze von den Scheibenecken muß mindestens eine Klotzlänge betragen. An keiner Stelle dürfen die Scheiben den Rahmen berühren, und es müssen starre Einspannungen vermieden werden (Bild **5.**63).

Unterschieden werden Tragklötze (Scheiben-Auflager) und Distanzklötze (Ausrichtung und Sicherung gegen Verschieben).

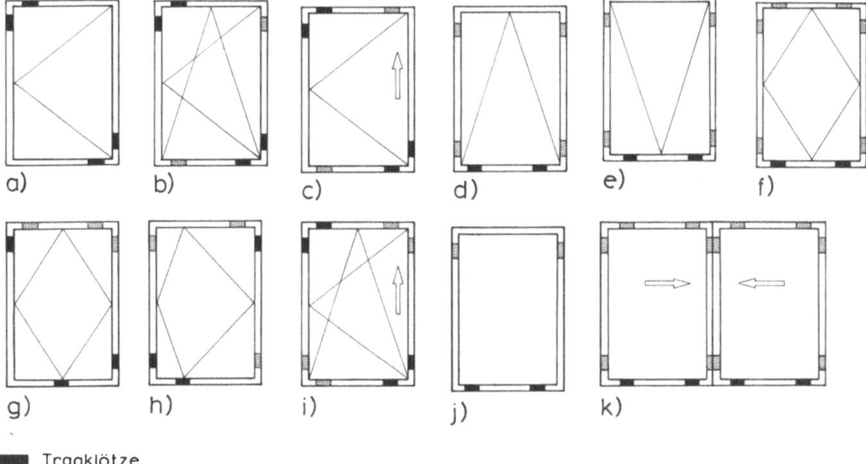

■■■ Tragklötze
▒▒▒ Distanzklötze

5.63 Verklotzen von Fensterscheiben
   a) Drehflügel
   b) Drehkippflügel
   c) Hebe-Drehflügel
   d) Dippflügel
   e) Klappflügel
   f) Schwingflügel
   g) Wendeflügel, mittig
   h) Wendeflügel, außermittig
   i) Hebe-Drehkipp-Flügel
   j) feststehende Verglasung
   k) Horizontal-Schiebefenster

Für die Verklotzung von Modellscheiben sind in Bild **5.**64 einige Beispiele gegeben [17].

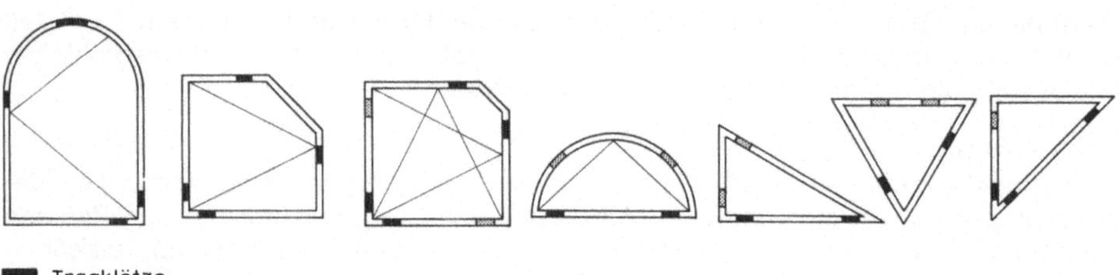

■ Tragklötze
▒ Distanzklötze

5.64 Verklotzung von Modellscheiben

Die Verklotzung darf den Dampfdruckausgleich und Wasserableitungen aus dem Falzraum nicht behindern. Bei glattem Falzgrund müssen bei dichtstofffreiem Falzgrund
daher Klotzbrücken verwendet werden. Stege und Nuten sind in ähnlicher Weise
stabil zu überbrücken (Bild **5.65**, vgl. auch Bild **5.56**). Im übrigen müssen die Klötze
verkantungsfrei und vollflächig auf Scheibe und Falzgrund aufliegen.

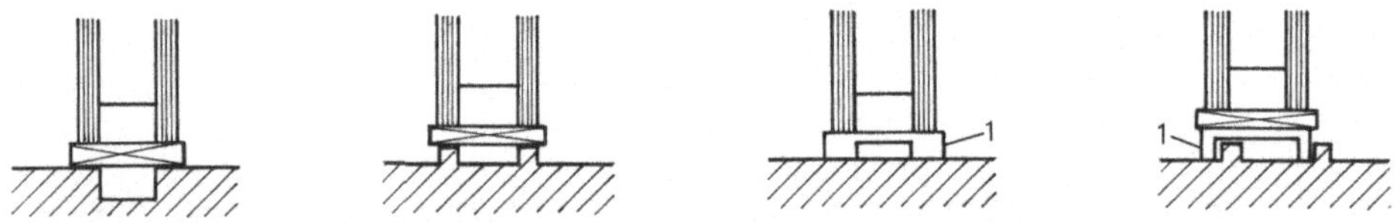

5.65 Verklotzung bei dichtstofffreiem Falzraum (Falzraumentlüftung nicht eingezeichnet)
       1 Klotzbrücken

Einige häufig anzutreffende Verklotzungsfehler zeigt Bild **5.66**. Bei Schrägverglasungen
muß der Falzgrund senkrecht zur Verglasungsebene liegen, damit eine einwandfreie
Verklotzung möglich ist (Bild **5.67**).

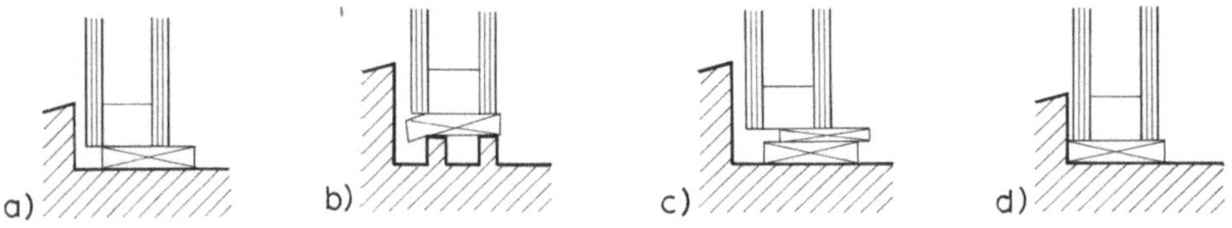

5.66 Verklotzungsfehler
       a) Scheibe sitzt nicht voll auf
       b) Klotzmaterial ungeeignet für Scheibengewicht
       c) falsches Falzraummaß durch „Klotzstapel" ausgeglichen
       d) Klotzung behindert Falzbelüftung bzw. -entwässerung

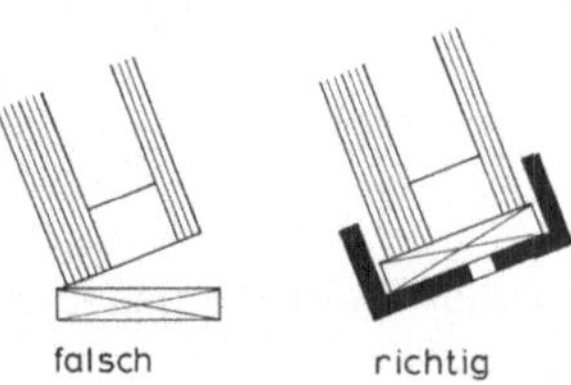

5.67
Verklotzung bei Schrägverglasungen

5.3.4 Sprossenfenster

Neben der Problematik kleinformatiger Mehrscheiben-Isoliergläser (vgl. Abschn. 5.3.1) ergeben sich für Sprossenfenster auch gestalterische Schwierigkeiten, denn die heute erforderlichen Falztiefen (s. Bild **5.53**) ergeben recht klobige Sprossenabmessungen. Sie können allenfalls durch Profilierungen optisch etwas gemildert werden (Bild **5.68**a). Bei Leichtmetall- und Kunststoff-Fenstern beträgt die Sprossenbreite bei allen Systemen sogar ca. 70 mm (Bild **5.68**b). Hinzu kommt, daß Sprossenaufteilungen in der Regel zu einer erheblichen Verschlechterung des Schallschutzes der Fenster führen.

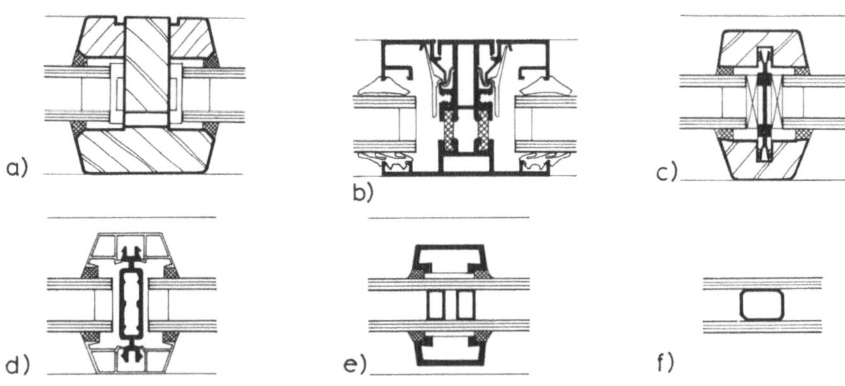

5.68 Sprossen
a) Holzsprosse, b) Leichtmetallsprosse, c) Holzsprosse mit Leichtmetallsteg, d) Kunststoffsprosse mit Aluminiumsteg, e) imitierte aufgeklebte Sprosse, f) imitierte eingebaute Sprosse

Aus allen diesen Gründen wird auf verschiedene Weise versucht, die Sprossen zwar optisch in Erscheinung treten zu lassen, sie jedoch technisch anders auszuführen.

Eine Verringerung der Sprossenbreite ist bei Holz- und Kunststoff-Fenstern möglich, wenn Leichtmetallstege die Glashalteprofile verbinden (Bild **5.68**c und d). Der optische Eindruck von Sprossenfenstern kann auch annähernd erreicht werden, wenn bei durchlaufender Verglasung die Sprossenprofile lediglich vorgesetzt werden (Bild **5.68**e) oder bei der Fabrikation der Verglasung zwischen die Scheiben gesetzt werden (Bild **5.68**f). Derartige Imitationen sind jedoch nicht nur gestalterisch, sondern auch bauphysikalisch fragwürdig. Insbesondere, wenn Sonnen- oder Wärmeschutzgläser verwendet werden, kommt es durch unterschiedliche Erwärmung der Scheiben in der Fläche bzw. im abgeschatteten Sprossenbereich zu Spannungen in den Gläsern, die oft zum Bruch führen. Abhilfe ist allenfalls durch Erhöhung der Glasdicken oder durch Verwendung vorgespannter Gläser möglich.

5.3.5 Schrägverglasungen (Überkopfverglasungen)

Für Eingangsüberdachungen, Pergolen, besonders aber für die in letzter Zeit in überaus vielfältigen Formen (z. B. wie in Bild **5.69**) gebauten Glasarchitekturen für Erker, Glasvorbauten, Dachaufbauten und Wintergärten mit fest verglasten geneigten Dachflächen werden besondere Anforderungen an die Glaskonstruktion gestellt.

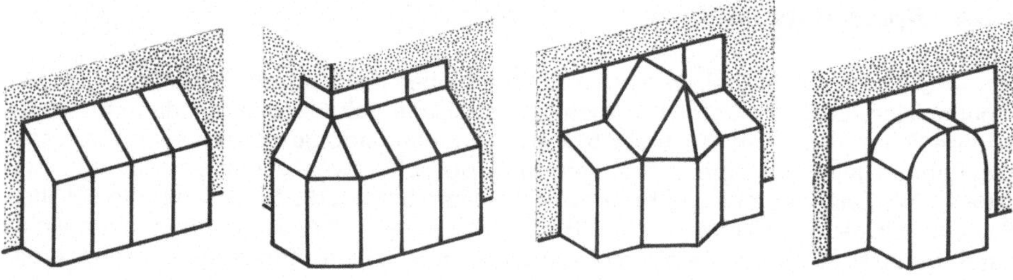

5.69 Erker und Glasvorbauten

Neben der gestalterischen Bereicherung werden derartige Glaskonstruktionen auch unter dem Aspekt der Energieeinsparung und zur Steigerung des Nutzungswertes eingesetzt.

Bei Wintergärten und Glaserkern werden unterschieden:

— unbeheizte Vorbauten (die passive Nutzung der Sonnenenergie ist vorrangig; die gebildeten Räume sind für Pflanzungen oder als Wohnräume nur bedingt geeignet),

Durch die Nutzung der Sonnenenergie für Heizung im Winter und für Brauchwasserbereitung im Sommer wurden an Vergleichsobjekten von Einfamilienhäusern nach Berechnungen und Messungen verschiedener Autoren Energieeinsparungen bis 15% erzielt. Für die vielfältigen Problemstellungen auf diesem Gebiet – allein für Fragen der Be- und Entlüftung und der Regelung von Sonneneinstrahlung und Beschattung – muß allerdings auf Spezialliteratur verwiesen werden.

— beheizte Vorbauten (die gebildeten Räume sollen ganzjährig als Wohnraum u. ä. genutzt werden; sie müssen den Anforderungen der Wärmeschutzverordnung und DIN 4108 hinsichtlich des winterlichen und sommerlichen Wärmeschutzes entsprechen).

Konstruktiv sind bei Schrägverglasungen („Überkopfverglasungen") zusätzlich zu den Anforderungen an senkrechte Verglasungen und Fenster besondere Beanspruchungen zu berücksichtigen, insbesondere, wenn derartige Konstruktionen an öffentliche Verkehrsflächen angrenzen.

Die zu beachtenden Vorschriften sind in den einzelnen Bundesländern nicht einheitlich. In der Regel wird verlangt:

— Die Vorschriften für Wände, Decken und Dächer sind sinngemäß hinsichtlich Standfestigkeit und Brandschutz zu beachten.

Somit sind Berechnungen zur Standsicherheit der Konstruktionen und der Verglasung auf der Grundlage von DIN 1055 erforderlich. Es wird nach den bisherigen Erfahrungen empfohlen, mit Hinblick auf die Verglasung mit Mehrscheiben-Isoliergläsern dabei Durchbiegungen von höchstens $\frac{1}{500}$ der Spannweiten anzustreben.

— Für Arbeiten, die von Dächern auszuführen sind (z. B. Reparaturen an den Verglasungen) müssen sicher benutzbare Vorrichtungen angebracht sein.

— Verglaste Flächen müssen gegen Betreten von angrenzenden Dachterrassen o. ä. durch Umwehrungen gesichert sein.

— Niederschlagwasser muß so abgeleitet werden, daß Bauteile nicht durchfeuchtet werden.

— An öffentlichen Verkehrsflächen und über Ausgängen können Sicherungen gegen das Herabfallen von Eis, Schnee oder Glasstücken verlangt werden.

Bei der Verglasung ist zu beachten:

—für Einfachverglasungen und für die raumseitige Scheibe von Isoliergläsern ist Verbundsicherheitsglas (VSG) erforderlich. Andernfalls werden in den meisten Landesbauordnungen Schutzvorrichtungen gegen das Herabfallen von Glas verlangt. Für offene Vordächer, Verglasungen von Pergolen u.ä. kommen außerdem Acrylglas und Lichtbauplatten (Stegplatten) in Frage (s. Bild **5.**75).

—für Mehrscheiben-Isolierverglasungen und für Doppelverglasungen darf die äußere Scheibe aus Spiegelglas bzw. Fensterglas bestehen. Sicherheitsgläser (ESG oder VSG) sind zwar wesentlich teurer, bieten aber erheblich besseren Schutz gegen Schäden durch Hagelschlag oder herabfallende Gegenstände.

Gußgläser mit Drahtnetzeinlagen sind oft thermisch überfordert und daher entweder nur für Einfachverglasungen wie z.B. für Vordächer oder für durch Sonneneinstrahlung wenig beanspruchte Konstruktionen geeignet.

Für Wintergärten, Erker und Anbauten an Aufenthaltsräumen kommen nur Mehrscheiben-Isolierverglasungen in Frage, die auf speziell für Schrägverglasungen entwickelten Kunststoff- oder Aluminiumprofilsystemen eingebaut werden. Holzkonstruktionen sind nur dann problemlos, wenn keine Querriegel in den schräg verglasten Flächen nötig sind.

Grundsätzlich ist bei der Planung von geschlossenen Vorbauten, Wintergärten usw. der Scheibeneinbau von außen zu berücksichtigen, da die schweren und empfindlichen Isolierglasscheiben kaum einwandfrei über Kopf montiert werden können. Die Verglasung erfolgt in der Regel mit Dichtprofilen und dichtstofffreien Falzräumen.

Besonderes Augenmerk muß dem Dampfdruckausgleich und Entwässerung der Falze gewidmet werden, damit der empfindliche Glasverbund der Isoliergläser keinesfalls ständig der Feuchtigkeit ausgesetzt wird. Die Falzräume von Querriegeln und Pfosten müssen dabei ein zusammenhängendes Entwässerungssystem bilden (Bild **5.**70). Wichtig ist dabei, daß durch entsprechend geformte Profile die Dichtungsebene von der Entwässerungsebene getrennt ist (Bild **5.**71). Jede – auf Dauer fast unvermeidliche – kleine Undichtigkeit zwischen Scheibe und Dichtprofil führt sonst sofort zum Wassereinbruch in den Innenraum.

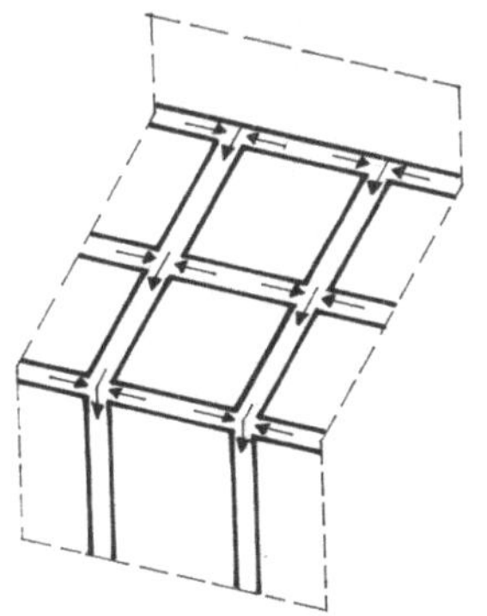

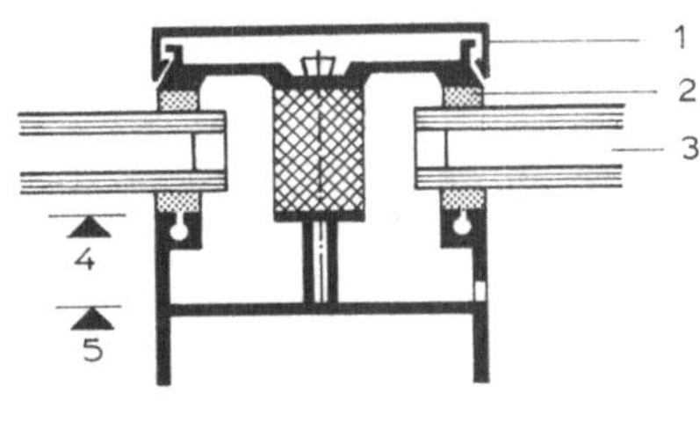

5.70 Falzentwässerung von Schrägverglasungen

5.71 Sprossenprofil mit Wasserführungsebene
1 Glashalteleiste mit Deckkappe
2 Dichtung
3 Isolierglas
4 Dichtungsebene
5 Wasserebene

Nach Möglichkeit sollten die Felder von Schrägverglasungen ohne Querriegel bzw. ohne Glasstöße ausgeführt werden. Wenn das wegen der Größe der Baukörper nicht möglich ist oder wenn sich zu lange und schmale – bauphysikalisch problematische (vgl. Abschn. 5.2) – Glasformate ergeben, können Glasstöße mit Stufenglas ausgeführt werden (Bild **5.**49).

Der Randverbund von Isolierglasscheiben ist an Stößen durch flache Abdeckprofile oder bei Stufengläsern durch aufgeklebte Aluminiumfolien gegen UV-Einflüsse zu schützen, oder es müssen die seit einiger Zeit auf dem Markt befindlichen Spezial-Isoliergläser mit UV-beständigem Randverbund verwendet werden.

Schrägverglasungen sollten mindestens 10° geneigt sein, damit ablaufendes Niederschlagwasser sicher abgeleitet wird und auch am unteren Rand oder an Scheibenstößen über Profilvorsprünge abläuft.

Die Übergänge abgewinkelter schräg verglaster Flächen können bei kleineren Erkern ohne Dachrinnen ausgeführt werden (s. Punkt c und f in Bild **5.**74). Durch Profilüberstände sollte jedoch dafür gesorgt werden, daß das von Schrägflächen ablaufende Wasser möglichst weit vor den senkrechten Verglasungsflächen abtropft. Sonst sind starke Verschmutzungen unvermeidbar.

Dachrinnen (Dimensionierung und Ausführung nach DIN 18460, 18461 und 18469, Abschn. 1.6) sind oft formal störend, konstruktiv aber unbedingt ratsam. Eine Ausführung mit Dachrinne für einen großen Wintergarten zeigt Bild **5.**72.

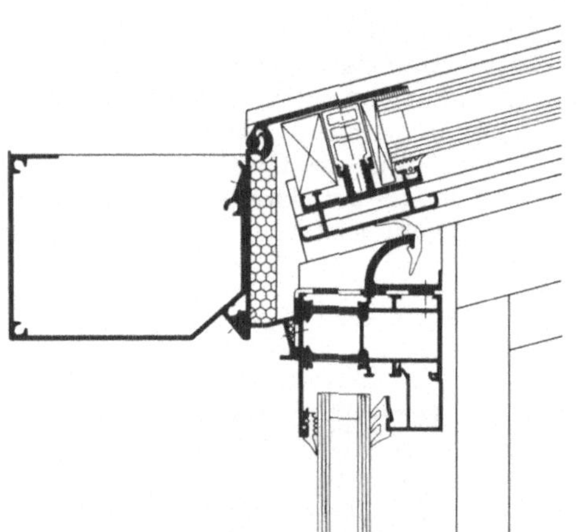

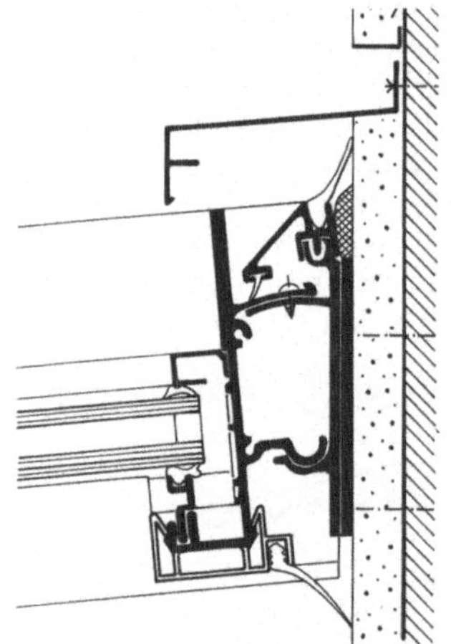

5.72 Traufdetail mit Regenrinne für Wintergarten
(Schrägverglasung hier mit nicht wärmegedämmten Leichtmetallprofilen), WICONA

5.73 Verstellbares Wandanschlußsystem für Wintergärten (HUECK)

Die seitlichen Anschlüsse an die Fassade werden ähnlich wie bei Fenstern ausgeführt.

Für den oberen Wandanschluß werden vorteilhaft verstellbare Anschlußsysteme montiert (Bild **5.**73).

In Bild **5.**74 sind Gesamtschnitte für Erkeranlagen mit wärmegedämmten Profilen gezeigt.

In Punkt a und b ist ein Querriegel und der untere Abschluß für eine Ausführung mit nicht verglastem, wärmegedämmtem Brüstungsfeld dargestellt.

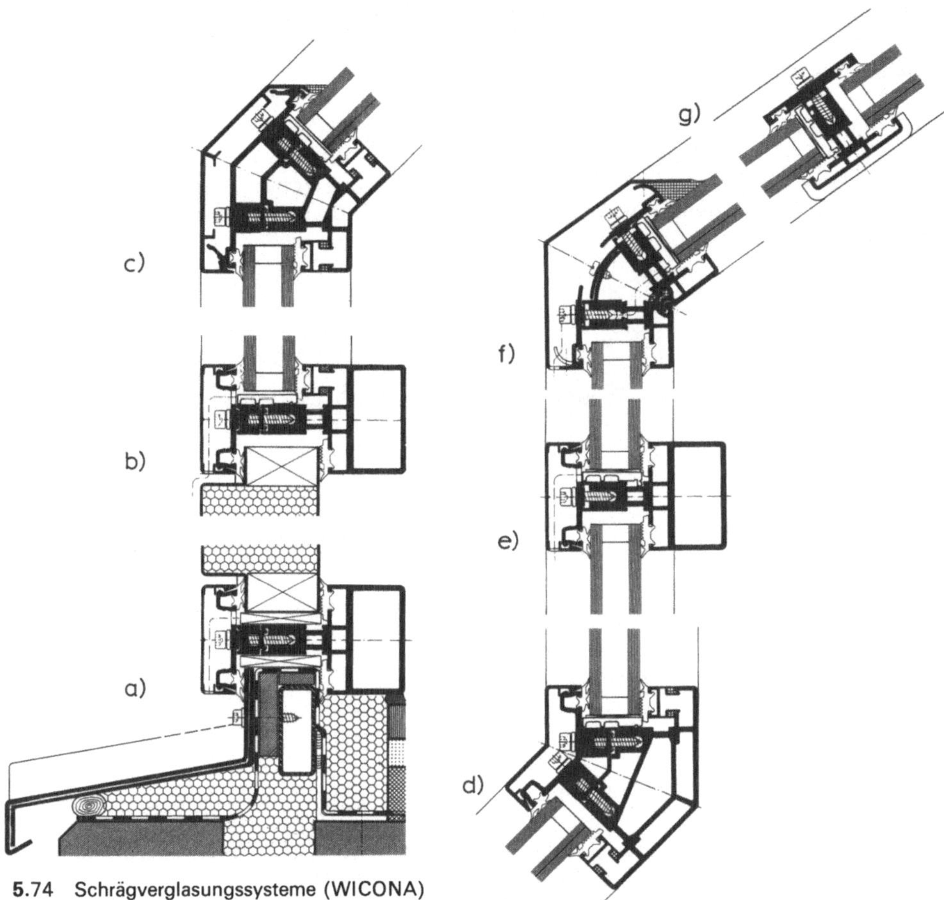

5.74 Schrägverglasungssysteme (WICONA)

An den Knickpunkten sind hier Sprossenprofile entsprechend zugeschnitten und verschweißt (Punkte c und d in Bild **5.**74), oder es werden verstellbare Profile verwendet (Punkt f in Bild **5.**74).

Eine aussteifende Quersprosse kann wie in Punkt e ausgeführt werden. Für Sprossen, die größere liegende Glasflächen unterteilen, ist in Punkt g ein Beispiel gezeigt.

In der Regel erfordern verglaste Vorbauten einen Sonnenschutz. Innenliegende Sonnenschutzeinrichtungen sind zwar weniger aufwendig, aber nicht sehr wirksam. Sonnenschutzgläser (beschichtete Gläser) reichen für beheizte Vorbauten nicht aus. Sie müssen durch zusätzliche – am besten außenliegende – Sonnenschutzeinrichtungen in ihrer Wirkung ergänzt werden. Ihre Wirkung wird durch Hinterlüftung wesentlich verbessert.

Außenliegende Sonnenschutzeinrichtungen sollten durch automatische Steuerungen nciht nur eine zu starke Sonneneinstrahlung verhindern, sondern auch bei drohendem Sturm, Regen oder Hagel wieder eingefahren werden.

Geschlossene Glasvorbauten müssen gut lüftbar sein. Die Lüftung kann durch automatisch gesteuerte Ventilatoren, aber auch auf natürliche Weise durch Druckunterschiede und thermischen Auftrieb bewirkt werden. Eine natürliche Entlüftung ist um so wirksamer, je größer der Höhenunterschied zwischen Zustrom- und Abluftöffnungen ist. Der Querschnitt von Abluftöffnungen sollte mindestens $\frac{1}{6}$ der Grundfläche betragen. Die Entlüftungsöffnungen sollen dabei etwa $\frac{1}{3}$ größer sein als die Zuluftöffnungen.

Konstruktionen, an die keine besonderen Anforderungen hinsichtlich des Wärmeschutzes gestellt werden müssen wie z. B. Vordächer u. ä., können mit Einfachverglasung oder Lichtbauplatten (Stegplatten) auf Walz-, Voll- oder Hohlprofilen aus Holz, Stahl oder Aluminium ausgeführt werden (Bild **5**.75). Es sind aber vorsorglich Kondensatfangrinnen vorzusehen.

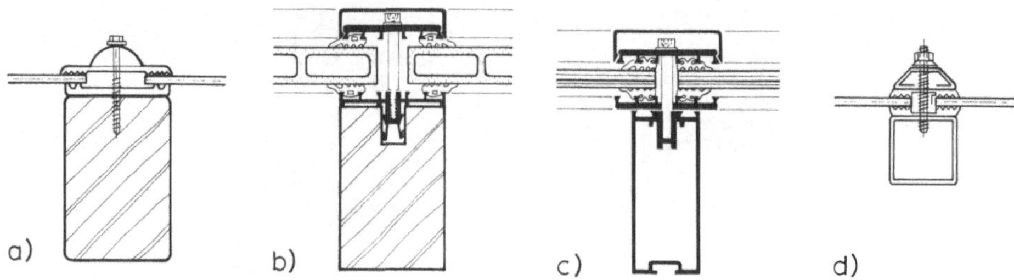

5.75   Schrägverglasung mit Einfachverglasung

    a) Holzunterkonstruktion; Verglasung aufgelegt auf Kunststoffprofil
    b) Holz-Aluminium-Unterkonstruktion mit Lichtbauplatten (Stegplatten)
    c) Aluminium-Unterkonstruktion (BUG)
    d) Stahlrohr-Unterkonstruktion

5.3.6 Hängende Verglasungen

Großflächige, insbesondere sehr hohe Verglasungen von Schaufenstern oder ganzen Fassadenflächen können nur bei Unterteilung in kleinere Teilflächen mit den in Abschn. 5.3.3 bereits beschriebenen Verglasungsverfahren ausgeführt werden. Das Eigengewicht der Scheiben würde sonst zu Verformungen und damit zur Überbeanspruchung der Dichtungen führen.

Große Verglasungsflächen werden daher vielfach in „hängender Verglasung" ausgeführt. Dabei werden die Scheiben am oberen Rand mit starken Metallklammern gefaßt und an den Fassadenrändern bzw. entsprechenden Unterkonstruktionen aus Stahlprofilen aufgehängt (Bild **5**.76 a und b).

Für senkrechte Unterteilungen können übliche Aluminiumprofile verwendet werden. Technisch besteht aber auch die Möglichkeit zur Ausführung von reinen Glaskonstruktionen. Mit Hilfe moderner Klebemittel können die senkrechten Stöße der Glasflächen bei kleineren Scheiben lediglich elastisch verklebt werden. Die Aussteifung wird durch aufgeklebte Stabilisierungsstreifen aus Glas bewirkt (Bild **5**.76 c).

Bei sehr hohen Glaselementen muß die Aussteifung mit kombinierten Glas-Metall-Sprossen ausgeführt werden (Bild **5**.76 d).

Am unteren Rand werden die hängenden Glasflächen in nutartigen Profilen so eingedichtet, daß Vertikalbewegungen (z. B. infolge von Durchhängungen der Deckenränder oder Riegel) ausgeglichen werden können.

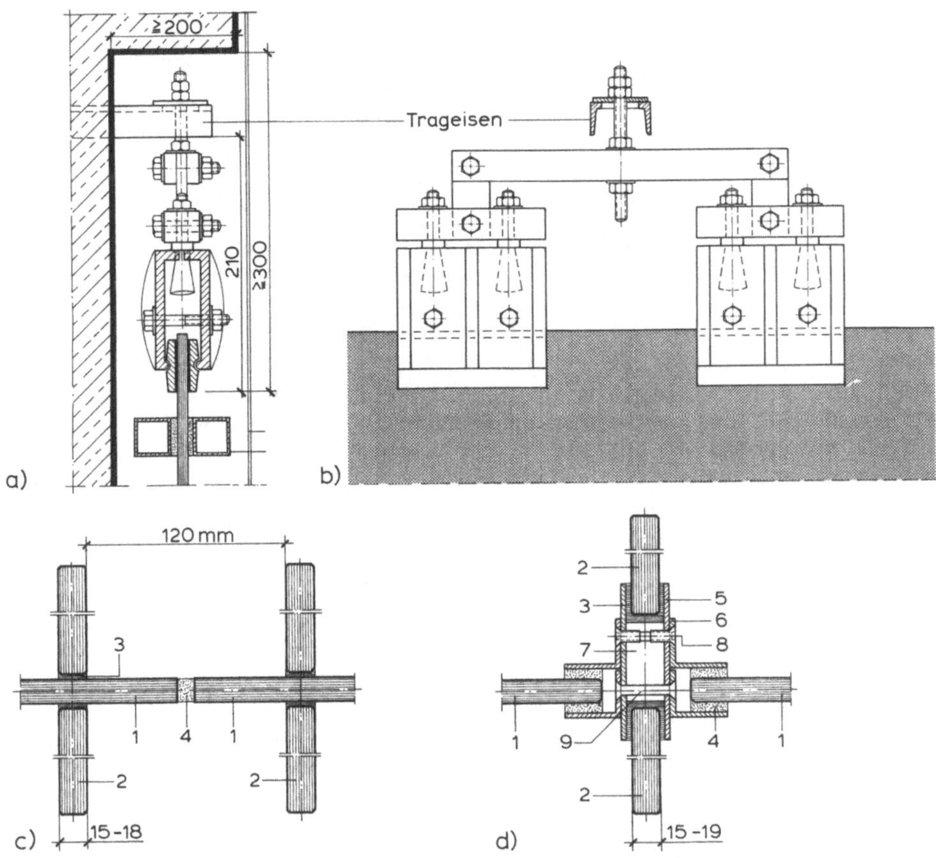

5.76   Aussteifung hängender Verglasung

    a) und b) Hängende Verglasung (patentierte Ausführung Fa. Glasbau H. Hahn, Frankfurt/Main)
    c)   Vierfach-Glasstabilisierung (DBP)
    d)   kombinierte Glas-Metall-Sprosse (DBP und ausländisches Patent)

1 Hauptscheibe	4 weiche Abdichtung	7 Stahlprofil
2 Glasstabilisierung	5 Edelstahlprofil	8 Verschraubung
3 Glaszement	6 Edelstahl-L-Profil	9 Niet

5.4 Beschläge

5.4.1 Allgemeines

Für die Ausführung von Beschlagarbeiten ist DIN 18357 (VOB Teil C) maßgebend,
doch werden dort nur allgemeine Hinweise gegeben, ohne auf die für die verschiedenen
Fensterbauarten wichtigen Bedingungen einzugehen.

Bei der außerordentlichen Vielfalt der auf dem Markt befindlichen Fensterbeschläge
können im Rahmen dieses Buches nur einige allgemein geltende Grundsätze für die
richtige Auswahl und die Bau- und Funktionsarten gemacht werden. Selbstverständlich

müssen alle Beschläge nicht nur der gewünschten Funktion, Größe und Beanspruchung eines Fensters entsprechen, sondern auch der gewählten Fensterbauart hinsichtlich des Baustoffes (Holz-, Holz-Aluminium-, Aluminium-, Kunststoff- oder Stahlfenster). Konstruktionsmerkmale der Beschläge werden dabei – weil leichter verständlich – überwiegend für Holzfenster dargestellt. Sie gelten sinngemäß aber auch für Fenster aus anderen Materialien.

In fast allen Fällen muß unterschieden werden zwischen Beschlägen, die „aufliegend", d. h. äußerlich sichtbar auf Flügel- oder Blendrahmen montiert werden, und solchen, die ganz oder teilweise „verdeckt", d. h. innerhalb von Ausfräsungen im Falzbereich von Holzfenstern oder in Hohlräumen von Kunststoff- oder Metallprofilen eingebaut werden.

Die Wahl des Beschlags ist in erster Linie abhängig von Fenstergröße (Gewicht), Beanspruchung und Zweck. Danach bestimmen sich Form und Preis.

Die Kosten setzen sich aus Beschlagspreis und Einbaukosten zusammen. Der Beschlagspreis wird nicht zuletzt davon mitbestimmt, ob viele Einzelelemente auf Lager gehalten werden müssen oder ob der Beschlagsmechanismus aus einigen wenigen montagefertigen Bauteilen, die sich beim Anschlagen leicht an die vorhandenen Rahmengrößen anpassen lassen, zusammensetzbar ist.

Die Wahl des Beschlages ist rechtzeitig zu treffen, weil die Dimensionen der Rahmenteile und die Beschläge aufeinander abgestimmt werden müssen.

Die Auswahl der Beschlagfabrikate ist im übrigen auch abhängig von den bei den Fensterherstellern jeweils vorhandenen Spezialwerkzeugen, Einbaulehren usw. und daher oft nur bedingt vom Planer zu treffen.

Im übrigen müssen alle Beschläge so beschaffen sein, daß auch bei nicht sachgemäßer Bedienung Gefahren ausgeschlossen sind. So müssen z. B. Drehkipp-Beschläge gegen Fehlbedienung mit möglichem Herausfallen des Flügels gesichert sein. Schiebetürbeschläge für schwere Flügel sollen kurz vor der Schließstellung blockieren. Schwingflügel sollen Sicherung gegen völliges Umschlagen z. B. durch Winddruck aufweisen.

Bedienungsgriffe müssen in günstiger Greifhöhe liegen. Für Rollstuhlbenutzer soll sie nicht höher als 1,05 m liegen.

Ebenso ist auf den Mindestabstand zwischen äußerster Flügelrahmenkante und innerer Leibung zu achten. Er beträgt je nach Beschlag 25 bis 50 mm. Eine Kippflügellüftung arbeitet nur dann befriedigend, wenn sie weder durch eine zu enge oder zu tiefe Fensterleibung noch durch ein zu geringes Ausstellmaß behindert wird. Andererseits ist bei zu großer Öffnung an diesen Stellen – vor allem in sehr hoch gelegenen Geschossen – nicht mehr mit zugfreier Lüftung zu rechnen.

Alle Beschläge werden ständig weiterentwickelt im Hinblick auf verbesserte bzw. erleichterte Einbaumöglichkeiten, verbesserten Einbruchschutz, leichtere Bedienbarkeit. Es würde den Rahmen dieses Werkes sprengen, hier einen auch nur einigermaßen ausreichenden Überblick mit dem jeweilig aktuellsten Entwicklungsstand zu geben. Die nachfolgenden Darstellungen sollen vielmehr das Prinzip derartiger Beschläge deutlich machen.

5.4.2 Fensterbänder

Die bewegliche Verbindung der Fensterflügel mit dem Blendrahmen wird bei Dreh- und Kippfenstern durch die „Bänder" gebildet. Dafür werden heute überwiegend Einbohrbänder verwendet, für deren Zapfen mit Hilfe von Anschlaglehren Bohrungen in das Flügelholz hergestellt werden. Die Zapfen werden bei Holzfenstern direkt, bei

Metall- und Kunststoffprofilen in eingelassene Hülsen eingeschraubt und ggf. durch
Stifte gesichert (Bild **5**.77 und Bild **5**.78). Durch Heraus- oder Hereindrehen der
Bandteile können jederzeit – auch nachträglich – Justierungen vorgenommen werden.
Derartige Bänder gibt es in den verschiedensten Ausführungen, für schwere Flügel
z. B. mit mehreren Zapfen, mit Nylon- oder Kugellager, für Montagen bei beengten
Platzverhältnissen auch mit losem Stift (Bild **5**.79 b).

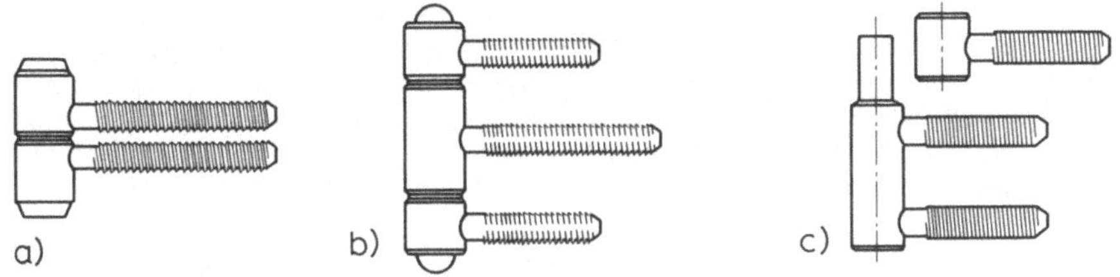

5.77   Einbohrbänder

  a) Normalband für Fensterflügel, b) Band mit losem Stift, c) Band mit zweilappigem Tragteil

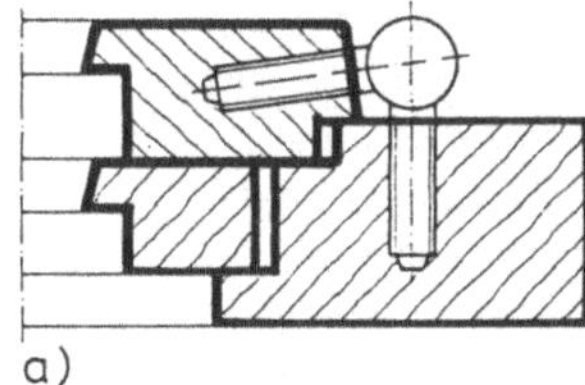
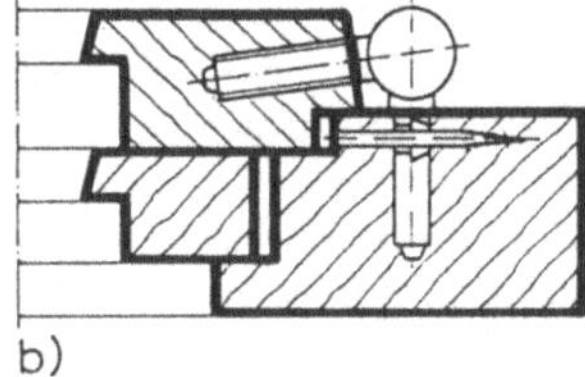

5.78   Einbohr-Zapfenband

  a) Gewinde an **beiden** Zapfen, b) Flügelzapfen mit Gewinde, Rahmenzapfen mit Stift

Die früher weitverbreiteten **Fitschbänder** oder Fischbänder (französisch la fiche =
Türband), deren Bandlappen in Flügel- bzw. Blendrahmen „eingestemmt" oder mit
Spezialsägen eingelassen wurden, werden kaum noch verwendet (Bild **5**.79).

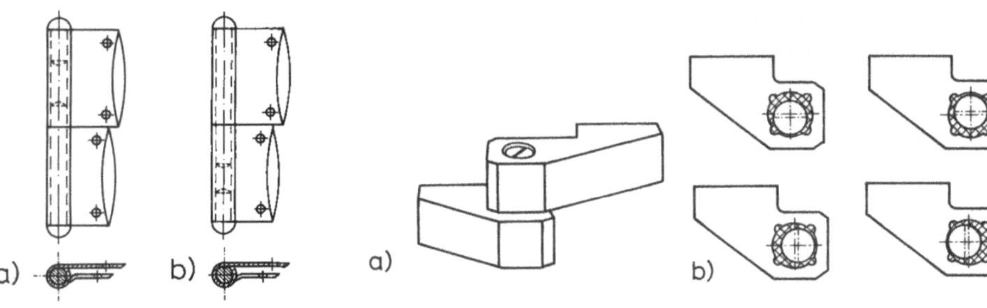

5.79   Einstemmbänder
         (dargestellt sind Links-
         bänder, Rechtsbänder
         spiegelbildlich)

  a) mit festem Stift
  b) mit losem Stift, rechts
     und links verwendbar

5.80   Zapfenband (Prinzip)

  a) isometrische Darstellung
  b) Justierachse, in 4 Stellungen einsetzbar

Besonders für größere Metallfenster und -fenstertüren werden auch **Zapfenbänder**
verschiedener Bauart verwendet. Bild **5**.80 zeigt den typischen Aufbau derartiger Bänder, die mit exzentrischen Justierbuchsen nachstellbar sind.

5.4.3 Fensterverschlüsse

Zu unterscheiden sind einfache Verschlüsse für Dreh- und Kippfenster und solche für Drehkipp-, Wende-, Schwing-, Hebe-Schiebefenster u. ä. In der ersten Gruppe handelt es sich um Fenster mit Drehung des ganzen Flügels um e i n e Achse nach innen oder nach außen bei normaler Beanspruchung durch Fenstergewicht und Windlasten. Fensterbeschläge der zweiten Gruppe ermöglichen Bewegungen in mehr als einer Richtung (z. B. Drehen und Kippen oder Heben und Schieben). Alle Funktionen, wie z. B. den Flügel im Blendrahmen beweglich zu lagern und zu verriegeln, müssen dabei u. U. an derselben Stelle des Rahmens ausgeübt oder mit demselben Griff ausgelöst werden („Einhandbedienung"). Die Entwicklung dieser fast ausnahmslos durch Patente geschützten Beschläge, deren Formen kaum noch überschaubar sind, macht ständig Fortschritte.

Der erhöhten Beanspruchung durch Eigengewicht und Windlast entsprechend, werden bei Gestaltung neuer Fensterbeschläge allseitige Verriegelung, allseitige Dichtung, verdeckte Anbringung, Betriebssicherheit, gute Form und angemessener Preis angestrebt.

Besonders wichtig ist aber auch, daß die Beschläge in den genormten Fensterprofilen möglichst allseitig gleichartige Fräsungen bzw. Aussparungen erfordern, einfach und rationell angeschlagen und ggf. für Reparaturen leicht austauschbar sind.

Im übrigen haben sich, von seltenen Sonderfällen abgesehen, die äußeren Formen, nicht aber die Grundfunktionen der einzelnen Beschlagelemente verändert. Nach wie vor werden die Flügel mit Hilfe von Bändern, Zapfenlagern oder Rollen beweglich (drehbar oder verschiebbar) gelagert und an einem oder – viel besser – an mehreren Punkten ihres Rahmens durch Einreiber- oder durch Stangenverschlüsse von Hand verriegelt und gleichzeitig fest an den Blendrahmen gezogen.

Von den einfachen alten Fensterverschlüssen werden Vorreiber und Ruderverschlüsse kaum mehr eingebaut, obwohl sie leicht anzubringen sind und kleine Fenster hinreichend dicht anpressen.

5.4.3.1 Einreiberverschlüsse

Sie werden für kleine einflügelige Fenster und ebensolche Fenster mit festem Mittelpfosten verwendet. Bei Einreiberverschlüssen dreht sich die Zunge des Einreibers in einen aus dem Flügelrahmenholz gefrästen Schlitz, der auf der Falzfläche durch ein Führungsblech geschlossen wird. Gedreht wird mit einem Griff („Olive"). Die Zunge greift in das Schließblech, das auf die entsprechend ausgestemmte Falzkante des Blendrahmens oder Pfostens aufgeschraubt wird (Bild 5.81). Von dem A n z u g , der hier in diesem einfachen Falle durch die oben konische Schlitzverbreiterung im Schließblech bewirkt wird, hängt das Dichtschließen der Fuge im Rahmenüberschlag ab.

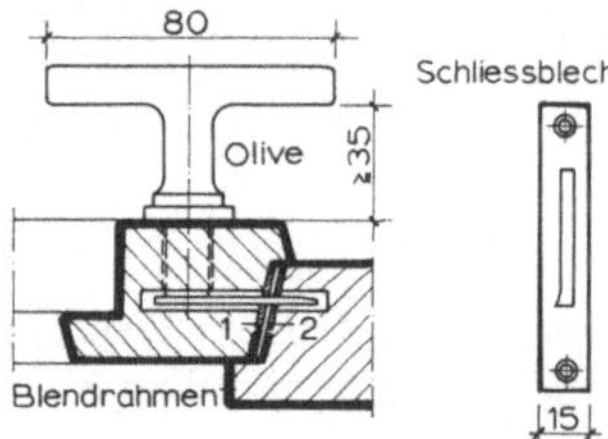

5.81 Einreiberverschluß
1 Führungsblech
2 Schließblech

5.4.3.2 Einlaßgetriebe

Einlaßgetriebe mit Stangenverschlüssen (Bild **5.**82) werden für Fenster ohne feststehende Pfosten verwendet. Sie verriegeln das Fenster an 3 Stellen, und zwar greifen die Riegelstangen oben und unten in Keilkloben oder in Rollkloben (Bild **5.**83) und in der Mitte mit Zungen in Schließbleche. Der Getriebekasten ist in das Flügelholz eingelassen, die Verschlußstangen in die darüber geschraubte Schlagleiste. Beim Drehen des Griffes greift die mit dem Dorn vernietete Zunge durch den Ausschnitt der Stulpschiene

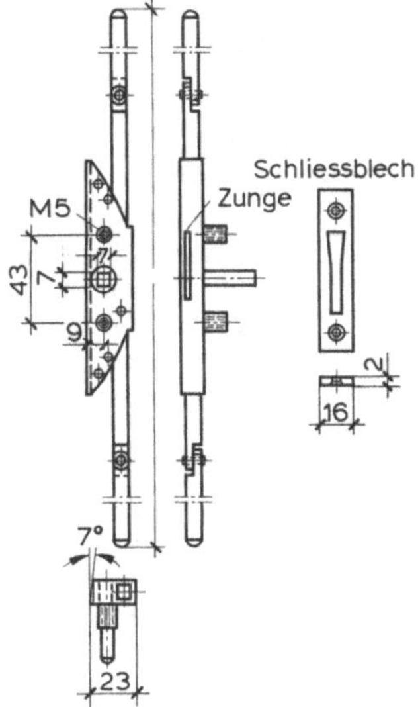

5.82 Einlaßgetriebe

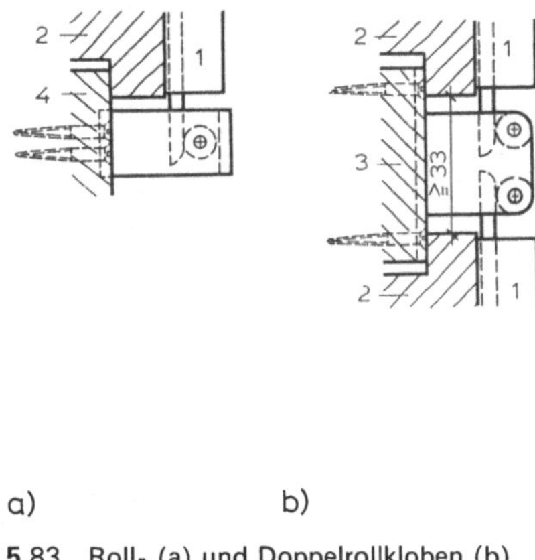

5.83 Roll- (a) und Doppelrollkloben (b)
1 Schlagleiste
2 Flügelholz
3 Riegel
4 Blendrahmen

und zieht den Flügel etwas zusammen; gleichzeitig werden die Gelenkstücke verschoben. Dadurch werden die angeschlossenen Riegelstangen nach oben und unten gedrückt.

5.4.3.3 Kantengetriebe

Kantengetriebe sind so eingerichtet, daß die Riegelstangen dicht hinter der durch die ganze Höhe des Fensterflügels reichenden Stulpschiene liegen. Die Riegelstangen sind mit 2 bis 4 **Rollzapfen** verbunden, die durch schlitzartige Ausschnitte der Stulpschiene reichen und in entsprechend geformte, in die Falzkante des Blendrahmens eingelassene Schließbleche greifen (Bild **5.**84).

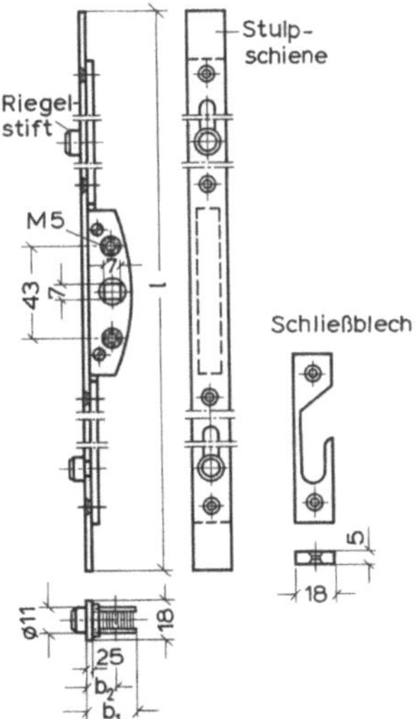

5.84 Kantengetriebe

5.4.4 Funktionsbeschläge

Die nachfolgend in Beispielen für Holzfenster beschriebenen Beschlagsysteme sind für die verschiedenen speziellen Öffnungsarten (s. Bild **5.**2) der Fenster konstruiert und enthalten in der Regel neben den entsprechenden Beschlagsteilen auch die nötigen speziellen Bänder und Verschlüsse.

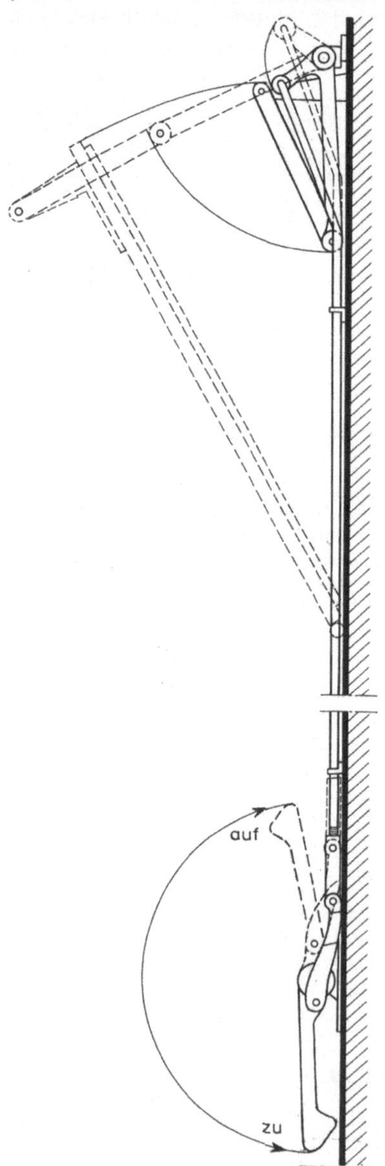

5.85 Oberlichtöffner

5.4.4.1 Oberlichtbeschläge

Oberlichtfenster haben Kippflügel, die oberhalb eines Kämpfers so hoch liegen, daß sie nicht unmittelbar mit der Hand, sondern nur über eine Zug- oder Treibstange und ein Hebelsystem bewegt werden können. Die Hebel, die in mehreren Drehpunkten die Ausstellscheren bewegen, müssen kräftig genug sein, um die Kippflügel beim Schließen wieder fest in die Rahmen zu drücken.

Möglich ist die Ausbildung von Oberlichtfenstern auch als horizontal miteinander gekoppelten Flügeln (Gruppenoberlichtfenster). Anlagen dieser Art werden gegebenenfalls pneumatisch oder elektrisch angetrieben. Für das Getriebe bzw. als Bedienungsraum muß 4 bis 4,5 cm Breite zwischen Flügelkante und Leibung vorhanden sein. Zur Reinigung der äußeren Glasfläche ist die Verbindung des Hebels mit dem Flügelrahmen meistens aushängbar. Eine Sicherheitsschere hält den ausgeklappten Flügel (Bild **5.**85).

5.4.4.2 Drehkipp-Beschläge

Bei den meisten üblichen Raumhöhen von 2,50 m bis 3,00 m werden statt der Oberlichtfenster einflüglige Drehkippfenster verwendet, die bei Dauerlüftung parallel zum unteren Flügelholz nach innen gekippt werden.

In der Regel werden Beschläge mit Ein handverschluß eingebaut (Drehen, Kippen und Schließen des Fensters mit demselben Handhebel). Die über den Handhebel ausgeübten Zug- oder Druckkräfte müssen an drei Fensterecken um je 90° umgelenkt werden, um mit Hilfe von Treibstangen je nach Hebelstellung Rollzapfen oder Drehlager oder beides zu bewegen (Bild **5.86**). Die Eckumlenkung wird durch Stahlbänder bewerkstelligt, in welche die Treibstangen jeweils eingehängt sind. Auf diese Weise ist es möglich, die waagerechten Rahmenteile in der Mitte nochmals zu verriegeln.

Die **Ausstellschere** hält den gekippten Fensterflügel an 2 Punkten des Flügelrahmens fest, so daß eine zugfreie Dauerlüftung möglich ist.

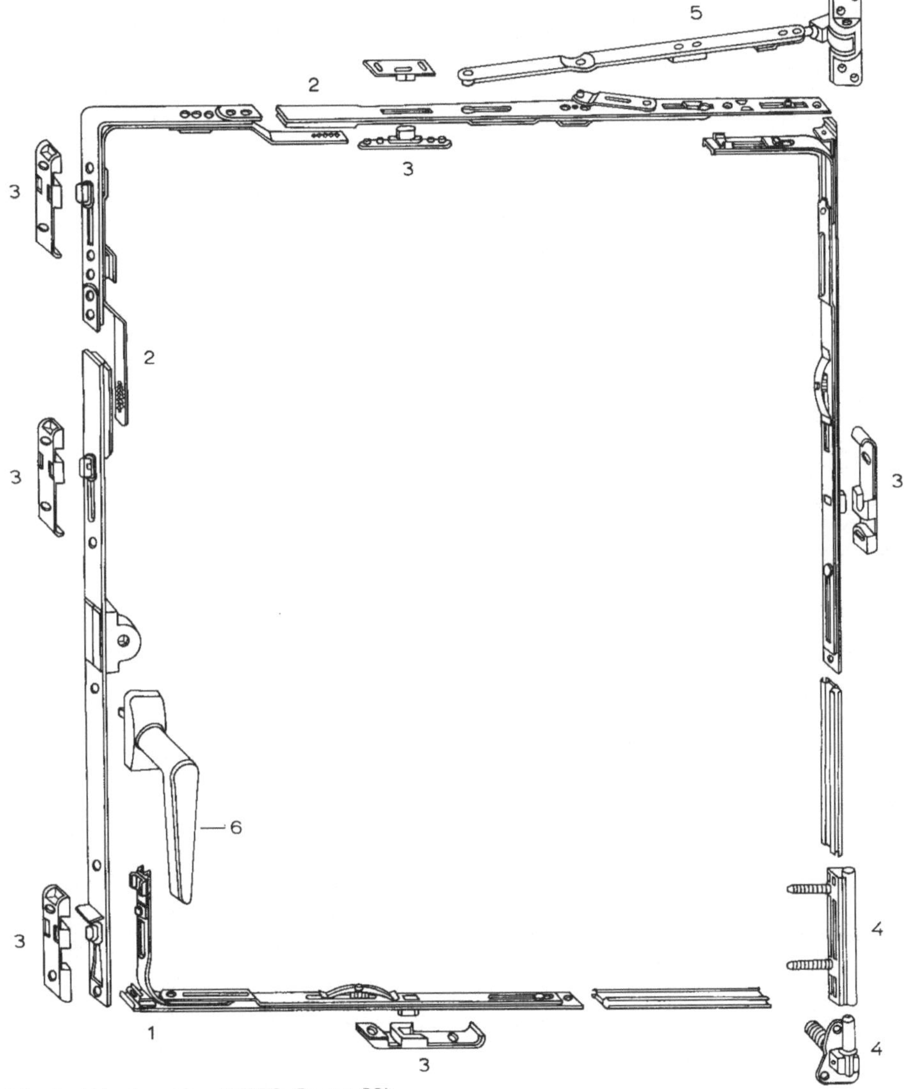

5.86 Drehkippbeschlag (ROTO-Centro 80)

1 Schließstück mit Einstiegsicherung
2 veränderbarer Verbindungsteil
3 Verriegelung

4 Eckband mit Ecklager
5 Ausstellschere
6 Halbolive für Einhandbedienung

Getriebe, Treibstangen, Ausstellschere und Eckumlenkungen liegen unsichtbar im Rahmen.

Alle Drehkippbeschläge müssen Sicherungen gegen Fehlbedienung haben, die verhindern, daß die Flügel herausfallen können. Die meisten Beschläge weisen auch Sicherungen auf, die verhindern, daß Flügel in Kippstellung von außen bedient und geöffnet werden können.

Bei sehr breiten Flügeln sind Beschläge, in denen die Bedienungsfunktionen (Öffnen durch Kippen bzw. Öffnen durch Drehen) getrennt sind, günstiger.

5.4.4.3 Schiebefensterbeschläge

Schiebefenster werden senkrecht oder waagerecht verschoben, um große Öffnungen für Lüftung und ungestörte Aussicht freizugeben. Der besondere Vorteil aller Schiebefenster besteht darin, daß die geöffneten Fensterflügel nicht in den Raum hineinstehen.

Vertikalschiebefenster moderner Konstruktion werden in zwei übereinanderstehende Flügel geteilt. Die die Öffnung querteilenden Flügelrahmen sollten so hoch über dem Fußboden liegen, daß sie weder dem im Raum Sitzenden noch dem dort Stehenden die Aussicht versperren.

Von der früher üblichen Bauweise, bei der Gegengewichte oder Federn die Vertikalbewegung der Flügel ermöglichten, ist man abgegangen. Statt dessen werden oberer und unterer Flügel eines Vertikalschiebefensters untereinander als Gegengewichte ausgenutzt (z. B. Vertikalschiebefensterbeschlag GU-900). Damit werden zwar geringere seitliche Profiltiefen durch den Fortfall von Gewichtskästen erzielt, doch können derartige Fenster nicht voll geöffnet werden (Bild **5.87** d). Für die recht komplizierte – und kostspielige – Beschlagsgarnitur, insbesondere für die Seilzugführung der Flügel, wird ein kastenartiger Raum im oberen Blendrahmen derartiger Vertikalschiebefenster benötigt.

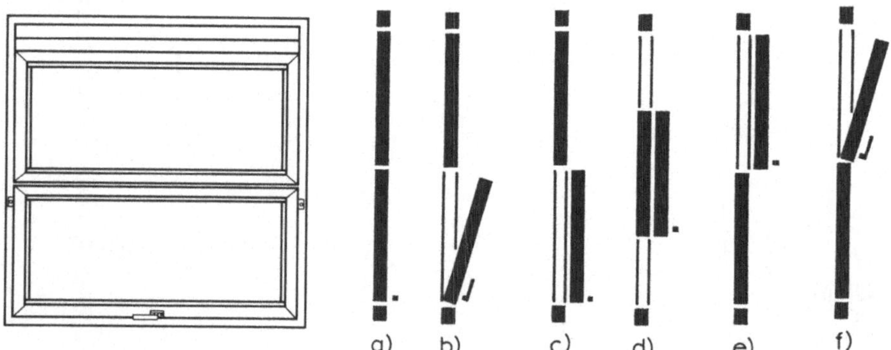

5.87 Vertikalschiebefenster (Gretsch-Unitas GU-900) und Betätigungsmöglichkeiten
   a) Schlußstellung
   b) Kippstellung
   c) Parallelstellung unten
   d) maximale Öffnungsstellung
   e) Parallelstellung oben
   f) Oberlichteffekt (nur bei ungleicher Scheibenhöhe möglich)

Ein besonderes Problem entsteht bei Schiebefenstern in Obergeschossen für das Putzen der Scheiben. Es wird bei Vertikalschiebefenstern dadurch gelöst, daß die Flügel aus ihrer Vertikalführung ausgeklinkt und mit Hilfe besonderer Ausstellscheren nach innen geklappt werden können. Der Vertikalschiebefensterbeschlag GU-900 ermöglicht es, beide Flügel des Fensters in geschlossenem Zustand in eine Ebene zu bringen. Die verschiedenen Flügelstellungen zeigt Bild **5.87** a bis f.

Besteht bei ebenerdigen Bauten die Forderung, große Fenstertüröffnungen vollständig und ohne verbleibende Schwellen zu schaffen (z. B. große Terrassenfenster mit Durchfahrtmöglichkeit für Rollstühle, Servierwagen u. ä.), bilden vertikal versenkbare Elemente eine zwar sehr aufwendige, aber optimale Lösung.

Die – ggf. durch besondere Tragkonstruktionen unterstützten – Fensterelemente werden durch entsprechende Deckenschlitze in speziell geplante Teile des Untergeschosses abgesenkt. Neben den komplizierten, motorgetriebenen Bewegungs- und Führungselementen erfordern auch die bauseitigen Vorkehrungen (z. B. Entwässerungs-, Revisions- und Reparatureinrichtungen) einen erheblichen Kostenaufwand. Derartige Lösungen kommen daher nur für Ausnahmefälle in Frage.

In der Regel beschränkt man sich bei sehr großen Fensterfronten auf eine lediglich teilweise Öffnungsmöglichkeit durch horizontal verschiebliche Fenster- bzw. Fenstertürelemente.

Horizontalschiebefenster haben Flügel, die sich hintereinander oder seitlich hinter feststehende Flügel oder in Mauerschlitze schieben lassen, so daß die gesamte Fensteröffnung frei wird. Die Flügel ruhen bei kleineren Fenstern auf Kunststoffgleitern, sonst auf Rollen. Die Dichtung der Flügel untereinander und gegen den Blendrahmen wird durch Schleif- oder Preßdichtungen bewirkt (Bild **5.88**).

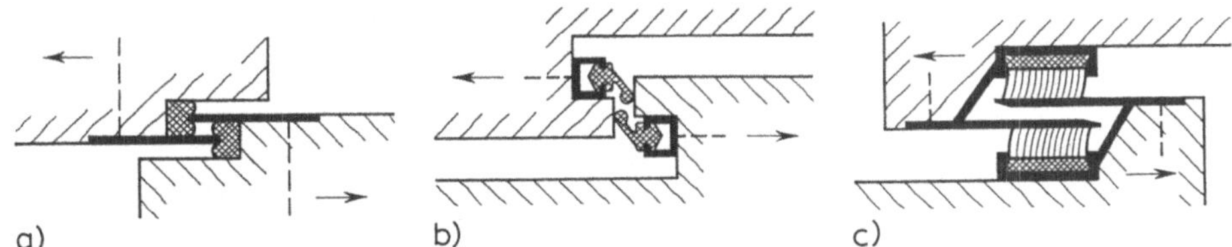

5.88 Schiebefenster-Dichtungen (Schema)
    a) Weichgummistreifen
    b) Lippendichtung
    c) Bürstendichtung

Türhohe Horizontalschiebefenster, z. B. als großflächige Terrassen- oder Balkonfenster, werden als Hebeschiebefenster ausgebildet. Bei ihnen ruhen die beweglichen Flügel auf Rollenwagen, die in den unteren Flügelrahmen eingelassen sind und auf Edelstahlschienen laufen. Für den inneren Flügel wird mit einer Handkurbel beim Öffnen die Verriegelung des Fensters gelöst und im Rollenwagen der Flügel gleichzeitig so angehoben, daß sich die Anpreßdichtungen unten und oben lösen. Dann kann der Flügel seitlich bewegt werden. Der andere Flügel kann nur mit einer einsteckbaren Handkurbel geöffnet werden. Der untere Rahmenteil von Holz-Hebeschiebefenstern wird von Aluminiumrohrschwellen in wärmegedämmter Ausführung oder mit rückseitig aufgesteckten Kunststoff-Wärmedämmprofilen gebildet. Auf der Rohrschwelle sind die Laufschienen aufgelagert (Bild **5.89**).

Ein Hebeschiebefenster in wärmegedämmter Aluminiumkonstruktion ist in Bild **5.90** gezeigt.

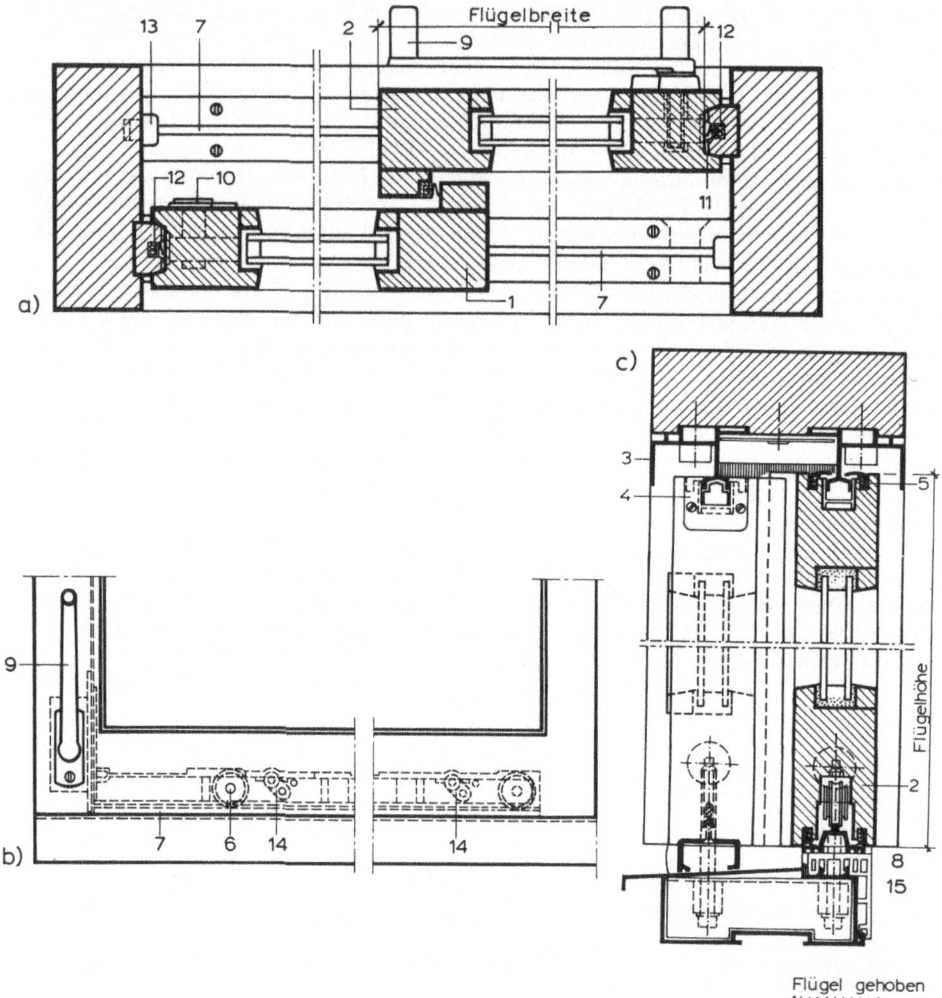

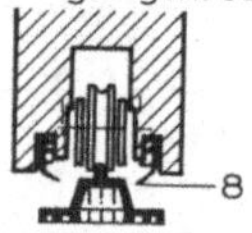

5.89 Horizontal-Schiebefenster in Holzzarge (mit Hebeschiebefensterbeschlag von Gretsch-Unitas GmbH, Stuttgart)
- a) Horizontalschnitt
- b) schematische Darstellung der Laufwagenanordnung mit Hebevorrichtung
- c) Vertikalschnitt (Flügeldicke $\geqq$ 50 mm)

1 äußerer Flügel	10 Deckrosette für einsteckbare Handkurbel
2 innerer Flügel	11 Vertikalfugendichtung
3 äußere Falzleiste, mit Zarge verdübelt	12 Lippendichtung der Vertikalfuge
4 Führung für verriegelten Flügel	13 Gummipuffer
5 Dichtung	14 Schwinglasche, deren oberes Lager den Flügel
6 Laufwagen	um 5 mm anhebt
7 Laufschiene	15 Leichtmetall-Rohrschwelle mit
8 Dichtung der untersten Fuge	aufgestecktem, wärmedämmendem
9 Handkurbel	Kunststoffprofil

5.90
Hebeschiebetür in wärmegedämmter Alumi-
nium-Konstruktion (WICONA)

a) senkrechter Schnitt A–B
b) waagrechter Schnitt C, seitlicher Wandanschluß
c) waagrechter Schnitt D, Mittelstoß

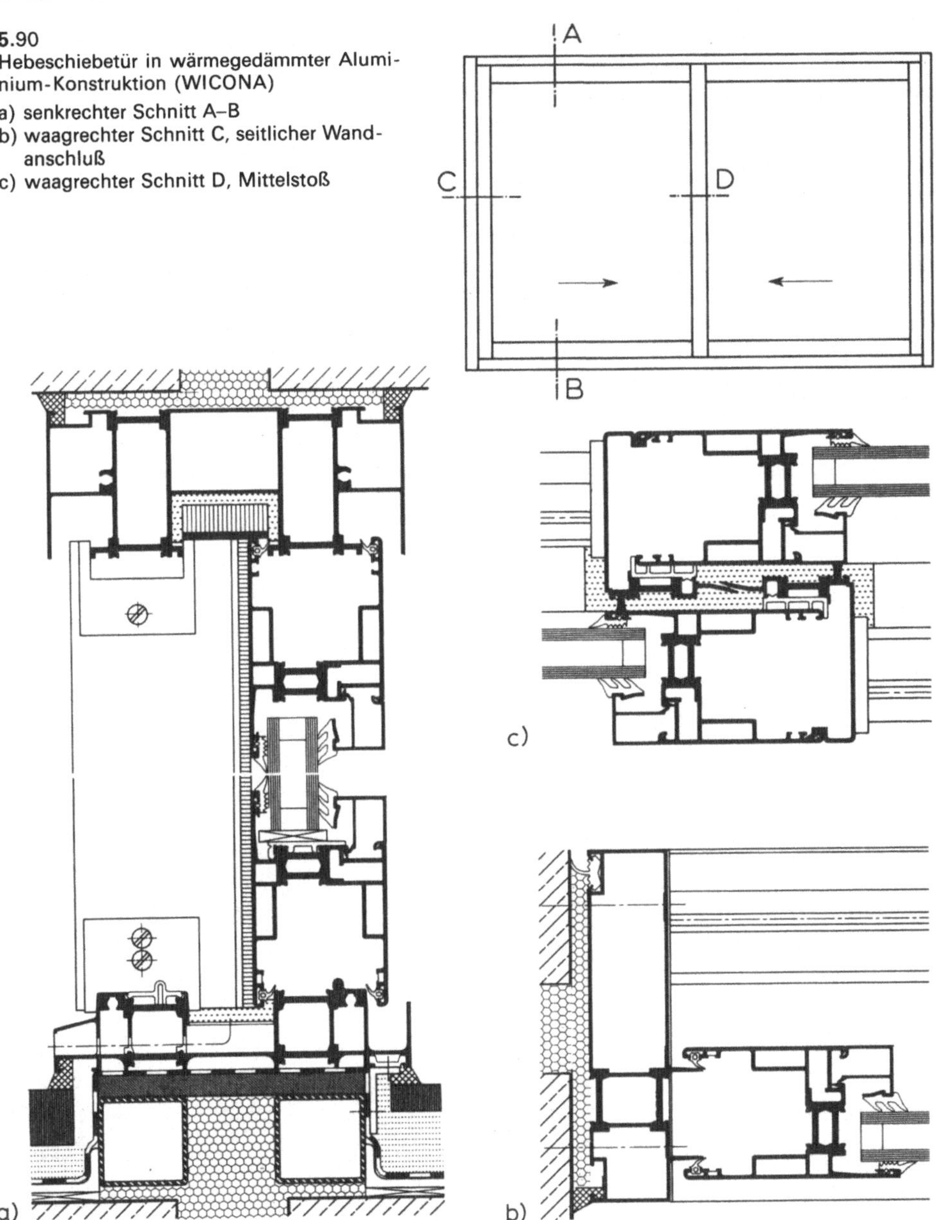

5.4.4.4   Schwingflügelfensterbeschläge

Schwingflügelfenster lassen ein schnelles und bequemes Öffnen auch großer Fensterflächen zu (Flügelgewicht $\leq$ 350 kg). Das Drehlager ermöglicht eine Drehung um
180°, so daß die Außenfläche der Scheiben leicht vom Zimmer aus zu reinigen ist. Die

Drehung wird in jeder Stellung gebremst. Durch Schlüssel können zwei verschiedene Öffnungsbegrenzungen eingestellt werden. Verriegelt wird das Fenster in der Mitte des unteren Flügelholzes und an allen vier Ecken durch einen Hebelgriff. Bei sehr breiten Fenstern werden zwei Verriegelungen angebracht.

Die Belastung der Flügelrahmen ist infolge der mittigen Aufhängung der Schwingflügel bei großen Flügelabmessungen statisch günstiger als beim Drehflügel; daher sind bei gleicher Rahmendicke größere Flügelmaße möglich.

Bei der Bemessung der senkrechten Flügelrahmenteile muß sichergestellt sein, daß die Flügel in geöffnetem Zustand nicht durchhängen, weil dadurch Isolierglasscheiben beschädigt werden können.

Nachteilig bei allen Schwingflügelfenstern ist, daß die auf der sonnenbestrahlten Hauswand entstehende warme Luftströmung unter dem teilweise geöffneten Flügel in den Raum geleitet wird (ebenso wie der Straßenlärm oder Geräusche aus daruntergelegenen Räumen) und daß sie in geöffnetem Zustand nur sehr bedingt Aussichtsfenster sind.

Schwingflügelfenster sind weiterhin problematisch im Zusammenhang mit Rolläden oder Jalousettenanlagen außen. Das Funktionsprinzip eines Schwingflügelbeschlages zeigt Bild **5.91**.

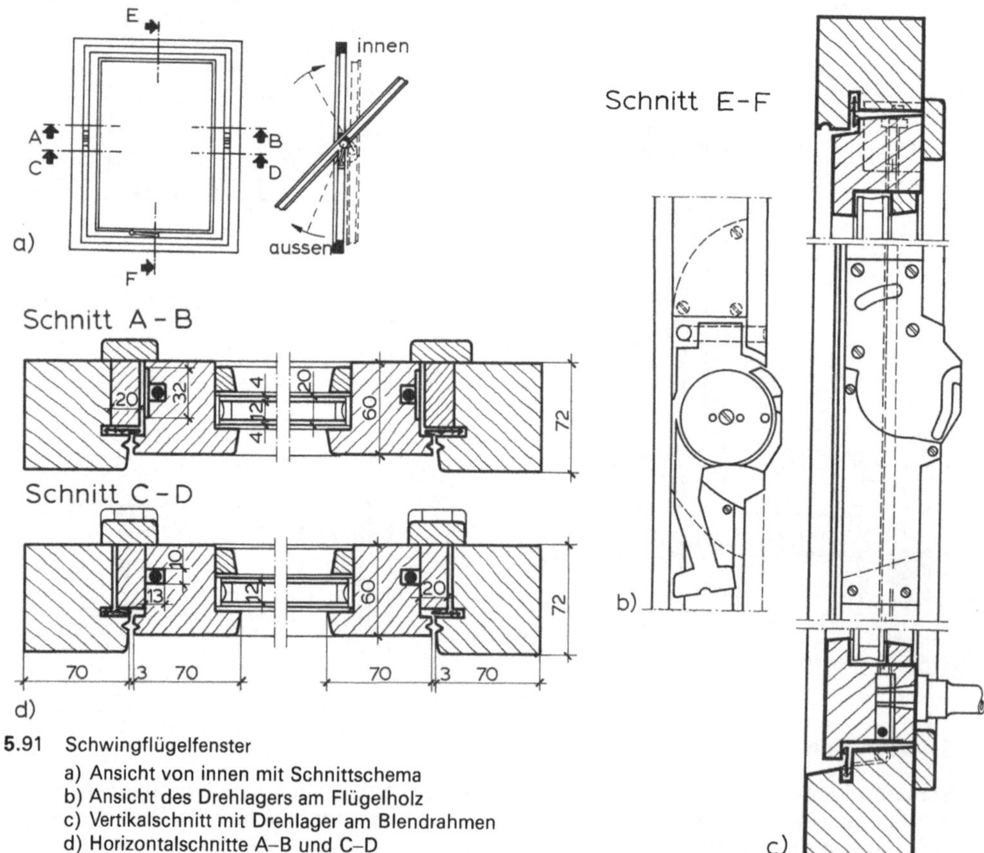

5.91 Schwingflügelfenster

    a) Ansicht von innen mit Schnittschema
    b) Ansicht des Drehlagers am Flügelholz
    c) Vertikalschnitt mit Drehlager am Blendrahmen
    d) Horizontalschnitte A–B und C–D

5.4.4.5 Wendeflügelfensterbeschläge

Bei bequemer Handhabung bieten Wendeflügelfenster eine sehr intensive Lüftungs-
möglichkeit, und beim Öffnen bleibt die halbe Fensterbreite in voller Höhe für die Aussicht frei. Die sichtbaren Lagerteile sind klein, und die Flügel werden weniger als
bei Schwingflügelfenstern auf Biegung beansprucht, wenn stehende Rechteckformate
für die Fenster gewählt werden. Bild **5**.92 zeigt die wichtigsten Konstruktionsdetails
eines Wendeflügelfensters.

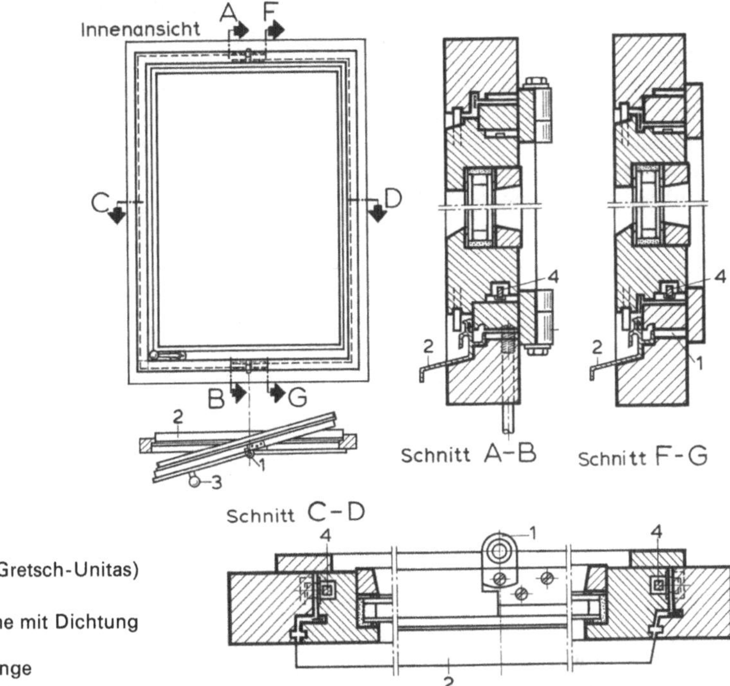

5.92
Wendeflügelfenster (Gretsch-Unitas)
1 Drehlager
2 Regenschutzschiene mit Dichtung
3 Handkurbel
4 Verriegelungsgestänge

Kennzeichnend für Schwing- und Wendeflügelkonstruktionen ist, daß eine Hälfte des
Flügels von innen, die andere von außen in den Falz schlägt. Zwar können die Flügel
mit Kantengetrieben, die über Handkurbel zentral bedient werden, mindestens vierfach
in den Falzen verriegelt werden, doch ist unvermeidlich, daß eine Hälfte eines jeden
Flügels durch die Windlasten in den Falz hinein- und die andere Hälfte aus dem Falz
herausgedrückt wird. Ein gemeinsames konstruktives Merkmal beider Konstruktionen
sind die in Bild **5**.91 und **5**.92 gekennzeichneten Falzleisten, die auf der einen Seite
des Drehlagers im Flügelrahmen, auf der anderen Seite im Blendrahmen eingebaut sind
und so den Wechsel des Falzaufschlages erlauben.

Derartige Schwing- oder Wendeflügelfenster erlauben nur mit Spezialbeschlägen das
vollständige Schwenken der Fenster.

Wendeflügelfenster können mit Schleifdichtungen so konstruiert werden, daß sie sich
um 180° drehen lassen, daß die Innenseite nach außen weist, aber bündig im Rahmen
liegt. Auf diesen „Karussellfenstern" können Jalousettenanlagen so angebracht werden, daß sie innenliegend wettergeschützt – insbesondere sturmsicher – als Sichtschutz und außenliegend als sehr wirksamer Sonnenschutz dienen.

5.5 Ausführungsarten und Konstruktionsbeispiele

5.5.1 Allgemeines

Wenn man von Sonderanforderungen absieht – wie z. B. besonders große Abmessungen, extreme Beanspruchungen (z. B. Fenster für Hallenbäder) – können im Fensterbau fast alle Aufgaben mit jeder Baustoffgruppe gelöst werden. Die in den Abschn. 5.1 bis 5.4 behandelten allgemeinen Anforderungen an Fenster und die daraus resultierenden konstruktiven Grundsätze gelten sinngemäß für Fenster aus allen in Frage kommenden Fensterbaustoffen.

Es kann nicht Aufgabe dieses Werkes sein, einen vollständigen Überblick über alle Konstruktions- und Gestaltungsmöglichkeiten im Fensterbau zu geben. In den nachfolgenden Abschnitten werden daher nur die besonderen Konstruktionsbedingungen und -anforderungen an die jeweiligen Fensterbaustoffe behandelt und einige typische Ausführungsbeispiele gezeigt.

5.5.2 Holzfenster

5.5.2.1 Allgemeines

Erfahrungen mit Holzfenstern sind Jahrhunderte alt. Wo Rahmenquerschnitte und Holzverarbeitung den neuen Beanspruchungen – insbesondere durch die meistens geforderte Großflächigkeit bei hohem Winddruck und vermehrter Schallbelästigung – angepaßt werden können, werden sich die Holzfenster wegen der vielen guten Eigenschaften des Holzes auch weiter behaupten.

Für die Herstellung sind insbesondere DIN 18355 und DIN 18361 zu beachten.

Voraussetzung für einwandfreie Funktion und die Lebensdauer von Holzfenstern ist die Beachtung folgender konstruktiver Grundregeln:

1. Die in der Regel notwendigen Falzdichtungen müssen umlaufend in einer Ebene eingebaut und in den Ecken dicht miteinander verbunden sein (Bild **5.93**). Über die Wasserkammer der Wetterschutzschiene muß ein Druckausgleich möglich sein. Falzdichtungen müssen leicht auswechselbar und mit den üblichen Anstrichen verträglich sein.

2. Bei Holzfenstern werden die unteren Blendrahmen mit Wetterschutz-(Regen-)schienen kombiniert. Diese bilden den Anschlag für die Mitteldichtung und leiten das aus den seitlichen Falzen ablaufende Schlagregenwasser ab. Sie wirken außerdem als zusätzliche Winddichtung (Bild **5.93** und **5.94**).

   An den Innenseiten der Regenschutzschienen kann sich insbesondere bei Feuchträumen Kondensat bilden. Es gibt daher auch wärmegedämmte Profile (Bild **5.94** b).

   Wetterschutzschienen müssen seitlich gegen die senkrechten Blendrahmenteile durch Dichtstoff sorgfältig abgedichtet werden, damit kein Wasser in die Fensterecken dringen kann.

   Besser sind jedoch Profilabschlüsse mit Endkappen. Die modernen Herstellungsverfahren für Kunststoff-Formteile erlauben für alle Profile auch die kompliziertesten Ausführungen (Bild **5.94** d).

   Wasseraustrittsöffnungen (Querschnitt $\geq 4/20$ mm) müssen durch eine Tropfnase vor direktem Windanfall geschützt liegen. Der Abstand von der Unterkante der Tropfnase bis zur Ablauffläche des Blendrahmens muß mindestens 10 mm betragen.

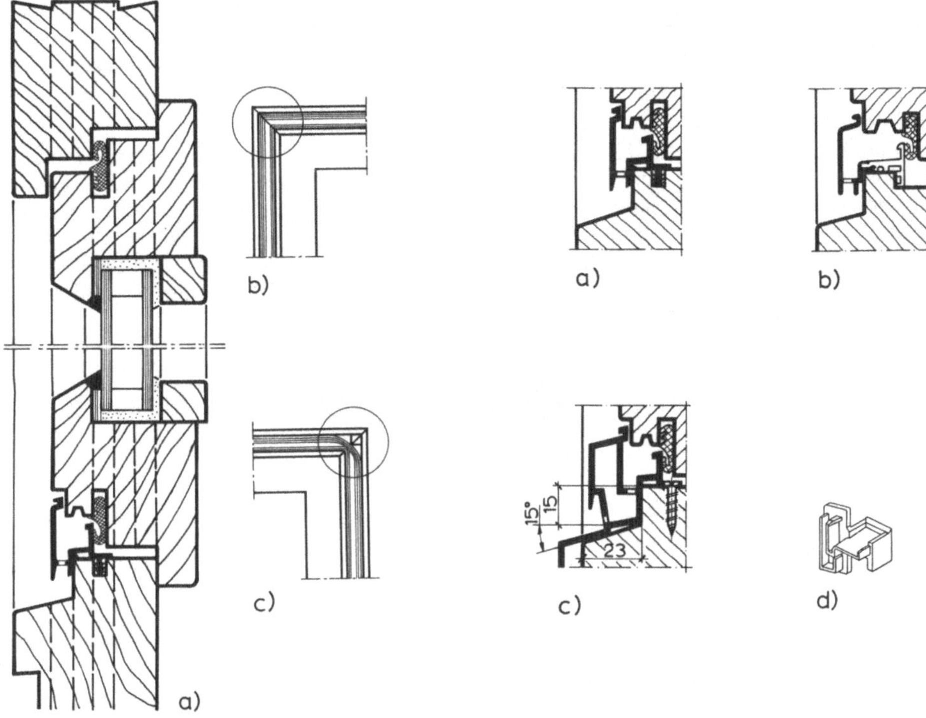

5.93 Falzdichtungen
   a) senkrechter Schnitt
   b) Ecke geklebt oder geschweißt
   c) schlechte Au·sführung:
      Profil im Falz herumgezogen

5.94 Wetterschutzschienen (BUG)
   a) Wetterschutzschiene, Normalausführung
   b) mit Wärmedämmung
   c) mit Abdeckung des Blendrahmens
   d) Endkappe für c)

Der Anstrich der unteren Rahmenteile ist bei Holzfenstern in besonderem Maße der
Bewitterung ausgesetzt und bedarf ständiger Kontrolle bzw. Erneuerung, damit die
Versiegelung der Scheiben nicht durch Feuchtigkeit hinterwandert werden kann (s.
Abschn. 5.3.3). Hier können Aluminium-Abdeckprofile abhelfen, die den Blendrah-
men – je nach gestalterischen Wünschen – teilweise oder ganz abdecken. Unbedingt

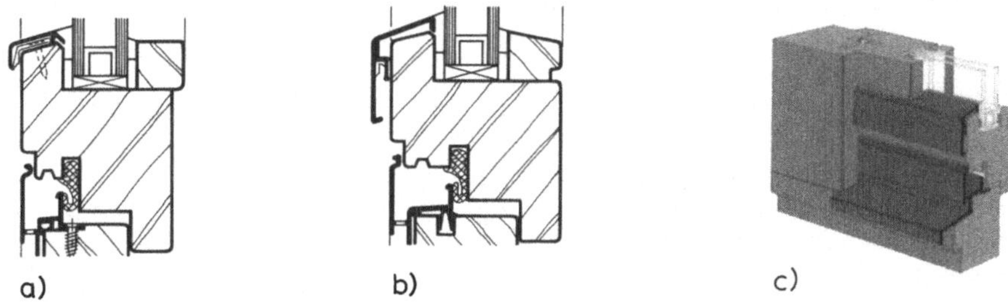

5.95 Flügelabdeckprofile (BUG)
   a) Teilabdeckung, b) Vollabdeckung, c) räumliche Darstellung

notwendig aber ist dabei ein einwandfreier, versiegelter Anschluß an die senkrechten Rahmenprofile (Bild **5.95**, auch Bild **5.94** c).

Fenstertüren müssen mit den unteren Blendrahmen außen an die erforderlichen Abdichtungen und innen an die Fußbodenkonstruktionen anschließen (s. Abschn. 9.5 in Teil 1 des Werkes).

Bereits geringfügige Ausführungsfehler können rasch zur Zerstörung des Rahmens durch Fäulnis führen. Deshalb werden die unteren Blendrahmen in diesen Fällen vorteilhaft mit Metallprofilen ausgeführt, die mit besonderen Verbindungslaschen an die senkrechten Rahmenteile angeschlossen werden. Auch diese Rahmenteile gibt es sowohl in einfacher wie auch in wärmegedämmter Ausführung (Bild **5.96**) mit Anschlußflächen für die in der Regel erforderlichen Abdichtungen (s. Abschn. 6.2.3.3 in Teil 1 des Werkes).

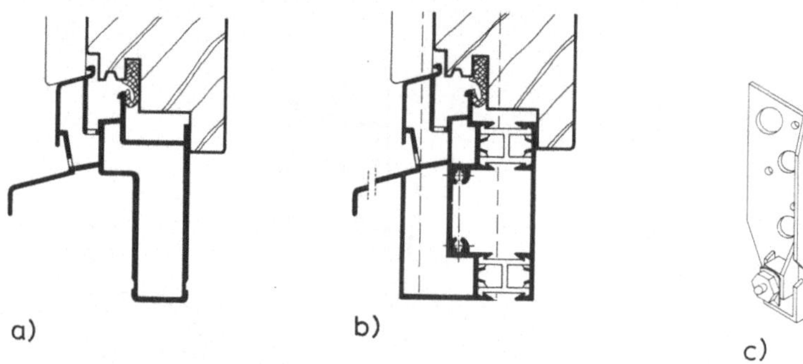

a) b) c)

5.96 Untere Blendrahmen für Fenstertüren
    a) einteiliges Profil
    b) wärmegedämmtes zweischaliges Profil
    c) seitliche Verbindungslasche

3. Vor dem Einbau müssen alle Holzfenster durch ölige Holzschutzmittel nach DIN 68800 gegen Pilz- und Insektenbefall imprägniert werden. Teil des Holzschutzes gegen Pilzschäden bildet dabei die mit einer derartigen Behandlung verbundene Vorbeugung gegen den Befall des Bläuepilzes, der zwar die Haltbarkeit von Fensterhölzern zunächst nicht direkt beeinflußt, aber immer zu Anstrichschäden führt.

Die Schutzimprägnierungen werden am besten im Tauchverfahren aufgebracht. Sie müssen auf jeden Fall verträglich mit nachfolgenden lasierenden oder deckenden Anstrichen sein. Für die Oberflächenbehandlung von Holzfenstern werden daher von vielen Herstellern sogenannte „Anstrichsysteme" angeboten, bei denen die verschiedenen notwendigen Anstriche besonders aufeinander abgestimmt sind (s. Abschn. 5.5.2.4).

5.5.2.2 Holz

Holz für den Fensterbau muß die folgenden Eigenschaften aufweisen:

— Widerstandsfähigkeit gegen äußere Einwirkungen, insbesondere gegen Befall pflanzlicher und tierischer Schädlinge,

— Standfestigkeit auch bei wechselnden Feuchtigkeits- und Temperaturverhältnissen,

— Verträglichkeit mit Anstrichen,

— gute Verarbeitbarkeit.

Die Qualitätsanforderungen für Hölzer zur Herstellung von Fenstern sind in DIN 68 360 T1 festgelegt. Man unterscheidet:

— Holz für Außenanwendung, deckend zu behandeln,

— Holz für Außenanwendung, nicht deckend zu behandeln.

Die Merkmale gelten für das fertige Teil.

Der Feuchtigkeitsgehalt des Holzes darf 15% – bezogen auf das Darrgewicht – nicht überschreiten.

Nach den vom Institut für Fenstertechnik e. V., Rosenheim, herausgegebenen Richtlinien sind u. a. folgende Holzarten für den Fensterbau geeignet (Tab. 5.97):

Tabelle 5.97   Für den Fensterbau geeignete Holzarten

Holzart	Holzfarbe (Splint)	Kern
Kiefer	hell gelblichweiß	rötlichweiß, nachbräunend, Spätholz dunkler
Fichte	Splint und Kern nicht zu unterscheiden, Frühholz gelblichweiß, Spätholz rötlichgelb	
Teak	grau	gelb, später hell- bis dunkelbraun, oft schmale schwarze Adern
Afzella	grau	gelblich bis hellbraun, später rötlichbraun
Afrormosia	weiß, vergilbend	grünlich, später gelbbraun bis oliv
Agba	rötlichgrau	gelbbraun
Redwood	gelblich	hellrot, nachbräunend, Spätholz dunkler
Sipo	rötlichgrau	rötlichbraun, später braunviolett
Dark Red Meranti	graurosa	rotbraun, oft heller
Pitch Pine	gelblich, Spätholz rötlich	rötlichbraun, Spätholz dunkler
Oregon Pine	fast weiß	gelblichbraun, nachdunkelnd, Spätholz dunkel
Niangon	rötlichgrau	hell- bis dunkelrotbraun

Ferner gelten als geeignet: Hemlock, Pitch Pine, Carolina Pine sowie Wenge, Kambala (Iroko) und Sapeli-Mahagoni.

Tropische Hölzer wie Dark Red Meranti gelten als bestes und wegen der sehr geringen Verschnittmengen auch als besonders wirtschaftliches Material für Holzfenster. Leider werden die großen benötigten Holzmengen in den Ursprungsländern mit ihren tropischen Regenwäldern vielfach durch gefährlichen Raubbau gewonnen, der die ökologische Ausgewogenheit großer Regionen erheblich gefährdet. Es bestehen daher an vielen Stellen Verwendungsverbote für derartige Hölzer, solange nicht gewährleistet ist, daß sie durch eine geregelte Forstwirtschaft gewonnen werden können.

Aus diesen Gründen werden für Fenster wieder zunehmend Nadelhölzer wie Kiefern-, Fichten- und Hemlockholz verwendet. Dieses Holz enthält aber mehr oder weniger viel Äste, die vielfach nicht gewünscht werden. Technisch ist gegen Äste jedoch nichts einzuwenden, solange sie den Gebrauchswert der Fenster nicht beeinträchtigen.

Von den einheimischen Hölzern wird für die Fensterherstellung am meisten Kiefernholz verwendet. Es ist besonders haltbar wegen seines relativ hohen Harzgehaltes. Voraussetzung ist aber, daß Splintholz nicht an Stellen eingebaut wird, an denen besonders hohe Feuchtigkeitseinwirkung erwartet werden muß (z. B. untere Rahmenhölzer, Glasfalze). Bei dunklen Anstrichen tritt bei Sonneneinstrahlung Harz aus.

Die Rohdichte soll bei Nadelhölzern 0,35 g/cm³ und für Laubhölzer 0,45 g/cm³ (Obergrenze 0,8 g/cm³) nicht unterschreiten, weil sonst der sichere Sitz von Beschlägen nicht zu gewährleisten ist.

Ferner kommt die Verwendung von lamelliertem Holz in Frage. Lamellierte Holzfensterprofile („Kanteln") bestehen aus 3 miteinander verleimten Lamellen (Bild **5**.98).

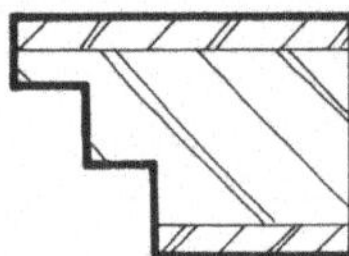 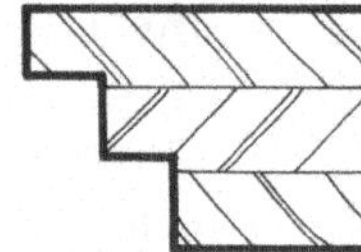

5.98
Lamellierte Holzfensterprofile

Zu beachten ist dabei:

— Leimfugen dürfen nicht direkt der Bewitterung ausgesetzt sein,

— Querschnitte müssen symmetrisch aufgebaut sein,

— bei der Verarbeitung müssen enge Feuchtigkeitstoleranzen für die zu verleimenden Hölzer eingehalten werden (13% ± 2%).

Lamellierte Kanteln sollen nur aus Produktionen kommen, bei denen eine ständige Güteüberwachung gewährleistet ist.

5.5.2.3 Profile

Fensterprofile für die Herstellung von nach innen aufgehenden Dreh-, Drehkipp- und Kippfenstern sind in DIN 68121 T1 für Doppel- und Isolierverglasungen festgelegt. Holzprofile für Schwing-, Wende- und Hebefensterrahmen sollen in DIN 68121 T3 festgelegt werden (Tabellen **5**.99 und **5**.100).

Tabelle **5**.99   Profile für Einfachfenster mit Isolierverglasung (DIN 68121 T1)

Kurzzeichen des Profils	Mindestdicke*) des Profils	Nenndicke
IV 56	55	56
IV 63	62	63
IV 68	66	68
IV 78	76	78
IV 92	90	92

*) Mindestdicke (= unteres Grenzmaß)

Tabelle **5**.100   Profile für Verbundfenster (DIN 68121 T1)

Kurzzeichen des Profils	Außenflügel Mindestdicke*)	Außenflügel Nenndicke	Innenflügel Mindestdicke*)	Innenflügel Nenndicke
DV 32/44	30	32	42	44
DV 44/44	42	44	42	44
DV 36/56	34	36	54	56

*) Mindestdicke (= unteres Grenzmaß)

Die Profilierung aller horizontal verlaufenden Fensterteile wie Flügel- und Blendrahmen, Riegel und Sprossen sind mit einer Neigung von mindestens 15° auszuführen, damit Regenwasser – ggf. auch bei gekippten Flügeln – rasch abfließt.

Profilkanten sind nach DIN 68121 T2 sorgfältig abzurunden (Radius mindestens 2 mm), weil der durch Anstriche gebildete Schutzfilm an scharfen Kanten geschwächt wird und dort zuerst Oberflächenschäden entstehen können (Bild **5.**101).

Die Breite der Fensterhölzer nach DIN 68121 T1 wurde so gewählt, daß die Querschnitte auch hochkant aus Bohlen mit handelsüblichen Abmessungen geschnitten werden können. Die Maße sind Mindestmaße.

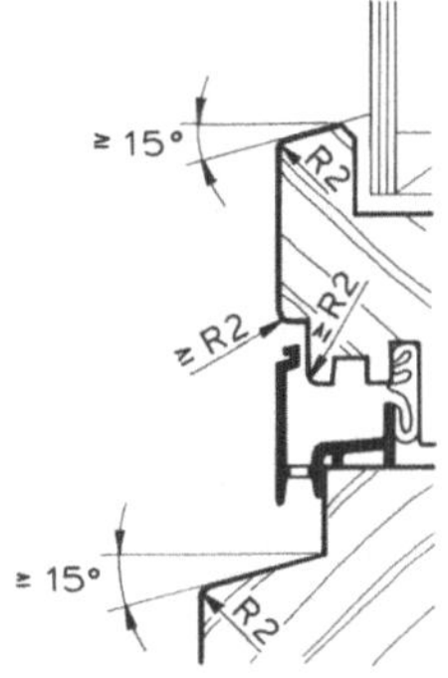

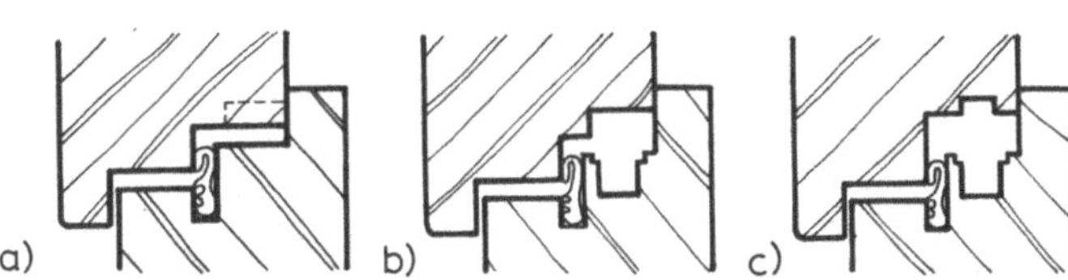

5.101 Wasserabführung;
Kantenrundung

5.102 Möglichkeiten der Falzausbildung (oberer Flügel-/Rahmenanschluß)

a) Falzausbildung mit 4 mm Spiel: Ausführung für eingelassene Schließplatten zur Aufnahme der verdeckten Schere im oberen Bereich des Fensters

b) Eurofalz mit 11 mm Spiel: Ausführung mit vergrößerter Falzluft zur Aufnahme und zum Aufschrauben der Schließplatten

c) Euronut mit 11 mm Spiel: Ausführung mit vergrößerter Falzluft, mit Führungsnut zur Aufnahme und zum Aufschrauben der Schließplatten

Bei der Falzausbildung sind verschiedene Varianten vorgesehen (Bild **5.**102).

Die Anforderungen an die Glasfalze sind in Abschnitt 5.3.3 behandelt.

Für die Einzelabmessungen der Rahmen- und Flügelhölzer enthält DIN 68121 genaue Angaben für alle Profilgruppen. Als Beispiele sind Schnitte für die Profilgruppe IV 56 (Bild **5.**103), IV 78 (Bild **5.**104) und DV 32/44 (Bild **5.**105) gezeigt.

Mehrflüglige Fenster können ohne Mittelpfosten (Bild **5.**103f), mit festem Mittelpfosten (Bild **5.**103g) oder durch Kombination mehrerer Einzelfenster gebildet werden (Bild **5.**103h und i).

Bei Fenstertüren und auch bei fest verglasten Fensterelementen ist zur Verbesserung des Spritzwasserschutzes für die unteren Glasfälze und als Schutz der Verglasungen gegen mechanische Beschädigungen vielfach eine Verbreiterung der unteren Blendrahmen- bzw. Flügelprofile nötig. Dafür werden gefälzte Profilkombinationen wie in Bild **5.**103c und **5.**106a verwendet. Wichtig ist, daß an den Stoßstellen keine zu engen Fugen entstehen, in denen das Auftragen von Holzschutz- und Anstrichmitteln problematisch wird und in denen sich Schlagregenwasser stauen kann. Die Fugen sind abzudichten (vgl. Bild **5.**20).

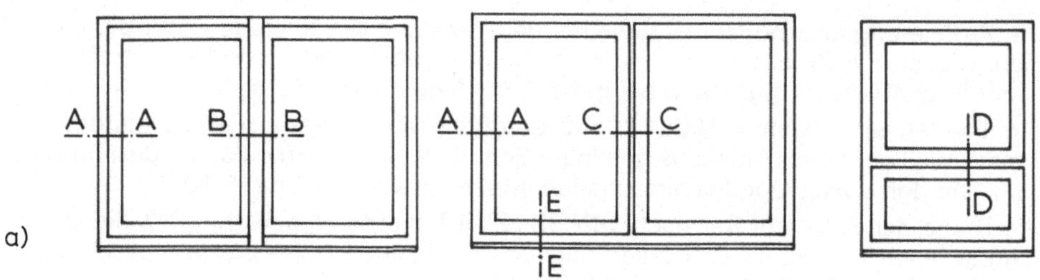

a)

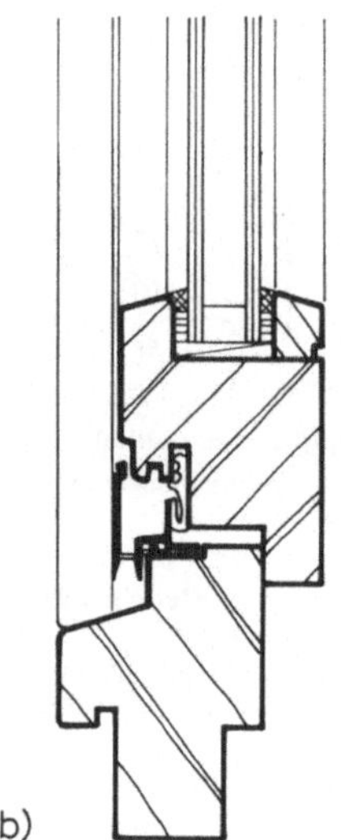

b)

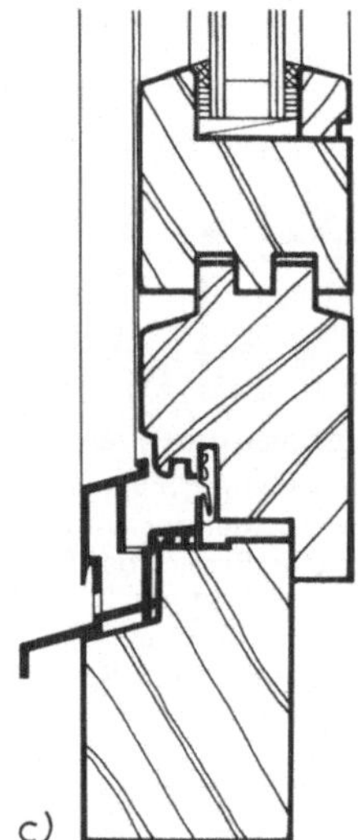

c)

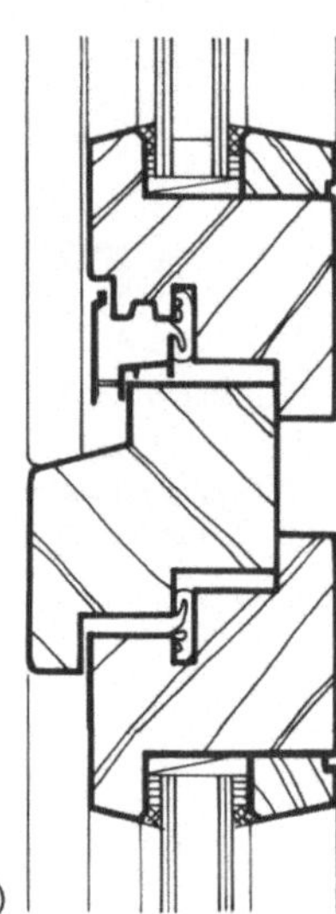

d)

5.103   Profile für Einfachfenster mit Isolierverglasung (DIN 68121 T1), Fortsetzung s. S. 409
a) Übersichten
b) Schnitt E–E, Normalausführung
c) Schnitt E–E, verstärkter unterer Flügelrahmen für schwere Flügel oder Fenstertüren
d) Schnitt D–D, Fenster mit Riegel (Kämpfer)
e) Schnitt A–A (Bauwerksanschlüsse s. Bild **5**.20)
f) Schnitt C–C, zweiflügliges Fenster ohne Mittelpfosten
g) Schnitt B–B, zweiflügliges Fenster mit Mittelpfosten
h) Mittelpfosten-Verstärkung für sehr hohe Fenster
i) Koppelung von Einzelfenstern zu Fensterbändern
(Fugenversiegelung s. Bild **5**.21 c)

Bild **5**.103, Fortsetzung

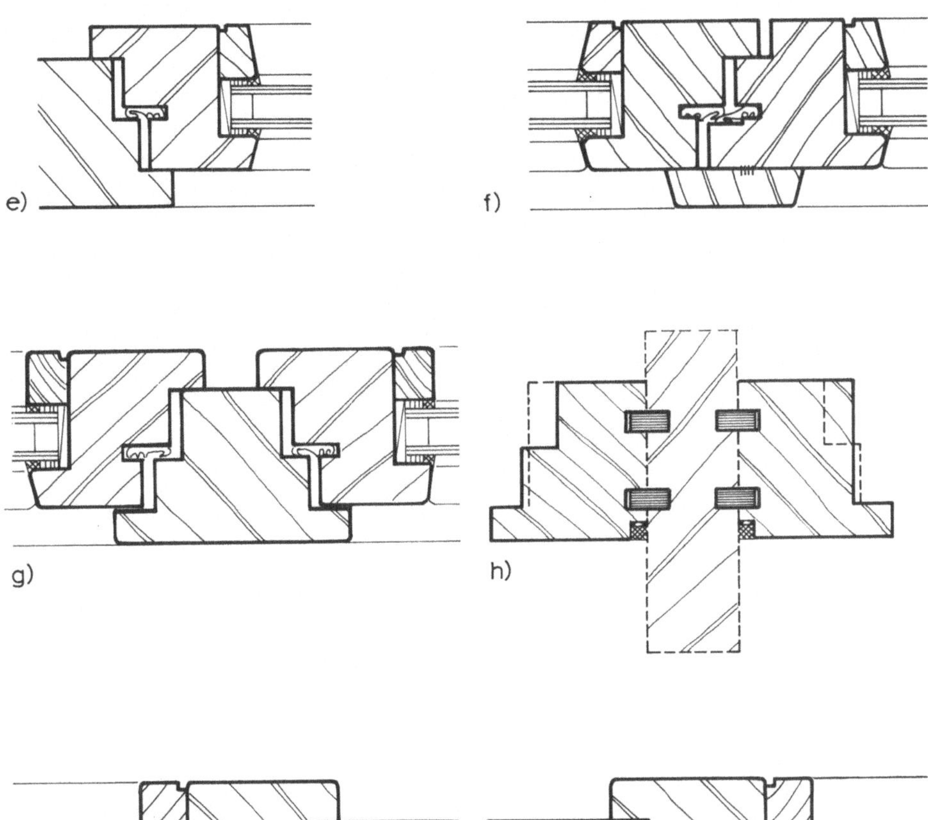

Fenstertüren sind heute seltener mit Hebeflügeln ausgeführt. Mit Spezialbeschlägen können Hebeflügel aus der unteren dichtenden Bodenschwelle zum Öffnen angehoben werden (Bild **5**.106 a). Die erforderlichen Hubbewegungen beanspruchen die heute geforderten Falzdichtungen meistens zu stark, so daß Fenstertüren – mit entsprechend verstärkter Dimensionierung – heute meisten wie Fenster konstruiert sind.

Die unteren Blendrahmenteile sind bei Fenstertüren an der anschließenden Balkon- oder Terrassenabdichtung und bei Ausführungsfehlern sehr fäulnisgefährdet. Es werden daher hier vielfach Leichtmetall-Hohlprofile verwendet (Bild **5**.96 und **5**.106 d).

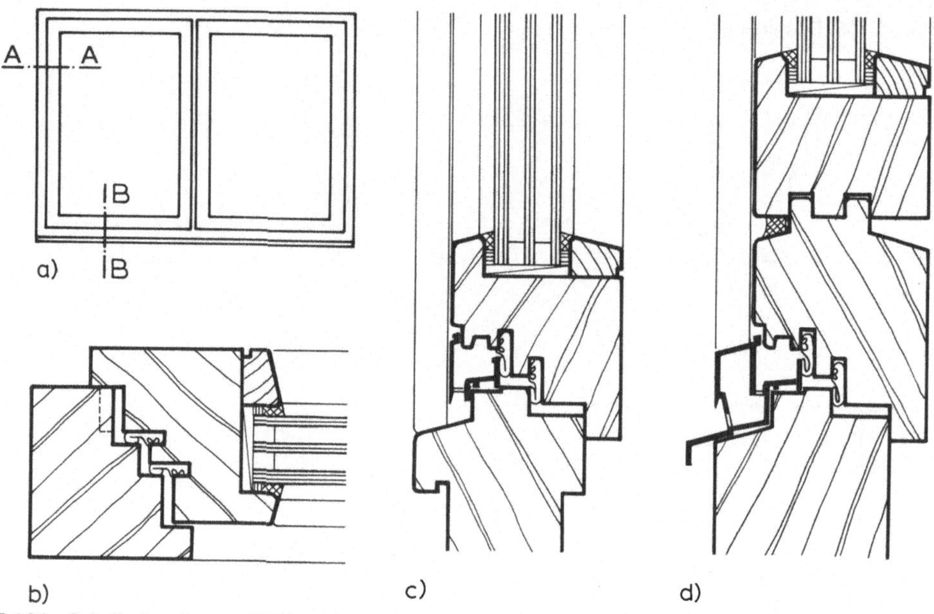

5.104   Schallschutzfenster IV 78 nach DIN 68121 T1
     a) Übersicht
     b) Schnitt A–A (Bauwerksanschluß s. Bild **5**.20)
     c) Schnitt B–B, Normalausführung
     d) Schnitt B–B, Profilkombinationen für Fenstertüren o. ä.

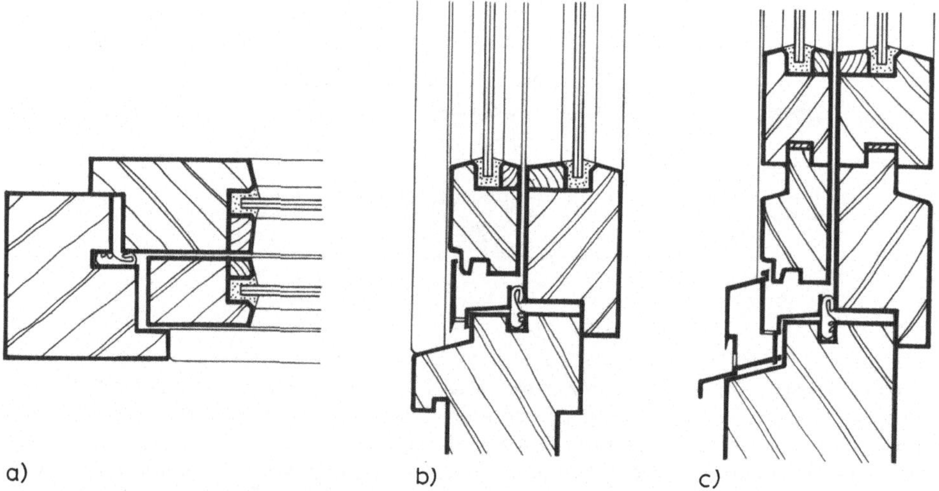

5.105   Verbundfenster DV 32/44 nach DIN 68121 T1 (Übersicht s. Bild **5**.104)
     a) Schnitt A–A (Bauwerksanschluß s. Bild **5**.20)
     b) Schnitt B–B, Normalausführung
     c) Schnitt B–B, Profilkombinationen für Fenstertüren o. ä.

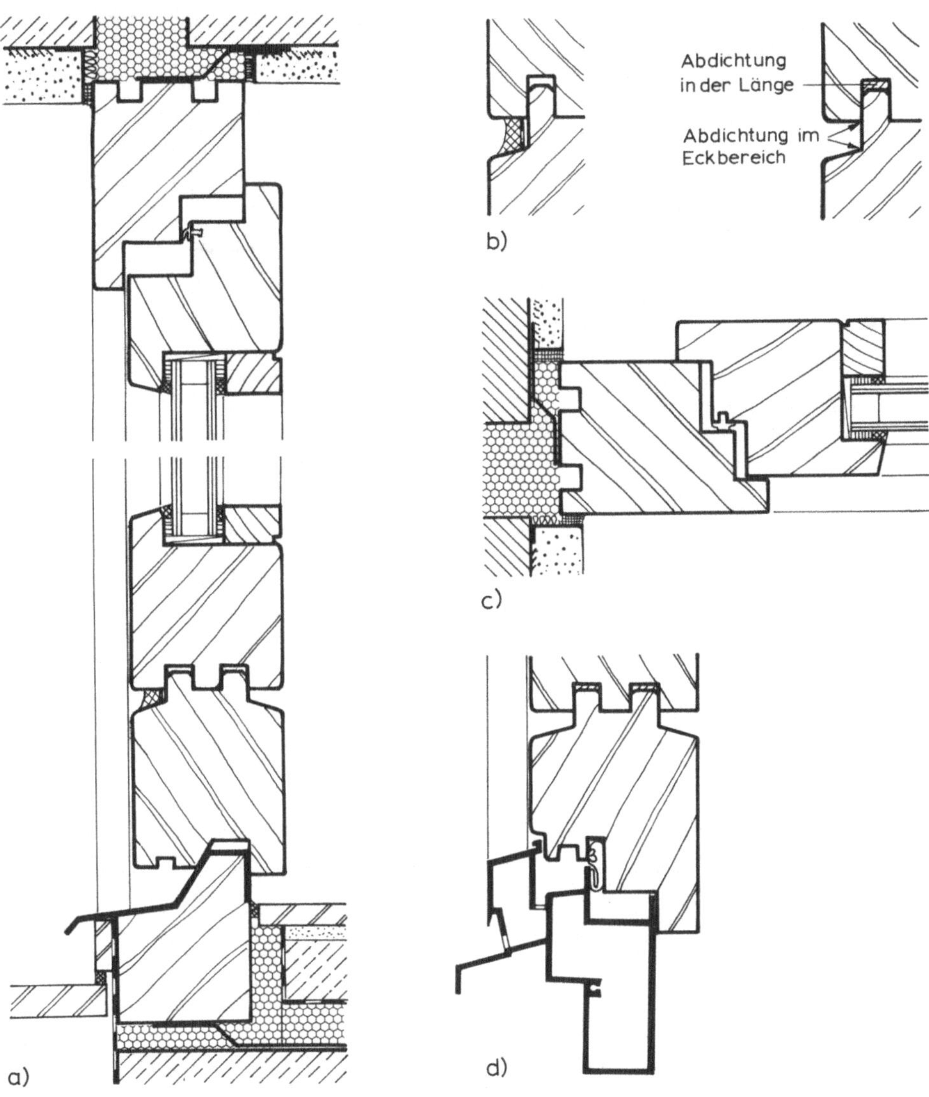

5.106 Fenstertüren
a) Hebetür, Vertikalschnitt
b) äußere Abdichtung der Querfuge im unteren Blendrahmenschenkel
c) Horizontalschnitt
d) unteres Rahmenprofil aus Metall (s. auch Bild **5.**96)

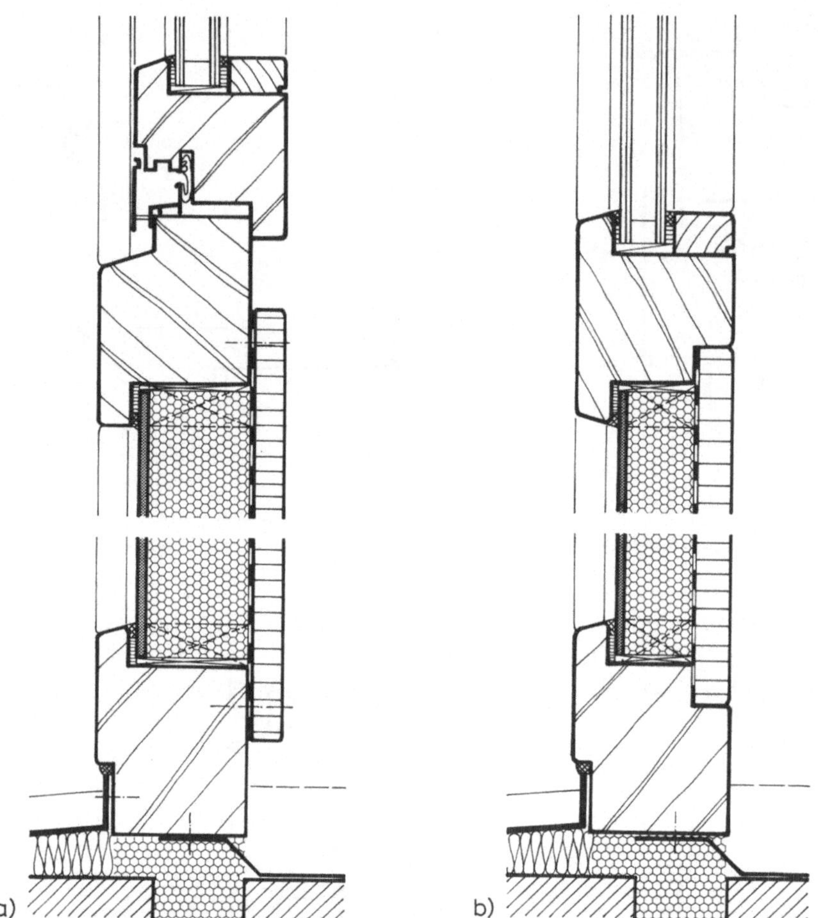

5.107 Brüstungen mit nicht transparenten Ausfachungen
a) Deckplatte innen aufgesetzt
b) Deckplatte innen in Rahmen eingesetzt

Fest verglaste oder mit nichttransparenten Füllungen ausgeführte Teile von Fensterelementen können mit innen aufgesetzten oder eingesetzten Deckplatten hergestellt werden (Bild **5.**107). In Füllungen ist eine Dampfsperre vorzusehen, und die Vorschriften hinsichtlich des erforderlichen Wärmeschutzes sind zu beachten (DIN 4108 T2).

Für die bei den einzelnen Profilgruppen möglichen Flügelabmessungen sind in DIN 68121 T1 Angaben enthalten. Als Beispiel sind die Tabellen für die Profilgruppe IV 56 – Flügelholzbreite 78 und 92 mm – gezeigt (Tabellen **5.**108 und **5.**109).

Bei den Öffnungsarten Dreh und Drehkipp sind die jeweils größeren Flügelbreiten durch die Beanspruchungsgruppen nach DIN 18055 begrenzt.

Bei einer Flügelbreite ab 1100 mm ist eine Zusatzverriegelung erforderlich.

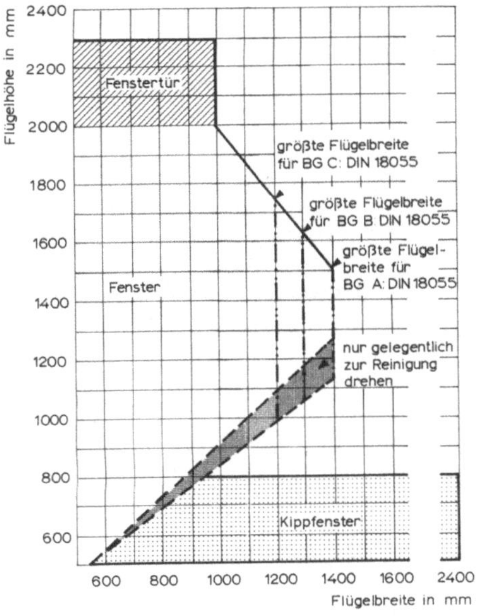

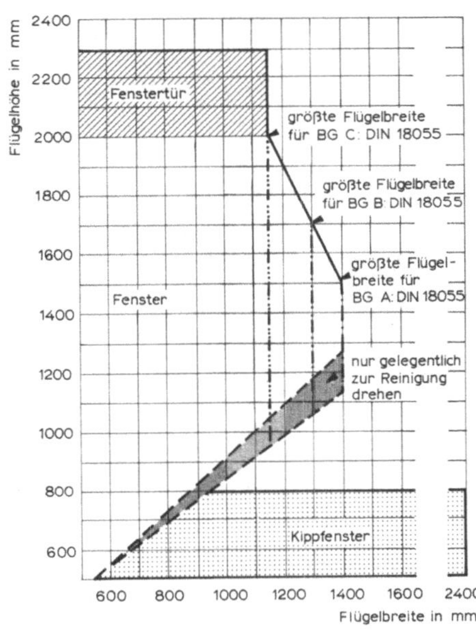

5.108 Flügelabmessungen für Profilgruppe IV 56, Flügelholzbreite 78 mm

5.109 Flügelabmessungen für IV 56, Flügelholzbreite 92 mm

Bei Flügelhöhen ab 1100 mm ist eine Zusatzverriegelung und ab 2000 mm sind zwei Zusatzverriegelungen erforderlich.

Bei Kippflügeln ab 2000 mm Flügelbreite sind zwei zusätzliche Verriegelungen erforderlich, falls vom Beschlaghersteller nichts anderes vorgegeben ist.

Flügel, die nur gelegentlich zum Drehen benutzt werden und wesentlich breiter als hoch sind, können gefertigt werden, wenn ihre Maße dem besonders gekennzeichneten Bereich entsprechen.

Bei der Festlegung der Anwendungsbereiche ist ein Glasgewicht von 25 kg/m² zugrunde gelegt. Beim Einsatz größerer Glasgewichte, z. B. bei Schallschutzglas, muß die Tragfähigkeit und die Befestigung der Beschläge für die höhere Beanspruchung nachgewiesen werden.

Die Eckverbindungen der Rahmen sind in der Regel als Schlitz/Zapfenverbindung auszuführen. Für Holzdicken bis 45 mm sind Einfachzapfen (Bild **5.**110) zugelassen, im übrigen sind Doppelzapfen vorzusehen (Bild **5.**111).

Die äußere Wange von Zapfen darf nicht dicker als 16 mm sein. Alle Zapfenverbindungen müssen völlig dicht und mit gut ausreichendem Leimauftrag hergestellt werden.

Neben Zapfenverbindungen sind auch Dübelverbindungen zugelassen. Vorteilhaft ist eine möglichst große Zahl von Dübeln an den Anschlußstellen.

Zapfenanordnungen für Riegel, Pfosten und Sprossen sowie Dübelverbindungen zeigt Bild **5.**111.

Für andere Rahmenverbindungen wie z. B. Keilzinken ist vom Hersteller ein Eignungsnachweis zu fordern.

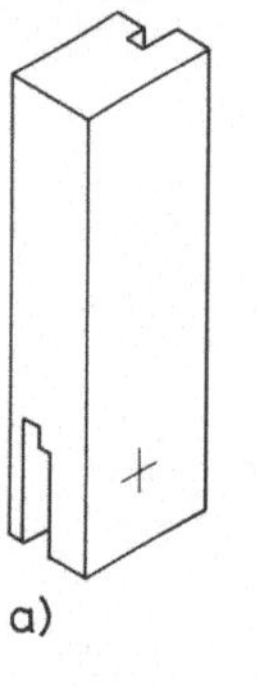

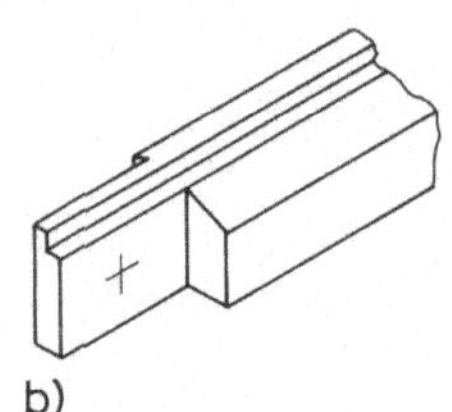

5.110
Eckverbindungen mit Einfachzapfen
(Blendrahmen)

a) aufrechtes Blendrahmenholz
b) unteres Blendrahmenholz

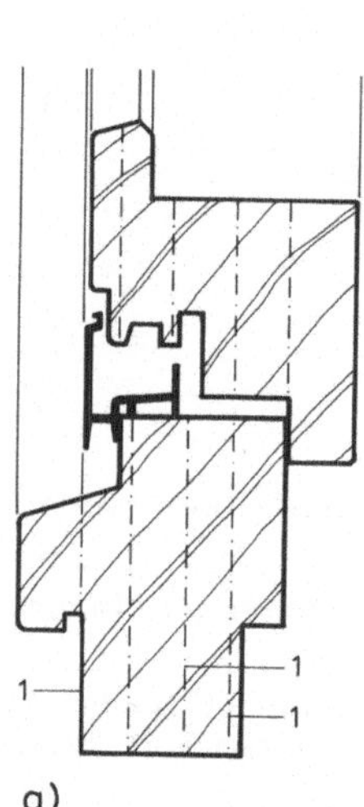

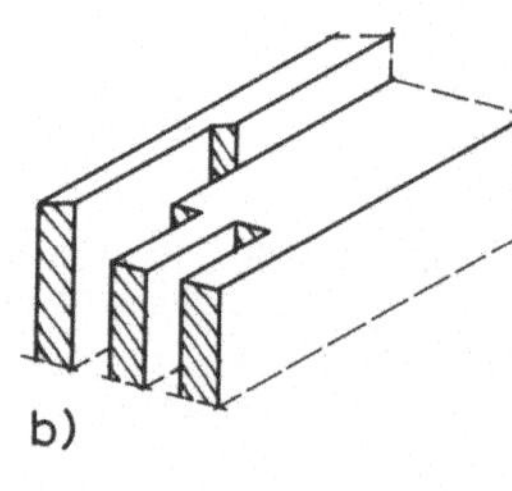

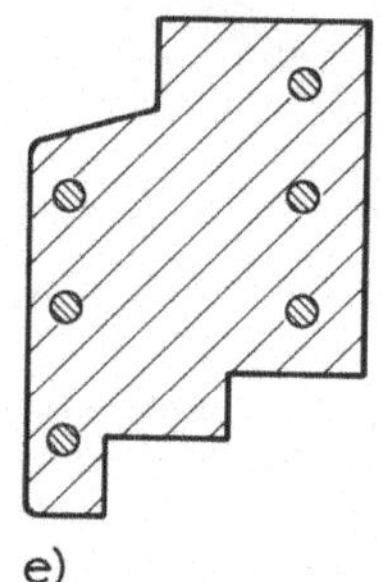

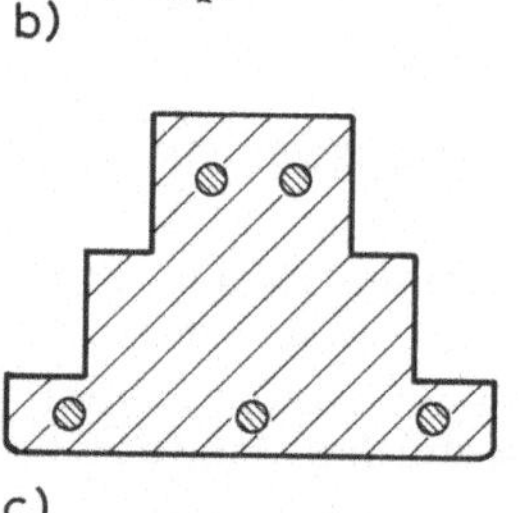

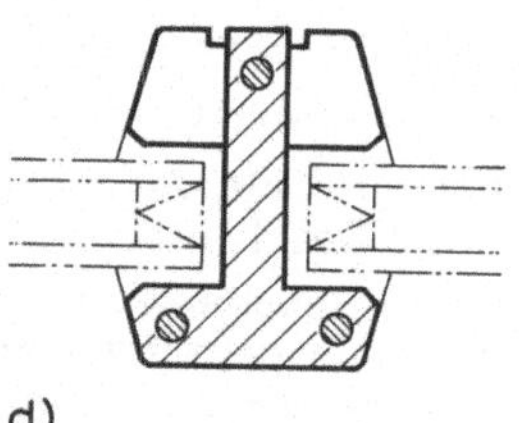

5.111 Eckverbindungen

a) Doppelzapfen, Schnitt

1 Schnittebenen der Doppelzapfen

b) Doppelzapfen, räumliche Darstellung
c) Verdübelung: Dübelbild für Riegelanschluß
d) Dübelbild für Pfostenanschluß
e) Dübelbild für Sprossenanschluß

Außer mit den hier gezeigten Norm-Profilen können Holzfenster auch mit speziellen Profilformen ausgeführt werden. Diese sind von den verschiedensten Herstellern aus produktionsbedingten Gründen oder für spezielle Beschläge, teilweise aus speziellen Eckverbindungen unter Beachtung der vom Institut für Fenstertechnik Rosenheim e.V. aufgestellten Richtlinien hergestellt.

Für die Beurteilung der Verarbeitung von Holzfenstern gibt es Richtlinien von der Gütegemeinschaft Holzfenster e.V., Frankfurt/M.

5.5.2.4 Oberflächenbehandlung

Für die Oberflächenbehandlung der fertigen Fenster stehen filmbildende, deckende Anstrichmittel oder lasierende, sogenannte „offenporige" kombinierte Anstrich- und Holzschutzmittel zur Verfügung.

In Anlehnung an DIN 18363 (VOB Teil C, Anstricharbeiten), an die Empfehlungen des Instituts für Fenstertechnik e. V., Rosenheim, sowie des Arbeitsausschusses Anstrich und Holzschutz ordnen die Anstrichmittelhersteller ihre Anstrichsysteme einschließlich Holzschutz in eigener Verantwortung in die Anstrichgruppen A bis C ein unter Beachtung der Holzarten (I bis III) und des Farbtones (1 bis 7).

Einteilung der Holzarten

Holzart I:

— harzhaltige Nadelhölzer,
z. B. Kiefer, Oregon Pine, Pitch Pine, Lärche[1])

Holzart II:

— harzarme Nadelhölzer,
z. B. Fichte, Redwood

Holzart III:

— Laubhölzer,
z. B. Sipo, Dark Red Meranti, Teak, Afzelia, Eiche

Farbtongruppen von Anstrichen

Farbton: Lasuranstriche

— hell: farblos bis hell getönt (für Anwendung im Freiluftklima nicht geeignet)

— mittel: mittelbraun bis mittelrot

— dunkel: dunkelbraun bis anthrazit

Farbton: Deckende Anstriche

— hell: weiß bis chromgelb, z. B. elfenbein RAL 1014, lichtgrau RAL 7035, maisgelb RAL 1006

— mittel: chromgelb bis blaulila, z. B. gelborange RAL 2000, feuerrot RAL 3000, lichtblau RAL 5012

— dunkel: blaulila bis anthrazit, z. B. silbergrau RAL 7001, lehmbraun RAL 8003, moosgrün RAL 6005

Lasierende Anstriche müssen eine Trockenschichtdicke von mindestens 60 µ, deckende Anstriche eine solche von mindestens 100 µm aufweisen. Farblose Lasuren bieten dem Holz keinen ausreichenden Schutz gegen UV-Strahlung und sind daher für Außenanstriche nicht zu verwenden. Besser sind mittlere und dunkle Farbtöne.

Vor dem Einbau sollen Holzfenster eine durch Tauchen oder Spritzen aufgebrachte Grundierung und einen Zwischenanstrich von ca. 30 µm Schichtdicke erhalten. Diese sollten jedoch nicht farblos sein, da sonst bis zur endgültigen Oberflächenbehandlung bereits eine Vergrauung eintreten kann, die vor dem Schlußstrich abgeschliffen werden müßte.

Anhand der vom Institut für Fenstertechnik e. V., Rosenheim, herausgegebenen Tab. 5.112 ist – unter Berücksichtigung der zu erwartenden klimatischen Beanspruchung – die Möglichkeit gegeben, die geeignete Anstrichgruppe auszuwählen.

Zur Festlegung der Anstrichgruppe müssen bekannt sein:

— Erstanstrich – E – oder Renovierungsanstrich – R –

— Holzart

— Klimabeanspruchung

— Farbton

— Lasuranstrich oder deckender Anstrich

---

[1]) Bei mittleren bis dunklen Farbtönen muß mit Beeinträchtigung des Anstriches durch Harzaustritt gerechnet werden.

Bei der Ausführung von Renovierungsanstrichen R ist zu unterscheiden zwischen Überholungsanstrich RÜ und Erneuerungsanstrich RE. Bei Überholungsanstrich darf der Altanstrich nur geringe Anstrichschäden aufweisen und muß als Anstrichträger geeignet sein. Ist der alte Anstrich zerstört, müssen die Anstrichreste entfernt und eine tragfähige Holzoberfläche wiederhergestellt werden. Die Einschränkung bei Nadelholz und dunklem Anstrich ist zu beachten.

Tabelle 5.112   Anstrichgruppen für Fenster und Außentüren (Institut für Fenstertechnik e. V., Rosenheim)

Oberflächenschutz			Lasuranstrich			Deckender Anstrich		
Holzartengruppe			I	II	III	I	II	III
Beanspruchung	Farbton							
Außenraumklima (indirekte Bewitterung)	ohne Einschränkung	1	A	A	A	C	C	C
Freiluftklima bei normaler direkter Bewitterung	hell	2				C	C	C
	mittel	3	B	B	B	C	C	C
	dunkel	4	B	B	B	C	C	C
Freiluftklima bei extremer direkter Bewitterung	hell	5				C	C	C
	mittel	6		B	B	C	C	C
	dunkel	7		B	B		C	C

Erstanstrich: E   Renovieranstrich: R   Überholungsanstrich: RÜ   Erneuerungsanstrich: RE

Ergibt sich eine Anstrichgruppe in einem weißen Feld, so gelten die Empfehlungen mit der Einschränkung, daß durch Harzfluß und/oder Rißbildungen im Holz und in den Rahmenverbindungen eine Beeinträchtigung der Oberfläche und des Anstriches auftreten kann (s. auch DIN 68 360 Teil 1).

Anwendungsbeispiel: Für ein Wohngebäude mit 3 Geschossen in exponierter Hanglage ist der Einbau von Holzfenstern aus Fichte vorgesehen. Es muß mit direkter Sonneneinstrahlung und starker Schlagregenbelastung gerechnet werden. Die Fenster sollen mit dunklem Anstrich behandelt werden.

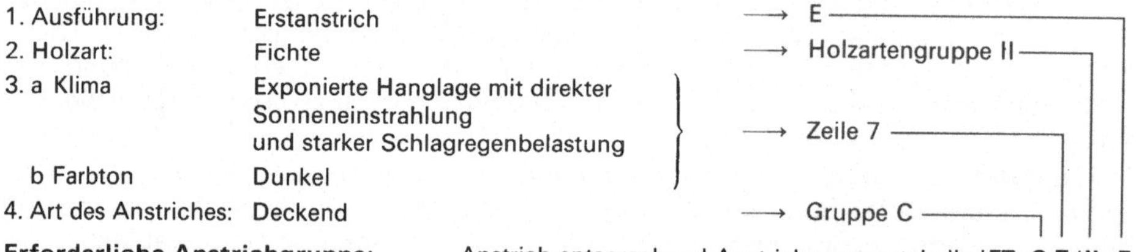

Erforderliche Anstrichgruppe: Anstrich entsprechend Anstrichgruppentabelle IFT: **C 7 / II–E**

5.5.3 Holz-Aluminium-Fenster

In Holz-Aluminium-Fenstern ergänzen sich die guten Eigenschaften von Holz- und von Aluminiumfenstern. Während der Werkstoff Holz mit die besten Eigenschaften hinsichtlich der Wärmedämmung bei Fenstern hat und problemlos den tragenden Teil einer – nicht zu großen – Fensterkonstruktion bilden kann, bildet die äußere Aluminiumschale einen hervorragenden Schutz gegen Witterungseinflüsse. Holz-Aluminium-Fen-

ster erfordern zwar im allgemeinen höhere Herstellungskosten als Ganzaluminiumkon-
struktionen, doch sind sie gegenüber wärmegedämmten Aluminiumfenstern durchaus
konkurrenzfähig. Holz-Aluminium-Fenster werden daher besonders bei solchen Objekten verwendet, wo bei bestem Wärmeschutz eine pflege- und unterhaltungsarme
Außenschale, aber auch der im Wohnungsbau oft gewünschte Materialcharakter des
Holzes bevorzugt wird.

Die Profilierung der tragenden Holzrahmen weist einen mittleren Anschlagfalz mit
umlaufender Mitteldichtung auf und ist für den Flügelrahmen umlaufend gleich. Die
Außenflächen von Flügel- und Blendrahmen liegen bei den meisten Systemen in einer
Ebene, auf der die Aluminiumprofile montiert werden.

Die Aluminiumprofile müssen auf der Holzkonstruktion so aufliegen, daß eine Hinterlüftung (mindestens 7 mm Luftzwischenraum) möglich ist. Damit sich unter Temperatur-
einfluß die Aluminiumteile gegenüber den Holzteilen frei bewegen können, sind verschiebbare Laschenverbindungen zwischen beiden Bauteilen erforderlich (Bild 5.113).

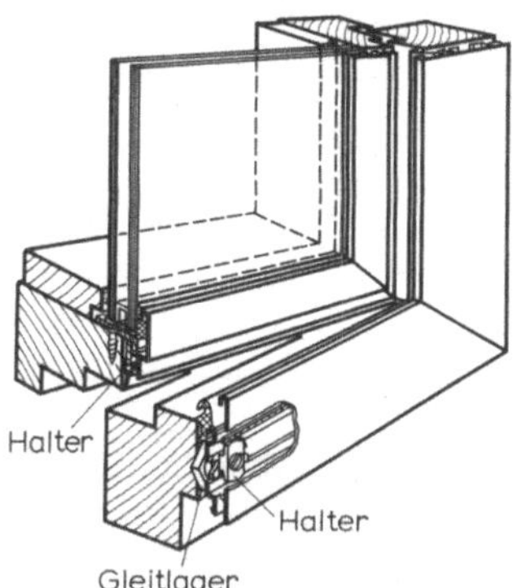

5.113 Aluminium-Holz-Fenster, Befestigung der
Aluminiumteile

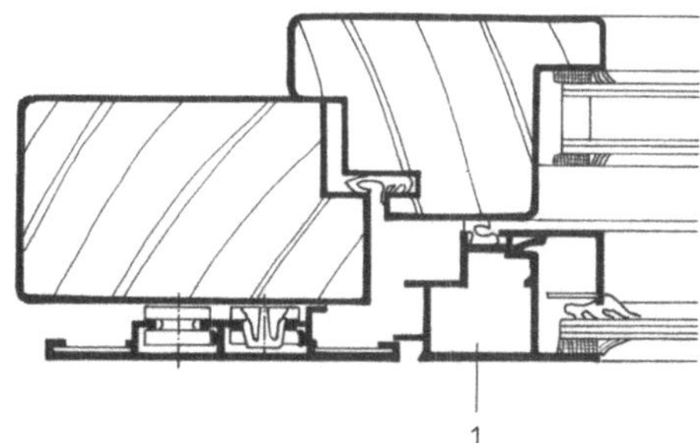

5.115 Aluminium-Holzfenster als Verbundfenster (SCHÜCO CONNEX 503)

1 Außenflügel in Leichtmetallkon-
struktion

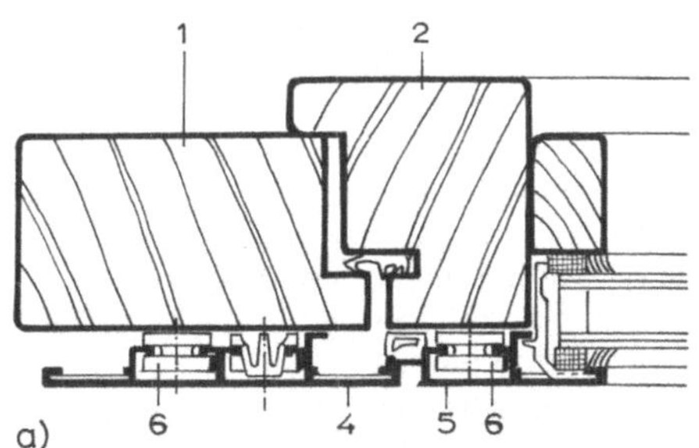

5.114 Aluminium-Holzfenster als Dreh-, Kipp- bzw. Drehkippfenster (SCHÜCO CONNEX 503)
  a) seitlicher Anschlag
  b) Flügel an Pfosten mit Fensterverglasung

  1 Blendrahmen aus Holz   5 Leichtmetallbekleidung des Flügelrahmens
  2 Flügelrahmen aus Holz   6 Schiebestück für Befestigung
  3 Pfosten aus Holz
  4 Leichtmetallbekleidung des
     Blendrahmens bzw. Pfostens

Zusammen mit der innenliegenden hölzernen Glasleiste bildet das Aluminiumprofil des Flügelrahmens den Glasfalz sowie unten die Regenschutzschiene. Die Glasscheiben werden wegen der auftretenden Längenänderung zwischen Aluminium- und Holzprofilen mit Dichtungsprofilen eingebaut.

Die notwendige elastische Anschlagdichtung ist in den Blendrahmenteil der Aluminiumprofile mit eingearbeitet. Bei den meisten Aluminiumsystemen sind die Profile an den Ecken stumpf geschweißt (s. Abschn. Aluminiumfenster).

Auch aus Holz-Aluminium-Systemen lassen sich alle Arten von ein- und mehrflügeligen Fenstern (Bild **5.**114), Fensterkombinationen und geschoßhohen Elementen auch als Verbundfenster (Bild **5.**115) zusammenbauen.

Die Güteanforderungen müssen im übrigen denen von Holz- bzw. Aluminiumfenstern entsprechen sowie der „Richtlinie für Anforderungen und Prüfung des Verbundes zwischen Aluminium- und Holzprofilen von Aluminium-Holz-Fenstern RAL-RG 424/2".

5.5.4 Aluminium-(Leichtmetall-)Fenster

5.5.4.1 Allgemeines

Als Baustoff für Fenster und Fassaden hat Aluminium eine außerordentliche Bedeutung gewonnen. Aluminiumkonstruktionen zeichnen sich aus durch
— dekoratives Aussehen bei vielfältiger Möglichkeit der Oberflächenbehandlung,
— Anspruchslosigkeit in Unterhaltung und Pflege bei sehr hoher Lebensdauer,
— große Herstellungsgenauigkeit der Profile und damit verbunden sehr geringe Toleranzen sorgfältig gefertigter Konstruktionen (z. B. hohe Fugendichtigkeit),
— gute Bearbeitbarkeit,
— geringes Gewicht.

Aus diesen Eigenschaften ergibt sich die große Wirtschaftlichkeit von Aluminiumkonstruktionen im Fensterbau, obwohl die Investitionskosten gegenüber Fenstern gleicher Größe aus anderen Materialien zunächst höher liegen.

Im allgemeinen werden Aluminiumfenster aus Halbzeugen hergestellt, die von verschiedenen Herstellern als Profilsysteme, teilweise ergänzt durch passendes Zubehör wie Bänder, Beschläge, Dichtungen, Rolladenführungen usw. angeboten werden. Der Fensterhersteller wird anhand von speziellen Profilisten, Kombinationsvorschlägen, Statik- und Bemessungstabellen sowie von entsprechenden Bauanleitungen in die Lage versetzt, Fenster für den speziellen Bedarfsfall zusammenzubauen.

Die für die Fenster verwendeten Strangpreßprofile werden überwiegend aus der Legierung AlMgSi0,5F22 (DIN 1725 und 1748) hergestellt. Für die technischen Lieferbedingungen gilt DIN 17615 T1 und T3. In DIN 4113 T1 sind Festigkeitswerte und zulässige Belastungen festgelegt.

Profilsysteme für Aluminiumfenster werden hergestellt als einteilige ungedämmte Strangpreßprofile (Bild **5.**116) für Fenster- und Türkonstruktionen, an die wie z. B. im Innenbereich keine Anforderungen an den Wärmeschutz gestellt werden oder dort, wo durch entsprechende Warmluftführung vor den Fenstern Tauwasserbildung entgegengewirkt werden kann (s. Bild **5.**25).

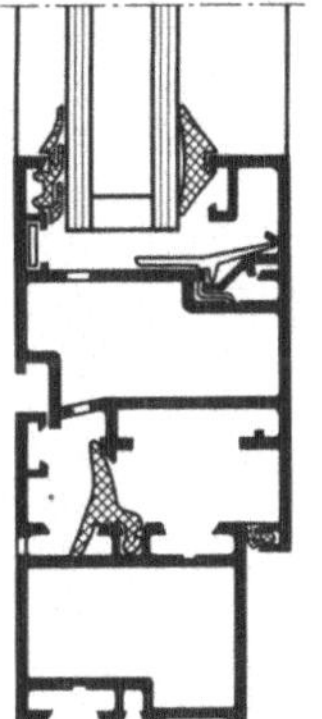

5.116 Ganzaluminium-Fenster

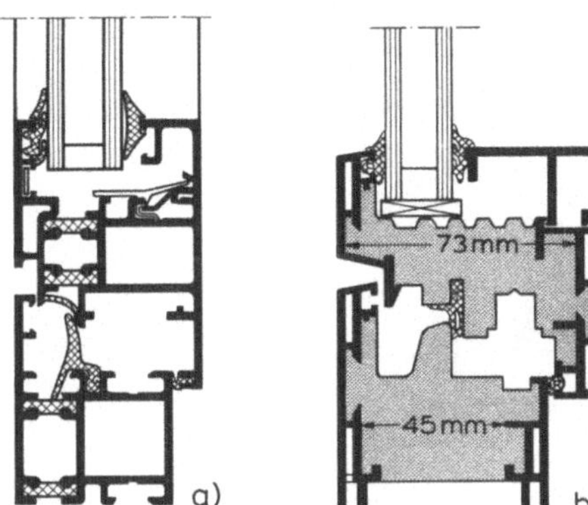

5.117 Wärmegedämmtes Aluminiumfenster
a) thermische Trennung durch Kunststoffstege
b) thermische Trennung durch Kunststoffkern
(PURAL-Sandwichprofil)

Wärmegedämmte Profile (Aluminium-Kunststoff-Verbundprofile) bestehen aus Strangpreßprofilen, bei denen die innere und äußere Schale thermisch durch Kunststoffstege oder Hartschaum voneinander getrennt sind (Bild **5.117**). Für die Anforderungen an den Wärmeschutz gilt DIN 4108 T4. Danach darf der k-Wert für Fenster 3,1 W/m²K nicht überschreiten. Für nichttransparente Füllungen (Paneele) gelten die Anforderungen an leichte Bauteile (DIN 4108 T2).

Die Profilsysteme werden formal unterschieden als flächenbündige, flächenversetzte und „integrierte" Konstruktionen (Bild **5.118**).

Bei „integrierten" Systemen ist der Außenanschlag des zweischaligen Blendrahmens so breit, daß der Flügelrahmen dahinter angeordnet werden kann (Bild **5.119**). Die Glasdichtung kann dabei zugleich die äußere Anschlagdichtung sein und die Wärmebrücke unterbrechen. Ähnlich wirken Konstruktionen mit umfassender Glasdichtung (Bild **5.120**).

Mit allen Systemen lassen sich die in Abschn. 5.1 beschriebenen Fensterbauarten herstellen sowie Sonderkonstruktionen wie Schallschutzfenster, einbruchhemmende Fenster und großflächige Schaufensterverglasungen.

Auch bei Aluminiumfenstern müssen die Profilsysteme eine Trennung von Wind- und Regensperre (s. Abschn. 5.2) ermöglichen. Die Falze müssen den in Abschn. 5.3.3

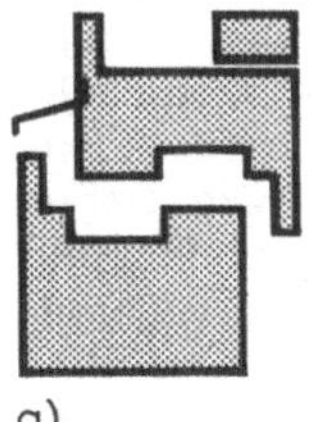
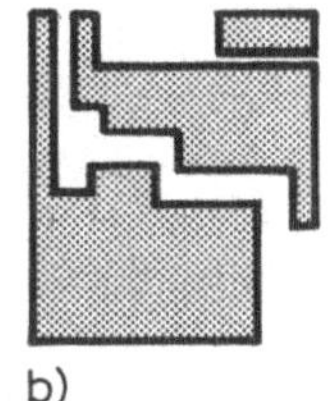
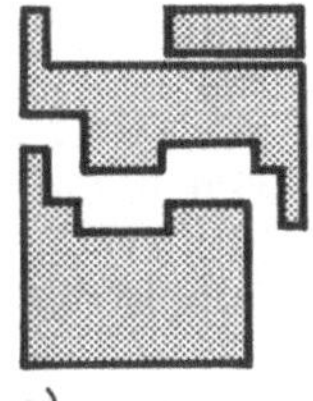

5.118 Profilsysteme (schematische Darstellung)
a) flächenversetzt
b) flächenbündig
c) „integriert" (Blendrahmen verdeckt außen den Flügelrahmen)

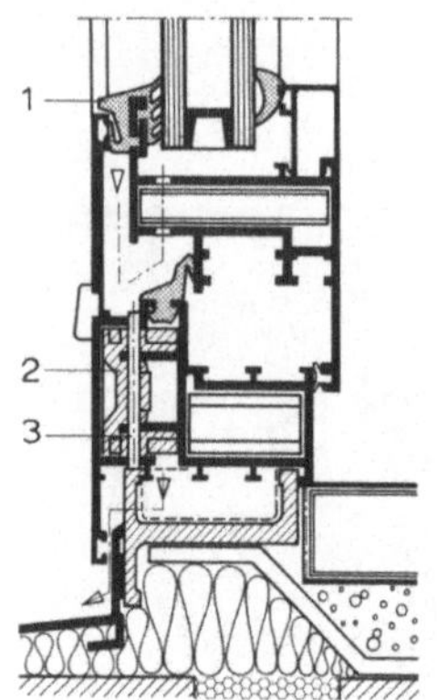

5.119 Wärmegedämmtes Aluminiumfenster mit integriertem Flügel
1 Glasdichtung, zugleich äußere Anschlagdichtung und Unterbrechung der Wärmebrücke
2 Blendrahmen zweischalig, thermisch entkoppelt
3 Verbindungsstift

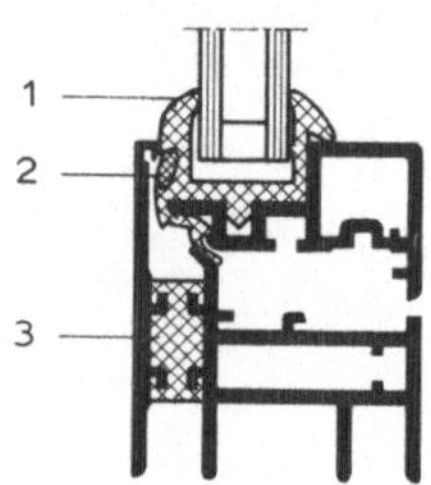

5.120 Wärmegedämmtes Aluminiumfenster mit umfassender Glasdichtung
1 Glasdichtung
2 Hartkunststoff-Feder
3 thermische Trennung

genannten Anforderungen entsprechen. Alle Stahlteile von Unterkonstruktionen, Einbauzargen, Befestigungsmitteln sind zu verzinken. Nur Teile, die nach dem Einbau zugänglich bleiben, dürfen auf andere Weise gegen Korrosion geschützt werden.

Bei der Verarbeitung und beim Einbau sind die „Einbaurichtlinien für Aluminiumfenster RAL-RG 636/1" zu beachten. Allgemeine Technische Vorschriften für die Ausschreibung von Aluminiumfenstern hat das Institut für Fenstertechnik e.V. Rosenheim herausgegeben [18].

5.5.4.2   Oberflächenbehandlung

Die Oberflächenbehandlung der im Strangpreßverfahren hergestellten Rohprofile erfolgt zunächst mechanisch, indem bei geschweißten Verbindungen die Schweißgrate entfernt und dann die Profile geschliffen werden. Danach kann mit Schwabbelscheiben poliert oder mit Stahlbürsten mattiert werden. Die chemische Vorbehandlung besteht aus der Entfettung, dem Beizen, dem Chromatieren und Phosphatieren (DIN 50939).

Eloxierung. Die anodische Oxydation beruht in verschiedenen Verfahren je nach gewünschter Färbung auf elektrochemischen Vorgängen, bei denen auf der Oberfläche des Aluminiums in einem Elektrolytbad unter Einwirkung von elektrischem Strom eine künstliche Oxydschicht mit einer Mindestschichtdicke von 20 µ erzeugt wird. Neben metallblanken Oberflächen (Naturton) können Oxydschichten verschiedener Färbung durch Nachbehandlung mit organischen oder anorganischen Farbstoffbädern hergestellt werden.

Die Kennzeichnung der Standardfarben ist nach dem Farbfächer des Eloxalverbandes festgelegt (Tabelle **5.122**).

Je nach gewünschter oder für die nachfolgende anodische Oxydation erforderlicher Oberflächenbeschaffenheit wird nach den Bearbeitungsklassen E0 bis E6 unterschieden (Tab. **5.121**).

Tabelle 5.121   Oberflächenbehandlung nach DIN 17 611

Kurz- zeichen	oberflächenabtragende Vorbehandlung	Oberflächenzustand	
E 0	keine		
E 1		geschliffen	
E 2		gebürstet	gebeizt[1])
	mechanisch		anodisiert
E 3		poliert	verdichtet
E 4		geschliffen gebürstet	
E 5		geschliffen poliert	
E 6	chemisch	gebeizt	anodisiert verdichtet

Kurz- zeichen	Struktur und Aussehen der anodisierten Oberfläche	Auswirkung auf normale Oberflächenfehler (Preßriefen, leichte mechanische Beschädigungen)
E 0	Preßoberfläche	wenig verändert
E 1	gleichmäßig, etwas stumpf aussehend, je nach verwendetem Schleifkorn grobe bis feine Schleifriefen einheitlicher Richtung	bis vollständig beseitigt
E 2	gleichmäßig, im Gegensatz zu E 1 matt glänzend, sichtbare Bürstenstriche	je nach Tiefe, z. T. beseitigt
E 3	gleichmäßig glänzend	
E 4	gleichmäßig matt glänzend wie E 2	
E 5	glatt und glänzend	bis vollständig beseitigt
E 6	zahlreiche Variationsmöglichkeiten von stumpf bis mattschimmernd	teilweise bis weitgehend ausgeglichen

[1]) Dieser Beizprozeß vor dem eigentlichen Anodisieren dient der Reinigung der Oberflächen und der Beseitigung der natürlichen Oxydhaut. Eine Oberflächenabtragung ist damit nicht bezweckt. Er ist als normalerweise notwendiger Bestandteil des Verfahrens in DIN 17 611 nicht ausdrücklich erwähnt.

Tabelle 5.122   Standard-Farbfächer des Eloxalverbandes

Kurzzeichen	Farbe	Kurzzeichen	Farbe
C– 0	farblos	C–33	mittelbronze
C–31	leicht bronze	C–34	dunkelbronze
C–32	hellbronze	C–35	schwarz

Eloxierte Aluminiumflächen sind sehr empfindlich gegen mechanische Beschädigungen, insbesondere aber gegen die Einwirkung von Kalk- oder Zementmörtel, Farben und verschiedene am Bau verwendete Lösungsmittel. Die Profile müssen daher – am besten durch selbstklebende Kunststoff-Folien – sorgfältig geschützt werden.

Farbbeschichtungen. Wegen der nicht begrenzten farblichen Gestaltungsmöglichkeit werden zunehmend Aluminium-Fensterprofile heute meistens mit Lackierungen bzw. Beschichtungen hergestellt. Diese sind relativ unempfindlich gegen Verschmutzung und mechanische Beschädigungen und können bei Beschädigungen ausgebessert werden.

Der Farbauftrag kann durch (lösungsmittelhaltige) „Naßlackierung" auf Polyurethan- oder Acrylharzbasis elektrostatisch oder mit der Druckluftpistole vorgenommen werden. Meistens wird jedoch heute die Pulverbeschichtung angewendet. Bei diesem Verfahren werden Farbstoffe auf Polyurethan- oder Polyesterharzbasis trocken aufgetragen (fertige Schichtdicke 60 bis 80 μ) und bei 180 bis 200 °C eingebrannt.

5.5.4.3 Konstruktion

Bei den Bauwerksanschlüssen (vgl. Tab. **5**.19) von Aluminiumfenstern muß neben den in Abschn. 5.2.5 dargestellten Grundregeln die im Vergleich zu Fenstern aus Holz oder Stahl größere Längenänderung infolge von Temperatureinflüssen beachtet werden. Es sind ausreichend bemessene Bewegungsfugen nicht nur zwischen Aluminiumkonstruktion und Bauwerk bzw. Verankerung mit dem Bauwerk, sondern auch innerhalb von größeren Fenster- und Fassadenelementen einzuplanen.

Beim Zusammenbau der Fenster werden die Profile zunächst in der notwendigen Länge zugeschnitten, die notwendigen Aussparungen für Beschläge, Griffe, Verbindungsteile, Entwässerung usw. durch Fräsen, Stanzen oder Bohren hergestellt und alle Teile sorgfältig entgratet und gereinigt. Die Eckverbindungen der Blend- und Flügelrahmen werden dann auf verschiedene Weise mechanisch hergestellt oder stumpf geschweißt. Bei mechanischer Eckverbindung werden Spezialeckwinkel in die Hohlprofile der Rahmen eingeschoben (Bild **5**.123) und dort eingestanzt bzw. eingepreßt oder durch verdeckt angeordnete Schrauben, Bolzen oder Keilstifte fixiert. Zusätzlich werden derartige Eckverbindungen fast immer mit kaltaushärtenden Zweikomponenten-Metallklebern geklebt und gleichzeitig abgedichtet. Derartige Verbindungen können für Profile hergestellt werden, die bereits eine fertige Oberflächenbehandlung aufweisen.

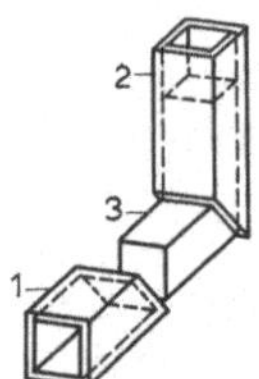

5.123
Rahmen-Eckverbindung in schematischer Darstellung
1 und 2 Hohlprofile
3 Eckwinkel

Von dafür besonders ausgerüsteten Großbetrieben werden Eckverbindungen auch durch Abbrenn-Stumpfschweißung hergestellt. Derartige Schweißverbindungen können nur für nicht vorbehandelte Profile angewendet werden. Nach dem Entfernen der Schweißgrate und mechanischer Nacharbeit erfolgt die Oberflächenbehandlung in besonderen Arbeitsgängen.

Da die Formgebung von Aluminiumprofilen fast keiner Beschränkung unterliegt, können sämtliche Fensterarten mit allen in Frage kommenden Funktionsbeschlägen und passend zu allen Bauwerksanschlüssen ohne Schwierigkeiten hergestellt werden.

Dichtungen werden als Mitteldichtungen und Aufschlagdichtungen in verschiedenen Kombinationen je nach Profilsystem und Anforderungen an die Fenster verwendet. Bei integrierten Flügeln bilden das Verglasungsprofil gleichzeitig Mittel- bzw. Anschlagdichtung.

Mitteldichtungen werden in den Blend- oder Flügelrahmen allseitig in einer Ebene umlaufend eingebaut und liegen dabei außerhalb der Witterungszone. In den Rahmenecken werden die Dichtungsprofile verklebt bzw. verschweißt.

Aus der großen Fülle möglicher Konstruktionen zeigt Bild **5.**124 Schnitte für ein Fenster mit wärmegedämmten Profilen und Bild **5.**125 eine Fensterkonstruktion mit integrierten Flügeln im Zusammenhang mit einer hinterlüfteten Metall-Fassadenbekleidung. Eine Ausführungsmöglichkeit für großflächige Fensterelemente mit teilweise fester Verglasung ist in Bild **5.**126 dargestellt. Vertikal- und Horizontalschnitte einer Hebe-Schiebe-Türanlage zeigt Bild **5.**127.

S c h a u f e n s t e r werden heute fast durchweg mit solchen Standardprofilen hergestellt, wie sie auch für übliche fest verglaste Fensterflächen verwendet werden. Zur Erleichterung des Einbaus großer Scheiben liegen die Falze mit den Glashalteleisten hier jedoch in der Regel auf der Außenseite.

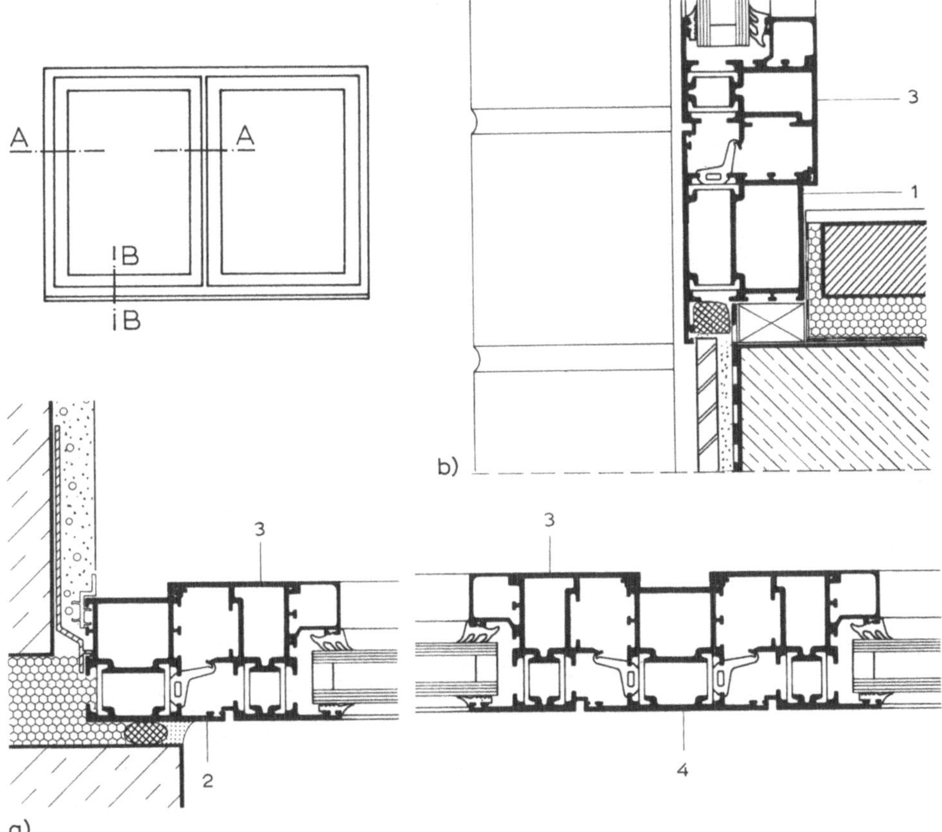

5.124 Fenstertür mit Mittelpfosten, wärmegedämmte Profile, flächenbündig (Hartmann Systherm 60)
   a) Schnitt A–A
   b) Schnitt B–B
   1 unterer Blendrahmen auf Montageprofil   3 Flügelrahmenprofil
   2 Blendrahmenprofil seitlich   4 Pfostenprofil

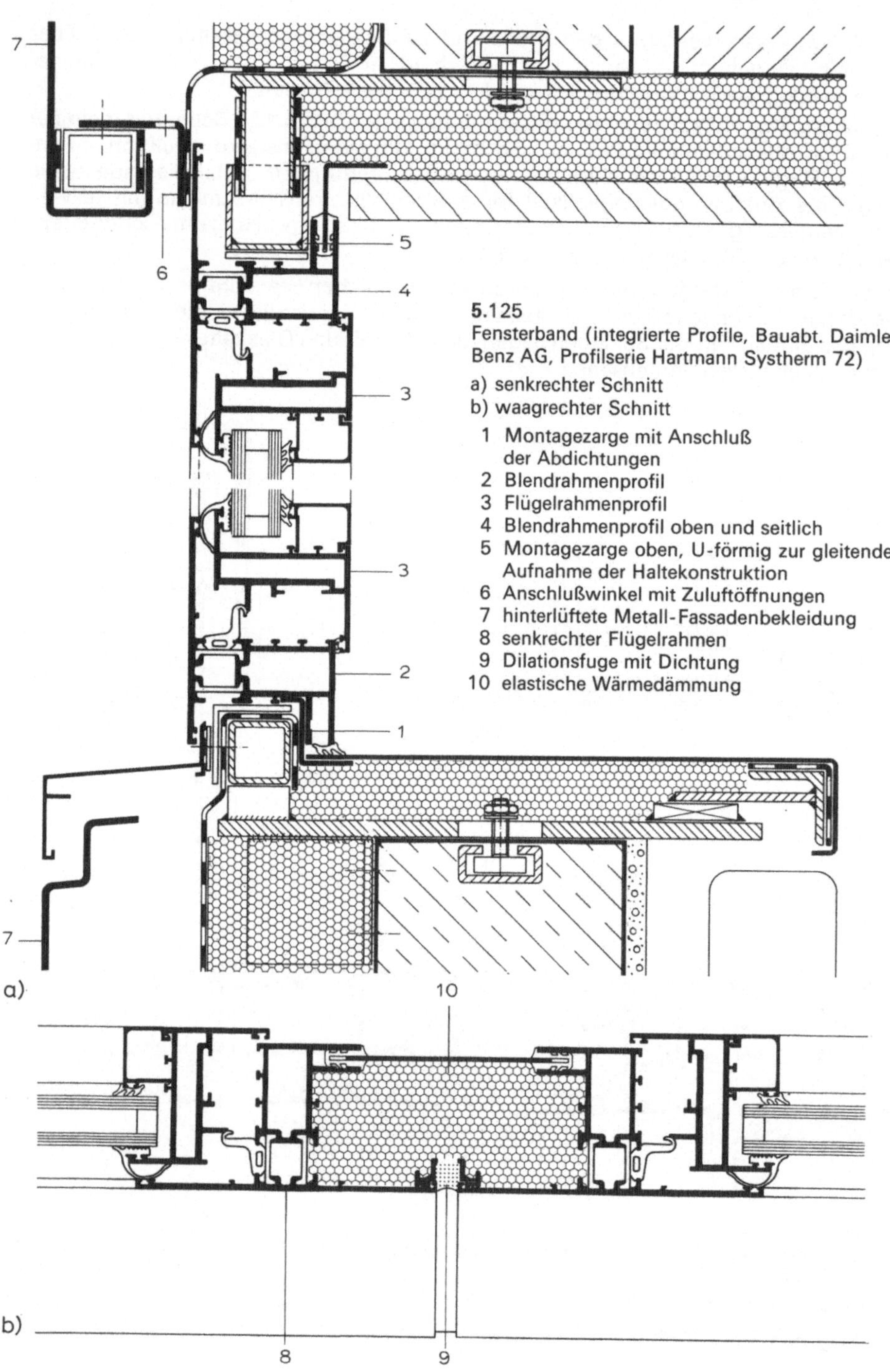

5.125
Fensterband (integrierte Profile, Bauabt. Daimler-Benz AG, Profilserie Hartmann Systherm 72)

a) senkrechter Schnitt
b) waagrechter Schnitt

  1 Montagezarge mit Anschluß der Abdichtungen
  2 Blendrahmenprofil
  3 Flügelrahmenprofil
  4 Blendrahmenprofil oben und seitlich
  5 Montagezarge oben, U-förmig zur gleitenden Aufnahme der Haltekonstruktion
  6 Anschlußwinkel mit Zuluftöffnungen
  7 hinterlüftete Metall-Fassadenbekleidung
  8 senkrechter Flügelrahmen
  9 Dilationsfuge mit Dichtung
10 elastische Wärmedämmung

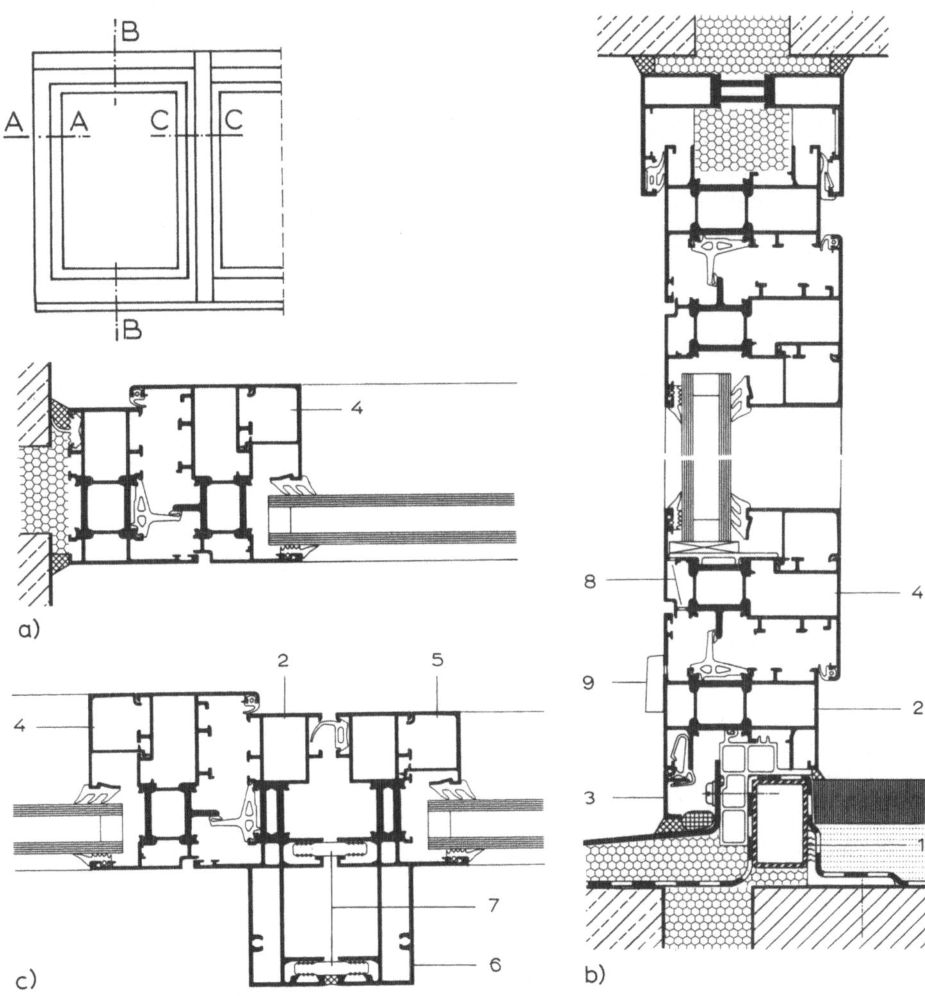

5.126 Großformatiges Fensterelement (WICONA L 70 A)

  a) Horizontalschnitt A–A
  b) Vertikalschnitt B–B
  c) Horizontalschnitt C–C durch Mittelpfosten

  1 Montagezarge mit Anschluß der Dichtungsbahn
  2 Blendrahmenprofil
  3 Ergänzungsprofil
  4 Flügelprofil
  5 Blendrahmenprofil mit Ergänzung für
    Fensterverglasung

  6 Verstärkungsprofil
  7 Dilationsausgleichsprofil
  8 Falzkammerentwässerung
  9 Abdeckkappe für Abflußöffnungen
    (schematisch)

Schallschutzfenster können aus Aluminiumprofilen wegen ihrer sehr guten Fugendichtigkeit auch für sehr hohe Anforderungen hergestellt werden. Neben wärmegedämmten Rahmen mit mehrfachen Dichtungsanschlägen weisen derartige Fenster entweder Isolierverglasungen oder Doppelverglasungen (Scheiben – auch aus Spezial-
schallschutzgläsern – unterschiedlicher Dicke in getrennten Flügelrahmen) auf (Bild
5.127), oder sie sind als Kastenfenster ausgebildet. Die Kastenwände sind meistens
mit schallschluckenden Materialien ausgekleidet (Bild **5.**128). Die erzielbaren Werte
für das bewertete Schalldämm-Maß R_w bei verschiedenen Fensterbauarten zeigt die
Tabelle **5.**11 in Abschn. 5.2.4.

Der erzielte Schallschutz von Fenstern ist jedoch wesentlich von den Bauwerksanschlüssen abhängig (s. Abschn. 5.2.4 und 5.2.5).

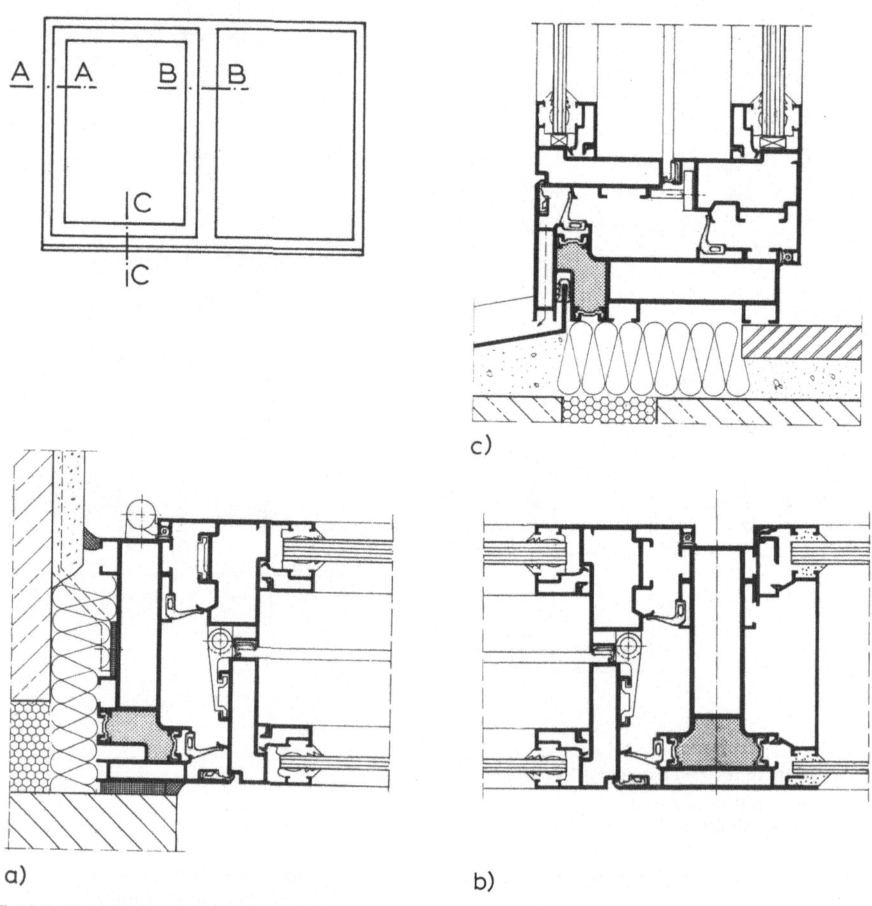

5.127   Schallschutzfenster, Verbundkonstruktion (FWB-Aluminium, Serie FS)
       a) Schnitt A–A Wandanschluß
       b) Schnitt B–B Mittelpfosten
       c) Schnitt C–C Bürstenanschluß

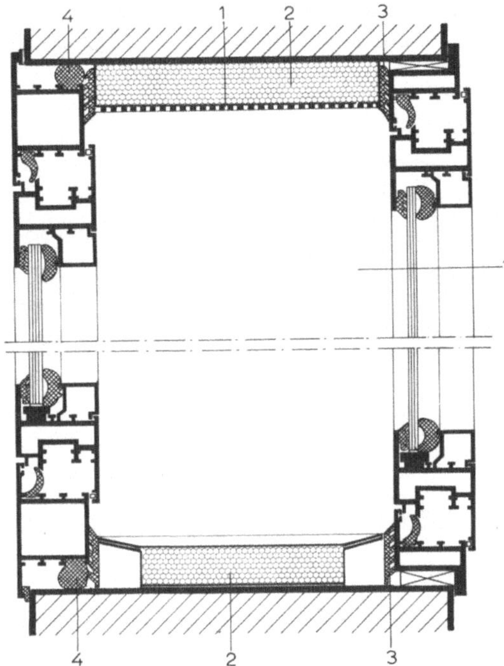

5.128
Schallschutz-Kastenfenster (Eberspächer),
Scheiben mit unterschiedlicher Glasdicke
und großem Abstand

1 Lochabdeckung
2 Schallschluckmaterial
3 elastischer Rahmenanschluß
4 elastischer Bauwerksanschluß

Einbruchhemmende Fenster gewinnen beim Objektschutz zunehmende Bedeutung. In DIN V 18054 sind Richtlinien für die Prüfung derartiger Fenster herausgegeben.

Je nach Sicherungsgrad werden die Klassen EF1 bis EF3 unterschieden (s. Tab. **5.**43 und Abschn. 5.2.6.4).

Die Fenster können in beliebigen Konstruktionsarten hergestellt werden. Der Falzbereich ist jedoch so auszubilden, daß ein Eingriff mit Einbruchswerkzeugen wie z. B. Montiereisen, Brechstangen, Keilen usw. erschwert ist. Fenstergriffe müssen sperr- oder abschließbar sein und mit Sicherungen gegen Aufbohren ausgestattet sein (Bild **5.**129).

Für die Verglasung sind einbruchhemmende Gläser nach DIN 52290 zu verwenden (s. Abschn. 5.3.1; s. Tab. **5.**44 und **5.**45).

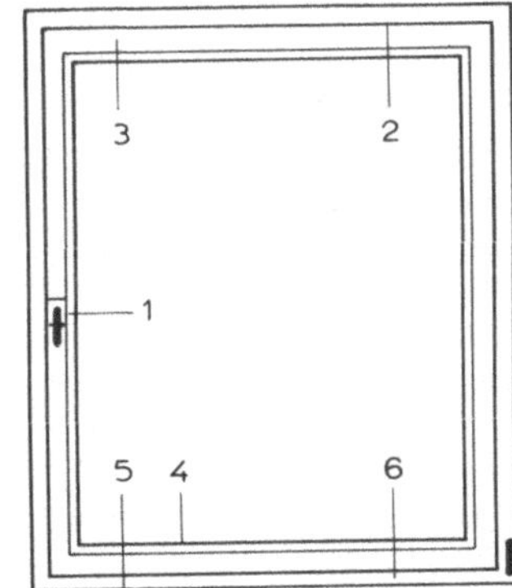

5.129
Konstrukktionsmerkmale einbruchhemmender Fenster [32]

1 abschließbarer Fenstergriff mit definierten
  Anforderungen zum Schutz des Getriebes
2 verstärkte Beschläge
3 verstärkte Rahmenkonstruktion
4 verstärkte Glashalteleiste
5 Montageanleitung
6 einbruchhemmend wirksame Falzausbildung

In Bild **5.**130 sind als Beispiele die Horizontalschnitte eines einbruchhemmenden Fensters und einer Tür mit durchschußhemmender Verglasung gezeigt.

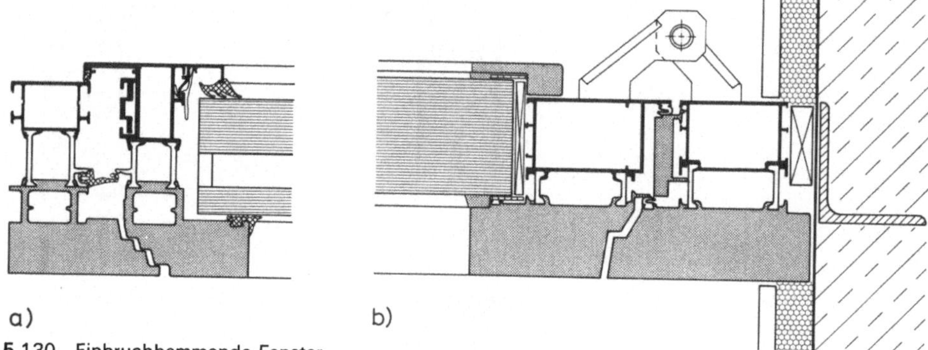

a)   b)

5.130 Einbruchhemmende Fenster

a) einbruchhemmendes Fenster mit durchschußhemmender Isolierverglasung
(SCHÜCO Iskotherm 78)
b) einbruchhemmende Fenstertür mit durchschußhemmender Verglasung C4/E3 (Hartmann)

5.5.5 Stahlfenster

Für untergeordnete Räume und im Industriebau werden Stahlfenster aus T- oder ⌐-Stahl oder warm gewalzten Sonderprofilen verwendet.

Für Stahlfenster werden heute allgemein nur noch H o h l p r o f i l e verwendet, die im Kaltwalzverfahren aus hochwertigem Bandstahl hergestellt werden. Sie haben eine hohe Biege- und Torsionsfestigkeit.

Im Hinblick auf den erforderlichen Wärmeschutz werden einfache Rohrprofile nur für untergeordnete Räume verwendet oder dort, wo auf Wärmeschutz verzichtet werden kann (Bild **5.**131).

Für wärmegedämmte Fenster- und Türkonstruktionen werden Profilrohrsysteme mit thermischer Trennung oder mit zusätzlich eingearbeiteten Wärmeschutzprofilen verwendet (Bild **5.**132 und **5.**133).

Für Fassadenkonstruktionen stehen eine große Zahl von Sonderprofilen – auch gebogene Rohre – zur Verfügung (Bild **5.**134).

Zum R o s t s c h u t z werden Profilstahlrohre in der Regel werkseitig feuerverzinkt (Zinkschichtdicke 70 µ). Auch galvanisch und sendzimierverzinkte Rohre sind im Handel.

Rahmenkonstruktionen werden durch Stumpfschweißung zusammengefügt. Dabei wird natürlich an den Schnittstellen die Verzinkung beschädigt und muß sachgemäß nachgebessert werden. Dazu wird auf die metallblanken Stellen Verzinkungsausbesserungslot überschmolzen und das noch flüssige Lot sofort mit der Stahlbürste eingerieben. Die fertigen Konstruktionsteile werden anschließend leicht überschliffen, mit Lösungsmitteln, Salmiak oder Spezialreinigern behandelt und ggf. nachgewaschen und erhalten dann Haftanstrich und Decklackierung.

Nicht verzinkte Konstruktionen erhalten nach der Reinigung bzw. Entrostung eine Rostschutzbehandlung mit Bleimennige, Zinkstaubbeschichtung o. ä., einen oder mehrere Zwischenanstriche und einen Deckanstrich (Gesamtdicke 100 µ).

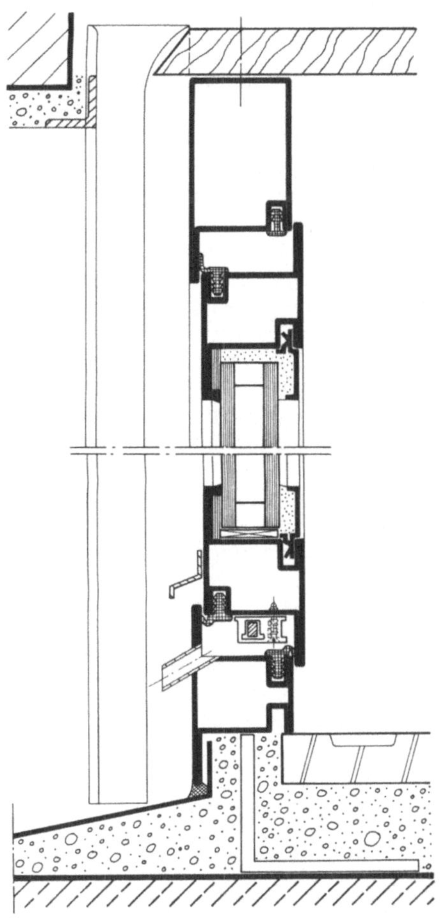

5.131 Stahlfenster aus Hohlprofilen (RP-Rohr)

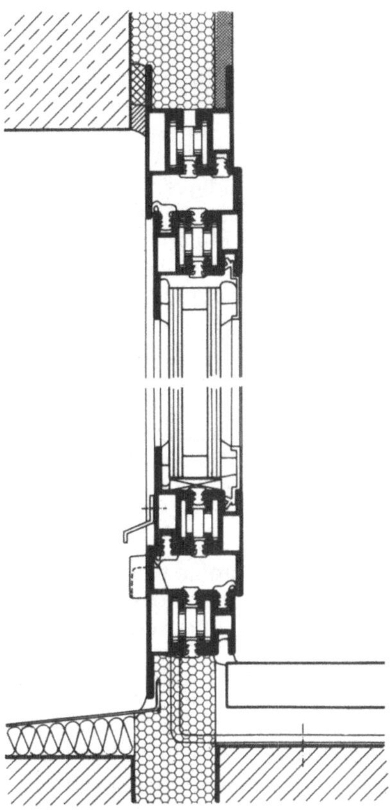

5.132 Thermisch getrennte Stahl-Fensterkonstruktion [3]

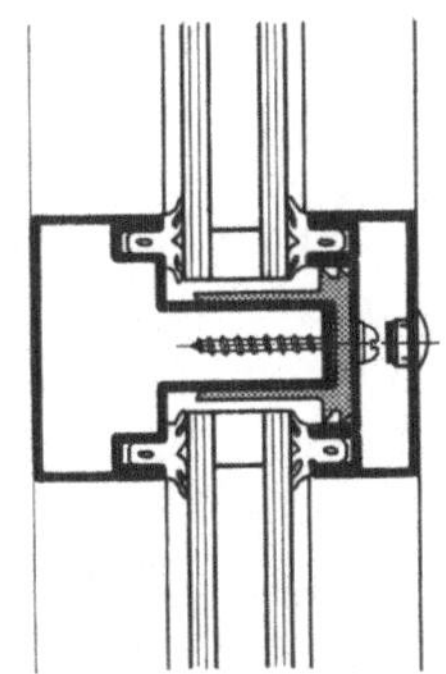

5.133 Sprosse für Fensterfassade [3], Glasleiste thermisch vom Pfosten getrennt

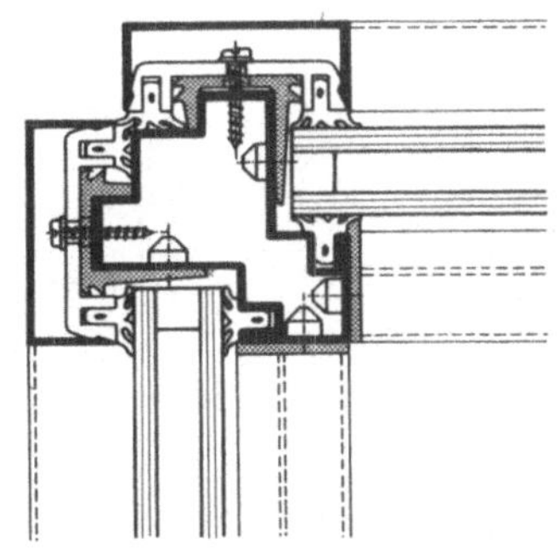

5.134 Sonderprofil für Außenecken [3], Glasleisten vom Pfostenprofil thermisch getrennt

5.5.6 Kunststoff-Fenster

Nach fortlaufender Weiterentwicklung der Ausgangsstoffe und der Verarbeitungstechnik haben Kunststoff-Fenster als Alternative zu Holz- und Metallfenstern insbesondere im Wohnungsbau einen immer größeren Marktanteil errungen.

Als Rohmaterial für extrudierte Profile, die von den Herstellern in fast unübersehbarer Vielfalt entwickelt wurden, dient heute ein besonders schlagzähes PVC (Polyvinylchlorid) nach DIN 7748. Bei Wärmedämmeigenschaften – Typ PVC – U – D – E 072-15-23 (Pulver) bzw. PVC – U – G – E 072-15-23 (Granulat) –, die denen von Holz nahekommen, bietet derartiges PVC ein leicht verarbeitbares, gegen Verunreinigungen am Bau durch Kalk, Gips und Zement unempfindliches und auch gegen Verkratzen relativ widerstandsfähiges Material. Kratzer können gegebenenfalls ausgeschliffen und nachgearbeitet werden. Nach wie vor erreichen allerdings die aus PVC – einem thermoplastischen Kunststoff – hergestellten Profile nicht die gleiche Temperaturbeständigkeit wie die anderen Fensterbaumaterialien. Es muß auch beachtet werden, daß bei winterlichen Außentemperaturen Kunststoffe die notwendige Elastizität weitgehend verlieren können. Bei direkter Sonnenbestrahlung können helle Profile bis etwa 45 °C, dunkle jedoch bis 80 °C erwärmt werden. Dann kann es bei starker Belastung der Profile (z. B. durch hohe Glasgewichte oder evtl. Verspannungen beim Einbau usw.) infolge molekularer Veränderungen im Material durch sog. „kalten Fluß" zu Verformungen kommen. Aus diesen Gründen und auch weil die Farbbeständigkeit eingefärbter PVC-Profile auf Dauer noch nicht bei allen Fabrikaten gewährleistet erscheint, sollten helle Profile bevorzugt werden.

Kunststoff-Fensterprofile werden – bei meist gleichem Rohstoff (z. B. Hostalen Z) – in zahlreichen in sich geschlossenen Systemen hergestellt, die dem Verarbeiter (ähnlich wie bei Aluminium- und Stahlfenstern) den Zusammenbau der verschiedensten Fenstertypen erlauben.

Unterschieden werden folgende Systemarten:

— extrudierte Ein- oder Mehrkammerhohlprofile (Bild **5.**135 und **5.**136)

— PUR-Hartschaumprofile (Bild **5.**137)

— Profile mit geschäumtem Kernmaterial (Bild **5.**138).

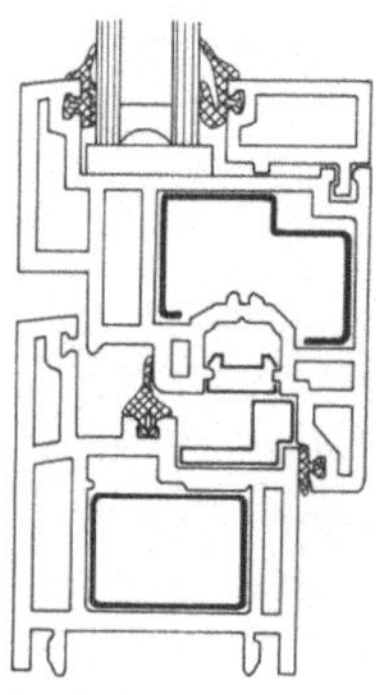

5.135
Kunststoff-Fenster aus Mehrkammer-Hohlprofilen (Helmitin)

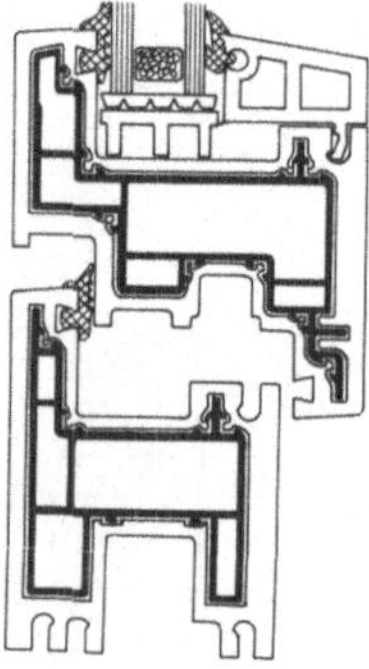

5.136
Kunststoff-Fenster aus Einkammer-Hohlprofil, kombiniert mit Aluminium-Innenprofil (Kömmerling Combidur AV)

5.137
Hartschaumfenster mit integrierten Aluminium-Hohlprofilen (Fulgurit-Isopur)

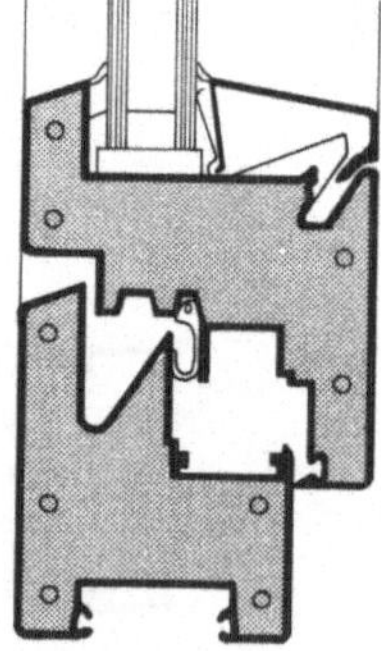

5.138
Kunststoff-Fenster aus ausgeschäumten Vollprofilen (SCHOECK)

Die notwendige Steifigkeit von Rahmen, die nur aus Kunststoff bestehen, wird meist durch eine ausgiebige Unterteilung der mehr oder weniger dickwandigen Hohlprofile (2 bis 5 mm) in kleine, oft zusätzlich noch durch Rippen gegliederte Hohlräume erreicht. Trotzdem sind die Flügelmaße dieser Fenster bei Einfachverglasung auf ≈ 1,50 m × 1,50 m bzw. die Fensterflächen auf ≈ 2,50 m² beschränkt.

Bei größeren Fensterflächen reicht die Festigkeit des Kunststoffs allein nicht aus, um Eigengewicht und Windlast einwandfrei über Beschläge und Verschlüsse in die tragenden Bauteile abzuleiten. Um vor allem die erforderliche Verwindungssteifigkeit zu erreichen, enthalten daher größere Kunststoff-Fenster eingeschobene Verstärkungen aus Stahl- oder Aluminium-Profilen (Bild **5.**135 und **5.**136).

Bei dem in Bild **5.**137 gezeigten Fenstersystem ist in ein Kunststoff-Vollprofil ein Leichtmetall-Hohlprofil integriert, das dem Fenster eine hohe Stabilität verleiht.

Zunehmend werden Kunststoff-Fenstersysteme aus Vollprofilen entwickelt. Die in Bild **5.**138 als Beispiel gezeigten Fensterprofile haben einen mit Glasfastersträngen verstärkten tragenden Kern aus einer wärmedämmenden porösen Spezialmasse. Die Oberflächen bestehen aus üblichen Kunststoffen und sind außen acrylbeschichtet. Die Eckverbindungen können bei derartigen Profilen durch Verschrauben oder Dübeln, im gezeigten Beispiel auch mit einer speziellen dübelartigen Kunststoff-Injektion hergestellt werden.

Mit allen Profilsystemen lassen sich praktisch alle Fensterbauarten ausführen.

Mit weißen Profiloberflächen liegen bisher die meisten Erfahrungen bei Kunststoff-Fenstern vor. Farbige Profile verursachen eine höhere Erwärmung der Fenster und sind in ihrer Farbbeständigkeit nicht immer dauerhaft. Farbige Fensterprofile werden angeboten als

— in der Masse durchgefärbte Profile,

— koextrudierte Profile (weiße Kernmasse, beim Extrudieren mit eingefärbtem PVC bzw. PMMA-Folie überzogen),

— beschichtete Profile (Beschichtung mit PMMA-Folie),

— mit Lack beschichtete Profile.

Die in Abschn. 5.3.3 gemachten Ausführungen über Falzabmessungen, Falzentwässerung, Dampfdruckausgleich usw. gelten für Kunststoff-Fenster sinngemäß.

Bei der Eckverbindung kommt es darauf an, sowohl die Metallverstärkung je zweier Rahmenschenkel wie ihren Kunststoff-Mantel dicht zu verschweißen. Außerdem müssen sich diese beiden Vorgänge fast gleichzeitig abspielen. Ein Verschweißen der Verstärkungsprofile ist hier wegen der erforderlichen Schweißtemperatur nicht möglich; die Metallverbindungen müssen geklebt werden. Ein Verfahren (Lifty-Lux) verwendet dabei kammartig ausgefräste Eckverbindungsstücke aus Metall, die in die Rahmenrohre eingeklebt werden und eine genaue, sichere Verbindung an den Rahmenecken gewährleisten. Vor dem Verschweißen des Kunststoff-Mantels mit Hilfe einer Heizplatte

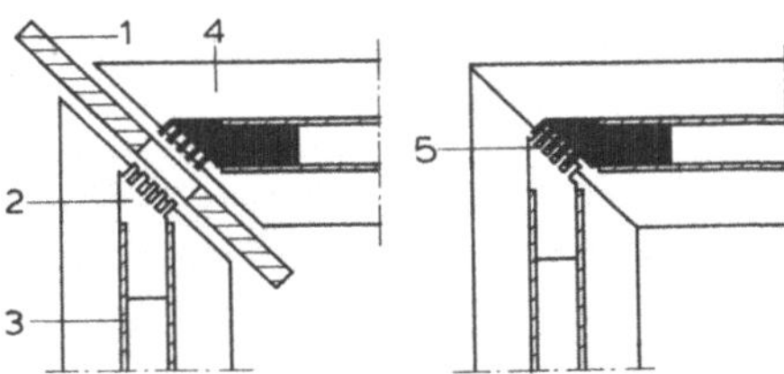

5.139
Verschweißen des Kunststoff-Mantels mit einteiligem Schweißspiegel

1 Schweißspiegel (hier mit Aussparung für Kammzinken) unmittelbar vor der Schweißung
2 verkämmter Metalleckverbinder, geöffnet
3 Metallrohrrahmen
4 PVC-Profil
5 Rahmenecke nach der PVC-Schweißung, geschlossen (Kamm mit Metallkleber verbunden)

(Schweißspiegel), die eine Aussparung hat (Bild 5.139) in die beim genauen Einrichten die schon mit Metallkleber versehenen „Kammzinken" hineinragen, wird die Lage aller Teile fixiert. Unmittelbar nach Erreichen der Schweißtemperatur werden die Rahmenschenkel so weit auseinandergezogen, daß der Schweißspiegel ausgefahren und die Schweißflächen sowie die Kammverbindungen endgültig zusammengepreßt werden können. Der Vorteil dieses Verfahrens wird vor allem darin gesehen, daß die Verwendung einer einteiligen Heizplatte die Steuerung des Schweißvorganges vereinfacht und verbilligt und trotzdem eine sichere Eckverbindung ermöglicht.

Ein anderes Verfahren nimmt geteilte Schweißspiegel mit ihren komplizierten Steuereinrichtungen beim Stumpfschweißen des Kunststoff-Mantels in Kauf, um an den Fensterecken gepreßte Stahl-Eckwinkel von U-förmigem Querschnitt und hoher Festigkeit in die Stahlrohre der Rahmenschenkel einschieben und mit einem Metallkleber einkleben zu können.

Bevor der Kleber aushärtet, wird der vollständig geschlossene Kunststoff-Mantel durchgehend stumpf verschweißt. Da die Abschmelzdicke des verwendeten Kunststoff-Mantels einkalkuliert ist, liegt nach abgeschlossenem Kunststoffschweißvorgang die Gehrungsfläche in der Symmetrieachse.

Nach dem Abkühlen werden die entstandenen Schweißwülste abgestochen und die Schweißstellen ausgeputzt und nachpoliert.

Alle Profilsysteme haben elastische Falz- oder Mitteldichtungen und erhalten eine Verglasung mit entsprechenden Dichtungsprofilen. Es ist auch möglich, die Glasscheiben zwischen Dichtungsprofile einzusetzen, die zusätzlich eine Versiegelung erhalten.

Beim Einbau der Beschläge muß darauf geachtet werden, daß Bänder und Verriegelungen keine größeren Abstände als 60 bis 70 cm haben.

Beim Einbauen der Kunststoffrahmen in die Fensteröffnungen ist (im Gegensatz zum Metallfenstereinbau, wo auf empfindliche Korrosionsschutzsschichten Rücksicht genommen werden muß) eine Beschädigung des schützenden Kunststoff-Mantels nicht zu befürchten, da die verwendeten Kunststoffe gegenüber Zement oder Kalk unempfindlich sind.

Bei Kunststoff-Fenstern ohne Metallrohrkern sollte der gegenseitige Maueranker-abstand ≤ 70 cm, der Ankerabstand von den Fensterecken ≥ 10 cm sein. Kunststoff-Fenster mit Metallkernen werden ähnlich wie Aluminium- oder Stahlfenster verankert. Die Maueranker sollen möglichst dort liegen, wo Riegel, Bänder oder sonstige belastende Beschlagteile am Rahmen angebracht sind.

Die temperaturbedingten Längenänderungen von Kunststoff-Fenstern liegen etwa in der Größenordnung wie bei Aluminiumfenstern. Bei der Planung müssen daher ausreichende Dehnfugen berücksichtigt werden, die Anker müssen die temperaturbedingten Längenausdehnungen der Rahmenschenkel zulassen.

Auch die Fugendichtung zwischen Kunststoff-Rahmenfläche und Putz muß – nicht nur im Hinblick auf Dehnrisse, die hier unvermeidlich sind – mindestens ebenso sorgfältig wie bei allen anderen Fensterbaustoffen ausgeführt werden. Die größeren Zwischenräume zwischen Rahmen und Mauerwerk sind auszustopfen (Wärme- und Schalldämmung) oder auszuschäumen, die verbleibenden schmalen Fugen mit einem elastoplastischen Dichtungsmittel zu dichten oder – bei geeignetem anschließendem Material – mit einem Lippenprofil abzudecken.

Als Beispiele für die große Zahl der möglichen Kombinationen sind Horizontal- und Vertikalschnitte für ein zweiflügeliges Fenster (Bild 5.140) und für eine Hebeschiebetür gezeigt (Bild 5.141).

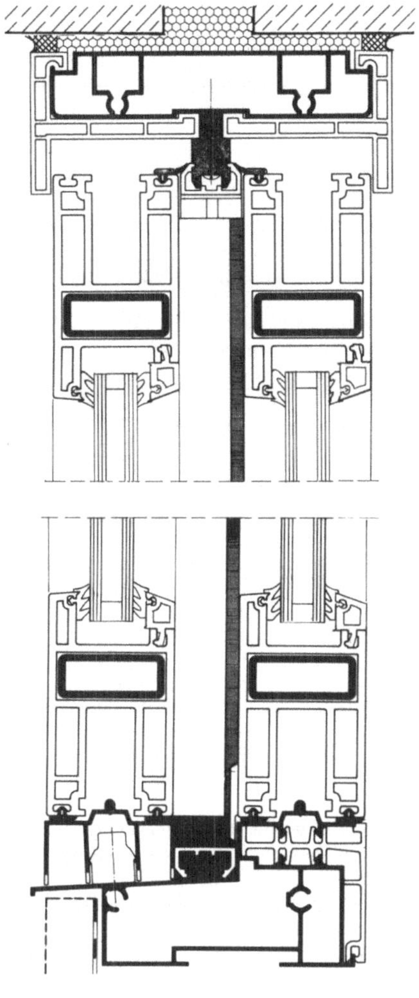

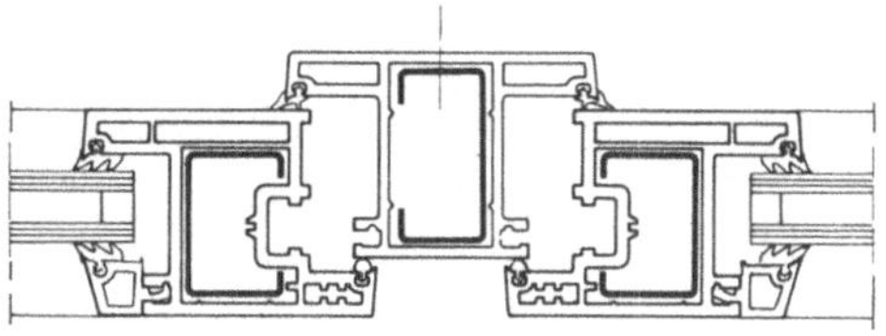

5.140 Kunststoff-Fenster (Kömmerling, Combidur VK)
a) flächenversetzte Ausführung
b) flächenbündige Ausführung

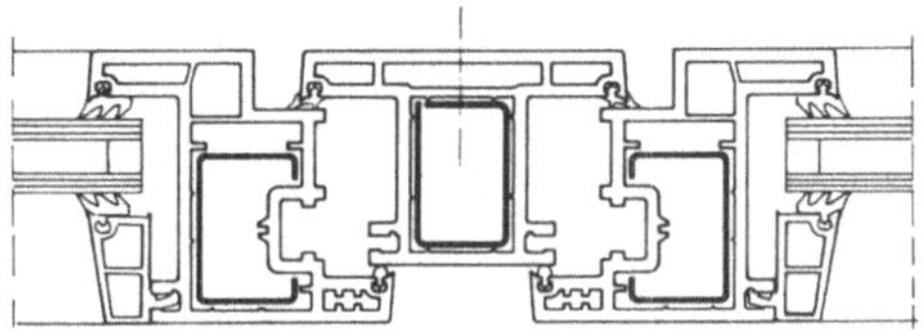

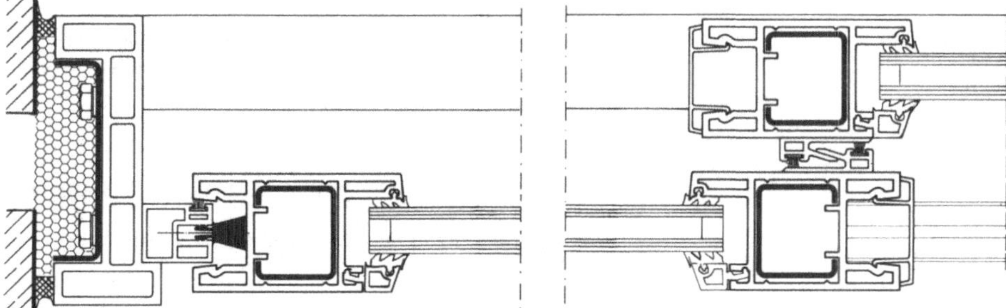

5.141 Kunststoff-Hebeschiebetür (Kömmerling-Combidur)

5.6 DIN-Normen

DIN-Nr.		Ausgabe-datum	Titel
107		4.74	Bezeichnung mit links und rechts im Bauwesen
1052	T1	4.88	Holzbauwerke; Berechnung und Ausführung
1055	T4	8.86	Lastannahmen für Bauten; Verkehrslasten, Windlasten bei nicht schwingungsanfälligen Bauwerken
1249	T1	8.81	Flachglas im Bauwesen; Fensterglas; Begriff, Maße
	T4	8.81	–; Gußglas, Begriff, Maße
	T11	9.86	–; Glaskanten; Begriff, Kantenformen und Ausführung
4108	T1	8.81	Wärmeschutz im Hochbau; Größen und Einheiten
	T2	8.81	–; Wärmedämmung und Wärmespeicherung; Anforderungen und Hinweise für Planung und Ausführung
	T3	8.81	–; Klimabedingter Feuchteschutz; Anforderungen und Hinweise für Planung und Ausführung
	T4	11.91	–; Wärme- und feuchteschutztechnische Kennwerte
	T5	8.81	Wärmeschutz im Hochbau; Berechnungsverfahren
4109		11.89	Schallschutz im Hochbau; Anforderungen und Nachweise
	Bbl 1	11.89	–; Ausführungsbeispiele und Rechenverfahren
	Bbl 2	11.89	–; Hinweise für Planung und Ausführung; Vorschläge für einen erhöhten Schallschutz; Empfehlungen für den Schallschutz im eigenen Wohn- oder Arbeitsbereich
5034	T1	2.83	Tageslicht in Innenräumen; Allgemeine Anforderungen
	T2	2.85	–; Grundlagen
	Bbl 1	11.63	Innenraumbeleuchtung mit Tageslicht; Berechnung und Messung
	Bbl 2	6.66	–; Vereinfachte Bestimmung lichttechnisch ausreichender Fensterabmessungen
18005	T1	5.87	Schallschutz im Städtebau; Berechnungsverfahren
	T1 Bbl 1	5.87	–; Berechnungsverfahren; Schalltechnische Orientierungswerte für die städtebauliche Planung
	T2	9.91	–; Lärmkarten; Kartenmäßige Darstellung von Schallimmissionen
V 18054		12.91	Fenster; Einbruchhemmende Fenster; Begriffe, Anforderungen, Prüfungen und Kennzeichnung
18055		10.81	Fenster; Fugendurchlässigkeit, Schlagregensicherheit und mechanische Beanspruchung, Anforderungen und Prüfung
18057		8.91	Betonfenster; Betonrahmenfenster, Betonfensterflächen; Bemessung, Anforderungen, Prüfung
18073		11.90	Rollabschlüsse, Sonnenschutz- und Verdunkelungsanlagen im Bauwesen; Begriffe, Anforderungen
18202		5.86	Toleranzen im Hochbau; Bauwerke
18355		9.88	VOB Verdingungsordnung für Bauleistungen Teil C: Allgem. Techn. Vertragsbedingungen für Bauleistungen: Tischlerarbeiten
18357		9.88	–; Beschlagarbeiten
18358		9.88	–; Rolladenarbeiten
18361		9.88	–; Verglasungsarbeiten
18545	T1	2.92	Abdichten von Verglasungen mit Dichtstoffen, Anforderungen an Glasfalze
	T2	2.92	–; Dichtstoffe; Bezeichnung, Anforderungen, Prüfung
	T3	2.92	–; Verglasungssysteme
52175		1.75	Holzschutz; Begriff, Grundlagen

Fortsetzung s. nächste Seite

DIN-Normen, Fortsetzung

DIN-Nr.		Ausgabe-datum	Titel
52290	T1	11.88	Angriffhemmende Verglasungen; Begriffe
	T2	11.88	–; Prüfung auf durchschußhemmende Eigenschaft und Klasseneinteilung
	T3	6.84	–; Prüfung auf durchbruchhemmende Eigenschaft gegen Angriff mit schneidfähigem Schlagwerkzeug und Klasseneinteilung
	T4	11.88	–; Prüfung auf durchwurfhemmende Eigenschaften und Klasseneinteilung
	T5	12.87	–; Prüfung auf sprengwirkungshemmende Eigenschaft und Klasseneinteilung
52293		12.87	Prüfung von Glas; Prüfung der Gasdichtheit von gasgefülltem Mehrscheiben-Isolierglas
V	T2	11.88	–; Prüfung der Gasdichtheit von gasgefülltem Mehrscheiben-Isolierglas, Bestimmung des Gasverlustes mittels Gaschromatographie und Wärmeleitfähigkeitsdetektor
52294		11.88	Prüfung von Glas; Bestimmung der Beladung von Trocknungsmitteln in Mehrscheiben-Isolierglas
52303	T1	8.84	Prüfverfahren für Flachglas im Bauwesen; Bestimmung der Biegefestigkeit; Prüfung bei zweiseitiger Auflagerung
	T2	3.83	Prüfung von Glas; Bestimmung der Biegefestigkeit; Prüfung von Profilbauglas
52337		9.85	Prüfverfahren für Flachglas im Bauwesen; Pendelschlagversuche
52338		9.85	Prüfverfahren für Flachglas im Bauwesen; Kugelfallversuch für Verbundglas
52344		5.84	Prüfung von Glas; Klimawechselprüfung an Mehrscheiben-Isolierglas
52345		12.87	Prüfung von Glas; Bestimmung der Taupunkttemperatur an Mehrscheiben-Isolierglas; Prüfung im Laboratorium
52349		8.77	Prüfung von Glas; Bruchstruktur von Glas für bauliche Anlagen
52619	T2	2.85	Wärmeschutztechnische Prüfungen; Bestimmung des Wärmedurchlaßwiderstandes und Wärmedurchgangskoeffizienten von Fenstern; Messung an der Verglasung
68121	T1	6.90	Holzprofile für Fenster und Fenstertüren; Maße, Qualitätsanforderungen
	T2	6.90	–; Allgemeine Grundsätze
68360	T1	5.81	Holz für Tischlerarbeiten; Gütebedingungen bei Außenanwendung
	T2	5.81	–; Gütebedingungen bei Innenanwendung
EN 42		1.81	Prüfverfahren für Fenster; Prüfung der Fugendurchlässigkeit
EN 77		1.81	–; Prüfung der Widerstandsfähigkeit bei Wind
EN 78		1.81	–; Form des Prüfberichtes
EN 85		1.81	Prüfverfahren an Türen; Prüfung von Türblättern gegen harten Stoß
EN 86		1.81	Prüfverfahren für Fenster; Prüfung der Schlagregendichtheit unter statischem Druck
EN 107		2.82	–; Mechanische Prüfungen

Ferner sind zu beachten:
Wärmeschutzverordnung, Bundesgesetzblatt 1982, T1 Nr. 7
VDI-Richtlinie 2719 „Schalldämmung von Fenstern"

5.7 Literatur

[1] Aluminiumzentrale e.V. Düsseldorf: Fensterbau mit Aluminium

[2] Baubeschlag Taschenbuch. Duisburg 1990

[3] Beratungsstelle für Stahlverwendung: Merkblatt 300: Profilstahlrohre für Fenster und Türen. Düsseldorf 1984

[4] Deutscher Glaserkalender 1991. Schorndorf 1991

[5] Froelich, H.; Schmid, J., u.a.: Konstruktionsmerkmale für Fenster. In: Fenster und Fassade 4/85

[6] Gußglaswerbung: Konstruktionen aus Stahl-Aluminium-Holz. 1990

[7] Hartmann & Co.: Handbuch für Architekten (Aluminiumkonstruktionen). Hamburg 1985

[8] Informationsdienst Holz: Holz-Glaskonstruktion. Düsseldorf 1986

[9] –: Lamellierte Holzfensterprofile. Düsseldorf 1989

[10] Institut des Glaserhandwerkes für Verglasungstechnik und Fensterbau, Hadamar. Technische Richtlinien des Glaserhandwerkes: Dichtstoffe für Verglasungen und Anschlußfugen, 1986

[11] –: Klotzungsrichtlinien für ebene Glasscheiben. 1979

[12] –: Richtlinien für die Verglasung von Stahlfenstern. 1976

[13] –: Richtlinien für den Bau und die Verglasung von Metallrahmen-Schaufenstern und gleichartigen Konstruktionen. 1980

[14] –: Glas im Bauwesen; Einteilung der Glaserzeugnisse. 1981

[15] –: Verglasen mit Mehrscheiben-Isolierglas. 1986

[16] –: Überkopfverglasungen. 1987

[17] ISOLAR-Glas-Beratung GmbH: Verglasungsempfehlungen. Kirchberg 10/89

[18] Institut für Fenstertechnik e.V., Rosenheim: Zusätzliche Vorschriften zur Ausschreibung von Aluminium-Holzfenstern

[19] –: Zusätzliche Vorschriften zur Ausschreibung von Aluminiumfenstern. Rosenheim 1987

[20] –: Zusätzliche Vorschriften zur Ausschreibung von Kunststoff-Fenstern aus PVC hart/weiß

[21] –: Richtlinien zur Prüfung einbruchhemmender Fenster

[22] Klindt, L.; König, R.: Die Konstruktion von Kunststoff-Fenstern. Köln-Braunsfeld 1980

[23] Liersch, K.W.: Dicht schließende Fenster und ihr Einfluß auf Raumluftwechsel, Tauwasser und Schimmelpilzbildung. In: DBZ 3/89

[24] Mittmann, W.: Beschattung von Wintergärten. In: das bauzentrum 1/90

[25] Pracht, K.: Fenster, Planung, Gestaltung und Konstruktion. Stuttgart 1982

[26] Pracht, K.: Moderne Erker an Fassade und Dach, Planung und Gestaltung. Stuttgart 1982

[27] Reitmeyer, U.: Holzfenster. Stuttgart 1980

[28] Schild, E.: Bauschadenverhütung im Wohnungsbau – Schwachstellen –, Außenwände und Öffnungsanschlüsse. Wiesbaden–Berlin 1977

[29] Schmid, J.: Fensterkonstruktionen; Anforderungen und Ausführung. In: DAB 5/88

[30] Schmid, J.: Fensteranschlüsse am Baukörper. In: Detail 9/88

[31] Schmid, J.; Stiell, W.: Entwicklung der Fenstertechnik. In: DAB 4/86

[32] Sieberath, U.: Einbruchhemmung bei Fenstern und Türen. Rosenheim 1990

[33] Stiell, W.: Probleme bei der Glasabdichtung mit Dichtstoffen und Dichtprofilen. In: BmK 3/88

[34] VEGLA Vereinigte Glaswerke GmbH: Technische Informationen 1982

[35] Wacker, P.: Wintergärten – baurechtlich. In: das bauzentrum 1/90

[36] Wolf, A.T.: Die sachgemäße Abdichtung der Verglasungsfuge. In: Glaswelt 4/88

[37] Wolf, W.: Versiegelung oder Dichtprofil? In: BM 6/89

6 Türen

Türen trennen und verbinden Außen- und Innenraum sowie Räume mit unterschiedlicher Nutzung. Dementsprechend unterscheidet man Außentüren und Innentüren.[1] Von der jeweiligen Zweckbestimmung werden Lage, Größe, Form, Material und Konstruktion des Türblattes, die Art der Rahmenausbildung und die Qualität der Beschläge bestimmt. Daneben sind immer auch gestalterische und wirtschaftliche Gesichtspunkte zu beachten. Außen- und Innentüren gibt es in einer Vielzahl von Formen und Materialien. Sie werden aus Holz, Aluminium, Stahl, Kunststoff und Glas, in Einzel- oder Serienfertigung hergestellt.

6.1 Allgemeines

Außentüren sind meist integrierter Bestandteil einer Hauseingangsanlage, beispielsweise bestehend aus Vordach, Türnische oder Windfang, Schuhabstreifer, Klingel-, Sprech-, Briefkastenanlage, Beleuchtung, Hausnummern-, Namensschild usw. Sie bestimmen – zusammen mit den Fenstern – weitgehend das äußere Erscheinungsbild eines Gebäudes und müssen daher neben funktionellen immer auch formalen Ansprüchen gerecht werden.

Außentüren – darunter versteht man Hauseingangs-, Laubengang- und Kellerausgangstüren – bilden die Nahtstelle zwischen Innen- und Außenraum. Sie trennen Bereiche mit unterschiedlichen, meist gegensätzlichen klimatischen Bedingungen. Daraus resultierend müssen Außentüren

— allen Witterungseinflüssen und klimatischen Beanspruchungen standhalten,
— eine hohe mechanische Festigkeit und Verformungsstabilität aufweisen,
— einen ausreichenden Wärme-, Schall- und Feuchteschutz erbringen,
— durch den Einbau von Boden- und Falzdichtungsprofilen fugendicht schließen sowie
— mit einbruchhemmenden Bändern, Garnituren und Schlössern ausgerüstet sein.

Innentüren trennen und verbinden Räume mit unterschiedlicher Nutzung und Gestaltung. Sie sind Öffnung und Abschluß zugleich. Zweck und Anspruch der Räumlichkeiten bestimmen auch hier weitgehend Form, Konstruktion und Materialwahl der vielfältig gestaltbaren Elemente. Im Innenbereich unterscheidet man Wohnungsabschluß-, Zimmer- und Sondertüren. Die wesentlichsten Grundanforderungen an normale Innentüren sind

— Dauerfunktionstüchtigkeit,
— Widerstandsfähigkeit bei mechanischer Beanspruchung,
— Verformungsstabilität bei klimatischer Beanspruchung,
— ausreichender Mindestschallschutz,
— Einbruchhemmung, vor allem bei Wohnungseingangstüren.
— Zusätzliche Anforderungen kommen bei den Sondertüren, wie sie in Abschn. 6.7 näher erläutert sind, noch hinzu.

---

[1] Unter der Bezeichnung „Tür" versteht man allgemein das komplette Türelement, bestehend aus einem beweglichen Türblatt und einem fest mit der Wand verbundenen Türrahmen (auch Türzarge genannt).

Raumöffnungen – Fenster wie Türen – beeinflussen immer auch die Gebrauchstüchtigkeit des jeweiligen Raumes. Innentüren sollten daher nie ohne Bezug zu ihrer Umgebung geplant werden. Immer müssen die davor, daneben und dahinterliegenden Bereiche in die Überlegungen mit einbezogen werden. Im einzelnen sind zu beachten (Bild **6.**1):

— Nutzungszweck, Dimension und Zuschnitt der zu erschließenden Räumlichkeiten,

— Lage, Anordnung und Größe der zu planenden Tür sowie weiterer Raumöffnungen,

— Verteilung der Ruhe- bzw. Verkehrszonen und der damit zusammenhängenden Mobiliaranordnung,

— Aufschlagrichtung des Türflügels unter Berücksichtigung der vorgenannten Punkte sowie der Wegführung (Raumerschließung/Raumerlebnis), Anordnung natürlicher und künstlicher Lichtquellen, ggf. der Fluchtrichtung u. a. m.,

— Betonung oder nahezu unsichtbare Einbindung des Türelementes in die Wandfläche durch entsprechende Materialfestlegung, Farbgebung, Detailausbildung und Beschlagwahl.

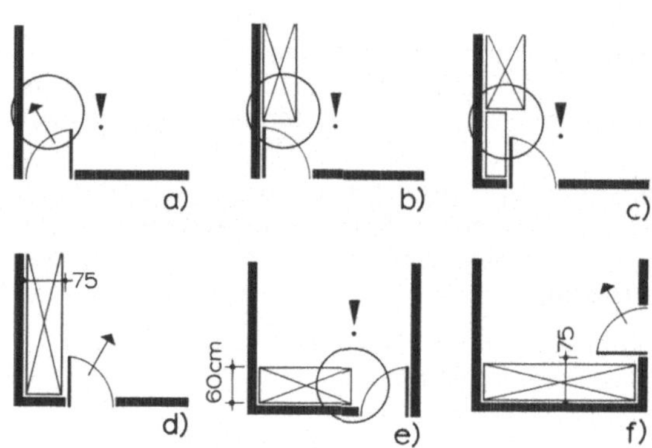

6.1
Türlage und Aufschlagrichtung
a) falsche Raumerschließung: einengend, Raum nicht überschaubar
b), c) unbefriedigende Türlage und Mobiliaranordnung, Verlust an Stellfläche
d) richtige Türanordnung: zum Raum hinführend, ausreichend bemessene Schrankstellfläche (vgl. hierzu DIN 18011, Stellflächen im Wohnungsbau)
e) ungünstige Türanordnung bei schmalen und langen Räumen
f) günstigere Erschließung und größere Möbelstellfläche im Vergleich zu e)

6.2   Einteilung und Benennung: Überblick

1. Einteilung nach dem Verwendungszweck

Stellvertretend für eine Vielzahl von Möglichkeiten sollen hier nur einige Beispiele erwähnt werden:

— Hauseingangs- und Kellerausgangstüren (Außentüren),

— Windfang-, Flur- und Wohnungsabschlußtüren,

— Zimmertüren, Klosett- und Badezellentüren,

— repräsentativ ausgebildete Türen, wie beispielsweise Konzertsaal- und Konferenzraumtüren,

— Türen für besondere Zwecke, wie beispielsweise Hotelzimmer- und Krankenhauszimmertüren,

— Sonderausführungen, wie Schall-, Feuer-, Einbruch- und Strahlenschutztüren u. a.

2. Einteilung nach der Bewegungsrichtung

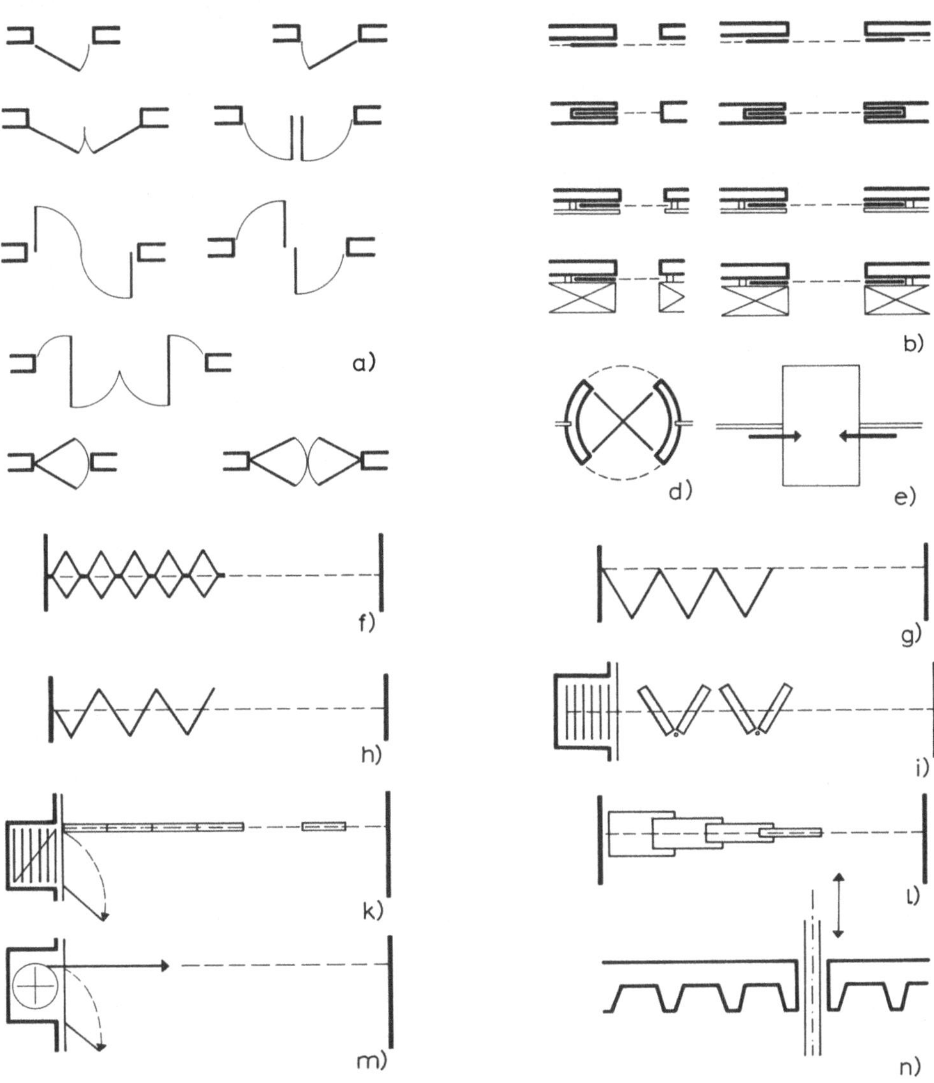

6.2 Einteilung nach der Bewegungsrichtung

a) Drehflügeltüren (ein- und zweiflügelig),
b) Schiebetüren (ein- und zweiflügelig),
c) Pendeltüren (ein- und zweiflügelig),
d) Drehkreuztür, e) automatische Schiebetür (ein- und zweiflügelig), f) Harmonikatür, bzw. Harmonikawand (Metallscherengerüst beidseitig mit Kunstleder oder Holzlamellen bekleidet), g) Falttür bzw. Faltwand, seitlich geführt (Holzlamellen mit Scharnieren verbunden), h) Falttür bzw. Faltwand, mittig geführt (mit einem halben Flügel beginnend), i) Paarwand (aus beweglichen Plattenpaaren), k) Bewegliche Trennwand aus Einzelelementen (auch Element- oder Schiebewand genannt), l) Teleskopwand, m) Rollwand, vertikal oder horizontal angeordnet (ein- oder zweischalig), n) Hub- und Versenkwand

3. Einteilung nach der Türrahmenausbildung

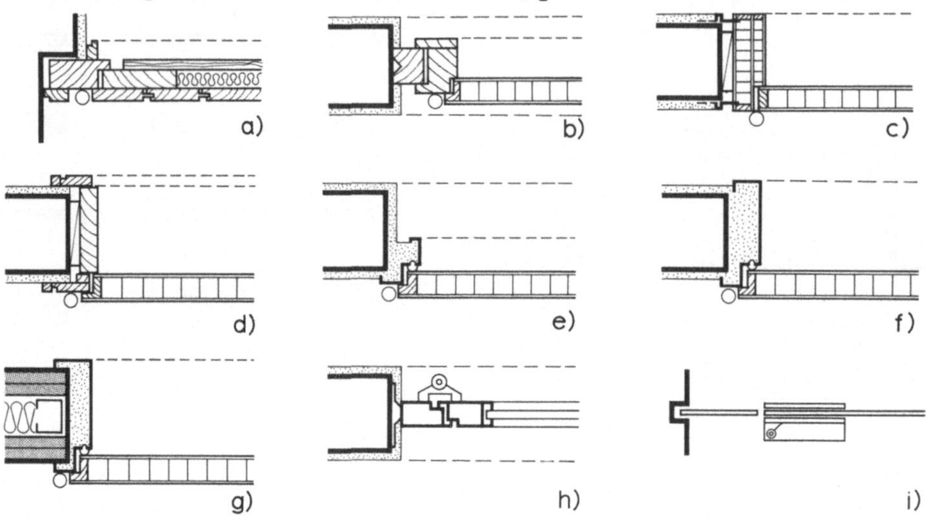

6.3   Einteilung nach der Türrahmenausbildung (nur Drehflügeltüren)

a) Blendrahmentür (Holz), b) Blockrahmentür (Holz), c) Zargenrahmentür (Holz), d) Futterrahmen mit Bekleidungen (Holz), e) Stahlzargentür: Eckzarge, f) Stahlzargentür: Umfassungszarge, g) Stahlzargentür: Umfassungszarge für Plattenwände, h) Metallrahmentür, i) Ganzglastür (rahmenloser Einbau)

4. Einteilung nach der Türblattausbildung

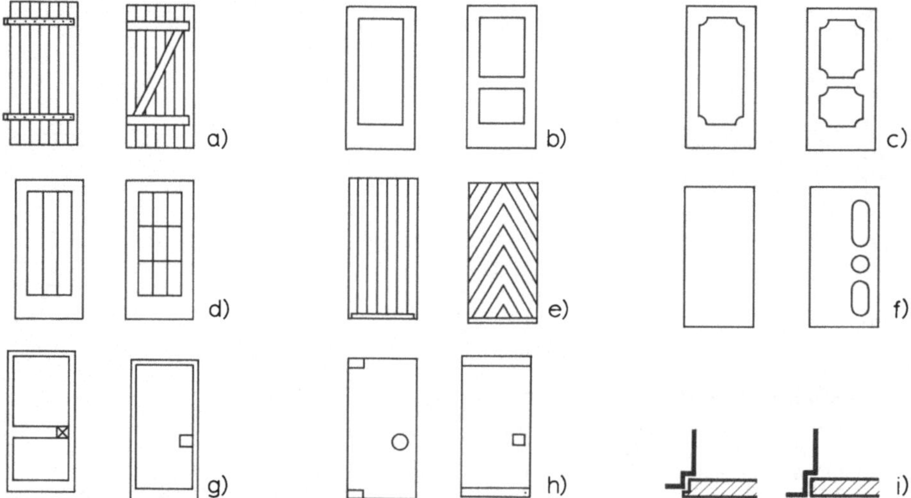

6.4   Einteilung nach der Türblattausbildung

a) Latten- oder Brettertüren, b) Rahmentüren mit Glasfüllungen, c) Rahmentüren mit Holzfüllungen, d) Sprossentüren mit Glasfüllungen, e) aufgedoppelte Türen (Außentüren), f) glatte Sperrtüren (ggf. mit Sehschlitzen), g) Metallrahmentüren mit Füllungen aller Art, h) Ganzglastüren, i) Falztüren oder Stumpftüren

6.3 Allgemeine Anforderungen

Türen zählen zu den durch Gebrauch am meisten beanspruchten Bauteilen. Sie haben eine ganze Reihe von Anforderungen zu erfüllen, die je nach Bauaufgabe und Verwendungszweck der Räume bzw. Gebäudeteile von unterschiedlicher Wichtigkeit sein können. Ausgehend von den jeweiligen funktionellen und nutzungsbedingten Ansprüchen sind die entsprechenden Prioritäten immer wieder neu zu setzen, um so unnötige Forderungen auszuschließen und die Baukosten niedrig zu halten. Auf folgende Anforderungen (Hauptgruppen) wird nachstehend näher eingegangen:

— Schallschutz

— Wärmeschutz   — geometrische und maßliche Festlegungen

— Feuchteschutz   — montagetechnische Anforderungen.

6.3.1 Schallschutz

Aufgrund der wachsenden Lärmbelästigungen im Außenbereich (Verkehrslärm) und der gestiegenen Erwartungen im Innenbereich (Schutz vor Geräuschen aus Treppenräumen, Minderung der Verständlichkeit durch Türen von Praxen o.ä.) haben sich die Anforderungen an die Schalldämmung von Außen- und Innentüren beträchtlich erhöht.

6.3.1.1 Anforderungen an die Schalldämmung von Türen

DIN 4109 (Ausg. 09.89) sieht erstmals (Mindest-)Anforderungen an die Luftschalldämmung von Türen zum Schutz gegen Schallübertragung aus einem fremden Wohn- oder Arbeitsbereich vor. In Tabelle **6.5** sind die entsprechenden Werte zusammenfassend dargestellt. Vorschläge für erhöhten Schallschutz von Türen sowie Empfehlungen zum Schutz gegen Schallübertragung aus dem eigenen Wohn- oder Arbeitsbereich sind dem Beiblatt 2 zu DIN 4109 zu entnehmen. Alle genannten R_w-Werte beziehen sich auf betriebsfertige Türen, bestehend aus Zarge, Türblatt mit Beschlägen und den notwendigen Dichtungen – jedoch ohne Schallnebenwege. S. hierzu Abschn. 6.3.1.3 sowie Abschn. 14.6.3.3 in Teil 1 dieses Werkes.

6.3.1.2 Anforderungen an die Schalldämmung von Wänden und Türen

In DIN 4109 Tab. 3 werden auch Anforderungen an die Luftschalldämmung von Treppenhauswänden, Wänden zwischen Fluren und Kranken-, Übernachtungsräumen u.ä. genannt. Derartige Bauteile sind häufig aus Flächenteilen unterschiedlicher Schalldämmung – beispielsweise Wand mit Türelement – zusammengesetzt. Die Dämmwirkung einer Tür ist jedoch in den meisten Fällen geringer als die der umgebenden Wand, so daß das resultierende Schalldämm-Maß der Gesamtwand dadurch im allgemeinen wesentlich gesenkt wird. Dies gilt vor allem dann, wenn es sich um schwere Trennwände handelt.

Gemäß DIN 4109 gilt daher für Wände mit Türen – beispielsweise in Geschoßhäuser mit Wohnungen und Arbeitsräumen – die Anforderung erf.R'_w (Wand) = erf. R_w (Tür) + 15 dB. Im angenommenen Fall ist der erforderliche Schalldämmwert der Tür (erf. R_w/Tür) Tabelle **6.5**, Zeile 1 oder Zeile 2, zu entnehmen und ein Zuschlag von 15 dB hinzuzurechnen. Das Schalldämm-Maß einer Wand einschließlich der Tür kann gemäß DIN 4109 auch rechnerisch oder mit Hilfe eines Diagramms ermittelt werden. S. hierzu Abschn. 12.5.3 in Teil 1 dieses Werkes.

Tabelle **6.5**   Erforderliche (Mindest-)Luftschalldämmung von Türen zum Schutz gegen Schallübertragung aus einem **fremden** Wohn- oder Arbeitsbereich (Auszug aus DIN 4109 Tab. 3)

Zeile	Bauteile		Anforderungen $R_w{}^1$) in dB
1	Geschoßhäuser mit Wohnungen und Arbeitsräumen	Türen, die von Hausfluren oder Treppenräumen in Flure und Dielen von Wohnungen und Wohnheimen oder von Arbeitsräumen führen	27
2		Türen, die von Hausfluren oder Treppenräumen unmittelbar in Aufenthaltsräume – außer Flure und Dielen – von Wohnungen führen	37
3	Beherbergungsstätten	Türen zwischen Fluren und Übernachtungsräumen	32
4	Krankenanstalten, Sanatorien	Türen zwischen – Untersuchungs- bzw. Sprechzimmern, – Fluren und Untersuchungs- bzw. Sprechzimmern	37
5		Türen zwischen – Fluren und Krankenräumen, – Operations- bzw. Behandlungsräumen – Fluren und Operations- bzw. Behandlungsräumen	32
6	Schulen und vergleichbare Unterrichtsbauten	Türen zwischen Unterrichtsräumen und ähnlichen Räumen und Fluren	32

^{1}) Bei Türen gilt statt R'_w der Wert R_w

6.3.1.3   Prüfung der Schalldämmung von Türen

Bei der Beurteilung der Luftschalldämmung von Türen wird vielfach vom labormäßig ermittelten Schalldämm-Maß eines allein im Prüfstand eingekitteten Türblattes ausgegangen. Dies führt in der Praxis zu übertriebenen Erwartungen an die Schalldämmeigenschaften gebrauchsfertiger Türen. Um die Problematik der Übertragung von in Laboruntersuchungen ermittelten Schalldämmwerten der Innentüren auf die reale Situation am Bau besser zu verstehen, sollen die einzelnen Prüfmethoden im folgenden kurz erläutert werden. Bei der Prüfung der Luftschalldämmung von Türen ist zu unterscheiden zwischen:

1. Laborprüfungen

a) **Prüfung des Türblattes allein** (abgekittet in einem Prüfstand **ohne** Schallnebenwege). Hierbei wird der Schall ausschließlich durch das zu prüfende Bauteil übertragen. Das dabei gewonnene Schalldämm-Maß ist nur für den Türenkonstrukteur (Herstellerwerk) von Bedeutung. Ein Prüfzeugnis, das nur die Schalldämmwerte eines Türblattes widergibt, hat für den Planer **keine** Aussagekraft.

b) **Prüfung des betriebsfertig eingebauten Türelementes** (in einem Prüfstand **ohne** Schallnebenwege). Das Türelement besteht aus Zarge, Türblatt mit Beschlägen und den notwendigen Dichtungen. Die Schallübertragung von einem Raum zum anderen erfolgt ausschließlich über das geprüfte Bauteil unter Ausschluß der Nebenwege wie Decken-, Wandanschlüsse u. ä. Das dabei gewonnene **Labor-Schalldämm-Maß** R_w ist für den Planer bzw. die ausschreibende Stelle von größter Wichtigkeit. Es ist eine Art Planzahl oder Rechengröße (ähnlich dem k-Wert im Wärmeschutz), mit der der Planer beispielsweise in die Lage versetzt werden soll, die Gesamtschalldämmung eines aus mehreren Teilflächen bestehenden Bauwerkteiles (z. B. Wand mit Tür) besser berechnen zu können.

2. Güteprüfungen von Türen am Bau (Baumusterprüfung)

Die Prüfung des betriebsfertig eingebauten Türelementes wird am Bau mit der dort tatsächlich vorhandenen Flanken- bzw. Nebenwegübertragung durchgeführt. Das dabei ermittelte **Bau-Schalldämm-Maß** R'_w kann dann bis zu 15 dB schlechter ausfallen als der labormäßig ermittelte R_w-Wert. Planer und ausschreibende Stellen sollten sich daher das geforderte Angebot an Schalldämmtüren immer durch ein im betriebsfertigen Zustand gemessene B a u m u s t e r p r ü f u n g belegen lassen. Auch der

Hinweis auf eine spätere meßtechnische Überprüfung der fertig eingebauten Türen sollte bereits im Leistungsverzeichnis stehen, da eine derartige Ankündigung die Ausführungsqualität erfahrungsgemäß beträchtlich steigert.

6.3.1.4 Einflüsse auf die Schalldämmung betriebsfertig eingebauter Türen

Das schalltechnische Verhalten eingebauter Türelemente wird bestimmt durch

— Türblatt,
— Falzdichtung,
— Bodendichtung,
— Schallnebenwege,
— Verformungsstabilität,
— Türbeschläge.

1. Türblatt. Die Schalldämmung eines Türblattes wird maßgeblich von seinem Aufbau und Flächengewicht bestimmt. Grundsätzlich unterscheidet man zwischen einschaligen (ein- oder mehrschichtig) und doppelschaligen Türblattkonstruktionen.

Bei einschalig ausgebildeten Türblättern hängt das bewertete Schalldämm-Maß R_w im wesentlichen von der flächenbezogenen Masse und der Biegesteifigkeit der einzelnen Schichten ab. Wie Tabelle **6**.6 verdeutlicht, kann die Schalldämmung derartiger Türblätter einmal durch die Erhöhung des Türblattgewichtes (Flächengewicht), zum anderen durch Einlage mehrerer Plattenschichten, die untereinander nur geringfügig mechanisch gekoppelt sind (Spanplatten oder Weichfaserplatten lose verbunden), verbessert werden. Immerhin sind mit einschaligen Türblättern Schalldämm-Maße bis über 40 dB erreichbar.

Tabelle **6**.6 Schalldämm-Maße R_w von einschalig ausgebildeten Türblattkonstruktionen [2]

Türblattaufbau		Türblattdicke in mm	Flächengewicht in kg/m²	Schalldämm-Maß R_w in dB (ca. Werte)
Hohlraumtürblatt	mit Stegeinlage	40	12,3	27
Homogenes Türblatt	mit Röhrenspaneinlage	40	15,4	32
Homogenes Türblatt (einschichtig)	mit Vollspaneinlage	40	24,6	34
Sandwichkonstruktion (mehrschichtig)	mit Einlagen aus mehreren Spanplatten			
	– 2 Dreischichtplatten	42	18,0	29
	– 3 Strangpreßplatten (punktverleimt)	41	26,0	39
	– 3 Strangpreßplatten (genagelt)	40	26,0	40
	– 5 Strangpreßplatten (genagelt)	68	33,0	41

Mehrschalig ausgebildete Türblätter aus Holz oder Metall erbringen im allgemeinen bessere Schalldämmwerte als einschalige Elemente. Tab. **6.7**. Die beiden äußeren Schalen sollten ein möglichst hohes Gewicht aufweisen (z. B. Stahlblech oder mehrfach verleimte Furniertafeln, ggf. mit Bleiblechbeschichtung auf der Innenseite), gleichzeitig jedoch möglichst dünn und biegeweich sein und ein Minimum an starrer Verbindung miteinander haben. Außerdem sollte der Schalenabstand möglichst groß und der Hohlraum mit porösem, schallabsorbierendem Dämmaterial (Mineralwolle) gefüllt sein. Mit diesen mehrschaligen Konstruktionen können bewertete Schalldämm-Maße bis 50 dB erreicht werden. Aus der Addition der vorgenannten Einzelschichten ergeben sich unter Umständen jedoch auch Türblattdicken zwischen 65 und 90 mm. Vgl. hierzu auch Abschn. 6.7.1, Schallschutztüren.

Tabelle **6.7**   Schalldämm-Maße R_w von mehrschalig ausgebildeten Türblattkonstruktionen [3], [4]

Türblattaufbau	Türblatt-dicke in mm	Flächen-gewicht in kg/m^2	Schalldämm-Maß R_w in dB (ca. Werte)
mit Furnierplatten und Mineralwolle	60	20	35
mit Furnierplatten, Bleiblech und Mineralwolle	85	46	45
mit Spanplatten, Promatectplatte, Mineralwolle und Weichfaserplatte	85	64	44

2. Türdichtungen mindern die Schallübertragung und Wärmeverluste, dämpfen die Schließgeräusche, verhindern Zugluft, ggf. auch das Durchdringen von Rauch und schirmen Innenräume gegen Staub, Nässe und Kälte von außen ab. Man unterscheidet:

— Falzdichtungen (Dichtung zwischen Türblatt und Zarge)

— Bodendichtungen (Dichtung zwischen Türblatt und Boden).

Bei der Bewertung der Einflüsse auf die Schalldämmung betriebsfertiger Türen stehen die Falz- und Bodendichtungen mit an erster Stelle. Sie sind meist höher zu veranschlagen als die Konstruktion des Türblattes selbst. Während bei fest eingebauten Bauteilen (z. B. Wand) die Höhe der Luftschalldämmung vor allem eine Frage des Flächengewichtes ist, ist bei beweglichen Raumabschlüssen dies vorwiegend ein Problem der Dichtung, insbesondere der unteren Türfuge (Bodenfuge).

Falzdichtung. Die dreiseitig umlaufende Falzdichtung muß so beschaffen sein, daß sie zulässige Verformungen des Türblattes (Verarbeitungs- und Werkstofftoleranzen, hygrothermisch bedingte Verformungen usw.) auszugleichen vermag und bei geschlossener Tür in ihrer gesamten Länge an der Türblattfläche dicht anliegt. Die Einpressung der Dichtung sollte mindestens 2 mm betragen und die aufzubringende Schließkraft (bei normalen Türen zwischen 15 und 25 N/m) so bemessen sein, daß sie auch von Kindern und Behinderten erbracht werden kann. Untersuchungen haben ergeben [2], daß Lippendichtungen aufgrund ihres größeren Einfederungsweges bei gleichzeitig minimalem Kraftaufwand für Zargendichtungen geeigneter sind als Kammer- oder Schlauchprofile. Vgl. hierzu Bild **6**.50 sowie Abschn. 6.4.4, Boden- und Falzdichtungen.

Bodendichtung. Die Dichtung der Fuge zwischen Türblatt und Boden ist bis heute noch nicht in allen Teilen zufriedenstellend gelöst, obwohl gerade Undichtigkeiten in diesem Bereich sich am nachteiligsten auf die Luftschalldämmung von Türelementen auswirken.

Außentüren, die den Witterungseinflüssen unmittelbar ausgesetzt sind, sowie Wohnungseingangstüren, die häufig unterschiedliche klimatische und akustische Bereiche trennen, sollten immer an eine Anschlagschwelle stoßen, so wie dies in Abschn. 6.4.4 näher erläutert ist. Bild **6**.51. Dabei muß der Schwelleneinstand jedoch so niedrig wie möglich gehalten werden (zwischen 10 und 15 mm), damit auch Rollstuhlfahrer dieses Hindernis ohne allzu große Kraftanstrengung überwinden können (zulässige Höchstabmessung 25 mm).

Bei Zimmertüren wird in der Regel auf Anschlagschwellen verzichtet, da sie beim Durchgang als störend empfunden werden (Stolpergefahr, umständliche Reinigung), in Anbetracht der meist zentralbeheizten Räume ihren Sinn weitgehend verloren haben und auch ästhetisch nicht befriedigen.

Bodendichtungen in Form von Höckerschwellen oder vollautomatisch absenkbaren Profildichtungen werden überall dort eingebaut, wo schwellenlose Übergänge gefordert sind. Bei beiden Dichtungsarten ist auf einen sorgfältigen Einbau zu achten, da sonst mit erheblichen Schallnebenwegen gerechnet werden muß. Weitere Einzelheiten hierzu s. Abschn. 6.4.4, Türdichtungen.

3. Baulich bedingte Schallnebenwege können die Schallschutzleistung eines ansonsten hochwertigen Türelementes stark mindern. Sie lassen sich vermeiden bzw. ausschalten durch beispielsweise (Einzelheiten s. Abschn. 6.3.5, Montagetechnische Anforderungen sowie Abschn. 6.7.3, Schallschutztüren):

— sorgfältige Dämmung und Abdichtung der Bauanschlußfuge zwischen Holzzarge und Wandleibung,

— sattes Verfüllen des Hohlraumes zwischen Stahlzarge und Bauwerk mit Zementmörtel,

— ausreichend dicke Stahlprofile bei Metallzargen in leichten Trennwänden,

— sorgfältige Dämmung benachbarter Lüftungskanäle und Installationsdurchbrüche,

— Trennung des schwimmenden Estriches im Schwellenbereich unterhalb von Bodendichtungen (Trennfuge im Estrich),

— luftdichten Einbau von Höckerschwellen, Flachschwellen usw. auf Höhe des angrenzenden Bodenbelages u. a. m.

6.3.2 Wärmeschutz

Im Hinblick auf die Wärmeverluste eines Gebäudes stellen Türen und Fenster in Außenwänden die schwächsten Stellen dar. Ihr Wärmedämmwert ist im allgemeinen schlechter als der der angrenzenden Wandflächen. Zum Vergleich: Der k-Wert einer nach DIN 4108 ausreichend gedämmten Außenwand darf maximal 1,39 W/m² K betragen, während der vorgeschriebene Höchstwert für Fenster und Fenstertüren nach der zweiten Wärmeschutzverordnung (gültig seit 1984) bei 3,1 W/m² K liegt.

Bezüglich der wärmetechnischen Erfassung von **Außentüren** ist in dieser Verordnung festgelegt, daß, wenn die Fläche einer Außentür nicht größer als 5 m² ist und der Glasflächenanteil $\leq$ 10% beträgt, so darf für die Tür der k-Wert der sie umgebenden Außenwand eingesetzt werden. Beim rechnerischen Nachweis kann man demnach solche Türen vernachlässigen und muß sie nicht gesondert erfassen. Bei größeren Türen und/oder solchen mit größerem Glasflächenanteil empfiehlt sich eine Ermittlung des tatsächlichen k-Wertes, weil sonst mit dem hohen Wert $k = 5,2$ W/m²K (Einfachfenster) für die Tür gerechnet werden muß. Bei außenliegenden Türen mit einem Glasanteil über 10%, die unmittelbar in beheizte Räume führen, sind Doppel- oder Isolierverglasungen einzubauen.

Aufgrund steigender Energiepreise taucht das Problem des Wärmeschutzes auch bei **Wohnungseingangstüren** vermehrt auf, wenn diese beispielsweise an unbeheizte Treppenhäuser angrenzen. Obwohl in DIN 4108 und in der Wärmeschutzverordnung für solche Türen noch keine Anforderungen festgelegt sind, sollte im Interesse der Benutzer (Energieeinsparung) und auch hinsichtlich der Dauerfunktionstüchtigkeit des Türblattes (Temperatur- und Feuchtigkeitsgefälle) der Wärmedurchgangskoeffizient (k-Wert) derartiger Türen zwischen 1,5 und 2,5 W/m²K liegen. Wärmeverluste entstehen bei Türen (und Fenstern) einmal durch (Bild **6.8**)

— **Transmissionswärmeverlust** (Wärmedurchgang durch Bauteile = Wärmedurchgangskoeffizient k), also über Rahmen, Türblatt, Verglasung sowie durch

— **Lüftungswärmeverlust** (Undichtigkeit der Fugen = Fugendurchlaßkoeffizient a). Entsprechende Werte sind in DIN 4701 T2 Tab. 9 angegeben.

Eine Verbesserung der Wärmedämmwerte ist beispielsweise zu erreichen durch mehrschichtige oder mehrschalige Türblattkonstruktionen mit hochwertigen Dämmstoffeinlagen, wärmegedämmte Metallrahmenprofile sowie durch den Einbau von Doppel- und Isolierverglasungen. Beträchtliche Wärmeverluste und damit auch Schallübertragungen sind möglich, wenn die Bauanschlußfuge zwischen Blendrahmen und Bauwerk nicht genügend sorgfältig gedämmt und abgedichtet wurde. Tauwasseranfall, Schimmel- und Sporenbildung im Bereich der Leibung können die Folge sein. S. hierzu auch Absch. 6.3.5, Montagetechnische Anforderungen.

Die Undichtigkeit von Türen kann durch den Einbau von Falz- und Bodendichtungen wesentlich gemindert werden. Neben einer spürbaren Energieeinsparung werden damit auch Anforderungen des Schallschutzes und des Rauchschutzes erfüllt. Die Anordnung der Dichtungen muß so erfolgen, daß eine umlaufende Dichtungsebene ohne Unterbrechung, auch im Bereich der Bodenschwelle, möglich ist. Einzelheiten hierzu s. Abschn. 6.4.4, Türdichtungen.

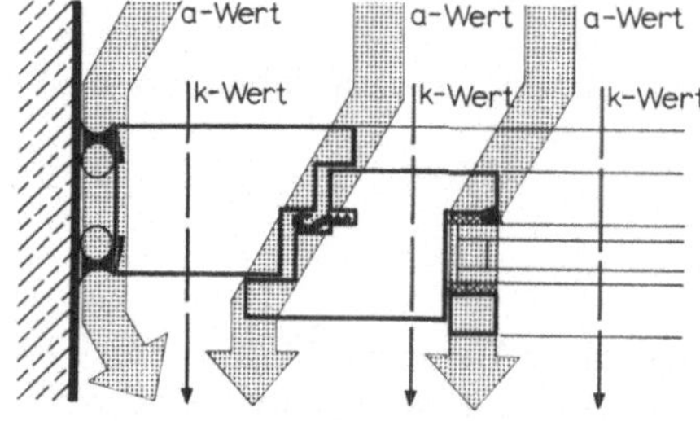

6.8
Schematische Darstellung: Wärmeverluste bei Außentüren und Fenstern

Transmissionswärmeverlust: k-Wert
Lüftungswärmeverlust: a-Wert

6.3.3 Feuchteschutz

Feuchteschutz und Wärmeschutz sind eng verbunden, da Feuchteschäden an Bauteilen oft Folge ungenügender oder fehlender Wärmedämmung sind. Außerdem wird die Wärmedämmfähigkeit von Baustoffen ganz wesentlich vom jeweiligen Feuchtegehalt beeinflußt.

Wenn eine Tür Bereiche mit unterschiedlichen Klimaten trennt, dann wirken auf die beiden Oberflächen des Türblattes unterschiedliche Temperaturen und unterschiedliche Feuchtigkeiten ein. Dieses Differenzklima kann zu einer Verformung des Türblattes führen. Die Größe und Richtung der Verformung hängt im wesentlichen von den eingesetzten Werkstoffen und vom Aufbau des Türblattes ab. So unterscheidet man [2]:

— **Werkstoffe wie Metalle,** bei denen nur temperaturbedingte Änderungen der Abmessungen auftreten, sowie

— **Holz und Holzwerkstoffe,** bei denen sowohl temperaturbedingte als auch feuchtebedingte Änderungen auftreten.

Wie Bild **6.**9 verdeutlicht, führen temperatur- und feuchtebedingte Veränderungen im Differenzklima zu gegenläufigen Bewegungen.

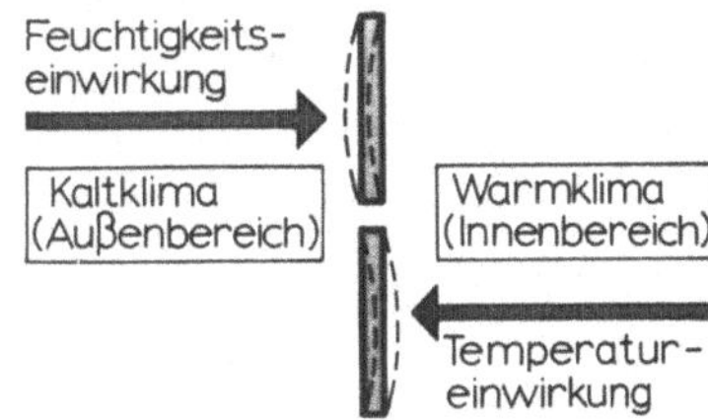

6.9
Schematische Darstellung der Verformungen von
Türblättern bei Einwirkung eines Differenzklimas

Hinsichtlich des Türblattaufbaues wird zwischen symmetrisch und asymmetrisch aufgebauten Türblättern unterschieden.

1. **Ein symmetrisch aufgebautes Türblatt** besteht beispielsweise aus einer Mittellage mit darauf beidseitig angeordneten, jeweils gleichartigen Deckplatten und Decklagen. Vgl. hierzu Abschn. 6.5.2.4, Sperrtüren nach DIN 68 706. Ein derartiges Türblatt bleibt bei hygrothermischer Beanspruchung nur dann verformungsfrei, wenn es in jeder Beziehung symmetrisch aufgebaut und gefertigt wurde (gleiche Plattenart und -qualität, Verleimungsart, Oberflächenbehandlung usw.). Nachträglich **einseitig** aufgeleimte Platten, Leisten, Furniere, Schichtstoffplatten sowie einseitig aufgetragener deckender Anstrich führen in der Regel zu Verformungen des Türblattes.

2. **Bei asymmetrisch aufgebauten Türblättern** ist die Mittellage einseitig mit einer Deckplatte beschichtet. Da sich derartige Türblattkonstruktionen bereits bei geringer Klimaänderung deformieren, ist ihr Einsatz problematisch und auf Sonderfälle beschränkt. Eine gewisse Ausnahme bilden Türblätter, die einen umlaufenden Stahlrahmen auf Höhe der Mittellage aufweisen. Dieser muß dann allerdings so dimensioniert sein, daß Platten, Stäbe u. ä. einseitig auf das Türblatt aufgebracht werden können, ohne daß er sich verzieht. Ein solcher Rahmen kann sich jedoch nachteilig auf den Wärme- und Schallschutz eines Türblattes auswirken. Vgl. hierzu auch Abschn. 6.5.2, Aufgedoppelte Türblätter.

Innentüren (Sperrtüren) werden entsprechend ihrer Belastungsfähigkeit klassifiziert und verschiedenen Türenklassen zugeordnet (Güte- und Prüfbedingungen für Innentüren aus Holz und Holzwerkstoffen gemäß RAL-RG 426). Die Klassenbildung berücksichtigt den späteren Verwendungszweck der Türblätter. Dabei werden sowohl die klimatischen Belastungen durch unterschiedliche Temperaturen und relative Luftfeuchtigkeit als auch die Belastungen mechanischer Art wie Stöße, Verdrehungen und dergleichen berücksichtigt.

Wie aus Tabelle **6**.10 zu ersehen ist, werden drei Klima-Belastungskategorien unterschieden: Klimabelastung I, II und III. Für die zu erwartenden mechanischen Belastungen wird von insgesamt drei Beanspruchungsstufen ausgegangen: N = normal, M = mittlere, S = starke mechanische Beanspruchungen. Diese Einsatzempfehlung soll eine Erleichterung bei der Auswahl von Türblättern bringen und bei der Erstellung von Leistungsverzeichnissen verstärkt berücksichtigt werden.

Tabelle **6**.10   Einsatzempfehlungen für Innentüren aus Holz und Holzwerkstoffen (Gütegemeinschaft Innentüren, Gießen/Lahn)

Einsatzstelle	Hygrothermische Beanspruchung			Mechanische Beanspruchung		
	I	II	III[1]	N	M	S
	normale Klima-Beanspruchung Warme Seite: 25°C, 40% RL kalte Seite: 18°C, 60% RL	mittlere Klima-Beanspruchung Warme Seite: 25°C, 40% RL kalte Seite: 13°C, 70% RL	hohe Klima-Beanspruchung Warme Seite: 25°C, 40% RL kalte Seite: 3°C, 85% RL	normale Beanspruchung	mittlere	starke
Wohnungsinnentüren zum:						
– Wohnzimmer	•			•		
– Eßzimmer	•			•		
– Arbeitszimmer	•			•		
– Schlafzimmer	•			•		
– Kinderzimmer	•			•		
– Küche	•			•		
– Bad[2]	•			•		
– WC[2]	•			•		
– Abstellraum[2]	•			•		
Wohnungsabschlußtür		•[3]	•[3]	•		
Türen zu nicht ausgebauten Dachgeschossen		•[3]	•[3]	•		
Kellerabgangstüren		•[3]	•[3]	•		
Gewerbliche und sonstige Räume:						
– Büroräume	•			•[3]	•[3]	
– Schulräume	•				•[3]	•[3]
– Kindergärten	•				•	
– Krankenhäuser	•				•[3]	•[3]
– Hotelzimmer	•			•[3]	•[3]	
– Kasernen	•				•[3]	•[3]
– Laborräume	•			•[3]	•[3]	
– Bad in Hotels, Schulen…		•			•	
– WC in Hotels, Schulen…		•			•	
– Kantinen		•			•	
– Eingänge von Praxen, öfftl. Verwaltungen		•[3]	•[3]		•[3]	•[3]

[1]) Basis: CEN-Norm EN 79   RL = Relative Luftfeuchtigkeit
[2]) In Bereichen mit langfristig höherer Luftfeuchtigkeit (z. B. immer offenstehendes Fenster) werden Türen der Klimakategorie II empfohlen
[3]) Auswahl unter Berücksichtigung der zu erwartenden Beanspruchung

Außentüren bilden die Nahtstellen zwischen Innen und Außen (Freiluft- und Außenklima). Wenn ihre Oberflächentemperatur auf der Innenseite unter der Taupunkttemperatur der Raumluft liegt, schlägt sich der in der Raumluft befindliche Wasserdampf auf ihren Oberflächen nieder. Soll eine Tauwasserbildung verhindert werden, dürfen die Bauteile einen Höchst-Wärmedurchgangskoeffizienten (k-Wert) nicht überschreiten. So darf beispielsweise bei einer Raumlufttemperatur von 20°C und einer relativen Raumluftfeuchte von 50% bei einer Außentemperatur von -15°C die Tür einen k-Wert von maximal 3,3 W/m²K haben. Erhöht sich jedoch die relative Raumluftfeuchte von 50 auf 60%, so ist bereits ein k-Wert von 2,1 W/m²K erforderlich. Fallen noch größere Mengen an Wasserdampf an, so sind Türen mit einem Wärmedurchgangskoeffizienten zwischen 1 ... und 2 W/m²K empfehlenswert.

Wie Bild **6.**11 zeigt, sind derart hochwertige Türblattkonstruktionen zwischenzeitlich auf dem Markt erhältlich. Das dargestellte Haustürblatt, lieferbar in den Dicken 45, 55 und 70 mm, besteht aus einem umlaufenden Hartholzrahmen mit eingeleimten Stabilisatoren (Alu-Streifen) an den Längsseiten. Sie dienen der Verstärkung des Rahmenbereiches, der Erhöhung des Stehvermögens und der Ausreißfestigkeit der Beschläge (Einbruchschutz). Die schall- und wärmedämmende Einlage setzt sich aus PUR-Hartschaum- und Spanplatten zusammen (Sandwichkonstruktion). In die 5fach verleimte Furnierholz-Deckplatte ist eine dünne Alu-Zwischenlage vollflächig eingearbeitet. Diese Schicht dient als Dampfsperre, bewirkt einen Temperaturausgleich und gewährleistet ein hohes Stehvermögen des gesamten Türblattes. Die Verleimung entspricht der Beanspruchungsgruppe B4 (DIN 68602, Holzleimverbindungen). Wärmedämmwert $k = 1{,}5$ W/m²K, Schalldämmwert: Bewertetes Bau-Schalldämm-Maß R'_w 37 dB. Weitere Beispiele wärmegedämmter Außentüren s. Abschn. 6.5.2.3 und Abschn. 6.5.2.4, Sperrtüren.

6.11
Konstruktionsbeispiel eines wärmegedämmten Haustürblattes mit eingeleimten Stabilisatoren an den Längsseiten und vollflächig aufgebrachten Dampfsperren aus Aluminiumblech.

1 Holzfurniere
2 Aluminiumblech
3 PUR-Hartschaumeinlage
4 dreifaches Friesholz
5 Stabilisator (zwei Alu-Streifen in Furnierlagen eingebettet)
6 umlaufender Hartholzrahmen
7 Holzspanplatte

Westag & Getalit, Rheda-Wiedenbrück

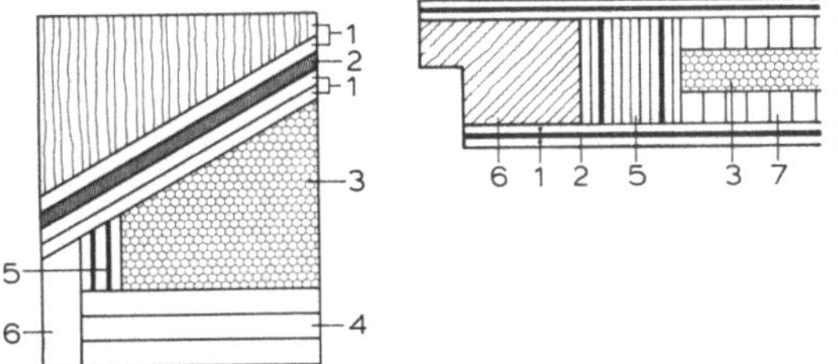

6.3.4 Geometrische und maßliche Festlegungen

Vereinbarungen über Maßordnungen, Fugenausbildung und Toleranzen im Bauwesen sind wichtige Voraussetzungen für die Planung und Herstellung von Bauteilen und Bauhalbzeugen. Sie bestimmen auch weitgehend den Grad der Zusammenfügbarkeit und Austauschmöglichkeit einzelner Bauelemente, ohne Nacharbeiten vornehmen zu müssen.

6.3.4.1 Genormte Wandöffnungen für Türen

Die Vorzugsmaße für Wandöffnungen, in die Türelemente eingebaut werden sollen, sind in DIN 18100 (Ausg. 10.83) festgelegt. Tabelle **6.**12. Sie sind aus der **Maßordnung im Hochbau** DIN 4172 (Oktameterordnung) abgeleitet.[1] Nach dieser Norm

---

[1] Modular koordinierte Wandöffnungen s. DIN 18000.

ergeben sich die Nennmaße[1]) aus den Baurichtmaßen[2]). Bei fugenlosen Bauteilen soll das Nennmaß gleich dem Baurichtmaß sein, bei Wandbauarten mit Fugen ist das Nennmaß der Öffnungen um den Fugenanteil größer. In welcher Weise Baurichtmaße und Nennmaße in Abhängigkeit voneinander stehen, zeigt Bild **6**.13. Daraus ergibt sich:

— Baurichtmaß + 10 mm = Nennmaß der Wandöffnungsbreite

— Baurichtmaß +   5 mm = Nennmaß der Wandöffnungshöhe.

DIN 18100 gilt somit gleichermaßen für Mauerwerksbauten mit den üblichen Fugenbreiten (Stoßfuge = 10 mm) wie für fugenlose Bauarten (z. B. Betonwände, Gipsdielen- oder Ständerwerkwände).

Beispiel   Baurichtmaße für Wandöffnungen nach Tabelle 6.12:
875 mm für die Breite, 2000 mm für die Höhe.

Tatsächliche Nennmaße (Eintragung in die Ausführungszeichnung):
Bei Bauart ohne Fugen: 875 × 2000 mm. Bei Bauart mit Fugen: 885 × 2005 mm.

Zulässige Kleinst- und Größtmaße sind DIN 18100 zu entnehmen. Die wichtigsten Maßbezeichnungen, so wie sie auch in Tabelle **6**.16 verwendet sind, beinhaltet Bild **6**.14.

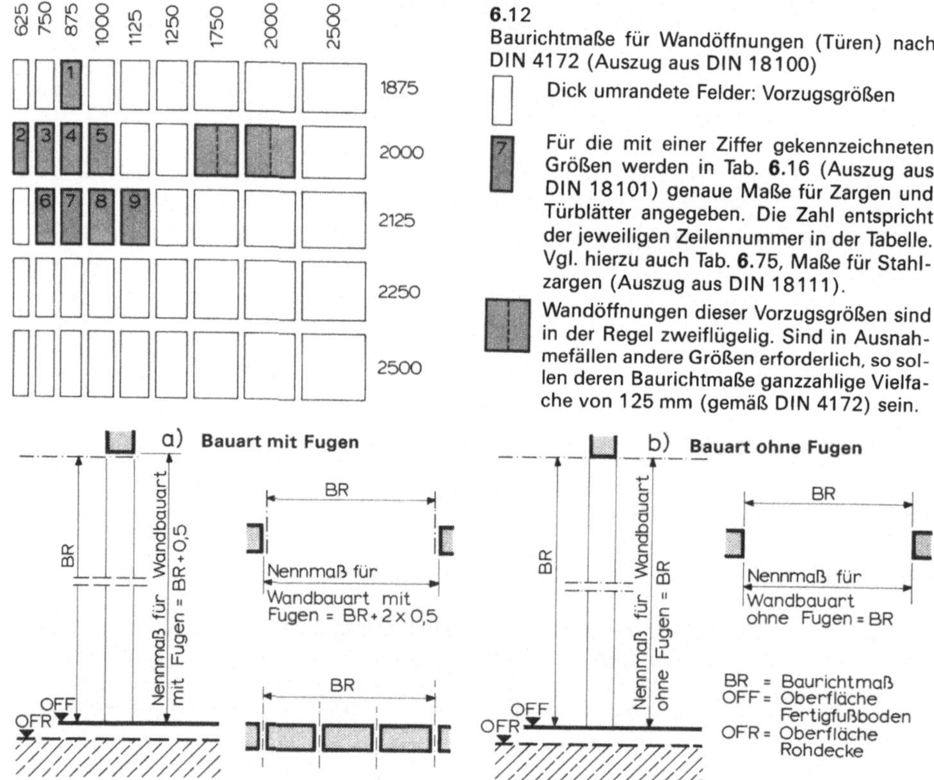

6.12
Baurichtmaße für Wandöffnungen (Türen) nach DIN 4172 (Auszug aus DIN 18100)

Dick umrandete Felder: Vorzugsgrößen

Für die mit einer Ziffer gekennzeichneten Größen werden in Tab. **6.**16 (Auszug aus DIN 18101) genaue Maße für Zargen und Türblätter angegeben. Die Zahl entspricht der jeweiligen Zeilennummer in der Tabelle. Vgl. hierzu auch Tab. **6.**75, Maße für Stahlzargen (Auszug aus DIN 18111).

Wandöffnungen dieser Vorzugsgrößen sind in der Regel zweiflügelig. Sind in Ausnahmefällen andere Größen erforderlich, so sollen deren Baurichtmaße ganzzahlige Vielfache von 125 mm (gemäß DIN 4172) sein.

6.13   Ableitung der Nennmaße aus den Baurichtmaßen entsprechend DIN 4172

---

[1]) Das **Nennmaß** ist ein Maß, das zur Kennzeichnung von Größe, Gestalt und Lage eines Bauteiles oder Bauwerkes angegeben und in Zeichnungen eingetragen wird.

[2]) Das **Baurichtmaß** (BR) entsteht beim Aneinanderreihen der Bauteile als Maß von Mitte Fuge bis Mitte Fuge an beiden Enden eines Bauteiles. Vgl. hierzu auch Abschn. 2, Teil 1 dieses Werkes.

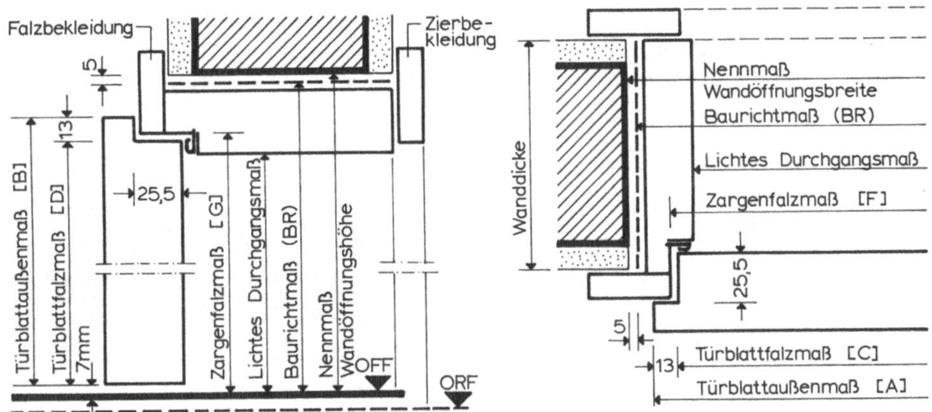

6.14 Die wichtigsten Maßbezeichnungen, beispielhaft dargestellt an einem Türelement aus Holz. Vgl. hierzu auch Tab. **6.16**

6.3.4.2 Türblattgrößen, Bandsitz und Schloßsitz

Die gegenseitige maßliche Abhängigkeit zwischen Türblatt und Türzarge sowie die Lage der Türbänder und des Türschlosses (Bandsitz und Schloßsitz) regelt DIN 18101. Diese Norm gilt für einflügelige gefälzte Türen, so wie sie üblicherweise im Wohnungsbau vorkommen. Sie gilt nicht für Sondertüren, wie beispielsweise Feuerschutztüren, Rauchschutztüren u. a.

Die Festlegung der wichtigsten Maße und ihrer Lage zu bestimmten Bezugskanten oder der Bezugsebenen soll sowohl dem problemlosen Zusammenbau der einzelnen Bauteile einer Tür dienen als auch das Austauschen eines Türblattes in einer Zarge ohne Nacharbeiten sicherstellen. Um dies zu erreichen, geht man in DIN 18101 von folgenden Annahmen aus:

— **Seitliche Bezugskante** für die Maße an Türzarge und Türblatt ist der seitliche Zargenfalz der Bandseite.

— **Obere Bezugskante** für die Maße an Türzarge und Türblatt ist der obere Zargenfalz.

— **Untere Bezugskante bei Stahlzargen** ist die Fußbodeneinstandsmarkierung.

— **Untere Bezugskante bei Holzzargen** ist die Unterkante der Zargenseitenteile. Diese untere Bezugskante entspricht der planmäßigen Lage der Oberfläche des fertigen Fußbodens (OFF). Da sich die Nennmaße für die Höhe auf OFF beziehen, sollte die Anbringung von sogenannten „Meterrissen" (1000 mm über OFF) an den Wänden selbstverständlich sein. Der maßgenaue Einbau von Türzargen wird dadurch wesentlich erleichtert.

— **Die Falzmaße** betragen 13 × 25,5 mm.

— **Die Türblattdicke** liegt üblicherweise bei 40 mm (je nach Decklage zwischen 39 und 42 mm).

Die in Bild **6.15** dargestellte **Bezugslinie** ist eine gedachte Linie bei einem Türband, deren Abstand vom oberen Zargenfalz die Höhenlage der Türbänder festlegt. In DIN 18268, Türbänder, ist festgehalten, daß die Hersteller von Türbändern in ihren Katalogen alle erforderlichen Anschlußmaße anzugeben haben, damit die Einbaulage eindeutig erkennbar wird. Erst diese exakte Festlegung der Bandbezugslinien ermöglicht das Zusammenspiel von Türblatt, Türbändern und Türzarge und erlaubt eine rationelle Montage industriell oder handwerklich hergestellter Türelemente. Einige Bänder mit den ihnen zugeordneten Bezugslinien sind in Abschn. 6.4.1 gezeigt.

Die wesentlichen Maße für gefälzte Türblätter und Türzargen enthält Tabelle **6.16**.

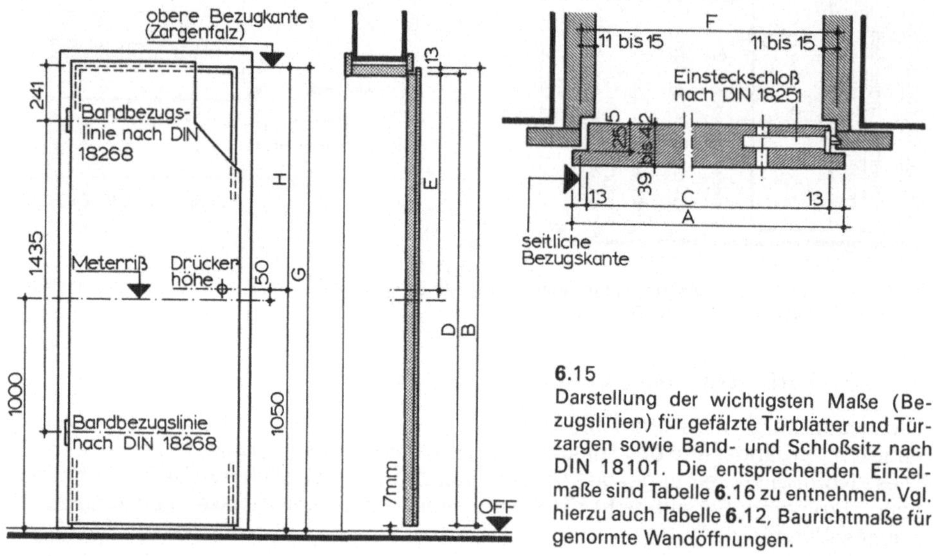

6.15
Darstellung der wichtigsten Maße (Bezugslinien) für gefälzte Türblätter und Türzargen sowie Band- und Schloßsitz nach DIN 18101. Die entsprechenden Einzelmaße sind Tabelle **6.16** zu entnehmen. Vgl. hierzu auch Tabelle **6.12**, Baurichtmaße für genormte Wandöffnungen.

Tabelle **6.16**   Maße für gefälzte Türblätter und Türzargen in mm (Auszug aus DIN 18101 Tab. 1)

	Baurichtmaße		Maße an Türblatt					Maße an der Türzarge		
	Wandöffnungen für Türen (s. DIN 18100)		Türblattaußenmaße („Typmaße")		Türblattfalzmaße Nennmaße		Oberkante Türfalz bis Mitte Schloßnuß	lichte Zargenbreite im Falz (seitliche Bezugskante auf der Bandseite)	lichte Zargenhöhe im Falz (obere Bezugskante)	obere Bezugskante bis Unterkante Fallenloch (Schließblech)
	Breite	Höhe	Breite A	Höhe B	Breite C	Höhe D	Höhe E	Breite F	Höhe G	Höhe H
1	875	1875	860	1860	834	1847	804	841	1858	808
2	625	2000	610	1985	584	1972	929	591	1983	933
3	750	2000	735	1985	709	1972	929	716	1983	933
4	875	2000	860	1985	834	1972	929	841	1983	933
5	1000	2000	985	1985	959	1972	929	966	1983	933
6	750	2125	735	2110	709	2097	1054	716	2108	1058
7	875	2125	860	2110	834	2097	1054	841	2108	1058
8	1000	2125	985	2110	959	2097	1054	966	2108	1058
9	1125	2125	1110	2110	1084	2097	1054	1091	2108	1058

6.3.4.3 Planungshinweise

Es würde den Rahmen dieses Werkes sprengen, wollte man auf alle Verordnungen, Richtlinien usw. näher eingehen, die bei einer Gebäudeplanung im Zusammenhang mit den Türen zu beachten sind. Beispielhaft sollen deshalb nur einige Aspekte genannt und kurz erläutert werden.

Nach der Arbeitsstättenverordnung § 10 Abs. 1 (Türen, Tore) müssen die Türen in begehbaren Räumen so angeordnet sein, daß von jeder Stelle des Raumes eine bestimmte Entfernung zum nächstgelegenen Ausgang nicht überschritten wird. Die in der Luftlinie gemessene Entfernung soll höchstens betragen:

a) in Räumen, ausgenommen Räume nach b) bis e)   35 m
b) in brandgefährdeten Räumen ohne Sprinklerung   25 m
c) in brandgefährdeten Räumen mit Sprinklerung   35 m
d) in giftstoffgefährdeten Räumen   20 m
e) in explosionsgefährdeten Räumen   10 m

Die Ausgänge müssen unmittelbar ins Freie oder in Flure oder Treppenräume führen, die Rettungswege im Sinne des Bauordnungsrechts der Länder sind. Türen im Verlauf von Rettungswegen dürfen in aufgeschlagenem Zustand die nutzbare Laufbreite nicht einengen, außerdem müssen sie gekennzeichnet sein, sich von innen ohne fremde Hilfsmittel jederzeit leicht öffnen lassen und in Fluchtrichtung aufschlagen.

Lichtdurchlässige Türflächen müssen nach der Arbeitsstättenverordnung brandsicher sein und demnach aus Sicherheitsglas gemäß DIN 18361 oder einem Kunststoff mit vergleichbaren Eigenschaften bestehen. Glastüren und andere Glasflächen, die überwiegend aus einem durchsichtigen Werkstoff bestehen, haben auf beiden Seiten in etwa 1 m Höhe eine über die Türbreite verlaufende Handleiste aufzuweisen und müssen in Augenhöhe so gekennzeichnet sein, daß sie deutlich wahrgenommen werden können. Vgl. hierzu auch Abschn. 6.8, Ganzglastüren.

Die Türabmessungen richten sich nach der Zahl der Personen im Einzugsbereich des Ausganges und der Nutzung des Raumes.

Tabelle **6**.17   Türabmessungen (Auszug aus den Arbeitsstättenrichtlinien)

Zahl der Personen im Einzugsbereich des Ausganges	Baurichtmaße bei Gefahrengrad (in cm)	
	normal	brandgefährdet
bis 5	87,5	100
bis 20	100	125
bis 100	125	150
bis 250	175	200
bis 400	225	–

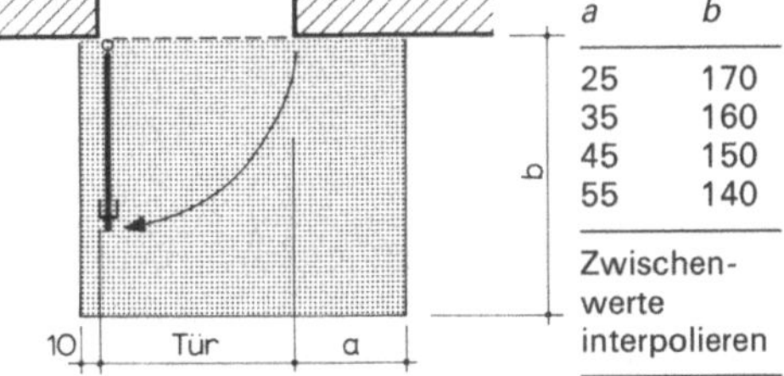

6.18   Bewegungsfläche vor Türen in behindertenfreundlichen Wohnungen nach DIN 18025

Im Wohnungsbau sind Türöffnungen so zu bemessen und grundrißlich derart anzuordnen, daß der ungehinderte Transport von Möbeln, Geräten usw. gewährleistet ist und möglichst viel Möbelstellfläche erhalten bleibt. Vgl. hierzu DIN 18011 und 18022, Stellflächen im Wohnungsbau, sowie Bild **6**.1.

Haushalte, denen ein **Rollstuhlbenutzer** angehört, haben einen größeren Wohnflächenbedarf als vergleichbare Normalhaushalte. Einzelheiten s. DIN 18025, Wohnungen für Schwerbehinderte. Alle Türen für Rollstuhlbenutzer müssen eine lichte Durchgangsbreite von mind. 85 cm und höchstens 110 cm haben. Selbst bei den schmalsten Zargenkonstruktionen (Stahlzargen nach DIN 18111 s. Tab. **6**.75) ist diese Mindestbreite nur erreichbar mit einer Wandöffnungsbreite des Baurichtmaßes von 100 cm.

An Wohnungseingangstüren, an Sanitärraumtüren und an Türen, die ins Freie führen, sind Schwellen oder Niveauunterschiede von höchstens 25 mm zulässig. Weitere Schwellen oder Niveauunterschiede innerhalb von Behinderten-Wohnungen sind unzulässig. Außerdem muß vor Türen (in der Aufschlagrichtung) immer eine Bewegungsfläche nach den in Bild **6**.18 dargestellten Abmessungen vorhanden sein.

Hauseingangstüren schlagen in der Regel nach innen auf. Eingangstüren von großen Gebäuden und Räumen, in denen sich regelmäßig viele Menschen aufhalten (z. B. Verwaltungsgebäude, Hotels, Gaststätten, Kinos, Schulen, Theater u. a.) müssen immer nach außen aufschlagen (Fluchtrichtung). Die jeweiligen Landesbauordnungen und Richtlinien sind bei der Planung zu beachten.

Die lichte Durchgangshöhe von Haustüren ist im allgemeinen größer als die der Innentüren. Sie wird bei Innentüren üblicherweise mit etwa 200 cm angenommen. Dabei ist jedoch zukünftig zu bedenken, daß die jüngere Generation immer größer wird. Raumverbindende Türelemente sollten aus gestalterischen Gründen ohne Sturz, d. h. in voller Raumhöhe ausgeführt werden.

6.3.5 Montagetechnische Anforderungen

An Außentüren, Innentüren und Sondertüren (Schutztüren) werden sehr unterschiedliche Anforderungen hinsichtlich ihres Einbaues gestellt. So muß die Bauanschlußfuge (Bauwerksfuge) bei Außentüren schlagregendicht und luftundurchlässig sein, um unkontrollierbare Schall- und Luftnebenwege sowie Wärmeverluste zu vermeiden. Bei normalen Innentüren wird vor allem auf eine preiswerte und problemlose, gleichzeitig jedoch sichere Befestigungsart geachtet. Die montagetechnischen Anforderungen bei Schutztüren sind überwiegend von ihrem späteren Nutzungszweck bestimmt. Das mit dem Bauwerk fest verbundene Teil kann bestehen aus

— Blendrahmen/Blockrahmen aus Holz, Metall, Kunststoff,

— Zargen aus Holz und Holzwerkstoffen, mit und ohne Bekleidungen,

— Zargen aus Metall, wie beispielsweise Stahl, Aluminium.

6.3.5.1 Einbau, Dämmung, Abdichtung

Blendrahmen kommen vor allem bei Haustüren, Windfang- und Wohnungseingangstüren, Flurabschlußtüren u. ä. vor. S. Bild **6.**19 sowie Abschn. 6.5.1, Türrahmen. Sie können mit Anschlag (Innenanschlag) oder ohne Anschlag (stumpfer Einbau) montiert werden. Unter Innenanschlag versteht man die raumseitige Aussparung (Mauerfalz) für den Anschlag des Türrahmens. Seine Breite soll zwischen 50 und 62,5 mm liegen.

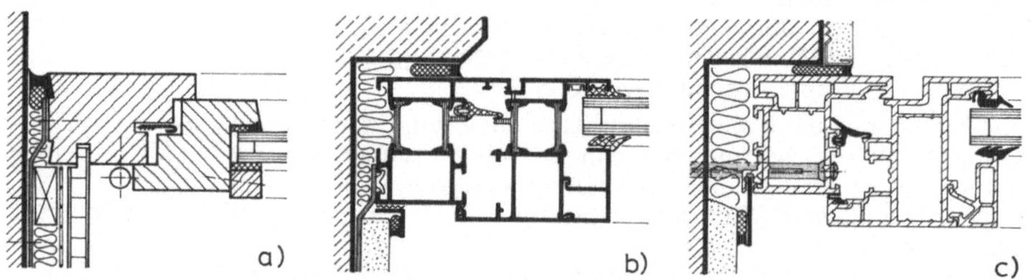

6.19 Konstruktionsbeispiele: Blendrahmenanschlüsse am Bauwerk
  a) Stumpfer Anschlag: Blendrahmen aus Holz mit Federanker an Sichtbetonwand befestigt
  b) Innenanschlag: Wärmegedämmte Alu-Profile mit Klemm-Federanker. Fa. Schüco
  c) Innenanschlag: Kunststoff-Rahmenprofile mit Rohrdübel (Spreizdübel). Fa. Schüco

Beim stumpfen Anschlag kann die Tür praktisch an jeder Stelle der Leibung befestigt werden. Einschränkungen können unter Umständen durch den Aufbau der Wandkonstruktion (vorgesetzte Schale, wärmegedämmte Putzfassade o. ä.) vorgegeben sein.

Die Befestigung des Blendrahmens am Bauwerk erfolgt in Form von federnden oder gleitenden Verbindungen (Ausdehnungskoeffizienten beachten) mit gekröpften Federankern, Ankerlaschen, Bandeisen oder mit Rohrdübeln (Spreizdübelprinzip). Beim letzteren wird der Blendrahmen im Falzbereich durchbohrt. Starre Befestigungen, beispielsweise mit Mauerpratzen, sind wegen der im Außenbereich zu erwartenden Bewegungen – verursacht durch Temperatur, Feuchtigkeit, Erschütterungen – zu vermeiden.

Die Dämmung der Anschlußfuge zwischen Blendrahmen und Bauwerk soll Kältebrücken im Bereich der Türleibung verhindern. Die Fuge wird deshalb mit Dämmstoff satt ausgestopft (Lichtprobe veranlassen). Geeignet sind Glaswolle, Steinwolle und PUR-Füllschaum. Bei größeren Fugenbewegungen, wie sie vor allem bei Kunststoff- und Metallrahmen auftreten können, ist der Mineralfaserdämmung der Vorzug zu geben.

Die Abdichtung der Bauanschlußfuge nach außen erfolgt mit elastischen Dichtstoffen (spritzbare Silikondichtstoffe). Ein Vorfüllprofil aus beispielsweise geschlossenzelligem Polyethylenschaum begrenzt die Fuge in ihrer Tiefe. Erst nach dem Ausspritzen darf diese überputzt, verkleidet oder mit Abdeckwinkeln/Leisten abgedeckt werden. Die Einbaurichtlinien der Herstellerfirmen sind in jedem Fall zu beachten. Vgl. hierzu auch Abschn. 5.2.5, Bauwerkanschlüsse bei Fensterkonstruktionen.

Zargen aus Holz und Holzwerkstoffen. Bei Innentüren wird die Art der Fugendämmung zwischen Holzzarge und Leibung vom jeweiligen Verwendungszweck des Raumes und damit von den an das jeweilige Türelement gestellten Anforderungen bestimmt. Die Zargen normaler Innentüren werden heute vorzugsweise angeschraubt, eingeschäumt oder mit Tellerankerbeschlägen sicher befestigt. S. hierzu nachfolgenden Abschn. 6.3.5.2, Befestigungstechniken. Für Wärmedämmzwecke kann der Hohlraum auch vollvolumig ausgeschäumt sein. Bei den Sondertüren sind eine ganze Reihe weitergehender, jeweils spezieller Anforderungen zu erfüllen, so wie sie in Abschn. 6.7 im einzelnen erläutert sind.

Stahlzargen im Mauerwerk. Hier muß der Hohlraum zwischen Zarge und Bauwerk – auch im Bereich des oberen Querstückes – satt mit Zementmörtel hinterfüllt werden. Ob dies auch tatsächlich erreicht wurde, läßt sich nachträglich leicht durch Beklopfen aller Teile kontrollieren. Auch bei Metallzargen in leichten Trennwänden muß der Hohlraum zu den Ständerprofilen hin entweder satt ausgestopft oder ausgegossen sein.

6.3.5.2 Befestigungstechniken und Befestigungsmittel

Holzzargen von Innentüren werden üblicherweise in Höhe der Bänder und des Schließbleches an den Leibungen der Wandöffnungen befestigt. Breitere oder doppelflügelige Türen sind auch am Türsturz zu arretieren. Grundsätzlich unterscheidet man sichtbare und unsichtbare Befestigungsarten [5]. Im einzelnen sind zu nennen:

Sichtbare Befestigungsarten

a) **Nageltechnik.** Das sichtbare Nageln ist die einfachste Methode, eine Holzzarge in der Wandöffnung zu befestigen. Wie Bild **6.**20a zeigt, müssen bei dieser heute kaum mehr gebräuchlichen Einbauart nagelbare Dübelsteine in die Leibung der Maueröffnung eingesetzt sein. Nach der Montage werden die schräg eingeschlagenen Stahlnägel in der Holzzarge versenkt und ausgekittet. Bild **6.**57a. Einfache, preisgünstige, vor allem beim Einbau von gestrichenen Türen bevorzugte Befestigungsart (Altbausanierung). Nachteil: die Nagelstellen zeichnen sich unter Umständen in der Anstrichfläche ab.

b) **Schraubtechnik.** Beim sichtbaren Schrauben wird der Zargenrahmen nach dem Spreizdübelprinzip (z. B. mit Rohrdübeln) an der Mauerleibung befestigt. Die Schraubenköpfe können entweder versenkt und ausgekittet oder sichtbar bleiben (Linsenkopfschrauben), oder auf Spezial-Schraubköpfe werden sichtbare Kunststoff-Abdeckkappen aufgesteckt. Einfache, dauerhafte und preisgünstige Befestigungsart.

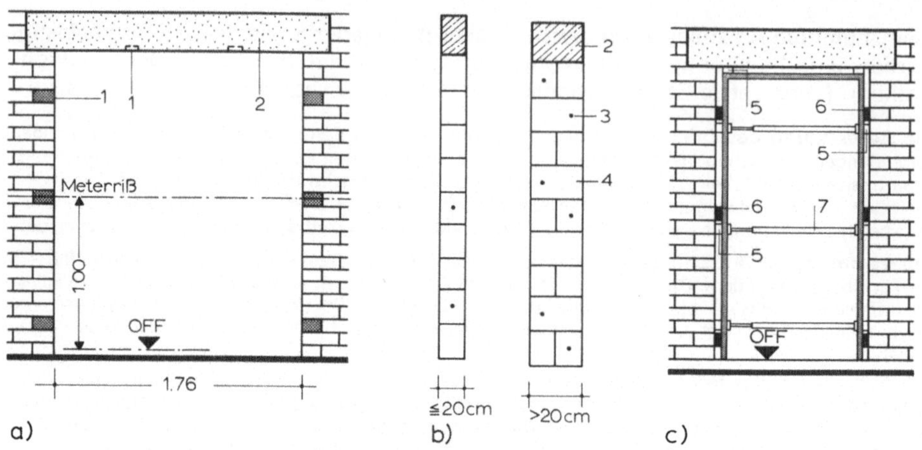

6.20 Schematische Darstellung einiger Befestigungsarten von Holztürzargen in Wandöffnungen

a) Derzeit kaum mehr gebräuchliche Befestigungsart: nagelbare Dübelsteine in Wand und Betonsturz (Drittelspunkten) eingelassen. Wandöffnung für zweiflügeliges Türelement.

b) Notwendige Befestigungspunkte (Bohrlöcher für Spreizdübel) bei unsichtbarer Verschraubung und Zargenmontage mit Tellerankern gemäß Bild **6**.21.

c) Unsichtbare Befestigung durch punktweises Einschäumen oder Verkleben von Holztürzargen in Wandöffnungen. Die Keile und aussteifenden Spreizen werden später wieder entfernt.

1 nagelbare Dübelsteine	5 Holzkeile
2 Betonsturz	6 Schäumstellen bzw. Klebestellen
3 Bohrlöcher für Spreizdübel	7 aussteifende Spreizen
4 Hohlblocksteine o. ä.	

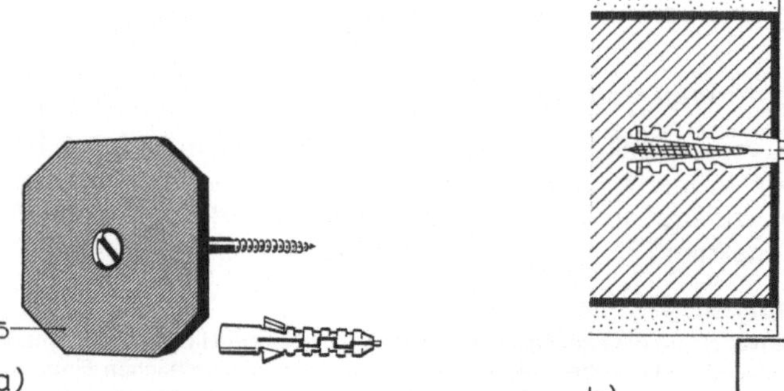

6.21 Unsichtbare Befestigung von Holztürzargen mit Tellerankern (Elepart-System, Velbert)

a) Telleranker aus Sperrholz ($\varnothing$ 60 und 90 mm)
b) Einbaubeispiel

1 Falzbekleidung	5 Sperrholzscheibe (Teller)
2 Falzdichtung	6 Verbindungsscheibe aus Metall
3 Türzarge/Futterstück	7 Spreizdübel/Dübelschraube
4 Klebefläche	8 Zierbekleidung

Unsichtbare Befestigungsarten

a) Schäumtechnik. Das Einschäumen mit Einkomponenten-Polyurethan-Schaum (1 K-PU-Schaum) ist derzeit die rationellste Methode, Türzargen ohne großen zeitlichen Aufwand fest einzubauen. Um eine dauerhafte Verbindung zwischen Wand und Türzarge zu bekommen, müssen die Befestigungsstellen frei von Staub und sonstigem losem Material sein. Aus Gründen der Wirtschaftlichkeit sollte der Abstand zwischen Wand und Zarge nicht mehr als 20 mm betragen (ggf. Distanzbrett einkleben).

Die einzubauende Zarge ist lot-, winkel- und fluchtgerecht sowie in der Höhe genau passend (Meterriß beachten!) auszurichten und zu verkeilen. Um den bei der Expansion des Schaumes entstehenden Druck abfangen zu können, sind auf Höhe der Befestigungsstellen aussteifende Spreizen anzubringen. Bild **6.**20c. Nach dem Einschäumen beginnt der punkt- oder streifenweise aufgebrachte Schaum sich nach allen Seiten auszudehnen (auf etwa das Zweifache seines Austrittvolumens), wodurch es zu einer innigen Verbindung von Wandleibung und Türzarge kommt. Entscheidend für die Schaumqualität sind Temperatur (Dosentemperatur von 20 bis 25 °C), Luftfeuchte und Feuchte der Werkstoffe (trockenes Mauerwerk ggf. anfeuchten). Nach Aushärtung des Schaumes – sie ist in der Regel über Nacht abgeschlossen – werden die Keile und Spreizen wieder entfernt.

Anders verhält es sich beim Zweikomponenten-Polyurethan-Schaum (2K-PU-Schaum). Dieser härtet weitgehend unabhängig von Luft- und Werkstoffeuchte, innerhalb von 15 bis 30 Minuten, vollkommen aus. Diese 2 K-PU-Schäume weisen jedoch einen großen verarbeitungstechnischen Nachteil auf: Nach Inbetriebnahme der Kartuschen oder Aerosoldosen muß der Inhalt innerhalb weniger Minuten verarbeitet sein. Abstellen und Wiederinbetriebnahme ist bei diesen Systemen nicht möglich. Dies führt in der Praxis oft zu erheblichen Problemen. Weiterentwicklungen sind auf diesem Gebiet zu erwarten.

b) Befestigungsbeschläge. Für die unsichtbare Befestigung von Holzzargen sind eine Vielzahl verschiedenartiger Beschläge auf dem Markt (Bandeisen, Hessenkrallen, Schraubanker, Mauerklammern u.a.m.). Meist werden sie nur noch regional oder für ganz bestimmte Zwecke eingesetzt, da für ihre Montage längere Einbauzeiten und teilweise hohe Materialkosten zu veranschlagen sind. Ferner benötigen sie – je nach Beschlagart – ein um 20 bis 25 mm größeres Wandöffnungsmaß, als nach DIN 18100 üblich ist. Außerdem müssen die Zargen bereits vor dem Tapezieren eingebaut sein. Als Befestigungsmittel bei Sichtmauerwerk und Sichtbeton-Wandflächen sind sie ebenfalls ungeeignet.

Eine Ausnahme bilden die Tellerankerbeschläge. Sie bestehen aus einem Spreizdübel, einer Kreuzschlitzschraube (zugleich zur Distanzregulierung) und einer daran befestigten Sperrholzscheibe, die als Leimfläche dient. Bild **6.**21. Bei Wanddicken bis zu etwa 20 cm sind je Öffnungsseite drei Befestigungspunkte, bei dickeren Wänden die doppelte Anzahl vorzusehen. Bild **6.**20b. Während der Abbindezeit des Leimes (etwa zwei Stunden) sind auf Höhe der Befestigungsstellen Futterspreizen einzuspannen, damit die Leimflächen gepreßt anliegen. Bild **6.**20c. Problemlose, sehr sichere, beim Einbau von Sicherheitstüren und im gehobenen Innenausbau bevorzugte Befestigungsart (preiswerte Alternative zur Schäumtechnik).

6.4 Türbeschläge für Holzzargen und Holztürblätter

Türbeschläge bedarf es zum Anschlagen, Öffnen, Schließen und ggf. Feststellen der Türblätter. Die einfachste Ausrüstung eines Türelementes besteht demnach aus einem oberen und unteren Band, einem Schloß mit Schließblech sowie einer Drückergarnitur. Dazu können noch weitere Sonderbeschläge hinzukommen. Zu einer funktionstüchtigen Tür gehören immer auch Falzdichtungen, bei Bedarf mit Bodendichtungen. Die Beschlagteile können aus Stahl, Edelstahl, Aluminiumlegierungen oder Kunststoffen gefertigt sein.

Links- und Rechtsbestimmung bei Türen

Türen, Bänder, Schlösser, Garnituren und Zargen sind nach DIN 107 mit DIN-LINKS oder DIN-RECHTS zu bezeichnen. Bild **6.**22. Als Regel für die Bezeichnung gilt, daß Türen von derjenigen Seite betrachtet werden, nach der die Flügel aufschlagen

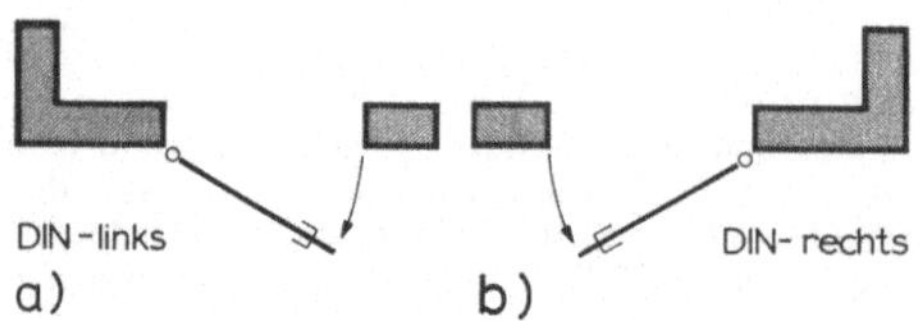

6.22

Links- und Rechtsbezeichnung von Türen nach DIN 107

a) Linkstür (linkes Band, linkes Schloß usw.)
b) Rechtstür (rechtes Band, rechtes Schloß usw.)

(Anschlagseite). Liegen die Türbänder links vom Betrachter, so handelt es sich um eine Linkstür mit den zugehörigen Links-Schlössern, Links-Bändern usw. Liegen die Türbänder auf der rechten Seite, so handelt es sich um eine Rechtstür. Diese Regel gilt sowohl für gefälzte wie ungefälzte Türen.

Zur Unterscheidung von linken und rechten Bändern ist immer dasjenige Bandteil maßgebend, das am Türflügel befestigt wird.

6.4.1 Türbänder

Türbänder müssen in der Lage sein, am Türblatt auftretende Kräfte in die Zarge abzuleiten. Entsprechende Güteanforderungen je nach Nutzungsart einer Tür enthalten die Güte- und Prüfbestimmungen RAL-RG 607/8. Sie gelten für normale Türbänder im privaten und öffentlichen Bereich sowie für Sicherheitstürbänder für den Verschluß von einbruchhemmenden Türen. Im einzelnen sind folgende Einsatzbereiche angeführt [6]:

Bereich I: Türbänder für Türen im privaten Wohnbereich.

Bereich II: Türbänder für Türen im öffentlichen Bereich, wie z. B. Türen für Schulen, Kasernen, Krankenhäuser und Behindertenanlagen sowie Außentüren für Wohnbauten.

Bereich III: Sicherheitstürbänder. Türen aus den Bereichen I und II mit erhöhtem Sicherheits- und Schutzbedürfnis (einbruchhemmende Türen nach DIN 18103 und DIN 18105).

Die den jeweiligen Beschlägen zugeordneten RAL-Gütezeichen sind den Herstellerkatalogen zu entnehmen und entsprechende Einsatzbereiche bei Abfassung der Leistungsverzeichnisse zu berücksichtigen.

Bei der Bandauswahl sind grundsätzlich folgende Kriterien zu beachten:

a) Türblattkonstruktion (z. B. gefälzte oder ungefälzte Türblattkanten). Daraus läßt sich unter anderem die Art der Bandabwinkelung (sog. „Kröpfung") ableiten.

b) Zargenkonstruktion (z. B. Holzzarge oder Metallzarge, mit Einfach- oder Doppelfalz). Je nach Zargenart und -ausbildung ergeben sich daraus unterschiedliche Befestigungstechniken. Vgl. hierzu auch Abschn. 6.6.1, Türzargen.

c) Belastbarkeit (z. B. zulässige Belastung durch ein Türblatt). Entsprechende Belastungswerte sind den Herstellerunterlagen zu entnehmen. Normale Türen erhalten üblicherweise zwei Türbänder; höhere, breitere oder schwerere Türflügel je drei Bänder. Nach Herstellerangaben [7] erhöhen sich bei Einsatz eines dritten Bandes die angegebenen Belastungswerte um etwa 30%.

d) Öffnungsrichtung (z. B. DIN-LINKS oder DIN-RECHTS nach DIN 107) wie zuvor beschrieben und in Bild **6.22** dargestellt.

Es kann nicht Aufgabe dieses Werkes sein, einen umfassenden Überblick auf alle auf dem Markt befindlichen Beschlagarten zu geben; zu vielfältig sind die Ausführungsmöglichkeiten – sowohl in technischer als auch formaler Hinsicht. In den nachfolgenden Abschnitten werden deshalb nur einige wichtige Beschlagtypen in Form von Abbildungen und Einbauskizzen kurz vorgestellt. Für die Ausführung der Beschlagarbeiten ist die VOB Teil C, DIN 18357 maßgebend.

6.4.1.1 Bänder für gefälzte und ungefälzte Türen an Blend- und Blockrahmen

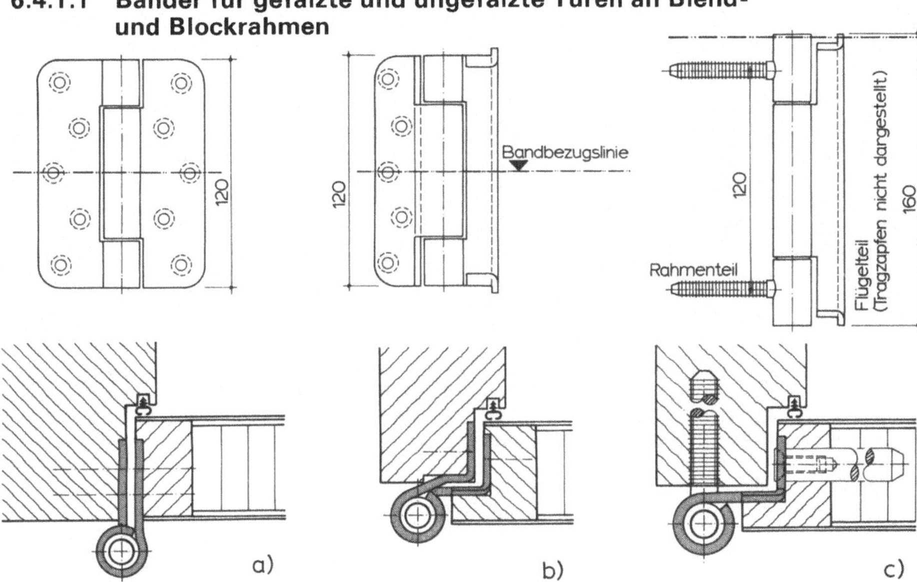

6.23 Bänder für stumpfe und gefälzte Türen an Blend- und Blockrahmen

a) Lappen-Band für stumpfe Tür, b) Lappen-Winkelband (gekröpft) für gefälzte Tür, c) Zapfen-Lappen-Einbohrband (Kombiband) für gefälzte Tür. Simonswerk, Rheda-Wiedenbrück

6.4.1.2 Bänder für gefälzte und ungefälzte Türen an Futterzargen

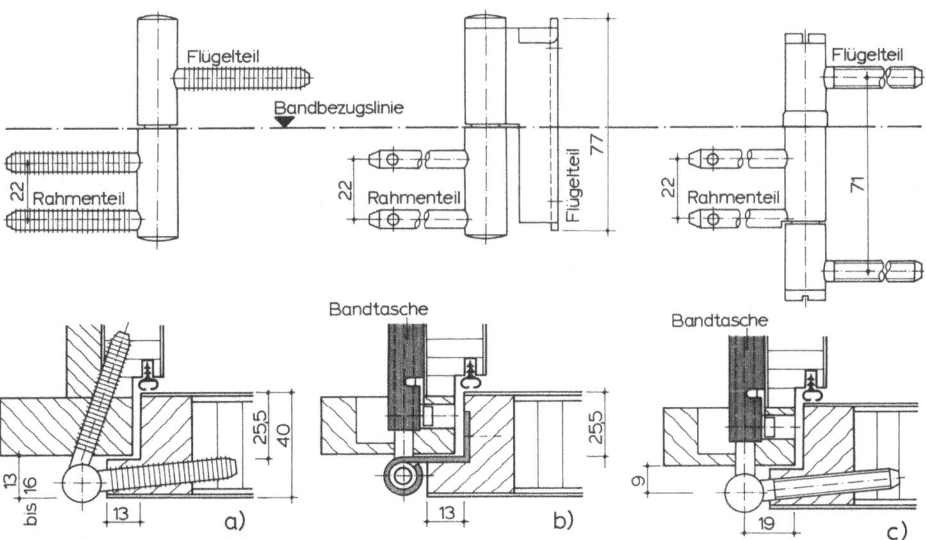

6.24 Bänder für gefälzte Türen an Futterzargen

a) zweiteiliges Einbohrband mit verdrehsicherem Rahmenteil, b) Lappen-Einbohr-Band mit Bandtasche (Kombiband), c) dreiteiliges Zapfen-Einbohr-Band mit Bandtasche. Nach Vorlagen Simonswerk, Rheda-Wiedenbrück

Zum Anschlagen von gefälzten und ungefälzten Türblättern (Falz- und Stumpftüren) an Blendrahmen oder Futterzargen eignen sich vor allem Lappen-Bänder (Aufschraubbänder), Einbohrbänder, Zapfen-Einbohr-Bänder, Kombibänder (z. B. Lappen-Einbohr-Bänder) sowie Sonderbeschläge.

– **Lappen-Bänder** (Aufschraubbänder). Bild **6.23**. Diese Bänder gibt es je nach Fälzungsart des Türblattes mit geraden oder gekröpften Lappen (= abgewinkelte Lappen). Bei starker Beanspruchung der Tür können die Bänder noch zusätzlich mit Tragzapfen (Tragbolzen) ausgestattet sein. Entsprechend ihrer Materialdicke werden die Bandlappen in den Türfalz bzw. die Falzbekleidung eingelassen und mit Schrauben befestigt. Die Ecken der Lappen sind üblicherweise abgerundet, so daß die Vertiefungen maschinell ausgefräst werden können. Sichere, problemlose, häufig angewandte Befestigungsart.

– **Einbohrbänder** (Bild **6.24** a). Das Einbohrband gibt es in zwei- oder mehrteiliger Ausführung, jeweils mit 2, 3 oder 4 Zapfen versehen. Es eignet sich vor allem zum Anschlagen von gefälzten Türen, da bei Stumpftüren im Bereich der Einbohrstellen unschöne Auskerbungen an den Türkanten entstehen. Zum Vorbohren der Löcher werden jeweils passende Bohrlehren verwendet, so daß ein maßgenaues Anschlagen gewährleistet ist. Je nach Zapfenausbildung können diese entweder eingedreht (mit Gewinde), eingeschlagen (sägeartig ausgebildetes Gewinde) oder verstiftet bzw. verschraubt werden (glatte Zapfen mit Bohrung). Den tiefenverstellbaren Bändern wird allgemein der Vorzug gegeben.

Bild **6.24** b, c und Bild **6.25** verdeutlichen die Befestigungsart mit Bandtaschen (Aufschraubtaschen), so wie sie bei den sog. **Zapfen-Einbohr-Bändern** üblich sind. Hier werden die Rahmenzapfen durch die Falzbekleidung in die Bandtaschen gesteckt und damit kraftschlüssig verbunden, während die Flügelzapfen seitlich in den Türüberschlag einzudrehen sind. Dieser Überschlag darf keinesfalls zu knapp bemessen sein (mind. 13, besser 15 bis 16 mm). Einbohrbänder gewährleisten eine einfache und schnelle Montage (ohne Stemm- und Fräsarbeiten), eine nachträgliche Korrektur des Bandsitzes sowie hohe Belastbarkeit.

– **Kombibänder** (Bild **6.23** c und Bild **6.24** b). Hier sind die beiden Bandteile unterschiedlich ausgebildet. So kann beispielsweise am Zargenrahmen ein Einbohrband und am Türblatt ein Aufschraubband befestigt sein. Durch derartige Bänder-Kombinationen können die Vorzüge der einzelnen Befestigungsarten noch besser ausgenutzt werden.

– **Kunststoffbänder** (Bild **6.26**). Diese Bänder bestehen aus einem tragenden Gerüst aus verzinktem Stahl und aus Kunststoffteilen, die entweder unmittelbar aufgespritzt oder erst nachträglich in Form

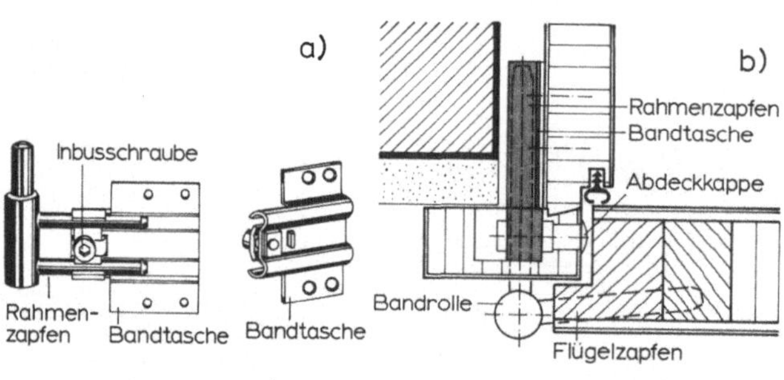

6.25
Bandtaschen (Anschraubtaschen) zur kraftschlüssigen Befestigung von Zapfen-Einbohr-Bändern an gefälzten Holzzargen

a) Bandtasche mit eingeschobenem Rahmenzapfen
b) Einbaubeispiel

Simonswerk, Rheda-Wiedenbrück

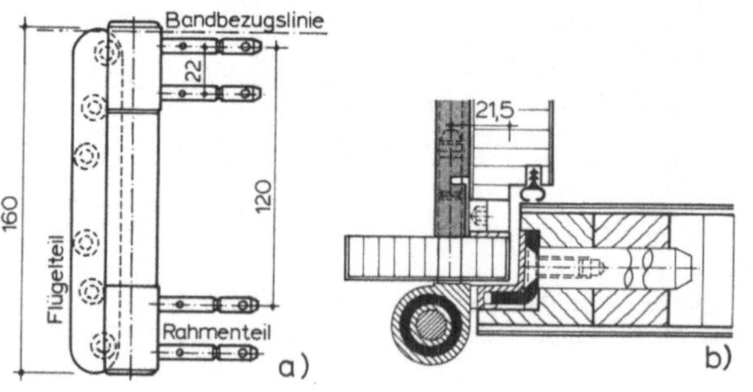

6.26
Dreiteiliges Kombiband aus Stahl/Kunststoff für gefälzte Türen in Holzzargen mit Zapfen-Einbohr-Band (Rahmenteil) in einer Bandtasche und Zapfen-Lappen-Band (Flügelteil)

a) Ansicht
b) Einbaubeispiel

H. Wilke, Arolsen, HEWI-Beschläge

von Abdeckkappen bzw. Steckhülsen aufgesetzt werden. Während der Stahl den Bändern eine hohe Festigkeit verleiht, erbringt der Kunststoff optimale Gleiteigenschaften, hohe Verschleißfestigkeit und ein ansprechendes Design (Farben- und Formenvielfalt). Bei den Kunststoffteilen aus Nylon ist keine störende elektrostatische Aufladung und auch keine Staubbindung zu befürchten. Sie zeichnen sich besonders durch hervorragende thermische Eigenschaften, chemische Beständigkeit, Licht- und Witterungsbeständigkeit sowie hohe Festigkeit aus. Die relativ einfach zu montierenden Bänder gibt es passend für nahezu alle Türausbildungen, Zargen- und Anschlagarten sowie Türblattgewichte.

6.4.1.3 Bänder für einfache Türen

Obwohl derartige Bänder im gehobenen Ausbau kaum mehr vorkommen, sollen sie im Hinblick auf die Altbausanierung und kostengünstiges Bauen nicht unerwähnt bleiben. Im einzelnen sind das Einstemm- und Aufschraubband sowie Lang- und Winkelband zu nennen.

— **Einstemmband** (Bild 6.27 a). Dieses Band, auch Fitschen genannt, besteht aus zwei Lappen mit je einer Rolle und einem fest vernieteten oder lose einschiebbaren Stift. Die Lappen werden in den Blendrahmen und das Türblatt eingestemmt und von außen mit Schrauben oder Stahlstiften arretiert. Nachteil: sichtbare Köpfe an der Türblattaußenseite. Sichere, jedoch relativ umständliche, kaum mehr eingesetzte Befestigungsart.

— **Einfaches Aufschraubband** (Bild 6.27 b). Es eignet sich zum Anschlagen von Stumpf- und Falztüren (glatte und gekröpfte Ausführung) und wird noch relativ häufig eingesetzt. Während bei den neueren Modellen die Ecken der Lappen für den maschinellen Einbau abgerundet sind, weisen die früher verwendeten Bänder eckige Bandlappen auf.

— **Langband** (Bild 6.27 c). Diese Bänder werden auch Ladenbänder genannt, da sie u. a. zum Anschlagen von Holzfensterläden sowie einfachen Latten- und Brettertüren benutzt werden. Die Befestigung an den Querriegeln erfolgt mit Nägeln oder Schrauben. Der Kloben, um dessen Dorn sich das Band dreht, wird bei massiven Wänden ankerartig eingemauert oder bei Fachwerkwänden an die Holzstiele angeschraubt.

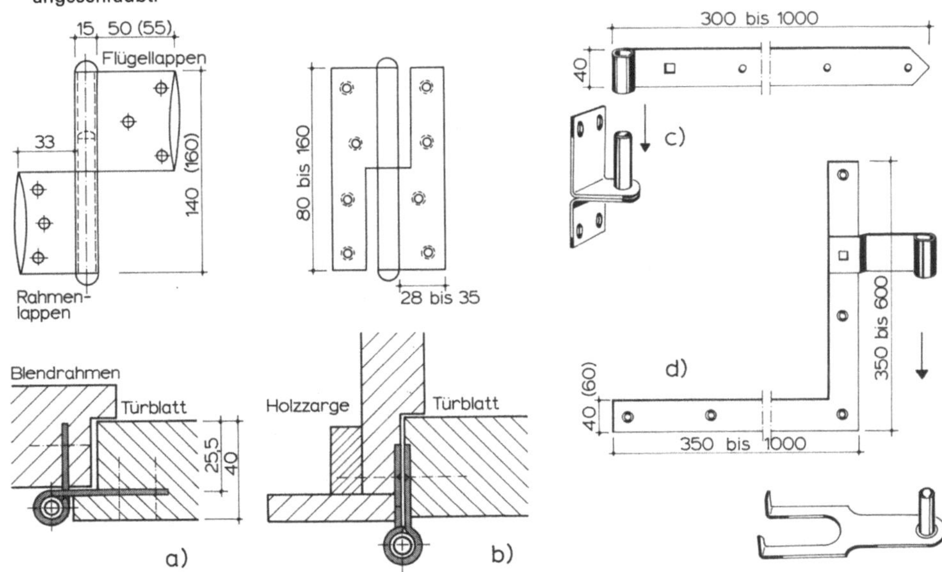

6.27 Bänder für einfache Türen

    a) Türanschlag mit Einstemmband (Fitschen)
    b) Türanschlag mit geradem Aufschraubband (Stumpftür)
    c) Langband mit Haken zum Aufschrauben
    d) Winkelband mit Haken zum Einmauern

Simonswerk, Rheda-Wiedenbrück

— **Winkelband** (Bild **6.27**d). Es eignet sich vor allem zum Anschlagen von schweren Rahmentüren (z. B. Stalltüren), wobei der kräftige Flachstahlwinkel auf den Rahmenfriesen aufgeschraubt wird. An dem querliegenden Teil des Beschlages sitzt das Auge, das um den Dorn eines Hakens läuft, der ebenfalls eingemauert oder angeschraubt sein kann.

6.4.1.4 Sonderbeschläge

Die Aufzählung aller möglichen Sonderbeschläge würde den Rahmen dieser Abhandlung bei weitem sprengen. Von besonderem Interesse sind jedoch Türschließer, Pendeltürbänder sowie steigende Bänder. Vgl. hierzu auch Bild **6**.79, Bänder an Stahlzargen.

Türschließer (Bild **6**.28 bis **6**.30). Sie sind überall dort notwendig, wo der Einbau selbstschließender Türen erwünscht (Bauherr) oder gar geboten ist (Vorschriften), und wo die Tür im Normalfall geschlossen sein muß. Derartige Schließmittel sind durchaus üblich an Haustüren von Mehrfamilienhäusern (Zugangskontrolle) und vom Gesetzgeber vorgeschrieben an Türen mit Schutzfunktionen, wie Feuer- und Rauchschutztüren. Vgl. hierzu Abschn. 6.7. Selbstschließende Türen benötigen auf ihrem gesamten Schließweg eine Schließkraft. Die hierfür notwendige Energie muß vom Benutzer beim Öffnen der Tür zusätzlich aufgebracht werden, so daß bei derartigen Türen – im Vergleich zu Normaltüren – stets ein größerer Kraftaufwand erforderlich ist. An genormten Schließmitteln sind besonders zu nennen:

— **Federbänder** (DIN 18262). Hier wird die aufzuwendende Energie in einer zylindrischen Schrauben-Dreh-Feder gespeichert. Nach dem Loslassen des Flügels schlägt die Tür mit Schwung ungebremst in die Zarge ein, wodurch sich erhebliche Belästigungen und auch Gefahren für die Verkehrssicherheit ergeben. Derart ungebremste Schließmittel sollten nur an wenig begangenen Türen angebracht werden.

Zu den Schließmitteln mit hydraulisch gedämpfter Schließbewegung rechnet man

— **Kurbeltrieb-Türschließer** (DIN 18263 T1) sowie

— **Zahntrieb-Türschließer** (DIN 18263 T2). Sie werden am oberen Rand einer Tür montiert (sog. Obertürschließer). Wie Bild **6**.28a zeigt, wird der Schließer im allgemeinen auf dem Türblatt an der Bandseite befestigt und über Gestänge mit der Zarge oberhalb des Türflügels verbunden. Zwischenzeitlich sind auch flach anliegende Gleitschienen-Türschließer mit ansprechendem Design und moderner Farbgebung erhältlich. Bild **6**.28 b.

— **Bodentürschließer** (DIN 18263 T3), deren Gehäuse weitgehend unsichtbar in den Fußboden eingelassen sind, zählen ebenfalls zu den hydraulisch gefämpften Schließmitteln. Auch hier wird die beim Öffnen der Tür entstehende Energie in einer Feder gespeichert. Bei einsetzender Schließbewegung wird der Schwung jedoch so weit hydraulisch gebremst, daß ein vollständiges Schließen des Türflügels aus jedem Öffnungswinkel heraus – ordnungsgemäße Einstellung des Gerätes vorausgesetzt – gesichert ist.

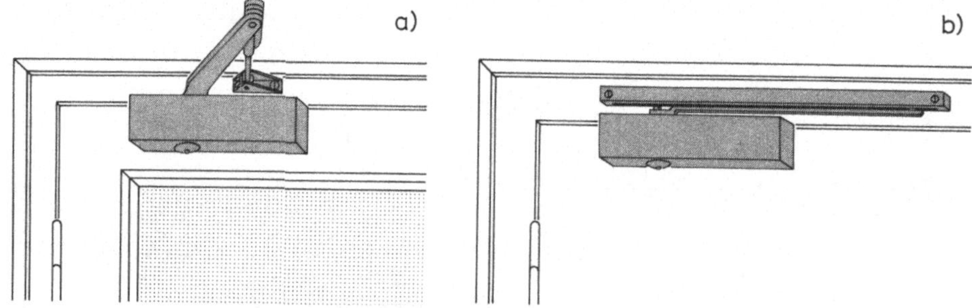

6.28 Türschließer mit einstellbarer Schließkraft, Öffnungsdämpfung und Schließverzögerung
a) Zahntrieb-Türschließer (DIN 18263 T2)
b) Gleitschienen-Türschließer (nicht genormt)

DORMA-Baubeschläge, Ennepetal

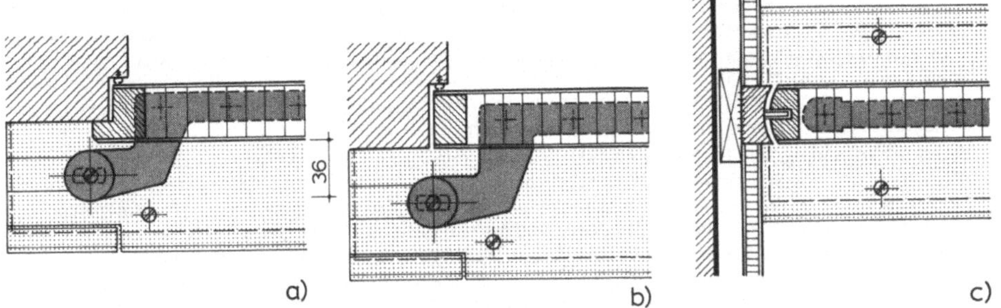

6.29 Schematische Darstellung exzentrisch und zentrisch angeordneter Bodentürschließer. Vgl. hierzu auch Bild **6**.103 und **6**.104

a) gefälzte Anschlagtür, Drehpunkt exzentrisch angeordnet
b) stumpfe Anschlagtür, Drehpunkt exzentrisch angeordnet
c) Pendeltür mit zentrisch angeordnetem Bodentürschließer

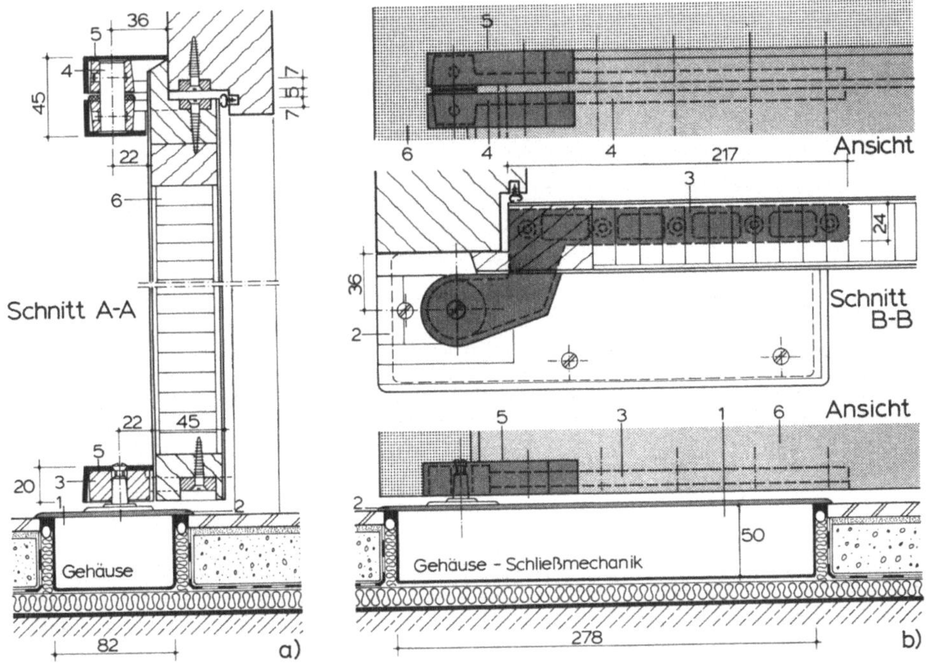

6.30 Konstruktionsbeispiel: Gefälzte Holztür mit eingebautem Bodentürschließer (GEZE STOP TS 500)

a) Vertikalschnitt A–A
b) obere und untere Ansicht sowie Horizontalschnitt B–B

1 Gehäuse mit Schließmechanik
2 Deckplatte aus Edelstahl
3 untere Türschiene

4 oberes Zapfenband mit Bandzapfen
5 Abdeckkappen aus Metall
6 Holztürblatt

Nach Vorlagen der Vereinigten Baubeschlagfabriken Gretsch & Co., Leonberg

Bodentürschließer gibt es für alle Arten von Anschlagtüren (Links- und Rechtstüren) mit **exzentrisch** angeordnetem Drehpunkt sowie für Pendeltüren mit **zentrisch** angeordnetem Drehpunkt. Bild **6**.29. Ferner ist zu unterscheiden zwischen Bodentürschließern, die unabhängig von der Türlagerung nur die Schließbetätigung erbringen, und solchen, die auch Tragfunktion übernehmen. Beachtenswert ist weiter, daß sog. Universal-Bodentürschließer für alle Anschlagarten und Türkonstruktionen aus Holz, Metall oder Ganzglas geeignet sind. Vgl. hierzu auch Bild **6**.103.

Bild **6**.30 zeigt beispielhaft eine gefälzte Holztür mit einem exzentrisch angeordneten Bodentürschließer. Dieser besteht aus einem in den Estrich eingelassenen Gehäuse mit darin eingebauter Schließmechanik, einer unteren Türschiene, auf der das Türblatt sitzt, und einem oberen Zapfenband zur Türblattbefestigung. Das in den Fußboden eingelassene Gehäuse ist mit einer Deckplatte aus Edelstahl abgedeckt. Bodentürschließer haben den Vorteil, daß neben der eigentlichen Schließmechanik meist auch eine stufenlose Schließverzögerung, Feststellvorrichtung sowie Öffnungsdämpfung (Schutz vor einer zu heftig aufgeworfenen Tür) eingebaut sind. Außerdem stören keine weiteren Beschlagteile wie Bänderrollen o. ä. die Türansicht.

Pendeltürbänder (Bild **6**.31 bis **6**.32). Neben den vorgenannten Bodentürschließern, die auch bei Pendeltüren eingesetzt werden können, gibt es noch spezielle Pendeltürbänder mit Feder (DIN 18 265). Hierbei handelt es sich um einstellbare, doppelt wirkende mechanische Schließmittel, die eine Tür tragen und durch die vorgespannte Schraubenfeder ohne Bremsung schließen. Das in Bild **6**.31 dargestellte

— **Bommer-Pendeltürband** besteht aus zwei sichtbaren Rollen, die durch einen Steg fest miteinander verbunden sind, und zwei beweglichen Bandlappen, von denen je einer an die Längskante des Blendrahmens und des Türflügels angeschlagen wird. Die Rollen sind im Inneren mit kräftigen auswechselbaren Schraubenfedern bestückt. Diese bewirken, daß die Türflügel nach Ingangsetzung selbsttätig, meist hart federnd zurückfallen und nach einigem Hin- und Herpendeln in Ruhestellung übergehen. Gespannt werden die Federn nach der Montage durch einen Stahlstift mit anschließender Sicherung der Spiralfedern (Arretierungsstift).

Pendeltüren, ein- oder zweiflügelig, schlagen durch die Türumrahmung (Blendrahmen) nach beiden Seiten hin aus. Daher lassen sie sich auch nicht, wie beispielsweise eine Falztür, völlig abdichten. Meist werden Bürsten- oder Gummidichtungen in die abgerundeten Türlängskanten eingelassen. Um Zusammenstöße zu vermeiden (z. B. Kellnergang), sollten die Türblätter von Pendeltüren immer Glasfüllungen oder Sehschlitze aufweisen.

— **Beim Hawgood-Pendeltürband** (Bild **6**.32) sitzt die Federkraft in runden Zapfen, die in den Blendrahmen eingelassen werden. Es gibt Bänder mit je einem oder zwei Zapfen, deren Feinmechanik jedoch immer unsichtbar ist. Das jeweilige Türblatt wird in den U-förmigen Schuh des Bandes eingeschoben und daran befestigt. Eine unsichtbar eingebaute Arretierung ermöglicht eine Offenstellung der Tür von 90° nach beiden Seiten hin. Da die Federkraft in den Zapfen nicht nachgestellt werden kann, muß das jeweils zulässige Türblattgewicht genau eingehalten werden.

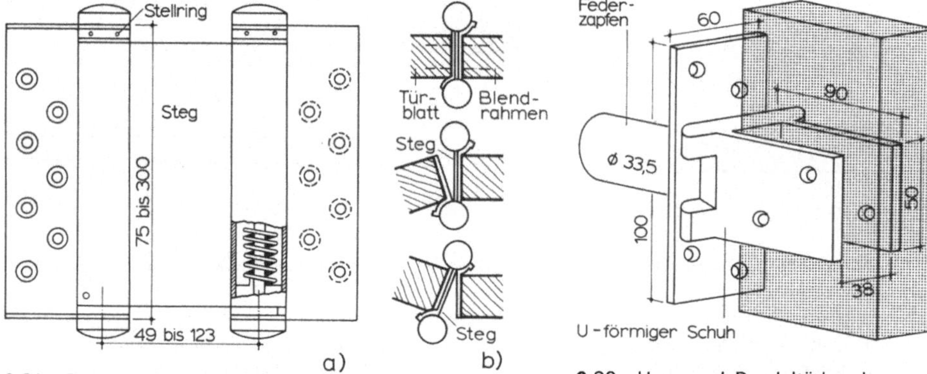

6.31 Bommer-Pendeltürband
  a) Ansicht
  b) Wirkungsweise

6.32 Hawgood-Pendeltürband
  (mit einem Federzapfen)

Steigende Bänder (Bild **6.**33). Sie heben den Türflügel beim Öffnen, beispielsweise über einen Teppich, hinweg. Je nach Bedarf fällt das Türblatt wieder selbsttätig zurück oder geht bei weiterer Türöffnung in Ruhestellung über, ohne daß die Tür selbsttätig zuschlägt. Da der Steigvorgang unmittelbar beim Öffnen der Tür einsetzt, muß der obere Falz tiefer ausgefräst oder schräg abgehobelt werden.

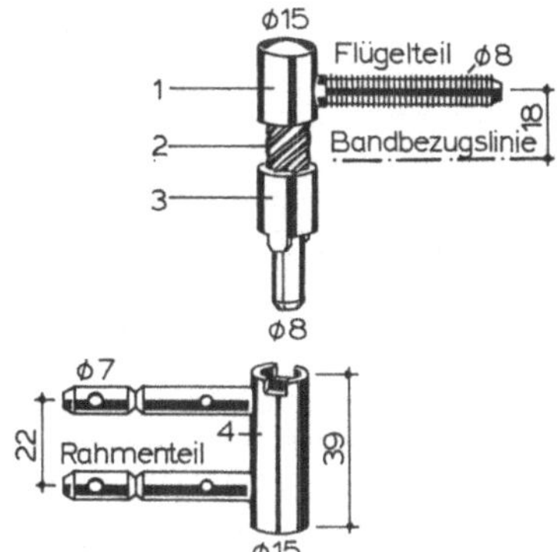

6.33
Einbohrband für steigende, gefälzte Innentüren aus
Holz

1 Flügelteil, steigend
2 Gewinde/Spindel
3 Hülse mit Arretierungsnocke
4 Rohrmantel/Rahmenteil

Simonswerk, Rheda-Wiedenbrück

6.4.2 Türschlösser

Zum Schließen, Öffnen und Sichern von Türen dienen Schlösser mit den zugehörigen Schließwerken und Sicherungssystemen, Schließblechen sowie Türgarnituren. Nach der Art der Verbindung von Türblatt und Schloß unterscheidet man aufschraubbare Kastenschlösser und Einsteckschlösser.

Kastenschlösser (Bild **6.**34). Obwohl derartige Schlösser nur noch selten verwendet werden, sollen sie im Hinblick auf die Altbausanierung an dieser Stelle nicht unerwähnt bleiben.

Kastenschlösser werden auf den Türrahmen, und zwar auf der Bandseite der Tür, aufgeschraubt. Der Schloßkasten besteht aus einem Schloßblech, auf dem die Schloßteile befestigt sind, dem Gehäuserand und dem aufgeschraubten Deckblech. Der Rand wird auf der Stirnseite durch den 40 bis 45 mm breiten Stulp (der über die Türkante greift), auf den drei anderen Seiten des Schlosses durch den 25 bis 30 mm breiten Umschweif gebildet. Der Stulp weist die Ausschnitte für die vortretenden Verschlußteile auf. Wird das Kastenschloß wie üblich auf der Bandseite angeschlagen, so greifen Falle und Riegel in einen Schließhaken; liegt das Schloß auf der gegenüberliegenden Türblattseite, so ist anstelle des Schließhakens ein Schließblech zu verwenden.

6.34
Kastenschloß (vereinfachte Darstellung)

1 Nuß mit quadratischem Vierkantloch
2 Rückholfeder für die Falle
3 Führungsstift für den Schließriegel
4 Drehpunkt der Zuhaltung
5 Feder für die Zuhaltung
6 Zuhaltungsbogen
7 Sicherungsreifchen für
   Schlüssel
8 Türdrücker

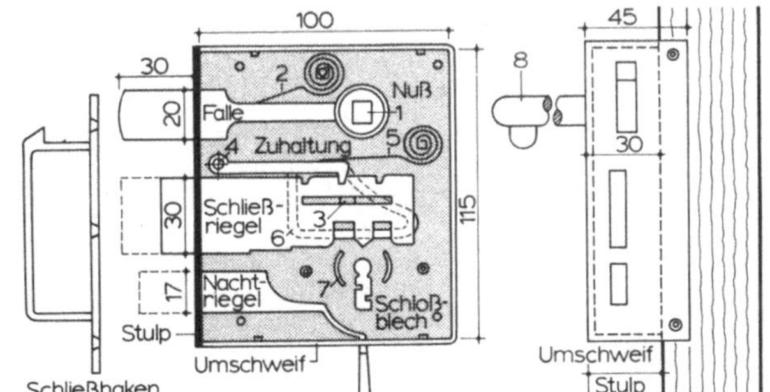

6.4.2.1 Einsteckschlösser

Einsteckschlösser für Wohnungseingangstüren und Innentüren sind in DIN 18 251 genormt. Diese im gesamten Innenausbau vorwiegend eingesetzten Schlösser können ein Buntbart-, Zuhaltungs- oder Zylinderschließwerk haben oder auch nur einen einfachen Riegel für Badtüren aufweisen. Die wesentlichsten Teile eines Einsteckschlosses und ihre Benennung zeigt Bild **6**.35. Im einzelnen ist besonders hinzuweisen auf:

— **Die keilförmige Falle**, die durch den Drücker – bei eingebautem Wechsel auch mit dem Schlüssel – bewegt wird und zur Feststellung der Tür im Zargenrahmen dient,

— **dem Wechsel**, der eine Betätigung der Falle mit dem Schlüssel gestattet. An der Außenseite der Haus- oder Wohnungseingangstür bedarf es dann eines Knopfes (Knopfschild) zum Zuziehen, an der Türinnenseite eines Drückers,

— **die Nuß**, in deren quadratisches Vierkantloch der Drückerstift genau passend eingeschoben wird,

— **die Zuhaltung**, die eine einfache Art der Sicherung darstellt (s. Zuhaltungsschloß),

— **den Riegel**, der durch ein- oder zweimaliges Herumdrehen des Schlüssels (= eintouriges oder zweitouriges Schloß), in waagerechter Richtung herausgeschoben wird. Festgestellt wird der Schloßriegel in der jeweiligen Lage durch die Zuhaltung,

— **das Schlüsselloch** oder die Schließzylinder-Aussparung, die der jeweiligen Schlüsselart bzw. Zylinderform entsprechend aus dem Schloß und/oder Deckblech ausgeschnitten werden,

— **den Stulp**, der am Schloßkasten einseitig (für Falztüren) oder mittig (für Stumpftüren) befestigt ist. Schlösser für zweiflügelige Türen erhalten bei Bedarf einen schrägen Stulp,

— **das Dornmaß**, das von Vorderkante Stulp bis Mitte Nuß bzw. Mitte Schlüsselloch gemessen wird und bei üblichen Innentüren 55 mm, bei höheren Sicherheitsanforderungen 65 mm beträgt,

— **die sog. Entfernung**, die von Mitte Nuß bis Mitte Schlüsselloch bzw. Schließzylinder reicht,

— **die Drückerhöhe**, die von Mitte Nuß bis Oberfläche Fußboden (OFF) gemessen wird und normalerweise 1050 mm beträgt (DIN 18 101).

DIN 18 251 unterscheidet drei **Schloßklassen** mit steigenden Sicherheitsanforderungen:

Klasse 1: Leichtes Innentürschloß (ohne Güteanforderungen)

Klasse 2: Mittelschweres Schloß für Innentüren

Klasse 3: Mittelschweres Schloß für Wohnungsabschlußtüren.

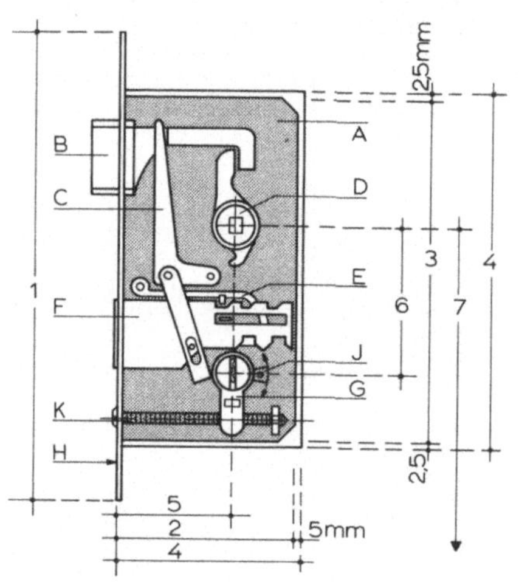

6.35
Bezeichnung der Teile und wichtigsten Maße eines Einsteckschlosses mit eingebautem Profilzylinder

A Schloßkasten/Schloßblech
B keilförmige Falle
C Wechsel
D Nuß mit quadratischem Vierkantloch
E Zuhaltung
F Riegel
G Schlüsselloch oder Zylinder-Aussparung
H Stulp
J Schließbart (umlegbar)
K Stulpschraube = Zylindersicherung

1 Stulplänge
2 Kastenbreite
3 Kastenhöhe
4 Ausnehmung (Ausfräsung im Türblatt)
5 Dornmaß
6 sog. Entfernung
7 Drückerhöhe: von Oberfläche Fußboden (OFF) bis Mitte Drücker – Nuß = 1050 mm

Normale Zimmertüren mit geringen Anforderungen an den Verschluß werden meist mit Buntbartschlössern in leichter Ausführung und 55 mm Dornmaß, ggf. nur eintourig schließend, ausgerüstet. Größere Sicherheit bieten bereits Zuhaltungsschlösser. Überall dort jedoch, wo höhere und höchste Anforderungen an die Sicherheit gestellt werden, sind Schlösser mit Schließzylinder (Zylinderschlösser) einzuplanen.

Bild 6.36 zeigt ein Einsteckschloß für Wohnungsabschlußtüren nach DIN 18 251, vorgerichtet für Profilzylinder. Diese Schlösser werden üblicherweise in mittelschwerer Ausführung, meist mit Wechsel und mit zweitourig verschließbarem Riegel für Falz- und Stumpftüren angeboten. Das Dornmaß kann 55 bis 65 mm betragen, der Riegel muß einer Mindestbelastung von 6 kN standhalten. Es wird empfohlen, nur solche Schlösser für Wohnungsabschlußtüren zu verwenden, die aus einer güteüberwachten Fertigung stammen. Nähere Angaben über RAL-gekennzeichnete Sicherheits-Einsteckschlösser erteilt [6].

Ein Haustürschloß ist in Bild 6.37 dargestellt. Diese von der vorgenannten Norm nicht erfaßten Schlösser werden in mittelschwerer bis schwerer Ausführung – mit und ohne Wechsel – zweitourig schließend, für gefälzte und ungefälzte Türen gebaut (auch Behördenschlösser genannt). Das Dornmaß beträgt hier üblicherweise 65 mm oder darüber. Auf die in Bild 6.36 und 6.37 angegebenen, unterschiedlichen Stulpbreiten wird hingewiesen.

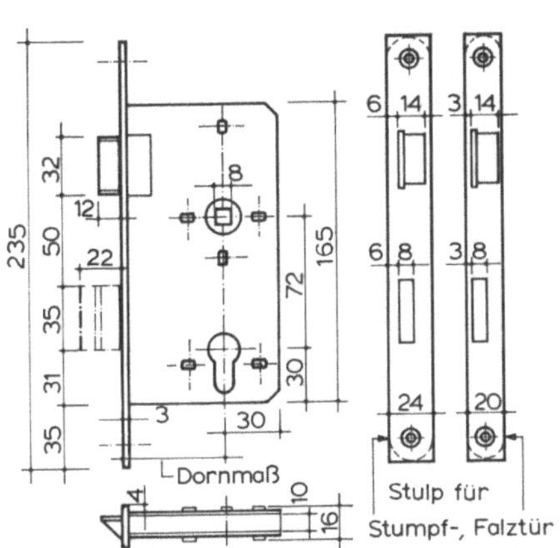

6.36 Einsteckschloß für **Wohnungsabschlußtüren,** mittelschwer, vorgerichtet für Profilzylinder

BKS-Gesellschaft, Velbert

6.37 Einsteckschloß für **Haustüren,** mittelschwer, vorgerichtet für ovale und runde Schließzylinder

BKS-Gesellschaft, Velbert

Hochwertige Qualitätsschlösser in mittelschwerer bis schwerer Ausführung weisen eine ganze Reihe beachtenswerter Merkmale auf. So ist in der Regel der verzinkte Schloßkasten insgesamt staub- und spänedicht ausgebildet, so daß Funktionsstörungen durch Eindringen von Fremdkörpern in das Innenwerk des Schlosses ausgeschlossen sind. Durchgehende, aufbohrgeschützte Schraublöcher im Nuß- und Schlüssellochbereich ermöglichen eine sichere Verschraubung der Türschilder (Schraubstiftverbindung s. Bild 6.49). Das unangenehme Flattern des Türdrückers wird durch eine selbstspannende Klemmnuß, gelagert in starken Kunststoffringen, verhindert. Geräuschabsorber im Fallenbereich bewirken eine schalldämpfende Fallenfunktion. Außerdem ermöglicht ein eingebauter Graphitkanal (mit Abdeckschraube im Stulp) das Schmieren der Innenteile. Kräftige, elastische Drückerhochhaltefedern sorgen dafür, daß selbst bei starker Beanspruchung kein Nachlassen der Federkraft zu verzeichnen ist.

6.4.2.2 Sicherungsarten der Schlösser

Buntbartschloß. Die geringste Sicherheit bietet aufgrund seiner einfachen Schloßkonstruktion das Buntbartschloß. Es hat nur eine Sperrhalterung, die durch den Schlüsselbart so angehoben wird, daß der Riegel bewegt werden kann. Dieser wird durch ein- oder zweimaliges Drehen des Schlüssels (ein- oder zweitourig) vorgeschlossen. Der Schutz gegen unbefugtes Öffnen besteht lediglich in der Verschiedenartigkeit der Schlüsselloch-Schweifungen = Schlüsselbartformen. Bild **6.38**. Das Buntbartschloß gilt daher nicht als Sicherheitsschloß.

Zuhaltungsschloß. Das Zuhaltungsschloß – auch Chubbschloß genannt – bietet eine größere Sicherheit als das Buntbartschloß. Es hat mehrere Sperrzuhaltungen, die durch den gestuften Schlüsselbart so angehoben werden, daß der Riegel bewegt werden kann. Die Zuhaltungen liegen unmittelbar oberhalb des Schlüsselloches zu einem „Paket" zusammengefaßt flach übereinander. Der Riegel wird durch zweimaliges Drehen des Schlüssels (zweitourig) vorgeschoben. Beim Zuhaltungsschloß besteht die Variationsmöglichkeit in der Anzahl der unterschiedlichen Schlüsselbartformen und in den unterschiedlichen Einschnitten des Schlüsselbartes; jede Bartabstufung hebt beim Öffnen eine Zuhaltung an. Bild **6.38**b.

Zylinderschloß. Beim Zylinderschloß ist – im Gegensatz zu allen anderen Schlössern – der Sicherheitsmechanismus vom Schließmechanismus getrennt. Daher kann ein Schließzylinder beispielsweise in ein gewöhnliches Buntbartschloß eingebaut werden und dort die dem einfachen Schloß weitgehend fehlende Funktion der Sicherung übernehmen. Der Schließzylinder ist demnach ein jederzeit austauschbarer Teil des Schlosses; er kann als Profil-, Rund- oder Ovalzylinder ausgebildet sein. Bild **6.39**.

Die Wirkungsweise eines Schließzylinders ist in Bild **6.**40 dargestellt. Es zeigt einen Doppelzylinder, die eine Hälfte ohne Schlüssel, die andere mit eingestecktem passendem Schlüssel. Dieser ordnet die unter Federdruck stehenden Kern- und Gehäusestifte so ein, daß ihre Trennungslinie zwischen Zylinderkern und Gehäuse in einer Ebene liegt. Dadurch kann der Zylinderkern gedreht, der Schlüsselbart bewegt und damit das Schloß betätigt werden. Im anderen Teil des dargestellten Doppelzylinders ragen die Stifte in den Schlüsselkanal und verhindern so (ohne passenden Schlüssel) eine Drehung des Zylinderkerns.

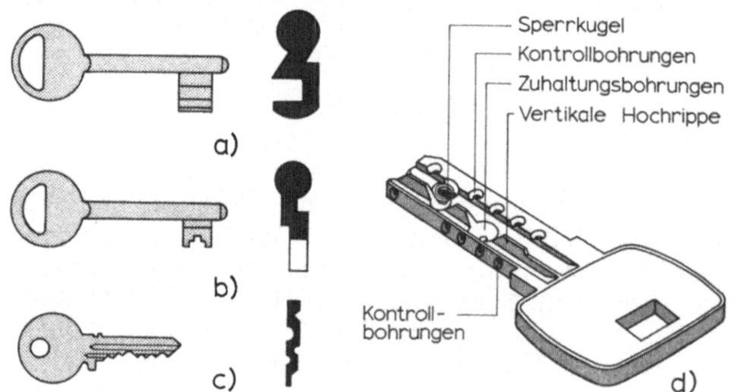

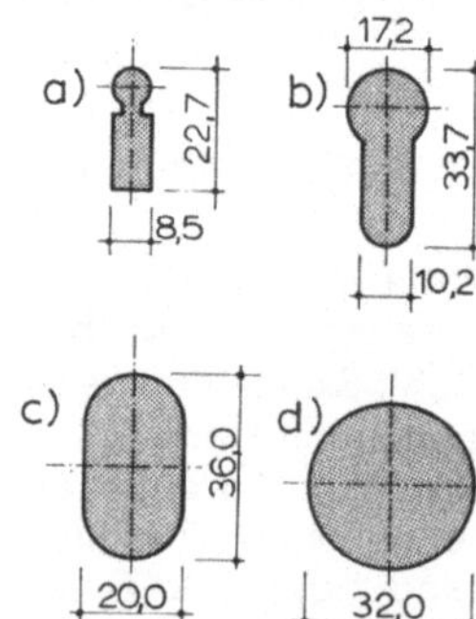

6.38 Schematische Darstellung einiger Schlüsselformen
(Beispiele)
a) Schlüssel für Buntbartschloß
b) Schlüssel für Zuhaltungsschloß
c) Schlüssel für Zylinderschloß
d) Schlüssel für Zylinderschloß (System DOM ix)

6.39 Schlüsselloch- und
Zylinderlochformen für
a) Zuhaltungsschlüssel (ZH)
b) Profilzylinder (PZ)
c) Ovalzylinder (OZ)
d) Rundzylinder (RZ)

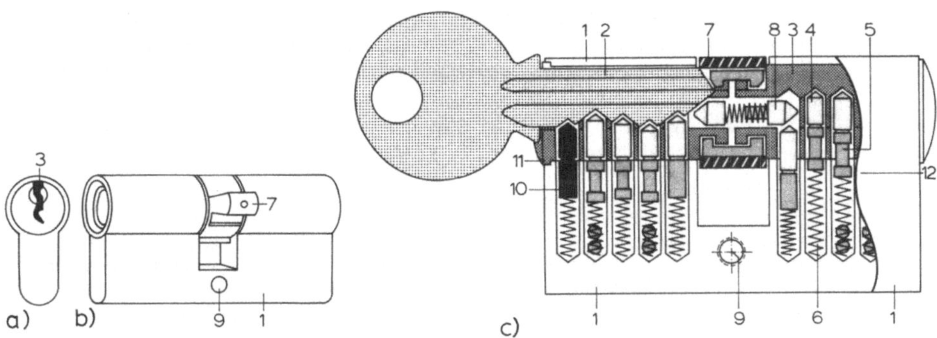

6.40 Schematische Darstellung eines Profilzylinders (Doppelzylinder)
   a) Ansicht des Profilzylinders
   b) Gehäuse für Doppelzylinder mit gemeinsamem Schließbart
   c) Längsschnitt mit passendem Schlüssel

1 Zylindergehäuse	8	automatische Aufsperrsicherung
2 Zylinderschlüssel	9	Stulpschraubenbohrung (= Zylinder-
3 Schlüsselkanal		sicherung, vgl. Bild **6**.35)
4 Kernstift	10	gehärtete Stahlstifte (Bohrschutz)
5 Gehäusestift	11	durchgehende Trennungslinie (= Schloß kann
6 Stiftfeder		betätigt werden)
7 Schließbart, umlegbar	12	höhenversetzte Stifte (= gesperrtes Schloß)

ZEISS IKON, Berlin

Beim DOM „Kugelsystem" (Bild **6**.38 d) betätigt eine im Schlüssel beweglich gelagerte Stahlkugel erst nach Überspringen eines tief im Schließzylinder liegenden Hindernisses eine von außen unerreichbare, zusätzliche Sperrsicherung. Widerrechtliche Manipulationen am Schlüssel und am Zylinder werden dadurch stark erschwert. Das Kopieren des Kugelschlüssels ohne die komplizierten Fertigungseinrichtungen erfordert einen so großen technischen Aufwand, daß das unbefugte Anfertigen eines Nachschlüssels fast unmöglich ist.

Hochwertige Schlösser haben eine ganze Reihe von Forderungen bezüglich der Sicherheit zu erfüllen. Von besonderer Bedeutung sind:

— **Nachschließsicherheit.** Darunter versteht man den Schutz, den der Zylinder gegen unbefugtes Öffnen mit ähnlichen Schlüsseln bietet. Dies setzt eine hohe Präzision voraus: Zylindergehäuse, Zylinderkern, Kernstifte und zugeordnete Schlüssel dürfen nur äußerst geringe Toleranzen aufweisen.

— **Aufsperrsicherheit.** Damit bezeichnet man den Widerstand, den der Zylinder gegen gewaltlose Öffnungsversuche mit Sperrwerkzeugen bietet. Um dies zu verhindern, sind in den meisten Zylindern automatische Aufsperrsicherungen eingebaut.

— **Aufbruchsicherheit.** Darunter ist der Widerstand des Zylinders gegen jede Art von Gewaltanwendung zu verstehen. Dies ist vor allem eine Frage der Stabilität, vor allem der Zylinderkerne.

— **Aufbohrsicherheit.** Der Bohrschutz besteht darin, daß die vorderen Stiftpaare sowie andere im Zylinderkern bzw. Gehäuse eingepreßten Spezialstifte aus gehärtetem Stahl sind.

— **Abtastsicherheit.** Maßnahmen gegen das Abtasten der Stufensprünge der Zuhaltungen sollen verhindern, daß die Anfertigung von Nachschlüsseln ohne Kopie des Originalschlüssels möglich ist.

— **Funktionssicherheit.** Darunter versteht man das zuverlässige Zusammenwirken aller mechanischen Schloßteile über eine lange Gebrauchsdauer hin.

Die Zylinder müssen auch gegen Herausziehen oder -drehen gesichert sein. Besonders zu beachten ist, daß Schließzylinder abgebrochen werden können, wenn diese zu weit aus dem Türschild herausragen. Bei Leichtmetall- bzw. Stahlrohr-Rahmentüren liegt dies oft an der fehlenden Rosette. Normale Holztürblätter sind im allgemeinen 40 mm dick. Bei beidseitiger Verwendung von Langschildern, die eine Dicke von rund 8 mm aufweisen, beträgt der Überstand normal liegender Doppelschließzylinder (Grundlänge 61 mm) dann nur wenige Millimeter. Für Türen, bei denen die Grundlänge nicht ausreicht, werden einseitig und beidseitig verlängerte Zylinder geliefert, so daß die Zylinderenden mit den Türschildern weitgehend bündig liegen. Bild **6**.41. Weitere Einzelheiten sind der Spezialliteratur [8], [9], [10] sowie Abschn. 6.4.2.3, Türgarnituren und Abschn. 6.7.5, Einbruchhemmende Türen, zu entnehmen.

Bild **6**.42 zeigt einen sog. Kurzzylinder, der aus zwei getrennten Einzelzylindern besteht. Der Außenzylinder enthält zwei Verbindungsbolzen, die durch das in der Tür eingesetzte Schloß hindurchgreifen und auf die sich der Innenzylinder aufschieben läßt. Wenn beide Zylinder am Schloß fest anliegen, verriegeln sich die Verbindungsbolzen selbsttätig. Damit ist u. a. eine nahezu stufenlose Anpassung der Zylinderlänge an die verschiedensten Türdicken möglich. Die Verriegelung kann nur wieder mit Hilfe des passenden Schlüssels von der Innenseite der Tür gelöst werden.

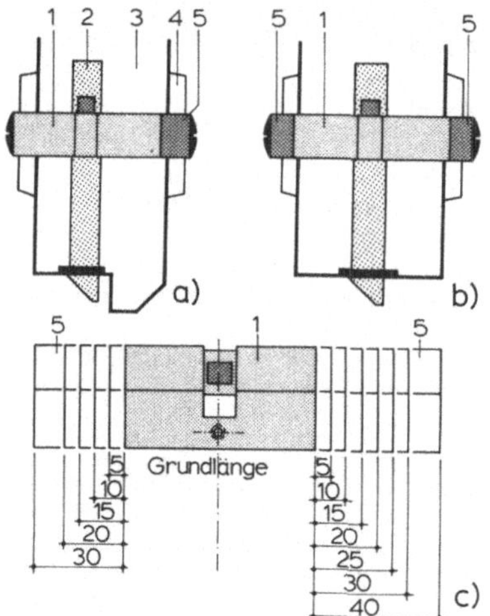

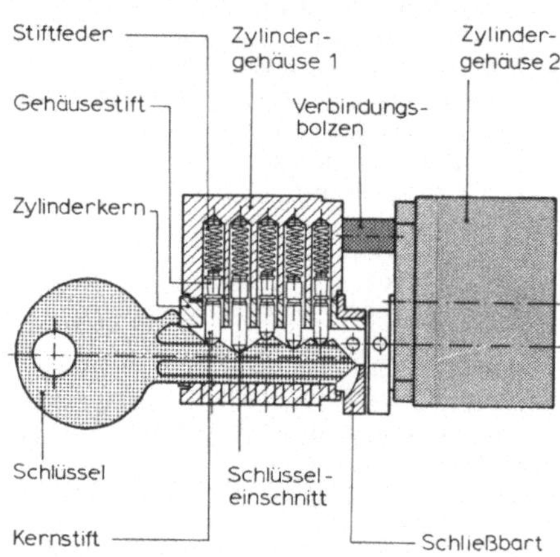

6.41 Schematische Darstellung verlängerter Schließzylinder

  a) einseitig verlängerter Doppelzylinder
  b) beidseitig verlängerter Doppelzylinder
  c) mögliche Verlängerungen
  1 Grundlänge/Gehäuselänge (unterschiedlich je nach System)
  2 Türschloß
  3 Türblatt
  4 Türschild
  5 Verlängerungen

6.42 Schematische Darstellung zweier Kurzzylinder: zwei getrennte Einzelzylinder werden beim Einbau durch Verbindungsbolzen fest miteinander verbunden (selbsttätige Verriegelung)

BKS-Gesellschaft, Velbert

6.4.2.3 Schließbleche

Falle und Schließriegel greifen in ein passend ausgeschnittenes Schließblech, das üblicherweise in die Falzkante der Türzarge (Falzbekleidung) eingelassen und festgeschraubt wird (wahlweise erhältlich mit runden oder kantigen Ecken). Ausgehend von der oberen Bezugskante an der Türzarge ist der Sitz des Schloßbleches in DIN 18101 geregelt. Allgemein unterscheidet man W i n k e l s c h l i e ß b l e c h e für gefälzte Türen mit breitem oder schmalem Schenkel sowie L a p p e n s c h l i e ß b l e c h e für stumpf einschlagende Türen, jeweils für Links- und Rechtstüren geeignet. Bild **6**.43 a, b. Winkelschließbleche mit schmalem Schenkel haben den Vorteil, daß dieser bei ge-

schlossener Tür verdeckt unter dem Türfalz liegt. Bild **6**.43 c. Die Falle muß immer
fest verspannt, d. h. ohne Spiel am Schließblech anliegen. Bild **6**.43 d zeigt ein
sog. Sicherheits-Winkelschließblech, wie sie bei einbruchhemmenden Türen gemäß
DIN 18103 gefordert sind. Vgl. hierzu auch Abschn. 6.7.5.

Bei zweiflügeligen Türen und bei besonders dicken einflügeligen Drehtüren muß die
Türblatt-Längskante auf der Schloßseite unter Umständen abgeschrägt werden.
Schloß-, Stulp- und Schließblech sind dann entsprechend der jeweiligen Türblattdicke
in „schräger Ausführung" zu wählen. Die jeweils vorteilhafteste Gradzahl der Kanten-
schräge ist einer sog. „Schrägentabelle" zu entnehmen. Weitere Einzelheiten hierzu
s. [10].

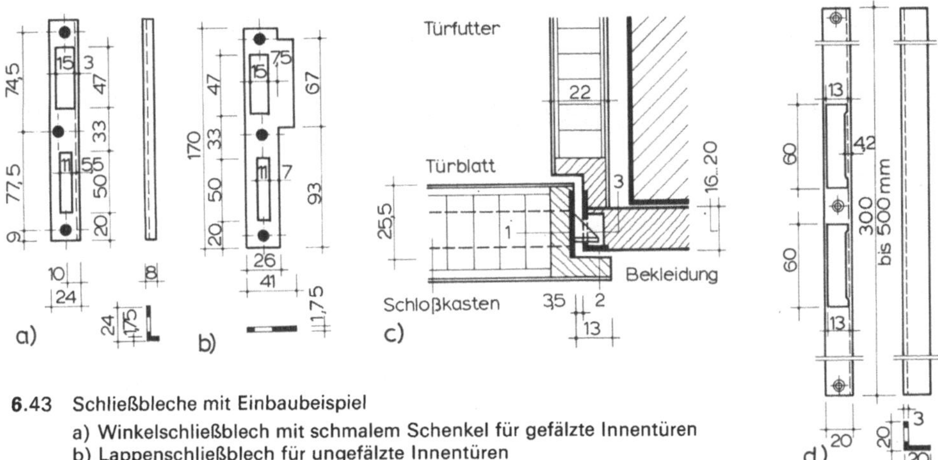

6.43 Schließbleche mit Einbaubeispiel
    a) Winkelschließblech mit schmalem Schenkel für gefälzte Innentüren
    b) Lappenschließblech für ungefälzte Innentüren
    c) Einbaubeispiel mit den wichtigsten Maßen
    d) Sicherheits-Winkelschließblech für gefälzte Wohnungsabschluß- und Haustüren

    1 Schloßstulp
    2 Winkelschließblech mit schmalem Schenkel
    3 Falle

6.4.2.4 Schließanlagen

Schließanlagen werden überall dort eingerichtet, wo Sicherheit und Zweckmäßigkeit
diese verlangen. Individuelle Wünsche können ebenso wie spezielle organisatorische
und sicherheitstechnische Erfordernisse bei der Erstellung eines Schließplanes berücksichtigt werden. Meist nach Stockwerken getrennt, werden die Raumbezeichnungen
bzw. -nummern den Grundrißplänen entnommen und in entsprechende Schließplan-
formulare eingetragen. Bereits bei der Bestellung der ersten Schlüssel sollte der Ge-
samtumfang der späteren Schließeinrichtung ungefähr bekannt sein. Nachschlüssel für
die jeweilige Schließanlage werden nur bei Vorlage eines Sicherungsscheines geliefert.
Man unterscheidet folgende Anlagenarten:

— **Hauptschließanlage** (Bild **6**.44 a). Jedes Schloß hat seine eigene Schließung und damit seinen
    eigenen Schlüssel, der zu keinem anderen Schloß paßt. Es gibt jedoch einen Hauptschlüssel, mit dem
    alle Schlösser der Anlage geschlossen werden können. Diese Anlagen eignen sich für Einfamilien-
    häuser, Wohnheime, Schulen sowie kleinere Büro- und Fabrikbauten.

— **Generalhauptschlüsselanlage** (Bild **6**.44 b). Wird eine Schließanlage in eine oder mehrere Gruppen
    unterteilt, denen jeweils eine Hauptgruppe übergeordnet ist, so spricht man von einer Generalhaupt-
    schlüsselanlage. Die Schließungen sämtlicher Schlösser sind verschieden, und die Einzelschlüssel

passen nur in die dazugehörigen Schlösser. Der Gruppenschlüssel dagegen schließt alle Schlösser einer Gruppe, der Hauptgruppenschlüssel alle Schlösser eines Hauptbereiches und der Generalhauptschlüssel alle Schlösser der Anlage. Diese Anlagen eignen sich für Verwaltungs- und Bankgebäude, Hotels, Krankenhäuser, Hochschulen usw.

– **Zentralschloßanlage** (Bild **6.44**c). Diese Anlage eignet sich für Mehrfamilienhäuser. Alle Schlösser der Wohnungsabschlußtüren haben unterschiedliche Schließungen, so daß kein Mieter mit seinem Schlüssel in die Wohnung eines anderen gelangen kann. Jeder Mieter kann jedoch mit seinem Wohnungstürschlüssel die gemeinsam benutzten Türen, wie beispielsweise Haustür, Kellertür usw. betätigen. Zentralschloßanlagen lassen sich auch in Hauptschlüsselanlagen einfügen. Diese Kombination empfiehlt sich dann, wenn beispielsweise Wohnungen und Geschäfts- oder Büroräume in einem Gebäude untergebracht sind.

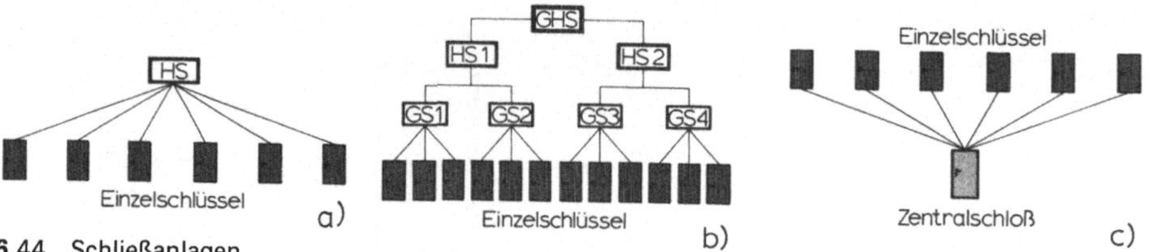

6.44 Schließanlagen
   a) Hauptschlüsselanlage
   b) Generalhauptschlüsselanlage
   c) Zentralschloßanlage

6.4.3 Türgarnituren

Zum Schließen und Öffnen von Türen bedarf es besonderer Beschläge wie beispielsweise Drücker-, Knopf- oder Wechselgarnituren mit Schildern (Lang- oder Kurzschild sowie Rosetten). Alle Teile werden in vielfältiger Form angeboten und aus verschiedenen Materialien (Kunststoff, Aluminium, Edelstahl, Messing u. a.) hergestellt. Türschilder dienen allgemein dem Schutz der Türblattoberflächen, außerdem können ihnen Aufgaben bezüglich des Feuer- und Einbruchschutzes zugeordnet werden. Sie weisen Ausnehmungen für Schlüssel oder Schließzylinder, Drücker- bzw. Knopfgarnituren auf und werden immer von der Innenseite (Öffnungsseite) her befestigt. Im wesentlichen unterscheidet man folgende Garniturenarten:

a) Drückergarnituren (Bild **6.**45a bis b). Sie bestehen aus zwei Drückern (Stiftteil und Lochteil) mit zwei Türschildern bzw. -rosetten.

Bild 6.46a zeigt eine Zimmertür- oder Haustürgarnitur. Die Tür ist von innen und außen mit einem Schlüssel zu verschließen (Ausnehmung für Schlüssel oder Schließzylinder). Die unverschlossene Tür kann von beiden Seiten mit dem Türdrücker geöffnet werden. Anstelle von Türdrückern können auch auf einer oder beiden Türseiten Drehknöpfe angebracht sein.

b) Wechselgarnituren (Bild **6.**45c bis d). Sie bestehen innen aus einem Drücker mit Türschild oder -rosette, außen aus einem nicht drehbaren Knopfschild bzw. Einzelknopf. Die Verbindung erfolgt durch einen sog. Wechselstift.

Bild 6.46b zeigt eine Wohnungsabschluß- oder Haustür-Wechselgarnitur. Die Tür ist von innen und außen mit einem Schlüssel zu verschließen (Ausnehmungen für Schlüssel oder Schließzylinder). Die unverschlossene Tür kann von innen mit dem Türdrücker, von außen dagegen nur mit dem Schlüssel geöffnet werden, da der Knopf feststehend ist. Wechselgarnituren sind nur in Verbindung mit einem Wechselschloß verwendbar. S. hierzu Bild **6.**35.

c) Badezellen- und Klosettürgarnituren (Bild 6.45 e bis f). Sie bestehen aus zwei Drückern und zwei Türschildern oder -rosetten.

Bild 6.46c zeigt eine Frei-Besetzt-Garnitur. Die Tür ist von innen mit der Riegelolive zu verschließen, außen wird ein Frei-Besetzt-Zeichen in einem Fenster angezeigt. Die unverschlossene Tür ist von beiden Seiten mit dem Türdrücker zu öffnen. Diese Garnituren sind nur in Verbindung mit einem Badezellen- oder Klosetttürschloß verwendbar.

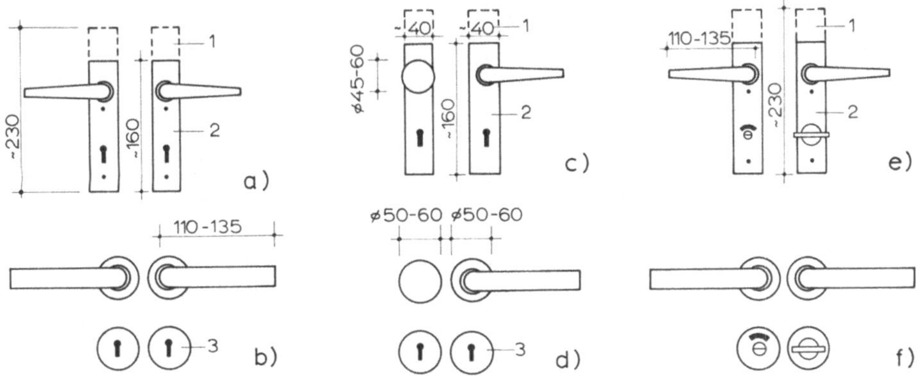

6.45 Drückergarnituren und Schlüsselschilder

    a) bis b) Zimmertür- oder Haustürgarnitur
    c) bis d) Wohnungsabschluß- oder Haustür-Wechselgarnituren
    e) bis f) Badezellen- und Klosettürgarnitur. Langschild (1), Kurzschild (2), Rosette (3)

    OGRO-Baubeschläge, Velbert

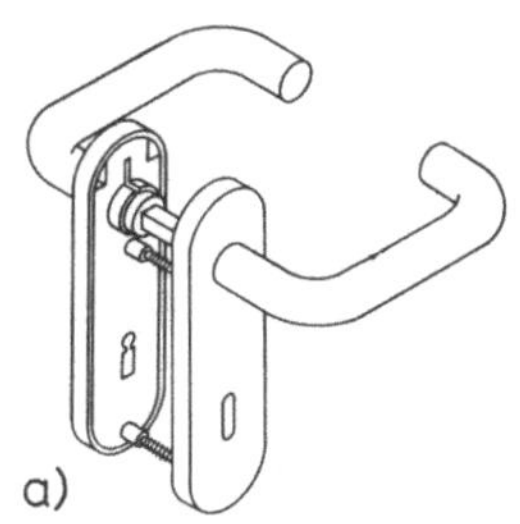
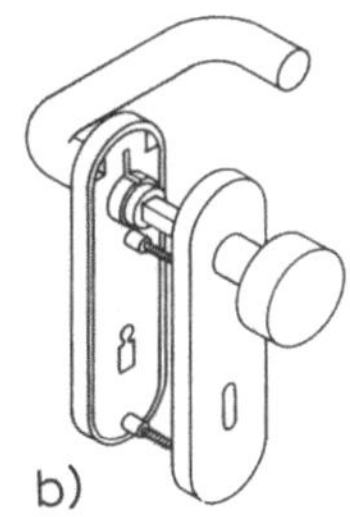
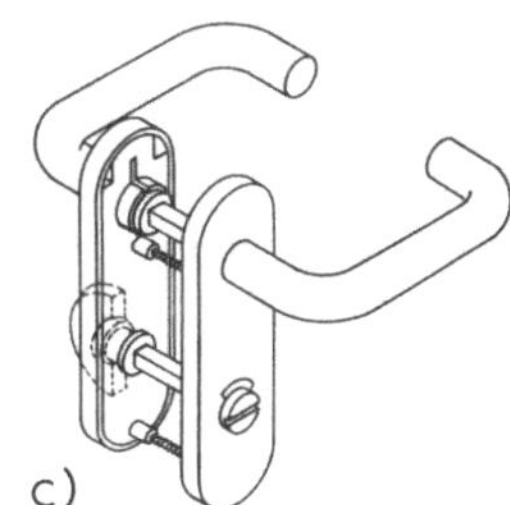

6.46 Türgarnituren

    a) Zimmertür- oder Haustürgarnitur
    b) Wohnungsabschluß- oder Haustür-Wechselgarnitur
    c) Badezellen- oder Klosettürgarnitur

    HEWI-Beschläge, Arolsen

Ein Vierkantstift, der durch die vierkantförmige Nuß des Schloßkastens gesteckt wird, verbindet die Türdrücker bzw. -knöpfe fest miteinander, indem er sichtbar oder unsichtbar mit diesen verschraubt, verkeilt oder verklemmt wird. Ziel zahlreicher Patente ist es, die Türdrücker so zu verbinden, daß weder Schrauben sich lösen, noch Stifte herausfallen können und die Drückerverbindung sich auch nicht lockert.

So wird die in Bild **6**.47 dargestellte Drückersicherung durch einen Federhebel erreicht. Wird die unterseitig angeordnete Madenschraube angezogen, so spannt und klemmt diese den Federhebel und Vierkantstift derart, daß die Drücker dadurch rüttelsicher festsitzen.

Bild **6**.48 zeigt eine schraubenlose Drückerverbindung. Am Ende des Vierkantstiftes sitzt ein Federbolzen, der nach dem Zusammenstecken der Drücker in eine Bohrung des Gegendrückers einrastet. Da der Federbolzen formschlüssig in der Bohrung sitzt, kann die Verbindung auch nur mit geeignetem Werkzeug wieder gelöst werden. Eine weitere kräftige Druckfeder verspannt die beiden Drücker – die hier aus Stahl und Kunststoff (Nylon) bestehen – in Richtung der Nußachse.

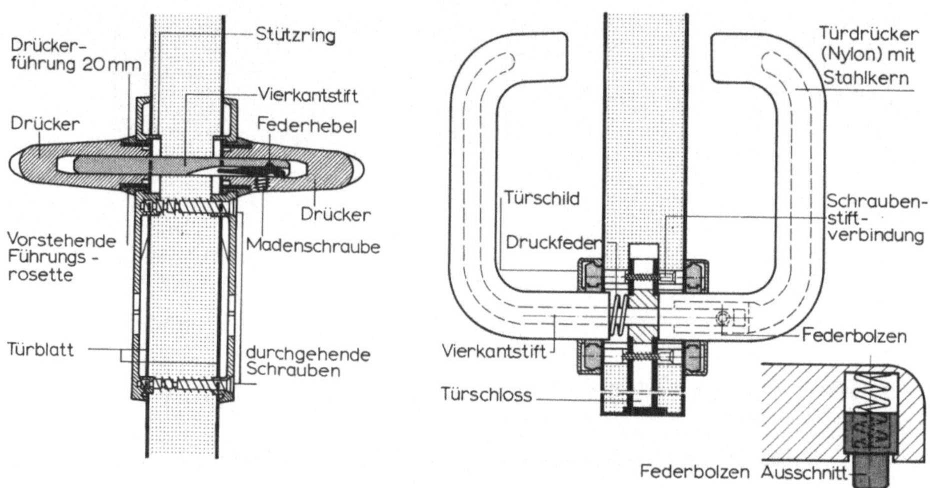

6.47   Türdrückersicherung durch Federhebel und Madenschraube (Vertikalschnitt)

WEHAG-Beschläge, Heiligenhaus

6.48   Türdrückersicherung durch Federbolzen mit Stift (Horizontalschnitt)

HEWI-Beschläge, Arolsen

6.4.3.1   Sicherheitstürschilder

Ein Sicherheitstürschild hat nach DIN 18257 die Aufgabe, auf der Angriffsseite (Außenseite) einer Tür ein gewaltsames Entfernen oder mechanisches Zerstören des Schließzylinders zu behindern und zusätzlich den Tourstift (Riegel) des Schlosses zu schützen. In der vorgenannten Norm sind eine ganze Reihe von Anforderungen im einzelnen aufgeführt, die von Sicherheitstürschildern erfüllt werden müssen. Es wird daher empfohlen, an Türen von Räumen, die gegen Einbruch geschützt werden sollen, nur solche Türschildgarnituren zu verwenden, die aus einer güteüberwachten Fertigung stammen. Nähere Angaben über RAL-gekennzeichnete Sicherheitstürschildgarnituren erteilt [6].

S. hierzu auch Abschn. 6.7.5, Einbruchhemmende Türelemente.

Bild **6**.49 zeigt einen güteüberwachten Sicherheitsbeschlag, dessen 10 oder 14 mm dicker Außenschild sich aus mehreren Schichten zusammensetzt (Manganstahl-Unterschild mit Keramikeinlage) und so die besonders gefährdeten Schloß- und Zylinderteile ganzflächig gegen Aufbohrversuche o. ä. schützt. Mehrere unsichtbare Schraubenstiftverbindungen gewährleisten eine sichere, gegen Anbohren und Abreißen geschützte Verbindung mit dem auf der Innenseite angebrachten Stahlunterschild bzw. Deckschild. Die abgeschrägten Seitenflächen des Außenschildes verhindern außerdem das Ansetzen von Zangen oder Schraubenziehern. Der Schließzylinder ist durch formschlüssige Umfassung im Beschlag eingebettet und so gegen Abdrehen oder Abbrechen geschützt.

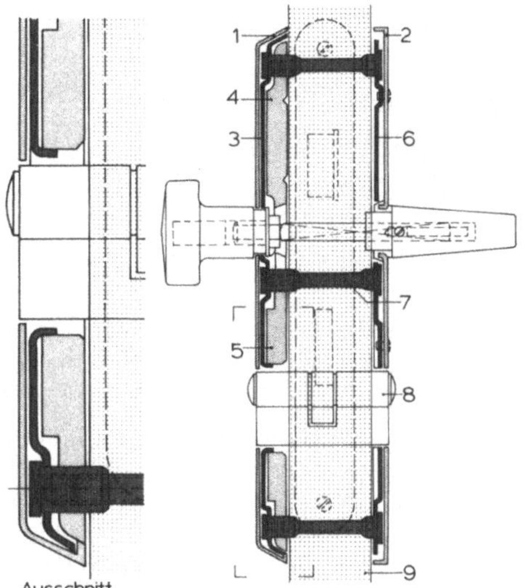

6.49
Sicherheitstürschildgarnitur mit RAL-
Gütezeichen (Vertikalschnitt durch
Sicherheitsbeschlag GRANIT 2)

1 Außendeckschild
2 Innendeckschild
3 Manganstahl-Unterschild
4 Aluminium-Füllstück
5 Keramikeinlage (Anbohrschutz durch
   Manganstahl und Keramikeinlage)
6 Stahl-Unterschild
7 Schraubstiftverbindung
8 Profilzylinder
9 Türblatt

FSB-Beschläge, Brakel

6.4.4 Türdichtungen

Wie in Abschn. 6.3.1, Schallschutz, näher erläutert, wird das schalltechnische Verhalten
von Türen ganz wesentlich von den Falz- und Bodendichtungen bestimmt.

a) Falzdichtungen. Holz- und Stahltürzargen neuerer Bauart sind mit einem dreiseitig
umlaufenden Dichtungsprofil ausgestattet. Es ist darauf zu achten, daß Falzprofil
und Bodendichtung immer in einer Ebene angeordnet sind und überall dicht anliegen. Manche Schallschutztüren (s. Abschn. 6.7.1) weisen zwei oder drei Dichtungsebenen auf (Doppelfalzzargen). Die Funktion der Dichtung wird vorrangig durch
ihre Formgebung und das Material bestimmt. Man unterscheidet (Bild **6.**50):

— **Hohlkammer-Dichtungsprofile.** Aufgrund ihres geringen Federweges ungeeignet zum Ausgleich größerer Toleranzen. Sie erbringen jedoch eine beachtliche
Dämpfung der Schließgeräusche.

— **Lippen-Dichtungsprofile.** Größerer Toleranzausgleich möglich durch höheren
Einfederungsweg, bei gleichzeitig geringerem Kraftaufwand. Schalltechnisch
günstiger als Hohlraumprofile.

Die Profile bestehen entweder aus hochelastischem, verschweißbarem und in jeder
Einfärbung lieferbarem PVC (Thermoplaste) oder aus synthetischem Gummi (Elasto-
mere), die durch Vulkanisieren miteinander verbunden werden. In jedem Fall sollten sie
unempfindlich gegen Säuren, Laugen und Haushalts-Reinigungsmittel, dauerelastisch,
formstabil, alterungs-, witterungs- und lichtbeständig sein. In der Regel werden die
Dichtungsprofile in den oberen Ecken auf Gehrung zugeschnitten und ggf. verschweißt
bzw. vulkanisiert. Zu beachten ist auch, daß die Dichtungsschnüre genügend lang
eingebaut werden, preß an den Fußbodenbelag anschließen und bei normaler Wärme-
und Kälteeinwirkung sich nicht übermäßig dehnen bzw. schrumpfen. Der Profilfuß
muß so ausgebildet sein, daß die Dichtung nach Abschluß der Malerarbeiten

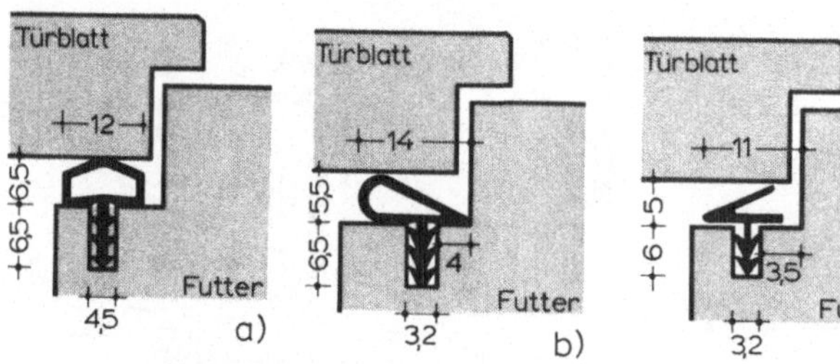

6.50
Zargendichtungen zum Einbau
in Holztürzargen (Profilmaße
ohne Einpressung)

a) bis b) Hohlkammerdich-
        tungen
c) Lippendichtung
   (V-Dichtung)

c) Athmer, Arnsberg

ohne großen Aufwand in eine entsprechend ausgebildete Nut eingedrückt und jederzeit
wieder ausgewechselt werden kann. Auf ihre Anstrichverträglichkeit ist zu achten
(Gefahr von Erweichung, Verfärbung usw.).

b) Anschlagschwellen. Außentüren und Wohnungseingangstüren schlagen am
Fußboden in der Regel gegen eine Anschlagschwelle. Bild **6.**68, **6.**69 und **6.**77.
Auch bei höheren und höchsten Anforderungen an die Schalldämmung von Türen
ist ein Schwellenanschlag unumgänglich. Bild **6.**87, **6.**88 und **6.**99. Dieser besteht
in der Regel aus einem Winkelstahl, Flachstahl oder einer Spezial-Profilschiene
mit Dichtung. Die Schwelle muß so angeordnet sein, daß Anschlagschiene und
Türzargenfalz bzw. die jeweiligen Dichtungsprofile immer eine ringsumlaufende
Dichtungsebene ergeben. Dadurch wird auch bei Außentüren das am Türblatt bzw.
im Zargenfalz herabrinnende Wasser sicher nach außen abgeleitet.

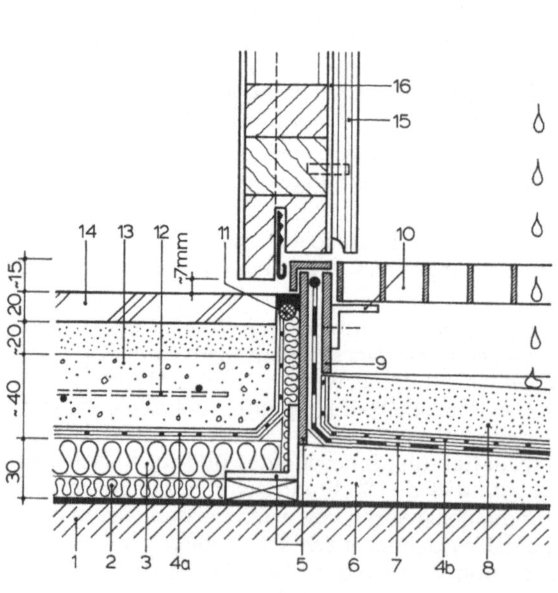

6.51
Konstruktionsbeispiel: Schwellenanschlag einer Haustür mit Schuhabstrei-
ferrost und Metallrahmen, Abdichtung
und Gefälleestrich

1   Rohdecke
2   Trittschalldämmung
3   Wärmedämmung
4a) Abdeckung (PE-Folie 0,2 mm)
4b) Gleit- und Schutzfolie
5   feuerverz. Flachstahl, 4 bis 5 mm,
     mit angeschweißten Laschen
     und Distanzklötzen
6   Gefälleestrich
7   Abdichtung nach DIN 18195
8   Schutzestrich, oberflächen-
     vergütet
9   feuerverz. Flachstahl, 3 bis 4 mm,
     angeschraubt, mit oberseitiger
     Fugendichtung
10   Schuhabstreifer (Rahmen mit
     Rost)
11   Randfuge mit dauerelastischer
     Dichtmasse
12   Estrichbewehrung
13   Zementestrich
14   Natursteinplatten in Mörtelbett
15   Wetterschenkel mit Blechver-
     wahrung
16   Türblatt mit unlaufender
     Dichtung

Bild **6**.51 zeigt den Schwellenanschlag einer Haustür, der so ausgebildet ist, daß keine nennenswerten Höhendifferenzen vorkommen und trotzdem kein Spritzwasser von außen in die Fußbodenkonstruktion eindringen kann. Zu beachten ist jedoch, daß die Anschlußfuge zwischen Schwelle und Winkelrahmen des Schuhabstreifers oberseitig besonders sorgfältig abgedichtet bzw. abgedeckt werden muß.

c) **Bodendichtungen** werden überall dort eingebaut (Innen- und Außentüren), wo schwellenlose Übergänge gefordert sind. Wie aus Bild **6**.52a bis f zu ersehen ist, unterscheidet man im Prinzip drei Dichtungssysteme, nämlich

— Höcker- und Auflaufschwellendichtungen,

— automatisch absenkbare Profildichtungen sowie

— Dichtungen in Form von akustisch wirksamen Resonatoren (Schallschluckkammern).

Bei allen Dichtungsarten ist darauf zu achten, daß die baulich- und systembedingten Schallnebenwege möglichst weitgehend ausgeschaltet werden. So ist bei höheren Schallschutzanforderungen im Schwellenbereich eine Trennfuge im schwimmenden Estrich vorzusehen und die Unterseite der Höckerschwellen möglichst dicht auszubilden. Außerdem darf bei den sich automatisch absenkenden Bodendichtungen das Dichtungsprofil nicht einfach im Teppichflor enden. Wie Bild **6**.53 verdeutlicht, muß es sich vielmehr gegen eine Flachschwelle pressen, die auf ihrer Unterseite luftdicht abgeschlossen ist. Im übrigen sind bei den automatisch absenkbaren Bodendichtungen zum Teil deutliche Qualitätsunterschiede festzustellen (systembedingte Schallnebenwege, frühzeitiger Verschleiß von Dichtungsprofilen u. a.), so daß von den Herstellerfirmen immer vollständige Prüfzeugnisse (Baumusterprüfungen) angefordert werden sollten. Weitere Angaben hierzu s. Abschn. 6.3.1.

6.52
Bodendichtungen (vgl. hierzu auch Bild **6**.53, **6**.88 und **6**.98)

a) Schleifdichtung. Schleifender Bodenkamm aus Naturroßhaaren an einer Ganzglastür befestigt. Athmer, Arnsberg

b) Höckerschwellendichtung. Höhenjustierbares Dichtungsprofil in der Türblattunterkante mit Höckerschwelle. Jost & Co.

c) Auflaufschwellendichtung. Elastische Bodenschwelle mit Doppellippen-Auflaufdichtung. Wirus-Werke, Gütersloh

d) Bodendichtung mit automatischer Absenkmechanik (Typ „Schall-Ex").

e) Bodendichtung mit automatischer Absenkmechanik (Typ „Kältefeind"). Athmer, Arnsberg

f) Resonatorendichtung. Schema einer höhenverstellbaren Schallschluckkammer in der Türblattunterkante

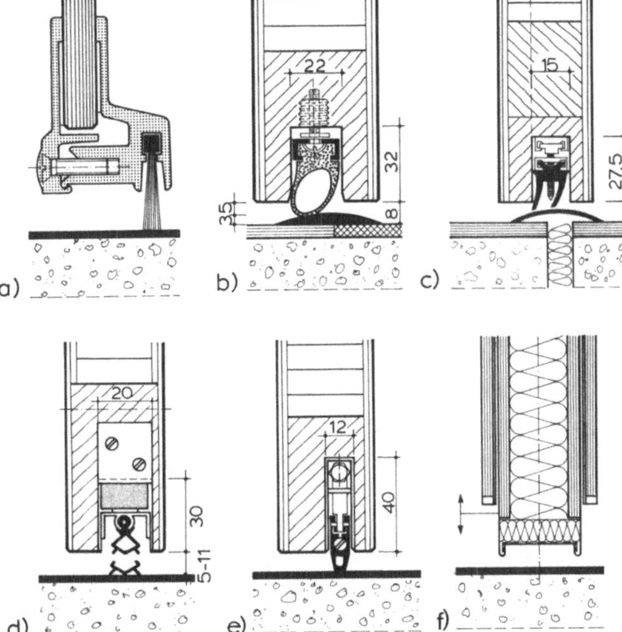

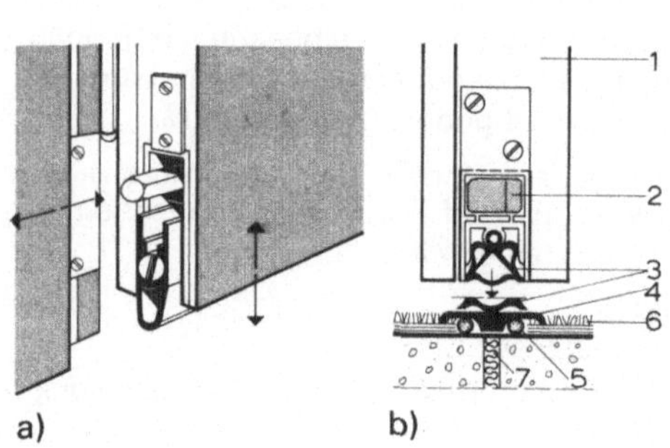

6.53
Automatische Türabdichtungen

a) Das absenkbare Dichtungsprofil wird durch mechanische Krafteinwirkung beim Schließvorgang auf den Fußbodenbelag gedrückt. (Typ „Kältefeind")
b) Schallhemmende automatische Türabdichtung (Typ „Schall-Ex") mit dichtem Flachschwellenanschluß bei Teppichböden und Trennfuge im schwimmenden Estrich

1 Türblatt   5 Silikon-Abdichtung
2 seitliche Druckplatte   6 Teppichbelag
3 Dichtungsprofil   7 Trennfuge im Estrich
4 Flachschwelle aus Metall

Athmer, Arnsberg

6.5 Türelemente aus Holz und Holzwerkstoffen

Türelemente aus Holz werden entweder in Einzel- oder Serienfertigung hergestellt. Individuell geplante Türen – bei denen häufig handwerkliche Konstruktionen die Gestaltungsideen bestimmen – werden den funktionellen und ästhetischen Anforderungen unserer Zeit genauso gerecht, wie die auf modernsten Anlagen industriell hergestellten Fertigtüren, die stetigen Qualitätsprüfungen unterliegen. Um die Entwicklung von den traditionellen Türkonstruktionen zum seriell gefertigten Türelement besser zu verstehen, werden im folgenden zuerst die nach handwerklichen Grundsätzen gearbeiteten Türkonstruktionen aufgezeigt und erst dann die Auswahlkriterien für Fertigtürelemente besprochen. Derartige Grundkenntnisse sind nicht zuletzt auch im Hinblick auf eine fachgerechte Altbausanierung unerläßlich.

6.5.1 Türrahmen (Türzargen)

Jede Drehflügeltür besteht aus zwei Teilen: einem fest an der Wand verankerten Türrahmen (auch Türzarge genannt) und einem beweglichen Teil, dem Türblatt. Von der Art, wie der Türrahmen ausgebildet und in der Wandöffnung befestigt ist, hängt es weitgehend ab, welchen Belastungen und Anforderungen die Tür genügt, wie geräuscharm und dicht sie schließt und wie die Türansicht insgesamt wirkt. In jedem Fall muß der Türrahmen mit der Wand unverrückbar fest verbunden sein, da an ihm der Türflügel angeschlagen ist und somit auch die Lasten über ihn abgetragen werden. Nach der Bauart unterscheidet man:

6.5.1.1 Blendrahmen

Blendrahmen werden entweder in einen Mauerfalz (Bild **6.54** a) oder vor eine Wandfläche (Bild **6.54** b) oder ohne Anschlag in eine Wandöffnung gesetzt (Bild **6.54** c) und mit Rohrdübeln (Spreizdübelprinzip) oder Ankerlaschen am Bauwerk befestigt. Die Rahmen sind aus Massivholz und haben einen rechteckigen Querschnitt. Sie werden vor allem bei Hauseingangs-, Windfang-, Wohnungsabschluß- und Kellertüren verwendet. Je nach Einsatzort muß die Anschlußfuge zwischen Rahmen und Bauwerk ausreichend dicht – ggf. schlagregendicht und luftundurchlässig – ausgebildet sein. Vgl. hierzu Abschn. 6.3.5.1, Montagetechnische Anforderungen.

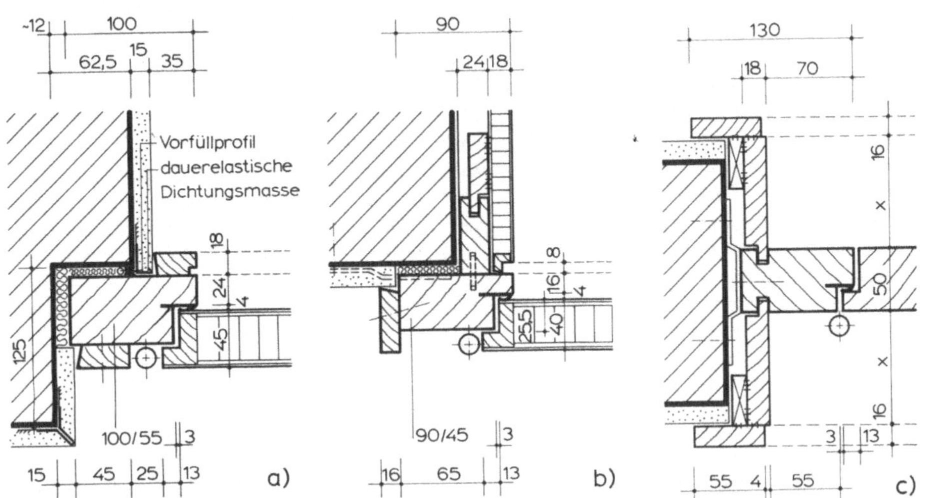

6.54 Einbaubeispiele – Blendrahmen

a) Blendrahmen in einem Mauerfalz (Außentür)
b) Blendrahmen vor einer Wandfläche (Innentür)
c) Blendrahmen in einer Wandöffnung (Innentür mit reduziertem lichtem Durchgangsmaß)

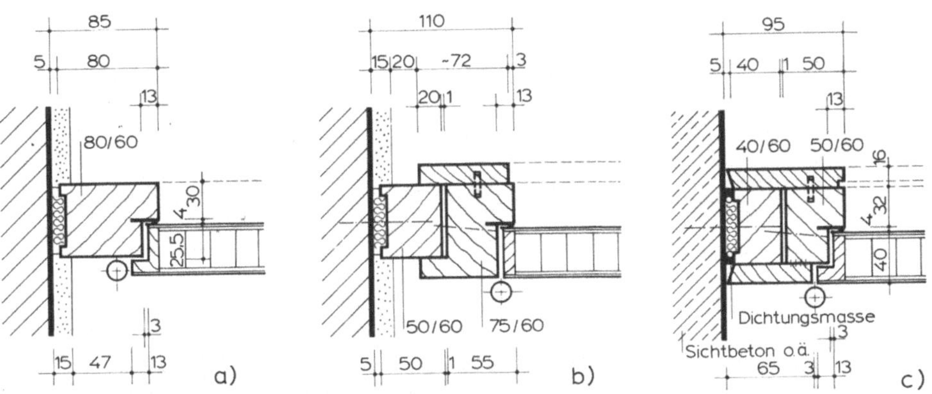

6.55 Einbaubeispiele – Blockrahmen

a) Blockrahmen eingeputzt, alle Teile zum Streichen gerichtet (anfallende Beiputzarbeiten und Rißbildung zwischen Putz und Holzrahmen beachten)
b) Blockrahmen mit zurückgesetzter, ringsumlaufender Schattenfuge. Der bereits im Rohbaustadium montierte und beigeputzte Blindrahmen ermöglicht den erst späteren Einbau des sichtbaren Blockrahmens mit fertiger Oberfläche (unsichtbare Befestigung an der Wand). Weitere Rahmenausbildung s. Bild **6.68**
c) Blockrahmen auf Sichtbeton-, Putzfläche o. ä. nachträglich aufgesetzt. Anschlußfuge ringsumlaufend gedämmt, abgedichtet und beidseitig verkleidet. Der Blockrahmen kann auch einteilig ausgebildet sein (Bautoleranzen beachten).

6.5.1.2 Blockrahmen

Blockrahmen bestehen, ähnlich wie die Blendrahmen, aus zwei seitlichen und einem oberen Querriegel aus Massivholz mit annähernd quadratischem Querschnitt. Wie Bild **6.**55a bis c zeigt, werden die Riegel entweder eingeputzt oder auf eine Putz- bzw. Sichtbetonfläche aufgesetzt und mit Ankerlaschen oder Rohrdübeln am Bauwerk befestigt. Schall- und Wärmeschutz fordern zwischen Wand und Rahmen eine sorgfältige Dichtung der Bauwerksfuge. Blockrahmen kommen vor allem bei Hauseingangs- und Wohnungsabschlußtüren, Pendeltüren sowie bei sturzlosen, raumhohen Innentüren vor. Bei der Festlegung der Wandöffnungsmaße nach DIN 18100 sind die – im Vergleich zu den Zargentüren – meist beträchtlich größeren Blockrahmenquerschnitte besonders zu berücksichtigen.

6.5.1.3 Zargenrahmen

Zargenrahmen, wie sie in Bild **6.**56a bis c dargestellt sind, decken die Leibungen der Wandöffnungen vollflächig ab. Ihre Tiefe entspricht in der Regel der jeweiligen Wanddicke. Ein Überstand der Zargenkanten gegenüber den angrenzenden Wandflächen ist ebenfalls möglich (Sockelleistenanschluß beachten). Der Zargenrahmen kann aus Vollholz, Sperrholz- oder Spanplatten (mit Vollholzanleimern) bestehen und entweder sichtbar oder unsichtbar an der Leibung befestigt sein. Materialgerechte Anschlüsse zwischen Putz und Holzzarge (= umlaufende Trenn- bzw. Schattenfuge) lassen sich mit P u t z s c h i e n e n aus verzinktem Streckmetall herstellen, die gleichzeitig als Putzhilfe (Schablone) und Kantenschutz dienen. Vgl. hierzu auch Abschn. 8 sowie [11].

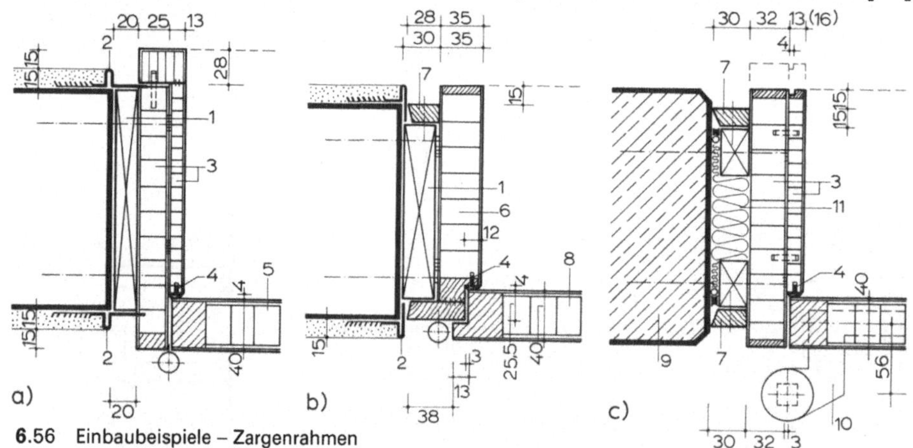

6.56 Einbaubeispiele – Zargenrahmen

a) aufgedoppelter Zargenrahmen mit Blindfutter und ungefälztem Türblatt. Das bereits im Rohbaustadium genau winkel- und lotrecht montierte Blindfutter mit Putzschienen ermöglicht den erst späteren Einbau des Zargenrahmens mit fertiger Oberfläche (unsichtbare Befestigung)

b) ausgefälzter Zargenrahmen mit Blindfutter und gefälztem Türblatt

c) aufgedoppelter Zargenrahmen mit gedämmtem und abgedichtetem Anschluß an Sichtbetonwand, ungefälztem Türblatt und Bodentürschließer

1 Blindfutter	7 eingepaßte Deckleisten
2 verzinkte Putzschiene	8 gefälztes Türblatt
3 aufgedoppelter Zargenrahmen	9 Sichtbetonwand o. ä.
4 Dichtungsprofile	10 Bodentürschließer
5 ungefälztes Türblatt	11 Mineralfaserdämmstoff oder PUR-Schaum
6 ausgefälzter Zargenrahmen	

6.5.1.4 Futterrahmen mit Bekleidungen

Bild **6.**57a bis e zeigt Futtertüren, die nach handwerklichen Grundsätzen gearbeitet sind. Die Tiefe des Türfutters entspricht in etwa der jeweiligen Wanddicke. Es deckt die Leibung der Wandöffnung ab, während die beidseitig aufgebrachten Bekleidungen (Falz- und Zierbekleidung) die Wandkanten vor Beschädigungen schützen und gleichzeitig die Anschlußfuge zwischen Wand und Futter verkleiden. Futter und Bekleidungen bilden zusammen einen Falz, in den das Türblatt – gefälzt oder ungefälzt – einschlägt. Futtertüren werden vor allem im Wohnbereich eingesetzt.

Bis zu einer Wanddicke von 11,5 cm kann das Türfutter aus etwa 22 mm dickem Vollholz[1]) gefertigt sein. Bei größeren Wanddicken verwendet man Sperrholz- oder Spanplatten. Die beiden oberen Ecken des Futterrahmens sind entweder gezinkt oder gefedert und fest miteinander verleimt oder werden mit Spannbeschlägen verbunden. Vor Ort wird das Futter auf den Estrich oder Fertigfußboden aufgesetzt und sichtbar oder unsichtbar an der Leibung der Wandöffnung befestigt.

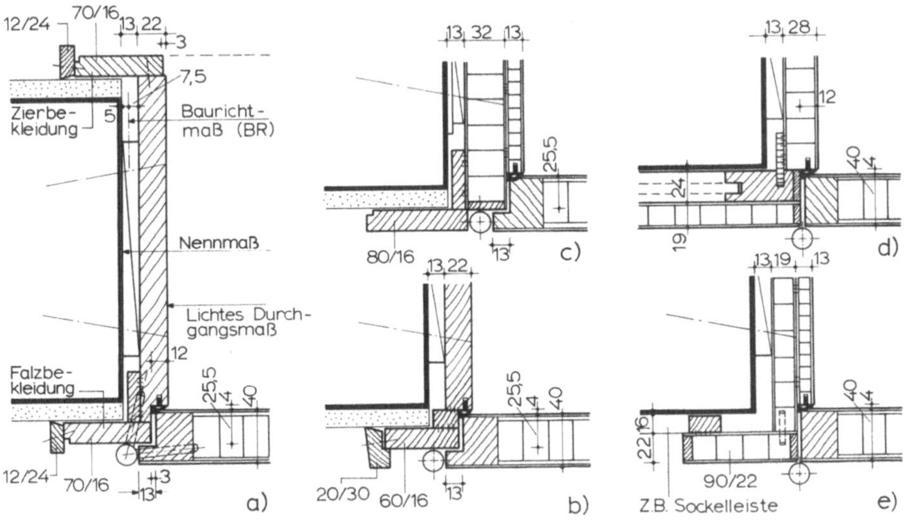

6.57 Einbaubeispiele – Futterrahmen mit Bekleidungen
  a) Futter, Bekleidungen und Deckleisten aus Vollholz (z. B. Fichte natur für Anstrich). Falztiefe aus dem Futterrahmen ausgefälzt. Falzmaße nach DIN 68706, Sperrtüren.
  b) Futter, Bekleidung und Deckleiste aus Vollholz. Aufdoppelung der Falzbekleidung durch eine aufgeleimte Leiste (= Falztiefe).
  c) Falzbildung durch aufgedoppeltes Futter (z. B. Sperrholz- oder Spanplatten, furniert). Eckverstärkung durch eingeleimte Leiste (z. B. für Einbohrbänder). Unsichtbare Futterbefestigung.
  d) Stumpftür flächenbündig mit der Wandvertäfelung liegend (Unterkonstruktion + Vertäfelung ≅ Türblattdicke + Falzdichtung). Alle Teile zum Furnieren gerichtet, mit Anleimern.
  e) Stumpftür bündig mit der Bekleidung liegend. Ausgeprägte Nutbildung durch Aufdoppelung der Falzbekleidung mit einer Leiste (z. B. geeigneter Anschluß an Sichtbetonwand o. ä.). Falzbildung durch aufgedoppelten Futterrahmen.

---

[1]) s. Fußnote S. 482.

In die Falzbekleidung sind die Beschläge, wie Türbänder auf der einen und das Schließblech auf der anderen Seite, einzulassen. Bild **6**.57 zeigt einige Falzausbildungen. Die oberen Ecken der Bekleidungen können stumpf gedübelt, durch Schlitzzapfen verbunden oder zur Hälfte überplattet und die Frontseite ggf. auf Gehrung geschnitten sein. Bei deckend zu streichenden Türen wird die fertige Falzbekleidung auf die Futterkante geleimt und gestiftet, bei furnierten Bekleidungen durch Dübel o. ä. unsichtbar mit dem Futter verbunden.

Die Zierbekleidung wird erst nach dem Einbau des Futters aufgebracht. Unebenheiten in der angrenzenden Putzfläche können durch eine umlaufende Nute in der Bekleidung oder durch Deckleisten – die erst nach dem Tapezieren der Wandfläche aufzubringen sind – abgedeckt werden.

Türschwellen sind in zentralbeheizten Räumen nicht mehr notwendig und im Hinblick auf Rollstuhlbenutzer sogar hinderlich. Zur Überbrückung unterschiedlicher Fußbodenhöhen und als unterer Anschlag, beispielsweise bei Wohnungseingangstüren, dienen Metallschienen aus Flach- oder Winkelstahl. Schwellenlose Bodendichtungen s. Abschn. 6.4.4.

6.5.1.5 Fertigtürelemente

Im Gegensatz zu den in den Abschnitten zuvor erläuterten, nach handwerklichen Regeln gefertigten Türrahmen, handelt es sich bei den Fertigtürelementen um serienmäßig hergestellte, einbaufertige Bauteile. Sie bestehen in der Regel aus einem an die jeweilige Wandstärke anpaßbaren Zargenrahmen, der zusammen mit dem Türblatt – in gleicher Holzart oder anderweitiger Oberflächenbeschichtung – als handlich verpackte Einheit angeboten wird. Um nachträgliche Beschädigungen der fertigen Oberflächen zu vermeiden, sollte das Türelement erst nach weitgehender Fertigstellung der übrigen Ausbauarbeiten eingebaut werden.

Das einbaufertige Bauelement ist im Sinne der Baurationalisierung nicht mehr wegzudenken. Die Verwendung derartiger Fertigteile setzt jedoch eine Maßkoordination bei der Bauplanung, die Einhaltung der in DIN 18100 genormten Öffnungsmaße für Türen sowie die Beachtung der in DIN 18202 genannten Ebenheitstoleranzen von Wandflächen bei der Bauausführung voraus.[2] Beim Verputzen der Wände sollten deshalb Putzbretter in die Wandöffnungen gestellt (Abzugskanten für den Putzer) und neben den Öffnungen Meterrißmarkierungen (bauseits) als Bezugspunkte zur maßgerechten Montage angebracht werden.

Holz-Normzargen weisen unterschiedliche Konstruktionen mit zum Teil erheblichen Preisdifferenzen auf. Es gibt sie in streichfähiger, vorgrundierter, endlackierter sowie in furnierter und kunststoffbeschichteter Ausführung. Bild **6**.58 a bis c. Als wesentliche Auswahlkriterien gelten:

---

[1] DIN 68360 Teil 1, Holz für Tischlerarbeiten, schreibt die Gütebedingungen von **Vollholz** bei Außenanwendung, Teil 2 dieser Norm die Gütebedingungen von Vollhölzern bei Innenanwendung vor (z. B. Innentüren aus Massivholz). Gemäß dieser Norm sind die Anforderungen an das Holz nach der jeweils vorgesehenen **Oberflächenbehandlung** in zwei Gruppen eingeteilt. Man unterscheidet:

  a) **deckend** zu behandelnde Vollholzteile (Holzstruktur und -farbe werden vom Anstrich verdeckt)

  b) **nichtdeckend** zu behandelnde Vollholzteile (der Untergrund bleibt nach der Behandlung sichtbar).

In den vorgenannten Normen sind die für die beiden Gruppen jeweils geltenden Merkmale über die Beschaffenheit des zu verwendenden Vollholzes genau aufgeführt. Diese Merkmale gelten immer für das fertige Teil (z. B. Vollholztür) – unabhängig von der Güteklasse des Schnittholzes – aus dem es hergestellt ist.

[2] Der bei Ausschreibungen und auf Bauzeichnungen früher übliche Zusatz „Maße sind am Bau zu nehmen" ist bei Verwendung von Fertigteilen nicht zulässig, da hier unveränderliche Normmaße gelten.

— einfache Montage und Befestigungsmöglichkeit,
— Anpassungsfähigkeit an die jeweilige Wandstärke (Tiefenverstellbarkeit),
— ausreichende Stabilität und Beständigkeit gegen Stoß (Kantenbereich),
— funktionsgerechte Befestigung der Beschläge (Türgewicht, Türsicherung),
— geräuscharmes und dichtes Schließen (Falz- und ggf. Bodendichtung),
— ansprechende Oberflächengestaltung und Formgebung.

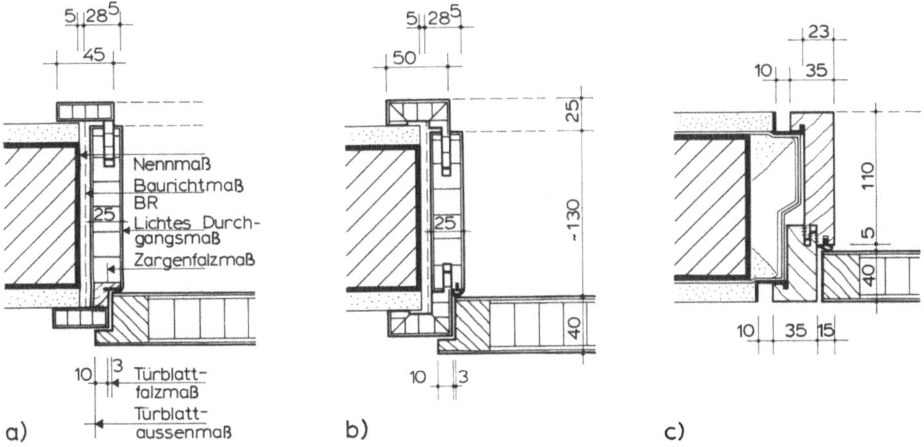

6.58 Einbaubeispiele – Fertigtürelemente
a), b) Tiefenverstellbare Zargenrahmen mit fertigen Oberflächen (Westag & Getalit, Wirus-Werke)
c) Zargenrahmen mit umlaufender Schattennute und Bandeisenbefestigung (Neuform-Türenwerk, Erdmannshausen)

Holz-Normzargen mit einteiligem Zargenrahmen. Wie Bild **6.**59 zeigt, gibt es einteilige Zargenrahmen mit und ohne Bekleidungen. Diese kompakten Zargen sind relativ einfach herzustellen und zeichnen sich durch ein hohes Maß an Stabilität aus. Die Tiefenverstellbarkeit ist zwar teilweise begrenzt; bei Einhaltung der genormten Öffnungsmaße und Ebenheitstoleranzen ist dies jedoch von untergeordneter Bedeutung.

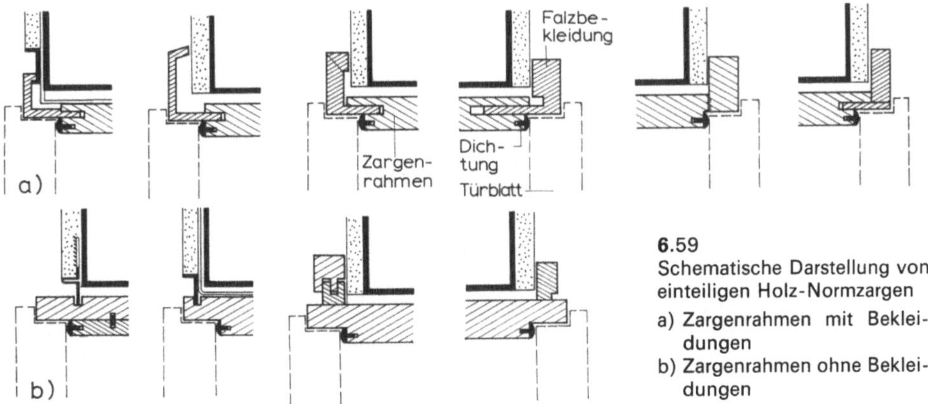

6.59
Schematische Darstellung von einteiligen Holz-Normzargen
a) Zargenrahmen mit Bekleidungen
b) Zargenrahmen ohne Bekleidungen

Holz-Normzargen mit mehrteiligem Zargenrahmen. Als Vorteil der mehrteiligen Zargenrahmen gilt, daß sie in der Tiefe ausreichend verstellbar sind und somit bei Bedarf an nahezu jede Wandstärke angepaßt werden können. Bild **6.**60. Die direkte, zunächst sichtbare Befestigung ist problemlos, da durch ein zweites, aufgeschobenes und fest verleimtes Zargenstück (Aufdoppelung) alle Befestigungspunkte unsichtbar abgedeckt werden. Nachteilig kann sich der verhältnismäßig große Fertigungsaufwand und die teilweise geringere Stabilität auswirken.

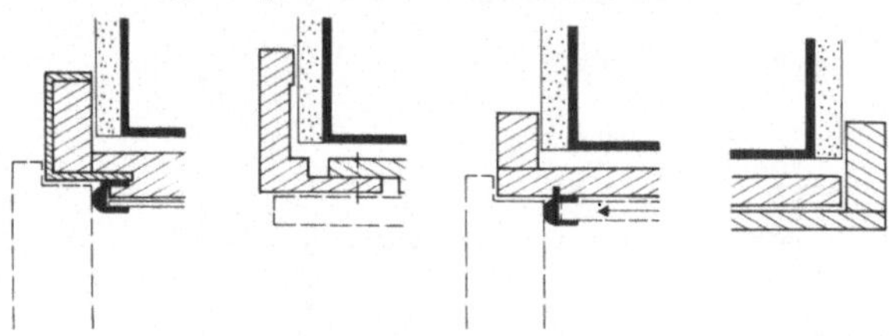

6.60
Schematische Darstellung von
mehrteiligen Holz-Normzargen
mit Bekleidungen

Die Einzelteile der Türzargen werden vor Ort zusammengebaut und meist unter Verwendung von Schrauben, Leim und Spezial-Spannbeschlägen fest miteinander verbunden. Bild **6.**61. Die Eckverbindungen der Bekleidungen können entweder stumpf (senkrecht durchlaufende Seitenfriese) oder auf Gehrung ausgebildet sein. Die Gefahr einer Beschädigung ist bei einer Gehrung im allgemeinen größer als bei der stumpfen Eckverbindung.

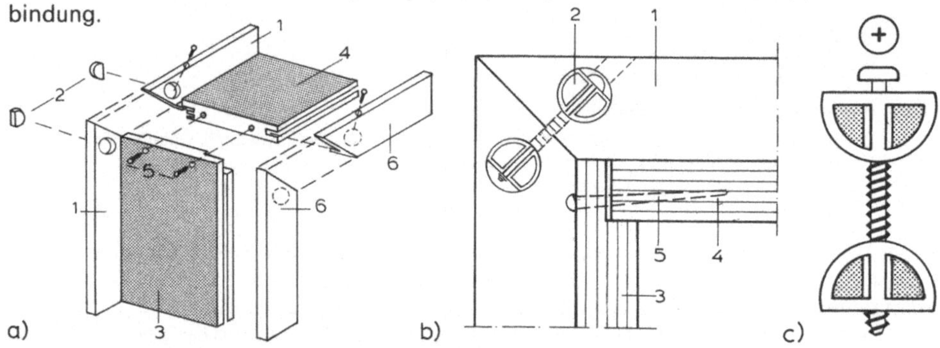

6.61 Schematische Darstellung des Zusammenbaues von Fertigtürelementen
a) Einzelteile, für die Montage werkseitig vorbereitet.
b) Eckverbindungen von Türbekleidung und Zargenrahmen
c) Universal-Eckverbinder (Spannbeschlag) Elepart-System, Velbert

1 Falzbekleidung
2 Eckverbinder (Spannbeschlag)
3 Seitenzarge
4 Querzarge

5 Schrauben für die Eckverbindung der Zargenteile (verleimt und verschraubt)
6 Zierbekleidung

6.5.2 Türblattkonstruktionen aus Holz und Holzwerkstoffen

Das die Türöffnung schließende, bewegliche Teil eines Türelementes nennt man Türblatt. Wie Bild **6.**4 verdeutlicht, können Türblätter in vielerlei Formen, Materialien und Konstruktionen in Einzel- oder Serienfertigung hergestellt werden. **Drehflügeltüren** kommen im Bauwesen am häufigsten vor. Bei dieser Türart wird das Türblatt um eine Längskante gedreht und schlägt – gefälzt oder ungefälzt – auf bzw. in den Türzargenrahmen.

Auch an dieser Stelle sollen zuerst die nach handwerklichen Grundsätzen gearbeiteten Türblattkonstruktionen aufgezeigt und erst dann die Auswahlkriterien für die industriell hergestellten Fertigtürblätter besprochen werden. Man unterscheidet:

— Latten- und Brettertüren,   — aufgedoppelte Türen,

— Rahmentüren,   — glatte Türen (Sperrtüren).

6.5.2.1 Latten- und Brettertüren

Lattentüren (Bild 6.62a). Sie eignen sich zum Abschluß von Keller-, Lager- und Dachbodenräumen und bestehen aus ungehobelten oder gehobelten Latten (25 bis 35 mm dick, 40 bis 50 mm breit), die in Abständen von 20 bis 25 mm auf Quer- und Strebeleisten (30 mm dick, 100 bis 120 mm breit) genagelt oder geschraubt werden. Die Strebe muß, dem statischen Kräfteverlauf entsprechend, diagonal (von oben außen nach unten zum Angelpunkt) gerichtet sein. Lattentüren gestatten Einblick in die dahinter liegenden Räume und lassen Luft und Licht eindringen.

Stumpf verleimte Türen (Bild 6.62b). Derartige Vollholztüren bestehen aus etwa 30 mm dicken und bis zu 120 mm breiten Brettern, die stumpf aneinandergeleimt und durch zwei auf Grat eingeschobene Querleisten von 40 mm Dicke und etwa 120 mm Breite verbunden bzw. gegen Verwerfen gesichert sind. Die Gratleisten dürfen nicht fest eingeleimt, auch nicht genagelt oder geschraubt werden, da das Vollholz des Türblattes immer „arbeitet" (unterschiedliche Schwindrichtungen von Lang- und Querholz beachten).

Brettertüren (Bild 6.62c). Diese setzen sich aus 25 bis 30 mm dicken und 120 bis 160 mm breiten, gehobelten und gespundeten Einzelbrettern (= angefräste Nut und Feder) zusammen, die auf 30 mm dicke und 120 mm breite Quer- und Strebeleisten genagelt oder geschraubt sind. Dienen derartige Brettertüren als Außentüren (z. B. Schuppentüren), so liegen die Quer- und Strebeleisten auf der Innenseite der Tür. In diesem Fall können die senkrechten Brettfugen außenseitig noch mit Deckleisten abgedeckt werden, die oben und unten in einen rings um das Türblatt laufenden Leistenrahmen enden.

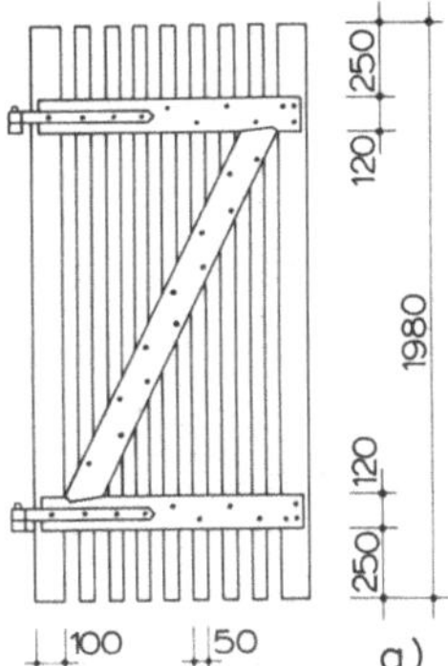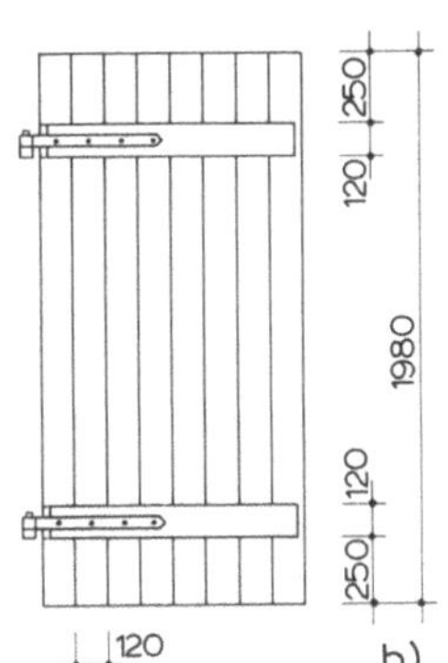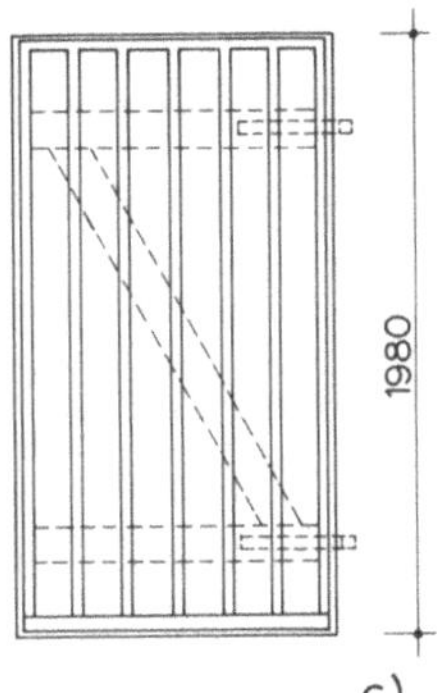

6.62 Einfache Latten- und Brettertüren

    a) Lattentür mit Quer- und Strebeleisten
    b) Stumpf verleimte Tür mit auf Grat eingeschobenen Querleisten
    c) Gespundete Brettertür mit Quer- und Strebeleisten auf der Innenseite und außenseitigen Deckleisten

6.5.2.2 Rahmentüren

Rahmentüren bestehen aus Rahmenfriesen, ggf. einem oder mehreren waagerechten Mittelfriesen, und eingesetzten Füllungen unterschiedlichster Art. Bild 6.63. Sie finden als Außen- und Innentüren Verwendung und bilden oft die Unterkonstruktion für aufgedoppelte Türen. Für die Außentüren eignet sich nur gesundes, fehlerfreies Vollholz (s. Fußnote S. 482), Rahmentüren für den Innenbereich können aus Massivholz oder

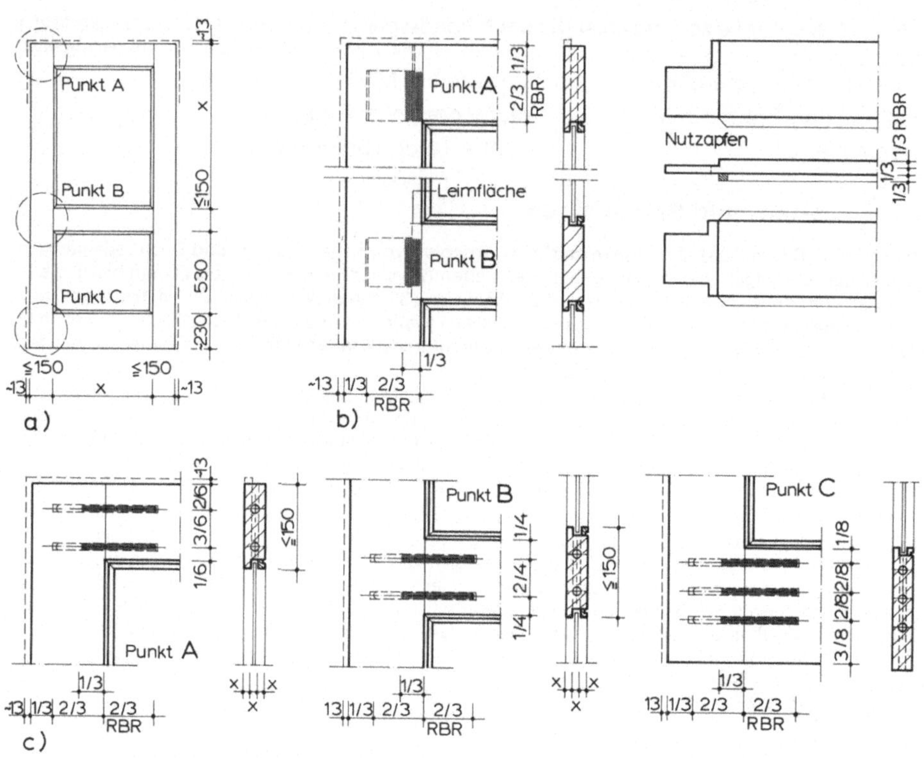

6.63 Konstruktionsbeispiel: Einfache Rahmentür aus Vollholz (Innentür/Einzelfertigung)

a) Ansicht der Rahmentür
b) Verbindung der Rahmenfriese durch Nutzapfen
c) Verbindung der Rahmenfriese durch Dübel

Punkt A: obere Eckverbindung
Punkt B: Mittelfries-Verbindung
Punkt C: untere Eckverbindung

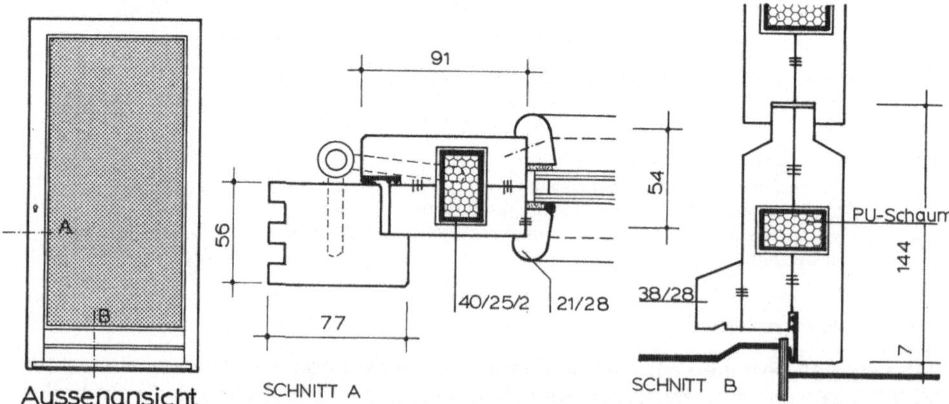

6.64 Konstruktionsbeispiel: Rahmentür aus Vollholz mit biegesteifem, wärmegedämmtem Stahlrahmen (Außentür/Serienfertigung). Schnitt A: Horizontalschnitt (Ausschnitt), Schnitt B: Vertikalschnitt (Ausschnitt). Fa. Hovesta GmbH, Kruft

Sperrholzplatten (Tischlerplatten) gefertigt sein. Das Zusammenfügen der Rahmenfriese erfolgt entweder durch Schlitzzapfen oder Dübelverbindungen. Die beiden seitlichen Rahmenfriese und der obere Querfries sind in der Regel gleich breit (120 bis 150 mm), während der untere Rahmenfries häufig breiter angenommen wird (220 bis 280 mm). Die Friesdicke liegt normalerweise zwischen 40 und 45 mm, je nach Türblattgröße auch darüber.

Die Friese gestemmter Vollholz-Rahmentüren (Bild **6.**63b) werden durch Zapfenverbindungen verbunden: An den Querfriesen angeschnittene Nutzapfen greifen in die durchlaufenden senkrechten Rahmenhölzer und werden mit diesen punktweise verleimt (⅓ des Zapfens). Die früher üblicherweise durchgestemmten und von außen verkeilten, im Türfalz sichtbaren Zapfenverbindungen werden heute kaum mehr eingesetzt (unterschiedliche Schwindrichtungen von Längs- und Querholz beachten!). Mögliche Profilierungen (Kehlungen) an den Rahmenfriesen müssen so ausgebildet und zusammengefügt werden (Kehlstoß), daß bei Außentüren kein Wasser in die Gehrung eindringen kann.

Gedübelte Rahmentüren (Bild **6.**63c) sind einfacher und damit preiswerter herzustellen. Bis zu 150 mm Rahmenfriesbreite sind zwei Dübel, über 150 mm Friesbreite drei Dübel vorzusehen. Der Dübeldurchmesser beträgt in der Regel 16 mm (⅖ der Friesdicke), die Dübellänge 2 × ⅔ der Friesbreite. Bei Außentüren sollten die gedübelten Querfriese aus Vollholz immer noch zusätzlich eine angeschnittene Feder zur Sicherung der Fugen aufweisen. Vgl. hierzu [12], [13]. Bei Innentüren können die Rahmenteile auch aus furnierten und mit Anleimern versehenen Sperrholzplatten (Tischlerplatten) bestehen, die stumpf zusammengedübelt sind. Bild **6.**66.

Waagerechte Mittelfriese gliedern je nach Bedarf das Türblatt. Sind Einsteckschlösser vorgesehen, ist darauf zu achten, daß in Schloßhöhe (DIN 18101) möglichst kein Querfries angeordnet wird, da sonst beim Einfräsen der Schloßtasche der Zapfen bzw. die Dübel weggefräst werden. Sind die senkrechten Rahmenfriese jedoch genügend breit angelegt, braucht darauf keine Rücksicht genommen zu werden.

Die unteren Querfriese sind aus konstruktiven (Aussteifung) und formalen Gründen bei Außentüren, Fenstertüren usw. häufig sehr breit gewählt. Damit derart breite Vollholz-Rahmenfriese ungehindert arbeiten (Quellen, Schwinden) können – ohne Spannungen und damit Verformungen des Türblattes auszulösen –, werden diese aus zwei Teilen hergestellt und durch eine nach oben gerichtete angefräste Feder (Schlagregen beachten) unverleimt miteinander verbunden. Bild **6.**64. Außerdem wird stirnseitig jeder Teil für sich in die seitlichen Rahmenfriese eingezapft (Nutzapfen) oder gedübelt und nur punktweise verleimt (⅓ der Zapfen- bzw. Dübellänge), so daß die seitlichen Friese ungehindert von außen nach innen schwinden können.

Rahmenfüllungen können aus den verschiedenartigsten Materialien wie beispielsweise Vollholz, Sperrholz, Einfachglas, Isolierglas, Faserzementplatten u. a. bestehen. Witterungseinflüsse, Schutz vor Einbruch, Forderungen an die Wärme- und Schalldämmung, Tageslicht sowie gestalterische Absichten bestimmen weitgehend Materialwahl und Einbauart. Wie Bild **6.**65 zeigt, können Füllungen in Nuten eingeschoben, in Fälze eingelegt oder stumpf zwischen beidseitig angebrachten Falzstäben angeordnet werden. Außerdem können sie auch zweischalig ausgebildet sein (Sandwichkonstruktion mit Dämmaterial und innenseitiger Dampfbremse bzw. -sperre). Bei Füllungen, die der Witterung ausgesetzt sind, ist außerdem darauf zu achten, daß das Regenwasser rasch ablaufen und in keine nach innen fallenden Fugen oder Nuten eindringen kann. Holzflächen, auf oder zwischen denen Wasser stehen bleibt, verfaulen trotz Oberflächenbehandlung früher oder später.

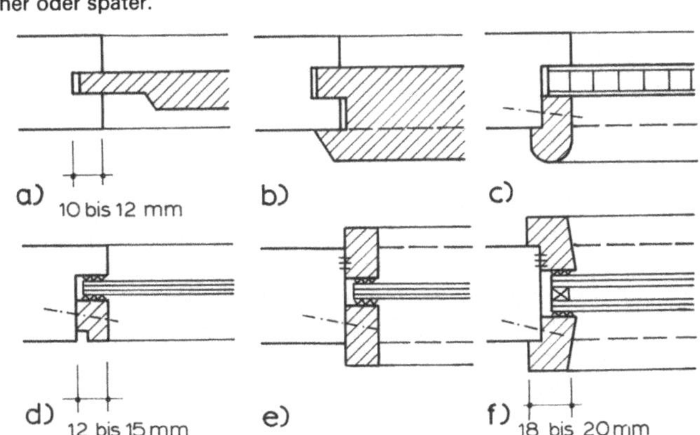

6.65
Rahmenfüllungen für Innentüren (Beispiele)

a) eingenutete Vollholzfüllung
b) überschobene Füllung
c) einseitig verleistete Sperrholzfüllung
d) einseitig verleistete Glasscheibe
e) zweiseitig verleistete Glasscheibe
f) zweiseitig verleistete Isolier-Glasscheibe

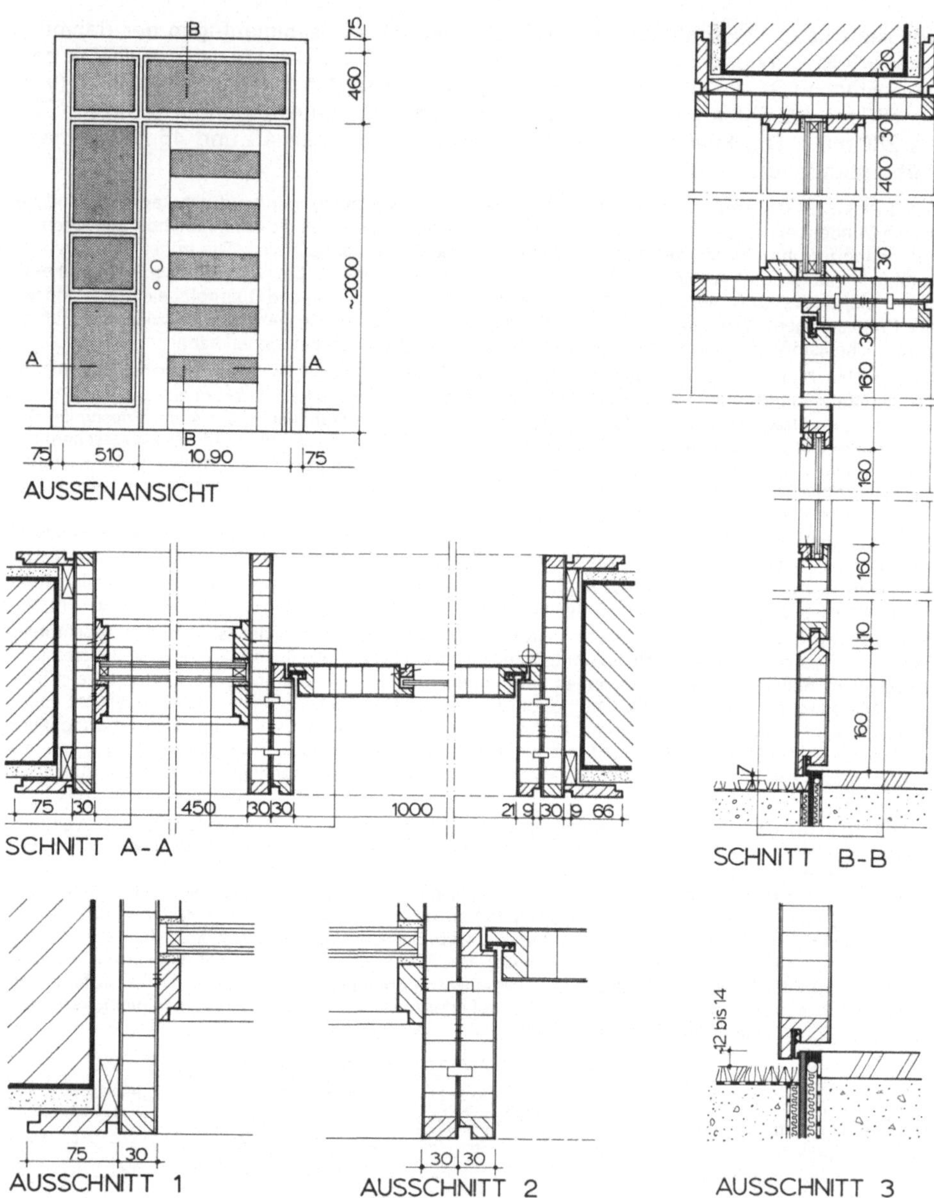

6.66   Konstruktionsbeispiel: Wohnungsabschluß-Türelement (Einzelanfertigung) mit verglastem Seiten- und Oberteil

Alle Rahmenfriese des Türblattes sind aus Sperrholzplatten (Tischlerplatten), alle Zargenteile aus Holzspanplatten mit Vollholz-Kantumleimern.

Schnitt A–A: Horizontalschnitt durch verglastes Seitenteil und Türblatt

Schnitt B–B: Vertikalschnitt durch verglastes Oberteil und Türblatt

6.5.2.3 Aufgedoppelte Türen

Aufgedoppelte Holztüren bestehen aus einer tragenden Unterkonstruktion – in Form eines gestemmten oder gedübelten Holzrahmens bzw. einer biegesteifen Sperrtür –, auf die ein- oder beidseitig Beplankungen (Aufdoppelungen) angebracht werden. Aufgrund ihres konstruktiven Aufbaues eignen sie sich vor allem als Außentüren (Hauseingangstüren); aber auch Türblätter von Innentüren können ein- oder beidseitig (symmetrisch/asymmetrisch) aufgedoppelt sein.

Aufgedoppelte Außentüren aus Holz

Außentüren haben eine ganze Reihe von technischen Anforderungen zu erfüllen, so wie sie in Abschn. 6.1 im einzelnen angeführt sind. Darüber hinaus sind bei Holzaußentüren vor allem zu beachten [4]:

— die richtige Werkstoffauswahl und Werkstückdimensionierung,

— eine fachgerechte Konstruktion des Türblattes und dessen Einbau in den Türrahmen,

— eine ausreichende Befestigung des Türrahmens am Bauwerk sowie optimale Dichtung der Anschlußfuge,

— die richtige Verglasung sowie funktionsgerechte Auswahl und Dimensionierung der Beschläge, einschließlich Falz- und Bodendichtungen.

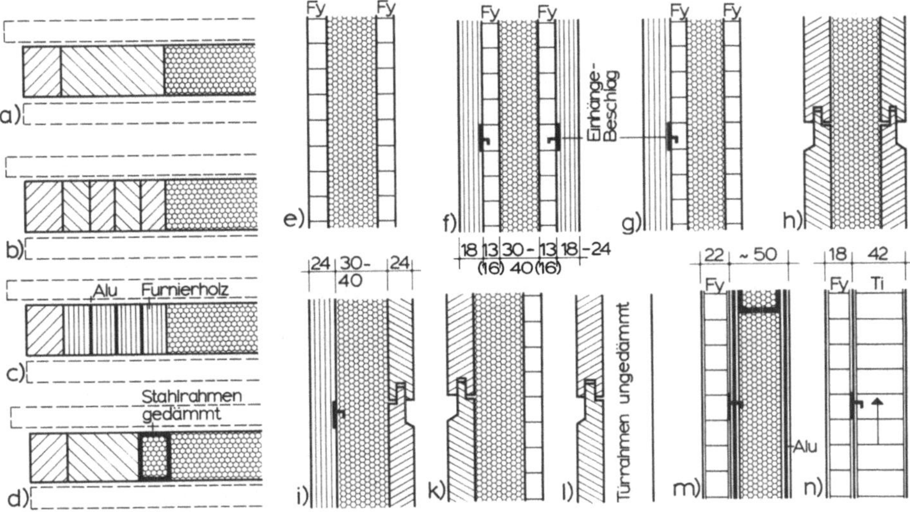

6.67 Schematische Darstellung aufgedoppelter Türblätter (Beispiele)

Querschnitte durch tragende Rahmenkonstruktionen (Unterkonstruktionen):
a) normaler Massivholzrahmen, b) lamellierter Massivholzrahmen, c) Rahmenkonstruktion mit Stabilisatoren (Furnierholz mit Alu-Streifen; vgl. Bild 6.11), d) Massivholzrahmen mit Stahlrahmen

Längsschnitte durch symmetrisch oder asymmetrisch aufgebaute Holztürblätter mit und ohne Aufdoppelung:
e) zweischaliges Türblatt fest verleimt, als biegesteifes Tragelement, f) Tragelement mit beidseitiger Aufdoppelung (schweres Türblatt, vgl. hierzu Bild 6.68), g) Tragelement mit einseitiger Aufdoppelung, h) Massivholzrahmen symmetrisch aufgedoppelt, i) Massivholzrahmen asymmetrisch aufgedoppelt, k) Massivholzrahmen asymmetrisch aufgedoppelt, l) Massivholzrahmen einseitig aufgedoppelt, m) Türblatt, einseitig aufgedoppelt, mit gedämmtem Stahlrahmen und vollflächiger Alu-Beschichtung zwischen den Furnierlagen (vgl. Bild 6.11), n) Türblatt, einseitig aufgedoppelt, aus Stäbchen-Tischlerplatte

Ein symmetrisch aufgebautes Türblatt besteht zunächst aus einer biegesteifen Rahmenkonstruktion – beispielsweise aus lamellierten Fichtenhölzern – die bei zu erwartenden, hohen hygrothermischen Beanspruchungen noch zusätzlich mit Stahlprofilen oder sogar einem umlaufenden Stahlrahmen verstärkt sein kann. Bild **6**.67 und **6**.68. Bei hohen Anforderungen an den Schallschutz werden auf diese Grundkonstruktion beidseitig jeweils etwa 13 (16) mm dicke Holzspanplatten gleicher Art fest aufgeleimt, so daß Grundrahmen und Spanplattenbeplankung in statischer Hinsicht zusammen ein biegesteifes Tragelement abgeben. Dieses Tragelement ist nur dann weitgehend verformungsfrei, wenn es in jeder Beziehung symmetrisch aufgebaut und gefertigt wurde. Jede größere Abweichung in der Symmetrie des konstruktiven Aufbaues führt zum Verzug des Türblattes. Vgl. hierzu auch Abschn. 6.3.3. Alle weiteren zusätzlichen Aufdoppelungen in Form von Profilhölzern, Tafeln usw. dürfen daher nur lose, d. h. mittels Schrauben, Einhängebeschlägen o. ä. an der Tragkonstruktion befestigt werden. Da derart lose aufgebrachte Verkleidungen keinen kraftschlüssigen Verbund mit der Unterkonstruktion haben, können Verformungen dieser Aufdoppelungen sich auch nicht negativ auf die Gesamt-Türblattkonstruktion auswirken. Ganz vermeiden lassen sie sich bei Holztüren nicht, doch handelt es sich hierbei meist um keine bleibenden Verformungen.

Bei weniger hohen Anforderungen an den Schallschutz können die Aufdoppelungen bei symmetrisch aufgebauten Außentüren auch unmittelbar auf eine biegesteife Rahmenkonstruktion lose aufgeschraubt werden. Bild **6**.67 h. Gleichdicke und gleichgerichtete Aufdoppelungen auf beiden Seiten des Rahmens verhindern bei diesen Türen am ehesten eine Verformung des Türblattes.

Auf marktgängige, symmetrisch aufgebaute, glatte **Sperrtüren** können ebenfalls Aufdoppelungen gleicher Beschaffenheit lose aufgebracht werden. Auch hier ist darauf zu achten, daß das tragende Türblatt selbst genügend biegesteif ausgebildet ist. Bild **6**.67 m bis n. Besonders geeignet sind Türblätter mit eingebauter Rahmenverstärkung (Stabilisatoren oder Stahlrahmen) und beidseitig aufgebrachten Deckplatten mit vollflächig eingebetteten Alublechen. Bild **6**.11.

Ein asymmetrisch aufgebautes Türblatt besteht ebenfalls aus einem biegesteifen Grundrahmen, der jedoch einseitig oder auch beidseitig mit ungleichartigen Platten, Profilhölzern o. ä. beplankt ist. Bild **6**.67 i bis k und **6**.68. Bei derartigen Türen, die sich bei unsachgemäßer Konstruktion bereits bei geringer Klimaänderung deformieren können, ist die tragende Unterkonstruktion besonders biegesteif auszubilden. Außerdem dürfen auch hier ungleiche Werkstoffe immer nur lose am Tragrahmen befestigt werden. Eine einseitige oder gar diagonal verlaufende Aufdoppelung verbietet sich von selbst, wenn der Grundrahmen zu schwach ausgebildet ist.

In die Hohlräume aufgedoppelter Türblätter wird hochwertiges, bei Außentüren feuchtigkeitsunempfindliches Dämmaterial allseitig dicht eingelegt. Damit keine Durchfeuchtung (Tauwasserbildung) innerhalb der Konstruktion auftreten kann, muß das Dämmaterial auf der Innenseite (Warmseite) mindestens mit einer Dampfbremse (PE-Folie) oder bei höheren Raumluftfeuchten mit einer Dampfsperre (Aluminiumblech) möglichst dicht abgedeckt werden. Geeignet sind auch Dämmaterialien mit hohem Wasserdampfdurchlaßwiderstand (z. B. extrudierte PS-Hartschaumplatten). S. hierzu auch Abschn. 6.3.3, Feuchteschutz von Türen sowie Bild **6**.68 und **6**.69.

Die Aufdoppelung von Außentüren besteht meist aus Profilbrettern, Tafeln, Leisten oder Stäben, die – überfälzt oder genutet – wahlweise sichtbar oder unsichtbar an der Tragkonstruktion befestigt werden. Die häufig verwendeten Profilbretter, üblicherweise in gespundeter Ausführung, sind zwischen 18 und 24 mm dick und sollten möglichst nicht breiter als 100 bis 120 mm sein. Sie können horizontal, vertikal oder in anderer Form aufgebracht werden. Die Längen- und Breitenverbindungen der einzelnen Bretter müssen so ausgebildet sein, daß kein Wasser in die Nuten eindringen kann. Vor allem bei Außentüren mit horizontaler Verbretterung müssen die angefrästen (= gespundeten Federn) immer nach oben gerichtet sein. Bild **6**.68.

6.68
Konstruktionsbeispiel: Aufgedoppelte Haustür aus Holz mit fest
verglastem Seitenteil (Einzelfertigung)

a) Außenansicht des Türelementes.
b) Schnitt A–A: Türelement mit angenutetem Blendrahmen für
   Innenanschlag und wärmegedämmtem Türblatt mit asymmetri-
   scher Aufdoppelung.
c) Variante zu A–A: Türelement mit zweiteiligem Umfassungs-
   rahmen (Blind- und Türrahmen) für stumpfen Anschlag. Der
   bereits im Rohbaustadium vormontierte Blindrahmen ermöglicht den erst späteren Einbau des fertigen Türelementes. Wärmegedämmtes Türblatt mit symmetrisch aufgeleimter Spanplattenbeplankung, angefedertem Umleimer und einseitiger Profil-
   holzaufdoppelung.
d) Schnitt B–B: Schwellenanschlag des Türblattes mit Schuh-
   abstreiferrost und Außenabdichtung.
e) Variante zu B–B: Schwellenanschlag des Türblattes mit An-
   schlagwinkel und Außenabdichtung.
f) Schnitt C–C: Fester Bodenanschluß des verglasten Seitentei-
   les mit durchlaufendem Stahlwinkel.

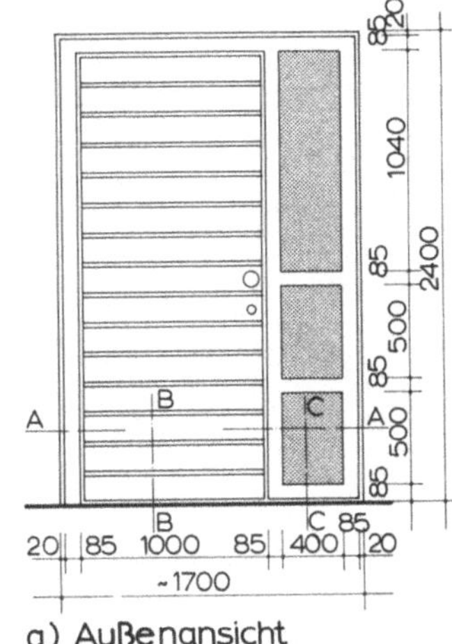

a) Außenansicht

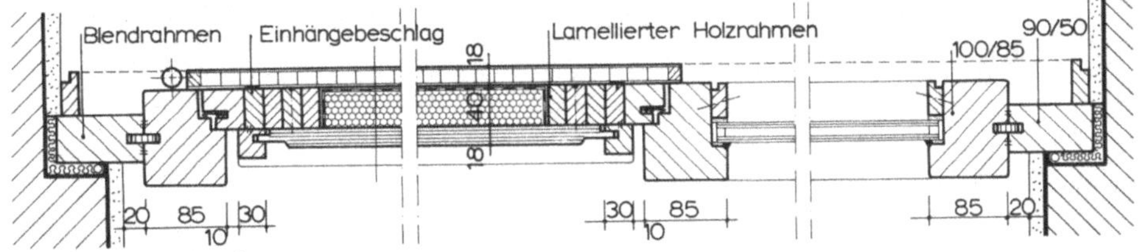

b) Schnitt A–A

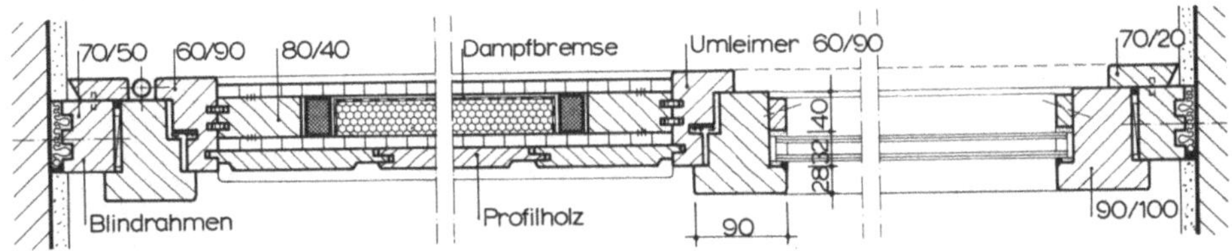

c) Variante zu A–A

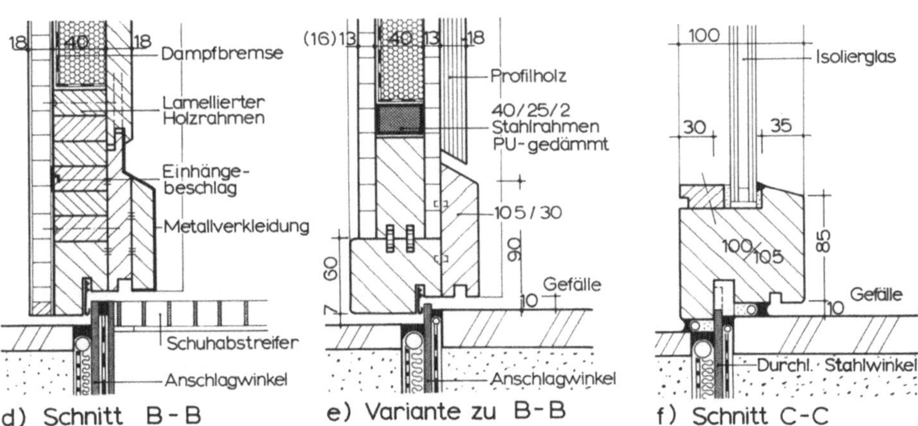

d) Schnitt B–B   e) Variante zu B–B   f) Schnitt C–C

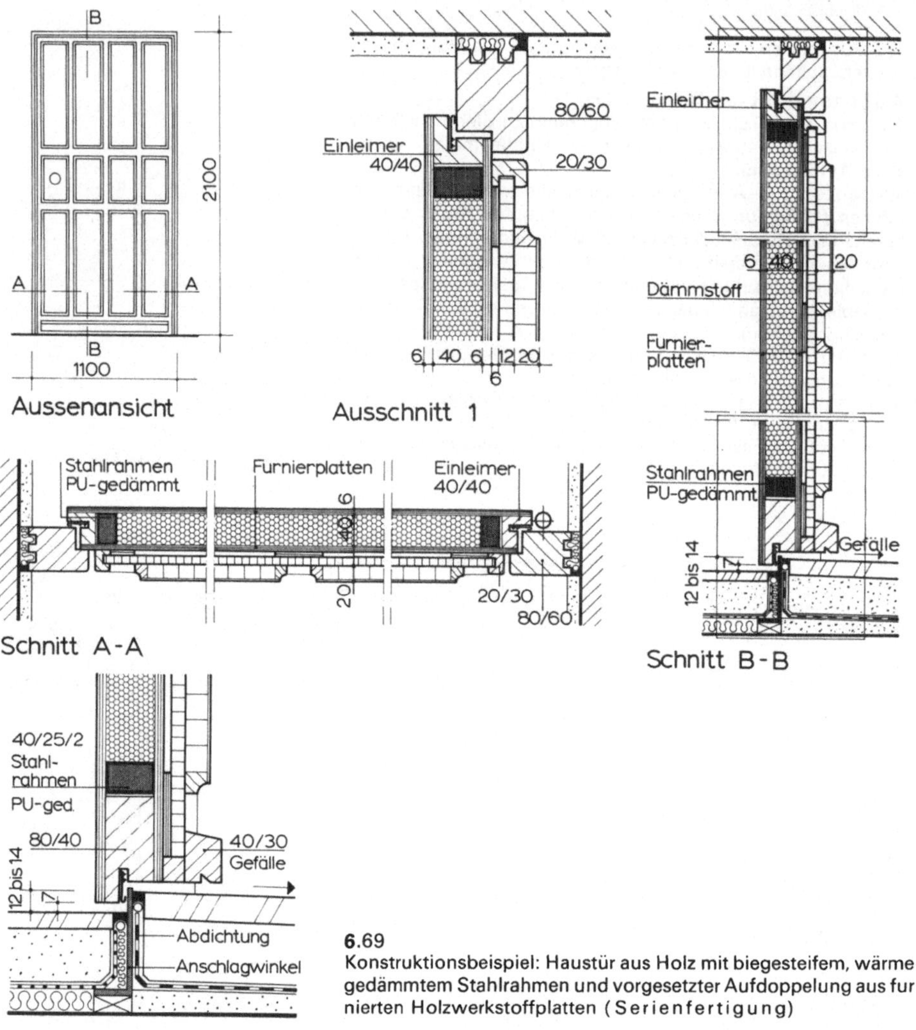

6.69
Konstruktionsbeispiel: Haustür aus Holz mit biegesteifem, wärmegedämmtem Stahlrahmen und vorgesetzter Aufdoppelung aus furnierten Holzwerkstoffplatten (Serienfertigung)

Hovesta GmbH, Kruft

Wetterschenkel aus Holz oder Metall weisen direkten Schlagregen von der Schwelle ab. Sie
werden in das untere Rahmenholz des Türblattes entweder eingegratet, eingenutet und verleimt oder von
der Türblattinnenseite her verschraubt. An ihrer Unterkante erhalten sie zum sicheren Abtropfen des
Niederschlagwassers eine Wassernut.

Der Blendrahmen (Türrahmen) hat die Aufgabe, das Türblatt zu tragen, den Verschluß des Türblattes mit einer optimalen Falzdichtung zu ermöglichen sowie eine sichere Befestigung am Bauwerk, mit
guter Dämmung und Dichtung der Anschlußfugen zu gewährleisten. Weitere Einzelheiten hierzu
s. Abschn. 6.3.5, Montagetechnische Anforderungen.

Außentüren sind mit mindestens einem, meist allseitig umlaufendem Dichtungsprofil
ausgestattet und schlagen am Fußboden gegen Anschlagschwellen, so wie dies in Abschn. 6.4.4 näher
erläutert ist. Bild **6.**68. Im Hinblick auf den geforderten Schall- und Wärmeschutz sowie Wind- und
Schlagregendichtheit sind Doppelfälze mit zwei Dichtungsebenen durchaus üblich und empfehlenswert.

Die ausgewählten Bänder müssen eine ausreichende Tragfähigkeit aufweisen. Bei sehr schweren und überhohen Türen kann ein drittes Band zweckmäßig sein. Verwendet werden vor allem gekröpfte Lappenbänder mit oder ohne Tragzapfen, Kombibänder, starke Einbohrbänder sowie Bodentürschließer. Vgl. hierzu auch Abschn. 6.4.1, Türbänder.

Werden Außentürblätter und, wie Bild **6**.68 zeigt, auch die unmittelbar neben der Tür befindlichen Öffnungen fest verglast, so wird die Mehrscheiben-Isolierverglasung in einen Falz gelegt und innenseitig (Einbruchschutz) mit Glasleisten befestigt. Das Einglasen erfolgt in den meisten Fällen mit Vorlegebändern und spritzbaren Dichtstoffen. Weitere Einzelheiten s. Abschn. 5.3, Einbau von Verglasungen. Angaben über die wärmetechnische Erfassung von Außentüren s. Abschn. 6.3.2.

Bevorzugte einheimische Holzarten sind Kiefer, Lärche, Fichte und Eiche, von den überseeischen Holzarten eignen sich u. a. Sipo, Red Meranti, Teak, Mahagoni und Pitchpine. Die Hölzer müssen der in DIN 68360 T1, Holz für Tischlerarbeiten (Gütebedingungen bei Außenanwendung) geforderten Qualität entsprechen und eine Holzfeuchtigkeit zwischen 12% und 15% aufweisen. S. hierzu auch Fußnote Seite 482. Spanplatten dürfen nur mit einer V 100 oder V 100 G Verleimung verwendet werden. Leime müssen nach DIN 68602 der Beanspruchungsgruppe B 4 entsprechen. Weitere Einzelheiten sind der Spezialliteratur [14] zu entnehmen.

Aufgedoppelte Innentüren aus Holz

Aufgedoppelte Innentüren sind häufig integrierter Bestandteil angrenzender Wandbekleidungen. Die Sichtflächen der Türblattaufdoppelung und der Wandbekleidung liegen dabei bündig, so daß die Vertäfelung, Verbretterung oder einfach das Furnierbild großflächig, d. h. ohne nennenswerte Unterbrechungen, durchläuft. Werden dabei noch Bodentürschließer eingesetzt, so sind auch kaum Beschlagteile erkennbar. Wie Bild **6**.70 zeigt, kann der tragende Teil des aufgedoppelten Türblattes entweder aus einer Rahmenkonstruktion oder aus einer einbaufertigen glatten Sperrtür bestehen. Hierfür sind besonders biegesteife Volltürblätter aus Tischlerplatten (Stäbchenplatten) sowie Hohlraumtürblätter mit eingebauten Rahmenstabilisatoren geeignet. Die zuvor genannten Konstruktionsregeln bezüglich des Aufbringens von Aufdoppelungen sind auch bei Sperrtüren voll zu beachten: Einseitiges Aufleimen von Platten, Tafeln, Leisten oder Stäben führt fast immer zum Verziehen des Türblattes. Daher müssen auch bei Innentüren alle zusätzlichen Aufdoppelungen lose, d. h. mit Schrauben, Einhängebeschlägen oder punktweisen Verleimungen aufgebracht werden.

6.5.2.4 Glatte Türblätter (Sperrtüren)

Türblätter mit glatten, ebenen Flächen – ohne Rahmen, Füllungen, Aufdoppelung o. ä. – werden sowohl im Außen- wie Innenbereich eingesetzt. Sie finden Verwendung als Hauseingangs-, Laubengang- und Kellerausgangstüren, im Innenbereich als Wohnungsabschluß-, Zimmer- und Sondertüren. Da an die einzelnen Türgruppen sehr unterschiedliche Anforderungen gestellt werden, weisen sie hinsichtlich ihres konstruktiven Aufbaues – trotz annähernd gleicher Oberflächenbeschaffenheit – deutliche Unterschiede auf. Nach der Art der Mittellagenausbildung (Einlage) unterscheidet man (Bild **6**.71):

a) **Kompakttürblätter** (Volltürblätter) aus beispielsweise Vollspan- oder Röhrenspanplatten, Vollholzstäben (Tischlerplatten), Mehrschichteinlagen aus Holzfaser-, Holzspan-, Gipskartonplatten (Verbundkonstruktionen) usw.

b) **Hohlraumtürblätter** aus beispielsweise hochkant stehenden waben-, raster-, spiral-, wellen- oder stegförmig verleimten Karton-, Furnierholz-, Holzfaser-, Vollholz- oder Spanplattenstreifen.

c) **Schalentürblätter** (Sandwichtürblätter) beispielsweise mit Dämmstoffeinlagen aus Mineralwolle, Polyurethanschaum o. ä.

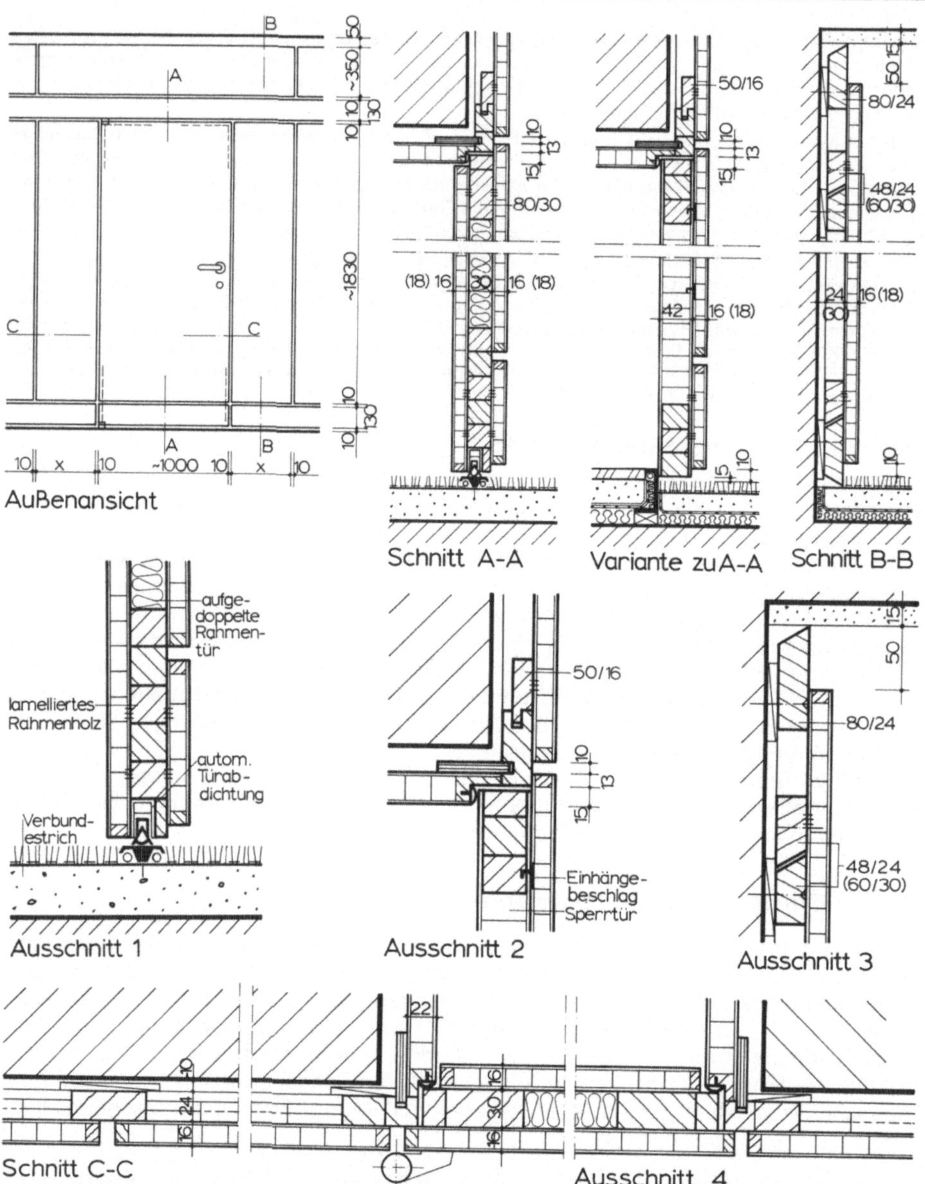

6.70 Aufgedoppelte Innentür als integrierter Bestandteil der angrenzenden Wandbekleidung

Schnitt A–A: Beidseitig aufgedoppelte Rahmentür mit Dämmstoffeinlage, Boden- und Falzdichtungen gegen Schallübertragung. Obere Wandbekleidung mit Nutklötzen lose eingehängt.
Variante zu A–A: Einseitig aufgedoppelte Sperrtür. Die lose Befestigung der Bekleidung (Ein-
hängebeschläge) soll ein Verziehen des Türblattes ausschließen.
Schnitt B–B: Vertikalschnitt durch eine raumhohe Wandbekleidung, lose eingehängt in eine
konisch ausgebildete Unterkonstruktion.
Schnitt C–C: Horizontalschnitt durch Wandbekleidung und beidseitig aufgedoppelte Rahmentür.

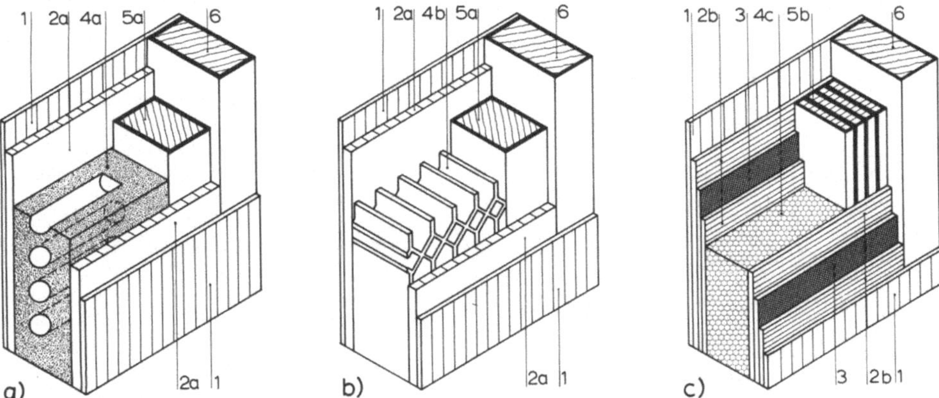

6.71 Aufbau und Konstruktion von glatten Türblättern (Sperrtüren). Beispiele.

    a) Einlage aus stranggepreßter Röhrenspanplatte (Kompakttürblatt)
    b) Einlage aus Kartonwaben (Hohlraumtürblatt)
    c) Einlage aus Polyurethanschaum (Schalen- bzw. Sandwichtürblatt)

  1   Decklage (Deckfurnier)
2 a Deckplatte (Furnierholz-, Span- oder Hartfaserplatte)
2 b Deckplatte (Sperrfurniere mit Aluminiumblech)
  3   Alu-Blech (Dampfsperre)
4 a Einlage aus Röhrenspanplatte
4 b Einlage aus Kartonwaben
4 c Einlage aus Polyurethanschaum
5 a umlaufender Vollholzrahmen
5 b Furnierplatten mit Alu-Stabilisatoren
  6   verdeckter Hartholz-Anleimer

Sperrtüren sind in DIN 68706 genormt. Die darin festgelegten Konstruktionsmerkmale gelten nur für Innentüren allgemeiner Art. Sondertüren, wie sie in Abschn. 6.7 näher erläutert sind, und auch Außentüren werden von dieser Norm nicht erfaßt.

Eine Sperrtür ist ein glattes, symmetrisch aufgebautes Türblatt, das im wesentlichen aus Holz und/oder Holzwerkstoffen hergestellt wird. Sie besteht in der Regel aus einem Rahmen, einer Einlage und den beidseitig darauf aufgebrachten Deckplatten. Bild **6**.72. Die Deckplatten können jeweils noch mit einer Decklage beschichtet sein.

Der umlaufende Rahmen sorgt für Stabilität und Verwindungssteifigkeit. Er besteht üblicherweise aus 35 bis 45 mm breiten, die Einlage allseitig umschließenden Vollholzfriesen. Zusammen mit den Anleimern können diese Friese eine Breite von bis zu 75 mm aufweisen und an den für Schloß- und Bandsitz gemäß DIN 18101 festgelegten Stellen innerseitig noch besonders verstärkt sein. Auch die unteren Doppelquerfriese sind meist breiter angelegt, damit das Türblatt bei Bedarf gekürzt werden kann.

Die Einlage ist der vom Rahmen und den Deckplatten umschlossene innere Teil eines Türblattes. Sie steift zusammen mit dem Rahmen die Sperrtür aus und gewährleistet, daß der Abstand zwischen den beiden Deckplatten an jeder Stelle des Türblattes gleich bleibt. Die Einlage kann aus den zuvor genannten Materialien oder einem anderen, auf den jeweiligen Verwendungszweck der Tür abgestimmten Werkstoff bestehen und darf Hohlräume aufweisen. Bild **6**.71 zeigt beispielhaft einige Einlagen.

Die beiden Deckplatten geben dem Türblatt seine endgültige Stabilität, da sie mit dem Rahmen und der Einlage verleimt sind. Üblicherweise bestehen sie aus Furnierplatten (DIN 68705 T2), dünnen Holzspanplatten (DIN 68761), harten Holzfaserplatten (DIN 68750) sowie anderen geeigneten Werkstoffen. Die in der Regel zwischen 3,0 und 6,0 mm dicken Deckplatten müssen so beschaffen sein, daß sich weder die Einlage noch die Rahmenfriese auf der Türblattoberfläche abzeichnen.

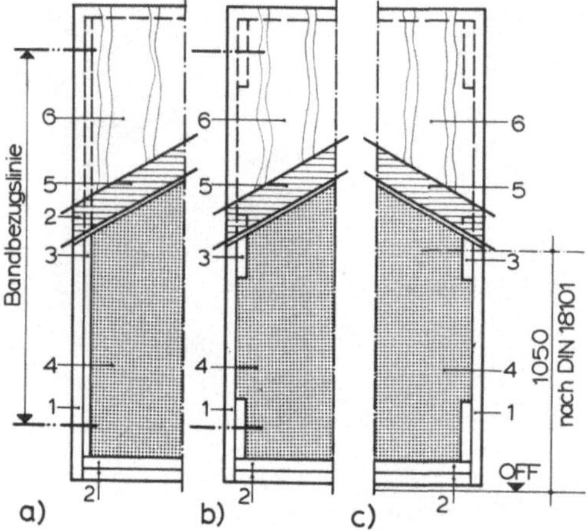

6.72
Konstruktionsmerkmale einer Sperrtür
a) Türblatt mit umlaufenden Rahmenfriesen und zusätzlicher Verstärkungsleiste
b) Türblatt mit umlaufenden Rahmenfriesen und eingeleimter Bandverstärkung
c) Türblatt mit umlaufenden Rahmenfriesen und eingeleimter Schloßverstärkung
1 umlaufender Rahmen
2 unteres Doppelfries
3 Rahmenverstärkung an den für Schloß- und Bandsitz festgelegten Stellen
4 Einlage je nach Art des Türblattes
5 Deckplatte (Furnierholz-, Span- oder Hart-faserplatte)
6 Decklage (Furnier, Schichtstoffplatte o. ä.)

Die Decklage wird als äußerste Schicht auf die Deckplatte aufgeleimt – sofern sie nicht ohnehin Bestandteil der Deckplatte ist. Übliche Decklagen sind Furniere (DIN 4079), dekorative Schichtstoffplatten (DIN 16 926) sowie Kunststoff-Folien. Um derartige Decklagen auch noch nachträglich auf Sperrtüren aufleimen zu können, muß die Einlage von Hohlraumtürblättern so druckfest sein, daß sie den zum Überfurnieren erforderlichen Preßdruck von 0,25 N/mm² bei 80° C aufnehmen kann.

Sperrtüren werden seriell hergestellt und entweder als Halbfabrikate zur Weiterbearbeitung (streich- oder furnierfähig) angeboten oder in Form von Fertigprodukten mit werkseitig aufgebrachten Edelholz-, Schichtstoff-, Folien- oder Kunstharzlack-Oberflächen eingebaut. Je nach Art der Decklage liegt die Türblattdicke zwischen 39 und 42 mm. Die Falztiefe beträgt üblicherweise 25,5 mm, die Falzbreite 13,0 mm.

Da die Kanten der umlaufenden Rahmenfriese im gehobenen Innenausbau meist nicht unbehandelt bleiben können, müssen entsprechende Vorleimer oder Beschichtungen aufgebracht werden. Die Kantenausbildung eines Türblattes sollte immer auf den jeweiligen Türentyp abgestimmt und nach dem späteren Einsatzort der Tür ausgewählt werden. Neben technisch/funktionalen Gesichtspunkten (z. B. Schlagfestigkeit u. a.) sind immer auch gestalterische Kriterien zu berücksichtigen. Folgende Kantenausbildungen sind üblich (Bild **6.**73):

— **Der Einleimer** ist eine an den Längskanten des Türblattes eingeleimte Hartholzleiste, die beiderseits von den Deckplatten überdeckt wird. Er kann farblich durch Beizen, Lackieren o. ä. an die Türblattoberfläche angepaßt werden.

— **Die Kantenbeschichtung** mit Furnier oder Kunststoff-Folie wertet das Türblatt auf. Kante und Türblattoberfläche bilden optisch eine Einheit, da Deckplatte und Decklage durch die Beschichtung überdeckt sind.

— **Der verdeckte Anleimer** ist eine an den Längskanten des Türblattes angeleimte Hartholzleiste, die nur noch von der Decklage überdeckt wird. Er gibt der Türkante ein einheitliches Aussehen und verleiht ihr zudem eine hohe Stoßfestigkeit. Der verdeckte Anleimer kann in jeder geeigneten Holzart ausgeführt werden oder auch aus besonders schlagfestem Kunststoff (Polystyrol) bestehen. Beachtenswert ist, daß derartige Kunststoffanleimer nachhobelbar ausgebildet sind. Weitere Einzelheiten hierzu s. [15].

— **Der sichtbare, unverdeckte Anleimer** ist ebenfalls eine Vollholzleiste, die entweder zweiseitig (an den Längskanten) oder auch dreiseitig umlaufend an der Sperrtür angebracht wird. Die Fuge zwischen Anleimer und Decklage auf der Oberfläche der Tür ist sichtbar. Ein unverdeckter Hartholzanleimer ergibt einen ausgezeichneten Kantenschutz und verleiht der Tür ein unverwechselbares Aussehen. Er ist in allen geeigneten Holzarten (z. B. Limba, Rotholz, Sipo, Eiche, Esche, Buche u. a.) herzustellen und immer auch zum Nachhobeln geeignet.

An Sperrtüren werden eine ganze Reihe von Anforderungen gestellt. Zu nennen sind vor allem Schallschutz, Wärmeschutz und Feuchteschutz. Einzelheiten hierzu sind den Abschnitten 6.3.1 bis 6.3.3 zu entnehmen. Weitere Forderungen wie beispielsweise Feuerschutz, Strahlenschutz und Einbruchhemmung sind in Abschn. 6.7, Sondertüren (Schutztüren) angesprochen.

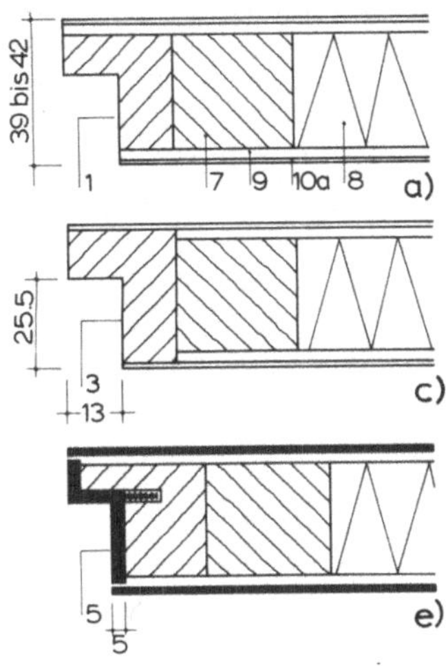

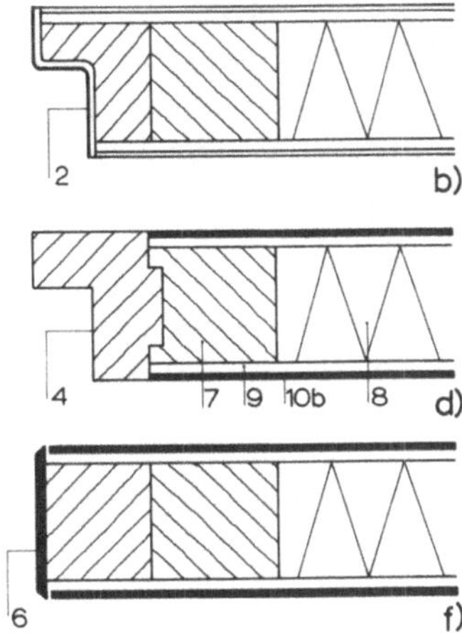

6.73 Kanten- und Falzausbildungen an Sperrtüren

    a) Falztür mit Einleimer
    b) Falztür mit Kantenbeschichtung
    c) Falztür mit verdecktem Anleimer
    d) Falztür mit unverdecktem Anleimer
    e) Falztür mit Kunststoffanleimer
    f) Stumpftür mit Schichtstoffkante

1 Einleimer	7	umlaufender Holzrahmen
2 Kantenbeschichtung (Folie)	8	Einlage
3 verdeckter Anleimer	9	Deckplatte
4 unverdeckter Anleimer	10a	Decklage (Furnier)
5 Kunststoffanleimer	10b	Decklage (Schichtstoff)
6 Schichtstoffkante		

6.6 Türelemente aus Metall

Anstelle der herkömmlichen Türelemente aus Holz werden in Verwaltungs-, Industrie-, Schul- und Krankenhausbauten, aber auch im Wohnungsbau (Mehrfamilienhäuser) vermehrt Türelemente aus Metall eingebaut. Sie zeichnen sich durch ganz bestimmte Vorzüge aus, die in den nachstehenden Abschnitten im einzelnen erläutert werden.

6.6.1 Türzargen

Stahlzargen haben sich zu einem modernen Ausbauelement entwickelt. Ihre wesentlichen Vorteile sind:

— Unempfindlichkeit gegen Stoß, Feuchtigkeit und Temperatureinflüsse,

— wahlweise als DIN-LINKS oder DIN-RECHTS Zarge verwendbar,

— Einbau entweder gleichzeitig mit dem Hochführen der Wände oder erst später in bereits vorhandene Wandöffnungen,

— problemlose Befestigung an den unterschiedlichsten Wandarten (Mauerwerk, Betonfertigteile, Trennwände usw.) durch ausgereifte Verankerungssysteme,

— kraftschlüssige Verbindung zwischen Zarge und Wand,

— aussteifende Funktion beim Einbau in leichte Trennwände,

— hohe Tragfestigkeit, auch schwerste Türblätter, in Verbindung mit einem geeigneten Bandbefestigungssystem,

— geräuscharmer und dichter Türverschluß,

— relativ günstige Herstellungskosten durch serielle Fertigung (Standardzargen),

— Angebot zahlreicher Sonderzargen für besondere Funktionen und Anforderungen wie beispielsweise Brandschutz, Schallschutz, Strahlenschutz, Einbruchschutz, Hygiene oder Korrosionsschutz,

— unauffällige, raumsparende Bauform, farblich anpassungsfähig an jedes Türblatt und jede Einrichtung, bei gleichzeitig geringen Wartungskosten.

Stahlzargen für normale Beanspruchungen werden üblicherweise aus 1,5 mm dickem, feuerverzinktem Stahlblech hergestellt. Bei Zargen, die weitergehenden Anforderungen genügen müssen, wie beispielsweise beim Einsatz von besonders schweren Türblättern, bei starken mechanischen Belastungen in Schulen, Kasernen o.ä. sowie bei hohen Schallschutzanforderungen an das gesamte Türelement, ist eine Materialdicke von mind. 2,0 mm erforderlich. Die Stahlbleche werden im Abkant- oder Walzverfahren kaltprofiliert, in den beiden oberen Ecken auf Gehrung geschnitten, mit den notwendigen (vorgestanzten) Öffnungen, Bandtaschen, Mauerschutzkasten, Anker sowie Meterriß- und Fußbodeneinstandsmarkierungen versehen und anschließend maßgenau zu Rahmen verschweißt. Die untere Querverbindung wird aus Winkel- oder Flachstahl hergestellt.

Die hohen Anforderungen, die heute an die Stahlzarge gestellt werden, verlangen einen umfassenden Korrosionsschutz der gesamten Zargenoberfläche, einschließlich der Kanten und Bearbeitungsflächen. Ein sicherer Korrosionsschutz wird vor allem durch den Einsatz von feuerverzinktem Stahlblech und einer zusätzlichen – nach Abschluß des Produktionsvorganges werkseitig aufgebrachten – Grundbeschichtung nach dem Elektrophorese-Verfahren erreicht. Diese sog. EC-Tauchgrundierung ist außerdem als Grundlage für den weiteren Farbaufbau mit handelsüblichen Kunstharzlacken bestens geeignet. In Sonderfällen, d. h. bei höchsten Korrosionsschutzanforderungen, können die Stahlzargen auch aus Edelstahl rostfrei (Chrom-Nickel-Stahl) gefertigt sein.

6.6.1.1 Standard-Stahlzargen

Übliche Stahlzargen für gefälzte Türblätter bis 60 kg Gewicht sind in DIN 18111 T1 (Ausg. 1.85) genormt. Zargen für Sondertüren, wie sie in Abschn. 6.7 näher erläutert sind, werden von dieser Norm nicht erfaßt.

Die wichtigsten Fachbegriffe und Maße können Bild 6.74 a bis d entnommen werden. Wie Tab. 6.75 zeigt, ergeben sich die Abmessungen der Stahlzargen aus den Baurichtmaßen gemäß DIN 18100 und den Türblattgrößen nach DIN 18101. In diesem Zusammenhang sind auch die Tabelle 6.12, Wandöffnungen für Türen sowie Tabelle 6.16, Maße für gefälzte Türblätter und Zargen zu beachten.

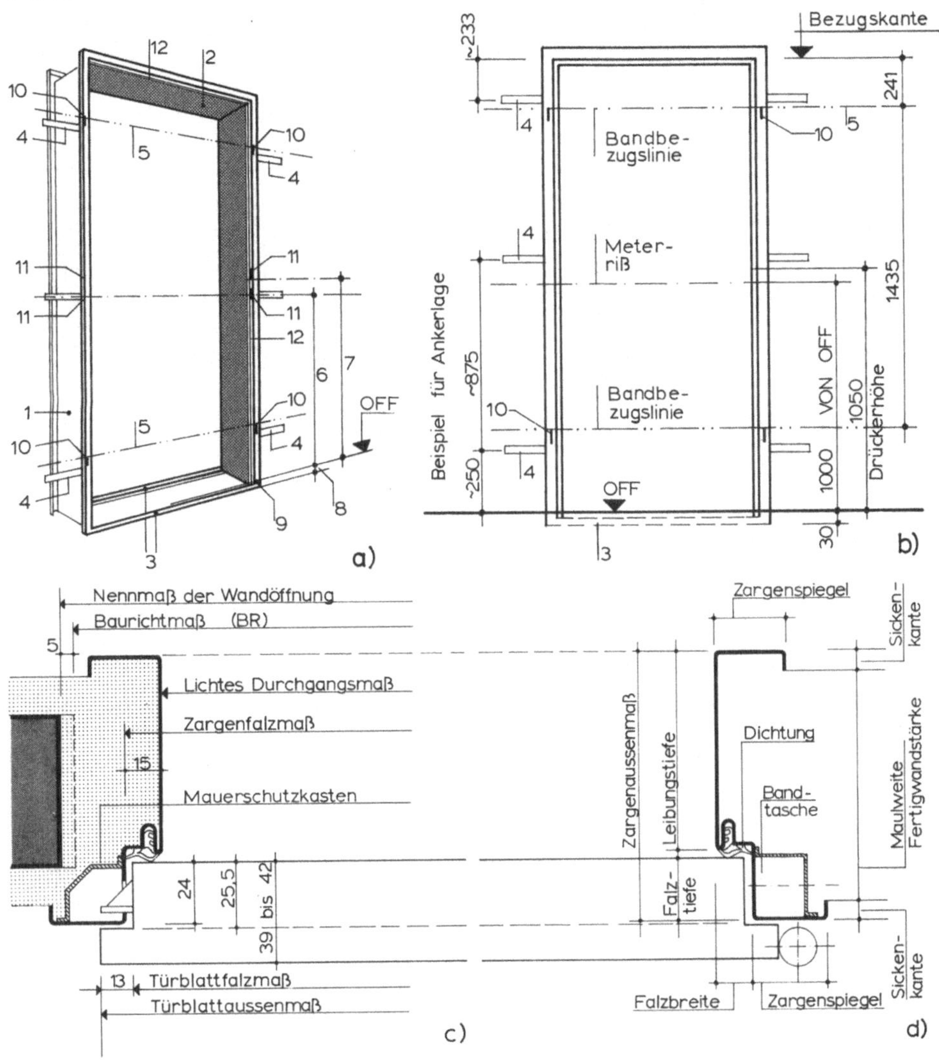

6.74 Stahlzargen: Benennung und Maße

a) Übersicht – Gesamtansicht
b) Maßangaben
c) Maßbezeichnungen
d) Fachbezeichnungen

1 Seitenprofil der Zarge
2 Querprofil der Zarge
3 Distanzprofil
4 Maueranker
5 Bandbezugslinie
6 Meterrißmarkierung
7 Drückerhöhe

8 Fußbodeneinstand
9 Fußbodeneinstandsmarkierung
10 Stanzung für Bandschlitz (beidseitig) mit rückseitiger Bandtasche
11 Stanzung für Schloßfalle und Schloßriegel (beidseitig) mit rückseitigem Mauerschutz-kasten
12 Dichtungsprofil

OFF = Oberfläche Fertigfußboden

Tabelle **6.75** Maße von Stahlzargen (Standardzargen) für gefälzte Türblätter
(Auszug aus DIN 18111 T1)

	Baurichtmaß (s. DIN 18100) Breite × Höhe	Nennmaß der Wandöffnung Breite × Höhe	Zargenfalzmaß Breite × Höhe $\pm 1\,^{0}_{-2}$	Lichtes Zargendurchgangsmaß Breite × Höhe	Türblattaußenmaß (s. DIN 18101) Breite × Höhe
1	875 × 1875	885 × 1880	841 × 1858	811 × 1843	860 × 1860
2	**625 × 2000**[1])	**635 × 2005**	**591 × 1983**	**561 × 1968**	**610 × 1985**
3	**750 × 2000**[1])	**760 × 2005**	**716 × 1983**	**686 × 1968**	**735 × 1985**
4	**875 × 2000**[1])	**885 × 2005**	**841 × 1983**	**811 × 1968**	**860 × 1985**
5	**1000 × 2000**[1])	**1010 × 2005**	**966 × 1983**	**936 × 1968**[2])	**985 × 1985**
6	750 × 2125	760 × 2130	716 × 2108	686 × 2093	735 × 2110
7	875 × 2125	885 × 2130	841 × 2108	811 × 2093	860 × 2110
8	1000 × 2125	1010 × 2130	966 × 2108	936 × 2093[2])	985 × 2110
9	1125 × 2125	1135 × 2130	1091 × 2108	1061 × 2093[2])	1110 × 2110

[1]) Diese Größen sind Vorzugsgrößen (Lagerzargen).
[2]) Nur diese Größen sind geeignet für Rollstuhlbenutzer (lichte Durchgangsbreite mindestens 850 mm, s. DIN 18025 Teil 1).

Die Vorteile der standardmäßig hergestellten Stahlzargen sind: Kurze Lieferzeiten, wahlweise als DIN-LINKS oder DIN-RECHTS verwendbar, passend für alle genormten – gefälzten und ungefälzten – Holz- oder Metalltürblätter, bei relativ günstigem Preis. Sonderprofile sind möglich, aber auch teurer. Stahlzargen werden vorzugsweise geliefert als (Bild **6.**76)

a) Umfassungszargen bei Wanddicken ≤ 270 mm (einschließlich beidseitigem Putz),

b) Eckzargen üblicherweise bei Fertigwanddicken ≥ 300 mm.

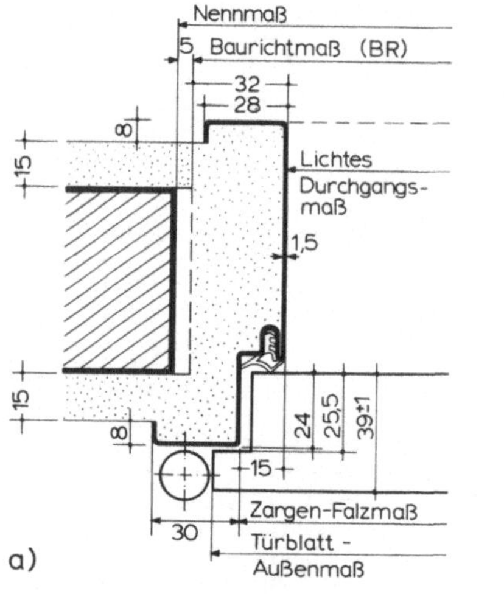

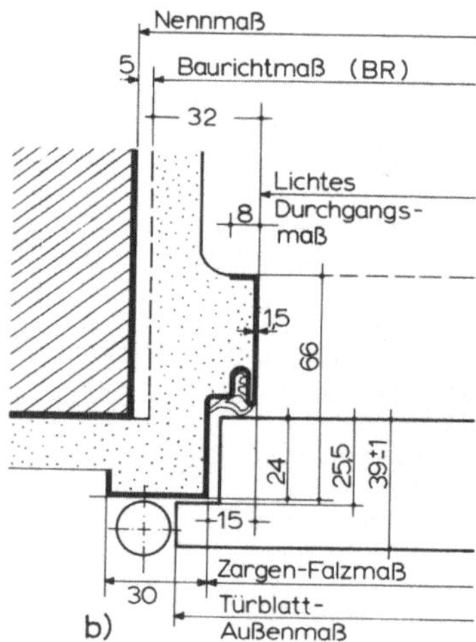

6.76 Standardzargen für gefälzte Türblätter (Beispiele)
a) Umfassungszarge
b) Eckzarge

Den Umfassungszargen wird aus Stabilitätsgründen im allgemeinen der Vorzug gegeben. Eckzargen sind zwar billiger als Umfassungszargen, erfordern jedoch Mehrkosten an Verputzer- und Tapezierarbeiten. Falls Eckzargen verwendet werden, empfiehlt es sich, die gegenüberliegende Ecke der Leibung entweder durch eine sog. Gegenzarge oder eingeputzte Kantenschutzschienen zu schützen.

Standardzargen weisen bestimmte Konstruktionsmerkmale auf. Neben der zuvor erläuterten Werkstoffverarbeitung und Oberflächenbehandlung sind besonders zu nennen:

Bodeneinstand. Der übliche Bodeneinstand der seitlichen Zargenprofile in den Estrich beträgt 30 mm. Steck- bzw. Schnellbauzargen, die erst nach dem Wandaufbau in die vorhandenen Öffnungen eingesetzt werden, sind dagegen zur Montage auf den fertigen Fußboden gerichtet.

Bodeneinstandsmarkierung. Als zusätzlicher Orientierungspunkt für den Estrich- bzw. Bodenleger und als Hilfe zur genauen Ausrichtung der Zarge ist eine Fußbodeneinstandsmarkierung am unteren Ende des Zargenprofils angebracht. Diese Markierung entspricht der Lage des Fertigfußbodens OFF.

Meterrißmarkierung. An jedem Zargenseitenteil ist im Bereich des Schließschlitzes eine weitere Markierung in Form einer Kerbe eingestanzt. Das Abstandsmaß von dieser Markierung bis zur Oberfläche des Fertigfußbodens OFF beträgt exakt 1,00 m. Beim Zargeneinbau muß die Markierungskerbe mit dem bauseits an der Wandfläche angebrachten Meterriß in der Höhe übereinstimmen. Diese Meterrißmarkierung dient auch allen anderen Ausbaufirmen als Bezugspunkt.

Distanzprofile. Die am unteren Ende der Zargenprofile angebrachten Querverbindungen dienen als Aussteifung der Zarge während des Transportes und als Einbauhilfe. Sie bestehen aus Winkel- oder Flachstahlschienen, die normalerweise nach der Montage der Stahlzarge wieder herausgetrennt werden (Abbindezeit des Zementmörtels beachten). Wie Bild **6.**77 verdeutlicht, können diese Winkelschienen bei unterschiedlichen Fußbodenhöhen auch als Anschlagschienen – mit und ohne Dichtungsprofile – ausgebildet sein. Beim Verbleib sind die Schienen durch Unterfüttern mit Mörtel gegen Durchbiegen zu sichern.

Mauerschutzkasten, Bandtaschen. An beiden Zargenseitenteilen befinden sich Vorrichtungen zur Abdeckung der Schließschlitze (Mauerschutzkasten) und zur Aufnahme der Bänder (Bandtaschen), die so ausgebildet sein sollten, daß kein Mörtel in die Aussparungen eindringen kann. Da diese Schutzkästen an den Stahlzargenseiten jedoch meist nicht dicht angeschweißt, sondern nur angepunktet sind, müssen die Kastenfugen vor dem Zargeneinbau ggf. noch mit Selbstklebeband o.ä. besonders abgedichtet werden.

Verankerungssystem. Ausgereifte Verankerungssysteme ermöglichen eine weitgehend problemlose Befestigung der Zarge an der Wand. Je nach Wandbauart werden die Anker entweder werkseitig an der Zarge fest angeschweißt oder lose mitgeliefert. Immer sollten sie jedoch an den Stellen eingebaut werden, wo die Kräfte – vor allem resultierend aus Türaufhängung und Verschluß – auf die Zargenseiten einwirken. Entsprechende Maßangaben sind Bild **6.**74b zu entnehmen. Bei einer Zargenbreite von über 1,00 Meter empfiehlt es sich, auch das obere Querprofil durch einen Anker am Sturz oder an der Rohdecke zu arretieren.

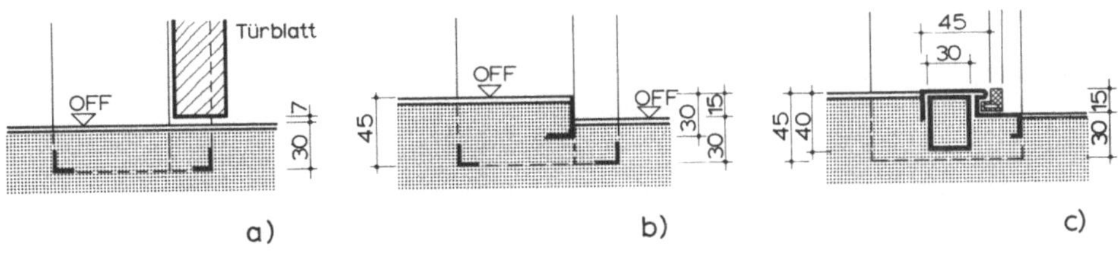

6.77 Stahlzargen mit Distanzprofilen und Bodenschwellen
    a) Distanzprofile zwischen die Zargenseiten geschweißt, genietet oder geschraubt
       (20 × 15 × 1,5 mm)
    b) mit eingeschweißter Bodenschwelle (Anschlagschiene 30 × 20 × 3 mm)
    c) Bodenschwelle mit Gummidichtung und untergeschweißtem Vierkantrohr zur Aussteifung

Wulf-Handelsgesellschaft, Anröchte-Effeln

Bild **6.**78a bis f zeigt verschiedenartige **Verankerungssysteme.** Demnach weisen Zargen, die eingemauert bzw. einbetoniert werden, angeschweißte Anker auf. Erfolgt der Einbau erst später in die bereits vorhandene Wandöffnung, so kommen meist lose Klemmanker zum Einsatz. Sie werden im Zargenspiegel an beliebiger Stelle eingeklemmt und an der Wandfläche festgeschraubt. Damit erübrigt sich das früher übliche, nachträgliche Stemmen von Ankerlöchern. Stahlzargen, die in Gasbeton- oder Gipsdielen-Plattenwände eingesetzt werden, sind mit sog. Schiebeankern ausgerüstet, die je nach Fugenlage in der Höhe justierbar sind. Der Einbau in nichttragende Montagetrennwände hängt im wesentlichen von der jeweiligen Zargenart ab. Einteilige Umfassungszargen müssen vor oder während der Wandmontage eingebaut werden. Das Einsetzen mehrteiliger Umfassungszargen kann dagegen auch nach dem Wandaufbau, ggf. sogar erst nach Abschluß der Malerarbeiten, erfolgen. Weitere Einzelheiten hierzu s. [16], [17] sowie Bild **6.**84.

Ganz gleich, ob die Stahlzargen eingemauert, einbetoniert oder nach Abschluß der Rohbauarbeiten in die fertigen Wandöffnungen eingesetzt werden, immer sind sie lot-, winkel- und fluchtgerecht und in der Höhe genau passend einzubringen. Eine nachträgliche Korrektur ist meist ausgeschlossen. Um ein Ausbiegen der Zargenseiten nach innen während des Einbaues zu vermeiden, werden Distanzbretter eingeklemmt und so die Zargen ausgespreizt. Dieses Ausspreizen ist beim Beton- bzw. Mauerwerkbau fast immer erforderlich, da der Hohlraum zwischen Leibung und Zarge in der Regel mit erdfeuchtem Zementmörtel (Mischung 1:4) satt ausgegossen wird. Eine Hinterfüllung mit Montageschaum ist ebenfalls möglich (noch nicht genormt), wenn an das Türelement keine besonderen Anforderungen gestellt werden und nur normale Belastungen zu erwarten sind. Vgl. hierzu Abschn. 6.4.1.6, Schäumtechnik.

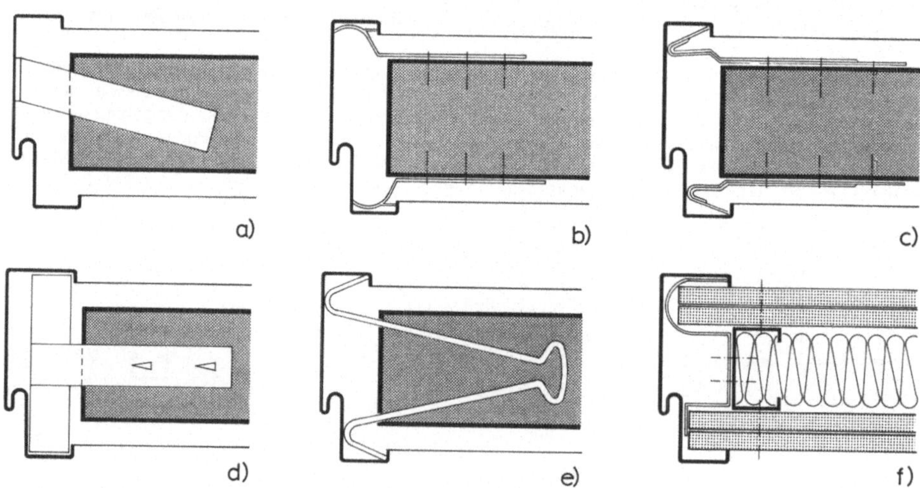

a)   b)   c)

d)   e)   f)

6.78   Schematische Darstellung von Verankerungssystemen für Stahlzargen
         (Beispiele BEDO-Werk, ISSEL-Werk)

   a) angeschweißter Maueranker (Wandbauart Mauerwerk)
   b), c) lose mitgelieferte Klemmanker (Wandbauart Mauerwerk)
   d), e) lose mitgelieferte Schiebeanker (Gasbeton- oder Gipsdielenwand)
   f) angepunkteter Hutanker (nichttragende, leichte Trennwand)

Bandauswahl. Bei der Bandauswahl sind die in Abschn. 6.4.1 im einzelnen erläuterten Kriterien, wie beispielsweise die Belastbarkeit der Bänder, zu beachten. Ausgehend vom Türflügelgewicht erhalten normale Türen üblicherweise zwei Bänder (Flügelteil-Rahmenteil), höhere, breitere oder schwerere Türblätter je drei Bänder. Bild **6.**79. Die entsprechenden Herstellerangaben (Belastungswerte) sind zu beachten.

Bandaufnahmeelement. Bild **6.**80 zeigt Aufnahmeelemente zur Befestigung von Türbändern an Stahlzargen. Wie der Schnitt durch die Bandtasche verdeutlicht, schließt das Klemmstück zunächst bündig mit dem Zargenspiegel ab (wahlweise DIN-LINKS oder DIN-RECHTS verwendbar). Erst bei Betätigung der Inbus-Stellschraube weicht es seitlich nach innen zurück und gibt den Schlitz zum Einstecken des Bandes (Rahmenteil) frei. Danach wird die Stellschraube wieder angezogen und der Bandlappen festgeklemmt. Bei dem in Bild **6.**80 b dargestellten Aufnahmeelement muß das Kunststoff-Füllstück dagegen ganz entfernt werden, um das Band in den Schlitz einschieben zu·können.

Bleibt die Bandtasche ungenutzt, wird der überstehende Teil des Füllstückes abgeschliffen und die Fläche überstrichen. Mittels dieser dreidimensional verstellbaren Aufnahmeelemente lassen sich die Türblätter auch später noch nachregulieren bzw. die Bänder jederzeit austauschen.

Dichtungsprofil. Stahlzargen sind üblicherweise mit einer umlaufenden Nut im Bereich des Falzes versehen, in die nach Abschluß der Malerarbeiten Dichtungsprofile eingezogen werden. Diese dämpfen die Schließgeräusche, mindern die Schallübertragung und verhindern Zugluft. Wie in Abschn. 6.4.4 näher beschrieben, wird die Funktion der Dichtung vorrangig durch ihre Formgebung und das Material bestimmt.

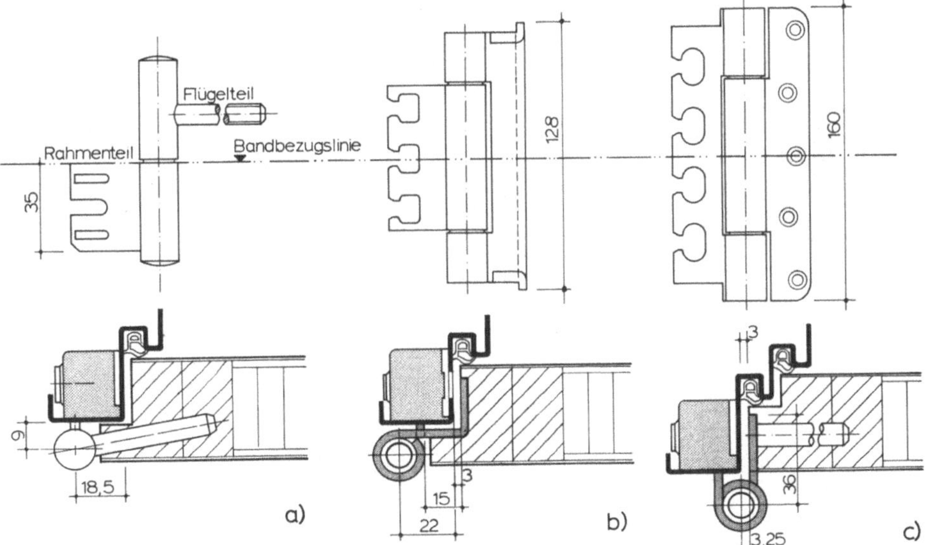

6.79 Bänder für gefälzte Türblätter an Stahlzargen
    a) Einbohrband mit verdrehsicherem Rahmenteil
    b) Winkelband mit verdrehsicherem Rahmenteil
    c) Lappen-Zapfen-Band für Türblatt an Doppelfalz-Stahlzarge, flächenbündig einliegend

Nach Vorlagen Simonswerk, Rheda-Wiedenbrück

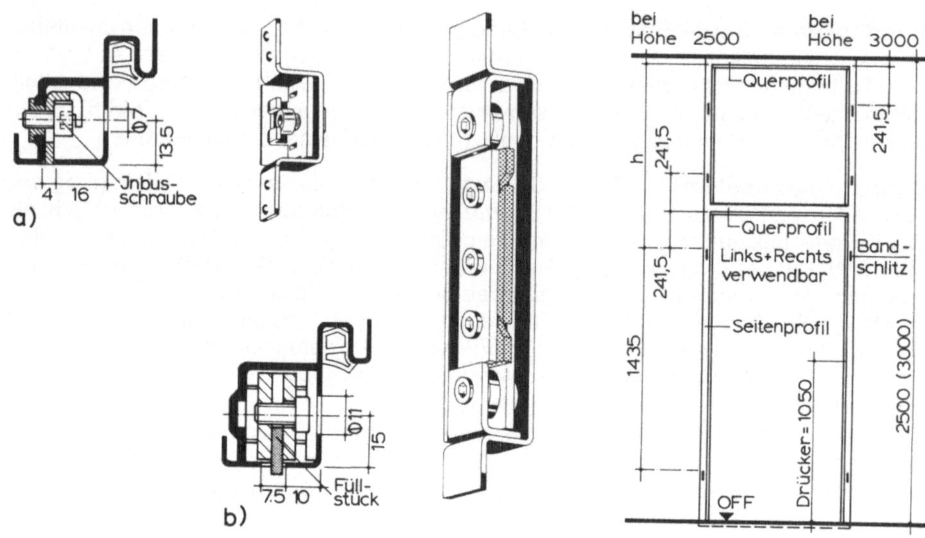

6.80   Aufnahmeelemente (Hinterschweißtaschen) zur Befestigung von Türbändern an Stahlzargen

    a) Bandtasche mit einziehbarem Klemm- und Zentrierstück

    b) dreidimensional verstellbares Aufnahmeelement für schwere Objektbänder (mit herausnehmbarem Füllstück)

    Nach Vorlagen Simonswerk, Rheda-Wiedenbrück

6.81   Raumhohe Stahlzarge mit Kämpfer (Querprofil) und Oberlichtfeld zur Aufnahme einer Verglasung oder aufgesetzten Holzoberblende. Die angegebenen Maße sind nicht genormt.

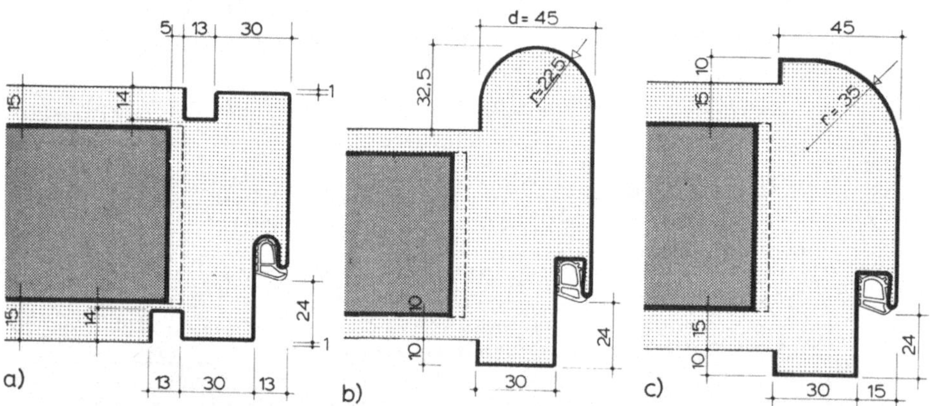

6.82   Schematische Darstellung von Sonderzargen

    a) Umfassungszarge mit beidseitig umlaufender Schattennut (Schattennutzarge)

    b), c) Stahlzargen mit besonderer Formgebung für moderne Innenraumgestaltung

    Wulf-Handelsgesellschaft, Anröchte-Effeln

6.6.1.2   Sonderzargen

Unter Sonderzargen versteht man Zargen, die besondere Funktionen und Anforderungen zu erfüllen haben. In Abweichung zu den in DIN 18111 T1 genannten Standardzargen sind an Sonderausführungen beispielsweise zu nennen:

Raumhohe Stahlzargen (Oberlichtzarge), Doppelfalzzargen für schalldämmende Türen, Stahlzargen für nichttragende leichte Trennwände, Schattennutzargen, Sonderzargen für Feuerschutz- und Strahlenschutztüren, Glasbaustein- und Dehnungsfugenzargen, Pendeltür- und Schiebetürumfassungszargen, Sonderzargen aus Aluminium oder Nirosta für Hygiene- und Feuchtbereiche sowie im Auftrag gefertigte, objektgebundene Sonderzargen. Es kann nicht Aufgabe dieses Werkes sein, auf alle diese Sonderausführungen im einzelnen einzugehen; zu vielfältig sind die Ausführungsmöglichkeiten – sowohl in technischer als auch formaler Hinsicht. Im folgenden werden deshalb nur einige wichtige Sonderkonstruktionen kurz vorgestellt.

a) Raumhohe Stahlzargen (Bild **6.**81). Überall dort, wo beispielsweise Tageslicht in einen etwas dunkleren Flurbereich fallen soll oder wo eine großzügige Raumgestaltung angestrebt wird, sind raumhohe Stahlzargen von Vorteil. Sie werden angeboten mit Kämpfer (Querprofil) und Oberlichtfeld, vorgerichtet zur Aufnahme von Einfach-, Doppel- oder Isolierverglasung. Weitere verglaste Seitenfelder sind ebenfalls möglich. Statt des Oberlichtes mit trennendem Querprofil kann das Türblatt optisch auch ohne Unterbrechung raumhoch in Form einer aufgesetzten Holzoberblende hindurchlaufen.

b) Schattennutzargen (Bild **6.**82). Zargen mit beidseitiger U-Fuge eignen sich sowohl für den Fertigteilbau (Betongießverfahren) als auch zum nachträglichen Einbau in Sichtbeton-, Sichtmauerwerk- oder Rohwände mit Putzbeschichtung. Für den Putzer dient die geringfügig überstehende Endsicke der U-Fuge als Abziehkante, so daß sich immer ein sauberer Wandanschluß ergibt. Aufgrund der dreiseitig umlaufenden Fuge ist auch eine deutliche optische Hervorhebung des Zargenrahmens gegenüber den angrenzenden Wandflächen gegeben, die durch eine entsprechende Farbgebung noch gesteigert werden kann.

c) Zargen aus Aluminium. Bild **6.**83 zeigt Alu-Türzargen mit fix und fertiger Oberfläche (eloxiert oder einbrennlackiert), die erst nach Fertigstellung der Wände und des Fußbodens eingebaut werden. Übliche Einputzanker sind nicht erforderlich. Die unsichtbare Befestigung erfolgt an der Türleibung mittels variabler Aufschraubanker. Der Alu-Zargenrahmen selbst besteht aus zwei ineinander zu schiebenden Teilstücken, die durch Feststellschrauben – unsichtbar im Falzbereich liegend – dauerhaft miteinander verbunden werden. Die Rahmenecken sind auf Gehrung geschnitten und mit Verstärkungswinkel verschraubt. Die Bandunterkonstruktion ist für alle handelsüblichen Türbänder vorgerichtet.

d) Zargen für fest eingebaute, nichttragende Gipskarton-Trennwände. Der Zeitpunkt des Zargeneinbaues hängt im wesentlichen von der gewählten Zargenart ab. Einteilige Umfassungszargen, wie in Bild **6.**78f dargestellt, müssen vor oder während der Errichtung des Metallständerwerkes eingebaut werden. Für das nachträgliche Einsetzen in die Wandöffnungen der bereits fertig montierten Trennwände wurden mehrteilige Umfassungszargen – sog. Schnellbauzargen – entwickelt. Wie Bild **6.**84 verdeutlicht, werden die einzelnen Seiten- und Querprofile bei der Montage im Bereich der Eckgehrungen durch jeweils zwei Gehrungsschlüssel und einen Verbindungsnagel fest miteinander verbunden. Die kraftschlüssige Verbindung mit der Trennwand erbringen je Zargenseite drei Spannschlösser, die unsichtbar im Falzbereich liegen. Diese werden mit Inbusschrauben angezogen, so daß sich eine sichere Klemmverbindung zwischen Zarge und Trennwand ergibt. Eingefügte Gummidichtungen verdecken die im Falz liegenden Bohrungen.

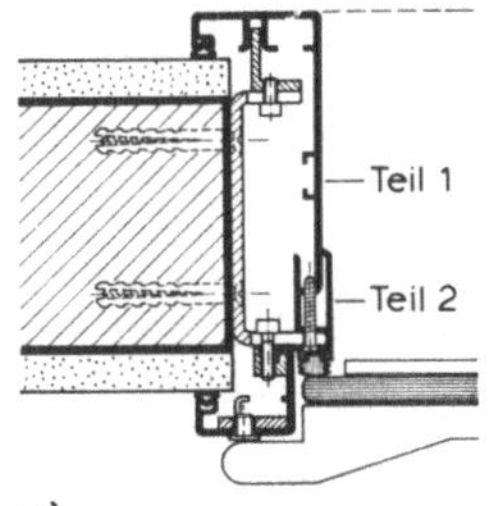

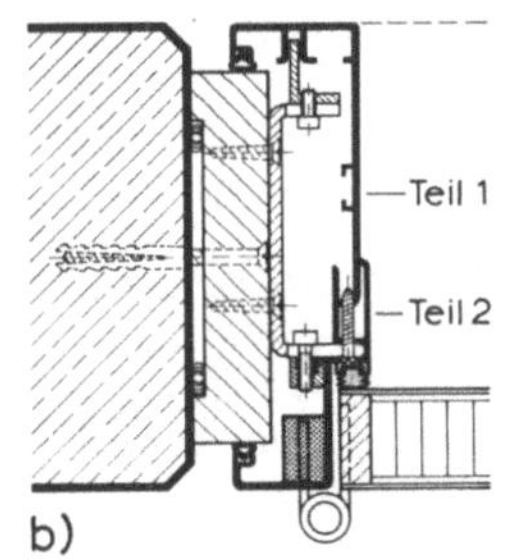

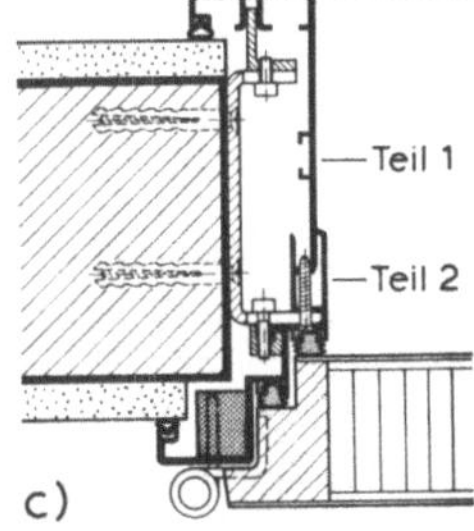

6.83 Zweiteilige Alu-Türzargen mit fertiger Oberfläche zum nachträglichen Einbau gerichtet (nach Fertigstellen der Wandflächen und Verlegen des Fußbodenbelages)

a) Zarge für Normalfalz- und Ganzglastüren
b) Zarge für Stumpftüren (ungefälztes Türblatt)
c) Zarge für Doppelfalztüren

Küffner, Alu-Türzargen, Rheinstetten-Forchheim

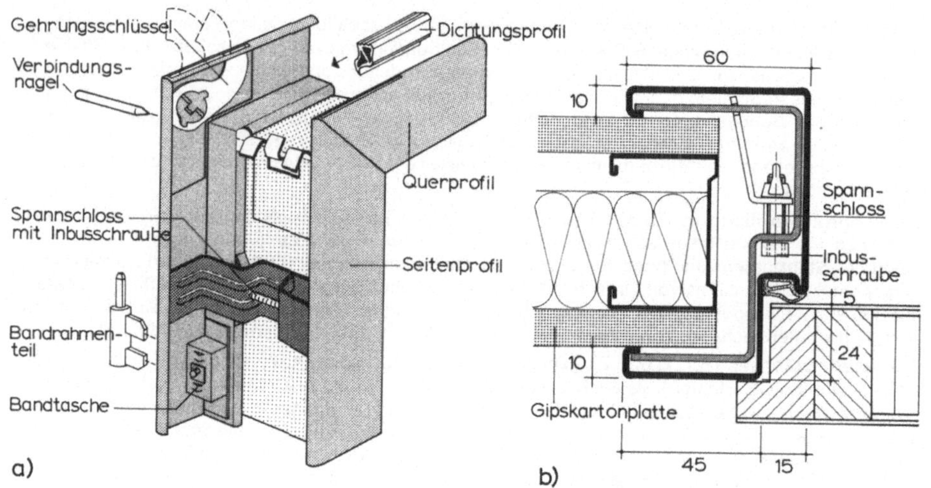

6.84 Mehrteilige Schnellbauzarge zum nachträglichen Einbau in nichttragende Gipskarton-Trennwände
a) Isometrische Darstellung
b) Horizontalschnitt

BEDO-Werk, Schwerte

6.6.2 Türblattkonstruktionen aus Metall

Türblätter aus Metall zeichnen sich vor allem aus durch ihre weitgehende Widerstandsfähigkeit gegen mechanische Beanspruchung, Unempfindlichkeit gegen Feuchtigkeit
und Temperatureinflüsse sowie durch ihre meist sehr günstigen Schalldämmwerte. Den
erhöhten Anforderungen des Wärmeschutzes genügen neu entwickelte, hohlraumge-
dämmte bzw. thermisch getrennte Konstruktionen, so wie sie beim Fenster- und Fassa-
denbau gleichermaßen eingesetzt werden. Sie werden als Außen- und Innentüren im
gesamten Bauwesen (Wohnungs-, Verwaltungs-, Industrie-, Schul- und Krankenhaus-
bau) vorzugsweise als Dreh-, Pendel-, Falt- und Schiebetüren verwandt. Außerdem
eignen sie sich in besonderem Maße als Schutztüren für besondere Belastungen bzw.
Anforderungen. Vgl. hierzu Abschn. 6.7, Sondertüren.

Korrosionsschäden an Stahlkonstruktionen – verursacht durch Witterungseinflüsse oder aggressive Bestandteile der Luft – sind durch vorbeugende Maßnahmen
auszuschließen. Geeignet sind farbige Beschichtungen (Anstriche bzw. Lackierungen), die den Stahl vor Korrosion schützen und ihm gleichzeitig ein dekoratives,
freundliches Aussehen geben. Dies wird beispielsweise erreicht durch Kunstharzbeschichtungen, Naß-in-Naß-Kunststoffbeschichtungen oder Pulverbeschichtungen.
Dabei geht man allgemein von einer Fertigungsbeschichtung und zwei bis vier Grund-
bzw. Deckbeschichtungen aus.

Korrosionsschutz wird auch erreicht durch einen metallischen Überzug. Der im
Stahlbau gebräuchlichste Überzug ist das Feuerverzinken, das in entsprechenden Bädern (Stückverzinkung) erfolgt. Korrosionsschutz dieser Art ist in der Regel dauerhafter
als der vorgenannte durch Beschichtungssysteme.

Den besten Schutz erzielt man jedoch durch die Kombination von Verzinkung mit ein bis drei Lackbeschichtungen, dem sog. Duplex-System. Weitere Einzelheiten hierzu s. DIN 55928, Korrosionsschutz von Stahlbauten durch Beschichtungen und Überzüge sowie [18].

Mit der Möglichkeit der Kontaktkorrosion unter Einwirkung von Feuchtigkeit muß gerechnet werden, wenn verschiedene Metalle oder Legierungen mit unterschiedlichem elektrischem Potential (Spannungsunterschied) in ein und derselben Konstruktion verarbeitet werden. Es ist deshalb empfehlenswert, bereits bei der Planung bzw. Konstruktion von Bauteilen, bei denen verschiedene Metalle oder Legierungen zusammengefügt werden sollen, sog. Korrosionstabellen zu beachten. Sie zeigen an, ob es möglich ist, bestimmte Metalle/Legierungen unmittelbar miteinander zu verbinden, ohne die Kontaktflächen gegeneinander isolieren zu müssen (z. B. durch Zwischenlagen aus Neoprene, Fiber, Butyl oder ähnlich neutralen Werkstoffen). So ist den Tabellen zu entnehmen, daß bei ungünstigen Flächenverhältnissen der Werkstoffe zueinander, beispielsweise feuerverzinkter Stahl nicht mit Kupfer in Kontakt kommen sollte. Dies gilt auch für Verbindungen zwischen Aluminiumlegierungen und Kupfer, Zinn oder Blei sowie zwischen Aluminium und Zink bzw. verzinktem Stahl und legiertem oder unlegiertem Stahl. Die Bauteile sind außerdem so anzuordnen, daß die Korrosionsprodukte edlerer Werkstoffe (= positives Potential) möglichst nicht auf unedlere Werkstoffe (= negatives Potential) verschleppt werden können (z. B. durch Regenwasser). Weitere Einzelheiten sind [19] zu entnehmen.

Des weiteren muß immer beachtet werden, daß beispielsweise Aluminiumflächen sehr empfindlich gegen die Einwirkung von Kalk- oder Zementmörtel, Farben sowie verschiedener Lösungsmittel sind. Daher dienen Haftfolien bzw. Haftpapiere dem vorübergehenden Schutz der fertigen Oberfläche bei Lagerung, Transport, Bearbeitung und Montage. Sie müssen sich allerdings leicht und ohne Rückstände wieder entfernen lassen.

6.6.2.1 Türen aus Stahlblech

Glatte Stahlblechtüren bestehen im allgemeinen aus 1,0 bis 1,5 mm dicken, beidseitig verzinkten Stahlblechtafeln, die so gefälzt sind, daß ein in der Ansicht fugenloses, hohlkastenförmiges Türblatt entsteht. Bild **6**.85. Diese dreiseitig aufgefälzte Schalenkonstruktion wird durch einen innenliegenden, meist umlaufenden Rahmen aus Flachstahl oder Vierkantrohr ausgesteift. Je nach Nutzung bzw. zu erwartender Beanspruchung können noch weitere Versteifungen aus senkrecht verlaufenden L- oder ⌐-förmigen Stahlprofilen eingebracht und wechselweise mit einem der beiden Deckbleche punktweise verschweißt werden. Die schall- und wärmedämmenden Einlagen sind mit den beiden äußeren Schalen vollflächig verleimt, so daß ein vorzeitiges Abrutschen verhindert und gleichzeitig der Blechtür ihr metallischer Körperklang genommen wird. Der Einbau dieser Türen erfolgt normalerweise in handelsübliche Stahlzargen. Glatte Türen aus Stahlblech werden angeboten als

— **leichte Innentür** (Alternative zur glatten Sperrtür aus Holz), 40 mm dick, mit aussteifendem Holzrahmen und engmaschiger Wabeneinlage sowie gefälzten Stahlblechtafeln mit fix und fertiger Oberfläche (Fertigtür),

— **strapazierfähige Mehrzwecktür** (Außen- und Innentür für Verwaltungs-, Schul-, Gewerbe- und Industriebau), etwa 50 mm dick, mit umlaufendem Stahlrahmen und vertikaler Zusatzaussteifung sowie vollflächig eingeleimten Schall- bzw. Wärmedämmstoffen aus Polyurethan-Hartschaum oder Mineralfaserplatten. Bild **6**.85. Die feuerverzinkten Deckbleche erhalten werkseitig meist nur eine Außengrundierung, geeignet für bauseitige Beschichtungen. Eine Weiterentwicklung dieser Mehrzwecktür stellt die

— **Feuerschutztür aus Stahl** dar, so wie sie in Abschn. 6.7 näher beschrieben ist.

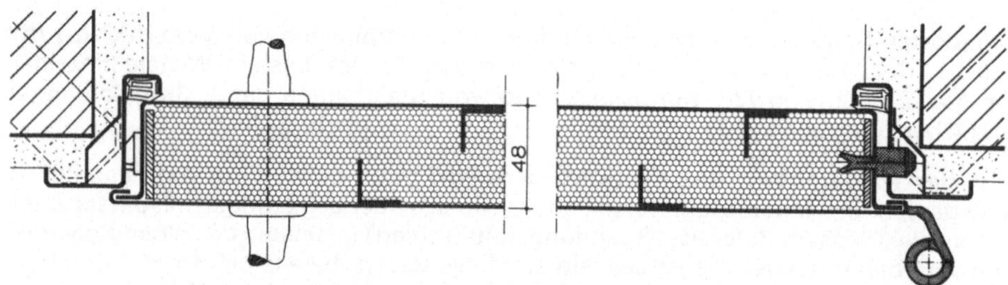

6.85 Konstruktionsbeispiel einer dreiseitig gefälzten, doppelwandigen Stahlblechtür mit umlaufendem Stahlrahmen, senkrechten Profilen als Zusatzaussteifung und einer schall- bzw. wärmedämmenden Einlage (handelsübliche Mehrzwecktür)

Firma Hörmann, Steinhagen

6.6.2.2 Türen aus Stahlrohrprofilen

Das Ausgangsmaterial für die Herstellung von Profilstahlrohren ist warmgewalzter Bandstahl auf Rollen. Dieser wird durch mehrere hintereinanderliegende Walzenpaare zu einem oben offenen Schlitzrohr geformt, das durch anschließendes Schweißen geschlossen wird. Die gewünschte Profilierung dieser Rundrohre erfolgt durch Kaltziehen über eine Ziehmatrize. Bei komplizierten Profilquerschnitten wird dieser Vorgang wiederholt. Danach werden die auf Gehrung geschnittenen Rahmenecken stumpf verschweißt. Auf die möglichen Oberflächenbehandlungen wurde bereits hingewiesen. Weitere Einzelheiten hierzu sind der weiterführenden Spezialliteratur [20] zu entnehmen.

Wie Bild **6.**86 a und b verdeutlichen, wird zwischen thermisch nicht getrennten (ungedämmten) und thermisch getrennten (wärmedämmenden) Profilkonstruktionen unterschieden. Thermisch getrennte Profile werden im wesentlichen durch einfaches Zusammenkuppeln zweier Rohr-Halbschalen mittels H-förmigen Kunststoff-Halteexzentern hergestellt. So entstehen Bauelemente, die den Forderungen der Wärmeschutzverordnung genügen. Die Dimensionierung dieser Profile ist nicht nur nach den statischen und wärmeschutztechnischen Erfordernissen zu treffen, sie hängt auch von den eingesetzten Beschlägen und der vorgesehenen Verglasung ab.

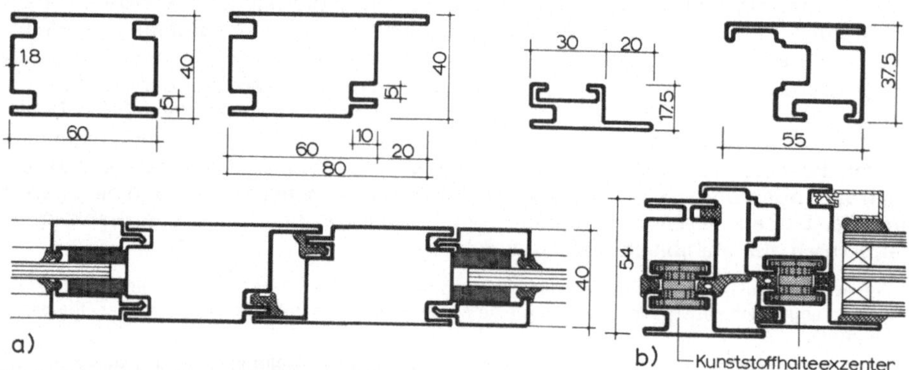

6.86 RP-Stahlprofilrohre für Türen und Tore
   a) thermisch nicht getrennte (ungedämmte) Profile
   b) thermisch getrennte (wärmedämmende) Profile

Mannesmann-Röhrenwerk, Wickede

6.6.2.3 Türen aus Stahl-Aluminium-Kombinationsprofilen

Bei dieser Mischkonstruktion besteht der tragende Kern aus Stahlrohrprofilen, die auf einer oder auf beiden Seiten mit Aluminium-Deckschalen verkleidet werden. Bild **6**.87. Die Schalenbauweise ergibt kubische Formen und vermeidet Fugen für zusätzliche Glasfalzstäbe. Weitere Vorteile dieser Bauweise sind: Die unempfindliche Stahlrahmenkonstruktion kann zur Herstellung der Bauabdichtung sowie der Wand- und Deckenanschlüsse schon frühzeitig montiert werden. Erst nach Abschluß aller groben Bauarbeiten werden die dekorativ behandelten Deckschalen aus Aluminium montiert, so daß Beschädigungen durch den Baustellenbetrieb weitgehend vermieden werden. Da die Deckschalen im Abstand von 40 bis 60 cm mit Kunststoffklammern an den Stahlgrundprofilen befestigt sind, lassen sie sich im Bedarfsfall auch einzeln auswechseln. Die Rahmenkonstruktion und Verglasung werden hiervon nicht berührt.

Mit dieser Schalenbauweise können sowohl thermisch getrennte wie ungedämmte Konstruktionen hergestellt werden. Außerdem lassen sich mit dieser Bauweise Rauch- und Feuerschutztüren entwickeln, die sich nur in der Funktion, nicht aber im Aussehen von den üblichen Aluminiumtüren unterscheiden. Vgl. hierzu Bild **6**.93.

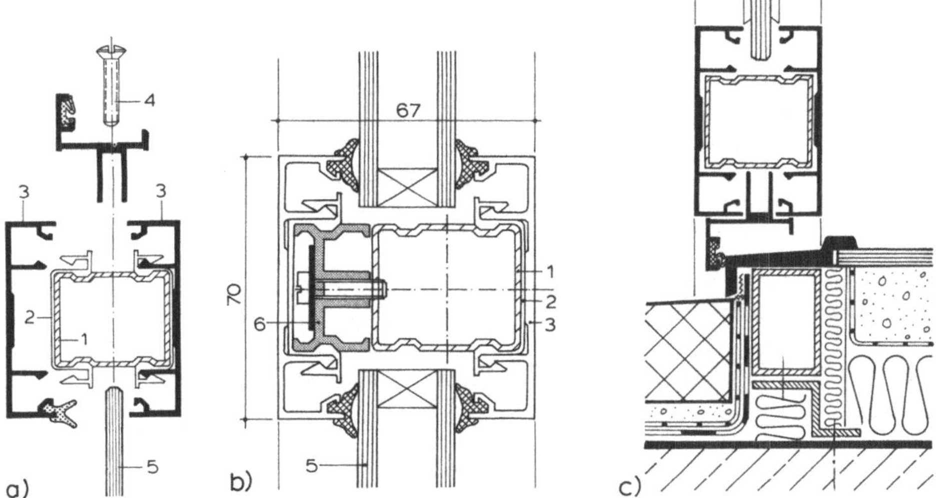

6.87 Stahl-Aluminium-Kombinationsprofile für Türen, Tore und Schaufensteranlagen (Metallbausystem GLISSA G)
- a) Darstellung des Konstruktionsprinzips am Beispiel eines ungedämmten Profils
- b) thermisch getrenntes Profil mit Isolierverglasung
- c) Vertikalschnitt durch einen Schwellenanschlag

1 Rohrprofil aus Stahl (tragender Kern)
2 Kunststoffklammern zur Befestigung der Alu-Deckschalen
3 Aluminium-Deckschalen
4 Montageschraube
5 Glasscheiben mit beidseitiger Profildichtung
6 Isolierprofil für thermisch getrennte Profile

Metallbau-Bedarf GmbH, Willich

6.6.2.4   Türen aus selbsttragenden Aluminiumprofilen

Die Rahmenprofile für Türen (und Fenster) werden im Strangpreßverfahren aus einer Aluminium-Legierung hergestellt. Diese Legierung ist sehr korrosionsbeständig, gut anodisierbar und von hoher Festigkeit. Bereits bei ihrer Herstellung erhalten die Hohlkastenprofile alle für Zusammenbau und Funktion der Türen erforderlichen Ausformungen, so daß eine problemlose Verarbeitung und Montage gewährleistet ist. Die Verbindung der auf Gehrung geschnitteten Rahmenprofile erfolgt bei den meisten Konstruktionen mechanisch, durch in den Profilhohlraum dicht und fest eingebaute Eckwinkel. Der feste Verbund wird durch maschinelles Einstanzen bzw. Pressen der Profilwandungen in dafür vorgesehene Nuten des Eckwinkels erreicht. Außerdem werden alle mechanischen Eckverbindungen noch zusätzlich mit Metallklebstoff verklebt.

Neben den bereits erwähnten Eigenschaften ist Aluminium außerdem noch unempfindlich gegen Feuchtigkeit und Witterungseinflüsse sowie mechanische Beanspruchung. Als nachteilig kann das hohe Wärmeleitvermögen, vor allem bei durchgehenden, nicht gedämmten Elementen angesehen werden. Sowohl zur Vermeidung von Schwitzwasserbildung als auch um die Forderungen der Wärmeschutzverordnung einhalten zu können, kommen im Wohnungs- und Verwaltungsbau heute nur noch thermisch getrennte (wärmedämmende) Konstruktionen zur Verwendung.

Neben der mechanischen Oberflächenbehandlung durch Schleif- oder Bürstenbänder gibt es noch die dekorative Behandlung in Form von anodischer Oxidation (Eloxieren) oder farblicher Beschichtung (Naß- oder Pulverbeschichtung) in allen RAL-Farben. Weitere Einzelheiten sind Abschn. 5.5.4.2 sowie der weiterführenden Spezialliteratur [21] zu entnehmen.

Bild **6.88** zeigt thermisch getrennte Profilkonstruktionen. Die thermische Entkoppelung, gleichzeitig aber auch der form- und kraftschlüssige Verbund der inneren und äußeren Profilschale, erfolgt mittels durchlaufender Dämmstege aus glasfaserverstärktem Polyamid. Hohe Querzugs- und Schubfestigkeitswerte erlauben, daß beide Profilschalen zum Abtragen von Druck-, Zug-, Schub- oder Verwindungskräften herangezogen werden. Damit können wärmegedämmte Profile in gleich schlanker Kontur wie ungedämmte Ganzaluminiumprofile ausgeführt werden.

6.6.2.5   Türen aus Aluminium-Kunststoff-Verbundprofilen

An dieser Stelle soll nicht Grundsätzliches über Türanlagen aus Kunststoff vermerkt, sondern nur eine neuartige Verbundkonstruktion aus Aluminium-Tragprofilen und PVC-Hartschaumummantelung kurz erläutert werden. Bild **6.89**. Im Kern besteht das System aus einem stabilen Aluminiumprofil, das mit PVC-hart-Integralschaum ummantelt wird. Beide Materialien gehen eine unlösbare Verbindung ein, wobei das Metallprofil für eine optimale Stabilität und Verwindungssteifigkeit, der PVC-Schaummantel für eine gute Wärmedämmung sorgt.

Hatte man bisher im Kunststoff-Fenster- und Türenbau erst nachträglich Metallrohre als Versteifung in die Kunststoffprofile eingelegt und nur die Kunststoffecken stumpf verschweißt, so werden bei diesem neuartigen System die voll integrierten Aluminium-Profile in der Ecke mit einem kompakten Aluminium-Winkel zu einer unlösbaren Einheit verbunden. Außerdem werden sowohl die Eckwinkel als auch die Schnittflächen der auf Gehrung geschnittenen Verbundprofile mit einem 2-Komponentenkleber dauerhaft verklebt. Die Rahmen können je nach Wunsch und Bausituation in verschiedenen Ansichtsbreiten und Oberflächen geliefert werden. Weitere Einzelheiten s. Abschn. 5.5.6.

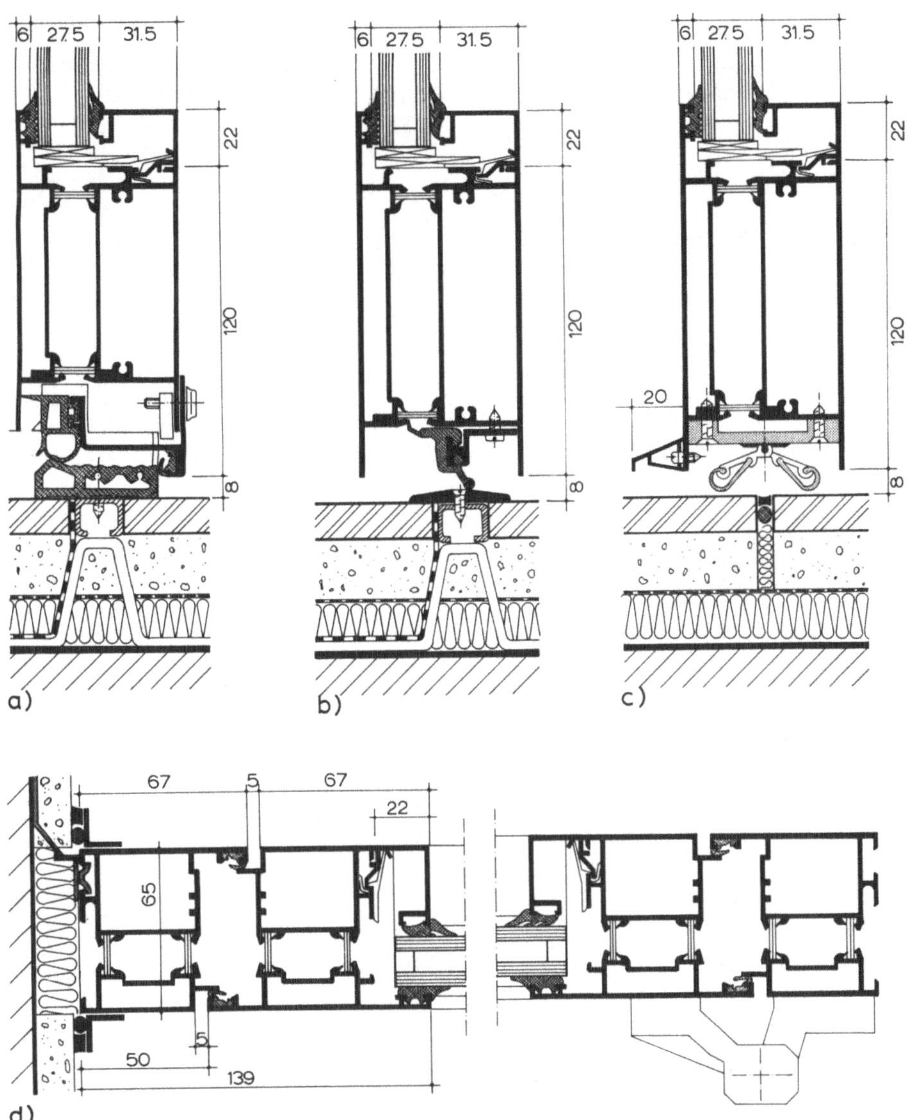

6.88 Thermisch getrennte, innen- und außenseitig flächenbündige Türblattkonstruktionen aus selbsttragenden Aluminiumprofilen (Typ: ISKOTHERM 74). Alle Konstruktionen weisen eine innere und eine äußere, ringsumlaufende Anschlagdichtung auf.

a) Vertikalschnitt durch Türflügel-Fußpunkt mit höhenverstellbarem Türanschlag (max. 10 mm)
b) bis c) Vertikalschnitte durch Türflügel-Fußpunkte mit Bodendichtungen
d) Horizontalschnitt durch Anschlagtür nach außen öffnend

SCHÜCO-Systeme, Bielefeld

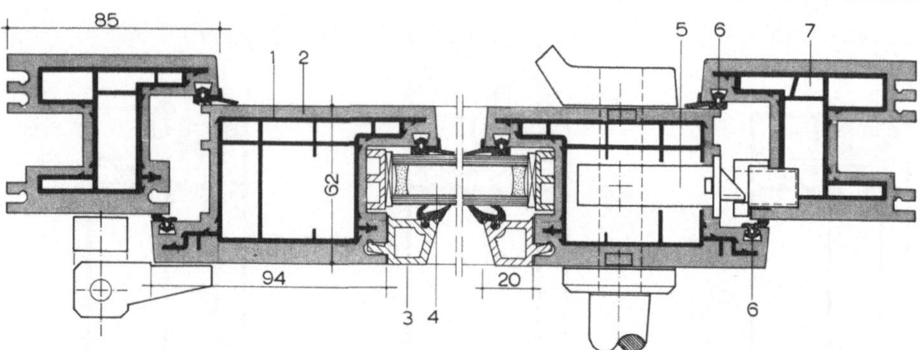

6.89 Konstruktionsbeispiel einer Außentür aus Aluminium-Kunststoff-Verbundprofilen (System „COM-
BIDUR AV"). Die Konstruktion weist eine innere und eine äußere, ringsumlaufende Anschlagdichtung auf.

1 integriertes Aluminiumprofil
2 PVC-Hartschaum
3 Glasleiste
4 Isolierglas mit beidseitiger Profildichtung
5 Schloßkasten
6 innere und äußere Anschlagdichtung
7 Blendrahmenprofil

Kömmerling-Kunststoffwerke, Pirmasens

6.7 Sondertüren (Schutztüren)

An Schutztüren werden spezifische Anforderungen gestellt, die diese jeweils nur bei
kompletter Elementlieferung und Ausrüstung erfüllen können. Ein Zusammenbau derartiger Türen auf der Baustelle aus angelieferten Einzelteilen ist ausgeschlossen. Man
unterscheidet:

— Feuerschutztüren   — Einbruchhemmende Türen

— Rauchschutztüren   — Schußhemmende Türen

— Schallschutztüren   — Naß- und Feuchtraumtüren

— Strahlenschutztüren   — Wohnungsabschlußtüren u. a. m.

6.7.1 Feuerschutztüren (Feuerschutzabschlüsse)

Der Begriff Feuerschutzabschlüsse ist in DIN 4102 T5 definiert. Danach sind Feuerschutzabschlüsse selbstschließende Türen in ein- oder zweiflügeliger Bauart und andere selbstschließende Abschlüsse (z. B. Klappen, Tore), die dazu bestimmt sind, im
eingebauten Zustand den Durchtritt eines Feuers durch Öffnungen in Wänden oder
Decken eines Gebäudes zu verhindern. Sie bestehen aus mit der Wand fest verbundenen
Teilen (z. B. Zarge), einem oder mehreren beweglichen Teilen (z. B. Türblatt) sowie den
zum Befestigen oder Verschließen notwendigen Beschlägen, Schlössern usw.

Maßgebend für Anforderungen an den baulichen Brandschutz sind die Bauordnungen
der Länder und die Verordnungen für Gebäude besonderer Art und Nutzung (z. B.
Geschäftshaus-, Versammlungsstättenverordnung u. a. m.) sowie eine Vielzahl weiterer

Richtlinien und Erlasse. Danach sind Feuerschutzabschlüsse so herzustellen und einzubauen, daß die Übertragung von Feuer während einer bestimmten Zeitdauer verhindert wird. Diese Feuerwiderstandsdauer muß durch Prüfungen nach DIN 4102 T5
nachgewiesen werden. Dementsprechend werden die Bauteile in Feuerwiderstandsklassen nach Tabelle **6**.90 eingestuft.

Tabelle **6**.90   Feuerwiderstandsklassen T nach DIN 4102 T5

Feuerwiderstandsklasse	Feuerwiderstandsdauer in Minuten
T 30	$\geq$ 30
T 60	$\geq$ 60
T 90	$\geq$ 90
T120	$\geq$ 120
T180	$\geq$ 180

Die Brauchbarkeit nicht genormter Bauarten kann allerdings nicht allein durch Prüfzeugnisse nach dieser Norm beurteilt werden. Vielmehr sind weitere Eignungsnachweise erforderlich, die im Rahmen der allgemeinen bauaufsichtlichen Zulassung erbracht werden müssen. Der Zulassungsbescheid wird vom **Institut für Bautechnik in Berlin** erstellt. Feuerschutztüren, die nicht in allen Einzelheiten dem Zulassungsbescheid entsprechen, dürfen nicht mit dem amtlich zugewiesenen Kennzeich-
nungsschild versehen werden. Folgende allgemeine Hinweise sind besonders zu
beachten:

— Feuerschutztüren müssen immer als eine komplette, einbaufertige Einheit hergestellt, angeboten und
  eingebaut werden, bestehend aus Türblatt, Zarge und allen Beschlägen, einschließlich Türschließer.
— Zwischen Wand und Türelement besteht eine Wechselwirkung: Der Einbau einer Feuerschutztür darf
  nur in Wände erfolgen, die der allgemeinen bauaufsichtlichen Zulassung entsprechen.
— Die Schutzwirkung wird nur dann erzielt, wenn die Übergänge (z.B. Anschlüsse zwischen Wand
  und Zarge) die gleichen Feuerwiderstände aufweisen, wie die Schutztürflächen selbst. So müssen
  Stahlzargen beispielsweise mit Mörtel satt hinterfüllt und voll eingeputzt werden.
— Da sich auch die Eigenschaften von Beschlägen, Schlössern, Schließmitteln und anderen Zubehörteilen
  auf das Brandverhalten und die Funktionstüchtigkeit des Feuerschutzabschlusses auswirken können,
  dürfen nur diejenigen Zubehör- und Beschlagteile verwendet werden, die den jeweiligen Normen bzw.
  bauaufsichtlichen Zulassungsbescheiden entsprechen. Für Beschläge, die nicht im Zulassungsbescheid
  erwähnt werden, sind entsprechende Eignungsnachweise zu erbringen.
— Für dekorative Oberflächen dürfen nur Materialien verwendet werden, die den im Zulassungsbescheid
  angeführten gleichwertig sind.

Feuerschutztüren können ihren Zweck – ein Schadensfeuer durch die Türöffnung nicht
durchzünden zu lassen – nur erfüllen, wenn sie im Brandfall dicht geschlossen sind.
Die dafür vorgesehenen Türschließmittel müssen daher jederzeit zuverlässig arbeiten.

Selbstschließende Türschließer für Feuerschutzabschlüsse:

a) Einstellbare, nicht tragende Federbänder nach DIN 18262,

b) Federband und tragendes Konstruktionsband nach DIN 18272,

c) Türschließer mit hydraulischer Dämpfung nach

   — DIN 18263 T1: Kurbeltrieb-Türschließer

   — DIN 18263 T2: Zahntrieb-Türschließer

   — DIN 18263 T3: Boden-Türschließer.

Nähere Angaben über Türschließer s. Abschn. 6.4.1.1, Sonderbeschläge.

Normgerechte Einsteckschlösser für Feuerschutzabschlüsse:

a) Einfallenschlösser nach DIN 18250 T1,

b) Dreifallenverschluß nach DIN 18250 T2.

Einsteckschlösser stellen eine gewisse Schwachstelle des dämmenden Türblattes dar. Daher wird die Schloßtasche mit besonderem Isoliermaterial wie beispielsweise Asbestpappe oder einem anderen gleichwertigen Werkstoff ausgefüttert. S. hierzu Bild **6.91**.

Falls die Raumabschlüsse lichtdurchlässige Elemente (Verglasungen) enthalten, müssen auch diese und deren Halterungen den in DIN 4102 genannten Anforderungen entsprechen. Im wesentlichen unterscheidet man zwei Arten von

Brandschutzverglasungen

— **G-Verglasungen** behalten im Brandfall ihre raumabschließende Wirkung, verhindern also während einer bestimmten Zeitdauer entsprechend ihrer Feuerwiderstandsklasse (G30 bis G180) den Flammen- und Brandgasdurchtritt. Sie verhindern jedoch nicht den Durchgang der Hitzestrahlung (strahlendurchlässige Verglasung). Derartige Verglasungen haben keine Hitzeschildfunktion im Sinne der DIN 4102 T2, sondern gelten nur als „gegen Feuer widerstandsfähige Verglasungen" gemäß Teil 5 der DIN 4102. G-Verglasungen finden im wesentlichen dort Verwendung, wo mit dem Auftreten von Brandrauch, nicht aber mit Wärmestrahlung zu rechnen ist.

— **F-Verglasungen** sind Bauteile aus Glas, die ebenfalls rauch- und flammendicht ausgebildet sein müssen, die aber darüber hinaus auch noch den Durchtritt der Hitzestrahlung durch thermische Isolation verhindern (strahlenundurchlässige Verglasung). Dies geschieht in der Regel durch eine glasklare Zwischenschicht (Gelschicht), die in dem Scheibenzwischenraum zweier (oder mehrerer) Sicherheitsgläser eingelagert ist. Wenn im Brandfall die dem Feuer zugewandte erste Scheibe zerspringt, schäumt diese Brandschutzschicht auf und bildet mit ihrem verdampfenden Wassergehalt für die zweite Scheibe eine hochwärmedämmende Isolierschicht. In Abhängigkeit von der Gelschichtdicke lassen sich so Feuerwiderstandszeiten von 30, 60 und 90 Minuten erzielen (F30 bis F90). Brandschutzgläser (G- und F-Verglasungen) dürfen nur in allgemein bauaufsichtlich zugelassene Bauelemente – gemäß Zulassungsbescheiden des Instituts für Bautechnik – eingebaut werden.

Brandschutzleisten/Brandschutzplatten. In manchen Fällen darf im Brandfall durch den Luftspalt zwischen Türblatt und Zarge kein Rauch und auch keine Hitze durchdringen. Zur Fugenabdichtung feuerwiderstandsfähiger Bauteile werden deshalb am Zargenfalz oder am jeweiligen Türblattfalz bauaufsichtlich zugelassene Brandschutzleisten angeordnet, die bei Feuereinwirkung aufschäumen und so den Durchtritt verhindern. Diese Leisten bestehen in ihrem Kern aus einer Palusol-Brandschutzplatte, die von einer dünnen Hülle umgeben ist, welche die Ausdehnung nicht behindert. Die Palusol-Brandschutzplatte kann jedoch auch direkt in Form eines dreiseitig umlaufenden Streifens in den Türblattfalz einer Holztür eingelassen und mit einer vorgesetzten dünnen Holzleiste, Furnier o.ä. geschützt sein. Vgl. hierzu Bild **6.95** bis **6.97**.

Feststellanlagen für Feuer- und Rauchschutztüren. Besteht aus betrieblichen Gründen die Notwendigkeit, Feuer- und Rauchschutztüren zeitweise offen zu halten, so dürfen nur bauaufsichtlich zugelassene Feststellanlagen eingesetzt werden. Rauch- und Temperaturmelder ermöglichen einen gesteuerten Schließvorgang. Sie werden als Auslösevorrichtungen zusammen mit Elektro-Haftmagneten oder elektromagnetischen Türschließern verwendet. Feststellanlagen an Feuer- und Rauchschutztüren dürfen nur angebracht werden, wenn die Notwendigkeit hinreichend begründet ist und für jeden Einzelfall die Genehmigung der Baubehörde vorliegt.

6.7.1.1 Feuerschutztüren aus Stahl

Feuerhemmende einflügelige Stahltüren sind in DIN 18082 Teil 1 und 3 beschrieben. Dabei handelt es sich um selbstschließende Türen ohne Verglasung, die dazu bestimmt

 1 Einsteckschloß nach DIN 18250 T1 mit Schlüssellochblende
 2 Ankerlochaussparung im Beton $\geq$ 80, im Mauerwerk $\geq$ 95 mm
 3 Stahlschild mit Kennzeichnung
 4 Kugellagerring (gehärtet)
 5 Meterrißmarkierung (Kerbe)
 6 Verstärkungswinkel für Türschließer
 7 Lage der Z-Stahlzarge
 8 Maueranker 35 × 2 mm, freie Länge 140 mm
 9 Schutzkasten
10 Z-Stahlzarge, eingeputzt, 54 × 50 × 3 mm
11 Schloßtaschen-Auskleidung mit Asbestpappe
12 Dämmstoff aus Mineralfaser-Einlage
13 Sicherungszapfen
14 Federband (DIN 18262)
15 umlaufende Flachstahlverstärkung

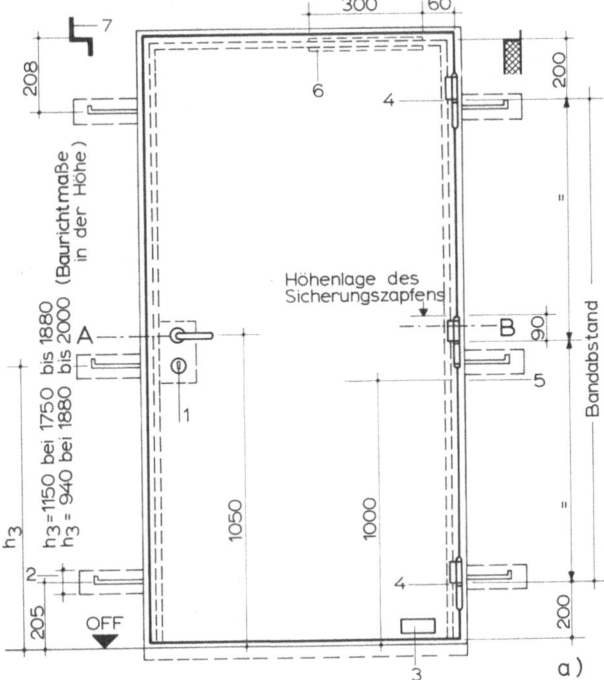

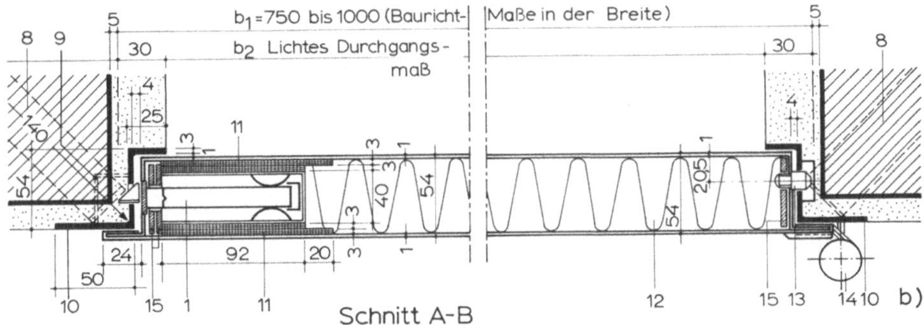

6.91 Feuerschutztür nach DIN 18082 T1 (Ausg. 1.85): Feuerhemmende einflügelige T 30-1-Stahltür, Bauart **A** (vereinfachte Darstellung, Maße in mm)
  a) Ansicht; Baurichtmaße der Wandöffnungen in der Breite von 750 bis 1000, in der Höhe von 1750 bis 2000 m
  b) Schnitt A–B durch Schloßtasche und bandseitigem Sicherungszapfen

sind, Öffnungen in raumabschließenden Wänden von mind. 240 mm Dicke bei Mauerwerk bzw. 140 mm Dicke bei Stahlbeton zu verschließen. Bild **6**.91. Türen, die den Festlegungen dieser Normen entsprechen, gelten ohne besonderen Nachweis als T 30-Türen nach DIN 4102 T 5. Die Normung dieser bewährten Feuerschutzabschlüsse ist noch nicht in allen Teilen abgeschlossen.

DIN 18082 T 1 (Ausg. 1.85) beschreibt T 30-1-Stahltüren der **Bauart A** (Türblattdicke 54 mm) zur Verwendung in Wandöffnungen von 750 bis 1000 mm Breite und von 1750 bis 2000 mm Höhe (Baurichtmaße).

DIN 18082 T 3 (Ausg. 1.84) erfaßt T 30-1-Stahltüren der **Bauart B** (Türblattdicke 62 mm) für Wandöffnungen von 750 bis 1250 mm Breite und von 1750 bis 2250 mm Höhe (Baurichtmaße).

Bild **6**.91 zeigt eine einflügelige Feuerschutztür der **Bauart A** gemäß DIN 18082 T 1. Der Türflügel besteht aus zwei 1,0 mm dicken Feinblechen, die zu einem allseitig geschlossenen 54 mm dicken Türkasten zusammengefügt sind, und zwar so, daß an drei Türflügelkanten umbördelte Anschlagfalze von 24 mm Breite entstehen. Weitere Flach- bzw. Winkelstahlverstärkungen sind zur inneren Aussteifung des Türkastens, zur Verstärkung des Schloßbereiches und zur Befestigung des Türschließers eingeschweißt. Auf der Bänderseite ist ein Sicherungszapfen untergebracht, der beim Schließen der Tür in die Zarge eingreift, um im Falle eines Brandes ein Ausbiegen des Türflügels zu verhindern. Als Dämmstoff kommen nichtbrennbare Mineralfaser-Einlagen (DIN 18089 T 1) in Frage, wobei diese den Türkasten vollständig ausfüllen müssen. Die Stahlzarge besteht aus einem ⌐-förmigen Stahlprofil von 3 bis 4 mm Dicke, an deren Längsseiten je drei Maueranker angeschweißt sind. Der Türflügel ist an zwei Konstruktionsbändern aufgehängt. Als Schließmittel sind ein nichttragendes Federband auf halber Türkastenhöhe oder ein obenliegender Türschließer mit hydraulischer Dämpfung möglich.

6.7.1.2 Feuerschutztüren aus gedämmten Rohrrahmen mit großflächiger Verglasung

An manche Feuerschutztüren wird aus Gründen der Verkehrssicherheit die Forderung nach Durchsicht erhoben. Besonders in Krankenhäusern, Heimen, Hotels usw., wo Flucht- und Rettungswege in Fluren und Treppenhäusern jederzeit passierbar sein müssen, sind die großflächig verglasten Feuerschutzabschlüsse von großem Vorteil. Passend zu den ein- oder zweiflügeligen Türanlagen gibt es auch verglaste Trennwandelemente. Ihre Aufteilung wird durch die maximal zugelassene Scheibengröße (z. B. 1000 bis 2000 mm) bestimmt. Die großflächige Verglasung besteht in jedem Fall aus Brandschutzgläsern (G- bzw. F-Verglasung), so wie sie bereits zuvor beschrieben wurden. Feuerschutztüren mit großflächiger Verglasung sind im wesentlichen nach zwei Konstruktionsprinzipien aufgebaut.

a) Thermisch geschützte Konstruktion. Türflügel und Blendrahmen bestehen aus jeweils einteiligen tragenden Stahlrohrprofilen, deren thermischer Schutz durch Ummantelung mit bauaufsichtlich zugelassenen Silikat-Platten erfolgt. Als äußere Verkleidung kommen wahlweise eloxierte bzw. einbrennlackierte Aluminium-Deckschalen in Frage. Bild **6**.92.

Der thermische Schutz einteiliger Stahlrohrprofile kann jedoch auch mit dünnen, aufklebbaren Alsiflex-Wärmedämmstreifen erreicht werden. Hierbei handelt es sich um ein filzartiges Material aus keramischer Faser für anspruchsvolle Hochtemperatur-Wärmedämmung. Bild **6**.93.

b) Thermisch getrennte Konstruktion (Bild **6**.94). Türflügel und Blendrahmen bestehen hier aus jeweils zwei tragenden Stahlrohrrahmen. Zwischen den beiden Profilteilen verläuft ein feuerbeständiger Dämmkern aus Silikat-Platten (z. B. Promatect H), der in einer Ebene mit den Brandschutzgläsern liegt und so die thermische Trennung bewirkt. Insgesamt ist aber alles zu einer stabilen Konstruktion verbunden. Auch hier erfolgt die äußere Verkleidung mit eloxierten oder farbig beschichteten Deckprofilen.

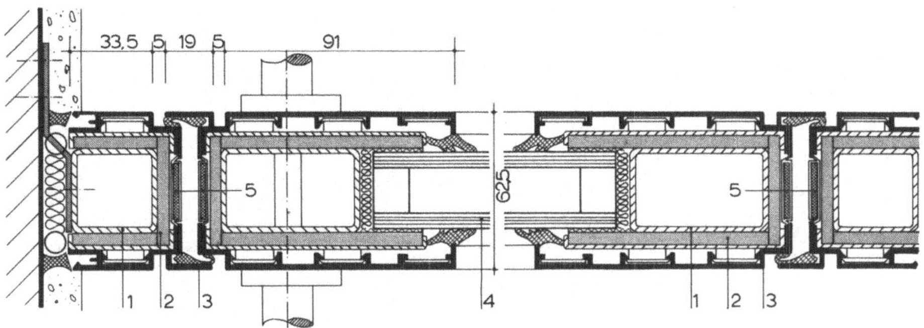

6.92 Konstruktionsbeispiel einer T 30-1-Aluminium-Feuerschutztür mit thermisch geschützten Stahlrohrprofilen und großflächiger Verglasung

1 einteiliges Stahlrohrprofil
2 thermischer Schutz durch Calcium-Silikat-Platten
3 Aluminium-Deckschale
4 Brandschutzglas
5 Palusol-Brandschutzleiste

Hörmann KG, Steinhagen

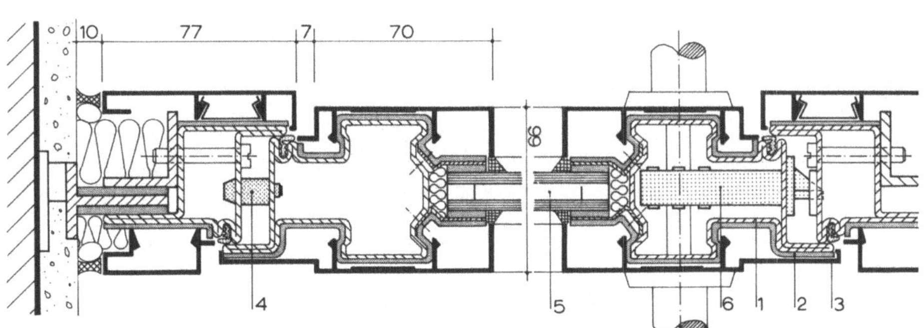

6.93 Konstruktionsbeispiel einer T 30-1-Aluminium-Feuerschutztür (Typ GLISSA 1) mit thermisch geschützten Stahlrohrprofilen und großflächiger Verglasung. Vgl. hierzu auch Bild **6**.87.

1 einteiliges Stahlrohrprofil
2 thermischer Schutz durch hochdämmende, aufklebbare Alsiflex-Dämmstreifen
3 Aluminium-Deckschale
4 Sicherungszapfen
5 Brandschutzglas
6 Schloßkasten

Metallbau-Bedarf GmbH, Willich

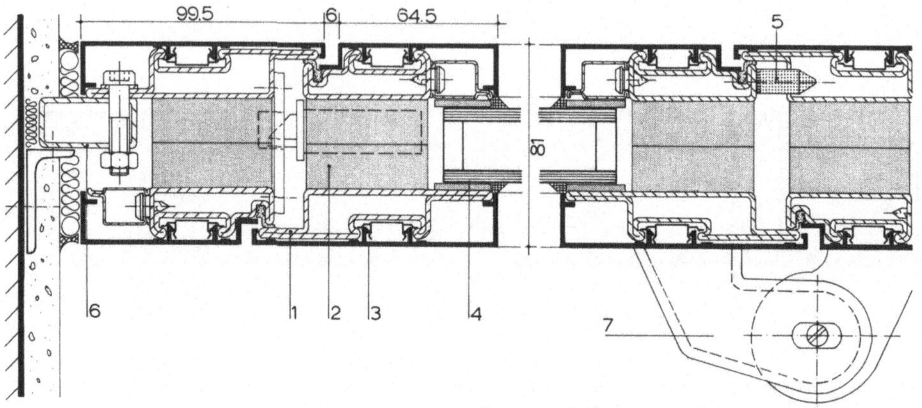

6.94 Konstruktionsbeispiel einer T30-1-Aluminium-Feuerschutztür (Typ SCHÜCO V) mit thermisch getrennten Stahlrohrprofilen und großflächiger Verglasung

   1 zweiteiliges Stahlrohrprofil
   2 thermischer Schutz (Trennung) durch feuerbeständige Fiber-Silikat-Platten (Promatect H)
   3 Aluminium-Deckschalen
   4 Brandschutzglas
   5 Sicherungszapfen
   6 dreiseitig umlaufender Montagerahmen
   7 kugelgelagertes Türband

SCHÜCO, Bielefeld

6.7.1.3 Feuerschutztüren aus Holz oder Holzwerkstoffen

Neben den Feuerschutzabschlüssen aus Metall gibt es auch eine ganze Reihe von Brandschutz-Türelementen aus Holz oder Holzwerkstoffen in T30-, T60- und sogar T90-Ausführung. Besondere Bedeutung kommt hierbei der Werkstoffauswahl, dem konstruktiven Aufbau des Türblattes sowie der Fugenabdichtung zwischen Türblatt und Zarge zu. Auch diese Türelemente müssen nach DIN 4102 T5 geprüft und bauaufsichtlich vom Institut für Bautechnik, Berlin, zugelassen sein. Die im Zulassungsbescheid festgeschriebenen Auflagen bezüglich der Zargenbeschaffenheit (Stahl- oder Holzzarge), Kleinst- bzw. Größtabmessungen der lichtdurchlässigen Türflächen (Brandschutzgläser), Veredelungsmaterialien für die Türblattaußenfläche (Furniere, Schichtstoffplatten o. ä.), Schließmittel und sonstigen Beschläge sind genauestens einzuhalten.

Der konstruktive Aufbau der Türblätter und die dabei verwendeten Werkstoffe können sehr unterschiedlich sein. Zahlreiche Konstruktionen befinden sich zur Zeit im Entwicklungs-, Prüf- und Zulassungsstadium. Im wesentlichen zeichnen sich die Türblätter durch folgende Konstruktionsmerkmale aus:

a) In die Kanten von Spezialspanplatten wird im Hochdruckverfahren feuerresistentes Duroplast eingepreßt. Dadurch entsteht eine Kantenverdichtung, die das Brandverhalten des Türblattes in der Randzone wesentlich erhöht. Außerdem sorgen die in die Türkanten eingelassenen Brandschutzumleimer im Brandfall für einen dichten Verschluß der Fuge zwischen Türblatt und Zarge. Bild **6.95 a**.

b) Zweischalige Sandwichkonstruktion, bestehend aus einem inneren Hartholzrahmen mit beidseitiger Beplankung aus schwer entflammbaren Holzspanplatten, und einer Einlage im Kern aus nichtbrennbaren leichten Materialien (z. B. Mineralfaserplatten). Auch hier sind Brandschutzumleimer im Kantenbereich vorgesehen. Werden auf derartige Konstruktionen auch noch Dämmschichten aus nichtbrennbaren Silikat-Asbest-Platten oder anderen hochtemperaturbeständigen Werkstoffen aufgebracht, so sind Türen bis T 90 erreichbar. Bild **6.**95 b.

c) Mit mehrschichtig aufgebauten Spanplattentüren können ebenfalls sehr günstige Brandschutzwerte (bis T 90) erzielt werden. Dabei werden mehrere Schichten normal- bzw. schwerentflammbarer Spanplatten zusammengefügt und die Türblattaußenflächen beidseitig entweder mit dünnen, aber hoch temperaturbeständigen Wärmedämmplatten oder mit Brandschutzplatten – die unter Hitzeeinwirkung aufschäumen – vollflächig beschichtet sowie die Sichtfläche mit Furnieren, Schichtstoffplatten o. ä. veredelt. Auch hier sind im Kantenbereich Brandschutzumleimer vorgesehen. Bild **6.**95 c.

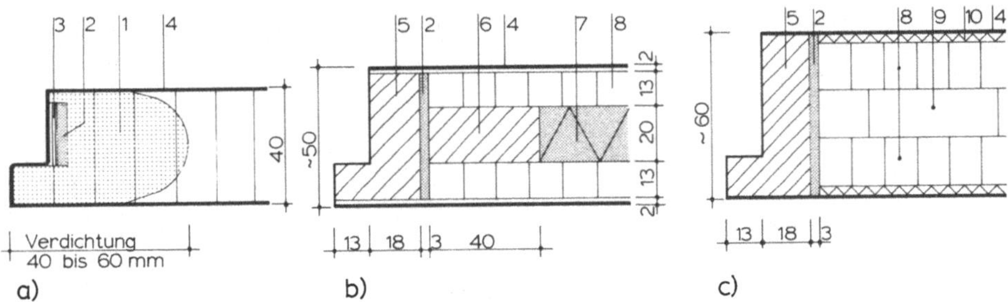

6.95 Schematische Darstellung des konstruktiven Aufbaues von Feuerschutztürblättern aus Holz oder Holzwerkstoffen

    a) kantenverdichtete Spezialspanplatte (feuerresistentes Duroplast o. ä)
    b) zweischalige Sandwichkonstruktion mit nichtbrennbarer Einlage
    c) mehrschichtig aufgebautes Verbundtürblatt mit hochtemperaturbeständiger Beschichtung

    1 verdichtete Spanplattenkante
    2 umlaufende Palusol-Brandschutzplatte
    3 Abdeckung aus Furnier- oder Fiberstreifen
    4 Sichtfläche aus Furnier oder Schichtstoffplatte
    5 Hartholzeinleimer
    6 umlaufender Hartholzrahmen
    7 nichtbrennbare Einlage aus Mineralfaserplatten o. ä.
    8 schwerentflammbare Spanplatten
    9 normalentflammbare Spanplatte
  10 hochtemperaturbeständige Wärmedämmplatte oder unter Hitzeeinwirkung aufschäumende Brandschutzplatte

Bild **6.**96 zeigt ein einflügeliges T 30-1-Brandschutz-Türelement aus kantenverdichteten Spezialspanplatten mit dreiseitig durchlaufendem Brandschutzumleimer und Furnierabdeckung. Eine im Zulassungsbescheid genau festgelegte Türfläche des Türblattes besteht aus Brandschutzglas. Der Einbau des feuerhemmenden Abschlusses ist nur in Wände aus Mauerwerk (Dicke $\geq$ 115 mm) oder Stahlbeton (Dicke $\geq$ 100 mm) gestattet, wobei der Hohlraum zwischen Stahlzarge und Leibung mit Mörtel satt ausgegossen und dicht eingeputzt sein muß.

Die in Bild **6.**97 dargestellte T 30-1-Brandschutztür besteht aus einem umlaufenden Doppel-Hartholzrahmen mit einer Flachpreßspanplatte als Einlage, beiderseits beplankt mit schwerentflammbaren Spanplatten. An die Holzumfassungszarge schließt sich im

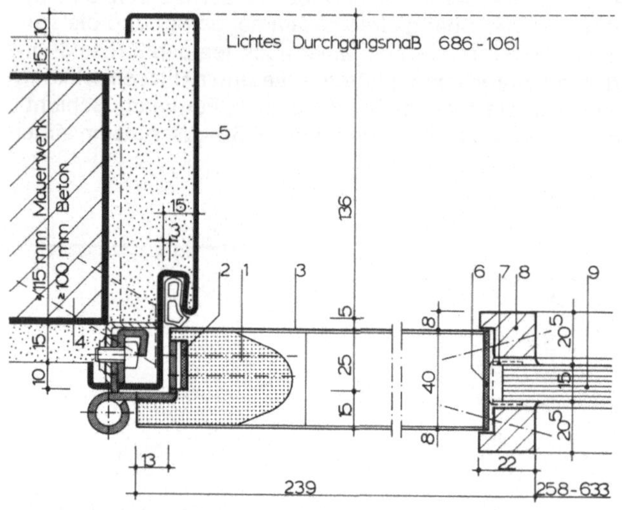

6.96
Konstruktionsbeispiel einer einflügeligen feuerhemmenden T 30-1-Feuerschutztür (KEL-LERSPAN TYP S) aus kantenverdichteten Spezialspanplatten mit dreiseitig umlaufendem Brandschutzeinleimer und großflächiger Verglasung

1 kantenverdichtete Spezial-spanplatte (feuerresistentes Duroplast)
2 Palusol-Brandschutzplatte mit Furnierabdeckung o. ä.
3 Türblattoberfläche aus Holz-furnier oder Schichtstoff-platte
4 Maueranker 20 × 1,5 × 125 mm
5 Stahlumfassungszarge mit Türfalzdichtung
6 Palusol-Brandschutzplatte
7 verzinkte Stahlblechwinkel
8 Glasleiste aus Massivholz
9 Brandschutzglas nach An-gabe

Schwab Svedex-Türenwerk GmbH, Reutlingen

Bereich der Falzbekleidung nahtlos die unter Hitzeeinwirkung aufschäumende Palusol-Brandschutzplatte mit Furnierabdeckung an. Die Fuge zwischen Zarge und Leibung ist bauseits mit Asbestschaum oder gleichwertigem Werkstoff auszufüllen. Anstelle der beschriebenen Holzzarge können auch Eck- oder Umfassungszargen aus Stahl eingesetzt werden.

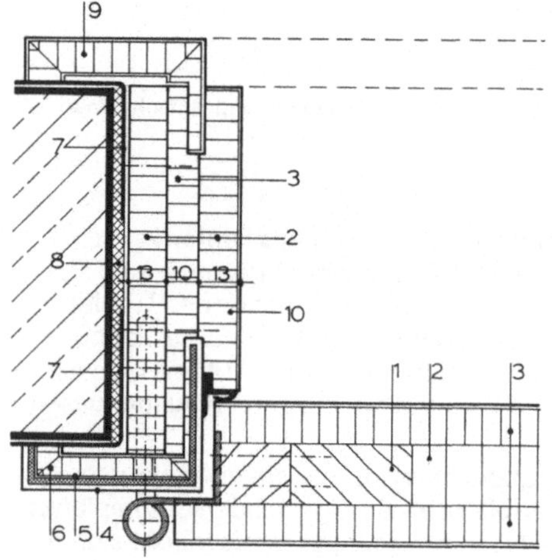

6.97
Konstruktionsbeispiel einer einflügeligen feuer-hemmenden T 30-1-Feuerschutztür aus beidseitig beplanktem Holzrahmen und Holzumfassungszar-ge mit Brandschutzumleimer

1 umlaufender Doppel-Hartholzrahmen
2 normalentflammbare Holzspanplatte
3 schwerentflammbare Holzspanplatte
4 Absperrfurnier, 2 mm dick
5 Palusol-Brandschutzplatte
6 eingeleimte Falzbekleidung
7 Montageanker
8 Asbestschaum oder gleichwertiger Werkstoff
9 Zierbekleidung, Spanplatte furniert
10 Holzumfassungszarge, furniert

Karl Danzer KG, Kehl

6.7.2 Rauchschutztüren

Im Brandfall sind Menschen, die sich in den betroffenen Gebäuden befinden, nicht nur durch das Feuer selbst, sondern auch durch den dabei entstehenden Rauch gefährdet. Für die Rettung flüchtender Personen und für die Arbeit der Feuerwehr ist es entscheidend, daß die Rettungswege möglichst lange rauchfrei bleiben. Während Feuerschutztüren der unmittelbaren Feuer- und Hitzeeinwirkung standhalten müssen, sollen Rauchschutztüren diejenigen Teile des Gebäudes rauchfrei halten, die nicht direkt neben dem Brandherd liegen. Viele geprüfte und amtlich zugelassene Feuerschutzabschlüsse verhindern jedoch nicht nur den Feuerdurchtritt, sondern gleichzeitig auch die Rauchausbreitung.

Die entsprechenden Anforderungen sind in DIN 18095 T1 (Ausg. 10.88) festgelegt. Nach dieser Norm sind Rauchschutztüren selbstschließende, ein- oder zweiflügelige Drehtüren, die in geschlossenem Zustand den Durchtritt von Rauch in ausreichendem Maße behindern. Sie behindern den Durchtritt von Rauch so, daß der dahinterliegende Raum im Brandfall für eine Zeitspanne von etwa 10 Minuten zur Rettung von Menschen ohne Atemschutz genutzt werden kann. Rauchschutztüren nach DIN 18095 sind jedoch **keine** Feuerschutzabschlüsse nach DIN 4102.

Als Kenngröße gilt die sogenannte Leckrate Q. Sie ist der Luftvolumenstrom in m^3/h, der durch die Spalten und Ritzen einer Tür dringt. Die Prüfungen erfolgen sowohl bei Lufttemperaturen zwischen 10°C und 40°C als auch von 180–220°C. Die Leckrate darf dabei nicht größer sein als

— 20 m^3/h bei einflügeligen Türen
— 30 m^3/h bei zweiflügeligen Türen.

Im Teil 2 der DIN 18095 wird das Prüfverfahren im einzelnen beschrieben. Es dürfen nur solche Rauchschutztüren auf den Markt gebracht werden, für deren Bauart ein Prüfzeugnis vorliegt. Ein derartiges Türelement besteht im wesentlichen aus:

— einer Zarge,
— einem oder zwei Türflügeln einschließlich der dazugehörigen Schlösser und Beschläge,
— Türschließer nach DIN 18263, bei zweiflügeligen Rauchschutz-Elementen auch mit Schließfolgeregler (durch die das Schließen der Türflügel in der richtigen Reihenfolge sichergestellt wird),
— Dichtungsmittel und gegebenenfalls Feststellanlagen.

Rauchschutztüren in allgemein zugänglichen Fluren, die als Rettungswege dienen, dürfen keine unteren Anschläge und keine Schwellen haben. Zulässig sind nur Flachrundschwellen mit kreissegmentförmigem Querschnitt bis 5 mm Höhe. Aus betrieblichen Gründen verbieten sich diese jedoch auch in Krankenhäusern, Pflegeheimen usw. Verglasungen müssen bruchsicher sein und können beispielsweise aus Drahtspiegelglas oder einbruchsicherem Glas bestehen. Dazu passend und geeignet sind die Schlösser für Feuerschutztüren nach DIN 18250 sowie Feuerschutz-Drückergarnituren nach DIN 18082. Die Anschlüsse der Rauchschutztüren an benachbarte Bauteile müssen nach Einbauanleitung des Herstellers so ausgeführt werden, daß sie dauerhaft dicht sind (z. B. Abgedichtet mit dauerelastischer Dichtungsmasse). Zum Offenhalten der Türen – beispielsweise bei starkem Publikumsverkehr – sind bauaufsichtlich zugelassene Feststellanlagen einzubauen, die geeignet sind, das selbsttätige Schließen der Rauchschutztüren kontrolliert (d. h. zeitweise) unwirksam zu machen. Sie bestehen im allgemeinen aus Feststellvorrichtung, Auslösevorrichtung (Rauchmelder) und Stromversorgung (Netzgleichrichter). S. hierzu auch Abschn. 6.7.1, Feststellanlagen.

6.7.3 Schallschutztüren

Schallschutztüren werden als Raumabschluß vor allem in Wohnheimen, Hotels, Krankenhäusern, Konferenzräumen, Chefbüros, Anwalts- und Arztpraxen eingebaut. Die Luftschalldämmung normaler, handelsüblicher Zimmertüren liegt im allgemeinen bei

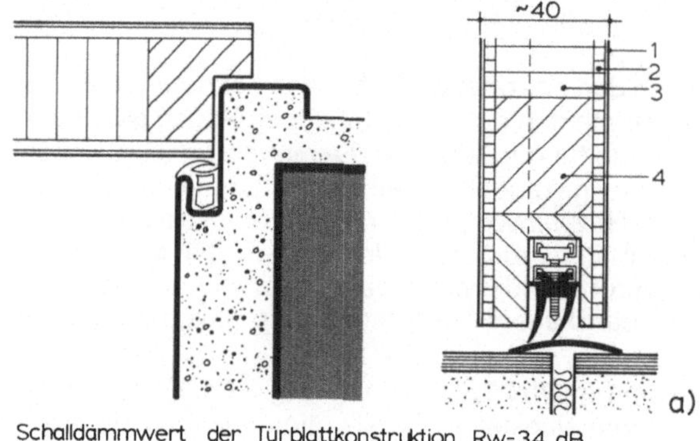
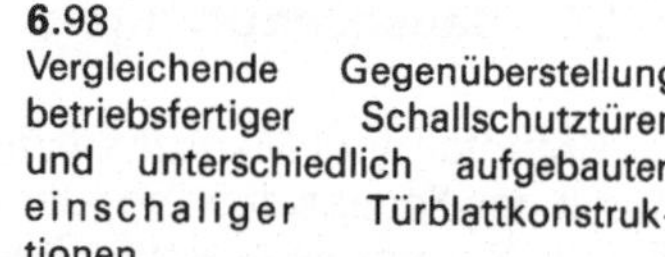

Schalldämmwert der Türblattkonstruktion Rw=34 dB
Schalldämmwert der betriebsfertigen Tür Rw= 29 dB

6.98
Vergleichende Gegenüberstellung betriebsfertiger Schallschutztüren und unterschiedlich aufgebauter, einschaliger Türblattkonstruktionen

a) einschichtig aufgebautes Türblatt mit Falzdichtung und Auflaufschwellendichtung
b) mehrschichtig aufgebautes Türblatt mit Falzdichtung, Türblattdichtung und Auflaufschwellendichtung
c) mehrschichtig aufgebautes Türblatt mit doppelter Falzdichtung, Türblattdichtung, Auflauf- und absenkbarer Bodendichtung

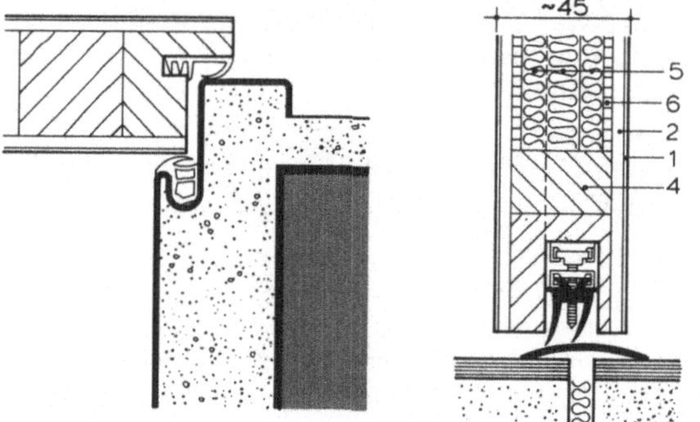
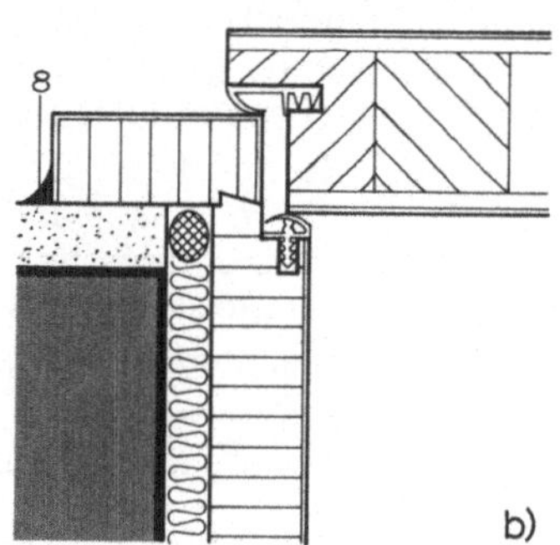

Schalldämmwert der Türblattkonstruktion Rw=42 dB
Schalldämmwert der betriebsfertigen Tür Rw=39 dB

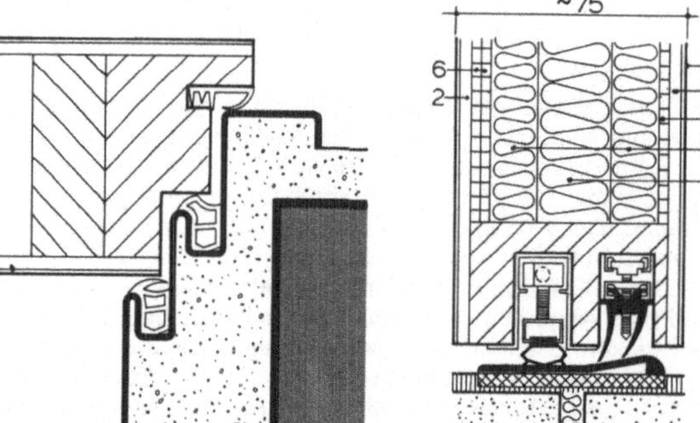
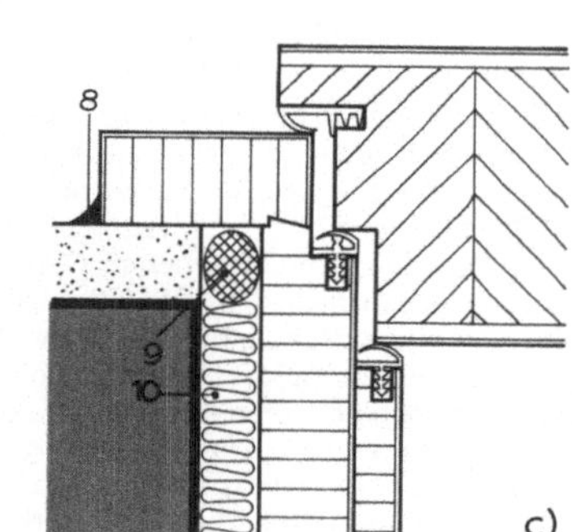

Schalldämmwert der Türblattkonstruktion Rw= 45 dB
Schalldämmwert der betriebsfertigen Tür Rw=42 dB

1 Deckfurnier oder Schichtstoffplatte
2 Hartfaserplatte, etwa 4,7 mm
3 stranggepreßte Holzspanplatte
4 Doppelrahmen
5 Weichfaserplatten, je 13 mm dick

6 Hartfaserplatte, etwa 2,7 mm
7 Weichfaserplatte, 20 mm
8 dauerelastische Dichtungsmasse (Silikon o. ä.)
9 elastischer Schaumstoffstreifen
10 Mineralwolle

Nach Vorlagen der Wirus-Werke, Gütersloh

etwa 20 dB. Wie Tabelle **6.**5 verdeutlicht, müssen nach DIN 4109 bestimmte Funktionstüren zukünftig wesentlich höhere Anforderungen erfüllen. Bei der Beurteilung der Schalldämmung einer Tür ist jedoch darauf zu achten, daß nicht der Schalldämmwert eines Türblattes maßgebend ist, sondern nur der R_w-Wert des betriebsfertig eingebauten Türelementes – bestehend aus Zarge, Türblatt, Beschlägen und Dichtungen. Da der Türhersteller jedoch keinen Einfluß auf die bauliche Umgebung seiner Tür hat, werden diese betriebsfertigen Türelemente in Prüfständen ohne Berücksichtigung der Schallnebenwege geprüft (**Labor**-Schalldämm-Maß R_w).

Wie in Abschn. 6.3.1, Prüfung der Schalldämmung von Türen, bereits erläutert, sollten sich daher Planer und ausschreibende Stellen das geforderte Angebot an Schallschutztüren immer noch zusätzlich durch eine am Bau in betriebsfertigem Zustand gemessene Baumusterprüfung belegen lassen (**Bau**-Schalldämm-Maß R'_w).

Selbstverständlich müssen Schallschutztüren auch möglichst dicht schließen, da sonst die Schalldämmfähigkeit einer Türblattkonstruktion über die Fugen verloren geht. Dabei ist die Abdichtung der Bodenfuge – neben wirksamen Falzdichtungen – die wichtigste Voraussetzung für schalldämmende Türen. Vgl. hierzu Abschn. 6.4.4, Türdichtungen.

Vergleichende Gegenüberstellung betriebsfertiger Schallschutztüren

— **Einschalige,** jedoch unterschiedlich aufgebaute Türblattkonstruktionen zeigt Bild **6.**98. Es ist daraus zu ersehen, daß bei den einschichtig ausgebildeten Türblättern der Schalldämmwert vor allem durch Erhöhung des Flächengewichtes verbessert werden kann, während die schalltechnische Wirkung mehrschichtig aufgebauter Türblätter (Verbundkonstruktionen) vor allem von der Art der Verbindung der einzelnen Schichten untereinander abhängig ist. Je loser diese Schichten miteinander verbunden sind, desto höher ist die Dämmung. Vgl. hierzu auch Tab. **6.**6 in Abschn. 6.3.1, Schallschutz.

— **Zweischalig** ausgebildete schalldämmende Türblätter erbringen im allgemeinen noch bessere Schalldämmmwerte als einschalige Elemente. Vgl. hierzu auch Tab. **6.**7. Das in Bild **6.**99 a und b dargestellte Holztürblatt besteht aus einem umlaufenden Aluminiumrahmen, an den beidseitig je eine 18 mm dicke Schale aus Holzspanplatten angebracht und der Hohlraum mit Mineralfasereinlagen verfüllt ist. Vorstehende Kanten des Alu-Rahmens pressen sich als Schneidendichtung in ringsumlaufende Gummiprofile.

Das in Bild **6.**99 c gezeigte Metalltürblatt besteht ebenfalls aus einem verwindungssteifen Metallprofilrahmen. Daran befestigt sind hohlkastenförmig zusammengefügte, körperschallgedämmte (entdröhnte) Stahlblechtafeln mit nichtbrennbarer Mineralfasereinlage. Auch hier pressen sich vorstehende Kanten als Schneidendichtung in weiche Gummiprofile. Derartige zweischalige Stahlblechtüren ergeben besonders hohe Luftschalldämmwerte. Dies ist auf die sehr schweren, bezogen auf ihr Flächengewicht jedoch sehr biegeweichen, dünnwandigen Stahlblechschalen zurückzuführen.

Derart schwere und dicke Türblätter müssen in der Regel mit Spezialbändern, z. B. mit verlängerten Bandlappen, angeschweißten Tragbolzen o. ä. angeschlagen werden. Außerdem sind entsprechend kräftige Einsteckschlösser bzw. Drückergarnituren auszuwählen.

Hinzuweisen ist noch darauf, daß sich auch durch unsachgemäße Montage die Schallschutzleistung einer Tür stark vermindern kann. So ist bei der Montage von Holzumfassungszargen darauf zu achten, daß die Zarge absolut lot-, winkel- und fluchtgerecht sowie in der Höhe genau passend eingebaut und an der Leibung mit Spreizdübeln oder Tellerankern gesichert wird. Der verbleibende Hohlraum ist mit Mineralwolle satt

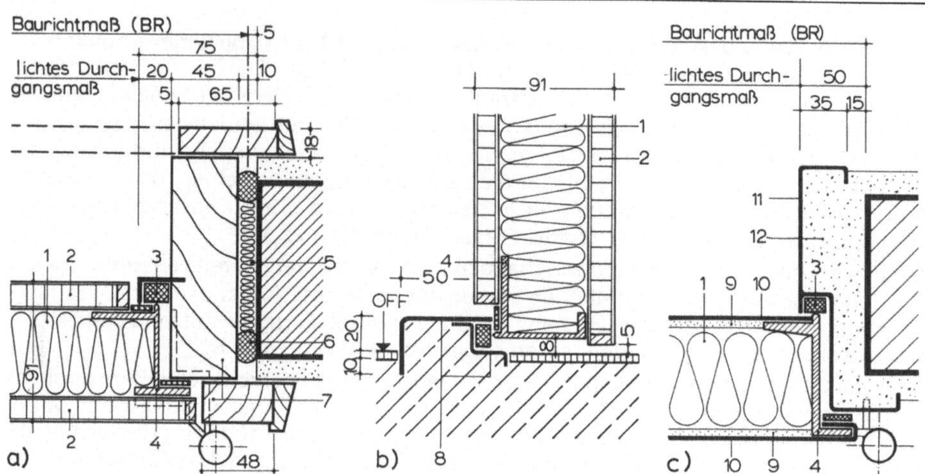

6.99 Zweischalige betriebsfertige Schallschutztüren aus Holz und Metall

a) Horizontaler Schnitt durch Holztürblatt mit Futter und Bekleidung
b) Vertikaler Schnitt durch Holztürblatt und eingegossener Anschlagschwelle (bei Stahlzargen).
   Bewertetes Schalldämmaß R_w = 45 dB.
c) Horizontaler Schnitt durch Metalltürblatt mit Stahlzarge und eingegossener Anschlagschwelle
   wie bei b). Bewertetes Schalldämmaß R_w = 48 dB.

1 Mineralfaser-Dämmschicht
2 Holzspanplatte, 18 mm
3 umlaufende Gummidichtung
4 umlaufender Alu- bzw. Stahlrahmen
5 Mineralwolle
6 dauerelastische Dichtmasse
7 Futter und Bekleidung

8 eingegossene Anschlagschwelle mit Gummidichtung
9 entdröhnende Schicht
10 Stahlblechschalen
11 Stahl-Umfassungszarge
12 Vergußbeton

Grünzweig + Hartmann (G+H Montage), Ludwigshafen

auszustopfen und auf Höhe der Mauerkanten mit Dichtungsbändern (vorkomprimierte Schaumgummibänder o.ä.) zu schließen. Außerdem sind die Fugen zwischen den Bekleidungen und den Wandflächen sehr sorgfältig mit dauerelastischem Dichtstoff abzudichten. Dagegen ist das vollvolumige Hinterschäumen der Zarge mit PUR-Schaum schalltechnisch ungünstig und sollte bei Schallschutztüren unterbleiben.

Weitere Einzelheiten sind den Montageanleitungen der Herstellerfirmen zu entnehmen. Angaben über den Einbau von Stahlzargen in Mauerwerk s. Abschn. 6.3.5.1.

6.7.4 Strahlenschutztüren

Strahlenschutztüren sind für den Einsatz in Röntgenräumen von Kliniken und Arztpraxen, in Laboratorien und in Räumen wissenschaftlicher Forschung bestimmt. Die notwendigen Anforderungen sowie Angaben über die Herstellung und Montage von Strahlenschutztüren enthält DIN 6834 T1 bis T5. Zur Schwächung der abzuschirmenden Strahlung muß Blei verwendet werden. Die Gesamtdicke der Bleifolie ist von der zu erwartenden Strahlenintensität und somit von der Art der eingesetzten Röntgengeräte abhängig.

Den notwendigen Strahlenschutz über die gesamte Türblattfläche erbringen die in beiden Deckplatten eingebetteten Bleifolien. Die Dicke der beiden Bleifolien zusam-

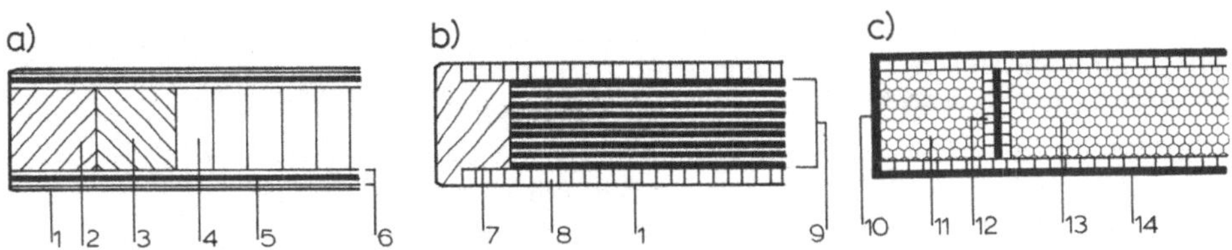

6.100 Schematische Darstellung von Türblatt-Sonderkonstruktionen (Beispiele)
   a) Türblatt einer Strahlenschutztür
   b) Türblatt einer schußhemmenden Tür
   c) Türblatt einer Feuchtraumtür

   1 Decklage (Furnier, Schichtstoffplatte o. ä.)   7 verdeckter Anleimer aus Hartholz
   2 Einleimer   8 Spanplatte mit Decklage
   3 umlaufender Holzrahmen   9 Einlage aus 33fach verleimtem Panzerholz
   4 Röhrenspanplatte   10 PVC-Anleimer
   5 Bleifolie (je nach Anforderung   11 wasserbeständiger Polyurethan-Rahmen
     1 bis 5 mm dick)   12 Aluminium-Stabilisator
   6 7fach aufgebaute Furnierplatte mit   13 wasserunempfindliche Hartschaum-Einlage
     Bleieinlage   14 Schichtstoffplatte auf Leimträger

   Westag & Getalit, Rheda-Wiedenbrück

menaddiert ergibt den sog. B l e i g l e i c h w e r t (Schwächungsgrad). Der erforderliche Bleigleichwert ist von der zu erwartenden Strahlenbelastung abhängig und wird vom Hersteller der Röntgengeräte angegeben. Übliche Strahlenschutztüren weisen einen Bleigleichwert von 1 bis 5 mm auf.

Wie Bild **6.100**a zeigt, bestehen die Deckplatten selbst aus einer mehrfach verleimten, etwa 6 mm dicken Furnierplatte oder einer entsprechenden Hartfaserplatte mit darin eingelegter Bleifolie. Als Türeinlage wird meist eine Röhrenspanplatte mit guten schalldämmenden Eigenschaften verwendet. Geeignete Veredelungsmaterialien für die Türblattoberflächen sind Furniere, Kunstschichtstoffplatten o. ä. Durch die Bleikaschierung des Türblattes und die dadurch bedingte Gewichtserhöhung sind stärkere Bänder vorzusehen. Schlösser müssen so abgeschirmt oder angeordnet sein – ggf. mit versetzter Nuß- und Schlüssellochdurchführung – daß an keiner Stelle der Tür deren Schutzwert unterbrochen ist.
Üblicherweise werden ein- oder zweiflügelige Türen eingebaut, die als Drehflügel in eine Stahlzarge schlagen. Aus raumbedingten Gründen können auch S c h i e b e t ü r e n zweckmäßig sein. Als Türzarge ist eine mindestens 2,5 mm dicke Stahlumfassungszarge mit umlaufender Dichtung und etwa 50 mm Bodeneinstand vorzusehen. Durch innenseitiges Auskleiden der Stahlzargen mit Blei in der gesamten Umfassung oder ggf. auch nur im Falzbereich ist ein Strahlenschutz der angrenzenden Räume möglich. Weitere Angaben, vor allem im Hinblick auf die zu verwendenden Sonderbeschläge und Montagerichtlinien sind den entsprechenden DIN-Normen bzw. Anweisungen der Herstellerfirmen zu entnehmen.

6.7.5 Einbruchhemmende Türen

Über die Hälfte aller Einbrüche werden – so die Kriminalstatistik – durch die Haus- und Wohnungseingangstüren verübt. Meist sind es sog. Gelegenheitstäter, die durch einen Einbruch auf schnelle Weise an das Geld oder den Besitz anderer gelangen wollen. Die meisten geben jedoch auf, wenn sie überraschend auf zusätzliche Sicherheitseinrichtungen stoßen. Demgemäß sind einbruchhemmende Türen dazu bestimmt, dem Versuch einer gewaltsamen Beschädigung oder Zerstörung einzelner Bauteile der Tür eine gewisse Zeit Widerstand zu leisten. Nach DIN 18103 bestehen derartige Türelemente aus einem Türblatt, einer Holz- oder Stahlzarge mit den erforderlichen Befestigungsmitteln, mehreren Türbändern, einem oder mehreren Türschlössern sowie Beschlägen wie Türdrücker, Türschilder usw. Alle Teile müssen aufeinander abgestimmt und als Einheit geprüft sein. Der Einbau der Tür hat nach Montageanleitung des Herstellers zu erfolgen. Um beschlagtechnisch eine möglichst hohe Sicherheit zu gewährleisten, sollen folgende güteüberwachten Schloß- und Beschlagteile [6] verwandt werden:

— **Sicherheitsschlösser** (Einsteckschlösser) der Klasse 3 nach DIN 18251 (s. hierzu Abschn. 6.4.2.1, Schloßklassen sowie Bild **6**.36 bis **6**.37),

— **Schließzylinder** (Profilzylinder) der Klasse 3 mit Anbohrschutz nach DIN 18252 (s. Abschn. 6.4.2.2, Sicherungsarten sowie Bild **6**.41),

— **Sicherheitsschließbleche** (s. Abschn. 6.4.2.3, Schließbleche sowie Bild **6**.43),

— **Sicherheitstürschilder** nach DIN 18257 (s. Abschn. 6.4.3.1, Türgarnituren sowie Bild **6**.49),

— **Sicherheitstürbänder** des Einsatzbereiches III nach RAL-RG 607/8 (s. Abschn. 6.4.3.1, Türbänder sowie Bild **6**.23 bis **6**.25),

— **Angriffshemmende Verglasungen** nach DIN 52290 (s. Abschn. 6.8, Ganzglastüren und Ganzglasanlagen).

Die vorgenannten beschlagtechnischen Verbesserungen haben selbstverständlich nur dann einen Sinn, wenn auch das Türblatt selbst einbruchhemmende Eigenschaften aufweist. Nach den in DIN 18103 festgelegten Prüfverfahren darf die Tür an keinem der Angriffspunkte – unter Stoßbelastung bei gleichzeitig ruhender Belastung – so stark beschädigt oder zerstört werden, daß ein Eindringen in den zu schützenden Bereich möglich wird. Bei einem Angriff sind neben der Türblattfläche vor allem der Schloß- und Bandbereich besonderen Belastungen ausgesetzt. Entsprechende Verstärkungen des Türblattrahmens, beispielsweise durch eingebaute Stabilisatoren, so wie sie in Bild **6**.11 dargestellt sind, bewirken eine merklich verbesserte Ausreißfestigkeit aller Beschlagteile.

Bei e r h ö h t e n Sicherheitsanforderungen sind Türblätter aus Stahlblech, die sich nach außen von einer „normalen" Tür nicht unterscheiden, einzubauen. Bei diesen Türen besteht die Sicherheitsschloßanlage aus einem Getriebemittelschloß mit einem unteren oder oberen Rollzapfen bzw. Schwenkriegel. Auf der Bandseite weisen sie drei bis fünf Sicherungsbolzen auf, die beim Schließen der Tür exakt in die Metallzarge eingreifen (5-, 7-, 9fach-Verriegelung).

6.7.6   Wohnungsabschlußtüren

Wohnungsabschlußtüren (Wohnungseingangstüren) sind in DIN 18105 genormt. Diese Norm stellt bestimmte Anforderungen an Abschlußtüren, die von Hausfluren oder Treppenräumen in Wohnungen, Appartements oder Hotelzimmer führen. In diesem Zusammenhang wird auch auf den Forschungsbericht [2] des Instituts für Fenster- und Türentechnik, verwiesen. An Wohnungsabschlußtüren werden demnach folgende Anforderungen gestellt:

— **Schallschutz.** Der mangelnde Schallschutz der bisher üblichen Wohnungsabschlußtüren ist seit Jahren Gegenstand von Beanstandungen. Er soll nunmehr durch Anforderungen in DIN 4109 T 2 verbessert werden. Vgl. hierzu Abschn. 6.3.1, Schallschutz, insbesondere Tab. **6**.5.

— **Wärmeschutz.** Das Problem des Wärmeschutzes taucht auch bei Wohnungseingangstüren vermehrt auf, wenn diese beispielsweise an unbeheizte Treppenhäuser o. ä. anschließen. Einzelheiten hierzu s. Abschn. 6.3.2, Wärmeschutz.

— **Hygrothermische und mechanische Belastung.** Klimatische Belastungen können durch unterschiedliche Temperaturen und relative Luftfeuchtigkeit entstehen, mechanische Belastungen durch Stöße, Verdrehungen o. ä. Siehe hierzu Abschn. 6.3.3, Feuchteschutz, insbesondere Tab. **6**.10, Einsatzempfehlungen für Innentüren (Türenklassen).

— **Geometrische und maßliche Festlegungen.** Wohnungsabschlußtüren sollen den Vorzugsmaßen für Wandöffnungen nach DIN 18100 entsprechen. Für Rollstuhlbenutzer muß das lichte Durchgangsmaß der Breite mind. 85 cm betragen. Einzelheiten hierzu s. Abschn. 6.3.4, Genormte Wandöffnungen für Türen sowie Tab. **6.**12 bis **6.**16 und **6.**18.

— **Montagetechnische Anforderungen.** Die dauerhafte Einhaltung aller Anforderungen wird nicht zuletzt durch die Qualität des Einbaus in die Wandöffnung bestimmt. Dementsprechend sind Wohnungsabschlußtüren – ähnlich wie Feuerschutztüren – zukünftig als einbaufertige, komplette Bauteile zu konstruieren und einzubauen. Vgl. hierzu Abschn. 6.3.5, Montagetechnische Anforderungen.

— **Einbruchschutz.** Wohnungsabschlußtüren müssen ausreichend einbruchhemmend sein. Die einbruchhemmende Eigenschaft ist durch Prüfungen nach DIN 18103 nachzuweisen. Einzelheiten hierzu s. Abschn. 6.7.5, Einbruchhemmende Türen.

— **Feuerschutz und Rauchschutz.** In Abstimmung mit DIN 18103 muß ein Kompromiß zwischen den Wünschen der Polizei nach möglichst großem Einbruchschutz und der Forderung der Feuerwehr, im Gefahrenfall notfalls gewaltsam eine Tür öffnen zu können, gefunden werden. S. hierzu Abschn. 6.7.1, Feuerschutztüren sowie 6.7.2, Rauchschutztüren.

6.8 Ganzglastüren und Ganzglasanlagen

Ganzglastüren und Ganzglasanlagen ergeben großzügige, transparente Raumabschlüsse, weitgehend ohne störende Rahmen und nur mit den notwendigsten Beschlägen ausgerüstet. Die Türen sind wahlweise als Pendel- oder Anschlagtüren – jeweils ein- oder mehrflügelig – lieferbar. Vgl. hierzu auch Abschn. 7, Ganzglas-Schiebewände sowie Falt- und Harmonika-Türanlagen.

Glas kann passive und aktive Sicherheit bieten. Unter passiver Sicherheit versteht man den Schutz des Menschen vor Verletzungen durch das Glas selbst. Hierfür gibt es verschiedene Glasarten:
— Einscheiben-Sicherheitsglas (ESG),
— Verbund-Sicherheitsglas (VSG).

Aktive Sicherheit ist der Schutz des Eigentums oder des Menschen gegenüber Angriffen durch Dritte mit Hilfe von Sondergläsern. Angriffhemmende Verglasungen nach DIN 52290 T1 bis T4 gibt es je nach Schutzwirkung (Widerstandsklassen) als:
— Durchbruch- und durchwurfhemmende Gläser,
— Durchschuß- und sprenghemmende Gläser.

Um Glasunfälle zu vermeiden und hochwertige Güter vor Einbruch zu sichern, müssen bei Ganzglastüren und Ganzglasanlagen immer Sicherheitsgläser verwendet werden. Man unterscheidet:

Einscheiben-Sicherheitsglas (ESG) ist ein sogenanntes vorgespanntes Glas, bei dem durch rasche Abkühlung der erhitzten Glastafel in der Oberfläche eine Durckspannung erzeugt wird, während das Scheibeninnere unter Zugspannung steht. Durch diese Vorspannung erreicht das Glas zwar eine hohe Biegebruchfestigkeit und Temperaturwechselbeständigkeit, es ist jedoch nachträglich nicht mehr zu bearbeiten. Jede weitere Bearbeitung hätte den Zerfall des Glases zur Folge. Die Glastafel muß deshalb vor dieser Wärmebehandlung auf Größe zugeschnitten, die Kanten bearbeitet und alle erforderlichen Lochbohrungen (z. B. für Türgriffe) vorher vorgenommen werden. Bei gewaltsamer Zerstörung zerfällt diese Art von Sicherheitsglas in stumpfkantige, ungefährliche Bruchstücke, die niemanden ernsthaft verletzen.

Einscheiben-Sicherheitsglas kann aus durchsichtigem oder eingefärbtem Kristallspiegelglas, strukturiertem Spiegelrohglas und aus Sonnenschutzglas in Dicken von 4 bis

15 (21) mm hergestellt werden. Verwendet wird es vor allem für Ganzglastüren und Ganzglasanlagen, Sicherheitsverglasungen in Sporthallen, Ganzglaskonstruktionen bei Treppengeländern und Brüstungen, wie auch bei anwendungsfertigen Produkten wie Duschkabinen usw.

Verbund-Sicherheitsglas (VSG) besteht aus zwei oder mehreren Glastafeln, die jeweils durch klardurchsichtige, zähelastische, hochreißfeste Folien fest zu einer Einheit verbunden sind. Bei gewaltsamer Zerstörung haften die Bruchstücke an der Folie (= splitterbindendes Glas), so daß kein Totalverlust der Verglasung wie beim Einscheiben-Sicherheitsglas befürchtet werden muß. Durch die Kombination verschieden dicker Glas- und Folienschichten lassen sich auch unterschiedliche Sicherheitseigenschaften gegen Durchbruch, Beschuß und Explosion schaffen. Außerdem gibt es Verbund-Sicherheitsglas in einschaligem Aufbau und als Isolierglas, so daß auch die Anforderungen des Wärmeschutzes mit denen der Sicherheit kombiniert werden können. In die Verbundschicht können auch dünne Drähte für Alarmanlagen, zu Heizzwecken usw. eingelegt sein.

Verbund-Sicherheitsglas wird überall dort eingesetzt, wo Licht gebraucht und ein Höchstmaß an Sicherheit verlangt wird, wie beispielsweise bei Schaufenster- und Türverglasungen von Juwelier-, Pelz- und Antiquitätengeschäften, in Banken, Museen,

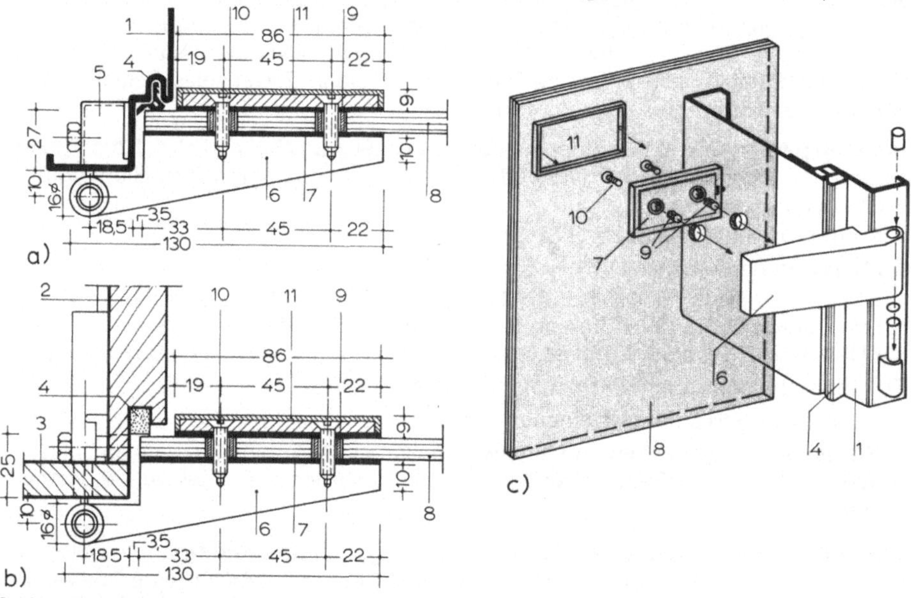

6.101 Ganzglas-Fertigtüren

a) in Stahlzarge für gefälzte Türen
b) in Holzzarge mit Bekleidung (VEGLA, Vereinigte Glaswerke, Aachen)
c) Darstellung des Zusammenbaues eines Ganzglas-Türscharniers (FLACHGLAS AG, Gelsenkirchen)

1 Stahlzarge	7 Klemmplatte mit Preßspan-Zwischenlage
2 Holzzarge	8 Einscheiben-Sicherheitsglas
3 Falzbekleidung	9 Kunststoffhülsen
4 Falzdichtung	10 Befestigungsschraube
5 Bandtasche	11 Abdeckplatte
6 Türscharnier	

Rechenzentren usw.; aber auch in Schulen, Kindergärten und Privathäusern sowie bei Schrägdachverglasungen u. ä. Zu beachten ist jedoch, daß Verbund-Sicherheitsglas – im Gegensatz zum Einscheiben-Sicherheitsglas – immer in eine **Rahmenkonstruktion** gelegt werden muß (UV-Strahlung/offener Glasrand). Rahmenlose Ganzglas-Türanlagen werden demnach nahezu ausnahmslos aus Einscheiben-Sicherheitsgläsern hergestellt. Außerdem ist Verbund-Sicherheitsglas in der Regel auch teurer als Einscheiben-Sicherheitsglas. Weitere Einzelheiten sind der Spezialliteratur [22] zu entnehmen.

1. Ganzglas-Fertigtüren

Die rahmenlosen Türblätter bestehen aus 8 mm dickem Einscheiben-Sicherheitsglas. Ihre Außenmaße 709 × 1972/834 × 1972/959 × 1972 sind auf die Baurichtmaße nach DIN 18100 abgestimmt. Die mit allen erforderlichen Beschlagteilen ausgerüsteten, in verschiedenartigen Oberflächenstrukturen bzw. Farbtönungen erhältlichen Standard-Türblätter eignen sich somit zum Einbau in Norm-Stahlzargen für gefälzte Türen oder Holzzargen mit Bekleidung. Bild **6.101** a und b. Dreiseitig umlaufende Dichtungen sorgen für einen geräuscharmen, zugdichten Verschluß. Bild **6.101** c. Von der Norm abweichende Sonderabmessungen mit maximalen Türblattaußenmaßen 1000 × 2100 mm sind möglich.

2. Ganzglas-Türanlagen

Ganzglas-Türanlagen sind ideale Bauelemente für großflächige, transparente Raumabschlüsse, so wie sie beispielsweise in Verwaltungs- und Ladenbauten, Hotel- und Theaterfoyers, aber auch in Privathäusern erwünscht sind. Bild **6.102**. Sie bestehen meist aus einem oder mehreren Standard-Türflügeln – mit den Regelabmessungen 946 × 2090 oder 996 × 2090 mm – um die sich fest eingebaute Seiten – und/oder Oberlichtglasflächen gruppieren. Die Türen sind wahlweise als Pendel- oder Anschlagtüren lieferbar. Aus Sicherheitsgründen müssen alle Teile aus Einscheiben-Sicherheitsglas sein.

Die zulässigen Minimal- bzw. Maximalabmessungen für Sondertürflügel und feststehende Glasflächen sind den jeweiligen Produkt-Diagrammtafeln der Herstellerfirmen zu entnehmen. Je nachdem, wie groß die Anlage ist und ob sie mit oder ohne Aussteifungsgläser ausgeführt wird, ist mit Glasdicken zwischen 10 und 12 mm zu rechnen. Die sich aus dem Einsatz von Standard-Türflügeln ergebenden Vorteile – wie beispielsweise kürzere Lieferzeiten und relativ günstige Preise – sollten zunächst immer genutzt und teure Sonderanfertigungen möglichst vermieden werden.

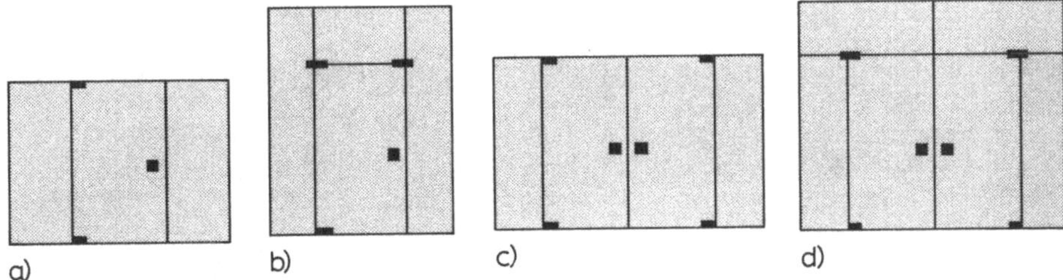

6.102 Ganzglas-Türanlagen. Alle hier gezeigten Anlagetypen (Beispiele) sind ausbaufähig mit zusätzlichen Oberlichtern und Seitenteilen.
  a) einflügelig mit türhohen Seitenteilen
  b) einflügelig mit raumhohen Seitenteilen und Oberlicht
  c) zweiflügelig mit türhohen Seitenteilen
  d) zweiflügelig mit türhohen Seitenteilen und zweigeteiltem Oberlicht

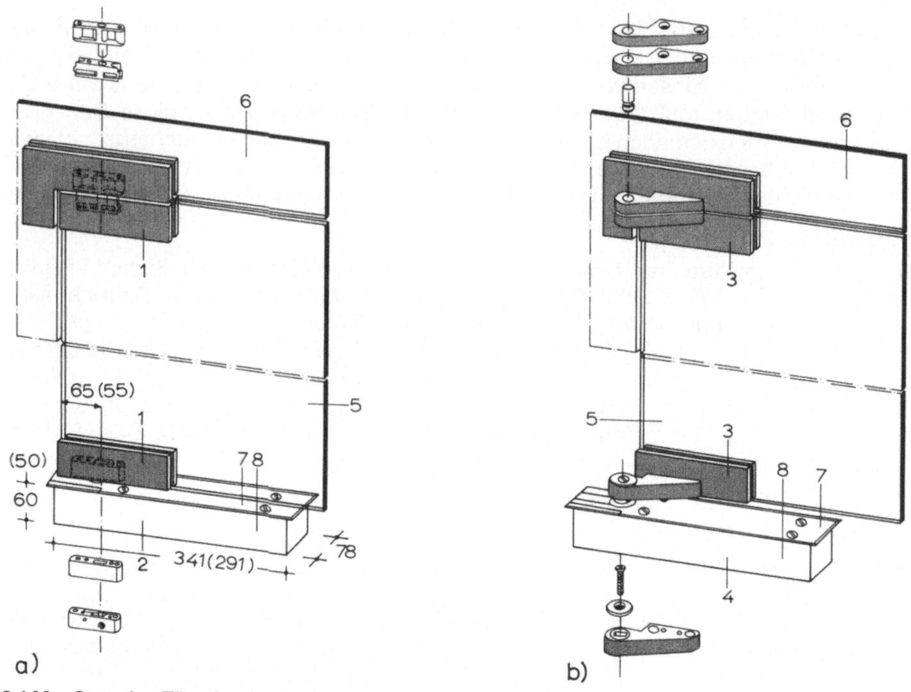

a)   b)

6.103   Ganzglas-Türanlagen. Schematische Darstellung des Türblatteinbaues mit Bodentürschließern, jeweils DIN-links und DIN-rechts verwendbar
a) Ganzglas-Pendeltür
b) Ganzglas-Anschlagtür, jeweils mit Glasoberlicht

1 / 1 und 2 angeklemmte Zapfenbänder (Oberteil/Unterteil, Drehpunkt mittig angeordnet) mit Bodentürschließer für Pendeltür
3 / 3 und 4 angeklemmte Zapfenbänder (Oberteil/Unterteil, Drehpunkt exzentrisch angeordnet) mit Bodentürschließer für Anschlagtür

5 Ganzglas-Türblatt
6 Glasoberlicht
7 Deckplatte aus Edelstahl rostfrei
8 Gehäuse des Bodentürschließers

DORMA-Baubeschlag GmbH, Ennepetal

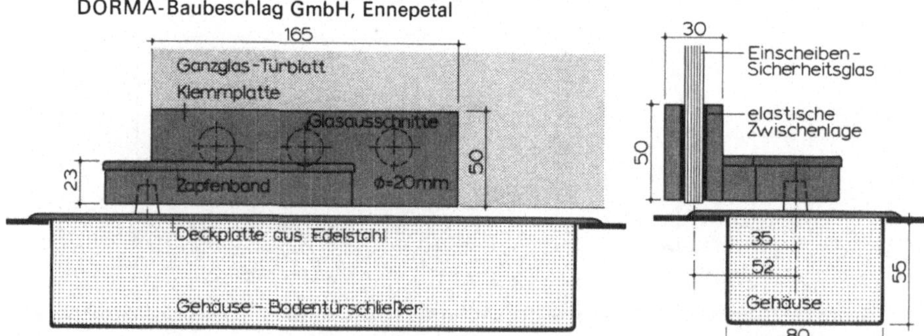

6.104   Schematische Darstellung eines an ein Ganzglas-Türblatt angeklemmten Zapfenbandes mit Bodentürschließer

VEGLA, Vereinigte Glaswerke, Aachen

Das Ganzglas-Türblatt wird an der oberen und unteren Ecke durch angeklemmte Zapfenbänder (Ober- und Unterteil) aus Leichtmetall gehalten. Bild **6.**103. Zwischen diesen Klemmbeschlägen und der Glasscheibe muß immer eine den Klemmdruck ausgleichende, elastische Zwischenlage aus Preßspan o.ä. liegen. Der Türflügel kann wahlweise mit einem Eckschloß, Mittelschloß (in Türgriffhöhe), mit einem in die untere, durchlaufende Türschiene oder in den Fußboden eingebautem Schloß ausgerüstet sein. Zapfenbänder, Türschienen sowie alle anderen Beschläge einschließlich Bodentürschließer werden vom Glaswerk mitgeliefert bzw. sind an den einzelnen Glasteilen bereits vormontiert. Auch alle für diese Beschlagteile erforderlichen Glasausschnitte und Lochbohrungen werden werkseitig festgelegt. Bild **6.**104.

Besondere Wünsche sind bereits bei der Auftragserteilung anzugeben, da Einscheiben-Sicherheitsglas nach dem Vorspannen nicht mehr bearbeitet werden kann. Weitere Einzelheiten, insbesondere über Kantenbearbeitung, Lochbohrungen, Bohrlochabstände und Glasausschnitte sind den Herstellerunterlagen [22], [23] zu entnehmen.

Bild **6.**105a zeigt eine Ganzglas-Türanlage in der Ansicht, die aus mehreren Teilen besteht. Die Darstellung dient zur Erläuterung der Einbaumöglichkeiten und der erforderlichen Abstände der Glasteile untereinander. So ist die Türflügelbreite immer 4 mm (2 + 2 mm) kleiner als das lichte Durchgangsmaß und die Flügelhöhe 10 mm (7 + 3 mm) kleiner als die lichte Öffnungshöhe anzunehmen. Einbaumöglichkeiten feststehender Glasflächen wie Seiten-, Mittel- und Oberlichtteile zeigen die Schnitte A–A bis D–D des Bildes **6.**105. Demnach müssen alle Türanlagen mit Oberlicht oben einen Klemmrahmen gemäß Schnitt A–A erhalten. Feststehende Seitenteile können wahlweise in ein U-Profil (Schnitt B–B) oder rahmenlos eingebaut werden (Schnitt C–C und D–D). Auch bei rahmenlosem Einbau muß bei vierseitigem Glaseinstand an einer Seite – vorzugsweise oben – eine abnehmbare Glasleiste vorgesehen werden.

Um die Befestigungsschrauben der Metallrahmen durch die Glasfläche führen zu können, mußten bislang die Ränder der Scheiben genau nach Vorgabe ausgeschnitten werden (V-förmig dargestellte Glasrandausschnitte s. Bild **6.**105a). Neuentwickelte Klemmvorrichtungen ermöglichen den fachgerechten Einbau feststehender Glasflächen aus Sicherheitsglas jetzt auch ohne diese Randausschnitte. Hierdurch wird der Montageaufwand wesentlich verringert.

Folgende allgemeine Verarbeitungshinweise sind beim Einbau von Ganzglas-Türanlagen zu beachten [22]:

— Einscheibensicherheitsglas darf nachträglich keinesfalls mehr bearbeitet werden.

— Die Scheiben sollen möglichst nicht naß werden. Naß gewordene Gläser (z.B. beim Transport) sind umgehend zu trocknen. Außerdem dürfen die Scheiben nicht direkt auf den Boden, sondern nur auf Holzleisten o.ä. abgestellt werden.

— Beim Einsetzen in Klemmrahmen, U-Profil oder Mauerwerk oder beim Montieren von Beschlägen ist in jedem Falle zwischen Glas und Metall bzw. Mauerwerk ein Trennmaterial, wie beispielsweise Preßspan o.ä. einzulegen.

— Trotz der hohen Biegebruch- und Schlagfestigkeit der Scheiben ist beim Einbau mit größter Sorgfalt zu verfahren, da schon kleine Beschädigungen der Glaskante zur Zerstörung der ganzen Scheibe führen können.

— Werden Ganzglas-Türanlagen vor Abschluß der Putzarbeit eingebaut, so sind sie zum Schutz gegen Kratzer und Ätzungen (z.B. Kalkspritzer) mit Papier zu bekleben.

— Für die Standfestigkeit von Ganzglas-Türanlagen sind außer den Metallbeschlägen keine zusätzlichen Verbindungsmittel erforderlich (Firmenauskünfte einholen).

— Muß der Stoß von feststehenden Scheiben (Seiten- und Oberlichtteile) staubdicht ausgeführt werden, so können hierfür elastisch bleibende Materialien verwandt werden.

— Es ist darauf zu achten, daß alle Teile (Rahmen und Verglasungen) einwandfrei gefluchtet eingebaut werden, da sonst durch das Verziehen der Gläser die Optik beeinträchtigt wird.

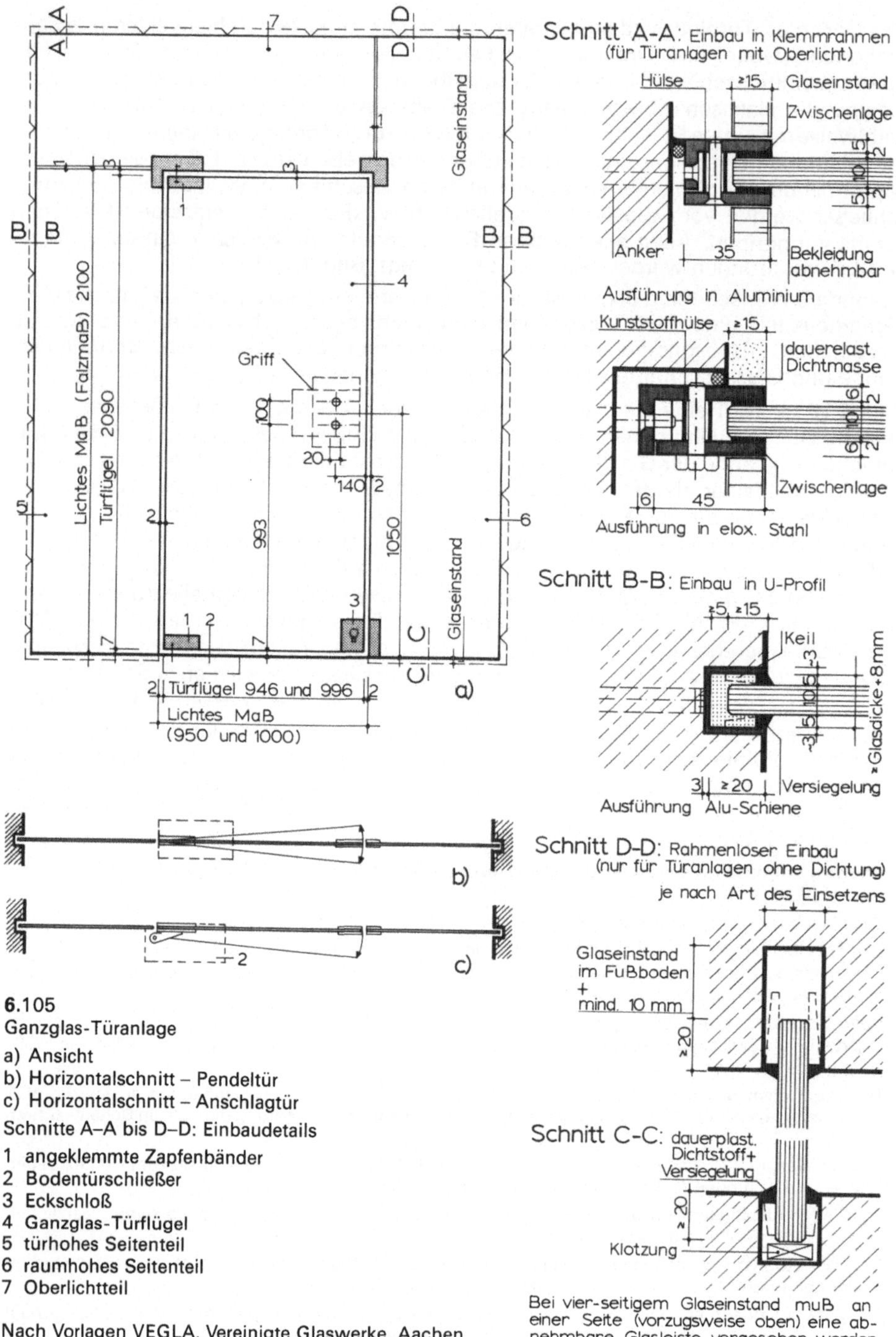

Schnitt A-A: Einbau in Klemmrahmen
(für Türanlagen mit Oberlicht)

Schnitt C-C: dauerplast. Dichtstoff+ Versiegelung

6.105
Ganzglas-Türanlage

a) Ansicht
b) Horizontalschnitt – Pendeltür
c) Horizontalschnitt – Anschlagtür

Schnitte A–A bis D–D: Einbaudetails

1 angeklemmte Zapfenbänder
2 Bodentürschließer
3 Eckschloß
4 Ganzglas-Türflügel
5 türhohes Seitenteil
6 raumhohes Seitenteil
7 Oberlichtteil

Nach Vorlagen VEGLA, Vereinigte Glaswerke, Aachen

Bei vier-seitigem Glaseinstand muß an
einer Seite (vorzugsweise oben) eine abnehmbare Glasleiste vorgesehen werden

Bei Ganzglas-Türanlagen mit Oberlicht und Seitenteilen sind bei Überschreitung bestimmter Abmessungen Aussteifungsgläser im Bereich der Oberlichtteile oder in Höhe der gesamten Türanlage erforderlich. Bild **6.**106. Diese stehen senkrecht zu den Glaswänden und werden von einer Klemmkonstruktion, die starr mit dem angrenzenden Bauteil verbunden ist (z. B. Rohdecke, Unterzug, Rohfußboden), gehalten. Die Glasdicke von Aussteifungsgläsern beträgt etwa 12 mm. Bei Pendeltüranlagen ist eine beidseitige Aussteifung empfehlenswert.

Schwer erkennbare Scheiben von Ganzglas-Türanlagen bzw. Fensterwänden oder von Anlagen in öffentlichen Gebäuden mit Publikumsverkehr müssen deutlich erkennbar gemacht werden, beispielsweise durch Griffleisten, Ätzungen, Beschriftungen o. ä. An besonders gefährdeten Stellen kann die Bauaufsichtsbehörde das Anbringen von Schutzgeländern oder ähnlichem vorschreiben.

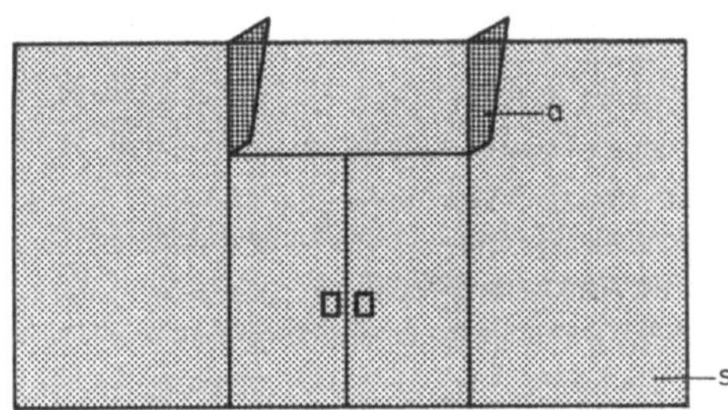

6.106
Ganzglas-Türanlage. Stabilisierung der Seitenteile (S) durch Aussteifungsgläser (a) im Bereich des Oberlichtteiles

6.9 DIN-Normen

DIN-Nr.		Ausgabe- datum	Titel
107		4.74	Bezeichnung mit links oder rechts im Bauwesen
4079		5.76	Furniere; Dicken
4102	T1	5.81	Brandverhalten von Baustoffen und Bauteilen; Baustoffe; Begriffe, Anforderungen und Prüfungen
	T2	9.77	–; Bauteile; Begriffe, Anforderungen und Prüfungen
	T4	3.81	–; Zusammenstellung und Anwendung klassifizierter Baustoffe, Bauteile und Sonderbauteile
	T5	9.77	–; Feuerschutzabschlüsse, Abschlüsse in Fahrschachtwänden und gegen feuerwiderstandsfähige Verglasungen; Begriffe, Anforderungen und Prüfungen
4108	T1 bis T5	8.81	Wärmeschutz im Hochbau
4109		11.89	Schallschutz im Hochbau; Anforderungen und Nachweise
	Bbl 1		–; Ausführungsbeispiele und Rechenverfahren
	Bbl 2		–; Hinweise für Planung und Ausführung; Vorschläge für einen erhöhten Schallschutz; Empfehlungen für den Schallschutz im eigenen Wohn- oder Arbeitsbereich

Fortsetzung s. nächste Seite

DIN-Normen, Fortsetzung

DIN-Nr.		Ausgabe-datum	Titel
4172		7.55	Maßordnung im Hochbau
4701	T1	3.83	Regeln für die Berechnung des Wärmebedarfs von Gebäuden; Grundlagen der Berechnung
	T2		–; Tabellen, Bilder, Algorithmen
6834	T1	9.73	Strahlenschutztüren für medizinisch genutzte Räume
	T2		–; Drehflügeltüren, einflügelig, mit Richtzarge, Maße
	T3		–; Drehflügeltüren, zweiflügelig, mit Richtzarge, Maße
	T4		–; Schiebetüren, einflügelig, Maße
	T5		–; Schiebetüren, zweiflügelig, Maße
16926		10.87	Dekorative Hochdruck-Schichtpreßstoffplatten; Einteilung und Anforderungen
18000		5.84	Modulordnung im Bauwesen
E 18011		5.84	Wohnungen; Maße und Zuordnung von Räumen
18022		11.89	Küche, Bäder und WCs im Wohnungsbau; Planungsgrundlagen
E 18025	T1	8.89	Wohnungen für Menschen mit Behinderungen; Planungsgrundlagen; Wohnungen für Rollstuhlbenutzer
18056		6.66	Fensterwände; Bemessung und Ausführung
18082	T1	1.85	Feuerschutzabschlüsse; Stahltüren T30–1; Bauart A
	T3	1.84	–; –; Bauart B
18089	T1	1.84	–; Einlagen für Feuerschutztüren; Mineralfaserplatten; Begriff, Bezeichnung, Anforderungen, Prüfung
E	T2	1.84	–; –; Mineralfasermatten; Begriffe, Bezeichnung, Anforderungen, Prüfung
18095	T1	10.88	Türen; Rauchschutztüren; Begriffe und Anforderungen
	T2	3.91	–; –; Bauartprüfung der Dauerfunktionstüchtigkeit und Dichtheit
18100		10.83	–; Wandöffnungen für Türen; Maße entsprechend DIN 4172
18101		1.85	–; Türen für den Wohnungsbau; Türblattgrößen, Bandsitz und Schloßsitz; Gegenseitige Abhängigkeit der Maße
E 18103		9.89	–; Einbruchhemmende Türen; Begriffe, Anforderungen und Prüfungen
V 18105		1.84	–; Wohnungsabschlußtüren; Begriff und Anforderungen
18111	T1	1.85	Türzargen; Stahlzargen; Standardzargen für gefälzte Türen
18164	T1	6.79	Schaumkunststoffe als Dämmstoffe für das Bauwesen; Dämmstoffe für die Wärmedämmung
18165	T1	3.87	Faserdämmstoffe für das Bauwesen; Dämmstoffe für die Wärmedämmung
18201		12.84	Toleranzen im Bauwesen; Begriffe, Grundsätze, Anwendung
18202		5.86	Toleranzen im Hochbau; Bauwerke
18250	T1	7.79	Schlösser; Einsteckschlösser für Feuerschutzabschlüsse; Einfallenschloß
	T2		–; –; Dreifallenverschluß
18251		11.83	–; Einsteckschlösser für Wohnungsabschlußtüren und Innentüren
18252		11.64	Schließzylinder mit Stiftzuhaltungen für Türschlösser; Begriffe, Güteanforderungen
E	T1	9.89	Schließzylinder für Türschlösser; Begriffe, Benennungen
E	T2		–; Maße, Anforderungen, Prüfungen für Profilzylinder mit einreihigen Stiftzuhaltungen

Fortsetzung s. nächste Seite

DIN-Normen, Fortsetzung

DIN-Nr.		Ausgabe- datum	Titel
18255		7.79	Baubeschläge; Türdrücker für Wohnungsabschlußtüren, Zimmer- türen und Badtüren
E		9.89	–; Türdrücker, Türschilder und Türrosetten; Begriffe, Maße, Anforderungen
18256	T1		–; Türschilder mit Drückerführung, Langschilder
	T3		–; –; Kurzschilder
E 18257		9.89	–; Sicherheitstürschilder, Anforderungen
18262		5.69	Einstellbares, nicht tragendes Federband für Feuerschutztüren
18263	T1	1.87	Türschließer mit hydraulischer Dämpfung; Oben-Türschließer mit Kurbeltrieb und Spiralfeder
	T2		–; Oben-Türschließer mit Lineartrieb
	T3		–; Boden-Türschließer
E	T4	9.89	–; Automatiktürschließer; Drehflügelantrieb
E	T5		–; Feststellbare Türschließer mit und ohne Freilauf
18264		9.78	Baubeschläge; Türbänder mit Feder
18265			–; Pendeltürbänder mit Feder
18268		1.85	–; Türbänder; Bandbezugslinie
18272		8.87	Feuerschutzabschlüsse; Bänder für Feuerschutztüren; Federband und Konstruktionsband
18355		9.88	VOB Verdingungsordnung für Bauleistungen, Teil C: Allgemeine Technische Vorschriften für Bauleistungen, Tischlerarbeiten
18357			–; –; Beschlagarbeiten
18361			–; –; Verglasungsarbeiten
52290	T1	11.88	Angriffhemmende Verglasungen; Begriffe
	T2		–; Prüfung auf durchschußhemmende Eigenschaft und Klassen- einteilung
55928	T1	11.76	Korrosionsschutz von Stahlbauten durch Beschichtungen und Überzüge; Allgemeines
68360	T1	5.81	Holze für Tischlerarbeiten; Gütebedingungen bei Außen- anwendung
	T2		–; Gütebedingungen bei Innenanwendung
68601		3.74	Holz-Leimverbindungen; Begriffe
68602		4.79	Beurteilung von Klebstoffen zur Verbindung von Holz und Holzwerkstoffen; Beanspruchungsgruppen, Klebfestigkeit
68705	T2	7.81	Sperrholz; Sperrholz für allgemeine Zwecke
68706	T1	1.80	Sperrtüren; Begriffe, Vorzugsmaße, Konstruktionsmerkmale für Innentüren
68750		4.58	Holzfaserplatten; Poröse und harte Holzfaserplatten; Gütebedingungen
68751		11.87	Kunststoffbeschichtete dekorative Holzfaserplatten; Begriffe, Anforderungen
68761	T1	11.86	Spanplatten; Flachpreßplatten für allgemeine Zwecke; FPY-Platte
	T4	2.82	–; –; FPO-Platte
68764	T1	9.73	–; Strangpreßplatten für das Bauwesen; Begriffe, Eigenschaften, Prüfung, Überwachung
68765		11.87	–; Kunststoffbeschichtete dekorative Flachpreßplatten; Begriffe, Anforderungen

6.10 Literatur

[1] WIRUS-Report: Zur Planung und Ausschreibung von Schallschutztüren. 3/84. WIRUS-Werke, Gütersloh

[2] Feldmeier, F.; Küchler, A.; Schmid, J.; Sieberath, U. (Institut für Fenstertechnik e.V., Rosenheim): Wohnungseingangstüren. Forschungsbericht im Auftrag des Bundesministeriums für Raumordnung, Bauwesen und Städtebau, Bonn. Ausg.: 1983

[3] Schulz, P.: Schallschutz, Wärmeschutz, Feuchteschutz, Brandschutz im Innenausbau. Stuttgart 1980

[4] Gösele, K.; Schüle, W.: Schall, Wärme, Feuchte. 8. Aufl. Wiesbaden–Berlin 1985

[5] Vallendor, D.: Befestigungsmöglichkeiten für Fertigtürelemente aus Holzwerkstoffen. Obersasbach 1976

[6] Güte- und Prüfbestimmungen RAL-RG 607/8 (Auszug): Güteanforderungen an RAL-Türbänder. Hrsg.: Gütegemeinschaft Schlösser und Beschläge e.V., Velbert

[7] Simonswerk – Baubeschlagtechnik: Hauptkatalog 1986. Simonswerk GmbH, Rheda-Wiedenbrück

[8] Faktoren der Sicherheit (Sicherheitsschlösser). Hrsg.: DOM Sicherheitstechnik, Brühl/Köln

[9] Sicherheit durch Präzision (Techn. Unterlagen). Hrsg.: ZEISS IKON AG, Goerzwerk, Berlin

[10] Baubeschlag-Taschenbuch. Hrsg.: G. Wohlfahrt, Duisburg 1986

[11] Nutsch, W.: Handbuch der Konstruktion. 2. Aufl. Stuttgart 1975

[12] Fachkunde für Schreiner. 11. Aufl., Wuppertal 1980

[13] Holzfachkunde für Tischler. B.G.Teubner, 2.Aufl. Stuttgart 1991

[14] Informationsdienst Holz: Haustüren für Wohnbauten. Hrsg.: Arbeitsgemeinschaft Holz e.V., Düsseldorf

[15] WIRUS-Report: Kantenausbildungen an Türen – abgestimmt auf den Verwendungsort. 4/85. WIRUS-Werke, Gütersloh

[16] BEDO-Kompendium: Stahlzargen und Türblätter. Hrsg.: BEDO-Werk, Schwerte. 2. Aufl. 84/1

[17] Merkblatt 114: Zargen und Türen. Hrsg.: Beratungsstelle für Stahlverwendung, Düsseldorf. 6. Aufl. 1982

[18] Eller, H.: Korrosionsschutz im Stahlbau. Deutsche Bauzeitschrift (DBZ) 9/84

[19] van Eijnsbergen, J.F.H.: Kontaktkorrosion. Das Bauzentrum 2/1982

[20] RP-Stahlrohrkonstruktionen (Techn. Information). Hrsg.: Mannesmann-Röhrenwerk, Wickede (1984)

[21] Handbuch für Architekten (Aluminium-Konstruktionen). Hrsg.: W. Hartmann & Co., Hamburg (1985)

[22] Technische Information: Einscheiben- und Verbund-Sicherheitsglas. Hrsg.: VEGLA, Vereinigte Glaswerke GmbH, Aachen (1986)

[23] Technische Information: Ganzglas-Türanlagen. Hrsg.: Flachglas AG, Gelsenkirchen (1981)

7 Horizontal verschiebbare Tür- und Wandelemente

Großflächig verschiebbare Tür- und Wandelemente dienen der variablen Raumnutzung. Sie trennen benachbarte Bereiche, in denen gleichzeitig und ohne sich gegenseitig zu stören, verschiedenartige Funktionsabläufe stattfinden sollen; sie bieten andererseits aber auch die Möglichkeit großzügiger Raumverbindungen. Das vielfältige Angebot teilt sich nach Einbauart, Größe und Funktion auf in (vgl. hierzu Bild **6**.2):

— Schiebetüren,

— Harmonikatüren und Harmonikawände,

— Falttüren und Faltwände,

— bewegliche Elementwände und

— Sonderkonstruktionen, wie beispielsweise Teleskopwände, Rollwände, Hub- und Versenkwände (bleiben hier unberücksichtigt).

7.1 Schiebetüren

Schiebetüren werden in der Regel an einem Laufwerk aufgehängt und in ihrer ganzen Breite seitlich verschoben (ein- oder beidseitig). Gegenüber den Drehflügeltüren haben sie den Vorteil, daß sie beim Öffnen keinen Drehraum beanspruchen und auch nicht in die meist sparsam bemessene Verkehrsfläche hineinragen. Schiebetüren sind jedoch auf Grund ihrer Bewegungsrichtungen umständlicher zu öffnen und daher im allgemeinen für stark begangene Durchgangstüren weniger geeignet (Ausnahme: Schiebetüren mit vollautomatischem Türantrieb). Außerdem lassen sie sich nur ungenügend abdichten und benötigen neben der Türöffnung immer eine etwa gleich große, feststehende Wand- oder Glasfläche zur Unterbringung des oder der aufgeschobenen Schiebetürflügel. Schiebetüren können ein-, zwei- oder mehrflügelig ausgebildet sein. Bild **6**.2 b verdeutlicht, wie sie angeordnet bzw. geführt werden können:

— sichtbar vor einer feststehenden Wand- oder Glasfläche,

— unsichtbar in Mauernischen bzw. Wandtaschen,

— unsichtbar hinter Vertäfelungen, Einbauschränken o. ä.

Mehrflügelige Türen sind als Klappschiebetüren (ein Flügel wird auf den anderen aufgeklappt und zusammen in eine Wandtasche geschoben) oder als Teleskopschiebetüren (kulissenartige Führung parallel laufender Schiebetüren) auszubilden. Schiebetüren können aus glatten Sperrtüren, beschichteten Vollspanplatten, mehrschichtig aufgebauten Schalenkonstruktionen, Rahmentüren mit verschiedenartigen Füllungen sowie aus Ganzglas oder Metall hergestellt werden.

7.1.1 Schiebetüren aus Holz oder Holzwerkstoffen

Die Ausbildung der Türumrahmung hängt weitgehend von der grundrißlichen Anordnung des Türelementes und damit von der Lage des Türflügels zu den angrenzenden Bauteilen ab. Läuft die Schiebetür beispielsweise mittig in einer Mauernische oder

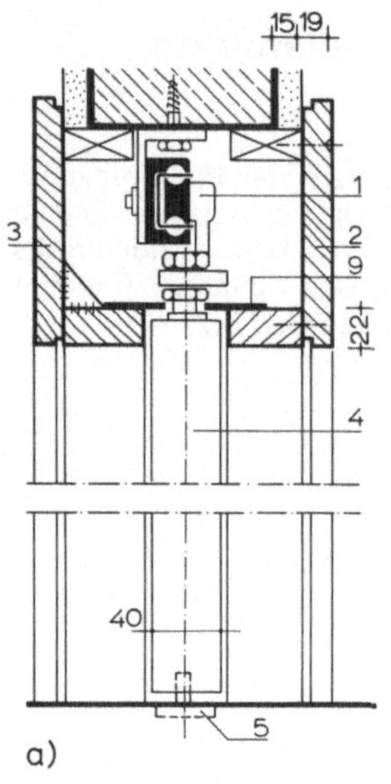

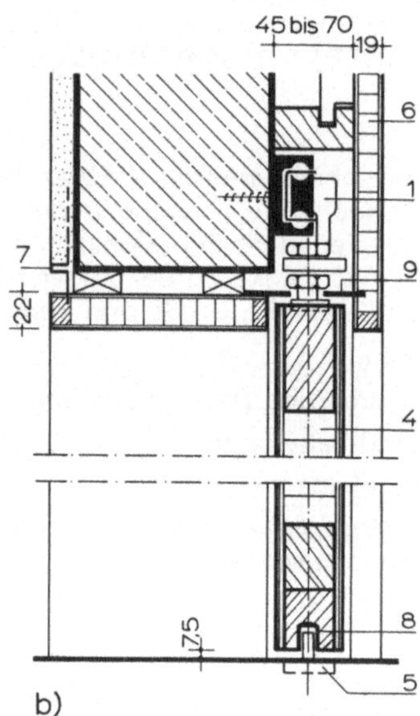

a)   b)

7.1 Konstruktionsbeispiele: Schiebetürelemente aus Holz und Holzwerkstoffen (Einzelfertigung)
  a) in einer Mauernische bzw. Wandtasche mittig laufend (Decken- bzw. Sturzbefestigung)
  b) unsichtbar hinter einer Wandvertäfelung laufend (Wandbefestigung des Laufwerkes)

  1 Kugel-Schiebetürbeschlag GEZE-PERKEO   6 abnehmbare Vertäfelung
  2 abnehmbare Bekleidung   7 Putzschiene (Protektorschiene)
  3 fest eingebaute Zargenhälfte (Halbfutter) 8 U-förmige Laufnute
  4 Schiebetürflügel   9 Sperrholzleiste o. ä. als Nutabdeckung
  5 Führungsnocke

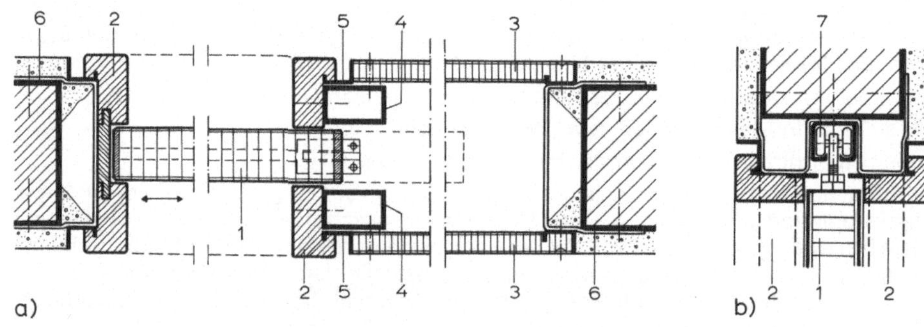

a)   b)

7.2 Konstruktionsbeispiel: Schiebetüranlage aus Holzwerkstoffen (Serienfertigung)
  a) Horizontalschnitt, b) Vertikalschnitt

  1 Schiebetürflügel   5 U-förmige Metallprofile (Schattenfuge,
  2 Zargenhälfte (Halbfutter)   Putzleiste)
  3 Wandtasche (Verkleidung)   6 verzinkte Bandeisen (zugl. Montagebügel)
  4 Stahlrohr zur Aussteifung   7 Rollen-Schiebetürbeschlag

Neuform-Türenwerk, H. Glock, Erdmannshausen

Wandtasche, so besteht die Türumrahmung aus zwei gleich großen Zargenhälften (Halbfutter). Bild **7.1 a**. Um das Laufwerk auch nach dem Einbau noch warten und den Türflügel in der Höhe justieren oder ggf. aus- bzw. einhängen zu können, sollte zumindest eine obere Zargenhälfte abnehmbar ausgebildet sein. Schiebetüren werden entweder in Einzelfertigung hergestellt oder als Fertigelement angeboten. Bild **7.1** bis **7.4**. Weitere Beispiele sind der Spezialliteratur [1], [2] zu entnehmen.

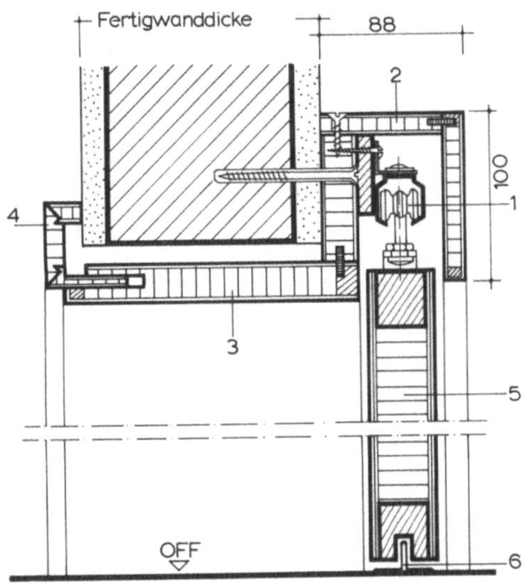

7.3   Konstruktionsbeispiel: Schiebetürelement aus Holzwerkstoffen (S e r i e n f e r t i g u n g)

1 Schiebetürbeschlag GEZE-ROLLAN
2 abnehmbare Winkelblende
3 fest eingebaute Holzzarge
4 Zierbekleidung
5 Schiebetürflügel vor der Wand laufend
6 Führungsnocke mit U-förmiger Laufnute

WIRUS-Werke, Gütersloh

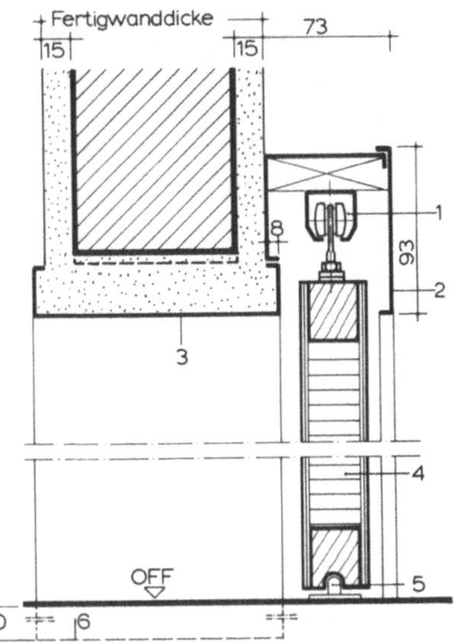

7.4   Konstruktionsbeispiel: Schiebetüranlage aus Stahlblech mit Holztürblatt

1 Laufwerk
2 abnehmbare Metallblende
3 Stahlzarge (Umfassungszarge)
4 Schiebetürflügel vor der Wand laufend
5 Führungsnocke mit U-förmiger Laufnute
6 Bodeneinstand

BEDO-Werk, Schwerte

S c h i e b e t ü r b e s c h l ä g e müssen ein leichtes, geräuscharmes Öffnen und Schließen der Türflügel ermöglichen. Vgl. hierzu VOB Teil C, DIN 18357, Beschlagarbeiten sowie [3]. Im einzelnen werden benötigt:

a) **Das Laufwerk,** an dem der Schiebetürflügel aufgehängt ist. Vorwiegend werden Rollenbeschläge (auch Laufrohrbeschläge genannt) und Kugel-Schiebetürbeschläge verwandt.

Einen Rollen- bzw. Laufrohrbeschlag zeigt Bild **7.5**. Meist doppelpaarig angeordnete, kugelgelagerte Nylon- oder Stahlrollen laufen in einer nahezu geschlossenen Laufschiene, so daß kaum mit Schmutzeinfall zu rechnen ist. Die doppelpaarige Rolle, in Verbindung mit einem Pendelgelenk, gewährleistet eine stets gleichmäßige Belastung des Laufwerkes und ein lotrechtes Hängen des Türflügels.

Bei dem in Bild **7.6** dargestellten Kugel-Schiebetürbeschlag hängt das Türblatt nicht an Rollen, sondern an einer Tragschiene mit doppelter Stahlkugelführung, die sich in einer Laufschiene nahezu geräuschlos bewegt. Ein Flattern des Türflügels ist ausgeschlossen. Auch hier sorgen Pendelaufhänger dafür, daß der Flügel stets lotrecht hängt.

Die Höhen- und Seitenverstellbarkeit ist bei beiden Beschlagarten auch nach dem Einbau jederzeit gegeben. Verstellbare Anschraubwinkel ermöglichen den Einbau beider Beschlagarten sowohl an der Wand und seitlich am Unterzug, als auch an der Decke bzw. Unterkante Sturz. Entsprechend der jeweiligen Türflügelgewichte sind die Laufwerke jeweils von Fall zu Fall zu bestimmen. Bei hohen und schmalen Schiebetüren können sich u. U. ungünstige Laufeigenschaften ergeben. Die Aufhängungen sind bei derart schmalen Türen möglichst nahe an die Längskanten des Türflügels zu legen. Das Laufwerk wird im allgemeinen vor dem Aufstellen der

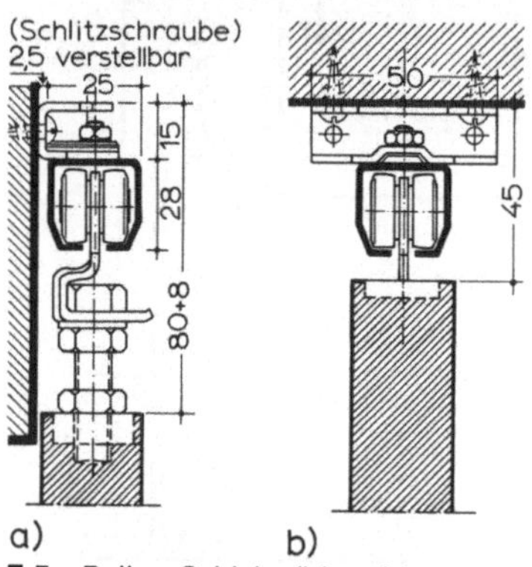

7.5 Rollen-Schiebetürbeschlag
a) Wandbefestigung, b) Deckenbefestigung

HELM-Beschläge, Hespe und Woelm, Heiligenhaus

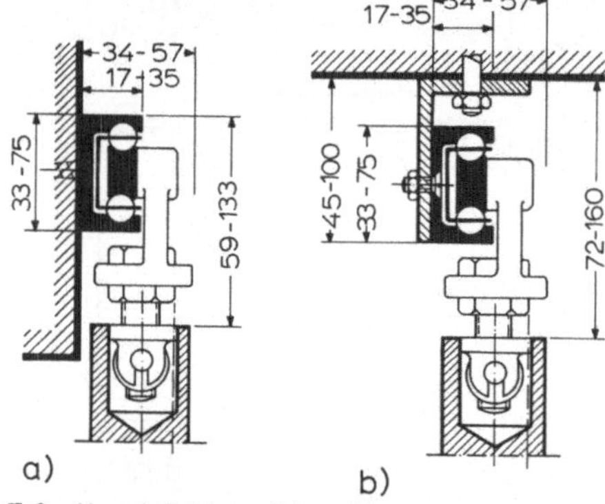

7.6 Kugel-Schiebetürbeschlag
a) Wandbefestigung, b) Deckenbefestigung

Vereinigte Baubeschlagfabriken Gretsch & Co., Leonberg (GEZE-PERKEO)

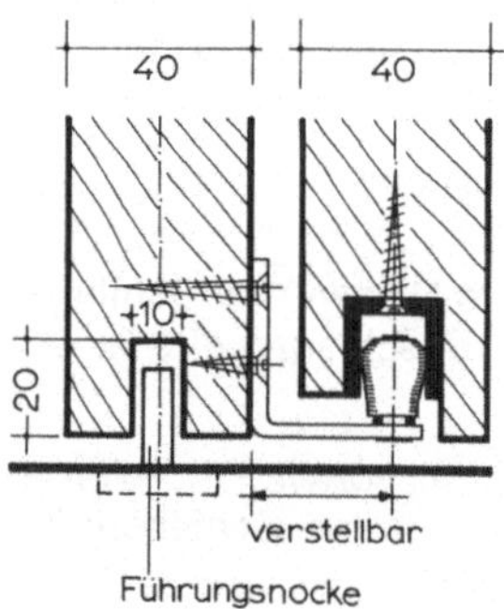

7.7 Schiebetürflügel parallel voreinander laufend, mit tiefenverstellbarer Führungsrolle (Langloch)

HELM-Beschläge, Hespe und Woelm, Heiligenhaus

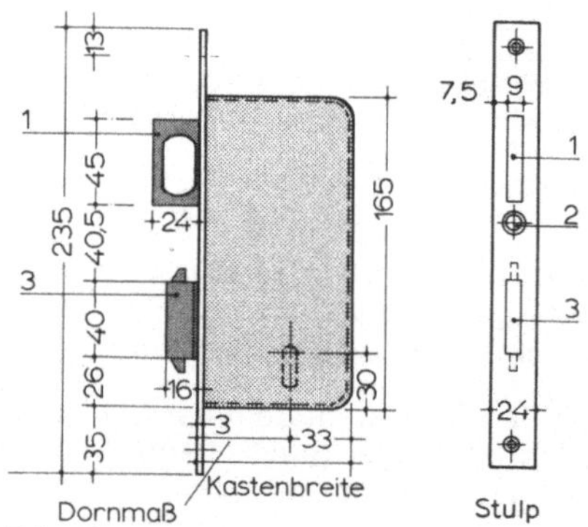

7.8 Einsteck-Schiebetürschloß mit Ziehgriff, Flügelriegel und Druckknopf im Stulp (für einflügelige Schiebetür)

1 Ziehgriff durch
2 Druckknopf im Stulp auslösbar
3 Flügelriegel

BKS-Gesellschaft, Velbert

zweiten Schale der Wandtasche montiert. Besonders kräftige, freitragende Spezial-Schiebetürbeschläge können aber auch noch nachträglich montiert werden. Diese Sonderbeschläge laufen freitragend in die Mauernische oder Wandtasche und werden nur im Bereich der Türöffnung sorgfältig befestigt.

b) **Einstellbare Türstopper** innerhalb des Laufwerkes sowie weitere, an der verdeckten Längskante des Türflügels montierte Puffer sorgen für die Laufbegrenzung. Sie sind so anzubringen, daß der Türflügel an allen Endstoppern gleichzeitig anschlägt.

c) **Eine Führungsnocke** (Alu-Schiene, Kunststoffrolle o. ä.), meist am Fußboden angeschraubt, sorgt für die exakte Führung des ansonsten freihängenden Türflügels. Sie gleitet in einer an der Türblattunterkante eingefrästen Nute und hält so die Schiebetür während des ganzen Öffnungsweges in der Spur. Bild **7.7**. In den Fußboden eingelassene, durchlaufende U-förmige Führungsschienen (Verschmutzungsgefahr) oder auf den Fußboden aufgeschraubte Sattelschienen (Stolperschienen) sollten im gehobenen Innenausbau vermieden werden.

d) **Schiebetürschlösser** – Einsteckschlösser mit üblichen Schließ- und Sicherungsarten – sind mit Ziehgriff und Flügelriegel ausgerüstet. Bild **7.8**. Flügelriegelschlösser, meist ohne Vierkantnuß, sind nur mit einem Klappringschlüssel (umklappbarer Gelenkschlüssel) zu bedienen. Anstelle der üblichen Drückergarnituren werden

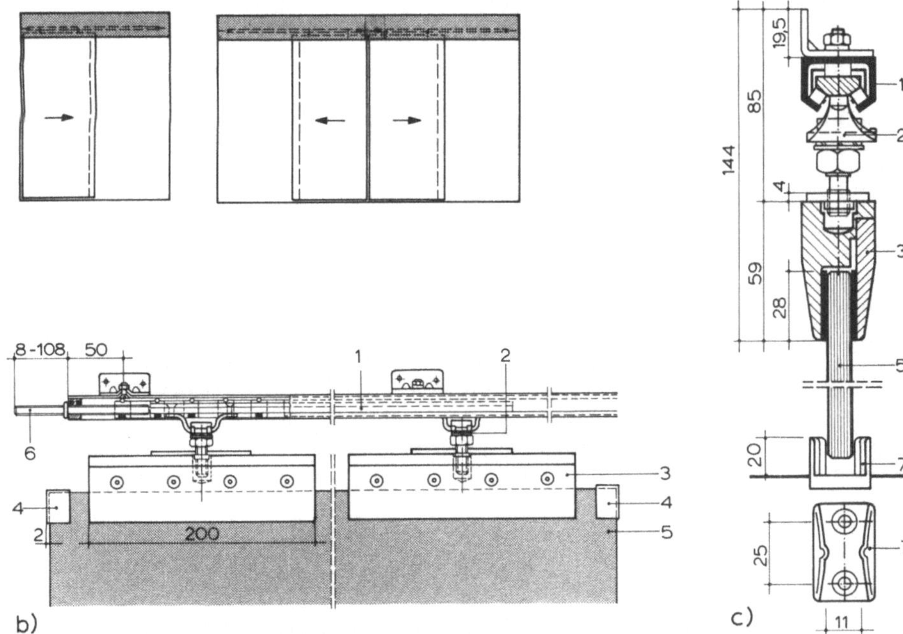

7.9 Schiebetürbeschlag für Ganzglastüren mit Laufwerk nach dem Rollenlagerprinzip
a) Ansichten (ein- und zweiflügelige Anlagen)
b) Schiebetürbeschlag
c) Vertikalschnitt (Ausschnitt)

1 Laufwerk (Schiene) für Wandbefestigung
2 Laufwagen
3 Klemmbeschlag (Klemmschuh)
4 Glasschutzecken
5 Einscheiben-Sicherheitsglas
6 verstellbarer Anschlagbolzen
7 Bodenführung aus Kunststoff

DORMA-Baubeschlag GmbH, Ennepetal

e) **Griffmuscheln** aus Holz, Metall oder Kunststoff in den Türflügel eingelassen (Mindestdicke der Türblätter 42 mm), so daß die Schiebetür jeweils in ihrer ganzen Breite in die Wandtasche eingeschoben werden kann. Durch einen Knopf im Stulp des Schlosses ist der Ziehgriff auslösbar. An ihm kann die Schiebetür wieder herausgezogen werden.

7.1.2 Ganzglas-Schiebetüren

Ganzglas-Schiebetüren können ein- oder zweiflügelig ausgebildet sein. Die Glasflügel bestehen im allgemeinen aus 10 bis 12 mm dicken Einscheiben-Sicherheitsgläsern, an deren oberen Ecken Klemmbeschläge mit den dazugehörenden Laufrollen angebracht sind. Bild **7.9**. Um mögliche Bautoleranzen besser ausgleichen zu können, werden die Glasflügel, ähnlich wie die Holz- bzw. Metallschiebetüren, oben freihängend aufgehängt und am Fußboden durch Führungsnocken oder Führungsrollen in der richtigen Spur gehalten. Die Begrenzung des Laufweges kann im Laufwerk über verstellbare Anschlagbolzen und/oder Stopper erfolgen.

7.1.3 Automatische Schiebetüranlagen

Schiebetüren mit automatischem Türantrieb finden überall dort Anwendung, wo ein schnelles, präzises Öffnen und Schließen von Türen erforderlich ist und der Benutzer überdies nur schwer in der Lage ist, den üblichen Türöffnungsvorgang selbst vorzunehmen. Sie sind besonders geeignet als Abschluß stark frequentierter Zugänge von Einkaufszentren, Versammlungsstätten, Krankenhäusern, Verwaltungsbauten, Alten- und Pflegeheimen, Schalterhallen von Bahnhöfen, Flughäfen usw. Eine hohe Flügelgeschwindigkeit in Öffnungsrichtung erlaubt die schnelle Freigabe, aber auch den sofortigen Wiederverschluß einer breiten Türöffnung (Heizkostenersparnis). Automatische Schiebetüren werden auch überall dort eingesetzt, wo die bauseitigen Gegebenheiten vor und hinter der Tür keinen Bewegungsraum für Drehtürflügel zulassen, zu den Seiten hin jedoch ausreichend Platz zur Verfügung steht. Sie dürfen auch im Zuge von Rettungswegen eingebaut werden, sofern sich ihre Flügel im Notfall von Hand aus ihrer seitlichen Führung herausdrücken lassen und so zu Türen mit Drehflügeln in Fluchtrichtung werden. Voraussetzung ist eine amtliche Baumusterprüfung als Nachweis der Brauchbarkeit. Auf die von den gewerblichen Berufsgenossenschaften herausgegebenen „Richtlinien für kraftbetätigte Fenster, Türen und Tore" [4] wird hingewiesen.

Grundsätzlich besteht jede automatische Schiebetüranlage aus drei Hauptkomponenten:

— Impulsgeber (Impulsgeräte),

— Schaltkasten mit verschiedenen Befehlsstellungen und Offen-Haltezeiteinstellung,

— Antriebssystem.

Die Steuerung (Befehl zum Öffnen) der Türanlage erfolgt über vollautomatische Impulsgeber wie beispielsweise Kontaktmatten (im Fußboden eingelassen), Radarbewegungsmelder (über der Tür angebracht), Lichtschranken (vertikal oder horizontal wirkend) oder über halbautomatische Impulsgeber wie Schalter, Drucktaster u. ä. Generell gilt, daß der Abstand zwischen der Türautomatik und dem Impulsgeber so bemessen sein muß, daß man die Türanlage bei normaler Gang- oder Fahrgeschwindigkeit ohne Behinderung passieren kann.

7.10
Konstruktionsbeispiel: Automatische
Schiebetüranlage (Ganzaluminium-
konstruktion)

a), b) Funktionsprinzip der Radarsteuerung
   mit einstellbarem Wirkungsbereich
c) Horizontalschnitt durch Türanlage
d) Vertikalschnitt durch Türanlage mit Isolierverglasung (Sicherheitsglas)
e) Vertikalschnitt durch Türanlage mit Einfachverglasung (Sicherheitsglas)

 1 Trägerwinkel aus Aluminium
    bis 5,00 m freitragend
 2 abnehmbare Winkelverkleidung
 3 Elektromotor (Antrieb mit vollelektro-
    nischer Steuerung)
 4 Laufrolle
 5 feststehendes Seitenteil
 6 Schiebetürflügel
 7 Türblattführung mit integriertem Ein-
    bruchschutz
 8 Seitendichtung
 9 Fotozelle (elektron. Klemmschutz)
10 Oberlichtverglasung

BLASI GmbH, Mahlberg

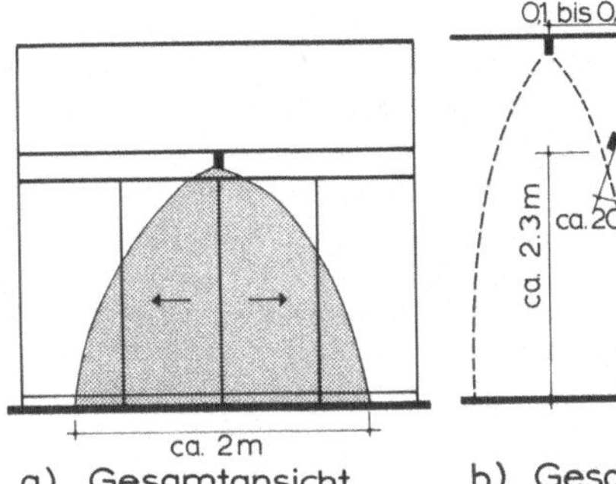

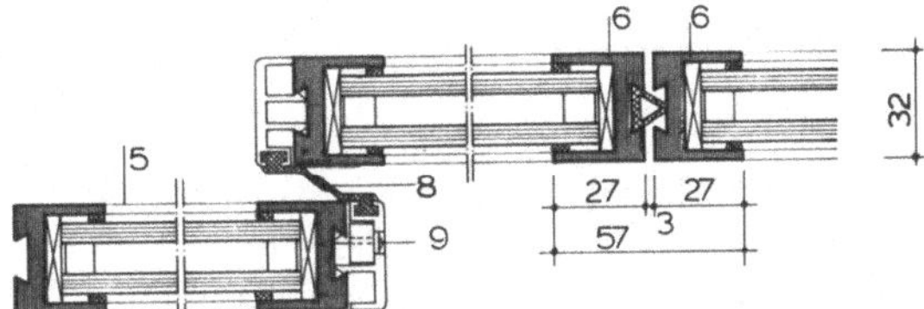

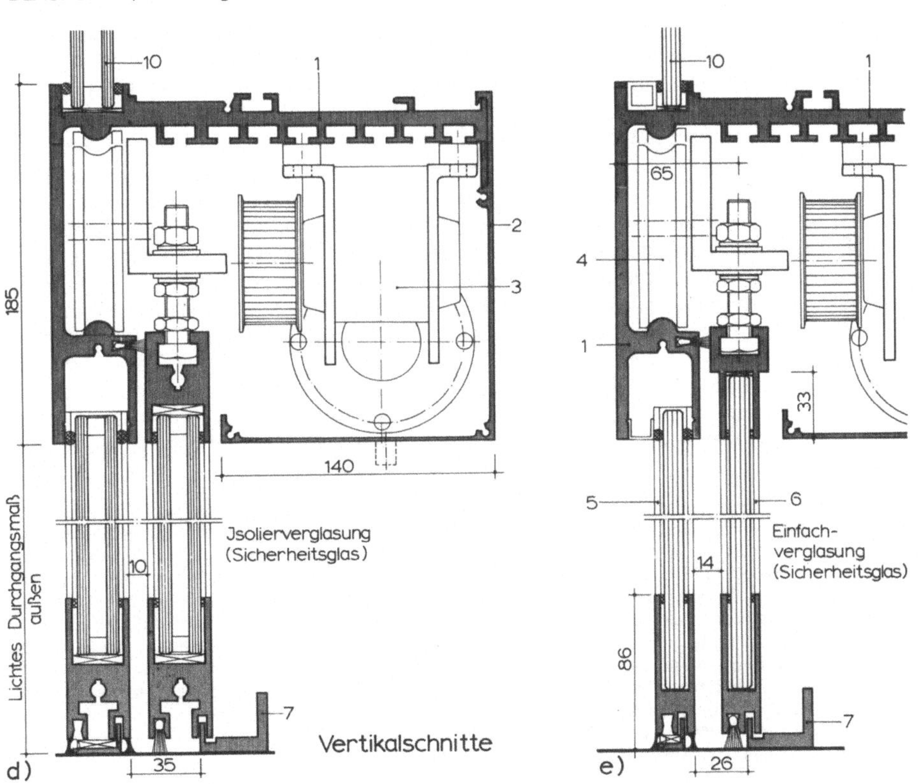

Bild **7.**10 zeigt die wichtigsten Konstruktionsmerkmale einer automatischen Schiebe-türanlage. Die Schiebetürautomatik ist zu einer kompakten Einheit zusammengefaßt, die komplett auf einem freitragenden Trägerwinkel aus Aluminium an Ort und Stelle montiert wird (z. B. als Kämpferprofil einer Türanlage mit Oberlichtverglasung). Jede Anlage muß mit einer automatischen Wendeschaltung versehen sein, die ein sofortiges Öffnen der Türflügel bei Einklemmgefahr bewirkt. In der gezeigten Anlage ist eine Reflexfotozelle im unmittelbaren Türbereich als zusätzliche Sicherheitseinrichtung ein-gebaut. Bei Stromausfall müssen sich die Türflügel selbsttätig öffnen (Übergang zu manuellem Betrieb).

7.2 Harmonikatüren und Harmonikawände

Harmonikatüren weisen gegenüber den Drehflügeltüren die gleichen Vorteile auf wie die Schiebetüren. Während diese jedoch seitlich in ihrer ganzen Breite zu verschieben sein müssen und immer eine der Türöffnung entsprechend große Wandfläche beanspru-chen, benötigen die gefalteten Pakete der Harmonikatüren seitlich wesentlich weniger Platz. Vgl. hierzu Bild **6.**2. H a r m o n i k a t ü r e n eignen sich daher zum Verschluß von größeren Wandöffnungen, beispielsweise im Wohnbereich, wo eine normale Drehflü-geltür aus räumlichen Gründen als störend empfunden würde. Die großflächigeren H a r m o n i k a w ä n d e sind entsprechend ihrer Größe stabiler konstruiert und dienen vor allem der Unterteilung von Kantinen, Gaststätten, Vereinsräumen, Kirchen und Gemeindesälen. Ihr Anwendungsfeld ist überall dort, wo bei relativ leichter Bedienung mittlere Schalldämmwerte erreicht werden sollen.

Harmonikatüren und -wände sind zweischalig ausgebildete, einbaufertige Raumab-schlußelemente, die in ein- oder zweiflügeliger Ausführung mittig an einem Laufwerk aufgehängt und harmonikaförmig zusammengeschoben werden. Sie bestehen im In-neren aus einem verzinkten, robusten Stahlscherengitter-Gerüst, das beidseitig entwe-der mit furnierten Holzspanplattenstreifen (H o l z h a r m o n i k a t ü r s. Bild **7.**11) oder einem Bespannungsmaterial aus schwerem geschäumtem Spezialkunstleder vollflächig verkleidet ist (K u n s t l e d e r h a r m o n i k a t ü r s. Bild **7.**12c bis d). Die Flügelpakete laufen kugelgelagert in einer oberen Laufschiene und bedürfen in der Regel am Fuß-boden keiner weiteren Führung (durchlaufender Bodenbelag). Beidseitig umlaufende Schleifdichtungen, gegen Fußboden und Unterdecke abdichtend sowie schalldäm-mende Spezialeinlagen (z. B. Schwermatte mit Mineralwolle) verbessern die Schall-dämmwerte.

Harmonikatüren und -wände werden nahezu ausnahmslos nach Aufmaß einzeln gefertigt. Durch den Einbau von Weichen o. ä. sind die Pakete in verschiedene Richtungen ausfahrbar, so daß sie in Nischen oder Taschen eingefahren und ggf. unsichtbar verstaut werden können. Dazu müssen Decke und Fuß-boden genau parallel und waagerecht liegen, die seitlichen Anschläge lot- und fluchtgerecht stehen. Die Verkleidung der Wandleibungen, Stürze usw. werden in der Regel bauseits hergestellt, wobei die Oberflächen der Harmonikaelemente mit denen der angrenzenden Wandvertäfelungen aufeinander abge-stimmt sein können. Griffe auf beiden Türseiten ermöglichen ein leichtes Herausziehen und Feststellen der Harmonikatür bzw. -wand an jeder beliebigen Stelle, während ein Doppelhaken-Sicherheitsschloß den dichten Abschluß sichert. Da die Führung im Decken- und Fußbodenbereich, die verschiedenartigen Faltungen der Elemente und ihre Parkmöglichkeiten sowie ihre Ausrüstung mit Beschlägen und Garnituren von einer derartigen Vielfalt sind, muß von einer Beschreibung aller Möglichkeiten abgesehen werden. Nähere Angaben sind den Herstellerunterlagen zu entnehmen.

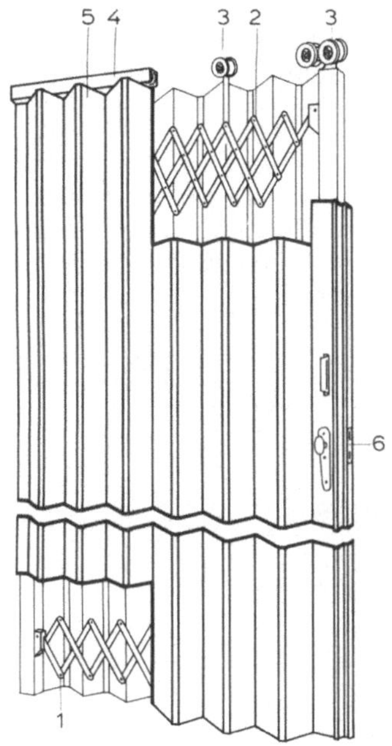

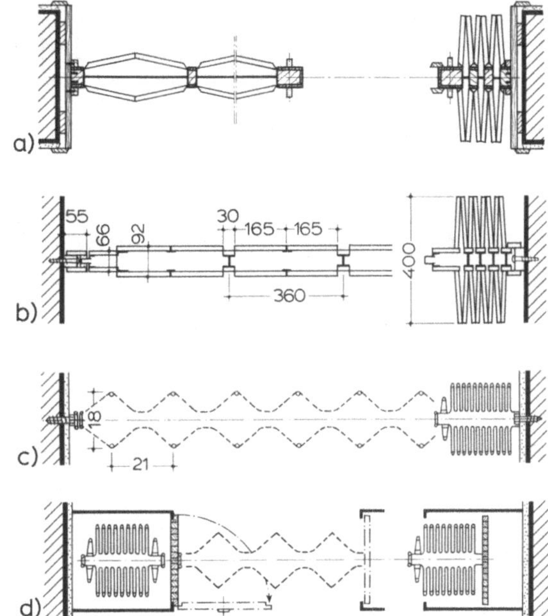

7.11   Konstruktiver Aufbau einer
       Holzharmonikatür ohne
       Bodenführung
       (System LIGNACORD)

       1 Einfach-Stahlscherenreihe
       2 Doppel-Stahlscherenreihe
       3 kugelgelagerte Laufrollen
       4 Laufschiene
       5 beiderseitige Bekleidung mit
          Spanplattenstreifen
       6 Doppelhaken-
          Sicherheitsschloß

       Hüppe-Raumsysteme, Olden-
       burg

7.12   Schematische Darstellung einiger Einbaubeispiele von
       Holz- und Kunstlederharmonikatüren

       a) ein- oder zweiflügelige Holzharmonikatür mit Futter-
          rahmen und Bekleidung
       b) ein- oder zweiflügelige Holzharmonikatür. Beim
          Aufschieben werden nur die Segmente bewegt, die
          zum Öffnen und Schließen der Tür bzw. Wand benö-
          tigt werden.
       c) bis d) ein- oder zweiflügelige Kunstlederharmonika-
          türen mit und ohne Paketverkleidung

       Hüppe-Raumsysteme, Oldenburg

7.3   Falttüren und Faltwände

Falttüren und -wände bestehen aus einer Anzahl, meist durch Scharniere gelenkig, miteinander verbundener Flügel, die an einem Laufwerk – mit oder ohne Bodenfüh- rung – aufgehängt sind und sich durch Zusammenklappen zurückschieben lassen. Sie werden aus Holz/Holzwerkstoffen oder Metall oder in einer Kombination beider Werkstoffgruppen ein- oder mehrschalig hergestellt. Größere Raumabschlüsse sollten möglichst zweiseitig aufzuschieben sein und aus Gründen der Zweckmäßigkeit einen Durchgangsflügel aufweisen. Bild **6**.2 verdeutlicht, wie sie angeordnet und geführt werden. Demnach unterscheidet man:

1. Faltwände mit exzentrischer Aufhängung (Bild **7.13**). Sie bestehen aus gleich breiten Flügeln (etwa 600 bis 900 mm), die sich auf Grund ihrer exzentrischen Aufhängung immer nur nach einer Raumseite hin ausfalten lassen. Das Laufwerk kann wahlweise an einer Sturzunterkante oder Wandfläche montiert werden (Flügelgewichte beachten). Die Tragrollen sind an der oberen Ecke eines jeden zweiten Flügels, die Bodenführungsrollen genau lotrecht darunterliegend, an der unteren Flügelecke angeordnet. Diese Bodenrollen sind wegen der außermittigen Belastung im gefalteten Zustand unbedingt erforderlich und laufen in einer im Fußboden eingelassenen U-förmigen Schiene (Verschmutzungsgefahr beachten).

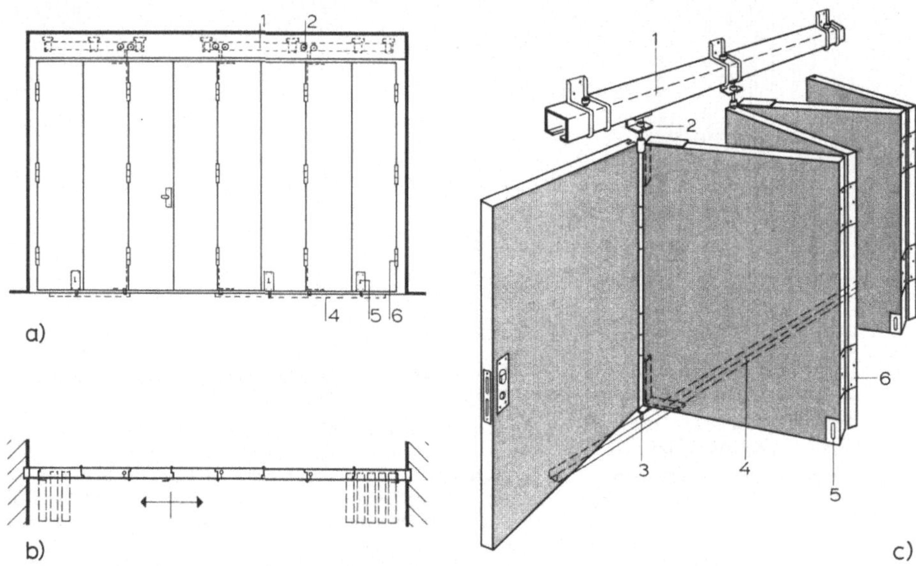

7.13 Schematische Darstellung einer Faltwand mit exzentrischer Aufhängung (gleich breite
       Flügel)
    a) Ansicht der Faltwand
    b) Horizontalschnitt
    c) Schema der Faltwand (Hespe und Woelm, Heiligenhaus)
    1 Laufrohr mit Befestigungsmuffen
    2 Tragrolle (Trägerwinkel mit aufgesetztem Rollapparat)
    3 Führungsrolle
    4 U-förmige Bodenschiene
    5 Feststellriegel
    6 kugelgelagerte Scharniere

2. Faltwände mit zentrischer Aufhängung (Bild **7.14**). Auf Grund ihrer zentrischen Aufhängung falten sie sich jeweils zur Hälfte nach innen und außen und beginnen an der Wand immer mit einem halben Flügel. Die übrigen Flügel sind gleich breit (etwa 600 bis 900 mm). Bei dieser Wandart sitzen die Tragrollen in der Mitte eines jeden zweiten Flügels. Auf Grund des sich daraus ergebenden Gleichgewichtes ist eine Bodenführung bei kleineren Flügelgruppen nicht erforderlich, bei breiteren Anlagen sind die Bodenführungsrollen lotrecht unter den Laufrollen montiert. Diese Faltwandart wird von der Beschlagindustrie auch als Harmonikawand bezeichnet.

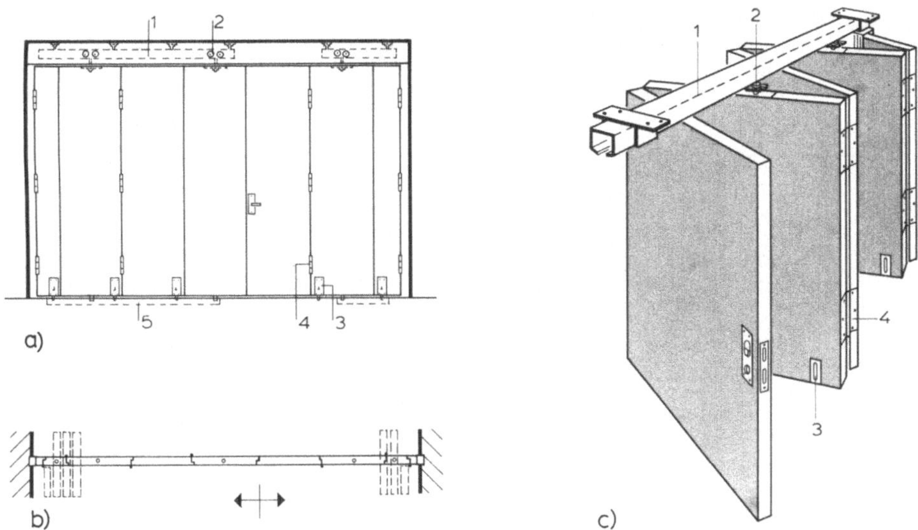

7.14 Schematische Darstellung einer Faltwand mit **zentrischer Aufhängung** (an der Wand mit
einem halben Flügel beginnend)

a) Ansicht der Faltwand
b) Horizontalschnitt
c) Schema der Faltwand (Hespe und Woelm, Heiligenhaus)

1 Laufrohr mit Befestigungsmuffen
2 Tragrolle
3 Feststellriegel

4 kugelgelagerte Scharniere
5 U-förmige Bodenschiene

Gemeinsam ist allen Faltwandarten, daß die einzelnen Flügel durch jeweils zwei, bei
hohen Elementen auch durch drei oder vier kugelgelagerte Scharniere miteinander
verbunden sind. Ähnlich wie bei den Schiebetüren sollte auch hier die im Bereich
des Laufwerkes liegende Bekleidung bzw. Wandvertäfelung abnehmbar sein, um ggf.
Reparaturen oder eine nachträgliche Höhenjustierung der Faltwand vornehmen zu
können. Einzelheiten bezüglich des konstruktiven Aufbaues der einzelnen Türflügel und
der notwendigen Schalldämm-Maßnahmen, die beim Einbau derartiger Wandanlagen
beachtet werden müssen, s. Abschn. 7.4, Bewegliche Elementwände.

Ganzglas-Falttüranlagen

In Eingänge, die je nach Bedarf teilweise oder in der gesamten Breite zur Verfügung
stehen sollen, können Ganzglas-Falttüranlagen in verschiedenen Größen und Ausführungen eingebaut werden. Sie eignen sich vor allem als beweglicher, transparenter
Abschluß von Hallen und Foyers oder als großflächiger Raumteiler in Ladenstraßen
und Warenhäusern.

Ganzglas-Falttüranlagen bestehen aus rahmenlosen Ganzglas-Türflügeln, an deren
oberen und unteren Enden durchlaufende Türschienen mit den dazugehörigen Trag-
bzw. Führungsrollen angeklemmt sind. Bis zu fünf Türflügel können zusammenhän-
gend seitlich verschoben und zu einem Paket zusammengefaltet werden. Falttüranlagen
aus Einscheiben-Sicherheitsglas können mit oder ohne Gehflügel ausgestattet sein,
wobei der Gehflügel als Pendeltür oder als Anschlagtür ausgebildet wird. Alle erforderlichen Beschlagteile werden vom Glaswerk mitgeliefert. Vgl. hierzu auch Abschn. 6.8,
Ganzglastüren.

Wie Bild **7**.15 verdeutlicht, gibt es Ganzglas-Falttüren wahlweise mit **exzentrischer** oder **zentrischer** Aufhängung. Bei beiden Systemen sind Bodenführungsrollen mit den entsprechenden U-förmigen Schienen vorzusehen. Um ein nachträgliches Verstellen (Höhenjustierung) der Tragrollen zu ermöglichen, ist auch hier in der bauseits anzubringenden Verkleidung eine Revisionsklappe o.ä. vorzusehen.

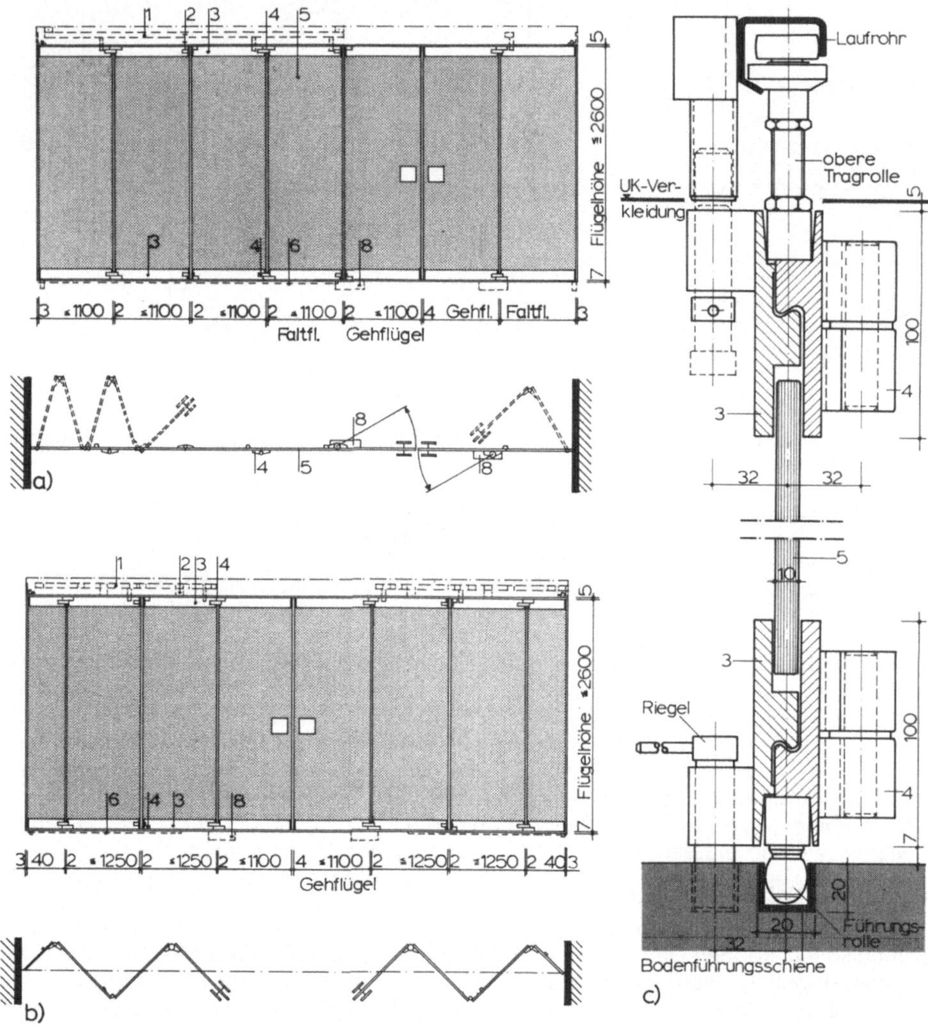

7.15 Ganzglas-Falttüranlage aus Einscheiben-Sicherheitsglas

    a) Ansicht und Horizontalschnitt von einer **exzentrisch** aufgehängten Falttüranlage
    b) Ansicht und Horizontalschnitt von einer **zentrisch** aufgehängten Falttüranlage
    c) Vertikalschnitt durch eine exzentrisch aufgehängte Falttüranlage

1 Laufrohr	5	Türflügel mit Einscheiben-Sicherheitsglas
2 Tragrolle	6	Bodenführungsschiene
3 angeklemmte Türschienen	7	Bodenführungsrolle
4 Gelenkbänder	8	Bodentürschließer

VEGLA, Vereinigte Glaswerke, Aachen

7.4 Bewegliche Elementwände

Die Forderung, eine begrenzte Grundfläche jederzeit so aufteilen zu können, daß sie wechselnden Anforderungen genügt, führte zur Entwicklung von beweglichen Elementwänden. Dabei handelt es sich um schalldämmende, bewegliche Wände ohne Bodenführung, die aus raumhohen, unabhängig voneinander bedienbaren Einzelelementen bestehen. Bild 7.16. Sie werden vorzugsweise in Schulen, Mehrzweckhallen, Kongreß- und Sportzentren sowie in gastronomischen Objekten eingesetzt. Die zusammengeschobenen Elemente ergeben eine geschlossene, vollkommen glatte Wand ohne sichtbare Metallprofile oder Beschlagteile. Als Oberflächenmaterial werden vorzugsweise Holzfurniere, Schichtstoffplatten, Kunstleder sowie alle anderen im gehobenen Innenausbau üblichen Materialien verwendet. Die derzeit angebotenen Wände haben einen sehr ähnlichen Aufbau, so daß im allgemeinen von folgenden Gegebenheiten ausgegangen werden kann:

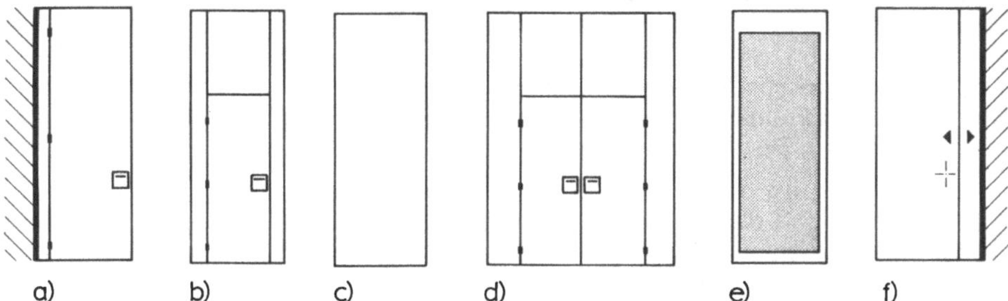

7.16 Schematische Darstellung allgemein üblicher Element-Typen beweglicher Trennwände

    a) fest angeschlagenes Türelement
    b) einflügelige Durchgangstür
    c) Vollwand-Element
    d) zweiflügelige Durchgangstür
    e) Fenster-Element
    f) Teleskop-Element

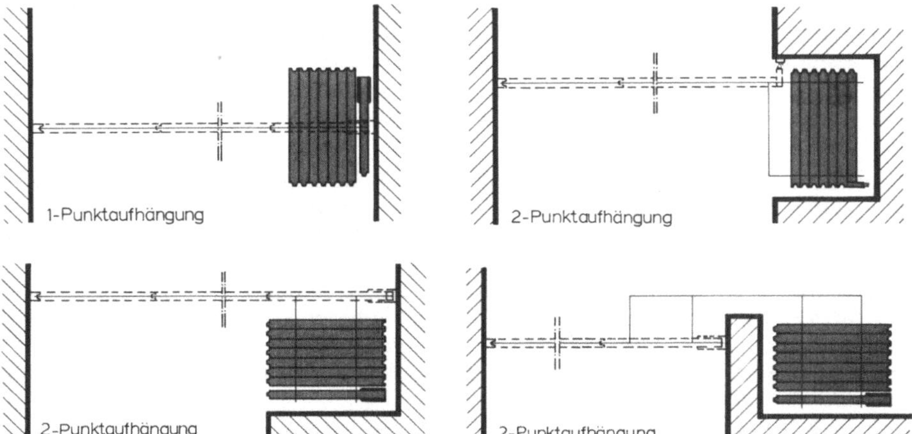

7.17 Schematische Darstellung verschiedener Parkmöglichkeiten beweglicher Elementwände

— Die verfahrbaren Elementwände werden an Deckenschienen aus Stahl oder Aluminium aufgehängt. Bodenführungsschienen sind aus optischen und Verschmutzungsgründen unerwünscht. Für die Elementaufhängung gibt es zwei Möglichkeiten: Die einfachere 1-Punktaufhängung, bei der die Gefahr des Verkantens der Elemente und damit Beschädigung der Decke bzw. des Fußbodenbelages nie ganz auszuschließen ist, und die aufwendigere, aber heute übliche 2-Punktaufhängung. Bild **7**.17. Auf Grund ihres Gewichtes erfordern verschiebbare Wände ein hochwertiges Laufrollensystem. Besonders geeignet sind sog. Kreuzrollen, die ein leichtes, geräuscharmes Verschieben der Elemente nach allen Richtungen (ohne Drehscheiben und Weichen) gestatten. Die Elemente der geöffneten Wand können beliebig in einer separaten Nische, hinter einer vorspringenden Wand oder einem Pfeiler sowie einfach seitlich geparkt werden.

— Die einzelnen Plattenelemente bestehen im Inneren aus einem tragenden, verwindungssteifen Metallrahmen, der beidseitig punktförmig (freihängend) mit etwa 16 mm dicken Spanplatten beplankt ist. Bild **7**.18. Die Paneele können auch aus einer selbsttragenden Konstruktion aus verzinkten Stahlblechtafeln in zweischaliger Bauweise gefertigt sein. Entsprechend der jeweils geforderten Schalldämmung wird der Hohlraum zwischen den Paneelen mit Mineralwolle gefüllt und das notwendige Flächengewicht der Elemente durch Aufkleben von Stahlblechen, Schwermatten oder Gipskartonplatten erreicht. Daraus ergeben sich Wanddicken von 80 bis 160 mm, je nach Elementhöhe und gefordertem Schalldämmwert.

— Die Abdichtung der Elemente gegen den Baukörper, ihre dichte Verbindung untereinander und die Begrenzung der baulichen Schallnebenwege sind weitere wichtige Schalldämm-Maßnahmen. Jedes Wandelement besitzt nach oben und unten ausfahrbare, beweglich gelagerte Doppeldichtungen, die über eine Spindelmechanik – ausgelöst durch eine Steckkurbel – gegen Fußboden und Deckenschiene gepreßt werden. Bild **7**.18 und **7**.19. Diese federgelagerten, mit einer Anpreßkraft von 15 bis 20 N/mm² versehenen Dichtleisten geben jedem Element eine gute Standfestigkeit, dichten gegen Fußboden und Deckenschiene schalldämmend ab und gleichen Toleranzen sowie nachträgliche Veränderungen des Bauwerks (z. B. Deckendurchbiegungen) bis zu einer Höhendifferenz von beispielsweise zweimal 40 mm selbsttätig aus.

— Die vertikale Verbindung der Elemente untereinander erfolgt bei einer hochwertigen Wand einmal durch formschlüssige Nut-Feder-Profile mit eingearbeiteten Mehrfachdichtungen, zum anderen durch eine kraftschlüssige Verbindung. Bild **7**.20. Dies kann entweder mechanisch durch zwei versenkt angeordnete Schließhaken oder durch die gegenseitige Anziehungskraft zweier, in der Nut-Feder-Schiene verlaufender Magnetbänder geschehen.

— Auch der Wandanschluß muß bei einer schalldämmenden Elementwand sehr sorgfältig ausgeführt werden. Im allgemeinen wird hierzu eine sog. Wandanschlußleiste verwendet, die im Prinzip nichts anderes darstellt als das Endstück eines normalen Elementes, das mit der Raumwand dicht verbunden ist und in dessen Nut-Feder-Profil das erste aufzustellende Wandelement eingeschoben wird. Um auch das letzte Element der beweglichen Trennwand einfügen zu können, ist ein gewisser Spielraum gegenüber dem Wandanschluß notwendig. Dieser verbleibende Zwischenraum wird meist durch ein aus dem letzten Element ausfahrbaren Teleskop verschlossen. Bild **7**.20 c.

Aus Gründen der Zweckmäßigkeit sollte jede größere, bewegliche Elementwand eine allseits flächenbündig eingebaute Durchgangstür erhalten. Diese sollte keine

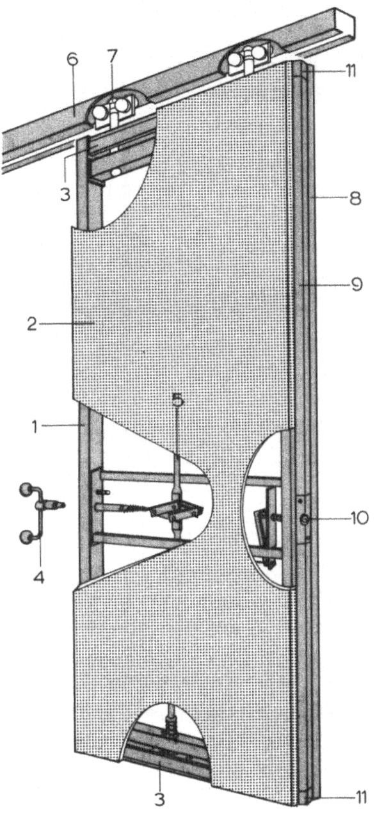

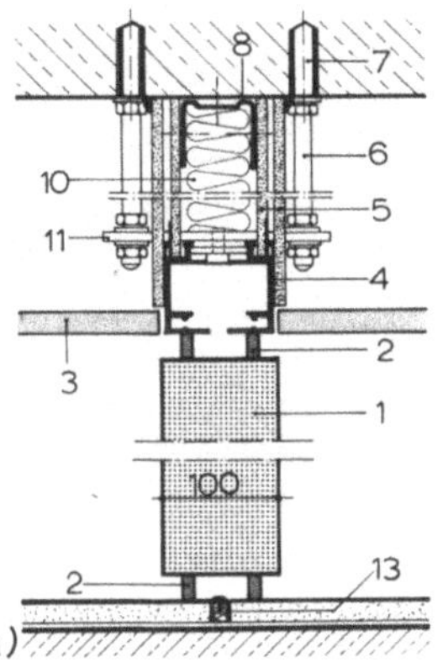

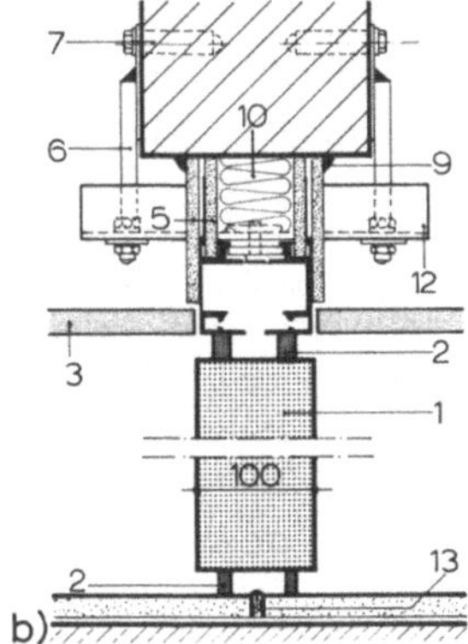

7.18 Schematische Darstellung des Aufbaues und der Mechanik eines beweglichen Trennwandelementes (System VARIFLEX)

1 Rahmen aus Aluminiumhohlkammer- und Stahlrohrprofilen
2 Spanplattenbekleidung (16 mm) mit Schwermatten und Hohlraumfüllung
3 horizontale Abdichtung (oben/unten) durch ausfahrbare Dichtleisten
4 Steckkurbel
5 Getriebemechanik
6 Deckenschiene aus Aluminium
7 Laufwagen mit Kreuzrollen (Zweipunkt-Aufhängung)
8 vertikale Abdichtung (Nut-Feder-Profil mit Lippendichtungen)
9 kraftschlüssige Verbindung durch Magnetbänder
10 Abdrückmechanismus
11 zusätzliche Eckabdichtung

Hüppe-Raumsysteme, Oldenburg

7.19 Beispiele von Laufschienen-Abhängungen (System VARIFLEX)

a) Abhängung an einer Betondecke
b) Abhängung an einem Unterzug

1 bewegliche Elementwand
2 ausfahrbare Dichtleisten
3 abgehängte Unterdecke
4 Deckenschiene aus Aluminium
5 Gipskartonplatten (je 12,5 mm dick)
6 Gewindestange mit höhenjustierbarer Halteplatte/Konsole
7 Dübel nach Angabe
8 Stahlblechprofil
9 dauerelastische Dichtmasse
10 Mineralfaserwolle
11 Halteplatte
12 Konsole
13 Trennfuge im schwimmenden Estrich

Hüppe-Raumsysteme, Oldenburg

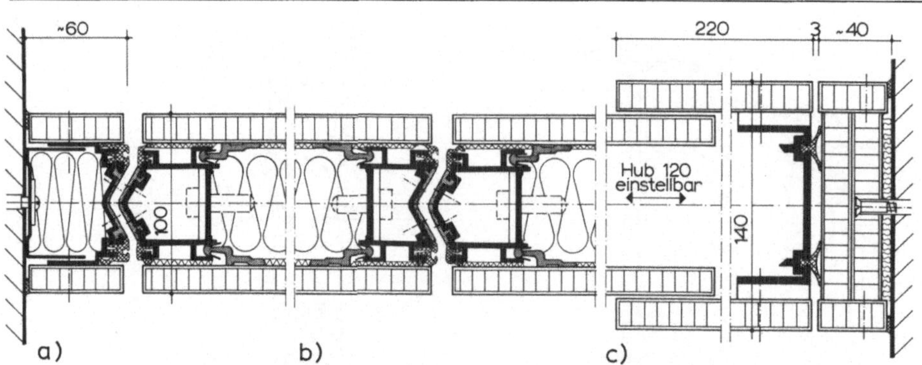

7.20 Horizontalschnitt durch eine bewegliche Elementwand (System VARIFLEX)
  a) Wandanschluß: erstes Element mit Schloßleiste
  b) vertikale Elementverbindung: Nut-Feder-Profil mit Lippendichtungen und beidseitig angeordneten Magnetbändern
  c) Wandanschluß: letztes Element mit ausfahrbarem Teleskop

Hüppe-Raumsysteme, Oldenburg

Bodenschwelle haben, sondern dreiseitig umlaufende Doppeldichtungen sowie eine nach unten ausfahrbare Dichtleiste aufweisen. Generell ist jedoch zu beachten, daß Durchgangstüren in der Regel die Schalldämmwerte einer Wand verringern.

— Die Begrenzung der baulichen Schallnebenwege über die flankierenden Bauteile ist genauso wichtig wie die schalltechnischen Maßnahmen am trennenden Bauteil, der beweglichen Trennwand selbst. Der Einbau einer Elementwand mit einem Schalldämm-Maß R'_w von beispielsweise 45 bis 50 dB hat nur dann einen Sinn, wenn die Schall-Längsleitung über die flankierenden Bauteile wie Fußboden, Wand, Decke, Fassade usw. weitgehend reduziert werden kann. Bild **7.19** und **7.20**. Das Problem der horizontalen Schall-Längsleitung tritt vor allem auf entlang schwimmender Estriche und schalleitender Fußbodenbeläge (durchlaufende Trennfuge oder Verbundestrich vorsehen), schalleitender Unterdeckenplatten und ungedämmter Deckenhohlräume (horizontale Dämmung und/oder vertikale Abschottung einplanen) sowie bei undichten Randanschlüssen. Dazu kann noch die Schall-Längsleitung über Fassaden- bzw. Fensterelemente, Ver- und Entsorgungsleitungen sowie über Lüftungskanäle hinzukommen. Die geforderte Schalldämmung kann außerdem nur erreicht werden, wenn auch die zwangsläufig auftretenden Bautoleranzen im Rahmen der Grenzen liegen, die die beweglichen Trennwandsysteme auffangen können. Weitere Einzelheiten sind Abschn. 13.3.3.1 und Abschn. 14.6 in Teil 1 dieses Werkes sowie der weiterführenden Spezialliteratur [5] zu entnehmen.

7.5 Literatur

[1] Nutsch, W.: Handbuch der Konstruktion. 2. Aufl. Stuttgart 1975

[2] Fachkunde für Schreiner. 11. Aufl. Wuppertal 1980

[3] Baubeschlag-Taschenbuch. Hrsg.: G. Wohlfahrt, Duisburg 1986

[4] Richtlinien für kraftbetätigte Fenster, Türen und Tore. Hrsg.: Hauptverband der gewerblichen Berufsgenossenschaften, Bonn (1984)

[5] Panitz, E.: Bewegliche Elementwände, technischer Stand und Anwendung. Hüppe-Raumsysteme, Oldenburg (1983)

8 Mineralputze, Kunstharzputze und Wärmedämmsysteme

8.1 Allgemeines

Putz ist ein an Wänden oder Decken ein- oder mehrlagig in bestimmter Dicke aufgetragener Belag aus Putzmörteln oder Beschichtungsstoffen, der seine endgültigen Eigenschaften erst durch Verfestigung am Baukörper erreicht. Je nach Belagdicke und Art der verwendeten Mörtel bzw. Beschichtungsstoffe übernehmen Putze bestimmte bauphysikalische Aufgaben. Zugleich dienen sie der Oberflächengestaltung eines Bauwerkes. Von folgenden Normen ist auszugehen:

- **DIN 18550 T1 (Ausg. 1.85)** beschreibt als übergeordnete Norm die Putzeigenschaften und notwendigen Fachbegriffe, außerdem legt sie die Anforderungen an die Putze entsprechend ihrer Aufgaben fest.
- **DIN 18550 T2 (Ausg. 1.85)** enthält die Regeln für die Herstellung und Verarbeitung von Putzmörteln mit mineralischen Bindemitteln.
- **DIN 18550 T3 (Ausg. 3.91)** beinhaltet Angaben über Wärmedämm-Putzsysteme aus Mörteln mit mineralischen Bindemitteln und expandiertem Polystyrol (EPS).
- **DIN E 18550 T4 (Ausg. 3.91)** beschreibt Putze mit Zuschlägen mit porigem Gefüge.
- **DIN 18558 (Ausg. 1.85)** gilt für die Herstellung und Verarbeitung von Kunstharzputzen mit Beschichtungsstoffen aus organischen Bindemitteln.
- **DIN 18559 (Vornorm 12.88)** behandelt Wärmedämm-Verbundsysteme, die zur Wärmedämmung und Gestaltung von Wand- und Deckenflächen dienen.

An Außen- und Innenputze werden sowohl allgemeine als auch ganz spezifische Anforderungen gestellt. Im einzelnen sind zu nennen:

Allgemeine Anforderungen. Gute und gleichmäßige Haftung am Putzgrund und gute Haftung der einzelnen Lagen aneinander (ohne Hohlräume) sowie gleichmäßiges Gefüge innerhalb der einzelnen Lagen. Festigkeit bzw. Widerstand gegen Abrieb und Oberflächenbeschaffenheit sind dem jeweiligen Putzgrund und der Putzanwendung – unter Berücksichtigung der Putzweise – anzupassen. Sollen noch Beschichtungen oder Tapeten auf einen Putz aufgebracht werden, so kann dies besondere Maßnahmen erforderlich machen. Auch die Wasserdampfdurchlässigkeit der Putze – innen wie außen – muß auf den Wandaufbau insgesamt abgestimmt sein. Es ist dafür zu sorgen, daß keine unzulässige Feuchtigkeitserhöhung in der Wand durch innere Kondensation auftritt. Werden an Putze Anforderungen hinsichtlich des Brandverhaltens gestellt, ist DIN 4102 zu beachten.

Außenputze müssen darüber hinaus vor allem noch witterungsbeständig sein, d. h. insbesondere der Einwirkung von Feuchtigkeit und wechselnden Temperaturen widerstehen sowie einen den jeweiligen Beanspruchungsgruppen entsprechenden Regenschutz gewährleisten. Die Wasserdampfwanderung zwischen innen und außen darf dadurch jedoch nicht unterbunden werden und der Außenputz keinesfalls als Dampfsperre wirken, hinter der es zu Tauwasserbildung kommen könnte.

Innenputze müssen zusätzliche Anforderungen vor allem als Träger von Anstrichen und schweren Tapeten sowie besondere Aufgaben des baulichen Brand- und Schallschutzes übernehmen. Außerdem muß der Innenputz in bewohnten Räumen so beschaffen sein, daß er Wasserdampf (Luftfeuchte) rasch aufnehmen, speichern und bei Bedarf langsam wieder abgeben kann (klimaregulierende Wirkung).

8.2 Einteilung und Benennung: Überblick

Nach DIN 18550 und DIN 18558 sind grundsätzlich zu unterscheiden:

— **Putze mit mineralischen Bindemitteln (Mineralputze)**
  Für ihre Herstellung werden Putzmörtel verwendet.
— **Putze mit organischen Bindemitteln (Kunstharzputze)**
  Zu ihrer Herstellung dienen Beschichtungsstoffe.

Putzmörtel

Putzmörtel werden den Putzmörtelgruppen P I bis P V zugeordnet, wenn sie die entsprechenden mineralischen Bindemittel enthalten. Zu unterscheiden sind:

Putzmörtel nach dem Zustand

— Frischmörtel (gebrauchsfertiger, verarbeitbarer Mörtel)
— Festmörtel (verfestigter Mörtel)

Putzmörtel nach dem Ort der Herstellung

— Baustellenmörtel (auf der Baustelle zusammengesetzte und gemischte Mörtel)
— Werkmörtel (im Werk zusammengesetzte, gemischte und überwachte Mörtel)
— Werktrockenmörtel (im Werk gefertigte, überwachte, verarbeitungsfähige, pulverförmige Mischung)

Putzmörtel nach der Art des Bindemittels

— Baukalke
— Putz- und Mauerbinder
— Zemente
— Baugipse
— Anhydritbinder

Putzmörtel nach der Art des Zuschlages

— mineralischer Zuschlag
— organischer Zuschlag, jeweils mit dichtem oder porigem Gefüge.

Beschichtungsstoffe

Beschichtungsstoffe dienen zur Herstellung von Kunstharzputzen und bestehen aus organischen Bindemitteln in Form von Kunststoffdispersionen. Nach Anwendung und Bindemittelanteil werden zwei Beschichtungsstofftypen unterschieden:

— P Org 1 – für Kunstharzputz als Außen- und Innenputz
— P Org 2 – für Kunstharzputz als Innenputz

Putzgrund

Putzgrund ist der Bauteil, der geputzt wird. Zur Vorbereitung des Putzgrundes gehören geeignete Maßnahmen, die einen festen und dauerhaften Verbund zwischen Putz und Putzgrund fördern. Dies wird gegebenenfalls erreicht durch das Aufbringen eines

— Spritzbewurfes (bei mineralisch gebundenen Putzen)
— Grundanstriches (bei Kunstharzputzen)

Putzträger

Putzträger verbessern das Haften des Putzes oder ermöglichen eine vom tragenden Untergrund weitgehend unabhängige Putzkonstruktion. Verwendet werden u.a. metallische Putzträger, Holzwolle-Leichtbauplatten, Ziegeldrahtgewebe.

Putzbewehrung

Putzbewehrungen bewirken eine Verbesserung der Zugfestigkeit des Putzes auf schwierigem Untergrund und tragen so zur Verminderung der Rissebildung bei. Verwendet werden u.a. Glasgitter-Armierungsgewebe, eingebettet in die oberste Schicht des frisch aufgebrachten Unterputzes.

Putzaufbau

Eine Putzlage ist eine in einem Arbeitsgang ausgeführte Putzschicht. Der Spritzbewurf zählt nicht als Putzlage. Dem Aufbau nach unterscheidet man:

— einlagige Putze

— mehrlagige Putze

Die unteren Lagen werden Unterputz, die oberste Lage wird Oberputz genannt. Kunstharzputze auf Wand- und Deckenflächen eignen sich nur als Oberputz.

Putzsysteme

Unter Putzsystem versteht man das ganzheitliche Zusammenwirken von Putzgrund und Putzlage(n). Die an einen Putz gestellten Anforderungen müssen demnach von allen Schichten zusammen dauerhaft erfüllt werden.

Putzanwendung

Entsprechend seiner örtlichen Lage im Bauwerk und der dadurch gegebenen Beanspruchungsart sind zu unterscheiden:

Außenputz

— Außenwandputz (auf über dem Sockel liegenden, aufgehenden Flächen)

— Außensockelputz (oberhalb der Erdanschüttung)

— Kellerwand-Außenputz (im Bereich der Erdanschüttung)

— Außendeckenputz (auf Deckenunterseiten, die der Witterung ausgesetzt sind).

Innenputz

— Innenwandputz für Räume üblicher Luftfeuchte (einschließlich der häuslichen Küchen und Bäder)

— Innenwandputz für Feuchträume

— Innendeckenputz für Räume üblicher Luftfeuchte (einschließlich der häuslichen Küchen und Bäder)

— Innendeckenputz für Feuchträume.

Putzarten

Nach den zu erfüllenden Anforderungen werden unterschieden:

Putze, die allgemeinen Anforderungen genügen

Putze, die zusätzlichen Anforderungen genügen.

— wasserhemmender Putz

— wasserabweisender Putz

— Außenputz mit erhöhter Festigkeit

— Innenwandputz mit erhöhter Abriebfestigkeit

— Innenwand- und Innendeckenputz für Feuchträume.

Putze für Sonderzwecke

— brandschutztechnisch wirksame Putzbekleidungen   — Wärmedämm-Verbundsysteme

— schallschutztechnisch wirksame Putzbekleidungen   — Sanierputze

— Wärmedämm-Putzsysteme   — Leichtputze.

Putzweisen

Die Putzweise kennzeichnet die Putze nach der Art ihrer Oberflächenbearbeitung und der dadurch entstehenden Oberflächenstruktur.

— Geglätteter Putz   — Kellenwurfputz

— Gefilzter Putz   — Spritzputz

— Geriebener Putz oder Reibeputz (auch genannt: — Kratzputz
   Münchner Rauhputz, Wurmputz, Madenputz,   — Rollputz
   Altdeutscher Putz usw.)   — Buntsteinputz u.a.

Allgemeine Technische Vorschriften für **Putz- und Stuckarbeiten** (Stoffe, Ausführung, Nebenleistung, Abrechnung) sind VOB Teil C, DIN 18350 (Ausg. 9.88) zu entnehmen.

8.3 Ausgangsstoffe

8.3.1 Mineralische Bindemittel für Mörtelputze

Mineralische Bindemittel im Sinne der DIN 18550 sind Baukalke, Zemente, Baugipse, Anhydritbinder sowie Putz- und Mauerbinder. Nach ihrem Erhärtungsverhalten werden sie in **lufthärtende** und **hydraulisch** erhärtende Bindemittel eingeteilt.

Baukalke (DIN 1060)

Baukalke werden aus Kalkstein, Dolomitstein, Kalksteinmergel oder mergeligem (tonhaltigem) Kalkstein durch Brennen unterhalb der Sintergrenze (900 bis 1200 °C) hergestellt. Je mehr tonhaltige Bestandteile der Kalkstein enthält, um so hydraulischer (unter Wasser erhärtend) verhält sich der Kalk. Während nicht hydraulische Bindemittel nach dem Anmachen mit Wasser nur an der Luft erhärten (Luftbindemittel), erhärten hydraulische Baukalke nach mehrtägiger Lagerung an der Luft[1]) auch unter Wasser. Sie erhärten außerdem schneller und erzielen höhere Festigkeiten als lufthärtende Bindemittel. Auf Grund dieses unterschiedlichen Erhärtungsverhaltens unterscheidet man:

Luftkalke	Wasserkalk
— Weißkalk	Hydraulischer Kalk
— Dolomitkalk	Hochhydraulischer Kalk

Luftkalke verfestigen durch langsame Aufnahme von Kohlendioxid aus der Luft.[1]) Dieser Vorgang wird Karbonatisierung (Karbonaterhärtung) genannt. Sie erhärten nicht unter Wasser (reine Luftbindemittel) und sind nach dem Erhärtungsvorgang – im Vergleich zu Hydraulischem Kalk – deutlich weniger wasserbeständig. Weiß- bzw. Dolomitkalkmörtel besitzen gute Verarbeitungseigenschaften (Geschmeidigkeit, Dehnungsfähigkeit). Nach längerer, meist monatelanger Abbindezeit – während der keine luftabsperrenden Tapeten oder dichte Anstriche aufgebracht werden dürfen – entstehen Putze geringerer Festigkeit (vorwiegend Innenputze der Mörtelgruppe P I), jedoch mit hoher Wasserdampfdurchlässigkeit.

Wasserkalke verfestigen durch Zusammenwirken von vorwiegend Karbonaterhärtung und schwach hydraulischer Reaktion. Da die Erhärtung überwiegend durch Aufnahme von Kohlendioxid aus der Luft[1]) beruht, ist eine etwa 7tägige Luftlagerung erforderlich, bevor die weitere Erhärtung unter Wasser erfolgen kann. Sonst weitgehend ähnliche Eigenschaften wie bei den Luftkalken. An ihre Druckfestigkeit werden gemäß DIN 1060 keine Anforderungen gestellt.

Hydraulische und hochhydraulische Kalke zeichnen sich vor allem durch ihre vorwiegend hydraulischen Erhärtungsfähigkeiten aus. Die Mörtel sind unter Wasser beständig, sofern sie zuvor eine gewisse Zeit (hydraulische Kalke mind. 5 Tage, hochhydraulische Kalke zwischen 1 und 3 Tagen) an der Luft[1]) gelagert haben, d.h. vorhärten konnten. Außerdem binden sie schneller ab und erreichen eine höhere Festigkeit (Mörtelgruppe P II) als Luftkalke. Sie sind besonders geeignet für Außenputze, die ungünstigen Witterungsverhältnissen und mechanischen Beanspruchungen ausgesetzt sind. Vgl. hierzu Abschn. 8.4.1, Putzmörtel.

Handelsformen: Baukalke werden in ungelöschtem (Einsumpfzeit von etwa 10 bis 12 Stunden beachten) oder gelöschtem Zustand (im Auslieferungszustand sofort verarbeitbar) geliefert. Die Verarbeitungsanweisungen der Herstellerwerke sind zu beachten. Auf die entsprechende Spezialliteratur [1] wird verwiesen.

Zemente (DIN 1164)

Zement ist ein hydraulisches Bindemittel, das im wesentlichen aus Kalkstein, Kieselsäure, Tonerde und Eisenoxid besteht. Das entsprechende Rohstoffgemisch wird oberhalb der Sintergrenze (1400 bis 1500 °C) gebrannt und anschließend fein gemahlen.

---

[1]) Nach dem Anmachen mit Wasser.

Durch Reaktion mit Wasser erhärtet Zement sowohl an der Luft als auch unter Wasser und bleibt nach der Erhärtung auch unter Wasser fest. Die Druckfestigkeit muß nach 28 Tagen mindestens 25 N/mm^2 betragen (Vergleich: Geforderte Mindestdruckfestigkeit bei hochhydraulischem Kalk 5 N/mm^2).

N o r m e n z e m e n t e sind Portlandzement, Eisenportlandzement, Hochofenzement und Traßzement. Darüber hinaus gibt es noch genormte Zemente mit besonderen Eigenschaften sowie Spezialzemente für die verschiedensten Baumaßnahmen. Einzelheiten über die verschiedenen Zementarten, Festigkeitsklassen usw. können DIN 1164 sowie Abschnitt 5.2, Baustoffe, Teil 1 dieses Werkes, entnommen werden.

Baugipse (DIN 1168)

Gips kommt in der Natur als Mineral (Gipsstein) vor oder fällt als Nebenprodukt der chemischen Industrie an (Chemiegips). Zunehmende Bedeutung gewinnt der sog. **REA**-Gips, der in den **R**auchgas-**E**ntschwefelungs-**A**nlagen der Steinkohle-Kraftwerke anfällt. Er ist den Naturgipsen in bautechnischer Hinsicht durchaus ebenbürtig und wie diese auch gesundheitlich völlig unbedenklich.

Durch thermische Behandlung (z. B. Brennen in Drehöfen) wird dem Rohgips das Kristallwasser teilweise oder vollständig entzogen. Mit zunehmender Entwässerung bzw. Brenntemperatur (120 bis 180 °C bei Stuckgips, 300 bis 900 °C bei Putzgips) steigen Festigkeit und Abbindedauer (Erhärtungsverhalten) der verschiedenen Gipssorten. Das beim Brennen entzogene Wasser wird dem feingemahlenen Gips später beim Anmachen wieder zugeführt, so daß wieder Gipsstein entsteht. Gips ist ein nichthydraulisches Bindemittel, das ausschließlich durch Kristallisation (Hydration) an der Luft erhärtet. Gipse – sowie alle Gipsbaustoffe – bleiben w a s s e r l ö s l i c h und verlieren bei langanhaltender, starker Feuchtigkeitseinwirkung merklich ihre Festigkeit (Gefügezerstörung). Gips darf daher weder in Außenwandputzen noch als Innenputz in Räumen mit langzeitig einwirkender Feuchtigkeit (z. B. in Hallenbädern, Saunen) verwendet werden. Vorübergehend auftretender Feuchtigkeitsanfall – wie er beispielsweise in häuslichen Bädern und Küchen vorkommt – ist unschädlich, da Gips überschüssige Luftfeuchtigkeit rasch aufnehmen und in Trocknungsperioden wieder rasch abgeben kann.

Zur Erzielung bestimmter Eigenschaften dürfen den Baugipsen im Herstellerwerk Zusätze beigegeben werden. Zusätze sind Stellmittel (anorganische Stoffe), die die Konsistenz, die Haftung, das Wasserrückhaltevermögen oder die Versteifungszeit (Erhärtungsverhalten) des Gipses in gewünschter Weise beeinflussen. Bereits werkseitig zugefügt sein können auch Füllstoffe wie Sand oder Perlit. Vor allem der zeitlich unterschiedliche Verlauf des Erhärtungsvorganges (Versteifung) ist ein wesentliches Kriterium zur Unterscheidung der einzelnen Gipssorten. Dementsprechend wird nach DIN 1168 zwischen Baugipsen ohne und mit werkseitig beigegebenen Zusätzen unterschieden:

Baugipse ohne werkseitig beigegebene Zusätze:

– **Stuckgips.** Bei niedrigen Temperaturen gebrannt, verhältnismäßig rasch versteifend. Er wird vor allem für Stuck-, Form- und Rabitzarbeiten, für das Herstellen von Innenputzen (Gipsputz, Gipskalkputz) sowie zur werksmäßigen Herstellung von Gipsbauplatten verwendet.

– **Putzgips.** Bei höheren Temperaturen gebrannt, beginnt früher zu versteifen und ist dennoch – ohne Schaden zu nehmen – länger an der Putzfläche zu bearbeiten als Stuckgips. Er wird vor allem eingesetzt für die Herstellung von Innenputzen (Gipsputz, Gipssandputz, Gipskalkputz) sowie für Rabitzarbeiten.

Baugipse mit werkseitig beigegebenen Zusätzen:

– **Maschinenputzgips.** Die Stellmittel ermöglichen einen kontinuierlichen maschinellen Putzauftrag. Der verarbeitungsbereit gelieferte, werkseitig vorgemischte Gips wird während des Putzvorganges fortlaufend (meist aus Silos o. ä.) in die Putzmaschine automatisch eingeblasen, das erforderliche

Wasser richtig dosiert zugesetzt, homogen gemischt, als weichplastischer Mörtel über eine Schlauchleitung (Spritzkopf mit Druckluft) transportiert und gleichmäßig in gewünschter Dicke auf den Putzgrund aufgespritzt. Geeignet für einlagige Innenputze (Wand- und Deckenputz) auf nahezu allen festen Putzgründen; mehrlagiges Putzen ist zu vermeiden.

— **Haftputzgips.** Mit Zusätzen (z. B. Kunstharz) zur Verbesserung der Haftung versehen. Er wird verarbeitungsfähig geliefert, weitere Zusätze bzw. Zuschläge dürfen nicht beigegeben werden. Haftputzgips ist vor allem zum Verputzen von schwierigen, d. h. glatten und schwach saugenden Putzgründen – wie beispielsweise Stahlbetondecken – bestimmt. Der einlagige Auftrag des Innenputzes erfolgt von Hand; mehrlagiges Putzen ist zu vermeiden.

— **Fertigputzgips.** Versteift langsam, Füllstoffe (z. B. Perlit, Sand) sind werkseitig zugesetzt, weitere Zuschläge oder Zusätze dürfen nicht zugegeben werden. Fertigputzgips ist das Standardmaterial zum einlagigen Verputzen von Mauerwerksflächen. Er eignet sich besonders für gut saugende Putzgründe. Das Anmachen und Auftragen des Mörtels erfolgt von Hand; mehrlagiges Putzen ist zu vermeiden. Vgl. hierzu auch die ausgewiesene Spezialliteratur [2], [14], [15].

Baugipse dürfen zwar mit Luftkalken, jedoch niemals mit hydraulischen Bindemitteln, wie Zement oder hydraulischem Kalk, vermischt bzw. verarbeitet werden, da die Gefahr der Gefügezerstörung durch sog. Treiben (Kristallwasseranreicherung in Folge Ettringitbildung) besteht. Auch eine Vermischung der Sorten Maschinenputzgips, Haftputzgips und Fertigputzgips untereinander oder mit anderen Bindemitteln oder Zuschlägen ist unzulässig, da die gewünschten Eigenschaften verlorengehen. Weiter ist zu beachten, daß Gips für eingelagerte Metallteile keinerlei schützende Wirkung besitzt (ungehinderter Zutritt von Feuchte und Sauerstoff), so daß es zu Korrosion kommen kann. Daher sind metallische Putzträger bzw. Aufhängevorrichtungen immer zu lackieren oder zu verzinken. Demgegenüber weist Gipsputz – wie alle Gipsbauteile – ein günstiges Brandverhalten auf: Gips bindet eine verhältnismäßig große Wassermenge, die im Brandfall die Bauteiloberfläche in Form eines Wasserdampfschleiers schützt.

Anhydritbinder (DIN 4208), Putz- und Mauerbinder (DIN 4211) sowie Traß (DIN 51043) sind weitere mineralische Bindemittel, die jedoch im Rahmen dieser Abhandlung unberücksichtigt bleiben.

8.3.2 Organische Bindemittel für Kunstharzputze

Als Bindemittel von Beschichtungsstoffen für Kunstharzputze werden Polymerisatharze in Form von Dispersionen oder Lösungen verwendet. Der Bindemittelgehalt des Beschichtungsstoffes ist in Abhängigkeit von der Kornzusammensetzung des Zuschlages gemäß DIN 18558, Kunstharzputze, festzulegen.

8.3.3 Zuschläge für Mörtel- und Kunstharzputze

Baukalke und Zemente müssen durch Zuschläge gemagert werden, weil diese mineralischen Bindemittel für sich allein beim Erhärten schwinden. Baugipse und Anhydritbinder dagegen bedürfen an sich keines Magerungsmittels (Ausnahmen: Gezielte Beeinflussung bestimmter Eigenschaften). Außerdem schwinden Baugipse nicht, im Gegensatz zu Baukalk und Zement. Für die Herstellung von Mörtel- und Kunstharzputzen eignen sich folgende Zuschläge:

Mineralischer Zuschlag. Mineralischer Zuschlag ist nach DIN 18550 bzw. DIN 18558 ein Gemenge (Haufwerk) aus ungebrochenen und/oder gebrochenen Körnern von natürlichen und/oder künstlichen mineralischen Stoffen. Man unterscheidet:

– **Zuschlag mit dichtem Gefüge** (z.B. Natursand, Brechsand o.ä.)

– **Zuschlag mit porigem Gefüge** (z.B. Perlit, Blähton, Bims), auch Leichtzuschläge genannt.

Korngröße, -form, -zusammensetzung, -festigkeit und Reinheit des Sandes sind für das Verhalten und die Widerstandsfähigkeit eines Mörtels oder Putzes ebenso wichtig wie die Art und Güte des Bindemittels. Schädliche Bestandteile wie Lehm, Ton, Kohle, Eisen, Sulfate o.ä. dürfen die Zuschläge entweder gar nicht oder nur in solchen Mengen enthalten, daß sie die Eigenschaften der Putze nicht beeinträchtigen.

Mörtelsande zur Herstellung von Putzen mit mineralischen Bindemitteln sollen eine möglichst geringe Hohlräumigkeit besitzen. Am vorteilhaftesten sind gemischtkörnige Sande, da sie u.a. weniger Bindemittel benötigen und bessere Verarbeitungseigenschaften ergeben. Günstig sind Sande, deren Massenanteil an Körnung 0 bis 0,25 mm zwischen 10 und 30% liegt. Größe und Anteil des Grobkorns richten sich immer nach der Putzanwendung. Für die einzelnen Putzanwendungen sind jeweils empfohlene Korngruppen in Tabelle **8.1** angegeben. Der **Spritzbewurf** erfordert stets einen grobkörnigen Sand, damit eine rauhe Oberfläche entsteht, an der sich der nachfolgende Putz festklammern kann.

Tabelle **8.1**   Empfohlene Korngruppen nach DIN 18550 T2

Zeile	Putzanwendung	Mörtel für	Korngruppe/Lieferkörnung nach DIN 4226 Teil 1 in mm
1		Spritzbewurf	0/4[1]), (0/8)[1])
2	Außenputz	Unterputz	0/2, 0/4
3		Oberputz	je nach Putzweise
4		Spritzbewurf	0/4[1])
5	Innenputz	Unterputz	0/2, 0/4
6		Oberputz	0/1, 0/2[2])

[1]) Der Anteil an Grobkorn soll möglichst groß sein.
[2]) Bei oberflächengestaltenden Putzen ist das Grobkorn nach der Putzweise zu wählen.

Organischer Zuschlag. Organischer Zuschlag ist ein Gemenge aus Körnern organischer Stoffe. Man unterscheidet:

– **Zuschlag mit dichtem Gefüge** (z.B. Kunststoffgranulate)

– **Zuschlag mit porigem Gefüge** (z.B. Expandiertes Polystyrol = geschäumte Kügelchen).

8.3.4 Zusätze für Putzmörtel

Zusätze sind vor allem Zusatzmittel, die die Mörteleigenschaften durch chemische und/ oder physikalische Wirkung beeinflussen, so daß die Putze besonderen Anforderungen genügen. Sie dürfen dem jeweiligen Mörtelgemisch nur in geringen Mengen zugegeben werden; außerdem dürfen nur Zusätze verwendet werden, die keinen schädigenden Einfluß auf den Putz ausüben. So dürfen sie insbesondere die Festigkeit und Beständigkeit des Mörtels, den Korrosionsschutz der Putzbewehrung oder des Putzträgers sowie das Erhärten des Bindemittels nicht beeinträchtigen. Die wichtigsten Zusatzmittel, die Putzmörteln für Außenputze beigegeben werden, sind:

- **Luftporenbildner.** Durch künstlich erzeugte, gleichmäßig verteilte kleine Luftporen werden die Kapillaren unterbrochen, wodurch die Wasseraufnahmefähigkeit des Putzes verringert wird. Des weiteren wird die Verarbeitbarkeit des Mörtels durch die Gleitwirkung der Luftporen verbessert (Plastifizierungsmittel) und das Mörtelgewicht aufgrund der eingeschlossenen Luft reduziert, so daß dickere Putzlagen in einem Arbeitsgang aufgebracht werden können. Vgl. hierzu auch Abschn. 8.7.5.4. Diese Porenbildner dürfen jedoch nur in kleinen Mengen beigegeben werden, da ein zu hoher LP-Gehalt zu wesentlichen Festigkeitsminderungen führt.
- **Hydrophobierungsmittel** (wasserabweisende Zusätze). Hierbei handelt es sich in der Regel um fettähnliche Substanzen, die weitgehend wasserunlöslich sind und dem Mörtel in genau dosierten Mengen bereits werkseitig zugegeben werden. Sie bewirken, daß das von außen an den fertigen Putz herangetragene Wasser (z. B. Schlagregen) abgewiesen wird, indem sie die Benetzbarkeit der Kapillarwände so stark herabsetzen, daß der Kapillarsog praktisch unterbleibt. Die Wasserdampfdurchlässigkeit darf dadurch jedoch nur unwesentlich gemindert werden. Auch darf die Hydrophobierung nur in einem solchen Maße erfolgen, daß die Haftung nachfolgender Schichten (z. B. Anstriche) nicht nachteilig beeinflußt wird. Wie in Abschnitt 9.2 näher beschrieben, können Putzoberflächen auch noch nachträglich mit farblosen Imprägnierungsmitteln (Silanen, Siloxanen oder Silikonen) wasserabweisend ausgerüstet werden.
- **Dichtungsmittel.** Sie machen den Putz weitgehend wasserundurchlässig, indem sie bei Wasserandrang porenstopfend wirken und dadurch einen Dichteffekt herbeiführen. Eingesetzt werden sie fast ausschließlich bei Außenputzen aus reinem Zementmörtel (Mörtelgruppe P III) im Sockelbereich und unter der Erdoberfläche. Bei höherem Wasserdruck wird die wasserabweisende Wirkung in den Kapillaren jedoch überwunden, so daß bituminöse Anstriche oder sogar Dichtungsbahnen eingesetzt werden müssen.
- **Erstarrungsbeschleuniger.** Sie bewirken eine Beschleunigung der Mörtelerstarrung. Auch sie dürfen nur in geringen Mengen zugegeben werden, da sie sonst die Endfestigkeit des Putzes vermindern.
- **Haftverbessernde Zusatzmittel.** Sie verbessern den Haftverbund zwischen Putzmörtel und Putzgrund.
- **Frostschutzmittel.** Sie würden Putzarbeiten auch bei niedrigeren Temperaturen zulassen. Nach DIN 18550 sollen derartige Zusätze jedoch nicht verwendet werden.
- **Farbmittel** (Pigmente). Diese müssen zur Herstellung eines gefärbten Putzes licht-, kalk- und zementecht sowie wetter- und UV-beständig sein, damit sie durch die Bindemittel, Zuschlagstoffe oder Lichteinwirkung nicht verfärbt oder zerstört werden. Farbpigmente dürfen nur in solchen Mengen verwendet werden, daß ein nachteiliger Einfluß auf den Putz unterbleibt.

8.4 Putzmörtel und Beschichtungsstoffe

8.4.1 Putzmörtel für Mineralputze

Putzmörtel ist nach DIN 18550 T1 ein Gemisch, das aus einem oder mehreren miteinander verträglichen **mineralischen** Bindemitteln, gemischtkörnigem Zuschlag mit einem überwiegenden Kornanteil zwischen 0,25 und 4 mm sowie Anmachwasser besteht. Bei Mörteln aus Baugipsen und Anhydritbindern kann der Zuschlag entfallen.

Ganz bestimmte Eigenschaften können gegebenenfalls noch durch Beigabe von Zusätzen erreicht werden.

Putzmörtel werden den in Tabelle **8**.2 genannten Mörtelgruppen P I bis P V zugeordnet, sofern sie die dort angeführten mineralischen Bindemittel enthalten und die in Tabelle **8**.4 angegebenen – sich auf Erfahrung gründenden – Mischungsverhältnisse aufweisen. Derart zusammengesetzte Mörtel erreichen die in Tabelle **8**.3 genannten Mindestdruckfestigkeiten und können ohne weitere Nachweise für die in Abschn. 8.6 angeführten Putzsysteme verwendet werden. Bei der Wahl der Mörtelgruppe ist jedoch immer auch zu berücksichtigen, ob der Putz später noch mit anderen Stoffen beschichtet werden soll.

Tabelle **8**.2   Putzmörtelgruppen nach DIN 18550 T1

Putzmörtel-gruppe	Art der Bindemittel
P I	Luftkalke, Wasserkalke, Hydraulische Kalke
P II	Hochhydraulische Kalke, Putz- und Mauerbinder, Kalk-Zement-Gemische
P III	Zemente
P IV	Baugipse ohne und mit Anteilen an Baukalk
P V	Anhydritbinder ohne und mit Anteilen an Baukalk

Tabelle **8**.3   Druckfestigkeit nach DIN 18550 T2

Putzmörtelgruppe	Mindestdruckfestigkeit in N/mm^2
P I a, b	keine Anforderungen
P I c	1,0
P II	2,5
P III	10,0
P IV a, b, c	2,0
P IV d	keine Anforderungen
P V	2,0

8.4.1.1 Putzmörtelgruppen

Kalkmörtel der Mörtelgruppe P I (s. Tab. **8**.4) ergeben stark saugende, elastische, wenig druckfeste Putze mit hoher Wasserdampfdurchlässigkeit, die jedoch nicht immer ausreichend witterungsbeständig sind. Sie eignen sich vor allem für mechanisch nicht stärker beanspruchte Innenputze, gegebenenfalls auch für Außenputze, an die keine besonderen Feuchtigkeits- bzw. Festigkeitsanforderungen gestellt werden. Um die Beständigkeit und Festigkeit von Kalkputzen zu erhöhen, können geringe Zementzusätze beigegeben werden. Dadurch werden die Putze fester, aber auch dichter und weniger elastisch. Eine zusätzliche Hydrophobierung oder ein Anstich machen den Putz wasserabweisend. Allerdings dürfen auf Kalkputzen der Mörtelgruppe P I keine dichten Beschichtungssysteme und auch keine Putzschichten mit höherer Festigkeit aufgebracht werden. Geeignet sind nur sehr wasserdampfdurchlässige Anstriche (z. B. Silikatfarben). Da bei diesen Putzen jedoch Monate vergehen, bis eine ausreichende Erhärtung auf Grund des Karbonatisierungsvorganges eintritt, dürfen diese erst nach etwa einem halben Jahr auf den Kalkputz aufgebracht werden. Außerdem eignen sich reine Kalkputze – so wie sie an historischen Gebäuden (Denkmalpflege) häufig angetroffen werden – nicht als Unterputz für Kunstharzputze und normalerweise auch nicht für Dispersionsfarbenanstriche.

Wie in Abschn. 8.3.1, Baukalke, bereits erwähnt, hängt es von der Handelsform des Baukalkes ab, ob er unmittelbar verarbeitet werden kann oder ob eine Einsumpfdauer bzw. Mörtelliegezeit (s. DIN 1060) einzuhalten ist. Erhärtungs- und Abbindevorgang laufen beim Kalkmörtel parallel. Da das Abbinden

Tabelle **8.4** Mischungsverhältnisse in Raumteilen nach DIN 18550 T2 (Ausg. 1.85) für **Baustellenmörtel**

Zeile	Mörtelgruppe		Mörtelart	Baukalke DIN 1060 Teil 1				Putz- und Mauerbinder DIN 4211	Zement DIN 1164 Teil 1	Baugipse ohne werkseitig beigegebene Zusätze DIN 1168 Teil 1		Anhydritbinder DIN 4208	Sand¹)
				Luftkalk Wasserkalk Kalkteig	Kalkhydrat	Hydraulischer Kalk	Hochhydraulischer Kalk			Stuckgips	Putzgips		
1	P I	a	Luftkalkmörtel	1,0²)									3,5 bis 4,5
2					1,0²)								3,0 bis 4,0
3	P I	b	Wasserkalkmörtel	1,0									3,5 bis 4,5
4					1,0								3,0 bis 4,0
5		c	Mörtel mit hydraulischem Kalk			1,0							3,0 bis 4,0
6	P II	a	Mörtel mit hochhydraulischem Kalk oder Mörtel mit Putz- und Mauerbinder				1,0 oder 1,0						3,0 bis 4,0
7		b	Kalkzementmörtel	1,5 oder 2,0					1,0				9,0 bis 11,0
8	P III	a	Zementmörtel mit Zusatz von Kalkhydrat		≤ 0,5				2,0				6,0 bis 8,0
9		b	Zementmörtel						1,0				3,0 bis 4,0
10	P IV	a	Gipsmörtel							1,0³)			
11		b	Gipssandmörtel							1,0³) oder 1,0³)			1,0 bis 3,0
12		c	Gipskalkmörtel	1,0 oder 1,0						0,5 bis 1,0 oder 1,0 bis 2,0			3,0 bis 4,0
13		d	Kalkgipsmörtel	1,0 oder 1,0						0,1 bis 0,2 oder 0,2 bis 0,5			3,0 bis 4,0
14	P V	a	Anhydritmörtel									1,0	≤ 2,5
15		b	Anhydritkalkmörtel	1,0 oder 1,5								3,0	12,0

¹) Die Werte dieser Tabelle gelten nur für mineralische Zuschläge mit dichtem Gefüge.
²) Ein begrenzter Zementzusatz ist zulässig.
³) Um die Geschmeidigkeit zu verbessern, kann Weißkalk in geringen Mengen, zur Regelung der Versteifungszeiten können Verzögerer zugesetzt werden.
Hinweis: Die in Tabelle **8.4** angegebenen Mischungsverhältnisse sind unter Berücksichtigung des Mischverfahrens dem jeweiligen Kornaufbau des

(Karbonisation) jedoch primär von dem nur in verhältnismäßig geringen Mengen vorhandenen Kohlendioxid der Luft abhängt, kann sich das Abbinden von Luftkalkmörteln unter Umständen über Wochen und Monate hinziehen. Es ist daher ratsam, Beschleunigungsmaßnahmen wie beispielsweise kräftiges Lüften, Aufstellung von Propangasbrennern (keine Koksöfen!) usw. zu veranlassen, damit dauernd neues Kohlendioxid an den Putz herangeführt und das bei der Karbonisation frei werdende Wasser (Teil der sog. Neubaufeuchtigkeit) rascher weggeführt wird. Zugluft muß dabei allerdings vermieden werden, da sonst unter Umständen Putzrisse durch eine zu rasche Oberflächentrocknung entstehen können.

Kalkzementmörtel der Mörtelgruppe P II (s. Tab. **8.**4) ergeben sehr widerstandsfähige (Mindestdruckfestigkeit 2,5 N/mm²), ausreichend elastische, schwachsaugende Putze mit ausreichender Wasserdampfdurchlässigkeit. Sie eignen sich hauptsächlich für stark beanspruchte Außenputze (Standardmörtel), denen jedoch trotz ihrer niederschlaghemmenden Eigenschaften in der Regel noch wasserabweisende Zusätze beigegeben werden. Als Innenputz werden sie überall dort eingesetzt, wo starke mechanische Beanspruchungen zu erwarten sind. Vgl. hierzu Abschn. 8.7.5 und 8.7.6, Mineralisch gebundene Außen- und Innenputze. Bei den hydraulisch erhärtenden Mörteln ist besonders darauf zu achten, daß die Verarbeitungszeit (Versteifungsbeginn) nicht überschritten wird.

Zementmörtel der Mörtelgruppe P III (s. Tab. **8.**4) ergeben sehr feste (Mindestdruckfestigkeit 10 N/mm²), kaum saugende, wenig elastische, starre Putze mit geringer Wasserdampfdurchlässigkeit. Sie eignen sich hauptsächlich für Außenputze zum Abdichten von Bauteilen, die ständiger Feuchtigkeitseinwirkung ausgesetzt sind (z. B. Kellerwand-Außenputze unter der Erdoberfläche) sowie für Sockelputze. Durch Zugabe von Dichtungsmitteln oder Aufbringen von entsprechenden Dichtungsanstrichen (Beschichtungen) können sie wasserundurchlässig ausgeführt werden. Vgl. hierzu Abschn. 8.7.5. Zum Verputzen von aufgehenden Wänden (Fassadenbereich) sind sie nur dann geeignet, wenn ein sehr harter und dichter Putzgrund, zum Beispiel Beton, vorhanden ist. Werden Zementmörtel auf weniger feste Mauerwerkstoffe aufgebracht, so kommt es wegen ihrer großen Härte zu Spannungsrissen, durch die Niederschlagwasser ungehindert eindringen kann.

Gipshaltige Mörtel der Mörtelgruppe P IV (s. Tab. **8.**4) ergeben stark saugende und schnell trocknende Putze, die vorübergehenden Feuchtigkeitsanfall rasch aufnehmen, aber ebenso schnell durch Verdunsten wieder abgeben. Gipshaltige Mörtel eignen sich aufgrund der Wasserlöslichkeit des Putzes nur zur Herstellung von Innenputzen. Sie sind auch nicht verwendbar in Räumen mit langzeitiger Feuchtigkeitseinwirkung (z. B. in Schwimmbädern). Zum Einsatz in häuslichen Küchen und Bädern sind sie jedoch gut geeignet, da sie die dort vorübergehend auftretenden Feuchtigkeitsspitzen ausgleichen und rasch abbauen. Festigkeit und Härte der Putze mit Gips hängen wesentlich von der Gipsart, vom Gipsanteil und gegebenenfalls von der Höhe des Sand- bzw. Perlitzuschlages ab. Vgl. hierzu Abschn. 8.7.6, Innenputz.

Besondere Hinweise: Baugipse und Anhydritbinder dürfen nicht zusammen mit hydraulischen Bindemitteln, wie beispielsweise hydraulisch erhärtende Kalke, Putz- und Mauerbinder sowie Zement, verarbeitet werden. Werden Luftkalk oder Wasserkalk mit Stuckgips oder Putzgips gemeinsam verarbeitet, so ist der Gips kurz vor dem Putzen getrennt in Wasser einzustreuen und dann mit dem bereits angemachten Kalkmörtel zu vermischen. Zu beachten ist weiter, daß bereits im Zustand des Erstarrens befindliche Mörtel – die hydraulische Bindemittel, Baugips oder Anhydritbinder enthalten – nicht durch erneute Wasserzugabe wieder verarbeitbar gemacht werden dürfen.

8.4.1.2 Zubereitung und Lieferform der Putzmörtel

Nach dem Ort der Herstellung unterscheidet man zwischen Baustellenmörtel und Werkmörtel.

Baustellenmörtel. Früher wurden die Putzmörtel von den Verarbeitern auf der Baustelle – aus den dort vorhandenen Bindemitteln und Sanden – selbst zusammengesetzt und gemischt. Heute werden die Baustellenmörtel entsprechend den in Tabelle **8**.4 angegebenen Richtrezepturen ausgeführt. Für diese Mörtel gelten dann die zuvor erwähnten Festigkeitsanforderungen als erfüllt, so daß sie ohne weitere Nachweise für die in den Tabellen **8**.6 bis **8**.9 angegebenen Putzsysteme verwendet werden können. Bei der Mörtelzubereitung auf der Baustelle sind die Mischungsverhältnisse der Richtrezepturen in Raumteilen angegeben (Zumeßbehälter mit Meßmarken), obwohl eine wesentlich genauere Zumessung der Mörtelstoffe mit Gewichtsteilen zu erzielen ist (Vorteil der Werkmörtelzubereitung). In jedem Fall sind die Mörtelstoffe innig miteinander zu vermengen. Daher ist die Maschinenmischung dem Mischen von Hand immer vorzuziehen. Die für jedes Gerät (Putzmaschine) vorgeschriebene Mischdauer ist unbedingt einzuhalten.

Auf der Baustelle zusammengestellte Mörtelmischungen führen oftmals – soweit keine geschulten Fachkräfte oder keine zweckmäßigen Geräte zum Einsatz kommen – zu Mängeln. Diese können zum Beispiel entstehen durch Beimischung ungeeigneter oder mit schädlichen Bestandteilen behafteter Zuschläge, ungenau dosierter Zusatzstoffe u. v. m. Diese Bedenken und nicht zuletzt wirtschaftliche Überlegungen (hoher Lohnkostenanteil) führten während der letzten Jahrzehnte dazu, daß immer mehr Werkmörtel – vor allem lagerfähige Werktrockenmörtel – verarbeitet werden.

Werkmörtel sind in einem Werk aus Ausgangsstoffen zusammengesetzte und gemischte Mörtel, die in stets gleichbleibender Qualität geliefert und einer ständigen Güteüberwachung (Eigen- und Fremdüberwachung gemäß DIN 18 557) unterliegen. Diese Überwachung garantiert, daß nur geeignete Rohstoffe verarbeitet, normgerechte Mischungsverhältnisse eingehalten und Zusatzmittel (z. B. Hydrophobierungszusätze) in richtiger Dosierung beigegeben werden. Nur aus Werkmörteln lassen sich Putze mit besonderen Eigenschaften sowie durchgefärbte Oberputze mit gleichmäßig farbiger Struktur herstellen. Dies bedeutet jedoch nicht, daß diese Mörtel in jedem Fall genau nach den in der Putznorm angeführten Mischungsverhältnissen zusammengesetzt sein müssen. Der Nachweis, daß ein bestimmter Werkmörtel einer der vorgenannten Mörtelgruppen entspricht, kann auch über eine Eignungsprüfung erbracht werden. Wie die Baustellenmörtel, müssen jedoch auch die Werkmörtel den Anforderungen der Mörtelgruppen (z. B. Mindestdruckfestigkeit gemäß Tab. **8**.3) insgesamt entsprechen und für die in Abschn. 8.6 angeführten Putzsysteme anwendbar sein. Im einzelnen unterscheidet man:

— **Werkmörtel,** der gebrauchsfertig, d. h. mit dem notwendigen Anmachwasser versehen in verarbeitbarer Konsistenz an die Baustelle geliefert wird.

— **Werktrockenmörtel,** der trocken, d. h. pulverförmig in Papiersäcken oder Containern/Silos geliefert und auf der Baustelle – durch ausschließliche Zugabe einer vom Hersteller genau anzugebenden Menge Wasser und durch Mischen – verarbeitungsfertig gemacht wird (z. B. Edelputze sowie alle Putze, an die besondere Anforderungen gestellt werden).

8.4.2 Beschichtungsstoffe für Kunstharzputze

Beschichtungsstoffe dienen der Herstellung von Kunstharzputzen. Sie bestehen nach DIN 18 558 aus **organischen** Bindemitteln in Form von Dispersionen (Kunstharzdispersionen) oder Lösungen und aus Zuschlägen – auch Füllstoffe genannt – mit überwiegendem Kornanteil 0,25 mm. Der Bindemittelgehalt des Beschichtungsstoffes ist in Abhängigkeit von der Kornzusammensetzung des Zuschlages festzulegen. Kornzusammensetzung und Korngröße sind variabel und bestimmen zusammen mit der Verarbeitungsart die Schichtdicke und die Oberflächenstruktur des Kunstharzputzes. Die Beschichtungsstoffe werden im Herstellerwerk gefertigt und verarbeitungsfähig geliefert. Sie sind stets in Verbindung mit einem Grundanstrich zu verarbeiten. Mit Ausnahme geringer Zugaben von Verdünnungsmitteln zur Regulierung der Konsistenz sind Veränderungen der Beschichtungsstoffe unzulässig. Nach Anwendung und Bindemittelanteil werden zwei Typen von Beschichtungsstoffen unterschieden:

— **Beschichtungsstoff – Typ P Org 1: für Außen- und Innenputz**

— **Beschichtungsstoff – Typ P Org 2: nur für Innenputze.**

Weitere Einzelheiten sind der vorgenannten Norm für Kunstharzputze zu entnehmen. Vgl. hierzu auch Abschn. 8.8, Kunstharzputz sowie die Tabellen **8**.6 bis **8**.9.

8.5 Putzaufbau

Putzlagen

Eine Putzlage ist nach DIN 18550 eine in einem Arbeitsgang ausgeführte Putzschicht. Dies kann durch einen oder mehrere Anwürfe des gleichen Mörtels oder – bei Kunstharzputzen – durch Auftragen des Beschichtungsstoffes (einschließlich des erforderlichen Grundanstriches) geschehen. Es gibt ein- und mehrlagige Putze (Bild **8**.5).

Unterputz – werden die unteren Lagen,

Oberputz – wird die oberste Lage genannt.

Der traditionelle Putzaufbau ist mehrlagig, bestehend aus einer Putzgrundvorbehandlung (z.B. Spritzbewurf als Haftgrund), dem Unterputz als Hauptschicht und dem Oberputz als eine Art Dekorschicht. Der Spritzbewurf zählt jedoch nicht als Putzlage. Wie in Abschn. 8.7.1 im einzelnen erläutert, dient er lediglich der Vorbereitung des Putzgrundes.

Putzdicke

Die mittlere Dicke von mineralischen Putzen, die **allgemeinen Anforderungen** genügen, muß gemäß DIN 18550 T2 betragen bei

— Außenflächen 20 mm (zulässige Mindestdicke 15 mm),

— Innenflächen 15 mm (zulässige Mindestdicke 10 mm).

Die Bemühungen um eine Rationalisierung der Verputzarbeiten führten zur Entwicklung von Werktrockenmörteln, die einen Putzaufbau in nur einer Lage gestatten. Einlagenputze gibt es mit und ohne Putzgrundvorbehandlung (z.B. Spritzbewurf). Für diese Putze ist vom Hersteller der Nachweis der Eignung durch eine Eignungsprüfung zu führen. Die Putznorm nennt

— einlagige Innenputze 10 mm (zulässige Mindestdicke 5 mm).

Die Dicke von mineralischen Putzen, die **zusätzlichen Anforderungen** genügen sollen, ist so zu wählen, daß diese Anforderungen sicher erfüllt werden. Nach der Norm können dies sein

— einlagige wasserabweisende Außenputze 15 mm (erforderliche Mindestdicke 10 mm), gefertigt aus Werkmörtel. Die jeweils zulässigen Mindestdicken müssen sich dabei immer auf einzelne Stellen beschränken.

Bei Putzen mit erhöhter Wärmedämmung, wie sie in Abschn. 8.11.4 näher beschrieben sind, richtet sich die Dicke nach dem angestrebten physikalischen Effekt. Die Mindestdicke derartiger Wärmedämm-Putzsysteme muß 20 mm betragen. Bei Bauteilen, an die besondere brand- oder schallschutztechnische Anforderungen gestellt werden, kann eine bestimmte Putzdicke zur Erfüllung der Aufgaben erforderlich sein. S. hierzu Abschn. 8.9 und Abschn. 8.10.

Kunstharzputze werden nur als oberste Lage (Oberputz) verwendet. Ihre Schichtdicke richtet sich nach der Korngröße des Größtkorns und/oder der gewünschten Oberflächenstruktur. Einzelheiten hierzu s. Abschn. 8.8.

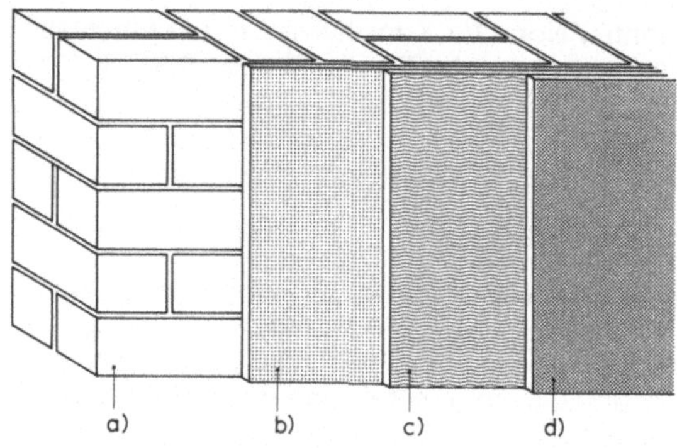

8.5
Schematische Darstellung des Aufbaues eines zweilagigen Außenputzes gemäß DIN 18550

a) Mauerwerk (Putzgrund)
b) Spritzbewurf (zählt nicht als Putzlage)
c) Unterputz (z.B. Kalkzementmörtel PIIb)
d) Oberputz (z.B. mineralischer Putz oder Kunstharzputz)

8.6 Putzsysteme

Nach DIN 18550 T1 sind die an einen Putz gestellten Anforderungen vom Putzsystem in seiner Gesamtheit zu erfüllen. Demnach sollen die Eigenschaften der verschiedenen Putzlagen eines Systems so aufeinander abgestimmt sein, daß die in den Berührungsflächen der einzelnen Putzlagen und des Putzgrundes auftretenden Spannungen (z.B. durch Schwinden oder Temperaturdehnungen) aufgenommen werden können. Bei mineralisch gebundenen Putzen kann diese Forderung im allgemeinen dann als erfüllt angesehen werden, wenn die Festigkeit des Oberputzes geringer als die Festigkeit des Unterputzes ist oder beide Putzlagen gleich fest sind.

Noch immer gilt die alte Handwerkerregel – für Innenputze wie Außenputze –, wonach die Festigkeit des Putzes von innen nach außen, d.h. zur jeweiligen Putzoberfläche hin, abnehmen soll: Nie hart auf weich putzen! Diese Regel ist auch sinngemäß bei der Festigkeitsabstufung zwischen dem Putzgrund und dem Unterputz anzuwenden. Ausnahmen ergeben sich bei Kellerwand-Außenputz, Sockelputz, Wärmedämm-Putzsystemen und Wärmedämm-Verbundsystemen.

Mörtel höherer Festigkeit binden schneller ab. Sie verbinden sich intensiv mit dem Putzgrund und bilden eine gute Unterlage für den weniger festen, elastischen Oberputz, der Spannungen aus Temperaturunterschieden und Feuchtigkeit aufnehmen kann, ohne zu reißen. Würde der festere Putz über dem weicheren Putz liegen, wären Risse und sogar Absprengungen die unvermeidbare Folge.

Des weiteren gilt es zu beachten, daß Putze mit dunkler Oberfläche durch Sonneneinstrahlung thermisch stärker als helle Putze beansprucht werden. Dies gilt insbesondere bei Wänden mit hoher Wärmedämmung. S. hierzu Abschn. 8.11, Wärmegedämmte und verputzte Außenbauteile.

Für eine Vielzahl von Putzsystemen ist die Eignung durch Erfahrung nachgewiesen. Diese sog. „bewährten Putzsysteme" sind in den Tabellen **8.6** bis **8.9** zusammengefaßt. Hier sind für unterschiedliche Anwendungsbereiche Mörtelgruppen für die Herstellung des Unterputzes und Mörtelgruppen bzw. Beschichtungsstoffe für den zugehörigen Oberputz aufgeführt. Werden diese Putzsysteme angewendet, so kann bei sachbezogener und fachgerechter Ausführung davon ausgegangen werden, daß die jeweiligen Anforderungen an den Putz erfüllt werden. Bei Außenputzen muß jedoch sichergestellt sein, daß Unterputze für Kunstharzputze überwiegend hydraulisch erhärten. Diese Forderung gilt bei Verwendung von Mörteln der Gruppen P II und P III als erfüllt.

Bei Verwendung sog. „anderer Putzsysteme", d.h. die von den Angaben der genannten Tabellen abweichen, ist immer eine Eignungsprüfung notwendig. Im einzelnen unterscheidet man (DIN 18550 T 1):

— **Tabelle 8.6: Putzsysteme für Außenwandputze**
— **Tabelle 8.7: Putzsysteme für Außendeckenputze**
— **Tabelle 8.8: Putzsysteme für Innenwandputze**
— **Tabelle 8.9: Putzsysteme für Innendeckenputze**

Hinweis: Sind in den angegebenen Tabellen nur in einer Spalte Mörtelgruppen oder Beschichtungsstofftypen genannt, so bedeutet dies, daß die jeweiligen Anforderungen von einem damit hergestellten einlagigen Putz erfüllt werden können.

8.7 Putze mit mineralischen Bindemitteln: Mineralputz als Außen- und Innenputz

8.7.1 Putzgrund

Putzgrund ist der Bauteil, der geputzt werden soll. In der Regel handelt es sich dabei um Wand- oder Deckenflächen, die so maßgerecht sein müssen, daß der Putz in gleichmäßiger Dicke aufgetragen werden kann. Die zu beachtenden Ebenheitstoleranzen für Flächen von Wänden und Unterseiten von Decken sind in DIN 18202 festgelegt. Abweichungen von den vorgeschriebenen Maßen sind nur im Rahmen der von dieser Norm bestimmten Grenzen zulässig. Wie Tabelle **10.2**, in Teil 1 dieses Werkes, zeigt, wird zwischen nichtflächenfertigen (z. B. Unterseiten von Rohdecken) und flächenfertigen Untergründen (z. B. verputzte Wände) unterschieden.

Weist der Putzgrund erhebliche Unebenheiten auf, so sind diese vor Beginn des Putzens auszugleichen. Entsprechend dem Aufbau des nachfolgenden Putzes ist entweder ein Mörtel der Gruppe P II oder IV oder V zu verwenden. Ehe weitergeputzt wird, ist eine ausreichende Erhärtung der Ausgleichsschicht abzuwarten.

Tabelle **8.6**   Putzsysteme für Außenwandputze nach DIN 18550 T1 (Ausg. 1.85)

Zeile	Anforderung bzw. Putzanwendung	Mörtelgruppe bzw. Beschichtungsstoff-Typ für		Zusatzmittel[2]
		Unterputz	Oberputz[1]	
1	ohne besondere Anforderung	–	P I	
2		P I	P I	
3		–	P II	
4		P II	P I	
5		P II	P II	
6		P II	P Org 1	
7		–	P Org 1[3]	
8		–	P III	
9	wasserhemmend	P I	P I	erforderlich
10		–	P I c	erforderlich
11		–	P II	
12		P II	P I	
13		P II	P II	
14		P II	P Org 1	
15		–	P Org 1[3]	
16		–	P III[3]	
17	wasserabweisend[5]	P I c	P I	erforderlich
18		P II	P I	erforderlich
19		–	P I c[4]	erforderlich[2]
20		–	P II[4]	
21		P II	P II	erforderlich
22		P II	P Org 1	
23		–	P Org 1[3]	
24		–	P III[3]	
25	erhöhte Festigkeit	–	P II	
26		P II	P II	
27		P II	P Org 1	
28		–	P Org 1[3]	
29		–	P III	
30	Kellerwand-Außenputz	–	P III	
31	Außensockelputz	–	P III	
32		P III	P III	
33		P III	P Org 1	
34		–	P Org 1[3]	

Tabelle **8.7**   Putzsysteme für Außendeckenputze nach DIN 18550 T1 (Ausg. 1.85)

Zeile	Mörtelgruppe bzw. Bschichtungsstoff-Typ bei Decken ohne bzw. mit Putzträger		
	Einbettung des Putzträgers	Unterputz	Oberputz[1]
1	–	P II	P I
2	P II	P II	P I
3	–	P II	P II
4	P II	P II	P II
5	–	P II	P IV[2]
6	P II	P II	P IV[2]
7	–	P II	P Org 1
8	P II	P II	P Org 1
9	–	–	P III
10	–	P III	P III
11	P III	P III	P II
12	P III	P II	P II
13	–	P III	P Org 1
14	P III	P III	P Org 1
15	P III	P II	P Org 1
16	–	–	P IV[2]
17	P IV[2]	–	P IV[2]
18	–	P IV[2]	P IV[2]
19	P IV[2]	P IV[2]	P IV[2]
20	–	–	P Org 1[3]

[1] Oberputze können mit abschließender Oberflächengestaltung oder ohne diese ausgeführt werden (z. B. bei zu beschichtenden Flächen).
[2] Nur an feuchtigkeitsgeschützten Flächen.
[3] Nur bei Beton mit geschlossenem Gefüge als Putzgrund.

Fußnoten zu Tabelle **8.6**

[1] Oberputze können mit abschließender Oberflächengestaltung oder ohne diese ausgeführt werden (z. B. bei zu beschichtenden Flächen).
[2] Eignungsnachweis erforderlich (s. DIN 18550 T2 Abschn. 3.4).
[3] Nur bei Beton mit geschlossenem Gefüge als Putzgrund.
[4] Nur mit Eignungsnachweis am Putzsystem zulässig.
[5] Oberputze mit geriebener Struktur können besondere Maßnahmen erfor-

Tabelle 8.8 Putzsysteme für Innenwandputze nach DIN 18550 T1 (Ausg. 1.85)

Zeile	Anforderungen bzw. Putzanwendung	Mörtelgruppe bzw. Beschichtungsstoff-Typ für	
		Unterputz	Oberputz[1]) [2])
1	nur geringe Beanspruchung	–	P I a,b
2		P I a,b	P I a,b
3		P II	P I a,b, P IV d
4		P IV	P I a,b, P IV d
5	übliche Beanspruchung[3])	–	P I c
6		P I c	P I c
7		–	P II
8		P II	P I c, P II, P IV a,b,c, P V, P Org 1, P Org 2
9		–	P III
10		P III	P I c, P II, P III, P Org 1, P Org 2
11		–	P IV a,b,c
12		P IV a,b,c	P IV a,b,c, P Org 1, P Org 2
13		–	P V
14		P V	P V, P Org 1, P Org 2
15		–	P Org 1, P Org 2[4])
16	Feuchträume[5])	–	P I
17		P I	P I
18		–	P II
19		P II	P I, P II, P Org 1
20		–	P III
21		P III	P II, P III, P Org 1
22		–	P Org 1[4])

[1]) Bei mehreren genannten Mörtelgruppen ist jeweils nur eine als Oberputz zu verwenden.
[2]) Oberputze können mit abschließender Oberflächengestaltung oder ohne diese ausgeführt werden (z. B. bei zu beschichtenden Flächen).
[3]) Schließt die Anwendung bei geringer Beanspruchung ein.
[4]) Nur bei Beton mit geschlossenem Gefüge als Putzgrund.
[5]) Hierzu zählen nicht häusliche Küchen und Bäder.

Tabelle 8.9 Putzsysteme für Innendeckenputze[1]) nach DIN 18550 T1 (Ausg. 1.85)

Zeile	Anforderungen bzw. Putzanwendung	Mörtelgruppe bzw. Beschichtungsstoff-Typ für	
		Unterputz	Oberputz[2]) [3])
1	nur geringe Beanspruchung	–	P I a,b
2		P I a,b	P I a,b
3		P II	P I a,b, P IV d
4		P IV	P I a,b, P IV d
5	übliche Beanspruchung[4])	–	P I c
6		P I c	P I c
7		–	P II
8		P II	P I c, P II, P IV a,b,c, P Org 1, P Org 2
9		–	P IV a,b,c
10		P IV a,b,c	P IV a,b,c, P Org 1, P Org 2
11		–	P V
12		P V	P V, P Org 1, P Org 2
13		–	P Org 1[5]), P Org 2[5])
14	Feuchträume[6])	–	P I
15		P I	P I
16		–	P II
17		P II	P I, P II, P Org 1
18		–	P III
19		P III	P II, P III, P Org 1
20		–	P Org 1[5])

[1]) Bei Innendeckenputzen auf Putzträgern ist gegebenenfalls der Putzträger vor dem Aufbringen des Unterputzes in Mörtel einzubetten. Als Mörtel ist Mörtel mindestens gleicher Festigkeit wie für den Unterputz zu verwenden.
[2]) Bei mehreren genannten Mörtelgruppen ist jeweils nur eine als Oberputz zu verwenden.
[3]) Oberputze können mit abschließender Oberflächengestaltung oder ohne diese ausgeführt werden (z. B. bei zu beschichtenden Flächen).
[4]) Schließt die Anwendung bei geringer Beanspruchung ein.
[5]) Nur bei Beton mit geschlossenem Gefüge als Putzgrund.
[6]) Hierzu zählen nicht häusliche Küchen und Bäder.

Beschaffenheit und Vorbereitung des Putzgrundes

Die Beschaffenheit des Putzgrundes ist für eine gute Haftung des Putzes von großer Bedeutung. Daher sollte jeder Putzausführung eine sorgfältige Prüfung des Putzgrundes auf Putzfähigkeit vorausgehen.

Ein guter Putzgrund muß sauber, staubfrei und frostfrei sein. Er soll außerdem möglichst homogen aus einem Baustoff bestehen, keine schlecht vermörtelten Fugen aufweisen, eine gewisse Rauhigkeit und normale Saugfähigkeit besitzen und in bezug auf Längen- bzw. Formänderungen – beispielsweise bedingt durch Temperatur – und/oder Feuchtigkeitseinflüsse – sich unproblematisch verhalten. Außerdem sind gewisse Festigkeitskriterien zu beachten. Als Faustregel gilt, daß die Putzfestigkeit geringer als die Steinfestigkeit des Putzgrundes sein sollte.

Im Zuge der Verbesserung des baulichen Wärmeschutzes von einschaligen Außenwänden haben sich die Eigenschaften der Putzgründe im Laufe der letzten Jahre jedoch entscheidend verändert (Stichwort: porosierte Leichtziegel). Demzufolge sind die in Abschn. 8.7.5.4 gemachten Ausführungen in diesem Zusammenhang besonders zu beachten.

Wo sich die Verwendung unterschiedlicher Wandbaustoffe – mit teilweise sehr unterschiedlichen Eigenschaften – nicht vermeiden läßt (inhomogener Putzgrund), ist die Herstellung eines einheitlichen Putzgrundes, beispielsweise durch einen Spritzbewurf, erforderlich. Die Notwendigkeit einer derartigen Putzgrundvorbereitung richtet sich nach Art und Beschaffenheit des Putzgrundes und nach den Eigenschaften des nachfolgenden Putzmörtels. Folgende Maßnahmen kommen im einzelnen in Betracht:

Verunreinigungen durch anhaftende Fremdstoffe wie Staub, Mörtelspritzer, Betonschlämme u. ä. sowie Ausblühungen aller Art (insbesondere Salze von Sulfaten), Ölflecke oder Rückstände von Entschalungsmitteln sind zu entfernen bzw. unschädlich zu machen.

Bei glattem Putzgrund hängt der Verbund vor allem von der Saugfähigkeit des Untergrundes ab; gegebenenfalls ist er noch zusätzlich aufzurauhen oder mit einem Spritzbewurf zu versehen. Sehr glatte, nicht saugende Putzgründe müssen mit einem dem nachfolgenden Putz entsprechenden Haftanstrich oder mit einem flächigen Putzträger beschichtet werden.

Unterschiedliches Saugverhalten der Baustoffe erfordert in der Regel eine Vorbehandlung des Putzgrundes.

— Stark saugender Putzgrund ist ausreichend vorzunässen und mit einem volldeckenden, grobkörnigen Spritzbewurf zu behandeln, dessen Oberfläche nicht weiter bearbeitet werden darf. Unter Umständen kann auch eine Grundierung aus Kunststoffdispersion die zu große Saugfähigkeit mindern.

— Unterschiedlich saugender Putzgrund, meist aus verschiedenartigen Baustoffen bestehend (z. B. Mischmauerwerk mit unterschiedlichen Längen- und Formänderungen bei Feuchtigkeits- und Temperatureinwirkung), ist ebenfalls mit einem volldeckenden Spritzbewurf vorzubehandeln, soweit nicht zusätzliche Putzträger erforderlich sind.

— Schwach saugender Putzgrund ist mit einem nicht volldeckenden (warzenförmigen) Spritzbewurf zu versehen. Auch hier darf die möglichst grobkörnige Oberfläche nicht weiter bearbeitet werden.

— Gleichmäßig und normal saugender Putzgrund (z. B. Vollziegelmauerwerk) wird im allgemeinen nur ausreichend vorgenäßt. Ansonsten kann hier auf einen Spritzbewurf verzichtet werden. Auch in anderen Fällen kann ein Spritzbewurf entfallen, wenn ein Putzmörtel besonderer Zusammensetzung verwendet wird (z. B. Werktrockenmörtel) oder der Putzgrund eine besondere Vorbehandlung erhält (z. B. Grundierung, Haftbrücke o. ä.).

Bei Beton als Putzgrund ist zur Putzgrundvorbereitung im allgemeinen ein Spritzbewurf aufzubringen (Ausnahme: Maschinenputz- und Haftputzgipse aus Werktrockenmörtel). Hierfür wird in der Regel Mörtel der Mörtelgruppe P III verwendet. Der Beton muß im Oberflächenbereich allerdings trocken und saugfähig sein. Auf glatte, wenig saugende Betonflächen ist vor dem Verputzen eine Haftbrücke – ein Gemisch aus Kunststoffdispersion und Quarzsand – aufzustreichen bzw. aufzurollen. Weitere Einzelheiten hierzu s. Abschn. 8.7.6.5, Putze auf Beton.

Alte mineralische Putze können, soweit sie tragfähig und genügend saugfähig sind, eine rauhe Oberfläche aufweisen und, sofern sie vorher nicht gestrichen waren (z. B. mit Dispersionsfarben), ohne weiteres mit einem mineralischen Putzsystem überarbeitet werden.

Alte Anstriche stellen in der Regel keinen tragfähigen Putzgrund dar und sollten deshalb vor dem Aufbringen neuer mineralischer Putze weitgehend entfernt werden.

Spritzbewurf

Der Spritzbewurf dient der Vorbereitung des Putzgrundes, zählt jedoch nicht als Putzlage. Er soll die mechanische Haftung des Mörtels am Putzgrund verbessern, den zu schnellen Wasserentzug des Mörtels durch den Putzgrund vermindern und feuchteempfindliche Wandbaustoffe bzw. Putzträger (z. B. Holzwolle-Leichtbauplatten) vor Feuchtigkeit während der Bauzeit schützen. Je nach Funktion unterscheidet man demnach

— v**olldeckenden Spritzbewurf** (bei stark oder unterschiedlich saugendem Putzgrund sowie auf Holzwolle-Leichtbauplatten),

— **nicht volldeckenden, warzenförmigen Spritzbewurf** (bei schwach saugendem Putzgrund, wie beispielsweise Betonflächen).

Der klassische Spritzbewurfmörtel besteht aus 4 RTL gewaschenem Sand (Korngröße 0 bis 4 mm), 1 RTL Portlandzement und 0,5 RTL Kalkhydrat. Je nach Festigkeit des Putzgrundes und entsprechend dem Aufbau des nachfolgenden Putzes wird diese Zusammensetzung variiert und kommt entweder ein Zementmörtel der Mörtelgruppe P III oder Kalkzementmörtel der Mörtelgruppe P II zur Anwendung. Auf den Spritzbewurf darf erst geputzt werden, wenn er ausreichend erhärtet ist (Wartezeit mind. 12 Stunden). Dies gilt insbesondere beim Aufbringen einer Putzlage aus Mörteln der Gruppe P IV und P V auf einen Spritzbewurf aus Zementmörtel.

Untersuchungen haben ergeben [3], daß dem Spritzbewurf oftmals eine zu große Bedeutung beigemessen wird. Er sollte nur in den Fällen angewendet werden, die in der Norm genannt sind. Abgesehen von diesen Sonderfällen lassen sich durch den Einsatz von **modifizierten Werktrockenmörteln mit wasserrückhaltenden Eigenschaften** gleiche Ergebnisse erzielen. Die kosten- und zeitintensive Vorbehandlung des Putzgrundes durch den manuell ausgeführten Spritzbewurf kann dabei entfallen. Die heutigen Maschinenputzweisen dürfen jedoch nicht generell dazu verleiten, den Unterputz ohne Spritzbewurf direkt auf kritische Putzträger aufzubringen.

Konstruktive und bautechnische Forderungen

Die Ursachen, welche zu Schäden an Putzen führen, lassen sich im Prinzip in zwei Hauptgruppen zusammenfassen (abgesehen von umweltbedingten Einflüssen): Einmal kann die Ursache des Putzschadens in einer mangelhaften Konstruktion liegen, zum anderen können Putzschäden durch fehlerhafte Zubereitung und Verarbeitung von Putzmörteln entstehen. In jedem Fall begünstigen Risse das Eindringen von Wasser. Durchfeuchtetes Mauerwerk ist jedoch vermindernd wärmedämmend und anfällig gegen Frost, Algen- und Schimmelpilzbefall. Außerdem neigen derartige Putze und Beschichtungen verstärkt zum Abplatzen. Selbst feine Risse in der Putzoberfläche stellen einen optischen Mangel dar, auch wenn sie für die Funktion des Putzsystems ohne Auswirkung bleiben. Im wesentlichen unterscheidet man:

— **Baugrundbedingte Risse.** Bewegungen bzw. Verformungen von Baukörpern und Bauteilen können sich zum Beispiel durch unterschiedliche Setzungen des Baugrundes, Veränderung des Grundwasserstandes, Erschütterungen aus Straßen-, Bahn- oder Luftverkehr usw. ergeben. Dabei kann es sich um Bewegungen von Bauteilen handeln, die als Putzgrund dienen, oder von solchen, die an verputzte Bauteile anschließen. Kein Putz ist selbstverständlich in der Lage, derartige Bewegungen zu überbrücken oder gar zu verhindern. Daher sind an den gefährdeten Stellen Bewegungsfugen einzuplanen. Spezielle Dehnungsfugenprofile (Gebäude-Trennfugenprofile), die auf dem Putzgrund befestigt und später eingeputzt werden, decken die Fugen ab und nehmen gleichzeitig die Bewegungen der Bauteile bzw. Baukörper auf. Einzelheiten hierzu s. Abschn. 8.7.2, Putzprofile.

— **Konstruktionsbedingte Risse.** Mögliche Ursachen sind Verformungen durch zu hohe Auflasten (z. B. Deckendurchbiegungen), tages- und jahreszeitliche Temperatureinflüsse (z. B. Längenänderungen auf Grund mangelnder Wärmedämmung von Betonteilen), Schwinden und Quellen infolge Feuchtigkeitseinwirkung (z. B. durchfeuchtete Putzgrundmaterialien), Verwendung oder Kombination ungeeigneter Baustoffe, fehlende oder in nicht ausreichendem Maße angeordnete Bewegungsfugen usw. Auch mangelhafte Mauerabdeckungen, vorspringende Gebäudesockel, ungenügend durchdachte Putzanschlüsse an Fenstersimsen usw. begünstigen das Eindringen von Feuchtigkeit. Ist die oberste Geschoßdecke eines Bauwerkes unterseitig zu verputzen (z. B. Massivbetondecke mit darüberliegendem Flachdach), so muß vor Beginn der Putzarbeiten die oberseitige Wärmedämmung (einschließlich Abdichtung) aufgebracht sein, um die Bildung von Kondenswasser zu verhindern.

— **Putzgrundbedingte Risse.** Auch sie werden vor allem verursacht durch wechselnde thermische und feuchtigkeitsbedingte Einflüsse sowie falsch eingeschätzte Festigkeitskriterien. So ist mit Rissen zu rechnen, wenn die Festigkeit des Putzes größer als die des Putzgrundes ist (z. B. beim Einsatz fester, traditioneller Putze auf porosierten Leichtziegelsteinen). Auch die thermischen Längenänderungskoeffizienten aller Metallbauteile sind wesentlich größer als die von verputztem Mauerwerk (z. B. eingeputzte Alu-Fensterbänke, Metallgeländer); noch größere weisen die Kunststoffe auf. Feuchteänderungen wiederum verursachen das Schwinden und Quellen von Holz und Holzwerkstoffen, so daß derartige Materialien als Putzgrund ungeeignet sind. Ähnliches gilt für Rolladenkästen, Stürze usw. mit Abdeckungen aus Holzwolle-Leichtbauplatten; werden diese nicht richtig vorbehandelt, so entstehen Risse im Bereich der Anschlußstellen. S. hierzu auch Abschn. 8.7.2, Wärmedämmende Putzträgerplatten.

— **Putzbedingte Risse.** Derartige Risse können auf Grund einer falschen Zusammensetzung des Putzmörtels (z. B. ungeeigneter Sand, zu hoher Bindemittelanteil) oder durch die Art seiner Verarbeitung entstehen. Im einzelnen unterscheidet man N e t z - r i s s e (Ursache: falsche Zusammensetzung oder falsches Aufbringen des Mörtels, zu starkes Verreiben oder Glätten), S c h r u m p f r i s s e (Ursache: zu schneller Feuchteentzug infolge unterlassener Putzgrundvorbehandlung), S c h w i n d r i s s e (Ursache: Volumenverkleinerung des Mörtels während der Erhärtungsphase, falsche

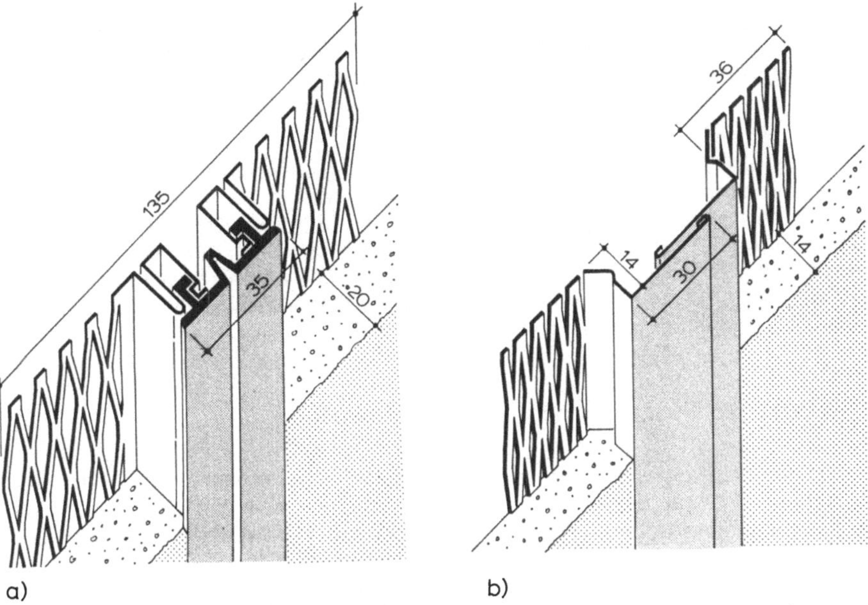

a) b)

8.10 Bewegungsfugenprofile (auch als Dehnungsfugenprofile bzw. Gebäude-Trennfugenprofile bezeichnet) für Außen- und Innenputz

a) Fugenabdeckung durch bewegliches Mittelteil
b) Fugenabdeckung durch Kombination der Profile

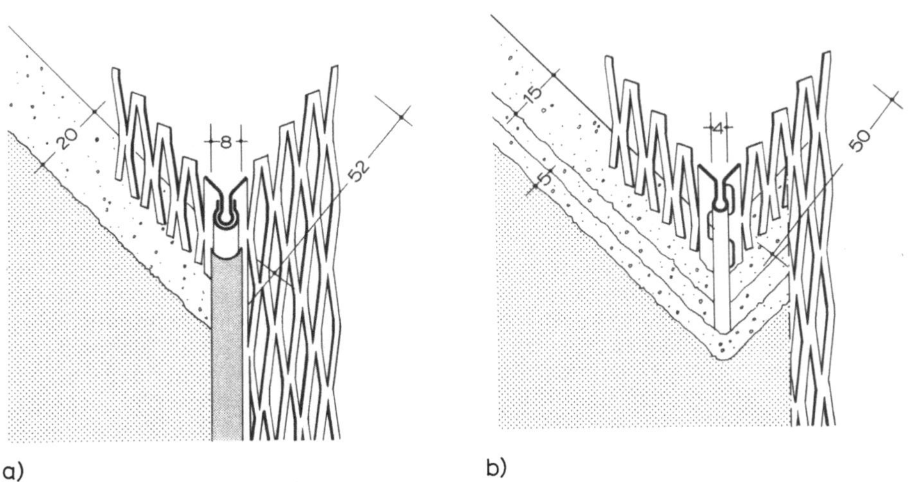

a) b)

8.11 Kantenprofile für den Außenputz

a) Die Profilkante dieses Kantenschutzprofiles ist mit einem schlagzähen PVC-Überzug gegen Abrieb und Korrosion geschützt und liegt mit der fertigen Putzoberfläche bündig.
b) Dieses Kantenprofil eignet sich zur allseitigen Einbettung in den Grundputz und einer mind. 5 mm dicken Überdeckung der Profilkante mit mineralischem Oberputz.

Protektorwerk, Gaggenau

Mörtelzusammensetzung), Sackrisse (Ursache: der Putzgrund ist zu glatt und zuwenig saugend, oder die Putzlage ist zu dick oder zu schwer), Spannungsrisse (Ursache: ungünstiges Festigkeitsgefälle zwischen den einzelnen Putzlagen oder zwischen Putzgrund und Putzlagen). Auch die Verarbeitung des Putzmörtels bei Wind und/oder Sonne führt zu Rissen in der Putzschale.

Die besten vorsorglichen Maßnahmen zur Verhinderung von Rissen sind noch immer die Herstellung eines möglichst homogenen Mauerwerkes, eine genügend lange Standzeit des Rohbaues vor dem Verputzen sowie ein auf den jeweiligen Putzgrund richtig abgestimmtes Verputzmaterial. Besonders zu beachten ist, daß ein Großteil der Verformungen in den ersten Monaten nach Erstellung des Bauwerkes auftritt. Deshalb sollte vor dem Verputzen eine möglichst lange Wartezeit – wenn möglich bis zu einem halben Jahr – eingehalten werden.

8.7.2 Putzträger, Putzbewehrung und Putzprofile

In der Regel kann davon ausgegangen werden, daß die zu verputzenden Wand- und Deckenflächen auf Grund der vorhandenen Rauhigkeit und Saugfähigkeit – oder nach entsprechender Untergrundvorbereitung (Spritzbewurf, Haftbrücke, Grundierung) – selbst in der Lage sind, mineralischen Putzmörtel aufzunehmen und eine gute Haftung zu erbringen. Ist diese Haftfähigkeit des Unterputzes auf dem Putzgrund jedoch nicht gegeben, so sind von seiten des Planers bzw. verarbeitenden Handwerks rechtzeitig entsprechend Maßnahmen vorzusehen. Im einzelnen unterscheidet man:

Putzträger haben nach DIN 18550 die Aufgabe, das Haften des Putzes zu verbessern oder eine vom tragenden Untergrund weitgehend unabhängige Putzkonstruktion (statisch wirksame Trägerkonstruktion) zu ermöglichen. Sie müssen gegen Korrosion geschützt und beständig sein gegenüber wechselnden Temperatur- und Feuchtigkeitseinflüssen sowie normgerecht und nach den Vorschriften der Hersteller befestigt werden. Vgl. hierzu auch VOB Teil C, DIN 18350, Putz- und Stuckarbeiten. Im wesentlichen verwendet man metallische Putzträger unterschiedlichster Art, Holzwolle-Leichtbauplatten und Mehrschicht-Leichtbauplatten, Ziegeldrahtgewebe, Rohrmatten sowie Gipskarton-Putzträgerplatten.

Putzbewehrungen sind Einlagen (Armierungen), die in die oberste Schicht des frisch aufgebrachten Unterputzes eingebettet werden. Sie bewirken eine Verbesserung der Zugfestigkeit des Putzes auf schwierigem Untergrund, nehmen Spannungen auf und tragen so zur Verminderung der Rißbildung bei. Neben Glasfaser- und Kunstfaser-Armierungsgeweben werden für stärkere Beanspruchungen auch Drahtgittermatten (Drahtnetzgewebe) eingesetzt, die bei Verwendung spezieller Dübel gleichzeitig als Putzträger dienen. Einzelheiten über das Aufbringen von Putzbewehrungen sind den nachstehenden Erläuterungen zur Putzgrundvorbereitung von Holzwolle-Leichtbauplatten sowie den Abschnitten 8.11.3 und 8.11.4, Wärmedämmsysteme, zu entnehmen.

Putzprofile werden in vielfältiger Weise an schwierigen Begrenzungs- oder Anschlußstellen sowohl im Außen- wie Innenbereich eingesetzt. Mit ihrer Hilfe ist es auch möglich, die Putzdicke sowohl in der zu verputzenden Fläche als auch an den Kanten genau festzulegen. Je nach Putzverträglichkeit und Einsatzort (z. B. in Naßräumen mit max. Korrosionsschutz) kommen Profile aus verzinktem Stahlblech, Leichtmetall- oder Edelstahlprofile sowie witterungs- und alterungsbeständige Kunststoffprofile zum Einsatz. Die Befestigung der exakt zugeschnittenen Profile auf dem Putzgrund erfolgt zunächst mit verzinkten Stahlstiften, bevor sie mit einem Ansetzmörtel (Batzen auf Abstand) endgültig fixiert werden. Grundsätzlich ist dabei zu beachten, daß im Außenbereich, in Feuchträumen sowie an Flächen, die mit Mörteln aus Zement, Kalkzement, Putz- und Mauerbinder verputzt werden, kein gipshaltiges Ansetzmaterial verwendet werden darf. Geeignet sind hierzu nur Ansetzmörtel auf Zementbasis. Nach dem Abbinden des Ansetzmörtels sind die Stahlstifte wieder zu entfernen.

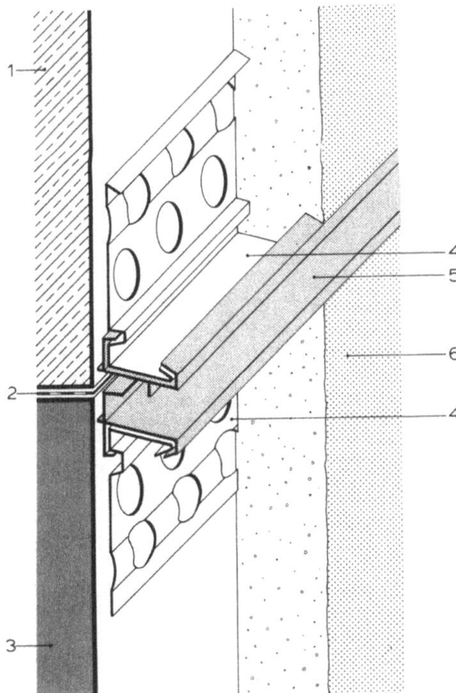

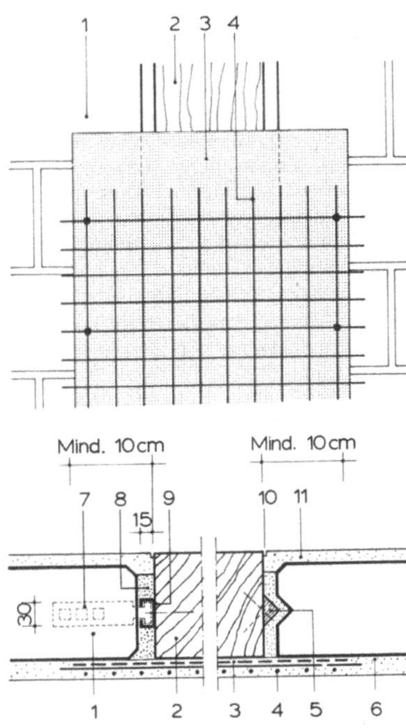

8.12 Gleitlagerfugenprofil zum waagerechten Einbau für den Außenputz

Das aus zwei Einzelprofilen bestehende Fugenprofil trennt die Außenputzflächen, nimmt die unterschiedlichen Bewegungen des Untergrundes auf und überdeckt die offenbelassene Gleitlagerfuge (zugleich Schattenfuge). Die beiden Profile sind nach außen hin mit Hart-PVC-Teilen abgedeckt (Korrosionsschutz), und liegen bündig mit der fertigen Putzoberfläche.

1 Betonteil (z. B. Betondecke)
2 Gleitlager
3 Mauerwerk
4 Metallprofile
5 Hart-PVC-Überzug
6 Außenputz

Protektorwerk, Gaggenau

8.13 Überspannen eines kritischen Bauteiles (Holzfachwerk) mit geschweißtem und verzinktem Drahtgitter. Ein hinterlegtes Bitumenpapier o. ä. verhindert das Eindringen von Mörtelfeuchtigkeit in den Holzständer. Der Putzträger muß allseitig mind. 10 cm auf den angrenzenden tragenden Putzgrund übergreifen und an diesem – nicht am Holzständer – befestigt werden.

1 Mauerwerk/Porenbetonsteine
2 Holzständer
3 Bitumenpapier o. ä.
4 geschweißtes, verzinktes Drahtgitter
5 Dreikantleiste (Altbau), umlaufend
6 Innenputz
7 höhenverstellbarer Metallanker (Neubau)
8 Leichtmauermörtel (Wärmedämmörtel)
9 Ankerschiene aus nichtrostendem Stahl
10 Kellenschnitt
11 Außenputz

Im wesentlichen werden eingesetzt Kantenprofile, Sockelprofile, Bewegungsfugenprofile, Gleitlagerfugenprofile u. a. Vgl. hierzu die Bildgruppen in den jeweiligen Abschnitten.

Metallische Putzträger

— **Rippenstreckmetall** besteht in der Regel aus 0,2 bis 0,5 mm dickem, verzinktem oder lackiertem Stahlblech, das so eingestanzt ist, daß es zu einem profilierten Putzträger mit Grätenstruktur auseinandergezogen werden kann. Wie Bild **8.**14 verdeutlicht, besteht jede Tafel an beiden Längsseiten aus parallel verlaufenden, entweder 10 mm oder 4 mm hohen, gelochten oder ungelochten Randrippen (Hoch- bzw. Flachripp) und einer aussteifenden 2,5 mm hohen Sicke mit dazwischenliegenden Grätenfeldern. Die üblicherweise 0,60 × 2,50 m großen Tafeln sind nicht völlig ausgebreitet (gestreckt), so daß die schräg stehenden Gräten auftretende Spannungen ausgleichen können. Beim Anbringen der Tafeln werden an den Längsseiten zwei Randrippen ineinandergelegt (kein stumpfer Stoß!) und alle 20 cm mit verzinktem Bindedraht verrödelt. Auch an den Kopfstößen dürfen die Tafelenden nicht stumpf gestoßen, sondern mind. 5 cm überlappend ineinandergelegt und jede Rippe einmal mit Bindedraht verrödelt werden. Auf dem Untergrund sind die Streckmetalltafeln mit den Sicken nach unten aufzudübeln, so daß die Putzträgerfläche in Sickenhöhe vom Putzgrund absteht. Auf Grund dieses Abstandes kann sich der scharf angeworfene, heute meist maschinell aufgetragene Mörtel mit der Grätenstruktur allseitig innig verklammern und auch mit dem Putzgrund (meist Spritzbewurf) kraftschlüssig verbinden. Die Putzdicke über den Streckmetalltafeln sollte mindestens 10 (15) mm betragen.

— **Punktgeschweißte Drahtgitter** sind Putzträger aus etwa 1 mm dicken, verzinkten Stahldrähten mit einer Maschenweite von beispielsweise 12,7 × 12,7 mm. Sie werden in Form von Rollen oder Matten (Großformat 2500 × 1020 mm, Kleinformat 1220 × 400 mm) geliefert und allseitig 100 mm überlappt mittels Spreizdübel und Abstandhalter auf den Untergrund aufgedübelt (Bild **8.**15). Die Höhe des Abstandhalters richtet sich nach der jeweils aufzubringenden Putzdicke. Sie bewirken in jedem Fall, daß sich der mit Druck aufgebrachte Mörtel allseitig mit dem abstehenden Gitterputzträger verklammern und auch mit dem Putzgrund, meist mit Spritzbewurf vorbehandelt, kraftschlüssig verbinden kann. Derartige Drahtgitter – die durch ihre Verdübelung mit dem Untergrund auch eine putztragende Funktion übernehmen – eignen sich für das vollflächige Überspannen von gerissenen Fassaden bei normalem mineralischem Putzaufbau sowie für die Bewehrung von Wärmedämmputzen.

— **Drahtgitter mit hinterlegter Absorptionspappe** sind ebenfalls Putzträger aus verzinkten Stahldrähten, deren Rückseite jedoch noch mit einem gelochten Bitumenpapier o. ä. abgedeckt ist. Diese Hinterlegung verhindert weitgehend das Eindringen von Mörtelfeuchtigkeit in den Putzgrund und dient gleichzeitig der Einsparung von Putzmaterial, da sich der Mörtel nur punktuell durch die Langlochschlitze des Papiers hindurch mit den Drahtkreuzungen allseitig verkrallen kann. Die in verschiedenen Abmessungen lieferbaren Putzträgertafeln bzw. -streifen eignen sich besonders zum problemlosen Überspannen von senkrechten oder waagerechten Wandschlitzen sowie von kritischen Bauteilen in der Wandfläche wie Holzständer, Stahlträger, Kunststoffrohre usw. Beim Überspannen derartiger putzunfähiger Bauteile muß der Putzträger allseitig mindestens 100 mm auf den angrenzenden tragfähigen Putzgrund übergreifen und auf diesem – keinesfalls auf dem überspannten Bauteil – befestigt werden (Bild **8.**13). Um bei Holzständern ein mögliches Quellen infolge eindringender Mörtelfeuchtigkeit gänzlich auszuschließen, wird statt des gelochten Bitumenpapieres eine ungelochte Teerpapierunterlage o. ä. verwendet. Damit sich der kritische Bauteil darunter frei bewegen kann, muß der Putzträger selbst ausreichend dimensioniert sein (Eigenstabilität), um seine tragende Funktion (Brückenfunktion) erfüllen zu können.

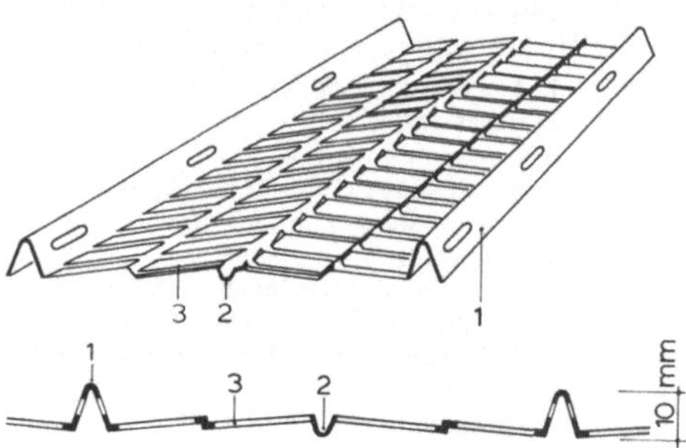

8.14
Schematische Darstellung einer Rippenstreckmetalltafel mit gelochter Randrippe. Vgl. hierzu auch Bild **8.**22.

1 Randrippe mit Lochung, 10 mm hoch
2 gegenüberliegende Sicke, 2,5 mm hoch, zur Aussteifung der Grätenfelder und als Abstandhalter zum Putzgrund
3 Grätenfelder

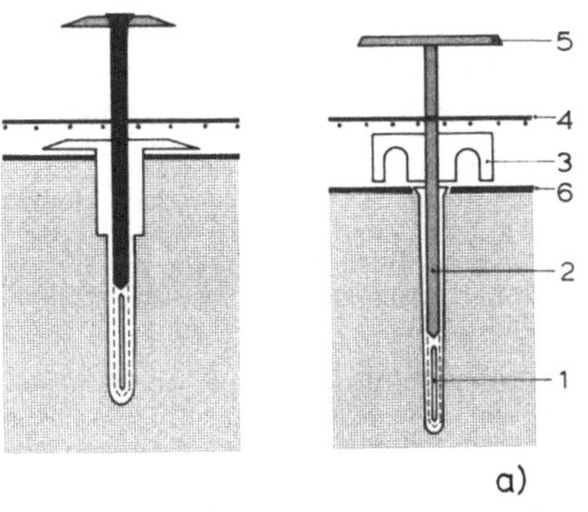 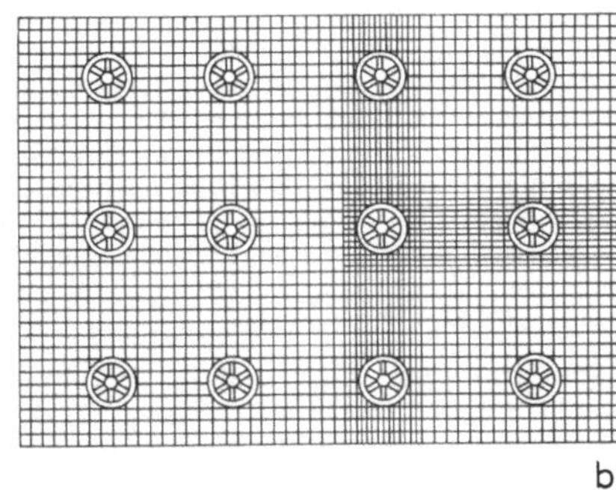

8.15 Schematische Darstellung der Befestigung von punktgeschweißtem Drahtgitter mit Abstand vor dem Putzgrund

a) Abstandhalter mit Spreizdübel und Putznagel
b) vollflächige Armierung vor einer Fassade mit 10 cm breiter Mattenüberlappung

1 Spreizdübel	4 punktgeschweißtes Drahtgitter
2 Nagel	(als Putzträger oder Putzbewehrung)
3 Abstandhalter je nach aufzubringender	5 Halteteller aus Kunststoff
Putzdicke	6 Putzgrund

Bekaert, Bad Homburg

Leichtbauplatten mit Putzbewehrung

Leichtbauplatten aus mineralisch gebundener Holzwolle werden als Dämmstoffe zum Zwecke des Wärmeschutzes, aber auch des Schall- und Brandschutzes im gesamten Bauwesen eingesetzt. Auf Grund ihrer offenporigen Plattenstruktur eignen sie sich – bei Beachtung normgerechter Verarbeitungsregeln – als Putzgrund für mineralischen Außen- und Innenputz.

Im einzelnen unterscheidet man Holzwolle-Leichtbauplatten und Mehrschicht-Leichtbauplatten. Beide Arten sind in einer gemeinsamen Stoffnorm DIN 1101 und einer gemeinsamen Anwendungsnorm DIN 1102 (beide Ausg. 11.89) zusammengefaßt.

— **Holzwolle-Leichtbauplatten** (Kurzzeichen HWL-Platten) bestehen aus langfaseriger Holzwolle und mineralischen Bindemitteln (Zement oder gebrannter Magnesit) in homogener Zusammensetzung.

— **Mehrschicht-Leichtbauplatten** (Kurzzeichen ML-Platten) setzen sich aus einer Dämmstoffschicht (Hartschaum oder Mineralfaser) und einer darauf einseitig oder beidseitig aufgebrachten Deckschicht aus mineralisch gebundener Holzwolle zusammen. Dementsprechend unterscheidet man Hartschaum-ML-Platten und Mineralfaser-ML-Platten in Form von Zweischicht- oder Dreischichtplatten.

Leichtbauplatten müssen lufttrocken sein, wenn sie eingebaut werden. Deshalb müssen sie feuchtigkeitsgeschützt angeliefert und trocken gelagert werden. Die Platten kann man entweder anbetonieren (mit zusätzlichen Haftsicherungsankern), auf einer Unterkonstruktion annageln oder anschrauben (Leichtbauplatten-Stifte mit Unterlegscheiben), andübeln an massiven Bauteilen sowie anblenden mit Dünnbettmörtel/Mörtel an Massivwänden im Innenbereich. Die Platten werden dicht gestoßen und im Verband verlegt; bei Wänden sollen die Längskanten der Platten waagerecht liegen. Übliches Plattenformat: 500 × 2000 mm, Sonderformate auf Anfrage. Hartschaum-ML-Platten müssen mindestens der Baustoffklasse B 2 (normalentflammbar), HWL-Platten und Mineralfaser-ML-Platten der Baustoffklasse B 1 (schwerentflammbar) entsprechen. Die Möglichkeit der Zuordnung von Mineralfaser-ML-Platten zur Brennstoffklasse A2 (nichtbrennbar) ist gegeben.

Putz auf Leichtbauplatten. Angaben der DIN 1102 über das Verputzen von Leichtbauplatten gelten einheitlich für alle Plattenarten. Grundsätzlich ist nach dieser Norm auch stets eine ganzflächige Putzbewehrung – sowohl bei Außen- wie Innenputzen auf Leichtbauplatten – erforderlich. Dabei ist den Schwachstellen, nämlich zusätzliche Bewehrung der Ecken von Fenster- und Türöffnungen, deren Laibungen, der Stoßüberlappung und dem Übergreifen auf benachbarte Bauteile, besondere Aufmerksamkeit zu schenken.

1. Mineralischer Außenputz auf Leichtbauplatten

Leichtbauplatten sind Wärmedämmstoffe, die vor Feuchtigkeit geschützt werden müssen, und zwar einmal vor Regen, zum anderen vor dem Anmachwasser aus dem Unterputz. Deshalb ist **sofort** (möglichst unmittelbar) nach dem Anbringen bzw. Ausschalen der Platten ein volldeckender Spritzbewurf aus Zementmörtel (Mörtelgruppe P III) aufzubringen. Ausnahmeregelungen für Kleinflächen (Stützen, Stürze, Deckenränder u. ä.) sind DIN 1102 zu entnehmen. Vor dem Auftragen des Unterputzes muß der Spritzbewurf erhärtet und trocken sein (Standzeit ca. 4 Wochen). Die für Unterputz und Oberputz zu verwendenden Mörtelgruppen entsprechen den in Abschn. 8.6 erläuterten Putzsystemen für Außenputze. Ungeeignet als Außenputz auf Leichtbauplatten sind gemäß DIN 1102 allerdings Einlagenputze und Kunstharzputze. Die ganzflächige Putzbewehrung kann auf drei Arten aufgebracht werden.

— **Ausführung A: Mineralischer Außenputz auf Leichtbauplatten mit ganzflächiger Putzbewehrung aus Drahtnetzgewebe (Drahtgittergewebe).** Bei dieser Ausführung sind die Leichtbauplatten zunächst ganzflächig mit geschweißtem und verzinktem Drahtnetzgewebe (Maschenweite 20 × 20 bis 25 × 25 mm) so zu überspannen, daß sich Stoßüberlappungen von mind. 50 mm ergeben und die Bewehrung mind. 100 mm auf benachbarte Bauteile übergreift. Damit eine vollständige Umhüllung der Drähte mit dem Spritzbewurf möglich ist, wird das Drahtnetzgewebe mit Abstand zur Plattenoberfläche – beispielsweise durch Einhängen in Laschen von Spezialdübeln – befestigt. Anschließend ist ein volldeckender Spritzbewurf aufzubringen. Diese Ausführungsart, für die sowohl Baustellenmörtel gemäß Tabelle **8.4** als auch Werktrockenmörtel (mittlere Putzdicke 20 mm) verwendet werden können, eignet sich zur ganzflächigen Bewehrung für Fassaden jeder Größe. Geeignete Putzsysteme sowie weitere Angaben über Art und Ausführung der Putzbewehrung sind den Tabellen 5 und 7 der DIN 1102 sowie dem vom Bundesverband der Leichtbauplattenindustrie herausgegebenen Merkblatt [4] zu entnehmen.

— **Ausführung B: Mineralischer Außenputz auf Leichtbauplatten mit ganzflächiger Putzbewehrung aus Glasfaser-Armierungsgewebe – im Unterputz eingebettet.** Bei dieser Ausführung ist auf die Leichtbauplatten zunächst ein volldeckender Spritzbewurf aufzubringen, der ebenfalls vollständig erhärten und austrocknen muß. Die in den Unterputz einzubettende ganzflächige Putzbewehrung besteht in diesem Fall aus alkalibeständigem Glasfaser-Armierungsgewebe mit einer Maschenweite von etwa 8 mm. Nach dem Auftrag von etwa $\frac{2}{3}$ der Gesamt-Unterputzdicke wird das Armierungsgewebe darin so eingebettet (glatt und ohne Falten), daß sich Stoßüberlappungen von mind. 100 mm ergeben und das Gewebe mind. 100 mm auf benachbarte Bauteile übergreift. Anschließend ist die restliche Unterputzdicke frisch in frisch noch aufzubringen, wobei die Mörtelkonsistenz beider Schichten gleich sein muß. Für diese Ausführungsart eignen sich nur Werktrockenmörtel. Bei größeren zusammenhängenden Flächen, die nach diesem Verfahren verputzt werden sollen, ist eine objektbezogene Beratung durch den Werkmörtel-Hersteller unerläßlich. Geeignete Putzsysteme sowie weitere Angaben über Art und Ausführung der Putzbewehrung sind den Tabellen 5 und 7 der DIN 1102 sowie dem vom Bundesverband der Leichtbauplattenindustrie herausgegebenen Merkblatt [4] zu entnehmen.

— **Ausführung C: Mineralischer Außenputz auf Leichtbauplatten mit ganzflächiger Putzbewehrung aus Glasfaser-Armierungsgewebe – auf den Unterputz aufgespachtelt.** Abweichend von den in DIN 1102 im einzelnen beschriebenen Putzsystemen dürfen auch andere, sich bereits auf Leichtbauplatten bewährte Putzsysteme angewandt werden. Es gelten dann die Verarbeitungsrichtlinien der jeweiligen Putzhersteller. Als mineralische Außenputze auf Leichtbauplatten haben sich zum Beispiel Systeme bewährt, bei denen ein Spritzbewurf in der Regel nicht erforderlich ist und die ganzflächige Putzbewehrung aus Glasfaser-Armierungsgewebe auf den Unterputz aufgespachtelt wird. Armierungsgewebe und Mörtelgruppen für Unterputz, Spachtel und Oberputz müssen jedoch immer eine Systemeinheit sein. Bei dieser Ausführungsart entfallen die langen Standzeiten für das Erhärten und Trocknen des Spritzbewurfes. Außerdem zeichnet sie sich durch relativ einfache, in ähnlicher Form auch bei anderen Dämmsystemen angewandte Verarbeitungstechniken aus. Vgl. hierzu Abschn. 8.11.3, Wärmedämm-Verbundsysteme.

2. Mineralischer Innenputz auf Leichtbauplatten

Da an den Innenputz auf Grund fehlender Witterungseinflüsse insgesamt geringere Anforderungen gestellt werden als an Außenputz, ist ein Spritzbewurf bei Innenputz auf Leichtbauplatten in der Regel nicht erforderlich. Die ganzflächige Putzbewehrung besteht aus Glasfaser-Armierungsgewebe, das in den Unterputz bzw. Einlagenputz gemäß **Ausführungsvariante B** einzubetten ist. Bei Gipsmörteln/gipshaltigen Mörteln beträgt die Maschenweite des Gewebes allerdings nur 5 mm. Wie bereits erwähnt, darf für Unterputz und Oberputz nur Werktrockenmörtel bzw. Einlagenputz verwendet werden. Ungeeignet als Innenputz auf Leichtbauplatten sind gemäß DIN 1102 im wesentlichen Kunstharzputz und Putze mit

Anhydritmörtel. Die mittlere Putzdicke beträgt bei zweilagigen Putzen etwa 20 mm, bei einlagigen Putzen etwa 15 mm. Geeignete Putzsysteme sowie weitere Angaben über Art und Ausführung der Putzbewehrung sind den Tabellen 6 und 7 der DIN 1102 sowie dem vom Bundesverband der Leichtbauplattenindustrie herausgegebenen Merkblatt [5] zu entnehmen.

Als Wand-Trockenputz können im Innenbereich auch Gipskartonplatten (DIN 18180) mit Ansetzgips unmittelbar an senkrechte Leichtbauplatten-Flächen angeblendet werden. Für das Ansetzen der Gipskartonplatten gilt DIN 18181. Da diese Platten lediglich mittels Ansetzgips befestigt werden, ergeben sich daraus – im Vergleich zu den feucht eingebrachten Mörtelputzen mit ihren manchmal doch recht umständlich anzubringenden Putzträgern – wesentlich kürzere Montage- und Trockenzeiten. Dies gilt auch für **Gipskarton-Verbundplatten** (Gipskartonplatten mit werkseitig aufkaschierten Mineralfaser- oder Hartschaumplatten), die im Innenbereich sowohl für Schallschutz- als auch Wärmedämmzwecke eingesetzt werden. Dabei ist jedoch immer zu beachten, daß Dämmstoffe mit hoher dynamischer Steifigkeit (z. B. PS-Hartschaumplatten) den bestehenden Schallschutz negativ beeinflussen können, sowohl im Schalldurchgang als auch in der Schall-Längsleitung.

Sonstige Putzträgerplatten, -gewebe und -matten

— **Putzträgerplatten aus gebranntem Ton** werden überall dort angesetzt, wo auf stoßfeste Untergründe und zugleich rissefreie, optisch einheitliche Putzflächen besonderer Wert gelegt wird (z. B. als Putzgrund von Betonteilen wie Pfeiler, Stürze, Massivdeckenteile). Auf Grund gleicher Materialeigenschaften zeichnen sich die mit Tonplatten bekleideten Bauteile nach dem Verputzen nicht vom übrigen Ziegelmauerwerk ab. Die Tonplatten, deren Oberflächen zur besseren Putzhaftung profiliert sind, werden entweder anbetoniert (in die Schalung gestellt oder gelegt) oder nachträglich mit Zementmörtel angeblendet.

— **Ziegeldrahtgewebe** ist ein Putzträger, der aus einem Drahtgewebe besteht, an dessen Kreuzungsstellen rautenförmige Tonkreuzchen aufgepreßt und bei 900°C ziegelhart gebrannt worden sind (Bild 8.16). Der Ziegeldraht ist ein formbares und formbeständiges Bauelement, aus dem sich große Flächen in ebener, gewölbter oder in freier Gestaltung (Tropfsteinhöhlencharakter) herstellen lassen. Die Draht-Ton-Kombination ist beständig gegen Temperaturschwankungen bzw. Klimawechsel und besteht aus nichtbrennbaren Materialien der Baustoffklasse A1. Putze auf Ziegeldrahtgewebe können daher nach DIN 4102, Teil 4 für brandschutztechnisch wirksame Bekleidungen (z. B. von Stahlkonstruktionen) eingesetzt werden. Einzelheiten hierzu s. Abschn. 8.9. Der Ziegeldraht wird in Form von Rollen (1 × 5 m) oder Fassadenmatten aus nichtrostendem Stahldraht (1 × 6 m) in einer Materialdicke von 6 bis 8 mm (Maschenweite 20 × 20 mm) geliefert. An den Stoßstellen müssen sich die Bahnen seitlich mind. 30 mm überlappen, so daß die Tonkreuze ineinandergreifen. Im Abstand von je 10 cm sind die Stöße mit Bindedraht zu verrödeln. Das Verlängern von Bahnenstreifen erfolgt durch Abschlagen von je einer Reihe Tonkreuze und Verrödeln der überstehenden Drahtenden. Da dieser Putzträger flexibel ist, wird bei größeren Flächen, insbesondere wenn eine gewölbte Ausbildung erfolgt (Rabitzkonstruktion), eine zusätzliche Unterkonstruktion aus Trag- und Bewehrungsstäben (Stahlarmierung) erforderlich. Vgl. hierzu Abschn. 8.7.6.6, Hängende Drahtputzdecken nach DIN 4121.

— **Rohrmatten aus Schilfrohrstengeln** sind als Putzträger kaum mehr im Gebrauch. Sie werden an dieser Stelle nur noch erwähnt, weil sie im Hinblick auf die Altbausanierung von einem gewissen Interesse sein können.

Die Rohrmatten bestehen aus 80 bis 300 cm langen Schilfrohrstengeln, die durch verzinkte Stahldrähte zu Matten zusammengebunden sind (Handelsform: einfache oder doppelte Rohrmatten). In dieser Form dienen sie als Putzträger, beispielsweise für Deckenbekleidungen an Holzbalkendecken. Dabei werden sie mit verzinkten Rohrhaken – straff gespannt – auf eine aus Holzlatten bestehende Schalung (mit etwa 15 mm breiten Fugen) geheftet. Die Matten müssen immer quer zur Schalung aufgebracht, die Stöße gut miteinander verzahnt und durch einen Spanndraht gesichert sein. Dickere Rohrmatten sind stumpf zu stoßen und die Stoßstellen mit einem etwa 200 mm breiten Drahtgewebe zu überdecken. Vor dem Putzauftrag ist stets ein Spritzbewurf aufzubringen.

— **Gipskarton-Putzträgerplatten** eignen sich vorwiegend zur Herstellung von fugenlosen Deckenbekleidungen und Unterdecken, wie sie in Abschn. 12.6.3 in Teil 1 dieses Werkes beschrieben sind. Nach der trockenen Montage der Platten auf einer Unterkonstruktion – bei der zwischen den abgerundeten Längskanten ein Abstand von etwa 5 mm einzuhalten ist – sind diese Fugen mit Gips so auszudrücken, daß sich auf der Plattenrückseite ein beidseitig übergreifender Wulst bildet. Anschließend werden die Plattenflächen einlagig etwa 10 mm dick mit geeignetem Gipsmörtel ganzflächig verputzt. Diese Decken zeichnen sich vor allem – im Vergleich zu den in Abschn. 8.7.6.6 beschriebenen sog. hängenden Drahtputzdecken – durch wesentlich kürzere Montage- und Trockenzeiten sowie geringeres Flächengewicht aus.

8.16
Schematische Darstellung eines Ziegeldrahtgewebes, geeignet als nichtbrennbarer Putzträger zur Herstellung ebener, gewölbter oder frei gestalteter Rabitzkonstruktionen. Vgl. hierzu auch Abschn. 8.7.6, Hängende Drahtputzdecken.

8.7.3   Putzausführung

Witterungseinflüsse

Außenputzarbeiten dürfen nach DIN 18550 nicht vorgenommen werden, wenn die zu putzenden Flächen vom Regen getroffen werden oder Nachtfröste zu erwarten sind. So können zum Beispiel durch starken Schlagregen die Putzoberfläche beschädigt, noch nicht erhärtete Bindemittel gelöst und an die Putzoberfläche geschwemmt werden. Bei Frost lassen sich Außenputzarbeiten nur durchführen, wenn die Arbeitsstelle vollständig gegen die Außentemperatur abgeschlossen ist und der so entstehende Arbeitsraum bis zum ausreichenden Erhärten des Putzes beheizt werden kann. Außerdem sind die jeweils geltenden „Richtlinien für den Winterbau" zu beachten.

Ähnlich ungünstig wirkt sich ein zu schneller Wasserentzug aus dem frischen Putz durch Zugluft (Folge: „verbrannter" Oberputz) oder zu starke Sonneneinstrahlung aus. Daher gilt die Putzregel: nicht in, sondern mit der Sonne putzen! Weitere Schutzmaßnahmen sind: Verhängen der Fassade mit Folien o. ä., Annässen des Putzgrundes und ggf. Feuchthalten des Frischputzes (vorteilhafte Nachbehandlung bei Kalk- und Zementmörtel).

Innenputzarbeiten dürfen erst begonnen werden, wenn sichergestellt ist, daß die Temperatur der Innenräume nicht unter +5 °C liegt bzw. während der Putzarbeiten auch nicht darunter absinken kann. Dieser Temperaturbereich ist vor allem bei allen Kalkputzen deshalb kritisch, weil der Putz nicht mehr „abbindet", d. h. die zu Karbonat erhärtenden Bindemittel können bei dieser Temperatur keine Kohlensäure mehr aufnehmen. Vgl. hierzu auch Abschn. 8.3.1 und 8.4.1. Alle Öffnungen müssen daher zumindest behelfsmäßig verschlossen sein. Nach Abschluß der Innenputzarbeiten sind die Räume häufig kurzfristig zu lüften.

Putzgerüste, An- und Abrüsten

Putzgerüste sollen freistehen und einen Wandabstand von etwa 30 cm haben. Damit soll erreicht werden, daß die Handwerker Hand in Hand arbeiten können – vorausgesetzt alle Gerüstlagen sind gleichzeitig besetzt – so daß horizontale Nahtstellen bzw. Arbeitsfugen in Höhe der einzelnen Gerüstbretter vermieden werden. S. hierzu auch Abschn. 10, Gerüste und Abstützungen.

Im Mauerwerk aufliegende Gerüstriegel (= einfach stehende Gerüste) oder die Verankerung der Gerüste mit herkömmlichen Mauerhaken sollten keinesfalls mehr eingesetzt werden, da die hierbei entstehenden Mauerlöcher erst nachträglich ausgemauert und verputzt werden können. Solche Ausbesserungen zeichnen sich später an der Putzoberfläche immer ab. Moderne Gerüstverankerungen, die keine Schäden im Putz verursachen, sind so konstruiert, daß nichtrostende Hülsen im Mauerwerk (eingeputzt) verbleiben und durch eine farblich angleichbare Kunststoffkappe verschlossen werden. Spätere Wiedereinrüstungen sind so ohne Beschädigung der Putzfassade möglich. Das Abrüsten ist mit größter Sorgfalt vorzunehmen, da die Putzflächen nach der Fertigstellung sehr stoßempfindlich sind und jede nachträgliche Ausbesserung fast immer sichtbar bleibt.

Aufbringen des Mörtels

Der Mörtelauftrag kann von Hand oder mit einer Maschine erfolgen. Die einzelnen Putzlagen sind – außen wie innen – möglichst gleichmäßig dick aufzubringen und sorgfältig zu verziehen oder zu verreiben. Mit dem Auftragen der jeweils nächsten Lage ist so lange zu warten, bis die vorhergehende so fest ist, daß sie die neue Lage tragen kann. Dies gilt auch für den Spritzbewurf, auf den der Unterputz erst aufgebracht werden darf, wenn der Mörtel ausreichend erhärtet ist, frühestens jedoch nach 12 Stunden. Der Unterputz ist vor dem Auftragen des Oberputzes gegebenenfalls aufzurauhen und je nach Mörtelart und Witterungsbedingungen anzunässen.

— **Der von Hand aufgetragene Mörtel** wird entweder mit der Kelle kräftig angeworfen oder mit dem Aufziehbrett bzw. Traufel kräftig auf den Putzgrund aufgezogen, so daß er sich mit diesem gut verzahnt. Anschließend wird er in der Regel mit der Abziehlatte oder Kartätsche eingeebnet. Besonders ebenflächige und gleichmäßig dicke Putzüberzüge lassen sich mit Hilfe von sog. Putzleisten (Putzlehren) erzielen. Hierbei handelt es sich um lot- und fluchtgerecht angebrachte, jeweils 10 bis 15 cm breite Mörtelstreifen, die vor dem eigentlichen Putzauftrag in Abständen von etwa 1 bis 1,5 m in der vorgesehenen Putzdicke auf dem Putzgrund angebracht werden. Nach dem Erhärten des Mörtels wird das eigentliche Putzmaterial zwischen den Putzleisten vollflächig angetragen und mit der Abziehlatte über diese Leisten abgezogen. Die jeweils vorgesehene Putzdicke kann auch mit Hilfe von Putzprofilen und im Bereich von Türöffnungen mittels Putzbrettern – die an den Türlaibungen befestigt sind – exakt eingehalten werden. Vgl. hierzu auch Abschn. 6.5.1, Fertigtürelemente. Bei allen Beiputzarbeiten und Ausbesserungen ist außerdem darauf zu achten, daß in jeder Putzlage immer nur Mörtel gleicher Zusammensetzung verarbeitet wird, da sonst Rißbildungen, Farbveränderungen o. ä. auftreten können.

— **Die maschinelle Verarbeitung** geeigneter Putzmörtel führt – im Vergleich zum Mörtelauftrag mit der Hand – zu wesentlich höheren Putzleistungen und damit zu Kosteneinsparungen (Senkung des Lohnkostenanteils, der Standkosten für das Gerüst usw.). Der heute üblicherweise verwendete Werktrockenmörtel wird entweder als Sackware in die Putzmaschine eingefüllt oder – bei umfangreicheren Bauvorhaben – aus einem Silo oder Container kontinuierlich durch eine pneumatische Förderanlage eingeblasen. Das Anmachen erfolgt durch intensives Mischen in der Putzmaschine. Dabei ist die werkseitig angegebene Mindestmischdauer einzuhalten und die Wasserdosierung entsprechend der gewünschten Mörtelkonsistenz vorzunehmen. Der weichplastische Mörtelbrei wird dann in Schläuchen bis an die Verarbeitungsstelle gepumpt und durch die dem Spritzkopf zugeführte Druckluft gleichmäßig kräftig, querreihig und ggf. in mehreren dünnen Schichten auf den Putzgrund gespritzt. Diese Art des Mörtelauftrages zeichnet sich durch einen geringen Materialverlust aus. Außerdem wird durch den Anspritzdruck eine verbesserte Haftung erzielt, da der Mörtel relativ gut in die Poren und Vertiefungen des Putzgrundes eindringt. Auch hier ist der Mörtel sofort nach dem Auftragen mit der Abziehlatte oder Kartätsche lot- und fluchtgerecht abzuziehen und je nach Putzart bzw. Putzweise weiter zu bearbeiten. Angaben über Ausführung, Aufmaß und Abrechnung sind VOB Teil C, DIN 18350, Putz- und Stuckarbeiten, zu entnehmen.

8.7.4 Putzweise

Die Art der Oberflächengestaltung eines frisch aufgebrachten Putzmörtels und die dadurch entstehende Oberflächenstruktur wird als Putzweise bezeichnet. Sie ist mit entscheidend für das äußere Erscheinungsbild eines Gebäudes und die gestalterische Wirkung von Innenraumflächen. Grundsätzlich ist zu unterscheiden zwischen

— rein dekorativen Putzweisen mit vorwiegend schmückender Wirkung,

— Putzweisen, die zur Vorbereitung eines tragenden Untergrundes für weitere Beschichtungen (z. B. Anstriche, Tapeten) dienen und

— Putzweisen, die von der Putzzusammensetzung, Auftragsdicke und ihrer Oberflächenstruktur her eine schützende und bauphysikalische Funktion zu erfüllen haben.

Für Außenputze sollten nur solche Putzweisen gewählt werden, die das Niederschlagwasser gut ableiten, durch Staub und Ablagerungen aus der Luft nicht zu schnell verschmutzen und sich auch sonst handwerksgerecht ausführen lassen. Auch Lage, Höhe und Standort eines Bauwerkes spielen bei der Auswahl eine Rolle. Im wesentlichen sind zu nennen:

— **Gefilzter oder geglätteter Putz.** Nach dem Putzauftrag wird die Oberfläche mit der Filzscheibe bzw. Glättekelle (Traufel) bearbeitet. Als glatter Innenputz eignet er sich auch zur Aufnahme weiterer Beschichtungen wie Anstriche, Tapeten usw.

  G i p s p u t z, der frisch aufgebracht, eben abgezogen und eine bereits ausreichend versteifte Oberfläche hat, wird zunächst leicht angenäßt, mit der Filzscheibe gefilzt und ggf. anschließend sorgfältig mit der Traufel geglättet.

  A u f K a l k p u t z, eben abgezogen und gefilzt, kann gegebenenfalls noch eine feinsandige Schlämme sehr dünn aufgetragen und vorsichtig abgerieben werden. Dabei darf es jedoch zu keiner Sinterhautbildung (Bindemittelanreicherung) an der Oberfläche durch zu langes und zu kräftiges Verreiben kommen. Diese würde die Entstehung von Schwindrissen fördern, bei Luftkalkmörteln das Erhärten der tieferen Schichten hemmen (Karbonaterhärtung) und insgesamt eine weitgehend saugunfähige Oberfläche ergeben.

— **Geriebener Putz oder Reibeputz.** Das Zuschlaggemenge dieses Putzes enthält unter anderem ein Rollkorn (Rundkorn), das beim Reiben rillenartige Vertiefungen in der sonst ebenen Putzoberfläche hinterläßt. Durch waagerechtes, senkrechtes oder kreisförmiges Reiben können unterschiedliche Strukturbilder erzeugt werden. Je nach Art des verwendeten Werkzeugs (Holzscheibe, Traufel o. ä.) wird er als Münchener Rauhputz, Rillenputz, Wurmputz, Madenputz, Rindenputz, Altdeutscher Putz usw. bezeichnet. Bevorzugte Struktur auch für kunstharzgebundene Putze.

— **Kellenwurfputz.** Der Mörtel wird durch Anwerfen mit der Kelle aufgebracht. Seine Oberflächenstruktur hängt einmal von der Kornzusammensetzung und Mörtelkonsistenz, zum anderen von der Anwurftechnik des jeweiligen Putzers ab. Vor der eigentlichen Putzausführung sollten daher immer Probeputzflächen erstellt werden. In der Regel wird ein Zuschlag grober Körnung von 6 bis 10 (12) mm verwendet. Die rauhe Oberfläche des Kellenwurfputzes vermittelt immer einen rustikalen Eindruck und belebt so auch großflächige Fassaden. Je nach Grobkorn- bzw. Bindemittelzusammensetzung neigen derartige Putzstrukturen aber auch mehr zum Verschmutzen, so daß sie nicht für Hochhausfassaden oder Fassaden, die extremen Wetterbedingungen ausgesetzt sind, verwendet werden sollen.

— **Kratzputz.** Seine gleichmäßige, porige Oberfläche wird durch das Kratzen des sich erhärtenden Putzes mit einem Nagelbrett o. ä. erzeugt. Diese Putzweise ist besonders vorteilhaft, da durch das Kratzen die bindemittel- und damit spannungsreiche Oberfläche des im allgemeinen 8 bis 10 mm dicken Oberputzes entfernt wird. Der richtige Zeitpunkt des Kratzens richtet sich nach dem Erhärtungsverlauf des Putzes. Es darf damit begonnen werden, wenn das Korn beim Kratzen herausspringt (charakteristische Putzstruktur, bedingt durch die jeweilige Korngröße) und nicht mehr im Nagelbrett hängen bleibt. Anschließend muß der Putz noch gründlich mit einem Handbesen abgefegt werden. Der Kratzputz gilt als bevorzugte Putzweise für alle Edelputze (vgl. Abschn. 8.7.5.4). Die Verarbeitungsrichtlinien der Hersteller sind zu beachten [5].

— **Spritzputz.** Diese Putzweise beruht auf einer alten Putztechnik (Besenspritzputz). Der feinkörnige, dünnflüssige Mörtel wird heute üblicherweise mit einem Spritzputzgerät oder spezieller Spritzpistole durch zwei- oder mehrlagiges Aufsprenkeln (Auftragrichtung jeweils ändern) aufgetragen. Es entsteht eine gleichmäßige, feinkörnige Oberfläche, die meist mehr schmückende als schützende Wirkung hat. Sie eignet sich u. a. auch zur Renovierung alter Kratzputzfassaden, die lediglich optisch unansehnlich geworden sind.

— **Kellenstrichputz.** Der angeworfene und eben abgezogene Mörtel wird mit der Kelle oder Traufel derart fächer- oder schuppenförmig verstrichen, daß der einzelne Kellenstrich bewußt sichtbar bleibt (dekorative Oberflächenbehandlung).

— **Waschputz.** Aufgrund seiner speziellen Rezeptur ist er besonders stoßfest und auch hohen Feuchtigkeitsbelastungen gewachsen (Unterputz der Mörtelgruppe P III). Er wird daher vorrangig überall dort eingesetzt, wo es zu starken Beanspruchungen wie zum Beispiel im Sockelbereich, in öffentlichen Treppenhäusern, Fluren usw. kommt. Außerdem bietet der Waschputz interessante gestalterische Möglichkeiten durch eine Vielzahl verschiedener Gesteinskörnungen und Grundeinfärbungen. Seine Struktur erhält er durch Abwaschen der an der Oberfläche befindlichen, noch nicht erhärteten Bindemittelschlämme. Mit einer weichen Bürste wird so lange gewaschen, bis die Steinkörnung klar zum Vorschein kommt, wobei diese keinesfalls herausgewaschen werden darf. Der verbliebene Zementschleier wird anschließend noch mit einem Spezialreinigungsmittel entfernt.

— **Kunstharzgebundene Putze.** Die Oberflächenstruktur organisch gebundener Putze nach DIN 18 558 entspricht weitgehend den vorgenannten Strukturen mineralisch gebundener Putze. S. hierzu Abschn. 8.8, Kunstharzputz. Aus dieser Gruppe sind noch die sogenannten **Buntsteinputze** besonders zu erwähnen. Sie enthalten, ähnlich wie der Waschputz, natürlich vorkommende oder gefärbte Steine in den verschiedensten Korngrößen (von 1,5 bis 10 mm), die allerdings nicht mit mineralischen Bindemitteln, sondern mit durchsichtig auftrocknenden Kunstharzen gebunden sind. Da diese Beschichtungsstoffe keine deckenden Pigmente enthalten, trocknet Buntsteinputz klar auf und bedarf keiner weiteren Oberflächenbehandlung. Die Quarzkiesbeschichtung eignet sich für dekorative, wetterbeständige Außenbeschichtungen, ausdrucksstarke Wandgestaltung im Innenbereich und für besonders widerstandsfähige Sockelbeschichtungen.

8.7.5 Mineralisch gebundene Außenputze

An den Außenputz werden ganz besondere Anforderungen gestellt. Neben der äußeren Gebäudegestaltung durch entsprechende Struktur- und Farbgebung hat er vor allem bauphysikalische Aufgaben, aber auch mechanische Anforderungen zu erfüllen. Für die Putzauswahl sind seine örtliche Lage am Bauwerk, die daraus erwachsende Beanspruchungsart sowie die Beschaffenheit des jeweiligen Putzgrundes von Bedeutung. Dabei müssen gemäß DIN 18 550 T 1 die an einen Putz zu stellenden Anforderungen grundsätzlich vom Gesamtsystem — d. h. von allen Schichten einer Wand, wie zum Beispiel Putzgrund, Putzlagen und ggf. Anstrich — zusammen dauerhaft erfüllt werden. Bewährte Putzsysteme sind zusammengestellt in

— **Tabelle 8.6 für Außenwandputze,**

— **Tabelle 8.7 für Außendeckenputze.**

8.7.5.1 Außenputze, die allgemeinen Anforderungen genügen

Auf die allgemeinen Anforderungen wie gute Haftung der Putzlagen untereinander und am Putzgrund, gleichmäßiges Gefüge, Festigkeit, Brandverhalten, Wasserdampfdurchlässigkeit — die jede Putzart erfüllen muß — wurde bereits in Abschn. 8.1 hingewiesen. Bei Außenputzen ist insbesondere auf die Wasserdampfdurchlässigkeit zu achten. Da diese bei Kunstharzputzen wesentlich geringer sein kann als bei mineralisch gebundenen Putzen, mußte in der Putznorm ein Grenzwert festgelegt werden, um unzulässige Feuchtigkeitserhöhungen in der Wand infolge innerer Kondensation zu vermeiden. Bei Außenputzen darf demnach die diffusionsäquivalente Luftschichtdicke s_d bei keiner Putzlage den Wert von 2,0 m überschreiten. Da mineralische Putze diese Anforderungen erfahrungsgemäß erfüllen, ist für derartige Putze kein Nachweis erforderlich. Vgl. hierzu auch Abschn. 8.8, Kunstharzputz sowie Abschn. 14.5.6.2 in Teil 1 dieses Werkes.

8.7.5.2 Außenputze, die zusätzlichen Anforderungen genügen

Wie Tabelle **8.**6 verdeutlicht, gibt es darüber hinaus Außenputze, die zusätzlichen Anforderungen genügen müssen. Im einzelnen sind genannt: Witterungsbeständigkeit des Putzsystems, Regenschutz durch wasserhemmende oder wasserabweisende Putzsysteme, Außenputz mit erhöhter Festigkeit, Kellerwandaußenputz sowie Außensockelputz.

— **Witterungsbeständigkeit des Putzsystems.** Es muß den immer wiederkehrenden tages- und jahreszeitlichen Temperaturwechseln und der Einwirkung von Feuchtigkeit standhalten, ohne Schaden zu nehmen. Als witterungsbeständig ohne besonderen Nachweis gilt ein Putzsystem, wenn es entsprechend Tabelle **8.**6 und **8.**7 aufgebaut ist. Darüber hinaus unterstützen konstruktive Maßnahmen den Witterungsschutz, wie zum Beispiel ausreichend bemessene Dach- und Fensterbanküberstände, der Einbau von Bewegungsfugen-, Kantenschutz- und Sockelabschlußprofilen sowie bei kritischen Untergründen bzw. Materialübergängen die Einbettung von Putzarmierungen, Putzträgern usw.

— **Regenschutz durch wasserhemmende oder wasserabweisende Putzsysteme.** DIN 4108 T3 enthält erstmals Angaben über den Schlagregenschutz von Außenwänden. Diese Angaben sollen dazu beitragen, erhöhte Wandfeuchtigkeit durch Regeneinwirkungen zu vermeiden, um einen dem Wandbaustoff entsprechenden Wärmeschutz zu erzielen. Je weniger Feuchtigkeit sich bekanntlich in einer Wand befindet, desto höher ist der Wärmedurchlaßwiderstand. In diesem Zusammenhang ist zu beachten, daß die heute verwendeten leichten und porösen Wandbaustoffe mehr Wasser aufnehmen als die früher eingesetzten, schweren und dichten Baustoffe.

Regenschutz kann einmal durch konstruktive Maßnahmen wie zweischaliges Mauerwerk oder hinterlüftete Außenwandbekleidung erreicht werden, zum anderen durch Außenputz, der entsprechend der jeweiligen Beanspruchung zu wählen ist. Bei der Beurteilung der Schlagregenbeanspruchung sind die regionalen klimatischen Bedingungen, die örtliche Lage und die Höhe des Gebäudes zu berücksichtigen. Entsprechend den in DIN 4108 T3 angeführten drei Beanspruchungsgruppen werden die Außenputze wie folgt eingeteilt:

Beanspruchungsgruppe I (geringe Schlagregenbeanspruchung): **keine Anforderungen** hinsichtlich des Regenschutzes.

Beanspruchungsgruppe II (mittlere Schlagregenbeanspruchung): **wasserhemmende Außenputze,** Putzsysteme gelten als wasserhemmend, wenn sie nach Tabelle **8.**6 (Zeilen 9 bis 16) aufgebaut sind.

Beanspruchungsgruppe III (starke Schlagregenbeanspruchung): **wasserabweisende Außenputze.** Putzsysteme gelten als wasserabweisend, wenn sie nach Tabelle **8.**6 (Zeilen 17 bis 24) aufgebaut sind und in der Regel wasserabweisende Zusatzmittel enthalten. Einzelheiten hierzu s. Abschn. 8.3.4. Hierbei müssen die den Regenschutz hauptsächlich bewirkende(n) Putzlage(n) folgende Anforderungen erfüllen:

$$w \cdot s_d \leq 0{,}2 \ \text{kg/m}\,\text{h}^{0,5}$$

$$w \quad \leq 0{,}5 \ \text{kg/m}^2\,\text{h}^{0,5}$$

$$s_d \quad \leq 2{,}0 \ \text{m}.$$

Untersuchungen [6] ergaben, daß die Feuchtigkeitsverhältnisse in beregneten Außenputzwänden abhängen von der Wasseraufnahme in den Regenperioden und der Wasserabgabe in den Trocknungsperioden. Die Wasseraufnahme eines verputzten Mauerwerkes bei Beregnung erfolgt durch Kapillarleitung, und zwar immer von der feuchten zur trockenen Seite hin, wobei primär die Wasseraufnahme des Außenputzes maßgebend ist (kennzeichnende Größe: Wasseraufnahmekoeffizient w). Die Wasserabgabe in den Trocknungsperioden erfolgt zunächst durch Verdampfung an der Oberfläche und wird im späteren Verlauf durch den Rücktransport der Feuchtigkeit infolge von Kapillarleitung und Dampfdiffusion bestimmt. Der maßgebende Einfluß ist dabei der Wasserdampfdurchlaßwiderstand der Putzschicht (kennzeichnende Größe für die Wasserabgabe in den Trocknungsperioden: diffusionsäquivalente Luftschichtdicke s_d). Maßgebend für die Einstufung eines Putzsystems als **wasserabweisend** ist demnach die Erfüllung der Forderung $w \cdot s_d \leqq 0,2 \ \mathrm{kg/m\,h^{0,5}}$. Wasseraufnahme und Wasserabgabe müssen in einem solchen Verhältnis zueinander stehen, daß die Außenwand – langfristig gesehen – trocken bleibt bzw. austrocknen kann. Vgl. hierzu auch Abschn. 14.5.6 in Teil 1 dieses Werkes.

— **Regenschutz durch wasserabweisende Putz/Anstrich-Systeme.** Wie bereits zuvor erwähnt, kann der Regenschutz gemäß DIN 4108 T3 durch konstruktive Maßnahmen (z. B. hinterlüftete Außenwandbekleidung) oder durch geeignete Außenputze erreicht werden. In der Regel wird hierfür der 5 bis 8 mm dicke Oberputz durch Zusatzmittel wasserabweisend eingestellt. Nicht aufgeführt sind dagegen die Anstriche (Beschichtungen), obwohl in der Praxis Außenputze häufig mit Anstrichen versehen werden. Der Grund ist darin zu suchen, daß in einer Norm nur auf genormte Stoffe hingewiesen wird und Fassadenanstriche nicht genormt sind. Vertreter der Mörtel- und Bindemittelindustrie haben deshalb gemeinsam eine Richtlinie für die Bewertung von wasserabweisenden Putz/Anstrich-Systemen erarbeitet (die jedoch nicht genormt ist): Demnach wird ein wasserabweisendes Putz/Anstrich-System aus einem wasserhemmenden Putz und einem wasserabweisenden Anstrich gebildet. Beide Eigenschaften müssen durch Prüfungen nachgewiesen werden. Einzelheiten sind der Spezialliteratur [7] zu entnehmen.

— **Außenputz mit erhöhter Festigkeit.** Mineralisch gebundene Außenputze, die als Träger von Beschichtungen auf organischer Basis (z. B. kunstharzgebundene Oberputze) dienen sollen oder die starker mechanischer Beanspruchung ausgesetzt sind, müssen nach DIN 18550 T1 eine Druckfestigkeit von mind. 2,5 N/mm² erreichen. Werden Putzsysteme nach Tabelle **8.6** (Zeilen 25 bis 39) gewählt, so bedarf es keines besonderen Festigkeitsnachweises.

— **Kellerwandaußenputz.** Kellerwandaußenputze als Träger von Beschichtungen (z. B. Abdichtungen gegen Feuchtigkeit) müssen aus Mörteln mit hydraulischen Bindemitteln hergestellt werden (Mörtelgruppe P III) und eine Mindestdruckfestigkeit von 10 N/mm² erreichen. Obwohl hierfür in der Norm Mauerwerk aus Steinen der Druckfestigkeitsklasse 6 verlangt wird, sollten zur Vermeidung von Schäden besser Steine der Druckfestigkeitsklasse 12 oder Beton mit einer Festigkeitsklasse $\geqq$ B 15 ausgeschrieben werden.

H i n w e i s: Kunstharzputze dürfen nicht als Kellerwandaußenputze, d. h. im Bereich der Erdanschüttung, verwendet werden.

— **Außensockelputze.** Außensockelputze müssen ausreichend fest, wenig wassersaugend und widerstandsfähig gegen kombinierte Einwirkung von Feuchtigkeit und Frost sein. Putze mit mineralischen Bindemitteln müssen eine Mindestdruckfestigkeit von 10 N/mm² erreichen. Werden Putzsysteme nach Tabelle **8.6** (Zeilen 31 bis 34) verwendet, so bedarf es keines besonderen Festigkeitsnachweises. Außensockelputze der Mörtelgruppe P III auf Mauerwerk der Steinfestigkeitsklasse $\leqq$ 6 dürfen ausnahmsweise eine Mindestdruckfestigkeit von 5 N/mm² haben. Dieses Putzsystem muß dann wasserabweisend ausgerüstet sein.

Die Sockelfläche zwischen erdberührter Kellerwand und aufgehender Außenwand stellt eine Übergangszone dar, die vor allem durch Spritzwasser und Stoßbeanspruchung stark belastet ist. Aus diesem Grund ist der Sockelbereich besonders widerstandsfähig auszubilden. Die Sockelhöhe richtet sich im wesentlichen nach dem Geländeverlauf, der Oberflächenbeschaffenheit und dem verwendeten Material der jeweils angrenzenden Regenaufschlagfläche. In der Regel beträgt die Sockelhöhe 30 cm. Bei harter und ebener Aufprallfläche sollte sie höher sein und der Plattenbelag ein vom Gebäude wegführendes Gefälle aufweisen. Vorteilhafter ist ein an den Sockelbereich direkt anschließendes Grobkiesbett, da das Oberflächenwasser darin sofort versickern kann. Die Sockelfläche selbst muß eine vertikale Abdichtung aufweisen, die bis zur oberen horizontalen Wandabdichtung (sog. konstruktive Sockellinie) reicht und im Erdreich nahtlos an die vertikale Kelleraußenwand-Abdichtung übergeht. Einzelheiten hierzu s. Abschn. 14.4.4 in Teil 1 dieses Werkes.

Die Putzzone der aufgehenden Außenwände ist von der Dichtungszone des Bauwerkes möglichst deutlich abzusetzen (bessere Wasserableitung). Der Sockelputz sollte hinter dem Wandputz zurückspringen, zumindest bündig mit diesem liegen, keinesfalls jedoch überstehen (Regenstau, Frostschäden, Schmutzablagerungen). Um ein Hinterwandern des Sockelputzes durch abfließendes Regenwasser auszuschließen, ist im Bereich der Fuge zwischen Sockel- und Wandputz ein Sockelabschlußprofil anzubringen. Dieses wird mit Ansetzmörtel auf Zementbasis (keinesfalls gipshaltiges Material verwenden!) auf dem aufgehenden Mauerwerk befestigt. S. hierzu Bild **8.**17 sowie Bild **8.**35.

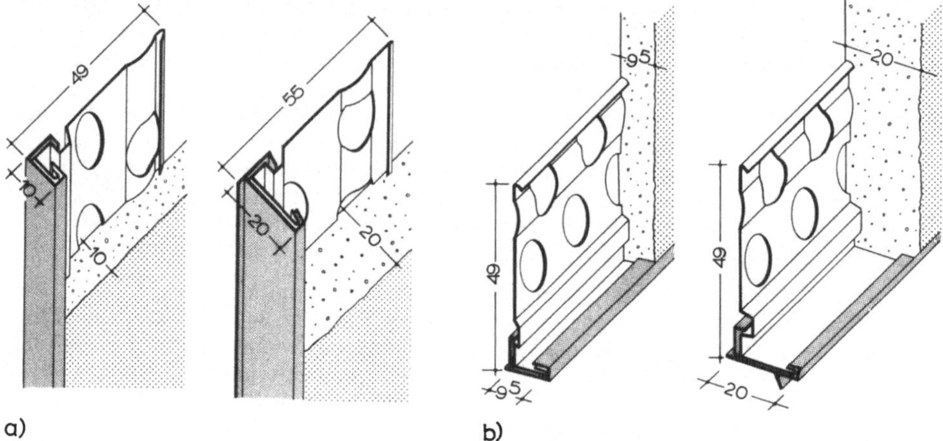

8.17 Putzabschluß- und Sockelprofile für den Außenputz. Alle Profilkanten sind mit einem schlagzähen PVC-Überzug gegen Abrieb und Korrosion geschützt und liegen mit der fertigen Putzoberfläche bündig.
a) Putzabschlußprofile
b) Sockelprofile

8.7.5.3   Sanierputzsysteme für feuchte und salzbelastete Außenwände

Allgemein bekannt sind die häßlichen Schadensbilder im Sockelbereich von Altbauten (historischen Gebäuden). Die Ursache hierfür ist in fast allen Fällen die gleiche: Auf Grund fehlender oder nicht mehr funktionierender horizontaler bzw. vertikaler Wandabdichtungen kann Feuchtigkeit in das Mauerwerk eindringen und dort – infolge der kapillaren Saugfähigkeit poröser Baustoffe – entgegen der Schwerkraft in der Wand aufsteigen. Dabei werden bauschädigende Salze gelöst und von der kapillar wandernden Feuchtigkeit nach oben in das aufgehende Mauerwerk transportiert. Beim Verdunsten des Wassers reichern sich die mitgeführten Salze an der Oberfläche an und kristallisieren dort aus. An der Grenze zwischen dem kapillar durchfeuchteten Bereich und dem trockenen Mauerwerk sind Salzausblühungen zu erkennen. Da es bei der Kristallisation aber auch zu einer Volumenvergrößerung kommt, entstehen dadurch erhebliche Drücke (Sprengkräfte), die zum Abplatzen des Anstriches und im Laufe der Zeit zur Zerstörung der Putzschale führen können.

Ungeeignete Sanierungsversuche, wie zum Beispiel das Aufbringen von wasserundurchlässigen dichten Sperrputzen der Mörtelgruppe P III, das Verlegen von Keramikfliesen oder der Einsatz von nahezu dampfundurchlässigen Beschichtungen führen meist zu einer Verschlimmerung des Schadensbildes. Da die salzhaltige Feuchtigkeit auf Grund derart dampfdichter Verblendungen im Sockelbereich nicht nach außen diffundieren kann, steigt sie im Mauerwerk weiter auf (sog. Dochtwirkung), wodurch sich die Zerstörung von Anstrich und Putz in immer höhere Fassadenzonen verlagert.

Sanierputze

Da herkömmliche Putze nur eine sehr geringe Beständigkeit gegen bauschädigende Salze besitzen, wurden im Laufe der letzten zwanzig Jahre Putze mit besonderen Eigenschaften entwickelt, die man heute allgemein als Sanierputze bezeichnet. Unter Sanierputzen versteht man mineralische Werktrockenmörtel, die Putze mit hoher Porosität und Wasserdampfdurchlässigkeit bei gleichzeitig erheblich verminderter kapillarer Leitfähigkeit ergeben. Auf Grund der hydrophoben (wasserabweisenden) Ausrüstung des Putzes kann das im Mauerwerk vorhandene salzhaltige Wasser nur etwa 3 bis 7 mm in den Sanierputz kapillar eindringen. Bedingt durch die hohe Wasserdampfdurchlässigkeit verdunstet das Wasser ansonsten innerhalb der Sanierputzschicht, um nach außen zu gelangen. Damit wird die Verdunstungszone – die bei ungeeigneten Putzen an der Oberfläche liegt – wesentlich weiter nach innen in den Putzquerschnitt verlagert. Da Wasserdampf jedoch keine Salze transportieren kann, kristallisieren diese beim Verdunsten des Wassers im hinteren Bereich des Sanierputzes aus und werden dort in den Porenräumen abgelagert, ohne Schaden an der Putzoberfläche anzurichten. In einem vom Wissenschaftlich-Technischen Arbeitskreis für Denkmalpflege und Bauwerksanierung (WTA) herausgegebenen Merkblatt [8] werden die Anforderungen an Sanierputze wie folgt festgelegt:

— Luftporengehalt des Frischmörtels > 25 Volumen-%

— Wasserdampfdiffusionswiderstandszahl $\mu = <12$

— Kapillare Wasseraufnahme (Eindringtiefe) nach 24 Stunden zwischen 3 und 7 mm

— Druckfestigkeit nach 28 Tagen $< 6 \text{ N/mm}^2$

— Verhältnis von Druck- zu Biegezugfestigkeit nach 28 Tagen < 3,0

— Frost- und Salzbeständigkeit.

Auf Grund der Festlegung dieser Anforderungen kann nun eindeutig zwischen Sanierputzen und den weitgehend wasserdampfdichten bzw. wasserundurchlässigen Sperrputzen oder Dichtungsschlämmen unterschieden werden. Demnach sind Sanierputze keine Sperrputze, denn der Feuchtigkeitsaustausch zwischen Mauerwerk und umgebender Luft wird von den Sanierputzen nicht behindert, sondern begünstigt. Sanierputze sind auch keine sog. Entfeuchtungsputze (irreführende Bezeichnung), da es auf Grund bauphysikalischer Gesetzmäßigkeiten gar nicht möglich ist, feuchtes Mauerwerk alleine durch den Einsatz von porenreichen, wasserdampfdurchlässigen Putzen zu trocknen. Bei allen Schädigungen der Bausubstanz sollte daher zuerst versucht werden, die Ursachen zu beseitigen und Maßnahmen zu ergreifen, die das Wasser vom Baukörper fernhalten. Da aber derartige Maßnahmen (Anbringung vertikaler und horizontaler Abdichtungen, Bohrlochinjektionen usw.) stets einen massiven Eingriff in die Bausubstanz bedeuten, sind sie bei Altbauten häufig nicht durchführbar (statische

Gründe, Kostengründe, Nichtzugänglichkeit). In derartigen Fällen können feuchte und salzbelastete Wandflächen außen und innen mit Hilfe der Sanierputze so behandelt werden, daß man langfristig intakte Putzoberflächen – ohne Salzausblühungen und Absprengungen – erhält.

Sanierputzsysteme

Sanierputzsysteme bestehen aus einzelnen, jeweils ganz bestimmten Aufgaben übernehmenden Komponenten, deren bauphysikalische und bauchemische Eigenschaften sorgfältig aufeinander abgestimmt sein müssen. Je nach Anforderung und baulicher Situation können die Produktsysteme zwar unterschiedlich aufgebaut und zusammengesetzt sein, immer aber dürfen nur System-Komponenten von einem Hersteller verwendet werden, da sonst alle Gewährleistungsansprüche verloren gehen. In der Regel besteht ein Sanierputzsystem aus einem Produkt oder Verfahren der Salzbehandlung, einem Spritzbewurf, einem Porengrundputz/Ausgleichsputz, dem eigentlichen Sanierputz und einem Anstrich oder Deckputz (Bild **8.**18).

– **Putzgrundvorbereitung/Putzgrundvorbehandlung.** Zunächst wird der alte, schadhafte Putz bis mind. 80 cm über der geschädigten Zone vollständig abgeschlagen und mürber Fugenmörtel mind. 2 cm tief ausgekratzt. Um das Einwandern von bauschädlichen Salzen (Sulfate, Chloride, Nitrate) in den frischen, noch nicht ausreichend hydrophoben Sanierputz zu vermeiden, wurden bisher die leichtlöslichen Salze durch Auftragen einer Bleisalzlösung in schwerlösliche Salze umgewandelt (chemisches Salzumwandlungsverfahren). Wegen der Giftigkeit und Umweltunverträglichkeit solcher Produkte wird zunehmend auf diese Art der Salzbehandlung verzichtet.

– **Spritzbewurf/Porengrundputz.** Die Praxis hat gezeigt, daß Sanierputze auch ohne chemische Salzbehandlung schadfrei bleiben, wenn auf einem warzenförmigen, halbdeckenden Spritzbewurf (Standzeit mind. 24 Stunden), zunächst eine zusätzliche Pufferschicht in Form eines porenreichen Grundputzes in einer Schichtdicke von mind. 10 mm aufgebracht wird (Bild **8.**18). Dieser Porengrundputz verhindert, daß die Salze aus dem Mauerwerksbereich in den nachfolgend aufzubringenden, eigentlichen Sanierputz einwandern können. Sie kristallisieren bereits im Porengrundputz aus, so daß der Sanierputz unbelastet trocknen und aushärten kann. Gleichzeitig dient er als Ausgleichsputz zum Egalisieren größerer Unebenheiten.

– **Sanierputz/Anstrich/Deckputz.** Der Porengrundputz muß eine Standzeit von mind. 7 Tagen je cm Schichtdicke aufweisen, bevor der eigentliche porenhydrophobe Sanierputz aus Werktrockenmörtel in einer Mindestdicke von 15 bis 20 mm aufgetragen werden kann. Je nach Gestaltungswunsch wird die Oberfläche eben abgezogen und gefilzt oder modellierend an den vorhandenen Altputz angepaßt. Wie Bild **8.**18 zeigt, kann auf den Sanierputz wahlweise auch ein etwa 2 bis 5 mm dicker Spachtelputz als glatte streichfähige Oberfläche oder ein mineralischer Leichtputz als Deckputz (Strukturputz) aufgebracht werden. Als Anstriche kommen nur Beschichtungen in Frage, die die günstigen Wasserdampfdiffusionseigenschaften der Putzlagen möglichst wenig behindern. Besonders geeignet sind hydrophobe (wasserabweisende) und diffusionsoffene Silikonharzfarben sowie Dispersions-Silikatfarben. Vgl. hierzu Abschn. 9, Beschichtungen auf Putzgrund. Dispersionsfarben sind in der Regel zu wasserdampfdicht, und reine Silikatfarben besitzen keine Wasserabweisung. Auf einen derartigen Anstrich ist dann immer noch eine zusätzliche hydrophobierende farblose Imprägnierung aufzubringen. Weitere Einzelheiten sind der Spezialliteratur [9], [10], [11] zu entnehmen.

8.18
Schematische Darstellung eines Sanierputzsy-
stems auf einer feuchten und salzbelasteten
Außenwand
1 feuchtes und salzbelastetes Mauerwerk (Altputz
   abgeschlagen, mürbe Fugenmörtel ausgekratzt)
2 warzenförmiger, halbdeckender Spritzbewurf
3 Porengrundputz als Pufferschicht für gelöste
   Salze und als Ausgleichsschicht
4 hydrophober (wasserabweisender) Sanierputz
   aus Werktrockenmörtel mit hoher Porosität und
   Wasserdampfdurchlässigkeit in 15 bis 20 mm
   Schichtdicke
5 Oberfläche des Sanierputzes modellierend an
   den angrenzenden Altputz angepaßt und die
   ganze Fassadenfläche mit einem wasserabweisenden, diffusionsoffenen Anstrich vollflächig
   beschichtet
6 Spachtelputz in 2 bis 5 mm Schichtdicke als
   glatte Oberfläche für Anstrich
7 wasserabweisender, diffusionsoffener Anstrich
8 mineralischer Leichtputz (weiß oder eingefärbt
   und gestrichen) als Deckputz/Strukturputz
9 Wassertransport durch Diffusion und Verdunstung

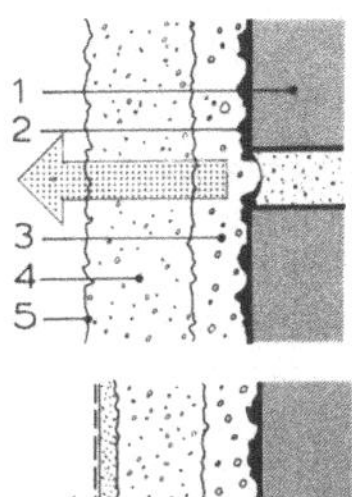
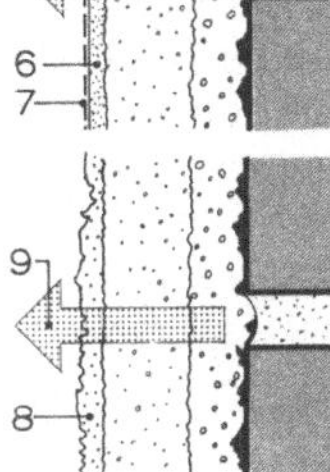

Nach Vorlage Capatect Dämmsysteme GmbH,
Ober-Ramstadt

8.7.5.4   Leichtputze auf wärmedämmenden Wandbaustoffen

Die Forderung nach besserer Wärmedämmung einschaliger Außenwände hat die
Eigenschaften dieser Putzuntergründe im Laufe der letzten Jahre entscheidend verändert. An Stelle des herkömmlichen Mauerwerkes – das im wesentlichen statisch/
lastabtragende Funktionen zu erfüllen hatte und aus relativ festen kleinen Steinen mit
hohem Fugenanteil bestand – treten nunmehr leichtere, wärmedämmende, großformatige Wandbausteine (z. B. Leichthochlochziegel, Bimshohlblocksteine, Porenbetonsteine). Am Beispiel der Weiterentwicklung des Leichthochlochziegels (DIN 105 T 2)
läßt sich der Wandel des Putzgrundes am besten verdeutlichen.

Putzgrund aus Leichtziegel. Die wärmedämmenden Eigenschaften und die damit
zusammenhängende Gewichtsreduzierung werden einmal erreicht durch die Porosie-
rung des Scherbens, zum anderen durch Optimierung des Lochbildes (Luftkammern).
Daraus resultierend können die Steinformate vergrößert (Rationalisierungseffekt) und
somit auch der Fugenanteil verringert werden. Gleichzeitig wurden Leichtmauermörtel
mit Leichtzuschlägen und Luftporenbildnern entwickelt, so daß Festigkeit und Wärmedämmwert des Mörtels in etwa der Steinqualität entsprechen. Mit der Einführung der
mörtelfreien Stoßfuge – in diesem Fall werden Zahnziegel „knirsch" gestoßen, mit
einem tolerierten Zwischenraum von max. 5 mm – ergeben sich für den Putzgrund und
seine Beurteilung jedoch neue Probleme. Es entstehen offene Bereiche, die vom Putz
ohne Haftung zum Grund überbrückt werden müssen.

Auf diese weiterentwickelten wärmedämmenden Wandbausteine wurden zunächst die
herkömmlichen, relativ schweren und starren mineralischen Putze aufgetragen und
dabei häufig gegen die alte Putzregel – nie hart auf weich zu putzen – verstoßen.
Außenwände unterliegen jedoch erheblichen Temperaturbelastungen. Besonders bei
wärmedämmenden Wandbaustoffen führt Sonnenbestrahlung im Außenputz zu hohen
thermischen Beanspruchungen (Wärmestau, Spannungen, Verformungsbestrebun-
gen), die die Festigkeitseigenschaften der herkömmlichen starren Außenputze über-

steigen. Es kommt zu Rissen in der Putzschale und zu Ablösungserscheinungen, die schließlich in Einzelfällen so weit führen, daß sogar die äußere Zone der Mauersteine mit abgezogen/abgesprengt wird. Da leichte wärmedämmende Wandbaustoffe jedoch vermehrt Wasser aufnehmen und nur trockene Wände eine gute Wärmedämmung besitzen, muß der Außenputz gerade diesen Putzgrund dauerhaft und sicher vor Schlagregen und Feuchtigkeit schützen.

Leichtputze. Herkömmliche Außenputze auf wärmedämmenden Wandbaustoffen können diese Anforderungen nur bedingt erfüllen. Daher wurden sog. Leichtputze entwickelt, die zwischenzeitlich in der DIN E 18550 T4 genormt sind. Hierbei handelt es sich um mineralisch gebundene, aus Werktrockenmörtel hergestellte Putze mit begrenzter Rohdichte, die je nach Zusammensetzung außen wie innen eingesetzt werden. Mineralische und organische Leichtzuschläge mit porigem Gefüge sowie Luftporenbildner (konstante Luftporenmenge) sorgen unter anderem für die Reduzierung des Putzgewichtes bzw. der Putzfestigkeit und damit des E-Moduls sowie für eine bessere Verarbeitbarkeit des Putzmörtels (je kleiner der Elastizitätsmodul, desto günstiger das Verformungsverhalten).

Besondere Hinweise: Leichtputze sind jedoch keine Wärmedämmputze, wie sie in Abschn. 8.11.4 erläutert sind, da sie hinsichtlich der Wärmedämmung nur geringe Verbesserung erbringen und ansonsten andere Aufgaben zu erfüllen haben. Ausdrücklich ist auch darauf hinzuweisen, daß einlagige Leichtputze mit Baugips in DIN E 18550 T4 nicht behandelt werden. Einzelheiten s. Abschn. 8.7.6.3.

Der Aufbau eines Putzes richtet sich nach den jeweiligen Anforderungen, die an ihn gestellt werden und nach der Beschaffenheit des Putzgrundes. In der Regel bestehen Leichtputze aus Unterputz (Grundputz) und Oberputz (Dekorputz). Bei diesem Putzsystem müssen die mechanischen und bauphysikalischen Eigenschaften des Unterputzes und des Oberputzes aufeinander abgestimmt sein. Es werden jedoch vermehrt auch universell einsetzbare Leichtputze angeboten, die sowohl als Unter- wie Oberputz eingesetzt werden können.

Tabelle 8.19   Putzsysteme für Außenputze mit Leichtputz nach DIN E 18550 T4

Lfd. Nr.	Anforderung an das Putzsystem	Unterputz Leichtputzmörtel entsprechend Mörtelgruppe	Oberputz Putzmörtel entsprechend Mörtelgruppe
1	wasserabweisend	–	P I c
2		–	P II
3		P II	P I c
4		P II	P II

In Tabelle **8**.19 sind Putzsysteme für Außenputze angegeben, bei denen die Anforderungen an den Putz als erfüllt angesehen werden können. Für Innenputze gelten die Tabellen **8**.8 und **8**.9. Die mittlere Dicke von Putzsystemen muß außen 20 mm, die des Unterputzes soll in der Regel 15 mm betragen. Vgl. hierzu auch Abschn. 8.7.6.3, einlagige Leichtputze mit Baugips für den Innenbereich.

Leichtputze als Unterputz entsprechen, wie Tabelle **8**.19 zeigt, der Mörtelgruppe P II. Sie sollen eine Druckfestigkeit zwischen 2,5 und 5,0 N/mm^2 sowie eine Rohdichte zwischen 0,6 und 1,3 kg/dm^3 aufweisen. Neben Luftporenbildnern und mineralischen Leichtzuschlägen (Bims, Perlit, Blähton usw.) kommt bei einigen Produkten auch noch ein organischer Zuschlag in Form von EPS-Perlen (expand. Polystyrol) hinzu. Derartige Leichtputze mit organischen Zuschlägen dürfen im Außenbereich jedoch nur als Unterputze verwendet werden. Nach DIN 4102 gelten sie als nichtbrennbar (Baustoffklasse A1), sofern der Gesamtgehalt an organischen Anteilen einen Massenanteil von 1,0% nicht überschreitet.

Der Werktrockenmörtel wird mit Wasser angesetzt, innig miteinander vermengt und der Unterputzmörtel – einheitlicher Putzgrund vorausgesetzt – in einem Arbeitsgang aufgetragen. Stark saugendes Mauerwerk muß gegebenenfalls noch vorgenäßt werden. Bei ungleich saugendem Putzgrund (Mischmauerwerk) trägt man den Unterputz vorteilhafterweise in zwei Arbeitsgängen „naß in naß" auf. Dabei wird zunächst eine erste Schicht von etwa 8 bis 10 mm Dicke aufgespritzt. Wird auf schwierigem Putzgrund eine Putzarmierung für erforderlich gehalten, so ist diese anschließend in den Mörtel einzubetten. Nach dem ersten Ansteifen des Mörtels wird die weitere Putzschicht bis zur erforderlichen Unterputzdicke aufgebracht. Ein Spritzbewurf auf porosierten Leichtziegeln ist in der Regel nicht erforderlich, da er die Rißbildung nach Aussage verschiedener Untersuchungen weder positiv noch negativ beeinflußt. Vgl. hierzu Abschn. 8.7.1, Spritzbewurf. Vor dem Auftragen des Oberputzes muß für den Unterputz eine Mindeststandzeit von 1 Tag je mm Putzdicke eingehalten werden.

Oberputze auf Leichtputz entsprechen gemäß Tabelle **8**.19 den Mörtelgruppen P II oder P I c, wobei die Druckfestigkeit von P II 2,5 N/mm^2 nicht unterschreiten darf und in der Regel 5,0 N/mm^2 nicht überschreiten soll. Entsprechend des Festigkeitsgefälles darf der Oberputz auf keinen Fall fester als der Unterputz sein. Außerdem muß das Putzsystem durch Hydrophobierung dauerhaft wasserabweisend sein und gleichzeitig eine hohe Wasserdampfdurchlässigkeit aufweisen. Dementsprechend darf auf Leichtputzen (Unterputz) im Außenbereich kein organischer Oberputz (Kunstharzputz) aufgebracht werden. Weitere Einzelheiten sind dem Merkblatt [12], das Mörtelindustrie und Ziegelhersteller gemeinsam erarbeitet haben, zu entnehmen.

8.7.5.5 Edelputze

Früher wurden die Putzmörtel von den Verarbeitern auf der Baustelle selbst zusammengesetzt und aufbereitet. Bereits vor nahezu 100 Jahren begann man jedoch damit, fertige Trockenmischungen an die Baustelle zu liefern, um daraus sog. „Edelputze" (eine Bezeichnung der Werkmörtelindustrie) herzustellen. Mit der fabrikmäßigen Fertigung wurde es möglich, Körnungen (und damit Strukturen) sowie Farbgebung für Putzflächen schon vor der Verarbeitung festzulegen. Unter Berücksichtigung veränderter Umweltbedingungen und nicht zuletzt im Hinblick auf die modernen leichten Wandbaustoffe sind diese Produkte im Laufe der Jahre weiter verbessert worden, so daß sich die Werkmörtel – vor allem lagerfähige Werktrockenmörtel – heute allgemein durchgesetzt haben. Vgl. Abschn. 8.4.1.2, Zubereitung und Lieferform der Putzmörtel.

Edelputz ist ein Wertbegriff für weiße und farbige mineralische Werktrockenmörtel zur Herstellung von O b e r p u t z e n für außen und innen gemäß DIN 18 550. Edelputze sind witterungsbeständig, dauerhaft wasserabweisend und gleichzeitig wasserdampfdurchlässig sowie in Farbe und Oberflächenstruktur vielfältig gestaltet. Die Mörtel sind lieferbar für die verschiedensten Putzweisen; als besonders günstige Oberflächenstruktur wird die Kratzputztechnik angesehen. Edelputze eignen sich auch als Oberputz auf Leichtunterputz, EPS-Wärmedämmputz sowie auf Wärmedämm-Verbundsystemen. Weitere Einzelheiten sind den Informationsbroschüren [13] der Deutschen Mörtelindustrie zu entnehmen.

8.7.6 Mineralisch gebundene Innenputze

Auch an den Innenputz werden ganz bestimmte Anforderungen gestellt. Neben seiner Bedeutung für die Innenraumgestaltung hat er sowohl bauphysikalische Aufgaben als auch mechanische Anforderungen zu erfüllen. Für die Auswahl des Innenputzes sind – ähnlich wie beim Außenputz – seine örtliche Lage im Bauwerk (z. B. als Wand- oder Deckenputz), die daraus erwachsenden Anforderungen (z. B. Stoß- und Abriebfestigkeit) sowie die Beschaffenheit des jeweiligen Putzgrundes von Bedeutung. Auch beim

Innenputz müssen gemäß DIN 18550 T1 die an einen Putz zu stellenden Anforderungen grundsätzlich vom Gesamtsystem – d. h. von allen Schichten einer Wand, wie zum Beispiel Putzgrund, Putzlagen und ggf. sonstigen Beschichtungen – zusammen dauerhaft erfüllt werden. **Bewährte Putzsysteme** sind zusammengestellt in

— Tabelle 8.8 für Innenwandputze

— Tabelle 8.9 für Innendeckenputze.

8.7.6.1   Innenputze, die allgemeinen Anforderungen genügen

Auf die allgemeinen Anforderungen, wie gute Haftung der Putzlagen untereinander und am Putzgrund, gleichmäßiges Gefüge, Festigkeit, Brandverhalten, Wasserdampfdurchlässigkeit – die jede Putzart erfüllen muß – wurde bereits in Abschn. 8.1 hingewiesen. Innenputze eignen sich insbesondere zur Herstellung ebener und fluchtgerechter Wand- und Deckenflächen, die gegebenenfalls noch mit Anstrichen, Tapeten oder Kunstharzputzen beschichtet werden können und dann eine bestimmte Mindestdruckfestigkeit sowie ein entsprechendes Haftvermögen aufweisen müssen. Verputzte Innenflächen von bewohnten Räumen sollten außerdem die Fähigkeit besitzen, Wasserdampf (Luftfeuchte) aufnehmen, zu speichern und zur gegebenen Zeit langsam an trockene Raumluft wieder abgeben zu können (klimaregulierende Wirkung). Innenputze sind deshalb mindestens 10 mm dick vorzusehen. Einzelheiten hierzu s. Abschn. 8.5, Putzaufbau und Putzdicke. Auch beim Innenputz gilt die Regel, daß die Festigkeit des Putzes vom Putzgrund zur Putzoberfläche hin abnehmen soll (Festigkeitsgefälle). Dies gilt auch für die in den Abschnitten 8.7.5.4 und 8.7.6.3 näher beschriebenen **Leichtputze für den Innenbereich.**

— **Innenputze für nur geringe Beanspruchungen,** an die keine Festigkeitsanforderungen gestellt werden (Mörtelgruppe P I a, P I b und P IV d), zeigen die Tabellen **8.8** und **8.9**, jeweils Zeilen 1 bis 4.

— **Innenputze für übliche Beanspruchungen,** an die beispielsweise Anforderungen als Träger von Anstrichen, Tapeten oder Kunstharzputzen gestellt werden, müssen eine Mindestdruckfestigkeit von 1,0 N/mm^2 aufweisen. Ein Nachweis ist nicht erforderlich, wenn Putze nach Tabelle **8.8** (Zeilen 5 bis 15) und Tabelle **8.9** (Zeilen 5 bis 13) gewählt werden.

8.7.6.2   Innenputze, die zusätzlichen Anforderungen genügen

An Innenputze können eine ganze Reihe weiterer Anforderungen gestellt werden. DIN 18550 T1 nennt im einzelnen:

— **Innenwandputze mit erhöhter Abriebfestigkeit.** Innenwandflächen, die mechanischer Beanspruchung ausgesetzt sind (z. B. in Treppenhäusern, in Fluren von öffentlichen Gebäuden und Schulen), erfordern Putze mit einer Mindestdruckfestigkeit von 2,0 N/mm^2 sowie Putzoberflächen erhöhter Abriebfestigkeit. Die Anforderungen an eine erhöhte Abriebfestigkeit werden von Putzsystemen nach Tabelle **8.8** (Zeilen 7 bis 15), mit Ausnahme von Mörtelgruppe P I als Oberputz, erfüllt.

— **Innenwand- und Innendeckenputze für Feuchträume.** Derartige Innenputze müssen gegen langzeitig einwirkende Feuchtigkeit beständig sein. Feuchtraumbeständige Putzsysteme sind den Tabellen **8.8** und **8.9** zu entnehmen. Putzsysteme, die Bindemittel nach DIN 1168 T1 (Baugipse) und DIN 4208 (Anhydritbinder) beinhalten, scheiden für diese Putzanwendung aus. Für Räume mit üblicher Luftfeuchte – einschließlich der häuslichen Küchen und Bäder – sind derartige Gipsputze jedoch geeignet.

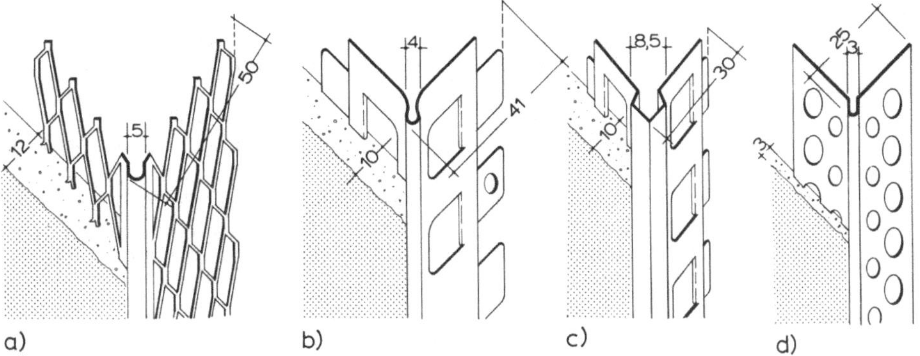

a)   b)   c)   d)

8.20   Putzeckprofile für den Innenputz

a) Profil mit besonders schmaler Kopfform
b) Profil für Kunstharzputz geeignet
c) Profil in scharfkantiger Ausführung
d) Profil für Dünnbeschichtung auf Gasbeton

Protektorwerk, Gaggenau

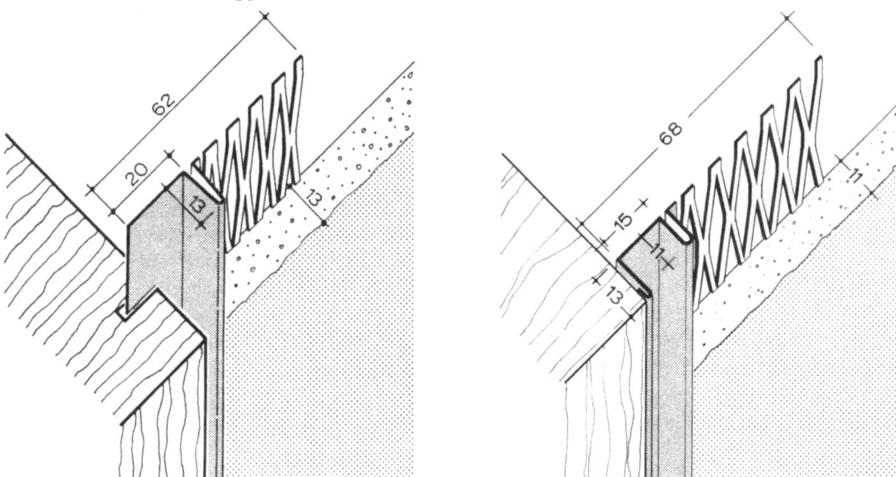

8.21   Putzanschlußprofile für den Innenputz. Zur Herstellung von Schattenfugen, beispielsweise zwischen Putzflächen und Holztürzargen oder anderen Bauteilen

Protektorwerk, Gaggenau

8.7.6.3 Innenputze mit Gips

Putze mit Gips eignen sich als Wand- und Deckenputz für Innenräume, die keiner langzeitig einwirkenden Feuchtigkeit ausgesetzt sind. Nach DIN 18550 T 2 werden sie der Mörtelgruppe P IV zugeordnet und die verschiedenen Mörtelarten in Tabelle **8.**4 (Zeilen 10 bis 13) näher beschrieben. Die Mörtelart ist im wesentlichen nach den zu erwartenden Beanspruchungen des Putzes und der Beschaffenheit des Putzgrundes auszuwählen. Einzelheiten über die im Bauwesen verwendeten Gipssorten und ihre Einsatzbereiche sind den Abschnitten 8.3.1 und 8.4.1, bewährte Putzsysteme den Tabellen **8.**8 und **8.**9 zu entnehmen.

Gipsputze weisen folgende Vorteile auf: Festigkeit und Härte (einstellbar durch geeignete Gipssorten bzw. Sand- und Kalkbeimischungen), gute Haftfestigkeit (als Deckenputz, bei Rabitzarbeiten usw.), klimaregulierende Wirkung (Puffer bei Feuchtigkeitsspitzen vor allem in häuslichen Küchen und Bädern), anpaßbare Versteifungszeit (wichtig beim Einsatz von Putzmaschinen), kurzer Abbindevorgang (keine langanhaltende Baufeuchtigkeit), geeignet zur Herstellung von Flächen, an deren Glätte und Formbeständigkeit hohe Anforderungen gestellt werden, idealer Baustoff für feuerhemmend oder feuerbeständig auszubildende Konstruktionen (im Brandfalle bzw. bei Hitzeeinwirkung entsteht ein schützender Dampfschleier durch entweichendes Kristallwasser).

— **Einlagige Gipsputze** werden aus Maschinenputzgips, Haftputzgips und Fertigputzgips hergestellt, die verarbeitungsfähig als Werktrockenmörtel geliefert und denen an der Baustelle nur noch das erforderliche Wasser richtig dosiert zugesetzt wird. Mögliche Schäden, wie sie beim Mehrlagen-Putz durch falschen Putzaufbau auftreten können, sind beim einlagigen Gipsputz von vornherein ausgeschlossen. Im Hinblick auf die Haftung ist zwischen putzfreundlichen Untergründen (z. B. Ziegel-, Kalksandstein-, Hohlblockmauerwerk, saugendem Beton) sowie schwierigen Putzgründen (z. B. schwach saugendem, glattem Beton) zu unterscheiden. Auf diese Gegebenheiten ist die Wahl der Gipssorten und die Vorbehandlungsart des Putzgrundes (z. B. Grundiermittel bei stark saugendem Grund, Haftbrücken auf dichten Betonflächen) abzustimmen. Bei einlagigen Innenputzen beträgt die mittlere Putzdicke 10 mm. Putze aus Maschinenputzgips, Haftputzgips und Fertigputzgips sind der Mörtelgruppe P IV a zugeordnet.

— **Leichtputze mit Baugips** wurden entwickelt, um neuzeitliches Mauerwerk aus porosierten Steinen, Betondecken sowie stark unterschiedlich saugende Putzgründe problemlos und rationell verputzen zu können. Damit hat der Handwerker die Möglichkeit, sowohl leichte wie schwere Baustoffe in Schichtdicken bis zu 25 mm in einem Arbeitsgang zu verputzen. Zum Vergleich: Um einen derart dicken Putzauftrag mit herkömmlichen schweren Putzen herstellen zu können, mußten seither jeweils mehrere, in ihrer Festigkeit genau aufeinander abgestimmte Putzlagen in mehreren Arbeitsgängen – unter Beachtung notwendiger Wartezeiten – aufgebracht werden.

Wie in Abschnitt 8.7.5.4, Leichtputze auf wärmedämmenden Wandbaustoffen, bereits erwähnt, werden Leichtputze mit Baugips in der DIN E 18550 T4 nicht behandelt. Daher sind folgende Hinweise besonders zu beachten:

— Gips-Leichtputze sind nur im Innenbereich auszuführen.

— Gips-Leichtputze sind stets einlagig herzustellen.

— Die Dicke der Gips-Leichtputze soll 10 mm nicht unterschreiten.

— **Mehrlagige Putze mit Gips.** Bei der Ausführung mehrlagiger Putze mit Gips ist durch die Wahl entsprechender Mörtel bzw. Mischungsverhältnisse gemäß Tabelle **8.4** (Zeilen 10 bis 13) dafür zu sorgen, daß der Unterputz zumindest die gleiche Festigkeit wie der Oberputz erreicht. In Gipskalk- und Kalkgipsputzen nimmt die Festigkeit mit steigendem Gipsgehalt des Mörtels zu. Wird der Oberputz unter Verwendung von Gips hergestellt, sollte auch beim Unterputz Gips verwendet werden. Um für den weiteren Putzauftrag eine genügend rauhe Oberfläche zu erhalten, ist die Oberfläche der ersten Gipsputzlage in noch weichem Zustand mit dem Putzkamm aufzukämmen und erst nach dem Erhärten die zweite Lage aufzutragen. Die Dicke der mehrlagig verarbeiteten, gipshaltigen Putze beträgt im Mittel etwa 15 mm. Weitere Einzelheiten sind der Spezialliteratur [2], [14] zu entnehmen.

8.7.6.4   Innenputze mit Kalk

Putze mit Kalk eignen sich als Wand- und Deckenputze für nahezu alle Innenräume. Nach DIN 18550 T2 werden sie im wesentlichen den Mörtelgruppen P I und P II zugeordnet und die verschiedenen Mörtelarten in Tabelle **8.4** (Zeilen 1 bis 7) näher beschrieben. Die Mörtelart ist nach den zu erwartenden Beanspruchungen des Putzes und der Beschaffenheit des Putzgrundes auszuwählen. Einzelheiten über die im Bauwesen verwendeten Kalksorten und ihre Einsatzbereiche sind den Abschnitten 8.3.1 und 8.4.1, bewährte Putzsysteme den Tabellen **8.8** und **8.9** zu entnehmen. Auf die in Abschn. 8.7.5.4 erläuterten Leichtputze für den Innenbereich wird besonders hingewiesen.

Da die Mörtel aus Luftkalken und Wasserkalken überwiegend dadurch erhärten, daß sie Kohlendioxid aus der Luft aufnehmen (Karbonaterhärtung), andererseits für den Verlauf dieser Reaktion auch Feuchtigkeit benötigen (ein völlig trockener Luftkalkmörtel kann nicht erhärten), ist dafür Sorge zu tragen, daß die für die Erhärtung des Innenputzes erforderliche Mindestfeuchtigkeit durch Nachnässen erhalten bleibt und gleichzeitig eine gute Raumlüftung gewährleistet ist. Damit dieser Abbindevorgang nicht verhindert wird (Folge: Festigkeitseinbuße), dürfen auch die Putze – vor allem die Luftkalkputze der Mörtelgruppe P I – nicht zu früh durch schnell härtende Oberputze o. ä. abgedeckt werden. Die Erhärtung des Unterputzes muß vorher weitgehend abgeschlossen sein. Vielfach wird darauf auch eine gipsreiche Feinputzschicht aufgebracht, um eine möglichst glatte Oberfläche zu erreichen. Dieser Putzaufbau muß jedoch zu Schäden führen, weil gegen eine der wichtigsten Putzregeln, wonach der Oberputz nicht härter als der Unterputz sein darf (Festigkeitsgefälle), verstoßen wird.

8.7.6.5   Innenputze auf Betonflächen

Zum Verputzen von Wand- und Deckenflächen aus Beton haben sich vor allem Kalkzement und Kalkgipsputze sowie Gipsputze bewährt. Vor Beginn der Putzarbeiten ist zunächst die Beschaffenheit des Putzgrundes sorgfältig zu prüfen. Dabei sind durch Ansehen sowie Wisch-, Kratz- und Benetzungsproben vor allem der Feuchtigkeitsgehalt, die Saugfähigkeit, die Festigkeit, die Sauberkeit und die Ebenheit der zu verputzenden Oberfläche zu kontrollieren. Staub, lose Bestandteile, anhaftende Sinterhaut, Mörtelspritzer usw. müssen durch Abkehren, Bürsten oder Sandstrahlen; Schalungstrennmittelrückstände durch Lösungsmittel beseitigt werden. Junger und nasser Beton kann nicht verputzt werden, da die Verformungen noch nicht genügend abgeklungen sind und Betonflächen ausreichend saugfähig sein müssen. Eine ausreichende Trockenheit muß daher vor Putzbeginn in jedem Fall abgewartet werden. Alle nicht putzbaren Bauteile (Holz-, Stahl-, Kunststoffteile) sind mit einem Putzträger, wie in Abschn. 8.7.2 erläutert, zu überspannen und alle Stahlteile dauerhaft gegen Rost zu schützen.

– **Kalkzement- bzw. Kalkgipsputze auf Betonflächen.** Flächen aus Ortbeton, vor allem aber von Betonfertigteilen, weisen häufig eine sehr dichte und glatte Oberfläche auf. Als Putzgrundvorbereitung wird daher in herkömmlicher Weise ein Spritzbewurf mit grober Sandkörnung aufgebracht. Dieser hat die Aufgabe, die Haftfläche und die Verzahnungsmöglichkeiten des Putzes mit dem Untergrund zu vergrößern. Wie in Abschn. 8.7.1 näher beschrieben, ist hierfür in der Regel Mörtel der Mörtelgruppe P III zu verwenden. Auf den Spritzbewurf darf jedoch erst geputzt werden, wenn dieser ausreichend erhärtet ist. Im Hinblick auf den damit verbundenen Aufwand und die notwendige Wartezeit kann anstelle des Spritzbewurfes auch eine sog. Haftbrücke flüssig aufgetragen werden, die im wesentlichen ein Gemisch aus

Kunststoffdispersion und Quarzsand darstellt. Auf einen derart vorbereiteten Untergrund werden dann entweder in herkömmlicher Weise mehrlagig aufgebaute Kalkzement- bzw. Kalkgipsputze oder neu entwickelte einlagige Leichtputze aus Werktrockenmörtel aufgebracht. S. hierzu auch Abschn. 8.7.5.4.

— **Gipsputze auf Betonflächen.** Zum Verputzen von Wand- und vor allem Deckenflächen aus Beton haben sich Gipsputze, insbesondere werkseitig verarbeitungsfähig gelieferte Maschinenputzgipse und Haftputzgipse bestens bewährt. S. hierzu Abschn. 8.7.1, Baugipse. Bedingt durch den Wandel der Putztechnik während der letzten Jahrzehnte werden diese Gipsputze unmittelbar einlagig, im Mittel etwa 10 mm dick, nach Herstellerangabe maschinell aufgetragen. Geeignet sind auch Leichtputze mit Gips, wie sie in Abschn. 8.7.6.3 genannt sind. Auf dichte, glatte Betonfertigteile und Betondachdecken ist immer eine Haftbrücke aus Kunststoffdispersionen aufzutragen, stark saugender Untergrund mit Grundiermittel vorzubehandeln. Sind Bewegungen beispielsweise zwischen Betondachdecken und angrenzenden Wänden zu erwarten, so ist der Deckenputz durch entsprechende Putzprofile oder Kellenschnitte (Fugenschnitt) abzutrennen. Muß ausnahmsweise zweilagig geputzt werden, so ist die Oberfläche der ersten Gipsputzlage in noch weichem Zustand aufzurauhen (Putzkamm) und erst nach dem Erhärten die zweite Lage aufzutragen. Weitere Einzelheiten sind der Spezialliteratur [15] zu entnehmen.

8.7.6.6 Innenputze für Drahtputzdecken (Rabitzdecken)

Hängende Drahtputzdecken nach DIN 4121 sind ebene oder anders geformte Unterdecken, die an tragenden Bauteilen befestigt werden. Sie bestehen in der Regel aus Abhängern, der Unterkonstruktion, dem Putzträger und dem Putz (Bild **8**.24). Drahtputzdecken besitzen keine wesentliche Tragfähigkeit und dürfen daher weder betreten noch belastet werden. Ihre Konstruktion entspricht der herkömmlichen Bauweise.

— **Abhänger.** Als Abhänger eignen sich nach der Norm Rundstähle von mind. 5 mm Durchmesser oder andere Spezialabhänger mit gleicher Zugfestigkeit. Die Anzahl der Abhänger je m^2 und deren Abstand richtet sich im wesentlichen nach der Art der Unterkonstruktion, insbesondere nach deren Tragfähigkeit und Verformbarkeit. Es sind jedoch mind. 3 Abhänger je m^2 in möglichst gleichen Abständen anzuordnen und normgerecht an den tragenden Bauteilen zu befestigen. Einzelheiten über die Befestigungsart der Abhänger an den verschiedenen Deckenarten sind DIN 4121 zu entnehmen. So sollten bereits bei der Herstellung von Stahlbetondecken geeignete Vorrichtungen für das Anbringen der Abhänger vorgesehen werden (z. B. einbetonierte Ankerschienen). Beim nachträglichen Einsetzen von Metalldübeln ist für die zulässige Belastung von den Angaben der Dübelhersteller auszugehen. Alle Dübel, die für tragende Konstruktionen eingesetzt werden, müssen entweder eine allgemeine bauaufsichtliche Zulassung (Institut für Bautechnik, Berlin) oder eine Zustimmung im Einzelfall (amtliche Prüfanstalt) aufweisen. An Deckenholzbalken sind die Abhänger vorzugsweise mit Schrauben an den Seitenflächen der Balken zu befestigen, an Walzstahlprofilen durch Anbringen von Schellen aus Flachstahl. Alle Metallteile müssen – vor allem in Räumen mit hoher Luftfeuchtigkeit – ausreichend gegen Korrosion geschützt sein. Weitere Einzelheiten hierzu s. Abschn. 12.4.1 in Teil 1 dieses Werkes.

— **Unterkonstruktion.** Die Unterkonstruktion (Tragkonstruktion) in herkömmlicher Bauweise besteht aus Tragstäben (Rundstahl $\geq \varnothing\,7$ mm) und darüber kreuzweise aufgelegten Querstäben $\geq \varnothing\,5$ mm. Die Sicherung an den Kreuzungspunkten erfolgt durch einen Drahtbund aus verzinktem Draht. Auf die Querstäbe kann verzichtet werden, wenn ein Metallputzträger mit größerer Eigensteifigkeit verwendet wird, so daß die Putzdecke zwischen den Tragstäben nicht durchhängen kann. Eine zeitgemäßere Konstruktion zeigt Bild **8**.22. Diese Putzträgerdecke besteht aus Rippenstreckmetall, T-förmigen Tragschienen und Noniusabhängern.

Hängende Drahtputzdecken sind gegen seitliches Verschieben zu sichern, indem die Tragkonstruktion fest mit den angrenzenden Wänden verbunden wird. Die Decken sind jedoch freischwebend auszubilden und eine ringsumlaufende Trennfuge von mind. 8 mm vorzusehen, wenn sie unter Flachdachdecken eingebaut (ruhendes Luftpolster ergäbe Taupunktverschiebung), starke Temperaturschwankungen (z. B. Deckenstrahlungsheizungen) oder Erschütterungen zu erwarten sind und der Putz aus Mörtel der Mörtelgruppe P II besteht.

- **Metallputzträger.** Geeignete Metallputzträger zur Herstellung von Drahtputzdecken – wie beispielsweise Rippenstreckmetall, Drahtgitter mit hinterlegter Absorptionspappe sowie Ziegeldrahtgewebe –
  sind in Abschn. 8.7.2 im einzelnen erläutert und in den Bildern **8.**14 und **8.**16 dargestellt. Sie sind straff
  zu spannen und sorgfältig an der Unterkonstruktion zu befestigen. Werden Anforderungen an den
  Brandschutz gestellt, so sind die Stöße der Tafeln in jedem Fall etwa 100 mm zu überlappen und die
  einzelnen Putzträgerbahnen durch Verrödelung mit Draht zu verbinden. Vgl. hierzu auch Abschn. 8.9,
  Brandschutztechnisch wirksame Putzbekleidungen.
- **Putz auf Putzträger.** Der Metallputzträger ist mit geeignetem Mörtel nach DIN 18 550, Mörtelgruppe
  P II oder P IV auszudrücken, so daß auf der Sichtseite der Putz den Putzträger mind. 15 mm überdeckt.
  Die fertige Putzdecke soll einschließlich des eingebetteten Putzträgers mind. 25 mm und nicht mehr
  als 50 mm dick sein. Bei Decken aus Mörtel der Mörtelgruppe P II sind außerdem in Abständen von
  etwa 5 m Bewegungsfugen vorzusehen, die bei Putzen aus Mörteln der Mörtelgruppe P IV entfallen.
  Die Wandanschlüsse sind so auszuführen, daß der Deckenputz vom Wandputz entweder durch Schnitt-
  fuge oder Putzprofil getrennt ist.

Da bei der Herstellung von herkömmlichen Drahtputzdecken hohe Lohnkostenanteile
anfallen und relativ viel Feuchtigkeit in den Bau gebracht wird (Bauverzögerung),
werden ebene oder gewölbeartig ausgebildete fugenlose Unterdecken heute vorwiegend in T r o c k e n b a u w e i s e aus Gipskarton-Bauplatten bzw. Gipskarton-Putzträgerplatten hergestellt. In diesem Zusammenhang ist auf die in Abschn. 12 in Teil 1 dieses
Werkes behandelten „Leichten Deckenbekleidungen und Unterdecken" (DIN 18 168)
besonders hinzuweisen.

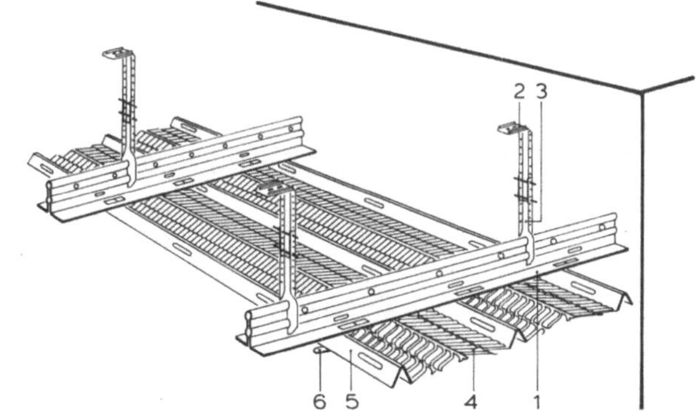

8.22
Putzträgerdecke aus Rippenstreckmetall und verzinkter Metallunter-
konstruktion aus T-förmigen Tragschienen mit angestanzten, zunächst senkrecht nach unten
stehenden Laschen. Bei der Montage werden die Streckmetalltafeln
von unten so zwischen die Laschen
geschoben, daß diese von beiden
Seiten um die Randrippen gebogen
werden können. Vgl. hierzu auch
Bild **8.**14.

1 T-förmige Tragschiene
2 Noniusabhänger
3 Justierstab
4 Rippenstreckmetall (Grätenfeld)
5 Randrippe mit Lochung
6 umgebogene Lasche

8.7.6.7   Innenputze für Holzbalkendecken

Bei verputzten Deckenbekleidungen ist die Unterkonstruktion unmittelbar an den tragenden Holzbalken verankert; bei Unterdecken wird die Unterkonstruktion abgehängt.

U n m i t t e l b a r   a n   D e c k e n h o l z b a l k e n   angebrachte Putzträgertafeln sind so zu
befestigen, daß sich die Holzbalken oberhalb des Putzträgers frei bewegen können,
ohne daß dadurch Schäden an der Putzschale auftreten. Werden Anforderungen an
den Schallschutz gestellt, sind nach DIN 4109 T3 Balken und Deckenbekleidung
zu trennen, d. h. zwischen Holzbalken und Putzträger noch zusätzliche Längs- bzw.
Querleisten (geringere Berührungsfläche) oder Federbügel mit unterlegten Dämmstrei-
fen anzubringen. Vgl. hierzu Bild **10.**10 in Teil 1 dieses Werkes. Brandschutztechnisch

wirksame Putzbekleidungen sind in Abschn. 8.9 erläutert; Einzelheiten über die in Frage kommenden Putzträger – wie beispielsweise Rippenstreckmetall, Ziegeldrahtgewebe, Rohrmatten – sind Abschn. 8.7.2 zu entnehmen.

Die Konstruktion der abgehängten Unterdecke aus Putz entspricht in herkömmlicher Bauweise weitgehend dem zuvor beschriebenen Aufbau der „Hängenden Drahtputzdecken" (DIN 4121). Eine zeitgemäßere Konstruktion zeigt Bild **8**.22. Fugenlose Deckenbekleidungen und Unterdecken an Holzbalkendecken werden heute jedoch vorwiegend in Trockenbauweise aus Gipskarton-Bauplatten bzw. Gipskarton-Putzträgerplatten hergestellt. Einzelheiten hierzu siehe Abschn. 12.6.3 in Teil 1 dieses Werkes.

8.8 Putze mit organischen Bindemitteln: Kunstharzputze als Außen- und Innenputz

Kunstharzputze sind nach DIN 18558 Beschichtungen mit putzartigem Aussehen. Für ihre Herstellung werden Beschichtungsstoffe aus **organischen** Bindemitteln, mineralischen Zuschlägen, Pigmenten und eigenschaftsverbessernden Zusätzen verwendet. Als Bindemittel kommen Polymerisatharze in Form von Dispersionen oder Lösungen in Frage, als Zuschlag Sande in den Korngrößen von 0,2 bis 4 (15) mm. Die Beschichtungsstoffe werden im Werk hergestellt und als pastöse Masse verarbeitungsfertig geliefert. Mit Ausnahme geringer Zugaben von Verdünnungsmitteln (Wasser oder organische Lösemittel) zur Regulierung der Konsistenz sind weitere Veränderungen der Beschichtungsstoffe unzulässig. Kunstharzputze erfordern immer einen vorherigen Grundanstrich. Je nach Anwendungsbereich und Bindemittelanteil unterscheidet man 2 Beschichtungsstoff-Typen

— **P Org 1 – für Kunstharzputz als Außen- und Innenputz**

— **P Org 2 – für Kunstharzputz als Innenputz.**[1])

Die Trocknung der Kunstharzputze erfolgt nicht, wie bei den meisten mineralischen Putzen durch chemische Reaktionen (Ausnahme Gipsputze), sondern rein physikalisch durch Verdunstung des enthaltenen Wassers bzw. Lösungsmittels. Dabei tritt eine immer engere Aneinanderlagerung, d. h. dauerhafte Verklebung der Kunstharzteile mit den Mineralien und dem Untergrund ein. Die Folge ist eine Art Verschweißung zu einer festen, wasserunlöslichen und wasserabweisenden Schicht, die jedoch ausreichend wasserdampfdurchlässig bleibt (keine geschlossene Filmbildung). Es entstehen zähelastische, rissefreie Oberflächen, die sich unter anderem durch eine äußerst geringe Wasseraufnahme bei Schlagregen (Regendichtigkeit) und damit Frostunempfindlichkeit sowie erhöhte Abriebfestigkeit im Innenbereich auszeichnen.

Kunstharzputze werden nur als **oberste Lage** (Oberputz) verwendet. Die an einen Putz zu stellenden Anforderungen sind jedoch von dem jeweiligen Putzsystem in seiner Gesamtheit zu erfüllen, in dem Kunstharzputz als Oberputz verwendet wird. Bewährte Putzsysteme für verschiedene Anwendungsbereiche sind zusammengestellt in

— **Tabelle 8.6 und 8.7 für Außenwand- und Außendeckenputze**

— **Tabelle 8.8 und 8.9 für Innenwand- und Innendeckenputze.**

---

[1]) **Kunstharzputz,** das ist die fertig getrocknete und erhärtete Beschichtung.
Beschichtungsstoff, das ist die pastöse Masse im Gebinde, die aufgezogen und strukturiert wird, und aus der nach Trocknung der Kunstharzputz entsteht [16].

Bei Anwendung dieser Systeme sowie sach- und fachgerechter Ausführung können die genannten Anforderungen an den Putz ohne weiteren Nachweis als erfüllt angesehen werden. Wie die Tabellen verdeutlichen, werden an den Kunstharzputz P Org 1 wesentlich höhere Anforderungen gestellt als an den Typ P Org 2, der nur für den Innenbereich gedacht ist.

Anforderungen an den Kunstharzputz

Neben den allgemeinen Anforderungen (DIN 18550 T 1), die an jeden Putz zu stellen sind – wie gleichmäßige gute Haftung der Putzlagen untereinander und am Putzgrund – treten bei organisch gebundenen Putzen im Vergleich mit den Mineralputzen andere Eigenschaften deutlicher in den Vordergrund. Im einzelnen sind zu nennen:

— **Wasserdampfdurchlässigkeit.** Da diese bei kunstharzgebundenen Außenputzen wesentlich geringer sein kann als bei mineralisch gebundenen Putzen, mußte in DIN 18550 T 1 ein Grenzwert festgelegt werden, um unzulässige Feuchtigkeitserhöhungen in der Wand infolge innerer Kondensation zu vermeiden. Bei Außenputzen darf demnach die diffusionsäquivalente Luftschichtdicke s_d (Wasserdampfdurchlaßwiderstand) bei keiner Putzlage den Wert von 2,0 m überschreiten. Im Gegensatz zu den mineralisch gebundenen Putzen, die diese Anforderungen erfahrungsgemäß erfüllen, ist für Kunstharzputze der Nachweis vom Hersteller des Beschichtungsstoffes zu führen.

  Der im Einzelfall tatsächlich gegebene Wasserdampf-Diffusionswiderstand bestimmt sich einmal aus der materialspezifischen Diffusionswiderstandszahl μ (gespr. mü), zum anderen – und das wird häufig vernachlässigt – von der von Fall zu Fall sich verändernden Schichtdicke. Erst beide Werte zusammen multipliziert ($\mu \cdot s$ in m) ergeben die in der Norm angegebene diffusionsäquivalente Luftschichtdicke s_d und damit in der Praxis vergleichbare Resultate (amtliche Prüfzeugnisse anfordern). Grundsätzlich gilt, daß der Diffusionswiderstand der Außenwandbeschichtung nicht höher liegen darf als der der anderen verwendeten Wandbaustoffe. Daraus ergibt sich die

  Regel: Der Diffusionswiderstand $\mu \cdot s$ der einzelnen Schichten sollte von innen nach außen **abnehmen,** der Wärmedurchlaßwiderstand s/λ der Schichten von innen nach außen dagegen **zunehmen.**

— **Witterungsbeständigkeit.** Kunstharz-Außenputz muß witterungsbeständig und frostbeständig sein, d. h. insbesondere der Einwirkung von Feuchtigkeit und/oder wechselnden Temperaturen widerstehen. Als witterungsbeständig ohne besonderen Nachweis gelten Putzsysteme mit Kunstharzputz P Org 1, wenn sie entsprechend Tabelle **8.6** und **8.7** aufgebaut sind. Bei Kunstharzputzen für Außensockel im Bereich oberhalb der Anschüttung gelten die Anforderungen an die Witterungsbeständigkeit dann als erfüllt, wenn sie auf Beton oder auf einen mineralischen Unterputz der Mörtelgruppe P III aufgetragen sind.

— **Regenschutz.** Kunstharzputze für Außenflächen müssen bezüglich des Regenschutzes wasserabweisend sein und wie die mineralischen Außenputze folgende Anforderungen erfüllen (Einzelheiten hierzu s. Abschn. 8.7.5.2):

$$w \cdot s_d \leqq 0,2 \ \mathrm{kg/m\,h^{0,5}}$$
$$w \qquad \leqq 0,5 \ \mathrm{kg/m^2\,h^{0,5}}$$
$$s_d \qquad \leqq 2,0 \ \mathrm{m.}$$

— **Festigkeit.** Bei Kunstharz-Außenputzen gelten die Anforderungen an Putze mit erhöhter Festigkeit als erfüllt, wenn als Untergrund Beton mit geschlossenem Gefüge oder mineralischer Unterputz der Mörtelgruppe P II oder P III vorliegt. Die entsprechenden Angaben sind Tabelle **8.6** zu entnehmen.

— **Innenputz.** Die Anforderungen an Innenputze für übliche Beanspruchung gelten als erfüllt, wenn Putzssysteme nach Tabelle **8.8** und **8.9** verwendet werden. In

Feuchträumen dürfen nur Beschichtungsstoffe des Typs P Org 1 auf Beton oder Unterputzen der Mörtelgruppen P II und P III eingesetzt werden. Sofern Anforderungen hinsichtlich einer erhöhten Abriebfestigkeit gestellt werden, gelten sie als erfüllt, wenn Kunstharzputz als Oberputz verwendet wird.

— **Brandschutz.** Kunstharzputze mit ausschließlich mineralischen Zuschlägen auf massivem mineralischem Untergrund müssen hinsichtlich des Brandschutzes mindestens der Baustoffklasse B 1 (schwerentflammbar) nach DIN 4102 T 1 entsprechen. Für Kunstharzputze mit anderen Zuschlägen oder auf anderen Untergründen ist das Brandverhalten nach DIN 4102 T 1 jeweils nachzuweisen.

Anwendung und Ausführung von Kunstharzputzen

Kunstharzputze – aus relativ hochwertigen Rohstoffen hergestellt – sind nicht zum Ausgleich grober Wand- und Deckenunebenheiten gedacht. Vielmehr werden sie in den meisten Fällen als **oberste Lage** eines Putzsystems auf mineralischem Unterputz (Mörtelgruppe P II, P III, P IV a, b, c und P V) oder unmittelbar einlagig auf Beton aufgebracht. Außerhalb des Geltungsbereiches der DIN 18558 kommen Kunstharzputze auch auf anderen ebenen Untergründen zum Einsatz, wie zum Beispiel auf Bauteilen aus Gasbeton, Gipskartonplatten, Holzspanplatten, Furnierplatten, zementgebundenen Platten usw. In jedem Fall muß der zu beschichtende Untergrund fest und tragfähig, sauber und frei von Trennmitteln oder sonstigen Verschmutzungen sowie trocken und saugfähig sein. Zur Vorbereitung des Untergrundes gehört zwingend ein vorheriger **Grundanstrich,** der nach Vorschrift des Herstellers auf den Untergrund aufzutragen ist. Je nach Art des Beschichtungsstoffes (z. B. Korngröße der verwendeten Sande), des Auftragverfahrens und der Oberflächenbehandlung lassen sich unterschiedliche Oberflächenstrukturen bzw. -effekte herstellen, die im wesentlichen den in Abschn. 8.7.4 beschriebenen Putzweisen entsprechen.

Frisch aufgezogene mineralische Unterputze müssen ausreichend erhärtet und lufttrocken sein, bevor sie mit Grundierung bzw. Beschichtungsstoff beschichtet werden dürfen. Die Wartezeit richtet sich nach den bestehenden Witterungsverhältnissen und der Zusammensetzung des Unterputzmörtels. Eine Mindestwartezeit von 14 Tagen ist vorzusehen; ungünstige Witterungsverhältnisse und Untergrundbeschaffenheit können aber wesentlich längere Wartezeiten erforderlich machen. Bei der Verarbeitung von Beschichtungsstoffen muß die Temperatur des Untergrundes und der umgebenden Luft mindestens +5 °C betragen. Des weiteren dürfen sie nicht bei direkter oder starker Sonneneinstrahlung sowie Wind- und Regeneinwirkung aufgebracht werden. Auch ist die frisch aufgetragene Beschichtung vor Frost zu schützen. Da die Verfestigung von Beschichtungsstoffen durch Trocknung erfolgt, kann diese bei hoher relativer Luftfeuchte und/oder niedrigen Temperaturen stark verzögert werden.

Auf Beton mit geschlossenem Gefüge kann der Beschichtungsstoff unmittelbar, d. h. ohne Unterputz aufgebracht werden. Auch bei diesem Putzgrund ist immer in vorheriger Grundanstrich erforderlich. Durch diesen Grundanstrich wird unter anderem ein einheitliches Saugen des Untergrundes erreicht und damit auch eine gleichmäßigere Strukturierung des Oberputzes. Die Beschichtungsstoffe werden als pastöse Masse verarbeitungsfertig geliefert. Die Putzdicke richtet sich nach dem jeweiligen Größtkorn-Durchmesser und der gewünschten Oberflächenstruktur. In der Regel werden Kunstharzputze in Dicken bis zu 5 mm, gegebenenfalls auch bis zu 10 mm aufgetragen. Der Putzanschluß in der Fläche muß immer naß erfolgen; außerdem darf nach dem Auftrocknen nicht mehr nachgerieben werden, da sonst unschöne Flecken in der Oberfläche entstehen können. Weitere Einzelheiten sind der Spezialliteratur [16], [17], [18] sowie DIN 18558, Kunstharzputze, zu entnehmen.

8.9 Putze für Sonderzwecke: Brandschutztechnisch wirksame Putzbekleidungen

DIN 4102 – Brandverhalten von Baustoffen und Bauteilen – konkretisiert als technische Baubestimmung (Ausführungsnorm) die einzelnen brandschutztechnischen Begriffe, die in den baurechtlichen Vorschriften (z. B. Landesbauordnungen, Rechtsverordnungen und Richtlinien) Verwendung finden. Sie enthält ferner die Bedingungen für die Einteilung der Baustoffe nach ihrem Brandverhalten und deren Bezeichnung sowie die Prüfbedingungen für Bauteile und deren Einstufung in Feuerwiderstandsklassen.

Baustoffe werden in DIN 4102 Teil 1 nach ihrem Brandverhalten in Baustoffklassen eingeteilt. Dabei wird unterschieden zwischen nichtbrennbaren Baustoffen (Baustoffklasse A) und brennbaren Baustoffen (Baustoffklasse B) mit folgender weiterer Untergliederung: A1/A2 ohne bzw. mit geringen Anteilen brennbarer Stoffe, B 1 schwerentflammbar, B 2 normalentflammbar, B 3 leichtentflammbar. Nach den Prüfzeichenverordnungen der Länder müssen nichtbrennbare Baustoffe – soweit sie brennbare Bestandteile haben (Klasse A 2) – sowie schwerentflammbare Baustoffe (Klasse B 1) ein gültiges Prüfzeichen des Instituts für Bautechnik in Berlin besitzen und güteüberwacht werden. Die Verwendung von Baustoffen der Klasse B 3 ist nach § 17 MBO grundsätzlich verboten.

Bauteile werden in DIN 4102 Teil 2 entsprechend ihrer Feuerwiderstandsdauer in Feuerwiderstandsklassen ≥ 30, 60, 90, 120 und 180 eingeteilt. Die Abstufungen geben die Zeit in Minuten an (Mindestdauer), während der ein Bauteil bzw. eine Konstruktion dem Feuer Widerstand leistet. Des weiteren kennzeichnen vorangestellte Buchstaben die Bauteilart (z. B.: F für Wände, Stützen, Decken, Unterzüge, Treppen). Nachgestellte Buchstaben weisen auf die Brennbarkeit der für das jeweilige Bauteil verwendeten Baustoffe hin: A – AB – B. Bauteile mit brandschutztechnischen Sonderanforderungen (Sonderbauteile), wie zum Beispiel Brandwände, Feuerschutzabschlüsse, feuerwiderstandsfähige Verglasungen usw. werden in besonderen Teilen der DIN 4102 behandelt. Weitere Angaben über den allgemeinen baulichen Brandschutz sind Abschn. 14.7, Teil 1 dieses Werkes, zu entnehmen.

Gebräuchliche Baustoffe, Bauteile und Konstruktionen – deren Brandverhalten durch Normbrandprüfungen nachgewiesen und bekannt ist und die daher **ohne besonderen Nachweis** unter den angegebenen Voraussetzungen eingesetzt werden dürfen – sind in DIN 4102 **Teil 4** zusammengestellt und klassifiziert. Ihre Anwendung ist im Rahmen bestimmter bauaufsichtlicher Anforderungen ohne weitere Prüfung des Brandverhaltens möglich. Diese katalogartige Zusammenstellung ist somit für die Bauplanung und Bauausführung gleichermaßen von besonderer Bedeutung. Bauteile und Sonderbauteile, die nicht in DIN 4102 Teil 4 verzeichnet sind, bedürfen besonderer Prüfzeugnisse anerkannter Prüfanstalten.

Die Feuerwiderstandsdauer und damit auch die Feuerwiderstandsklasse eines Bauteiles hängt nach DIN 4102 Teil 4 im wesentlichen von folgenden Einflüssen ab:

— Brandbeanspruchung (z. B. einseitig oder mehrseitig),

— verwendeter Baustoff oder Baustoffverbund,

— Bauteilabmessungen (z. B. Querschnitt, Schlankheit),

— bauliche Ausbildung (z. B. Anschlüsse, Befestigungen),

— statisches System (z. B. statisch bestimmte oder unbestimmte Lagerung),

— Ausnutzungsgrad der Festigkeiten der verwendeten Baustoffe infolge äußerer Lasten,

— Anordnung von Bekleidungen (z. B. Putze, Unterdecken, Vorsatzschalen, Ummantelungen usw.).

Die Feuerwiderstandsfähigkeit von Bauteilen kann demnach unter anderem durch Bekleidungen aus Putz erhöht werden. Dabei ist nach DIN 4102 zu unterscheiden zwischen Putzen, die **ohne Putzträger,** und solchen, die **mit Putzträgern** auf die zu schützenden Bauteile aufgebracht werden.

Putzbekleidungen bei Stahlbeton- und Spannbetonbauteilen

Die Bewehrungsstäbe derartiger Bauteile werden in brandschutztechnischer Hinsicht von der Betondeckung geschützt. Wenn bei Stahlbeton- oder Spannbetonbauteilen der mögliche Achsabstand der Bewehrung zur beflammten Betonoberfläche konstruktiv begrenzt ist und wenigstens den Mindestwerten für F 30 entspricht oder Bauteile in brandschutztechnischer Hinsicht nachträglich verstärkt werden müssen, so kann nach DIN 4102 T 4 der für höhere Feuerwiderstandsklassen notwendige Achsabstand durch Putzbekleidungen ersetzt werden. In Frage kommen:

Putze ohne Putzträger aus Mörtel der Mörtelgruppe P II oder P IV a, b, c nach DIN 18550 T 2. Voraussetzung für die brandschutztechnische Wirksamkeit ist eine ausreichende Haftung am Putzgrund. Sie wird sichergestellt, wenn der Putzgrund

— die Anforderungen nach DIN 18550 T 2 erfüllt,

— einen voll deckenden Spritzbewurf mit einer Dicke $\geq$ 5 mm erhält und

— aus Beton gemäß den in DIN 4102 T 4 gemachten Angaben besteht.

Die Brauchbarkeit von Putzbekleidungen, die brandschutztechnisch notwendig sind und die nicht durch Putzträger am Bauteil gehalten werden, ist besonders nachzuweisen, zum Beispiel durch eine allgemeine bauaufsichtliche Zulassung.

Putze auf nichtbrennbaren Putzträgern aus Mörtel der Mörtelgruppe P II oder P IV a, b, c nach DIN 18550 T 2 sowie brandschutztechnisch besonders geeignete Dämmputze. Genannt werden in der Brandschutznorm: Zweilagige Vermiculite- oder Perlite-Zementputze sowie zweilagige Vermiculite- oder Perlite-Gipsputze in normgerechter Mischung. Als nichtbrennbare Putzträger eignen sich z. B. Drahtgittergewebe, Ziegeldrahtgewebe oder Rippenstreckmetall. Voraussetzungen für die brandschutztechnische Wirksamkeit der genannten Putze auf nichtbrennbaren Putzträgern sind:

— Der Putzträger muß am zu schützenden Bauteil ausreichend fest verankert werden,

— die Spannweite der Putzträger muß $\leq$ 500 mm sein,

— die Stöße der Putzträgertafeln sind 100 mm zu überlappen und mit Draht zu verrödeln,

— der Putz muß die Putzträger $\geq$ 10 mm durchdringen. S. hierzu auch Abschn. 8.7.2, Putzträger. Weitere Angaben sind DIN 4102 T 4 sowie Abschn. 12.6, Teil 1 dieses Werkes, zu entnehmen.

Putzbekleidungen bei Stahlbauteilen

Stahl erleidet eine Festigkeitseinbuße, wenn er hohen Temperaturen ausgesetzt ist. Die kritische Temperatur des Stahls (crit T) ist die Temperatur, bei der die Streckgrenze (Fließgrenze) des Stahls auf die im Bauteil vorhandene Stahlspannung absinkt. Um zu erreichen, daß sich Stahlbauteile bei Brandbeanspruchung nur auf eine Stahltemperatur < 500 °C erwärmen und um sie entsprechenden Feuerwiderstandsklassen zuordnen zu können, ist im allgemeinen eine Bekleidung aus Putz, Gipskartonplatten o. ä. erforderlich. S. hierzu Bild **14.**82 bis **14.**84 in Teil 1 dieses Werkes. Ihre Bemessung richtet sich nach dem Verhältniswert U/A, d. h. dem Verhältnis vom beflammten Umfang U zu der erwärmenden Querschnittsfläche A. In diesem Zusammenhang ist zu unterscheiden, ob es sich um profilfolgende oder profilunabhängige kastenförmige Ummantelung bei vier-, drei- oder einseitiger Beflammung handelt. Die Dicke der Bekleidung wird außerdem beeinflußt von der Wärmeleitfähigkeit des jeweils eingesetzten Bekleidungsmaterials. Die in der DIN 4102 T 4 im einzelnen beschriebenen Putzbekleidungen werden durch nichtbrennbare Putzträger wie Rippenstreckmetall,

Drahtgittergewebe o. ä. am Bauteil gehalten. Sie sind mit Klemm- oder Schraubbefestigungen ausreichend fest zu verankern. Putzbekleidungen ohne derartige Putzträger sind ohne besondere Nachweise der Brauchbarkeit – zum Beispiel durch eine allgemeine bauaufsichtliche Zulassung – nicht gestattet. Die Erhöhung der Feuerwiderstandsdauer von Stahlbauteilen kann generell auch durch dämmschichtbildende Beschichtungen/Anstriche (nur F 30), Spritzummantelungen, Ummauerungen oder durch Einbetonieren erreicht werden. Einzelheiten sind DIN 4102 T 4 zu entnehmen.

Putzbekleidungen bei Wänden aus Mauerwerk

Mauerwerk besteht im allgemeinen aus nichtbrennbaren mineralischen Baustoffen. Ihre Einstufung in eine bestimmte Feuerwiderstandsklasse hängt daher im wesentlichen von ihrer Dicke bzw. Breite ab. Aus der Sicht des Brandschutzes wird zwischen nichttragenden und tragenden sowie zwischen nichtraumabschließenden und raumabschließenden Wänden unterschieden. Einzelheiten s. DIN 4102 T 4. Zur Verbesserung der Feuerwiderstandsdauer können Putze der Mörtelgruppe P II oder P IV nach DIN 18550 T 2 verwendet werden. Voraussetzung für die brandschutztechnische Wirksamkeit ist eine ausreichende Haftung am Putzgrund. Sie wird sichergestellt, wenn

— der Putzgrund die Anforderungen nach DIN 18550 T 2 erfüllt und

— der Putzgrund einen volldeckenden Spritzbewurf nach DIN 18550 T 2 mit einer Dicke von $\geq$ 5 mm erhält. Bei Verwendung von Maschinenputzgips nach DIN 1168 ist in der Regel kein Spritzbewurf erforderlich. Vgl. hierzu Abschn. 8.3.1, Baugipse, Abschn. 8.7.6.3, Innenputze mit Gips sowie Tabelle **14.80** in Teil 1 dieses Werkes.

**Putzbekleidungen bei Deckenkonstruktionen
(Unterdecken bzw. Deckenbekleidungen)**

Viele Geschoßdecken (Tragdecken) besitzen eine ausreichende Feuerwiderstandsdauer, ohne daß es dazu des zusätzlichen Schutzes durch eine Unterdecke bedarf (z. B. Stahlbetondecken, sofern sie bestimmte Mindestdimensionen und entsprechende Armierungen bzw. Betondeckungen aufweisen). Anders verhält es sich bei Decken, deren tragende Teile dem Feuer frei ausgesetzt sind (z. B. Stahlträgerdecken, Trapezblechdecken). Sie halten einer Brandbeanspruchung nicht lange Stand, da ihre tragenden Teile sich sehr schnell erwärmen und bei Temperaturen von etwa 500 °C ihre Tragfähigkeit verlieren. Ähnlich verhält es sich bei Holzbalkendecken. Hier sind vor allem die Felder zwischen den Holzbalken meist mit brennbaren und relativ dünnen Baustoffen geschlossen. Man unterscheidet demnach Massiv-Rohdecken der **Bauart I bis III** sowie Deckenbauarten aus Holz (Holzbalkendecken bzw. Decken aus Holztafeln) der **Bauart IV.** Die kennzeichnenden Kriterien der einzelnen Bauarten sind DIN 4102 Teil 4 zu entnehmen.

Der Feuerwiderstand gefährdeter Tragdecken läßt sich am einfachsten verbessern durch den Einbau ebener, unter den tragenden Teilen durchlaufender Unterdecken bzw. Deckenbekleidungen. Der auf diese Weise erreichte Brandschutz muß – wenn er nicht Teil 4 der Brandschutznorm zu entnehmen ist – durch ein Prüfzeugnis nach Teil 2 der Norm nachgewiesen werden. Da man nicht jede in der Praxis vorkommende Tragdecke mit jeder vorkommenden Unterdecke prüfen kann, sind in DIN 4102 T 2 ganz bestimmte, gegen Feuer besonders empfindliche Tragdecken als Prüfdecken festgelegt (Stahlträgerdecke, Stahlbetonrippendecke, Holzbalkendecke). Bei der Prüfung geht man im Regelfall von einer Brandbeanspruchung von **unten,** d. h. von der Raumseite der Unterdecke aus. Generell können Tragdecken bzw. Unterdecken folgenden Arten der Brandbeanspruchung ausgesetzt sein:

— Brandbeanspruchung von unten (untere Raumseite)

— Brandbeanspruchung von oben (obere Raumseite)

— Brandbeanspruchung von oben aus dem Zwischendeckenbereich

— Brandbeanspruchungskombinationen von oben und unten.
Die Brandbeanspruchung erfolgt im Brandfalle nur von einer Seite – nie gleichzeitig.

Unterdecken bzw. Deckenbekleidungen haben bezüglich des baulichen Brandschutzes demnach im wesentlichen folgende Aufgaben zu erfüllen [19]:

Sie sollen so beschaffen sein, daß ein entstandener Brand sich nicht unkontrolliert – beispielsweise horizontal – auf dem Weg über die Unterdecke (Decklage bzw. Deckenhohlraum) ausbreiten kann. Dementsprechend müssen – je nach Bauart, Größe und Zweckbestimmung (Gefahrengrad) des Gebäudes – die für die Herstellung der Unterdecken verwendeten Baustoffe schwerentflammbar oder nichtbrennbar sein.

Unterdecken sollen außerdem, soweit erforderlich, die jeweils darüberliegende Tragdecke vor zu intensiver Brandbeanspruchung von unten schützen, so daß ein Übergreifen des Brandes in das darüberliegende Geschoß verhindert oder so lange wie möglich verzögert wird. Diese Aufgabe übernimmt in der Regel die jeweilige Gesamtkonstruktion, bestehend aus Tragdecke und Unterdecke.

In Sonderfällen übernimmt eine Unterdecke auch alleine den Schutz einer empfindlichen Tragdecke bzw. eines hochinstallierten Deckenhohlraumes gegen Brandbeanspruchung von unten. Bei einem Brand im Deckenhohlraum (Zwischendeckenbereich) kann eine selbständige Unterdecke jedoch auch umgekehrt den Schutz des darunterliegenden Fluchtweges gegen Brandbeanspruchung von oben gewährleisten. S. hierzu auch Abschn. 10.3.4, Brandschutz von leichten Unterdecken sowie Bild **13**.8 in Teil 1 dieses Werkes. Nach DIN 4102 Teil 4 werden demnach unterschieden:

— Deckenkonstruktionen (Tragdecken), die allein einer Feuerwiderstandsklasse angehören: **Tragdecke selbständig.**

— Deckenkonstruktionen (Tragdecken), die eine Feuerwiderstandsklasse nur mit Hilfe einer Unterdecke erreichen: **Tragdecke mit Unterdecke.**

— Unterdecken, die bei Brandbeanspruchung von unten oder von oben (aus dem Zwischendeckenbereich) allein einer Feuerwiderstandsklasse angehören: **Unterdecke selbständig.**

Klassifizierte Deckenkonstruktionen (Tragdecken) der Bauart I bis III mit entsprechenden Unterdecken, die ohne besonderen Nachweis verwendet werden dürfen, sind DIN 4102 Teil 4 zu entnehmen. Beispielhaft zeigt Tabelle **8**.23 eine hängende Drahtputzdecke nach DIN 4121, die bei Brandbeanspruchung von unten allein einer Feuerwiderstandsklasse angehört. Den schematischen Aufbau einer hängenden Drahtputzdecke mit dichtem Wandanschluß verdeutlichen die Bilder **8**.24 und **8**.25.

Aus Gründen des Brandschutzes nennt DIN 4102 T 4 noch weitere Konstruktionshinweise, die bei der Ausbildung von Unterdecken in jedem Fall zu berücksichtigen sind. Diese beziehen sich im einzelnen auf:

— Anschlüsse von Unterdecken an Massivwände,

— Anschlüsse von Unterdecken an nichttragende leichte Trennwände,

— Einbauten wie Leuchten, klimatechnische Geräte usw. in Unterdecken,

— Anbringung zusätzlicher Bekleidungen, Anstriche oder Beschichtungen,

— Brandlast in Form von brennbaren Kabel- und Rohrisolierungen im Zwischendeckenbereich,

— Dämmschichten im Zwischendeckenbereich, die die Feuerwiderstandsdauer von Unterdecken bzw. Deckenbekleidungen beeinflussen.

Tabelle **8.23**   Hängende Drahtputzdecken nach DIN 4121, die bei Brandbeanspruchung von **unten allein** einer Feuerwiderstandsklasse angehören (Maße in mm)

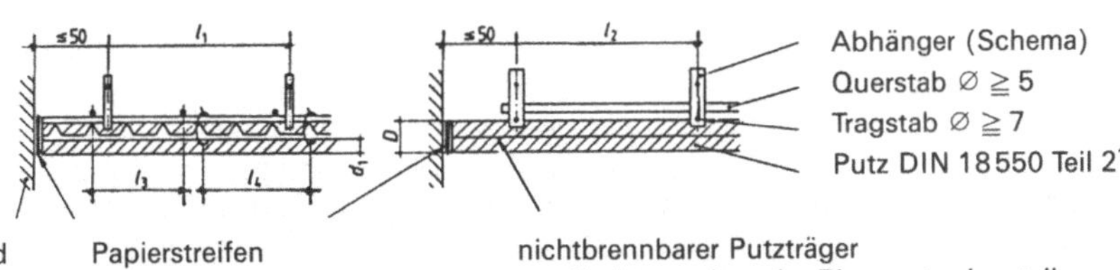

Zeile	Max. Spannweite der			Max. Abstände der		Mindestputzdicke[1]) bei Verwendung von		Feuerwiderstandsklasse Benennung
	Tragstäbe $\varnothing \geq 7$	Putzträger aus		Querstäbe $\varnothing \geq 5$	Putzträgerbefestigungspunkte	Putz der Mörtelgruppe P IV a oder P IV b	Vermiculite- oder Perlite- Putz	
		Drahtgewebe	Rippenstreckmetall					
	l_1	l_2	l_2	l_3	l_4	d_1	d_1	
1	750	500	1000	1000	200	20	15	F30-A
2	700	400	800	750	200		25	F60-A

[1]) d_1 über Putzträger gemessen; die Gesamtputzdicke muß $D \geq d_1 + 10$ mm sein – d. h. der Putz muß den Putzträger ≥ 10 mm durchdringen.

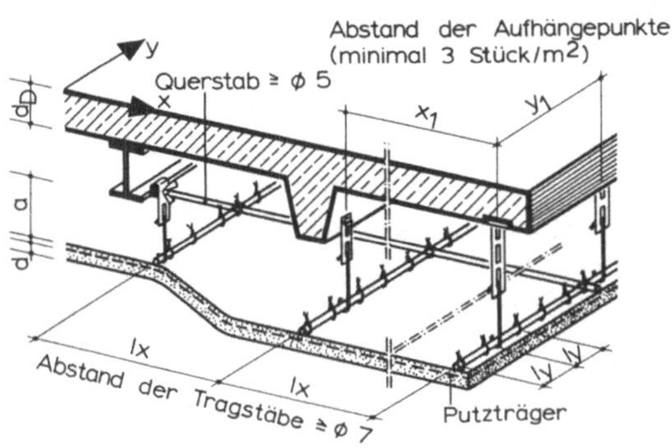

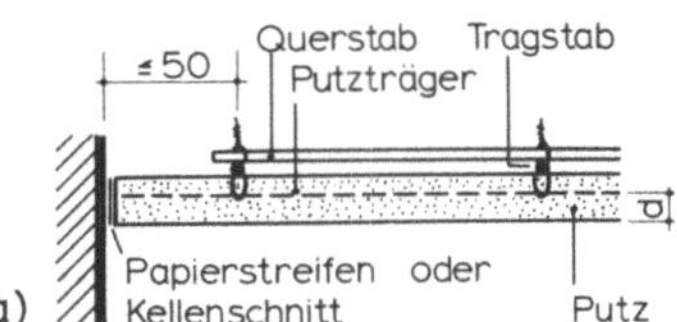

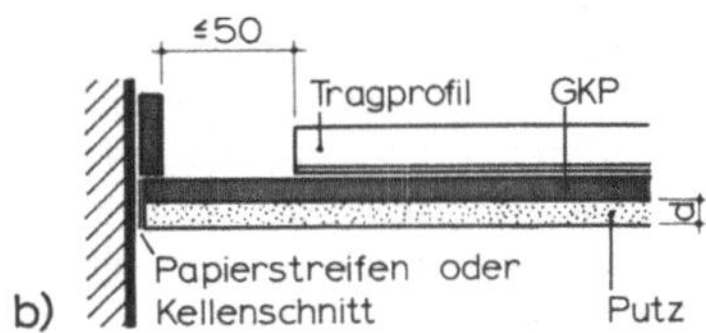

8.24   Brandschutztechnische Bezeichnungen bei Unterdecken (Schema). Beispiel: Hängende Drahtputzdecke nach DIN 4121. Vgl. hierzu auch Abschn. 8.7.6.6.

X_1, Y_1 = Abstände der Aufhängepunkte in x- und y-Richtung
l_x = max. Abstände der Tragstäbe
l_y = Abstände der Putzträgerbefestigungspunkte
a = Abhängehöhe (Abstand zwischen UK I-Träger bzw. Balken und OK Putzträger)
d = Mindestputzdicke über Putzträger je nach Mörtelgruppe

8.25   Dichte Wandanschlüsse von Unterdecken an Wänden aus Mauerwerk oder Beton (Schema). Weitere Anschlüsse s. Abschn. 12.3.4 in Teil 1 dieses Werkes.

a) Hängende Drahtputzdecke nach DIN 4121
b) Putz auf Gipskarton-Putzträgerplatten (GKP) nach DIN 18180 bis DIN 18181

8.10 Putze für Sonderzwecke: Schallschutztechnisch wirksame Putzbekleidungen

Beim Schallschutz ist grundsätzlich zu unterscheiden zwischen Maßnahmen der Schalldämmung und der Schallabsorption. Schalldämmung beinhaltet die Minderung der Schallübertragung zwischen benachbarten Räumen, d. h. die Verringerung des Schalldurchganges durch ein Bauteil. Schallabsorption (auch Schallschluckung oder Schalldämpfung genannt) bedeutet die Minderung des Schalles bzw. der Schallausbreitung im Raum selbst. Ihr Ziel ist es, die Schallreflexion an den Umgebungsflächen zu beeinflussen und dadurch die Akustik im Raum zu ändern. Beide Maßnahmen unterscheiden sich und müssen getrennt voneinander betrachtet werden.

Schallenergie, die von einer Schallquelle ausgestrahlt wird, kann von den Begrenzungsflächen des Raumes ungeschwächt reflektiert (bei harten und geschlossenen Oberflächen) oder mehr oder weniger absorbiert werden (bei weichen und offenporigen Oberflächen). Schallabsorbierende Decken- und Wandflächen eignen sich demnach – je nach Zweckbestimmung des Raumes – einmal zur Senkung des Lärmpegels, zum anderen aber auch zur Regulierung der Nachhallzeit und damit der Verbesserung der Raumakustik.

Um eine gleichmäßige Lärmminderung in Industriebetrieben, Büroräumen, Schalterhallen usw. zu erreichen, sind möglichst große Absorptionsflächen mit möglichst hohem Schallabsorptionsvermögen im Raum anzubringen. Anders verhält es sich in Unterrichtsräumen, Vortrags- und Konzertsälen. Hier ist eine optimale Wahrnehmung von Sprache und Musik an jeder Stelle des Zuhörerraumes zu gewährleisten. Dabei kommt es nicht darauf an, möglichst viel Schallschluckmaterial im Raum unterzubringen, sondern das richtige Material in der richtigen Menge an der richtigen Stelle einzuplanen [19]. Weitere Einzelheiten s. DIN 18041, Hörsamkeit in kleinen bis mittelgroßen Räumen.

Zur Regulierung von Nachhallzeiten und zur Vermeidung unerwünschter Reflexionen bieten sich zwei Arten von Schallabsorbern an:

— **Poröse Schallabsorber** (Hochtonschlucker). Hierzu zählen alle porösen oder faserigen Materialien, wie zum Beispiel Mineralfaserplatten, Holzfaserstoffe, Akustikputze u. ä., deren Oberflächen offene Poren aufweisen, durch die die Schallwellen möglichst tief in das Gefüge eindringen können. Dementsprechend muß der Absorber eine ausreichende Dicke (mind. 10 mm) aufweisen oder mit Abstand vor einer reflektierenden Fläche angeordnet werden.

— **Resonanz-Absorber** (Mittel- bzw. Tieftonschlucker). Hierunter versteht man Bekleidungen aus Sperrholz, Holzbrettern, Gipskartonplatten u. ä., die mit Abstand vor einer Fläche montiert sind. Diese Absorber aus harten dünnen Platten werden durch die auftreffenden Schallwellen nach Art einfacher Masse-Feder-Systeme zum Mitschwingen angeregt, wodurch der Schallwelle Energie entzogen wird. Durch offenporige Dämmstoffe im Hohlraum kann die Schallabsorption im allgemeinen noch verbessert werden. Konstruktionen ohne Fugen bezeichnet man als Plattenschwinger (Platten-Resonatoren), solche mit Fugen oder Löchern als Lochplattenschwinger (Helmholtz-Resonatoren).

Schallabsorbierende Putzbekleidungen an Decken- und Wandflächen

Üblicher, vollflächig haftender Putz verbessert zwar die Luftschalldämmung von einschaligen Bauteilen (entsprechend seinem Anteil an der flächenbezogenen Masse), auf Grund seiner dichten Oberfläche weist er jedoch so gut wie kein Schallschluckvermögen auf. Wo Ansprüche an die Schallabsorption gestellt werden und aus gestalterischen Gründen fugenlose Putzbekleidungen erwünscht sind, haben sich sog. Akustikputze und putzbeschichtete Akustikdecken bewährt.

Akustikputze. Schallabsorbierende Putze – mineralisch gebunden und mit Leichtzuschlagstoffen versetzt – eignen sich zur Direktbeschichtung von trockenem und tragfähigem Putzgrund oder auch von abgehängten Unterdecken und Vorsatzschalen, die eine Naßbeschichtung zulassen. Mitentscheidend für ihre Wirksamkeit als poröse Schallabsorber ist die besondere Auftragstechnik. Je nach Produkt wird der Mörtel entweder von Hand mit der Traufel in mehreren Lagen aufgezogen oder mehrlagig mit geringem Druck aufgespritzt. Die jeweilige Putzschicht muß in der Regel weitgehend durchhärtet sein, bevor die nächste Lage aufgebracht werden kann (Wartezeiten beachten!). Die Gesamtputzdicke liegt üblicherweise bei etwa 25 bis 30 mm (Bild **8**.26).

Mit Akustikputzen ist es möglich, gebogene, schiefwinkelige oder anders geformte Flächen – unabhängig von plattenförmigen Akustikelementen – schallabsorbierend auszubilden. Der mit derartigen Putzen erzielbare Einfluß auf die Nachhallzeit eines Raumes ist auf Grund des hohen Porenanteiles ganz beachtlich. Bei der Auswahl der Putze ist jedoch auf die unterschiedliche mechanische Belastbarkeit zu achten. Je nachdem, ob sie härtere oder weichere Zuschlagstoffe enthalten, sind sie auch mehr oder weniger mechanisch belastbar. Weniger belastbare Putze können demnach nur an Deckenflächen oder im Oberwandbereich eingesetzt werden.

8.26
Schallabsorbierender Akustikputz mit Dekor-
beschichtung

1 Putzgrund
2 Grundierung/Haftvermittler
3 erste Putzlage
4 zweite Putzlage
5 Feinschicht
6 Dekorschicht

Sto AG, Stühlingen

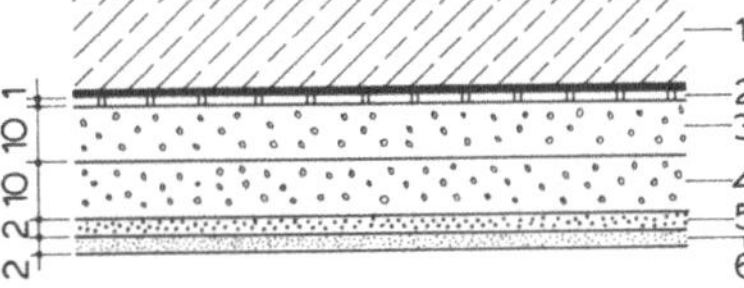

Putzbeschichtete Akustikdecken. Übliche Akustikdecken – wie sie auch in Abschnitt 12, Teil 1 dieses Werkes beschrieben sind – bestehen in der Regel aus einzelnen Platten, Kassetten oder Paneelen mit deutlich sichtbaren Fugen. Putzbeschichtete Akustikdecken ergeben demgegenüber fugenlose homogene Deckenuntersichten, die farblich und strukturell vielfältig gestaltbar sind. Um den oftmals sehr unterschiedlichen räumlichen Gegebenheiten und schalltechnischen Anforderungen entsprechen zu können, bietet der Markt ganz verschiedenartig ausgebildete Akustikdeckensysteme an.

Bild **8**.27 zeigt beispielhaft eine Gipskarton-Absorberdecke, die sich aus einzelnen montagefertigen Plattenelementen zusammensetzt, auf die – nach ihrer Montage an einer abgehängten Unterkonstruktion – eine dünne fugenlose Spritzputzbeschichtung aufgetragen wird. Das Akustikelement ist 2100 × 900 mm groß und insgesamt nur 31 mm dick. Es besteht aus einer 12,5 mm dicken Gipskarton-Lochplatte (Lochbild 12/20/46), auf deren Rückseite Gipskartonstreifen (Montagestege) mit dazwischenliegender Mineralwolle vollflächig aufgeklebt sind. Um unkontrollierte Luftbewegungen durch die Elemente hindurch und damit auch spätere Lochabzeichnungen (Schmutzausfilterungen) auf der Sichtfläche zu vermeiden, ist das gesamte Element rückseitig mit einer Aluminiumfolie beschichtet. Nach der Deckenmontage wird auf die Unterseite der gelochten und ggf. auch ungelochten Gipskartonplatten (Randfries) eine schalldurchlässige Glasvliesbahn vollflächig aufkaschiert und darauf ein feiner Dekorputz – in drei zeitlich versetzten Arbeitsgängen – aufgespritzt. Damit ist es möglich, sowohl absorbierende wie reflektierende Flächen durchgehend einheitlich, fugenlos und ohne optische Unterschiede herzustellen.

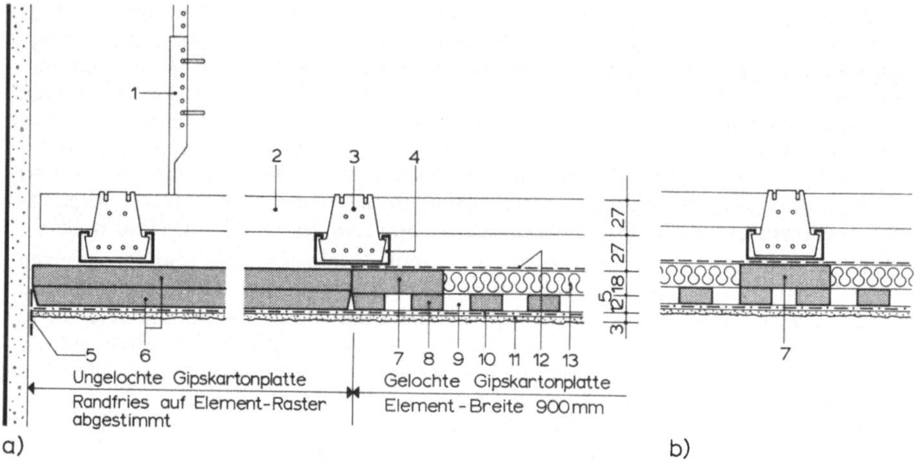

8.27 Abgehängte Akustik-Element-Decke (Gipskarton-Absorberdecke) mit fugenloser homogener Spritzputzbeschichtung

a) Wandanschluß mit Randfries, b) Regelaufbau des Akustikelementes

1 Noniusabhänger
2 Grundprofil 60 × 27
3 Kreuzverbinder
4 Tragprofil 60 × 27
5 Trennstreifen oder elast. Fugenverschluß
6 Randfries (ungelochte Gipskartonplatten)
7 GK-Plattenstreifen (Montagesteg)

8 Gipskarton-Lochplatte
9 Lochbild 12 / 20 / 46
10 Glasvliesbahn (schalldurchlässig)
11 Dekorputz
12 Aluminiumfolie
13 Mineralwolle

Nach Vorlagen Sto AG, Stühlingen und Gebr. Knauf, Westdeutsche Gipswerke, Iphofen

8.11 Putze für Sonderzwecke: Wärmegedämmte und verputzte Außenbauteile

Auf Grund der Verteuerung der Energierohstoffe und damit auch der Heizkosten haben sich die Anforderungen an den Wärmeschutz von Außenbauteilen in den letzten Jahren wesentlich erhöht. Grundlage für die Bemessung des winterlichen Wärmeschutzes bilden die Bestimmungen der DIN 4108 und der jeweils gültigen Wärmeschutzverordnung. Während die DIN 4108 in erster Linie ein hygienisches Raumklima und die Vermeidung von Bauschäden durch Tauwasserbildung zum Ziel hat (Mindestforderungen, die in keinem Fall unterschritten werden dürfen), ist die zur Zeit gültige 2. Wärmeschutzverordnung vorwiegend zur Energieeinsparung aus volkswirtschaftlichen und umweltbedingten Gründen erlassen worden. Danach müssen alle Dämmaßnahmen so aufeinander abgestimmt werden, daß ein wirtschaftlich optimaler Wärmeschutz erreicht wird. Dies setzt jedoch voraus, daß alle Außenbauteile wie beispielsweise Fenster, Außentüren, Keller- und Dachdecken sowie alle Außenwandflächen gleichermaßen in die Wärmedämmaßnahmen einbezogen werden.

Bei Außenwänden ist eine Verbesserung des Wärmeschutzes grundsätzlich möglich durch

— Vergrößerung der Wanddicke,
— Einsatz eines hoch wärmedämmenden Wandbaustoffes (z. B. monolithische Bauweise mit Leichthochlochziegel, Bimshohlblocksteine, Porenbetonsteine usw.),
— Anordnung einer zusätzlichen Dämmschicht im Wandquerschnitt.

Auf Grund dieser Annahme lassen sich alle Außenwände einteilen in einschalige Wandkonstruktionen (einschichtiger oder mehrschichtiger Aufbau) sowie mehrschalige Wandkonstruktionen (mit oder ohne Luftschicht). Dabei geht man von der Annahme aus, daß lediglich massive Wandschichten – und zwar außenliegende Wandschichten aus Mauerwerk von mind. 11,5 cm bzw. 9,0 cm Dicke sowie alle Wandschichten aus Beton – als Schale bezeichnet werden. Keine Schalen stellen nach dieser Definition beispielsweise angemörtelte und angemauerte Bekleidungen, sonstige Fassadenbekleidungen, Putzschichten und Wärmedämmschichten dar. S. hierzu auch Bild **6**.11 in Teil 1 dieses Werkes.

Im Zusammenhang mit wärmegedämmten Putzfassaden sind folgende Wandaufbauten von besonderem Interesse (Bild **8**.28):

— Einschalige Wand aus **hoch wärmedämmenden** Wandbaustoffen, beidseitig verputzt.
— Einschalige Wand mit **außenliegender** Wärmedämmung, beidseitig verputzt.
— Einschalige Wand mit **innenliegender** Wärmedämmung, beidseitig verputzt.

Zusätzliche Wärmedämmschichten können bei verputzten Außenwandkonstruktionen demnach entweder außen- oder innenseitig angebracht werden (Altbau/Neubau). In jedem Fall entstehen bauphysikalische Veränderungen im Wandgefüge, die immer rechtzeitig vor Beginn der Baumaßnahmen überprüft werden müssen. Einzelheiten hierzu sowie Rechenbeispiele s. Abschn. 14.5.6 in Teil 1 dieses Werkes. Als Faustregel für eine einwandfreie Ausbildung der Außenwand in diffusions- wie wärmeschutztechnischer Hinsicht kann gelten:

— Der **Diffusionswiderstand** der einzelnen Schichten sollte von innen nach außen **abnehmen,**
— der **Wärmedurchlaßwiderstand** der Schichten von innen nach außen jedoch **zunehmen.**

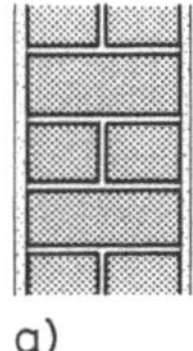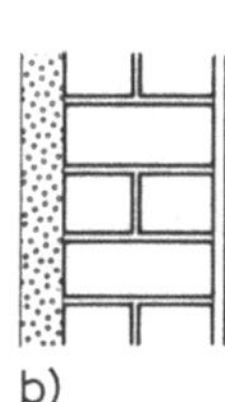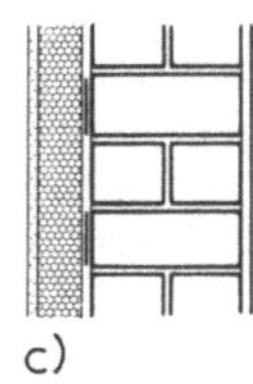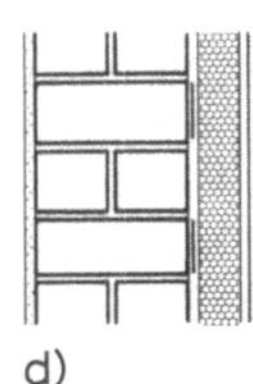

a)   b)   c)   d)

8.28   Schematische Darstellung einschaliger, wärmegedämmter und verputzter Außenwandkonstruktionen
    a)   Mauerwerk aus hoch wärmedämmendem Wandbaustoff, beidseitig verputzt
    b)   Mauerwerk mit Außendämmung (Wärmedämm-Putzsystem) und Innenputz
    c)   Mauerwerk mit Außendämmung (Wärmedämm-Verbundsystem) und Innenputz
    d)   Mauerwerk mit Innendämmung (Gipskarton-Verbundplatte) und Außenputz

8.11.1   Außendämmung von Wänden

Die außenseitig aufgebrachte Wärmedämmung weist aus bauphysikalischer Sicht überwiegend Vorteile auf. Dadurch, daß alle Bauteile gleichmäßig ummantelt und lückenlos gedämmt werden (z. B. auch Fensterstürze und Fensterlaibungen, einbindende Decken und Zwischenwände, Ringanker, Heizkörpernischen, außenliegende Rohrleitungen usw.), ist die tragende Wandkonstruktion nur geringfügigen Temperaturschwankungen ausgesetzt. Somit halten sich thermisch bedingte Baukörperbewegungen (Rißbildungen in der Wandscheibe durch Längenänderungen, Spannungen und Verformungen) in Grenzen. Des weiteren übernimmt die Außenwand eine temperaturregulierende Funktion. Das Wärmespeichervermögen des Bauteiles bleibt erhalten und dient dem Temperaturausgleich im Innenraum (verzögerte Außentemperatureinflüsse). Da bei richtiger Dimensionierung der Dämmschichtdicke und dem Einsatz bauphysikalisch bewährter Systeme die Taupunktlage weit nach außen verlegt wird (Frostbeanspruchung nur der äußersten Oberflächenschicht der tragenden Wand), kann auch kaum Tauwaserbildung im Inneren der tragenden Bauteile entstehen. Die daraus ableitbare konstantere Oberflächentemperatur auf der Raumseite gewährleistet sowohl im Winter als auch im Sommer ein behagliches Innenraumklima.

Da der Diffusionswiderstand der einzelnen Schichten von innen nach außen abnehmen soll, eignen sich für die nachträgliche Außendämmung von aufgehenden Bauteilen – neben den relativ problemlosen Wärmedämmputzen – vor allem PS-Hartschaumplatten mit niedriger Rohdichte (15 bis 20 kg/m^3) sowie nichtbrennbare, diffusionsoffene Mineralfaserplatten.

8.11.2   Innendämmung von Wänden

Die Innendämmung von Außenwänden wird überall dort bevorzugt, wo Räume rasch und in der Regel nur für kurze Zeit aufgeheizt werden sollen (z. B. Versammlungsstätten) und wo erhaltenswerte Altbaufassaden (z. B. reich gegliederte Stuckfassaden) aufgrund denkmalpflegerischer Gesichtspunkte nicht verändert werden dürfen. Auch bei vorhandenen Sichtbeton-, Klinker- und Natursteinfassaden werden in der Regel innenseitige Dämmaßnahmen vorgenommen, um das äußere Erscheinungsbild der Gebäude zu erhalten.

Innendämmungen verändern jedoch das bauphysikalische Verhalten von Außenwänden ganz wesentlich. Bei niedriger Außentemperatur und mit zunehmender Dicke der Innendämmung sinkt die Temperatur im tragenden Wandbauteil stark ab, wodurch sich die Lage des Taupunktes weit nach innen, d.h. zur Raumseite hin, verschiebt. Die wärmespeichernde Wirkung der schweren Wandteile geht verloren und im Übergangsbereich zwischen tragender Wand und Innendämmung kann es im Winter zur Kondensation und eindiffundierender Raumfeuchte kommen. Tauwasserausfall im Innern oder auf der Oberfläche von Bauteilen entsteht immer dann, wenn die Taupunkttemperatur unterschritten wird.

1. Tauwasserbildung im Innern von Bauteilen

Ein gewisses Maß an Tauwasserbildung in Bauteilen ist nach DIN 4108 T 3 unschädlich, wenn durch Erhöhung des Feuchtegehaltes der Bau- und Dämmstoffe der Wärmeschutz und die Standsicherheit der Bauteile nicht gefährdet werden und die im Winter anfallende Feuchtigkeit während der Trocknungsperiode im Sommer an die Umgebung wieder abgegeben werden kann. Im Teil 3 der DIN 4108 sind die zulässigen Tauwasser-

Höchstmengen angegeben sowie eine Reihe von bewährten Außenwandkonstruktionen genannt, für die kein rechnerischer Nachweis des Tauwasserausfalls infolge Dampfdiffusion unter normalen Klimabedingungen erforderlich ist. Für alle anderen Außenwandkonstruktionen ist eine Diffusionsberechnung nach DIN 4108 Teil 5 durchzuführen und mit den Forderungen der zulässigen Maximalmengen zu vergleichen. Entsprechende Rechenbeispiele s. Abschn. 14.5.6 in Teil 1 dieses Werkes.

Auch bei der Innendämmung sollte zunächst immer von der Regel – wonach der Diffusionswiderstand der einzelnen Schichten von innen nach außen abnehmen soll – ausgegangen werden. Dieser Vorsatz kann jedoch häufig nicht eingehalten werden, beispielsweise bei dichten Wandbaustoffen, so daß die Innendämmung entgegen dieser Regel aufgebracht wird. Dabei kommt der jeweiligen Schichtenkombination eine große Bedeutung zu. Je dampfdichter das vorgegebene Außenbauteil (Mauerwerk, Betonwand) ist und je höher sich die jeweilige relative Raumluftfeuchte darstellt, desto sorgfältiger muß die Innendämmung in ihrem Dampfdiffusionswiderstand darauf abgestimmt werden. Das kann einmal über die Art (Rohdichte) und Dicke des gewählten Materials (z. B. PS-Hartschaumplatten, Mineralfaserplatten) oder im Extremfall (z. B. Schwimmbad, Sauna) durch zusätzliche Anordnung einer raumzugewandten Dampfbremse / Dampfsperre erfolgen.

— **Innendämmung von Außenwänden aus herkömmlichen Wandbaustoffen** (z. B. Hochlochziegel, Bimshohlblocksteine). Bei relativ dampfdurchlässigem Mauerwerk und bei Annahme üblicher Wohnraumbedingungen ergeben sich bei richtiger Dimensionierung und sorgfältiger Ausführung der Innendämmung (z. B. dichte Plattenstöße) kaum Tauwasserprobleme, sofern der Diffusionswiderstand (diffusionsäquivalente Luftschichtdicke s_d) der innenliegenden Wärmedämmschicht mindestens 0,5 m beträgt. Man kann hierfür die üblichen PS-Hartschaumplatten mit Rohdichten von 15 kg/m^3 – meist in Form von Gipskarton-Verbundplatten – verwenden. Dabei ist zu beachten, daß Hartschaumplatten mit hoher dynamischer Steifigkeit, innenseitig mit einem Naß- oder Trockenputz versehen, eine Verschlechterung der Schalldämmung durch Flankenübertragung (Resonanzeffekt) bewirken. Um dies zu verhindern, sollten nur Verbundplatten aus elastifiziertem PS-Hartschaum mit niedriger Steifigkeit < 30 MN/m^3 und mind. 12,5 mm dicker Gipskartonplatte verwendet werden (Bild **8.29 a**). Eine Verbesserung des Luftschallschutzes wird bei Innendämmung jedoch vor allem mit Mineralfaserplatten (Verbundplatte MF) erreicht. Bei dampfdurchlässigem Mauerwerk und üblichen Wohnraumbedingungen sind auch hier bezüglich der Wasserdampfdiffusion keine besonderen Maßnahmen erforderlich. Bei erhöhter Raumluftfeuchte und/oder dampfdichteren Wandbaustoffen sind jedoch MF-Verbundplatten mit werkseitig eingebauter Dampfsperre (Alufolie) zu verwenden und Diffusionsberechnungen nach DIN 4108 Teil 5 durchzuführen (Bild **8.29 b**). Eine wirksame Dampfsperre/Dampfbremse (nicht exakt abgrenzbar) kann auch noch nachträglich mit einem dampfdichten Anstrich (z. B. auf Chlor-Kautschuk-Basis o. ä.) erreicht werden.

— **Innendämmung von Außenwänden aus dampfdichteren Wandbaustoffen** (z. B. Kalksand-Vollsteine, Klinker). Bei dichterem Mauerwerk wird die zulässige Tauwassermenge von 500 g/m^2 meist überschritten, und auch die Rücktrocknung ist rechnerisch oftmals nicht gegeben. Bei Annahme üblicher Wohnraumbedingungen sind daher zumindest PS-Hartschaumplatten mit einem höheren Diffusionswiderstand einzusetzen (Rohdichte 30 kg/m^3). Handelt es sich jedoch um Außenwände von Feuchträumen (häusliche Küchen und Bäder), so ist der Einsatz einer zusätzlichen Dampfsperre oder von fugendicht verlegten PS-Extruder-Hartschaumplatten zwingend angezeigt. Derartige Platten zeichnen sich einmal aus durch einen relativ hohen Diffusionswiderstand ($\mu = 100$ bis 150) und hohe Druckfestigkeit (Rohdichte 30 bis 50 kg/m³), zum anderen nehmen sie aufgrund ihrer geschlossenzelligen Struktur praktisch kaum Feuchtigkeit auf.

— **Innendämmung von Außenwänden aus relativ dampfdichten Wandbaustoffen** (z. B. Betonwände). Die Innendämmung von relativ dampfdichten Betonwänden (Rohdichte etwa 2400 kg/m³) ist besonders sorgfältig auszuführen. So hat beispielsweise eine 24 cm dicke Betonwand einen etwa 20mal höheren Diffusionswiderstand als ein gleich dickes Mauerwerk aus Hohlblocksteinen. Würde ein derart dichtes Bauteil innenseitig mit einem Dämmaterial niedriger Rohdichte beplankt,

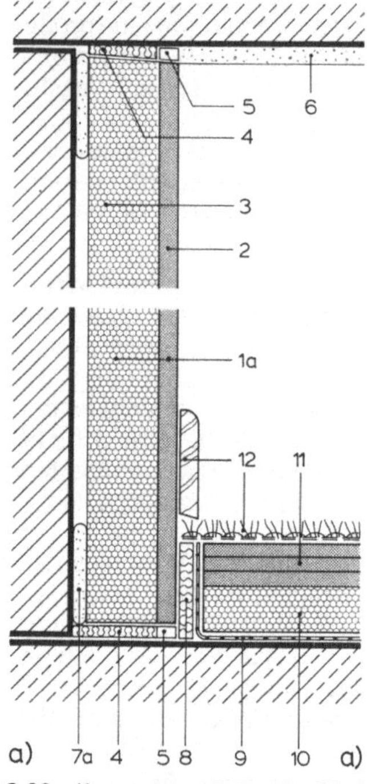
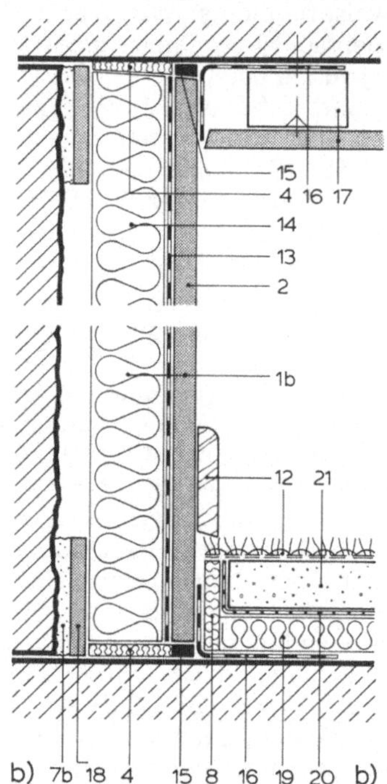

8.29 Konstruktionsbeispiele: Gipskarton-Verbundplatten als Innendämmung vor Außenwandkonstruktionen

    a) PS-Verbundplatte

    b) MF-Verbundplatte, werkseitig mit einer Dampfsperre ausgerüstet und bauseits mit selbstklebenden Alubändern dicht eingeklebt

1a	Polystyrol-Verbundplatte	10	Polystyrol-Hartschaumplatte
1b	Mineralfaser-Verbundplatte mit Dampfsperre	11	Fertigteilestrich aus 3×8 mm GK-Platten
2	Gipskarton-Bauplatte B nach DIN 18180	12	Teppichbelag mit Holzsockelleiste
3	Polystyrol-Hartschaumplatte nach DIN 18164 (z. B. Styropor PS 15 SE)	13	Dampfsperre (Alufolie), werkseitig eingebaut
4	lose Mineralfaserstreifen, 10 mm dick	14	Mineralfaserplatte
5	Fugenfüller	15	dichte, dauerelastische Abdichtung
6	Deckenputz	16	selbstklebendes Aluband (dichter Bauteilanschluß)
7a	Klebemörtel bei planebenen Wandflächen (Dünnbettverfahren), sonst Gipsansetzbinder	17	Deckenbekleidung
7b	Gipsansetzbinder	18	GK-Plattenstreifen
8	Dämmstreifen, 5 mm dick	19	Mineralfaser-Trittschalldämmplatten
9	Feuchtigkeitsschutz (z. B. PE-Folie 0,2 mm)	20	Abdeckung (z. B. PE-Folie 0,1 mm)
		21	schwimmender Mörtelestrich

käme es im Winter im Grenzbereich Betonschale/Innendämmung zu ganz erheblichem Tauwasserausfall. Auf Grund der nahezu diffusionsdichten Betonwand könnte
dieses Wasser auch nicht in der Trocknungsperiode im Sommer in ausreichendem
Maße nach außen entweichen. Die Innendämmung von Betonwänden – insbesondere in Naßräumen wie Schwimmbädern usw. – muß deshalb immer mit
zusätzlicher, raumseitig aufgebrachter Dampfsperre aus Alufolie ausgeführt werden.
Hochwertige Dampfsperren zeichnen sich vor allem durch dichtgeschlossene Fugen
der einzelnen Dampfsperrbahnen untereinander und dampfdichte Bahnenanschlüsse
an die angrenzenden Bauteile aus. Auch hierbei sind möglichst diffusionsdichte
Dämmplatten zu verwenden. Die entsprechenden Diffusionswiderstandszahlen sind
Tabelle **14.54**, Teil 1 dieses Werkes, zu entnehmen.

2. Tauwasserbildung auf der Oberfläche von Bauteilen

An den Innenoberflächen von ungenügend gedämmten Außenbauteilen kann es bei
niedrigen Außentemperaturen und übermäßig hoher Raumluftfeuchte zu Tauwasserbildung kommen. Diese Erscheinung tritt vor allem dann auf, wenn die raumseitige
Oberflächentemperatur der Bauteile zu niedrig, d. h. unter der Taupunkttemperatur der
Raumluft liegt. Bei Einhaltung der Mindestwerte des Wärmedurchlaßwiderstandes
nach DIN 4108 T 2 – nämlich 0,55 m^2 K/W für Außenwände – werden Schäden durch
Tauwaserbildung im allgemeinen vermieden. Dies setzt jedoch normale Raumlufttem-
peraturen und relative Luftfeuchten sowie genügende Beheizung und Lüftung voraus.

Schadstellen treten vor allem an ungedämmten, ungenügend oder fehlerhaft gedämmten Außenbauteilen auf, es entstehen Wärmebrücken. Als Wärmebrücken werden
örtlich begrenzte Bereiche in Bauteilen bezeichnet, die einen geringeren Wärmeschutz
als die umgebenden Flächen aufweisen. An diesen Stellen liegen die Oberflächentemperaturen auf der Innenseite meist deutlich niedriger, so daß es hier bevorzugt zu
Tauwasserniederschlag (Durchfeuchtungserscheinungen) und damit auch häufig zu
Pilz- und Schimmelbefall kommt. Stockflecken und Schimmelpilze sind vor allem an
inneren Fensterlaibungen, Außenwandecken, im Bereich zwischen Dachdecke und
Außenwand, an Stürzen und Deckenflächen unter Kragplatten sowie an Außenwandflächen hinter großflächigen Schrankwänden vorzufinden. Diese Mängel sind jedoch
nicht – wie dies immer wieder behauptet wird – auf den verbesserten Wärmeschutz der
Gebäude zurückzuführen. Vielmehr sind folgende Ursachen im Zusammenhang zu
bedenken:

— Bei Sanierungsmaßnahmen an Altbauten stehen in Hinblick auf die Energieeinsparung der Austausch alter undichter Fenster gegen neue – wesentlich dich-
tere – an erster Stelle. Dieser Austausch wird häufig als Einzelmaßnahme durchgeführt, ohne gleichzeitig die übrigen Außenbauteile den Anforderungen der DIN 4108
bzw. Wärmeschutzverordnung anzupassen. Die Folge sind Tauwasserschäden auf
Grund höherer Raumluftfeuchte und mangelnder Wärmedämmung, insbesondere im
Bereich der zuvor genannten Wärmebrücken.

— Während bei den alten Fenstern über die Undichtigkeiten der Fugen
eine ständige Frischluftzufuhr – und damit auch der Abtransport von Wasserdampf
und Kohlendioxid – stattfand, kann der Mindestluftwechsel bei den neuen, sehr
dichten Fenstern nur durch gezielte Lüftungsmaßnahmen (mehrfache Stoßlüftung
am Tage) erreicht werden. Die heute vermehrt festzustellenden Feuchteschäden sind
vor allem auf zu hohe Raumluftfeuchten und damit auf falsche Heizungs- und
Lüftungsgewohnheiten zurückzuführen. Untersuchungen ergaben, daß die Luft-
wechselzahlen zur Gewährleistung einer ausreichenden Wohnungs- und Raum-
hygiene bei etwa 0,4- bis 0,8mal je Stunde liegen sollten. Die Annahme, der Feuchte-

transport aus den Räumen würde über die Wasserdampfdiffusion durch die Wand in ausreichendem Maße stattfinden (auf Grund des Dampfdruckgefälles im Winter von innen nach außen), ist nicht richtig. Mengenmäßig ist dieser Feuchtetransport über die Diffusion sehr gering, so daß auch ein noch so günstiger Wandaufbau die gezielte Raumlüftung zwecks Feuchteabfuhr nicht ersetzen kann.

In diesem Zusammenhang ist auch noch auf die Fähigkeit der Feuchtespeicherung (Wasserdampfabsorption) von Raumumschließungsflächen und Einrichtungsgegenständen hinzuweisen. Bei plötzlichem Anstieg und großen Schwankungen der relativen Luftfeuchte ist es vorteilhaft, wenn Materialien mit offenen Poren und Kapillaren – wie beispielsweise Innenputz, Holz, Textilien usw. – Feuchte aus der Luft aufnehmen und speichern können (Feuchtepuffer). Diese vorübergehend absorbierte Wassermenge wird dann zu einem späteren Zeitpunkt wieder langsam an trockenere Raumluft zurückgegeben und durch Lüften nach außen abgeführt.

— Im Zuge der Energieeinsparung wird auch häufig die Heizung gedrosselt und in den Schlafzimmern sogar oftmals ausgeschaltet. Die Folge sind – insbesondere bei neuen dichten Fenstern – eine weitere Erhöhung der relativen Luftfeuchtigkeit sowie ein weiteres Absinken der Oberflächentemperaturen auf den Außenbauteilen. Die Tendenz zur übermäßigen Heizenergieeinsparung fördert somit das Risiko der Tauwasserbildung auf den Oberflächen der Außenbauteile und damit auch der Schimmelpilzbildung. Die Bedeutung der Mindestbeheizung von Räumen sollte demnach wieder verstärkt beachtet werden. Außerdem sollte man darauf verzichten, krasse Temperaturunterschiede innerhalb einer Wohnung zu erzeugen, da nennenswerte Mengen an Heizenergie dadurch sowieso nicht einzusparen sind.

— Raumhohe Schrankwände vor Außenwandflächen wirken bauphysikalisch wie eine zusätzlich innenseitig angebrachte Wärmedämmung. Der Temperaturverlauf innerhalb der Außenwand wird dadurch nachhaltig verändert, so daß die raumseitige Oberflächentemperatur der Wand um einige Grade abfällt und somit die Kondensationsgefahr in diesem Bereich wächst. Der Einbau derart großflächiger Schrankwände vor Außenwänden sollte deshalb unterbleiben. Läßt er sich nicht vermeiden, so muß zum einen auf einen genügend großen Abstand zwischen Wand und Möbel geachtet (mind. 6 bis 8 cm) und zum anderen für eine ausreichende Luftzirkulation hinter dem Möbel – über Lüftungsschlitze im Sockel- und Deckenbereich – gesorgt werden. Weitere Einzelheiten sind der Spezialliteratur [20], [21], [22], [23], [24] zu entnehmen. In [25] werden die wesentlichen Unterschiede zwischen dem Standardkomplex „Bautechnischer Wärmeschutz" TGL 35 424 der ehemaligen DDR im Vergleich zur DIN 4108 und zur Wärmeschutzverordnung analysiert.

8.11.3 Wärmedämm-Putzsysteme

Zur Verbesserung der Wärmedämmung von Außenwänden (Altbau/Neubau) wurden spezielle Dämmputz-Systeme entwickelt, die aus mehreren, technisch aufeinander abgestimmten Putzlagen bestehen. Sie setzen sich üblicherweise zusammen aus einem 20 bis max. 100 mm dicken Unterputz – dem eigentlichen Wärmedämmputz – und einem etwa 10 mm dicken Oberputz, der vor allem schützende Funktionen übernimmt, gleichzeitig aber auch der Gestaltung dient (Bild **8.30**).

Unterputz (Dämmputz). Der Unterputz ist ähnlich wie ein herkömmlicher mineralischer Putz aufgebaut: als Bindemittel werden hydraulischer Kalk und Zement, Zusätze zur Verbesserung der Verarbeitbarkeit (Luftporenbildner) sowie Hydrophobierungsmittel verwendet. Anstelle des Zuschlages Sand, mit dichtem Gefüge, treten jedoch entweder

— organische Zuschläge (expandiertes Polystyrol – EPS – in Form von 1 bis 3 mm großen Kügelchen) oder
— mineralische Zuschläge (Leichtzuschlagstoffe nach DIN 4226 T 2 wie Blähton, Blähschiefer, Bims sowie Perlite und Vermiculite) oder
— ein Gemisch aus den vorgenannten organischen/mineralischen Zuschlägen.

Je leichter ein Baustoff ist, um so besser sind seine Wärmedämmeigenschaften; dies gilt auch für die Putzmörtel. Dämmputze werden deshalb heute vorwiegend aus extrem leichten Zuschlagstoffen – nämlich geschäumten Polystyrolkügelchen – hergestellt. Diese ergeben eine gute Wärmedämmung, bewirken jedoch andererseits eine geringere mechanische Festigkeit des Unterputzes, so daß dieser immer eines schützenden Oberputzes bedarf. Neben diesen besonders leichten Unterputzen gibt es auch solche mit mineralischen Leichtzuschlägen, deren Rohdichte und folglich auch Wärmeleitzahl jedoch höher liegen.

Wärmedämm-Putzsysteme aus Mörteln mit mineralischen Bindemitteln und expandiertem Polystyrol (EPS) als Zuschlag sind in DIN 18550 T3 genormt. Diese Putzsysteme befinden sich seit etwa 25 Jahren auf dem Markt und wurden in dieser Zeit ständig weiterentwickelt.

Nach dieser Norm muß der Unterputz aus Werktrockenmörtel (DIN 18557) hergestellt werden und mindestens 75% Volumenanteil expandiertes Polystyrol (EPS) als Zuschlag enthalten. Die Wärmeleitzahlen (λ) derartiger EPS-Unterputze liegen bei 0,057 bis 0,094 W (m · K), die üblichen Rohdichten zwischen 200 und 300 kg/m^3, die Dicken zwischen 20 und max. 100 mm. Damit besitzt ein Dämmputz – bei einer angenommenen Wärmeleitfähigkeit $\lambda = 0,07$ W (m · K) und bei gleicher Dicke – eine über 12mal bessere Dämmwirkung als ein herkömmlicher Kalk-Zement-Putz mit 0,87 W (m · K). Im Vergleich zu einer Dämmplatte aus PS-Hartschaum $\lambda = 0,040$ W (m · K) ist die Dämmwirkung eines Dämmputzes jedoch nur halb so hoch.

Als Besonderheit ist bei allen Wärmedämm-Putzsystemen zu beachten, daß zur Berechnung des Wärmedurchlaßwiderstandes nur der eigentliche Unterputz herangezogen werden darf. Der Oberputz bleibt dabei unberücksichtigt. Auf Grund des Polystyrolzusatzes (geschäumte Kügelchen) sind die EPS-Dämmputz-Systeme nur schwerentflammbar (Baustoffklasse B 1 nach DIN 4102). Außerdem muß der Unterputz **wasserhemmend** ausgerüstet sein. Dies gilt als erfüllt, wenn der Wasseraufnahmekoeffizient $w \leq 2,0$ kg (m^2 · h^{0,5}) beträgt.

Oberputz. Der Oberputz nach DIN 18550 T2 ist ebenfalls aus Werktrockenmörtel herzustellen und soll den Eigenschaften eines Putzes aus den Mörtelgruppen P I oder P II vergleichbar sein. Nur ein qualitativ hochwertiger, **wasserabweisender** Oberputz kann eine Durchfeuchtung und damit eine Verminderung der Wärmedämmung des Unterputzes verhindern. Daher werden alle Dämmputze nur zusammen mit einem passenden Oberputz als System zugelassen (Eigen- und Fremdüberwachung). An ihn werden vor allem Anforderungen hinsichtlich des Regenschutzes (Wasseraufnahmekoeffizient $w \leq 0,5$ kg (m^2 · h^{0,5}), Witterungsbeständigkeit, mechanische Festigkeit (Druckfestigkeit zwischen 0,80 und 3,0 N/mm^2) sowie Wasserdampfdurchlässigkeit ($\mu =$ etwa 10) gestellt. Außerdem ist praktisch jede gewünschte und bekannte Putzoberfläche herstellbar.

Bei Wärmedämm-Putzsystemen richtet sich das Verhältnis zwischen den Druckfestig-
keiten von Unterputz zu Oberputz nach der Art der verwendeten Zuschläge. Nach
der bereits mehrfach angeführten Putzregel soll die Festigkeit des Oberputzes immer
geringer sein als die Festigkeit des Unterputzes. Das Festigkeitsgefälle bei den
Wärmedämm-Putzsystemen verläuft jedoch genau umgekehrt: Der Oberputz ist härter als der darunterliegende Dämmputz. Die langjährige Anwendung hat
aber gezeigt, daß dadurch nicht zwangsläufig Schäden auftreten müssen – vorausgesetzt, der Unterschied in der Festigkeit beider Lagen liegt innerhalb der festgelegten
Grenzen. Vgl. hierzu auch Abschn. 8.7.5.4, Leichtputze auf wärmedämmenden Wandbaustoffen.

Verarbeitung. Vor dem Aufbringen des Dämmputzes ist eine besonders sorgfältige
Untergrundbeurteilung vorzunehmen. Bei neuem, einheitlichem und gleichmäßig saugendem Mauerwerk sind keine besonderen Maßnahmen erforderlich. Unterschiedlich
saugende Untergründe bedürfen jedoch eines voll deckenden Spritzbewurfes. Bei
Untergründen mit erhöhter Rißbildungsgefahr (Mischmauerwerk) ist eine Putzarmierung in Form eines Glasgittergewebes erforderlich, das in die obere Zone des Dämmputzes – vor Aufbringung des Oberputzes – eingebettet wird. Holzwolle-Leichtbau-

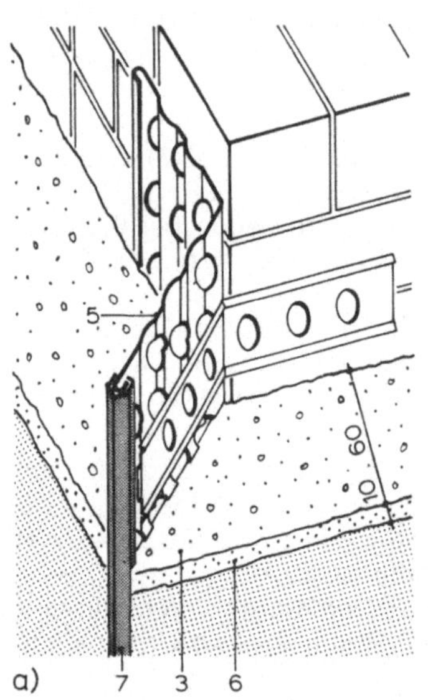

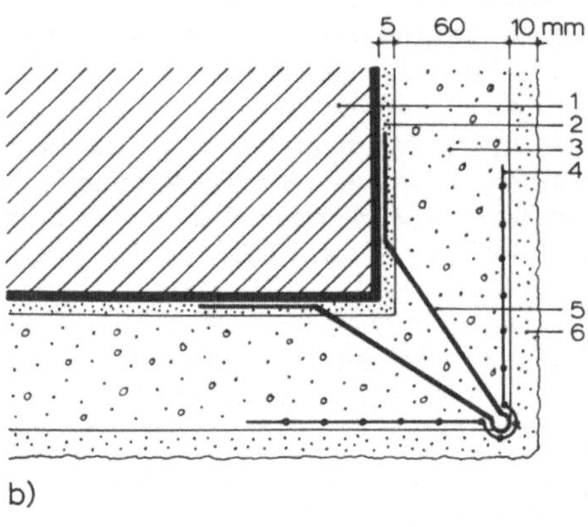

8.30   Konstruktionsbeispiele: Unterschiedliche Kantenausbildungen bei Wärmedämm-Putzsystemen
   a) Kantenprofil mit PVC-Überzug. Das Profil wird mit Ansetzmörtel auf Zementbasis am
       Untergrund befestigt. Der mit Druck aufgespritzte Mörtel verklammert sich allseitig kraftschlüs-
       sig durch die Lochungen des Profils hindurch. Der PVC-Überzug wird nicht verputzt und ist
       nach dem Putzvorgang umgehend zu reinigen. Vgl. hierzu auch Bild **8.11**.
   b) Kantenprofil ohne PVC-Überzug. Dieses Profil eignet sich für die Unterputzanbringung,
       d.h. die Schiene wird unsichtbar in den Dämmputz eingebaut und im Kantenbereich ein
       Glasgittergewebestreifen als zusätzliche Armierung eingebettet. Der Oberputz wird in einer
       Dicke von etwa 8 bis 10 mm um die Ecke herumgeführt.

   1 Putzgrund   4 Glasgittergewebe
   2 Spritzbewurf   5 Kantenprofil
      (soweit erforderlich)   6 Oberputz
   3 Unterputz (Dämmputz)   7 PVC-Überzug

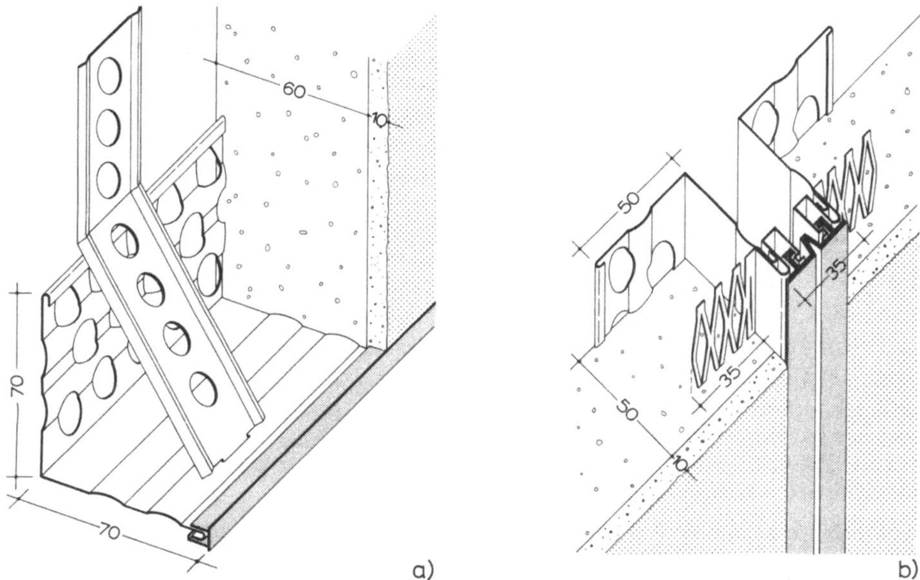

8.31 Putzsockel- und Dehnungsfugenprofil für Wärmedämm-Putzsysteme
a) Sockelprofil mit schräggestelltem Schenkel (110°) und Stützbügel
b) Dehnungsfugenprofil für senkrecht verlaufende Wandfugen

Protektorwerk, Gaggenau

platten sind, wie in Abschn. 8.7.2 näher beschrieben, mit einem Putzträger aus geschweißtem Drahtnetz zu überspannen und ein Spritzbewurf aufzubringen. Auch Altbaufassaden sind meist vollflächig mit einem Putzträger-System zu versehen und die Angaben des Herstellers zu beachten.

Um einen gleichmäßig dicken, planebenen Putzauftrag und wirksamen Kantenschutz zu erreichen, ist es unverzichtbar, Sockel-, Kanten-, Sturz- und Dehnungsprofile an Fensterlaibungen, Rolladenkästen, Hauskanten u. ä. anzubringen (Bild **8.30** und **8.31**). Auf Grund der größeren Putzdicken ist auch darauf zu achten, daß Überstände wie beispielsweise Ortgänge, Fensterbänke und Abdeckungen aller Art entsprechend breiter ausgebildet werden.

Dem fertigen Werktrockenmörtel darf außer Wasser sonst nichts mehr zugesetzt werden. Der Unterputz wird in Schichtdicken von max. 50 bis 60 mm in einem Arbeitsgang aufgetragen und eben abgezogen, wobei Reiben und Filzen zu vermeiden ist. Ist aus wärmetechnischen Gründen ein dickerer Dämmputz erforderlich, so kann nach ausreichender Wartezeit (mehrere Tage) eine zweite Lage aufgetragen werden. Dabei sind die jeweiligen Verarbeitungsrichtlinien der Hersteller genauestens einzuhalten. Nach einer Austrocknungszeit von mindestens 1 Tag pro 1 cm Dämmputzdicke wird der jeweils zugelassene System-Oberputz aufgetragen. Bei der farblichen Gestaltung ist darauf zu achten, daß nur helle Farbtöne gewählt werden, da dunkle Farben bei thermischer Beanspruchung zu Spannungen und damit zur Rißbildung in der Putzschale führen können.

8.11.4 Wärmedämm-Verbundsysteme

Wärmedämm-Verbundsysteme (WDVS) – vielfach auch als Thermohaut bezeichnet – bestehen aus mehreren fest miteinander verbundenen, jeweils ganz spezifische Aufgaben übernehmende Schichten, die jedoch als System insgesamt aufeinander abgestimmt sein müssen. Sie haben sich als Außenwanddämmung seit über drei Jahrzehnten bewährt und setzen sich im einzelnen zusammen aus (Bild **8**.32 und **8**.33):

— Tr a g w a n d (vorrangig statische und schallschutztechnische Funktionen)

— K l e b e m a s s e (meist aus Quarzsand, Zement und Zusatz von Kunststoffdispersion)

— W ä r m e d ä m m s c h i c h t (meist aus PS-Hartschaum- oder Mineralfaserplatten)

— A r m i e r u n g s s c h i c h t (Glasgittergewebe in eine Armierungsmasse eingebettet)

— A u ß e n p u t z (wahlweise Kunstharzputz oder mineralisch gebund. Strukturputz).

Anforderungen unterschiedlichster Art haben dazu geführt, daß von den Herstellern jeweils mehrere, verschiedenartig aufgebaute Systemvarianten angeboten werden. Sie unterscheiden sich vor allem hinsichtlich der verwendeten Dämmstoffe, Befestigungsarten und Oberflächenbeschichtungen. Allgemeine Angaben über Wärmedämm-Verbundsysteme sind DIN V 18559 zu entnehmen.

Tragwand (Untergrund). Die Beschaffenheit des Untergrundes ist ausschlaggebend für die jeweilige Befestigungsart der Dämmstoffplatten. Werden sie auf den Untergrund geklebt (herkömmliches System), so muß dieser eben, trocken und mechanisch gereinigt sowie ausreichend tragfähig sein. Bei unsicheren Untergründen ist eine zusätzliche Verdübelung, bei Altbaufassaden mit nicht tragfähigen Putz- und/oder Anstrichschichten eine mechanische Schienenbefestigung angebracht.

Die Verlegung der Dämmplatten darf erst erfolgen, wenn eine ausreichende Trockenheit des Untergrundes gewährleistet ist. Wird eine Außendämmung auf zu feuchte Wände aufgebracht, führt dies – vor allem bei relativ dampfbremsenden WDV-Systemen – zu Schäden. Dies gilt insbesondere dann, wenn die Dämmung kurz vor oder während der Heizperiode angesetzt wird. Bei Neubauten müssen demnach die Innenputz- und Estricharbeiten abgeschlossen und das Mauerwerk sowie der Innenputz so weit getrocknet sein, daß eine übermäßige Feuchtigkeitsanreicherung im Wandinneren nicht

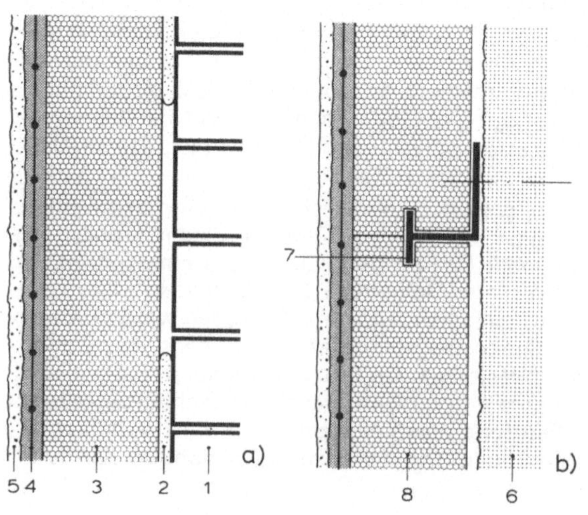

8.32
Wärmedämm-Verbundsysteme

a) Klebeverfahren, ggf. mit Verdübelung
b) mechanische Schienenbefestigung

1 Untergrund (tragfähiges Mauerwerk)
2 Klebemasse (Klebemörtel)
3 Dämmstoff (PS-Hartschaum- oder Mineralfaserplatten)
4 Armierungsschicht (Glasgittergewebe in Armierungsmasse)
5 Außenputz/Schlußbeschichtung (Kunstharzputz oder Mineralputz)
6 labiler, nicht tragfähiger Untergrund
7 Hart-PVC-Schiene
8 PS-Hartschaumplatten mit umlaufender Nut

8.33
Wärmedämm-Verbundsystem: Schematische Darstellung der Verarbeitungsschritte

A Vorbereitung des Untergrundes (Altbau/Neubau)

B Anbringen der Sockelschienen mit Spreizdübel

C Ankleben der Dämmplatten mit Klebemörtel

D zusätzliche Verdübelung (nur bei unsicherem Untergrund und geforderter Standfestigkeit gemäß Tabelle **8.34**; zwingend erforderlich bei Mineralfaserplatten)

E Anbringen der Eckverstärkung (Gewebeeckschutz oder spezielle Eckschutzschienen)

F Aufbringen einer zweilagigen Armierungsschicht

G Einarbeiten des Glasgittergewebes „naß in naß" mittig in die Armierungsmasse

H Auftrag einer Grundierung (soweit erforderlich)

I Auftrag des Außenputzes/Schlußbeschichtung

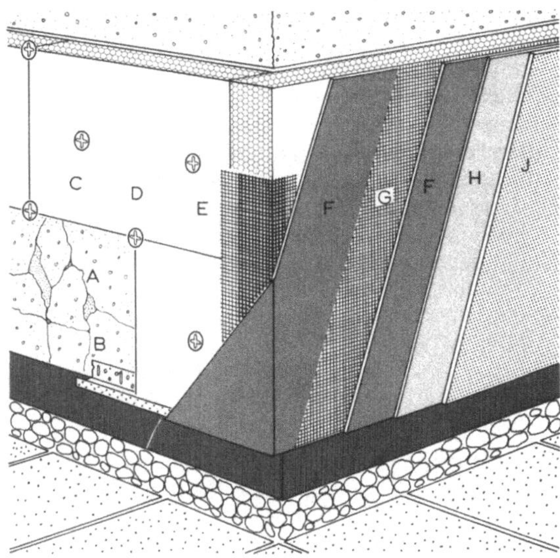

mehr vorhanden ist. Es muß auch sichergestellt sein, daß kein Wasser (Regen, aufsteigende Feuchtigkeit) in bzw. hinter das WDV-System gelangen kann. Daher müssen Fenster, Rolladenkästen und vor allem die Horizontalabdeckungen (z. B. Fensterbänke, Dacheindeckungen) vor Verlegebeginn montiert sein. Das Dampfdiffusionsverhalten des Untergrundes ist bei der Wahl des Verbundsystems zu berücksichtigen. Günstig wirken sich Mauerwerksteine hoher Rohdichteklassen aus.

Wärmedämmschicht. Dämmstoffe lassen sich in zwei große Gruppen einteilen. Danach sind die Ausgangsprodukte entweder organischen oder mineralischen Ursprungs. Bei den WDV-Systemen werden vor allem eingesetzt:

— **PS-Hartschaumplatten** (expandierter Polystyrolschaum). Die Mindestrohdichte der an aufgehenden Bauteilen angebrachten Hartschaumplatten beträgt üblicherweise 15 kg/m³ (Type PS 15 SE, Markenname Styropor), die Plattenmaße 500 × 1000 mm. Ihre Kanten können mit stumpfem Stoß, mit Stufenfalz oder Nut und Feder, die Plattenoberflächen glatt oder mit Rillen versehen sein. Grundsätzlich ist bei PS-Hartschaumplatten darauf zu achten, daß sie ausreichend lang – m i n d e s t e n s s e c h s W o c h e n – werkseitig abgelagert sind, bevor sie auf die Fassade aufgebracht werden (Schwindvorgänge auf Grund flüchtiger Bestandteile im Polystyrolschaum). Beim Einsatz von zu frischen Platten würde es sonst zu Rißbildung an den Stoßfugen kommen. WDV-Systeme mit Polystyrol-Hartschaumplatten gehören nach DIN 4102 zur Baustoffklasse B 1 und sind demnach schwerentflammbar.

— **PS-Extruder-Hartschaumplatten** (extrudierter Polystyrol-Hartschaum). Geschlossenzellige Extruderschaumstoffe nehmen praktisch kein Wasser auf und können deshalb im Wandbereich außerhalb der Feuchtigkeitsabdichtung eines Bauwerkes – als Perimeterdämmung im Bereich der Sockelzone und des Kellergeschosses – eingesetzt werden (Bild **8.34**). Neben ihrer Feuchtigkeitsunempfindlichkeit zeichnen sie sich auch durch hohe mechanische Festigkeit aus (Markenname Styrodur). S. hierzu auch Abschn. 10.3.5, Wärmeschutz von erdreichberührten Böden und Geschoßdecken, in Teil 1 dieses Werkes.

— **Mineralfaser-Dämmstoffe.** Unter diesem Oberbegriff werden Produkte aus Glaswolle und Steinwolle zusammengefaßt. Die nach verschiedenen Verfahren hergestellten und bei hoher Temperatur gewonnenen Mineralfasern werden durch Zusatz eines Kunstharzes zu festen Platten gebunden. Mit diesem Zusatz wird gleichzeitig die Hydrophobierung erzielt, wodurch die Platten in ihrer ganzen Dicke wasserabweisend ausgerüstet sind. Bei WDV-Systemen werden Mineralfaserplatten des Anwendungstyps **WD** gemäß DIN 18165 T 1 verwendet. Sie sind nichtbrennbar (Baustoffklasse A 2 nach DIN 4102) und deshalb auch im Hochhausbereich als Außendämmung einsetzbar. Außerdem weisen sie gute Schallschutzeigenschaften und ein äußerst günstiges Wasserdampfdiffusionsverhalten auf. Im Vergleich zu den üblichen PS-Hartschaumplatten zeichnen sie sich jedoch andererseits durch einen deutlich höheren Preis aus.

— Für WDV-Systeme werden außerdem noch P o l y u r e t h a n - H a r t s c h a u m p l a t t e n sowie e x p a n d i e r t e r K o r k in geringem Umfang eingesetzt (bleiben hier unberücksichtigt).

Befestigungstechniken. Wie zuvor bereits erwähnt, ist die Beschaffenheit des Untergrundes ausschlaggebend für die jeweilige Befestigungsart der Dämmplatten. Im einzelnen unterscheidet man:

— **WDV-System geklebt** (Bild **8**.32). Bei dieser häufig ausgeführten Anwendung werden die Dämmstoffplatten im Klebeverfahren auf die Fassade aufgebracht. Voraussetzung sind ebene, gereinigte, trockene und ausreichend tragfähige Untergründe. Als Klebemasse/Klebemörtel kommen sowohl dispersions- als auch mineralisch gebundene Werkstoffe zum Einsatz. Die Klebetechnik selbst erfolgt üblicherweise in der sogenannten „Wulst-Punkt-Methode" – einem randumlaufenden Kleberstreifen mit mittigem Batzenauftrag auf der Dämmplatten-Rückseite. Diese feste Verbindung mit dem Untergrund ist notwendig, da sich der Nachschwindevorgang bei PS-Hartschaumplatten über mehrere Jahre hinzieht (etwa drei bis fünf Jahre) und somit die Schwind- und Kontraktionskräfte in sogenannter Zwängungsspannung gehalten werden müssen. Sie verhindert jegliche Eigenbewegung der Dämmplatten und damit auch die Rißbildung in den Putzbeschichtungen oberhalb der Stoßfugen.

Vor Beginn der Klebearbeiten sind in Sockelhöhe auf Gehrung geschnittene Sockelabschlußschienen mit Dübelschrauben zu befestigen. Die Dämmplatten werden dann im Verband (versetzte Vertikalfugen) dicht und preß gestoßen sowie flucht- und lotgerecht angesetzt. Im Bereich der Gebäudeecken sind die Platten zu verzahnen und der am Plattenstoß gegebenenfalls herausquellende Kleber sofort zu entfernen. Nach 3 Tagen hat der Kleber so weit abgebunden, daß weitergearbeitet werden kann.

— **WDV-System geklebt und gedübelt** (Bild **8**.33). Bei unsicheren Untergründen ist eine zusätzliche Verdübelung der Dämmstoffplatten vorzunehmen. Dabei unterscheidet man zwei Ausführungsarten (Typ I und Typ II), die nicht zuletzt im Hinblick auf den S t a n d s i c h e r h e i t s n a c h w e i s von WDV-Systemen von Bedeutung sind. Beim **Typ I** werden die Dübel unmittelbar nach dem Anbringen der Dämmplatten gesetzt, so daß mit dem Dübelkopf nur die Dämmplatten gehalten werden. Dies hat jedoch den Vorzug, daß die Dübel jeweils gezielt auf den Platten-T-Stößen gesetzt werden können. Beim **Typ II** wird die Verdübelung dagegen erst nach der Verlegung (Einbettung) des Glasgittergewebes vorgenommen. Damit werden vom Dübelkopf sowohl die Dämmplatten als auch die Armierungsschicht und somit indirekt auch die Putzschale verbessert gehalten. Vgl. hierzu auch Tab. **8.34**.

— **WDV-System mit Schienenbefestigung** (Bild **8.32b**). Dieses System wurde speziell zur Montage auf nicht tragfähigen Untergründen entwickelt, also insbesondere für die nachträgliche Wärmedämmung von Altbauten. Hierbei werden die Dämmplatten mit ihrer umlaufenden Nut in Hart-PVC-Schienen eingefügt, die mit speziellen Dübeln durch den labilen Untergrund hindurch fest mit dem tragfähigen Mauerwerk verankert sind. Aufwendige Untergrundvorbehandlungen, wie sie bei herkömmlichen Verbundsystemen zur Verbesserung der Haftung notwendig sind, entfallen. Nur bei Gebäuden mit mehr als 2 Vollgeschossen ist eine zusätzliche punktweise Verklebung der einzelnen Dämmplatten erforderlich.

Armierungsschicht. Auf die Dämmplatten wird eine zum System gehörende Armierungsschicht – bestehend aus Armierungsmasse und Glasgittergewebe – aufgebracht. In der Regel entspricht die Armierungsmasse der Klebemasse, die auch zum Ankleben der Dämmplatten verwendet wird. Sie wird zweilagig, jeweils 2 bis 3 mm dick, „naß in naß" aufgetragen, so daß das Glasgittergewebe mittig in der Armierungsschicht zu liegen kommt und eine Bahnenüberlappung von etwa 10 cm aufweist. Darüber hinaus sind alle Außenecken und Kanten mit einem besonderen Gewebeeckschutz oder speziellen Eckschutzschienen zu sichern und vollflächig mit Armierungsmasse anzusetzen. Die Armierungsschicht ist für die Qualität des gesamten Dämmsystems von ausschlaggebender Bedeutung, da sie den durch thermischen Einflüssen entstehenden Zug- und Druckspannungen (Winter-/Sommertemperaturen usw.) standhalten und auch noch ausreichend wasserdampfdurchlässig sein muß.

Außenputz (Schlußbeschichtung). Für die Oberflächenbeschichtung kommen – je nach WDV-System – sowohl Kunstharzputze als auch Mineralputze in Frage. Es wird von ihr sowohl geringe Wasseraufnahme als auch hohes Diffusionsvermögen verlangt. Da der Farbton einen wesentlichen Einfluß auf die Oberflächentemperatur hat (dunkle Flächen erwärmen sich bei Besonnung wesentlich stärker als helle Flächen), und um die thermischen Spannungen im System möglichst gering zu halten, dürfen für die Schlußbeschichtung nur helle Farben gewählt werden. Als Maß hierfür gilt der sogenannte **Hellbezugswert**[1]); er sollte die Werte 60 bei Mineralputz bzw. 20 bei Kunstharzputz nicht unterschreiten.

Um unzulässige Feuchtigkeitserhöhungen in der Wand zu vermeiden, darf außerdem die diffusionsäquivalente Luftschichtdicke s_d der Putze (Armierungsschicht und Putzschicht zusammen) gemäß DIN 18550 T1 nicht größer als 2,0 m sein. Des weiteren dürfen stets nur System-Komponenten verwendet werden, die aufeinander abgestimmt sind (Materialverträglichkeit) und von einem Hersteller stammen, da sonst alle Gewährleistungsansprüche verlorengehen.

Schon im Planungsstadium ist der Detailausbildung große Aufmerksamkeit zu schenken. Es würde jedoch den Rahmen dieser Abhandlung bei weitem sprengen, wollte man auf alle Anschlüsse näher eingehen. An dieser Stelle sollen deshalb nur einige wichtige Problembereiche angesprochen und mit **Bild 8.35a bis h** einige Detaillösungen vorgestellt werden. Bei diesen Bildbeispielen wurden die an das Dämmsystem angrenzenden Bauteile und Schichtenfolgen – im Hinblick auf eine bessere Übersichtlichkeit – bewußt nur schematisch dargestellt. Auf die weiterführende Literatur [29], [30], [31] wird hingewiesen.

---

[1]) Der Hellbezugswert ist ein Maß für den Reflexionsgrad einer bestimmten Farbe; entscheidend sind der Schwarzpunkt = 0 und der Weißpunkt = 100. Der HBW gibt also an, wie weit der bestimmte Farbton vom Schwarz- oder Weißpunkt entfernt ist. Wesentlich hierfür ist das Pigment (Farbkörper) und nicht das Bindemittel oder der Glanzgrad einer Farbe [28].

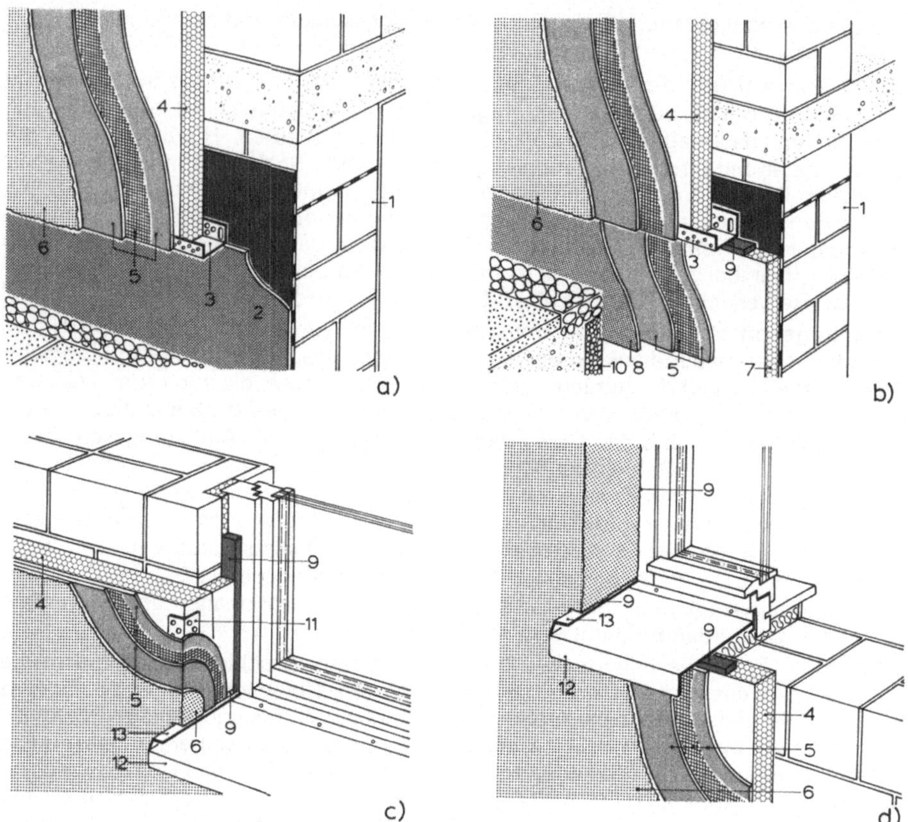

8.35 Konstruktionsbeispiele: Regelanschlüsse und Verlegehinweise für Wärmedämm-Verbundsysteme

a) **Sockelausbildung.** Zur Vermeidung von Wärmebrücken, Fassadendämmung mindestens 30 cm unter UK Kellerdecke führen, jedoch mindestens 30 cm oberhalb Geländeoberfläche enden lassen. Vertikale Abdichtung bis hinter Dämmung hochziehen und an horizontale Dichtung anschließen.

b) **Fassaden-/Kellerwanddämmung.** Kellerwanddämmung (Perimeterdämmung) mindestens 30 cm über Erdreich hochziehen und elastisch/dicht an überstehende Sockelschiene anschließen. Vertikale und horizontale Abdichtung wie zuvor gemäß DIN 18195.

c) **Fenster-/Türlaibungen** außenseitig grundsätzlich mitdämmen (Tauwasserbildung!) und Anschlußfuge zwischen Fassadendämmplatte und Fensterrahmen mit Fugendichtband abdichten. Armierungsschicht und Außenputz über das Dichtband ziehen und mit Kellenschnitt vom Rahmen trennen (unsichtbare Ausführung).

d) **Fensterbankanschlüsse.** Metallfensterbänke mit seitlicher Aufkantung (⊏-Profil) und Dehnungspuffer, ausreichendem Fassadenüberstand (etwa 3 cm) und mit Gefälle nach außen anbringen. Alle Anschlußfugen, wie zuvor beschrieben, mit unsichtbarem Fugendichtband elastisch dicht ausbilden.

e) **Rolladenkastenanschlüsse.** Profilschiene auf Höhe des Rolladenkasten-Sturzes anbringen und außenseitig mit Armierungsschicht und Putzlage beschichten (unsichtbare Ausführung). Anschlußfugen an Rolladenschienen, wie bei c) beschrieben, mit unsichtbarem Fugendichtband elastisch ausbilden.

Fortsetzung s. nächste Seite

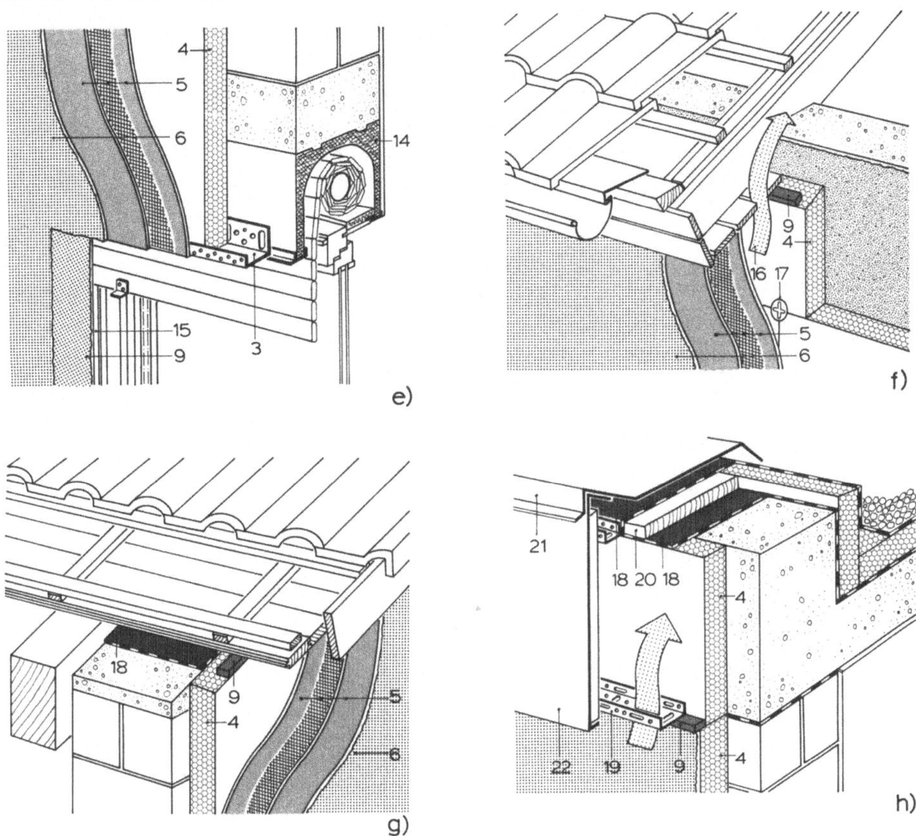

f) bis g) **Steildachanschlüsse** (vereinfachte Darstellung). Dachüberstände – vor allem am Ortgang – niemals zu knapp bemessen, Zuluftöffnungen im Bereich der Traufenverkleidung keinesfalls verschließen und bei ausgebauten Dachgeschossen Fassadendämmung an Dachdämmung lückenlos anschließen. Alle Anschlußfugen, wie unter c) beschrieben, ausbilden.

h) **Flachdachanschlüsse.** Fassadendämmung lückenlos an Dachdämmung anschließen, Attika-Aufkantungen auch innenseitig (zur Dachfläche hin) dämmen und vorgegebene Bewegungsfugen übernehmen (ggf. mit sichtbarem Dehnungsfugenprofil). Zuluftprofile ausreichend bemessen und Metallabdeckungen mit beweglichen Schiebenähten montieren. Für die Dachausbildung selbst sind die „Flachdachrichtlinien" zu beachten.

1 Kellermauerwerk mit horizontaler und vertikaler Abdichtung	12 Metallfensterbank
2 Sockelputz (Mörtelgruppe P III)	13 ⌴-Profil/Dehnungspuffer
3 Sockelabschlußschiene	14 Rolladenkasten
4 Fassadendämmplatte	15 Rolladenschiene
5 Armierungsschicht mit Glasgittergewebe	16 Hinterlüftung
6 Außenputz	17 Spreizdübel
7 Perimeterdämmung	18 Bitumenbahn o. ä.
8 Sockelbeschichtung	19 Zuluftprofil
9 elastisches Fugendichtband	20 Randbohle
10 Dränplatten mit Schutzvlies	21 Abdeckprofil
11 Eckschutz	22 Metallblende o. ä.

Nach Vorlagen Capatect Dämmsysteme GmbH, Ober-Ramstadt

Standsicherheit. Das Institut für Bautechnik in Berlin (IfBt) hat mit Wirkung vom 2. August 1990 neue Regelungen zum Nachweis der Standsicherheit von WDV-Systemen erlassen. Diese neue Regelung (Mitteilungsblatt 4/1990) gilt

a) zum Nachweis der Standsicherheit von Wärmedämm-Verbundsystemen mit Mineralfaser-Dämmstoffen und mineralischem Putz und sinngemäß auch für

b) Wärmedämm-Verbundsysteme mit Hartschaum-Dämmplatten nach DIN 18164 T1 und Eigenlasten (Dämmstoff und Putzbeschichtung) **über** 0,1 kN/m^2.

Tabelle **8.34**   Nachweis der Standsicherheit von Wärmedämm-Verbundsystemen [26]

1	2	3	4
Gebäude mit Höhen < 8 m	**Gebäude mit Höhen** > 8 bis 20 m		**Gebäude mit Höhen** > 20 m
Ohne Nachweis	*Variante 1* **Vereinfachter Nachweis ohne rechnerischen Nachweis**	*Variante 2* **Rechnerischer Nachweis**	**Rechnerischer Nachweis**
Für Gebäude mit Höhen < 8 m bzw. Wohngebäude bis zu 2 Vollgeschossen sind keine Nachweise für die Standsicherheit des WDVS vorzulegen.	Werden die vorgegebenen Anforderungen[1]) an • Verankerungsgrund • Kleber • Mineralfaser-Dämmstoff • Dübel • Bewehrungs-Gewebe • Putzsystem erfüllt, braucht kein rechnerischer Nachweis geführt zu werden. Die Erfüllung der Anforderungen an das Putzsystem ist durch Gutachten zu belegen[2]).	Alternativ **kann** auch ein rechnerischer Standsicherheitsnachweis geführt werden. Die dem Standsicherheitsnachweis zugrunde zu legenden Materialeigenschaften sowie die vorgeschriebenen Bauteilversuche sind durch gutachterliche Äußerung zu belegen[2]).	Es **muß** ein rechnerischer Standsicherheitsnachweis geführt werden. Die dem Standsicherheitsnachweis zugrunde zu legenden Materialeigenschaften sowie die vorgeschriebenen Bauteilversuche sind durch gutachterliche Äußerung zu belegen[2]).
Je nach Erfordernis Verdübelung gemäß Ausschreibung bzw. Herstellerangabe.	Ab Sockelkante sind je m^2 Wandfläche mind. 4 Dübel (durch das Gewebe) bzw. 5 Dübel (unter dem Gewebe) anzuordnen. Im Randbereich sind 8 bzw. 12 Dübel zu verwenden.	Unabhängig von den Materialeigenschaften und dem rechnerischen Ergebnis des Standsicherheitsnachweises darf die Mindestanzahl von 4 Dübeln/m^2 (durch das Gewebe gedübelt) bzw. 5 Dübel (unter dem Gewebe gedübelt) nicht unterschritten werden. Die erforderliche Dübelanzahl im Randbereich richtet sich nach dem Ergebnis des Standsicherheitsnachweises.	

[1]) Für den vereinfachten Nachweis an Gebäuden mit Höhen < 20 m gibt die IfBt-Regelung [26] spezielle Parameter vor, die auf der Basis wissenschaftlicher Untersuchungen festgelegt wurden.

[2]) Für entsprechende Gutachten und Untersuchungen sind autorisiert:
  – Universität Dortmund, Institut für Beton- und Stahlbetonbau
  – Technische Universität Berlin, Institut für Baukonstruktion und Festigkeit.

Hinweis: Für WDVS mit Hartschaum-Dämmstoffen nach DIN 18164 T1 und Eigenlasten **bis** 0,1 kN/m^2 darf auf die zusätzliche Befestigung mit Dübeln verzichtet werden, wenn eine Haftfestigkeit des Systems am Untergrund von mindestens 0,1 N/m^2 (auch im durchfeuchteten Zustand) nachgewiesen wird.

Für WDVS, die **nur** mit Dübeln oder durch Schienen befestigt sind, d.h. ohne Verklebung mit dem Verankerungsgrund, gelten die vorgenannten Regelungen nicht, da hierfür bisher keine ausreichenden allgemeingültigen Erkenntnisse vorliegen.

Brandschutz. Zusammengehörige und geprüfte WDV-Systeme mit Hartschaumplatten sind als schwerentflammbare Baustoffe (Baustoffklasse B1) zu klassifizieren, Systeme mit Mineralfaserplatten und mineralischem Putz als nichtbrennbarer Baustoff (Baustoffklasse A). Als amtlicher Nachweis für diese Eigenschaft muß ein gültiges Prüfzeugnis des Instituts für Bautechnik in Berlin vorliegen.

Ihr jeweiliger Einsatz im Fassadenbereich richtet sich nach der G e b ä u d e h ö h e. Für Außenwandverkleidungen bei Gebäuden mit geringer Höhe (max. 7 m Traufhöhe) gelten keine Vorschriften. Bei Gebäuden bis zur Hochhausgrenze (max. 22 m) muß die Oberfläche mindestens in Baustoffklasse B1/schwerentflammbar, bei Gebäuden über Hochhausgrenze und bei Gebäuden „besonderer Art und Nutzung" (Krankenhäuser, Altenheime usw.) in Baustoffklasse A/nichtbrennbar ausgeführt werden. Weitere Einzelheiten sind [27] zu entnehmen.

8.12 DIN-Normen

DIN-Nr.		Ausgabe-datum	Titel
105	T1	8.89	Mauerziegel; Vollziegel und Hochlochziegel
	T2		–; Leichthochlochziegel
1045		7.88	Beton und Stahlbeton; Bemessung und Ausführung
1053	T1	2.90	Mauerwerk; Rezeptmauerwerk; Berechnung und Ausführung
	T2	7.84	–; Mauerwerk nach Eignungsprüfung; Berechnung und Ausführung
	T3	2.90	–; Bewehrtes Mauerwerk; Berechnung und Ausführung
1060	T1	1.86	Baukalk; Begriffe, Anforderungen, Lieferung, Überwachung
1101		11.89	Holzwolle-Leichtbauplatten und Mehrschicht-Leichtbauplatten als Dämmstoffe für das Bauwesen; Anforderungen, Prüfung
1102			Holzwolle-Leichtbauplatten und Mehrschicht-Leichtbauplatten nach DIN 1101 als Dämmstoffe für das Bauwesen; Verwendung, Verarbeitung
1164	T1	3.90	Portland-, Eisenportland-, Hochofen- und Traßzement; Begriffe, Bestandteile, Anforderungen, Lieferung
	T2		–; Überwachung (Güteüberwachung)
1168	T1	1.86	Baugipse; Begriffe, Sorten und Verwendung; Lieferung und Kennzeichnung
	T2	7.75	–; Anforderungen, Prüfung, Überwachung
1960		9.88	VOB Verdingungsordnung für Bauleistungen; Teil A: Allgemeine Bestimmungen für die Vergabe von Bauleistungen
1961			–; Teil B: Allgemeine Vertragsbedingungen für die Ausführung von Bauleistungen
4102	T1	5.81	Brandverhalten von Baustoffen und Bauteilen; Baustoffe; Begriffe, Anforderungen und Prüfungen
	T2	9.77	–; Bauteile; Begriffe, Anforderungen und Prüfungen
	T4	3.81	–; Zusammenstellung und Anwendung klassifizierter Baustoffe, Bauteile und Sonderbauteile
4108	T1	8.81	Wärmeschutz im Hochbau; Größen und Einheiten
	T2		–; Wärmedämmung und Wärmespeicherung; Anforderungen und Hinweise für Planung und Ausführung

Fortsetzung s. nächste Seiten

DIN-Normen, Fortsetzung

DIN-Nr.		Ausgabe-datum	Titel
4108	T3		–; Klimabedingter Feuchteschutz; Anforderungen und Hinweise für Planung und Ausführung
E	T4 A1	12.89	–; Wärme- und feuchteschutztechnische Kennwerte; Änderung 1
	T5	8.81	–; Berechnungsverfahren
4109		11.89	Schallschutz im Hochbau; Anforderungen und Nachweise
	Bbl 1		–; Ausführungsbeispiele und Rechenverfahren
	Bbl 2		–; Hinweise für Planung und Ausführung; Vorschläge für einen erhöhten Schallschutz; Empfehlungen für den Schallschutz im eigenen Wohn- und Arbeitsbereich
4121		7.78	Hängende Drahtputzdecken; Putzdecken mit Metallputzträgern, Rabitzdecken; Anforderungen für die Ausführung
4208		3.84	Anhydritbinder
4211		4.89	Putz- und Mauerbinder; Begriff, Anforderungen, Prüfung, Überwachung
4226	T1	4.83	Zuschlag für Beton; Zuschlag mit dichtem Gefüge; Begriffe, Bezeichnung und Anforderungen
	T2		–; Zuschlag mit porigem Gefüge (Leichtzuschlag); Begriffe, Bezeichnung und Anforderungen
18041		10.68	Hörsamkeit in kleinen bis mittelgroßen Räumen
18163		6.78	Wandbauplatten aus Gips; Eigenschaften, Anforderungen, Prüfung
18164	T1	6.79	Schaumkunststoffe als Dämmstoffe für das Bauwesen; Dämmstoffe für die Wärmedämmung
18165	T1	3.87	Faserdämmstoffe für das Bauwesen; Dämmstoffe für die Wärmedämmung
E	T1 A1	12.89	–; –; Änderung 1
18168	T1	10.81	Leichte Deckenbekleidungen und Unterdecken; Anforderungen für die Ausführung
	T2	12.84	–; Nachweis der Tragfähigkeit von Unterkonstruktionen und Abhängern aus Metall
18180		9.89	Gipskartonplatten; Arten, Anforderungen, Prüfung
18181		1.69	Gipskartonplatten im Hochbau; Richtlinien für die Verarbeitung
E		1.87	–; Grundlagen für die Verarbeitung
18182	T1	1.87	Zubehör für die Verarbeitung von Gipskartonplatten; Profile aus Stahlblech
18184		12.81	Gipskarton-Verbundplatten mit Polystyrol- oder Polyurethan-Hartschaum als Dämmstoff
E		12.87	–;
18195	T1	8.83	Bauwerksabdichtungen; Allgemeines; Begriffe
18201		12.84	Toleranzen im Bauwesen; Begriffe, Grundsätze, Anwendung, Prüfung
18202		5.86	Toleranzen im Hochbau; Bauwerke
18350		9.88	VOB Verdingungsordnung für Bauleistungen; Teil C: Allgemeine Technische Vertragsbedingungen für Bauleistungen (ATV); Putz- und Stuckarbeiten
18363		9.88	–; –; Maler- und Lackierarbeiten
18366		9.88	–; –; Tapezierarbeiten

Fortsetzung s. nächste Seite

DIN-Normen, Fortsetzung

DIN-Nr.		Ausgabe-datum	Titel
18550	T1	1.85	Putz; Begriffe und Anforderungen
	T2		–; Putze aus Mörteln mit mineralischen Bindemitteln; Ausführung
	T3	3.91	–; Wärmedämm-Putzsysteme aus Mörteln mit mineralischen Bindemitteln und expandiertem Polystyrol (EPS) als Zuschlag
E	T4	3.91	–; Putze mit Zuschlägen mit porigem Gefüge (Leichtputze); Ausführung
18557		5.82	Werkmörtel; Herstellung, Überwachung und Lieferung
18558		1.85	Kunstharzputze; Begriffe, Anforderungen, Ausführung
V 18559		12.88	Wärmedämm-Verbundsysteme; Begriffe, Allgemeine Angaben
51043		8.79	Traß; Anforderungen, Prüfung
53778	T1	8.83	Kunststoffdispersionsfarben für Innen; Mindestanforderungen
	T2		–; Beurteilung der Reinigungsfähigkeit und der Wasch- und Scheuerbeständigkeit von Anstrichen
55945		12.88	Beschichtungsstoffe (Lacke, Anstrichstoffe und ähnliche Stoffe); Begriffe
66800	T1	5.74	Holzschutz im Hochbau; Allgemeines
EN 233		10.89	Wandbekleidungen in Rollen; Festlegungen für fertige Papier-, Vinyl- und Kunststoffwandbekleidungen
EN 234		10.89	–; Festlegungen für Wandbekleidungen für nachträgliche Behandlung
EN 235		10.89	–; Begriffe und Symbole

8.13 Literatur

[1] Härig, S., Günther, K., Klausen, D.: Technologie der Baustoffe. 9. Aufl., Karlsruhe 1990

[2] Volkart, K.: Bauen mit Gips. Von Baugipsen und Gipsbauelementen und deren Verwendung. Hrsg.: Bundesverband der Gips- und Gipsbauplattenindustrie, Darmstadt. 11. Aufl. 1986

[3] Böhm, H., Künzel, H.: Kann ein Spritzbewurf Risse verhindern? Der Stukkateur **11** (1989)

[4] Außenputz auf Holzwolle-Leichtbauplatten und Mehrschicht-Leichtbauplatten. Hrsg.: Bundesverband der Leichtbauplattenindustrie, München

[5] Innenputz auf Holzwolle-Leichtbauplatten und Mehrschicht-Leichtbauplatten. Hrsg.: Bundesverband der Leichtbauplattenindustrie, München

[6] Künzel, H.: Regenschutz von Außenwänden. Der Stukkateur **5** (1985)

[7] Künzel, H.: Wasserabweisende Putz/Anstrich-Systeme. Der Stukkateur **6** (1986)

[8] Merkblatt über die bauphysikalischen und technischen Anforderungen an Sanierputze. Wissenschaftlich-Technischer Arbeitskreis für Denkmalpflege und Bauwerksanierung (WTA), Baierbrunn (1985)

[9] Weber, H.: Mauerfeuchtigkeit und Mauerwerksanierung. Teil 5: Salzsanierung, Putzsanierung, Sanierputze, Anstriche. Bausubstanz **5** (1988)

[10] Meier, H.G.: Lexikon der Bauwerkerhaltung – Putzinstandsetzung. Folge 1 bis 5. Bausubstanz **8** (1990) bis **1** (1991)

[11] Außenputze. Eine Informationsreihe des Bundesarbeitskreises Altbauerneuerung e.V., Bonn, und der Zeitschrift Althaus-Modernisierung. Hrsg.: Fachschriften-Verlag, Fellbach

[12] Merkblatt: Außenputz auf Leichtziegel, Außenputz nach DIN 18550 T1 und T2. Hrsg.: Hauptgemeinschaft der Deutschen Werkmörtelindustrie, Köln u.a. Ausgabe Dezember 1988

[13] Informationsbroschüren „Edelputz". Hrsg.: Fachgruppe Edelputz im Bundesverband der Deutschen Mörtelindustrie, Duisburg

[14] Technische Information: Verarbeitung einlagiger Gipsputze

[15] Merkblatt: Putzen auf Beton (Hinweise für Gipsputze auf Beton). Hrsg.: [8] und [9]: Bundesverband der Gips- und Gipsbauplattenindustrie, Darmstadt

[16] Pieper, K.: Kunstharzputze. Bundesbaublatt **2** (1985)

[17] Bader, H.-P.: Kunstharzputz und Mineralputz im Vergleich. Deutsches Architektenblatt (DAB) **1** (1985)

[18] Kunstharzputz – baubiologisch untersucht. Fachgemeinschaft Kunstharzputze e. V. Die Mappe **10** (1988)

[19] Jungwelter, N.: Schall- und Brandschutz von Unterdecken. Das Bauzentrum **5** (1980)

[20] Gertis, K.: Wärmedämmung innen oder außen? Deutsche Bauzeitschrift (DBZ) **5** (1987)

[21] Künzel, H.: Richtiges Heizen und Lüften in Wohnungen. Zeitschrift für Wärmeschutz, Kälteschutz, Schallschutz, Brandschutz (wksb) **22** (1987)

[22] Oswald, R.: Nachträglicher Wärmeschutz von Außenwänden. Deutsches Architektenblatt (DAB) **10** (1984)

[23] Oswald, R.: Sanierungsmaßnahmen bei Außenwänden und Fenstern. Deutsches Architektenblatt (DAB) **6** (1987)

[24] Zimmermann, G.: Harte Schaumkunststoffe im Bauwesen. Deutsches Architektenblatt (DAB) **2** (1987)

[25] Arndt, H.: Normen zum Wärmeschutz im Hochbau. Was steht im Standardkomplex „Bautechnischer Wärmeschutz" TGL 35 424 der ehemaligen DDR im Vergleich zur DIN 4108 und zur Wärmeschutzverordnung? Hrsg.: Capatect Dämmsysteme GmbH, Ober-Ramstadt (1991)

[26] Nachweis der Standsicherheit von Wärmedämm-Verbundsystemen. Fachverband Fassaden-Vollwärmeschutz e. V., Köln (1990)

[27] Pätzold, H.-P.: Brandschutz und baurechtliche Zulassung bei Wärmedämm-Verbundsystemen. Capatect Dämmsysteme GmbH, Ober-Ramstadt. **3** (1988)

[28] Engelmann, M.: Wie können wärmegedämmte Fassaden problemlos farbig gestaltet werden? Capatect Dämmsysteme GmbH, Ober-Ramstadt. **8** (1987)

[29] Die Technik der Wärmedämmung (Architektenmappe). Capatect Dämmsysteme GmbH, Ober-Ramstadt (1991)

[30] STO – Wärmedämm-Verbundsysteme. Systembeschreibung, Verarbeitung, Ausschreibung. STO AG, Stühlingen (1988)

[31] HECK-Außenwand-Dämmung (Fachinformation). Dämmsystem Heck GmbH, Fußgönheim (1991)

9 Beschichtungen (Anstriche) und Wandbekleidungen (Tapeten) auf Putzgrund

9.1 Beschichtungen: Allgemeine Grundbegriffe

Anstriche werden auf Außen- und Innenputzen zum Zwecke der Sachwerterhaltung (Schutzfunktion), aus Gründen der Hygiene (Verminderung der Verschmutzung, Erleichterung der Reinigung) sowie aus gestalterischen Gründen (Farbgebung) aufgebracht.

Anstrich ist eine aus Anstrichstoffen hergestellte Beschichtung auf einem Untergrund, auf dem er nach dem Trocknen haftet. Er kann aus einer oder mehreren Schichten bestehen. Mehrschichtige Anstriche bezeichnet man als Anstrichsystem.

Anstrichstoff ist ein flüssiger bis pastenförmiger Beschichtungsstoff, der vorwiegend durch Streichen, Rollen oder Spritzen aufgetragen wird. Anstrichstoffe ergeben im allgemeinen nach physikalischer Trocknung oder chemischer Reaktion einen festen Anstrich, auch Beschichtung genannt.

Beschichtung ist der Oberbegriff (Sammelbegriff) für eine aus Anstrich-/Beschichtungsstoffen hergestellte Schicht auf einem Untergrund. Auch mehrere in sich zusammenhängende Schichten werden Beschichtung genannt. Mehrschichtige Beschichtungen bezeichnet man als Beschichtungssystem.

1. Anstrichstoff

Farbige Anstrichstoffe, auch Anstrichmittel genannt, bestehen im einzelnen aus:

a) **Farbmitteln,** die der Farbgebung dienen. Nach ihren Eigenschaften wird zwischen löslichen Farbstoffen (z. B. Holzbeizen, Druckfarben) – die im Bauwesen von untergeordneter Bedeutung sind – und unlöslichen **Pigmenten** organischer oder anorganischer Herkunft unterschieden (z. B. natürliche Pigmente aus aufbereiteten Erden oder synthetische Pigmente). Für Anstrichstoffe am Bau werden unlösliche Pigmente verwendet. Sie werden durch Bindemittel miteinander und mit dem Untergrund verbunden und haben deckende Wirkung. Je nach ihrem Verwendungszweck müssen sie licht-, kalk- und zementecht sowie wetter- und UV-beständig sein.

b) **Bindemitteln,** die der nichtflüchtige Anteil eines Anstrichstoffes sind (ohne Pigment und Füllstoff). Das Bindemittel verbindet die Pigmentteilchen untereinander und mit dem Untergrund und bestimmt somit weitgehend die Haltbarkeit des Anstriches. Man unterscheidet wasserverdünnbare Bindemittel (z. B. Kalk, Zement, Wasserglas, Dispersionen) und lösungsmittelverdünnbare Bindemittel (z. B. Lacke, Leinöl-Firnis).

c) **Verdünnungsmitteln,** die zur Verbesserung der Verarbeitbarkeit zugesetzt werden und nach dem Anstrichauftrag wieder verflüchtigen, sowie **Füllstoffen** (z. B. Kreide), die den Anstrichstoffen unter Umständen zur Strukturgebung beigemengt werden.

2. Anstrichaufbau

Ein Anstrichsystem (Beschichtungssystem) kann je nach Lage und Beschaffenheit der zu streichenden Putzfläche, den an sie gestellten Anforderungen und gestalterischen Absichten sehr unterschiedlich aufgebaut sein. Zu beachten ist auch, daß allen Anstricharbeiten immer eine äußerst sorgfältige Untergrundprüfung bzw. Untergrundvorbehandlung vorausgehen muß. Im einzelnen unterscheidet man:

— **Grundanstrich** (Grundierung), der aus einer oder mehreren Schicht(en) bestehen kann und einmal zur Haftverbesserung zwischen Untergrund und nachfolgenden Anstrichen, zum anderen zur Untergrundverfestigung sowie Verminderung der Saugfähigkeit des Untergrundes dient. Hierbei können auch Spezialgrundierungen (Tiefengrund) notwendig werden. Zwischen Grund- und Deckanstrich eines Anstrichsystems kann je nach Bedarf ein bzw. mehrere Z w i s c h e n a n - s t r i c h (e) liegen (evtl. mit Gewebeeinbettung zur Rißüberbrückung).

— **Deckanstrich** (Schlußanstrich), der aus einer oder mehreren Schicht(en) besteht und insgesamt mit den Stoffen der darunterliegenden Anstrichschichten abgestimmt sein muß. Er übernimmt den Schutz der unter ihm liegenden Schichten und gibt dem Anstrichsystem die geforderten Oberflächeneigenschaften. Zu beachten ist jedoch, daß der Begriff „Deckanstrich" nichts über das Deckvermögen des Anstriches (z. B. Verdecken von Farbunterschieden o. ä.) aussagt. Weitere Einzelheiten sind DIN 55945 (Ausg. 12.88), Beschichtungsstoffe, zu entnehmen.

3. Abnutzungsbeanspruchung (Beständigkeit)

Anstriche auf mineralischem Untergrund sind nach der geforderten Beanspruchung auszuführen. Nach DIN 18363, Anstricharbeiten, unterscheidet man:

— **Wischbeständigkeit.** Sie ist die Eigenschaft eines Anstriches, bei leichtem, trockenem Reiben nicht abzufärben. Da sie grundsätzlich von allen Anstrichen zu erbringen ist, wird diese Grundforderung in der vorgenannten Norm nicht mehr besonders angeführt.

— **Waschbeständigkeit.** Sie weist ein Anstrich auf, wenn er mit Schwamm und Wasser unter Zusatz eines neutralen Feinwaschmittels gewaschen werden kann, ohne daß sich das Reinigungswasser färbt.

— **Scheuerbeständigkeit.** Sie weist ein Anstrich auf, wenn er mit einer Bürste und Wasser unter Zusatz eines neutralen Feinwaschmittels gescheuert werden kann, ohne daß der Anstrich beschädigt wird oder das Reinigungswasser sich färbt.

Hinweis: Kunststoffdispersionsfarben für Innen sind in DIN 53778 T1 genormt. Danach dürfen für Innenanstriche nur Dispersionsfarben der Güteklasse W „waschbeständig" oder der Güteklasse S „scheuerbeständig" verwendet werden. Die Güteklasse „wischbeständig" wurde in diese Norm nicht mehr aufgenommen. Diese Eigenschaft wird grundsätzlich von allen Anstrichen gefordert. An Glanzgradstufen werden genannt: Hochglänzend (HG), glänzend (G), seidenglänzend (SG), seidenmatt (SM) sowie matt (M).

— **Wetterbeständigkeit.** Sie weist ein Anstrich auf, wenn er unter normalen Witterungseinflüssen (Temperatur- und Feuchtigkeitsschwankungen) noch nach 2 Jahren in zweckentsprechendem Zustand ist.

Die Entwicklung auf dem Gebiet der Beschichtungsstoffe während der letzten Jahrzehnte führte zu einem nahezu unüberschaubaren Angebot an Anstrichstoffen, Lacken und ähnlichen Produkten mit den unterschiedlichsten Eigenschaften, Auftragstechniken, Oberflächenstrukturen usw. Immer neue Produkte für ganz spezifische Einsatzgebiete kommen auf den Markt und erfordern eine sehr differenzierte Auswahl, die letztlich nur noch in enger Zusammenarbeit mit den Fachberatern getroffen werden kann. Diese Beratungsdienste sollten rechtzeitig in Anspruch genommen werden, damit unkorrigierbare Fehlentscheidungen vermieden werden. Firmenneutrale Merkblätter bzw. Technische Richtlinien der Berufsverbände können dabei eine wertvolle Hilfe sein.

Vgl. hierzu [4] bis [5]. Alle wichtigen anstrichtechnischen Begriffe über Beschichtungsstoffe (Anstrichstoffe, Lacke) sind in DIN 55 945 (Ausg. 12.88) festgelegt. Bei der Abfassung von Leistungsverzeichnissen sollte man sich dieser Begriffe bedienen, um Mißverständnisse von vornherein auszuschließen. Angaben über Werkstoffe, Ausführung und Abrechnung von Anstricharbeiten sind VOB Teil C, DIN 18 363 zu entnehmen. Auf die weiterführende Spezialliteratur [1], [2] wird hingewiesen.

Eine Zusammenstellung über mögliche gesundheitliche Gefahren, die von Baustoffen ausgehen können, enthält [3].

9.2 Besondere Merkmale einiger Beschichtungsstoffe

Deckende Anstrichsysteme für Außen- und Innenputze

1. Leimfarbe ist ein Anstrichstoff mit Leim als wasserlöslichem Bindemittel, der seine Löslichkeit in Wasser nach dem Trocknen nicht verliert. Der nur wischbeständige Innenanstrich bleibt empfindlich gegen Nässe und Feuchtigkeit und kann durch Abwaschen entfernt werden. Alte Leimfarbenanstriche sind kein geeigneter Untergrund für Tapeten oder weitere Anstriche. Die heute kaum mehr gebräuchliche Leimfarbentechnik ist weitgehend von den Dispersionsfarbenanstrichen verdrängt worden.

2. Kalkfarbe ist eine wässerige Aufschlämmung von gelöschtem Kalk, der zugleich Bindemittel und Pigment darstellt. Kalkfarbenanstriche – innen und außen einsetzbar – erhärten durch Aufnahme von Kohlendioxid (Karbonaterhärtung s. Abschn. 8.3.1) und sind besonders geeignet für kalk- und zementhaltige Putzflächen (Hinweis: Fresko-Maltechnik auf feuchtem Kalkputz). Ungeeignet sind alle Untergründe, die bereits einmal mit Öl-, Lack-, Dispersionsfarben o. ä. gestrichen wurden sowie stark gipshaltige Putze. Kalkfarbenanstriche sind preiswert, wasserdampfdurchlässig und je nach Zusätzen wischbeständig bzw. wetterbeständig. Sie kommen heute nur noch in Sonderfällen (landwirtschaftliche Bauten, historische Putzfassaden) zur Anwendung, da sie sich unter Einwirkung von saurer Atmosphäre (Industrieabgase) zersetzen.

3. Kalk-Weißzementfarbe besteht aus Weißzement und Kalkfarbe und erhärtet vorwiegend hydraulisch. Daher sind Kalk-Weißzementfarben gegenüber schwefeliger Säure aus dem Regenwasser weniger empfindlich als Kalkfarben, jedoch genauso wasserdampfdurchlässig. Zusätze, wie Kunststoffdispersionen in geringen Mengen, verbessern die Bindefähigkeit und Verarbeitbarkeit. Der Effekt des „Schlämmanstriches" wird durch Feinsandzuschläge erzielt. Kalk-Weißzementanstriche kommen noch in untergeordneten Bereichen zur Anwendung. Besonders geeignet sind mineralische Untergründe, jedoch keinesfalls gipshaltige Putze.

4. Silikatfarbe (zweikomponentig) besteht aus kieselsäurereichem Wasserglas (flüssiges Bindemittel, auch als „Fixativ" bezeichnet) und wasserglasbeständigen Pigmenten zur Farbgebung. Die Erhärtung erfolgt physikalisch (Verdunstung des Wassers) und chemisch (kristalline Versteinerung). Diese sogenannte Verkieselung bewirkt eine widerstandsfähige Verbindung der Pigmente untereinander und eine vorzügliche Verankerung mit dem Untergrund. Silikatfarbenanstriche können auf alle mineralischen Untergründe (Kalk- und Zementputz, Ziegelmauerwerk, Naturstein, Beton) aufgebracht werden. Ungeeignet sind gipshaltige Putze und Flächen mit alten organischen Beschichtungen. Silikatfarbenanstriche sind licht-, säure- und wetterbeständig, geeignet für Außen- und Innenanstriche. Des weiteren zeichnen sie sich durch hohe Wasserdampf- und Gasdurchlässigkeit aus, so daß sie auch auf kalkreiche Putze aufgetragen werden können. Da sie auf Grund ihrer kristallinen Versteinerung auch gegen Einwirkung saurer Atmosphäre (Industrieabgase) beständig sind und ein relativ günstiges Anschmutzverhalten aufweisen, gewinnen sie für den Schutz historischer Fassaden (Denkmalschutz) immer größere Bedeutung. Mit der Verarbeitung sollten jedoch nur erfahrene Firmen beauftragt und die Beratungsdienste der Herstellerfirmen rechtzeitig in Anspruch genommen werden.

Die jeweiligen Verarbeitungsrichtlinien sind unbedingt einzuhalten. Verschmutzte Untergründe und alte mineralische Anstriche werden mit einer Ätzflüssigkeit (1 : 5 mit Wasser verdünnt) und harter Bürste gründlich gereinigt und mit reinem Wasser nachgewaschen. Öl-, Latex- und Dispersionsfarben sind restlos zu entfernen. Bei stark saugenden Untergründen ist ein Grundanstrich auf Wasserglasbasis erforderlich. Bereits einige Stunden vor der Verarbeitung soll das Farbpulver (Pigment) mit dem kristallklaren Bindemittel (Fixativ) genau nach Herstellervorschrift gemischt werden (Einsumpfzeit). Bei stark saugendem Untergrund wird dem ersten Anstrich entsprechend mehr Fixativ (keinesfalls Wasser!) zugegeben und zügig mit der Bürste – naß in naß – aufgetragen. Der zweite Anstrich erfolgt meist unverdünnt. Zwischen jedem Anstrich müssen 12 Stunden Trockenzeit liegen, um eine ausreichende Erhärtung und Verkieselung zu erreichen. Die hohe Wasseraufnahmefähigkeit der Silikatfarbe wird meist durch eine nachfolgende Hydrophobierung (wasserabweisende farblose Imprägnierung) gemindert.

5. Dispersions-Silikatfarbe (einkomponentig) – früher Silikat-Organfarbe genannt – ist eine Weiterentwicklung der zuvor beschriebenen reinen Silikatfarbe. Durch Zusatz von bis zu 5% Dispersionsbindemittel kann sie in streichfertigem Zustand geliefert werden, ohne dadurch ihre typisch mineralischen Eigenschaften zu verlieren. Dazu gehören neben einer hohen Wasserdampfdurchlässigkeit auch die vorgenannte Verkieselung mit dem mineralischen Untergrund. Eine Art „Filmbildung", wie sie bei kunstharzgebundenen Anstrichen vorgegeben ist, findet nicht statt. Sie läßt sich auch wesentlich problemloser als die reinen Silikatfarben verarbeiten. Mischungsfehler und Schäden infolge unsachgemäßer Verarbeitung – wie sie bei den mehrkomponentig aufgebauten reinen Silikatfarben unter Umständen auftreten können – sind weitgehend ausgeschlossen. Eine leichte Kreidung ist allerdings im Laufe der Jahre möglich. Hochwertigen Dispersions-Silikatfarben werden bereits werkseitig Hydrophobierungsmittel zugesetzt, um einen verbesserten Feuchteschutz (Regenschutz) zu bewirken. Dadurch wird die vorgegebene Oberflächenstruktur des Untergrundes, beispielsweise bei historischen Gebäuden, jedoch nicht verändert.

6. Dispersionsfarbe (Kunststoffdispersionsfarbe) – auch Kunststofflatexfarbe genannt – besteht aus einem Dispersionsbindemittel gemäß DIN 55947 (in Wasser dispergierte/fein verteilte Polymerisatharze), Pigmenten und Füllstoffen. Während das Wasser verdunstet bzw. vom Untergrund aufgenommen wird, verfließen die Kunstharzteilchen ineinander und verschweißen schließlich langsam miteinander, so daß eine geschlossene (mikroporöse), weitgehend wasserundurchlässige Beschichtung entsteht, die jedoch ausreichend wasserdampfdurchlässig ist. Das sich diese „filmartige" Beschichtung mit Wasser nicht wieder auflösen läßt, sind für die Entfernung dieser Anstriche spezielle Abbeizmittel erforderlich. Durch Zugabe unterschiedlicher Arten/Mengen von Bindemitteln bzw. Füllstoffen lassen sich Dispersionsfarbenanstriche mit ganz verschiedenen Eigenschaften und Oberflächenstrukturen herstellen. So ergeben sich gut deckende, wetterbeständige Außenanstriche – vgl. auch Kunstharzputze – sowie wasch- und scheuerbeständige Innenanstriche für Decken- und Wandflächen gemäß DIN 53778. Sie haften auf fast allen festen und tragfähigen Untergründen wie Putz, allen Arten von Beton, Sichtmauerwerk, Gipskartonplatten, Rauhfasertapeten usw., lassen sich einfach verarbeiten, sind farbig beliebig abtönbar (klare, kräftige Farbtöne) und sehr wirtschaftlich. Zu beachten ist, daß durch zu niedrige Temperaturen (untere Grenze + 5 °C) und/oder zu hohe relative Luftfeuchtigkeit die Trocknung bzw. Filmbildung um Wochen verzögert oder ganz verhindert werden kann (Folge: nicht waschbeständige Anstriche). Die Wartezeit bis zur Anstrichausführung auf Neuputzen der Mörtelgruppe P II und P III beträgt mindestens 3 Wochen. Putze der Mörtelgruppe P I (Luftkalkmörtel) dürfen mit D i s p e r s i o n s f a r b e n n i c h t b e s c h i c h t e t werden. Auf die in Abschn. 9.3 angesprochenen Zusammenhänge von Wasserdampfdurchlässigkeit und kapillarer Wasseraufnahme wird verwiesen.

7. Polymerisatharzfarben trocknen durch Verdunstung des Lösungsmittels. Während die Dispersionsfarben auf wäßriger Basis aufgebaut sind, stellen die Polymerisatharzfarben lösungsmittelhaltige Systeme dar, wobei heute vor allem Anstriche auf Acryllatbasis eingesetzt werden. Sie zeichnen sich durch leichte Verarbeitbarkeit, sehr rasche Trocknung, gute Alterungsbeständigkeit, Lichtbeständigkeit und ausreichende Wasserdampfdurchlässigkeit aus. Diese kann durch Zugabe von Siloxanen noch erhöht werden. Polymerisatharzfarbenanstriche sind vor allem für mineralische Untergründe geeignet und werden in steigendem Umfang verwendet. Weitere Anstrichsysteme bleiben im Rahmen dieser Abhandlung unberücksichtigt. Auf die weiterführende Spezialliteratur [1], [2] wird verwiesen.

Farblose Anstrichsysteme für Außenputze

Imprägnierungsmittel (Hydrophobierungsmittel) werden für den farblosen Fassadenschutz verwendet. Sie dienen dazu, mehr oder weniger stark saugende mineralische Wandbaustoffe (Kalksandsteine, Ziegelmauerwerk, alle Arten von Beton, Natursteine, Mineralputze) w a s s e r a b w e i s e n d auszurüsten, ohne ihre Wasserdampfdurchlässigkeit nennenswert zu mindern. Durch das Imprägnieren sind die häufig auftretenden Folgeschäden stetiger Fassadendurchfeuchtung weitgehend vermeidbar (z. B. Verfärbungen und Verschmutzungen, Salzausblühungen, Pilz- und Moosbefall, Frostschäden, Schäden durch saure Atmosphäre usw.). Außerdem behalten imprägnierte Bauteile ihre ursprüngliche Wärmedämmfähigkeit. Ein Imprägniermittel muß unter anderem alkali- und UV-beständig sein, klebfrei auftrocknen und möglichst tief in den Wandbaustoff eindringen. Dabei werden die oberflächennahen Poren mit einer hauchdünnen Schicht ausgekleidet, die jedoch äußerlich nicht zu erkennen ist. Das Imprägnierungsmittel besteht im Regelfall aus dem eigentlichen Wirkstoff (z. B. Silikonharz) und einem Lösungsmittel (z. B. Alkohol). Es werden hauptsächlich verwendet:

— Silane (löslich in Alkohol)

— Silikonharze (löslich in organischen Lösungsmitteln)

— Siloxane (löslich in Alkoholen und Kohlenwasserstoffen) u. a. m.

a) **Silanimprägnierungen** weisen ein sehr hohes Eindringvermögen auf. Außerdem kann man sie auf noch feuchten Untergründen verarbeiten. Sie sind jedoch relativ teuer.

b) **Silikonharzimprägnierungen** lassen sich problemlos auf allen saugfähigen Untergründen verarbeiten, wobei diese möglichst trocken sein sollten. Sie weisen geringere Eindringtiefe auf, ergeben jedoch einen wirksameren Oberflächenschutz als die Silane und sind preisgünstiger.

c) **Siloxanimprägnierungen** weisen ein gutes Eindringvermögen auf, können auf feuchtem Untergrund eingesetzt werden und sind relativ preiswert.

Die Verarbeitung der sehr unterschiedlichen Imprägnierungsmittel wird von der Art des Baustoffes bestimmt. Üblicherweise werden sie mit Sprüh- und Flutgeräten bis zur völligen Sättigung des Untergrundes aufgebracht. Vor jeder Imprägnierung hat eine gründliche Reinigung der Fassade zu erfolgen. Bei sachgemäßer Ausführung der Imprägnierung ist mit einer Wirkungsdauer von bis zu 10 (15) Jahren zu rechnen. Weiterentwicklungen sind zu erwarten. Hinzuweisen ist noch, daß Imprägnierungsmittel keine Dichtungsmittel sind und sie daher auch nicht zur Imprägnierung/Abdichtung von Flächen, die unter Wasserdruck stehen, verwendet werden können.

9.3 Beschichtungen (Anstriche) auf mineralischen Außenputzen

Außenputz und das jeweilige Anstrichsystem sind immer aufeinander abzustimmen. Der Putz ist einerseits auf die nachfolgende Oberflächenbehandlung einzustellen, andererseits darf der Anstrich das materialbedingte Verhalten der Putzlagen nicht nachteilig beeinflussen. Somit bestimmen Putzart und Beschaffenheit des Untergrundes, ebenso wie der jeweilige Anstrichstoff bzw. Anstrichtechnik, Wirkung und Haltbarkeit des Anstrichsystems.

Bauphysikalische Anforderungen

Anforderungen bezüglich des klimabedingten Feuchteschutzes sind in DIN 4108 T3 festgelegt. Im Zusammenhang mit den Fassadenbeschichtungen sind dies vor allem:

— Erhaltung einer möglichst hohen Wasserdampfdurchlässigkeit

— Begrenzung der kapillaren Wasseraufnahme (Regenschutz).

Die Tauwasserbildung im Inneren von Bauteilen ist abhängig vom Temperaturverlauf in der Wand und vom Wasserdampfdiffusionswiderstand der einzelnen Baustoffschichten. Die wesentlichen Kenngrößen sind in Abschn. 14.5.6, in Teil 1 dieses Werkes beschrieben. Durch das Aufbringen von Beschichtungen auf eine Außenwand können sich die Verhältnisse im Inneren des Bauteiles bezüglich Tauwasserbildung ändern. Wie in Abschn. 8.7.5 bereits erläutert, darf vor allem im Grenzbereich zwischen Beschichtung und Untergrund kein Tauwasser anfallen. Der Einfluß der Beschichtung ist vernachlässigbar, wenn ihre diffusionsäquivalente Luftschichtdicke $s_d \leq 2$ m beträgt. Während diese Forderung bei Neubauten kaum Probleme aufwirft, können bei der Renovierung von Altbauten – insbesondere wenn bereits früher relativ dichte Fassadenbeschichtungen aufgetragen wurden – Berechnungen des Diffusionswiderstandes der verschiedenen Wandschichten notwendig werden (Glaserdiagramm). An dieser Stelle wird nochmals darauf hingewiesen, daß beim Anstrich von reinen Kalkputzen (Mörtelgruppe P I) auch immer eine ausreichende Kohlendioxiddurchlässigkeit gegeben sein muß.

Bei Beregnung der Fassade kann Wasser durch kapillaren Transport in Außenbauteile eindringen. Maßnahmen zur Begrenzung der Wasseraufnahme – wie beispielsweise hinterlüftete Außenwandbekleidungen sowie wasserabweisende oder wasserhemmende Außenputze – sind in DIN 4108 T 3 angeführt. Die wesentlichen Kenngrößen sind in Abschn. 14.5.6, Teil 1 dieses Werkes, beschrieben. Fassadenbeschichtungen können die Wasseraufnahme ebenfalls wirksam mindern, dabei darf die Wasserabgabe während der Trocknungsperiode jedoch nicht nachteilig beeinträchtigt werden. Wie in Abschn. 8.7.5, Schlagregenschutz, bereits erwähnt, sind Anstrichsysteme in DIN 4108 T 3 zur Erzielung eines entsprechenden Regenschutzes nicht aufgeführt, da Fassadenanstriche nicht genormt sind. Vertreter der Mörtel- und Bindemittelindustrie haben deshalb in einer Richtlinie [6] vereinbart, daß ein **wasserabweisendes Putz/Anstrich-System** aus einem wasserhemmenden Putz und einem wasserabweisenden Anstrich gebildet wird.

Die kapillare Wasseraufnahme bzw. Wasserdampfdurchlässigkeit beeinflußt den Feuchtehaushalt einer Außenwand maßgeblich. Dabei spielt die Größe und Verteilung der Poren (Porenstruktur) eine wichtige Rolle. Vergleicht man die Wirkungsweise der mineralischen Anstriche mit denen der kunstharzgebundenen Anstrichmittel, so stellt man fest, daß mineralische Anstriche aus Kalk, Weißzement und Wasserglas (Silikatfarbe) die größeren Poren des Putzes „verstopfen" und so die kapillare Wasseraufnahme in gewünschtem Maße herabsetzen, ohne die Wasserdampfdurchlässigkeit des Putzes zu beeinträchtigen: Eine rasche Feuchtigkeitsabgabe ist nach wie vor möglich. Die kunstharzgebundenen Anstriche aus Dispersionen u. ä. bieten demgegenüber einen wesentlich besseren Wetterschutz, da sie beispielsweise gegen anfallenden Schlagregen nahezu dicht sind. Entsprechend niedriger ist jedoch ihre Wasserdampfdurchlässigkeit. Bei diesen Anstrichen bzw. Kunstharzbeschichtungen kann die in die Wand eingedrungene Feuchtigkeit nur noch wesentlich verlangsamt nach außen entweichen. Eine ausreichend hohe Wasserdampfdurchlässigkeit ($s_d \leq 2$ m) ist daher in jedem Fall zu fordern.

Putz als Anstrichuntergrund

Seit jeher gilt die wichtige Malerregel: Jeder Anstrich ist nur so gut, wie sein Untergrund dies zuläßt. Die einwandfreie Beschaffenheit des Untergrundes ist daher eine unerläßliche Voraussetzung für die Haltbarkeit des Anstriches.

Außenputze auf mineralischer Basis müssen DIN 18550 T 1 und T 2 entsprechen. Sie können ein- oder mehrlagig mit unterschiedlicher Oberflächenstruktur aufgebracht sein. Neben den allgemeinen Anforderungen, die jede Putzart erfüllen soll, müssen Außenputze vor allem den in Abschn. 8.7.5 angeführten zusätzlichen Anforderungen genügen. Danach sollen sie witterungsbeständig, ausreichend fest und tragfähig sein, um Anstriche/Beschichtungen aufnehmen zu können. Vgl. hierzu Tabelle

Tabelle **9.1**   Putzmörtelgruppen n. DIN 18550 T 1 mit der jeweils geforderter Mindestdruckfestigkeit [4]

Putzmörtelgruppe nach DIN 18550	Mindestdruckfestigkeit
P I a und P I b Luftkalk- und Wasserkalkmörtel	keine Anforderungen
P I c Hydraulischer Kalkmörtel	1,0 N/mm²
P II a Hochhydraulischer Kalkmörtel P II b Kalk-Zementmörtel	2,5 N/mm²
P III a Zementmörtel mit Zusatz von Kalkhydrat P III b Zementmörtel	10,0 N/mm²
P IV a Gipsmörtel P IV b Gipssandmörtel nur für feuchtigkeitsgeschützte Außendecke P IV c Gipskalkmörtel	2,0 N/mm²
P IV d Kalkgipsmörtel nur für feuchtigkeitsgeschützte Außendecke	keine Anforderungen

8.6, Zeilen 25 bis 29. Die jeweiligen Putzmörtelgruppen mit den entsprechenden Mindestdruckfestigkeiten sind Tabelle **9.**1 zu entnehmen. Außerdem muß der Außenputz richtig aufgebaut sein, so daß die Festigkeit der einzelnen Lagen nach außen hin abnimmt (Festigkeitsgefälle). Bei Neuputzen muß bereits aus der Leistungsbeschreibung erkennbar sein, welche nachfolgende Oberflächenbehandlung vorgesehen ist.

Oberflächenbehandlung

Die Auswahl der Werkstoffe richtet sich nach den erwarteten Beanspruchungen, der Beschaffenheit des (Anstrich)Untergrundes und nach gestalterischen Gesichtspunkten. Die Beschichtungen sind entsprechend VOB Teil C, DIN 18363, Anstricharbeiten, auszuführen. Die jeweilige Eignung der Beschichtungsstoffe auf verschiedenen Putzuntergründen ist Tabelle **9.**2 zu entnehmen. Für den Beschichtungsaufbau sind die Angaben der Hersteller zu beachten.

Tabelle **9.**2   Eignung der Beschichtungsstoffe auf verschiedenen Außenputzen [4]

Zeile	Beschichtungsstoffe	Mörtelgruppen nach DIN 18550					
		P I a/b	P I c	P II a/b	P III	P IV a/c nur für feuchtigkeitsgeschützte Außenflächen	P IV d nur für feuchtigkeitsgeschützte Außenflächen
1	Silikatfarben	+	+	+	+	−	+
2	Dispersions-Silikatfarben	+	+	+	+	+	+
3	Silicon-Emulsionsfarben	+	+	+	+	+	+
4 4.1	Strukturbeschichtungen[1]) Silikat-, Silicon-Emulsionsbasis	+	+	+	+	+	+
4.2	Weißzementbasis	−	+	+	+	−	−
5	Dispersionsfarben, wetterbeständig	−	−	+	+	+	−
6	Gefüllte Dispersionsfarben, wetterbeständig	−	−	+	+	+	−
7	Kunstharzputze nach DIN 18558	−	−	+	+	+	−
8	Dispersionslackfarben	−	−	+	+	+	−
9	Polymerisatharz-Lackfarben	−	−	+	+	+	−
10	Kunstharzlackfarben und Reaktionslackfarben	−	−	+	+	+	−

+ geeignet   − ungeeignet

[1]) Beschichtungen mit putzartigem Aussehen auf Basis von Silikaten, Silicon-Emulsionen oder Weißzement mit Kunststoffdispersionen vergütet

Wie Tabelle **9.**2 verdeutlicht, sind Putze der Mörtelgruppe P I gemäß den Zeilen 1 bis 4.1 nur als Träger für vorwiegend mineralische Beschichtungsstoffe geeignet. Bei Beschichtungen mit kunstharzgebundenen Beschichtungsstoffen entsprechend den

Zeilen 4.2 bis 10 muß der Putz der Mörtelgruppe P II oder P III entsprechen. Danach sind Putze der Mörtelgruppe P I für diese Beschichtungsstoffe nicht geeignet. Zu beachten ist auch, daß kalk- oder zementhaltige Putze in Verbindung mit Feuchtigkeit immer alkalisch reagieren. Eine nachhaltige Neutralisation ist nicht möglich. Die ausgewählten Beschichtungsstoffe müssen daher alkalibeständig sein. Weitere Einzelheiten sind der Spezialliteratur [4] zu entnehmen.

Wie in Abschn. 8.3.1 bereits erwähnt, erhärten Luftkalkmörtel überwiegend dadurch, daß sie langsam – von außen nach innen – Kohlendioxid aus der Luft aufnehmen und dabei der gelöschte Kalk wieder in Calciumcarbonat (Kalkstein) umgewandelt wird. Der Verlauf dieser Reaktion ist abhängig vom Feuchtigkeitsgehalt des Mörtels und vom Eindringvermögen des Kohlendioxids in die Mörtelporen. Diese Umkristallisation kann dann nicht – oder nur sehr verlangsamt – stattfinden, wenn eine dichte, filmbildende Beschichtung vorgenannter Art aufgebracht und so das Kohlendioxid bzw. Regenwasser vom Putz ferngehalten wird (Dauer des Abbindeprozesses 1 bis 2 Jahre). Die Folge davon sind mürbe Mörtel mit geringer Festigkeit. Kunstharzgebundene Beschichtungen erfordern daher als Anstrichuntergrund einen Putz aus hydraulisch erhärtendem Mörtel (Mörtelgruppe P II oder P III), der auch bei Luftabschluß die notwendige Festigkeit erreicht. Putze der Mörtelgruppe P I sind vor allem an alten Bauwerken (historischen Gebäuden) anzutreffen.

9.4 Beschichtungen (Anstriche) auf mineralischen Innenputzen

Putz als Anstrichuntergrund

Innenputze auf mineralischer Basis müssen ebenfalls DIN 18550 T1 und T2 entsprechen. Sie können ein- oder mehrlagig mit unterschiedlicher Oberflächenstruktur aufge-

Tabelle **9.3**   Putzmörtelgruppen nach DIN 18550 T1 mit der jeweils geforderten Mindestdruckfestigkeit und Beanspruchung als Innenputz [5]

Mörtelgruppe nach DIN 18550	Beanspruchung	Mindestdruckfestigkeit
P I a und P I b Luftkalk- und Wasserkalkmörtel	nur für geringe Beanspruchung	keine Anforderungen
P I c Hydraulischer Kalkmörtel	übliche Beanspruchung	1,0 N/mm²
P II a Hochhydraulischer Kalkmörtel P II b Kalk-Zementmörtel	höhere mechanische Beanspruchung, Putze in Naß- und Feuchträumen	2,5 N/mm²
P III a Zementmörtel mit Zusatz von Kalkhydrat P III b Zementmörtel	hohe mechanische Beanspruchung, Putze in Naß- und Feuchträumen	10,0 N/mm²
P IV a Gipsmörtel¹) P IV b Gipssandmörtel¹) P IV c Gipskalkmörtel¹)	für übliche Beanspruchung	2,0 N/mm²
P IV d Kalkgipsmörtel¹)	nur für geringe Beanspruchung	keine Anforderungen
P V a Anhydritmörtel¹) P V b Anhydritkalkmörtel¹)	für übliche Beanspruchung	2,0 N/mm²

¹) nur für feuchtigkeitsgeschützte Außendecken

bracht sein. Neben den allgemeinen Anforderungen, die jede Putzart erfüllen soll, müssen Innenputze vor allem den in Abschn. 8.7.6 angeführten zusätzlichen Anforderungen genügen. Danach sollen sie ausreichend fest und tragfähig sein, um Anstriche/Beschichtungen oder auch Tapeten (s. Abschn. 9.5) aufnehmen zu können. Auch auf ihre Feuchtigkeitsbeständigkeit und das Festigkeitsgefälle der einzelnen Putzlagen ist zu achten (Tab. **8.8**). Bei mineralischen Innenputzen, an die übliche Anforderungen als Träger von **Anstrichen** und **Tapeten** gestellt werden, müssen die Mörtel eine Mindestdruckfestigkeit von 1,0 N/mm^2 aufweisen. Siehe hierzu Tabelle **9.3**. Demnach sind Putze der Mörtelgruppe P I a, P I b und P IV d für kunstharzgebundene Beschichtungen oder Tapezierungen nicht geeignet. Auch bei der Ausführung von Innenputzen (Neuputzen) muß bereits in der Leistungsbeschreibung erkennbar sein, welche nachfolgende Oberflächenbehandlung vorgesehen ist.

Die Eignung bzw. Beschaffenheit des (Anstrich)Untergrundes ist vor Beginn der Malerarbeiten zu überprüfen. Der Putz muß zum Zeitpunkt der vorgesehenen Oberflächenbehandlung tragfähig (fest) und ausreichend trocken sein. Im allgemeinen ist eine Standzeit von mindestens vier Wochen erforderlich. Der Zeitraum ist auch von den klimatischen Verhältnissen im Bau, von der Putzart und Putzdicke und

Tabelle **9.4** Eignung der Beschichtungsstoffe auf verschiedenen Innenputzen [5]

Beschichtungsstoffe	Mörtelgruppen nach DIN 18550						
	P I a/b	P I c	P II	P III	P IV a/b/c	P IV d	P V
Kalkfarben	+	+	+	+	−	−	−
Kalk-Weißzementfarben	+	+	+	+	−	−	−
Silikatfarben	+	+	+	+	○	○	○
Dispersions-Silikatfarben	+	+	+	+	○	○	○
Strukturbeschichtungen auf Dispersions-Silikatbasis	+	+	+	+	○	○	○
Leimfarben	+	+	+	+	+	+	+
Dispersionsfarben waschbeständig	−	+	+	+	+	−	+
scheuerbeständig nach DIN 53778	−	+	+	+	+	−	+
Dispersionslackfarben	−	−	+	+	+	−	+
Gefüllte Dispersionsfarben	−	−	+	+	+	−	+
Dispersionsfarben mit Rauhfasereffekt	−	−	+	+	+	−	+
Kunstharzputze nach DIN 18558	−	−	+	+	+	−	+
Dispersions-Plastikfarben	−	−	+	+	+	−	+
Mehrfarben-Effektlackfarben	−	−	+	+	+	−	+
Polymerisatharzlackfarben	−	+	+	+	+	−	+
Alkydharzlackfarben	−	−	−	−	+	−	+
Epoxidharz- und Polyurethanlackfarben	−	−	+	+	+	−	+

+ geeignet
− ungeeignet
○ nur mit geeignetem Grundbeschichtungsstoff nach Herstellerangabe

von der vorgesehenen Oberflächenbehandlung abhängig. Die Putzoberfläche muß saugfähig und frei von Schmutz sowie losen bzw. schlecht haftenden Teilen sein. Sie darf keine Kalksinterschichten, abblätternde Altanstriche, Bindemittelanreicherungen, Ausblühungen o. ä., sowie keine die Haft beeinträchtigenden Rückstände von Putzzusätzen aufweisen. Sind Risse vorhanden, so sind entsprechende Maßnahmen (z. B. Armierungsspachtelung) vorzusehen. Die Putzoberfläche muß außerdem fluchtgerecht und frei von störenden Unebenheiten sein. Die entsprechenden Ebenheitstoleranzen sind Tabelle **10.2**, Teil 1 dieses Werkes, zu entnehmen.

Oberflächenbehandlung

Die Auswahl der Werkstoffe richtet sich nach den erwarteten Beanspruchungen, der Beschaffenheit des (Anstrich)Untergrundes und nach gestalterischen Anforderungen. Die Beschichtungen sind entsprechend VOB Teil C, DIN 18363, Anstricharbeiten, auszuführen. Die jeweilige Eignung der Beschichtungsstoffe ist Tabelle **9.**4 zu entnehmen. Für den Beschichtungsaufbau sind die Angaben der Hersteller zu beachten. Weitere Einzelheiten s. [5].

9.5   Wandbekleidungen (Tapeten) auf mineralischen Innenputzen

Der Oberbegriff „Wandbekleidungen" umfaßt alle Arten flexibler Gewebe, die als Bahnen in Rollenform geliefert und an Wänden oder Decken mit einem Kleber vollflächig angebracht werden. In den Normentwürfen DIN EN 235, 234 und 233 sind alle in Frage kommenden Wandbekleidungen in Rollenform (Tapetenarten) einzeln angeführt, die Begriffe für ihre Reinigung und ihr Entfernen vom Untergrund (Tabellen mit kennzeichnenden Symbolen) eingehend erläutert sowie Wandbekleidungen für nachträgliche Behandlung (z. B. Beschichtung mit Anstrichstoffen) beschrieben.

Tapezierarbeiten sind entsprechend VOB Teil C, DIN 18366 auszuführen. Für die Beurteilung des (Tapezier)Untergrundes gelten die gleichen Voraussetzungen wie für die zuvor in Abschn. 9.4 erläuterten Beschichtungen (Anstriche) auf mineralischen Innenputzen. Die jeweilige Eignung des Untergrundes für die Art der Tapeten ist Tabelle **9.**5 zu entnehmen. Weitere Einzelheiten siehe [5].

Tabelle **9.**5   Eignung der Wandbekleidungen (Tapeten) auf verschiedenen Innenputzen [5]

Wandbekleidungen (Tapeten)	Mörtelgruppen						
	P I a/b	P I c	P II	P III	P IVa/b/c	P IVd	P V
leichte Tapeten	−	+	+	+	+	−	+
schwere Tapeten	−	−	+	+	+	−	+
Spezialtapeten	Nur nach Angabe des Herstellers						
Wandbekleidungen für nachträgliche Behandlung							
Rauhfaser nach DIN 6742 und Beschichtung	−	+	+	+	+	−	+
Glasfasergewebe und Beschichtung	−	−	+	+	+	−	+

9.6 DIN-Normen

DIN-Nr.		Ausgabe-datum	Titel
1060	T 1	1.86	Baukalk; Begriffe, Anforderungen, Lieferung, Überwachung
1164	T 1	3.90	Portland-, Eisenportland-, Hochofen- und Traßzement; Begriffe, Bestandteile, Anforderungen, Lieferung
	T 2		–; Überwachung (Güteüberwachung)
1186	T 1	1.86	Baugipse; Begriffe, Sorten und Verwendung; Lieferung und Kennzeichnung
	T 2	7.75	–; Anforderungen, Prüfung, Überwachung
4102	T 1	5.81	Brandverhalten von Baustoffen und Bauteilen; Baustoffe; Begriffe, Anforderungen und Prüfungen
	T 2	9.77	–; Bauteile; Begriffe, Anforderungen und Prüfungen
	T 4	3.81	–; Zusammenstellung und Anwendung klassifizierter Baustoffe, Bauteile und Sonderbauteile
4108	T 1	8.81	Wärmeschutz im Hochbau; Größen und Einheiten
	T 2		–; Wärmedämmung und Wärmespeicherung; Anforderungen und Hinweise für Planung und Ausführung
	T 3		–; Klimabedingter Feuchteschutz; Anforderungen und Hinweise für Planung und Ausführung
E	T 4 A 1	12.89	–; Wärme- und feuchteschutztechnische Kennwerte; Änderung 1
	T 5	8.81	–; Berechnungsverfahren
4109		11.89	Schallschutz im Hochbau; Anforderungen und Nachweise
	Bbl 1		–; Ausführungsbeispiele und Rechenverfahren
	Bbl 2		–; Hinweise für Planung und Ausführung; Vorschläge für einen erhöhten Schallschutz; Empfehlungen für den Schallschutz im eigenen Wohn- und Arbeitsbereich
4208		3.84	Anhydritbinder
4211		4.89	Putz- und Mauerbinder; Begriff, Anforderungen, Prüfungen, Überwachung
18164	T 1	6.79	Schaumkunststoffe als Dämmstoffe für das Bauwesen; Dämmstoffe für die Wärmedämmung
18165	T 1	3.87	Faserdämmstoffe für das Bauwesen; Dämmstoffe für die Wärmedämmung
18168	T 1	10.81	Leichte Deckenbekleidungen und Unterdecken; Anforderungen für die Ausführung
18180		9.89	Gipskartonplatten; Arten, Anforderungen, Prüfung
18181		1.69	Gipskartonplatten im Hochbau; Richtlinien für die Verarbeitung
E		1.87	–; Grundlagen für die Verarbeitung
18184		12.81	Gipskarton-Verbundplatten mit Polystyrol- oder Polyurethan-Hartschaum als Dämmstoff
E		12.87	–;
18195	T 1	8.83	Bauwerksabdichtungen; Allgemeines, Begriffe
18202		5.86	Toleranzen im Hochbau; Bauwerke
18350		9.88	VOB Verdingungsordnung für Bauleistungen; Teil C: Allgemeine Technische Vertragsbedingungen für Bauleistungen (ATV); Putz- und Stuckarbeiten
18363		9.88	–; –; Maler- und Lackierarbeiten
18366		9.88	–; –; Tapezierarbeiten

Fortsetzung s. nächste Seite

DIN-Normen, Fortsetzung

DIN-Nr.		Ausgabe-datum	Titel
18550	T1	1.85	Putz; Begriffe und Anforderungen
	T2		–; Putze aus Mörteln mit mineralischen Bindemitteln; Ausführung
	T3	9.91	–; Wärmedämm-Putzsysteme aus Mörteln mit mineralischen Bindemitteln und expandiertem Polystyrol (EPS) als Zuschlag
E	T4	3.91	–; Putze mit Zuschlägen mit porigem Gefüge (Leichtputze); Ausführung
18558		1.85	Kunstharzputze; Begriffe, Anforderungen, Ausführung
53778	T1	8.83	Kunststoffdispersionsfarben für Innen; Mindestanforderungen
	T2		–; Beurteilung der Reinigungsfähigkeit und der Wasch- und Scheuerbeständigkeit von Anstrichen
55945		12.88	Beschichtungsstoffe (Lacke, Anstrichstoffe und ähnliche Stoffe); Begriffe
EN 233		10.89	Wandbekleidungen in Rollen; Festlegungen für fertige Papier-, Vinyl- und Kunststoffwandbekleidungen
EN 234		10.89	–; Festlegungen für Wandbekleidungen für nachträgliche Behandlung
EN 235		10.89	–; Begriffe und Symbole
E EN 259		6.87	–; Festlegungen für hochbeanspruchte Wandbekleidungen
E EN 266		12.87	–; Festlegungen für Textilwandbekleidungen

9.7 Literatur

[1] Piltz, Härig, Schulz: Technologie der Baustoffe, Eigenschaften und Anwendung. 8. Aufl. Heidelberg 1985

[2] Gatz, K.: Lexikon der Anstrichtechnik. Teil 1, Grundlagen. Teil 2, Anwendung. 6. Aufl. München 1983

[3] Fischer, M.: Gesundheitliche Gefahren von Baustoffen – Erfahrungen und Erkenntnisse. Deutsches Architektenblatt (DAB) **6** (1986)

[4] Merkblatt 9: Beschichtungen auf Außenputzen. Hrsg.: Bundesausschuß Farbe- und Sachwertschutz. Frankfurt/Main (1987)

[5] Merkblatt 10: Beschichtungen, Tapezier- und Klebearbeiten auf Innenputzen. Hrsg.: Bundesausschuß Farbe- und Sachwertschutz. Frankfurt/Main (1986)

[6] Künzel, H.: Wasserabweisende Putz/Anstrich-Systeme. Der Stukkateur **5** (1985)

10 Gerüste und Abstützungen

10.1 Gerüste

10.1.1 Allgemeine Bestimmungen

Alle Gerüste erfordern für Entwurf, Berechnung und Ausführung den Einsatz von Fachleuten und Unternehmen, die eine sorgfältige Ausführung gewährleisten.

Während für die betriebssichere Errichtung und den Ausbau von Gerüsten der Gerüstbauunternehmer verantwortlich ist, haftet für die ordnungsgemäße Erhaltung und Benutzung jeder Unternehmer, der die Gerüste benutzt.

Grundsätzlich muß für alle Gerüste, wenn sie nicht in Regelausführungen errichtet werden, eine statische Berechnung aufgestellt werden oder eine geprüfte Typberechnung vorliegen. Die dabei zu beachtenden Bestimmungen sind enthalten vor allem in DIN 4420 und 4422.

Nach der Verwendungsart werden in DIN 4420 unterschieden:

— Arbeitsgerüste,

— Schutzgerüste,

— Fahrgerüste.

Tragegerüste (DIN 4421) dienen zur Unterstützung von Bauteilen bei der Montage oder während der Bauzeit, solange die vorgesehene Tragfähigkeit noch nicht erreicht ist, insbesondere aber auch als Unterstützungen von Betonschalungen.

Die zu beachtenden ausführlichen Bestimmungen sowie Festlegungen für Bezeichnungen, Materialien, sicherheitstechnische Anforderungen usw. sind in DIN 4420 T1 bis T4 enthalten, die nachfolgend auszugsweise wiedergegeben sind:

Arbeitsgerüste (AG) dienen der Durchführung von Bau- und Montagearbeiten sowie der Lagerung von Material und Werkzeugen.

Schutzgerüste können als Fanggerüste (FG) oder Dachfanggerüste (DG) der Absturzsicherung von Personen dienen oder als Schutzdächer (SD) gegen herabfallende Gegenstände schützen.

Hinsichtlich des Tragsystems werden unterschieden:

— Standgerüste   (S),

— Hängegerüste   (H),

— Auslegergerüste   (A),

— Konsolgerüste   (K).

Standortgebundene Gerüste können ausgeführt werden als:

— Stahlrohr-Kupplungsgerüste (SR),

— Leitergerüste   (LG),

— Rahmengerüste   (RG),

— Modulsysteme   (MS).

Unterschieden werden ferner Gerüste mit längenorientierten Gerüstlagen (Fassadengerüste u.ä.) sowie Raumgerüste z.B. zur Einrüstung von Innenräumen für Deckenarbeiten. Tagesgerüste werden bei starker Windgefährdung (Windgeschwindigkeiten > 12 m/s) mit besonderer Verankerung errichtet oder so, daß sie ggf. leicht teilweise abgebaut oder in den Windschatten eines vorhandenen standsicheren Bauwerkes verfahren werden können.

Fassadengerüste werden für leichtere Beanspruchungen als Leitergerüste, sonst meistens sehr wirtschaftlich als Systemgerüste erstellt. Stahlrohr-Kupplungsgerüste kommen insbesondere bei komplizierten Gerüstformen oder bei hohen Beanspruchungen zum Einsatz.

Die Bezeichnungen der Einzelteile eines Fassadengerüstes in der Ausführung als Standgerüst zeigt Bild **10.1**.

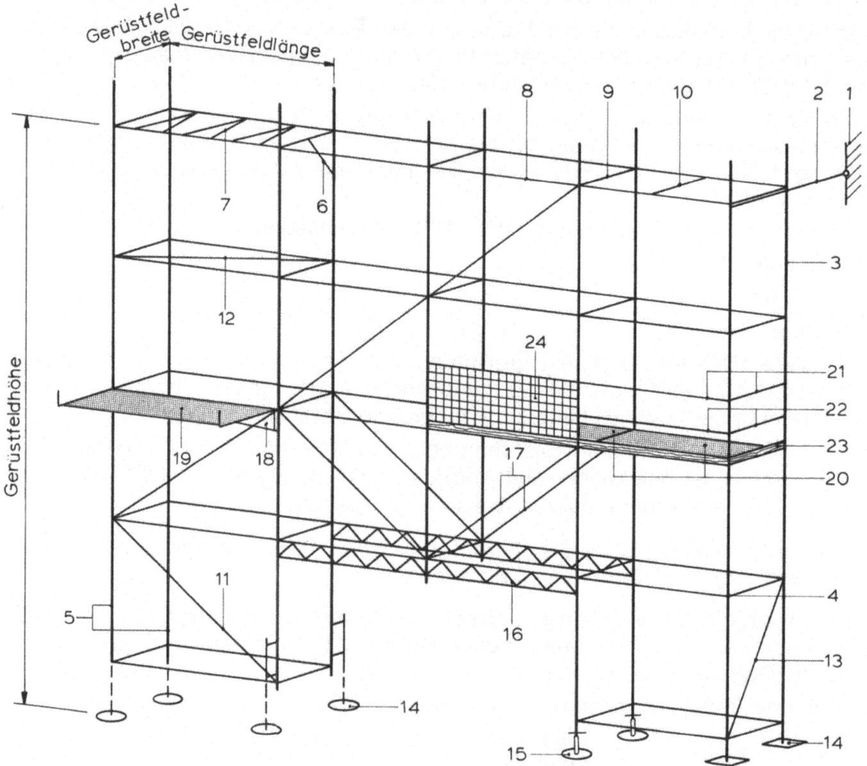

10.1 Beispiele für Gerüstbauteile und Benennungen eines Fassadengerüstes als Standgerüst (DIN 4420 T1)

1 Anker	13 Querverstrebung
2 Gerüsthalter	14 Fußplatte
3 Ständer	15 Fußspindel
4 Knoten	16 Überbrückungsträger
5 Vertikalrahmen	17 Abhängung
6 Eckstrebe	18 Konsole
7 Horizontalrahmen	19 Konsolbelagfläche
8 Längsriegel	20 Belagflächen
9 Querriegel	21 Geländerholm
10 Zwischenquerriegel	22 Zwischenholm
11 Längsverstrebung	23 Bordbrett
12 Horizontalverstrebung	24 Geflecht

21 Geländerholm, 22 Zwischenholm, 23 Bordbrett, 24 Geflecht: Seitenschutz

Hinsichtlich ihrer Tragfähigkeit werden Arbeits- und Schutzgerüste in 6 Gerüstgruppen eingeteilt (Tab. **10.2**).

Die Bezeichnung eines Gerüstes – z. B. bei der Ausschreibung – soll nach DIN 4420 mit Kurzzeichen den Verwendungszweck, die Gerüstbauart, die Orientierung der Gerüstlagen und die Gerüstgruppe enthalten.

Beispiel Arbeitsgerüst (AG) als Standgerüst (S) mit längenorientierten Gerüstlagen (L), Gerüstgruppe 4:

Gerüst DIN 4420 – AG – SL 4

bzw. für ein entsprechendes Leitergerüst (LG):

Gerüst DIN 4420 – AG – LG – SL 4.

Diese Kennzeichnung und die Angabe des Gerüsterstellers muß an gut sichtbarer Stelle auf einem Schild auch am Gerüst angebracht werden.

Tabelle **10.2** Gerüstgruppen (DIN 4420 T1, Tab. 1)

Gerüstgruppe	Mindestbreite der Belagfläche[2])	flächenbezogenes Nutzgewicht	Flächenpressung[3])
	in m	in kg/m²	in kg/m²
1	0,50[1])	–	–
2	0,60[1])	150	–
3	0,60[1])	200	–
4	0,90	300	500
5	0,90	450	750
6	0,90	600	1000

[1]) Die Bordbrettdicke darf mitgerechnet werden.
[2]) Die freie Durchgangsbreite muß bei Materiallagerung auf der Belagfläche mindestens 0,20 m betragen.
[3]) Flächenpressung ist hier Nutzgewicht durch dessen tatsächliche Grundrißfläche.

Gerüste sind mit ihren Auflagern – bei Stahlrohrgerüsten mit Fußplatten bzw. Fußspindeln – vollflächig auf tragfähigen Untergrund oder lastverteilende Unterlagen (z. B. Bohlen, Kanthölzer, Stahlträger) zu stellen. Neigungen im Untergrund bis zu 5° sind durch Keile oder schwenkbare Fußplatten auszugleichen (Bild **10.3**). Bei größeren Neigungen und für lastabtragende Träger ist ein statischer Nachweis zu erbringen.

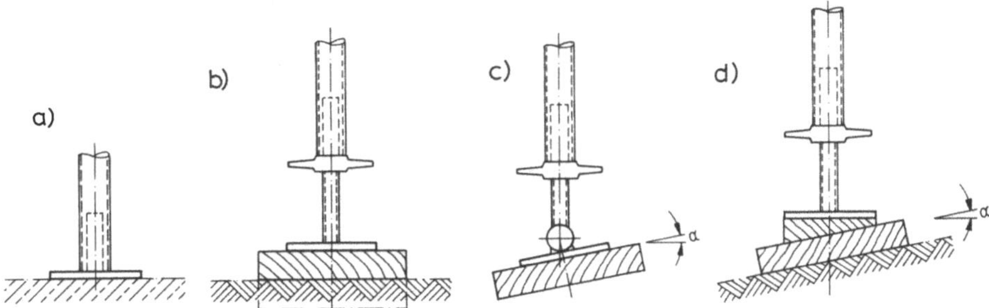

10.3 Beispiele für die Auflagerung von Fußspindeln und Fußplatten
a) Auflagerung auf tragfähigem Untergrund
b) Auflagerung auf Bohle, Träger o. ä.
c) schwenkbare Fußspindel (< 5°)
d) Neigungsausgleich durch keilförmiges Auflager α < 5°

Vor der Benutzung und nach längeren Arbeitsunterbrechungen, konstruktiven Änderungen oder bei sonstigen außergewöhnlichen Einwirkungen sind die Gerüste durch den verantwortlichen Unternehmer anhand einer in DIN 4420 T1 gegebenen Checkliste zu überprüfen (Bild **10.4**).

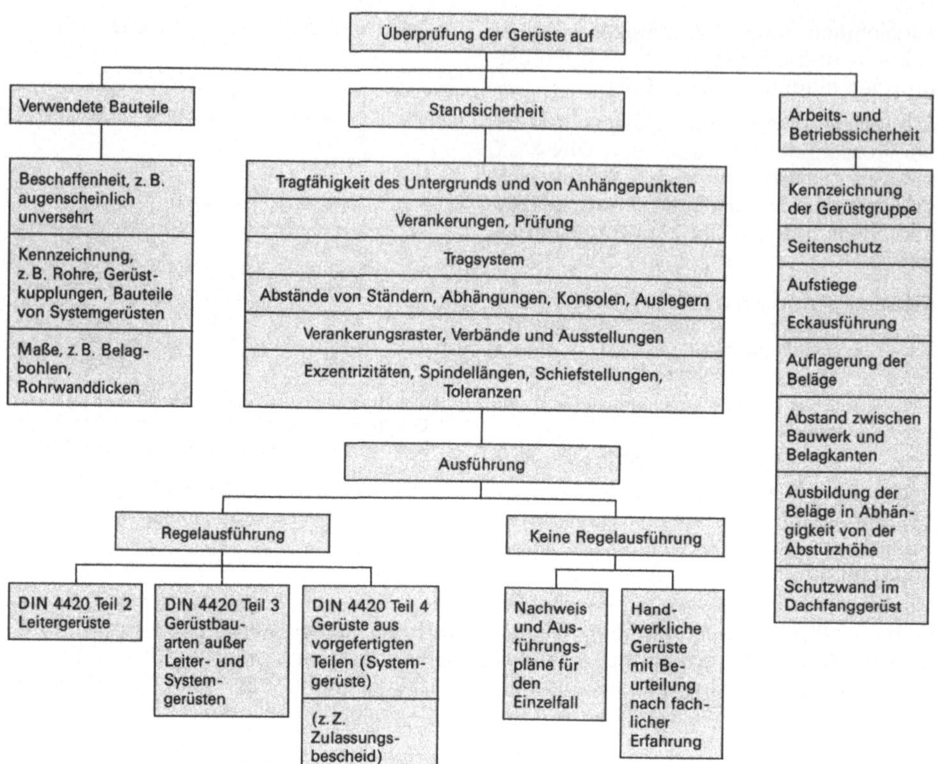

10.4 Prüfung von Arbeits- und Schutzgerüsten

10.1.2 Materialien

Für Gerüstbauteile aus Stahl (nur in korrosionsgeschützter Ausführung nach DIN 4427), Aluminium oder Holz sind in DIN 4420 T1 genaue Angaben enthalten. Gerüstbohlen aus Holz müssen mindestens 3 cm dick, vollkantig und dürfen an den Enden nicht aufgerissen sein. Ihre Mindestauflagerung zeigt Bild **10**.5.

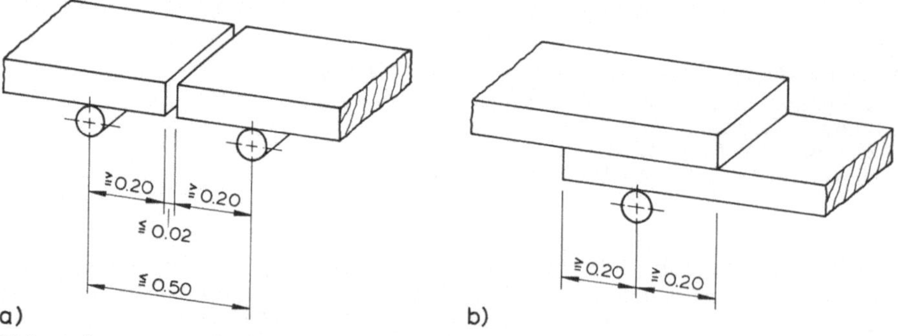

a)   b)

10.5 Auflagerung von Gerüstbohlen a) gestoßen, b) überlappt

Zulässige Stützweiten für Gerüstbohlen oder -bretter zeigen die Tabellen **10.**6 und **10.**7.

Tabelle **10.**6   Gerüstbohlen aus Holz als Belagteile von Fanggerüsten

Absturz-höhe h in m max.	Zulässige Stützweite in m für Bohlenquerschnitt in cm × cm			
			Doppelbelegung	
	24 × 4,5	28 × 4,5	24 × 4,5	28 × 4,5
1,0	1,4	1,5	2,5	2,7
1,5	1,2	1,4	2,2	2,5
2,0	1,2	1,3	2,0	2,2
2,5	1,1	1,2	1,9	2,0
3,0	1,0	1,1	1,8	2,0

Tabelle **10.**7   Zulässige Stützweite in m für Gerüstbeläge aus Holzbohlen/-brettern

Gerüst-gruppe	Brett- oder Boh-lenbreite in cm	Brett- oder Bohlendicke in cm				
		3,0	3,5	4,0	4,5	5,0
1, 2, 3	20	1,25	1,50	1,75	2,25	2,50
	24 und 28	1,25	1,75	2,25	2,50	2,75
4	20	1,25	1,50	1,75	2,25	2,50
	24 und 28	1,25	1,75	2,00	2,25	2,50
5	20, 24, 28	1,25	1,25	1,50	1,75	2,00
6	20, 24, 28	1,00	1,25	1,25	1,50	1,75

10.1.3 Bauliche Anforderungen

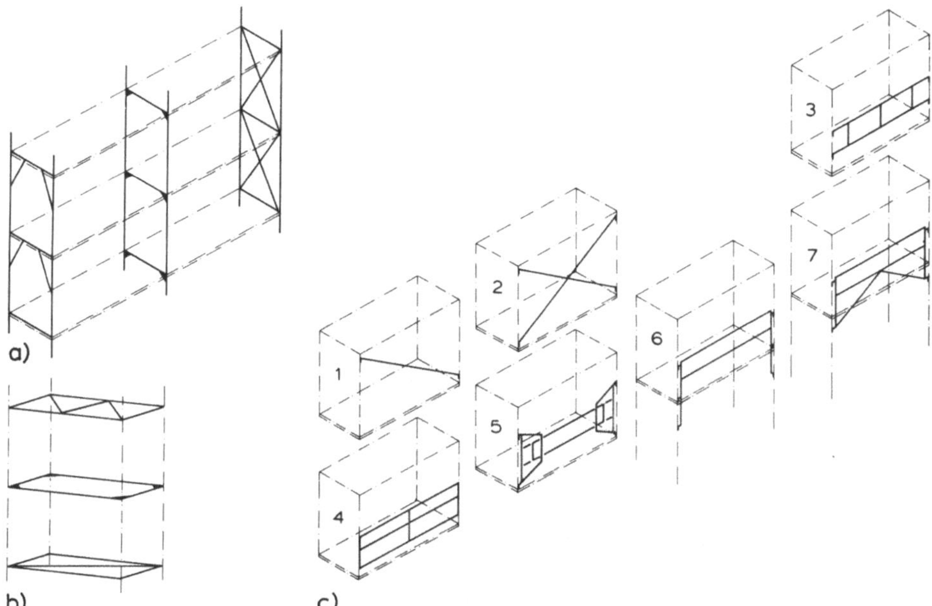

10.8   Beispiele für Aussteifungen von Gerüstfeldern

a) Querverstrebungen, b) Beispiel für steife Horizontalebenen, c) Längsverstrebungen

1 mit Diagonale
2 mit Diagonalen als Andreaskreuz
3 mit Geländerholm und Zwischenholm als Träger
4 Rahmen mit Geländerholm, Zwischenholm und Ständer

5 Rahmen aus drei Teilen als Verstrebungen
6 Überbrückungsrahmen als Seitenschutz auf der zu errichtenden Ebene
7 Überbrückungsrahmen mit Verstrebungen als Seitenschutz auf der zu errichtenden Ebene

Bei dem erforderlichen Standsicherheitsnachweis muß eine ausreichende Aussteifung der Geräste durch Diagonalen, Rahmen usw. (Bild **10**.8) sowie eine Verankerung mit Hilfe von Gerüsthaltern berücksichtigt sein.

Die Arbeitsplätze auf den Gerüsten müssen über Treppen, Leitern oder Laufstege sicher erreichbar sein.

Bei Gerüstlagen mit mehr als 2 m Höhe über sicherem Untergrund muß ein S e i t e n - s c h u t z bestehend aus Geländerholm, Zwischenholm und Bordbrett vorhanden sein (Bild **10**.9).

Alle Teile müssen gegen unbeabsichtigtes Lösen, das Bordbrett auch gegen Kippen gesichert sein.

Der Abstand zwischen Gerüstbelägen und Bauwerk darf nicht größer als 0,30 m sein. Wenn ein Absturz auch in das Gebäude hinein möglich ist, muß der Seitenschutz nach Bild **10**.10 ausgebildet werden.

Besondere Bestimmungen gelten für Dachfang- und Fanggerüste (Bild **10**.11 und **10**.12). Die Höhe der Schutzwand muß mindestens 1,00 m betragen, und sie muß die Absturzkante um mindestens das Maß $1{,}5-b_1$ überragen (Bild **10**.11).

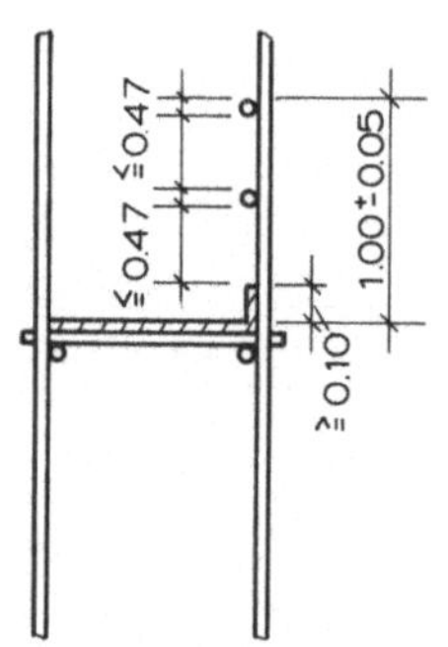

10.9 Seitenschutz bei Arbeits- und Fanggerüsten (DIN 4420)

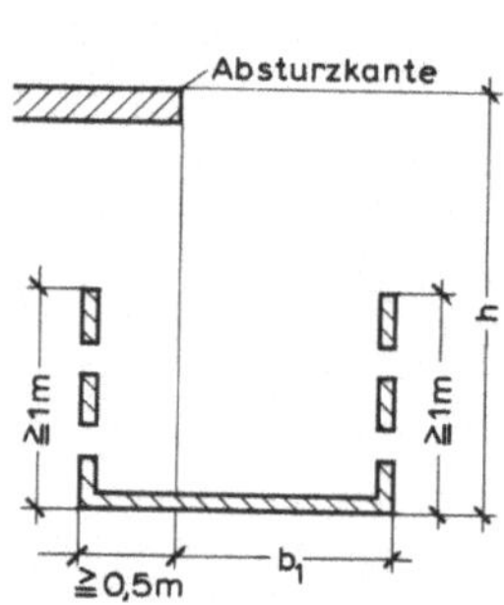

10.10 Schutzgerüst vor offener Fassade o. ä.

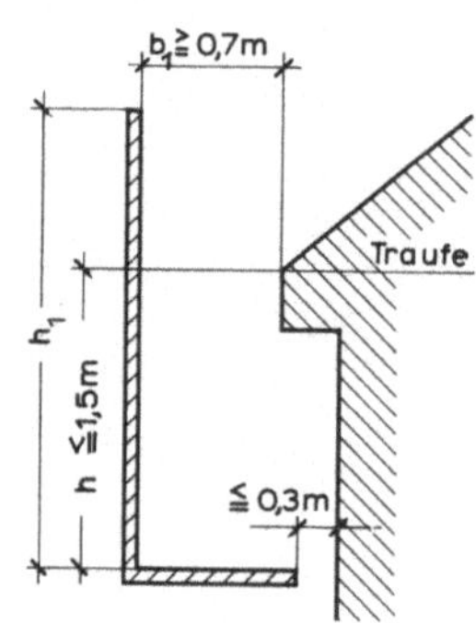

10.11 Dachfanggerüste; lotrechte und waagerechte Begrenzungen (DIN 4420)

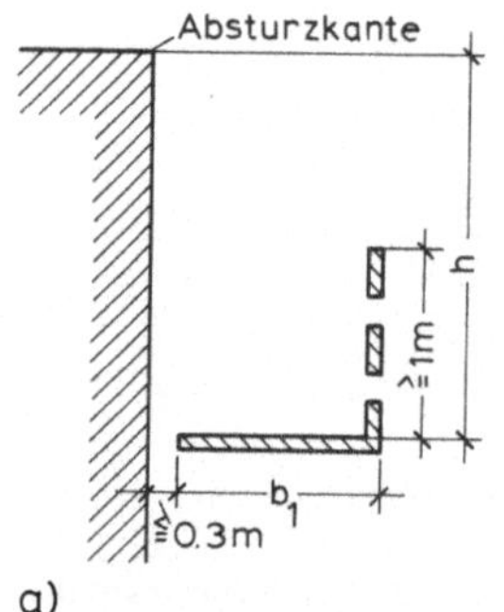

a)

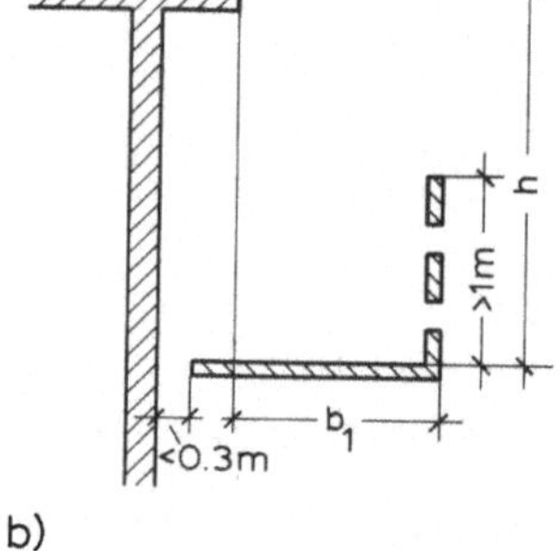

b)

c)

10.12 Belagbreite und Seitenschutz bei Fanggerüsten (DIN 4420)
a) und b) Schutzgerüste vor senkrechten Wänden
c) Fanggerüst

Die Anforderungen an Schutzdächer sind aus Bild **10.13** ersichtlich.

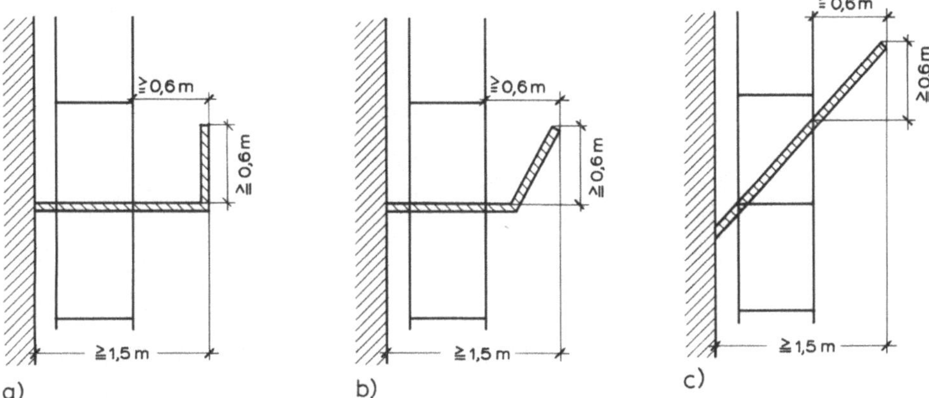

10.13 Abmessungen von Schutzdächern (DIN 4420)
a) und b) Schutzdächer mit Bordwand
c) geneigtes Schutzdach

Bei Dächern mit Traufenhöhen von mehr als 5 m müssen bei Dachneigungen > 45° Absturzsicherungen direkt am Arbeitsplatz angeordnet werden.

Grundsätzlich sind alle Absturzkanten bei Höhen über 2 m durch Absperrungen o. ä. zu sichern.

Besonders, wenn Sicherungen an öffentliche Verkehrsflächen angrenzen, sind ausreichende Freiflächen zu berücksichtigen und durch Beschilderung und Absperrung kenntlich zu machen.

10.1.4 Gerüstbauarten

Stahlrohr-Kupplungsgerüste

Sie bestehen aus korrosionsgeschützten Stahlrohren nach DIN 4427, ⌀ 48,3 mm, Mindestwanddicke 4 mm, und besonderen Verbindungsstücken (Bild **10.14**). Für alle Verbindungteile ist eine besondere behördliche Zulassung (Prüfzeichen) erforderlich. Sie müssen dauerhaft und deutlich erkennbar gekennzeichnet sein.

Bei Stahlrohr-Kupplungsgerüsten mit flächenorientierten Gerüstlagen darf der Vertikalabstand von Quer- und Längsriegeln nicht größer als 2 m sein. Für die erforderlichen Verankerungen werden in DIN 4420 T1 je nach Gerüstbauhöhe und Ausführungsart spezielle Verankerungsraster und die der statischen Berechnung zugrunde zu legenden Ankerkräfte festgelegt.

Stahlrohrgerüste werden heute insbesondere als Traggerüste bei Einschalungsarbeiten für große Bauteile verwendet. Für normale Arbeits- und Schutzgerüste ist der Arbeitsaufwand für das Auf- und Abbauen relativ hoch. Zur Rationalisierung werden hier vielfach als Sonderform der Stahlrohrgerüste die meistens in geschlossenen Systemen angebotenen Schnellbaugerüste (Systemgerüste) eingesetzt.

Die Ständerabstände sind nach Tabelle **10.15** zu wählen.

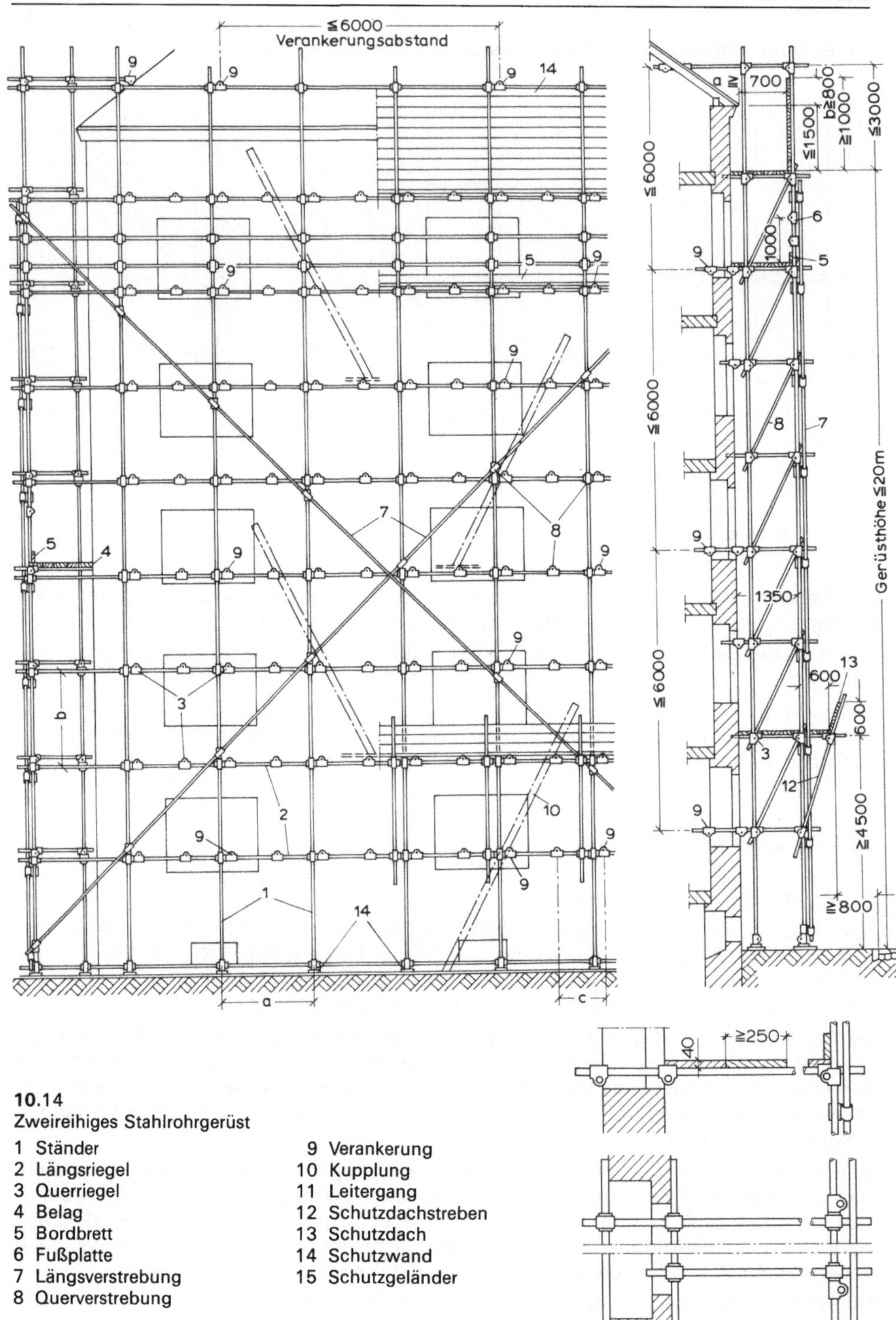

10.14
Zweireihiges Stahlrohrgerüst

1 Ständer	9 Verankerung
2 Längsriegel	10 Kupplung
3 Querriegel	11 Leitergang
4 Belag	12 Schutzdachstreben
5 Bordbrett	13 Schutzdach
6 Fußplatte	14 Schutzwand
7 Längsverstrebung	15 Schutzgeländer
8 Querverstrebung	

Systemgerüste

Ein modernes Schnellbaugerüst zeigt Bild **10.16**.

Die Gerüstlagen bestehen hier aus leiterartigen Baukastenelementen, die in das Stahlrohrgerüst eingehängt werden. Bodenplatten können in verschiedenen Kombinationen eingelegt werden. Auch die einhängbaren Leitern gehören zum Gerüstbausystem (Hünnebeck).

Tabelle **10.15** Ständerabstände für die Regelausführung der Stahlrohr-Kupplungsgerüste mit längenorientierten Gerüstlagen

Gerüstgruppe	1 oder 2	3 oder 4	5	6[1])
Ständerabstand l in mm	2,5	2,0	1,5	1,2

[1]) Für die Gerüstgruppe 6 sind zusätzlich Zwischenquerriegel erforderlich

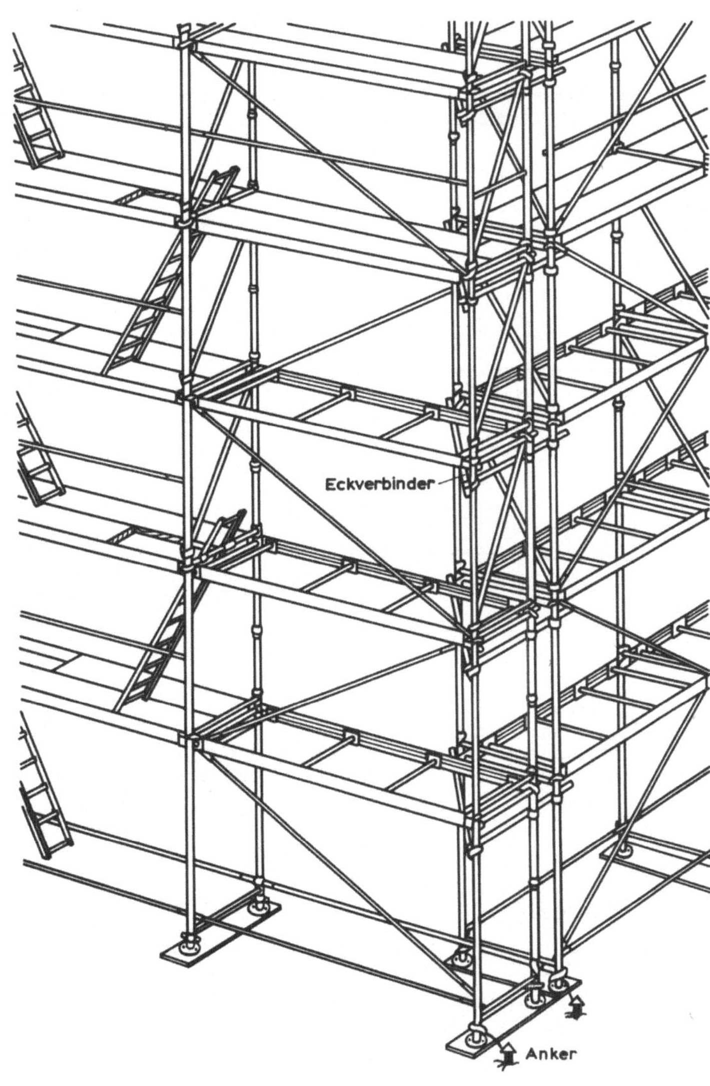

10.16
Modernes Systemgerüst
(Hünnebeck)

Auslegergerüste

In Regelausführung dürfen Auslegergerüste für Arbeitsgerüste der Gerüstgruppen
1 bis 3 und als Fanggerüste eingesetzt werden. Als Ausleger dürfen nur Stahlprofile
I 80, IPE 80, I 100 oder IPE 100 (DIN 17100) verwendet werden, die in Stahlbeton-
Massivdecken mit mindestens 2 Verankerungsbügeln aus Betonstahl (mindestens
⌀ 10) verankert sein müssen (Bild **10.17**). Die Abstände der Ausleger dürfen höchstens 1,50 m betragen. Die Ausbildung von Gerüstecken zeigt Bild **10.17d**.

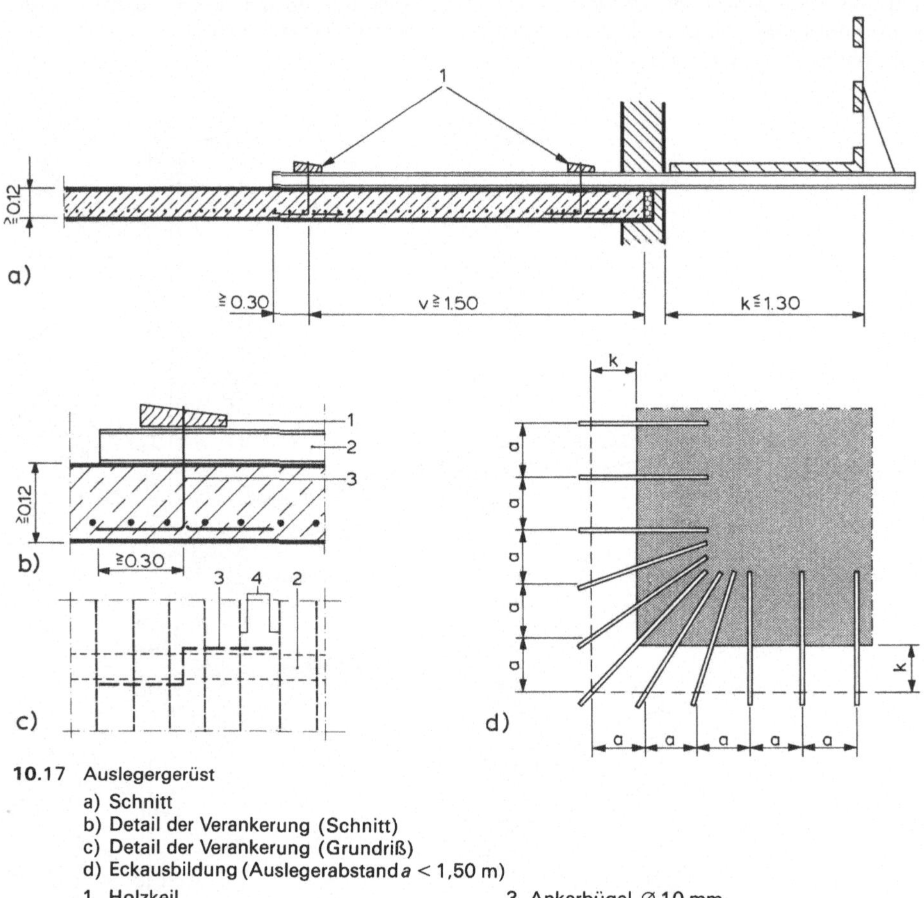

10.17 Auslegergerüst

   a) Schnitt
   b) Detail der Verankerung (Schnitt)
   c) Detail der Verankerung (Grundriß)
   d) Eckausbildung (Auslegerabstand a < 1,50 m)

   1 Holzkeil   3 Ankerbügel ⌀ 10 mm
   2 Ausleger   4 Deckenbewehrung

Konsolgerüste

Konsolgerüste in Regelausführung sind für Arbeitsgerüste der Gerüstgruppen 1 bis 3
sowie für Fanggerüste mit einer maximalen Belagbreite von 1,30 m und höchstens
1,50 m Konsolenabstand zugelassen (Bild **10.18**). Sie müssen in Stahlbetonmassiv-
decken mit mindestens 2 Einhängschlaufen aus Baustahl > ⌀ 10 mm verankert werden. Wandöffnungen dürfen mit Trägern gemäß Tabelle **10.19** überbrückt werden.

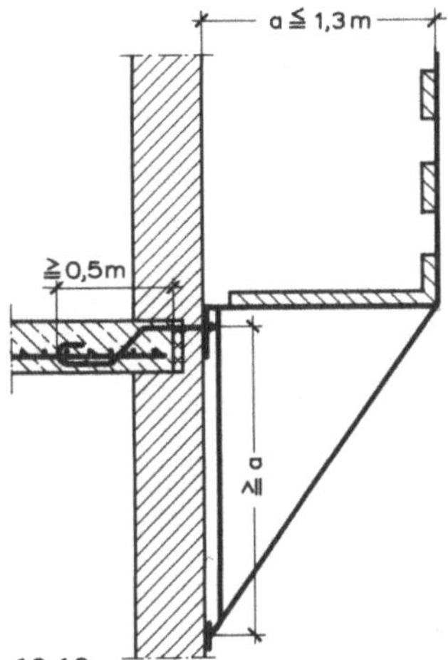

10.18
Konsolgerüst nach DIN 4420

Konsolbefestigung ohne statischen Nachweis
Lage der Bügel bei
Doppelbefestigung (Grundriß)

Bügel aus
Betonstabstahl ϑ $\varnothing$ $\geqq$ 10 mm

Biegedurchmesser innen
$\geqq$ 4 × Durchmesser des
Betonstabstahles

Tabelle **10.19** Überbrückung von Wandöffnungen für die Regelausführung der Verankerung von Konsolgerüsten

Überbrückungsträger	zu überbrückende Öffnung	
	$\leqq$ 1,0 m	$\leqq$ 2,25 m
Holz[1])	□ 10 cm × 10 cm	2 □ 10 cm × 12 cm
Stahl		I 100 IPE 100

[1]) Sortierklasse S 10 oder MS 10 nach DIN 4074 T1

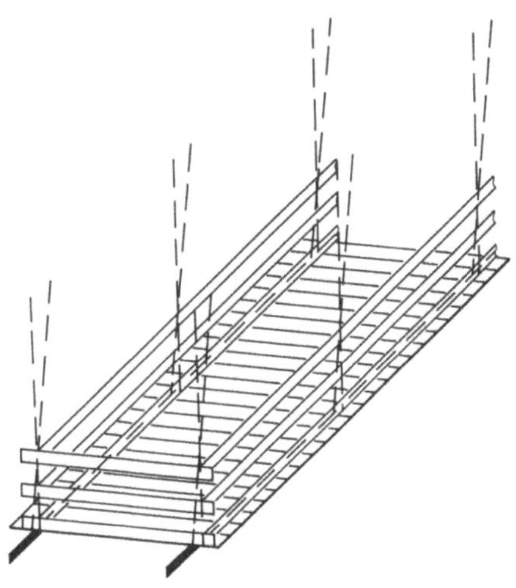

10.20 Hängegerüst mit längsorientierter Gerüstlage (Bohlen quer gespannt)

Hängegerüste

Sie bestehen aus einem Belag, der auf Profilstählen, Stahlrohren, Rund- oder Kanthölzern befestigt ist. Diese sind mit Drahtseilen, Ketten oder Profilstählen am Bauwerk aufgehängt. Sie sind als Arbeitsgerüste der Gruppen 1 bis 3, nicht jedoch als Fanggerüste zugelassen (Bild **10.20**).

Bügelgerüste

Bügelgerüste werden vorwiegend für Dacharbeiten verwendet. Sie werden oberhalb der Traufe befestigt und stützen sich unterhalb der Traufe gegen die Gebäudewand.

Bockgerüste

Sie bestehen aus Böcken von Holz oder Stahl mit darübergelegtem Gehbelag. Es dürfen nicht mehr als zwei Gerüstböcke übereinander gestellt werden. Die Gesamthöhe darf nicht größer als 4 m sein. Der Abstand der Gerüstböcke darf nicht größer als 3 m sein.

Leitergerüste (DIN 4420 T2)

Leitergerüste sind Systemgerüste aus Gerüstleitern mit hölzernen Holmen und mit Sprossen aus Holz oder Stahl, einsetzbar als Stand- oder Hängegerüste für Arbeits- und Schutzgerüste der Gerüstgruppen 1 bis 3.

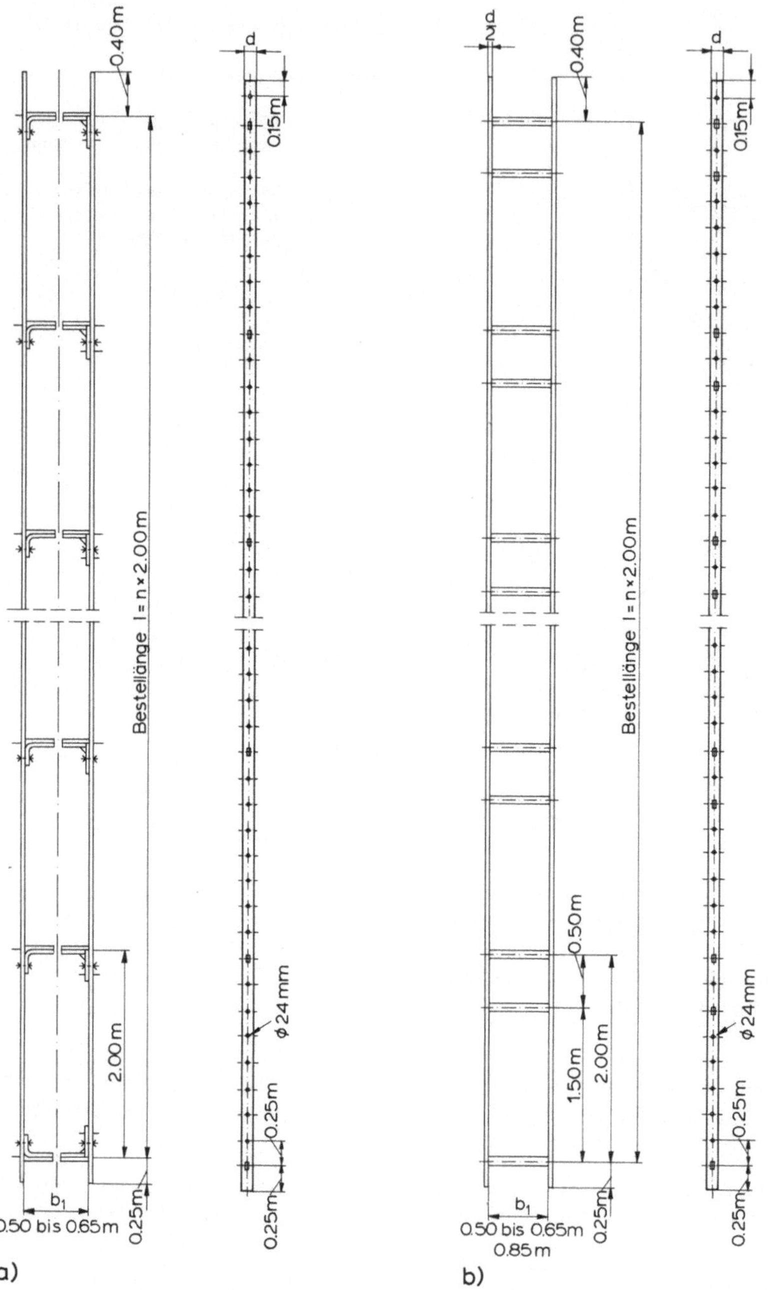

10.21 Gerüstleitern

a) einsprossige Gerüstleiter L 1 (S)
b) zweisprossige Gerüstleiter L 2

Unterschieden werden einsprossige Gerüstleitern mit stahlunterstützten Sprossen (L1 (S)) und zweisprossige Gerüstleitern (L2) (Bild **10.21**). Zur Verbindung dienen Klammern, Haken, Konsolen, Hakenschrauben usw. aus Stahl.

Für Standgerüste mit längenorientierten Gerüstlagen (Fassadengerüste) betragen die zulässigen Gerüsthöhen h

— 18,00 m, wenn alle Gerüstlagen in Höhenabständen von je 2,00 m ausgelegt und davon nur eine Gerüstlage mit Nutzlast belegt wird,

— 24,00 m, wenn eine bis drei Gerüstlagen ausgelegt sind und davon nur eine Gerüstlage je Gerüstfeld mit Nutzlast belegt wird (in Höhenabständen von 4,00 m dürfen zusätzliche Montagebohlen verbleiben).

Die zulässigen Gerüstfeldlängen a sind abhängig vom Querschnitt der Gerüstbohlen (Tabelle **10.22**). Gerüstbeläge müssen auf Sprossen oder Konsolen flächenfüllend so aufgelegt werden, daß an keiner Stelle größere Überstände als 30 cm bestehen.

Tabelle **10.22** Zulässige Gerüstfeldlänge zul a für Fassadengerüste in Abhängigkeit von Mindestdicke und -breite der Gerüstbohlen

Breite × Dicke der Gerüstbohlen aus Holz in cm × cm min.	zulässige Gerüstfeldlänge zul a in m max.
24 × 5	2,75
28 × 4,5 24 × 4,5 20 × 5	2,50
28 × 4 20 × 4,5	2,25
24 × 4	2,00
20 × 4	1,75[1]

[1] Bei über 2 Gerüstfelder durchlaufende Gerüstbohlen mit Breite × Dicke = 20 cm × 4 cm darf die zulässige Gerüstfeldlänge auf 2,00 m erhöht werden.

Tabelle **10.23** Holmquerschnitte am Zopfende der Gerüstleitern (s. Bild **10.21**)

Leiterlänge in m	Mindestholmquerschnitt am Zopfende[1] $\dfrac{d}{2} \cdot d$ in cm × cm
bis 8,65	4 × 8
bis 10,65	4,2 × 8,5
bis 12,65	4,5 × 9
bis 14,65	5 × 10

Holmquerschnitte für Standleitern mit Holmabstand 0,50 m bis 0,65 m

Gerüsthöhe in m	
bis 8,65	4 × 8
bis 15,00	4,2 × 8,5
bis 20,00	4,5 × 9
bis 30,00	5 × 10

[1] Für Gerüstleitern mit lichtem Holmabstand 0,85 m gilt:

Holmquerschnitt am Zopfende $\geq$ 5 cm × 10 cm
am Fußende $\geq$ 7 cm × 14 cm

Die Gerüstleitern müssen auf Leiterschuhen oder Unterlagen so aufgestellt werden, daß beide Holme die Belastungen gleichmäßig auf den Untergrund übertragen. Die Holmquerschnitte der Leitern sind nach Tabelle **10.23** zu bestimmen. Bei Verlängerungen der Leitern müssen diese mindestens 2,00 m übergreifen und sind mit Leiterhaken, -laschen oder -klammern gemäß Bild **10.24** miteinander zu verbinden.

Gerüste, die freistehend nicht standsicher sind, müssen mit dem Bauwerk verankert werden. Dabei sind beide Leiterholme mit Hakenschrauben in Höchstabständen von 4,00 m anzuschließen. Die Leitern dürfen nicht mehr als 7,00 m über die oberste

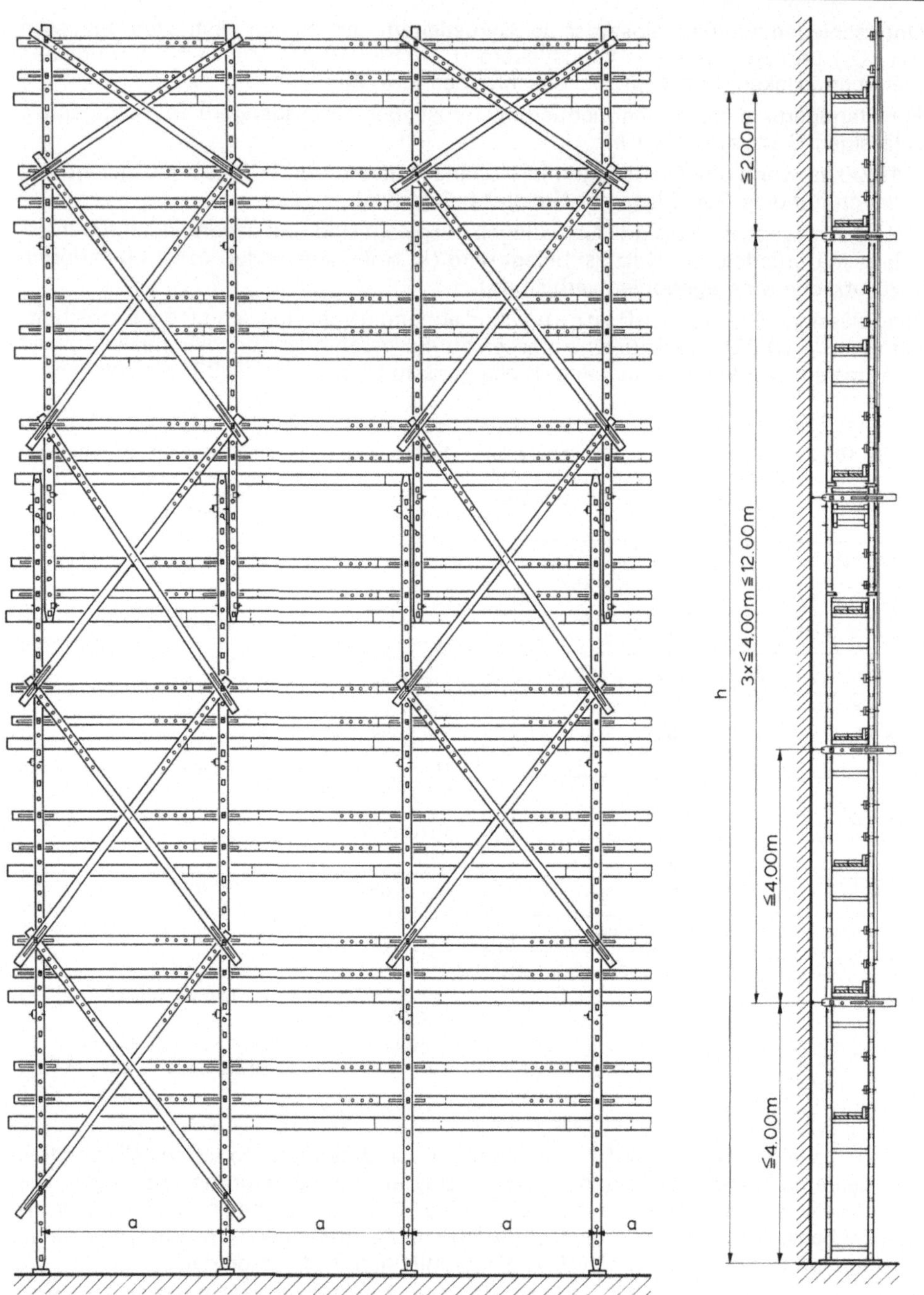

10.24 Leitergerüst als Fassadengerüst (zulässige Gerüstfeldlänge *a* s. Tabelle **10.22**)

Verankerung hinausragen, und der oberste Gerüstbelag darf nicht höher als 2,00 m über dem letzten Verankerungspunkt liegen.

Jedes zweite Gerüstfeld und auch die Endfelder sind durchgehend kreuzweise zu verstreben.

Gerüste und Gerüstbauteile besonderer Bauart

In DIN 4420 wird vorgeschrieben, daß für Gerüste und Gerüstbauteile, die noch nicht allgemein gebräuchlich und bewährt sind, die Brauchbarkeit besonders nachgewiesen werden muß. Zu derartigen Gerüsten zählen fahrbare Hängegerüste.

Fahrbare Arbeitsbühnen (Fahrgerüste)

Besonders für Montagearbeiten innerhalb von Gebäuden werden Fahrgerüste verwendet. Die Bestimmungen für Konstruktion und Betrieb derartiger Gerüste enthält DIN 4422, die z. Z. in Neubearbeitung ist. Danach werden unterschieden:

— Fahrgerüste mit Aufbauhöhen bis   2,00 m (Kleingerüste) und

— Fahrgerüste mit Aufbauhöhen über 2,00 m mit einer maximalen Standhöhe von 8,00 m (bzw. 12,00 m in geschlossenen Räumen).

Die Standsicherheit ist durch ein Verhältnis von $b/h = \frac{1}{4}$ in geschlossenen Räumen bzw. $b/h = \frac{1}{3}$ im Freien zu gewährleisten oder durch Standsicherheitsnachweis zu belegen.

Die Fahrrollen müssen unverlierbar und feststellbar sein.

Zur Besteigung von Fahrgerüsten sind Anlegeleitern nicht zugelassen. Bis zu 5,00 m Arbeitshöhe sind senkrechte Aufstiegleitern zugelassen. Bei mehr als 0,90 m Belagbreite sind schräge Innenaufstiege vorgeschrieben.

Durchstiegöffnungen sind zu umwehren oder mit Klappen abzudecken.

Ein Seitenschutz (s. Bild **10.9**) muß ab 1,00 m Belaghöhe vorhanden sein.

Ein Fahrgerüst in schematischer Darstellung zeigt Bild **10.25**. Fahrgerüste sind in der Regel als Systemgerüste (vgl. S. 649) auf dem Markt und werden erst an der Baustelle zusammengesetzt.

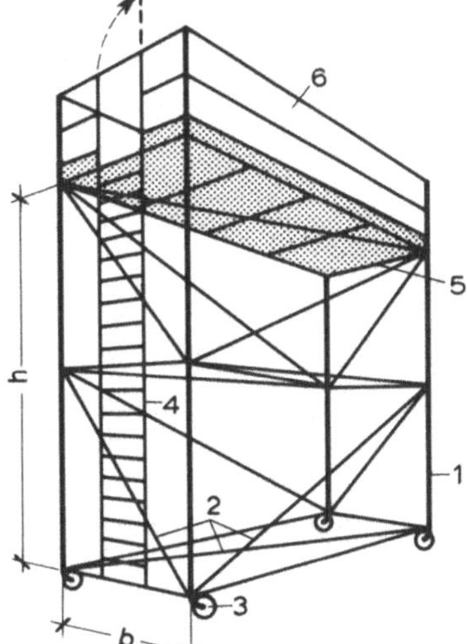

10.25
Fahrbare Arbeitsbühne (Fahrgerüst) in schematischer Darstellung

1 Tragstäbe
2 Aussteifungen
3 Fahrrollen, feststellbar
4 sicherer Aufstieg
5 Arbeitsbühne mit ausreichender Belagunterstützung
6 Seitenschutz

10.2 Absteifungen von Bauwerken

Den Traggerüsten bei **Neubauten** (Schalungs-, Lehr-, Montagegerüste) entsprechen bei **Umbauten** die Abstützungen oder Absteifungen. Sie bestehen aus Kant- oder Rundhölzern. Außerdem werden Stahlträger verwendet. Sie ersetzen zeitweilig tragende Bauwerksteile, bis diese ausgebaut und durch Wände, Stützen oder Unterzüge ersetzt sind.

Die Querschnitte der für Absteifungen verwendeten tragenden Hölzer und Profilstähle sind für jeden einzelnen Fall rechnerisch zu ermitteln.

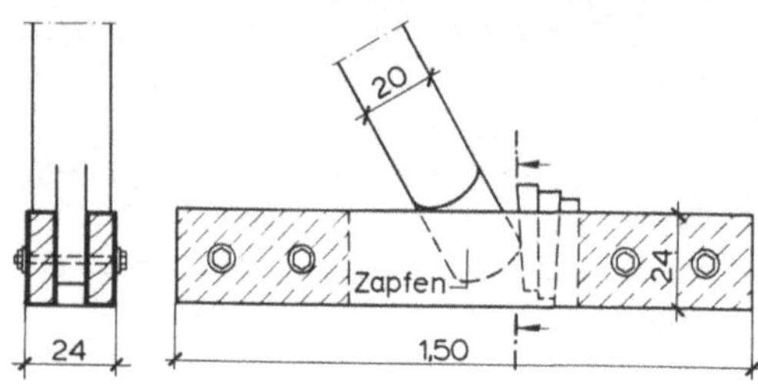

10.26 Treiblade

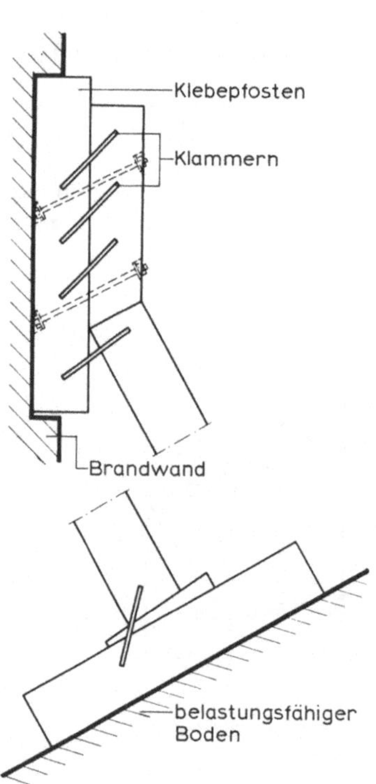

10.27 Oberes und unteres Strebenende (ohne Treiblade)

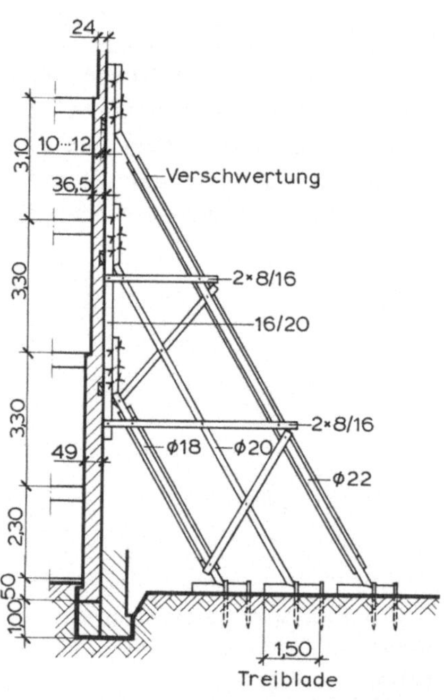

10.28 Absteifung einer Giebelwand zum Unterfangen auf 1 m Tiefe. Es wird in Abschnitten von 1 m Länge unterfangen. Die Absteifungen stehen alle 2,00 bis 4,00 m und sind miteinander verschwertet

Bei lotrechten Absteifungen werden die Rundholzsteifen in ein oder zwei Reihen angeordnet; sie stehen unten mit Doppelkeilen auf Holzschwellen und tragen oben kräftige Rähme. Die Stützen und Steifen werden durch kreuzweise angeordnete verbolzte Bohlen verstrebt. Bei zweireihiger Anordnung tragen die Rähme die quer zur Mauer liegenden Reiter (Holzbalken oder I-Träger), auf die sich die abzustützende Last auflegt.

Bei schräger Absteifung werden die Steifhölzer (Streben) unten mit starkem Zapfen in eine Treiblade eingesetzt; das ist ein geschlitztes oder aus verbolzten Bohlen gebildetes, gegen Rutschen gesichertes Schwellholz, in dem beim Antreiben durch Keile die Strebe geführt wird (Bild **10.26**). Die Treiblade ist auch gegen seitliches Verschieben zu sichern. Einen Strebenfuß ohne Treiblade zeigt Bild **10.27**. Schräge Absteifungen sollen in Höhe der Zwischendecken angreifen (Bild **10.28**).

In Bild **10.29** ist die Absteifung für einen größeren Ausbruch z. B. eines Schaufensters dargestellt. (Angenommen ist, daß die über dem Erdgeschoß liegenden Räume für die Bauarbeit benutzt werden können.) Das abzustützende Mauerwerk wird durch 2 Reihen senkrechter Rundholzsteifen mit aufgelegten Rähmen und Holzbalkenreitern getragen.

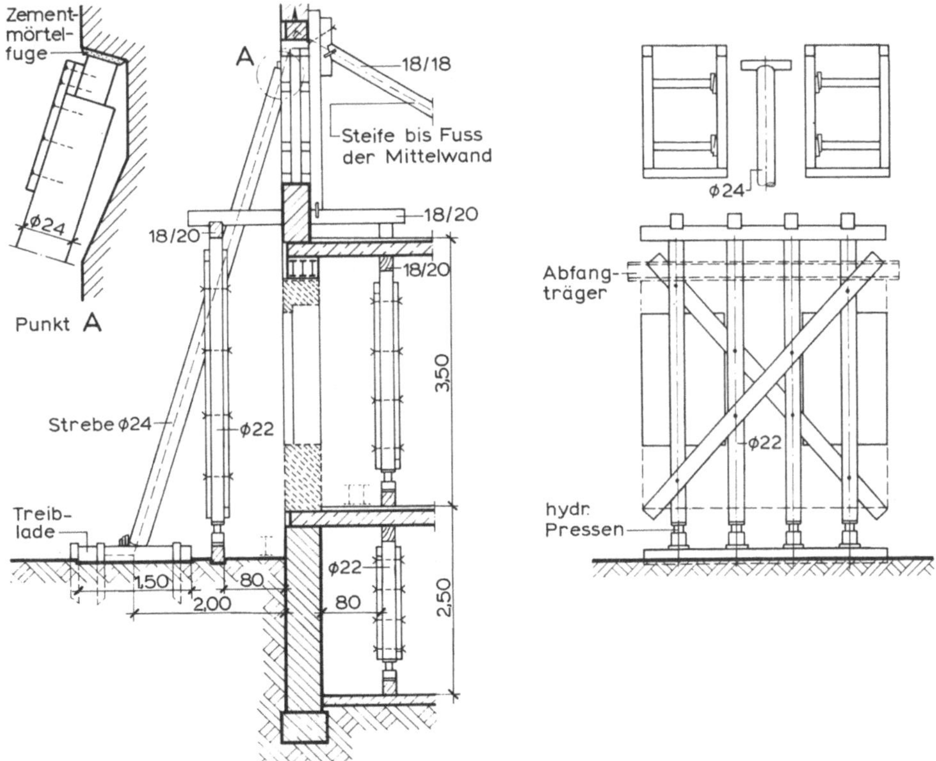

10.29 Absteifung für einen Schaufensterausbruch. (In der Ansicht ist der untere Teil der äußeren Strebe fortgelassen.)
Steife zur Mittelwand ist nicht erforderlich, falls die äußere Strebe in Höhe und Richtung der Deckenbalken angreift.

Die inneren Steifen, die auf der Kellerdecke stehen, müssen im Kellergeschoß weiter bis zum Erdboden unterstützt werden, wenn die Tragfähigkeit der Decke nicht ausreicht. Der obere Fensterpfeiler ist ggf. außerdem durch eine in einer Treiblade stehende äußere Strebe und durch eine bis zum Fuß der Mittelwand geführte innere Strebe abzustützen. Die über der Ausbruchöffnung gelegenen Fensteröffnungen sind auszusteifen, um Risse zu vermeiden.

Sollen lange Stahlträger als Unterzüge (Abfangträger) eingebaut werden, so sind sie vor dem Absteifen der Wände an Ort und Stelle bereitzulegen, damit ihr Einbau durch die Absteifungen nicht behindert wird.

Sind beim Abfangen von Wänden größere Setzungen beim Belasten der Jochkonstruktion zu erwarten, werden zwischen die Jochstützen und die Jochlängsträger hydraulische Pressen eingebaut, durch welche die Jochkonstruktion mehrfach bis zur vollen errechneten Belastung gedrückt wird, bevor die Joche die Last der abgefangenen Wand aufnehmen (Bild **10.30**).

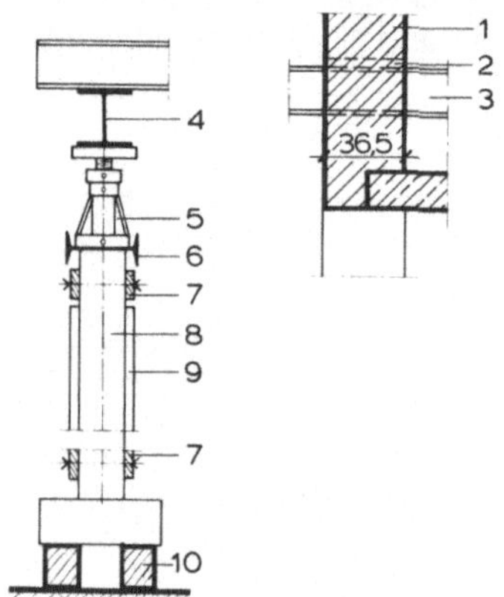

10.30
Abfangen einer Wand unter Verwendung von hydraulischen Pressen
1 abgefangene Wand
2 Stampfbetonfuge
3 Abfangeträger (Breitflansch)
4 Jochträger
5 hydraulische Presse
6 Auflager für Pressen und Spindeln
7 Zange
8 Holzstütze
9 Kreuzstrebe
10 Schwellenrost

Oft stehen die Joche auf aufgeschüttetem Boden (Baugrubenauffüllung). Sie sind in diesem Fall durch Betonfundamente oder Balkenroste gegen Setzungen zu sichern.

Es ist darauf zu achten, daß unter der Last der tragenden Joche nicht flach unter Gelände liegende Versorgungsleitungen, Kanäle u. ä. zerstört werden.

Bei Verspreizungen von Giebelwänden werden waagerechte Balkenhölzer mit Hilfe von Klebepfosten oder Balkenkreuzen in Richtung der Mittelwände und in Höhe der

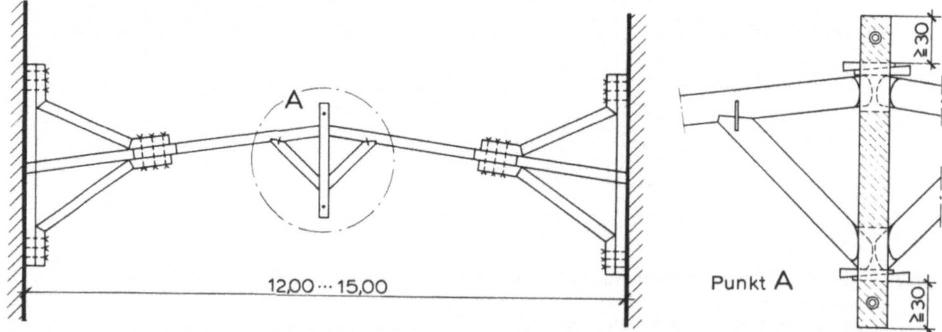

10.31 Verspreizung von Giebelwänden (Spreizbalken geteilt und von der Mitte her gespannt)

Geschoßdecken zwischen die Giebel eingespannt und verkeilt. Die Balkenkreuze werden gegen die Spreizbalken verstrebt (Bild **10.31** und **10.32**). Bei größerer Spannweite sind die Balken in der Mitte durch angebolzte Spannriegel zu verstärken und durch Verschwertungen zu sichern.

Abfangkonstruktionen, insbesondere die in Bild **10.31** und **10.32** gezeigten Verspreizungen, werden immer noch meistens in den herkömmlichen Holzkonstruktionen ausgeführt. Sie sind jedoch – bei entsprechendem statischen Nachweis – auch mit Stahlrohrkonstruktionen möglich (vgl. S. 647 f.).

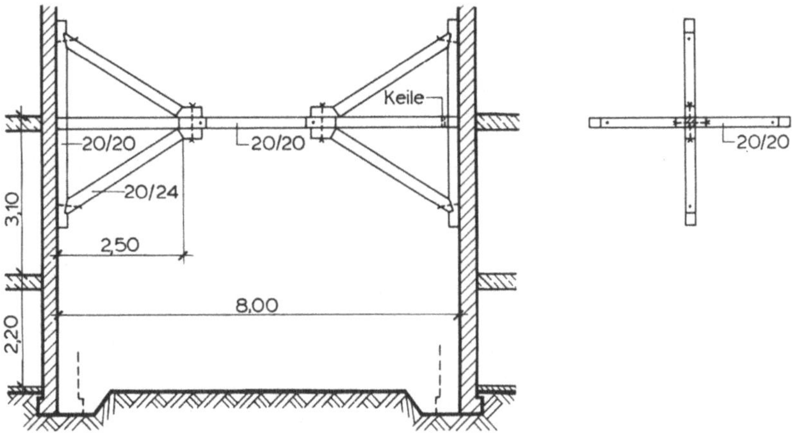

10.32 Verspreizung von Giebelwänden (Spreizbalken aus einem Stück)

10.3 Freistehende Gerüste

Zunehmend müssen freistehende Bauwerksteile vorübergehend gesichert werden wie z. B. historische Fassaden, hinter denen oft ein völlig neues Bauwerk errichtet wird. In Verbindung damit ist in vielen Fällen auch eine Tieferlegung der Gründungsebenen oder eine Erneuerung der Gründungen verbunden, weil neue Kellergeschosse, höhere Bauwerkslasten usw. eingeplant werden müssen.

In der Regel muß zunächst vor Beginn der Abbrucharbeiten im Gebäudeinneren durch teilweises vorübergehendes Ausmauern von Öffnungen die Scheibenwirkung der zu erhaltenden Wandflächen verbessert werden.

Die Abfanggerüste können in der Regel nur auf der Außenseite der Baustelle errichtet werden. Die auf die abzusteifenden Fassaden einwirkenden Windkräfte bewirken Zug- und Druckbeanspruchungen an den Gerüstfundamenten. Die erforderlichen Fundamente werden daher unter entsprechendem statischem Nachweis durch Pfähle zugfest mit dem Untergrund verbunden und die vorhandenen Kellerwände durch Erdanker („Nägel") gegen Kippen oder seitliches Ausknicken gesichert.

Erforderliche Unterfangungen werden nach den in Abschn. 4.4 in Teil 1 dieses Werkes dargestellten Grundsätzen ausgeführt.

Eine derartige Abfangmaßnahme ist in Bild **10.33** schematisch dargestellt [6].

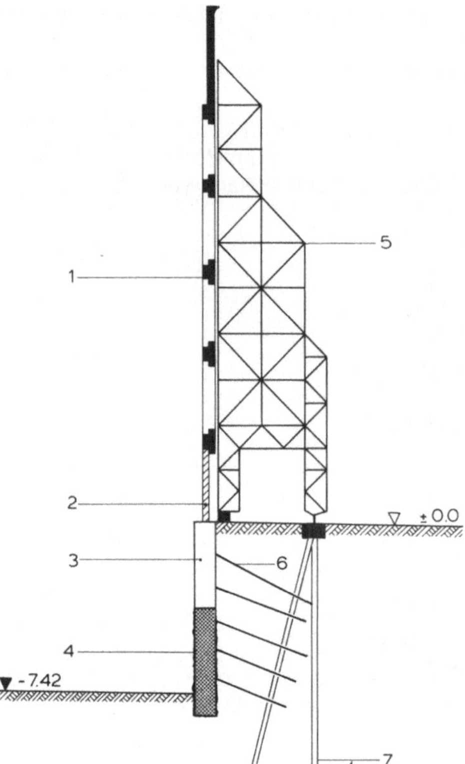

10.33
Freistehende Fassadenabstützung, Systemskizze
(München, Stachusrondell; [6])
1 Fassade
2 provisorische Ausmauerung
3 Kellerwand
4 Unterfangung (Sollcrete)
5 Stahlrohrgerüst
6 Erdanker („Bodennägel")
7 Bohr- oder Ramm-Pfahl

10.4 DIN-Normen

DIN-Nr.		Ausgabe-datum	Titel
4420	T1	12.90	Arbeits- und Schutzgerüste; Allgemeine Regelungen; Sicherheitstechnische Anforderungen, Prüfungen
	T2	12.90	–; Leitergerüste; Sicherheitstechnische Anforderungen
	T3	12.90	–; Gerüstbauarten ausgenommen Leiter- und Systemgerüste; Sicherheitstechnische Anforderungen und Regelausführungen
	T4	12.88	Arbeits- und Schutzgerüste aus vorgefertigten Bauteilen (Systemgerüste); Werkstoffe, Gerüstbauteile, Abmessungen, Lastannahmen und sicherheitstechnische Anforderungen; Deutsche Fassung HD 1000: 1988
4421		8.82	Traggerüste; Berechnung, Konstruktion und Ausführung
4422		3.77	Fahrbare Arbeitsbühnen (Fahrgerüste); Berechnung, Konstruktion, Ausführung, Gebrauchsanweisung

DIN-Normen, Fortsetzung

DIN-Nr.		Ausgabe- datum	Titel
E	T1	8.89	Fahrbare Arbeitsbühnen (Fahrgerüste) aus vorgefertigten Bauteilen; Werkstoffe, Gerüstbauteile, Maße; Lastannahmen und sicherheitstechnische Anforderungen (Vorschlag für ein Harmonisierungsdokument)
E	T2	8.89	Verwendung; Sicherheitstechnische Anforderungen; Aufbau- und Gebrauchsanweisung
	4424	6.87	Baustützen aus Stahl mit Ausziehvorrichtung; Sicherheitstechnische Anforderungen und Prüfung
	4425	11.90	Leichte Gerüstspindeln; Konstruktive Anforderungen, Tragsicherheitsnachweis und Überwachung
	4427	9.90	Stahlrohr für Trag- und Arbeitsgerüste; Anforderungen, Prüfungen
EN 74		12.88	Kupplungen, Zentrierbolzen und Fußplatten für Stahlrohr-Arbeitsgerüste und Traggerüste; Anforderungen, Prüfungen; Deutsche Fassung EN 74: 1988

10.5 Literatur

[1] Bauberufsgenossenschaft Frankfurt/Main: Unfallverhütungsvorschrift Gerüste (1986)

[2] –: Sicherheit bei der Errichtung von Fahrgerüsten (1976)

[3] –: Merkblatt für das Anbringen von Dübeln zur Verankerung von Fassadengerüsten (1976)

[4] –: Sicherheit am Bau (1984)

[5] –: Unfallverhütungsvorschrift Bauarbeiten (1983)

[6] Chambosse, G.: Sicherung historischer Fassaden bei Entkernung von Gebäuden. In: DAB 6/92

[7] Heiermann/Keskari: Erläuterungen zur DIN 18451. Köln 1992

[8] Deutscher Abbruchverband: Technische Vorschriften für Abbrucharbeiten. Düsseldorf 1987

Sachverzeichnis